AF754792

FUNDAMENTOS PARA EL TRATAMIENTO DE AGUAS RESIDUALES II

SISTEMAS PARA EL PROCESAMIENTO DE SÓLIDOS Y DE RESPALDO

2021

Water Environment Federation
601 Wythe Street
Alexandria, VA 22314–1994 USA
http://www.wef.org

Association of Boards of Certification
9400 Plum Drive, Suite 160
Urbandale, IA 50322
http://www.abccert.org

ISBN: 978-1-57278-361-4

Acerca de la WEF

La Water Environment Federation (WEF) es una organización técnica y educativa sin fines de lucro con 35 000 miembros individuales y 75 asociaciones miembro afiliadas que representan a profesionales en calidad del agua de todo el mundo. La WEF y sus miembros protegen la salud pública y el medio ambiente desde 1928. Como líder mundial en el sector del agua, nuestra misión es establecer vínculos entre los profesionales del agua, favorecer la experiencia de los profesionales del agua, aumentar la consciencia sobre el impacto y el valor del agua, y ofrecer una plataforma para la innovación en el sector del agua. Para obtener más información, visite www.wef.org.

Acerca de la ABC

La Association of Boards of Certification (ABC) se fundó con la misión de propiciar la calidad y la integridad de los programas de certificación ambiental en todo el mundo. Esto se mantiene desde hace más de 45 años, con conocimientos y recursos para aproximadamente 100 autoridades de certificación que representan más de 40 estados, 10 provincias y territorios canadienses, y varios programas internacionales y tribales. Según la ABC, la certificación es un medio para promover la salud pública y el medio ambiente. Además, la ABC ofrece a sus miembros las herramientas necesarias para asegurar que los operadores cuenten con conocimiento y herramientas.

Preparado por

Sidney Innerebner, PhD, PE, CWP, PO, Indigo Water Group, *contratista*
Dark Water Solutions, Ltd., *contratista*
Chris Maher, *coautor*
Stacy J. Passaro, PE, Passaro Engineering, LLC
Kim Riddell
Kenneth Schnaars, PE, *coautor*
Bill Snyder, presidente de Snyder Technical Services, LLC
Roger Zieg, *coautor*

Asistencia y revisión proporcionadas por

Paul Bizier
Bill Brower, PE
Jeanette Brown, PE, BCEE, FWEF
Raj Chavan
Frank DeOrio, PO (ABC)
Houssam El Jerdi
Stephanie Fevig
Richard Finger
Mike Gosselin, PO (ABC)
Georgine Grissop, PE, BCEE
Maria Dolores Guerra
Marialena Hatzigeorgiou, PE
Eric Holmquist
Ryan Hurst
Vishakha Kaushik, PE
Paul Krauth, PE
Rick Lallish
(Emy) Wenxin Liu, PhD, PE
Shaun Livermore, PO (ABC)
Jennifer Loudon
Karthik Machala
Indra N. Mitra, PhD, PE, BCEE
Andy O'Neil, PO (ABC)
John R. Reynolds, PO (ABC)
LeAnna Risso, PO (ABC)
Greg Seaman (ABC)
Ajay Shrivastav
José Velazquez, PE, BCEE
Christine Volkay-Hilditch, PE, BCEE
Steve Walker, CWP
Paul Wood
Paula Zeller
Emily Zidanic

Bajo la dirección del **Comité de Prácticas Técnicas**

Andrew R. Shaw, PhD, PE, *presidente*
J. Davis, *vicepresidente*
Dan Medina, Ph.D., PE, *presidente anterior*

H. Azam, PhD, PE
G. Baldwin, PE, BCEE
S. Basu, PhD, PE, BCEE, MBA
M. Beezhold
P. Block, PhD
C.-C. Chang, PhD, PE
R. Chavan, PhD, PE, PMP
M. DeVuono, PE, CPESC, LEED AP BD+C
N. Dons, PE
T. Dupuis, PE
T. Gellner, PE
C. Gish
G. Heath, PE
M. Hines
M. Johnson
N.J.R. Kraakman, Ir, CEng
J. Loudon
C. Maher
M. Mulcare
C. Muller, PhD, PE
T. Page-Bottorff, CSP, CIT
T. Rauch-Williams
V. Sundaram, PhD, PE
M. Tam, PE

Contenido

Fórmulas de la Association of Boards of Certification . . . ix

Capítulo 1 Introducción al procesamiento de sólidos . . . 1

Introducción . . . 1
Símbolos químicos y fórmulas . . . 1
Características de los sólidos . . . 1
Procesamiento de sólidos . . . 6
Resumen del capítulo . . . 36
Referencias. . . . 37
Bibliografía sugerida . . . 38

Capítulo 2 Espesamiento . . . 39

Introducción . . . 39
Objeto y función del espesamiento . . . 39
Espesamiento por gravedad . . . 41
Espesamiento de flotación por aire disuelto . . . 53
Espesadores con banda de gravedad . . . 59
Espesamiento por centrífugas . . . 71
Espesadores con tambor rotativo . . . 78
Sistemas de polímero . . . 87
Consideraciones de seguridad . . . 106
Estrategias de control de olores . . . 107
Registros e informes . . . 107
Resumen del capítulo . . . 109
Referencias. . . . 111
Bibliografía sugerida . . . 112

Capítulo 3 Digestión aerobia . . . 113

Introducción . . . 113
Repaso de los aspectos básicos sobre el tratamiento biológico . . . 113
Digestión aerobia . . . 115
Objeto y función . . . 115
Teoría de operación . . . 115
Parámetros de diseño . . . 123
Desempeño esperado . . . 126
Equipos . . . 127
Variables del proceso . . . 131

Control del proceso 150
Operación 154
Recolección, muestreo y análisis de datos 157
Mantenimiento. 159
Resolución de problemas 159
Consideraciones de seguridad 163
Digestión aerobia termofílica autotérmica 165
Resumen del capítulo 167
Referencias. 175
Bibliografía sugerida. 177

Capítulo 4 Digestión anaerobia. 179

Introducción 179
Objeto y función. 180
Teoría de operación 180
Parámetros de diseño 185
Desempeño esperado 186
Equipos 188
Variables del proceso 208
Control del proceso 214
Operación 221
Recolección, muestreo y análisis de datos 227
Mantenimiento. 228
Resolución de problemas 231
Control de olores 233
Consideraciones de seguridad 233
Resumen del capítulo 246
Referencias. 248
Bibliografía sugerida. 250

Capítulo 5 Deshidratación 251

Introducción 251
Objeto y función. 251
Centrífugas de deshidratación 254
Prensas de filtro de banda. 265
Prensas rotativas. 276
Prensas de tornillo. 286
Lechos de secado 293
Otros procesos de deshidratación 303
Acondicionamiento del lodo para la deshidratación 305
Transportadores de torta de lodo 305
Almacenamiento y acarreo del lodo deshidratado 309
Control de olores 310

Consideraciones de seguridad 310
Resumen del capítulo 313
Referencias. 315
Bibliografía sugerida. 315

Capítulo 6 Aspectos eléctricos básicos y motores . . . 317

Introducción 317
¿Qué es la electricidad? 318
Propiedades de la electricidad 324
Relaciones entre las propiedades de la electricidad 329
Circuitos en serie y en paralelo 333
Corriente continua y corriente alterna 336
Transformadores 342
Cortocircuitos y fallas a tierra 344
Motores 346
Planos eléctricos 362
Desconectadores 364
Prácticas laborales relacionadas con la seguridad 388
Resumen del capítulo 394
Referencias. 396
Bibliografía sugerida. 396

Capítulo 7 Bombas y estaciones elevadoras 397

Introducción 397
Objeto y función de las bombas. 397
Clasificación de las bombas 398
Hidráulica del sistema de bombeo y definiciones. 399
Información general de la bomba 408
Bombas centrífugas 409
Bombas de desplazamiento positivo 436
Accesorios comunes para bombas 463
Estaciones elevadoras/estaciones de bombeo 465
Resumen del capítulo 491
Referencias. 493
Bibliografía sugerida. 493

Capítulo 8 Sistemas de aeración 495

Introducción 495
Teoría de la aeración. 496
Tipos de sistemas de aeración. 498
Resumen del capítulo 542
Referencias. 544
Bibliografía sugerida. 544

Capítulo 9 Procedimientos de laboratorio 545

Introducción 545
Símbolos químicos y fórmulas 546
Mediciones de caudal 546
Muestreo 552
Aseguramiento de calidad y control de calidad 585
Métodos analíticos 594
Resumen del capítulo 628
Referencias 630
Bibliografía sugerida 631

Capítulo 10 Almacenamiento, manipulación y alimentación de químicos 633

Introducción 633
Objeto y función 633
Teoría de operación 635
Parámetros de diseño 636
Equipos 639
Variables del proceso 672
Control del proceso 691
Seguridad química 694
Resumen del capítulo 700
Referencias 706
Bibliografía sugerida 707

Lista de siglas 709

Respuestas 713

Tabla periódica 729

Índice 731

Fórmulas de la Association of Boards of Certification

Tratamiento de aguas residuales, recolección, residuos industriales y análisis de laboratorio para aguas residuales

*Al final de las fórmulas, se muestra el formato circular para esta ecuación.

Alcalinidad, mg/L como $CaCO_3 = \frac{\text{(Volumen de titulante, mL)(Normalidad ácida)(50 000)}}{\text{Volumen de la muestra, mL}}$

Amperios $= \frac{\text{Voltios}}{\text{Ohmios}}$

Área de un círculo* = (0.785)(diámetro^2)

Área de un círculo = (3.14)(radio^2)

Área de un cono (área lateral) = (3.14)(radio) $\sqrt{\text{Radio}^2 + \text{Altura}^2}$

Área de un cono (área superficial total) = (3.14)(radio)(radio + $\sqrt{\text{Radio}^2 + \text{Altura}^2}$)

Área de un cilindro (área superficial exterior total) = [fin del AS n.º 1] + [fin del AS n.º 2] + [(3.14)(diámetro)(altura o profundidad)]
Donde AS = área superficial

Área de un rectángulo* = (largo)(ancho)

Área de un triángulo recto* $= \frac{\text{(Base)(Altura)}}{2}$

Promedio (media aritmética) $= \frac{\text{Suma de todos los términos}}{\text{Cantidad de términos}}$

Promedio (media geométrica) = $[(X_1)(X_2)(X_3)(X_4)(X_n)]^{1/n}$ La *enésima* raíz del producto de n números

Demanda bioquímica de oxígeno (con inóculo), mg/L $= \frac{\text{[(OD inicial, mg/L)} - \text{(OD final, mg/L)} - \text{(Corrección de inóculo, mg/L)][300 mL]}}{\text{Volumen de la muestra, mL}}$

Demanda bioquímica de oxígeno (sin inóculo), mg/L $= \frac{\text{[(OD inicial, mg/L)} - \text{(OD final, mg/L)][300 mL]}}{\text{Volumen de la muestra, mL}}$

Ecuación normal de tres o combinación = $(C_1 \times V_1) + (C_2 \times V_2) = (C_3 \times V_3)$ *Donde $V_1 + V_2 = V_3$; C = concentración, V = volumen o caudal; las unidades de concentración deben coincidir; las unidades de volumen deben coincidir*

Cant. de UFC/100 mL $= \frac{\text{[(Cant. de colonias en la placa)(100)]}}{\text{Volumen de la muestra, mL}}$

Configuración de la bomba de alimentación de químicos, % de carrera $= \frac{\text{Caudal deseado}}{\text{Caudal máximo}} \times 100\%$

Configuración de la bomba de alimentación de químicos, mL/min $= \frac{\text{(Caudal, mgd)(Dosis, mg/L)(3.785 L/gal)(1 000 000 gal/mil. gal)}}{\text{(Densidad química de alimentación, mg/mL)(Químico activo, \% expresado como decimal)(1440 min/d)}}$

Configuración de la bomba de alimentación de químicos, mL/min $= \frac{\text{(Caudal, m}^3\text{/d)(Dosis, mg/L)}}{\text{(Densidad química de alimentación, g/cm}^3\text{)(Químico activo, \% expresado como decimal)(1440 min/d)}}$

Circunferencia de un círculo = (3.14)(diámetro)

$$\text{Parte única de la muestra del compuesto} = \frac{\text{(Caudal instantáneo)(Volumen total de la muestra)}}{\text{(Cantidad de porciones)(Caudal promedio)}}$$

$$\text{Tiempo del ciclo, min} = \frac{\text{Volumen de almacenamiento, gal}}{\text{(Capacidad de la bomba, gpm)} - \text{(Afluencia al pozo sumidero, gpm)}}$$

$$\text{Tiempo del ciclo, min} = \frac{\text{Volumen de almacenamiento, m}^3}{\text{(Capacidad de la bomba, m}^3\text{/min)} - \text{(Afluencia al pozo sumidero, m}^3\text{/min)}}$$

$$\text{Grados Celsius} = \frac{(°\text{F} - 32)}{1.8}$$

Grados Fahrenheit = (°C)(1.8) + 32

$$\text{Tiempo de detención} = \frac{\text{Volumen}}{\text{Caudal}}$$ *Las unidades deben ser compatibles*

Ecuación normal de dos o dilución = $(C_1 \times V_1) = (C_2 \times V_2)$ *Donde* C = concentración, V = volumen o caudal; las unidades de concentración deben coincidir; las unidades de volumen deben coincidir

Fuerza electromotriz, V* = (corriente, A)(resistencia, ohmios - Ω)

$$\text{Tasa de alimentación, lb/d*} = \frac{\text{(Dosificación, mg/L)(Caudal, mgd)(8.34 lb/gal)}}{\text{Pureza, \% expresado como decimal}}$$

$$\text{Tasa de alimentación, kg/d*} = \frac{\text{(Dosificación, mg/L)(Caudal, m}^3\text{/d)}}{\text{(Pureza, \% expresado como decimal)(1000)}}$$

$$\text{Tasa de lavado a contracorriente del filtro, gpm/ft}^2 = \frac{\text{Caudal, gpm}}{\text{Área del filtro, ft}^2}$$

$$\text{Tasa de lavado a contracorriente del filtro, L/(m}^2\cdot\text{s)} = \frac{\text{Caudal, L/s}}{\text{Área del filtro, m}^2}$$

$$\text{Tasa de aumento de lavado a contracorriente del filtro, in/min} = \frac{\text{(Tasa de lavado a contracorriente, gpm/ft}^2\text{)(12 in/ft)}}{7.48\ \text{gal/ft}^3}$$

$$\text{Tasa de aumento de lavado a contracorriente del filtro, cm/min} = \frac{\text{Elevación del agua, cm}}{\text{Tiempo, min}}$$

$$\text{Rendimiento del filtro, lb/ft}^2\text{/h} = \frac{\text{(Carga de sólidos, lb/d)(Recuperación, \% expresado como decimal)}}{\text{(Operación del filtro, h/d)(Área, ft}^2\text{)}}$$

$$\text{Rendimiento del filtro, kg/m}^2\cdot\text{h} = \frac{\text{(Concentración de sólidos, \% expresado como decimal)(Tasa de alimentación de lodo, L/h)(10)}}{\text{(Área superficial del filtro, m}^2\text{)}}$$

Caudal, ft^3/s* = (área, ft^2)(velocidad, ft/s)

Caudal, m^3/s* = (área, m^2)(velocidad, m/s)

$$\text{Relación alimento:microorganismos} = \frac{\text{DBO}_5\text{, lb/d}}{\text{MLVSS, lb}}$$

$$\text{Relación alimento:microorganismos} = \frac{\text{DBO}_5\text{, kg/d}}{\text{MLVSS, kg}}$$

Fuerza, lb* = (presión, psi)(área, in^2)

Fuerza, newtons* = (presión, Pa)(área, m^2)

$$\text{Dureza, como mg } CaCO_3/L = \frac{\text{(Volumen de titulante, mL)(1000)}}{\text{Volumen de la muestra, mL}}$$

Únicamente cuando el factor de titulación es 1.00 de ácido etilendiaminotetraacético (EDTA)

$$\text{Caballos de fuerza, freno, hp} = \frac{\text{(Caudal, gpm)(Carga hidráulica, ft)}}{\text{(3960)(Eficiencia de la bomba, \% expresado como decimal)}}$$

$$\text{Caballos de fuerza, freno, kW} = \frac{\text{(9.8)(Caudal, } m^3/s\text{)(Carga hidráulica, m)}}{\text{(Eficiencia de la bomba, \% expresado como decimal)}}$$

$$\text{Caballos de fuerza, motor, hp} = \frac{\text{(Caudal, gpm)(Carga hidráulica, ft)}}{\text{(3960)(Eficiencia de la bomba, \% expresado como decimal)(Eficiencia del motor, \% expresado como decimal)}}$$

$$\text{Caballos de fuerza, motor, kW} = \frac{\text{(9.8)(Caudal, } m^3/s\text{)(Carga hidráulica, m)}}{\text{(Eficiencia de la bomba, \% expresado como decimal)(Eficiencia del motor, \% expresado como decimal)}}$$

$$\text{Caballos de fuerza, agua, hp} = \frac{\text{(Caudal, gpm)(Carga hidráulica, ft)}}{3960}$$

Caballos de fuerza, agua, kW = (9.8)(caudal, m^3/s)(carga hidráulica, m)

$$\text{Tasa de carga hidráulica, gpd/}ft^2 = \frac{\text{Caudal aplicado total, gpd}}{\text{Área, } ft^2}$$

$$\text{Tasa de carga hidráulica, } m^3/(m^2 \cdot d) = \frac{\text{Caudal aplicado total, } m^3/d}{\text{Área, } m^2}$$

Tasa de carga, lb/d* = (caudal, mgd)(concentración, mg/L)(8.34 lb/gal)

$$\text{Tasa de carga, kg/d*} = \frac{\text{(Caudal, } m^3/d\text{)(Concentración, mg/L)}}{1000}$$

Masa, lb* = (volumen, mill. de gal)(concentración, mg/L)(8.34 lb/gal)

$$\text{Masa, kg*} = \frac{\text{(Volumen, } m^3\text{)(Concentración, mg/L)}}{1000}$$

$$\text{Tiempo medio de residencia de células o tiempo de retención de sólidos, días} = \frac{\text{(SST del tanque de aireación, lb)} + \text{(SST del clarificador, lb)}}{\text{(SST desechados, lb/d)} + \text{(SST efluentes, lb/d)}}$$

Miliequivalente = (mL)(normalidad)

$$\text{Molaridad} = \frac{\text{Moles de soluto}}{\text{Litros de solución}}$$

$$\text{Eficiencia del motor, \%} = \frac{\text{HP de frenado}}{\text{HP del motor}} \times 100\%$$

$$\text{Normalidad} = \frac{\text{Cantidad de pesos equivalentes de soluto}}{\text{Litros de solución}}$$

$$\text{Cantidad de pesos equivalentes} = \frac{\text{Peso total}}{\text{Peso equivalente}}$$

$$\text{Cantidad de moles} = \frac{\text{Peso total}}{\text{Peso molecular}}$$

$$\text{Tasa de carga orgánica-RBC, lb DBOS}_5\text{/1000 ft}^2\text{/d} = \frac{\text{Carga orgánica, lb DBOS}_5\text{/d}}{\text{Área superficial del medio, 1000 ft}^2}$$

$$\text{Tasa de carga orgánica-RBC, kg DBOS}_5\text{/m}^2\cdot\text{d} = \frac{\text{Carga orgánica, kg DBOS}_5\text{/d}}{\text{Área superficial del medio, m}^2}$$

$$\text{Tasa de carga orgánica-filtro percolador, lb DBO}_5\text{/1000 ft}^3\text{/d} = \frac{\text{Carga orgánica, lb DBO}_5\text{/d}}{\text{Volumen, 1000 ft}^3}$$

$$\text{Tasa de carga orgánica-filtro percolador, kg/m}^3\cdot\text{d} = \frac{\text{Carga orgánica, kg DBO}_5\text{/d}}{\text{Volumen, m}^3}$$

$$\text{Tasa de captación de oxígeno o tasa de consumo de oxígeno, mg/L}\cdot\text{min} = \frac{\text{Uso de oxígeno, mg/L}}{\text{Tiempo, min}}$$

$$\text{Población equivalente, orgánico} = \frac{\text{(Caudal, mgd)(DBO, mg/L)(8.34 lb/gal)}}{\text{0.17 lb DBO/d/persona}}$$

$$\text{Población equivalente, orgánico} = \frac{\text{(Caudal, m}^3\text{/d)(DBO, mg/L)}}{\text{(1000)(0.077 kg DBO/d}\cdot\text{persona)}}$$

$$\text{Energía, kW} = \frac{\text{(Caudal, L/s)(Carga hidráulica, m)(9.8)}}{1000}$$

$$\text{Relación de recirculación-filtro percolador} = \frac{\text{Caudal recirculado}}{\text{Caudal efluente primario}}$$

$$\text{Reducción de sólidos volátiles, \%} = \left(\frac{\text{VS entrante} - \text{VS saliente}}{\text{VS entrante} - (\text{VS entrante} \times \text{VS saliente})}\right) \times 100\%$$

Toda la información (entrada y salida) debe estar en forma decimal

$$\text{Eliminación, \%} = \left(\frac{\text{Entrante} - \text{Saliente}}{\text{Entrante}}\right) \times 100\%$$

$$\text{Tasa de retorno, \%} = \frac{\text{Caudal de retorno}}{\text{Caudal de entrada}} \times 100\%$$

$$\text{Tasa de lodo de retorno-equilibrio de sólidos, mgd} = \frac{\text{(MLSS, mg/L)(Caudal, mgd)}}{\text{(Sólidos en suspensión en LAR, mg/L)} - \text{(MLSS, mg/L)}}$$

$$\text{Pendiente, \%} = \frac{\text{Disminución o aumento}}{\text{Distancia}} \times 100\%$$

$$\text{Índice de densidad del lodo} = \frac{100}{\text{SVI}}$$

$$\text{Índice de volumen del lodo, mL/g} = \frac{(\text{SSV}_{30}\text{, mL/L})\text{(1000 mg/g)}}{\text{MLSS, mg/L}}$$

$$\text{Sólidos, mg/L} = \frac{\text{(Sólidos secos, g)(1 000 000)}}{\text{Volumen de la muestra, mL}}$$

$$\text{Captura de sólidos, \% (centrífugas)} = \left[\frac{\text{TS de la torta, \%}}{\text{TS del lodo de alimentación, \%}}\right] \times \left[\frac{\text{(TS del lodo de alimentación, \%)} - \text{(SST de centrifugado, \%)}}{\text{(TS de la torta, \%)} - \text{(SST de centrifugado, \%)}}\right] \times 100\%$$

$$\text{Concentración de sólidos, mg/L} = \frac{\text{Peso, mg}}{\text{Volumen, L}}$$

$$\text{Tasa de carga de sólidos, lb/ft}^2\text{/d} = \frac{\text{Sólidos aplicados, lb/d}}{\text{Área superficial, ft}^2}$$

$$\text{Tasa de carga de sólidos, kg/m}^2\cdot\text{d} = \frac{\text{Sólidos aplicados, kg/d}}{\text{Área superficial, m}^2}$$

Tiempo de retención de sólidos: *consulte Tiempo medio de residencia de células*

$$\text{Gravedad específica} = \frac{\text{Peso específico de la sustancia, lb/gal}}{\text{8.34 lb/gal}}$$

$$\text{Gravedad específica} = \frac{\text{Peso específico de la sustancia, kg/L}}{\text{1.0 kg/L}}$$

$$\text{Tasa de captación específica de oxígeno o tasa de respiración, (mg/g)/h} = \frac{\text{(TCO, mg/L}\cdot\text{min)(60 min)}}{\text{(MLVSS, g/L)(1 h)}}$$

$$\text{Tasa de carga superficial o tasa de sobreflujo superficial, gpd/ft}^2 = \frac{\text{Caudal, gpd}}{\text{Área, ft}^2}$$

$$\text{Tasa de carga superficial o tasa de sobreflujo superficial, L/m}^2\cdot\text{d} = \frac{\text{Caudal, L/d}}{\text{Área, m}^2}$$

$$\text{Sólidos totales, \%} = \frac{\text{(Peso seco, g)} - \text{(Tara, g)}}{\text{(Peso húmedo, g)} - \text{(Tara, g)}} \times 100\%$$

$$\text{Velocidad, ft/s} = \frac{\text{Caudal, ft}^3\text{/s}}{\text{Área, ft}^2}$$

$$\text{Velocidad, ft/s} = \frac{\text{Distancia, ft}}{\text{Tiempo, s}}$$

$$\text{Velocidad, m/s} = \frac{\text{Caudal, m}^3\text{/s}}{\text{Área, m}^2}$$

$$\text{Velocidad, m/s} = \frac{\text{Distancia, m}}{\text{Tiempo, s}}$$

$$\text{Sólidos volátiles, \%} = \left[\frac{\text{(Sólidos secos, g)} - \text{(Sólidos fijos, g)}}{\text{(Sólidos secos, g)}}\right] \times 100\%$$

Volumen de un cono* = (1/3)(0.785)(diámetro^2)(altura)

Volumen de un cilindro* = (0.785)(diámetro^2)(altura)

Volumen de un tanque rectangular* = (largo)(ancho)(altura)

$$\text{Uso de agua, gpcd} = \frac{\text{Volumen de agua producido, gpd}}{\text{Población}}$$

$$\text{Uso de agua, L/cap}\cdot\text{d} = \frac{\text{Volumen de agua producido, L/d}}{\text{Población}}$$

Vatios (circuito de CA) = (voltios)(amperios)(factor de potencia)

Vatios (circuito de CC) = (voltios)(amperios)

$$\text{Tasa de sobreflujo de vertedero, gpd/ft} = \frac{\text{Caudal, gpd}}{\text{Longitud del vertedero, ft}}$$

$$\text{Tasa de sobreflujo de vertedero, L/m·d} = \frac{\text{Caudal, L/d}}{\text{Longitud del vertedero, m}}$$

$$\text{Eficiencia alambre-agua, \%} = \frac{\text{HP del agua}}{\text{HP del motor}} \times 100\%$$

$$\text{Eficiencia alambre-agua, \%} = \frac{\text{(Caudal, gpm)(Carga hidráulica dinámica total, ft)(0.746 kW/hp)(100\%)}}{\text{(3960)(Demanda eléctrica, kW)}}$$

Gráficos circulares

- Para determinar la cantidad por arriba de la línea horizontal: multiplique las partes del gráfico que se encuentran por debajo de la línea.
- A fin de resolver para una de las partes del gráfico circular por debajo de la línea horizontal: cubra esa parte del gráfico y, a continuación, divida la cantidad por arriba de la línea horizontal por las partes restantes del gráfico.
- Las unidades que se proporcionen deben coincidir con las unidades que se muestran en los gráficos.
- Cuando las unidades anglosajonas y métricas difieren, las métricas se muestran entre paréntesis, p. ej., (m^2).

Área de un círculo

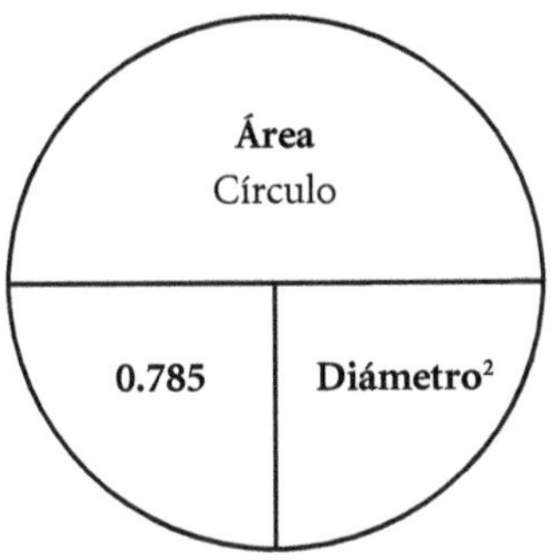

Área de un rectángulo

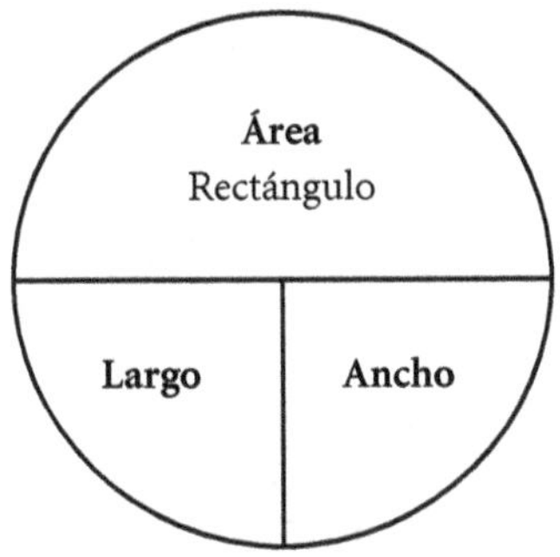

Área de un triángulo recto

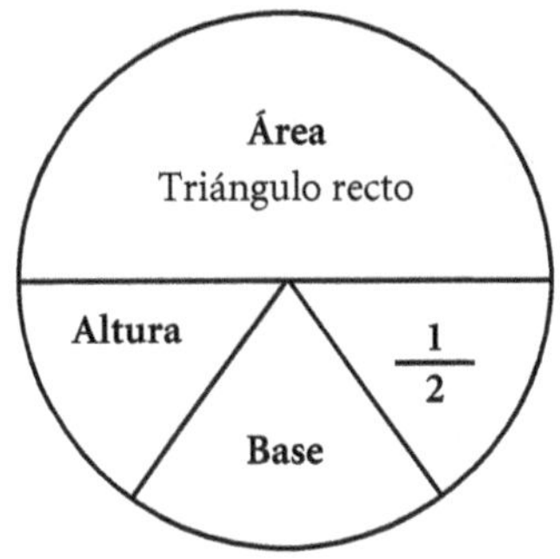

Fuerza electromotriz (EMF), voltios

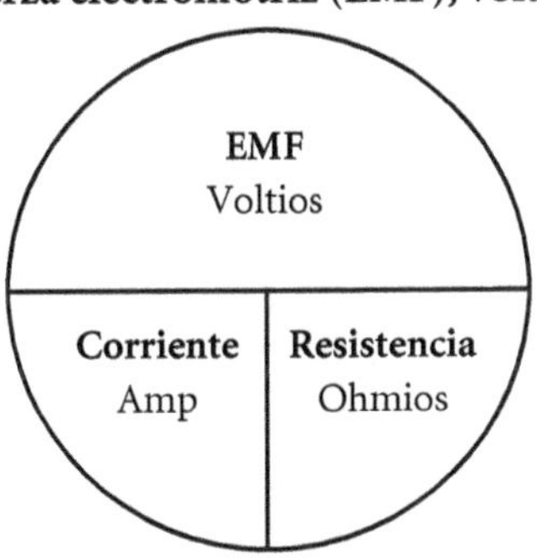

Tasa de alimentación, lb/día (kg/día)

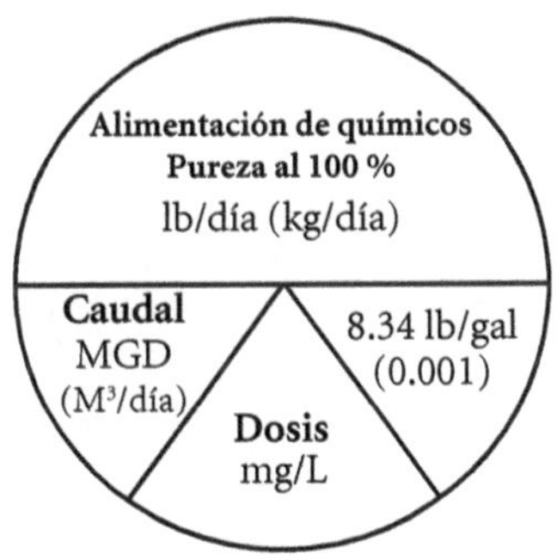

Caudal, ft^3/s (m^3/s)

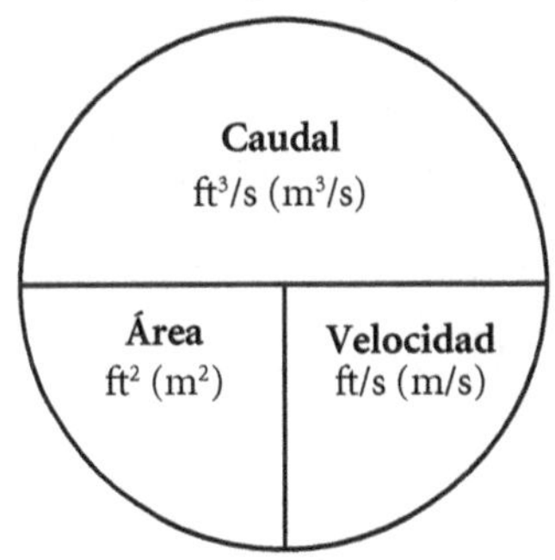

Fuerza, lb (newtons)

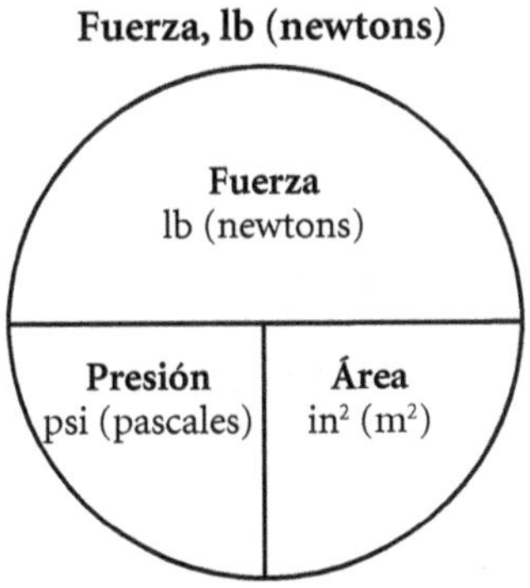

Tasa de carga, lb/día (kg/día)

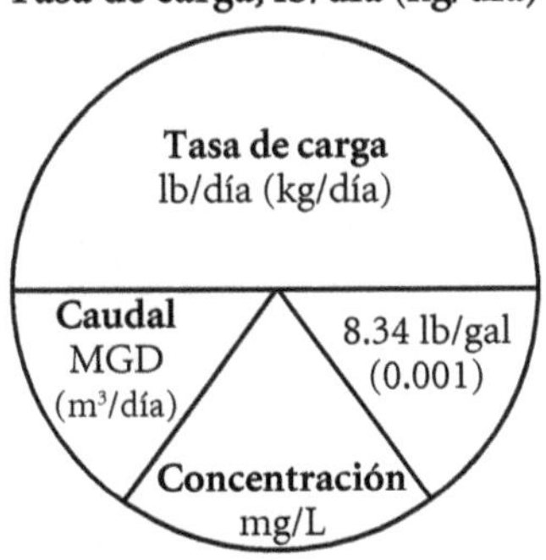

Masa, lb (kg)

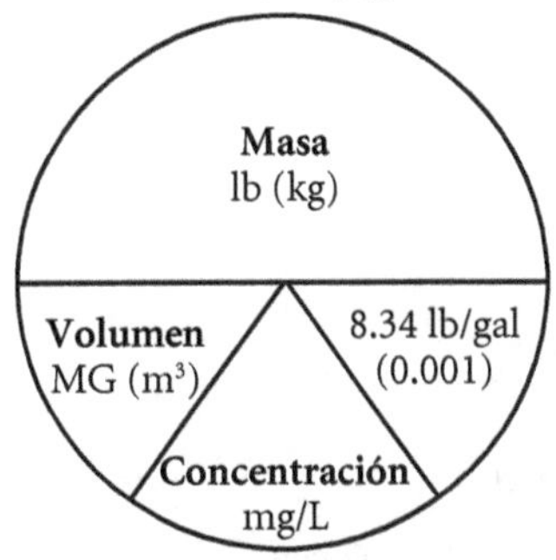

Volumen de un cono

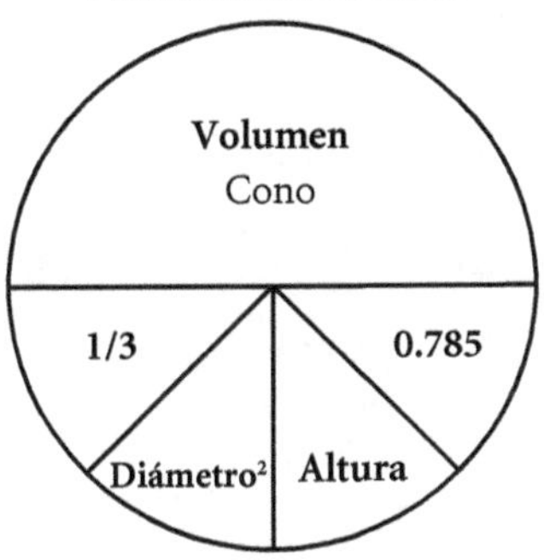

Volumen de un cilindro

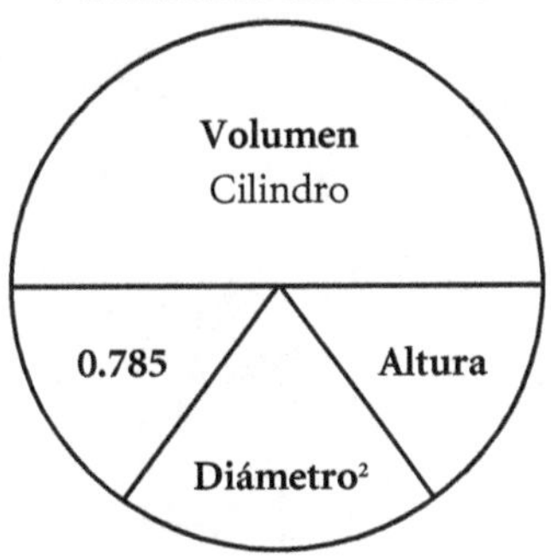

Volumen de un tanque rectangular

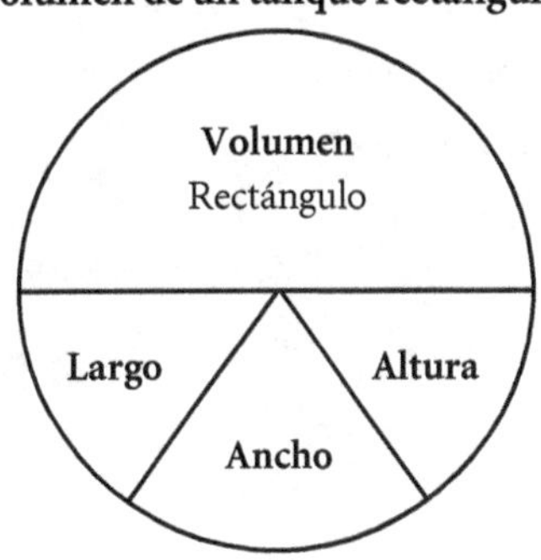

Factores de conversión

1 ac = 4046.9 m^2 o 43 560 ft^2

1 ac ft de agua = 326 000 gal

1 atm = 33.9 ft de agua

= 10.3 m de agua

= 14.7 psi

= 101.3 kPa

1 cfs = 0.646 mgd

= 448.8 gpm

1 ft^3 de agua = 7.48 gal

= 62.4 lb

1 ft = 0.305 m

1 ft H_2O = 0.433 psi

1 gal (EE. UU.) = 3.79 L

= 8.34 lb de agua

1 gr/gal (EE. UU.) = 17.1 mg/L

1 ha = 10 000 m^2

1 hp = 0.746 kW

= 746 W

= 33 000 ft lb/min

1 in = 25.4 mm o 2.54 cm

1 L/s = 0.0864 ML/d

1 lb = 0.454 kg

1 m de agua = 9.8 kPa

1 m^2 = 1.19 yd^2

1 m^3 = 1000 kg

= 1000 L

= 264 gal

1 tonelada métrica = 2205 lb

1 milla = 5280 ft

1 mgd = 694 gpm

= 1.55 cfs

= 3.785 ML/d

Población equivalente (PE), hidráulico = 378.5 L/cap·d

= 100 gpd/cap

PE, orgánico = 0.077 kg DBO/cap·d

= 0.17 lb DBO/cap/d

1 psi = 2.31 ft de agua

= 6.89 kPa

1 ton = 2000 lb

1 % = 10 000 mg/L

π o pi = 3.14

CAPÍTULO 1

Introducción al procesamiento de sólidos

Introducción

Le damos la bienvenida al segundo libro de la serie Fundamentos para el tratamiento de aguas residuales. En el primer libro de la serie se describen los procesos de tratamiento utilizados en el lado de los líquidos de una instalación de recuperación de recursos hídricos (*water resource recovery facility*, WRRF). En el segundo libro se incluye información sobre el procesamiento y el tratamiento de sólidos, además de equipos que se utilizan en las WRRF, como motores, bombas y sopladores. En este capítulo de introducción se ofrece una descripción general del la teoría relacionada con el procesamiento de sólidos y la deshidratación que se ampliara a lo largo de los próximos tres capítulos sobre espesamiento, estabilización y deshidratación.

Se supone que los lectores completaron el primer libro de la serie Fundamentos para el tratamiento de aguas residuales: Tratamiento líquido antes de comenzar con el segundo libro.

OBJETIVOS DE APRENDIZAJE

Después de completar este capítulo, podrá:

- Identificar los distintos tipos de materiales residuales generados durante el tratamiento de aguas residuales y suministrar características generales de cada uno.
- Detallar cinco objetivos para el procesamiento de sólidos.
- Estimar la producción de lodo primario en masa y volumen.
- Calcular la reducción de volumen de lodo después del espesamiento o de la deshidratación.
- Detallar y describir los cuatro tipos de agua presentes en el lodo.
- Explicar por qué son limitadas las concentraciones de lodo deshidratado.
- Determinar qué tipos de lodo son más fáciles y más difíciles de espesar y deshidratar.
- Seleccionar un químico de acondicionamiento adecuado.
- Llevar a cabo ensayos de jarra y aplicar los resultados a la operación a escala completa.
- Interpretar resultados a partir de los ensayos de jarra y de los ensayos de tiempo de filtrado.
- Resumir las normas de la EPA de los EE. UU. para el uso o la disposición de lodo del alcantarillado (40 CFR Parte 503).

Símbolos químicos y fórmulas

$Al_2(SO_4)_3 \cdot 14H_2O$: Sulfato de aluminio, denominado también alumbre

$CaCO_3$: Carbonato de calcio, cal

CH_4: Metano

CO_2: Dióxido de carbono

$FeCl_3$: Cloruro férrico

$Fe_2(SO_4)_3$: Sulfato férrico

H_2O: Agua

NH_3: Amoníaco

H_2S: Sulfuro de hidrógeno

PO_4^{-3}: Ion de fosfato

Características de los sólidos

La mayoría de las WRRF *mecánicas* consisten en dos trayectorias de tratamiento: una para líquidos y otra para sólidos. (En la Figura 1.1 se muestra un proceso de tratamiento de ejemplo para ambas trayectorias, con las trayectorias para líquidos indicadas en líneas azules y las trayectorias para sólidos mayormente indicadas en líneas marrones). En el primer libro de la serie Fundamentos para el tratamiento de aguas residuales se describen los procesos de tratamiento en la trayectoria líquida de las WRRF domésticas. Los procesos individuales de tratamiento en la trayectoria líquida pueden incluir el filtrado, la eliminación de arena,

Hay dos categorías amplias de instalaciones de tratamiento: naturales y mecánicas. Los sistemas de tratamiento natural incluyen estanques y humedales. Los sistemas de tratamiento mecánico ofrecen mayor aeración, mezclado o agregado de químicos para acelerar y mejorar el tratamiento.

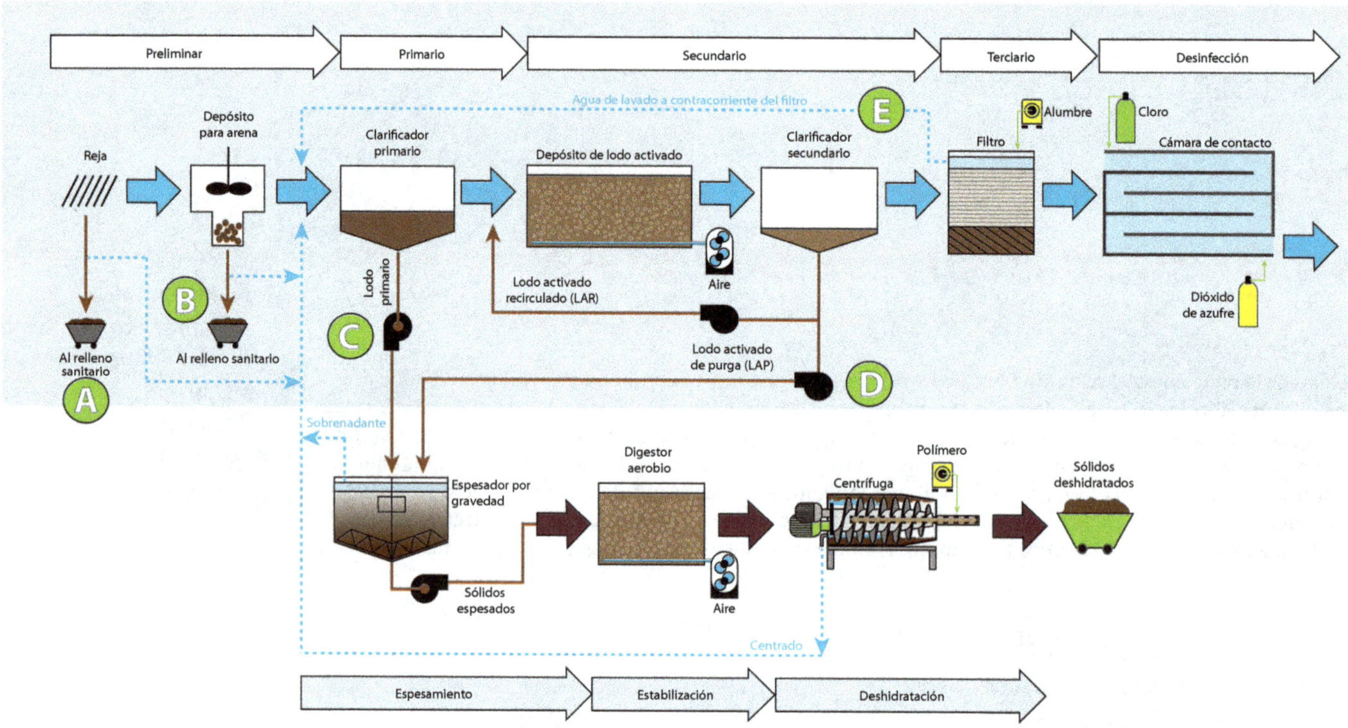

Figura 1.1 Ejemplo de proceso de tratamiento (A) Materiales resultantes del filtrado, (B) Arena, (C) Lodo primario, (D) Lodo secundario, (E) Lodo químico

Los sistemas de tratamiento natural típicamente tratan los líquidos y los sólidos en los mismos procesos. En general no tienen procesos de espesamiento, digestión o deshidratación por separado. Para obtener más información sobre los estanques de aguas residuales, consulte el Capítulo 6 del primer libro.

Los *materiales residuales* son el material sólido remanente después de completado el tratamiento de líquidos.

Hay muchos procesos de tratamiento terciario distintos. Se utilizan par afinar el efluente secundario mediante la eliminación de un contaminante específico. La instalación de este ejemplo usa un filtro terciario con adición de químicos para precipitar el fósforo. También es posible operar los filtros terciarios sin adición de químicos.

El lodo secundario y el lodo terciario a veces se regresan al clarificador primario para que se cosedimenten con el lodo primario.

la clarificación primaria, algunos tipos de tratamiento biológico secundario, tratamiento terciario como precipitación química de fósforo y filtrado, y desinfección. El tratamiento secundario en una WRRF mecánica puede consistir en un filtro percolador, un contactor biológico rotativo, un proceso de lodo activado u otro tipo de tratamiento biológico. Una WRRF en particular puede tener uno o más de estos procesos individuales unitarios.

A medida que las aguas residuales se trasladan por el lado líquido de la WRRF, cada proceso unitario elimina y concentra contaminantes. Estos sólidos se denominan también *materiales residuales* porque permanecen después de que se completa el tratamiento del agua. Cada uno de estos flujos de sólidos tiene distintas características. Todos contienen patógenos y deben procesarse con cuidado.

Observe con detenimiento la instalación de ejemplo de la Figura 1.1 y ubique cada uno de los flujos de sólidos generados durante el tratamiento. Son los siguientes: (A) materiales resultantes del filtrado, (B) arena, (C) lodo primario, (D) lodo secundario y (E) lodo químico. Cada uno de estos flujos se describirá con mayor detalle en las secciones que se presentan a continuación. Las natas, que no se muestran en la Figura 1.1, se eliminan de la superficie de los clarificadores primarios y secundarios y pueden transferirse directamente a un digestor o pueden seguir las mismas trayectorias que el lodo primario y el lodo secundario, respectivamente. En este caso, el lodo secundario es lodo activado de purga (LAP), pero el lodo secundario también puede provenir de un filtro percolador, contactor biológico rotativo u otro proceso de tratamiento biológico. El próximo paso en esta instalación de ejemplo es agregar alumbre antes de un *filtro terciario* para precipitar fósforo. Cuando el filtro se lava a contracorriente, el agua de lavado a contracorriente (consulte E en la Figura 1.1) y el fósforo precipitado (lodo químico) regresan a una ubicación con posterioridad al tratamiento preliminar. Esto permite que el lodo químico se elimine mediante el clarificador primario o secundario. Muchas instalaciones agregan productos químicos aguas arriba de sus clarificadores primario o secundario, o de ambos, para controlar los olores, mejorar la sedimentación o precipitar el fósforo. Tenga en cuenta que cuando se agregan productos químicos para mejorar la sedimentación en los clarificadores primario o secundario, el lodo producido continua denominándose *lodo primario* y *lodo secundario*.

MATERIALES RESULTANTES DEL FILTRADO

En su mayoría, las WRRF usan rejas como defensa primaria para eliminar detritos de gran tamaño como trozos de tela, trapos húmedos y palos de las aguas residuales del caudal de entrada. Esto ayuda a prevenir los daños en los equipos aguas abajo. Las rejas para basura flotante y las rejas de desviación pueden tener aberturas de más de 36 milímetros (mm) [1.5 pulgadas (in)] y las aberturas de las rejas finas pueden ser pequeñas, con aberturas de unos 0.5 mm (0.02 in). La cantidad de material filtrado eliminado depende, en parte, del tamaño de las aberturas. Las rejas con aberturas más pequeñas eliminan más material que las rejas con aberturas más amplias. La cantidad de material filtrado también dependerá de los tipos de empresas en el área de servicio y en los tipos y cantidades de materiales que los residentes arrojan por el retrete o desechan.

Los materiales filtrados en general se envían a un relleno sanitario para su disposición. Es posible enjuagar los materiales resultantes del filtrado para eliminar el exceso de material orgánico, o se los puede compactar para reducir su volumen antes de la disposición. El agua eliminada del material filtrado en general se regresa al caudal de entrada de la instalación.

La eliminación de los materiales provenientes del filtrado y de la arena se tratan en el Capítulo 3, "Tratamiento preliminar", del primer libro.

ARENA

Los propósitos principales de la eliminación de arena son reducir la abrasión y el desgaste en los equipos mecánicos aguas abajo y evitar que se acumule arena en canales, tubos y procesos de tratamiento. La arena es principalmente inorgánica e incluye partículas como grava y otros minerales, y también café molido, cáscara de huevo, cáscara de fruta y semillas. Estas partículas son suficientemente pequeñas para atravesar equipos de filtrado, pero son suficientemente grandes y densas como para sedimentarse rápidamente cuando se reduce la velocidad de las aguas residuales. La cantidad de arena eliminada depende del tipo de red de alcantarillado (*separada* o *combinada*), del uso de disposiciones de residuos domésticos, del estado de la red de alcantarillado, de los tipos de desechos industriales presentes y de la eficiencia del equipo de eliminación de arena. Las disposiciones de residuos aumentan la cantidad de partículas de alimento de mayor tamaño en el caudal de entrada. Los sistemas de alcantarillado combinado incorporan el exceso de arena y grava durante las tormentas.

Los *sistemas de alcantarillado combinados* recolectan aguas residuales y aguas pluviales juntas. Los sistemas de alcantarillado separados utilizan un sistema de tubos para aguas pluviales y otro para aguas residuales. El conjunto separado de tubos para las aguas residuales se denomina *colector sanitario*. Típicamente, las aguas pluviales se descargan directamente a un río, lago o mar y no a la WRRF para su tratamiento.

Se permite que la arena eliminada se drene para eliminar el exceso de agua y puede enjuagarse para eliminar el material orgánico antes de la disposición. En general, la arena se envía a un relleno sanitario. La arena bien lavada debe lograr un contenido de sólidos del 90 % con un mínimo de sólidos *putrescibles*. El agua eliminada de la arena generalmente se regresa al caudal de entrada o al canal del efluente del tanque de arena.

Los microorganismos descomponen con rapidez las sustancias *putrescibles*. Son orgánicas. La descomposición de las sustancias putrescibles puede generar olores desagradables.

LODO PRIMARIO

Los lodos primarios consisten en sólidos orgánicos e inorgánicos no procesados (crudos). Es material que fue separado de las aguas residuales crudas, en general por gravedad, pero que no ha recibido un tratamiento adicional. Se deriva de desechos domésticos, industriales y comerciales, o de una combinación de ellos. Algunas características del lodo primario se suministran en la Tabla 1.1. Los sólidos que se encuentran en el lodo primario son mayormente de materiales fibrosos, *celulosa*, sólidos orgánicos, sólidos inorgánicos y arena que no se eliminaron aguas arriba. El lodo primario también contiene patógenos. El lodo primario difiere de una instalación a otra según lo que se descargó en el sistema de alcantarillado y sus características pueden cambiar de un día a otro. Las industrias estacionales pueden afectar drásticamente la cantidad y la composición del lodo primario producido. El lodo primario en general tiene una concentración de entre un 1 y un 8 % de sólidos totales (TS) cuando se eliminan desde los clarificadores primarios, aunque algunas instalaciones operan sus clarificadores primarios fuera de este rango. En su mayoría, los clarificadores primarios se operan para lograr concentraciones de sólidos entre 3 y 6 % de TS. Estos sólidos contienen un mayor porcentaje de materiales orgánicos, típicamente entre 60 y 85 % (WEF et al., 2018). El resto es agua.

La *celulosa* es un compuesto orgánico de origen vegetal. El papel higiénico y el algodón contienen gran cantidad de celulosa.

Algunas WRRF agregan productos químicos a sus clarificadores primarios para mejorar la sedimentación. Esta práctica se denomina tratamiento primario mejorado químicamente (CEPT). El lodo primario de los procesos de CEPT contendrá un mayor porcentaje de material inorgánico que los clarificadores sin CEPT.

Los clarificadores primarios solo pueden eliminar sólidos sedimentables. Los sólidos que no pueden sedimentarse en el tiempo que permanecen en el clarificador primario pasan directamente hacia el proceso de tratamiento secundario. Los clarificadores primarios que tratan aguas residuales domésticas en general eliminan entre el 50 y el 70 % de los sólidos en suspensión totales (SST) y entre el 25 y el 40 % de la demanda bioquímica de oxígeno (DBO) entrante.

Tabla 1.1 Características del lodo primario (de WEF, 2017, y adaptado de ASCE, 1998, y EPA de los EE. UU., 1979)

Parámetro	Rango de valores
Sólidos totales (TS), %	1.0–8.0
Total de sólidos volátiles (TVS), % de TS	60–85
Grasas, % de TS	5.0–8.0
Nitrógeno, % de TS	1.5–4.0
Fósforo, % de TS	0.8–2.8
Celulosa, % de TS	8–15
pH	5.0–8.0

Nota. Porcentaje por peso de sólidos secos.

Para obtener más información sobre los clarificadores primarios, consulte el Capítulo 4 del primer libro.

Un *patógeno* es un organismo capaz de causar enfermedades. Los patógenos incluyen virus, bacterias y protozoos.

LODO SECUNDARIO

El lodo secundario se produce mediante procesos de tratamiento biológico. Está compuesto en gran medida por microorganismos que crecieron durante el tratamiento secundario, pero también contiene material inerte que no se capturó durante la eliminación de arena o la clarificación primaria. Algunas características del lodo secundario se suministran en la Tabla 1.2. El lodo secundario de filtros percoladores, contactores biológicos rotativos y procesos de lodo activado en general tiene una concentración de entre 0.4 y 2.5 % de sólidos cuando se elimina desde los clarificadores secundarios (WEF et al., 2018). El lodo activado de purga (LAP) y el lodo activado recirculado (LAR) en general son menos gruesos cuando tienen menos de un 1 % de sólidos. El lodo secundario de los filtros percoladores y contactores biológicos rotativos suele tener una concentración de sólidos más alta que el lodo de procesos de lodo activado. Al igual que el lodo primario, el lodo secundario contiene un alto porcentaje de material orgánico, en general entre un 60 y un 85 % (EPA de los EE. UU. 1979). El lodo primario y el lodo secundario también contienen *patógenos*.

LODO QUÍMICO

Algunas WRRF agregan químicos inorgánicos, como alumbre, sales férricas o cal para mejorar el funcionamiento del clarificador primario, reducir los olores o precipitar químicamente el fósforo. La concentración y las características de los lodos químicos dependen de los químicos utilizados para el tratamiento. Cada 1 kilogramo (1 libra) de químico inorgánico agregado, la producción de lodo aumenta en al menos 1 kg (1 lb). El lodo químico generado a partir del alumbre, de las sales férricas, de la cal y de otros químicos inorgánicos suele contener más material inerte que otros tipos de lodo.

El término *lodo químico* se utiliza casi exclusivamente para describir lodos generados al agregar químicos inorgánicos en los cuales una parte importante del lodo está compuesta del químico que reaccionó. Al agregar estos químico inertes, cambia la manera en que el lodo se comporta, en particular en relación con el espesamiento y la deshidratación. También es posible agregar otros químicos al lodo, como blanqueador y polímero. Estos lodos no se consideran lodos químicos. El blanqueador se consume cuando reacciona con el lodo. En general, el polímero es insignificante, ya que representa un porcentaje muy pequeño del peso total del lodo resultante.

VÍNCULOS ENTRE LOS FLUJOS DE LÍQUIDO Y DE SÓLIDOS

Algunos procesos de tratamiento en el lado de procesamiento de sólidos de la WRRF eliminan agua del lodo. Esta agua se regresa al lado líquido de la WRRF, típicamente en un punto aguas arriba del tratamiento secundario. Es importante introducir los caudales de retorno aguas abajo del lugar donde se está midiendo el caudal de entrada. Si se introducen caudales de retorno arriba del monitor del caudal de entrada, se contarán como parte del caudal de entrada una segunda vez. Así, parece que ingresan más caudal y más carga a la instalación de los que ingresan realmente. La mayoría de las agencias reguladoras requiere un monitoreo exacto del caudal de entrada.

Los flujos de retorno tienen distintos nombres, según el proceso o el equipo que los produjo.

- Filtrado: Se regresa de los filtros, como la prensa de filtro de banda y prensas de placas y marcos.
- Lavado a contracorriente: Sin relación con el procesamiento de lodo, sino que proviene de la limpieza de filtros en el lado del líquido.
- Centrado: Regresado de las centrífugas.
- Proveniente del tambor o filtrado: Regresado de espesadores con tambor rotativo.
- Sobrenadante: Regresado de digestores y espesadores por gravedad.
- Subnadante: Regresado de espesadores con flotación de aire disuelto.

Tabla 1.2 Características del lodo secundario (adaptado de ASCE, 1998, y EPA de los EE. UU., 1979)

Parámetro	Rango de valores
Sólidos totales (TS), %	0.4–2.5
Total de sólidos volátiles (TVS), % de TS	60–85
Grasas, % de TS	5–12
Fósforo, % de TS[a]	1.5–3.0
Nitrógeno, % de TS	2.4–7.0
pH	6.5–8.0

[a]Las concentraciones de fósforo en las instalaciones con eliminación biológica mejorada de fósforo o eliminación química de fósforo pueden ser mucho más altas, de hasta el 15 % de fósforo.

El agua regresada del procesamiento de sólidos puede afectar las operaciones del lado líquido de la WRRF. Debe medirse para determinar el caudal y las características que podrían afectar los procesos aguas abajo. Los digestores anaerobios, por ejemplo, producen agua con altas concentraciones de amoníaco. Si esta agua no se gestiona con cuidado, es posible que se purgue amoníaco al efluente final, lo que puede provocar una infracción a los permisos de descarga. Los flujos de reciclaje altos en amoníaco también pueden aumentar la demanda de oxígeno en los procesos de tratamiento biológico y aumentar los costos operativos. Si se regresan demasiados sólidos finos, la capacidad de sedimentación puede verse afectada en el proceso de lodo activado y pasar a otros procesos, lo que aumenta la turbiedad del efluente. Muchas instalaciones recolectan los caudales de retorno del procesamiento de sólidos en tanques de espera y después los purgan de regreso lentamente y de forma pareja al lado líquido. Esta práctica ayuda a minimizar los efectos operativos.

El amoníaco devuelto de un digestor anaerobio y de equipos de deshidratación puede representar hasta el 40 % de la carga total de amoníaco al lado líquido de la WRRF.

Los flujos de sólidos también tienen distintos nombres, según el proceso o el equipo que los produjo.

- Lodo primario: Lodo crudo quitado de la parte inferior de un clarificador primario.
- Lodo secundario: Lodo quitado de la parte inferior de un clarificador secundario. Puede producirse mediante un filtro percolador, contactor biológico rotativo, lodo activado u otro proceso de tratamiento biológico.
- Flotante: Lodo espesado de la superficie de un espesador con flotación de aire disuelto (DAFT).
- LAPE: Lodo activado de purga espesado.
- AWTS: Lodo del tratamiento avanzado de aguas residuales.
- Torta: Lodo o biosólidos deshidratados que ya no son lo suficientemente fluidos como para verterse.

COMPROBACIÓN DE CONOCIMIENTOS

1. **Los sistemas de tratamiento natural típicamente tratan los líquidos y los sólidos en los mismos procesos.**
   - ☐ Verdadero
   - ☐ Falso
2. **La nata eliminada de la superficie de un clarificador primario puede combinarse con lodo primario eliminado de la parte inferior del clarificador antes de transferirse al lado de procesamiento de sólidos de la WRRF.**
   - ☐ Verdadero
   - ☐ Falso
3. **El lodo secundario suele tener concentraciones de sólidos en suspensión totales más altas que el lodo primario.**
   - ☐ Verdadero
   - ☐ Falso
4. **Este término puede usarse para describir el material sólido eliminado de las aguas residuales durante el tratamiento.**
   a. Natas
   b. Materiales residuales
   c. Tintineo
   d. Volátiles
5. **El lodo químico puede producirse en todas las siguientes ubicaciones, EXCEPTO:**
   a. Clarificador primario
   b. Clarificador secundario
   c. Filtro terciario
   d. Cámara de contacto con cloro
6. **Un ejemplo de lodo secundario biológico sería:**
   a. Sólidos eliminados durante la clarificación primaria
   b. Sólidos generados durante la precipitación del fósforo
   c. Sólidos eliminados del proceso de lodo activado
   d. Sólidos eliminados durante el filtrado y la eliminación de arena
7. **Este tipo de residuo en general se envía a un relleno sanitario.**
   a. Arena
   b. Lodo primario
   c. Lodo secundario
   d. Lodo químico
8. **El lodo primario consiste principalmente en:**
   a. Arena, grava, cáscara de fruta y semillas
   b. Materiales fibrosos, celulosa y sólidos orgánicos e inorgánicos
   c. Microorganismos producidos en el proceso de tratamiento
   d. Compuestos de hierro o aluminio precipitados
9. **Este tipo de lodo suele tener porcentajes más altos de sólidos volátiles que otros tipos de lodo.**
   a. Arena
   b. Secundario
   c. Químico
   d. Deshidratado

10. El lodo químico generado al agregar férrico para el control de olores, para mejorar el desempeño del clarificador o para precipitar fósforo suele tener más ______________ que otros tipos de lodo.

a. Material inerte
b. Microorganismos
c. Celulosa
d. Patógenos

11. Una el flujo de retorno con el proceso que lo produjo.

1. Filtrado	a. Espesador con tambor rotativo
2. Centrado	b. Digestores y espesadores por gravedad
3. Proveniente del tambor	c. Prensa de filtro de banda o prensa de placas y marcos
4. Sobrenadante	d. Filtros terciarios
5. Lavado a contracorriente	e. Centrífuga

12. Deben gestionarse los caudales provenientes del procesamiento de sólidos para:

a. Maximizar los caudales de retorno en la mitad del día.
b. Reducir las oportunidades para que pase amoníaco.
c. Minimizar la captura de sólidos finos.
d. Asegurar el funcionamiento adecuado de los equipos para procesar sólidos.

Procesamiento de sólidos

El tratamiento no finaliza solo al terminar de separar los sólidos de las aguas residuales tratadas. El lodo primario es fundamentalmente demanda bioquímica de oxígeno (DBO) y sólidos en suspensión totales (SST) de las aguas residuales del caudal de entrada. El lodo secundario es mayormente microorganismos vivos y muertos que crecieron en el proceso de tratamiento después de alimentarse de DBO del caudal de entrada. Tanto el lodo primario como el secundario contienen altos porcentajes de material orgánico (60 a 85 % de sólidos volátiles en suspensión [SVS]) y patógenos. También pueden contener metales pesados como plomo, cobre y mercurio, además de pesticidas, farmacéuticos y otros compuestos orgánicos potencialmente perjudiciales. Durante el tratamiento de las aguas residuales pueden concentrarse en el lodo. En general, las concentraciones de metales pesados y compuestos orgánicos potencialmente perjudiciales son muy bajas, en el rango de *partes por mil millones* (ppb) o partes por billón (ppt). Estas concentraciones bajas en general no son perjudiciales para los operadores; no obstante, tienen el potencial de afectar el medio ambiente si el lodo no se gestiona correctamente. Los contaminantes están presentes en las aguas residuales que provienen de hogares, escuelas y oficinas. Las concentraciones más altas de contaminantes pueden estar provocadas por descargas comerciales e industriales en la red de alcantarillado. A veces, un metal pesado como el selenio está presente naturalmente en el suministro de agua potable a concentraciones seguras, pero suficientemente altas para tener el potencial de perjudicar el medio ambiente cuando se concentra en el lodo. Algunas áreas de los Estados Unidos, en particular en el oeste, tienen altas concentraciones de cobre, arsénico, selenio y otros metales en las aguas subterráneas. Cuando esta agua ingresa a la red de alcantarillado mediante grietas en los tubos, puede aumentar las concentraciones de los metales en el lodo.

¿Cómo es una parte por mil millones? Una *parte por mil millones* es igual a 1 segundo en 31.7 años. Una parte por billón es 1000 veces más pequeña que una parte por mil millones.

Las descargas industriales de metales pesados y sustancias orgánicas tienen el potencial de aumentar la concentración de contaminantes hasta volverlas peligrosas. Las WRRF de los Estados Unidos que tienen descargas industriales importantes las gestionan según el Programa Federal de Pretratamiento para evitarlo.

El tratamiento adicional puede convertir el lodo en biosólidos mediante uno o más procesos. La Water Environment Federation (WEF) define el lodo como cualquier material residual producido durante el tratamiento primario, secundario o avanzado (terciario) de las aguas residuales que no se trataron para reducir los patógenos o la atracción de *vectores*. Los materiales resultantes del filtrado y la arena no son lodo porque se producen durante el tratamiento preliminar. El lodo se denomina con frecuencia “lodo crudo” para aclarar que no recibió tratamiento. Los biosólidos son lodo que se estabilizó y cumple los criterios del *Código de Regulaciones Federales*, Título 40, Parte 503 (40 CFR, Parte 503) de la Agencia de Protección Ambiental de los EE. UU. (EPA de los EE. UU.). Si los sólidos de una WRRF se eliminan en rellenos sanitarios para desechos sólidos municipales o se usan como material para cubrir un relleno sanitario, deben cumplir los requisitos de 40 CFR Parte 258 (regulaciones sobre rellenos sanitarios para desechos sólidos municipales) en lugar de la Parte 503.

Un *vector* es algo que propaga enfermedades. Por ejemplo, los mosquitos con su picadura transmiten la enfermedad de la malaria. El mosquito es el vector y la malaria es la enfermedad.

Los rellenos sanitarios municipales con desechos sólidos no pueden aceptar determinados tipos de desechos. Los materiales residuales de las aguas residuales deben cumplir los requisitos de metales pesados, compuestos orgánicos y contenido de humedad para poder aceptarse en un relleno sanitario.

¿Qué significa “estabilizar el lodo”? El lodo se estabiliza cuando se cumplen dos metas. En primer lugar, inactiva o reduce la cantidad de patógenos en el lodo a niveles seguros, de modo que los biosólidos terminados no puedan enfermar a las personas. En segundo lugar, reduce la atracción de vectores. Algunos métodos de estabilización también reducen la masa y el porcentaje del material orgánico en el lodo. El material orgánico no es en sí perjudicial, pero puede respaldar el crecimiento de microorganismo y ser fuente de olores. Algunos de los microorganismos pueden ser también patógenos. Los olores atraen insectos, pájaros, ratas, perros y otros animales (vectores) que pueden percibir el lodo como una potencial fuente de alimentos.

Los insectos o animales que caminan, excavan o se revuelcan en el lodo pueden trasladar partículas por largas distancias y posiblemente transmitir patógenos y enfermedades. Al reducir el porcentaje de material orgánico en el lodo se reduce su atractivo. Otros métodos de reducción de atracción de vectores (RAV) incluyen secar el lodo, aumentar el pH del lodo y cubrir el lodo con tierra para limitar el acceso. Se requieren tanto la reducción de patógenos como la RAV para considerar el lodo como estabilizado. Los requisitos regulatorios para cumplir los límites de los patógenos y de la RAV se describen con mayor detalle en la sección titulada "Cómo cumplir los requisitos de las regulaciones 503" más adelante en este mismo capítulo.

La irradiación usa microondas o radiación gama para inactivar patógenos.

Los biosólidos pueden estabilizarse por calentamiento, secado, ajuste del pH, *irradiación* o digestión (darlos de alimento a otros microorganismos). Los dos métodos más utilizados para la estabilización del lodo son la digestión aerobia y anaerobia. La digestión aerobia descompone el lodo en la presencia de oxígeno mediante un proceso denominado *respiración endógena*. La digestión anaerobia descompone lodo en ausencia de oxígeno. En la Figura 1.2 se exhiben los pasos típicos para procesar lodo y su propósito. Una WRRF específica puede tener algunos, todos o ninguno de estos pasos.

No se preocupe si no conoce algunas de las tecnologías que se mencionan en este capítulo inicial. Se tratarán con mayor detalle en los próximos tres capítulos sobre espesamiento, digestión y deshidratación. Es recomendable que repase este capítulo después de completar los otros.

Los biosólidos pueden utilizarse en la corrección del suelo, para compostaje, para biocombustibles, colocarse en un depósito superficial, incinerarse o enviarse a un relleno sanitario. Aproximadamente un 50 % de todos los biosólidos producidos en los Estados Unidos es reutilizado de manera beneficiosa mediante su aplicación en tierra (EPA de los EE. UU., 2016). La aplicación en tierra se realiza esparciendo los biosólidos en la superficie del suelo o inyectándolos en el suelo. Los biosólidos agregan agua, materia orgánica y nutrientes al suelo. Son como un fertilizante orgánico de liberación lenta. En lugar de descomponerse como desechos, los biosólidos se ponen en un uso adecuado (beneficioso). La aplicación en tierra se denomina más comúnmente *reutilización beneficiosa* por este motivo. Un sitio de disposición superficial es un terreno donde se coloca el lodo para su disposición final (EPA de los EE. UU., 1994b). Los sitios de disposición superficial incluyen rellenos sanitarios, *monovertederos* utilizados únicamente para lodo, pilas de lodo, sitios de disposición dedicados al lodo, diques superficiales de lodo o lagunas diseñadas para la disposición final de lodo (EPA de los EE. UU., 1994b). A diferencia de las aplicaciones en tierra, las disposiciones superficiales implican colocar el lodo en la tierra para su disposición final, no para acondicionar el suelo o fertilizar cultivos.

El acondicionamiento agrega químicos al lodo para facilitar la eliminación de agua y concentrar los sólidos.

La decantación elimina el líquido transparente de la parte superior de un digestor. El agua puede bombearse hacia afuera o puede permitirse que desborde por un tubo o vertedero.

En general, las metas del procesamiento de sólidos incluyen:

- Reducir el volumen.
- Reducir la masa.
- Reducir el porcentaje de materia orgánica.
- Inactivar o reducir la cantidad de patógenos.
- Cumplir los requisitos de las regulaciones de 40 CFR Parte 503 o Parte 258.

El uso de biosólidos para acondicionar el suelo y fertilizar cultivos se denomina *reutilización beneficiosa*.

Un *monovertedero* es un tipo especial de relleno sanitario que solo acepta un tipo de desecho.

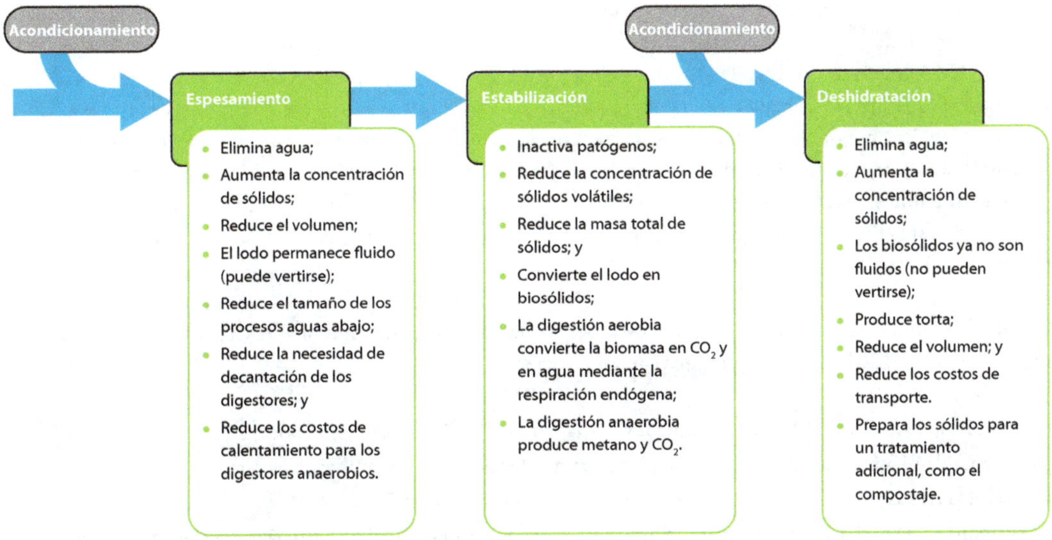

Figura 1.2 Pasos típicos para el procesamiento de sólidos
Nota. CO_2 = dióxido de carbono.

COMPROBACIÓN DE CONOCIMIENTOS

1. **Después de separar los sólidos de las aguas residuales tratadas, el tratamiento está finalizado.**
   - ☐ Verdadero
   - ☐ Falso
2. **Algunas fuentes de contaminantes en el lodo incluyen hogares, empresas, usuarios industriales y el suministro de agua potable.**
   - ☐ Verdadero
   - ☐ Falso
3. **Las concentraciones de contaminantes en el lodo con frecuencia son suficientemente altas para ser perjudiciales para los operadores.**
   - ☐ Verdadero
   - ☐ Falso
4. **Las cantidades detectables de metales pesados en el lodo provienen de todas las fuentes siguientes EXCEPTO:**
   a. Hogares y oficinas
   b. Sólidos sedimentables
   c. Suministro de agua potable
   d. Sólidos disueltos
5. **Un ejemplo de vector sería:**
   a. Virus
   b. Bacteria
   c. Insecto
   d. Parásito
6. **Otro término para aplicación en tierra de biosólidos es:**
   a. Reutilización beneficiosa
   b. Disposición superficial
   c. Relleno sanitario
   d. Laboreo o arado
7. **Antes de poder aplicar biosólidos en la tierra, deben cumplir los requisitos de esta importante regulación:**
   a. 40 CFR Parte 258
   b. Ley de Conservación y Recuperación de Recursos (*Resource Conservation and Recovery Act*, RCRA)
   c. 40 CFR Parte 503
   d. Ley de Seguridad y Salud Ocupacionales (*Occupational Safety and Health Act*, OSHA)
8. **Sin regresar a mirar en el texto, detalle las metas del procesamiento de sólidos.**
   a. ______________________
   b. ______________________
   c. ______________________
   d. ______________________
   e. ______________________

La *densidad* es la masa por volumen.

Un *proceso unitario* es un tipo de tratamiento. Puede tratarse de un equipo, como una prensa de filtro de banda, o de un tanque especializado, como un espesador por gravedad.

REDUCCIÓN DEL VOLUMEN

La concentración de sólidos en el lodo primario, secundario y terciario es superior que en las aguas residuales del caudal de entrada, pero los lodos igualmente contienen más del 90 % de agua. Toda esa agua ocupa mucho espacio y es pesada. ¿Alguna vez se preguntó por qué no enviamos agua a las áreas con sequía? No es eficiente. Un estadounidense típico usa entre 204 y 455 litros (entre 54 y 120 galones) de agua por día. A una *densidad* de 1 kilogramo por litro (kg/L) (8.34 libras por galón [lb/gal]), es equivalente a enviar hasta 455 kilogramos (1001 libras) de agua a cada persona por día. Desplazar ese peso y ese volumen es muy costoso y requiere mucha energía. Lo mismo sucede con el procesamiento de grandes volúmenes de lodo diluido. Las instalaciones de recuperación de recursos hídricos usan distintos *procesos unitarios* para aumentar las concentraciones de sólidos en el lodo y reducir el volumen de lodo que debe procesarse. Cuanto más concentrado esté el lodo (cuanto mayor sea la concentración de sólidos), menos costoso resulta desplazar los sólidos de un lugar a otro.

Los cálculos siguientes estiman el volumen de lodo primario producido en una WRRF pequeña. El caudal de entrada de una WRRF tiene las siguientes características:

- Caudal de entrada = 3785 metros cúbicos por día (m^3/d) (1 millón de galones por día [mgd])
- Demanda bioquímica de oxígeno (DBO_5) del caudal de entrada = 280 miligramos por litro (mg/L)
- Sólidos en suspensión totales (SST) del caudal de entrada = 300 mg/L
- Suponga que el clarificador primario elimina el 50 % de SST del caudal de entrada y el 35 % de los DBO_5 del caudal de entrada. El lodo primario se espesa en el clarificador a una concentración de 5 % de sólidos totales (TS).

Unidades estándar del sistema internacional

Paso 1: Calcule la masa de SST que ingresan al proceso de tratamiento en kilogramos por día (kg/d).

$$\text{kg/d} = \frac{[(\text{Concentración, mg/L})(\text{Volumen, m}^3\text{/d})]}{1000} \tag{1.1}$$

$$\text{kg/d de SST} = \frac{[(300\ \text{mg/L})(3785\ \text{m}^3\text{/d})]}{1000}$$

$$\text{kg/d} = 1135.5$$

Paso 2: Calcule la masa de SST que ingresan en el lodo del clarificador primario.

$$\text{Porcentaje} = \frac{\text{Parte}}{\text{Todo}} \times 100 \tag{1.2}$$

$$50 = \frac{\text{Parte}}{1135.5\ \text{kg/d}} \times 100$$

$$0.5 = \frac{\text{Parte}}{1135.5\ \text{kg/d}}$$

$$567.75\ \text{kg/d} = \text{Parte}$$

Paso 3: Convierta la concentración del lodo primario de porcentaje a miligramos por litro (mg/L) con el *análisis dimensional*. La fórmula de masa solo funciona cuando las unidades de medida coinciden con la fórmula. Observe que la concentración del lodo se mide como sólidos totales (TS) en lugar de sólidos en suspensión totales (SST). Esto se debe a que el lodo es demasiado espeso para medirse con exactitud mediante el análisis de SST. Deben usarse, en cambio, los TS. A los fines del cálculo del lodo, suponemos que la cantidad de sólidos disueltos totales (SDT) en el lodo es baja en comparación con la cantidad de SST y no afectará de manera apreciable los resultados.

El *análisis dimensional*, denominado también "vía férrea", es un método de convertir de un conjunto de unidades a otro. En este ejemplo, el porcentaje se convierte a mg/L. Para preparar la vía, deben seguirse estas reglas. (1) Solo las unidades arriba de la línea y debajo de la línea pueden cancelarse mutuamente. (2) Cada conjunto de unidades en un paréntesis debe ser igual al otro. Por ejemplo, 10 000 mg/L es igual a 1 %. (3) Después de preparada la vía, todos los números de arriba de la línea se multiplican y todos los números debajo de la línea se dividen. En este ejemplo, los números se ingresan en la calculadora como 5 × 10 000 ÷ 1. (4) Todas las unidades que no se cancelan se desplazan al final de la vía y se convierten en parte de la respuesta.

$$\frac{5\%}{}\left|\frac{10\ 000\ \text{mg/L}}{1\ \%}\right| = 50\ 000\ \text{mg/L}$$

Paso 4: Use la fórmula de la masa (Ecuación 1.1) para hallar el volumen de lodo. Esta vez, comience con kg y regrese para hallar los m^3/d.

$$\text{kg/d} = \frac{[(\text{Concentración, mg/L})(\text{Volumen, m}^3\text{/d})]}{1000}$$

$$567.75\ \text{kg/d} = \frac{[(50\ 000\ \text{mg/L})(\text{Volumen, m}^3\text{/d})]}{1000}$$

$$567\ 750\ \text{kg/d} = (50\ 000\ \text{mg/L})(\text{Volumen, m}^3\text{/d})$$

$$11.355 = \text{Volumen, m}^3\text{/d}$$

Paso 5: Convierta de m^3/d a litros por día mediante el análisis dimensional.

$$\frac{11.355\ \text{m}^3}{\text{d}}\left|\frac{1000\ \text{L}}{1\ \text{m}^3}\right| = 11\ 355\ \text{L/d}$$

Los cálculos se llevan a cabo solo con SST y no DBO_5. Recuerde del Capítulo 4 del primer libro (Tratamiento primario) que los sólidos volátiles en suspensión (SVS) y la DBO_5 son dos métodos distintos para medir el material orgánico en las aguas residuales. Debido a que los SVS son parte de los SST, la cantidad de DBO_5 que termina en el lodo primario ya se incorporó.

Unidades habituales en los EE. UU.

Paso 1: Calcule la masa de SST que ingresan al proceso de tratamiento en libras por día (lb/d).

$$\text{lb/d} = (\text{Concentración, mg/L})(\text{Volumen, mgd})(8.34) \quad (1.3)$$

$$\text{lb/d} = (300\ \text{mg/L})(1\ \text{mgd})(8.34)$$

$$\text{lb/d} = 2502$$

La fórmula de la masa para las libras incluye un factor de conversión de 8.34. Esto a veces se indica en la fórmula como el peso del agua (8.34 lb/gal); no obstante, no es correcto. Es verdad que el peso del agua es de 8.34 lb/gal, pero la cifra 8.34 en esta ecuación es un factor de conversión. El factor de conversión, cuando se usa en la fórmula de la masa, convierte mg/L y mgd en libras por día (lb/d). Incluye todas las conversiones que se muestran en el análisis dimensional de la Figura 1.4 comprimidas en una cifra única y fácil de usar.

"Millones de galones" se abrevia como *mill. de gal.*

$$\frac{X\ \text{mg}}{\text{L}}\left|\frac{1\ \text{g}}{1000\ \text{mg}}\right|\left|\frac{1\ \text{kg}}{1000\ \text{g}}\right|\left|\frac{2.204\ \text{lb}}{1\ \text{kg}}\right|\left|\frac{3.785\ \text{L}}{1\ \text{gal}}\right|\left|\frac{1\,000\,000\ \text{gal}}{1\ \text{mill. de gal}}\right|\left|\frac{X\ \text{mill. de gal}}{\text{d}}\right| = \text{lb/d} \quad (1.4)$$

Las X en la Fórmula 1.4 deben reemplazarse con los valores necesarios, en este caso 300 mg/L y 1 mgd.

Paso 2: Calcule la masa de SST que ingresan en el lodo del clarificador primario.

$$\text{Porcentaje} = \frac{\text{Parte}}{\text{Todo}} \times 100 \quad (1.5)$$

$$50 = \frac{\text{Parte}}{2502\ \text{lb/d}} \times 100$$

$$0.5 = \frac{\text{Parte}}{2502\ \text{lb/d}}$$

$$1251\ \text{lb/d} = \text{Parte}$$

Paso 3: Convierta la concentración del lodo primario de porcentaje a mg/L con el análisis dimensional. La fórmula de masa solo funciona cuando las unidades de medida coinciden con la fórmula. Observe que la concentración del lodo se mide como sólidos totales (TS) en lugar de sólidos en suspensión totales (SST). Esto se debe a que el lodo es demasiado espeso para medirse con exactitud mediante el análisis de SST. Deben usarse, en cambio, los TS. A los fines del cálculo del lodo, suponemos que la cantidad de sólidos disueltos totales (SDT) en el lodo es baja en comparación con la cantidad de SST y no afectará de manera apreciable los resultados.

$$\frac{5\%}{}\left|\frac{10\,000\ \text{mg/L}}{1\ \%}\right| = 50\,000\ \text{mg/L}$$

Paso 4: Use la fórmula de la masa (1.3) para hallar el volumen de lodo. Esta vez, comenzará con lb y retrocederá para hallar los mgd.

$$\text{lb/d} = (\text{Concentración, mg/L})(\text{Volumen, mgd})(8.34)$$

$$1251 \text{ lb/d} = (50\ 000 \text{ mg/L})(\text{Volumen, mgd})(8.34)$$

$$1251 \text{ lb/d} = (417\ 000)(\text{Volumen, mgd})$$

$$0.003 = \text{Volumen, mgd}$$

Paso 5: Convierta de mgd a galones por día mediante el análisis dimensional.

$$\frac{0.003 \text{ mill. de gal}}{\text{d}}\left|\frac{1\ 000\ 000 \text{ gal}}{1 \text{ mill. de gal}}\right| = 3000 \text{ gal/d}$$

Hay una explicación del análisis dimensional con la solución en unidades métricas.

Los cálculos se llevan a cabo solo con SST y no DBO_5. Recuerde del Capítulo 4 del primer libro (Tratamiento primario) que los sólidos volátiles en suspensión (SVS) y la DBO_5 son dos métodos distintos para medir el material orgánico en las aguas residuales. Debido a que los SVS son parte de los SST, la cantidad de DBO_5 que termina en el lodo primario ya se incorporó. La DBO_5 soluble no se captura en el lodo.

La DBO_5 y los SST que no son capturados por el clarificador primario pasan al proceso de tratamiento secundario. Aquí, aproximadamente toda la DBO_5 y los SVS se convertirán en biomasa, que reduce la masa total (kg o lb). Recuerde del Capítulo 5 del primer libro (Aspectos básicos del tratamiento biológico) que el rendimiento de las bacterias heterotróficas es de aproximadamente 0.6 kg (o lb) de SVS producidos cada 1 kg (o lb) de DBO_5 que ingresa al proceso. Los sólidos no volátiles e inertes que ingresan al proceso secundario atraviesan el proceso sin cambios. La cantidad de lodo secundario producido depende en parte de la cantidad de material inerte que ingresa. El lodo secundario es más diluido que el lodo primario y, en consecuencia, el volumen de lodo secundario suele ser mayor.

CÁLCULO DE LOS VOLÚMENES DE LODO

La reducción del volumen de lodo puede calcularse si se conocen las concentraciones inicial y final de sólidos en el lodo. La Ecuación 1.6 se denomina Ecuación normal de dos o dilución en la sección de fórmulas de la Association of Boards of Certification (ABC) al principio de este manual. Al utilizar esta ecuación, las unidades de ambos términos de concentración deben ser las mismas (mg/L, por ejemplo) y las unidades de ambos términos de volumen deben ser las mismas (metros cúbicos [m^3], por ejemplo). No hay limitaciones sobre las unidades que pueden usarse. Considere el lado izquierdo de la ecuación como la concentración y el volumen iniciales y el lado derecho de la ecuación como la concentración y el volumen finales. Debido a que ninguno de los sólidos se eliminará, la masa inicial y la masa final deben ser iguales. En otras palabras, la masa uno debe ser igual a la masa dos.

$$(\text{Concentración 1})(\text{Volumen 1}) = (\text{Concentración 2})(\text{Volumen 2}) \tag{1.6}$$

La ecuación también puede escribirse como:

$$(C_1 \times V_1) = (C_2 \times V_2) \tag{1.7}$$

Cálculo de ejemplo:

Se eliminan diez mil (10 000) litros de lodo primario del fondo de un clarificador primario. Los análisis de laboratorio indican que la concentración de sólidos totales (TS) es de 45 000 mg/L (4.5 %). Si se elimina suficiente agua para aumentar la concentración de TS a 18.2 %, ¿cuántos litros de lodo permanecerán? Use las dos ecuaciones normales para calcular el nuevo volumen.

$$(C_1 \times V_1) = (C_2 \times V_2)$$

$$(4.5\% \times 10\ 000 \text{ L}) = (18.2\% \times V_2)$$

$$45\ 000\% \times \text{L} = (18.2\% \times V_2)$$

$$2472.5 \text{ L} = V_2$$

El volumen final se calcula como litros debido a que las unidades en V_2 deben coincidir con las unidades en V_1. Si el volumen inicial hubiera estado en galones, la respuesta también estaría en galones.

El *espesamiento* en general ocurre antes de la estabilización y la *deshidratación* en general ocurre después de la estabilización. Los lodos espesados tienen concentración de sólidos lo suficientemente bajas como para poder verterse. Los lodos deshidratados tienen mayores concentraciones de sólidos y ya no pueden verterse. El espesamiento y la deshidratación utilizan muchas tecnologías en común. El uso de términos específicos resulta de ayuda para conversar sobre procesos en particular.

TIPOS DE AGUA EN EL LODO

Muchos procesos de *espesamiento* y *deshidratación* del lodo usan gravedad o presión para quitar el agua del lodo. No es posible eliminar toda el agua del lodo con estos métodos. Una prensa de filtro de banda puede aumentar la concentración de sólidos totales a 20 % de sólidos totales y una centrífuga puede lograr un 35 % de sólidos totales, y las prensas de placas y marcos llegan al 45 % de sólidos totales (WEF et al., 2018). Cada uno de estos métodos de secado mecánico deja mucha agua en el lodo. ¿Por qué es tan difícil de eliminar?

En el lodo y en los biosólidos hay cinco tipos de agua: a granel, intersticial, capilar, vecinal y proveniente de la hidratación (Vesilind, 1994). El agua a granel también se denomina *agua libre*. Esta agua existe fuera de las partículas de lodo y se drena libremente. No está unida a las partículas. Es como al tomar barro con la mano del fondo de un arroyo. Parte del agua se escurrirá fácilmente entre los dedos y el resto del barro quedará. Si el resto de barro se coloca en una servilleta de papel o en un filtro para café, se drenará aún más agua. El agua que se elimina fácilmente al drenarse (gravedad) es el agua a granel o libre. Parte del agua que permanece es agua intersticial.

El agua intersticial llena los orificios y espacios entre las partículas de barro (Figuras 1.3 y 1.4). Estas aberturas también se denominan *vacíos* o *poros*. Cuando el barro se aprieta, las partículas individuales se acercan y parte del agua intersticial se elimina. Hasta cierto punto, cuanto con mayor fuerza se apriete el barro, más agua se liberará. Cuando se elimine la mayoría del agua intersticial, el barro continuará estando húmedo. Todavía contendrá agua. Al continuar apretando, incluso con mucha fuerza, el agua restante no se eliminará. Parte del agua que permanece está atrapada entre las partículas (Figura 1.4). Cuando las partículas tienen un tamaño grande, los espacios entre las partículas también son grandes y forman canales para que el agua se escape. Cuando las partículas son pequeñas o cuando hay una mezcla de partículas de menor y mayor tamaño, se agrupan con mayor proximidad y atrapan el agua. Las aberturas entre las partículas son más pequeñas y no se conectan tan bien como para formar canales de un tamaño suficiente para que escape el agua. El agua capilar se mantiene en grietas dentro del lodo y es contenida por la atracción capilar.

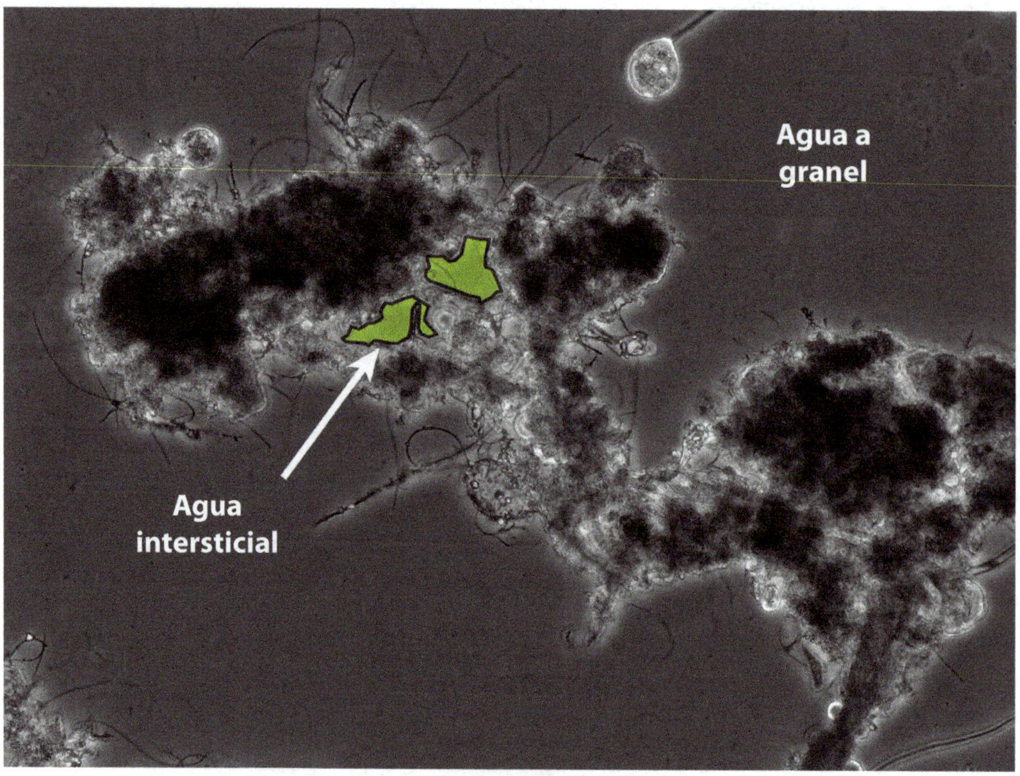

Figura 1.3 Agua a granel e intersticial (reimpreso con autorización de Indigo Water Group)

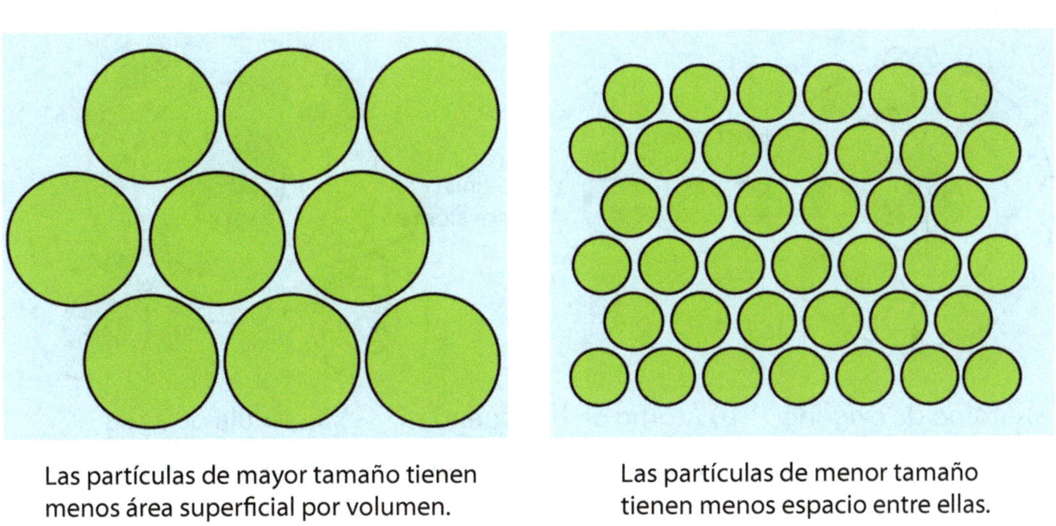

Figura 1.4 Tamaño de las partículas y espacio intersticial (reimpreso con autorización de Indigo Water Group)

Pruebe con el experimento siguiente. Necesitará una cantidad pequeña de arena limpia y seca, tierra seca del jardín, dos recipientes, algunos filtros de café y un cronómetro. Coloque la arena seca en un recipiente y la tierra seca en otro. Agregue la misma cantidad de agua a ambos recipientes. Asegúrese de humedecer completamente la arena y la tierra, y agite para mezclarlas con el agua. Debe haber agua adicional suficiente para formar una capa sobre la parte superior de la arena y la suciedad. A continuación, vuelque la mezcla de arena en uno de los filtros de café y colóquelo sobre un vaso. Use el cronómetro para observar cuánto tarda en drenarse el agua. Repita el experimento con la mezcla de tierra y agua. ¿La arena se drenó con mucha mayor rapidez? ¿La arena estaba más seca que el barro al finalizar el experimento? ¿Qué sucede si aprieta la arena y aprieta el barro? Las partículas de arena suelen tener un tamaño mucho mayor y suelen ser más uniformes que las partículas de la tierra y del barro. La arena no contiene material orgánico, el cual suele retener más agua que el material inerte. Estas tres cualidades hacen que el agua se drene de la arena con mayor rapidez y facilidad que del barro.

El agua vecinal es agua que es atraída a las partículas de lodo. Para comprender por qué es tan difícil eliminar el agua vecinal, primero debemos comprender una propiedad fundamental del agua: la polaridad. Las moléculas de agua contienen un átomo de oxígeno y dos de hidrógeno. Como observamos en el repaso de química del primer libro, los átomos están compuestos por protones, neutrones y electrones. Los protones tienen una carga positiva y los electrones tienen una carga negativa. Los neutrones no tienen carga. Los átomos de oxígeno contienen ocho protones y ocho electrones. Los electrones se indican como círculos de color verde en la Figura 1.5 y orbitan alrededor del núcleo. Los protones del núcleo se indican como círculos de color azul. Los átomos de hidrógeno contienen un protón y un electrón. La mayoría de los átomos es más estable cuando el anillo externo de electrones contiene dos o ocho electrones. Observe el átomo de oxígeno en la Figura 1.5. Puede ver que hay dos electrones en la órbita interna y seis electrones en la órbita externa. La órbita interna está completa. La órbita externa requiere dos electrones más para estar completa. Ahora, observe el átomo de hidrógeno. Tiene un electrón en la órbita externa. El hidrógeno requiere un electrón más para estar completo. La falta de electrones en los átomos de oxígeno e hidrógeno puede corregirse si los átomos compartieran sus electrones. Cuando los átomos comparten electrones, forman un enlace covalente. Observe los enlaces covalentes en la molécula de agua. El oxígeno ahora tiene ocho electrones en la órbita externa. El hidrógeno tiene dos electrones en la órbita externa. La disposición es estable.

Para un repaso rápido de química, consulte el Capítulo 9 (Eliminación de nutrientes) del primer libro.

El átomo de oxígeno es mucho más grande que cualquiera de los dos átomos de hidrógeno. El oxígeno tiene ocho protones y cada hidrógeno tiene solo uno. Es más positivo que el hidrógeno. Como resultado, los electrones compartidos están más atraídos al núcleo de oxígeno que al núcleo de hidrógeno. Los electrones se trasladan más cerca del átomo de oxígeno. Esto suministra al extremo del oxígeno de cada molécula de agua una carga levemente negativa y al extremo del hidrógeno una carga levemente positiva. Cada molécula de agua se comporta como un pequeño imán. Por eso se forman patrones bonitos en los copos de nieve. A medida que el agua se enfría y se pone más densa, las moléculas de agua se juntan cada vez más. Los extremos negativos se alinean con los extremos positivos y forman patrones regulares.

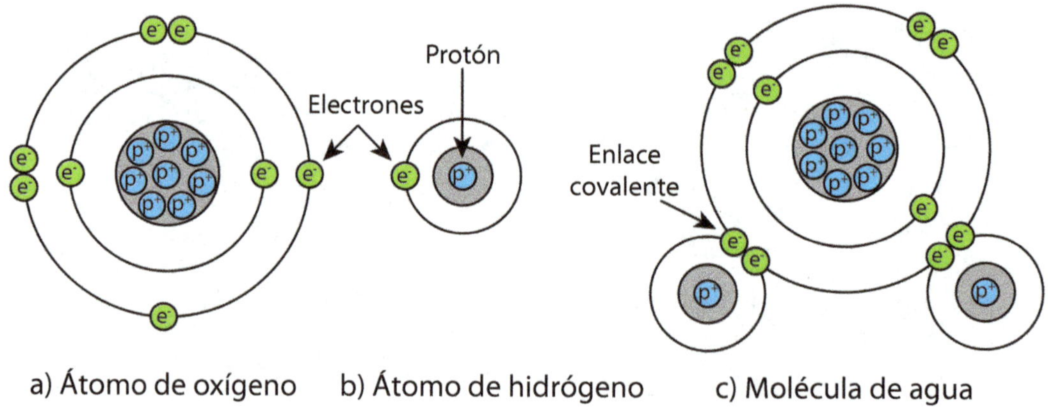

Figura 1.5 Enlaces covalentes en moléculas de agua (reimpreso con autorización de Indigo Water Group)

Las partículas de lodo suelen tener carga negativa. Las cargas negativas atraen capas de moléculas de agua, como se muestra en la Figura 1.6. Todas estas cargas negativas y positivas que se alinean dificultan que las partículas de lodo se acerquen. Piense en intentar acercar los extremos iguales (dos positivos o dos negativos) de dos imanes. Solo es posible acercarlos hasta que sus cargas los repelen. Lo mismo ocurre con las partículas de lodo. El acondicionamiento del lodo mezcla los químicos con el lodo para ayudar a ocultar las cargas. Es como poner un trozo de metal entre dos imanes. Los imanes se repelen, pero se atraen al metal. Una combinación de imanes y trozos de metal se juntaría y formaría una masa mucho más grande.

El lodo que ya no puede verterse se denomina *torta*.

El agua vecinal no puede eliminarse con métodos mecánicos. Apretar, al igual que la fuerza de gravedad, no es suficiente para desplazarla. Los estudios de secado en laboratorio demostraron que las *tortas* de lodo contienen en su mayoría agua vecinal con la mayoría del agua intersticial eliminada durante la deshidratación (Smollen, 1988, 1990). El agua vecinal puede evaporarse al esparcir lodo en superficies y permitir que se seque o al calentarlo. Los microorganismos del lodo contienen agua dentro de sus membranas celulares. Los métodos de deshidratado mecánico no aplican suficiente fuerza para abrirlas. Algunos investigadores incluyen el agua dentro de los microorganismos como parte del agua vecinal.

El agua intersticial y el agua vecinal tienen implicaciones enormes para el espesamiento y la deshidratación del lodo. En primer lugar, todos los lodos tienen un máximo de concentración de sólidos que puede alcanzarse con métodos mecánicos de deshidratación. Después de alcanzado el límite, al agregar más químicos o intentar optimizar aún más los equipos, no se aumentará la concentración de sólidos en la torta. En segundo lugar,

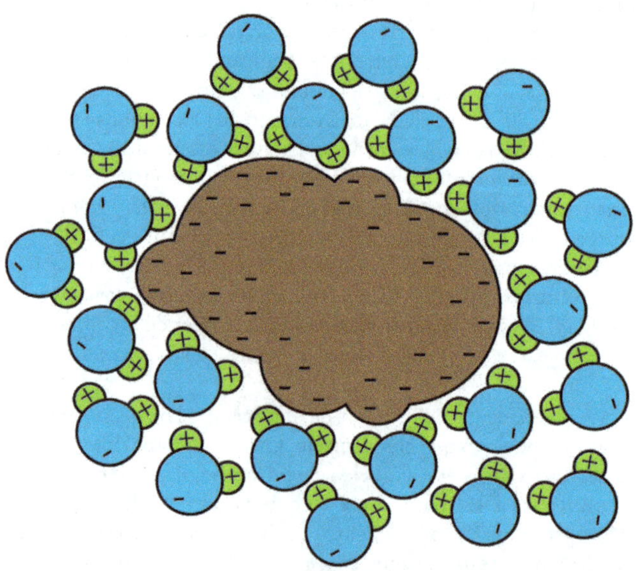

Figura 1.6 Agua vecinal alrededor de una partícula de lodo (reimpreso con autorización de Indigo Water Group)

la cantidad de agua intersticial en el lodo depende del tamaño de las partículas y de su distribución, además del porcentaje de sólidos volátiles. El lodo con muchas partículas grandes y pocas partículas pequeñas deja ir fácilmente el agua intersticial. El lodo con muchas partículas pequeñas no. El lodo primario es más fácil de espesar y deshidratar que el lodo secundario, porque las partículas tienen un mayor tamaño. Los sólidos volátiles (moléculas orgánicas) suelen tener una mayor carga negativa que los sólidos inorgánicos como la arena. Los sólidos volátiles atraen más agua vecinal que los sólidos no volátiles. El lodo que contiene más SVS será más difícil de deshidratar. En tercer lugar, las partículas más pequeñas tienen más área superficial para su tamaño que las partículas de mayor tamaño. Imagine una caja de un tamaño apenas suficiente para una pelota de baloncesto. Si se coloca una sola pelota de baloncesto en la caja, la superficie exterior de la pelota conforma toda el área superficial. Si la misma caja se llena con canicas, el área superficial creada al agregar el área superficial de todas las canicas será mucho mayor. Debido a que las partículas más pequeñas tienen mayor área superficial, tendrán más agua vecinal adjunta. Esto significa que las partículas de menor tamaño tienen más agua que no puede eliminarse mecánicamente. La torta hecha de lodo con partículas más pequeñas será más húmeda que la torta hecha de lodo con partículas más grandes. Otros factores afectan nuestra capacidad de eliminar agua del lodo, pero el mayor impacto está dado por el tamaño de las partículas y el porcentaje de SVS. Como regla general, el lodo primario es más fácil de deshidratar que el lodo secundario, los sólidos digeridos anaerobiamente son más fáciles de deshidratar que los sólidos digeridos aerobiamente y el lodo químico es el más difícil de deshidratar.

Para una repasada rápida de química, consulte el Capítulo 9 (Eliminación de nutrientes) del primer libro. Asegúrese de repasar las secciones sobre química y precipitación del fósforo.

El agua de la hidratación es agua enlazada químicamente. No puede eliminarse sin agregar calor para descomponer el enlace químico. Es parte de un compuesto químico o está asociada a un compuesto químico. Por ejemplo, la fórmula química del alumbre es $Al_2(SO_4)_3{\cdot}14H_2O$. Hay 14 moléculas de agua (H_2O) asociadas con cada molécula de sulfato de aluminio [$Al_2(SO_4)_3$]. Estas *aguas de hidratación* están conectadas de manera floja, pero no son parte real de la molécula de alumbre. Cuando se agrega alumbre al agua, reacciona con las moléculas de agua y con el carbonato disuelto para formar varios compuestos distintos. Algunos de estos compuestos contienen agua enlazada químicamente. Como resultado, el lodo de alumbre suele ser gelatinoso. El agua de la hidratación puede eliminarse mediante la incineración del lodo o mediante la evaporación lenta. Al esparcir el lodo para que se seque durante varios meses se liberarán lentamente el agua vecinal y el agua enlazada.

Algunas fuentes clasifican el agua dentro de las células como *agua enlazada*. Hay trabajos más recientes que sugieren que el agua dentro de las células está enlazada a proteínas y a otros compuestos como *agua vecinal*.

COMPROBACIÓN DE CONOCIMIENTOS

1. **El lodo primario y el lodo secundario contienen más sólidos que el agua.**
   - ☐ Verdadero
   - ☐ Falso
2. **Un motivo para aumentar las concentraciones de sólidos en el lodo es reducir el tamaño de los procesos aguas abajo.**
   - ☐ Verdadero
   - ☐ Falso
3. **Es posible eliminar toda el agua del lodo con presión.**
   - ☐ Verdadero
   - ☐ Falso
4. **Este parámetro del caudal de entrada puede utilizarse para estimar la producción de lodo desde un clarificador primario.**
   a. DBO_5
   b. TVS
   c. SST
   d. Caudal
5. **Dada la información siguiente, halle la masa de los sólidos que ingresan a un clarificador primario. Caudal de entrada = 18 925 m³/d (5 mgd), DBO_5 del caudal de entrada = 250 mg/L, SST del caudal de entrada = 280 mg/L. El clarificador primario elimina el 35 % de los SST del caudal de entrada.**
   a. 4242 kg/d (9350 lb/d)
   b. 4731 kg/d (10 425 lb/d)
   c. 4751 kg/d (10 472 lb/d)
   d. 5299 kg/d (11 676 lb/d)
6. **El caudal de entrada a una WRRF es de 11 355 m³/d (3 mgd) y contiene 315 mg/L de SST. Si el clarificador primario elimina el 40 % de los SST del caudal de entrada, ¿cuántos kilogramos (libras) de lodo primario se generarán por día?**
   a. 1431 kg/d (3152 lb/d)
   b. 1924 kg/d (4241 lb/d)
   c. 2146 kg/d (4729 lb/d)
   d. 3577 kg/d (7881 lb/d)
7. **El lodo de un clarificador primario es el 5.3 % de sólidos totales. ¿Qué es esto en miligramos por litro (mg/L)?**
   a. 530 mg/L
   b. 5300 mg/L
   c. 53 000 mg/L
   d. 530 000 mg/L

8. Un clarificador secundario produce 190 m³/d (50 000 gpd) de lodo activado de purga (LAP). Si la concentración se aumenta de 7000 mg/L al 3 %, ¿cuántos galones de lodo permanecerán?
   a. 35.2 m^3 (9325 gal)
   b. 44.3 m^3 (11 667 gal)
   c. 93.3 m^3 (25 428 gal)
   d. 117.8 m^3 (31 113 gal)

9. Un clarificador primario produce 1854.65 kg/d (4086.6 lb/d) de sólidos totales. Halle el volumen de lodo producido en m^3/d (gpd) si la concentración de lodo promedio es de 8 %.
   a. 23.18 m^3/d (6125 gpd)
   b. 25.85 m^3/d (6829 gpd)
   c. 231.8 m^3/d (61 250 gpd)
   d. 2585.0 m^3/d (68 290 gpd)

10. Este tipo de agua es la más fácil de eliminar del lodo y de los biosólidos.
   a. Libre
   b. Intersticial
   c. Vecinal
   d. Agua de hidratación

11. Además del tamaño de las partículas, este parámetro tiene el mayor impacto para la eliminación del agua del lodo.
   a. pH
   b. Contenido de oxígeno
   c. Porcentaje de sólidos volátiles
   d. Contenido de hierro

12. ¿Cuál de los tipos de sólidos siguientes puede espesarse o deshidratarse con mayor facilidad?
   a. Arena
   b. Barro fino
   c. Lodo primario
   d. Lodo secundario

13. Los métodos de deshidratación mecánica, como las prensas de filtro de banda y las centrífugas, no pueden lograr concentraciones de biosólidos mayores que 60 % por este motivo.
   a. La cantidad de polímero requerida es perjudicial para los equipos.
   b. El agua vecinal no puede eliminarse mecánicamente.
   c. Los costos operativos serían excesivos.
   d. El polímero agregado para la deshidratación absorbe agua.

14. Las partículas de lodo más pequeñas son más difíciles de deshidratar que las partículas de lodo de mayor tamaño porque:
   a. Tienen menos área superficial por volumen.
   b. Contienen más agua libre.
   c. Tienen más área superficial por volumen.
   d. Contienen menos agua libre.

ACONDICIONAMIENTO DEL LODO

Como se describe en la sección anterior, el lodo típicamente tiene carga negativa, de modo que las partículas de lodo suelen repelerse. Al agregar químicos con carga positiva, denominados *acondicionadores*, se resuelve este efecto. En lugar de tener un grupo de partículas de lodo con carga negativa que se repelen, al agregar acondicionador se crea una mezcla de partículas con carga negativa y positiva que se atraen. Esto permite que las partículas de lodo más pequeñas se unan para formar partículas de mayor tamaño denominadas *flóculos*.

El acondicionamiento no elimina el agua del lodo. Cambia la manera en que las partículas del lodo se comportan y facilita la eliminación del agua a granel (libre) e intersticial. El acondicionamiento se produce en dos pasos: coagulación y floculación. La coagulación es el contacto inicial entre el químico de acondicionamiento y las partículas de lodo para formar una partícula de flóculo de primera etapa. La floculación es la mezcla suave que permite que las partículas de flóculos más pequeños colisionen y se unan para formar partículas de mayor tamaño. En la Figura 1.7 se ilustra la interacción entre las partículas de lodo con carga negativa y un químico de acondicionamiento con carga positiva. Observe la manera en que el químico de acondicionamiento protege u oculta una partícula de lodo de otra y suministra una superficie para que se unan.

Los *polímeros* son moléculas orgánicas de gran tamaño formadas por cadenas extensas de moléculas más pequeñas repetidas. Las moléculas más pequeñas se denominan *monómeros*. Piense en los polímeros como un collar de cuentas. Cada cuenta es un monómero. Las cuentas que se unen forman un polímero. La palabra griega *meros* significa "una parte". *Mono* significa "una" y *poli* significa "muchas". Los monómeros y los polímeros son, respectivamente, partes únicas o muchas partes.

Los químicos de acondicionamiento se seleccionan con base en su capacidad de influir sobre la carga en las partículas de lodo. Las sales férricas y la cal eran los químicos de acondicionamiento más utilizados, pero ahora se utilizan muy poco porque agregan masa (kg o lb) al lodo. Cada kilogramo (libra) de acondicionador inorgánico agregado al lodo aumenta la masa del lodo en al menos 1 kilogramo (libra), lo cual aumenta los costos de procesamiento. Los *polímeros* son el tipo de químico de acondicionamiento más común utilizado actualmente. Los polímeros producen lodo espesado y torta seca y agregan mucho menos masa que los acondicionadores inorgánicos como el férrico y el alumbre. Los polímeros también tienen menos requisitos de procesamiento y en general son menos peligrosos que la mayoría de los químicos inorgánicos.

Los polímeros pueden tener distintas cargas. Los polímeros con carga positiva se denominan *catiónicos* y los polímeros de carga negativa se denominan *aniónicos*. Los polímeros neutros se denominan *no iónicos*. Los polímeros catiónicos son los de uso más común en las WRRF para el acondicionamiento de sólidos. No obstante, es posible que a veces se requiera usar otro tipo de polímero. Por ejemplo, si una WRRF recibe lodo de alumbre (carga positiva) de una instalación aguas arriba o usa alumbre o férrico para precipitar fósforo,

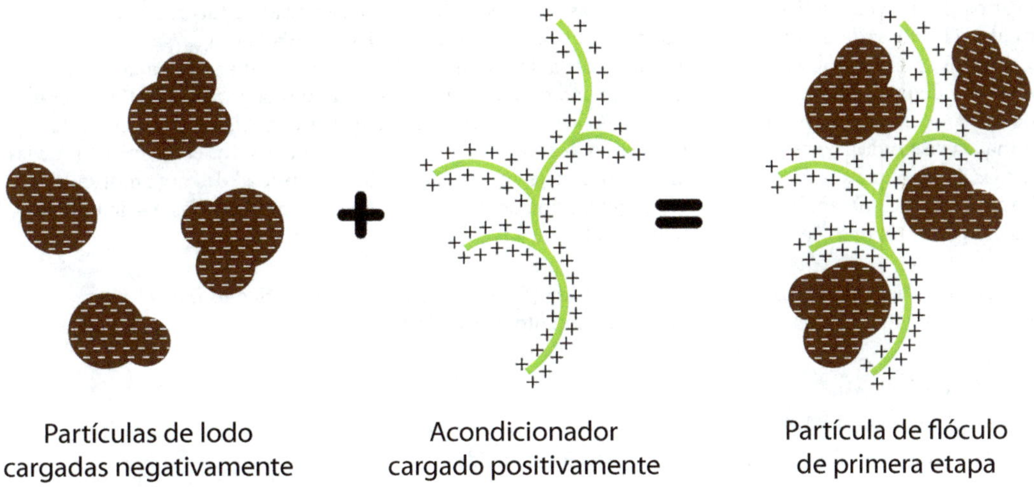

Figura 1.7 Acondicionamiento del lodo (dibujado por Indigo Water Group con base en la figura de Jennett and Santry, 1969)

agregar un polímero no iónico (sin carga) o aniónico (con carga negativa) podría funcionar mejor. Algunas instalaciones preacondicionan con un polímero no iónico o aniónico seguido del acondicionamiento con un polímero catiónico.

Químicos inorgánicos de acondicionamiento

Los químicos inorgánicos que pueden usarse para acondicionar lodo son el cloruro férrico ($FeCl_3$), el sulfato férrico [$Fe_2(SO_4)_3$] y la cal ($CaCO_3$). El cloruro férrico es un coagulante. Cuando se agrega al agua, forma partículas con carga positiva. Las partículas de lodo con carga negativa se atraen a las partículas de férricos con carga positiva. Se combinan para formar partículas de flóculos de mayor tamaño. El cloruro férrico es un ácido. Cuando se agrega al lodo, consume alcalinidad y puede reducir el pH. La coagulación del cloruro férrico es sensible al pH y funciona mejor con un pH arriba de 6. Las dosificaciones de sales de hierro están entre el 2 y el 10 % del contenido de sólidos del lodo seco, según el origen y la calidad del lodo (WEF et al., 2018; EPA de los EE. UU., 1982).

En general, la cal se usa en conjunto con el cloruro férrico ($FeCl_3$) y no sola. Se agrega para evitar que el pH caiga demasiado cuando se agrega el férrico. Las dosificaciones de cal están entre el 5 y el 40 % del contenido de sólidos del lodo seco, según el origen y la calidad del lodo (Camp, Dresser, & McKee, Inc., 1981; WEF et al., 2018). Agregar cal tiene otros dos beneficios. En primer lugar, reduce la volatilidad del sulfuro de hidrógeno y otros compuestos porque eleva el pH. El sulfuro de hidrógeno huele a huevo podrido. Al controlar su volatilidad, ayuda a minimizar los olores. En segundo lugar, la cal es granulosa. Al agregar este compuesto granuloso, la capacidad de compresión del lodo se reduce y el drenaje del agua se mejora. Cuando se usa cal con férrico, se prefieren distintos puntos para agregarlos. El cloruro férrico debe agregarse aguas arriba de la cal, porque si se agregan juntos se reduce la eficacia del cloruro férrico. La dosis de cal agregada generalmente es de 2 a 4 veces mayor a la cantidad de cloruro férrico (WEF, 2001).

Aunque ahora las sales férricas y de aluminio se usan raramente para el acondicionamiento de lodo, con frecuencia se agregan al lado del flujo líquido de la WRRF para precipitar fósforo o mejorar el desempeño del clarificador. También es posible agregar férrico para el control de olores. El uso de estos químicos tendrá un efecto observable en la deshidratación: el uso de cloruro férrico mejorará el proceso de deshidratación y el aluminio no producirá cambios ni resultados en el lodo y en los biosólidos más difíciles de deshidratar. El efecto sobre la deshidratación será proporcional a la cantidad agregada.

Químicos orgánicos de acondicionamiento

Los polímeros orgánicos son químicos de acondicionamiento muy versátiles. Los polímeros suelen ser más costosos que los acondicionadores inorgánicos, pero se utilizan con mayor frecuencia porque mejoran el espesamiento y la deshidratación sin un gran aumento en la masa del lodo. Los polímeros que se usan en el espesamiento y en la deshidratación son químicos especiales solubles en agua hechos generalmente de monómeros de acrilamida. Los polímeros de poliacrilamida se producen cuando se combinan acrilamida y otros monómeros para formar moléculas largas en forma de cadena. La carga del polímero es determinada por la carga de los monómeros. Como se indicó antes, los polímeros catiónicos (con carga positiva) se utilizan típicamente para el acondicionamiento del lodo.

Hay varios criterios cualitativos que se usan par clasificar los polímeros: la densidad de carga, el peso molecular y los tipos de monómero utilizados para formar el polímero. La densidad de la carga es la cantidad de cargas positivas o negativas por longitud de cadena de polímero. El peso molecular se relaciona con el largo de la cadena. Cuanto más átomos contiene una molécula, más alto será su peso molecular. En general, los polímeros con menor peso molecular suelen ser más solubles en el agua y menos viscosos. Como nota adicional, la viscosidad no es una medida ni un indicador del contenido de polímero. Las características de las partículas de lodo que se espesarán o deshidratarán determinarán el peso y la densidad de carga molecular del polímero que se requieren. Por ejemplo, se requiere una densidad de carga mayor cuando las partículas que se acondicionarán son finas (pequeñas) y cuando la hidratación es alta.

Para hallar el peso molecular, denominado también el peso de la fórmula, de un compuesto, agregue los pesos de todos los átomos. Por ejemplo, el agua tiene la fórmula molecular H_2O. El hidrógeno pesa 1 gramo por mol. El oxígeno pesa 16 gramos por mol. El peso de la fórmula para el agua es $1 + 1 + 16 = 18$ gramos por mol. Los polímeros con peso molecular alto pueden tener pesos moleculares de millones de gramos por mol. Los pesos moleculares de distintos polímeros pueden encontrarse en las fichas de datos de seguridad (SDS) suministradas por el fabricante.

Hay tres formas físicas de polímeros de poliacrilamida (PAM) catiónicos que se suelen usar en el acondicionamiento de lodo municipal para espesamiento y deshidratación:

- PAM secas (DPAM),
- PAM en emulsión (EPAM)
- PAM en solución (SPAM), denominadas a veces PAM líquidas

Algunos fabricantes también suministran polímero como gel; no obstante, esto no es común.

Poliacrilamida seca

Hay polímeros secos disponibles en forma de gránulo, copo o perla. La forma del polímero afecta el almacenamiento y la manipulación, porque cada forma tiene distintas características en la absorción de la humedad, la fluidez y el humedecimiento. Los polímeros secos deben almacenarse en un área fresca y seca. Si estos polímeros se exponen a humedad, suelen formar grumos y se vuelven inutilizables. Esta tendencia a formar grumos se denomina *apelmazamiento*. Las PAM secas suelen conservar su eficacia durante más de 1 año, siempre y cuando permanezcan libres de humedad. La mayoría de los fabricantes sugiere que se guarden como máximo 1 año.

Las PAM seca no son 100 % polímero activo, tal como se suele informar. Las PAM secas en general contienen entre un 88 y un 96 % de polímero activo (la cantidad de material polimérico contenido). El producto de las PAM secas también contiene humedad residual y sales inertes. No obstante, debido a que los polímeros secos son difíciles de preparar correctamente, con frecuencia no se usa eficientemente todo el producto activo. Las PAM secas tienen el menor costo de envío por peso unitario de producto activo. En muchos casos, se agregan sales para mejorar la vida útil o la fluidez del producto. En consecuencia, una determinación de sólidos simple probablemente no refleje con exactitud el contenido de polímero activo.

Antes de poder usar el polímero seco, debe mezclarse con agua. Este proceso se denomina "humectación" del polímero. Cada partícula de polímero debe humedecerse para asegurar una disolución completa en la solución de polímero. Debe evitarse la formación de geles y grumos. Los geles u "ojos de pez" que no se disuelven correctamente en la solución de polímero no son utilizables y, por lo tanto, se desperdician. Las soluciones de polímero seco se preparan mediante la creación manual de lotes o mediante un sistema de humectación automática disponible comercialmente. Independientemente del método utilizado, debe seguirse la misma secuencia de eventos:

Los *ojos de pescado* son grumos de polímero sin resolver rodeados de gel.

1. Prehumedecer el polímero.
2. Mezclarlo con más agua y dejarlo descansar en un tanque de mezcla.
3. Bombearlo desde el tanque de mezcla.
4. Agregar más agua para lograr la concentración deseada.
5. Mezclar el agua de dilución y la solución de polímero.
6. Alimentar el polímero diluido al procesamiento de sólidos.

Los equipos y los procedimientos operativos para los polímeros se describen con mayor detalle en el Capítulo 2 de este manual.

El prehumedecimiento se logra típicamente mediante la alimentación de polímero seco mediante un embudo o cono y después mediante un eductor, donde se mezcla con agua. La etapa de prehumedecimiento es el paso más crítico. Se formarán ojos de pez si el prehumedecimiento no se lleva a cabo correctamente. Después del prehumedecimiento, el polímero ingresa al tanque de mezcla. Aquí, se agita con un mezclador de baja velocidad hasta que el polímero esté completamente en solución. La intensidad de mezclado debe ser suficiente para disolver el polímero, pero lo suficientemente lenta para evitar descomponer las cadenas moleculares. El mezclado debe continuar durante 30 a 60 minutos para asegurar que todo el polímero se disuelva completamente. El polímero sin disolver puede obstruir las bombas o los tubos y ensuciar correas de filtros y paños.

El paso de mezclado también permite que el polímero descanse. Al descansar, las moléculas de polímero se estiran y alargan, y asumen una forma que les permite flocular el lodo o los biosólidos. Si las soluciones de polímero no se dejan descansar, la mayoría no tendrá un desempeño tan bueno. No obstante, el polímero diluido no es estable y puede volverse ineficaz si se deja descansar en el tanque de mezcla durante demasiado tiempo. El período de descanso mínimo es típicamente de 30 minutos. Muchos polímeros disueltos pierden actividad después de aproximadamente 24 horas. Siga siempre las recomendaciones del fabricante para el producto específico que se está utilizando. Algunos sistemas de almacenamiento incluyen un paso adicional donde se agrega agua de dilución y se mezcla con un mezclador estático antes de que la solución de polímero se bombee al punto de aplicación. Esta agua adicional puede asegurar un mezclado completo del lodo y del polímero, lo que mejora la eficiencia del proceso de acondicionamiento.

Los derrames de DPAM deben contenerse y barrerse o aspirarse de inmediato para su disposición adecuada. La humedad y el agua provocan que el polímero se convierta en un mejunje peligroso, gelatinoso y resbaloso. No barra ni enjuague el polímero seco hacia un drenaje. Se hinchará y podrá bloquear el drenaje. Es posible usar una solución de cloro para desactivar cualquier polímero derramado que permanezca después de barrer o aspirar.

Poliacrilamida en emulsión

Las EPAM suelen contener entre un 25 y un 60 % de polímero activo. En una emulsión, el polímero orgánico se disuelve en gotículas de aceite mineral que se suspenden en una solución acuosa (con base de agua). Los emulsificantes o agentes tensioactivos mantienen las gotículas de aceite mezcladas en toda la solución. Si se permite descansar un polímero en emulsión sin mezclar durante mucho tiempo, el aceite y el agua pueden separarse y formar capas. Las emulsiones permiten una alta concentración de polímero en forma líquida y fácil de manipular. Las PAM en emulsión (emulsión o dispersión) tienen la apariencia de un líquido lechoso, aunque algunas emulsiones o dispersiones con un tamaño de partículas mucho más pequeño pueden tener una apariencia más transparente o enturbiada.

> Para ver de qué manera un polímero en emulsión puede formar capas, pruebe con este experimento. Necesitará dos frascos de vidrio pequeños con tapa. Los especieros sin sus etiquetas funcionan bien. Necesitará también aceite vegetal, agua y jabón para lavavajillas. Llene ambos frascos un tercio con aceite vegetal. A continuación, agregue agua a ambos frascos hasta que estén aproximadamente dos tercios llenos. Agregue aproximadamente 1 cucharada de jabón para lavavajillas a uno de los frascos. Vuelva a colocar la tapa de los frascos y apriete. Agite ambos frascos para mezclar el contenido y después apóyelos en la encimera. Ambos frascos eventualmente volverán a formar dos capas con aceite en la parte superior. No obstante, en el frasco con jabón para lavavajillas, un agente tensioactivo, la mayor parte del contenido permanecerá mezclado junto y habrá una capa de agua mucho más delgada en la parte inferior. Si no se interviene, ambos frascos eventualmente volverán a formar capas de agua y aceite. Los polímeros en emulsión también se separarán en capas si se los deja solos un tiempo suficiente.

La mayoría de los productos en emulsión se puede guardar durante 6 meses en condiciones normales. Las muestras guardadas en un refrigerador duran mucho más tiempo. Los usuarios deben considerar la posibilidad de mezclar lentamente o recircular el contenido del tanque de almacenamiento de polímero para evitar la separación. De modo similar, los tambores o recipientes semi a granel de polímeros en emulsión deben controlarse para asegurar la uniformidad y deben mezclarse, de ser necesario, antes del uso.

El primer paso al usar un polímero en emulsión es "descomponer la emulsión" y mezclar las capas de aceite y de agua. Esto puede hacerse con un mezclador de alta velocidad, con un mezclador estático, con un dispensador de polímero líquido o con una unidad autocontenida de descomposición de emulsión y alimentación. El segundo paso para trabajar con el polímero en emulsión es permitir que descanse para asegurar un desempeño óptimo. El tipo de mezcla y tiempo de descanso son específicos de cada polímero. Asegúrese de seguir las recomendaciones del fabricante.

Cuando deban desarmarse líneas, mangueras u otros equipos que contengan EPAM, deben lavarse con aceite de máquina liviano, como SAE 10 a 30, aceite mineral o glicerina para eliminar los residuos de polímero. Asegúrese de cumplir la recomendación del fabricante para sus equipos. Si se usa agua para lavar las líneas de emulsión *sola*, el polímero se convertirá en gel y formará una masa pegajosa. Del mismo modo, los derrames deben contenerse rápidamente y adsorberse con un absorbente con base en arcilla. Hay diversos limpiadores comerciales disponibles para limpiar derrames y equipos de lavado. Evite usar agua durante la limpieza de derrames, porque se producirá un desastre resbaloso.

Society of Automotive Engineers (SAE) asigna grados a los aceites con cifras que indican la viscosidad (consistencia) del aceite. Para los aceites de grado único (una cifra), cuanto más baja es la cifra, mejor fluirá el aceite a bajas temperaturas. En los aceites con grados múltiples, como el SAE 5W-30 que puede llegar a agregar al motor de su automóvil, la primera cifra indica la manera en que el aceite fluye a baja temperatura y la segunda cifra indica la manera en que el aceite fluye cuando se calienta a 100 °C (212 °F). La "W" representa "invierno" (Tomorrow's Tech, 2007).

Los químicos sin diluir y con plena concentración se denominan *solos*. Si alguna vez escuchó que alguien pedía un whisky *solo*, no deseaba que se mezclara con agua ni con hielo.

Poliacrilamida de solución

Como su nombre lo implica, la SPAM es una solución verdadera de polímero en agua. Tiene apariencia de líquido transparente a opaco, como un jarabe muy viscoso casi igual al gel. Estos productos también se denominan "PAM líquidas" o "Mannich" por el inventor del proceso. Los polímeros de Mannich son los producidos cuando las poliacrilamidas reaccionan con formaldehído y dimetilamina. Es importante conocer la presencia de formaldehído, porque se trata de un *cancerígeno*. Use equipos de protección personal para limitar la exposición.

Los *cancerígenos* son compuestos químicos que se sabe que provocan cáncer en humanos.

Las PAM de solución tienen un peso molecular muy alto y su contenido de polímero activo es de entre 3 y 8 %. Las mayores concentraciones suelen formar un mejunje y suelen ser difíciles de bombear. La SPAM sola también puede contener sales inertes o diluyentes. Debido a que el polímero ya está en una solución acuosa, no se requieren ni la humectación ni el descanso tradicionales. La simple dilución del producto solo con agua a una concentración recomendada para el uso, seguida de un mezclado adecuado, es lo único que se requiere.

El tiempo de almacenamiento debe restringirse a 1 mes o menos, aunque algunos fabricantes sugieren un máximo de 3 meses o más. La SPAM es más susceptible a la degradación biológica y química que las demás formas de polímero. Estos polímeros pueden continuar reaccionando en el almacenamiento y aumentar la viscosidad incluso hasta convertirse en gel. En el mejor de los casos, esto provoca dificultades de bombeo y en la humectación. En el peor de los casos, el tanque de almacenamiento de polímero debe limpiarse y el polímero debe eliminarse.

Seguridad con los polímeros

Repase la documentación del fabricante del producto y las fichas de datos de seguridad (SDS) de cada polímero para obtener las precauciones detalladas de manipulación y seguridad. En general, los polímeros utilizados en el acondicionamiento del lodo no son particularmente tóxicos, pero es prudente evitar el contacto. Los problemas de seguridad se relacionan principalmente con el peligro de resbalarse y con la generación de polvo. El personal debe tener precaución para evitar el polvo en los ojos, en las orejas, en la nariz y en la boca. El polvo que se adjunte a una parte del cuerpo mojada se pondrá pegajoso y resbaloso, y será difícil de lavar. En consecuencia, use equipos de protección personal y prendas desechables al trabajar en condiciones con polvo de polímeros.

Al trasladar un nuevo polímero en emulsión o en solución, los tanques de almacenamiento y las líneas deben limpiarse exhaustivamente. Además, cuando se use más de un polímero en emulsión o en solución, asegúrese de que los tubos de llenado estén etiquetados correctamente para que los productos no se mezclen accidentalmente.

El polvo de los polímeros secos es extremadamente peligroso cuando se humedece. Solo caminar en una cantidad pequeña de polvo de polímero con calzado húmedo puede provocar una caída. Del mismo modo, el polvo seguido o trasladado por corrientes de aire a un área inesperada puede esperar a las personas desprevenidas durante meses. El polvo de polímero debe contenerse con cuidado y barrerse o aspirarse exhaustivamente antes de que pueda provocar una condición peligrosa y resbalosa.

Pueden producirse condiciones resbalosas similares por fugas o derrames de la solución líquida o del polímero en emulsión, o por los residuos de polímero líquido en áreas inesperadas. Cuando un polímero líquido se seca, es relativamente inocuo. No obstante, si vuelve a humedecerse, se convierte rápidamente en un peligro por la posibilidad de resbalarse. La limpieza del polímero líquido es difícil. Es posible usar adsorbentes y la limpieza con vapor puede ser eficaz. Puede resultar de ayuda agregar sal gema o blanqueador (hipoclorito de sodio) para romper la cadena de polímero antes de lavar con agua.

La mejor precaución es evitar las fugas, los derrames y la generación de polvo de polímeros. La prevención es mucho más fácil que la contención y la limpieza.

COMPROBACIÓN DE CONOCIMIENTOS

1. **El acondicionamiento del lodo agrega químicos al lodo o a los biosólidos par permitir que el agua se drene con mayor facilidad.**
   - ☐ Verdadero
   - ☐ Falso

2. **Una desventaja de los acondicionadores orgánicos en comparación con los acondicionadores inorgánicos es que agregan una masa importante a la torta de lodo, lo que puede aumentar los costos de procesamiento.**
   - ☐ Verdadero
   - ☐ Falso

3. **La viscosidad puede usarse para estimar el contenido de polímero.**
    - ☐ Verdadero
    - ☐ Falso

4. **El polímero diluido no es estable y puede volverse ineficaz si se lo deja descansar en el tanque de mezcla durante demasiado tiempo.**
    - ☐ Verdadero
    - ☐ Falso

5. **Los derrames de polímero deben limpiarse de inmediato para prevenir condiciones resbalosas de peligro.**
    - ☐ Verdadero
    - ☐ Falso

6. **El proceso de acondicionamiento se utiliza para preparar lodo o biosólidos para una mayor eficiencia en:**
    - a. Espesamiento y desinfección
    - b. Estabilización y dilución
    - c. Espesamiento y deshidratación
    - d. Neutralización y deshidratación

7. **Este término describe el contacto inicial entre un químico de acondicionamiento y las partículas de lodo para formar partículas de flóculo de primera etapa.**
    - a. Coagulación
    - b. Floculación
    - c. Sedimentación
    - d. Filtración

8. **Los químicos orgánicos utilizados comúnmente para el acondicionamiento incluyen:**
    - a. Alumbre
    - b. Cal
    - c. Polímeros
    - d. Cloruro férrico

9. **El tipo de polímero más común que se utiliza para acondicionar los sólidos para el tratamiento de aguas residuales es el:**
    - a. Aniónico
    - b. Catiónico
    - c. No iónico
    - d. Insoluble

10. **Este químico para el acondicionamiento del lodo consume alcalinidad cuando se agrega al agua y puede reducir el pH del lodo acondicionado.**
    - a. Alumbre
    - b. Cal
    - c. Cloruro férrico
    - d. Óxido de calcio

11. **A veces se agrega cal al lodo junto con cloruro férrico para:**
    - a. Activar completamente el cloruro férrico
    - b. Prevenir una caída inaceptable del pH
    - c. Reducir la producción de lodo
    - d. Agregar lastre para una mejor sedimentación

12. **¿Qué tipo de lodo puede requerir un polímero no iónico o aniónico?**
    - a. Lodo primario
    - b. Lodo secundario
    - c. Lodo químico
    - d. Lodo séptico

13. **Una WRRF debe cumplir nuevos límites de los permisos de descarga para el fósforo. El fósforo se precipitará con cloruro férrico. ¿Cuál de los siguientes enunciados NO es verdadero?**
    - a. Los operadores pueden percibir una reducción en los olores.
    - b. La deshidratación del lodo debe mejorar.
    - c. Debe agregarse cal para prevenir la caída del pH.
    - d. Un polímero catiónico funcionará mejor para la deshidratación.

14. **La densidad de carga del polímero es una medida de:**
    - a. Recuento de Coulomb
    - b. Consumo de amperios
    - c. Cargas por longitud
    - d. Peso molecular

15. **Se prefieren los polímeros a los químicos inorgánicos para la deshidratación del lodo porque:**
    - a. Los químicos inorgánicos aumentan la masa del lodo.
    - b. Los polímeros son más solubles en un lodo aceitoso.
    - c. Los químicos inorgánicos reducen los costos de procesamiento.
    - d. Los polímeros requieren humedecimiento previo y descanso.

16. **Para prevenir el apelmazamiento en el polímero seco se debe:**
    - a. Envolver los envases abiertos en papel marrón.
    - b. Almacenar los recipientes en un área fresca y seca.
    - c. Mantener los niveles de humedad.
    - d. Revestir las estanterías de almacenamiento con aceite.

17. **Una ventaja de usar polímeros de poliacrilamida seca (PAM) y no otros es que:**
    - a. No es necesario humectarlos.
    - b. Contienen un 100 % de producto activo.
    - c. Pueden almacenarse en un entorno húmedo.
    - d. Ofrecen el menor costo de envío por unidad.

18. **Durante la humectación, el polímero debe __________ para asegurar que esté en forma correcta a fin de flocular partículas de lodo.**
    - a. Descansar
    - b. Sedimentarse
    - c. Aerearse
    - d. Curarse

19. **Este tipo de polímero no requiere humectación ni descanso:**
    - a. Polímero seco
    - b. Polímero en emulsión
    - c. Polímero de Mannich
    - d. Polímero salado

Cómo seleccionar un acondicionador

La selección del mejor químico acondicionador para una aplicación específica es influida por diversos factores. Esto incluye los factores de desempeño (en qué medida funciona bien), los requisitos de procesamiento y almacenamiento del material, el tipo de equipos de espesamiento y deshidratación, las opciones de disposición y el costo.

Los requisitos de desempeño para un químico de acondicionamiento serán influidos en gran medida por el proceso del lodo utilizado aguas abajo. Por ejemplo, la concentración de sólidos porcentual objetivo puede diferir para el compostaje, la aplicación en tierra y la incineración. Otro requisito de desempeño es la producción de filtrado o concentrado de alta calidad (bajos SST). Si estos flujos de retorno contienen demasiados sólidos finos, pueden afectar el desempeño del flujo líquido y pueden provocar alteraciones en el proceso e infracciones a los permisos de descarga. El reciclaje de los excesos de sólidos aumenta los costos operativos porque el mismo material se procesa más de una vez. La mayoría de los procesos de espesamiento y deshidratación puede capturar más del 95 % de las partículas cuando el lodo se acondicionó correctamente. Otros problemas de calidad incluyen el pH extremo y la producción de olores.

Durante el acondicionamiento se usan análisis de laboratorio para seleccionar los químicos y determinar las dosis óptimas, y también para monitorear el desempeño del sistema. El control del proceso y el monitoreo del acondicionamiento del lodo son extremadamente importantes, tanto desde la perspectiva económica como desde la operativa. El uso de demasiado agente de acondicionamiento es costoso y los objetivos deseados pueden no lograrse. Si se usa muy poco agente, la eficacia de la deshidratación puede ser mala, lo que aumenta el costo de procesamiento y de la aplicación en tierra o de la disposición.

Ensayos de jarra

Los ensayos de jarra se usan comúnmente para evaluar los agentes de acondicionamiento, en particular cuando hay disponibles diversos productos potencialmente eficaces. El ensayo de jarra se utiliza para evaluar el desempeño de diversos acondicionadores en varias concentraciones. Un aparato para ensayos de jarra como el que se muestra en la Figura 1.8 permite el análisis lado a lado de diversos acondicionadores distintos o distintas dosificaciones del mismo acondicionador. Los elementos para los ensayos de jarra se denominan también "agitadores colectivos". Si no hay disponible un dispositivo para ensayos de jarra, puede llevarse a cabo con una placa agitadora de laboratorio, una barra agitadora y recipientes de 1 litro. Los recipientes deben ser cuadrados (en lugar de redondos) para maximizar la turbulencia y el mezclado. Un procedimiento básico para llevar a cabo ensayos de jarra:

1. Llene recipientes de 1 litro con 600 mL de lodo en cada uno.
2. Prepare las dosis deseadas de acondicionadores en vasos de precipitación pequeños o en vasos plásticos desechables.
3. Coloque los recipientes debajo de las paletas del dispositivo para ensayos de jarra.
4. Baje las paletas hasta los recipientes. Las paletas no deben tocar el fondo del recipiente.
5. Establezca la velocidad del agitador a 75 revoluciones por minuto (rpm).
6. Vuelque las dosis de acondicionador preparadas en cada recipiente. Esto se debe hacer lo más rápidamente posible para que el lodo de cada recipiente esté en contacto con el acondicionador durante aproximadamente la misma cantidad de tiempo durante el ensayo.

Figura 1.8 Dispositivo para ensayos de jarra (reimpreso con autorización de Indigo Water Group)

7. Después de 30 segundos de mezclar, detenga el agitador y extraiga las paletas de los recipientes.
8. Registre las características de formación de flóculos y de sedimentación.

Cuando se detecte la dosis química óptima, observará una sedimentación rápida con flóculos grandes y fuertes y sobrenadante transparente. La meta de los ensayos de jarra es hallar el mejor desempeño con la menor dosis de acondicionador. Al duplicar la dosis puede mejorar un poco el desempeño, pero puede no valer la pena el mayor costo del acondicionador. Tenga en cuenta dos WRRF diferentes. Ambas aplican en tierra sus biosólidos. El sitio de aplicación en tierra de la primera instalación está a solo unos pocos kilómetros (millas). Para esta instalación, el costo de acarreo, por la gasolina y por las horas de los operadores, es relativamente bajo. Al aumentar la concentración de la torta deshidratada de 18 a 21 % no se observa un efecto tan grande en los costos de manipulación de sólidos como en el costo del acondicionador. La instalación debe minimizar la dosis de acondicionador aunque eso signifique una torta un poco más húmeda. El sitio de aplicación en tierra de la segunda instalación está a más de 145 kilómetros (90 millas). Los costos de acarreo son altos en comparación con los costos del agente acondicionador adicional. Esta instalación puede desear lograr la torta más seca posible incluso aunque implique duplicar la dosis de acondicionador. Una torta más húmeda aumentaría la cantidad de cargas de camión y viajes al sitio. Los operadores deben tomar en cuenta todos los costos operativos al decidir la dosis química óptima, en lugar de simplemente intentar lograr la torta más seca posible.

Estas son algunas sugerencias adicionales para los ensayos de jarra:

1. Comience con un rango amplio de dosificaciones de acondicionador. Por ejemplo, 50, 100, 150 y 200 mg/L. Esto le permitirá encontrar rápidamente el rango correcto.
2. Lleve a cabo una segunda ronda de ensayos de jarra con un rango con intervalos más próximos. Por ejemplo, si la dosificación de 100 mg/L tuvo el mejor desempeño en la primera ronda de ensayos, pruebe con 80, 90, 100, 110 y 120 mg/L.
3. No tema utilizar una mezcla de dos químicos. Una pequeña cantidad de cloruro férrico o alumbre puede mejorar el desempeño del polímero y reducir las dosificaciones generales.
4. Cambie solo un químico por vez. Al utilizar dos químicos de acondicionamiento juntos, encuentre la dosis óptima del primer químico solo. Después, encuentre la dosis óptima para el segundo químico. Para ello, agréguelo con la dosis óptima para el primer químico. Por ejemplo, la primera ronda de ensayos de jarra determinó que la dosis óptima de polímero era de 65 mg/L. Todos los recipientes de la siguiente ronda de ensayos recibirán 65 mg/L de polímero y una dosis adicional del segundo químico. Las dosificaciones del segundo químico serán diferentes en cada recipiente. En último lugar, confirme la dosis del primer químico. Para ello, auméntela y redúzcala levemente mientras mantiene constante la dosis del segundo químico. Lograr la mezcla óptima puede requerir varias iteraciones. No olvide tener en cuenta los costos de los químicos.
5. En su mayoría, los proveedores de acondicionador están dispuestos a visitar las WRRF y ayudar con los ensayos de jarra. Llevan a cabo ensayos de jarra en cientos de instalaciones y pueden resultar de mucha ayuda. Llevarán diversos acondicionadores para probar con el lodo. Su meta no es vender el acondicionador más costoso, sino ayudar a encontrar el mejor acondicionador y la mejor dosis para ese lodo y esos biosólidos en específico.
6. Lleve a cabo ensayos de jarra una vez por año o siempre que cambien las características del lodo. Si no se llevan a cabo los ensayos de jarra, los costos generales pueden aumentar.

Los ensayos de jarra pueden resultar de ayuda para definir los posibles productos que pueden utilizarse para tomar decisiones de control de proceso a fin de aumentar o reducir la dosis. El mejor enfoque, si es posible, es llevar a cabo ensayos a plena escala de los productos identificados durante los ensayos de jarra, a fin de determinar el producto más económico para la instalación. La cantidad de mezclado y el tiempo en el proceso de tratamiento pueden ser muy distintos a los del ensayo de jarra.

Ensayo de tiempo de filtrado

Otro ensayo de laboratorio, el ensayo de tiempo de filtrado (también denominado ensayo de embudo Büchner) se usa con frecuencia para confirmar los resultados del ensayo de jarra. Para llevar a cabo un ensayo de tiempo de filtrado, use las dosificaciones óptimas obtenidas en el ensayo de jarra. Los equipos necesarios para este ensayo se muestran en la Figura 1.9. Para comenzar el ensayo de tiempo de filtrado, prepare muestras en el mismo modo que para el ensayo de jarra. Mezcle durante 30 segundos y, a continuación:

1. Coloque un embudo Büchner a través de un tope de goma en la parte superior del adaptador del brazo lateral.
2. Coloque el adaptador del brazo lateral en la parte superior del cilindro graduado.
3. Coloque un papel de filtro en el embudo.
4. Vuelque 100 mL de lodo acondicionado en el embudo.
5. Después de 2 minutos de drenaje por gravedad, encienda la bomba de vacío.
6. A intervalos de 15 segundos, mida la cantidad de filtrado liberado hasta que se libere el vacío y el medidor de vacío llegue a cero.

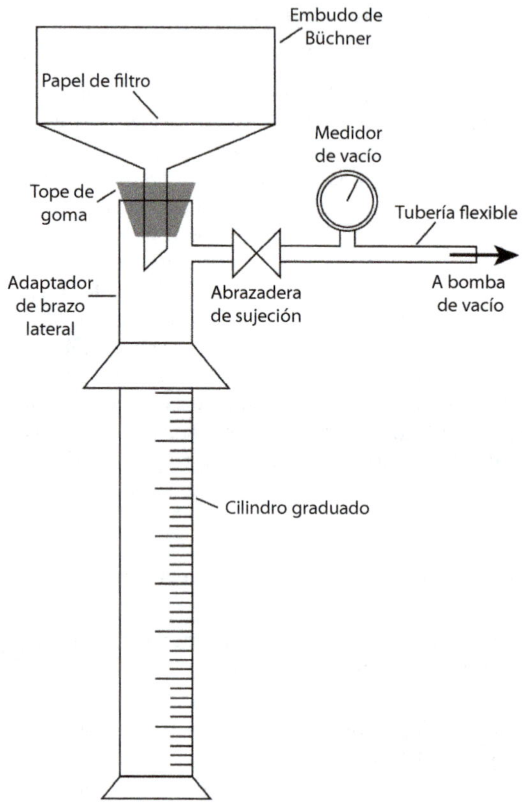

Figura 1.9 Dispositivo para ensayo de tiempo de filtrado (WEF, 2001)

Guidance Manual for Polymer Selection in Wastewater Treatment Plants (1993) de Water Environment Research Foundation es un recurso excelente para los operadores. Este manual incluye ensayos adicionales que pueden llevarse a cabo al seleccionar polímeros y optimizar los procesos de espesamiento y deshidratación.

La *gravedad específica* es la relación entre la densidad de un líquido y la densidad del agua. El agua tiene una gravedad específica de 1. Los líquidos más densos que el agua tendrán gravedades específicas mayores que 1. Muchos químicos utilizados en el tratamiento de aguas residuales son más densos que el agua, incluidos el cloruro férrico, el alumbre y los polímeros. Los líquidos menos densos que el agua tendrán gravedades específicas menores que 1. Algunos ejemplos de estos líquidos menos densos son la gasolina y el aceite.

7. Registre el tiempo y el volumen de filtrado.
8. Seleccione el acondicionador y la dosificación que produzcan/filtren el mayor volumen de agua en el menor tiempo.

Cómo aplicar los resultados de laboratorio a las operaciones diarias

Un operador debe poder aplicar resultados de análisis de laboratorio, como los del ensayo de jarra, a procesos reales. La concentración de polímero agregada a un ensayo de jarra puede calcularse con la ecuación normal dos (ecuación 1.7) para químicos líquidos donde la concentración inicial es conocida o mediante el uso del análisis dimensional al hacer una solución a partir de un químico seco. Después de conocida la dosis para el ensayo de jarra, es posible aplicar la misma dosis en la instalación.

Ejemplo 1: Químico líquido

La concentración madre deseada para el ensayo de jarra es de 10 000 mg/L. El operador sabe, a partir de la ficha de datos de seguridad (SDS), que la concentración del polímero líquido sin diluir es de 40 % de polímero por peso y que tiene una *gravedad específica* de 1.04. Suponga que la solución madre se hará en un matraz aforado de 1 litro. Determine la cantidad de polímero que debe agregarse al matraz de 1 litro para obtener la concentración madre deseada. Use la ecuación normal dos (ecuación 1.7).

$$(C_1 \times V_1) = (C_2 \times V_2)$$

$$(40\% \times V_1) = \left(10\ 000 \frac{\text{mg}}{\text{L}} \times 1\ \text{L}\right)$$

$$(40\% \times V_1) = (1\% \times 1\ \text{L})$$

$$V_1 = 0.025\ \text{L}$$

$$V_1 = 25\ \text{mL}$$

Para hacer solución madre, el operador debe medir 25 mL de solución de polímero bien mezclada con una pipeta y transferirla al matraz de 1 litro. A continuación, debe agregar agua hasta la línea de llenado y mezclar completamente. Es posible utilizar el mismo proceso para hacer cualquier solución madre. La ecuación normal dos debe usarse únicamente cuando se haya cumplido una de las condiciones siguientes:

- El volumen 1 (químico concentrado) es menor que el 2 % del volumen 2.
- El volumen 1 se incluirá con el volumen 2.

Debido a que los polímeros en emulsión y en solución pueden ser viscosos, use una pipeta de estilo de contención al medir para hacer las diluciones iniciales. A continuación, lave la pipeta con agua suficiente para asegurar que todo el polímero se haya transferido al matraz aforado.

Debe usarse la ecuación normal tres (ecuación 1.8) cuando no se cumplen los criterios para usar la ecuación normal dos. Esta ecuación es útil para determinar el químico que debe agregarse para lograr una dosis deseada cuando el lodo o las aguas residuales ya contienen parte del químico necesario. Tenga en cuenta que el volumen 3 (V_3) debe ser igual al volumen 1 (V_1) más el volumen 2 (V_2). La ecuación normal tres también puede usarse para hallar la nueva concentración cuando se combinan dos flujos de lodo.

$$(C_1 \times V_1) + (C_2 \times V_2) = (C_3 \times V_3) \tag{1.8}$$

Ejemplo 2: Químico sólido

La concentración madre deseada para el ensayo de jarra es de 10 000 mg/L. El polímero seco es 100 % de polímero por peso. El operador no necesita mucha de la solución madre de los ensayos de jarra y decide hacer 500 mL de solución. ¿Cuántos grados de polímero seco deben agregarse al matraz aforado de 500 mL? Utilice el análisis dimensional.

Hay 1000 mL en 1 L. El uno por ciento equivale a 10 000 mg/L.

$$\frac{10\,000 \text{ mg}}{\text{L}} \left| \frac{1 \text{ g}}{1000 \text{ mg}} \right| \left| \frac{1 \text{ L}}{1000 \text{ mL}} \right| \left| \frac{500 \text{ mL}}{\text{matraz}} \right| = 5 \text{ g/matraz}$$

El operador debe medir con cuidado 5 g de polímero seco en una balanza analítica y debe agregarlos al matraz de 500 mL. A continuación, debe agregar agua hasta la línea de llenado y mezclar completamente.

Ejemplo 3: Cualquiera de las soluciones hechas en el Ejemplo 1 (polímero líquido) o en el Ejemplo 2 (polímero seco) puede usarse para los ensayos de jarra. Ambas tienen la misma concentración de 10 000 mg/L. Supongamos que los ensayos de jarra indican que al agregar 8 mL de la solución de polímero de 10 000 mg/L a las muestras de lodo se obtienen los mejores resultados. Además, supongamos que el lodo no contiene polímero al comenzar el ensayo. Cada recipiente del ensayo de jarra contenía 600 mL de lodo. ¿Cuál es la concentración de polímero en el ensayo de jarra en miligramos por litro (mg/L)? Use la ecuación normal dos para hallar la concentración.

$$(C_1 \times V_1) = (C_2 \times V_2)$$

$$\left(10\,000 \frac{\text{mg}}{\text{L}} \times 8 \text{ mL}\right) = (C_2 \times 600 \text{ mL})$$

$$(80\,000 \text{ mg/L}_1 \times \text{mL}) = (C_2 \times 600 \text{ mL})$$

$$133 \text{ mg/L} = C_2$$

Está bien que nuestra concentración esté en miligramos por litro (mg/L) y que nuestro volumen esté en mililitros (mL). Siempre que las unidades de cada uno de los volúmenes sean las mismas y las unidades de ambas concentraciones sean las mismas, se cancelarán correctamente.

También es importante saber el porcentaje de sólidos totales en la muestra de lodo utilizada en el ensayo de jarra. Si la cantidad de polímero necesario por kilogramo (libra) de sólidos es conocida, la dosis puede ajustarse fácilmente si la concentración de lodo en el proceso de tratamiento cambia. En el ejemplo siguiente, usamos una concentración de sólidos total de 4.6 % para nuestros cálculos. La tasa de alimentación de polímeros puede calcularse mediante la multiplicación de la dosis de polímero por la tasa de alimentación de lodo (ecuación 1.9).

$$\text{Tasa de alimentación de polímero} = \text{Dosificación de polímero} \times \text{Tasa de alimentación de lodo} \tag{1.9}$$

L/s es litros por segundo y gpm es galones por minuto.

Ejemplo 4: El ensayo de jarra indica que una dosis de polímero de 150 mg/L ofrece los mejores resultados. Las observaciones visuales se confirmaron con el ensayo de tiempo de filtrado. El lodo contiene 4.6 % de sólidos totales. Si el caudal de lodo es de 7 L/s (111 gpm), ¿cuál es la tasa de alimentación de polímero en kg/d (lb/d)?

Unidades estándar del sistema internacional

Paso 1: Calcule la tasa de alimentación de polímero con la ecuación 1.9.

$$\text{Tasa de alimentación de polímero} = \text{Dosificación de polímero} \times \text{Tasa de alimentación de lodo}$$

$$\text{Tasa de alimentación de polímero} = 150\frac{\text{mg}}{\text{L}} \times 7\frac{\text{L}}{\text{s}}$$

$$\text{Tasa de alimentación de polímero} = 1050 \text{ mg/s}$$

Paso 2: Convierta la tasa de alimentación de polímero de mg/s a kg/d.

$$\frac{1050\text{ mg}}{\text{s}}\left|\frac{60\text{ s}}{1\text{ min}}\right|\left|\frac{60\text{ min}}{1\text{ h}}\right|\left|\frac{24\text{ h}}{1\text{ día}}\right|\left|\frac{1\text{ g}}{1000\text{ mg}}\right|\left|\frac{1\text{ kg}}{1000\text{ g}}\right| = 90.7\text{ kg/d}$$

Unidades habituales en los EE. UU.

Paso 1: Convierta el caudal de gpm a L/s. Esta conversión a unidades métricas debe hacerse debido a que la dosis está en mg/L. Es la única manera en que las unidades se cancelarán en la ecuación y resultarán en una tasa de alimentación en mg/s. Aunque el caudal se suministra en unidades métricas y en unidades habituales en los EE. UU., la mayor parte de las veces la única información disponible en los Estados Unidos será en galones por minuto.

$$\frac{111\text{ gal}}{\text{min}}\left|\frac{3.785\text{ L}}{1\text{ gal}}\right|\left|\frac{1\text{ min}}{60\text{ s}}\right| = 7\text{ L/s}$$

Paso 2: Calcule la tasa de alimentación de polímero con la ecuación 1.9.

$$\text{Tasa de alimentación de polímero} = \text{Dosificación de polímero} \times \text{Tasa de alimentación de lodo}$$

$$\text{Tasa de alimentación de polímero} = 150\frac{\text{mg}}{\text{L}} \times 7\frac{\text{L}}{\text{s}}$$

$$\text{Tasa de alimentación de polímero} = 1050 \text{ mg/s}$$

Paso 3: Convierta la tasa de alimentación de polímero de mg/s a lb/d con el análisis dimensional.

$$\frac{1050\text{ mg}}{\text{s}}\left|\frac{60\text{ s}}{1\text{ min}}\right|\left|\frac{60\text{ min}}{1\text{ h}}\right|\left|\frac{24\text{ h}}{1\text{ día}}\right|\left|\frac{1\text{ g}}{1000\text{ mg}}\right|\left|\frac{1\text{ kg}}{1000\text{ g}}\right|\left|\frac{2.204\text{ lb}}{1\text{ kg}}\right| = 200\text{ lb/d}$$

Recuerde que si la concentración del lodo cambia, la tasa de alimentación de polímero debe aumentarse o reducirse en el mismo porcentaje para mantener una dosis constante. El uso de polímero en general se registra como kilogramos (libras) de polímero por tonelada seca de sólidos.

Es muy importante comprender la diferencia entre una tonelada métrica y una tonelada del sistema anglosajón. Una tonelada métrica equivale a 1000 kilogramos (2204 libras). Una tonelada del sistema anglosajón, denominada también "tonelada corta", equivale a 2000 libras (907.4 kg). Estas definiciones provocan muchas confusiones en los Estados Unidos, porque casi todo lo que se mide en toneladas en los Estados Unidos se mide en toneladas cortas. La excepción son los biosólidos. Los biosólidos típicamente están regulados en toneladas cortas. Una instalación que opere en unidades habituales en los EE. UU. debe convertir entre toneladas cortas (control del proceso diario) y toneladas métricas (informes regulatorios). De lo contrario, se informará una menor cantidad de biosólidos generados. Para comprender mejor el uso del polímero, calcule cuánto polímero se utiliza por tonelada de sólidos secos.

Ejemplo 5: Dada la información siguiente, detecte la cantidad de polímero necesaria por tonelada seca de sólidos.

Caudal de lodo = 6 L/s (95 gpm)

Porcentaje de sólidos = 4.6 %

Tasa de alimentación de polímero = 69 kg/d (152 lb/d)

Unidades estándar del sistema internacional

Paso 1: Convierta el caudal de lodo en el peso de lodo acondicionado por día.

$$\left|\frac{6\text{ L}}{\text{s}}\right|\left|\frac{60\text{ s}}{1\text{ min}}\right|\left|\frac{60\text{ min}}{1\text{ h}}\right|\left|\frac{24\text{ h}}{1\text{ día}}\right|\left|\frac{1\text{ kg}}{\text{Litro}}\right|\left|\frac{1\text{ tonelada métrica}}{1000\text{ kg}}\right| = 518.4\text{ toneladas métricas de lodo por día}$$

Paso 2: Calcule el peso de sólidos secos acondicionados por día.

$$\text{Peso de sólidos secos} = \text{Peso del lodo} \times \text{Porcentaje de sólidos} \tag{1.10}$$

$$\text{Peso de sólidos secos} = 518.4\text{ toneladas métricas por día} \times 4.6\%$$

$$\text{Peso de sólidos secos} = 518.4\text{ toneladas métricas por día} \times 0.046$$

$$\text{Peso de sólidos secos} = 23.8\text{ toneladas métricas por día}$$

Paso 3: Calcule el peso de polímero por tonelada métrica de sólidos secos.

$$\text{Peso del polímero} = \frac{\text{Tasa de alimentación de polímero}}{\text{Peso de sólidos}} \tag{1.11}$$

$$\text{Peso del polímero} = \frac{69\text{ kg/d de polímero agregado}}{23.8\text{ toneladas métricas por día}}$$

$$\text{Peso del polímero} = 2.9\text{ kg de polímero/tonelada métrica de sólidos secos}$$

Unidades habituales en los EE. UU.

Paso 1: Convierta el caudal de lodo en el peso de lodo acondicionado por día.

$$\left.\frac{95\text{ gal}}{\text{min}}\right|\left.\frac{60\text{ min}}{1\text{ h}}\right|\left|\frac{24\text{ h}}{1\text{ día}}\right|\left.\frac{8.34\text{ lb}}{\text{gal}}\right|\left|\frac{1\text{ tonelada corta}}{2000\text{ lb}}\right| = 570.5\text{ toneladas cortas por día}$$

Paso 2: Calcule el peso de sólidos secos acondicionados por día.

$$\text{Peso de sólidos secos} = \text{Peso del lodo} \times \text{Porcentaje de sólidos}$$

$$\text{Peso de sólidos secos} = 570.5\text{ toneladas cortas por día} \times 4.6\%$$

$$\text{Peso de sólidos secos} = 570.5\text{ toneladas cortas por día} \times 0.046$$

$$\text{Peso de sólidos secos} = 26.2\text{ toneladas cortas por día}$$

Paso 3: Calcule el peso de polímero por tonelada corta de sólidos secos.

$$\text{Peso del polímero} = \frac{\text{Tasa de alimentación de polímero}}{\text{Peso de sólidos}}$$

$$\text{Peso del polímero} = \frac{\text{152 lb/d de polímero agregado}}{\text{26.2 toneladas cortas por día}}$$

Peso del polímero = 5.8 lb de polímero/tonelada corta de sólidos secos

COMPROBACIÓN DE CONOCIMIENTOS

1. **Al llevar a cabo ensayos de jarra, los operadores deben usar la dosis más grande de químico necesaria para obtener el mejor desempeño.**
   - ☐ Verdadero
   - ☐ Falso

2. **Los operadores deben intentar lograr la torta más seca posible al deshidratar.**
   - ☐ Verdadero
   - ☐ Falso

3. **Una tonelada métrica equivale a 2000 libras.**
   - ☐ Verdadero
   - ☐ Falso

4. **Los ensayos de __________ se usan comúnmente para evaluar los agentes acondicionadores, en particular cuando hay disponibles diversos productos potencialmente eficaces.**
   a. Jarra
   b. Absorción de agua
   c. Retención de sólidos
   d. Sólidos volátiles

5. **Los ensayos de jarra deben llevarse a cabo con este tipo de recipiente para maximizar las turbulencias y el mezclado.**
   a. Circular
   b. Cuadrado
   c. Plástico
   d. De vidrio

6. **Cuando el lodo se acondicionó correctamente, los procesos de espesamiento y deshidratación pueden capturar un __________ por ciento o más de partículas de lodo.**
   a. 50
   b. 75
   c. 95
   d. 100

7. **Cada uno de estos parámetros se utiliza para evaluar el desempeño de un acondicionador químico en los ensayos de jarra, EXCEPTO:**
   a. Formación de flóculos
   b. Claridad del sobrenadante
   c. Volumen de filtrado
   d. Dosis química

8. **Se llevaron a cabo cuatro ensayos de jarra en lodo secundario con distintas dosis de polímero. La menor dosis de polímero produjo flóculos débiles y pequeños y un sobrenadante opaco. La siguiente dosis en tamaño produjo flóculos sólidos, pero el sobrenadante continuó siendo opaco. El tercer ensayo produjo flóculos sólidos y un sobrenadante relativamente transparente. El cuarto ensayo produjo resultados casi idénticos al tercero, pero el sobrenadante era completamente transparente. Las dosis de polímero utilizadas para los ensayos fueron de 30 mg/L, 60 mg/L, 90 mg/L y 150 mg/L. ¿Qué dosis debe seleccionarse para usarse en el proceso de la WRRF?**
   a. 30 mg/L
   b. 60 mg/L
   c. 90 mg/L
   d. 150 mg/L

9. **Los ensayos de jarra determinaron que la dosis óptima para 600 mL de lodo es de 5 mL de una solución de polímero de 20 000 mg/L. ¿Cuál es la concentración de polímero en el ensayo de jarra?**
   a. 122 mg/L
   b. 167 mg/L
   c. 184 mg/L
   d. 221 mg/L

10. **El polímero se alimenta a una dosis de 75 mg/L. Halle la tasa de alimentación de polímero en kg/d (lb/d) si la tasa de alimentación de lodo es de 5 L/s (79.3 gpm).**
    a. 32.4 kg/d (71.4 lb/d)
    b. 48.6 kg/d (107 lb/d)
    c. 64.8 kg/d (143 lb/d)
    d. 81.0 kg/d (179 lb/d)

CÓMO REDUCIR LA MASA Y EL CONTENIDO ORGÁNICO

El volumen de lodo primario y secundario puede reducirse al eliminar agua y aumentar la concentración de sólidos; no obstante, esto no modifica la masa (kg o lb) de sólidos ni reduce la cantidad de patógenos. Afortunadamente, el componente orgánico de lodo primario y secundario puede reducirse al tratarlo en digestores *aerobios* o *anaerobios* o mediante compostaje. Cuando están dentro del digestor, los microorganismos del lodo ya no tienen acceso al alimento (DBO_5) de las aguas residuales del caudal de entrada. Piense qué sucedería si de repente usted no tuviera acceso al alimento. Gradualmente perdería peso y finalmente moriría. Lo mismo sucede con los microorganismos en el digestor. Los microorganismos agotan sus suministros internos de alimento y, si estuviera disponible, consumen también el material orgánico del lodo primario. Los microorganismos muertos se convierten en alimento para los sobrevivientes. La cantidad de alimento disponible por microorganismo es muy baja. Con el tiempo, hay una pérdida neta de microorganismos vivos y la masa (kg o lb) de sólidos volátiles se reduce.

Aerobio significa que hay presencia de oxígeno. Los digestores aerobios tienen concentraciones mensurables de oxígeno disuelto, en general menores de 2 mg/L.

Anaerobio significa que hay ausencia de oxígeno, nitrato y nitrito.

La digestión del lodo puede destruir hasta un 60 % de SVS (WEF et al., 2018). La cantidad de SVS que se destruye depende de la cantidad de tiempo que el lodo permanece en el digestor y la temperatura operativa. Los sólidos inertes e inorgánicos pasan a través del digestor sin modificaciones. Los sólidos suelen permanecer en un digestor aerobio durante al menos 40 días a 20 °C (68 °F). Se requiere más tiempo cuando las temperaturas son más frías (WEF, 2017). Los sólidos suelen permanecer en digestores aerobios durante al menos 15 días a 35 °C (95 °F) (WEF, 2017). El almacenamiento de 15 a 40 días de lodo requiere mucho espacio, en particular cuando el lodo está diluido. Muchas WRRF llevan a cabo el espesamiento previo del lodo antes de agregarlo al digestor. La eliminación del exceso de agua desde el principio reduce el volumen total de lodo que se almacenará. Esto significa que los tanques del digestor pueden ser más pequeños. Además de reducir el tamaño requerido del tanque del digestor, el espesamiento reduce de manera importante la cantidad de energía requerida para calentar el lodo antes de la digestión anaerobia.

El volumen y la masa del lodo pueden reducirse también con otras tecnologías de tratamiento, como la digestión aerobia termofílica autotérmica (ATAD), la incineración, la hidrólisis térmica y la pirólisis. Este manual se enfoca en la digestión aerobia y anaerobia porque son los dos métodos más utilizados para la estabilización de lodos.

En los digestores aerobios, los microorganismos descomponen SVS en dióxido de carbono (CO_2), agua (H_2O), amoníaco (NH_3) y fosfato (PO_4). El término para esta canibalización lenta del lodo en los digestores aerobios es *respiración endógena*. El gas dióxido de carbono no es muy soluble en agua. Abandona el agua e ingresa a la atmósfera. En los digestores anaerobios, tres grupos separados de microorganismos anaerobios convierten SVS en metano (CH_4), dióxido de carbono (CO_2), agua (H_2O), amoníaco (NH_3) y fosfato (PO_4). En los digestores anaerobios, el proceso de descomposición tiene otro nombre, *fermentación*, que consiste en cuatro pasos distintos: *hidrólisis, acidogénesis, acetogénesis* y *metanogénesis*. El metano se denomina habitualmente "gas natural". El metano y el dióxido de carbono de los digestores anaerobios se captura y puede quemarse para calentar el digestor o generar electricidad. El biogás también puede convertirse en gas natural renovable. El gas puede procesarse en primer lugar para eliminar dióxido de carbono, agua y otros contaminantes.

El método de sólidos volátiles permite estimar la cantidad de material orgánico remanente en el lodo o los biosólidos. Sólidos volátiles mayores indican cantidades más grandes de material orgánico y son un indicador de que la conversión de lodo a biosólidos no está completa.

También puede usarse el compostaje para reducir la masa (kg o lb) de lodo. El lodo digerido o crudo se combina con un material estructurante, como astillas de madera. La mezcla se autodigiere y genera calor. Las temperaturas internas de las pilas de cómpost pueden llegar a los 49 a 77 °C (120 a 170 °F) (Apps, 2013). El cómpost puede darse vuelta y mezclarse varias veces para exponer todo el material a las temperaturas más altas. El compostaje en pila estática suministra aire al cómpost para favorecer la digestión, en lugar de dar vuelta la pila. Si se lleva a cabo correctamente, el compostaje produce biosólidos relativamente secos, biológicamente estables y sin olor que pueden almacenarse fuera sin desarrollar olores o atraer insectos.

La digestión aerobia y anaerobia se describen con mayor detalle en los capítulos 3 y 4 de este manual.

CÓMO REDUCIR LOS PATÓGENOS

Los patógenos del lodo pueden inactivarse o destruirse con digestión anaerobia, disecado (secado), un pH extremo, calor elevado o irradiación. Los niveles de patógenos se reducen naturalmente mediante los digestores aerobios y anaerobios. A medida que el lodo se digiere, más microorganismos mueren o se inactivan, incluidos los patógenos. A fin de reducir los patógenos a niveles seguros, el lodo debe mantenerse en los digestores el tiempo suficiente y a una temperatura suficientemente alta. La mayoría de las WRRF usa la digestión para reducir la masa de SVS y reducir los patógenos en simultáneo. El compostaje reduce de manera similar los niveles de patógenos. Secar el lodo hasta que contenga menos de 10 % de agua, aplicar calor, un pH extremo y la irradiación, y la aplicación del calor son métodos para desinfectar el lodo. Estos métodos inactivan o destruyen los patógenos mediante la creación de un entorno que ya no sustenta vida.

CÓMO CUMPLIR LOS REQUISITOS DE LAS REGULACIONES 503

Los biosólidos deben gestionarse con cuidado para evitar la propagación de enfermedades, la contaminación de aguas subterráneas y superficiales, y la acumulación de materiales pesados y determinados compuestos orgánicos en el medio ambiente. Las regulaciones de la EPA de los EE. UU. (40 CFR Parte 503) se ocupan del uso y de la disposición de sólidos generados durante el tratamiento de aguas residuales domésticas y agua de pozos sépticos. Este conjunto de normas se denomina "regulaciones 503". Para poder aplicar los biosólidos en tierra, deben cumplir:

- Los criterios de reducción de patógenos.
- Los criterios para la reducción de atracción de vectores.
- Los límites de concentración de contaminantes.

Los requisitos de reducción de atracción de vectores y de patógenos de la Parte 503 son complejos. Para obtener más información, consulte los documentos con las pautas relacionadas de la EPA de los EE. UU., en particular *A Plain English Guide to the EPA Part 503 Biosolids Rule* (EPA de los EE. UU., 1994a). Esta guía puede descargarse del sitio web de la EPA de los EE. UU. Las secciones siguientes resumen la regla brevemente.

Muchos estados, gobiernos locales y agencias reguladoras tienen sus propios requisitos de uso de sólidos y disposición, en lugar de las regulaciones 503 o además de ellas. Aunque muchos requisitos se redactaron en virtud de las regulaciones 503, otros no. Asegúrese de consultar a sus agencias reguladoras locales.

Requisitos de reducción de patógenos

Las regulaciones 503 definen dos clasificaciones principales de biosólidos, Clase A y Clase B (Tabla 1.3); establecen límites para los metales y compuestos orgánicos en los biosólidos, y establecen requisitos para la reducción de atracción de vectores. Las regulaciones también detallan los procesos que pueden usarse para producir biosólidos Clase A y Clase B (Tabla 1.4). Los biosólidos Clase B pueden ser aplicados en tierra en terrenos privados sin acceso al público. Pueden tener cantidades relativamente altas de bacterias coliformes fecales a 2 000 000 de bacterias por gramo de biosólidos porque la exposición de los humanos será limitada. Para producir biosólidos Clase B, debe usarse uno de varios procesos para reducir de manera significativa los patógenos (PSRP). Además, el proceso debe operarse para cumplir determinados criterios y asegurar que se cumplan los requisitos para patógenos y RAV. Los digestores aerobios y anaerobios pueden producir biosólidos Clase B cuando se operan correctamente. Los biosólidos Clase A necesitan mayor estabilización para reducir los patógenos por debajo de los límites detectables pero pueden ser comercializados y puestos a disposición del público. También pueden aplicarse en tierra sin restricciones relacionadas con los patógenos. Para producir biosólidos Clase A, deben usarse uno de varios procesos para reducir aún más los patógenos (PRFP) u otro proceso aprobado por la EPA de los EE. UU. La mayoría de las instalaciones produce biosólidos Clase B debido al gasto operativo adicional y a los requisitos de prueba relacionados con la Clase A. Es posible usar biosólidos Clase A o Clase B para corregir y fertilizar el suelo para cultivo, con algunas restricciones.

Requisitos de reducción de atracción de vectores

Los sólidos volátiles atraen vectores (por ejemplo, moscas, roedores y pájaros). Hay 10 opciones para reducir la atracción de vectores. Todos los biosólidos deben cumplir al menos una de ellas antes de poder reutilizarse beneficiosamente. Las opciones son:

- Opción 1: Cumplir la reducción de sólidos volátiles en un 38 %.
- Opción 2: Demostrar RAV con digestión anaerobia adicional en una unidad de medición con escala.
- Opción 3: Demostrar RAV con digestión aerobia adicional en una unidad de medición con escala.
- Opción 4: Cumplir una tasa de captación de oxígeno específica para biosólidos digeridos aerobiamente.
- Opción 5: Usar un proceso de tratamiento aerobio a >40 °C (104 °F) durante 14 días o más.
- Opción 6: Aumentar el pH con cal u otro alcalino en condiciones específicas.
- Opción 7: Secar biosólidos estabilizados a al menos un 75 % de sólidos.
- Opción 8: Secar biosólidos con sólidos no estabilizados a al menos un 90 % de sólidos.
- Opción 9: Inyectar biosólidos debajo de la superficie del suelo.
- Opción 10: Incorporar (combinar) biosólidos en el suelo a menos de 6 horas de la aplicación.

Tabla 1.3 Definiciones regulatorias de los biosólidos Clase A y Clase B (40 CFR, Parte 503, Apéndice B)

	Clase A	Clase B
Bacterias coliformes fecales, cant./gramos de los sólidos totales	1000	2 000 000
Salmonela, cant./gramos de los sólidos totales	4	
Técnica de tratamiento	Proceso para reducir aún más los patógenos (PFRP)[1]	Proceso para reducir de manera significativa los patógenos (PSRP)[a]
Requisito de reducción de atracción de vectores	Debe cumplirse.	Debe cumplirse.

[a]También es posible que se usen otras técnicas de tratamiento aprobadas por la EPA de los EE. UU.

Tabla 1.4 Procesos de reducción de patógenos (40 CFR, Parte 503, Apéndice B)

Proceso para reducir de manera significativa los patógenos (PSRP)	
Digestión aerobia	Para llevar a cabo el proceso, se agita el lodo con aire u oxígeno a fin de mantener condiciones aerobias en tiempos de residencia de sólidos de 60 días a 15 °C (59 °F) a 40 días a 20 °C (68 °F).
Secado por aire	El lodo líquido se deja drenar o secar sobre camas de arena con drenaje inferior o sobre depósitos revestidos o sin revestir. Se requiere un mínimo de 3 meses, con 2 meses en los que las temperaturas diarias promedio deben estar por arriba de 0 °C (32 °F).
Digestión anaerobia	El proceso se lleva a cabo en la ausencia de aire, con tiempos de residencia de sólidos de entre 60 días a 20 °C (68 °F) y 15 días a 35 °C a 55 °C (95 °F a 131 °F).
Compostaje	Mediante los métodos de compostaje dentro del recipiente, con pila estática aereada, o en ventana, los desechos sólidos se mantienen en condiciones operativas mínimas de 40 °C (104 °F) durante 5 días. Durante 4 horas, durante este período, la temperatura debe superar los 55 °C (131 °F).
Estabilización con cal	Se agrega suficiente cal al lodo para producir un pH de 12 después de 2 horas de contacto.
Procesos para reducir aún más los patógenos (PFRP)	
Compostaje	Mediante los métodos de compostaje dentro del recipiente o con pila estática aereada, el lodo se mantiene en condiciones operativas de 55 °C (131 °F) o más durante 3 días. Con el método de compostaje en ventana, el lodo llega a una temperatura de 55 °C (131 °F) o más durante al menos 15 días durante el período de compostaje. Además, durante el período de alta temperatura, habrá un mínimo de cinco giros en la ventana.
Secado por calor	La torta de lodo deshidratado se seca con contacto directo o indirecto con gases calientes y el contenido de humedad se reduce al 10 % o menos (90 % de sólidos o más). Las partículas de lodo alcanzan temperaturas de más de 80 °C (176 °F) o la temperatura del bulbo húmedo del flujo de gas en contacto con el lodo en el punto donde abandona el secador supera los 80 °C (176 °F).
Tratamiento por calor	El lodo líquido se calienta a temperaturas de 180 °C (356 °F) durante 30 minutos.
Digestión aerobia termofílica	Se agita el lodo con aire u oxígeno a fin de mantener condiciones aerobias en tiempos de residencia de sólidos de 10 días a 55 °C a 60 °C (131 °F a 140 °F).
Irradiación con rayos beta	El lodo se irradia con rayos beta a una dosificación especificada.
Irradiación con rayos gamma	El lodo se irradia con rayos gamma a una dosificación especificada.
Pasteurización	El lodo se mantiene durante al menos 30 minutos a una temperatura mínima de 70 °C (158 °F).

Los métodos utilizados con mayor frecuencia para RAV son las opciones 1, 4 y 10 porque requieren la menor cantidad de recopilación de datos. El cálculo de la reducción de sólidos volátiles requiere solo dos datos: el porcentaje de contenido de sólidos volátiles del lodo no estabilizado y el porcentaje de concentración de sólidos volátiles de los biosólidos terminados inmediatamente antes de aplicarse en tierra. Se requiere una fórmula especial para tener en cuenta el material inerte que atraviesa el proceso de estabilización sin cambios (ecuación 1.12).

$$\text{Reducción de sólidos volátiles, }\% = \left[\frac{(VS_{entrantes} - VS_{salientes})}{VS_{entrantes} - (VS_{entrantes} \times VS_{salientes})}\right] \times 100 \qquad (1.12)$$

Donde: $VS_{entrante}$ = Porcentaje de sólidos volátiles del lodo no estabilizado

$VS_{saliente}$ = Porcentaje de sólidos volátiles de los biosólidos terminados

Piense en un proceso de lodo activado que produzca lodo activado de purga con un 80 % de sólidos volátiles. Estos sólidos se envían a un digestor aerobio. Cuando los sólidos se quitan del digestor, contienen un 67 %

de sólidos volátiles. Calcule la reducción porcentual en sólidos volátiles. Ambos porcentajes se ingresan en la ecuación de forma decimal.

$$\text{Reducción de sólidos volátiles, \%} = \left[\frac{(VS_{entrantes} - VS_{salientes})}{VS_{entrantes} - (VS_{entrantes} \times VS_{salientes})}\right] \times 100$$

$$\text{Reducción de sólidos volátiles, \%} = \left[\frac{(0.80 - 0.67)}{0.80 - (0.80 \times 0.67)}\right] \times 100$$

$$\text{Reducción de sólidos volátiles, \%} = \left[\frac{(0.13)}{0.80 - (0.536)}\right] \times 100$$

$$\text{Reducción de sólidos volátiles, \%} = \left[\frac{0.13}{0.264}\right] \times 100$$

$$\text{Reduction of Volatile Solids, \%} = 49.2$$

Al resolver ecuaciones, debe seguir el orden de las operaciones. En primer lugar, todo dentro de paréntesis o todo elevado a una potencia (exponentes). Una barra de división separa las partes superior e inferior de la ecuación y cada parte debe tratarse como si fuera su propio conjunto de paréntesis. A continuación, multiplique y divida. Finalmente, sume y reste de izquierda a derecha en toda la ecuación. El orden de las operaciones puede recordarse con la frase "Pedro escucha mientras dos alumnos sonríen": P (paréntesis), E (exponentes), M (multiplicación), D (división), A (adición) y S (sustracción). También es posible incluir paréntesis y exponentes en la misma letra P. En tal caso, la "E" de PEMDAS queda fuera y la mnemotecnia se convierte en PMDAS.

Puede resultar una locura ir de un 80 % de sólidos volátiles a un 67 % de sólidos volátiles y afirmar que hay una reducción de un 50 % en sólidos volátiles. Esta contradicción aparente es el resultado de los sólidos inertes que pasan sin cambios. Observe la Figura 1.10. Si el lodo no estabilizado que ingresa al proceso de tratamiento es un 80 % de sólidos volátiles, el otro 20 % debe ser de sólidos no volátiles o inertes. Si comenzamos con 100 kg (lb) de sólidos, tenemos 80 kg (lb) de sólidos volátiles y 20 kg (lb) de sólidos inertes. En nuestro ejemplo, el proceso de estabilización logra una reducción del 50 % en sólidos volátiles. Debido a que comenzamos con 80 kg (lb) y se destruyó exactamente la mitad, permanecen solo 40 kg (lb). Los 40 kg (lb) de sólidos volátiles restantes salen del proceso junto con 20 kg (lb) de material inerte, en una masa combinada de 60 kg (lb). El porcentaje de sólidos volátiles que abandona el proceso es de 40 kg (parte) dividido por 60 kg (todo), lo que resulta en un 67 % de sólidos volátiles. Hay una leve diferencia entre este ejemplo (reducción del 50 %) y el ejemplo de la fórmula matemática (reducción del 49.2 %) debido al redondeo.

La Opción 4 permite que las instalaciones cumplan la RAV mediante un análisis específico sobre la tasa de captación de oxígeno específica (SOUR). El procedimiento para el análisis de SOUR se incluye en el Capítulo 8 Lodo activado del primer libro de la serie Fundamentos para el tratamiento de aguas residuales. En el análisis, el lodo tratado de manera aerobia se aerea para aumentar todo lo posible la concentración de oxígeno disuelto. A continuación, se desactiva el suministro de aire. La concentración de oxígeno disuelto se mide al comienzo del análisis y en intervalos regulares hasta que la concentración cae por debajo de 1 mg/L. Para cumplir los requisitos de las regulaciones 503, la SOUR debe ser menor a 1.5 mg/L de oxígeno disuelto cada gramo de sólidos totales por hora. El uso bajo de oxígeno indica que hay muy poco alimento (sólidos volátiles) restante para que los microorganismos se alimenten. El lodo se considera estabilizado.

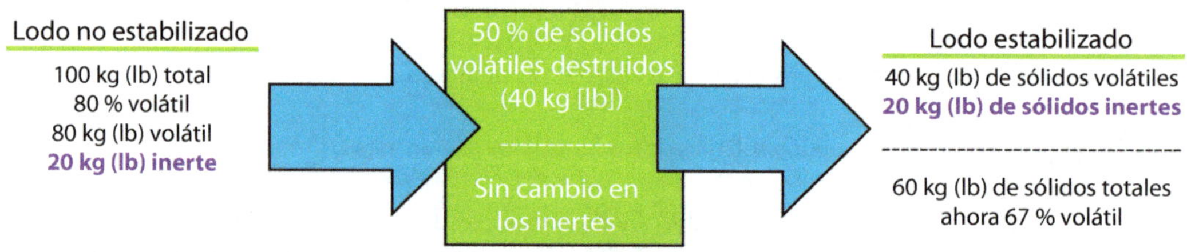

Figura 1.10 Reducción de sólidos volátiles y sólidos inertes

Prácticas de gestión y límites de contaminantes

Las regulaciones 503 también contienen normas y pautas que rigen la cantidad de biosólidos que pueden ser aplicados en tierra y el lugar en que pueden ser aplicados. Por ejemplo, los biosólidos no pueden ser aplicados en tierras cercanas a ríos o arroyos, debido a la probabilidad de que se escurran hacia el agua cuando llueve o nieva. Al reutilizar de manera beneficiosa los biosólidos Clase B, los aplicadores en tierra deben asegurarse de que:

- El acceso público al sitio esté restringido durante 30 días después de la aplicación si la tierra tiene poca exposición pública (por ejemplo, tierras agrícolas) y durante 1 año después de la aplicación si la tierra tiene una aplicación pública importante (por ejemplo, parques públicos, cementerios, campos de golf y otros campos deportivos).
- No se haga pastar animales en el sitio durante 30 días después de la exposición.
- No se cultiven alimentos, pienso ni fibra en el sitio durante 30 días después de la aplicación.
- No se cultiven alimentos cuyas partes cultivadas están por arriba del suelo pero tocan la tierra (como melones y pepinos) durante 14 meses después de la aplicación.
- No se cultiven alimentos cuyas partes cultivadas estén debajo del suelo (por ejemplo, zanahorias y patatas) durante 20 meses después de la aplicación si permanecen biosólidos en la superficie durante al menos 4 meses antes de incorporarse al suelo, o durante 38 meses después de la aplicación si los biosólidos se incorporan al suelo antes.
- No se cultive césped durante 1 año después de la aplicación si el césped se colocará sobre tierra con una alta exposición pública (por ejemplo, un parque) a no ser que la autoridad que expide los permisos especifique otra cosa.

No es posible aplicar biosólidos en exceso de la tasa agronómica. Si un cultivo en específico requiere 44.8 kg de nitrógeno por hectárea (40 lb/ac) para crecer, la cantidad de biosólidos aplicados por acre estará limitada por la cantidad de nitrógeno que contengan los biosólidos. Si los biosólidos contienen muy poco nitrógeno, puede resultar posible aplicar muchas toneladas de biosólidos por acre de tierra. Si la concentración de nitrógeno es alta, la cantidad de biosólidos aplicada debe reducirse para coincidir con la tasa agronómica. Hay límites en la tasa agronómica para el nitrógeno y el fósforo. Distintos cultivos requieren distintas cantidades de nitrógeno y fósforo, y tendrán distintos límites de tasa agronómica. Las oficinas de asistencia agrícola del estado son un recurso excelente para determinar los requisitos de nutrientes para los cultivos locales.

Las concentraciones de metales pesados pueden limitar también la cantidad de biosólidos que pueden aplicarse en tierra. Los biosólidos deben analizarse en busca de los siguientes metales pesados antes de la aplicación en tierra: arsénico (As), cadmio (Cd), cobre (Cu), plomo (Pb), mercurio (Hg), níquel (Ni), selenio (Se) y zinc (Zn). Los límites de referencia para los metales se indican en la Figura 1.11. Si la concentración de alguno de estos metales es demasiado alta, los biosólidos no pueden aplicarse en tierra. Debido a que los metales no se descomponen en el medio ambiente, también hay límites sobre la cantidad total de metales que pueden aplicarse en una ubicación en específico. Quienes aplican en tierra deben hacer un seguimiento de la carga acumulativa (kg/ha) aplicada durante el uso de la ubicación. Cuando un sitio alcanza el límite máximo para la carga acumulativa de cualquier metal en específico, ya no pueden volver a aplicarse biosólidos en ese sitio.

El diagrama de flujo de la Figura 1.11 indica los requisitos mínimos de muestreo y contaminantes que deben cumplirse antes de la aplicación en tierra de biosólidos de Clase B. Los operadores deben consultar los permisos de descarga o biosólidos de sus instalaciones para obtener los requisitos específicos. Los estados con frecuencia tienen sus propias regulaciones que rigen el uso y la disposición de biosólidos; sin embargo, las regulaciones estatales nunca pueden ser más indulgentes que las regulaciones federales. Las regulaciones locales pueden ser más rigurosas que los requisitos federales. Los permisos para biosólidos se emiten para generadores y para aplicadores en tierra.

Para obtener más información sobre las regulaciones 503, los operadores deben descargar *A Plain English Guide to the EPA Part 503 Biosolids Rule* (EPA de los EE. UU., 1994a).

Requisitos de monitoreo

El cumplimiento de los criterios de los permisos de biosólidos debe demostrarse con datos. Es fundamental que los datos recopilados sean representativos del desempeño del proceso. Si no se cumplen los criterios de los permisos, pueden producirse importantes gastos y sanciones financieras, y otras peores.

La frecuencia mínima de monitoreo de contaminantes, patógenos y RAV depende de la masa de sólidos reutilizada beneficiosamente o desechada por año. Para las instalaciones de pequeño tamaño que generan menos de 34 toneladas métricas de biosólidos por año, el monitoreo con frecuencia se hace solo una vez por año. La agencia que emite los permisos puede requerir monitoreos más frecuentes. Si 2 años de monitoreo demuestran que los biosólidos tienen concentraciones bajas de contaminantes y cumplen otros requisitos, es posible que los requisitos de monitoreo se reduzcan. Las frecuencias de monitoreo no pueden caer por debajo de una al año.

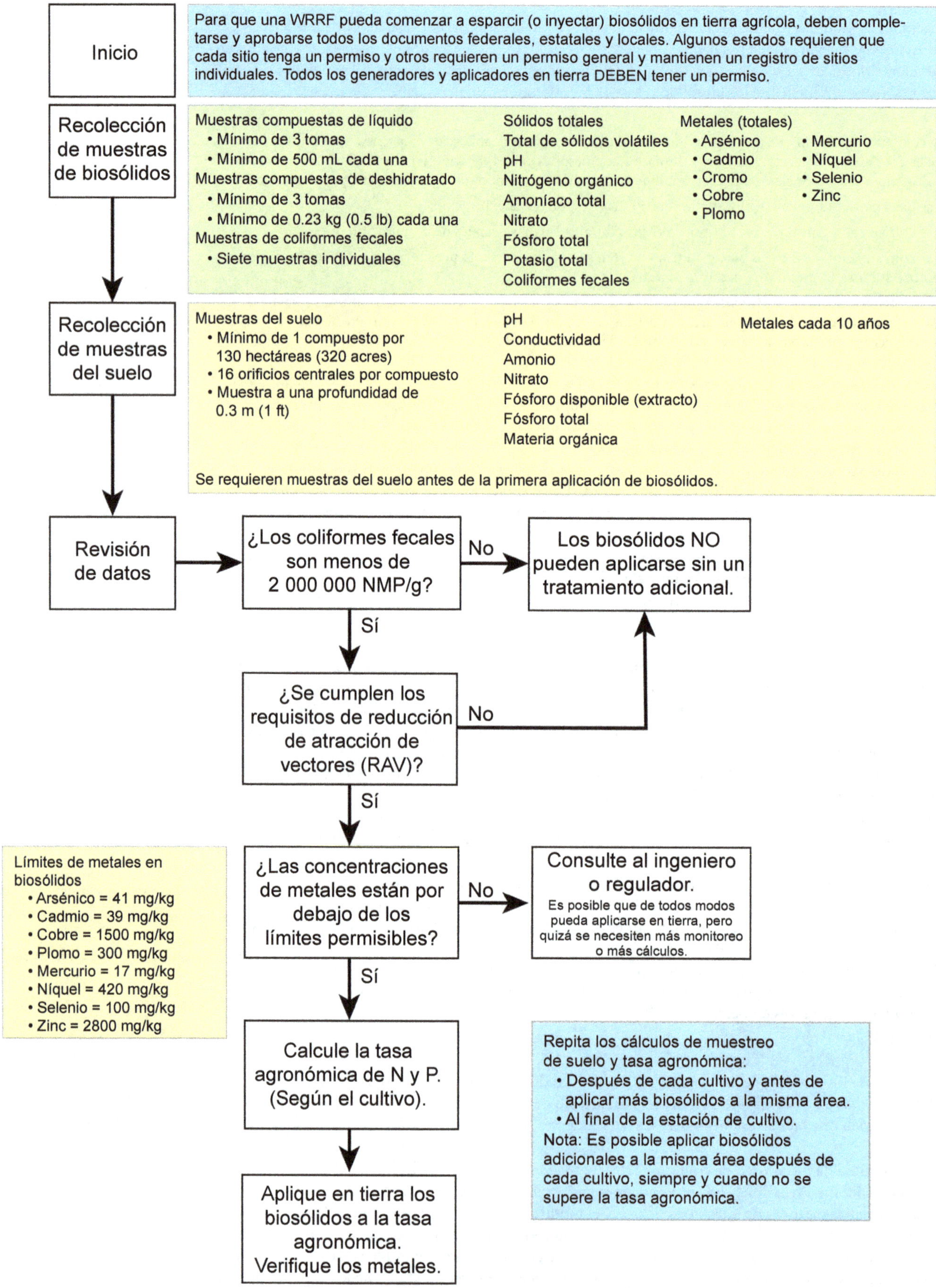

Figura 1.11 **Requisitos regulatorios para la aplicación en tierra de biosólidos**

Muchos estados y comunidades locales tienen regulaciones sobre biosólidos y códigos locales igual de estrictos o más estrictos que la Parte 503. Estas regulaciones adicionales pueden restringir la aplicación en tierra de los biosólidos de Clase B, imponer requisitos adicionales de permisos, gestión y registros para la generación, el acarreo y la aplicación en tierra, establecer límites de fósforo que restrinjan la aplicación en tierra, requerir el registro de fertilizantes para los biosólidos de Clase A, o incluso imponer requisitos adicionales para los biosólidos en rellenos sanitarios. Para obtener detalles sobre las regulaciones estatales sobre biosólidos, consulte a la agencia de gestión ambiental estatal o el sitio web de National Biosolids Partnership (www.biosolids.org).

COMPROBACIÓN DE CONOCIMIENTOS

1. **En la respiración endógena, las bacterias convierten SVS en metano y dióxido de carbono.**
   - ☐ Verdadero
   - ☐ Falso
2. **La digestión del lodo puede reducir los SVS del lodo hasta en un 50 %.**
   - ☐ Verdadero
   - ☐ Falso
3. **Secar el lodo a menos de un 10 % de agua es un método para inactivar o matar los patógenos durante la estabilización del lodo.**
   - ☐ Verdadero
   - ☐ Falso
4. **Antes de poder aplicar en tierra los biosólidos, deben cumplir criterios de reducción de patógenos, reducción de atracción de vectores y contaminantes.**
   - ☐ Verdadero
   - ☐ Falso
5. **Cuando los digestores aerobios y anaerobios funcionan a temperaturas más frías, ¿qué enunciado es verdadero?**
   a. La producción de gas aumenta.
   b. La digestión tarda más tiempo.
   c. El espacio de almacenamiento se reduce.
   d. Se descomponen más SST inertes.
6. **Durante la digestión aerobia, los sólidos volátiles se descomponen y forman:**
   a. Metano y dióxido de carbono
   b. Ácidos grasos volátiles y agua
   c. Dióxido de carbono y agua
   d. Amoníaco y metano
7. **Los digestores anaerobios producen el siguiente gas, que puede quemarse para generar electricidad:**
   a. Metano
   b. Dióxido de carbono
   c. Propano
   d. Nitrógeno
8. **Esta clase de biosólidos puede ponerse a disponibilidad del público:**
   a. Clase A
   b. Clase B
   c. Clase C
   d. Clase D
9. **El análisis de SOUR se utiliza para demostrar:**
   a. La eficiencia del proceso de lodo activado
   b. La reducción de patógenos a niveles aceptables
   c. Los contaminantes por debajo de los límites permisibles
   d. El cumplimiento de los requisitos de reducción de atracción de vectores
10. **El lodo crudo que ingresa a un digestor contiene un 83 % de sólidos volátiles. Los biosólidos terminados contienen un 71 % de sólidos volátiles. Halle la reducción porcentual de sólidos volátiles.**
    a. 12.0 %
    b. 14.4 %
    c. 49.8 %
    d. 72.0 %

RESUMEN DEL CAPÍTULO

CARACTERÍSTICAS DE LOS SÓLIDOS	■ Hay cinco tipos de material residual: materiales resultantes del filtrado, arena, lodo primario, lodo secundario y lodo terciario/químico. ■ El lodo primario y el lodo secundario contienen patógenos y altos porcentajes de materiales orgánicos. ■ El lodo químico contiene más material inerte y agua. ■ Todos los materiales residuales contienen patógenos y contaminantes. ■ Los materiales resultantes del filtrado y la arena se envían generalmente a un relleno sanitario. ■ El lodo primario, el lodo secundario y el lodo terciario se transfieren al flujo de sólidos para su procesamiento adicional.
PROCESAMIENTO DE SÓLIDOS	■ Un tratamiento adicional puede convertir el lodo en biosólidos. ■ Los biosólidos estabilizados cumplen los requisitos de 40 CFR Parte 503, denominados también "regulaciones 503". ■ La estabilización reduce los patógenos y la atracción de vectores (RAV). ■ Los biosólidos estabilizados pueden reutilizarse beneficiosamente, ubicarse en un sitio superficial para la disposición, incinerarse o enviarse a un relleno sanitario. ■ Las metas del procesamiento de sólidos incluyen reducir los patógenos y RAV, reducir el volumen, reducir la masa, reducir el contenido orgánico y cumplir los requisitos regulatorios. ■ La reducción de atracción de vectores y de patógenos es obligatoria. Otras metas del procesamiento dependen de la instalación y del proceso. No todas las instalaciones cumplen o deben cumplir cada meta del procesamiento de lodos.
REDUCCIÓN DEL VOLUMEN	■ El lodo es mayormente agua. ■ El lodo se espesa o deshidrata para reducir los costos de procesamiento. ■ El lodo espesado igualmente puede vertirse. La torta deshidratada no. ■ Es posible usar la ecuación normal dos para estimar el volumen del lodo espesado o deshidratado. ■ La ecuación normal tres se utiliza para la combinación. ■ Hay cuatro tipos de agua en el lodo y en los biosólidos: en lote (libre), intersticial, vecinal y de hidratación. ■ El agua libre e intersticial pueden eliminarse mediante gravedad o presión (métodos mecánicos). El agua vecinal y de hidratación no puede eliminarse con métodos mecánicos. ■ La concentración de sólidos totales del lodo espesado o deshidratado mecánicamente está limitada por el tamaño de las partículas, el porcentaje de materia orgánica y otros factores.
ACONDICIONAMIENTO DEL LODO	■ Las partículas del lodo tienen (en general) carga negativa. Se repelen entre ellas. ■ El acondicionamiento utiliza químicos para ayudar a las partículas de lodo a coagularse y flocular. ■ La mayoría de las WRRF usan polímeros orgánicos para el acondicionamiento del lodo, pero también se usan acondicionadores inorgánicos, como el cloruro férrico. ■ Los polímeros tienen distintas cargas. Catiónica = positiva (la que más se usa), aniónica = negativa, no iónica = sin carga. ■ Los polímeros vienen en tres formas físicas: secos, en emulsión y en solución. ■ Los ensayos de jarra y el ensayo de tiempo de filtrado se utilizan para seleccionar el mejor acondicionador y optimizar la dosificación. ■ La dosis óptima de acondicionador minimiza los costos generales de procesamiento de sólidos y puede producir o no la torta más seca posible.
REDUCCIÓN DE LA MASA	■ La masa del lodo primario puede estimarse a partir de los SST del caudal de entrada y de los datos operativos. ■ La digestión aerobia y la digestión anaerobia son los métodos más comunes para reducir la masa del lodo mediante la destrucción de SVS. ■ La digestión aerobia convierte los SVS en CO_2 y en agua mediante la respiración endógena. ■ La digestión anaerobia convierte los SVS en dióxido de carbono (CO_2) y en metano (CH_4) mediante la fermentación. ■ No es posible reducir el material inerte.

INACTIVACIÓN O REDUCCIÓN DE PATÓGENOS	■ Los patógenos se inactivan o destruyen mediante alguna de las actividades siguientes: • Depredación y su muerte en los digestores. • Creación de un entorno que ya no sustenta vida, como un pH extremadamente alto.
REQUISITOS REGULATORIOS	■ Antes de poder reutilizar beneficiosamente los biosólidos, deben cumplir criterios de reducción de patógenos, reducción de atracción de vectores y límites de contaminantes. ■ Dos clases de biosólidos: Clase A y Clase B. ■ Los biosólidos de Clase A tienen menores concentraciones de patógenos. ■ Las regulaciones 503 establecen dos categorías de PSRP (biosólidos de Clase B) y PRFP (biosólidos de Clase A) como tecnologías de tratamiento. ■ Los métodos más comunes de cumplir la RAV incluyen una reducción mínima del 38 % de sólidos volátiles, una SOUR por debajo de 1.5 mg/L de oxígeno disuelto por gramo de biosólidos por hora y la incorporación de biosólidos aplicados en tierra al suelo mediante inyección o mezcla antes de transcurridas 6 horas. ■ Requisitos adicionales para la prácticas recomendadas de gestión, monitoreo e informes.

Referencias

Apps, R. (13 de febrero de 2013). *How to make hot compost.* Obtenido de Permaculture: https://www.permaculture.co.uk/readers-solutions/how-make-hot-compost

Camp, Dresser, and McKee, Inc. (1981). *Lime stabilization and ultimate disposal of municipal wastewater sludges* (EPA 600/2-81-076). U.S. Environmental Protection Agency, Municipal Environmental Research Laboratory, Office of Research and Development.

Smollen, M. (1988). Moisture retention characteristics and volume reduction of municipal sludges. *Water SA, 14*(1), 25–28.

Smollen, M. (1990). Evaluation of municipal sludge drying and dewatering with respect to sludge volume reduction. *Water Science and Technology, 22*(12), 153–161.

Tomorrow's Tech. (1.º de marzo de 2007). *Service advisor—What does SAE 10W-30 actually mean?* Obtenido de Tomorrow's Tech: http://www.tomorrowstechnician.com/service-advisor-what-does-sae-10w-30-actually-mean/

U.S. Environmental Protection Agency. (1979). *Process design manual for sludge treatment and disposal* (EPA-625/1-79-011). U. S. Environmental Protection Agency.

U.S. Environmental Protection Agency. (1982). *Dewatering municipal wastewater sludge,* (EPA-625/1-82/014). U.S. Environmental Protection Agency, Office of Research and Development, Municipal Environmental Research Laboratory.

U.S. Environmental Protection Agency. (1994a). *A plain English guide to the EPA Part 503 biosolids rule* (EPA 832-R-93-003). U.S. Environmental Protection Agency, Office of Wastewater Management. https://www.epa.gov/sites/production/files/2018-12/documents/plain-english-guide-part503-biosolids-rule.pdf

U.S. Environmental Protection Agency. (1994b). *Surface disposal of sewage sludge: A guide for owners/operators of surface disposal facilities on the monitoring, recordkeeping, and reporting requirements of the federal standards for the use or disposal of sewage sludge, 40 CFR Part 503* (EPA/831B92002c). U.S. Environmental Protection Agency, Office of Water.

U.S. Environmental Protection Agency. (2016, July 13). *Frequent questions about biosolids.* Obtenido el 1.º de octubre de 2016 de U.S. Environmental Protection Agency: https://www.epa.gov/biosolids/frequent-questions-about-biosolids

Vesilind, P. (1994). The role of water in sludge dewatering. *Water Environment Research, 66*(1), 4–11.

Water Environment Federation. (2001). *Solids handling training manual.* Water Environment Federation.

Water Environment Federation. (2017). *Operation of water resource recovery facilities* (7.ª ed., WEF Manual of Practice No. 11). Water Environment Federation.

Water Environment Federation, American Society of Civil Engineers, & Environmental and Water Resources Institute. (2018). *Design of water resource recovery facilities* (6.ª ed., WEF Manual of Practice No. 8/ASCE Manuals and Reports on Engineering Practice No. 76). Water Environment Federation.

Bibliografía sugerida

Dentel, S. K., Abu-Orf, M. M. y Griskowitz, N. J. (1993). Guidance manual for polymer selection in wastewater treatment plants, Project 91-ISP-5. Water Environment Research Foundation.

Higgens, M. J., Chen, Y. y Murthy, S. N. (2006). Understanding factors affecting polymer demand for conditioning and dewatering; 01-CTS-1. Water Environment Research Foundation & IWA Publishing.

Lytle, D. A. (1995). *How do I run a proper jar test procedure?* (EPA/600/A-95/139). U.S. Environmental Protection Agency, National Risk Management Research Laboratory, Office of Research and Development.

CAPÍTULO 2

Espesamiento

Introducción

El espesamiento se lleva a cabo en distintos puntos de la instalación de recuperación de recursos hídricos (*water resource recovery facility*, WRRF). El espesamiento se realiza con mayor frecuencia antes de la estabilización del lodo o de la deshidratación. Es un paso importante del proceso de tratamiento porque reduce los costos de bombeo, los costos de calentamiento, los costos eléctricos y otros costos operativos y de mantenimiento. Los sólidos primarios, los activados de purga, una combinación de ambos, u otros tipos de sólidos se espesan para reducir el volumen del agua que fluye aguas abajo hacia otros procesos de la WRRF. La reducción del volumen del agua que debe ser procesada también reduce el espacio ocupado por los equipos aguas abajo, así como los costos operativos y de mantenimiento de la instalación. La reducción del volumen del agua también reduce el transporte de biosólidos y los costos de disposición de la WRRF. El espesamiento se puede llevar a cabo por medios físicos, químicos o mecánicos en las WRRF.

El lector puede consultar el Capítulo 1 de este manual para obtener mayor información sobre el tipo de agua que se encuentra en los sólidos que deben ser tratados en la WRRF.

Hay distintos tipos de dispositivos o procesos en la WRRF utilizados para espesar sólidos. Este capítulo se enfocará, principalmente, en espesadores por gravedad, espesadores de flotación por aire disuelto (DAFT), espesadores con banda de gravedad (GBT) y espesadores con tambor rotativo. También se utilizan centrífugas para espesar el lodo, y se explicarán brevemente. Se explicarán con mayor profundidad en el Capítulo 5: Deshidratación. Los procesos de espesamiento pueden mejorarse con la utilización de polímeros o basarse en dicha utilización. En este capítulo se describirán los sistemas de polímero seco y en emulsión, los equipos asociados, el desempeño esperado y las operaciones y el mantenimiento básicos de estos sistemas.

OBJETIVOS DE APRENDIZAJE

Después de completar este capítulo, podrá:

- Detallar los principales objetivos del espesamiento.
- Detallar los tipos comunes de equipos de espesamiento utilizados en una WRRF.
- Calcular las variables de control del proceso, incluidas la tasa de carga hidráulica y la tasa de carga de sólidos.
- Poner en funcionamiento, operar y apagar distintos dispositivos de espesamiento.
- Explicar de qué forma el espesamiento reduce los costos de electricidad y operativos en una WRRF.
- Comprender cómo solucionar problemas y realizar el mantenimiento de distintos dispositivos de espesamiento.
- Repasar qué son los polímeros y por qué se utilizan para el espesamiento y la deshidratación
- Explicar los aspectos fundamentales de operación y mantenimiento para los sistemas de polímero seco y en emulsión.
- Comprender la forma de determinar las tasas de alimentación de polímero para optimizar el desempeño del espesador.
- Detallar los riesgos de seguridad a tener en cuenta cuando se trabaja alrededor de equipos de espesado y con polímeros.

Objeto y función del espesamiento

El objetivo del espesamiento del lodo es reducir el volumen del lodo mediante la reducción de la cantidad de agua que contiene el lodo. La reducción del volumen del lodo reduce el tamaño de los tanques de almacenamiento o tratamiento necesarios aguas abajo y puede también reducir la cantidad de piezas de los equipos relacionados, como las bombas, en esos procesos. Por ejemplo, espesar el lodo antes del digestor anaerobio es importante porque la reducción del volumen del agua que ingresa el digestor también reduce los costos operativos. Lo hace, específicamente, mediante la reducción del volumen del agua y el lodo que se debe calentar en el digestor. Si se toma el lodo al 2.0 % y se espesa a un 8.0 % de los sólidos totales (TS), el volumen del lodo disminuye un 75 %.

Tabla 2.1 Resumen de las tecnologías de espesamiento

Tecnología de espesamiento	Principio de operación	Funciona mejor en	Logra
Espesador por gravedad 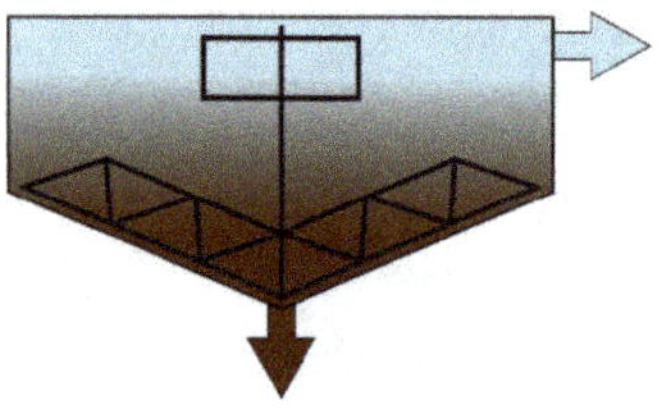	Los sólidos se sedimentan por gravedad y se compactan en el fondo. El sobrenadante fluye sobre los vertederos. El lodo sedimentado se bombea desde una tolva en el fondo del tanque.	Sólidos del lodo primario acondicionados con cal	2 %–15 %* TS[a] *2 %–10 % es normal, 15 % se alcanza con el lodo acondicionado con cal
Espesador con banda de gravedad 	Se agrega polímero para coagular los sólidos más pequeños. Después se esparce el lodo acondicionado a lo ancho de una banda porosa. El agua libre se drena a través de la banda. Los sólidos se mezclan suavemente a medida que viajan a lo largo de la banda para que liberen el agua atrapada.	Sólidos digeridos, sólidos de cal y alumbre, sólidos primarios, lodo activado de purga (LAP) y sólidos combinados con una concentración inicial de TS entre 0.4 % y 8 %.	4 %–10 % TS[b]
Espesador con tambor rotativo 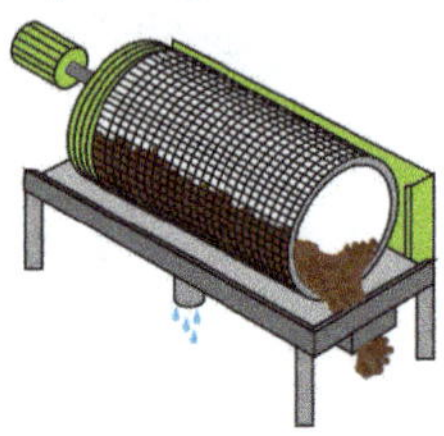	Se agrega polímero para coagular los sólidos más pequeños. Se colocan los sólidos acondicionados dentro de una reja cilíndrica giratoria. La rotación de la reja mezcla suavemente los sólidos para liberar el agua. El agua libre drena a través de la reja.	Lodo activado de purga	5 %–12 % TS[c]
Centrífuga 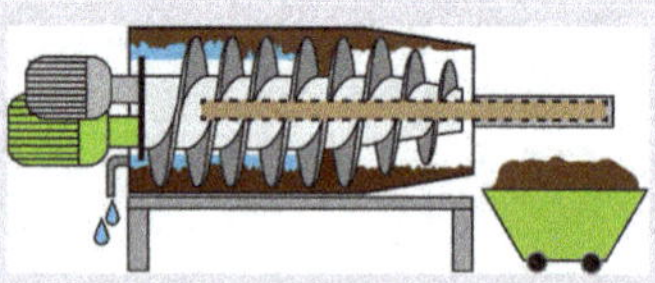	Se agrega polímero para coagular los sólidos más pequeños. La centrífuga gira a velocidades entre 1000–3000 rpm. La fuerza centrífuga fuerza los sólidos hacia fuera de la centrífuga con una fuerza entre 500 a 3000 veces la fuerza de gravedad. El agua se recolecta sobre los sólidos. Las centrífugas también se pueden usar para deshidratar.	Son adecuadas para todo tipo de lodo.	3 %–15 % TS[d]
Espesador de flotación por aire disuelto 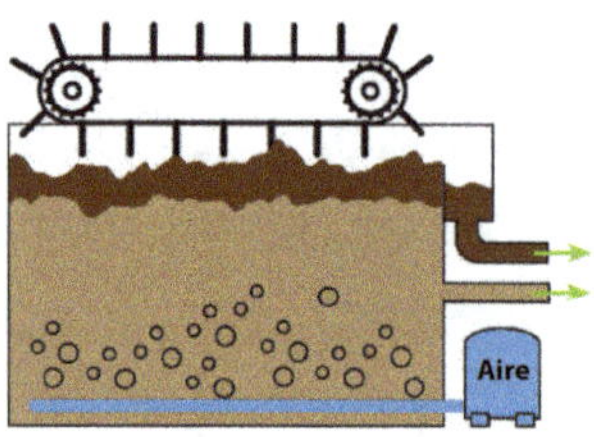	Se hacen flotar los sólidos con burbujas de aire para alterar su gravedad específica. Los sólidos que se recolectan en la parte superior del DAFT se denominan *flotante*. Los sólidos más pesado se hunden al fondo del DAFT. Estos sólidos se denominan *caudal inferior*. Transportadores en la parte superior e inferior empujan los sólidos fuera del DAFT.	Sólidos con digestión anaerobia del LAP	3.5 %–4 % TS en el flotante 3 %–8 % TS en el caudal inferior[e]

Nota: El porcentaje alcanzado de sólidos totales depende de la calidad del lodo, la concentración del caudal de entrada y otras variables operativas.

Nota. Adaptado de [a]WEF et al. (2018), [b]WEF et al. (2018), [c]WEF et al. (2018), [d]WEF et al. (2018), [e]EE. UU. EPA (1974), Wanielista y Eckenfelder (1978), y WEF et al. (2018). Reimpreso con autorización de Indigo Water Group.

Los sólidos se pueden espesar físicamente mediante procesos como clarificadores primarios o secundarios, o espesadores por gravedad. Otros procesos de espesamiento se mejoran químicamente mediante el uso de polímeros. Esos procesos incluyen DAFT, GBT, espesadores con tambor rotativo, centrífugas y otros procesos de espesamiento.

Los procesos de espesamiento de lodo se ubican, en general, antes de los procesos de estabilización del lodo, como los digestores aerobios o anaerobios. Esto reduce el espacio y el costo de capital inicial del proceso de estabilización, y resulta en un ahorro de costos de electricidad y demás costos operativos asociados. El líquido que se extrae por deshidratación durante el proceso de espesamiento debe ser regresado o reciclado de regreso al flujo de líquido o a las obras de cabecera de la instalación de tratamiento para recibir mayor tratamiento. Es importante resaltar que se deben tener en cuenta el volumen reciclado y las características químicas, como la concentración de amoníaco (NH_3), cuando se determina la carga total a la WRRF.

COMPROBACIÓN DE CONOCIMIENTOS

1. **¿Antes de qué proceso se realiza el espesamiento con mayor frecuencia?**
    a. Acondicionamiento
    b. Eliminación de arena
    c. Disposición
    d. Estabilización
2. **¿Adónde se envía el agua eliminada durante el espesamiento?**
    a. Deshidratación
    b. Descarga final
    c. Obras de cabecera
    d. Digestión
3. **El beneficio principal del espesamiento es un aumento de:**
    a. Agua
    b. Calentamiento
    c. Contenido volátil
    d. Sólidos

Espesamiento por gravedad

OBJETO Y FUNCIÓN

El espesamiento por gravedad es una de las tecnologías más antiguas utilizadas en las WRRF. Este tipo de espesamiento es un proceso físico. Los espesadores por gravedad en general son tanques circulares, pero también pueden ser cuadrados o rectangulares. Estos tanques actúan de manera similar a los clarificadores, en los que se introducen los sólidos en la parte superior y el centro del tanque y se sedimentan de forma natural al fondo del tanque. El espesamiento por gravedad funciona mejor con sólidos de lodo primario o con sólidos acondicionados con cal. Los espesadores por gravedad son simples de operar y proporcionan una ventaja para el proceso de espesamiento y compensación de sólidos. Además, los espesadores por gravedad tienen un costo operativo menor que el de otros métodos de espesamiento, que se describirán más adelante en este capítulo.

El espesamiento por gravedad concentra el lodo por medio del proceso físico de sedimentación. La aceleración normal de gravedad brinda la fuerza impulsora para la separación de los sólidos del líquido en un espesador por gravedad.

El uso de los espesadores por gravedad posee algunas desventajas que también deben ser tenidas en cuenta. Se puede formar nata en la parte superior de las unidades, similar a la de los clarificadores primarios, lo que puede ser una fuente importante de olores. Además, condiciones sépticas por operaciones inadecuadas pueden resultar en una fuente adicional de olores molestos en la WRRF. El sobrenadante de un espesador por gravedad en general tiene una mayor concentración de sólidos que el sobrenadante, filtrado o centrado producido por otros dispositivos espesadores. Finalmente, las concentraciones de sólidos en los sólidos espesados son, en general, menores que las alcanzadas cuando se utiliza algún método de espesamiento mecánico.

TEORÍA DE OPERACIÓN

Los espesadores por gravedad se pueden alimentar de manera continua o intermitente, según el diseño del sistema. Los espesadores por gravedad son fáciles de operar y son más eficaces si se operan dentro de las tasas de carga hidráulica (TCH) y de sólidos del diseño.

En la Figura 2.1 se muestra una vista en corte de un espesador por gravedad circular típico. El lodo ingresa por el centro del espesador a través de un tubo o de una canaleta del caudal de entrada. El pozo de alimentación central está diseñado para desacelerar el lodo del caudal de entrada y atenuar las corrientes de velocidad cuando ingresan al tanque. Un pozo de alimentación de caudal de entrada correctamente diseñado distribuye el lodo del caudal de entrada de manera pareja por todo el tanque, sin corrientes descendentes que eliminen el lodo depositado en el fondo del tanque. Una vez que el lodo del caudal de entrada está distribuido en forma pareja por todo el tanque, los sólidos se sedimentan por gravedad en el fondo del tanque. La parte de agua del lodo, también denominada *sobrenadante*,fluye por la parte superior y por los vertederos y en general

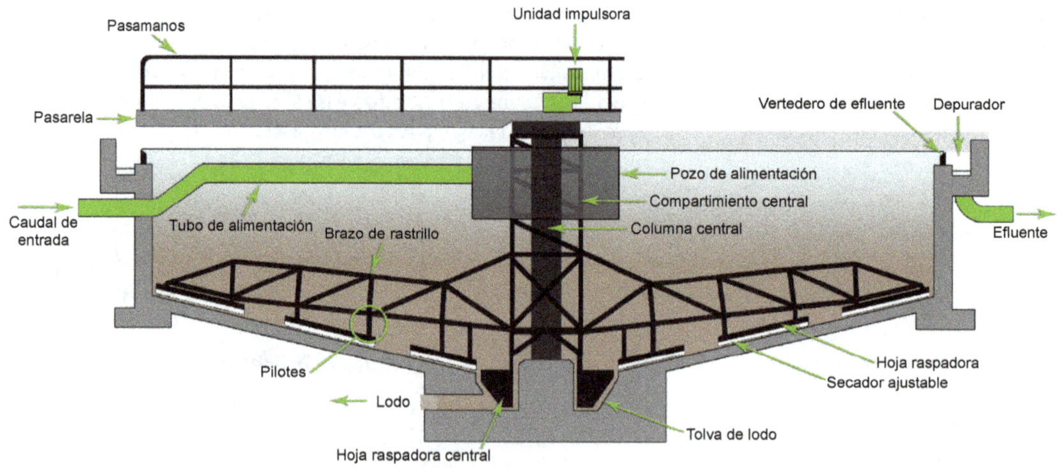

Figura 2.1 Vista de la sección transversal de un espesador por gravedad circular típico (adaptado de EPA de los EE. UU., 1979)

regresa a las obras de cabecera de la instalación para recibir mayor tratamiento en el flujo de líquidos de la WRRF. Los sólidos se sedimentan por gravedad en el piso del tanque espesador, que habitualmente tiene una pendiente descendiente hacia una tolva o un pozo colector en el medio. Recolectores tipo raspadores o arados empujan el lodo hacia la tolva con un movimiento lento para minimizar la agitación que se produce cuando se mueve el lodo por la pendiente. El lodo sedimentado se bombea desde la tolva en el fondo del tanque hacia el procesamiento de sólidos en la WRRF. El espesamiento por gravedad puede complementarse con la adición de productos químicos para acondicionar el lodo.

PARÁMETROS DE DISEÑO Y DESEMPEÑO ESPERADO

Las características del lodo espesado por gravedad varían según la naturaleza de los sólidos espesados. Aunque los espesadores por gravedad funcionan mejor con lodo primario o sólidos acondicionados con cal, también pueden ser eficaces con una combinación de lodo primario y sólidos del filtro percolador o lodo primario y lodo activado de purga (LAP). Los espesadores por gravedad están especialmente diseñados para una tasa de carga de sólidos específica (*solid loading rate,* SLR) que se expresa como $kg/m^2 \cdot d$ ($lb/d/ft^2$). El diseño de un espesador por gravedad también se puede basar en una TCH como $m^3/m^2 \cdot d$ (gpd/ft^2). Los espesadores por gravedad alimentados únicamente con lodo primario en general espesan ese lodo entre un 5 % y un 10 % de TS. El desempeño del espesador es inferior cuando se alimenta un espesador por gravedad con una combinación de lodo primario y secundario.

Los espesadores por gravedad comúnmente son tanques circulares que necesitan condiciones uniformes y regulares para optimizar la sedimentación y la compactación. En general tienen una profundidad de 3 a 4 m (10 a 13 ft) y un diámetro de hasta 25 m (82 ft). Su desempeño se calcula en base a las fuerzas de gravedad únicamente, sin incluir la zona de sedimentación y compactación o compresión. Además, los tanques están diseñados con un piso en pendiente de 2 : 12 a 3 : 12 para facilitar el transporte de sólidos hacia la tolva de extracción. Los espesadores por gravedad en general son de hormigón y varían en tamaño según los sólidos y las TCH para los que se diseñaron las unidades. En WRRF más pequeñas, a veces se utilizan tanques de

Tabla 2.2 Criterios de diseño de un espesador por gravedad típico

Tipo de sólidos	Sólidos del caudal de entrada %	Tasa de carga hidráulica gpd/ft^2 ($m^3/m^2 \cdot d$)	Tasa de carga de sólidos $lb/ft^2/d$ ($kg/m^2 \cdot d$)
Lodo primario	2.0–7.0	380–760 (15.5–31)	20–30 (100–150)
Lodo activado de purga	0.5–1.5	100–200 (4–8)	4–8 (12–36)
LAP y primario	0.5–1.5	150–300 (6–12)	5–14 (25–70)

Nota. Adaptado de WEF et al. (2018) y Metcalf & Eddy/AECOM (2014).

metal. También son necesarios tanques más grandes cuando se utilizan espesadores por gravedad para espesar sólidos combinados (primarios y secundarios). Los espesadores por gravedad de alimentación primaria con frecuencia tienen un tiempo de detención de 24 a 48 horas, mientras que los espesadores de alimentación combinada pueden tener un tiempo de retención de sólidos de 18 a 30 horas.

La zona de sedimentación se basa en la interfaz entre los sólidos que se juntan al sedimentar y el sobrenadante circundante. Se produce la sedimentación por compactación o compresión cuando las partículas de flóculos desarrollan una estructura que se sostiene a medida que se comprime y permite así que el sobrenadante sea desplazado.

EQUIPOS

Los espesadores por gravedad circulares contienen un pozo central por donde se alimentan los sólidos del caudal de entrada y después se distribuyen por el espesador (Figuras 2.1 y 2.2). Estos sólidos se sedimentan por gravedad en el fondo del tanque y desde allí se los raspa hacia el centro del tanque mediante el mecanismo de recolección. Los sólidos ingresan a la tolva donde se los bombea con una bomba externa hacia el procesamiento de sólidos adicional aguas abajo del espesador. Los brazos del mecanismo de recolección a veces contienen puntas (ver Figura 2.2) diseñadas para agitar suavemente el manto para ayudar a liberar las burbujas de gas que pueden formarse dentro del manto de lodo y que pueden causar abultamiento de lodo. Cuando el diseño de los espesadores por gravedad incluye puntas, se recomienda también que la WRRF posea un filtrado eficaz en las obras de cabecera para eliminar trozos de tela y demás detritos que pudieran quedar atrapados en las puntas. Como se observó anteriormente, el sobrenadante viaja hacia arriba y fluye sobre los vertederos desde donde en general regresa a las obras de cabecera de la instalación.

Los sólidos espesados que se juntan en la tolva se bombean hacia los procesos de tratamiento de sólidos. El tipo de bomba utilizado para eliminar los sólidos depende de la concentración de TS del lodo que se elimina del espesador. Se puede utilizar una bomba centrífuga si la concentración de sólidos espesados es inferior al 5 %. Debido a que los espesadores por gravedad pueden alcanzar concentraciones de sólidos espesados de hasta un 10 %, con mayor frecuencia se utilizan bombas de desplazamiento positivo como las bombas de pistón, de cavidad progresiva o de lóbulos rotativos para bombear el lodo espesado desde la tolva. En el Capítulo 7 de este manual puede encontrar mayor información acerca del funcionamiento de estas bombas.

VARIABLES DEL PROCESO

Hay distintas variables del proceso que pueden afectar el desempeño del espesador por gravedad. La índole de los sólidos que deben ser espesados afecta el desempeño, porque algunos sólidos son más fáciles de espesar que otros. Además, la frescura de los sólidos que se alimentan y la edad del lodo en la tolva pueden afectar el desempeño al producir condiciones sépticas que crean burbujas de gas que elevan los sólidos hacia la parte superior del tanque y aumentan el arrastre de sólidos en el sobrenadante. La temperatura también puede afectar el desempeño de los espesadores por gravedad. El aumento de las temperaturas puede propiciar

Figura 2.2 Espesador por gravedad circular con fondo cónico y puntas (reimpreso con autorización de Indigo Water Group)

condiciones sépticas, mientras que temperaturas inferiores aumentan la densidad y viscosidad del agua y reducen la velocidad de sedimentación.

CONTROL DEL PROCESO

Los espesadores por gravedad se diseñan y operan con base en una SLR y una tasa de carga hidráulica (carga superficial). Para operar el espesador de manera eficiente, los operadores deben monitorear y asegurar que la SLR y la TCH se encuentran dentro de los parámetros de diseño de la unidad del espesamiento por gravedad. Si la tasa de procesamiento de sólidos es demasiado elevada, el lodo del espesador aumentará rápidamente y requerirá la eliminación del sistema de volúmenes de lodo mayores a las especificadas por el diseño. Además, si los sólidos no se eliminan con mayor frecuencia en esta condición, pueden prevalecer condiciones sépticas o anaerobias. Si la TCH es superior a los estándares del diseño, fluirá más agua sobre los vertederos, lo que a su vez puede empujar a los sólidos por los vertederos y disminuir la eficacia del espesador por gravedad.

Debido a que los espesadores por gravedad funcionan de manera más eficaz cuando se los alimenta de forma continua y uniforme, a veces se los diseña para aceptar tanto sólidos primarios como secundarios o una mezcla de ambos. Cuando se alimenta a los espesadores por gravedad con sólidos combinados, se los debe mezclar con agua de composición. Esta agua de composición con frecuencia es un efluente reciclado de la instalación que aumenta el oxígeno disuelto (OD) en la alimentación del espesador y puede ayudar a reducir la posibilidad de septicidad dentro del espesador por gravedad. Es importante observar que si se utiliza agua de dilución en el espesador por gravedad, el volumen debe ser sumado al volumen del caudal de entrada del espesador por gravedad cuando se calcule la tasa de carga superficial (SOR) del espesador.

TASA DE CARGA HIDRÁULICA (CARGA SUPERFICIAL) Y TASA DE CARGA DE SÓLIDOS

Unidades estándar internacionales para calcular la masa:

$$\text{kg/d} = \frac{\left[\left(\text{Concentración}, \dfrac{\text{mg}}{\text{L}}\right)(\text{Caudal, m}^3/\text{d})\right]}{1000} \tag{2.1}$$

De manera alternativa, se puede utilizar el análisis dimensional:

$$\frac{X\ \text{mg}}{\text{L}}\left|\frac{1\ \text{g}}{1000\ \text{mg}}\right|\left|\frac{1\ \text{kg}}{1000\ \text{g}}\right|\left|\frac{1000\ \text{L}}{1\ \text{m}^3}\right|\left|\frac{X\ \text{m}^3}{\text{d}}\right| = \text{kg/d} \tag{2.2}$$

Unidades habituales en los EE. UU. para calcular la masa:

Para determinar las libras por día, utilice el caudal en millones de galones en lugar del volumen en millones de galones.

$$\text{Libras por día} = \left(\text{Concentración}, \frac{\text{mg}}{\text{L}}\right)(\text{Caudal, mgd})(8.34) \tag{2.3}$$

De manera alternativa, se puede utilizar el análisis dimensional:

$$\frac{X\ \text{mg}}{\text{L}}\left|\frac{1\ \text{g}}{1000\ \text{mg}}\right|\left|\frac{1\ \text{kg}}{1000\ \text{g}}\right|\left|\frac{2.204\ \text{lb}}{1\ \text{kg}}\right|\left|\frac{3.785\ \text{L}}{1\ \text{gal}}\right|\left|\frac{1\,000\,000\ \text{gal}}{1\ \text{mill. de gal}}\right|\left|\frac{X\ \text{mill. de gal}}{\text{d}}\right| = \frac{\text{lb}}{\text{mill. de gal}} \tag{2.4}$$

Fórmulas para calcular la SOR

Unidades estándar del sistema internacional:

$$\text{Tasa de carga superficial} = \frac{\text{Caudal, m}^3/\text{d}}{\text{Área, m}^2} \tag{2.5}$$

Unidades habituales en los EE. UU.:

$$\text{Tasa de carga superficial} = \frac{\text{Caudal, gpd}}{\text{Área, ft}^2} \tag{2.6}$$

Fórmulas para calcular la SLR

Unidades estándar del sistema internacional:

$$\text{Tasa de carga de sólidos} = \frac{\text{Sólidos aplicados, kg/d}}{\text{Área superficial, m}^2} \tag{2.7}$$

Unidades habituales en los EE. UU.:

$$\text{Tasa de carga de sólidos} = \frac{\text{Sólidos aplicados, lb/d}}{\text{Área superficial, ft}^2} \tag{2.8}$$

Ecuación normal tres para la combinación

$$(C_1 \times V_1) + (C_2 \times V_2) = (C_3 \times V_3) \tag{2.9}$$

Donde C = concentración y V = volumen o caudal.

Cálculo de ejemplo para la tasa de carga superficial

Una WRRF usa un espesador por gravedad de 27.4 m (90 ft) de diámetro para espesar de forma conjunta lodo primario y secundario. El caudal combinado de los lodos primario y secundario es de 4320 m^3/d (1.152 mgd) y tiene una concentración promedio de TS de 15 000 mg/L. Calcule la SOR en metros cúbicos por metros cuadrados por día (m^3/m^2?d) o galones por día por pie cuadrado (gpd/ft^2).

Solución con unidades del sistema estándar internacional.

Paso 1: Determine el área superficial del espesador por gravedad. Con la fórmula para un círculo de la hoja de fórmulas de ABC.

$$\text{Área de un círculo} = (0.785)(\text{diámetro}^2)$$

$$\text{Área de un círculo} = (0.785)(27.4\text{ m})(27.4\text{ m})$$

$$\text{Área de un círculo} = 589.3\text{ m}^2$$

Paso 2: Calcule la SOR con la ecuación 2.5.

$$\text{Tasa de carga superficial} = \frac{\text{Caudal, m}^3\text{/d}}{\text{Área, m}^2}$$

$$\text{Tasa de carga superficial} = \frac{4320\text{ m}^3\text{/d}}{589.3\text{ m}^2}$$

$$\text{Tasa de carga superficial} = 7.3\frac{\text{m}^3}{\text{m}^2 \cdot \text{d}}$$

Compare el resultado con los criterios de diseño de la Tabla 2.2. La SOR se encuentra dentro del rango de los criterios de diseño para un espesador que recibe una combinación de lodo primario y secundario.

Solución con unidades habituales en los EE. UU.

Paso 1: Convierta el caudal de entrada de mgd a gpd.

$$\frac{1.152 \text{ mill. de gal}}{\text{d}}\left|\frac{1\ 000\ 000 \text{ gal}}{1 \text{ mill. de gal}}\right| = 1\ 152\ 000 \text{ gpd}$$

Paso 2: Determine el área superficial del espesador por gravedad. Con la fórmula para un círculo de la hoja de fórmulas de ABC.

$$\text{Área de un círculo} = (0.785)(\text{diámetro}^2)$$

$$\text{Área de un círculo} = (0.785)(90 \text{ ft})(90 \text{ ft})$$

$$\text{Área de un círculo} = 6358.5 \text{ ft}^2$$

Paso 3: Calcule la SOR con la ecuación 2.6.

$$\text{Tasa de carga superficial} = \frac{\text{Caudal, gpd}}{\text{Área, ft}^2}$$

$$\text{Tasa de carga superficial} = \frac{1\ 152\ 000 \text{ gpd}}{6358.5 \text{ ft}^2}$$

$$\text{Tasa de carga superficial} = 181 \frac{\text{gal}}{\text{ft}^2 \cdot \text{d}}$$

Compare el resultado con los criterios de diseño de la Tabla 2.2. La SOR se encuentra dentro del rango de los criterios de diseño para un espesador que recibe una combinación de lodo primario y secundario.

Ejemplo de cálculo de la tasa de carga sólidos

Ahora, calcule la SLR para el mismo espesador por gravedad.

Solución con unidades del sistema estándar internacional.

Paso 1: Determine la masa de sólidos que ingresa al espesador por gravedad con la ecuación 2.7.

$$\frac{\text{kg}}{\text{d}} = \frac{\left[\left(\text{Concentración}, \frac{\text{mg}}{\text{L}}\right)\left(\text{Caudal}, \frac{\text{m}^3}{\text{d}}\right)\right]}{1000}$$

$$\frac{\text{kg}}{\text{d}} = \frac{\left[\left(15\ 000 \frac{\text{mg}}{\text{L}}\right)\left(4320 \frac{\text{m}^3}{\text{d}}\right)\right]}{1000}$$

$$\frac{\text{kg}}{\text{d}} = 64\ 800$$

Paso 2: Determine el área superficial del espesador por gravedad. El área superficial se calculó previamente en el ejemplo de la SOR como 589.3 m^2.

Paso 3: Calcule la SLR con la ecuación 2.8.

$$\text{Tasa de carga de sólidos} = \frac{\text{Sólidos aplicados, kg/d}}{\text{Área superficial, m}^2}$$

$$\text{Tasa de carga de sólidos} = \frac{64\ 800\ \text{kg/d}}{589.3\ \text{m}^2}$$

$$\text{Tasa de carga de sólidos} = 110\frac{\text{kg}}{\text{m}^2\cdot\text{d}}$$

Compare el resultado con los criterios de diseño de la Tabla 2.2. La SLR de este espesador por gravedad es mayor que lo frecuente para un espesador por gravedad que recibe una combinación de lodo primario y secundario.

Solución con unidades habituales en los EE. UU.

Paso 1: Determine la masa de sólidos que ingresa al espesador por gravedad.

$$\text{Libras por día} = \left(\text{Concentración}, \frac{\text{mg}}{\text{L}}\right)(\text{Caudal, mgd})(8.34)$$

$$\text{Libras por día} = \left(15\ 000\frac{\text{mg}}{\text{L}}\right)(1.152\ \text{mgd})(8.34)$$

$$\text{Libras por día} = 144\ 115.2$$

Paso 2: Determine el área superficial del espesador por gravedad. El área superficial se calculó previamente en el ejemplo de la SOR como 6358.5 ft^2.

Paso 3: Calcule la SLR.

$$\text{Tasa de carga de sólidos} = \frac{\text{Sólidos aplicados}, \frac{\text{lb}}{\text{d}}}{\text{Área superficial, ft}^2}$$

$$\text{Tasa de carga de sólidos} = \frac{114\ 115.2\ \text{lb/d}}{6358.5\ \text{ft}^2}$$

$$\text{Tasa de carga de sólidos} = 22.7\frac{\text{lb}}{\text{ft}^2\cdot\text{d}}$$

Compare el resultado con los criterios de diseño de la Tabla 2.2. La SLR de este espesador por gravedad es mayor que lo frecuente para un espesador por gravedad que recibe una combinación de lodo primario y secundario.

Combinación de lodos

Muchas instalaciones combinan lodo primario y secundario antes de alimentar el espesador por gravedad u otros procesos. Los espesadores por gravedad pueden también incorporar agua de dilución para mejorar el desempeño. En estos casos, los cálculos de la SOR y la SLR se deben realizar teniendo en cuenta el caudal total y las concentraciones de sólidos promedio. Se puede utilizar la *ecuación normal tres* (2.10) para calcular la nueva concentración de lodos combinados. Cada "*C*" significa "concentración" y "*V*" significa "caudal" o "volumen". Todas las unidades de *C* deben coincidir y todas las unidades de *V* deben coincidir.

$$(C_1 \times V_1) + (C_2 \times V_2) = (C_3 \times V_3) \qquad (2.10)$$

EJEMPLO DE CÁLCULO

Los lodos primario y secundario se combinan aguas arriba de un espesador por gravedad. El lodo primario contiene 3 % de TS e ingresa al tanque de combinación a 1635 m^3/d (300 gpm). El lodo secundario contiene 7500 mg/L de sólidos en suspensión totales (SST) e ingresa al tanque de combinación a 3270 m^3/d (600 gpm). ¿Cuál es la concentración combinada de TS?

Solución con unidades del sistema estándar internacional.

Paso 1: Convierta el porcentaje a mg/L.

$$\frac{3\%}{}\left|\frac{10\ 000\ \text{mg/L}}{1\%}\right| = 30\ 000\ \text{mg/L}$$

Paso 2: Calcule el caudal total.

$$V_1 + V_2 = V_3$$

$$1635\frac{\text{m}^3}{\text{d}} + 3270\frac{\text{m}^3}{\text{d}} = V_3$$

$$4905\ \text{m}^3 = V_3$$

Paso 3: Calcule la concentración de los caudales combinados.

$$(C_1 \times V_1) + (C_2 \times V_2) = (C_3 \times V_3)$$

$$\left(30\ 000\frac{\text{mg}}{\text{L}} \times 1635\frac{\text{m}^3}{\text{d}}\right) + \left(7500\frac{\text{mg}}{\text{L}} \times 3270\frac{\text{m}^3}{\text{d}}\right) = \left(C_3 \times 4905\frac{\text{m}^3}{\text{d}}\right)$$

$$49\ 050\ 000\frac{\text{mg}}{\text{L}} \times \frac{\text{m}^3}{\text{d}} + 24\ 525\ 000\frac{\text{mg}}{\text{L}} \times \frac{\text{m}^3}{\text{d}} = C_3 \times 4905\frac{\text{m}^3}{\text{d}}$$

$$73\ 757\ 000\frac{\text{mg}}{\text{L}} \times \frac{\text{m}^3}{\text{d}} = C_3 \times 4905\frac{\text{m}^3}{\text{d}}$$

$$15\ 000\frac{\text{mg}}{\text{L}} = C_3$$

Solución con unidades habituales en los EE. UU.

Paso 1: Convierta el porcentaje a mg/L.

$$\frac{3\%}{}\left|\frac{10\ 000\ \text{mg/L}}{1\%}\right| = 30\ 000\ \text{mg/L}$$

Paso 2: Calcule el caudal total.

$$V_1 + V_2 = V_3$$

$$300\ \text{gpm} + 600\ \text{gpm} = V_3$$

$$900\ \text{gpm} = V_3$$

Paso 3: Calcule la concentración de los caudales combinados.

$$(C_1 \times V_1) + (C_2 \times V_2) = (C_3 \times V_3)$$

$$\left(30\ 000\frac{\text{mg}}{\text{L}} \times 300 \text{ gpm}\right) + \left(7500\frac{\text{mg}}{\text{L}} \times 600 \text{ gpm}\right) = (C_3 \times 900 \text{ gpm})$$

$$9\ 000\ 000\frac{\text{mg}}{\text{L}} \times \text{gpm} + 4\ 500\ 000\frac{\text{mg}}{\text{L}} \times \text{gpm} = C_3 \times 900 \text{ gpm}$$

$$13\ 500\ 000\frac{\text{mg}}{\text{L}} \times \text{gpm} = C_3 \times 900 \text{ gpm}$$

$$15\ 000\frac{\text{mg}}{\text{L}} = C_3$$

OPERACIÓN

Una de las razones por las que se utilizan los espesadores por gravedad en una WRRF es que son fáciles de operar. En las secciones siguientes se describirán cuestiones sobre la puesta en funcionamiento, el apagado y la operación diaria.

PUESTA EN FUNCIONAMIENTO

Después de verificar que el espesador por gravedad no contiene lodo y que se cumplen todas las medidas de seguridad, siga el procedimiento descrito a continuación para poner en funcionamiento el espesador por gravedad:

- Llene el espesador por gravedad vacío con agua del efluente de la instalación.
- Una vez que el tanque está lleno, ponga en funcionamiento el mecanismo de raspado y opérelo de manera continua.
- Comience a introducir el lodo dentro del espesador por gravedad.
- Monitoree el nivel del manto de lodo o manto a medida que se vaya formando en el fondo del espesador.
- Cuando el lodo alcance la profundidad o la concentración predeterminadas, ponga en funcionamiento la bomba de lodo espesado.
- Monitoree la concentración de lodo espesado y configure el caudal de bombeo de lodo espesado en consecuencia.
- Retome la operación normal.

APAGADO

Si fuera necesario un apagado breve, simplemente apague el mecanismo raspador y detenga la bomba de lodo. Para un apagado más prolongado que dure más que un día, siga este procedimiento:

- Detenga el caudal de entrada hacia el espesador. Si fuera posible, redireccione el caudal hacia otro espesador por gravedad en servicio.
- Opere la bomba de lodo espesado hasta que los sólidos sedimentados (lodo espesado) se tornen finos y después detenga la bomba de lodo espesado.
- Detenga el mecanismo de recolección.
- Drene el espesador por gravedad.

Resulta óptimo limpiar con manguera el espesador por gravedad cuando se lleva a cabo una parada prolongada, para eliminar olores potenciales que producen los sólidos y los detritos que permanecen en el tanque.

OPERACIÓN DIARIA

La operación de un espesador por gravedad es simple, pero es importante que los operadores controlen el proceso en cada turno o al menos una vez al día. Los operadores deben realizar los siguientes controles durante sus rondas:

- Verificar que el mecanismo de recolección opera sin inconvenientes.
- Verificar la lectura de torque del mecanismo de recolección.
- Verificar la profundidad del manto de lodo.

- Verificar la operación adecuada de la bomba de lodo.
- Verificar visualmente la apariencia del efluente que fluye por los vertederos.
- Registrar la tasa del caudal de entrada y calcular la TCH. (Se puede realizar un gráfico para verificar que la TCH se encuentra dentro de los parámetros de diseño a distintas tasas del caudal de entrada).
- Tomar muestras y analizar la concentración de sólidos del caudal de entrada.
- Verificar y llevar a cabo toda tarea de limpieza o mantenimiento necesaria.
- Si se utilizan productos químicos para acondicionar el lodo, se debe registrar su tasa de alimentación.

RECOLECCIÓN, MUESTREO Y ANÁLISIS DE LOS DATOS

Es importante establecer un programa de muestreo si la WRRF tiene espesadores por gravedad. Las instalaciones más pequeñas pueden recolectar muestras 2 a 3 días por semana y las instalaciones más grandes pueden recolectar muestras 5 a 7 días por semana. Se deben recolectar las siguientes muestras de los espesadores por gravedad:

Caudal de entrada del espesador

- Sólidos totales

Carga superficial o efluente del espesador

- Sólidos en suspensión
- Sólidos volátiles en suspensión
- Demanda bioquímica de oxígeno (DBO)
- Amoníaco (si fuera necesario para nitrificar) y ortofósforo (si fuera una instalación Bio-P)

Lodo espesado

- Sólidos totales
- Sólidos volátiles

MANTENIMIENTO

Es importante que se realice un mantenimiento preventivo, ya sea mecánico u orientado al proceso, de todos los equipos de una WRRF y esto es válido también para un espesador por gravedad. El mantenimiento mecánico incluye el mantenimiento y la lubricación del motor y de la caja de engranajes, y el mantenimiento del mecanismo de recolección y de la bomba de lodo. El mantenimiento de procesos incluye, sin limitarse a ello, la limpieza del vertedero de efluentes, observaciones visuales para verificar la operación correcta y el registro de las lecturas adecuadas del equipo (como el torque del mecanismo de recolección). El personal encargado de las operaciones y del mantenimiento debe asegurarse de haber revisado completamente el manual de operación y de mantenimiento de todos los equipos asociados con el espesador por gravedad y seguir las recomendaciones de lubricación, los ajustes o reemplazos de bandas o engranajes del impulsor, cambios de aceite y demás actividades de mantenimiento relacionadas.

RESOLUCIÓN DE PROBLEMAS

Si se exceden la TCH o la SLR del espesador por gravedad, puede surgir un número de problemas en la operación del espesador por gravedad (Tabla 2.3). Además, si los sólidos se bombean demasiado rápido desde el espesador de gravedad, pueden producirse túneles. Un túnel es un orificio que se forma en el manto de lodo y que ocasiona que el agua ingrese por el orificio.

Tabla 2.3 Guía para la resolución de problemas para el espesador por gravedad

Indicador	Causa probable	Revisar o monitorear	Solución
Olor séptico, lodo que asciende	Desnitrificación o generación de sulfuro de hidrógeno gaseoso	Concentración de OD del espesador. Debe ser de >0.2 mg/L.	Tiempo de detención del lodo demasiado prolongado. Observe también el indicador 2.
		Burbujas que se elevan a la superficie	Agregue aire de 0.3 a 0.6 m (1 a 2 ft) por debajo de la superficie. La disponibilidad de oxígeno evita la desnitrificación y la formación de sulfuro de hidrógeno.
		El olor a huevo podrido indica la presencia de sulfuro de hidrógeno.	Agregue nitrato de calcio o sodio al caudal de entrada del espesador. Proporciona oxígeno unido químicamente para evitar la formación de sulfuro. También se puede utilizar peróxido de hidrógeno.
			Aplique cloro al caudal de entrada del espesador para mantener el material residual en 1 mg/L en el efluente del espesador. El cloro destruye los compuestos de sulfuro.
Tiempo de residencia excesivo del lodo en el espesador (lodo demasiado espeso)	Caudal de bombeo de lodo espesado demasiado bajo	Profundidad del manto de lodo. Debe ser de entre 0.6 y 1.2 m (2 y 4 ft).	Aumente el caudal de bombeo del lodo espesado para reducir la profundidad del manto.
			Verifique que la bomba de lodo funcione adecuadamente.
			Verifique que el mecanismo de recolección del espesador funcione adecuadamente.
	El sistema de bombeo de lodo no funciona adecuadamente	Caudal de lodo. Un caudal bajo puede indicar que el impulsor está desgastado, que hay un bloqueo, una pérdida de cebado o una obstrucción por aire.	Verifique que las válvulas del sistema de tubería están completamente abiertas.
		Demanda de amperios del motor de la bomba. Un amperaje alto puede indicar un bloqueo.	Desobture la bomba y la tubería según fuera necesario.
			Vuelva a cebar la bomba si fuera necesario.
			Reemplace el impulsor desgastado de la bomba.
	El mecanismo de recolección de lodo no funciona adecuadamente	Controle que el mecanismo de recolección de lodo del espesador funciona correctamente.	Elimine detritos, ajuste o repare según fuera necesario según las recomendaciones del fabricante.
	La tasa de carga superficial del espesador es demasiado baja	Calcule la tasa de carga superficial.	Aumente el caudal de entrada al espesador. Una porción del efluente secundario puede bombearse al espesador, si fuera necesario, para aumentar la SOR de 16.3 a 24.4 $m^3/m^2 \bullet d$ (400 a 600 gpd/ft^2).
El lodo espesado no está lo suficientemente espeso (muy fino)	La tasa de carga superficial es muy alta	Controle la tasa de carga superficial.	Disminuya el caudal de lodo del caudal de entrada.
	El caudal de bombeo de lodo espesado es demasiado alto	Controle el caudal de bombeo.	Disminuya el caudal de bombeo del lodo espesado.
	Cortocircuito de caudal a través del tanque	Utilice colorante u otro rastreador para controlar cortocircuitos.	Controle los vertederos del efluente. Repare los vertederos o vuelva a nivelar los vertederos. Controle los deflectores del caudal de entrada, repare o reubique para reducir el cortocircuito.
Sobrecarga de torque en el mecanismo de recolección de lodo	Mucha acumulación de lodo	Sonda a lo largo del frente de los brazos recolectores.	Agite el manto de lodo frente a los brazos recolectores con chorros de agua; aumente la tasa de eliminación de lodo.
	Objeto extraño atascado en el mecanismo	Sonda con imán a lo largo del frente de los brazos recolectores.	Intente eliminar el objeto extraño con un dispositivo de agarre. Si el problema persiste, drene el espesador y controle el mecanismo para liberar la operación.
	Alineación inadecuada del mecanismo	Controle la alineación.	

(*continúa*)

Tabla 2.3 Guía para la resolución de problemas para el espesador por gravedad (*continuación*)

Indicador	Causa probable	Revisar o monitorear	Solución
Caudal pulsante a través del espesador	Mala programación de bombeo del caudal de entrada	Pulsación o aumento/disminución repentina del caudal sobre los vertederos	Modifique el ciclo de bombeo. Disminuya el caudal y aumente el tiempo del ciclo.
		Tiempos del ciclo de bombeo	
Exceso de crecimientos biológico en las superficies y los vertederos (limo, etc.)	Programa de limpieza inadecuado		Limpieza frecuente y exhaustiva de las superficies con agua caliente
			Aplique cloro.
Fuga de aceite	Falla del sello de aceite	Sello de aceite	Reemplace el sello.
Junta universal o cojinete caliente o ruidoso	Desgaste excesivo	Alineación	Reemplace, lubrique o alinee junta o cojinete según fuera necesario.
	Alineación inadecuada	Lubricación	
	Falta de lubricación		
Partículas finas de lodo en el efluente	Mal acondicionamiento del lodo antes de ingresar al espesador	Dosis de coagulante; férrico, alumbre o polímero	Ajuste la dosis de coagulante para mejorar la captura de partículas finas.
	Alto porcentaje de LAP en el caudal de entrada	Porción de LAP en el caudal de entrada del espesador	

Nota. Adaptado de EPA de los EE. UU. (1978) y WEF (2017).

COMPROBACIÓN DE CONOCIMIENTOS

1. **Un espesador por gravedad solo se utiliza para espesar LAP.**
   - ☐ Verdadero
   - ☐ Falso

2. **Una lectura de torque alta en la unidad impulsora del mecanismo de recolección está causada por:**
   a. Un manto de lodo bajo
   b. Caudal hidráulico alto a través del espesador por gravedad
   c. El recolector está apagado
   d. El manto de lodo en el espesador por gravedad es profundo y pesado

3. **Un espesador por gravedad circular típico tiene un piso plano.**
   - ☐ Verdadero
   - ☐ Falso

4. **Etiquete las piezas en la siguiente imagen:**

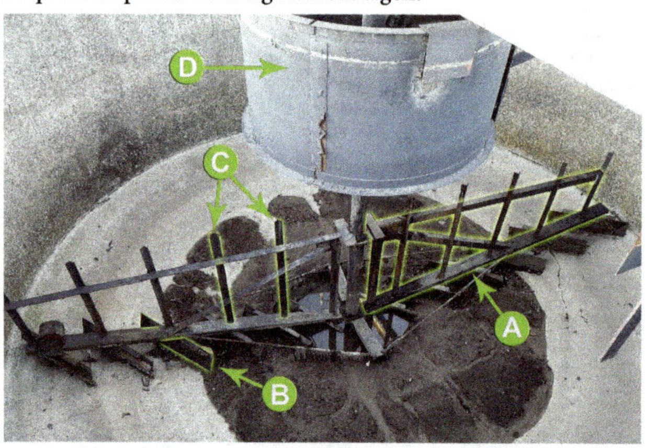

(Reimpreso con autorización de Lyle Leubner, North Little Rock Wastewater Facility)

   a. ______________________
   b. ______________________
   c. ______________________
   d. ______________________

5. **¿A qué concentración espesa el lodo en general un espesador por gravedad que solo recibe lodo primario?**
   a. 0.5 %–1 %
   b. 1 %–5 %
   c. 5 %–10 %
   d. 10 %–15 %

6. **Una concentración de lodo espesado por gravedad de 8 % a 10 % se bombea en general mediante una __________**
   a. Bomba del tipo de cavidad progresiva
   b. Bomba centrífuga
   c. Bomba de diafragma
   d. Bomba de elevación de aire

7. **El fondo de un espesador por gravedad usualmente tiene una pendiente de 2 : 12 a 3 : 12.**
   - ☐ Verdadero
   - ☐ Falso

8. **Un túnel es un agujero en el manto de lodo por donde ingresa el agua, producido por una tasa de eliminación de sólidos demasiado elevada.**
   - ☐ Verdadero
   - ☐ Falso

9. **El tiempo de detención típico de un espesador por gravedad alimentado con lodo primario es de 18 a 30 horas.**
   - ☐ Verdadero
   - ☐ Falso

Espesamiento con flotación por aire disuelto

OBJETO Y FUNCIÓN

Los espesadores de flotación por aire disuelto en general utilizan aire comprimido para hacer flotar el lodo (el flotante) hacia la superficie del líquido donde puede eliminarse mediante un raspador/desnatador (recolector). Además, los DAFT más grandes en general tienen un recolector en el fondo del tanque para eliminar los sólidos sedimentados que son demasiado pesados para hacerlos flotar en la parte superior del tanque mediante burbujas de aire comprimido. El recolector puede operarse de manera manual o automática y de manera continua o intermitente. El tipo de operación con frecuencia depende del fabricante de la unidad. El flotante se recolecta y se envía aguas abajo donde recibe mayor tratamiento de sólidos, mientras que los sólidos sedimentados se envían de regreso a las obras de cabecera de la instalación para volver a procesarlos.

TEORÍA DE OPERACIÓN

El objetivo del espesamiento de flotación es hacer que los sólidos se separen del agua en dirección ascendente mediante la adherencia de pequeñas burbujas de aire a las partículas sólidas en suspensión. Las partículas sólidas con las burbujas de aire adheridas tienen una gravedad específica inferior a 1 y por lo tanto tienden a flotar. Las burbujas de aire utilizadas deben tener un diámetro pequeño. Para lograrlo, se libera el aire desde una solución presurizada de 40 a 80 psi (280 a 550 kPa). Se pueden utilizar dos métodos para lograrlo: (a) carga de aire y presurización del agua de dilución que se alimenta al lodo o (b) carga de aire y presurización de una combinación de agua de dilución y lodo de alimentación. La presión de la mezcla disminuye a medida que fluye dentro de la cámara del DAFT, que se encuentra a presión atmosférica. La solubilidad del aire disminuye y el aire se libera de la mezcla, lo que produce burbujas que transportan las partículas sólidas hacia la parte superior de la unidad, donde se pueden eliminar mediante desnatadores.

La operación de una unidad DAFT funciona según el mismo principio que un sorbete en una botella de bebida gasificada. Si está cerrada, la botella contiene una mezcla saturada de aire y líquido bajo presión. Cuando se abre, el aire en la botella sale de la solución debido a la reducción de la presión y forma burbujas. Las burbujas de gas elevarán el sorbete en la botella (WEF, 1987).

Hacer flotar los sólidos tiene dos objetivos dentro de un DAFT. El primero es la separación de los sólidos de los líquidos dentro del tanque, lo que da como resultado la clarificación. El segundo objetivo es el espesamiento o deshidratación de los sólidos separados. Este espesamiento se produce por la diferencia en densidad entre los sólidos que se hacen flotar y el agua. La parte superior del flotante sube continuamente sobre el nivel del agua y se elimina mediante raspado, mientras que el drenaje del agua intersticial del flotante sigue engrosando la capa de sólidos flotantes.

PARÁMETROS DE DISEÑO Y DESEMPEÑO ESPERADO

Los espesadores de flotación por aire disuelto en general son rectangulares, pero a veces pueden ser circulares. Pueden estar hechos de acero u hormigón. Los espesadores de flotación por aire disuelto están diseñados tanto para tasas de carga hidráulica como de sólidos. Estas tasas de carga dependen de distintos factores, como las características de los sólidos, la clase de sólidos y según si las unidades están diseñadas para utilizar polímero o no. La Tabla 2.4 muestra las tasas de carga de un DAFT necesarias para producir 4 % de sólidos en el flotante en base a distintos tipos de lodos. En general, la capa de sólidos flotantes tiene una profundidad de entre 200 y 610 mm (8 y 24 in), pero pueden llegar a una profundidad de 915 mm (36 in). Los TS en general conforman del 3.5 % al 4 % del flotante y del 3 % al 8 % del caudal inferior.

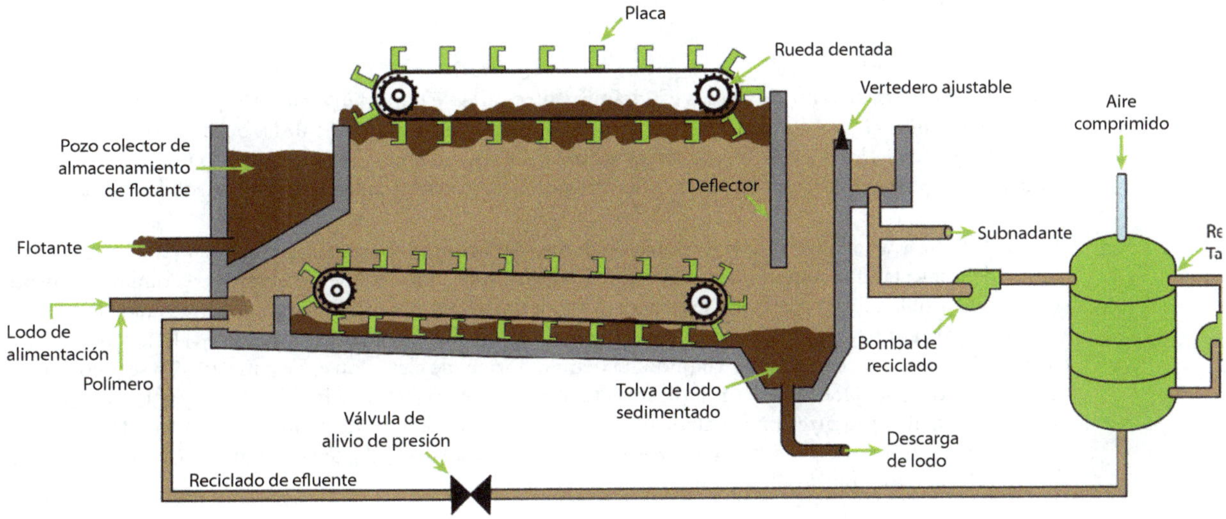

Figura 2.3 Diagrama de un espesador de flotación por aire disuelto (reimpreso con autorización de Indigo Water Group)

Tabla 2.4 Tasas de carga de sólidos típicas para espesadores de flotación por aire

Tipo de lodo	Carga, lb/ft²/h		Carga, kg/m²·h	
	Sin adición de químicos	Con productos químicos	Sin adición de químicos	Con productos químicos
Licor mezclado	0.25–0.6	Hasta 2	1.2–3	Hasta 10
Sedimentado	0.5–0.8	Hasta 2	2.4–4	Hasta 10
Lodo activado con oxígeno de alta pureza	0.6–0.8	Hasta 2	3–4	Hasta 10
Lodo del filtro percolador	0.6–0.8	Hasta 2	3–4	Hasta 10
Lodo + primario activado con aire	0.6–0.8	Hasta 2	3–6	Hasta 10
Lodo + primario del filtro percolador	0.83–1.25	Hasta 2	4–6	Hasta 10
Únicamente lodo primario	0.83–1.25	Hasta 2.5	4–6	Hasta 12.5

Nota. Adaptado de Metcalf & Eddy (2014), EPA de los EE. UU. (1979), y WEF et al. (2018).

EQUIPOS

Son equipos comunes de las unidades DAFT: el mecanismo desnatador de flotante superior, la fuente de aire comprimido, la bomba de recirculación (reaeración), el tanque de saturación y, en algunos casos, un mecanismo desnatador inferior. El tamaño de las burbujas debe ser inferior a 100 μ y preferentemente de 50 μ . El aire se disuelve en el líquido bajo presión en un tanque de saturación especializado. El líquido reciclado y el aire fluyen dentro de la unidad DAFT y el diferencial de presión libera el aire del líquido en forma de pequeñas burbujas que se adhieren al lodo y lo hacen flotar hacia la superficie del tanque. El sistema DAFT también puede incluir un sistema de alimentación de polímero si se utiliza polímero para mejorar la capacidad del sistema de espesar el lodo. El polímero puede aumentar la tasa de carga de sólidos de 2 a 4 veces; sin embargo, el aumento del costo en general no justifica el aumento de la concentración de sólidos flotantes. El sistema también incluye, en general, bombas de alimentación de lodo del caudal de entrada y bombas de lodo espesado.

VARIABLES DEL PROCESO

El diseño del espesador de flotación por aire disuelto se basa en una SLR en kg/m²•h (lb SS/h/ft²) y una tasa de carga hidráulica [superficial] en L/m²•s (gpm/ft²). Si la SLR excede los parámetros de diseño de la unidad, los sólidos en el espesador aumentarán rápidamente y será necesario eliminar un mayor volumen de lodo con más frecuencia. Si la TCH es demasiado alta, más agua fluirá sobre el vertedero y aumentará la posibilidad de que los sólidos pasen por el vertedero, lo que reduce la eficacia total del espesador. También es importante recordar que al momento de determinar la TCH, el operador debe incluir el caudal del tanque de saturación o de reciclado. Las tasas de reciclado de las unidades DAFT actuales en general se configuran de 100 % a 200 % del caudal de entrada.

Subnadante se refiere al líquido que se encuentra debajo de una capa de sólidos, lodo o líquido menos denso.

CONTROL DEL PROCESO

Además de las tasas de carga de sólidos e hidráulica, otra variable importante que influye en la producción de un buen flotante es la presión de aire. La presión de aire determina el tamaño de las burbujas de aire que se forman. La tasa de elevación de las partículas sólidas disminuye a medida que aumenta la presión. El aumento de la presión puede resultar en menores concentraciones de flotante y mayor arrastre de sólidos subnadantes.

Se puede utilizar un análisis simple de flotación de aire para controlar el desempeño de la unidad DAFT. Se puede recolectar una muestra de lodo/aire de la válvula que en general se encuentra en la cámara de mezcla de entrada o en la tubería colectora de entrada. La muestra se puede recolectar en un matraz graduado de 1 L. Se puede utilizar un temporizador para determinar el tiempo necesario para que se eleve el lodo y se produzca una clara separación entre sólidos y líquido. El tiempo normal de elevación es de entre 10 y 25 segundos y la experiencia del operador finalmente indicará el tiempo promedio para una instalación en particular. Que la separación total se produzca muy lentamente puede indicar que la dosis de polímero es demasiado baja, que la relación aire/sólidos no es óptima o que el espesador está sobrecargado. Si el flotante es fino en la superficie del líquido, al DAFT puede faltarle carga.

TASA DE CARGA DE SÓLIDOS

Muchos procesamientos de sólidos funcionan con base en la SLR, la TCH o ambas. Se pueden utilizar las siguientes fórmulas genéricas para las tasas de carga de tanques y equipos de distintas formas. Utilice las fórmulas de área de la hoja de fórmulas de ABC al comienzo de este manual para calcular las áreas superficiales de los tanques y equipos.

$$\text{Tasa de carga hidráulica} = \frac{\text{Caudal}}{\text{Área}} \tag{2.11}$$

$$\text{Tasa de carga de sólidos} = \frac{\text{Sólidos aplicados}}{\text{Área superficial}} \tag{2.12}$$

Ejemplo de cálculo de la tasa de carga sólidos

El lodo activado de purga se espesa con un DAFT antes de ser enviado a un digestor anaerobio. Se agrega polímero aguas arriba del DAFT para acondicionar el LAP. El DAFT mide 12.2 m (40 ft) de ancho y 24.4 m (80 ft) de largo. El lodo activado de purga es alimentado a 7905.6 m^3/d (2.088 mgd) y tiene una concentración de sólidos totales promedio de 8000 mg/L. Calcule la TCH en metros cúbicos por metros cuadrados por hora (m^3/m^2 h) o galones por hora por pie cuadrado (gal/ft^2/h).

Solución con unidades del sistema estándar internacional.

Paso 1: Determine la masa de sólidos que ingresa al DAFT con la ecuación 2.12.

$$\frac{\text{kg}}{\text{d}} = \frac{\left[\left(\text{Concentración}, \frac{\text{mg}}{\text{L}}\right)\left(\text{Caudal}, \frac{\text{m}^3}{\text{d}}\right)\right]}{1000}$$

$$\frac{\text{kg}}{\text{d}} = \frac{\left[\left(8000\frac{\text{mg}}{\text{L}}\right)\left(7905.6\frac{\text{m}^3}{\text{d}}\right)\right]}{1000}$$

$$\frac{\text{kg}}{\text{d}} = 63\ 244.8$$

Paso 2: Las tasas de carga para la mayoría de los equipos de procesamiento de sólidos se expresan en masa por hora. Convierta la masa de kg/d a kg/h.

$$\frac{63\ 244.8\ \text{kg}}{\text{día}}\left|\frac{1\ \text{día}}{24\ \text{horas}}\right| = 2635.2\ \text{kg/h}$$

Paso 3: Calcule el área superficial del DAFT con la formula para un rectángulo de la hoja de fórmulas de ABC.

$$\text{Área de un rectángulo} = \text{Largo} \times \text{Ancho}$$

$$\text{Área de un rectángulo} = (12.2\ \text{m})(24.4\ \text{m})$$

$$\text{Área de un rectángulo} = 297.68\ \text{m}^2$$

Paso 4: Calcule la tasa de carga de sólidos con la ecuación 2.12.

$$\text{Tasa de carga de sólidos} = \frac{\text{Sólidos aplicados}}{\text{Área superficial}}$$

$$\text{Tasa de carga de sólidos} = \frac{2635.2\ \text{kg/h}}{297.68\ \text{m}^2}$$

$$\text{Tasa de carga de sólidos} = 8.85\frac{\text{kg}}{\text{m}^2\cdot\text{h}}$$

Compare el resultado con los criterios de diseño de la Tabla 2.4. Se usó polímero para acondicionar el LAP antes de su ingreso al DAFT. Una SLR típica para LAP acondicionada es de hasta 10 kg/m^2/h. Este DAFT opera dentro del rango típico.

Solución con unidades habituales en los EE. UU.

Paso 1: Determine la masa de sólidos que ingresa al DAFT.

$$\text{Libras por día} = \left(\text{Concentración}, \frac{\text{mg}}{\text{L}}\right)(\text{Caudal, mgd})(8.34)$$

$$\text{Libras por día} = \left(8000\frac{\text{mg}}{\text{L}}\right)(2.088\ \text{mgd})(8.34)$$

$$\text{Libras por día} = 139\ 311.4$$

Paso 2: Las tasas de carga para la mayoría de los equipos de procesamiento de sólidos se expresan en masa por hora. Convierta la masa de lb/d a lb/h.

$$\left.\frac{139\ 311.4\ \text{lb}}{\text{día}}\right|\left.\frac{1\ \text{d}}{24\ \text{horas}}\right| = 5804.64\ \text{lb/h}$$

Paso 3: Calcule el área superficial del DAFT con la formula para un rectángulo de la hoja de fórmulas de ABC.

$$\text{Área de un rectángulo} = \text{Largo} \times \text{Ancho}$$

$$\text{Área de un rectángulo} = (40\ \text{ft})(80\ \text{ft})$$

$$\text{Área de un rectángulo} = 3200\ \text{ft}^2$$

Paso 4: Calcule la SLR.

$$\text{Tasa de carga de sólidos} = \frac{\text{Sólidos aplicados}}{\text{Área superficial}}$$

$$\text{Tasa de carga de sólidos} = \frac{5804.64\ \text{lb/h}}{3200\ \text{ft}^2}$$

$$\text{Tasa de carga de sólidos} = 1.81\frac{\text{lb}}{\text{ft}^2\cdot\text{d}}$$

Compare el resultado con los criterios de diseño de la Tabla 2.4. Se usó polímero para acondicionar el LAP antes de su ingreso al DAFT. Una SLR típica para LAP acondicionada es de hasta 2 lb/ft^2/h. Este DAFT opera dentro del rango típico.

OPERACIÓN

En general, los DAFT operan de manera continua; sin embargo, cuando no lo hacen, puede ser útil un tanque de espera de lodo de alimentación. Las unidades de espesadores de flotación por aire disuelto se diseñan hidráulicamente para reducir las velocidades del caudal de entrada y la posibilidad de fractura de las partículas floculadas de lodo.

PUESTA EN FUNCIONAMIENTO

Las unidades de DAFT rectangulares y circulares pueden ser puestas en funcionamiento de la misma manera.

- Llene el tanque con efluente final o fuente de agua no potable de la instalación si estuviera disponible.
- Cuando el tanque esté lleno, encienda el/los mecanismo/s de recolección y verifique que funcionan adecuadamente.
- Ponga en funcionamiento el sistema de recirculación.
- Encienda el sistema de compresión de aire y verifique que el DAFT se satura de burbujas. El DAFT lucirá como agua blanca, lo que indica que está saturado de burbujas.
- Prepare y encienda el sistema de alimentación de polímero. Puede ser necesario realizar un ensayo de jarra si el DAFT estuvo apagado durante un largo período de tiempo o si algún otro proceso del sistema fue modificado.
- Comience la alimentación de lodo a la unidad DAFT.
- Cuando se establezca un manto flotante, configure la velocidad del mecanismo de recolección superior según resulte necesario.

APAGADO

El operador debe, en general, seguir estos pasos para un apagado de rutina de un DAFT:

- Detenga el flujo de polímero y lodo de alimentación hacia el DAFT.
- Continúe operando el mecanismo de recolección del flotante hasta que la mayor parte del flotante haya sido eliminada.
- Detenga los mecanismos de recolección.
- Detenga la bomba de recirculación de lodo y cierre la válvula de descarga.
- Detenga el sistema de compresión de aire.
- Si la unidad de DAFT va a estar fuera de servicio por un período prolongado de tiempo, llene el tanque con efluente final o agua no potable y desplace el contenido del tanque.

OPERACIÓN DIARIA

Las unidades de espesador de aire por flotación tienen varios equipos que deben ser monitoreados diariamente cuando están en funcionamiento. Los operadores deben realizar los siguientes controles durante sus rondas:

- Controlar la profundidad del flotante y ajustar la velocidad del mecanismo desnatador para controlar la profundidad y la concentración de sólidos del flotante.
- Verificar que el mecanismo desnatador opera sin inconvenientes. Aceitar y sujetar con cadena si fuera necesario.
- Verificar que el sistema de aire comprimido y el tanque de saturación funcionan adecuadamente.
- Verificar que la bomba de lodo del caudal de entrada, la bomba de recirculación y la bomba de lodo espesado funcionan adecuadamente.
- Inspeccione visualmente el subnadante.

RECOLECCIÓN, MUESTREO Y ANÁLISIS DE LOS DATOS

Se deben recolectar las siguientes muestras o los siguientes datos cuando se opera una unidad de DAFT:

- Caudal y concentración de TS del caudal de entrada
- La concentración de sólidos flotantes en el índice de volumen de lodo (SVI) en licor mezclado en general disminuye a medida que aumenta el SVI.
- Total de sólidos flotantes, total de sólidos volátiles y caudal
- Profundidad del manto flotante (juez de lodos) inmediatamente antes de la eliminación del flotante en la unidad DAFT
- Sólidos en suspensión del efluente del espesador o subnadante

Ocasionalmente se pueden recolectar muestras adicionales de DBO subnadante, amoníaco (NH_3) u otros parámetros que se agregarán a la carga de reciclado en las obras de cabecera de la instalación.

Un eductor usa un fluido de alta presión para tratar un líquido de baja presión y descargar la mezcla mediante efecto venturi. Esto se lleva a cabo mediante un flujo de líquido a alta presión que se acelera a través de una boquilla cónica para aumentar la velocidad del gas o el líquido. Estos fluidos o gases se mezclan y se descargan del eductor.

MANTENIMIENTO

El mantenimiento preventivo incluye los requisitos del fabricante en lo que concierne a los motores, los reductores de engranajes y otros elementos, como válvulas, asociados a las bombas de caudal de entrada, recirculación y lodo espesado de las unidades de DAFT. Si el DAFT es una unidad rectangular, las cadenas del mecanismo de recolección o del desnatador se deben lubricar y a veces poseen un sistema de lubricación automático. Si se utiliza polímero, el equipo y las bombas de polímero deben recibir mantenimiento. Esta información será descrita en mayor profundidad al final del capítulo en la sección sobre polímero. Como en todo buen programa de mantenimiento preventivo, el operador debe realizar una lista de los elementos que deben recibir mantenimiento diario, semanal, mensual y anual conforme al manual de operación y mantenimiento del fabricante.

RESOLUCIÓN DE PROBLEMAS

Tabla 2.5 Guía para la resolución de problemas para unidades DAFT

Indicador	Causa probable	Revisar o monitorear	Soluciones
Sólidos flotantes demasiado finos	Velocidad del desnatador demasiado alta	Inspección visual	Ajuste según fuera necesario.
	Unidad sobrecargada	Aumente la tasa	Apague el lodo de alimentación y permita que la unidad se vacíe o purgue la unidad con reciclado auxiliar.
	La dosis de polímero es demasiado baja	Operación y calibración correctas de las bombas de polímero	Ajuste según fuera necesario.
	La relación aire/sólidos es excesiva	El flotante puede lucir espumoso.	Reduzca el caudal de aire al sistema de presurización.
Bajo aire disuelto	Bomba de reaeración apagada, obturada o no funciona correctamente	Condición de la bomba	Limpie si fuera necesario.
	Eductor obturado	Inspección visual	Limpie el eductor.
	El sistema de aire comprimido no funciona correctamente	Controle el compresor, las líneas de aire y el panel de control	Repare si fuera necesario.
Cantidad de sólidos en el efluente demasiado alta	Unidad sobrecargada	Aumente la tasa	Apague el lodo de alimentación y permita que la unidad se vacíe o purgue la unidad con reciclado auxiliar.
	La dosis de polímero es demasiado baja	Operación y calibración correctas de las bombas de polímero	Ajuste según fuera necesario.
	Desnatador apagado o muy lento	Inspección visual del mecanismo del desnatador	Ajuste la velocidad.
	La relación aire/sólidos es baja	Mala formación de flotante y sedimentación de sólidos	Aumente el caudal de aire al sistema de presurización.
	Lodo séptico en el fondo		Elimine periódicamente el lodo sedimentado del fondo.
Las hojas del desnatador presentan fugas o colmatan la trampa de natas	El limpiador del desnatador no está ajustado adecuadamente	Inspección visual	Ajuste según fuera necesario.
Nivel alto de agua en el tanque de saturación	Baja presión de suministro de aire	Compresor y líneas de aire	Repare si fuera necesario.
	El sistema de control de nivel no funciona adecuadamente	Sistema de control de nivel	Repare si fuera necesario.
	Inyección de aire insuficiente	Compresor y líneas de aire	Repare si fuera necesario.
Nivel bajo de agua en el tanque de saturación	La bomba de recirculación no funciona o está obturada	Controle la operación de la bomba	Inspeccione y limpie si fuera necesario.
	El sistema de control de nivel no funciona adecuadamente	Sistema de control de nivel	Repare si fuera necesario.
Capacidad baja de la bomba de recirculación	Alta presión del tanque	Controle la contrapresión	Ajuste la válvula de contrapresión.
Aumento de tasa demasiado bajo	Unidad sobrecargada	Aumente la tasa	Apague el lodo de alimentación y permita que la unidad se vacíe o purgue la unidad con reciclado auxiliar.
	Bajo aire disuelto	Consulte "bajo aire disuelto"	
	La dosis de polímero es demasiado baja	Operación y calibración correctas de las bombas de polímero	Ajuste según fuera necesario.

Nota. Adaptado de EPA de los EE. UU. (1978) y WEF (2017).

COMPROBACIÓN DE CONOCIMIENTOS

1. **Las unidades de DAFT rectangulares grandes en general poseen desnatadores tanto en la parte superior como en la inferior.**
   - ☐ Verdadero
   - ☐ Falso

2. **¿En qué porcentaje del caudal de entrada se configura generalmente el caudal presurizado o reciclado de un DAFT?**
   a. 0 %–10 %
   b. 50 %–60 %
   c. 75 %–100 %
   d. 100 %–200 %

3. **Un DAFT puede funcionar con o sin polímero.**
   - ☐ Verdadero
   - ☐ Falso

4. **Un operador lleva a cabo una prueba de elevación en un cilindro graduado y la prueba muestra que hay una capa de sólidos muy gruesa en la parte superior. ¿Qué indica?**
   a. El DAFT tiene carga insuficiente.
   b. El DAFT está sobrecargado.
   c. El mecanismo desnatador superior funciona demasiado rápido.
   d. El mecanismo desnatador superior funciona demasiado lento.

5. **¿Cuál es la concentración de flotante típica de diseño de los espesadores de flotación por aire disuelto?**
   a. 2 %
   b. 4 %
   c. 6 %
   d. 8 %

6. **La capa de flotante de un DAFT en general se opera a más de 915 mm (36 in) de profundidad.**
   - ☐ Verdadero
   - ☐ Falso

7. **¿Cuál de las siguientes es una causa posible de que los sólidos en suspensión del efluente (subnadante) de un DAFT sean muy altos?**
   a. La dosis de polímero es demasiado alta
   b. La unidad DAFT no tiene carga suficiente
   c. El desnatador funciona demasiado lento
   d. La relación aire/sólidos es demasiado alta

8. **Una de las razones de que el aire disuelto en el DAFT sea bajo es que la configuración del sistema de compresión de aire sea demasiado alta.**
   - ☐ Verdadero
   - ☐ Falso

9. **Una tasa de elevación demasiado baja en general indica que la unidad de DAFT está sobrecargada.**
   - ☐ Verdadero
   - ☐ Falso

10. **Los sólidos flotantes del DAFT se envían a ___________.**
    a. Desinfección
    b. Obras de cabecera
    c. Digestión
    d. Clarificación

Espesadores con banda de gravedad

OBJETO Y FUNCIÓN

Los espesadores con banda de gravedad eliminan agua libre del lodo acondicionado químicamente a medida que se mueve a través de una banda porosa. Los espesadores con banda de gravedad se utilizan con mayor frecuencia para espesar el LAP; sin embargo, también son eficaces para espesar sólidos digeridos, sólidos tratados con alumbre o cal, sólidos primarios y sólidos combinados. Los sólidos que alimentan el espesador con banda de gravedad se encuentran en el rango de 0.4 % a 8 % de TS y pueden alcanzar un lodo espesado en el rango de 4 % a 10 % de TS. Aunque los GBT a veces pueden alcanzar concentraciones mayores de sólidos, se los mantiene intencionalmente dentro de este rango para que puedan ser bombeado desde la unidad al almacenamiento u otras opciones de mayor tratamiento.

TEORÍA DE OPERACIÓN

El lodo acondicionado se distribuye a lo ancho de la banda y se hacen girar los sólidos suavemente a medida que viajan por la banda mediante arados (chicanas), lo que permite que el agua atrapada se filtre a través de los orificios de la banda. En la Figura 2.4 pueden verse las chicanas en un GBT. En el extremo de descarga del espesador por gravedad en general hay una rampa o trampa en la que el lodo gira antes de caer en una canaleta por la que después se transporta para mayores procesos de tratamiento o tanques de almacenamiento para su eliminación y disposición final. La rampa hace que algunos de los sólidos giren hacia atrás y permite la eliminación de más agua, lo que proporciona un máximo desempeño del GBT. Los sólidos que permanecen en la banda se eliminan o raspan mediante un bisturí. La banda después pasa por una lavadora a presión o caja de lavado en la parte inferior de la unidad que limpia la banda. El filtrado y el agua de lavado se recolectan y regresan a las obras de cabecera de la instalación para recibir mayor tratamiento.

Figura 2.4 Colocación de chicanas (reimpreso con autorización de Alfa Laval)

PARÁMETROS DE DISEÑO Y DESEMPEÑO ESPERADO

La capacidad del GBT está predominantemente determinada por el ancho de la banda y también por el tipo de lodo, la concentración de sólidos inicial, el tipo y dosaje de polímero y la velocidad de la banda. El diseño y el tamaño de los espesadores con banda de gravedad se basan en la TCH por metro de ancho de banda en litros por segundo por metro (L/s·m) (gpm·m). En la Tabla 2.6 se muestran las tasas de carga para cada ancho típico de banda en metros y está basada en una concentración de sólidos de alimentación de 1.0 %. Como se mencionó anteriormente, los sólidos que alimentan un GBT se encuentran en el rango de 0.4 % a 8 % de TS y pueden alcanzar un lodo espesado en el rango de 4 % a 10 % de TS. Las tasas de retención de sólidos son del 95 % o superior si se opera adecuadamente. En general, se usa polímero en todos los lodos espesados en un GBT, con un rango de dosis desde 1.5 g/kg (3 lb/tonelada seca) para lodos primarios crudos hasta 6 g/kg (12 lb/tonelada seca) para lodos con digestión anaerobia.

EQUIPOS

Los espesadores con banda de gravedad incluyen distintos componentes importantes que incluyen un tanque de floculación, un sistema impulsor y de seguimiento de banda, chicanas (arados), rampa ajustable, bisturí, sistema agua de lavado de banda y transporte de lodo espesado. Para una operación adecuada de un GBT es necesario que el lodo esté acondicionado con polímero en primer lugar. En general se inyecta la solución de polímero en la línea de alimentación de lodo inmediatamente antes del GBT. Es muy importante que el polímero se inyecte en una zona de mezcla de alta energía que disperse completamente el polímero inmediatamente en el lodo de alimentación. En la Figura 2.5 se muestra una foto del conjunto de mezcla y aro de inyección de polímero. El polímero reacciona muy rápidamente con el lodo. El lodo acondicionado se mueve hacia el tanque de floculación que tiene un tiempo de detención de aproximadamente 1 minuto. Esta cámara brinda una velocidad reducida y una mezcla suave que permite una adecuada floculación. El lodo acondicionado en general desborda la cámara para distribuir de manera pareja el flóculo en la banda.

Más adelante en este capítulo se incluye información sobre composición de polímero y sistemas de alimentación.

Tabla 2.6 Tasa de carga hidráulica por metro de ancho de banda para GBT

	Rango de carga hidráulica	
Ancho de banda, m	gpm	L/s
1.0	100–250	6.7–16
1.5	150–375	9.5–24
2.0	200–500	12.7–32
3.0	300–750	18–47

Nota. Adaptado de Metcalf & Eddy (2014), EPA de los EE. UU. (1979), y WEF et al. (2018).

Figura 2.5 Aro de inyección de polímero y válvula de mezcla de un GBT (reimpreso con autorización de Passaro Engineering, LLC)

Como se muestra en la Figura 2.4, hay chicanas a lo ancho y a lo largo de la máquina. Despejan un camino a lo largo de la banda en el que el agua puede caer libremente a través del tejido de la banda. Cuando el lodo se espesa, las chicanas también hacen girar el lodo para permitir que mayor cantidad de filtrado salga del lodo a través de la banda. Este movimiento o hilerado del lodo también ayuda a eliminar el encharcamiento en la superficie de la banda de gravedad. Al final del GBT, los sólidos deben caer sobre o debajo de una rampa ajustable. El ajuste de la rampa permite al operador optimizar el desempeño de la unidad. Si el lodo es lo suficientemente espeso, la rampa se puede elevar y los sólidos simplemente caen debajo de la rampa; sin embargo, si el operador quiere eliminar más agua de los sólidos, la rampa se puede posicionar de manera tal que los sólidos caigan sobre la rampa. Esto produce un leve encharcamiento de los sólidos al final de la banda y permite mayor tiempo de contacto con la banda y la eliminación de más filtrado.

Figura 2.6 Rampa de descarga de un espesador con banda de gravedad (reimpreso con autorización de Alfa Laval)

La banda es de un tejido poroso y el material se elige según la aplicación. Las bandas de fibras de poliéster se usan con mayor frecuencia en aplicaciones de WRRF municipales. La tensión de la banda de gravedad se configura durante la puesta en funcionamiento y en general no es necesario ajustar la tensión hasta el reemplazo de la banda. No sucede lo mismo en las aplicaciones de banda de deshidratación, que se describirán con mayor detalle en el Capítulo 5 de este manual. Todos los GBT tienen un impulsor de banda de velocidad variable que permite modificar la velocidad de la banda mecánicamente con un volante manual o electrónicamente desde el panel de control local de la unidad. La mayoría de los GBT también poseen sistemas de seguimiento de banda. Estos sistemas en general son cilindros hidráulicos o neumáticos. Se utilizan paletas para detectar la posición de la banda y cilindros para ajustar los rodillos que guían la banda y la mantienen en posición en el centro de la máquina.

El lodo espesado cae al final de la banda en una tolva de lodo desde la que se lo transporta en general mediante bombas del tipo de cavidad progresiva. Con mayor frecuencia las bombas se operan en base al nivel de lodo en la tolva. Para evitar que se operen en seco y causar daños a la bomba, también se operan por impulsores de velocidad variable en lugar de puntos de ajuste de velocidad fija.

Los sólidos que pudieran atascarse en la banda se eliminan mediante bisturíes que raspan suavemente la banda. La banda después pasa por una caja de agua de lavado a alta presión. La presión y la cantidad de agua utilizadas varían según el fabricante; sin embargo, en general estos sistemas de lavado usan 100 m^3/d (20 gpm) por metro de ancho de banda a una presión entre 585 y 620 kPa (85 a 90 psig).

VARIABLES DEL PROCESO

Hay distintas variables que afectan la operación y la optimización del GBT: la tasa de alimentación de lodo (carga de sólidos), las características o el tipo de lodo de alimentación, el tipo de polímero utilizado y su tasa de dosaje, la energía de mezcla, la velocidad de la banda y el ángulo de la rampa. Las cargas de sólidos se calculan en base a los sólidos de alimentación por hora por metro de ancho de banda o kg/m·h (lb/h/m). En la Tabla 2.7 se muestran las SLR típicas para distintos tipos de lodo de alimentación. La selección de polímero es extremadamente importante y es importante asegurar que el equipo de alimentación y mezcla estén diseñados para procesar la clase de polímero que elige el operador. El dosaje de polímero depende de los sólidos o, en otras palabras, cuanto más bajo sea el porcentaje de sólidos de alimentación, más elevada la dosis de productos químicos necesaria. En general, el lodo de alimentación que tiene una concentración de TS de 0.5 % va a necesitar más polímero para flocular que el lodo de alimentación con un TS de 4.0 %. Sin embargo, en las operaciones diarias, un aumento de la concentración de lodo de alimentación de 3.8 % a 4.0 % necesita un dosaje de polímero algo superior para flocular adecuadamente. También es importante la calidad del lodo. Los lodos que sedimentan bien necesitan menos polímero. La sobrealimentación de polímero es un error común y costoso, por ello, el ensayo de jarra es una herramienta valiosa para determinar qué tipo de polímero utilizar y la tasa de alimentación inicial del polímero. El ensayo de jarra se describe en detalle en el Capítulo 1 de este manual.

CONTROL DEL PROCESO

Hay distintas variables, además de la SLR, el tipo de polímero y el dosaje de polímero, que son importantes para la operación de un GBT. La energía de mezcla es una de las variables más importantes. Hace referencia a la energía necesaria para mezclar el polímero con la solución espesa de sólidos y se logra en general con un mezclador de orificio variable dentro de la línea. La cantidad de energía de mezcla necesaria para producir la

Tabla 2.7 SLR típicas de un GBT (WEF, 2017)

	Tasa de carga de sólidos	
Tipo de sólidos de alimentación	kg/m·h	lb/m/h
Primario crudo	910–1360	2000–3000
50 % primario, 50 % LAP	680–910	1500–2000
Con digestión anaerobia (100 % primario)	590–795	1300–1750
Combinación con digestión anaerobia (50 % primario, 50 % LAP)	590–795	1300–1750
Con digestión aerobia	500–680	1100–1500
LAP	300–545	660–1200

floculación deseada depende del tipo de polímero, el tipo de lodo y la densidad y la tasa de alimentación de lodo. Al reducir la abertura del orificio del mezclador, el operador aumenta la energía de mezcla. Lo opuesto ocurre si aumenta la abertura del orificio. Los ajustes se realizan aumentando o disminuyendo el contrapeso ajustable que forma parte del mezclador en la línea. En la Figura 2.5 se muestra una válvula de mezcla de polímero instalada y en la Figura 2.7 hay un diagrama que explica cómo se crea la energía de mezcla con la válvula. Muy poca o demasiada energía de mezcla ocasiona formación de flóculo por debajo de lo óptimo, que afecta de manera adversa el espesado del lodo. La cantidad correcta de mezcla da como resultado un flóculo uniforme que mejora el desempeño del GBT.

Otra variable de control del proceso importante es el tiempo de retención de las partículas de flóculos en la cámara de floculación. En la mayoría de los casos, la floculación óptima se produce dentro de los 15 a 20 segundos, y da como resultado partículas de flóculos grandes de tamaño uniforme. El flóculo será demasiado pequeño si carece del tiempo necesario para flocular adecuadamente y puede ser demasiado grande con tiempo en exceso, ambas situaciones conllevan efectos negativos en la operación del espesador.

El operador también puede ajustar la velocidad de la banda. Si reduce la velocidad de la banda, los sólidos permanecen en la sección de drenaje por gravedad de la banda por más tiempo y si aumenta la velocidad de la banda, los sólidos se mueven a lo largo de la máquina con mayor rapidez y pasan menos tiempo en la sección de drenaje por gravedad. Si se aumentan tanto la velocidad de la banda como la tasa de alimentación de lodo, se puede aumentar el rendimiento total del espesador con banda de gravedad. Se debe ajustar lentamente la velocidad de la banda hasta alcanzar el equilibrio óptimo entre el rendimiento de sólidos y el porcentaje total de sólidos del lodo espesado. Además, la rampa ajustable al final de la banda permite mejorar el espesamiento adicional del lodo antes de descargarlo a la tolva de lodo espesado. Como se mencionó anteriormente, esto se logra si se envía el lodo sobre la rampa y se lo hace girar y de esta forma aumenta el tiempo que pasa en la sección de gravedad de la banda.

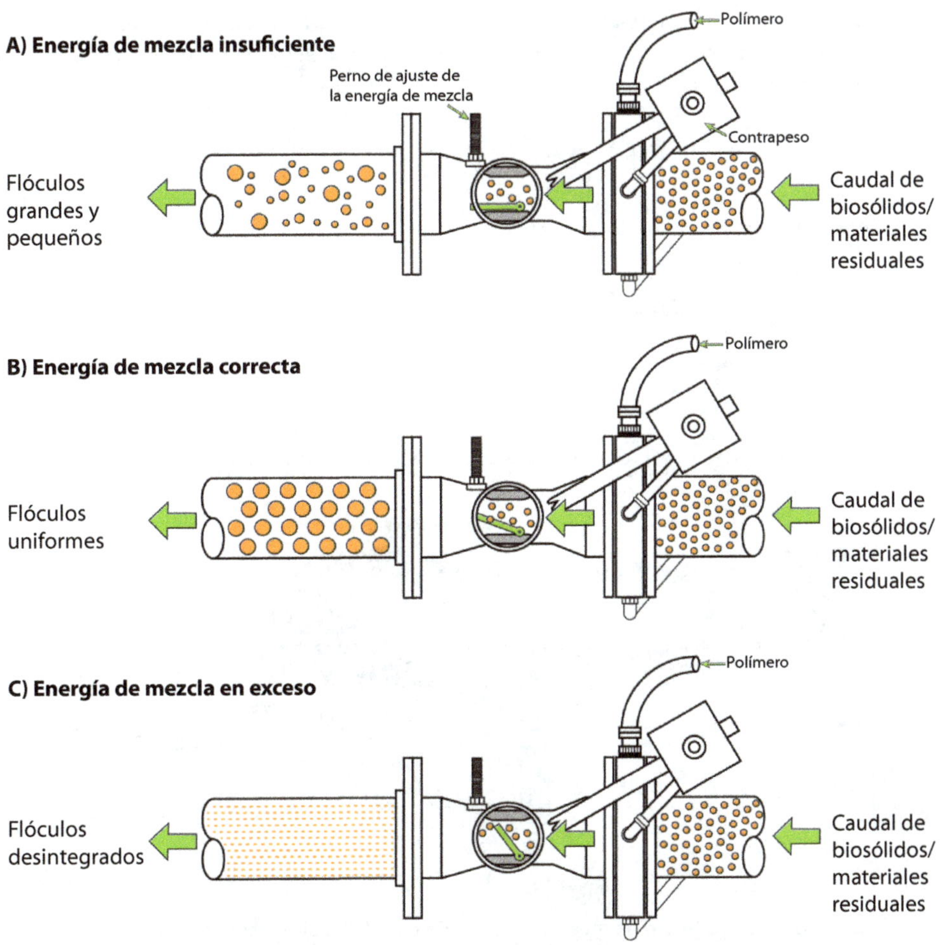

Figura 2.7 Diagrama de energía de mezcla (reimpreso con autorización de Alfa Laval)

Los procesos de espesamiento de sólidos no consumen sólidos ni cambian su masa. Los procesos de tratamiento biológico como los filtros percoladores y el lodo activado descomponen los sólidos orgánicos y los convierten en nuevas bacterias, dióxido de carbono y agua. Se deben contar todas las masas cuando se realice un equilibrio de masa, incluso cuando se cambien de una forma a otra.

EJEMPLO DE CÁLCULO DE EQUILIBRIO DE MASA

$$\text{Sólidos entrantes} = \text{Sólidos salientes} \tag{2.13}$$

El primer paso es definir el límite del equilibrio de masa. En la Figura 2.8, la línea punteada representa el límite de equilibrio de masa alrededor del GBT. La porción de "sólidos dentro" de la ecuación está representada por cualquier flecha que cruce el límite e ingrese a la caja. La porción de "sólidos fuera" está representada por cualquier flecha que cruce el límite y salga de la caja. Los sólidos no varían al moverse por el proceso. Todo lo que entra debe salir. Tenga en cuenta que 1 % de sólidos = 10 000 mg/L.

Cálculo de ejemplo de equilibrio de masa

Este ejemplo de equilibrio de masa usa el GBT que se muestra en la Figura 2.8. En base a la siguiente información, calcule los kilogramos (libras) de sólidos que retornan para su reciclado a las obras de cabecera de la instalación de tratamiento.

Caudal de lodo de alimentación = 50 m^3/h (220 gpm)

Concentración de lodo de alimentación = 1.2 % TS

Caudal de lodo espesado = 13.2 m^3•h (58 gpm)

Concentración de lodo espesado = 4.4 % TS

Solución con unidades del sistema estándar internacional.

Paso 1:Determine la masa de sólidos que ingresan al proceso con la ecuación 2.1. Para esta ecuación es necesario que el caudal se exprese en m^3/d y la concentración en mg/L. El primer paso es convertir el caudal de lodo de alimentación de m^3/h a m^3/d.

$$\frac{50\ \text{m}^3}{\text{h}}\left|\frac{24\ \text{h}}{1\ \text{d}}\right| = 1200\ \text{m}^3/\text{d}$$

Paso 2: Convierta la concentración de sólidos de porcentaje (%) a mg/L.

$$\frac{1.2\%}{}\left|\frac{10\ 000\ \text{mg/L}}{1\%}\right| = 12\ 000\ \text{mg/L}$$

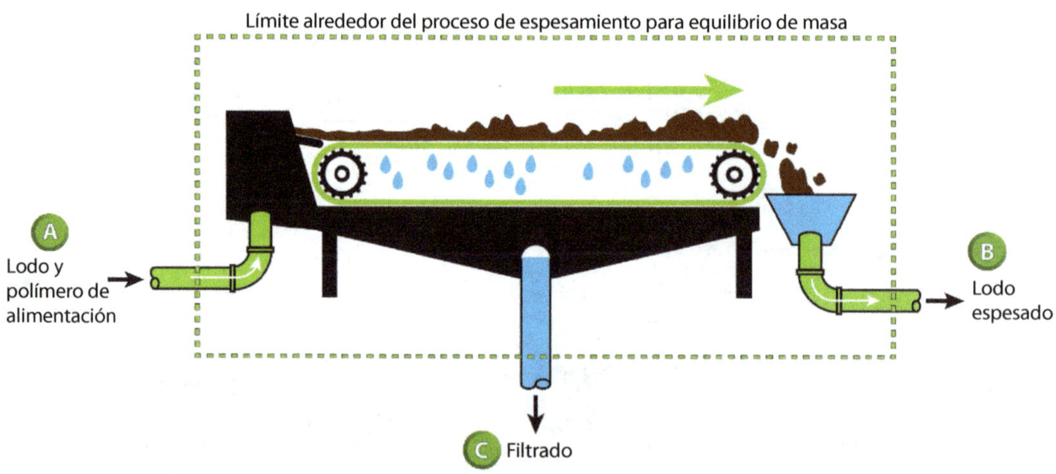

Figura 2.8 Ejemplo de límite de equilibrio de masa alrededor de un GBT (reimpreso con autorización de Indigo Water Group)

Paso 3: Determine la masa de sólidos que ingresan al proceso con la ecuación 2.1.

$$\frac{kg}{d} = \frac{\left[\left(\text{Concentración}, \frac{mg}{L}\right)\left(\text{Caudal}, \frac{m^3}{d}\right)\right]}{1000}$$

$$\frac{kg}{d} = \frac{\left[\left(12\ 000 \frac{mg}{L}\right)\left(1200 \frac{m^3}{d}\right)\right]}{1000}$$

$$\frac{kg}{d} = 14\ 400$$

Paso 4: Repita los pasos 1, 2 y 3 para el caudal de lodo espesado que sale del proceso. Después de convertir las unidades en los pasos 1 y 2, ingréselas en la fórmula de masa.

$$\frac{kg}{d} = \frac{\left[\left(\text{Concentración}, \frac{mg}{L}\right)\left(\text{Caudal}, \frac{m^3}{d}\right)\right]}{1000}$$

$$\frac{kg}{d} = \frac{\left[\left(44\ 000 \frac{mg}{L}\right)\left(316.8 \frac{m^3}{d}\right)\right]}{1000}$$

$$\frac{kg}{d} = 13\ 939$$

Paso 5: Observe cuidadosamente la Figura 2.8 y ubique todas las entradas y las salidas para el equilibrio de masa. A continuación, use la ecuación 2.10 para calcular la masa total de sólidos que se reciclan en la parte delantera del proceso de tratamiento. Esto representa la carga de sólidos que se recicla en las obras de cabecera de la WRRF desde el GBT.

$$\textit{Entrantes} = \textit{Salientes}$$

$$\textit{Lodo de alimentación} = \textit{Lodo espesado} + \textit{Sólidos del filtrado}$$

$$14\ 400 \frac{kg}{d} = 13\ 939 \frac{kg}{d} + \textit{Sólidos del filtrado}, \frac{kg}{d}$$

$$461 \frac{kg}{d} = \textit{Sólidos del filtrado}$$

Reste 13 939 kg/d de ambos lados de la ecuación para calcular los sólidos del filtrado en kg/d.

Solución con unidades habituales en los EE. UU.

Paso 1: Determine la masa de sólidos que ingresan al proceso con la ecuación 2.4. Para esta ecuación es necesario que el caudal se exprese en mgd y la concentración en miligramos por litro. El primer paso es convertir el caudal de lodo de alimentación de gpm a mgd.

$$\frac{220\ gal}{min} \left| \frac{1\ \text{mill. de gal}}{1\ 000\ 000\ gal} \right| \left| \frac{60\ min}{1\ h} \right| \left| \frac{24\ h}{1\ d} \right| = 0.3168\ mgd$$

Paso 2: Convierta la concentración de sólidos de porcentaje (%) a mg/L.

$$\frac{1.2\%}{} \left| \frac{10\ 000\ mg/L}{1\%} \right| = 12\ 000\ mg/L$$

Paso 3: Determine la masa de sólidos que ingresan al proceso con la ecuación 2.3.

$$\frac{\text{lb}}{\text{d}} = \left(\text{Concentración}, \frac{\text{mg}}{\text{L}}\right)(\text{Caudal, mgd})(8.34)$$

$$\frac{\text{lb}}{\text{d}} = \left(12\ 000\frac{\text{mg}}{\text{L}}\right)(0.3168\ \text{mgd})(8.34)$$

$$\frac{\text{lb}}{\text{d}} = 31\ 705$$

Paso 4: Repita los pasos 1, 2 y 3 para el caudal de lodo espesado que sale del proceso. Después de convertir las unidades en los pasos 1 y 2, ingréselas en la fórmula de masa.

$$\frac{\text{lb}}{\text{d}} = \left(\text{Concentración}, \frac{\text{mg}}{\text{L}}\right)(\text{Caudal, mgd})(8.34)$$

$$\frac{\text{lb}}{\text{d}} = \left(44\ 000\frac{\text{mg}}{\text{L}}\right)(0.08352\ \text{mgd})(8.34)$$

$$\frac{\text{lb}}{\text{d}} = 30\ 649$$

Paso 5: Observe cuidadosamente la Figura 2.8 y ubique todas las entradas y las salidas para el equilibrio de masa. A continuación, use la ecuación 2.10 para calcular la masa total de sólidos que se reciclan en la parte delantera del proceso de tratamiento. Esto representa la carga de sólidos que se recicla en las obras de cabecera de la WRRF desde el GBT.

Reste 30 649 lb/d de ambos lados de la ecuación para calcular los sólidos del filtrado en lb/d.

$$\text{Entrantes} = \text{Salientes}$$

$$\text{Lodo de alimentación} = \text{Lodo espesado} + \text{Sólidos del filtrado}$$

$$31\ 705\frac{\text{lb}}{\text{d}} = 30\ 649\frac{\text{lb}}{\text{d}} + \text{Sólidos del filtrado}, \frac{\text{lb}}{\text{d}}$$

$$1057\frac{\text{lb}}{\text{d}} = \text{Sólidos del filtrado}$$

Utilice la fórmula de retención porcentual (ecuación 2.14) para calcular la retención porcentual de sólidos para este GBT. Las tasas de retención de sólidos en general son superiores al 95 %.

$$\text{Retención porcentual, \%} = \left(\frac{\text{Sólidos del lodo espesado}}{\text{Sólidos del lodo de alimentación}}\right)\times 100 \tag{2.14}$$

Solución con unidades del sistema estándar internacional.

$$\text{Retención porcentual, \%} = \left(\frac{\text{Sólidos del lodo espesado}}{\text{Sólidos del lodo de alimentación}}\right)\times 100$$

$$\text{Retención porcentual, \%} = \left(\frac{13\ 939\ \text{kg/d}}{14\ 400\ \text{kg/d}}\right)\times 100$$

$$\text{Retención porcentual, \%} = 96.8$$

Solución con unidades habituales en los EE. UU.

$$\text{Retención porcentual, \%} = \left(\frac{\text{Sólidos del lodo espesado}}{\text{Sólidos del lodo de alimentación}}\right) \times 100$$

$$\text{Retención porcentual, \%} = \left(\frac{30\ 648\ \text{lb/d}}{31\ 705\ \text{lb/d}}\right) \times 100$$

$$\text{Retención porcentual, \%} = 96.7$$

OPERACIÓN

Con frecuencia se eligen los espesadores con banda de gravedad en las WRRF como medio de espesamiento, debido a su operación relativamente sencilla y su puesta en funcionamiento y apagado automáticos. Es importante observar que cuando el sistema está funcionando, se pueden realizar ajustes como la tasa de alimentación de lodo, la dosis de polímero, la energía de mezcla, la velocidad de la banda y la inclinación de la rampa, hasta que la unidad alcance el desempeño de espesamiento de lodo deseado. Estos elementos se pueden ajustar de a uno por vez y debe transcurrir un tiempo entre cada modificación para observar sus efectos antes de realizar otro ajuste.

Una observación visual del lodo cuando abandona el tanque de floculación y fluye sobre la banda, y cuando lo mueven las chicanas brinda información valiosa acerca de las adaptaciones operativas que se deben realizar para optimizar el proceso de espesamiento.

PUESTA EN FUNCIONAMIENTO

Los espesadores con banda de gravedad se operan con frecuencia por medio de un procedimiento de puesta en funcionamiento automática controlado por el panel de control local que provee el fabricante. Estos pasos son similares de un fabricante a otro, pero hay pequeñas diferencias concernientes a su equipo en particular con las que el operador debe familiarizarse. Estos pasos se encuentran en el manual de operación y mantenimiento del fabricante.

- El operador debe verificar que la banda y el área alrededor del GBT no posean detritos y que las chicanas, la rampa y el bisturí se encuentran correctamente posicionados.
- El operador debe verificar que el sistema hidráulico, el sistema de agua de lavado, las bombas de alimentación de lodo, las bombas de lodo espesado y el sistema de polímero se encuentran listos para su puesta en funcionamiento y que no hay etiquetas de bloqueo en ninguno de los equipos mecánicos asociados al sistema.
- Presione el botón de puesta en funcionamiento en el panel de control local. Después de presionar el botón, deben ocurrir las siguientes cosas:
  - Debe arrancar la unidad hidráulica y permitir que se tense la banda.
  - Se activa el impulsor de la banda y la banda comienza a moverse.
  - El sistema de agua de lavado por aspersión se enciende y comienza a mojar la banda y continua por un período preestablecido.
  - Arranca el sistema de polímero, se activan las bombas de lodo y comienzan a alimentar la unidad.
  - Las bombas o cinta transportadora de lodo espesado arrancan automáticamente o en base a la detección de nivel en la tolva de lodo.
- El operador puede entonces realizar ajustes finos en el sistema para lograr el desempeño de lodo espesado deseado.

APAGADO

El apagado también se realiza automáticamente, presionando el botón de parada en el panel de control local. A continuación hay un ejemplo de la manera en que debe operar el sistema automático. Tenga en cuenta que puede haber variaciones mínimas según el fabricante.

- Presione el botón de parada en el panel de control local.
- Después de presionar el botón de parada, deben ocurrir las siguientes cosas:
  - Se detiene la bomba de lodo del caudal de entrada.
  - Se detiene el sistema de alimentación de polímero.
  - De detiene la bomba de lodo espesado cuando se vacía la tolva.

- La banda y el sistema de agua de lavado continúan operando por un período preestablecido (usualmente entre 30 y 45 minutos).
- Cuando se detienen la banda y el sistema de agua de lavado, se detiene el sistema hidráulico y deja de tensionarse la banda.

OPERACIÓN DIARIA

Los espesadores con banda de gravedad son relativamente fáciles de operar, pero necesitan de la atención diaria del operador para asegurar una adecuada operación continua. A continuación se enumeran algunos elementos a observar:

- Floculación adecuada del lodo (el flóculo debe ser pequeño, compacto y aproximadamente del tamaño de la carne molida o carne de taco).
- Observe el flóculo, el filtrado y la banda en busca de señales de dosis de polímero en exceso o insuficiente (consulte la sección de resolución de problemas para mayor información).
- ¿El lodo forma hileras y la banda queda expuesta entre medio al final de la banda antes de la rampa?
- ¿Se observan fugas en el lodo después de los topes a los costados de la unidad?
- ¿La presión del agua de lavado es la adecuada para limpiar correctamente los sólidos residuales de la banda?
- Limpie las boquillas del agua de lavado diariamente.
- ¿Funciona adecuadamente el sistema de tensión de la banda (hidráulico o neumático)?
- ¿El filtrado luce limpio y transparente y está drenando adecuadamente?
- ¿Las bombas de lodo espesado funcionan adecuadamente?
- ¿El sistema de alimentación y mezcla de polímero funciona adecuadamente?
- ¿La costura de la banda está recta y la banda está correctamente alineada?
- ¿Algunos de los equipos auxiliares presentan alta temperatura en los motores o vibración o ruido inusuales?

RECOLECCIÓN, MUESTREO Y ANÁLISIS DE LOS DATOS

El muestreo es una parte importante en asegurar la correcta operación de cualquier dispositivo de espesamiento. Se deben recolectar y analizar las siguientes muestras del GBT:

- Sólidos totales, total de sólidos volátiles, pH y caudal del lodo de alimentación del caudal de entrada
- Muestras del agua de lavado para analizar SST (si resultara necesario para verificar el funcionamiento adecuado del sistema de agua de lavado)
- Sólidos en suspensión totales, caudal, demanda bioquímica de oxígeno carbonosa y NH_3 del agua del filtrado (para poder calcular la carga de regreso a las obras de cabecera de la instalación)
- Sólidos totales y sólidos volátiles del lodo espesado (para poder calcular la carga hacia los procesos aguas abajo y calcular el cumplimiento de los requisitos regulatorios para la aplicación en tierra, etc.)

MANTENIMIENTO

El mantenimiento preventivo es importante para la operación y la vida útil esperada del GBT. Como con cualquier equipo importante de una WRRF, se debe consultar el manual de operación y mantenimiento del fabricante acerca de todos los pasos necesarios y tipo de lubricación y ubicación adecuadas; sin embargo, a continuación se enumeran algunos puntos de mantenimiento básicos uniformes en las distintas marcas de GBT:

DIARIO (CUANDO SE LO OPERA)

- Opere el ciclo de agua de lavado durante 30 a 45 minutos después del apagado para limpiar la banda.
- Limpie las boquillas rociadoras de la caja de lavado girando el volante manual. Consulte la Figura 2.9.

MANTENIMIENTO SEMANAL

- Inspeccione todas las alarmas y dispare manualmente y restablezca el cable de disparo.
- Inspeccione el desgaste de todos los elementos, especialmente las chicanas, las hojas raspadoras, la banda de deshidratación, los sellos de goma de los sujetadores de lodo y la estación de lavado. Reemplace si fuera necesario.
- Inspeccione el desgaste del recubrimiento de marcos y rodillos.
- Controle el nivel de aceite de la unidad hidráulica y llene si fuera necesario.

MANTENIMIENTO MENSUAL

- Limpie la banda con una mezcla de jabón y blanqueador. Para preparar la mezcla, use 1 taza de detergente, 3 tazas de blanqueador y 5 galones de agua. El jabón puede ser cualquier tipo de jabón para lavar la ropa y el

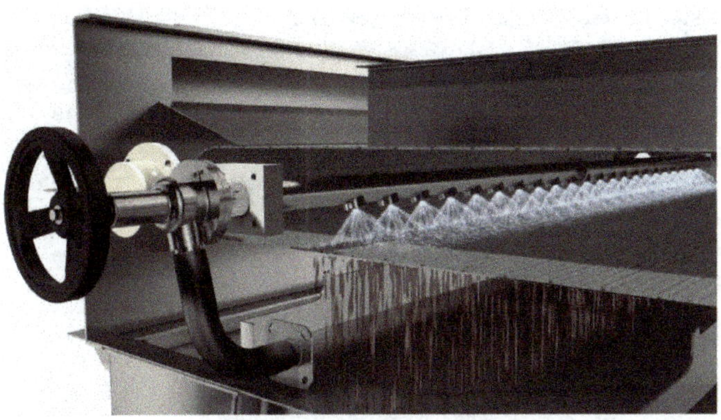

Figura 2.9 Caja de lavado con boquillas rociadoras y volante manual (reimpreso con autorización de Alfa Laval)

blanqueador puede ser de cualquier marca genérica que contenga 5.25 % de hipoclorito de sodio. Se debe usar agua potable como fuente de agua. Utilice un sistema de lavado potente para rociar la mezcla sobre la superficie de la banda para limpiarla. La presión del rocío debe ser aproximadamente de 7000 kPa (1000 psig) y no debe exceder los 14 000 kPa (2000 psig).

- Controle que los alambres de costura de la banda no estén rotos y reemplace si lo estuvieran.

MANTENIMIENTO SEMESTRAL

- Controle el nivel de aceite en la caja de engranaje de la unidad impulsora.
- Reemplace los alambres de costura de la banda.
- Inspeccione el conjunto del aro de mezcla/inyección de polímero y limpie si fuera necesario.
- Lubrique todos los cojinetes.

RESOLUCIÓN DE PROBLEMAS

Los espesadores con banda de gravedad pueden ser sencillos de operar si condiciones como la tasa de alimentación de polímero, la velocidad de la banda y la carga hidráulica y de sólidos se encuentran dentro de rangos aceptables. Muchas de estas variables se afectan entre sí y afectan la eficiencia de la unidad en su conjunto. El aumento de la velocidad de la banda permite procesar más sólidos pero puede disminuir la concentración de lodo espesado. La reducción de la velocidad de la banda puede aumentar la concentración del lodo espesado pero pueden procesarse menos sólidos. Hay procesos, y parámetros de resolución de problemas relacionados con el mantenimiento, que se deben observar y comprender para optimizar el desempeño del GBT.

Un dosaje de polímero y una mezcla de polímero y lodo adecuados dan como resultado un flóculo pequeño y fuerte, un filtrado transparente, poco o nada de espuma, hileras de sólidos arados poco estructuradas al final de la sección de gravedad de la banda y rendimiento conforme al diseño. En la Tabla 2.8 se describen algunas de las cuestiones más comunes que pueden surgir de una alimentación de polímero o energía de mezcla insuficientes.

Tabla 2.8 Guía para la resolución de problemas de alimentación de polímero y energía de mezcla inadecuadas (reimpreso con autorización de Alfa Laval)

Polímero insuficiente	Exceso de polímero
Fuga de lodo desde los contenedores de lodo laterales	Espuma en la entrada del lodo
Flóculo grande y frágil	El lodo parece "limoso"
La sección de gravedad desborda	El filtrado es espumoso y limoso
Bajas tasas de retención	Encharcamiento en la sección de gravedad
Mezcla insuficiente	**Mezcla excesiva**
Altos sólidos en el filtrado	Altos sólidos en el filtrado
El filtrado en la entrada del lodo es turbio	Mal drenaje por gravedad
Flóculos grandes y grumosos	Flóculo roto
Bajos sólidos de descarga	

Tabla 2.9 **Guía para la resolución de problemas para espesador con banda de gravedad**

Problema	Causa probable	Solución recomendada
Encharcamiento de la sección por gravedad de la banda	Dosis incorrecta de polímero	Ajuste la tasa de alimentación de polímero.
	Mezclado incorrecto de polímero y lodo	Ajuste el mezclado desde el mezclador de polímero en la línea.
	La banda no está correctamente limpia	Limpie las boquillas de la caja de agua de lavado.
		Limpie la banda con una mezcla de detergente y blanqueador.
Banda sucia o rayada	Las boquillas de la caja de lavado están obturadas.	Gire el volante manual para limpiar las boquillas.
	Presión de agua de lavado insuficiente	Ajuste la tasa o presión de suministro de agua.
Consistencia no uniforme de los sólidos en la descarga de la unidad	Lodo mal distribuido en la entrada de la unidad	Verifique que la unidad está nivelada y que el conducto de alimentación está nivelado correctamente para distribuir el lodo por todo el ancho de la banda.
La retención de sólidos es mala/el filtrado está sucio	Los sellos de los contenedores laterales están gastados	Reemplace los sellos.
	Dosaje insuficiente de polímero	Aumente la tasa de dosaje de polímero.
Los bisturíes se desgastan con mayor rapidez que lo normal	La tensión del bisturí es excesiva	Reduzca la tensión del bisturí.
	La velocidad de la banda es demasiado rápida	Reduzca la velocidad de la banda.
El bisturí no limpia adecuadamente la banda	El bisturí se debe ajustar o reemplazar	Ajuste o reemplace el bisturí.
	Se acumula material en el bisturí	Abra el bisturí y limpie.
No hay agua en la caja de lavado	La válvula está cerrada	Abra la válvula.
El agua puentea la caja de lavado	La válvula está abierta	Cierre la válvula con volante manual.
	Los sellos del tubo de la caja de lavado están gastado	Reemplace los sellos.

Nota. Reimpreso con autorización de Alfa Laval. Adaptado de Alfa Laval y WEF (2017).

COMPROBACIÓN DE CONOCIMIENTOS

1. **Se usa polímero en un GBT para ___________.**
   a. Reducir la carga de sólidos
   b. Aumentar la carga de sólidos
   c. Reducir la tasa de retención
   d. Aumentar la tasa de retención

2. **La tasa de retención típica de un GBT es de ___________.**
   a. 65 %
   b. 75 %
   c. 85 %
   d. 95 %

3. **Se utilizan chicanas en un GBT para ___________.**
   a. Aumentar el tiempo de detención en la banda
   b. Acomodar los sólidos en hileras
   c. Mezclar solución de polímero
   d. Mover los sólidos hacia el centro

4. **El filtrado de un GBT debe ser color negro.**
   ☐ Verdadero
   ☐ Falso

5. **El agua de aspersión del GBT se usa para ___________.**
   a. Ayudar a acondicionar el polímero
   b. Ayudar a liberar el lodo de la banda
   c. Limpiar las chicanas
   d. Limpiar el tanque de floculación

6. **La solución de polímero en general se inyecta en el lodo de alimentación mediante un aro de inyección.**
   ☐ Verdadero
   ☐ Falso

7. **¿Cuál es la causa probable de que el bisturí se desgaste más rápido que lo normal?**
   a. La velocidad de la banda es demasiado rápida
   b. La velocidad de la banda es demasiado baja
   c. La tasa de alimentación de lodo es demasiado alta
   d. La tasa de alimentación de lodo es demasiado baja

8. **¿Cuál es una señal común de dosis excesiva de polímero?**
   a. La sección de gravedad desborda
   b. Flóculo roto
   c. Espuma en la entrada de la unidad
   d. Flóculo pequeño

9. **¿Con cuánta frecuencia se deben reemplazar los alambres de costura de la banda?**
   a. Semanalmente
   b. Mensualmente
   c. Trimestralmente
   d. Semestralmente

10. **La SLR típica de un GBT que se alimenta de LAP es de 300 a 545 kg/m•h (660 a 1200 lb/m/h).**
    ☐ Verdadero
    ☐ Falso

Espesamiento por centrífugas

OBJETO Y FUNCIÓN

Las centrífugas se utilizan tanto para el espesamiento como para la deshidratación de lodos. Este capítulo describe la teoría de la operación de las centrífugas y su uso para el espesamiento. Las centrífugas de deshidratación se describen en detalle en el Capítulo 5 de este manual. El espesamiento por centrífugas es bueno para todo tipo de lodos; sin embargo, en la mayoría de los casos el espesamiento está limitado por el LAP. Como ocurre con otros tipos de dispositivos de espesamiento, los lodos en general se envían a unidades de mayor tratamiento o almacenamiento en la WRRF y el centrado retorna a las obras de cabecera de la instalación para mayor tratamiento.

TEORÍA DE OPERACIÓN

Las centrífugas con campana sólida tienen un transportador helicoidal (tornillo) dentro que transporta los sólidos a lo largo de la campana y fuera de la centrífuga. La aceleración de rotación expulsa las partículas más densas (los sólidos) fuera de la campana y permite que el material menos denso (el agua) permanezca más cerca del centro de la máquina. La teoría sobre el funcionamiento de las centrífugas es un tanto abstracta porque no podemos observar directamente lo que sucede dentro de la centrífuga. Comparemos la forma de operar de una centrífuga con la forma de operar de un clarificador.

Los clarificadores utilizan la fuerza gravitatoria para separar las partículas del agua. Volvamos a nuestros días en la escuela y recordemos la segunda ley de Newton sobre el movimiento: Fuerza = (Masa) × (Aceleración). En la Figura 2.10 hay un diagrama que muestra la fuerza primaria que actúa sobre una partícula de lodo cuando se sedimenta en un clarificador.

La aceleración de una partícula de lodo en un clarificador es resultado de la fuerza gravitatoria que empuja la partícula hacia abajo. La gravedad acelera las partículas hacia la Tierra a una tasa de 9.81 m/s^2 (32.2 ft/s^2). La masa proviene de las partículas mismas. En términos sencillos, las partículas con más masa (partículas más densas y más grandes) se sedimentan con mayor rapidez. Las partículas con más masa, como la arena, se pueden sedimentar en un clarificador primario rápida y fácilmente. Sedimentar partículas de lodo activado por gravedad es más difícil. Las partículas individuales de lodo pueden presentar una gran variedad de tamaños y son mucho menos densas que las del lodo primario. Las partículas de lodo de distintos tamaños se sedimentan a tasas distintas. Debido a que debemos "esperar" a que las partículas de lodo activado más livianas floculen (es decir, se junten para formar partículas más grandes y pesadas) y después se sedimenten en un clarificador secundario, los clarificadores secundarios se diseñan para darles más tiempo a las partículas livianas a que se sedimenten. Menos masa con la misma fuerza gravitatoria significa menor aceleración y sedimentación más lenta.

Hay otras fuerzas que actúan sobre las partículas de lodo en los clarificadores, en especial en los clarificadores secundarios. Consulte nuevamente el Capítulo 8 (Lodo activado) *en Fundamentos para el tratamiento de aguas residuales I: Tratamiento líquido* para repasar la explicación más detallada de lo que ocurre en un clarificador secundario.

Figura 2.10 Segunda ley de Newton aplicada a una partícula de lodo (reimpreso con autorización de Indigo Water Group y Passaro Engineering, LLC)

En este capítulo, tratamos de espesar (aumentar la concentración de sólidos) el lodo de la manera más eficiente posible. Ya estudiamos una tecnología de espesamiento que utiliza la gravedad para espesar lodo en la sección de espesadores por gravedad en este capítulo. El espesamiento por gravedad funciona bastante bien con el lodo primario y con algunos lodos combinados. Sin embargo, los espesadores por gravedad tienen una eficacia limitada para espesar el LAP.

Volvamos a la segunda ley de Newton: Fuerza = (Masa) × (Aceleración). Si aumentamos la masa o la aceleración de esta formula, creamos más fuerza para separar los sólidos más densos del agua. Los agentes acondicionadores, como los polímeros, producen que las partículas coagulen o se unan, lo que aumenta eficazmente la masa de las partículas. ¿Qué sucede si también podemos aumentar la aceleración? Eso es exactamente lo que hacemos con una centrífuga. Las centrífugas crean movimiento giratorio que acelera el agua y las partículas sólidas del lodo en dirección tangencialmente opuesta al centro de rotación, como se muestra en la Figura 2.11. Imagine llenar un balde con agua. Si sostenemos el balde, podemos sentir que la gravedad tira hacia abajo tanto al balde como al agua. ¿Qué sucede si atamos una cuerda a la manija del balde y lo hacemos girar en círculos? Quizás hizo algo similar de niño. Al principio, el empuje del agua en sentido contrario a la cuerda va a ser aproximadamente igual a cuando solo sosteníamos el balde. Cuanto más rápido giremos el balde, más crecerá el empuje. Si soltamos la cuerda, el balde con agua vuela en sentido contrario a nosotros en línea recta. El camino en línea recta del balde está relacionado con la velocidad tangencial. Las centrífugas funcionan esencialmente de la misma manera. Hacen girara el lodo (líquido y partículas mezclados) para crear más fuerza. Ahora, en lugar de que la aceleración en nuestra fórmula sea de 9.81 m/s^2 (32.2 ft/s^2) solamente por la gravedad, aumenta por la velocidad de giro. Las centrífugas pueden alcanzar una aceleración centrípeta de 25 000 m/s^2 (82 000 ft/s^2). Podemos aumentar la fuerza de 1 G (en un clarificador) a hasta 2500 G en una centrífuga.

¿Entonces, qué es una fuerza G? Todos oímos sobre el "empuje G" de pilotos y astronautas durante el vuelo. Todos subimos a los juegos de parques de diversiones en los que experimentamos fuerzas G elevadas. ¿Qué significa esto realmente? El término *fuerza G* no es muy exacto. No es realmente una fuerza. Es la percepción del peso de un objeto aquí, en la superficie de la Tierra. Mirémoslo de otra manera. Supongamos que estamos sentados en una silla quietos. La gravedad de la Tierra nos empuja hacia abajo a una tasa de 9.81 m/s^2 (32.2 ft/s^2). Como no nos estamos moviendo, la silla en realidad nos empuja hacia arriba a la misma tasa de aceleración. Proporciona una reacción igual y opuesta. A esta reacción que evita que nos movamos se la denomina equivalente a una fuerza gravitatoria o 1 G. Eso es lo que nos da nuestra percepción de peso aquí en la Tierra. En un clarificador, la aceleración gravitatoria empuja hacia abajo a las partículas que flotan libremente. Como no hay una fuerza opuesta que actúe sobre ellas, experimentan G cero. Como se encuentra en caída libre, experimenta ingravidez. Cuando yace en el fondo del tanque, experimenta 1 G.

Tomemos una centrífuga y abrámosla para que quede plana. Imaginemos que esta centrífuga tiene un clarificador cuadrado poco profundo (observe la Figura 2.12).

El proceso de sedimentación depende de la diferencia de densidad entre los sólidos y el líquido circundante y se produce a 1 G, mientras que una centrífuga opera a varios miles de veces la aceleración de la gravedad. Esta aceleración centrífuga produce que las partículas más densas se muevan hacia afuera en una dirección radial y el líquido menos denso permanezca cerca del centro de la máquina donde fluye sobre un vertedero o dique ajustable en el extremo de descarga de líquido de la máquina (consulte la Figura 2.12). El transportador (tornillo), que se mueve en la misma dirección que la campana, solo que un poco más lentamente, transporta los sólidos hacia el extremo cónico de la campana para su descarga. Es similar a la manera en que las placas de un clarificador mueven los sólidos espesados hacia el extremo de salida del clarificador para su eliminación (consulte la Figura 2.13). La centrífuga aprovecha más la tasa de compactación de sólidos al controlar la

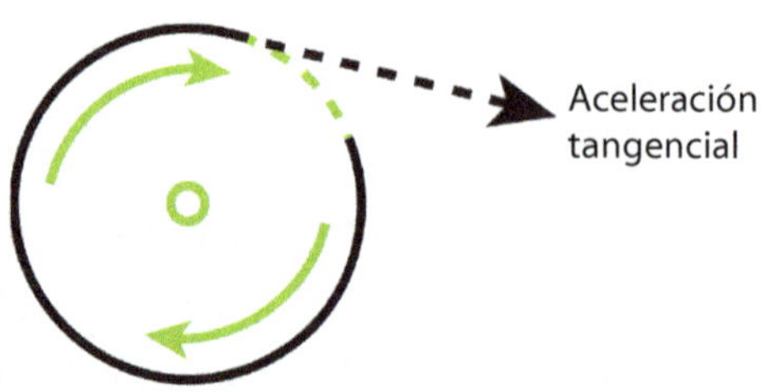

Figura 2.11 Aceleración tangencial (reimpreso con autorización de Indigo Water Group y Passaro Engineering, LLC)

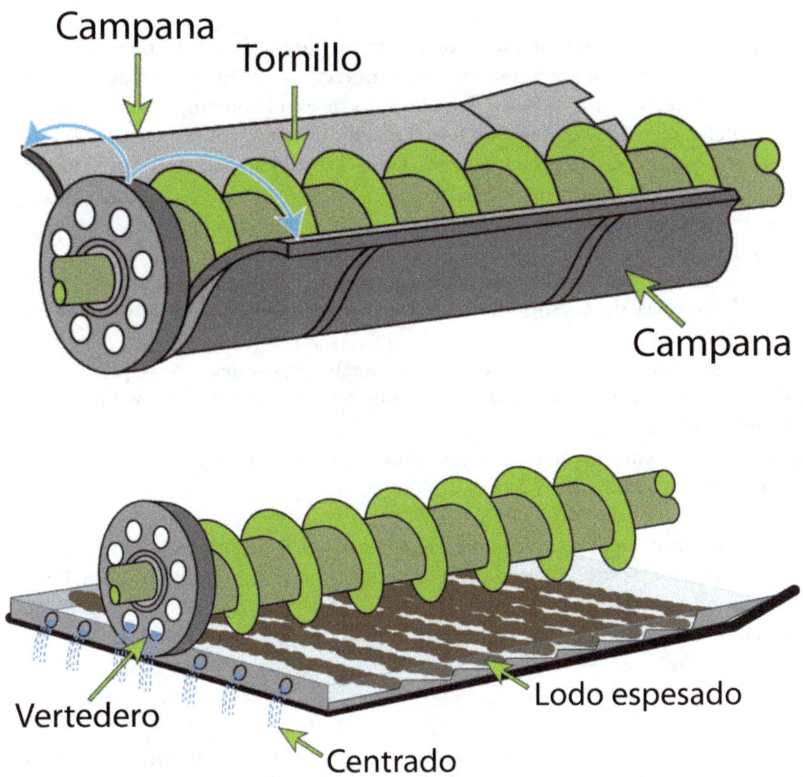

Figura 2.12 Centrífuga al descubierto (EPA de los EE. UU., 1987b; reimpreso con autorización de Alfa Laval)

velocidad del transportador y el ajuste del vertedero o la profundidad del estanque. El vertedero asegura que el caudal se distribuya de manera pareja, sin cortocircuitos y controla el nivel de líquido (profundidad del estanque) dentro de la centrífuga. La centrífuga usa los mismos elementos de diseño críticos que el clarificador: área superficial, tiempo de detención, diseño de vertedero y tasa de compactación de sólidos. Sin embargo, la energía de rotación que se le agrega a la centrífuga acelera significativamente el proceso de separación de agua y sólidos. Esto aumenta el rendimiento. La configuración con envoltura hace que el espacio ocupado por la máquina sea muy compacto.

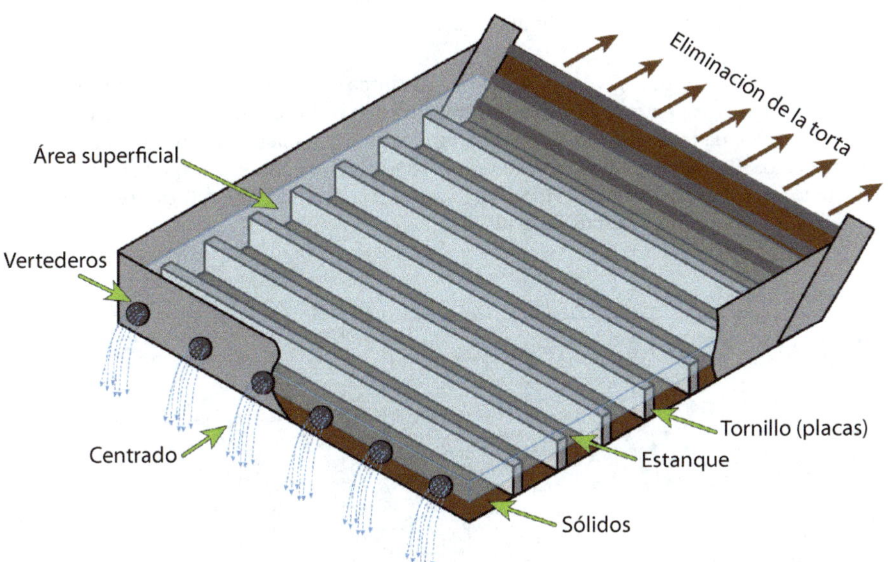

Figura 2.13 Teoría de la centrífuga como clarificador (EPA de los EE. UU., 1987b; reimpreso con autorización de Alfa Laval)

PARÁMETROS DE DISEÑO Y DESEMPEÑO ESPERADO

Las centrífugas se pueden utilizar para espesar y deshidratar lodos. Según los parámetros operativos de la centrífuga, las características del lodo de alimentación y el dosaje de polímero, las centrífugas puede alcanzar concentraciones de sólidos de descarga desde 3 % a 30 % TS. Para los usos de espesamiento, en general se las controla para que produzcan sólidos espesados entre 5 % y 6 %. Los sólidos espesados por encima de este porcentaje son difíciles de bombear y mezclar en los procesos aguas abajo. Las velocidades de la campana de las centrífugas que se usan para espesar y deshidratar en general son las mismas y van de 1000 a 3000 rpm. Sin embargo, las centrífugas que se usan para espesar el lodo presentan algunas diferencias:

La velocidad diferencial se puede explicar de la siguiente manera: Suponga que está intentando introducir un tornillo en una pared con un taladro eléctrico. Ahora suponga que la pared está girando a la misma velocidad. El tornillo no va a ir a ningún lado. O la pared tiene que disminuir la velocidad o el taladro tiene que aumentarla para que el tornillo avance.

- Los espesadores centrífugos usan un reductor de engranaje de tornillo distinto o una unidad de velocidad variable, por lo que la velocidad diferencial de un espesador centrífugo es mayor que una centrífuga usada para deshidratación.
- La profundidad del estanque de un espesador centrífugo es menor y la establece la posición del dique de centrado de la centrífuga durante la puesta en funcionamiento. Algunos fabricantes también proveen controles de profundidad de piscina automáticos.
- Los espesadores centrífugos en general tienen un motor principal más grande que las centrífugas de deshidratación para soportar el aumento de caudal.

El diseño de las centrífugas contempla tanto una SLR como una TCH, pero la SLR determina la TCH. En general, el tamaño y las tasas de las centrífugas se establecen en kilogramos (libras) de sólidos por hora. Los TS del lodo de alimentación, por lo tanto, determinan el caudal hidráulico. Además, independientemente del diseño de la velocidad de la campana, la profundidad del estanque y la velocidad del transportador (tornillo), la SLR afecta el desempeño de la centrífuga.

EQUIPOS

Las centrífugas con frecuencia están compuestas de los siguientes componentes principales: campana de base, transportador o tornillo, tubo de entrada o de alimentación, cojinetes principales, impulsor de engranajes, conjunto del retropropulsor y motor principal. Consulte las siguientes piezas etiquetadas en la Figura 2.14. El contenedor de la centrífuga se encuentra en la base y hay aisladores de vibración entre medio que reducen la transferencia de vibración de la máquina al contenedor. El tornillo se encaja dentro de la campana, que se encuentra dentro de un contenedor con los cojinetes principales. El contenedor cubre todo el conjunto giratorio de la unidad por razones de seguridad y para atenuar ruidos.

El tubo de alimentación fijo transporta el lodo de alimentación hacia la centrífuga, donde el distribuidor de entrada lo deposita de forma pareja. El transportador actúa como un rastrillo que mueve los sólidos hacia el extremo cónico de la campana para su descarga. La separación se produce en todo el largo de la máquina y el líquido se descarga de la campana al fluir sobre un dique en plato ajustable (representado en la Figura 2.12). Los diseños de centrífuga más actuales tienen un desempeño y un uso energético más eficientes al incluir vertederos especializados que ayudan a dirigir el centrado en la dirección opuesta al giro de la campana para brindarle propulsión adicional para el giro de la campana. La profundidad del estanque se puede ajustar mediante la rotación de estos vertederos (consulte la Figura 2.15).

En la mayoría de los casos, también se puede agregar polímero en distintos puntos de alimentación de la centrífuga para mejorar el proceso de espesamiento. Además, en general se utilizan bombas de cavidad progresiva con impulsores de velocidad variable tanto para entregar el lodo a la máquina como para mover el lodo espesado a otros procesos. En algunos casos, el lodo espesado también se puede transportar desde la máquina con transportadores de banda o transportadores helicoidales si el porcentaje de descarga de TS deseado es superior y los sólidos se eliminan para disposición final.

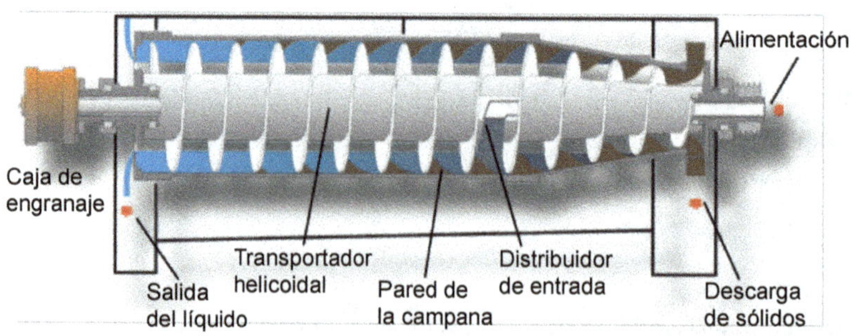

Figura 2.14 Componentes de la centrífuga (reimpreso con autorización de Alfa Laval)

Figura 2.15 Vertedero especializado de centrífuga (reimpreso con autorización de Alfa Laval)

VARIABLES DEL PROCESO

Como se mencionó anteriormente, además de la tasa de carga hidráulica y de sólidos, se deben comprender otras variables del proceso como la velocidad de la campana, la profundidad del estanque, la velocidad del transportador (tornillo) y el acondicionamiento químico. La variable más importante en la operación de una centrífuga es la TCH. Consulte la sección sobre centrífugas en el Capítulo 5 de este manual para ver ejemplos de cálculos de tasa de carga hidráulica y de sólidos para la centrífuga. La tasa de alimentación o carga hidráulica de la centrífuga afecta la claridad del centrado o la recuperación de sólidos. Si se aumenta demasiado la tasa de alimentación, disminuye la recuperación de sólidos o aumenta el consumo de polímero, o ambos. Con frecuencia, es necesaria una variación de la velocidad diferencial cuando aumentan las SLR. Lo ideal es optimizar la concentración de sólidos espesados a una velocidad diferencial y tasa de alimentación mínimas. La velocidad diferencial entre la campana y el transportador helicoidal controla el tiempo que los sólidos pasan en la centrífuga y, de esta manera, el nivel de concentración de los sólidos de descarga.

CONTROL DEL PROCESO

Las centrífugas son las únicas que le pueden brindar al operador un muy amplio rango de lodo espesado que va del 3 % al 30 %. Como se mencionó anteriormente, las centrífugas que se usan para espesar en general producen sólidos en un rango del 3 % al 15 %. Es muy útil que la alimentación de lodo sea uniforme para controlar el proceso de espesamiento centrífugo. Las grandes variaciones en las concentraciones de TS, los porcentajes de sólidos de lodo combinado o la septicidad del lodo de alimentación impactan en la uniformidad de la operación de la centrífuga.

Las centrífugas son capaces de procesar TCH en rangos de 6 a 340 m^3/h (25 a 1500 gpm). Cambios en la carga hidráulica automáticamente cambiarán la profundidad del estanque en el vertedero y por lo tanto el tiempo de detención en la máquina y la uniformidad total de los sólidos espesados. Incluso un cambio moderado en la TCH puede afectar el desempeño total y será necesario modificar el agregado de polímero o la configuración del vertedero o profundidad del estanque. La profundidad del estanque es un factor de la TCH así como también la altura del vertedero de descarga. En la mayoría de los casos, la centrífuga debe detenerse para cambiar la altura del vertedero; sin embargo, algunos fabricantes comenzaron a automatizar este proceso. La tasa de eliminación de la torta es una función de la carga diferencial y la velocidad diferencial.

"En un automóvil, usted cambia la relación de transmisión (primera, segunda, tercera, etc.) para lograr un rango de velocidades y después usa el pedal del acelerador para precisar la velocidad. Durante la operación de una centrífuga, el operador configura la profundidad del estanque para establecer la carga diferencial y después ajusta la velocidad diferencial para optimizar la tasa de eliminación de la torta". (WEF, 2016).

En general, la velocidad de la campana se configura durante la puesta en funcionamiento y los operadores con frecuencia olvidan que se puede ajustar junto con la velocidad del tornillo. El rango de la velocidad diferencial de la campana al tornillo puede ir de 1 a 20 rpm. A mayores velocidades diferenciales, los sólidos se eliminan con mayor rapidez y tienen un porcentaje inferior de concentración de sólidos. A velocidades diferenciales menores, sucede lo contrario. Aunque la máquina en general se debe detener para cambiar la configuración del vertedero o agregar un nuevo dique, los operadores pueden realizar ajustes a la velocidad diferencial mientras la centrífuga está en funcionamiento y monitorear el cambio resultante en el proceso.

Aunque la mayoría de las centrífugas usadas para espesar utilizan polímero para acondicionar el lodo, no es absolutamente necesario hacerlo. El acondicionamiento químico y los puntos de adición de alimentación de polímero tienen un efecto importante en el desempeño de la centrífuga, además del gasto en polímero. Son importantes el descanso, la mezcla y la dilución adecuados del polímero para su desempeño total. La mayoría de los fabricantes de centrífugas recomiendan cuatro puntos de adición: interno en el tubo de alimentación, inmediatamente delante del tubo de alimentación, 9 a 12 m (25 a 40 ft) delante del tubo de alimentación de la centrífuga y 20 a 25 m (50 a 70 ft) delante del tubo de alimentación. Estas distancias controlan la magnitud de la mezcla y la floculación que se produce antes de que los sólidos de alimentación ingresen a la centrífuga. Desafortunadamente, la única manera de determinar el punto de alimentación óptimo para la combinación de sólidos de alimentación y polímero utilizados es mediante prueba y error. Además, el punto de alimentación óptimo puede variar estacionalmente. En la sección sobre polímero al final de este capítulo puede encontrar mayor información acerca de los sistemas y el acondicionamiento de polímero.

OPERACIÓN

Las centrífugas presentan unos pocos problemas operativos comunes. Se pueden obstruir la campana y el transportador si la velocidad diferencial es demasiado baja para transportar los sólidos desde la centrífuga lo suficientemente rápido. Esto puede ocasionar una sobrecarga de torque, que es más común en las centrífugas de deshidratación que en las centrífugas de espesamiento debido a las menores concentraciones de sólidos en las centrífugas de espesamiento. Puede haber una vibración excesiva producto de una distribución de sólidos no uniforme en la unidad. Este problema se puede reducir si se limpia completamente la unidad después de cada uso. Se deben tomar lecturas de vibración de manera regular para poder identificar la causa antes de que cree problemas operativos adicionales como el daño de cojinetes. Finalmente, una mala calidad de centrado puede ser un problema operativo. Si la configuración del vertedero (dique) es demasiado baja, los sólidos pueden ser arrastrados hacia el centrado. La velocidad diferencial también puede afectar la calidad del centrado. Si es demasiado baja, los sólidos se pueden acumular dentro de la unidad y derramarse sobre el centrado. Si la velocidad diferencial es demasiado alta, puede no producirse una clarificación adecuada.

El tipo de lodo de alimentación también puede afectar las operaciones, el mantenimiento y el costo asociado del espesamiento. En la Tabla 2.10 se pueden observar las diferencias de diseño y los efectos operativos de espesar distintos tipos de lodo con centrífugas.

PUESTA EN FUNCIONAMIENTO

Cada fabricante de centrífugas presenta algunas variaciones en los procedimientos de puesta en funcionamiento de la máquina, por lo tanto, para estar seguro, siga las pautas del manual de operación y mantenimiento. La puesta en funcionamiento en general es automática y comienza en el panel de control de la máquina al presionar el botón de encendido. A continuación se enumeran los pasos automáticos que con frecuencia se suceden cuando se pone en funcionamiento la unidad:

- Se enciende el sistema de lubricación hidráulico para el sistema de aceitado de cojinetes.
- La campana y el tornillo comienzan a girar.
- Se encienden el sistema de polímero y las bombas de lodo de alimentación.
- Cuando la centrífuga está operando normalmente, se pueden realizar ajustes a la profundidad de la piscina y la velocidad diferencia,según resulte necesario, para mantener una calidad adecuada de lodo espesado.

APAGADO

Para un apagado breve, la centrífuga se puede pausar desde el panel de control. Cuando se pausa la centrífuga, la alimentación de lodo y polímero se detiene, pero la campana y el tornillo siguen girando. Solo se debe pausar la máquina durante un período de tiempo breve y preestablecido y no se debe usar para una parada de rutina. A continuación, los pasos para una parada de rutina:

- Presione el botón de parada en el panel de control de la centrífuga.
- La alimentación de lodo y polímero se detendrá.
- Según el fabricante, puede comenzar la rutina de limpieza in situ (*clean in place*, CIP). En general incluye un lavado con agua o solvente a la máquina para eliminar los sólidos que quedaran dentro de la campana y el transportador.
- Si no comienza la rutina CIP, se debe limpiar completamente la máquina con agua caliente. La campana y el transportador deben seguir operando durante este ciclo de limpieza.
- La centrífuga se detiene completamente.
- Se detiene el sistema de lubricación.

OPERACIÓN DIARIA

Durante la operación de rutina, la centrífuga necesita muy poca atención. A continuación se enumeran los controles que se deben realizar regularmente para asegurar una operación continua adecuada:

Tabla 2.10 Espesamiento de distintos lodos con centrífugas (WEF et al., 2018)

	Lodo primario	LAP	Espesamiento conjunto de lodo primario y LAP	Comentarios
Concentración de alimentación	0.2 %–4 % de SST	0.4 %–1.5 % de SST	0.2 %–5 % de SST	La alimentación fina se debe medir en SST debido al efecto de los sólidos disueltos; la alimentación gruesa (>1.5 % TS) se puede medir en TS.
Concentración objetivo de los sólidos del lodo espesado	5 % a 6 % de TS, pero puede aumentar fácilmente a 12 % de TS con exceso de polímero	5 % a 6 % de TS	5 % a 6 % de TS, pero puede aumentar fácilmente a 12 % de TS con exceso de polímero	La torta se puede sobreespesar si la velocidad de la campana y la dosis de polímero son muy altas
Dosis de polímero	0–2.2 kg tonelada métrica/activa (0–5 libra activa/tonelada seca)	0–2.7 kg tonelada métrica/activa (0–6 libra activa/tonelada seca)	0–4.5 kg tonelada métrica/activa (0–10 libra activa/tonelada seca)	Para el espesamiento en conjunto se debe aumentar el polímero utilizado debido a que no es eficaz con el lodo primario o el LAP.
Calidad objetivo del centrado	Menos de 500 mg/L de SST	Menos de 500 mg/L de SST	Menos de 500 mg/L de SST	
Protección contra la abrasión	Es necesaria una protección resistente contra la abrasión (mosaicos roscados) debido a la arena	100 % de LAP En caso de que hubiera muy poca arena, los mosaicos son beneficiosos pero pueden ser suficientes otros tipos de protección contra la abrasión	Es necesaria una protección resistente contra la abrasión (mosaicos roscados) debido a la arena	
Torque	0–5, pero puede incrementar si ingresan en la campana cantidades de arena o trozos de tela	En general uniforme y cercano a 0	0–5 con variaciones debido a relaciones de combinación	Las cajas de engranajes pueden ser más pequeñas que las usadas para la deshidratación pero aún deben tener suficiente torque como para vaciar una campana si se produce una obturación.
Variación de velocidad diferencial	10–20 rpm	1–15 rpm	1–15 rpm	Para los sistemas con ajuste automático de la profundidad del estanque, la velocidad diferencial en general no es una variable de control.

- Controle el nivel del depósito de aceite del cojinete.
- Controle que no haya ruidos inusuales o temperaturas excesivas en el cojinete.
- Controle que no haya una vibración excesiva de la máquina.
- Controle la lectura del amperímetro para verificar que la centrífuga no está sobrecargada.
- Monitoree que no presenten inconvenientes los sistemas de alimentación de lodo y polímero.
- Controle la calidad del lodo espesado. ¿La concentración de sólidos es la adecuada para que los procesos aguas abajo operen adecuadamente?
- Controle la calidad del centrado. ¿Es claro o contiene un exceso de sólidos?

RECOLECCIÓN, MUESTREO Y ANÁLISIS DE LOS DATOS

Se deben recolectar y analizar muestras de los siguientes elementos cuando se opera una centrífuga:

- Concentración de TS en el lodo de alimentación.
- SST del centrado.
- TS y sólidos volátiles del lodo espesado.

Ocasionalmente se pueden recolectar muestras adicionales de concentraciones en el centrado de DBO, NH_3 u otros parámetros que se agregarán a la carga de reciclado en las obras de cabecera de la instalación.

MANTENIMIENTO

En general, las recomendaciones del fabricante determinan el mantenimiento preventivo de las centrífugas en base a la cantidad de horas que operó la unidad (horas de servicio). Se puede encontrar información acerca de los requisitos del fabricante en cuanto al desgaste de elementos como cojinetes, bandas, mosaicos de desgaste en el tornillo o transportador y otros componentes en los manuales de operación y mantenimiento del fabricante. El mantenimiento de rutina normal en general consiste en una lubricación periódica y una inspección de rutina de bujes, cojinetes y sellos. Deben quedar a mano los repuestos para elementos como el pasador de seguridad, los cojinetes principales, los sellos y los bujes.

Una de las principales preocupaciones cuando se espesan lodos con una centrífuga es el desgaste por abrasión de la punta y los bordes frontales del transportador helicoidal, el distribuidor de entrada y la campana. Se pueden adquirir centrífugas con distintos tipos de suplementos de material templado que ayudan a prevenir el desgaste excesivo o al menos aumentan las horas de servicio de la máquina. Para un mantenimiento extensivo en general es necesario desmontar la máquina para tener acceso a las piezas principales. Algunos elementos se pueden reparar en el lugar, pero, debido a la operación a alta velocidad de la centrífuga, con frecuencia es necesario un rebalanceo y se debe contactar al fabricante. Algunos fabricantes poseen un programa de intercambio para el reemplazo del tornillo que brinda ayuda en operaciones continuas y reduce el tiempo de inactividad.

RESOLUCIÓN DE PROBLEMAS

No hay problemas o procedimientos inherentes a las centrífugas que se usan para espesar sólidos que sean significativamente distintos a los de las centrífugas usadas para deshidratación. Consulte la sección de centrífuga de deshidratación en el Capítulo 5 de este manual para obtener información sobre resolución de problemas.

COMPROBACIÓN DE CONOCIMIENTOS

1. **Las unidades de espesamiento centrífugo pueden operarse con o sin polímero.**
   - ☐ Verdadero
   - ☐ Falso

2. **¿Cuál es la función del vertedero (dique) en el extremo del efluente de la centrífuga?**
   a. Ajustar la velocidad diferencial
   b. Ajustar el torque
   c. Ajustar la profundidad de la piscina
   d. Ajustar la tasa de alimentación de polímero

3. **Observar el color del centrado es un parámetro de control del proceso importante para los operadores.**
   - ☐ Verdadero
   - ☐ Falso

4. **Se puede aumentar o disminuir la concentración del lodo espesado mediante el ajuste de la profundidad de la piscina.**
   - ☐ Verdadero
   - ☐ Falso

5. **La campana y el tornillo operan a la misma velocidad en una centrífuga.**
   - ☐ Verdadero
   - ☐ Falso

6. **Las centrífugas que se usan para espesamiento de lodo se controlan para que produzcan una concentración de sólidos en un rango de _____.**
   a. 1 %–2 %
   b. 5 %–6 %
   c. 10 %–11 %
   d. 15 %–16 %

7. **La tasa de SST objetivo del centrado es _____.**
   a. Menos de 500 mg/L
   b. Menos de 1000 mg/L
   c. Menos de 1500 mg/L
   d. Menos de 2000 mg/L

Espesadores con tambor rotativo

OBJETO Y FUNCIÓN

Los espesadores con tambor rotativo son dispositivos de espesamiento simples utilizados en las WRRF para espesar lodos que reciben mayor tratamiento o antes de su disposición final. Normalmente, los espesadores con tambor rotativo se encuentran en las WRRF pequeñas o medianas; sin embargo, debido a que algunos fabricantes están aumentando la tasa de alimentación de diseño de las unidades, las instalaciones más grandes también están comenzando a interesarse en los espesadores con tambor rotativo como opciones viables para sus necesidades de espesamiento.

Los espesadores con tambor rotativo (Figura 2.16) fueron diseñados como una variante de las rejas rotativas con modificaciones menores que permiten el espesamiento del lodo. Son similares a los GBT en que tienen un bajo costo de capital, necesitan espacios más pequeños y menos mantenimiento que otros dispositivos de espesamiento. Los espesadores con tambor rotativo también tienen un consumo de energía relativamente bajo en comparación con otras unidades de espesamiento. En general se usan para espesar LAP, pero pueden espesar con éxito la mayoría de los lodos de aguas residuales y pueden alcanzar entre 5 % y 12 % de TS. Los espesadores con tambor rotativo se utilizan en general como dispositivos autónomos, pero también se pueden utilizar delante de prensas de banda para contribuir en la deshidratación por gravedad antes de la presión del lodo. También están cubiertos, lo que contribuye a la limpieza y control de olores.

TEORÍA DE OPERACIÓN

Los tambores pueden ser de distintos tamaños y en general son de acero inoxidable perforado, alambre de cuña de acero inoxidable o malla de acero inoxidable o poliéster (Figura 2.17). Los espesadores con tambor rotativo en general tienen tanques de floculación inmediatamente antes de la unidad, en los que se agrega polímero al lodo y se puede llevar a cabo una mezcla moderada para acondicionar el lodo. El lodo acondicionado ingresa al tambor por un extremo y se mueve a lo largo del tambor mediante un transportador helicoidal interno o paletas (placas). El lodo se eleva hacia el costado del tambor y después vuelve a caer al fondo. Agua libre drena por las perforaciones del tambor y es capturada por una canaleta debajo del tambor (Figura 2.18). Periódicamente, se aplica agua de lavado en el exterior y el interior del tambor para limpiar las aberturas y aumentar la retención de los sólidos y la eficiencia del espesamiento. El lodo espesado ingresa en un compartimiento en el extremo de la máquina en el que se alimenta a un pozo sumidero o una bomba de lodo espesado. Se puede regular la concentración del lodo espesado mediante el ajuste del acondicionamiento del lodo (tasa de alimentación de polímero y tasa de mezcla), la tasa de alimentación a la unidad, la velocidad giratoria del tambor y, a veces, el ángulo del tambor según el fabricante.

A medida que cambian las características del lodo, en general se realizan ajustes en primer lugar a la tasa de alimentación de lodo o la tasa de alimentación de polímero. Una unidad impulsora de velocidad variable hace girar el tambor aproximadamente entre 5 y 20 rpm. Se modifica la velocidad del tambor para mejorar la calidad del filtrado del tambor al mantener el lodo en el tambor durante un poco más de tiempo. La modificación de la velocidad del tambor también modifica la concentración del lodo espesado. Al igual que la centrífuga, cuanto mayor sea la velocidad del tambor, menor será la concentración de lodo espesado y cuanto menor sea la velocidad del tambor, mayor la concentración del lodo espesado.

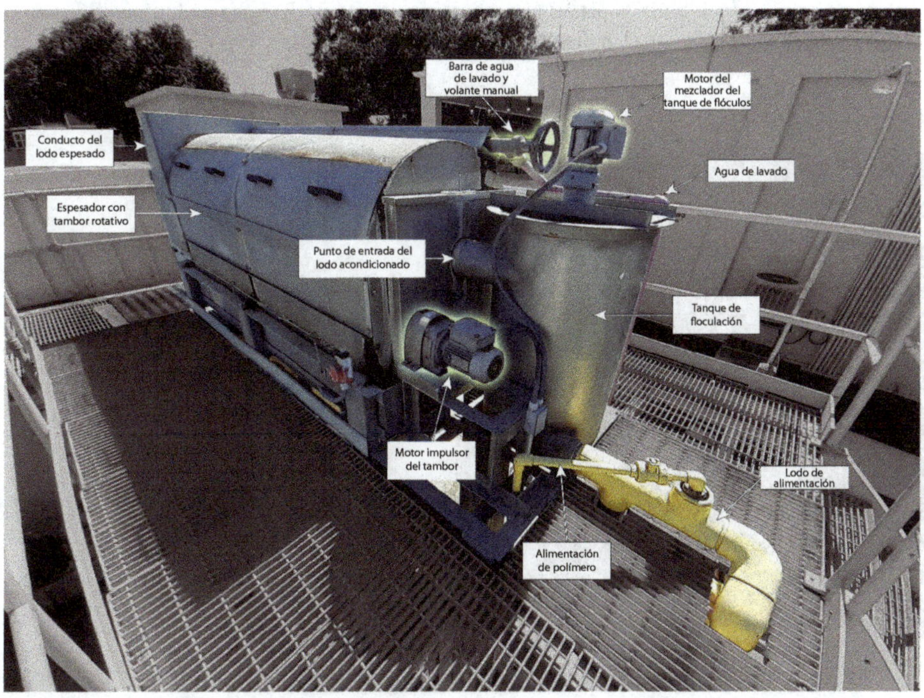

Figura 2.16 Espesador con tambor rotativo (reimpreso con autorización de la división de aguas residuales de la ciudad de Dunedin - Dunedin, Florida)

Figura 2.17 Interior de un espesador con tambor rotativo (reimpreso con autorización de la división de aguas residuales de la ciudad de Dunedin - Dunedin, Florida)

PARÁMETROS DE DISEÑO Y DESEMPEÑO ESPERADO

Como con otros dispositivos de espesamiento, es importante tener en cuenta las condiciones de operación (la cantidad de horas y días de operación por semana deseadas) y los requisitos de redundancia al momento de determinar el tamaño del espesador con tambor rotativo. Los espesadores con tambor rotativo están diseñados, en general, para admitir una tasa de alimentación máxima en base a una concentración LAP al 1 % de 90 m^3/d (400 gpm), pero recientemente, algunos fabricantes han diseñado unidades con tasas de alimentación máximas de hasta 180 m^3/d (800 gpm). Con frecuencia, estas unidades más grandes alojan dos tambores en paralelo.

El desempeño del proceso del espesador con tambor rotativo con frecuencia se evalúa en base a la concentración del lodo espesado que alcanza, el consumo de polímero,el consumo de energía y el porcentaje de retención (recuperación de sólidos). En la Tabla 2.11 se muestran los rangos de desempeño típicos de los espesadores con tambor rotativo cuando espesan distintos tipos de lodo.

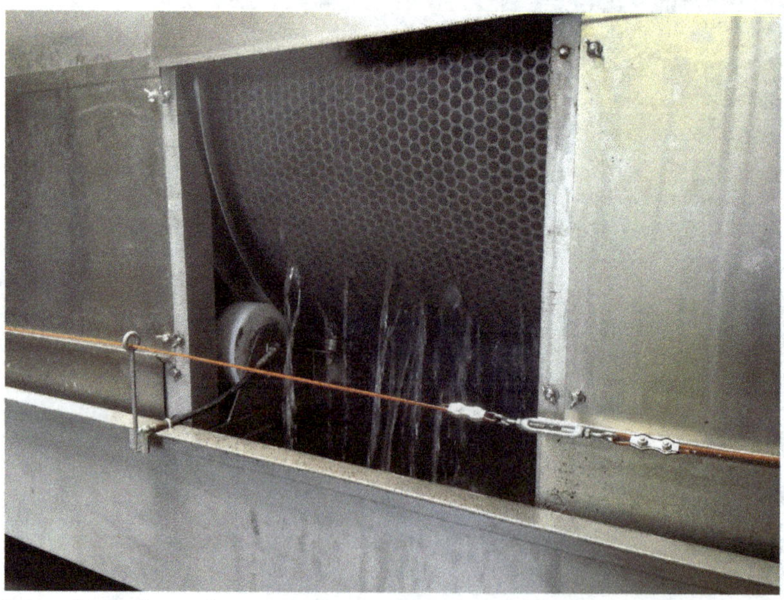

Figura 2.18 Espesador con tambor rotativo sin los paneles laterales (reimpreso con autorización de Indigo Water Group)

Tabla 2.11 Rangos de desempeño típicos de los espesadores con tambor rotativo (WEF, 2018)

Tipo de sólidos	Alimentación (% TS)	Agua eliminada (%)	Sólidos espesados (%)	Recuperación de sólidos (%)
Primario	3.0–6.0	40–75	7–9	93–98
LAP	0.5–1.0	70–90	4–9	93–99
Primario	2.0–4.0	50	5–9	93–98
Con digestión aerobia	0.8–2.0	70–80	4–6	90–98
Con digestión anaerobia	2.5–5.0	50	5–9	90–98
Fibras de papel	4.0–8.0	50–60	9–15	87–99

El uso de polímero varía en gran medida según el tipo de lodo que se espesa en el espesador con tambor rotativo. El rango de la dosis de polímero en general van de 2 g/kg (4 lb/tonelada seca) para el lodo primario crudo, hasta 7 g/kg (14 lb/tonelada seca) para lodos con digestión anaerobia. Algunos espesadores con tambor rotativo pueden mejorar las concentraciones de sólidos espesados ajustando la profundidad del estanque o aumentando el ángulo del tambor. Algunos fabricantes tienen tambores fijos y otros permiten que el ángulo del tambor se pueda ajustar a no más de un 6 % sobre la posición horizontal. Todo lo mencionado anteriormente permite mejoras en el desempeño del proceso en base a la concentración de sólidos espesados que se desee alcanzar.

EQUIPOS

Los espesadores con tambor rotativo en general están compuestos de un tanque de floculación con un mezclador de baja velocidad, un tambor rotativo y tornillo o placas internas, un sistema de agua de lavado, una canaleta de recolección de filtrado, un impulsor de tambor de velocidad variable y bomba de alimentación de lodo y de lodo espesado. El polímero se inyecta aguas arriba del tanque de floculación, en general mediante un aro de inyección similar al descrito en la sección del GBT en este capítulo. Después se alimenta el lodo acondicionado en el tanque de floculación. Un mezclador de baja velocidad hace circular el contenido dentro del tanque, lo que permite que el lodo flocule (consulte la Figura 2.19). El tanque de floculación en general incluye una cubierta articulada que se puede abrir para ver el flóculo (consulte la Figura 2.20).

Como se mencionó anteriormente, el tambor está compuesto de una estructura de soporte cubierta de distintos tipos de materiales, según el fabricante y el tipo de sólidos que se espesan. El material puede ser alambre de cuña de acero inoxidable, placa perforada de acero inoxidable, malla de acero inoxidable o filtro

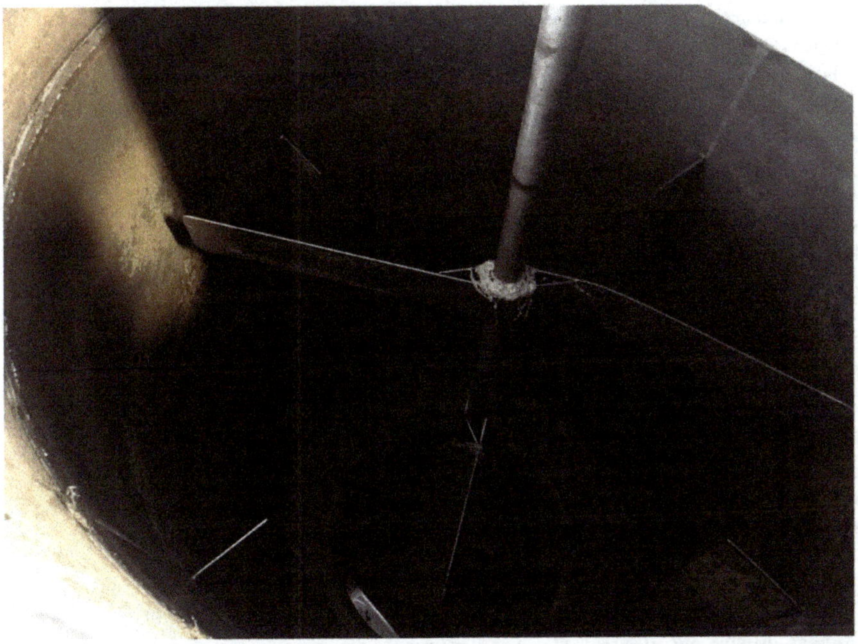

Figura 2.19 Tanque de floculación con mezclador (reimpreso con autorización de Austin Carnes)

Figura 2.20 Motor del mezclador y vista lateral superior del tanque de floculación (reimpreso con autorización de la división de aguas residuales de la ciudad de Dunedin - Dunedin, Florida)

de poliéster. Dentro del tambor, las placas o un transportador tipo tornillo mueven el lodo desde dentro del tambor hacia la salida de la máquina. Según el fabricante, el tambor está sostenido por ruedas con muñón lubricado o por un eje impulsor de extensión completa.

Se rocía agua de lavado en la parte superior de la unidad para limpiar el tambor y eliminar los sólidos de las aberturas. Esto ayuda a asegurar que el filtrado se puede mover de manera uniforme a través del tambor hacia el conducto de descarga del filtrado. Las barras rociadoras internas incluyen boquillas que usan agua a alta presión para rociar el tambor. El ángulo de las barras rociadoras a veces se pueden ajustar por medio de una manivela en el exterior del tambor. Algunos fabricantes usan el rociado de agua de lavado continuo mientras que otros solo lavan el tambor de manera intermitente. La cantidad de agua de lavado depende del tamaño del espesador con tambor rotativo y del fabricante. Los volúmenes (5–23 m^3/h [20–100 gpm]) y las presiones (2.8–6.7 bar [40–100 psi]) varían según el fabricante. Se pueden usar bombas reforzadoras de agua de lavado para aumentar la presión del agua si fuera necesario. A veces se usa el efluente tratado de una instalación como fuente de agua de lavado, pero pueden ser necesarios tamices para evitar que se obturen las boquillas rociadoras. El agua del filtrado se recolecta debajo del tambor en una canaleta o tanque con pendiente para contribuir a la limpieza del equipo. Como sucede con otros dispositivos espesadores, el agua del filtrado se bombea de regreso a las obras de cabecera de la instalación para mayor tratamiento.

El lodo espesado se descarga desde el extremo del tambor a un conducto de descarga. Como se mencionó anteriormente, el conducto transporta el lodo espesado hacia un sumidero o una bomba. Según el tipo de sólidos que se están espesando, se envían a procesos aguas abajo para mayor tratamiento o a un tanque hasta su disposición final.

VARIABLES DEL PROCESO

Como se mencionó anteriormente, se puede regular la concentración del lodo espesado mediante el ajuste del acondicionamiento del lodo (tasa de alimentación de polímero y tasa de mezcla), la tasa de alimentación a la unidad, la velocidad giratoria del tambor y, a veces, el ángulo del tambor, según el fabricante. El espesador con tambor rotativo está diseñado para una capacidad de carga hidráulica y de carga de sólidos, pero la capacidad de carga de sólidos en general limita el rendimiento hidráulico de la máquina. Además, el tipo y las características del lodo de alimentación impactan en el diseño y el desempeño total de la unidad.

Se deben mantener las tasas de alimentación dentro de los rangos de diseño aceptables según el fabricante. Las tasas de alimentación de polímero después se configuran para mantener una relación específica entre el lodo y el polímero. El operador puede modificar la velocidad del tambor en respuesta a la concentración y las características de los sólidos alimentados para mantener una concentración de sólidos con un porcentaje deseado de sólidos espesados. La tasa de retención se encuentra en general entre 93 % y 99 % cuando se trata LAP y la concentración de sólidos alcanzada es de 4 % a 9 % TS. Y finalmente, se puede modificar la velocidad del mezclador del tanque de floculación para mantener la concentración de sólidos espesados y las características del flóculo deseadas.

CONTROL DEL PROCESO

Los espesadores con tambor rotativo ofrecen flexibilidad ya que permiten variar el desempeño de la unidad mediante ajustes en las tasas de alimentación de sólidos y polímero y en la velocidad del tambor y del mezclador del tanque de floculación. El panel de control local del espesador con tambor rotativo incluye botones de puesta en funcionamiento y parada, así como también controles de velocidad para el tambor y el mezclador. El desempeño se mide en base a la cantidad de polímero necesario para obtener el porcentaje de sólidos deseado junto con la tasa de retención. Los cálculos para la tasa de carga hidráulica y de sólidos son similares a los descritos anteriormente en este capítulo. A continuación se muestra un ejemplo de un análisis de tasa de retención.

CÁLCULO DE TASA DE RETENCIÓN

La mayoría de los procesos de espesamiento y deshidratación son capaces de retener más del 95 % de los sólidos del lodo de alimentación. En otras palabras, el 95 % o más de los sólidos terminan en los sólidos espesados y menos del 5 % regresan al flujo de líquido de la instalación de tratamiento. Si se conoce la masa total de sólidos que ingresa y sale del proceso de espesamiento o deshidratación, se puede calcular el porcentaje de retención con la ecuación de eliminación porcentual (2.15). La masa que ingresa al proceso está compuesta por los kilogramos o libras de sólidos del lodo de alimentación. La masa que sale del proceso está compuesta por los kilogramos o libras de sólidos del lodo espesado o deshidratado. Los sólidos presentes en el agua eliminada del lodo no se incluyen en el cálculo de eliminación porcentual (retención).

$$\%\ \text{Eliminación} = \frac{(\textit{Entrante} - \textit{Saliente})}{\textit{Entrante}} \times 100 \qquad (2.15)$$

El agua eliminada de los sólidos durante el espesamiento o la deshidratación tiene un nombre diferente según del proceso del que provenga. Se denomina *agua proveniente del tambor* si proviene de un espesador con tambor rotativo, *filtrado* si proviene de una prensa de filtro de banda o espesadores con banda de gravedad y *centrado* si proviene de una centrífuga.

Muchas instalaciones, especialmente las más pequeñas, no poseen caudalímetros en sus líneas de lodo de alimentación. En cambio, se debe estimar el caudal en base al tiempo en servicio de la bomba. Recuerde que son necesarias mediciones de caudal precisas para calcular la masa (kg o lb). También puede ser difícil estimar el volumen del lodo espesado o deshidratado. Afortunadamente, se puede calcular el porcentaje de retención directamente a partir de resultados de laboratorio, sin necesidad de mediciones de caudal. Se necesitan tres datos de laboratorio: la concentración de TS en el lodo de alimentación, la concentración de TS del lodo espesado o deshidratado y la concentración de SST del agua eliminada del lodo. En la ecuación 2.16, los sólidos del agua eliminada del lodo se denominan simplemente % SST recirculado. Se usa el % TS de la torta, tanto para sólidos espesados como deshidratados. Aunque la ecuación 2.15 parezca complicada, es fácil de resolver si se sigue el orden de las operaciones.

$$\text{Retención de sólidos, \%} = \left[\frac{\text{TS de la torta, \%}}{\text{TS del lodo de alimentación, \%}}\right] \times \left[\frac{(\text{TS del lodo de alimentación, \%}) - (\text{SST de retorno, \%})}{(\text{TS de la torta, \%}) - (\text{SST de retorno, \%})}\right] \times 100 \qquad (2.16)$$

El orden de las operaciones establece que los problemas matemáticos se deben resolver en un orden en particular. Primero se deben completar los cálculos dentro de paréntesis. Vaya desde lo interior a lo exterior. En segundo lugar, se deben resolver los exponentes, también llamados potencias. Después, multiplique y divida los números de izquierda a derecha a lo largo de la ecuación. Finalmente, sume y reste los números de izquierda a derecha a lo largo de la ecuación. Para recordar el orden, use la frase Pedro Mira Dos Alumnos Sonreir (paréntesis y exponentes, multiplicaciones, divisiones, adiciones y sustracciones) o Pedro Escucha Mientras Dos Alumnos Sonríen (paréntesis, exponentes, multiplicaciones, divisiones, adiciones y sustracciones).

EJEMPLO DE CÁLCULO

Se alimenta lodo activado de purga en un espesador con tambor rotativo en una concentración de 7000 mg/L. El LAP espesado contiene 8 % TS. El agua proveniente del tambor contiene 200 mg/L de SST. Calcule el porcentaje de retención de sólidos para este espesador con tambor rotativo.

Paso 1: Convierta la concentración del LAP de mg/L a porcentaje.

$$\frac{7000\ \text{mg/L}}{} \left| \frac{1\%}{10\ 000\ \text{mg/L}} \right| = 0.7\%$$

Paso 2: Convierta la concentración de sólidos del agua proveniente del tambor de mg/L a porcentaje.

$$\frac{200 \text{ mg/L}}{} \left| \frac{1\%}{10\,000 \text{ mg/L}} \right| = 0.02\%$$

Paso 3: Calcule el porcentaje de retención con la ecuación 2.15.

$$\text{Retención de sólidos, \%} = \left[\frac{\text{TS de la torta, \%}}{\text{TS del lodo de alimentación, \%}}\right] \times \left[\frac{(\text{TS del lodo de alimentación, \%}) - (\text{SST de retorno, \%})}{(\text{TS de la torta, \%}) - (\text{SST de retorno, \%})}\right] \times 100$$

$$\text{Retención de sólidos, \%} = \left[\frac{8\%}{0.7\%}\right] \times \left[\frac{0.7\% - 0.02\%}{8\% - 0.02\%}\right] \times 100$$

$$\text{Retención de sólidos, \%} = [11.43] \times \left[\frac{0.68}{7.98}\right] \times 100$$

$$\text{Retención de sólidos, \%} = [11.43] \times [0.08521] \times 100$$

$$\text{Retención de sólidos, \%} = 97.4$$

OPERACIÓN

Según el tamaño de la instalación y el lugar donde se envían los sólidos después del espesamiento, el espesador con tambor rotativo puede operarse de manera continua o en lotes durante turnos específicos. Al igual que el GBT y la centrífuga, los procesos de puesta en funcionamiento y apagado del espesador con tambor rotativo son automáticos y se realizan presionando un botón en el panel de control local.

PUESTA EN FUNCIONAMIENTO

Verifique que el equipo auxiliar, como el sistema de rociado de agua de lavado, las bombas de alimentación de lodo, las bombas de lodo espesado y el sistema de polímero, se encuentra listo para ser puesto en funcionamiento. Verifique que no haya equipos bloqueados o etiquetados. Cuando se hayan completado los controles iniciales del equipo, presione el botón de puesta en funcionamiento en el panel de control. Después de presionar el botón de puesta en funcionamiento deben sucederse los siguientes pasos:

- Arranca el tambor.
- Se enciende el sistema de rociado de agua de lavado.
- Se enciende la bomba de alimentación de polímero.
- Se enciende la bomba de alimentación de lodo.
- La bomba de lodo espesado debe arrancar después de alcanzar el nivel en la tolva de lodo o sumidero.

APAGADO

Para una parada breve, el espesador con tambor rotativo se puede quitar de servicio mediante el apagado de la bomba de alimentación de lodo y el sistema de alimentación de polímero. Para una parada prolongada, se puede apagar el espesador con tambor rotativo automáticamente con el botón de apagado en el panel de control local. Después de presionar el botón de parada, debe ocurrir lo siguiente:

- Para la bomba de alimentación de lodo.
- Paran el sistema y la bomba de alimentación de polímero.
- El tambor rotativo opera durante un tiempo preestablecido hasta que el lodo se retira del tambor.
- Después de un tiempo adicional preestablecido, paran el tambor y el sistema de agua de lavado.

OPERACIÓN DIARIA

Aunque un espesador con tambor rotativo es relativamente fácil de operar, necesita atención para verificar que está funcionando adecuadamente. A continuación se enumeran observaciones de rutina que el operador debe realizar:

- ¿Hay alguna vibración inusual en la unidad? El tambor puede desbalancearse si se observa una vibración importante.

- ¿Cuál es la calidad del filtrado? Puede ser necesario realizar ajustes operativos si el filtrado es más oscuro que lo normal.
- ¿Funciona adecuadamente el sistema de floculación? ¿Cuál es la calidad del lodo acondicionado?
- ¿Funciona adecuadamente el sistema de polímero?
- ¿El volumen y la presión del sistema de agua de lavado son los correctos?
- ¿Está drenando adecuadamente el pozo colector o canaleta de filtrado?
- ¿Está girando adecuadamente el tambor o el transportador?
- Si lo hubiera, ¿está el muñón lubricado adecuadamente?
- ¿Hay algún ruido inusual que necesita atención?

RECOLECCIÓN, MUESTREO Y ANÁLISIS DE LOS DATOS

Al igual que otros dispositivos de espesamiento, es necesario realizar muestreo y análisis de rutina para asegurar un desempeño adecuado del espesador con tambor rotativo. Los parámetros son los siguientes:

- TS y caudal del lodo del caudal de entrada.
- SST, DBO, amoníaco y caudal del filtrado del espesador con tambor (para poder calcular la tasa de retención y la carga en las obras de cabecera de la instalación).
- TS y total de sólidos volátiles del lodo espesado.

MANTENIMIENTO

Como en todos los dispositivos de espesamiento mecánico, se deben realizar tareas específicas de mantenimiento preventivo. El manual de operación y mantenimiento del fabricante brinda los detalles para cada equipo, pero a continuación se enumeran tareas a tener en cuenta:

- A diario:
  - Controle que la unidad impulsora no se sobrecaliente, presente ruidos inusuales o vibración excesiva.
  - Controle la presencia de condiciones inusuales en el equipo como material de reja en el tambor o cubiertas del alojamiento del equipo sueltas.
- Semanalmente:
  - Lave la reja del tambor completamente con agua de lavado.
  - Lubrique todas las piezas necesarias.
  - Controle las boquillas de agua de lavado y limpie si fuera necesario.
  - Controle los niveles de aceite.
- Mensualmente:
  - Controle los cepillos si los hubiera.
  - Controle el nivel de grasa en la unidad de lubricación.
  - Controle los sellos y la cubierta de la reja.
  - Controle el sistema del impulsor.
- Semestralmente:
  - Controle que no haya fugas en las conexiones y las tuberías.
  - Controle los cojinetes de los cepillos.

RESOLUCIÓN DE PROBLEMAS

La tasa de alimentación de polímero y lodo y la energía de mezcla son las fuentes principales de dificultades operativas del espesador con tambor rotativo. En la Tabla 2.12 se encuentra una guía para la resolución de problemas con problemas potenciales y las posibles soluciones para los dispositivos de espesamiento con tambor rotativo.

Tabla 2.12 Guía para la resolución de problemas para espesadores con tambor rotativo (WEF, 2017)

Problema	Causa probable	Soluciones
No se forman flóculos en el tanque de mezcla	No hay suficiente polímero	Aumente el dosaje de polímero o disminuya el rendimiento de lodo.
	Polímero antiguo no activo	Componga un nuevo lote de polímero.
	Polímero erróneo	Complete un ensayo de jarra en banco para la selección de polímero.
	El tiempo de reacción del polímero sobre el lodo es muy corto	Inyecte polímero más aguas arriba que la bomba de lodo.
	Demasiado polímero	Aumente el rendimiento de lodo o disminuya el polímero.
Buena formación de flóculos en el tanque de mezcla pero una solución espesa sale del tambor de manera desordenada	Tambor obturado	Abra la válvula de agua de lavado y encienda la bomba reforzadora si estuviera disponible.
	Rendimiento de lodo demasiado alto	Disminuya el rendimiento de lodo.
		Aumente las rpm del tambor.
Filtrado sucio	Flóculo inestable	Aumente o disminuya el polímero.
		Mueva el punto de inyección de polímero más cerca o dentro del tanque de mezcla.
	Flóculo demasiado pequeño	Igual que el anterior
		Disminuya la velocidad del mezclador.
	Demasiada turbulencia en el tambor	Rendimiento de lodo demasiado alto
		Disminuya la velocidad del tambor.
El lodo se derrama por la entrada del tambor	Giro del tambor demasiado lento	Aumente el giro del tambor.
	Rendimiento de lodo demasiado alto	Disminuya el rendimiento de lodo.
	La reja de deshidratación está colmatada	Limpie el sistema de agua de lavado.
		Ajuste la frecuencia de los ciclos de lavado.

COMPROBACIÓN DE CONOCIMIENTOS

1. **Los espesadores con tambor rotativo necesitan polímero para operar adecuadamente.**
   - ☐ Verdadero
   - ☐ Falso
2. **¿Cuál es el rango promedio total de concentración del lodo espesado para un espesador con tambor rotativo?**
   a. 1 %–7 %
   b. 5 %–12 %
   c. 9 %–16 %
   d. 12 %–19 %
3. **¿Cuál es la tasa de retención típica de un espesador con tambor rotativo que recibe LAP?**
   a. 63 %–69 %
   b. 73 %–79 %
   c. 83 %–89 %
   d. 93 %–99 %
4. **¿Cuánta agua de lavado en m³/h (gpm) usa generalmente un espesador con tambor rotativo?**
   a. 5–23 m^3/h (20–100 gpm)
   b. 10–35 m^3/h (45–155 gpm)
   c. 15–45 m^3/h (65–200 gpm)
   d. 20–50 m^3/h (90–220 gpm)
5. **Un aumento de la velocidad del tambor de un espesador con tambor rotativo producirá ___________.**
   a. Un aumento de la concentración del lodo espesado
   b. Una disminución de la concentración del lodo espesado
   c. Un aumento del rendimiento del lodo
   d. Una disminución del rendimiento del lodo
6. **Un espesador con tambor rotativo usa paletas o un transportador helicoidal dentro del tambor para mover el lodo espesado hacia el extremo del efluente.**
   - ☐ Verdadero
   - ☐ Falso
7. **Hay buena floculación en el tanque de mezcla; sin embargo, la solución espesa (del lodo espesado) sale del espesador con tambor rotativo de manera desordenada. ¿Cuál es la causa probable?**
   a. La dosis de polímero es demasiado alta
   b. La dosis de polímero es demasiado baja
   c. El tambor está obturado
   d. El tambor no posee detritos
8. **El efluente de la instalación se puede usar como fuente del sistema de agua de lavado para un espesador con tambor rotativo.**
   - ☐ Verdadero
   - ☐ Falso

Sistemas de polímero

OBJETO Y FUNCIÓN

El Capítulo 1 de este manual desarrolla la teoría sobre sustancias químicas para el acondicionamiento en los procesamientos de sólidos en las WRRF. Los autores retoman algunos de estos principios aquí en cuanto se relacionan con los polímeros orgánicos antes de describir los sistemas de alimentación de polímero en mayor detalle.

Consulte nuevamente el Capítulo 1 para más información acerca de teoría de polímero y cálculos de práctica.

Los polímeros mejoran la eficiencia de los procesos de espesamiento y deshidratación al facilitar la separación del agua y los sólidos que conforman el lodo. En comparación con otras sustancias químicas acondicionadoras como las sales metálicas, los polímeros no aumenta significativamente la masa del lodo. Los polímeros tampoco disminuyen el valor calórico del lodo. En general, los polímeros también se consideran más seguros y fáciles de manipular que otros acondicionadores inorgánicos.

Los polímeros pueden actuar como coagulantes y como floculantes. Aunque estas palabras en general se usan como sinónimos, no significan lo mismo. Son dos pasos distintos en el proceso de separación del agua y los sólidos que funcionan juntos. En la Figura 2.21 se muestra el proceso.

La coagulación desestabiliza las suspensiones coloidales al permitir que las partículas se sedimenten por gravedad. Los coloides son partículas muy pequeñas con la misma carga, usualmente negativa. Cuando se mezclan los sólidos en un líquido, forman una suspensión estable en la que todas las cargas negativas se repelen entre sí y se mantienen separadas a una distancia específica. Una suspensión coloidal puede permanecer inalterable por un largo período y las partículas no se sedimentan (o se sedimentan muy lentamente). Cuando se introduce un coagulante, que es un material con carga opuesta, en la suspensión coloidal, la suspensión se desestabiliza y las partículas comienzan a agruparse o juntarse. Se pueden comenzar a formar partículas más grandes en el líquido.

La floculación es el proceso de poner en contacto partículas con carga neutra o carga opuesta entre sí y puentearlas o mantenerlas juntas para formar partículas más grandes que son más fáciles de hacer flotar o sedimentar o filtrar del líquido. Las estructuras largas en cadena de los polímeros las hacen muy útiles para puentear y formar partículas floculadas.

Los lodos de aguas residuales poseen distintas características que los hacen más fáciles o más difíciles de espesar y deshidratar. En general, el lodo primario está compuesto de partículas que son más grandes y más pesadas e incluye más sólidos inertes que sólidos orgánicos; tiene un contenido orgánico relativamente poco volátil. Se sedimenta bien por gravedad. El lodo primario es habitualmente bastante fácil de espesar y deshidratar. Las partículas que componen el lodo primario usualmente tienen una carga negativa débil. El lodo activado de purga o lodo secundario es muy distinto al lodo primario. Está compuesto principalmente de partículas orgánicas como bacterias y protozoos y por ende tiene un elevado contenido orgánico volátil.

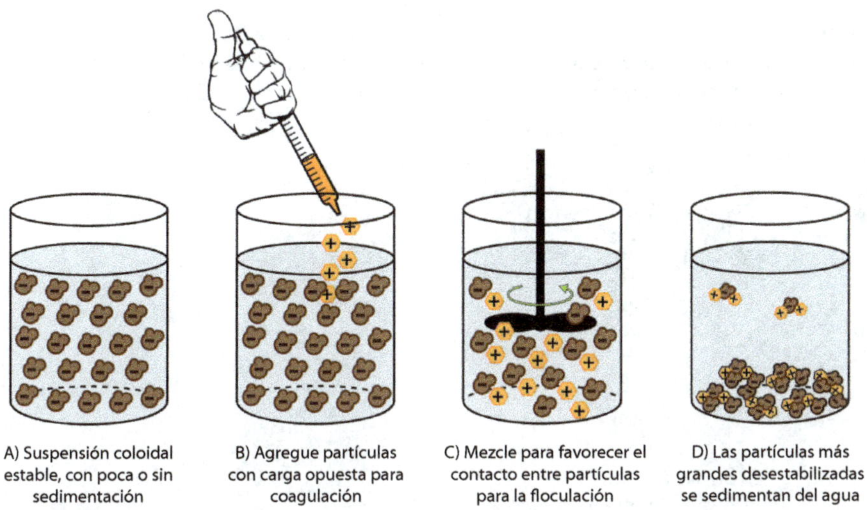

Figura 2.21 Procesos de coagulación y floculación (reimpreso con autorización de Passaro Engineering, LLC, e Indigo Water Group)

Las partículas sólidas son más pequeñas y menos densas; no se sedimentan rápidamente. El lodo activado de purga usualmente transporta una carga negativa más fuerte. Espesar y deshidratar el LAP puede resultar un desafío y casi siempre es necesario agregar sustancias químicas. Muchas instalaciones experimentan con una combinación o mezcla de su lodo primario y su LAP para ver el efecto en los procesamientos de sólidos aguas abajo. El lodo combinado con frecuencia es más fácil de espesar y deshidratar que el lodo LAP solo.

TEORÍA DE OPERACIÓN

Los polímero son moléculas grandes con elevado peso molecular. Están formados por cadenas de muchas unidades o moléculas simples denominadas *monómeros*. A diario se utilizan polímeros naturales y polímeros fabricados por el hombre. Un polímero natural que todos conocemos es una proteína. Las proteínas están compuestas de muchos monómeros, llamados aminoácidos, que se juntan. Cuando consumimos una proteína (polímero), como un bistec o flijoles negros, nuestros cuerpos la descomponen en aminoácidos (monómeros). Después, nuestros cuerpos pueden reorganizar los aminoácidos y utilizarlos para reparar o construir nuevas proteínas como los músculos de la pierna o el tejido del corazón. Los polímeros sintéticos que usamos a diario incluyen los plásticos. Un tubo de policloruro de vinilo, por ejemplo, está hecho de un polímero sintético.

El proceso usado para unir monómeros y crear un polímero se denomina *polimerización*. La mayoría de los polímeros forman cadenas o bolas fuertemente enlazadas y son muy estables en ese estado. Esto es un beneficio porque el polímero puede almacenarse eficazmente por un mayor período de tiempo y es más fuerte estructuralmente en este estado y no se daña durante el transporte. Sin embargo, se debe "activar" o sus enlaces se deben romper adecuadamente para que se pueda utilizar de manera eficiente como acondicionador de lodo. Como regla general, la forma de polímero con mayor contenido de polímero puede ser almacenado por más tiempo. En las siguientes secciones se describirá el equipo utilizado para preparar soluciones de dos formas diferentes de polímeros: polímeros secos y en emulsión.

Los polímeros pueden tener una estructura de cadena recta larga. También pueden tener ramificaciones desde la cadena principal o pueden tener una estructura entrecruzada. Los polímeros que se utilizan con mayor frecuencia para acondicionar el lodo de aguas residuales son los de cadena recta y los ramificados.

Los polímeros pueden tener distintas cargas y densidades de carga. Los siguientes términos nos indican cuál es la carga del polímero:

Catiónico	Carga positiva
Aniónico	Carga negativa
No iónico	Carga neutra

Densidad de carga hace referencia a la cantidad de "sitios" a lo largo de una cadena de polímero en los que se ubica la carga. Debido a que los polímeros no iónicos no poseen carga, tampoco tienen densidad de carga. En la Figura 2.22 se muestran ejemplos de la terminología usada para polímeros con distintas cargas y densidades de carga.

Para el tratamiento de aguas residuales se utilizan polímeros orgánicos sintéticos para facilitar la separación del agua y los sólidos tanto en los procesos de espesamiento como de deshidratación. Las poliacrilamidas, también conocidas como PAM, y las poliaminas son dos tipos de polímeros usados en WRRF para el

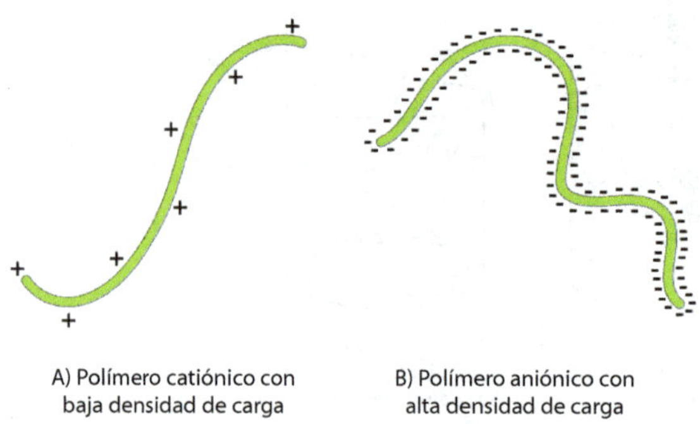

Figura 2.22 Nombres de polímeros con distintas cargas y distintas densidades (reimpreso con autorización de Passaro Engineering, LLC, e Indigo Water Group)

acondicionamiento del lodo. Sin embargo, constantemente se desarrollan distintos tipos y combinaciones de polímeros y se usan de maneras novedosas. Los proveedores locales en general ofrecen muchos tipos diferentes de polímeros. Es importante trabajar de manera conjunta con su proveedor local para identificar el polímero más económico para su lodo y su proceso. Podrán proveer varios polímeros distintos para realizar ensayos de jarra. Aunque algunos proveedores ofrecen el servicio de ensayo de jarra para las instalaciones, se recomienda enfáticamente que sea el personal de la instalación quien realice el análisis con la ayuda y el aporte de los proveedores. Realizar el análisis directamente le da al personal operativo mejor comprensión de las razones para elegir un polímero en particular y de cuál será el dosaje óptimo posible. Tenga en cuenta que las condiciones cambian constantemente. Las características del lodo varían con el tiempo. Se ponen a disposición nuevos polímeros o combinaciones. La mejor forma de asegurar que su instalación saque provecho de la adición de polímero es desarrollar procedimientos de ensayo de jarra rigurosos y uniformes que se realicen regularmente. El procedimiento para el ensayo de jarra se describe en detalle en el Capítulo 1 de este manual.

PARÁMETROS DE DISEÑO Y DESEMPEÑO ESPERADO

Los polímeros orgánicos se utilizan para contribuir en el espesamiento y la deshidratación del lodo en las WRRF hace muchos años. Existen varias pautas de efectos comprobados que en general sirven para la mayoría de las condiciones. Estas son buenos lugares para empezar cuando se utilizan polímeros con distintos lodos y en distintos procesos de la instalación. Sin embargo, el ensayo de jarra con su lodo específico va a demostrar qué tipo de polímero y qué dosaje de polímero funciona bien en su instalación.

La calidad del agua de composición o el agua de dilución puede tener un efecto importante en el desempeño de la solución del polímero. Los minerales presentes en el agua dura pueden interferir en la activación del polímero. El cloro presente en el agua de dilución puede dañar la estructura del polímero. Los sólidos en suspensión y la turbiedad también pueden interferir en el proceso de activación. Evaluar el efecto de los distintos tipos de agua de composición y agua de dilución en el desempeño del polímero en su instalación pueden ayudarlo a obtener el mejor provecho del polímero.

Hay muchas otras condiciones que afectan el desempeño de un polímero. Los polímeros se degradan con el tiempo. En general, los polímeros secos tienen una vida útil más prolongada. Si se los almacena adecuadamente, pueden permanecer hasta 1 año sin sufrir una degradación notable. Los polímeros emulsionados pueden almacenarse por menos tiempo, hasta 6 meses. Los polímeros líquidos (Mannich) son bastante inestables y pueden almacenarse solo por un par de semanas.

Los polímeros también se ven afectados por la temperatura. Las temperaturas extremas pueden reducir la eficacia del polímero. En general, los sistemas de polímero se deben ubicar dentro de un edificio donde se puedan controlar diversos factores ambientales, como la temperatura y la humedad.

En general es cierto que las soluciones de polímeros se diluyen al 0.50 % o 0.25 % antes de ser alimentadas en un proceso unitario. A veces, puede resultar aún más eficaz una mayor dilución de hasta 0.05 %, en especial cuando se usa con centrífugas. En general, las diluciones por arriba del 0.5 % son difíciles de bombear, dosificar precisamente y mezclar adecuadamente en el punto en el que se inyecta el polímero al proceso. Entonces, ¿qué es exactamente una solución al 0.5 %? La solución porcentual es la cantidad de polímero por peso en la solución. Por ejemplo, supongamos que 100 L de solución de polímero al 0.5 % tiene una gravedad específica de 1.0. Debido a que 100 L pesa 1.0 kg/L, lo que da un peso total de 100 kg, habría 0.005 × 100 kg = 0.5 kg de polímero en la solución. En unidades habituales en los EE. UU., supongamos que 100 gal de solución de polímero al 0.5 % tiene una gravedad específica de 1.0. Debido a que 100 gal pesa 8.34 lb/gal, da un cálculo del peso total de la solución de polímero de 834 lb. Una solución de polímero al 0.5 % tendría 0.005 × 834 lb = 4.17 lb de polímero en la solución. Esto se muestra nuevamente en los cálculos de ejemplo más adelante en esta sección.

En la Tabla 2.13 se incluye un breve resumen de prácticas de uso de polímero, desempeño típico y rangos de dosaje de polímero para cada uno de los procesos de espesamiento mencionados en este capítulo. Consulte las secciones específicas de cada proceso de espesamiento para obtener mayor información sobre el desempeño.

EQUIPOS

Los sistemas de composición de polímero se utilizan para tomar el polímero suministrado, activarlo y transformarlo en una solución diluida para alimentarlo en el proceso. Hay distintos tipos de diseños de sistema que se pueden utilizar con distintos tipos de polímeros. En esta sección se describirán dos tipos de sistemas que se utilizan con frecuencia en las WRRF: sistemas de polímero seco y de polímero en emulsión.

La solución porcentual es una medida de la cantidad o concentración del polímero de esa solución: cuánto hay de polímero y cuánto de otros materiales como aditivos, filtros o líquidos portadores. También se puede decir que el polímero tiene un 0.5 % de polímero activo.

Los términos "activo" y "activado" se usan para hacer referencia al polímero con distintos significados, lo que puede resultar confuso. El contenido de polímero activo de una solución de polímero hace referencia a la cantidad de polímero puro en una solución. Alternativamente, solución de polímero activada adecuadamente significa que las moléculas de polímero en la solución fueron correctamente hidratadas para permitirles romper completamente los enlaces con las cadenas largas intactas para mantener completamente disponibles sus sitios de carga y su estructura en cadena para interactuar con las partículas de lodo.

Tabla 2.13 Uso del polímero para espesamiento

Proceso de espesamiento	Recomendación de polímero
Espesadores por gravedad	En general no utilizados. El uso de polímero puede aumentar las tasa de carga hidráulica y de sólidos de 2–4 veces y mejorar la retención de sólidos; no aumenta significativamente la concentración de los sólidos en el caudal inferior. La mejora del desempeño del proceso en general no justifica el aumento del costo de operación. El agregado de polímero se puede utilizar de manera intermitente para mitigar problemas temporales de arrastre de sólidos. Dosis típica: no utilizado.
Espesadores de flotación por aire disuelto	En general no utilizados; las tasas de retención de sólidos en general son de aproximadamente 95 % sin polímero. Si se necesitan altas tasas de carga o si el lodo de alimentación tienen un SVI alto, el polímero puede ser útil para mejorar la retención de sólidos, aumentar las concentraciones de sólidos flotantes y mantener el desempeño con una tasa de carga de sólidos de hasta el doble. Dosis típica: no utilizado.
Espesamiento centrífugo	En general no es necesario para espesar lodo biológico; los polímeros mejoran la formación de flóculos para el espesamiento del lodo con digestión aerobia y anaerobia. Los polímeros catiónicos alimentados en bajas concentraciones de soluciones de polímero al 0.05 %–0.1 % a veces resultan ser más eficaces. Dosis típica: en general se utilizan hasta 4 g/kg (8 lb/tonelada seca) de sólidos para mejorar la concentración de flóculo y se utilizan dosis de 4–8 g/kg (8–16 lb/tonelada seca) de sólidos para espesar sólidos digeridos.
Espesador con banda de gravedad	Se usa polímero para todos los lodos que se espesan en un GBT y se logra una retención de sólidos superior al 95 %. Dosis típica: Desde una dosis baja de 1.5 g/kg (3 lb/tonelada seca) para el lodo primario crudo, hasta 6 g/kg (12 lb/tonelada seca) para lodos con digestión anaerobia.
Espesador con tambor rotativo	Se usa polímero para todos los lodos que se espesan en espesadores con tambor rotativo, y en general se necesita un poco más que lo que se necesitaría para espesar ese mismo lodo en un GBT. La retención de sólidos debe ser superior al 95 %. Dosis típica: desde una dosis baja de 2 g/kg (4 lb/tonelada seca) para el lodo primario crudo, hasta 7 g/kg (14 lb/tonelada seca) para lodos con digestión anaerobia.

Nota. Resumido de WEF et al. (2010). Todos los dosajes de polímero se basan en peso seco.

SISTEMAS DE POLÍMERO SECO

Los polímeros secos son materiales activados sólidos secos, granulares o en escamas, que son casi 100 % polímero activo. Usualmente, contienen una pequeña cantidad de aditivos que ayudan a que el polímero seco fluya libremente (es decir, evita que se apelmace o se aglutine). Como no contiene agua, el peso y el costo del transporte se minimizan. Por ello, el costo del polímero seco es con frecuencia el más bajo por unidad de polímero activo en comparación con otras formas de polímero. Sin embargo, eso solo es cierto si todo el polímero seco se convierte en solución de polímero completamente activado. Este proceso puede ser engañoso. A veces, el polímero seco es expuesto accidentalmente al agua o a alto nivel de humedad durante el almacenamiento y se transforma en una masa sólida de torta de polímero que no se puede alimentar adecuadamente. En otras ocasiones, la solución de polímero nueva no tiene la antigüedad adecuada y el polímero no está completamente desenlazado o activado. Esto significa que va a ser necesario alimentar más polímero para que sea tan eficaz como el polímero con la antigüedad adecuada. Si hay un problema en el proceso de composición, las partículas pueden no estar adecuadamente humedecidas y se pueden formar pequeñas bolas gelatinosas de polímero, también conocidas como "ojo de pez", y puede ser necesario deshacerse de todo el lote y comenzar de nuevo. Cada vez que se elimina un lote de polímero seco, el costo del polímero seco se acerca más al costo de los polímeros líquidos, que tienden a ser más fáciles de componer.

Componentes del equipo

Los polímeros secos en general se entregan en bolsas o en supersacos. Es importante almacenar los polímeros secos en lugares secos con baja humedad. Si están expuestos al agua o a la humedad ambiente, pueden convertirse en masas duras que son difíciles o imposibles de alimentar adecuadamente.

La manipulación de polímeros secos puede producir polvo. Se debe usar equipo de protección personal adecuada cuando se trabaja cerca de polímeros secos para evitar inhalar el polvo o que se meta en los ojos, la nariz o se adhiera a la piel. Si el polvo absorbe humedad, la superficie se tornará resbaladiza y será difícil limpiarla.

En la Figura 2.23 se muestra una representación esquemática de un sistema de composición de polímero seco. Se agrega polímero seco al sistema a una tasa controlada a través de un alimentador de polímero seco. Se debe humedecer y mezclar correctamente con agua en la cámara de mezcla o eductor. Para la mezcla inicial es necesaria mayor energía. Esto se puede lograr con corrientes de velocidad creadas por el efecto venturi a través de un eductor u otro orificio de mezcla. También se puede utilizar una mezcla mecánica de alta energía. La alta energía asegura que cada partícula se humedezca completamente e inicia el proceso en el que comienzan a romperse los enlaces de las cadenas de polímero. La mezcla de alta energía solo se puede utilizar al comienzo del proceso de preparación, antes de que comience a producirse el desenlace y antes de que la alta energía pueda causar daños a la estructura de cadena del polímero. Esta solución inicial se alimenta en el tanque de mezcla donde se usa menor energía para agitar la solución durante 30 minutos a 2 horas para permitir que el polímero se desenlace o active completamente. Si se apura este paso o no hay suficiente mezclado, se puede producir un desenlace solo parcial, lo que reduce la eficacia del polímero.

Después de llegar a la antigüedad adecuada, una solución de polímero puede ser extraída por bombeo del tanque de mezcla; se le puede agregar agua de dilución adicional para ajustar la solución al objetivo (en general, una solución al 0.25 % o 0.5 %), se la mezcla con un mezclador en la línea y después se la inyecta al proceso de espesamiento o deshidratación. De forma alternativa, la solución mezclada final puede ser almacenada en un tanque de día donde puede permanecer hasta que el proceso lo requiera. Los tanques de día deben tener solo el tamaño suficiente para contener, como máximo, la cantidad de solución de polímero para 24 horas porque los polímeros se degradan con el tiempo y comienzan a perder eficacia.

En general, los polímeros se tornan más inestable a medida que se diluyen. Los polímeros secos que son casi 100 % polímero pueden almacenarse por aproximadamente un año pero las soluciones muy diluidas se degradan rápidamente, después de algunas horas.

Es fundamental que los granos o partículas individuales de polímero seco se humedezcan ni bien el polímero se introduce en el agua de composición. Si no se realiza este paso de manera correcta, el polímero seco no creará una solución completamente activada. En base a este dato, el punto central del sistema de composición de polímero seco es el lugar donde el polímero seco entra en contacto con el agua por primera vez. Se han utilizado distintos diseños. A continuación se describen algunas características comunes utilizadas y qué debe controlar el operador del sistema durante la operación diaria.

Debido a que el polímero seco está tan concentrado (usualmente, un contenido de polímero de más del 90 %), se debe agregar muy poco a la solución de composición. Es importante tener un alimentador preciso que básicamente "rocíe" los pequeños granos o partículas de polímero seco en el embudo o columna de alimentación a una tasa muy uniforme. Verifique que el alimentador esté limpio y seco y verifique que el polímero seco que se introduce en la unidad esté seco y no grumoso. El polímero seco debe fluir libremente cuando se agrega al recipiente de alimentación.

Los alimentadores pueden tener accesorios adicionales que contribuyen a mantener el polímero seco y a que fluya adecuadamente. Se pueden agregar elementos como deshumidificadores, vibradores para evitar el puenteo y rejas para eliminar masas de lodos que pueden ingresar en el recipiente de almacenamiento del polímero seco y el alimentador de polímero seco. Solo tenga en cuenta que agregar accesorios aumenta el precio de compra y la complejidad mecánica del sistema.

Los sistemas de polímero seco en general usan alimentadores secos volumétricos, que alimentan un volumen constante de material seco (medido en metros cúbicos por hora o pies cúbicos por hora). Los alimentadores volumétricos incluyen alimentadores de tornillo, alimentadores con barreno, alimentadores vibratorios y alimentadores de disco. Algunos sistemas usan aire para ayudar a transportar el polímero seco a través del alimentador. Se pueden utilizar sopladores o sistemas de vacío con tasas de caudal de aire ajustables para controlar la tasa de alimentación,.

Durante la puesta en servicio, se calibra la tasa de alimentación de un alimentador volumétrico en base a la densidad del polímero seco que se va a utilizar en la unidad. Un cambio en la densidad del polímero seco afecta la tasa de alimentación. Por ejemplo, cambiar del suministro y almacenamiento de bolsas de 25 kg (50 lb) a supersacos puede afectar la densidad del polímero seco que se está alimentando. Cambiar de proveedor de polímero o cambiar a un producto distinto de polímero seco también puede ocasionar cambios de densidad importantes. Estos cambios se corrigen al recalibrar el alimentador volumétrico.

Los alimentadores gravimétricos alimentan materiales secos en base al peso del material, lo que significa que se ajustan automáticamente a las variaciones de la densidad del material seco de alimentación, y así los hace más precisos. Sin embargo, son considerablemente más complicados y por lo tanto más caros. En general no se usan en sistemas de alimentación de polímero seco en las WRRF.

A medida que el polímero seco "rociado" cae en el sistema de composición de polímero, es fundamental que las partículas individuales caigan en agua en movimiento que les permita humedecerse completamente. Muchos sistemas usan embudos o columnas con agua de lavado o aspersores que llevan las partículas inmediatamente hacia el eductor o cámara de mezcla, donde se produce la mezcla inicial a alta energía. Es importante que el agua de lavado fluya de manera pareja sobre toda la superficie en la que puedan caer las partículas de polímero seco para que sean transportadas inmediatamente hacia el sistema. Si el agua de lavado es turbulenta y salpica, las partículas se pueden mojar y aglutinar y se pueden adherir a las áreas húmedas del embudo o columna y acumularse. La solución de polímero que se forme no alcanzará la concentración objetivo y se seguirá aglutinando hasta que el sistema sea detenido y limpiado manualmente. Cuando el polímero seco se humedece de manera inapropiada se forman "ojos de pez" en la solución de polímero. El *ojo de pez* es una pequeña cantidad de polímero seco rodeado de una capa de gel de polímero parcialmente

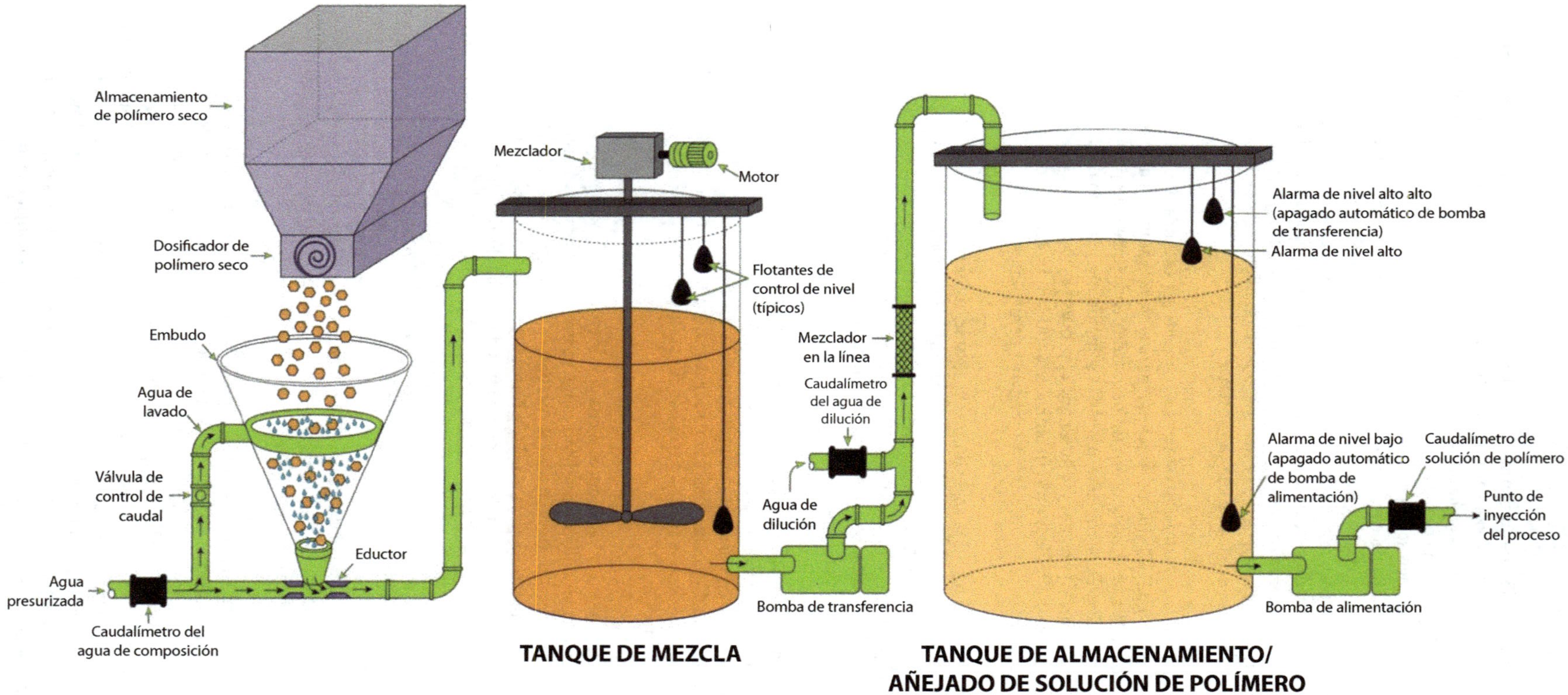

Figura 2.23 Representación esquemática de un sistema de composición de polímero seco (reimpreso con autorización de Passaro Engineering, LLC, e Indigo Water Group)

hidratado. El aire atrapado en el polímero seco dentro del ojo de pez tiende a hacer flotar las pequeñas bolas de polímero en la superficie del tanque de solución de polímero. Una vez que se forman, es casi imposible corregir el problema. Los lotes de solución de polímero que no se han humedecido correctamente y contienen ojos de pez en general se deben desechar y se debe limpiar el equipo y los tanques completamente antes de preparar un nuevo lote de polímero. Es importante controlar regularmente el caudal de agua de lavado en el embudo o columna y usar la válvula de control de caudal para ajustarlo para asegurar que el agua fluya de manera pareja sobre toda la superficie. También es fundamental verificar que todas las boquillas u orificios por donde pase el agua de lavado estén limpios. En los sistemas en los que se usa agua de efluente para preparar solución de polímero, puede ser necesario eliminar el crecimiento biológico del sistema de agua de lavado regularmente para evitar que se obture y que fluya desparejo el agua de lavado.

Una vez que las partículas de polímero seco están completamente húmedas, se las transporta inmediatamente mediante el agua de lavado del sistema y pasan a través de una zona de mezcla de alta energía en la que las partículas pueden comenzar el proceso de activación, donde cada partícula se puede saturar con agua y se puede comenzar a romper el enlace de la cadena del polímero. El puntapié inicial de este proceso es un período corto de mezcla de alta intensidad. Los eductores son una de las formas de crear este estallido repentino de energía de mezcla con presión de agua y corrientes de velocidad para crear la energía de mezcla. En la Figura 2.24 se muestra un diagrama ampliado de un embudo y un eductor.

Cuando el agua de composición ingresa en el eductor, pasa por una zona en la línea que se restringe de repente. Esto crea un área de caudal de agua de alta velocidad dentro del eductor. Inmediatamente después de la restricción inicial, el fondo del embudo se une al eductor. El agua de lavado y el polímero seco fluyen hacia abajo por la gravedad hacia la abertura del eductor donde son incorporados al flujo a alta velocidad que corre por el eductor. Inmediatamente, la nueva solución espesa de agua y polímero fluye por una garganta de tubo venturi o un difusor que nuevamente aumenta la velocidad y crea corrientes arremolinadas que proveen una mezcla no mecánica de alta energía. Este tipo de mezcla no mecánica basa su funcionamiento en una presión alta uniforme en el sistema de agua de composición. La mayoría de los fabricantes de estos sistemas recomiendan que las presiones de alimentación de agua de composición se encuentren en el rango de 200 a 400 kPa (30 a 60 psi) para que se produzca la magnitud de mezclado correcto. La uniformidad de la presión también es importante y creará lotes de polímero más uniformes. Si el sistema de agua de una instalación experimenta grandes variaciones en la presión, se puede mejorar el desempeño del sistema de polímero con reguladores de presión y bombas reforzadoras de presión.

La combinación de polímero y solución espesa con agua se dirige después al tanque de mezcla. Este tanque dispone de un mezclado mecánico, en general con un mezclador de velocidad ajustable que mezcla suavemente la solución de polímero y permite que se rompan completamente los enlaces de las cadenas de polímero. El mezclador en general tiene una velocidad máxima de al menos 500 rpm (WEF, 2018) con una cantidad

Usar agua del efluente de la planta como agua de composición de polímero es una buena manera de evitar gastar agua potable en un uso que no lo requiere. Sin embargo, tenga en cuenta que el agua del efluente sin clorar puede provocar crecimiento biológico que puede obturar el sistema. Si se usa agua del efluente clorado, el crecimiento biológico no será un problema pero altas concentraciones de cloro en el agua pueden afectar el desempeño de la solución final de polímero. Estas cuestiones se deben evaluar y planificar antes de pasar al agua del efluente en los sistemas con polímero.

El crecimiento biológico es el crecimiento rápido de bacterias y algas causado por los nutrientes de los materiales residuales presentes en el efluente de una WRRF. Es una película resbaladiza que cubre todas las superficies húmedas y puede finalmente desprenderse de las paredes de las tuberías y otras superficies y producir obstrucciones de sistemas como las boquillas, los orificios los filtros, etc.

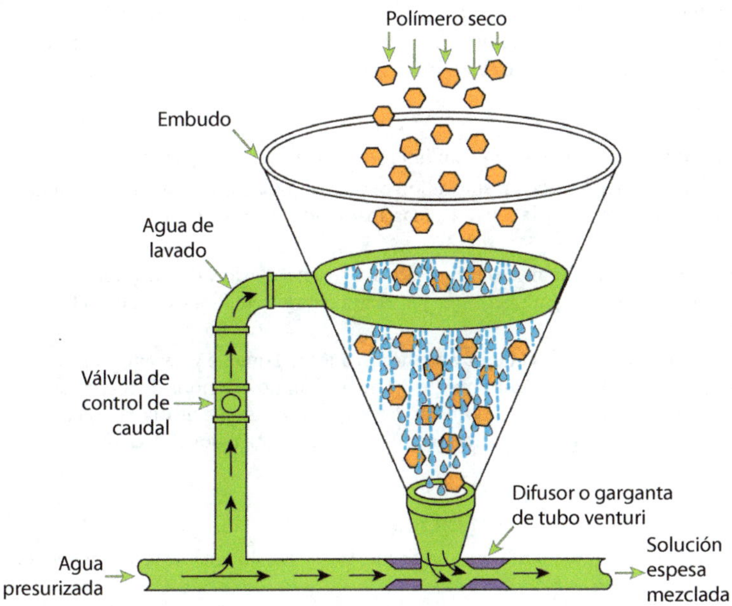

Figura 2.24 Polímero seco mojado mediante un embudo y un eductor (reimpreso con autorización de Passaro Engineering, LLC, e Indigo Water Group)

considerable de reducción. Se debe ajustar la velocidad para asegurar un mezclado completo en el tanque sin crear fuerzas excesivas que pudieran dañar las estructuras en cadenas largas de polímero. Se debe mantener un lote de polímero en un tanque de mezclado por 30 minutos a 2 horas (WEF, 2018) antes de alimentarlo en el proceso para asegurar que esté completamente activado (se rompen los enlaces).

Operación

Los sistemas de polímero seco en general operan en modo automático por lote. El panel de control del sistema con frecuencia ofrece un interruptor selector con las posiciones "Manual/Apagado/Automático" o "Manual/Apagado/Remoto" en todos los componentes del sistema motorizado. La posición manual está disponible para que el personal encargado de operación y mantenimiento pueda anular los controles durante la puesta en funcionamiento y el apagado si fuera necesario y para solucionar problemas del sistema y verificar que se corrigió algún problema. Las opciones automático o remoto siempre se deben usar durante la operación normal del sistema porque permiten que los controles ajusten el caudal de agua de composición y las tasas de alimentación de polímero para crear la solución porcentual objetivo que es necesaria para alimentar el proceso. También asegura que se cumplan todas las medidas de seguridad y los controles operativos para proteger a los operadores y los procesos aguas abajo.

Puesta en funcionamiento

- Verifique que haya suficiente polímero seco en la tolva de almacenamiento de polímero seco.
- Verifique que la presión de agua de composición disponible en la conexión del sistema cumpla con el rango recomendado por el fabricante.
- Seleccione el porcentaje de solución objetivo para su solución de polímero, en general entre 0.25 % y 0.50 %.
- Si el sistema no posee un tanque de día o de almacenamiento de solución de polímero: Verifique que todos los componentes del sistema están posicionados en la opción automático o remoto en el panel de control. Si no hay almacenamiento, el sistema de polímero debe arrancar y suministrar la solución de polímero al mismo tiempo que se pone en funcionamiento el proceso aguas abajo y necesita polímero. Si se alimenta el polímero antes de que sea necesario, puede entorpecer los procesos aguas abajo al colmatar las bandas u obturar los filtros o las rejas. Si se alimenta el lodo antes que el polímero, el desempeño durante la puesta en funcionamiento va a ser muy malo y no comenzará a estabilizarse hasta que se establezca una alimentación uniforme. Algunas unidades, como los GBT, solo funcionarán por un período breve sin polímero antes de que el conducto de descarga se llene por completo y el sistema se apague para evitar que el lodo fino se escape de la descarga y salpique el GBT.
- Si el sistema posee un tanque de día o de almacenamiento de solución de polímero: Seleccione la opción automático o remoto de los componentes del sistemas de polímero seco y dé al sistema tiempo para completar un lote y bombearlo al tanque de día de la solución de polímero antes de poner en funcionamiento el proceso aguas abajo. Esto asegura que siempre hay una cantidad suficiente de solución de polímero adecuadamente activado en el tanque para proteger el desempeño del proceso aguas abajo.

Apagado

Debido a que los sistemas de polímero seco en general operan en modo de lote, el sistema se enciende y se apaga regularmente para procesar el lote siguiente. Los siguientes pasos para el apagado son necesarios solo si el proceso por lote regular se interrumpe y el sistema es retirado de funcionamiento temporalmente. Saque el sistema de funcionamiento después de vaciar el tanque de mezcla en un tanque de día y de usar la mayor cantidad posible de solución de polímero preparado. Esto minimiza la cantidad de polímero que será necesario limpiar del sistema.

- En el panel de control, lleve el interruptor del alimentador de polímero seco a la posición apagado.
- Lleve el interruptor del agua de composición a la posición encendido o manual para abrir la válvula solenoide y permitir que el agua limpie el embudo, el eductor y la tubería aguas abajo todo el trayecto hasta el taque de mezcla.
- Diluya el resto del polímero cuanto sea posible mediante el mezclador si fuera necesario y después abra la válvula de la línea de drenaje del tanque de mezcla para permitir que el agua limpie el tanque de mezcla hasta que solo salga agua limpia al drenaje.
- Si hay un tanque de día en el sistema, primero limpie el tanque de mezcla adecuadamente y después cierre la línea de drenaje y permita que el tanque de mezcla se llene con agua limpia. Cuando el tanque de mezcla se llene de agua limpia, encienda la bomba de transferencia y bombee el agua hacia el tanque de día. Abra la línea de drenaje del tanque de día y permita que esta agua de polímero diluido también fluya por el drenaje.

Operación diaria

- Verifique que el recipiente de alimentación de polímero seco esté lleno.
- Verifique que el embudo o la columna de mojado inicial tenga un caudal uniforme de agua de lavado y que no haya polímero seco que se aglutine en esta área.
- Verifique que hay disponible suficiente presión de agua de composición para permitir una buena mezcla inicial.
- Inspeccione el tanque de mezcla para verificar que no hay ojos de pez en el tanque.

- Verifique que el mezclador brinde suficiente agitación para mantener la solución bien mezclada, pero no demasiada mezcla como para que se puedan dañar las cadenas de polímero.
- Controle el tiempo de espera en cada lote de polímero para asegurar que se logra la antigüedad correcta.
- Controle la tendencia de uso de polímero para asegurar que el uso de polímero diario aumenta gradualmente.

Recolección, muestreo y análisis de los datos

No es necesario realizar un muestreo regular del polímero. Si hay un problema con el polímero quedará en evidencia en el resultado del muestreo del proceso aguas abajo. Si el polímero seco no se humedece correctamente, se crean ojos de pez en la solución inicial del polímero. Se puede confirmar la presencia de ojos de pez mediante observación visual o muestreo en el tanque de mezcla.

Mantenimiento

Es muy importante mantener el alimentador en seco y el equipo de mojado inicial limpios y con un correcto funcionamiento. Los polímeros que comienzan a aglutinarse y a acumularse en el equipo se deben limpiar y eliminar del sistema para evitar que se obture el equipo aguas abajo.

Resolución de problemas

En la Tabla 2.14 se describen algunos problemas que pueden surgir con los sistemas de polímero seco junto con algunas causas comunes y aspectos que controlar para poder corregirlos.

SISTEMAS DE COMPOSICIÓN DE POLÍMERO EN EMULSIÓN

Componentes del equipo

Hay distintos tipos de sistemas de composición de polímero en emulsión. Hay sistemas pequeños montados sobre plataforma que usan una explosión corta de alta energía para romper la emulsión y después alimentan el polímero directamente en el proceso. Este tipo de sistema ocupa muy poco espacio. Con frecuencia, se usa en instalaciones de menor tamaño. En la Figura 2.25 se muestra una representación esquemática de los componentes fundamentales de un sistema de alimentación de polímero en emulsión por inyección directa.

Tabla 2.14 Guía para la resolución de problemas en sistemas de polímero seco

Indicador	Causa probable	Revisar o monitorear	Soluciones posibles
"Ojos de pez" presentes en el tanque de mezcla	Mojado inicial inadecuado del polímero seco	Operación del dosificador de polímero seco: debe haber una tasa uniforme de alimentación de partículas de polímero pequeñas/individuales (no grumos).	Elimine toda humedad en el dosificador o grumos de polímero seco que obturen el dosificador.
		Agua de lavado en el embudo o cilindro de alimentación: las salpicaduras (demasiado caudal), boquillas u orificios obturados o caudal insuficiente pueden causar formación de grumos.	Ajuste la válvula de control de caudal de agua de lavado para lograr un caudal de agua parejo sobre toda la superficie del embudo/cilindro.
		Presión del agua de composición: una presión de agua insuficiente o muy variable puede afectar negativamente la mezcla lograda mediante el eductor.	Puede ser necesaria una bomba reforzadora de presión de agua.
Aumento del dosaje de polímero necesario para mantener el desempeño de los procesos de espesamiento o deshidratación aguas abajo	Tiempo de espera insuficiente en el tanque de mezcla	Los lotes de polímero no permanecen en el tanque de mezcla el tiempo suficiente para que el polímero se deje descansar adecuadamente.	Ajuste el programa de lotes para permitir un descanso suficiente.
			Si fuera necesario para mantener la tasa de dosaje de solución de polímero requerida, aumente la capacidad del tanque de día.
			Verifique la operación adecuada de los sensores de nivel del tanque.
	Energía de mezcla incorrecta en el tanque de mezcla	Los contenidos en el tanque de mezcla se debe agitar suavemente lo suficiente como para mantener contenidos homogéneos en el tanque.	Si el contenido no está bien mezclado, aumente lentamente la velocidad del mezclador.
			Si el contenido se mezcla agresivamente, se puede dañar la cadena del polímero. Disminuya la velocidad del mezclador para lograr una mezcla más suave.

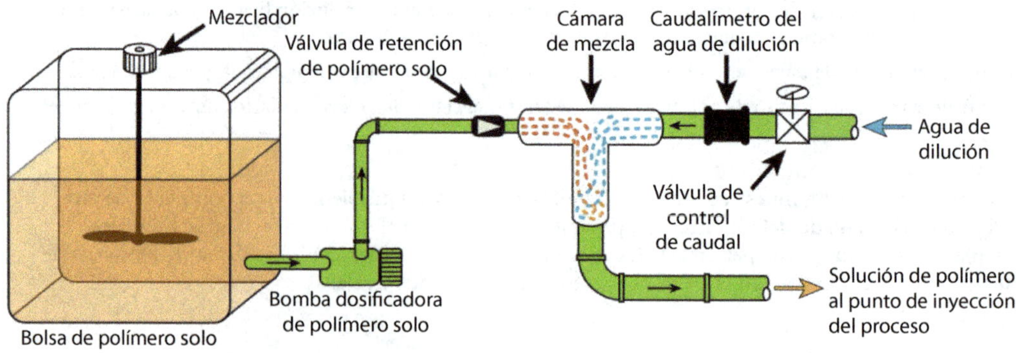

Figura 2.25 Representación esquemática de un sistema de composición de polímero en emulsión por inyección directa (reimpreso con autorización de Passaro Engineering, LLC, e Indigo Water Group)

Hay disponibles sistemas más grandes y más complejos en los que la solución de polímero se mantiene en un tanque de descanso o un tanque de día antes de ser bombeado al proceso. Esto brinda el tiempo adicional que necesita el polímero para romper los enlaces completamente. También brinda alguna redundancia adicional al sistema. En el sistema de polímero en emulsión por inyección directa que se muestra en la Figura 2.26 no hay almacenamiento, por ende si el sistema de composición se apaga por alguna razón, el proceso aguas abajo también se debe apagar hasta que se solucione el problema del polímero o los operadores cambien a otra unidad de composición de polímero. En un sistema con tanque de descanso o tanque de día, el proceso de espesamiento o de deshidratación puede continuar funcionando mientras haya solución de polímero en el tanque de almacenamiento. Esto les da tiempo a los operadores para corregir el problema o poner en funcionamiento otros sistemas de composición de polímero en emulsión para alimentar el tanque de almacenamiento de solución de polímero sin apagar el proceso de espesamiento o deshidratación aguas abajo. El/los tanque/s de almacenamiento y las bombas adicionales mejoran la confiabilidad del sistema en su totalidad, pero también aumentan la complejidad, el espacio ocupado, el costo de capital y los requisitos de mantenimiento del sistema.

La parte central del sistema de composición de polímero en emulsión es el punto de inyección de polímero y el mecanismo de mezcla inicial. En la Figura 2.26 se muestra un diagrama con vista en corte del punto de inyección de polímero solo. Este equipo en particular usa dos mecanismos de mezcla: el mecanismo no mecánico por donde ingresa el polímero solo a un caudal de alta velocidad de agua de composición. También hay un mezclador mecánico inmediatamente aguas abajo del punto de inyección que se puede usar si fuera necesario. Se puede ajustar la velocidad del impulsor para aumentar o disminuir la energía de mezcla según fuera necesario.

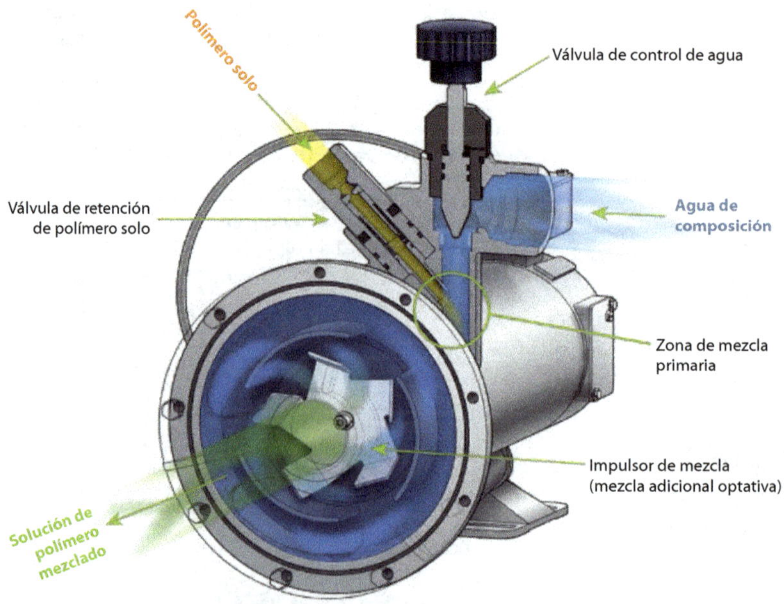

Figura 2.26 Diagrama del equipo de mezcla de polímero en emulsión (reimpreso con autorización de VeloDyne - Velocity Dynamics LLC)

Hay una válvula de retención en la línea de polímero que evita que el agua de composición presurizada viaje hasta la línea de polímero solo. Sin embargo, ningún diseño de válvula de retención es capaz de eliminar completamente todo contacto entre el polímero solo y el agua de la válvula. Cuando se forma una pequeña cantidad de gel de polímero en el punto de interfaz de la válvula entre el agua y el polímero, la válvula de retención deja de cerrarse adecuadamente. Esto permite que parte del agua vuelva a la válvula de retención hacia el polímero solo y se forma un apelmazamiento pegajoso más grande. La válvula con frecuencia comienza a tener fugas de agua y polímero fuera de la tubería. Esto puede ser la primera señal que un operador observe cuando una válvula de retención necesita limpiarse. En algún punto, el pegote de polímero crece hasta que el polímero no se puede alimentar a través de la válvula y el sistema pasa a estado de alarma y se apaga. Es muy importante establecer una rutina de limpieza regular de esta válvula para limpiarla antes de que se obstruya completamente y afecte el desempeño del proceso aguas abajo.

Operación

Los paneles de control del sistema de composición de polímero con frecuencia ofrecen un interruptor selector con las posiciones "Manual/Apagado/Automático" o "Manual/Apagado/Remoto" en todos los componentes motorizados del sistema. La opción manual les da a los operadores la oportunidad de solucionar problemas del sistema y verificar que se corrigió un inconveniente. Las opciones automático o remoto siempre se deben usar para operar el sistema porque permiten que los controles ajusten el caudal de agua y las tasas de alimentación de polímero para crear la solución porcentual objetivo que es necesaria para alimentar el proceso. También asegura que se cumplan todas las medidas de seguridad y los controles operativos para proteger a los operadores y al proceso aguas abajo.

Puesta en funcionamiento

Siempre lea el manual de instalación, operación y mantenimiento del fabricante del sistema y siga sus instrucciones para una operación segura que proteja al equipo. A continuación se enumeran varios aspectos que se deben considerar durante la puesta en funcionamiento de muchos sistemas de composición de polímero líquido:

- Antes de la operación inicial y toda vez que se deba retirar y reinstalar un motor, coloque el motor en modo manual para verificar que está girando en la dirección correcta.
- Es necesario cebar la bomba de polímero solo antes de ponerla en servicio en automático. Nunca ponga agua en una bomba de polímero solo. Algunas bombas se pueden ventilar por medio de la columna de calibración y permitir que se llenen con polímero por gravedad. Algunos fabricantes recomiendan hacer pasar aceite mineral por la bomba de manera temporal para controlar el funcionamiento de la bomba antes de llenarla con polímero. Controle el manual del usuario de la bomba y siga las recomendaciones del fabricante.
- Verifique que todo el aire se fue de las tuberías.
- Abra las válvulas de aislamiento manuales del polímero solo y las líneas de agua de composición.

Si el sistema no posee un tanque de almacenamiento de solución de polímero:

- Determine la cantidad necesaria (en kilogramos o libras) de polímero que se debe alimentar por tonelada seca de sólidos.
- Seleccione un porcentaje de solución final para la solución de polímero.
- Determine los litros por día (galones por hora) de caudal de polímero necesario.
- Encienda la unidad del proceso (por ejemplo un GBT).
- Ponga en funcionamiento el caudal de agua de alimentación de la dilución.
- Ponga en funcionamiento la alimentación de polímero solo.

Estos últimos tres pasos se deben realizar casi exactamente al mismo tiempo. Sin embargo, es importante evitar siempre enviar polímero solo a las unidades porque puede revestir los componentes de una capa pegajosa que difícil de eliminar. Por ejemplo, las bandas del espesador con banda de gravedad se pueden colmatar con polímero. Esto puede causar una obturación permanente de la banda o, como mínimo, requerir un tiempo significativo de limpieza.

Si el sistema posee un tanque de día para almacenamiento de solución de polímero:

- Seleccione un porcentaje de solución final para la solución de polímero.
- Ponga en funcionamiento el caudal de agua de alimentación de la dilución.
- Ponga en funcionamiento la alimentación de polímero solo.
- Llene el tanque de almacenamiento de solución de polímero.
- Determine la cantidad necesaria (en kilogramos o libras) de polímero que se debe alimentar por tonelada seca de sólidos.

- Determine los litros por día (galones por hora) de caudal de polímero necesario.
- Encienda la unidad del proceso (por ejemplo un GBT).
- Ponga en funcionamiento la bomba de alimentación de polímero.

Apagado

- Cuando el tanque de almacenamiento de solución de polímero está lleno o el proceso que necesita la solución de polímero está apagado, se debe desconectar la bomba de polímero solo y se debe dejar correr el agua de composición durante un período de lavado que dure hasta que se llene toda la línea de descarga con agua después de apagar el polímero solo. Esto ayudará a evitar que el polímero bloquee la línea de polímero u obstruya los puntos de inyección.

Operación regular

- Las tasas de alimentación de polímero solo pueden variar con el tiempo. Asegúrese de controlar regularmente la calibración de la bomba.
- Verifique la presión del agua de composición. Una presión de agua de composición baja o fluctuante puede causar problemas de mezclado en el punto de inyección de polímero solo.
- Compruebe que no haya fugas. Cuanto antes detecte y corrija una fuga, más segura para trabajar será el área alrededor del equipo de polímero y más sencilla será la limpieza.
- Preste atención a ruidos inusuales del equipo durante la operación.

Recolección, muestreo y análisis de los datos

Debido a que se recolectan muestras al final del proceso, no es necesario realizar un muestreo regular del polímero. Si hay un problema con el polímero, quedará en evidencia en los resultados del muestreo del proceso aguas abajo.

Hay dos controles que es necesario realizar en el tanque de almacenamiento de polímero solo. En primer lugar, los polímeros en emulsión tienden a separarse en capas de agua y aceite si se los deja en reposo por mucho tiempo en un tanque de almacenamiento sin un mezclado adecuado. Esta separación causa problemas en el desempeño del proceso aguas abajo. Puede ser necesario en algún momento tomar muestras del tanque o verificar visualmente (si fuera posible) que el tanque de almacenamiento de polímero solo está completamente mezclado. El segundo problema posible es que si el agua ingresa en el tanque de almacenamiento de polímero solo (por ejemplo por una tapa o línea de agua con fugas sobre el tanque o se forma condensación en la línea de alimentación y escurre en el tanque) se pueden formar bolas de polímero pastoso. Estas bolas pueden obturar las succiones de la bomba y causar otros problemas. Este problema se puede identificar mediante muestreo u observación visual del tanque de almacenamiento.

Mantenimiento

Consulte siempre el programa de mantenimiento recomendado por el fabricante. Las tareas de mantenimiento típicas para sistemas de alimentación de polímero en emulsión incluyen las siguientes:

- Limpie regularmente la válvula de retención en el punto de inyección de polímero. Recuerde, siempre que entra en contacto el polímero con el agua tiende a formarse una masa grumosa y pegajosa. Es mucho mejor ser proactivo y sacar de funcionamiento el sistema y retirar la válvula de retención para limpiarla regularmente. Es muy importante que se retire la válvula de retención y se la limpie completamente. Debe también quedar apartada hasta que todos los componentes estén completamente secos antes de montar nuevamente los componentes y colocar la válvula y poner el sistema nuevamente en servicio. Si hay incluso una pequeña cantidad de agua en la válvula cuando se reinstala, esa agua va a reaccionar con el polímero e inmediatamente comenzará a formar el próximo bloqueo de la válvula de retención. Por esta razón, se recomienda comprar al menos una válvula de retención extra para cada sistema de polímero. Se puede retirar a válvula de retención y se puede poner la nueva válvula de retención inmediatamente en servicio. Entonces, la válvula obturada se puede desarmar y dejar que se seque completamente al aire. Cuando está completamente seca se puede volver a armar y colocar en el depósito, lista para ser puesta en servicio cuando la válvula de retención actualmente en servicio necesite limpieza.
- Lubrique la bomba de polímero solo.
- Lubrique los componentes de la cámara de mezcla o mezclador si fuera necesario.
- Verifique la tasa, capacidad y presión de la bomba de polímero solo, reajuste si fuera necesario.
- Repare o ajuste cualquier componente del sistema que presente fugas.
- Verifique la operación adecuada de toda la instrumentación.

Resolución de problemas

En la Tabla 2.15 se describen algunos problemas que pueden surgir con los sistemas de polímero en emulsión junto con algunas causas comunes y aspectos a controlar para poder corregirlos.

Tabla 2.15 Guía para la resolución de problemas del sistema de polímero en emulsión

Indicador	Causa probable	Revisar o monitorear	Soluciones posibles
Desempeño no uniforme del polímero en sistemas sin mezcla en tanque de polímero solo	El polímero en emulsión se separa en capas de agua y aceite en el tanque de almacenamiento de polímero solo.	Tome muestras del tanque de almacenamiento de polímero solo a distintos niveles.	Agregue/aumente mezclado periódico en el tanque.
Fuga de agua de la válvula de retención del polímero solo	El polímero obtura la válvula de retención y evita que selle bien	Verifique si la válvula de retención necesita limpieza.	Retire la válvula y límpiela completamente. Asegúrese de que todas las partes estén completamente secas antes de volver a armar la válvula y reinstalarla en el sistema.
		Controle daños en la válvula de retención.	Si se observan daños, reemplace la válvula de retención.
Es necesario un aumento repentino del dosaje de polímero para mantener el desempeño de los procesos de espesamiento o deshidratación aguas abajo después de modificar las configuraciones del mezclador de polímero (si se usa un mezclador mecánico).	Se está usando energía de mezcla mecánica incorrecta en la cámara de mezcla o tanque de almacenamiento.	Una energía de mezcla excesiva o insuficiente puede afectar negativamente el desempeño del polímero.	Si la solución de polímero se mezcla agresivamente, se puede dañar la cadena del polímero. Disminuya la velocidad del mezclador para lograr un mezclado más suave y monitoree los resultados.
			Si la energía de mezcla es insuficiente, la emulsión puede no romperse o el polímero puede no ser completamente activado (estirado). Aumente la velocidad del mezclador gradualmente y monitoree los resultados.
Es necesario un aumento repentino del dosaje de polímero para mantener el desempeño de los procesos de espesamiento o deshidratación aguas abajo después de modificar la fuente de agua de dilución/composición del polímero.	Cambios en las características del agua de dilución/agua de composición pueden afectar negativamente el desempeño del polímero.	La temperatura del agua cambia	
		El pH del agua cambia	Ajuste el pH a niveles óptimos.
		La dureza del agua cambia	Puede ser necesario agregar ablandador de agua.
		Presencia de exceso de cloro	Debido a que el cloro daña la estructura del polímero, reduzca los niveles de cloro o cambie a una fuente de agua sin cloro.
	Mezcla insuficiente en el punto de inyección de polímero solo para romper la emulsión	Presión del agua de composición: una presión de agua insuficiente o muy variable puede afectar negativamente la mezcla lograda mediante la cámara de mezcla.	Si también hay un mezclador mecánico, aumente lentamente la velocidad del mezclador para aumentar el mezclado mientras la presión del agua del proceso cae.
			Agregue una bomba reforzadora para eliminar las fluctuaciones frecuentes de presión del agua del proceso.
			Considere cambiar a una fuente de agua del proceso más confiable.

EJEMPLOS DE CÁLCULOS MATEMÁTICOS CON POLÍMEROS

Se describirán distintos ejemplos de cálculos que son útiles para operar sistemas de alimentación de polímero.

La mayoría de los sistemas de control se programan para que realicen ajustes automáticos a las tasas de alimentación de polímero. Es importante que el personal de la instalación comprenda para qué tareas se programaron los controles a fin de realizar ajustes oportunos, monitoree tendencias para realizar cambios en el uso del polímero a través del tiempo y controle el sistema para verificar que los instrumentos y los analizadores midan correctamente. A continuación se incluyen ejemplos para demostrar estos cálculos.

Cálculo de ejemplo para alimentación de polímero en un espesador con banda de gravedad

El lodo activado de purga se espesa con un GBT antes de la digestión anaerobia. Se agrega polímero en emulsión aguas arriba del GBT para acondicionar el LAP. El LAP se alimenta a 20.5 L/s (325 gpm) y tiene una concentración promedio de TS de 1.4 %.

Parte 1: Si la tasa de alimentación de polímero objetivo es de 2.1 kg de polímero activo por tonelada métrica de sólidos secos (4.2 lb de polímero activo por tonelada corta de sólidos secos) ¿cuántos kilogramos (libras) por día se debe alimentar de polímero?

Parte 2: Si se alimenta con solución de polímero de 0.25 % ¿qué tasa de alimentación de polímero en L/h (gph) se debe agregar al GBT? La gravedad específica de la solución de polímero es de 1.0.

Unidades estándar del sistema internacional: Parte 1

Para resolver este problema, calcule la masa total de LAP que ingresa al GBT. Para la fórmula de masa es necesario que la tasa de alimentación se exprese en m^3/d y la concentración en mg/L.

Paso 1: Convierta la concentración de lodo de alimentación de porcentaje a mg/L. Recuerde que según la hoja de fórmulas de ABC hay 10 000 mg/L in 1 %.

$$\frac{14\%}{} \left| \frac{10\ 000\ \text{mg/L}}{1\%} \right| = 14\ 000\ \text{mg/L}$$

Paso 2: Convierta el caudal de lodo de alimentación de L/s a m^3/d.

$$\frac{20.5\ \text{L}}{\text{s}} \left| \frac{1\ \text{m}^3}{1000\ \text{L}} \right| \left| \frac{60\ \text{s}}{1\ \text{min}} \right| \left| \frac{60\ \text{min}}{1\ \text{h}} \right| \left| \frac{24\ \text{h}}{1\ \text{d}} \right| = 1771.2 \frac{\text{m}^3}{\text{d}}$$

Paso 3: Determine la masa de LAP que ingresa al GBT en kg/d.

$$\text{Tasa de carga}, \frac{\text{kg}}{\text{d}} = \frac{\left(\text{Volumen}, \frac{\text{m}^3}{\text{d}}\right)\left(\text{Concentración}, \frac{\text{mg}}{\text{L}}\right)}{1000}$$

$$\text{Tasa de carga}, \frac{\text{kg}}{\text{d}} = \frac{\left(1771.2 \frac{\text{m}^3}{\text{d}}\right)\left(14\ 000 \frac{\text{mg}}{\text{L}}\right)}{1000}$$

$$\text{Tasa de carga}, \frac{\text{kg}}{\text{d}} = 24\ 796.8$$

Paso 4: La dosis de polímero se expresa en kilogramos de polímero por tonelada métrica de sólidos secos. Convierta la tasa de carga de kg/d a toneladas métricas por día. Recuerde del Capítulo 1 que hay 1000 kg por tonelada métrica.

$$\frac{24\ 796.8\ \text{kg}}{\text{d}} \left| \frac{1\ \text{tonelada métrica}}{1000\ \text{kg}} \right| = 24.8\ \text{toneladas métricas}$$

Paso 5: Calcule la masa de polímero necesario en kilogramos por día (kg/d).

$$\frac{24.8\ \text{toneladas métricas de sólidos}}{1\ \text{día}} \left| \frac{2.1\ \text{kg de polímero}}{1\ \text{tonelada métrica de sólidos}} \right| = 52.1\ \text{kg de polímero por día}$$

Unidades estándar del sistema internacional: Parte 2

El próximo paso es convertir la masa de polímero necesaria por día en una tasa de alimentación en litros por hora (L/h).

Paso 1: La solución de polímero solo contiene 0.25 % de polímero. El resto es agua de composición. Conocemos la masa del polímero. Queremos conocer la masa de la solución de polímero.

Una solución que contiene 1 % de polímero por peso, contiene 1 parte de polímero por cada 100 partes de solución de polímero. Recuerde que porcentaje es simplemente la parte dividida por el total.

$$\frac{52.1 \text{ kg de polímero}}{1 \text{ día}} \left| \frac{100 \text{ kg de solución de polímero}}{0.25 \text{ kg de polímero}} \right| = 20\ 840 \text{ kg de solución de polímero por día}$$

Paso 2: Convierta el caudal de solución de polímero de kg/d a L/min. La solución de polímero tiene una gravedad específica de 1.0 y tiene la misma densidad que el agua. La densidad cambia con la temperatura, pero asumimos una densidad de 1 kg/L para nuestra solución de polímero.

$$\frac{20\ 840 \text{ kg}}{\text{d}} \left| \frac{1 \text{ L}}{1 \text{ kg}} \right| \left| \frac{1 \text{ d}}{1440 \text{ min}} \right| = 14.5 \text{ L/min}$$

Unidades habituales en los EE. UU: Parte 1

Para resolver este problema, debemos calcular la masa total de LAP que ingresa al GBT. Para la fórmula de masa es necesario que la tasa de alimentación se exprese en mgd y la concentración en mg/L.

Paso 1: Convierta la concentración de lodo de alimentación de porcentaje a mg/L. Recuerde que según la hoja de fórmulas de ABC hay 10 000 mg/L in 1 %.

$$\frac{14\%}{} \left| \frac{10\ 000 \text{ mg/L}}{1\%} \right| = 14\ 000 \text{ mg/L}$$

Paso 2: Convierta el caudal de lodo de alimentación de gpm a mgd.

$$\frac{325 \text{ gal}}{\text{min}} \left| \frac{1440 \text{ min}}{1 \text{ d}} \right| \left| \frac{1 \text{ mill. de gal}}{1\ 000\ 000 \text{ gal}} \right| = 0.468 \text{ mgd}$$

Paso 3: Determine la masa de LAP que ingresa al GBT en kg/d.

$$\text{Tasa de carga, } \frac{\text{lb}}{\text{d}} = \left(\text{Concentración, } \frac{\text{mg}}{\text{L}} \right) (\text{Caudal, mgd})(8.34)$$

$$\text{Tasa de carga, } \frac{\text{lb}}{\text{d}} = \left(14\ 000 \frac{\text{mg}}{\text{L}} \right) (0.468 \text{ mgd})(8.34)$$

$$\text{Tasa de carga, } \frac{\text{lb}}{\text{d}} = 54\ 644$$

Paso 4: La dosis de polímero se expresa en kilogramos de polímero por tonelada métrica de sólidos secos. Convierta la tasa de carga de lb/d a toneladas cortas por día. Recuerde del Capítulo 1 que hay 2000 lb por tonelada corta.

$$\frac{54\ 644 \text{ lb}}{\text{d}} \left| \frac{1 \text{ tonelada corta}}{2000 \text{ lb}} \right| = 27.3 \text{ toneladas cortas}$$

Paso 5: Calcule la masa de polímero necesaria en libras por día (lb/d).

$$\frac{27.3 \text{ toneladas cortas de sólidos}}{1 \text{ día}} \left| \frac{4.2 \text{ lb de polímero}}{1 \text{ tonelada corta de sólidos}} \right| = 114.7 \text{ libras de polímero por día}$$

Una solución que contiene 1 % de polímero por peso, contiene 1 parte de polímero por cada 100 partes de solución de polímero. Recuerde que porcentaje es simplemente la parte dividida por el total.

Unidades habituales en los EE. UU: Parte 2

El próximo paso es convertir la masa de polímero necesaria por día en una tasa de alimentación en galones por hora (gal/h).

Paso 1: La solución de polímero solo contiene 0.25 % de polímero. El resto es agua de composición. Conocemos la masa del polímero. Queremos conocer la masa de la solución de polímero.

$$\frac{114.7 \text{ lb de polímero}}{1 \text{ día}} \left| \frac{100 \text{ lb de solución de polímero}}{0.25 \text{ lb de polímero}} \right| = 45\,880 \text{ lb de solución de polímero por día}$$

Paso 2: Convierta el caudal de solución de polímero de lb/d a gal/h. La solución de polímero tiene una gravedad específica de 1.0 y tiene la misma densidad que el agua. La densidad cambia con la temperatura, pero asumimos una densidad de 8.34 lb/gal para nuestra solución de polímero.

$$\frac{45\,880 \text{ lb}}{\text{d}} \left| \frac{1 \text{ gal}}{8.34 \text{ lb}} \right| \left| \frac{1 \text{ d}}{24 \text{ h}} \right| = 229.2 \text{ gal/h}$$

Cálculo de ejemplo para proyectar a escala los resultados del ensayo de jarra

Se deben realizar ensayos de jarra regularmente para asegurar que la instalación esté sacando provecho al polímero. En el Capítulo 1 se describió el procedimiento para llevar a cabo un ensayo de jarra. Sin embargo, los resultados no son útiles a menos que se puedan usar para calcular adecuadamente la tasa de alimentación a escala que se usaría en el caudal de lodo que se debe acondicionar. El siguiente ejemplo muestra este cálculo:

Se lleva a cabo un ensayo de jarra para determinar la dosis óptima de polímero para acondicionar lodo. El operador recolecta muestras de solución de polímero diluido en el lugar donde se lo alimenta al proceso de tratamiento. La solución de polímero contiene 0.5 % (5000 mg/L) de polímero activo. El operador también recolecta muestras de lodo de alimentación para llenar varios contenedores de 1 L para ensayos de jarra. El lodo de alimentación contiene 1.8 % (18 000 mg/L) de TS. Al final del ensayo,la jarra a la que se le agregó 10 mL de solución de polímero tiene el sobrenadante más limpio. Consulte la Figura 2.27.

Parte 1: use los resultados del ensayo de jarra para determinar la cantidad de kilogramos (libras) de polímero necesario por tonelada métrica (tonelada corta) de sólidos de lodo.

Parte 2: ¿Cuántos kilogramos (libras) de polímero se debe alimentar si el proceso recibe 4.5 toneladas métricas (4.96 toneladas cortas) de sólidos por día?

Parte 3: Calcule la tasa de alimentación de polímero en litros (galones) por hora.

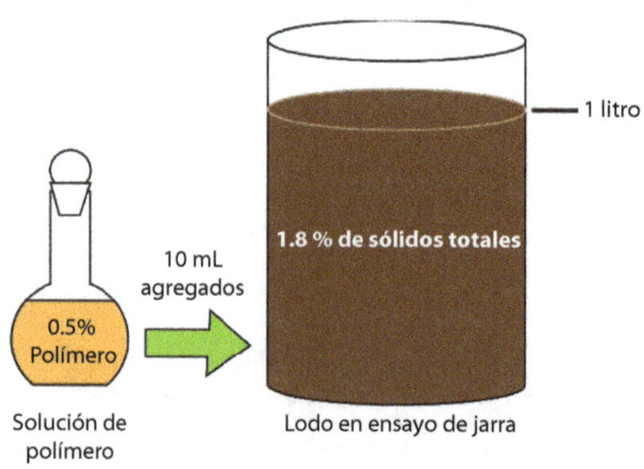

Fuente: Original del manual

Figura 2.27 Ejemplo de ensayo de jarra de polímero (reimpreso con autorización de Indigo Water Group)

Unidades estándar del sistema internacional: Parte 1

Para resolver este problema, debemos calcular (a) la concentración de polímero y (b) la masa de sólidos en el contenedor del ensayo de jarra. Después, podemos convertir las unidades a kg/tonelada métrica (lb/ton).

Paso 1: Use la ecuación normal dos para calcular la concentración de polímero en el contenedor del ensayo de jarra. Podemos usar la ecuación normal dos porque el volumen de la solución de polímero que se agrega es inferior al 2 % del volumen del ensayo de jarra. Si el volumen de polímero es mayor al 2 % del volumen del ensayo de jarra, use, en cambio, la ecuación normal tres.

$$(C_1 \times V_1) = (C_2 \times V_2)$$

$$\left(5000\frac{\text{mg}}{\text{L}} \times 10 \text{ mL}\right) = (C_2 \times 1000 \text{ mL})$$

$$C_2 = 50\frac{\text{mg}}{\text{L}}$$

Paso 2: Calcule cuántos mg de polímero se agregaron en el contenedor del ensayo de jarra en total.

$$\frac{\text{Contenedor de ensayo de jarra de 1 L}}{} \left| \frac{\text{50 mg de polímero agregado}}{\text{1 L}} \right| = \text{50 mg de polímero agregado}$$

Paso 3: Convierta el volumen del contenedor del ensayo de jarra de litros a metros cúbicos.

$$\frac{1 \text{ L}}{} \left| \frac{1 \text{ m}^3}{1000 \text{ L}} \right| = 0.001 \text{ m}^3$$

Paso 4: Calcule la masa del lodo de alimentación en el contenedor del ensayo de jarra.

$$\text{Masa, kg} = \frac{(\text{Volumen, m}^3)\left(\text{Concentración}, \frac{\text{mg}}{\text{L}}\right)}{1000}$$

$$\text{Masa, kg} = \frac{(0.001 \text{ m}^3)\left(18\,000\frac{\text{mg}}{\text{L}}\right)}{1000}$$

$$\text{Masa, kg} = 0.018$$

Paso 5: Calcule la dosis de polímero óptima en kilogramos de polímero por tonelada métrica de sólidos secos. A partir de los pasos 2 y 4 sabemos que se necesitan 50 mg de polímero por cada 0.018 kg de sólidos secos.

$$\frac{\text{50 mg de polímero}}{\text{0.018 kg de sólidos}} \left| \frac{\text{1000 kg de sólidos}}{\text{1 tonelada de sólidos}} \right| \left| \frac{\text{1 g de polímero}}{\text{1000 mg de polímero}} \right| \left| \frac{\text{1 kg de polímero}}{\text{1000 g de polímero}} \right| = 2.78 \frac{\text{kg de polímero}}{\text{tonelada métrica de sólidos}}$$

Unidades estándar del sistema internacional: Parte 2

Paso 1: Determine la tasa de alimentación de polímero en kg/d.

$$\frac{\text{4.5 toneladas métricas de sólidos}}{\text{1 día}} \left| \frac{\text{2.78 kg de polímero}}{\text{1 tonelada métrica de sólidos}} \right| = 12.5 \text{ kg/d}$$

Unidades estándar del sistema internacional: Parte 3

Paso 1: Use la ecuación de tasa de alimentación en reverso para calcular el caudal de solución de polímero a partir de la masa por día. Debido a que estamos intentando calcular la configuración de caudal para nuestro polímero, usamos la masa y la concentración de la solución de polímero en la ecuación.

$$\text{Masa}, \frac{\text{kg}}{\text{d}} = \frac{\left(\text{Caudal}, \frac{\text{m}^3}{\text{d}}\right)\left(\text{Concentración}, \frac{\text{mg}}{\text{L}}\right)}{1000}$$

$$12.5\frac{\text{kg}}{\text{d}} = \frac{\left(\text{Caudal}, \frac{\text{m}^3}{\text{d}}\right)\left(5000\frac{\text{mg}}{\text{L}}\right)}{1000}$$

$$2.5 = \text{Caudal}, \frac{\text{m}^3}{\text{d}}$$

Paso 2: Convierta el caudal de m^3/d a litros por horas.

$$\frac{2.5\ \text{m}^3}{\text{d}}\left|\frac{1000\ \text{L}}{1\ \text{m}^3}\right|\left|\frac{1\ \text{d}}{24\ \text{h}}\right| = 104.2\frac{\text{L}}{\text{h}}$$

Unidades habituales en los EE. UU: Parte 1

Para resolver este problema, debemos calcular (a) la concentración de polímero y (b) la masa de sólidos en el contenedor del ensayo de jarra. Después, podemos convertir las unidades a lb/ton.

Paso 1: Use la ecuación normal dos para calcular la concentración de polímero en el contenedor del ensayo de jarra. Podemos usar la ecuación normal dos porque el volumen de la solución de polímero que se agrega es inferior al 2 % del volumen del ensayo de jarra. Si el volumen de polímero es mayor al 2 %del volumen del ensayo de jarra, use, en cambio, la ecuación normal tres.

$$(C_1 \times V_1) = (C_2 \times V_2)$$

$$\left(5000\frac{\text{mg}}{\text{L}} \times 10\ \text{mL}\right) = (C_2 \times 1000\ \text{mL})$$

$$C_2 = 50\frac{\text{mg}}{\text{L}}$$

Paso 2: Calcule cuántos miligramos de polímero se agregaron en el contenedor del ensayo de jarra en total.

$$\frac{\text{Contenedor de ensayo de jarra de 1 L}}{}\left|\frac{\text{50 mg de polímero agregado}}{\text{1 L}}\right| = \text{50 mg de polímero agregado}$$

Paso 3: Convierta el volumen del contenedor del ensayo de jarra de litros a galones.

$$\frac{1\ \text{L}}{}\left|\frac{1\ \text{gal}}{3.785\ \text{L}}\right|\left|\frac{1\ \text{mill. de gal}}{1\ 000\ 000\ \text{gal}}\right| = 0.0000002642\ \text{mill. de gal}$$

Paso 4: Calcule la masa del lodo de alimentación en el contenedor del ensayo de jarra.

$$\text{libras} = \left(\text{Concentración}, \frac{\text{mg}}{\text{L}}\right)(\text{Volumen, mill. de gal})(8.34)$$

$$\text{libras} = \left(18\ 000\frac{\text{mg}}{\text{L}}\right)(0.0000002642\ \text{mill. de gal})(8.34)$$

$$\text{libras} = 0.03966$$

Paso 5: Calcule la dosis de polímero óptima en libras de polímero por tonelada corta de sólidos secos. A partir de los pasos 2 y 4, sabemos que se necesitan 50 mg de polímero por cada 0.03966 lb de sólidos secos.

$$\frac{50 \text{ mg de polímero}}{0.3966 \text{ lb de sólidos}}\left|\frac{2000 \text{ lb de sólidos}}{1 \text{ tonelada corta de sólidos}}\right|\left|\frac{1 \text{ g de polímero}}{1000 \text{ mg de polímero}}\right|\left|\frac{1 \text{ kg de polímero}}{1000 \text{ g de polímero}}\right|\left|\frac{2.207 \text{ lb de polímero}}{1 \text{ kg de polímero}}\right| = 5.56\frac{\text{lb de polímero}}{\text{tonelada corta de sólidos}}$$

Unidades habituales en los EE. UU: Parte 2

Paso 1: Determine la tasa de alimentación de polímero en lb/d.

$$\frac{4.96 \text{ toneladas de sólidos}}{1 \text{ día}}\left|\frac{5.56 \text{ lb de polímero}}{1 \text{ tonelada de sólidos}}\right| = 27.6 \text{ lb/d}$$

Unidades habituales en los EE. UU: Parte 3

Paso 1: Use la ecuación de tasa de alimentación en reverso para calcular el caudal de solución de polímero a partir de la masa por día. Debido a que estamos intentando calcular la configuración de caudal para nuestro polímero, usamos la masa y la concentración de la solución de polímero en la ecuación.

$$\text{Masa}, \frac{\text{lb}}{\text{d}} = \left(\text{Concentración}, \frac{\text{mg}}{\text{L}}\right)(\text{Caudal, mgd})(8.34)$$

$$27.6\frac{\text{lb}}{\text{d}} = \left(5000\frac{\text{mg}}{\text{L}}\right)(\text{Caudal, mgd})(8.34)$$

$$0.0006619 = \text{Caudal, mgd}$$

Paso 2: Convierta el caudal de mgd a galones por hora.

$$\frac{0.0006619 \text{ mill. de gal}}{\text{d}}\left|\frac{1\,000\,000 \text{ gal}}{1 \text{ mill. de gal}}\right|\left|\frac{1 \text{ d}}{24 \text{ h}}\right| = 27.6\frac{\text{gal}}{\text{h}}$$

COMPROBACIÓN DE CONOCIMIENTOS

1. **El objetivo de usar polímero durante el espesamiento y la deshidratación es ____________.**
   a. Reducir la cantidad de sólidos
   b. Reducir los costos operativos
   c. Mejorar la separación en el espesamiento y la deshidratación
   d. Mejorar la producción de metano en los procesos de digestión

2. **Los polímeros actúan como ____________ en los lodos de una WRRF.**
   a. Coagulantes
   b. Desinfectantes
   c. Absorbentes
   d. Precipitantes

3. **____________ se usa para determinar la dosis de polímero óptima para acondicionar un lodo específico.**
   a. El modelado computacional de dinámica de fluido
   b. Un calculador de dosis óptima de polímero
   c. El ensayo de jarra
   d. El ensayo de lote en vaso de precipitado

4. **La ____________ de la partícula de lodo tiene el impacto más importante en el tipo de polímero que será eficaz para favorecer la coagulación.**
   a. Composición mineral
   b. Forma
   c. Carga eléctrica
   d. Densidad

5. **Un polímero ____________ es usado con mayor frecuencia para acondicionar el LAP.**
   a. Catiónico de alta carga y densidad
   b. Aniónico de alta carga y densidad
   c. No iónico de baja carga y densidad
   d. Aniónico de baja carga y densidad

6. ____________ inapropiado/a del polímero seco puede provocar la formación de "ojos de pez" en la solución de polímero.

a. Un almacenamiento
b. Un humedecimiento inicial
c. Un descanso
d. Una dilución

7. Enumere los siguientes pasos para la composición de polímero seco en el orden cronológico correcto para crear una solución de polímero eficaz:

____ Descanso
____ Inyección en el flujo del proceso
____ Almacenamiento con baja humedad
____ Prehumedecimiento
____ Mezcla de baja energía
____ Mezcla de alta energía

8. Es necesario/a ____________ para "romper la emulsión" en un sistema de composición de polímero en emulsión.

a. Alta temperatura
b. Un descanso prolongado
c. Una mezcla de alta energía
d. Una agitación suave

9. El/la ____________ es un componente de la mayoría de los sistemas de composición de polímero en emulsión que necesita una limpieza frecuente.

a. Filtro de entrada del tanque de la solución de polímero
b. Camisa de refrigeración del motor
c. Tanque de almacenamiento a granel
d. Válvula de retención de polímero solo

Consideraciones de seguridad

Es importante que el personal de operación y mantenimiento cumpla con las pautas de seguridad especificadas por los fabricantes de los equipos y puestas en práctica habitualmente por la empresa de servicios públicos. Cuando trabaja con cualquier dispositivo de espesamiento, verifique que se cumplen los procedimientos adecuados de bloqueo y etiquetado y de ingreso a espacios confinados según fuera necesario para equipo. Las unidades de espesamiento descritas en este capítulo son de naturaleza mecánica y contienen varias piezas móviles. El personal de operaciones debe conocer bien las pautas de seguridad operativas de cada equipo y mantener un entorno limpio, bien ventilado y bien iluminado para evitar accidentes.

Cuando trabaja con el impulsor de un espesador por gravedad, no desconecte el impulsor si el indicador de torque registra algo de torque. Si queda energía en los resortes que activan el indicador de torque, liberarlos podría causar daño severo.

No siempre hay pasamanos en las unidades DAFT. Es necesario que haya dos personas cuando se trabaja en estas áreas. Limpie inmediatamente todo derrame de aceite o grasa para evitar superficies resbaladizas. Mantenga las pasarelas alrededor del DAFT libre de detritos u obstáculos para evitar resbalones, tropiezos y caídas. Verifique que el tanque de retención está funcionando a la tasa de presión adecuada y que las válvulas de alivio del tanque funcionan correctamente y no presentan corrosión.

Los espesadores con banda de gravedad presentan problemas similares a las unidades DAFT con respecto a las pasarelas elevadas y los pasamanos y, por ende, se deben tomar las mismas medidas de precaución cuando no hay pasamanos y en mantener las pasarelas libres de derrames u otros elementos que pudieran ocasionar caídas. Además, la banda de gravedad, que en general está protegida, posee puntos de apriete y se debe tener cuidado de evitar acercar dedos, manos y brazos a esas áreas.

Toda la lubricación y el mantenimiento de los espesadores centrífugos y con tambor rotativo se debe realizar cuando el equipo no está en funcionamiento para evitar accidentes. A fin de evitar daños corporales, nunca introduzca dedos, brazos o pies en una unidad hasta que se haya completado el procedimiento de bloqueo/ etiquetado. No use ropa voluminosa o suelta, ni alhajas, en las cercanías de estas máquinas. No introduzca herramientas, sacamuestras o sondas en el tambor o la centrífuga salvo que esté completamente apagado y asegurado.

Los polímeros secos pueden crear polvo cuando se los manipula. Se debe usar protección respiratoria adecuada cuando se trabaja en las proximidades del sistema de polímero seco. Cuando el polímero se mezcla con agua, crea un líquido muy resbaladizo. Los derrames de polímero son muy difíciles de limpiar y crean condiciones de trabajo muy peligrosas en las que los resbalones y las caídas son casi inevitables. No intente limpiar derrames de polímero con agua. Se pueden esparcir polvos granulares absorbentes sobre el polímero para eliminar el agua y permitir que el polímero se pueda barrer y desechar. Consulte el Capítulo 1 para obtener mayor información sobre medidas de seguridad para polímero.

Estrategias de control de olores

Una manera de controlar olores en el espesador por gravedad es usar el efluente de la instalación en el espesador por gravedad. Cuando se introduce el efluente de la instalación en un espesador por gravedad, proporciona oxígeno al espesador por gravedad. En general, se agrega efluente de la instalación en una cantidad igual a entre tres y cinco veces la (3× a 5×) la alimentación de lodo diario al espesador. La alimentación con el efluente de la instalación se detiene cuando se produce la alimentación del lodo. La alimentación del espesador por gravedad con efluente de la instalación no afecta la SLR ya que el efluente de la instalación sale del espesador por el vertedero. Este método de control de olores se emplea con frecuencia con lodos de eliminación de nutrientes biológicos y primarios que tienen un OD bajo o nulo. Las desventajas de usar el efluente de la instalación para control de olores incluyen el costo de bombear el efluente al espesador por gravedad y el retorno del flujo de reciclado al drenaje o las obras de cabecera. Sin embargo, el reciclado del efluente de la instalación se distribuye en 24 horas y en general representa entre el 3 % y el 6 % del caudal diario promedio de la instalación. Debido a que la presión descarga es muy inferior (60 a 90 kPa [9 a 13 psi]), las bombas exclusivas para el suministro de efluente de la instalación al espesador por gravedad usan menos energía que el sistema de bombeado de agua no potable o reutilizada diseñado para una presión mayor (350 a 620 kPa [50 a 90 psi]).

Como en cualquier proceso de manipulación de lodos, puede haber sulfuro de hidrógeno y puede causar olores y efectos tóxicos. Se deben seguir las precauciones de seguridad para asegurar una ventilación adecuada y monitoreo de aire si fuera necesario. Cada equipo puede incluir varios métodos de control de olores que son parte de la unidad. Las áreas del proceso de espesamiento utilizan distintos métodos de control de olores como por ejemplo los depuradores de sustancias químicas, las torres empacadas y los biofiltros para mitigar olores asociados al espesamiento de sólidos. La cantidad de olores asociados a estos procesos en general varía según el tipo de lodos que se están activando. Los dispositivos de espesamiento alojados dentro de edificaciones se deben construir conforme a los códigos pertinentes y deben poseer amplios sistemas de ventilación para garantizar la seguridad del operador.

Algunos procesos de espesamiento están cerrados, lo que permite que el aire viciado se elimine directamente del equipo y sea tratado. En la Figura 2.28 puede ver un ejemplo de un dispositivo de espesamiento por banda de gravedad que está completamente cerrado. El área cubierta se mantiene a una presión negativa que permite incorporar aire limpio pero no permite que escape el aire viciado. Además, la eliminación del aire viciado directamente del equipo permite que el equipo de control de olores sea más pequeño, lo que disminuye los costos de capital y operativos.

Registros e informes

Se puede lograr un desempeño mejorado de la unidad de espesamiento al menos en parte si se mantienen buenos registros. Como se mencionó antes en las secciones de muestreo y análisis, los registros operativos y los datos analíticos deben incluir la siguiente información:

- TS de alimentación del caudal de entrada;
- Caudal de entrada;
- Índice de volumen del lodo en licor mezclado;
- Caudal de efluente/lodo espesado;

Figura 2.28 Dispositivo de espesamiento por gravedad completamente cubierto (reimpreso con autorización de Alfa Laval)

- Concentración de TS en el lodo espesado;
- Concentración de sólidos volátiles en el lodo espesado;
- SST, DBO y caudal de la carga superficial, del subnadante, del filtrado, del centrado y del agua proveniente del tambor; y
- Tasas de alimentación de polímero.

Si se sobrecarga una unidad espesadora, ya sea hidráulicamente o con sólidos, disminuye el desempeño de la unidad. Si la cantidad de polímero que se usa es excesiva, insuficiente o el tipo de polímero no es el correcto, el desempeño de la unidad también será inferior y además podrían aumentar innecesariamente los costos operativos. El desempeño de la unidad de espesamiento, a su vez, afecta otros procesos aguas abajo y la carga a las obras de cabecera de la instalación del filtrado que regresa para ser nuevamente tratado. Si el filtrado es de mala calidad, aumenta la carga a las obras de cabecera de la instalación y el costo operativo para volver a tratar este flujo de reciclado. Este reciclado también disminuye la capacidad total de tratamiento de la instalación ya que ocupa capacidad de tratamiento que de otra forma podría destinarse a carga de caudal de entrada doméstico o industrial. La meta del espesamiento es lograr altas tasas de retención y material adecuadamente espesado para enviar a los procesos de tratamiento aguas abajo. La documentación de la información descrita anteriormente resulta en un ahorro de costos de operación y mantenimiento y además permite la optimización del proceso de espesamiento y del efecto en las operaciones del proceso aguas abajo.

COMPROBACIÓN DE CONOCIMIENTOS

1. **Toda tarea de lubricación y mantenimiento de las unidades de espesamiento se debe realizar cuando el equipo está en funcionamiento.**
   - ☐ Verdadero
   - ☐ Falso

2. **Se debe usar protección respiratoria adecuada cuando se trabaja con un sistema de polímero seco.**
   - ☐ Verdadero
   - ☐ Falso

3. **Se agrega el efluente de la instalación a un espesador por gravedad en algunos casos a fin de _____.**
   a. Aumentar la carga de sólidos
   b. Disminuir la carga de sólidos
   c. Aumentar el OD
   d. Reducir el OD

4. **El equipo de espesamiento que cuenta con cerramiento se mantiene a una presión positiva en el interior para evitar olores.**
   - ☐ Verdadero
   - ☐ Falso

5. **El reciclado de filtrado o centrado sucio reduce la capacidad de la instalación de tratamiento.**
   - ☐ Verdadero
   - ☐ Falso

RESUMEN DEL CAPÍTULO

	Espesamiento
OBJETO Y FUNCIÓN	■ El espesamiento se utiliza para reducir la cantidad de agua en el lodo antes de la digestión y la estabilización para reducir el tamaño del tanque y del equipo aguas abajo y reducir los costos de bombeo, calentamiento y mezcla.
TEORÍA DE OPERACIÓN	■ Los espesadores usan fuerzas creadas por gravedad, flotación o rotación para separar el agua de las partículas solidas de los lodos. ■ Con frecuencia se utilizan sustancias químicas acondicionadoras para favorecer la separación del agua en los procesos de espesamiento.
PARÁMETROS DE DISEÑO	■ La tasa de alimentación de sólidos es la cantidad de sólidos secos que puede procesar una unidad de espesamiento en un período determinado. ■ La tasa de carga hidráulica es el volumen de lodo húmedo que se puede procesar en un período determinado.
DESEMPEÑO ESPERADO	■ Según el equipo y los procesos aguas abajo, los objetivos de desempeño de espesamiento son, en general, producir un lodo espesado de entre 5 % y 8 %. Los lodos más espesos que eso son difíciles de bombear y mezclar. ■ Debido a que el agua separada del lodo (denominada *subnadante*, *filtrado*, *centrado*, o *agua proveniente del tambor*) se recicla a las obras de cabecera de la instalación para mayor tratamiento, las tasas de captura de sólidos deben ser superiores al 95 %.
ESPESADORES POR GRAVEDAD	■ El lodo (en general el lodo primario) fluye al centro de un tanque circular y se sedimenta por gravedad. El agua clarificada desborda por los vertederos alrededor del perímetro del tanque y regresa a las obras de cabecera de la instalación. El lodo espesado se empuja lentamente hacia el centro de la tolva donde se bombea al siguiente proceso. ■ Con frecuencia se agregan puntas en el mecanismo recolector de lodo para agitar suavemente el manto de lodo espesado para liberar gases que se pudieran formar en el manto de lodo. ■ Los espesadores por gravedad son los más eficaces para espesar lodo primario. ■ El tiempo de retención hidráulica se debe administrar cuidadosamente para evitar problemas con olores. Con frecuencia se usa agua de dilución para ajustar los tiempos de retención y evitar que el lodo se torne séptico. ■ Ventajas: Los espesadores por gravedad son relativamente fáciles de operar y mantener. Necesitan mínima energía y uso de sustancias químicas. ■ Desventajas: No son eficaces para espesar algunos tipos de lodos como el LAP. Ocupan mucho espacio. Pueden ser fuente de fuertes olores.
ESPESADORES DE FLOTACIÓN POR AIRE DISUELTO	■ Se inyectan pequeñas burbujas de aire dispersas junto con el lodo en los tanques. Se adhieren a las pequeñas partículas de sólidos en el lodo y las transportan hacia arriba a medida que se liberan las burbujas de aire presurizado en los tanques DAFT y suben rápidamente a la superficie. ■ Las partículas finas espesadas que suben a la superficie se denominan *flotante* y se extraen con un desnatador y se recolectan en una tolva. El flotante generalmente contiene un 4 % de sólidos. ■ Los sólidos más pesados se sedimentan en el fondo y se recolectan periódicamente mediante los raspadores del fondo. ■ El subnadante es el agua clarificada ubicada entre el flotante y los sólidos sedimentados. En general se extrae con un tubo ubicado en el medio de la pared del DAFT. ■ Ventajas: Los DAFT son eficaces para espesar lodo que contiene partículas sólidas muy finas. Puede no necesitar sustancias químicas acondicionadoras. ■ Desventajas: Necesitan un espacio relativamente grande. Son un poco más difíciles de operar o mantener porque necesitan mecanismos de recolección y un sistema de aire presurizado. Se deben realizar algunos ajustes operativos para asegurar la formación de burbujas del tamaño correcto.

ESPESADORES CON BANDA DE GRAVEDAD	■ Se esparce lodo acondicionado de manera uniforme a lo ancho de una banda tejida móvil que permite que el agua drene por ella. Se utilizan arados (chicanas) fijos para girar el lodo y permitir que más agua drene de la banda a medida que se mueve a lo largo del GBT. ■ El lodo espesado se recolecta en una tolva al final de la unidad y después se bombea hacia un proceso de estabilización aguas abajo. La inclinación de la rampa y la velocidad de la banda se pueden ajustar para aumentar el contenido de sólidos de la torta. ■ Se recolecta el filtrado en el fondo de la unidad después de pasar a través de la banda móvil por gravedad y regresa a las obras de cabecera de la instalación. ■ Es fundamental usar la presión adecuada de rocío de agua de lavado sobre toda la superficie de la banda para aprovechar al máximo la banda. Pueden ser necesarias bombas reforzadoras de agua de lavado. ■ Ventajas: Los GBT ocupan menos espacio que los espesadores por gravedad o los DAFT. Después de la configuración y la adaptación iniciales, los GBT son muy confiables y pueden funcionar por largos períodos con ajustes mínimos de la dosis de polímero. Necesitan una cantidad moderada de electricidad. ■ Desventajas: Es fundamental una dosis correcta de polímero para que el GBT funcione adecuadamente. Las bandas tejidas, que son grandes y bastante pesadas, se desgastan y obturan y hay que reemplazarlas periódicamente. Puede ser necesaria una considerable cantidad de mantenimiento mecánico de los sistemas de polímero, los puntos de inyección de polímero, los impulsores de banda, las barras aspersoras de agua de lavado, las bombas reforzadoras y las bombas de lodo espesado.
CENTRÍFUGAS	■ Se hace girar el lodo acondicionado a 2000 o 3000 rpm para crear fuerza extra para separar rápidamente las partículas más densas del agua. ■ El lodo del caudal de entrada se libera en el medio de la campana giratoria. La fuerza creada por el movimiento giratorio provoca que las partículas de lodo más densas migren al borde externo de la campana y que las moléculas de agua de menor densidad permanezcan más cerca del centro del cilindro giratorio. ■ El tornillo, que se mueve a una velocidad un tanto diferente que la campana, raspa el lodo de las paredes de la campana y lo empuja a través de la sección cónica y fuera del extremo de descarga de torta de la centrífuga. ■ El agua se acumula en el centro de la centrífuga hasta que alcanza una profundidad que le permite desbordar los vertederos en el extremo del centrado de la centrífuga y fluye hacia el tanque donde recibe tratamiento adicional de flujos laterales o regresa a las obras de cabecera de la instalación. ■ Ventajas: Las centrífugas ocupan menos lugar. ■ Desventajas: Las centrífugas necesitan una importante cantidad de energía para operar. Debido a la velocidad de giro del equipo, también necesitan una importante cantidad de mantenimiento. Las centrífugas para espesamiento con frecuencia también necesitan polímero.
ESPESADORES CON TAMBOR ROTATIVO	■ El lodo acondicionado fluye al centro del tambor. El giro del tambor y las placas en las paredes internas del tambor crean un movimiento continuo en el lodo que le permite al agua drenar del lodo. ■ El tambor está hecho de acero inoxidable perforado o cesta de alambre de cuña. El lodo se mueve dentro del tambor hacia el extremo de descarga de lodo espesado de la unidad. El agua escurre a través del tambor y se recolecta y abandona la unidad para recibir mayor tratamiento. ■ Se necesita agua de lavado para mantener abiertos los agujeros del tambor y que fluya libremente. Puede ser necesaria una bomba reforzadora de agua de lavado. ■ Ventajas: Los espesadores con tambor rotativo ocupan relativamente poco espacio. El giro lento del tambor necesita menos energía para operar y produce menos desgaste en el equipo. ■ Desventajas: Su tamaño más pequeño y su velocidad más lenta los tornan difíciles de ajustar a escala para cumplir con los requisitos de rendimiento de las instalaciones más grandes.
POLÍMERO	■ Los polímeros orgánicos se utilizan para acondicionar el lodo, para contribuir a la coagulación y floculación de los sólidos del lodo a fin de que resulte más fácil separarlos del agua. ■ Los polímeros ganaron popularidad como químicos acondicionadores porque no agregan masa significativa al lodo y en general son más seguros y fáciles de manipular que los acondicionadores químicos inorgánicos. ■ Los polímeros secos son los más concentrados, pueden almacenarse por mayor tiempo y tienen el menor costo por unidad. Sin embargo, en general son más difíciles de componer adecuadamente para obtener el mayor provecho y desempeño de la solución de polímero final. ■ Si los polímeros secos no se mojan correctamente al inicio, se pueden formar "ojos de pez", que son pequeñas bolas de polímero seco rodeadas de un recubrimiento gelatinoso. Una vez que se formaron en la solución, hay poco por hacer para corregir el problema. Puede ser necesario desechar lotes completos de solución de polímero grumoso. ■ Los polímeros en emulsión están compuestos de entre 25 % a 50 % de solución activa. Aunque son más caros que el polímero seco, son más fáciles de componer adecuadamente y,por lo tanto, un mayor porcentaje se usa eficazmente. ■ Los polímeros en emulsión se pueden almacenar por menos tiempo que el polímero seco, pero de todas formas se pueden almacenar por varios meses sin efectos negativos en el desempeño.

SEGURIDAD	■ Los resbalones y las caídas son la causa de la mayoría de los daños físicos en las WRRF; esto también es cierto cuando se trabaja en cercanías del equipo de espesamiento. Si se usa polímero, este riesgo es aún mayor. ■ Se debe tener cuidado extra cuando se trabaja en cercanías de equipos móviles para evitar que el cabello o prendas sueltas de ropa queden atrapados en las piezas móviles.
CONTROL DE OLORES	■ Los espesadores que reciben lodo primario, como los espesadores por gravedad, son una fuente importante de olores. ■ El agua de dilución que ayuda a controlar el tiempo de detención en los tanques, contribuye a reducir olores. ■ El aire viciado se puede recolectar de cualquier unidad de espesamiento y enviar a un sistema de control de olores para mayor tratamiento.

Referencias

Metcalf & Eddy/AECOM. (2014). *Wastewater engineering: Treatment and resource recovery.* McGraw Hill Education.

U.S. Environmental Protection Agency. (1974). *Process design manual for sludge treatment and disposal* (EPA 625/1-74-006*)*. U.S. Environmental Protection Agency, Technology Transfer.

U.S. Environmental Protection Agency. (1978). *Operations manual: Sludge handling and conditioning* (EPA 430/9-78-002). U.S. Environmental Protection Agency, Office of Water Programs Operations, Municipal Operations Branch.

U.S. Environmental Protection Agency. (1979). *Process design manual for sludge treatment and disposal* (EPA 625/1-79-011). U.S. Environmental Protection Agency, Municipal Environmental Research Laboratory, Office of Research and Development, Center for Environmental Research Information Technology Transfer.

U.S. Environmental Protection Agency. (1987). *Design manual: Dewatering municipal wastewater sludges* (EPA 625/1-87-014). U.S. Environmental Protection Agency, Office of Research and Development.

Wanielista, M. P. y Eckenfelder, W. W. (1978). *Advances in water and wastewater treatment, biological nutrient removal.* Ann Arbor Science Publishers, Inc.

Water Environment Federation. (1987). *Operation and maintenance of sludge dewatering systems* (Manual of Practice No. OM-8). Water Environment Federation.

Water Environment Federation. (2010). *Design of water resource recovery facilities* (5.ª ed.; WEF Manual of Practice No. 8/ASCE Manuals and Reports on Engineering Practice No. 76). Water Environment Federation.

Water Environment Federation. (2016). *Four things that will improve centrifuge performance.* WEF Fact Sheet. https://accesswater.org/?id=-10027762

Water Environment Federation. (2017). *Operation of water resource recovery facilities* (7.ª ed.; WEF Manual of Practice No. 11). Water Environment Federation.

Water Environment Federation, American Society of Civil Engineers, & Environmental and Water Resources Institute. (2018). *Design of water resource recovery facilities* (6.ª ed.; WEF Manual of Practice No. 8/ASCE Manuals and Reports on Engineering Practice No. 76). Water Environment Federation.

Bibliografía sugerida

American Public Health Association, American Water Works Association y Water Environment Federation. (2012). *Standard methods for the examination of water and wastewater* (23.ª ed.). American Public Health Association.

Procesos de tratamiento de biosólidos: *Handbook of environmental engineering*, Vol. 6. (2007). Humana Press, Inc.

U.S. Environmental Protection Agency. (1978). *Sludge treatment and disposal: Sludge treatment volume 1* (EPA-625/4/78-012A). U.S. Environmental Protection Agency, Environmental Research Information Center.

U.S. Environmental Protection Agency. (1987). EPA design information report: Sidestreams in wastewater treatment plants. *Journal of the Water Pollution Control Federation, 59*(1), 54–59.

U.S. Environmental Protection Agency. (1994). *A plain English guide to the EPA Part 503 Biosolids Rule* (EPA/832/R-93/003). U.S. Environmental Protection Agency.

U.S. Environmental Protection Agency. (2003). *Biosolids technology fact sheet: Gravity thickening* (EPA 832-F-03-022). U.S. Environmental Protection Agency.

Water Environment Federation & Association of Boards of Certification. (2018). *Wastewater Treatment Fundamentals I—Liquid Treatment*. Water Environment Federation.

Water Environment Federation. (2019). *Polymer/flocculants 101* (Fact Sheet; WSEC-2019-FS-007). Water Environment Federation. https://accesswater.org/?id=-13708&advancedsearch=true&pageno=1

Water Environment Federation. (2019). *Thickening and dewatering* (Fact Sheet; WSEC-2019-FS-001). Water Environment Federation. https://accesswater.org/?id=-13708&advancedsearch=true&pageno=1

Descargue los informes y manuales de EPA de los EE. UU. desde la página web del National Service Center for Environmental Publications (NSCEP) en https://nepis.epa.gov y busque el número de informe.

CAPÍTULO 3

Digestión aerobia

Introducción

La digestión aerobia es uno de varios procesos definidos en las regulaciones sobre biosólidos 503 como un proceso para reducir de manera significativa los patógenos (*process to significantly reduce pathogens*, PSRP). Puede cumplir los requisitos para biosólidos de Clase B. La digestión aerobia termofílica autotérmica (ATAD), una variación de la digestión aerobia, puede cumplir con los requisitos de los biosólidos de Clase A.

OBJETIVOS DE APRENDIZAJE

Después de completar este capítulo, podrá:

- Detallar cinco objetivos de la digestión aerobia.
- Detallar los diferentes grupos de bacterias que probablemente estén presentes en los digestores aerobios.
- Describir las diferentes reacciones biológicas que pueden tener lugar en los digestores aerobios.
- Explicar el concepto de respiración endógena.
- Comparar y contrastar el destino del amoníaco en digestores aerobios y en la ATAD.
- Calcular las variables de control del proceso, incluidos el tiempo de detención hidráulica (TDH), el tiempo de retención de sólidos (SRT), la tasa de carga de sólidos volátiles (VS) y el porcentaje de reducción de sólidos volátiles (%VSR).
- Recolectar muestras de control del proceso, realizar análisis y evaluar los resultados.
- Poner en funcionamiento un nuevo digestor aerobio, poner en servicio un digestor y retirar de servicio un digestor.
- Implementar medidas correctivas para mantener el pH y la alcalinidad dentro de los límites aceptados.
- Resolver problemas comunes de control del proceso de digestión aerobia y problemas mecánicos.

Repaso de los aspectos básicos sobre el tratamiento biológico

Fundamentos para el tratamiento de aguas residuales I: Tratamiento líquido incluye capítulos sobre principios de tratamiento biológico, lodo activado y eliminación de nutrientes. Recomendamos al lector a repasar dichos capítulos antes de leer este capítulo sobre digestión aerobia. La digestión aerobia es similar al proceso de lodo activado y utiliza los mismos microorganismos y procesos biológicos. El siguiente es un resumen de los puntos clave de dichos capítulos que son relevantes para la digestión aerobia:

- Los procesos de tratamiento biológico contienen diferentes tipos de bacterias que se clasifican según sus fuentes de carbono, energía y oxígeno.
- *Aerobio* significa que hay oxígeno y que pueden estar presentes nitrito y nitrato.
- *Anóxico* significa que no hay oxígeno, pero hay nitrito y nitrato.
- *Anaerobio* significa que no hay presencia de oxígeno, de nitrito ni de nitrato.
- Las bacterias heterotróficas obtienen su carbono y su energía a partir de compuestos orgánicos. Estos compuestos orgánicos se miden como demanda bioquímica de oxígeno (DBO).
- Las bacterias heterotróficas facultativas prefieren utilizar oxígeno disuelto (OD), pero pueden sustituirlo por nitrito (NO_2^-), nitrato (NO_3^-) o sulfato (SO_4^{-2}).
- La mayoría de las bacterias en los procesos de tratamiento aerobio son heterotróficas facultativas. Cuando estas bacterias usan OD para consumir la DBO, los productos finales son dióxido de carbono (CO_2) y agua (H_2O). Cuando estas bacterias usan nitrito o nitrato en lugar de oxígeno, se produce un producto de desecho adicional: gas nitrógeno (N_2). Esta reacción tiene un nombre específico: desnitrificación. La desnitrificación solo tiene lugar cuando el OD ya no está disponible y están presentes tanto DBO como nitrito o nitrato.

Algunos procesos de lodo activado y digestores aerobios ejercen la nitrificación y desnitrificación simultáneas al operar a concentraciones muy bajas de OD. Las bacterias nitrificantes en el exterior de las partículas floculadas tienen acceso al oxígeno y pueden continuar nitrificando. En cambio, las bacterias heterotróficas dentro de los flóculos no tienen acceso al oxígeno y desnitrifican.

- Las bacterias reductoras de sulfato convierten el sulfato en sulfuro de hidrógeno (H_2S), pero solo cuando el OD, el nitrito y el nitrato ya no están disponibles. El sulfuro de hidrógeno huele a huevo podrido y puede ser peligroso para los operadores, especialmente en espacios reducidos.
- Las bacterias autotróficas obtienen su carbono del carbono inorgánico (dióxido de carbono) que se disuelve en las aguas residuales. Las autotróficas no pueden usar la DBO. Cuando el dióxido de carbono se disuelve en agua, forma el ion bicarbonato (HCO_3^-) y el ion carbonato (CO_3^{-2}). Estos iones, junto con el ion hidróxido (OH^-), se miden juntos como alcalinidad.
- Las bacterias nitrificantes son autótrofas. Se componen de dos grupos: las bacterias oxidantes del amoníaco (BOA) y las bacterias oxidantes del nitrito (BON). Juntas, estas bacterias convierten el amoníaco en nitrito y posteriormente en nitrato. En el proceso, producen ácido y consumen alcalinidad.
- Los aerobios obligados deben tener OD. Las bacterias nitrificantes son aerobios obligados.
- La nitrificación consume 4.57 kilogramos (kg) (libras [lb]) de oxígeno y 7.14 kg (lb) de alcalinidad como carbonato de calcio ($CaCO_3$) por cada 1 kg (lb) de nitrógeno amoniacal (NH_3-N) convertido en nitrógeno nitrato (NO_3-N).
- Las bacterias nitrificantes usan amoníaco (NH_3) y no amonio (NH_4^+). El amoníaco y el amonio existen en equilibrio químico. Cuando el pH es superior a aproximadamente 9.5, hay más amoníaco. Cuando el pH es inferior a aproximadamente 9.5, hay más amonio. Esta es una de las razones por las que el pH bajo puede inhibir la nitrificación.
- La desnitrificación consume DBO y produce 3.57 kg (lb) de alcalinidad como $CaCO_3$ por cada 1 kg (lb) de nitrógeno nitrato convertido en gas nitrógeno.
- Cuando se usa nitrato en lugar de oxígeno, los costos operativos disminuyen porque se gasta menos dinero en electricidad para hacer funcionar los sistemas de aeración. Un miligramo por litro de NO_3-N equivale a 2.86 mg/L de OD. De manera similar, 1 mg/L de NO_2-N equivale a 1.73 mg/L de OD (EPA de los EE.UU., 2010).
- Solo se pueden producir nuevas bacterias heterotróficas cuando se dispone de DBO, una fuente de oxígeno (OD, NO_2-N o NO_3-N) y nutrientes. Con menos recursos, las bacterias heterotróficas crecen más lentamente y se reproducen con menos frecuencia.
- Solo se pueden producir BOA nuevas cuando se dispone de amoníaco, OD y nutrientes. Solo se pueden producir BON nuevas cuando se dispone de nitrito, OD y nutrientes. Al igual que las bacterias heterotróficas, la tasa de crecimiento de las BOA y las BON está relacionada con la cantidad de recursos disponibles.
- Las bacterias nitrificantes crecen mucho más lentamente que las bacterias heterotróficas.
- La tasa de crecimiento y la actividad están relacionadas con la temperatura del agua. Cada 10 °C (18 °F) de temperatura del agua, la tasa de crecimiento y la actividad de las bacterias se duplica. Los procesos de tratamiento biológico funcionan bien entre aproximadamente 10 °C (50 °F) y 55 °C (131 °F).
- La mayoría de las bacterias prefieren un pH cercano al neutro, de entre 6.5 y 9.0 unidades estándar (SU).
- Los compuestos de nitrógeno se pueden expresar como mg/L como N. Por ejemplo, 1 mg/L de nitrógeno nitrato. Los compuestos de fósforo se expresan como mg/L como P. Por ejemplo, 1 mg/L de ortofosfato como P (PO_4-P) o 1 mg/L de fósforo total (FT) como P. Consulte el Capítulo 2, Libro 1, para obtener una explicación más detallada.

Independientemente de si se utilizan unidades estándar internacionales o habituales en los EE. UU., se requieren 4.57 unidades de oxígeno y 7.14 unidades de alcalinidad para convertir 1 unidad de nitrógeno amoniacal en 1 unidad de nitrógeno nitrato. Esto puede expresarse como 4.57 kg de oxígeno por kg de nitrógeno amoniacal o como 4.57 libras de oxígeno por libra de nitrógeno amoniacal. Lo importante es la proporción de ingredientes a productos.

COMPROBACIÓN DE CONOCIMIENTOS

1. **Las bacterias heterotróficas obtienen su carbono y energía __________________, mientras que las bacterias nitrificantes obtienen su carbono __________________.**
   a. de la alcalinidad, del amoníaco
   b. de la DBO, del amoníaco
   c. del amoníaco, de la alcalinidad
   d. de la DBO, de la alcalinidad

2. **La desnitrificación convierte ______________ en ____________.**
   a. el nitrito y nitrato, gas nitrógeno
   b. el gas nitrógeno, amoníaco
   c. el amoníaco, nitrito y nitrato
   d. el amoníaco, gas nitrógeno

3. **Para que se produzca la desnitrificación, se debe cumplir la siguiente condición:**
   a. La DBO debe agotarse.
   b. Todo el amoníaco debe ser convertido en nitrato.
   c. Ya no debe haber disponible OD.
   d. El TDH debe ser menor a 20 minutos.

4. **La nitrificación consume alcalinidad, lo que puede causar:**
   a. Acumulación de nitrito
   b. Respiración endógena
   c. Liberación de fósforo
   d. Disminución de pH

5. **En su mayoría, las bacterias en los procesos de tratamiento biológico crecen y se reproducen rápidamente cuando:**
   a. El pH es casi neutro y el agua está tibia.
   b. El pH es superior a 7 y el agua está fría.
   c. El pH es inferior a 7 y el agua está tibia.
   d. El pH es casi neutro y el agua está fría.

Digestión aerobia

Objeto y función

La *digestión aerobia* es un proceso de tratamiento biológico que se utiliza para procesar y estabilizar aún más los sólidos (el lodo) que se eliminan de las aguas residuales durante el tratamiento primario, secundario y terciario. El lodo se coloca en un nuevo depósito, denominado *digestor*, donde suele permanecer entre 40 y 60 días (WEF et al., 2018). Se agrega oxígeno para mantener a los microorganismos y descomponer el lodo. Las metas de la digestión aerobia son (a) reducir a concentraciones seguras el número de patógenos en los sólidos restantes, (b) reducir la atracción de vectores, (c) reducir la masa y el porcentaje de VS, y (d) reducir la masa total de sólidos. Cuando se cumplen ciertos requisitos detallados en las regulaciones 503, la digestión aerobia convierte el lodo en biosólidos.

En todo este capítulo, se utilizan los términos *lodo de alimentación, sólidos* y *biosólidos*. *Lodo de alimentación* hace referencia al lodo primario, lodo secundario, lodo terciario o a una mezcla que se agrega al digestor. El lodo no está estabilizado y requiere un tratamiento adicional antes de que cumpla con los requisitos de las regulaciones 503. *Sólidos* se utiliza para hacer referencia al lodo que puede o no cumplir con los requisitos de las regulaciones 503. Los biosólidos son sólidos estabilizados que cumplen con los requisitos de las regulaciones 503. Cuando no está claro si se han cumplido los criterios 503, se utiliza el término *sólidos* en lugar de *biosólidos*.

Aerobio significa en presencia de oxígeno.

Un *patógeno* es un organismo capaz de causar enfermedades. Los patógenos incluyen virus, bacterias y protozoos.

Un *vector* es algo que propaga una enfermedad, pero no causa la enfermedad en sí. Por ejemplo, los mosquitos con su picadura transmiten la enfermedad de la malaria. El mosquito es el vector y la malaria es la enfermedad.

Teoría de operación

La digestión aerobia es similar al proceso de lodo activado. Ambos procesos contienen los mismos tipos de microorganismos y utilizan equipos similares. La digestión aerobia difiere del lodo activado en dos aspectos importantes: (a) los digestores reciben lodo en lugar del caudal de entrada crudo o efluente primario, y (b) los digestores tienen SRT mucho más largos que la mayoría de los procesos de lodo activado. Al igual que los depósitos de lodo activado, los digestores aerobios pueden ser tanques redondos, cuadrados o rectangulares equipados con dispositivos de aeración para suministrar oxígeno a los microorganismos en el proceso. Algunos digestores aerobios también están equipados con dispositivos de mezcla. Los digestores pueden tener cubiertas para mantenerlos calientes, especialmente en climas más fríos. Al igual que el lodo activado, los digestores aerobios pueden funcionar con aeración constante y tener concentraciones de OD mensurables en todo momento o funcionar con aeración intermitente. Los digestores aereados de forma intermitente serán aerobios una parte del tiempo y anóxicos otra parte del tiempo. La aeración intermitente fomenta la desnitrificación y la eliminación total de nitrógeno. Finalmente, los mismos tipos de reacciones químicas y biológicas tienen lugar tanto en lodos activados como en los digestores aerobios.

Los *biosólidos* son lodo que se ha estabilizado y que cumple con los requisitos de las regulaciones 503. Consulte el Capítulo 1 para obtener una explicación en profundidad de la estabilización de lodo.

El *tiempo de retención de sólidos* (SRT) es el tiempo en que los sólidos permanecen en el digestor. Los procesos de lodo activado suelen tener SRT de entre 3 y 20 días. Los digestores aerobios generalmente están diseñados para SRT entre 40 y 60 días.

DESTRUCCIÓN DE SÓLIDOS VOLÁTILES EN DIGESTORES AEROBIOS

Los digestores aerobios se alimentan típicamente con lodo producido durante el tratamiento secundario, aunque algunos reciben una mezcla de lodo primario y secundario. Los ejemplos de lodo secundario incluyen el lodo activado de purga (LAP) y la biomasa desprendida de un contactor biológico rotativo (RBC) o un filtro percolador. El lodo secundario se compone principalmente de microorganismos, pero también contiene sólidos orgánicos e inorgánicos de las aguas residuales del caudal de entrada. Los microorganismos (vivos y muertos) y el material orgánico en el lodo se miden juntos como VS totales o total de sólidos volátiles en suspensión (SVS). El método de análisis de VS, Método estándar 2540 G-2011, se utiliza cuando la concentración de sólidos supera los 20 000 mg/L (2 %) (APHA et al., 2017). El método de análisis de SVS, Método estándar 2540 B y E-2011, se utiliza cuando la concentración de sólidos es inferior a 20 000 mg/L. Los sólidos inorgánicos incluyen arena, cáscaras de huevo y otras sustancias no biodegradables. La materia inorgánica se mide como sólidos no volátiles (SNV) o sólidos en suspensión no volátiles (SSNV).

¿Qué les sucede a los microorganismos vivos después de que terminan en el digestor? A diferencia de los procesos de tratamiento secundario como el lodo activado, los digestores aerobios no reciben un suministro constante de DBO del caudal de entrada o del efluente primario. Solo reciben lodo. Una vez en el digestor, los microorganismos ya no tienen acceso a DBO abundante. Incluso los digestores que reciben lodo primario tienen mucha menos DBO disponible por microorganismo que un proceso de tratamiento secundario. Piense en lo que le pasaría si su suministro de alimentos se restringiera repentinamente. Perdería peso gradualmente, volviéndose más y más delgado. Eventualmente, moriría. Lo mismo sucede con los microorganismos en el digestor. Sin acceso a DBO, consumen los alimentos almacenados, consumen su propio material celular, disminuyen de tamaño y finalmente mueren. Los microorganismos muertos

Anóxico significa que hay nitrato (NO_3-N) o nitrito (NO_2-N), pero no hay oxígeno. Muchos digestores aerobios funcionan en bloques de tiempo aereados y anóxicos.

Biomasa es otro nombre para la masa total de organismos. Incluye tanto organismos vivos como muertos.

Los sólidos volátiles y los SVS se queman (volatilizan) cuando se calientan en un horno de laboratorio a 550 °C.

Según métodos estándar: Los *sólidos fijos* son "los sólidos totales, suspendidos o disueltos que quedan en una muestra después de la ignición durante un tiempo específico a una temperatura específica" (Métodos estándar 2450). La pérdida de peso debida a la ignición se denomina *sólidos volátiles.*

Las sustancias no biodegradables son cosas que la actividad biológica no puede degradar. En otras palabras, las bacterias no pueden comer cosas que no sean biodegradables.

Los sólidos no volátiles no se pueden quemar en un horno de laboratorio. Son lo que queda después de que se haya quemado cualquier material orgánico.

Hay muchas fórmulas químicas diferentes que se utilizan para simbolizar la biomasa. Algunas son muy simples ($C_5H_7O_2N$ de WEF et al., 2018) y otras son más complejas ($C_{60}H_{87}O_{23}N_{12}P$ de Gerardi, 2006). La fórmula utilizada aquí hace que sea fácil ver que se liberan tanto nitrógeno como fósforo en el digestor a medida que se descompone la biomasa.

Los organismos acumuladores de fosfato (OAF) pueden contener hasta un 40 % de fósforo en peso.

El Capítulo 9 del primer libro incluye un repaso de química.

Las reacciones químicas exotérmicas liberan calor.

La *estequiometría* es la relación entre moles de reactantes y moles de productos en una reacción química.

se descomponen o lisan, y liberan su contenido para convertirse en alimento para los microorganismos sobrevivientes. Este proceso de consumo gradual su propia masa celular se denomina *respiración endógena.*

La Figura 3.1 muestra la respiración endógena como una reacción química. La fórmula química de la biomasa (microorganismos) se muestra como $C_{60}H_{87}O_{23}N_{12}P$ (Henze, van Loosdrecht, Ekama y Brdjanovic, 2008). Los microorganismos también contienen azufre, hierro, manganeso y otros elementos en menor cantidad. Observe con atención la Figura 3.1. Dos de los productos finales de la respiración endógena son el dióxido de carbono (CO_2) y el agua (H_2O). Estos son los mismos productos finales que salen del tubo de escape de un automóvil que quema gasolina. Tanto en el digestor como en el motor del automóvil, el oxígeno se utiliza para quemar químicamente combustible para obtener energía. Recuerde del Capítulo 5, Libro 1, que la mayoría de los microorganismos contiene entre 12 y 16 % de nitrógeno y entre 2 y 5 % de fósforo por peso. A medida que la biomasa se descompone en el digestor, se liberan el nitrógeno y el fósforo de los microorganismos. Se muestran como carbonato de amonio (NH_4HCO_3) y ácido fosfórico (H_3PO_4) en la Figura 3.1. La respiración endógena es una reacción exotérmica. Se libera energía, previamente almacenada en biomasa. Parte de esa energía se libera en el digestor en forma de calor.

¿Qué podemos aprender de la estequiometría en la Figura 3.1? Se ha equilibrado la ecuación química para mostrar las relaciones molares entre los diferentes componentes. La conversión de moles en kilogramos (libras) proporciona números más significativos para la operación del digestor.

- La digestión aerobia requiere grandes cantidades de oxígeno: 1.5 kg (lb) de oxígeno por cada 1 kg (lb) de VS destruidos.
- Los sólidos volátiles se convierten en gas y agua. La concentración de sólidos totales (ST) en el digestor será típicamente inferior que la concentración de ST que se alimenta al digestor, a menos que el operador ejecute alguna acción para espesar los sólidos dentro del digestor.
- Por cada 1 kg (lb) de VS destruidos, se liberan 0.12 kg (lb) de nitrógeno amoniacal (NH_3-N) y 0.02 kg (lb) de ortofosfato (PO_4-P) como P. Los lodos secundarios que contengan OAF liberarán significativamente más PO_4-P.
- El amonio liberado por la respiración endógena reacciona con el dióxido de carbono disuelto en el agua para formar bicarbonato de amonio (NH_4HCO_3). Debido a que el bicarbonato de amonio es un *buffer* químico, aumenta la concentración de alcalinidad en el digestor.

Además de consumir su propia masa celular, los microorganismos también comen exopolímero. Recuerde del Libro 1 que el exopolímero es una sustancia pegajosa compuesta principalmente de moléculas de azúcar. Es excretado por algunas bacterias en procesos de tratamiento secundario. Ayuda a que los microorganismos se adhieran al medio en un proceso de tratamiento de película fija y a que formen partículas de flóculos más grandes en los procesos de lodo activado. El exopolímero ayuda a mantener los microorganismos en el proceso de tratamiento con la DBO del caudal de entrada. En el digestor, el exopolímero es más importante como fuente potencial de alimento. A medida que se consume, las partículas de lodo se rompen y el tamaño promedio de las partículas se hace cada vez más pequeño.

La respiración endógena no es la única reacción biológica que puede tener lugar en un digestor aerobio. Los procesos que tienen lugar dependen de los tipos de lodo colocados en el digestor y de cómo se opera el digestor. Las reacciones biológicas potenciales (Figura 3.2) incluyen las siguientes:

1. Conversión de lodo primario y materia orgánica en nueva biomasa
2. Respiración endógena

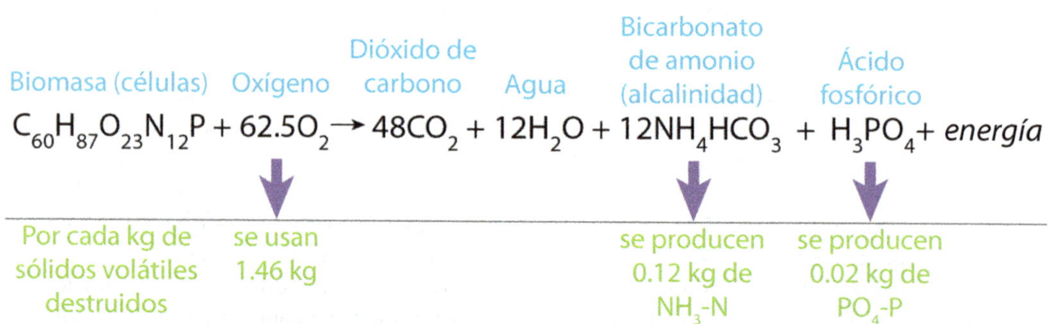

Figura 3.1 Estequiometría de la respiración endógena (Gerardi, 2006; Henze et al., 2008)

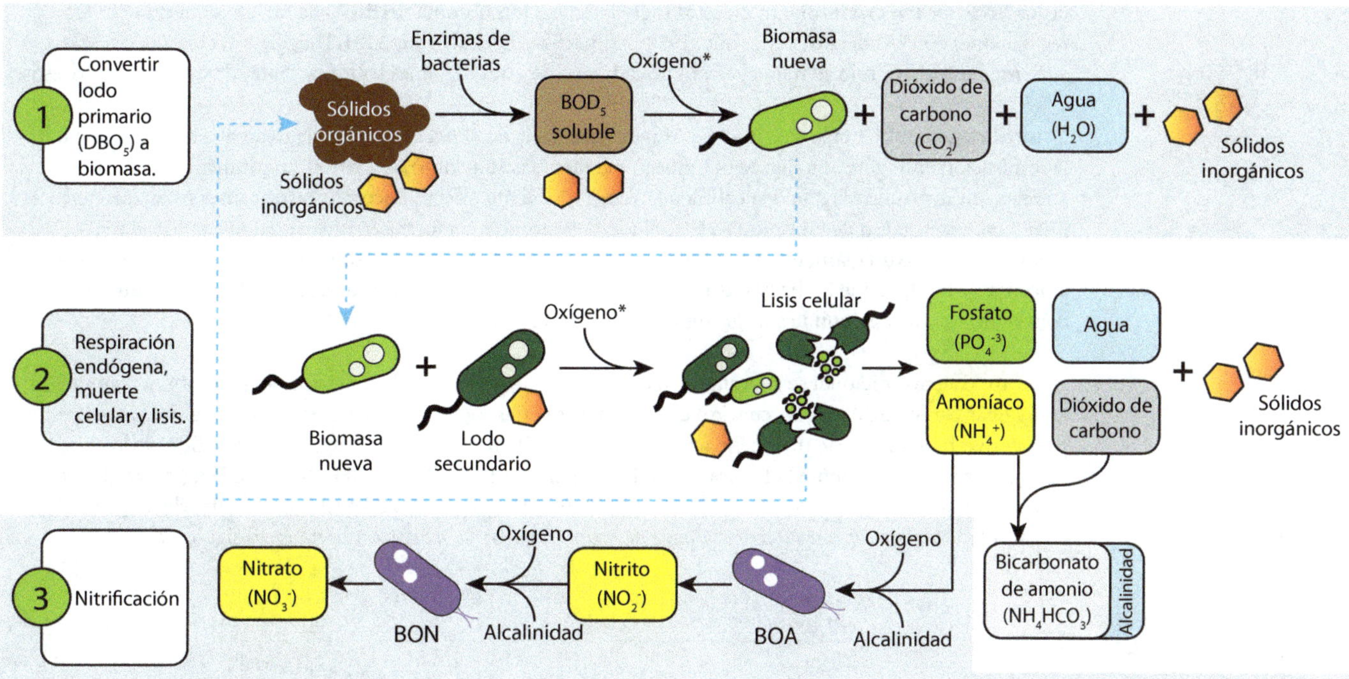

*El nitrito o el nitrato, producidos durante el proceso por BOA y BON, pueden sustituirse por oxígeno. Cuando la DBO_5 se consume con nitrito o nitrato, se denomina desnitrificación. La desnitrificación produce un subproducto adicional: gas nitrógeno.

Figura 3.2 Reacciones biológicas en digestores aerobios (reimpreso con autorización de Indigo Water Group)

3. Conversión del amoníaco liberado por la respiración endógena en nitrito y nitrato por las bacterias nitrificantes
4. Conversión de nitratos y nitritos producidos por nitrificación en gas nitrógeno mediante desnitrificación

Observe en la Figura 3.2 que los sólidos inertes atraviesan el digestor sin cambios.

NITRIFICACIÓN Y DESNITRIFICACIÓN EN DIGESTORES AEROBIOS

Los digestores aerobios proporcionan un entorno casi perfecto para el crecimiento de bacterias nitrificantes porque están disponibles todas las siguientes cosas que dichos organismos necesitan para crecer y prosperar:

- Amoníaco (liberado por respiración endógena)
- Oxígeno disuelto
- Alcalinidad
- pH mayor a 6.5
- Temperatura del agua más cálida que 10 °C (50 °F)
- SRT largos

Piense en un digestor aerobio como un proceso de lodo activado con aeración extendida con una edad del lodo muy larga. Las bacterias nitrificantes ingresan constantemente a la instalación de recuperación de recursos hídricos (*water resource recovery facility*, WRRF) en las aguas residuales del caudal de entrada. Cuando el lodo se transfiere al digestor, también se transfieren las bacterias nitrificantes. Esto es cierto incluso cuando el lado del flujo líquido de la WRRF no elimina el amoníaco. Cuando las condiciones en el digestor son adecuadas, las bacterias nitrificantes crecerán y se reproducirán allí. A diferencia de las bacterias heterotróficas en el digestor, las nitrificantes no entran en respiración endógena. Obtienen su energía del amoníaco y el nitrito, no de la DBO. No se quedarán sin amoníaco debido a que se libera continuamente mediante la respiración endógena.

La mayoría de los digestores aerobios nitrificará, a menos que se opere de una manera que haga más lenta o inhiba la nitrificación. La nitrificación se puede limitar mediante la restricción de la cantidad de oxígeno disponible, mediante la limitación de la cantidad de tiempo que los sólidos permanecen en el digestor y mediante la operación a un pH bajo. Desafortunadamente, todas estas estrategias también afectan la reducción

Un mol es una forma conveniente de contabilizar una gran cantidad de átomos o moléculas. Los zapatos vienen en pares, los huevos en una docena, los lápices en caja y los átomos y las moléculas en moles. Un mol contiene $6.022 \cdot 10^{23}$ átomos o moléculas.

Para una revisión completa de la nitrificación y la desnitrificación, consulte el Capítulo 9, Eliminación de nutrientes, en el primer libro, *Fundamentos para el tratamiento de aguas residuales: Tratamiento líquido*.

de los VS y pueden evitar que un digestor logre la reducción mínima del 38 % de los VS requerida por las regulaciones 503 (Anderson y Mavinic, 1984; Arunachalam, Shah y Ju, 2004; Daigger y Bailey, 2000). Más adelante en este capítulo se trata el efecto de cada una de estas variables sobre variables de control de procesos.

La nitrificación aumenta la cantidad de oxígeno necesaria en el digestor más allá de lo que se requiere para la respiración endógena. La Figura 3.3 muestra la nitrificación como una reacción química simplificada. La reacción consume oxígeno y alcalinidad. Tenga en cuenta que las bacterias nitrificantes usan amoníaco (NH_3) en lugar de ion de amonio (NH_4^+). El ion de amonio es la forma más abundante cuando el pH es inferior a aproximadamente 9.5 SU. El equilibrio químico convierte instantáneamente el amonio en amoníaco a medida que las bacterias nitrificantes consumen el amoníaco disponible. Es por eso que la conversión se muestra con ion de amonio en lugar de amoníaco.

¿Cuánto oxígeno adicional se necesitará en el digestor para procesar el amoníaco liberado por la respiración endógena? De acuerdo con la ecuación que se muestra en la Figura 3.3, se necesitan 4.57 kg (lb) de oxígeno para convertir 1 kg (lb) de nitrógeno amoniacal (NH_3-N) en nitrógeno nitrato (NO_3-N) (EPA de los EE. UU., 1993). Observe nuevamente la Figura 3.1. Solo se liberan 0.12 kg (lb) de NH_3-N por cada kg de VS destruidos. Convertir esa pequeña cantidad de NH_3-N en NO_3-N solo requiere 0.56 kg (lb) adicionales de oxígeno. La cantidad total de oxígeno necesaria para destruir 1 kg (lb) de VS se convierte en lo siguiente:

Oxígeno necesario para la respiración endógena	1.46 kg (lb)
Oxígeno necesario para la nitrificación	0.56 kg (lb)
Total	2.02 kg (lb)

Algunas instalaciones operan sus clarificadores primarios con mantos de lodo profundos. A menudo, la meta es producir ácidos grasos volátiles (AGV) para la eliminación biológica del fósforo. El mismo proceso libera amoníaco y puede aumentar la concentración de amoníaco en el clarificador.

Es posible que se necesite oxígeno adicional para nitrificar el amoníaco que ingresa al digestor con el lodo primario y secundario. Este amoníaco se disuelve en el agua y no forma parte de los VS. Proviene de las aguas residuales del caudal de entrada. Para las aguas residuales domésticas, las concentraciones de amoníaco oscilan entre 14 y 41 mg/L como N (Metcalf & Eddy/AECOM, 2014). El lodo primario que contiene un 5 % de TS también contiene un 95 % de aguas residuales del caudal de entrada. Toda el agua transferida al digestor con el lodo primario tendrá la misma concentración de amoníaco que las aguas residuales del caudal de entrada. Recuerde, los clarificadores primarios solo pueden eliminar los sólidos sedimentables. El amoníaco es soluble y no se sedimenta. El amoníaco no se concentra en el lodo. La concentración de amoníaco será la misma en todo el clarificador primario y en el lodo. El lodo secundario generalmente contiene menos del 1 % de sólidos en suspensión totales (SST) y 99 % de agua. Si el proceso de tratamiento secundario nitrifica, la concentración de amoníaco será muy baja. Si no lo hace, el agua transferida al digestor con el lodo secundario contendrá un poco menos de amoníaco que las aguas residuales del caudal de entrada. Las instalaciones que llevan a cabo el espesamiento previo de su lodo antes de enviarlo al digestor envían menos libras de amoníaco del caudal de entrada al digestor.

El pH es una medida de la concentración de iones de hidrógeno. El agua con un pH de 4 contiene 0.0001 milimoles por litro (mmol/L) de iones de hidrógeno. El agua con un pH de 3 (más acídica) contiene 0.001 mmol/L de iones de hidrógeno, 10 veces más que el agua con un pH de 4.

Desafortunadamente, se produce ácido como un subproducto de la nitrificación (Figura 3.3). Si no se controlan, las bacterias nitrificantes pueden consumir la mayor parte de la alcalinidad en un digestor aerobio y hacer que el pH baje hasta 5.5 SU (WEF et al., 2018). No es raro que el pH en un digestor aerobio caiga de 7.2 a menos de 6.0 en unos pocos días. Por esta razón, se recomienda con énfasis el control rutinario del pH y la alcalinidad. Muchas instalaciones controlan el pH y el OD diariamente y la alcalinidad tres veces por semana o más.

La alcalinidad es capacidad de *buffer*. Mide cuánto ácido se puede absorber antes de que cause un gran cambio en el pH.

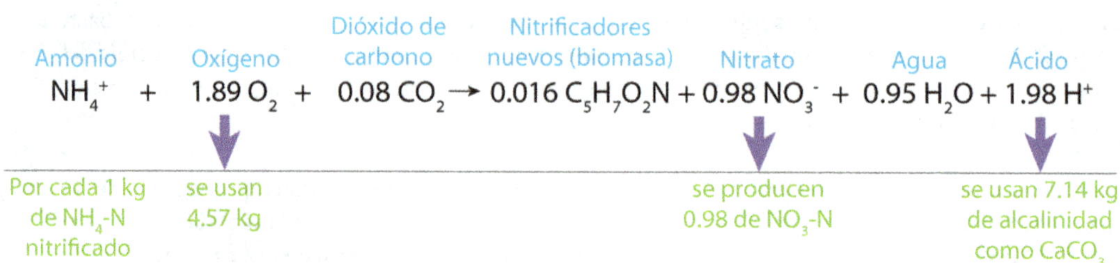

Figura 3.3 Estequiometría de la nitrificación (EPA de los EE. UU., 1993)

Hay tres fuentes potenciales de alcalinidad en el digestor: el lodo de alimentación, la respiración endógena y la desnitrificación. La cantidad de alcalinidad en el lodo de alimentación depende de cuánta alcalinidad había en las aguas residuales del caudal de entrada y de cuánto se consumió durante el tratamiento secundario. Las aguas residuales domésticas pueden contener muy poca alcalinidad (<50 mg/L como $CaCO_3$) o una cantidad sustancial de alcalinidad (>350 mg/L como $CaCO_3$) o cualquier concentración intermedia. Los procesos de tratamiento secundario pueden consumir la mayor parte de la alcalinidad del caudal de entrada a través de la nitrificación. En ese caso, el lodo residual que alimenta el digestor no contendrá mucha alcalinidad residual (<100 mg/L como $CaCO_3$). La respiración endógena en el digestor produce alcalinidad; sin embargo, la alcalinidad que produce es un subproducto de la liberación de amoníaco (Figura 3.1). A medida que la concentración de amoníaco en el digestor disminuye a consecuencia de la nitrificación, este tipo de alcalinidad también disminuirá.

Afortunadamente, hasta la mitad de la alcalinidad consumida durante la nitrificación se puede recuperar mediante la desnitrificación. La Figura 3.4 muestra la desnitrificación como una reacción química simplificada. Por cada 1 mg/L de nitrógeno nitrato (NO_3-N) que se convierte en gas nitrógeno, se producirán 3.57 mg/L de alcalinidad como $CaCO_3$. Recuerde que la nitrificación consumió 7.14 mg/L de alcalinidad como $CaCO_3$ por cada 1 mg/L de nitrógeno amoniacal (NH_3-N) convertido en nitrógeno nitrato. Recuperar la alcalinidad puede ayudar a evitar que el pH del digestor caiga. La mayoría de las bacterias en los procesos de tratamiento secundario y digestores aerobios son heterótrofos facultativos. Esto significa que utilizan material orgánico en forma de DBO como fuente de energía y carbono, pero pueden utilizar oxígeno, nitrato o sulfato como fuente de oxígeno. En el digestor, la mayor parte de la DBO proviene de su propio material celular almacenado. Cuando usan nitrato para consumir DBO, el subproducto es gas nitrógeno (Figura 3.4). Cuando usan sulfato para consumir DBO, el subproducto será el sulfuro de hidrógeno, que es oloroso, tóxico y corrosivo.

Recuerde del Capítulo 9, "Eliminación de nutrientes", en *Fundamentos para el tratamiento de aguas residuales 1: Tratamiento líquido* que, para que se lleve a cabo la desnitrificación, se deben cumplir cuatro condiciones. Primero, la concentración de OD debe ser inferior a 0.3 mg/L. Concentraciones más altas de OD inhibirán la desnitrificación. Si está disponible, las bacterias siempre usarán el oxígeno primero porque es lo más eficiente. Segundo, debe haber nitrito o nitrato disponibles. En tercer lugar, debe haber disponibles aproximadamente 4 mg/L de DBO por cada 1 mg/L de NO_3-N que se convertirá en gas nitrógeno. Cuarto, debe haber suficiente tiempo para que se produzca la reacción. Cuanto menos DBO haya disponible, más lenta será la desnitrificación. Por esta razón, la desnitrificación en los digestores tiende a ser lenta en comparación con el lodo activado. Se producirá desnitrificación en el digestor cuando se cumpla cada una de estas condiciones.

Muchas instalaciones crean ciclos en sus digestores entre condiciones aereadas y anóxicas permitiendo y evitando la entrada de aire a intervalos regulares. Para un ciclo sin aire, los dispositivos de aeración se apagan durante un tiempo. Tan pronto como el OD cae por debajo de 0.3 mg/L, las bacterias facultativas comenzarán a usar nitrito y nitrato en lugar de oxígeno, produciendo gas nitrógeno. Vuelva a mirar la Figura 3.2 y observe que el nitrito y el nitrato pueden ser sustituidos por oxígeno en las reacciones 1 y 2. Para un ciclo con aire, los dispositivos de aeración se encienden, típicamente durante varias horas a la vez. Cuando el aire está encendido, el amoníaco se convierte en nitrito y nitrato. La duración de los ciclos con y sin aire suele ser de aproximadamente 75 % con aire y 25% sin aire, pero variará según la rapidez con la que se produzca la desnitrificación y si el digestor está equipado o no con mezcladores (WEF, 2008).

Es posible que las instalaciones necesiten ajustar sus ciclos de encendido/apagado de la aeración estacionalmente para tener en cuenta los cambios en la carga de VS y la temperatura del agua. Cuanto más DBO haya, más rápidamente se producirá la desnitrificación. Sin mezclar, los sólidos del digestor eventualmente se sedimentarán en el fondo del depósito. Una vez allí, los microorganismos ya no están en contacto con la DBO y el nitrato en el agua más arriba. El lodo puede volverse séptico si se deja permanecer en el fondo del depósito durante demasiado tiempo. Los ciclos sin aire se deben finalizar cuando las concentraciones de nitrato hayan disminuido a menos de aproximadamente 10 mg/L de NO_3-N o los sólidos se hayan sedimentado en el fondo del depósito. Hacer ciclos en digestor entre condiciones anóxicas y aereadas de esta manera (a) recupera la alcalinidad perdida y evita la caída del pH, (b) ahorra dinero en electricidad necesaria para operar dispositivos de aeración y (c) disminuye el nitrógeno total en el lodo.

DBO en aguas residuales — Nitrato — Gas nitrógeno — Dióxido de carbono — Agua — Amoníaco — Hidróxido (alcalinidad)

$$C_{10}H_{19}O_3N + 10\,NO_3^- \rightarrow 5\,N_2 + 10\,CO_2 + 3\,H_2O + NH_3 + 10\,OH^- + \textit{energía}$$

Figura 3.4 Estequiometría de la desnitrificación (Metcalf & Eddy/AECOM, 2014)

LODO PRIMARIO Y DIGESTIÓN AEROBIA

Por lo general, los digestores aerobios se alimentan solo con lodo secundario, pero a veces se alimentan solo con lodo primario o una mezcla de lodo primario y secundario. El lodo primario contiene sólidos orgánicos e inorgánicos sin tratar. Cuando este material se transfiere al digestor, los sólidos orgánicos proporcionan una fuente de DBO a las bacterias heterótrofas. La mayor parte de la DBO se convierte en nueva biomasa (microorganismos) (Figura 3.2). Parte de la DBO es consumida por los microorganismos que ya están en el digestor y se usa simplemente para mantenerlos vivos. La DBO restante se convierte en dióxido de carbono, agua, carbonato de amonio y ácido fosfórico. Los microorganismos producidos a partir del lodo primario eventualmente experimentan respiración endógena, al igual que los otros microorganismos heterótrofos en el digestor.

Tanto el consumo de DBO como la respiración endógena requieren oxígeno o nitrito + nitrato. Como se señaló anteriormente en este capítulo, la digestión aerobia requiere teóricamente 1.5 kg (lb) de oxígeno por cada 1.0 kg (lb) de biomasa (VS) destruida más 0.5 kg (lb) adicionales de oxígeno para la nitrificación. Cuando se agregan sólidos primarios a los digestores aerobios, la cantidad de oxígeno necesaria aumenta en otros 1.6 a 1.9 kg (lb) por cada 1.0 kg (lb) de VS de lodo primario agregados (WEF et al., 2018). El oxígeno se utiliza primero para convertir la DBO del lodo primario en microorganismos, y después para la respiración endógena y la nitrificación.

Anaerobio significa sin oxígeno, nitrito y nitrato.

Las instalaciones de tratamiento actuales normalmente combinan clarificadores primarios con digestores anaerobios. El propósito de un clarificador primario es reducir la carga de DBO al proceso de tratamiento secundario. Los clarificadores primarios generalmente eliminan del 25 al 40 % de la DBO del caudal de entrada en una instalación de tratamiento doméstica (WEF et al., 2018). Eso, por su parte, reduce el tamaño y el volumen del proceso de tratamiento secundario y reduce la cantidad de oxígeno necesaria para que funcione. Disminuyen los costos tanto de construcción como de operación del proceso de tratamiento secundario. La colocación de lodo primario en un digestor aerobio anula esos beneficios. Primero, el digestor debe ser más grande para soportar la carga adicional de DBO del lodo primario. Segundo, el aire que se habría utilizado en el proceso secundario para convertir la DBO en microorganismos se utilizará igualmente, solo que en el digestor en lugar del proceso de tratamiento secundario. El uso de un clarificador primario junto con un digestor aerobio no aporta nada, excepto más equipos para operar y mantener. No disminuye los costos operativos.

Hay varias razones por las que algunas instalaciones tienen clarificadores primarios y digestores aerobios, incluidos (a) el tipo de tratamiento secundario utilizado, (b) el historial, y (c) las limitaciones de espacio. Las instalaciones que utilizan filtros percoladores y RBC suelen tener clarificadores primarios. Los procesos de película fija solo pueden tratar la DBO soluble. Requieren un clarificador primario inicial para eliminar las partículas de DBO y protegerlas de la nata y los detritos. El lodo primario y la biomasa desprendida pueden enviarse a un digestor aerobio. Algunas tecnologías de tratamiento más nuevas, como membranas y lodos activados de película fija integrados, también se benefician con clarificadores primarios aguas arriba.

Muchas instalaciones de tratamiento en los Estados Unidos que se construyeron antes de 1970 consistían únicamente en clarificadores primarios seguidos de desinfección. Entraban las aguas residuales crudas, se eliminaban los sólidos sedimentables y la DBO particulada en el clarificador primario y se descargaban los sólidos no sedimentables y la DBO en el efluente a un río, lago u mar. Con la aprobación de la Ley de Agua Limpia (Clean Water Act) en 1972, estas instalaciones solo primarias tuvieron que ser mejoradas para cumplir con los estándares de tratamiento secundario para DBO y SST. Para reducir los costos de construcción, muchas de estas instalaciones mantuvieron sus clarificadores primarios. Cuando se adoptaron las regulaciones 503 en 1993, los criterios de diseño de los digestores aerobios cambiaron, y aumentaron el SRT y el volumen de los digestores. Aún así, muchas instalaciones que ya tenían clarificadores primarios modificaron sus digestores aerobios existentes o agregaron otros nuevos. Los digestores aerobios son relativamente económicos en comparación con otros procesos y son fáciles de operar, especialmente para instalaciones más pequeñas. Los requisitos regulatorios cambiantes dieron forma al aspecto actual de estas instalaciones.

Los estándares de tratamiento secundario son parte de la Ley de Agua Limpia (Clean Water Act). Requieren que el efluente final contenga menos de 30 mg/L de DBO (DBO_5) y SST de 5 días en un promedio mensual y menos de 45 mg/L de DBO_5 y SST para un promedio de 7 días.

Otra razón por la que una instalación puede tener clarificadores primarios y digestores aerobios son las limitaciones de espacio. Imagine que se necesita expandir una instalación de lodo activado para un área de servicio más grande o para eliminar nutrientes. Si la instalación no tiene espacio y no puede expandir fácilmente su proceso de lodo activado, podría considerarse agregar clarificadores primarios para reducir la carga. Reducir la carga a un proceso de tratamiento secundario le puede permitir eliminar el amoníaco. En cada uno de estos casos, una instalación puede decidir mantener sus digestores aerobios y enviarles una mezcla de lodos primarios y secundarios.

BACTERIAS FILAMENTOSAS EN DIGESTORES AEROBIOS

En los digestores aerobios también se encuentran muchas de las bacterias filamentosas que se asocian con edades del lodo extensas y baja relación alimentos:microorganismos en el proceso de lodo activado. Estos viejos filamentos de lodo pueden crecer y reproducirse en el digestor cuando otros microorganismos no pueden. Crecen muy lentamente, pero los largos SRT en el digestor les permiten acumularse. Como resultado, los digestores aerobios suelen estar cubiertos de espuma. El crecimiento de filamentos también puede dificultar la separación de los sólidos en el digestor del exceso de agua. Muchas WRRF eliminan el exceso de agua de sus digestores por decantación, lo que puede devolver las bacterias filamentosas al lado líquido del proceso de tratamiento.

DECANTACIÓN

Para cumplir las metas de tratamiento, el lodo crudo generalmente debe mantenerse durante 40 a 60 días en el digestor. Ese lodo y esa agua ocupan mucho espacio. Construir y operar digestores más pequeños cuesta menos. Para reducir el volumen requerido para cumplir las metas del tratamiento, muchas instalaciones decantan el digestor o espesan previamente el lodo antes de colocarlo en el digestor. Ambos métodos eliminan el exceso de agua y dejan espacio para más sólidos. Algunas instalaciones decantan y espesan previamente. Como muestra la Figura 3.5, la decantación se puede realizar de forma intermitente o continua. La decantación espesa los sólidos que ya están en el digestor hasta aproximadamente un 1.75 % de los TS (Daigger y Bailey, 2000). La digestión de lodos a concentraciones de 1 a 2 % permite el uso de equipos convencionales para mezcla y aeración (WEF et al., 2018). El espesamiento previo del lodo aumenta la concentración de TS en el lodo de alimentación y permite que quepan más sólidos (kg o lb) en un espacio más pequeño, lo que elimina potencialmente la necesidad de decantación. Tenga en cuenta que los sólidos que se digieren se convierten continuamente en dióxido de carbono y agua. El lodo puede espesarse hasta un 5 a 8 % de TS o más antes de agregarlo al digestor; sin embargo, los SRT largos y el proceso de conversión significan que es probable que la concentración de sólidos en el digestor mismo permanezca por debajo del 2 % incluso con el espesamiento previo y la decantación.

Para realizar una decantación intermitente en un digestor, se apagan el aire y los mezcladores y se permite que los sólidos se sedimenten en el fondo del tanque. Posteriormente se elimina el agua clara en la parte superior, denominada *sobrenadante*, y el digestor se regresa a su funcionamiento normal.

En resumen, los digestores aerobios pueden operarse con o sin espesamiento previo, con o sin decantación, y en condiciones aerobias o anóxicas.

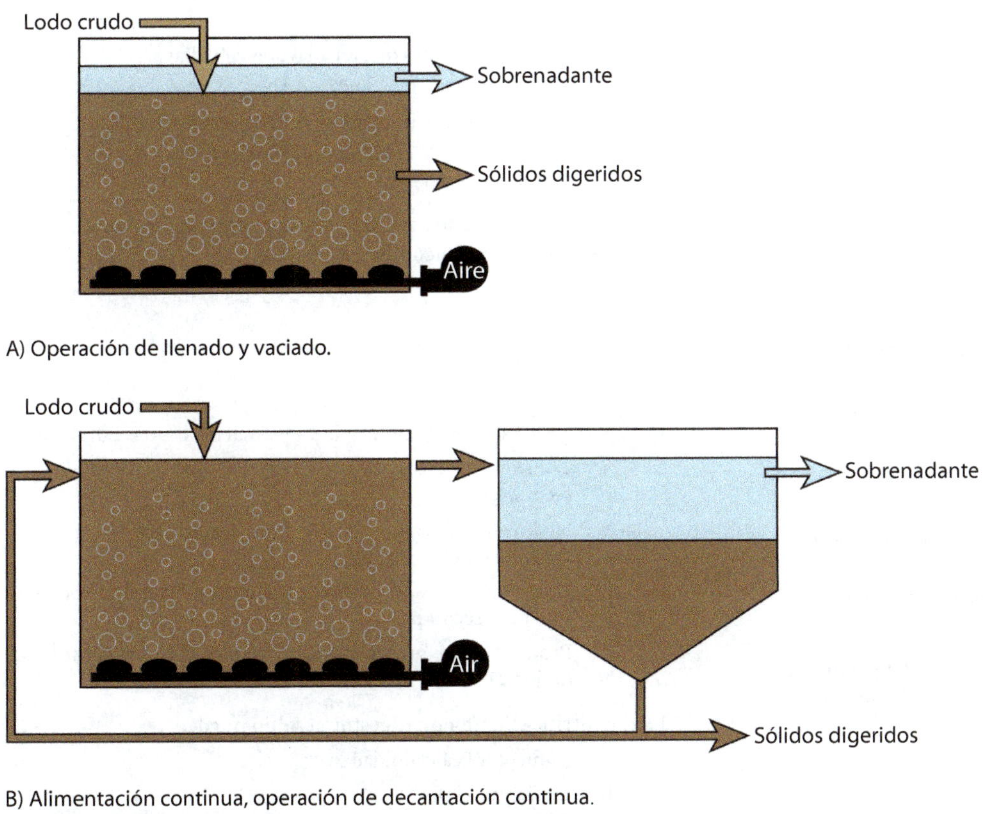

Figura 3.5 Decantación del digestor aerobio
Nota. Modificado de Mavinic y Koers (1982)

COMPROBACIÓN DE CONOCIMIENTOS

1. **La digestión aerobia reduce la masa total de lodo.**
   - ☐ Verdadero
   - ☐ Falso

2. **Los digestores aerobios contienen una mezcla única de microorganismos que no se encuentran en otros procesos de tratamiento.**
   - ☐ Verdadero
   - ☐ Falso

3. **La concentración total de sólidos en un digestor que funciona bien tiende a disminuir con el tiempo, a menos que el operador ejecute alguna acción para espesar los sólidos.**
   - ☐ Verdadero
   - ☐ Falso

4. **Las bacterias nitrificantes que terminan en el digestor experimentan respiración endógena al igual que todos los demás microorganismos.**
   - ☐ Verdadero
   - ☐ Falso

5. **Los digestores que reciben una mezcla de lodo primario y secundario requieren más oxígeno que los digestores que solo reciben lodo secundario.**
   - ☐ Verdadero
   - ☐ Falso

6. **Las WRRF actuales combinan clarificadores primarios con digestores aerobios.**
   - ☐ Verdadero
   - ☐ Falso

7. **Las metas de la digestión aerobia incluyen todas los siguientes EXCEPTO:**
   a. Reducir la cantidad de patógenos
   b. Reducir la atracción de vectores
   c. Reducir la producción de oxígeno
   d. Reducir la masa total de sólidos

8. **¿Cuál de las siguientes afirmaciones con respecto a los digestores aerobios NO es verdadera?**
   a. Los digestores aerobios siempre se operan con un DO superior a 1 mg/L.
   b. Los digestores aerobios pueden funcionar con o sin espesamiento previo de lodos.
   c. Los digestores aerobios pueden decantarse para eliminar el exceso de agua.
   d. Los digestores aerobios convierten los VS en dióxido de carbono y agua.

9. **¿Qué método de prueba debe usarse para determinar la concentración de sólidos orgánicos en un digestor si la concentración estimada de TS es del 5 %?**
   a. SST
   b. Total de SVS
   c. TS
   d. Total de sólidos volátiles

10. **Estos dos nutrientes se liberan a través de la respiración endógena.**
   a. Nitrógeno y fósforo
   b. Dióxido de carbono y agua
   c. Alcalinidad y dióxido de carbono
   d. Fósforo y manganeso

11. **La respiración endógena libera amoníaco, que se combina con el dióxido de carbono disuelto. Esto causa que:**
   a. La alcalinidad disminuya
   b. El fósforo se precipite
   c. La alcalinidad aumente
   d. El fósforo se sublime

12. **Los sólidos inorgánicos que ingresan al digestor:**
   a. Se convierten en nueva biomasa
   b. Pasan por el digestor sin cambios
   c. Son fuente de DBO para los microorganismos
   d. Pueden ser parcialmente biodegradables

13. **En la mayoría de los digestores aerobios, el amoníaco:**
   a. Se acumula a concentraciones tóxicas
   b. Se convierte en nitrito y nitrato
   c. Se combina con fósforo para formar estruvita
   d. Disminuye en condiciones anóxicas

14. **La nitrificación en los digestores puede inhibirse o hacerse más lenta mediante:**
   a. El mantenimiento de SRT mayores a 40 días
   b. La operación a un nivel de pH alto
   c. La limitación de la cantidad de oxígeno disponible
   d. La utilización de cubiertas para aumentar la temperatura del agua

15. **¿Cuánto oxígeno se necesita para destruir 1 kg (lb) de VS y convertir el amoníaco liberado en nitrato?**
   a. 0.5 kg (lb)
   b. 1.0 kg (lb)
   c. 1.5 kg (lb)
   d. 2.0 kg (lb)

16. **Un digestor que reciba tanto lodo primario como secundario:**
   a. Consume más oxígeno que un digestor que recibe solo lodo secundario.
   b. No puede convertir el amoníaco en nitrato debido a la carga de DBO.
   c. Contiene menos arena y material inerte que un digestor con solo lodo secundario.
   d. Produce ácidos grasos volátiles y elimina el fósforo de forma biológica.

17. **La nitrificación en un digestor aerobio puede:**
   a. Aumentar la alcalinidad
   b. Disminuir el pH
   c. Utilizar el exceso de DBO
   d. Mejorar la sedimentación

18. Para que ocurra la desnitrificación en un digestor aerobio

a. El OD debe ser inferior a 0.3 mg/L.

b. Se debe agregar caudal de entrada para aumentar la DBO.

c. Todo el amoníaco debe convertirse en nitrato.

d. El pH debe estar por debajo de 6.5 SU.

19. Hacer esto podría ayudar a prevenir la alcalinidad y la caída del pH en un digestor aerobio:

a. Mantener el OD al menos a 1.5 mg/L

b. Agregar ácido clorhídrico o sulfúrico

c. Cambiar entre condiciones aerobias y anóxicas

d. Usar mezcladores sumergidos para mantener los sólidos suspendidos

20. Los ciclos sin aire deben finalizar cuando:

a. Los sólidos sedimentados ascienden a la parte superior del digestor

b. Los sólidos se han sedimentado en el fondo del digestor

c. El pH es casi neutro y la alcalinidad ha aumentado

d. Las concentraciones de amoníaco superan los 50 mg/L como N

21. Cuando se agrega lodo primario a un digestor aerobio:

a. Aumenta la demanda de oxígeno.

b. El costo del tratamiento secundario aumenta.

c. El tamaño del digestor disminuye.

d. Los costos operativos disminuyen.

22. El propósito principal de un clarificador primario es:

a. Eliminar los trozos de tela, la arena y la nata

b. Disminuir la carga de DBO a los procesos aguas abajo

c. Reducir la demanda general de oxígeno

d. Producir ácidos grasos volátiles

Parámetros de diseño

En su mayoría, los digestores aerobios actuales están diseñados y son operados para convertir el lodo en biosólidos de Clase B. Recuerde a partir del Capítulo 1 que para que el lodo se convierta en biosólidos bajo las regulaciones 503 debe tratarse con un proceso para reducir de manera significativa los patógenos (PSRP) o con un proceso para reducir aún más los patógenos y cumplir con los requisitos de reducción de atracción de vectores (RAV). Los digestores aerobios califican como PSRP cuando el SRT es de al menos 40 días para una temperatura del agua de 20 °C (68 °F) o 60 días para una temperatura del agua de 15 °C (59 °F). Los digestores que operan a temperaturas más frías requerirán SRT más largos para lograr la misma cantidad de destrucción de VS. El requisito de RAV se cumple mediante análisis de laboratorio. Como se trata en el Capítulo 1, la mayoría de las instalaciones opta por realizar el análisis de tasa de captación de oxígeno específica (SOUR) o calcular el porcentaje de reducción de sólidos volátiles (VSR). La Tabla 3.1 presenta criterios de diseño adicionales.

El análisis de la SOUR se utiliza para el control del proceso de lodo activado y de digestión aerobia; sin embargo, la prueba se realiza de manera diferente para cada proceso. Para lodo activado, el cálculo utiliza los VS. Para los digestores aerobios, el cálculo utiliza los TS.

Los criterios de diseño son útiles para los operadores porque pueden ayudar a la resolución de problemas. Sin embargo, los rangos para diferentes parámetros a menudo varían de un manual de diseño a otro. Además, las agencias estatales y las empresas de ingeniería suelen tener sus propios requisitos. No se preocupe por memorizar la mayoría de los criterios de diseño en la Tabla 3.1. En cambio, repase los manuales de operación y mantenimiento, y el conjunto de planos para su instalación. Los números más importantes que debe conocer son los requisitos mínimos de SRT, el %VSR y la SOUR máxima en las regulaciones 503. No cambiarán entre instalaciones ni agencias reguladoras.

Se agrega aire al digestor con dos propósitos: proporcionar oxígeno a los microorganismos y mezclar el contenido del digestor. El mezclado distribuye el lodo de alimentación entrante, diluye los productos de desecho y asegura que el digestor esté funcionando con un pH, un OD y una temperatura uniformes en todo momento. Si la tasa de caudal de aire es demasiado baja, los sólidos pueden sedimentarse y acumularse en el fondo del depósito. La Tabla 3.1 enumera tanto la cantidad de aire requerida por los microorganismos (tasa de caudal de aire) como la cantidad de aire necesaria para hacer el mezclado (energía de mezclado). Observe que la cantidad de aire necesaria para mezclar en el digestor puede ser mayor que la cantidad necesaria para mantener la concentración de OD entre 1 y 2 mg/L. Algunos digestores están equipados con mezcladores para evitar que los sólidos se sedimenten con un caudal de aire bajo o nulo. Los mezcladores generalmente requieren menos energía para funcionar que los sistemas de aeración y dan al proceso más flexibilidad operativa.

Las burbujas de aire no son lo mismo que el OD. El oxígeno debe pasar de la burbuja de aire al líquido del digestor para convertirse en OD. La transferencia de oxígeno se trata con más detalle en el Capítulo 7, "Sistemas de aeración".

El aire difuso de los difusores de burbujas finas y gruesas también agrega una pequeña cantidad de calor al proceso de digestión. El aumento de temperatura no es muy notable, a menos que el digestor esté cubierto y aislado para evitar la pérdida de calor.

La cantidad total de aire necesaria depende de varios factores, incluidas la temperatura del agua, la concentración de sólidos en el digestor y la tasa de carga de VS. El agua fría puede contener más gases disueltos que el agua tibia. Nadie quiere abrir una lata de refresco caliente. La presión del gas no disuelto en una lata de refresco caliente puede rociar el contenido sobre quien la abra. No sucede lo mismo al abrir un refresco frío, porque se disuelve más gas en el refresco y no crea la misma presión. La cantidad de aire necesaria para alcanzar la misma concentración de OD en el digestor será mayor cuando el agua esté tibia y menor cuando el agua esté fría. Las altas concentraciones de sólidos requieren más energía para mantenerlos mezclados y evitar

Tabla 3.1 Criterios de diseño para digestores aerobios

Variable	Rango	Referencia
Tiempo de retención de sólidos	40 días a 20 °C (68 °F) 60 días a 15 °C (59 °F)	40 CFR § 503, Apéndice B (A)(1)
SLR[1] volátiles	0.385–2.24 $kg/m^3 \cdot d$ (0.024–0.14 $lb/ft^3 \cdot d$)	EPA de los EE. UU., 1974
Reducción de atracción de vectores[2]	VSR mínimo de 38 % SOUR ≤ de 1.5 mg O_2 por gramo de TS por hora Menos del 15 % de VSR adicional después de 30 días de digestión adicional por lotes a 20 °C (68 °F)	40 CFR § 503.33
Temperatura, mínima	15 °C (59 °F)	EPA de los EE. UU., 1974, 40 CFR § 503
Requerimiento de oxígeno		
Sin lodo primario	2.0 kg O_2/kg de VS destruidos (2.0 lb/lb)	EPA de los EE. UU., 1978a; WEF et al., 2018
Con lodo primario	3.6–3.9 kg O_2/kg de VS destruidos (3.6–3.9 lb/lb)	
Tasas de caudal de aire[3]		
Sin lodo primario	0.25–0.33 $L/m^3 \cdot s$ (15–20 cfm/1000 ft^3)	Benefield y Randall, 1980
Con lodo primario	0.40–0.50 $L/m^3 \cdot s$ (25–30 cfm/1000 ft^3)	
Oxígeno residual	1.0 mg/L de OD en las peores condiciones de diseño 2.0 mg/L de OD en condiciones de operación promedio	Ahlberg y Boyko, 1972; EPA de los EE. UU., 1974, 1978a, 1979; WEF et al., 2018
Se requiere energía de mezclado[4]	13–106 mW/m^3 (0.5–4.0 hp/1000 ft^3) para aeración mecánica y mezclado. 0.33–0.67 $L/m^3 \cdot s$ (20–40 cfm/1000 ft^3) para difusores de burbuja fina y gruesa.	EPA de los EE. UU., 1979; WEF et al., 2018
Concentración máxima de sólidos esperada alcanzable con decantación	1.25–1.75 % de TS cuando se trata de un lodo desarenado, no se añaden productos químicos	Diagger y Bailey, 2000
SST esperado en el sobrenadante	Aproximadamente 300 mg/L	EPA de los EE. UU., 1975

Nota.
[1]Se utilizaban tasas de carga de VS más altas antes de que se promulgaran las regulaciones 503 en 1993.
[2]Solo se debe cumplir uno de estos tres criterios.
[3]Válido para concentraciones entre 1 y 2 % de TS. Las concentraciones más altas requieren más caudal de aire.
[4]El requisito de mezclado real depende de la forma del tanque y del tipo de dispositivo de mezcla.
La tabla es original de la publicación basada en las referencias citadas.

La *energía de mezclado* es la cantidad de energía necesaria para mantener un tanque mezclado y evitar que los sólidos sedimenten y se acumulen en el fondo. La energía de mezclado generalmente proviene de dispositivos de aeración que agitan el tanque a medida que agregan oxígeno. Se pueden usar mezcladores en lugar o además de la aeración.

El *sobrenadante* es la capa de agua transparente que se forma en un digestor cuando se apagan el aire y los mezcladores y los sólidos se depositan en el fondo. El sobrenadante puede estar presente como una capa sobre los sólidos sedimentados o entre capas de sólidos sedimentados y flotantes.

que se sedimenten en el piso del digestor. Además, concentraciones altas de sólidos interfieren con la capacidad de hacer que el oxígeno del interior de las burbujas de aire se disuelva en el agua circundante.

A medida que aumentan las concentraciones de sólidos en el digestor, también aumentará la cantidad de aire necesaria para mantener la misma concentración de OD. Los rangos de caudal de aire en la Tabla 3.1 son válidos para concentraciones de sólidos entre 1 y 2 % (10 000 a 20 000 mg/L). La cantidad de oxígeno que necesitan los microorganismos está directamente relacionada con la tasa de carga de VS. A medida que aumentan los VS, también aumentará la cantidad de oxígeno necesaria. ¿Cuál es el conjunto de condiciones más difícil para mantener 2 mg/L de OD en el digestor? Agua tibia con altas concentraciones de sólidos en un digestor con alta tasa de carga de VS.

Antes de que se promulgaran las regulaciones 503 en 1993, la mayoría de los digestores aerobios se diseñaban con base en un SRT de 10 a 20 días y una tasa de carga de VS de 1.6 a 3.2 kilogramos de VS totales por metro cúbico de espacio en el digestor por día ($kg/m^3 \cdot d$) (0.1 a 0.2 libras de VS totales por pie cúbico por día [$lb/ft^3 \cdot d$])

(Maxwell et al., 1992; EPA de los EE. UU., 1974, 1975b, 1978a, 1978b). Tenga en cuenta que estos SRT son mucho más cortos y el rango de tasa de carga es mucho mayor que los indicados en la Tabla 3.3. Los estudios sobre digestores aerobios demostraron que se necesitaban tiempos de aeración de 35 a 50 días para reducir consistentemente el VS en al menos un 38 % (Maxwell et al., 1992). Como resultado, las regulaciones 503 aumentaron el SRT de diseño mínimo a entre 40 a 60 días. Se requiere una gran cantidad de volumen para almacenar de 40 a 60 días de lodo. Esto significaba que los digestores tenían que agrandarse o que la cantidad de lodo que se agregaba cada día a los digestores tenía que disminuir. Debido a esto, las tasas de carga de VS para digestores construidos después de 1993 son mucho más bajas (Tabla 3.1). En general, a medida que aumenta el SRT, la tasa de carga (kg o lb) por volumen de digestor disminuye y viceversa.

Los digestores construidos antes de 1993 utilizaban criterios de diseño diferentes a los que se utilizan en la actualidad. Muchos digestores antiguos todavía están en funcionamiento y pueden cumplir con la RAV mediante análisis de laboratorio.

Algunos estados distinguen entre digestores aerobios y tanques de almacenamiento de sólidos. Los tanques de almacenamiento de sólidos no están diseñados para producir biosólidos de Clase B de manera constante y generalmente proporcionan un tratamiento mínimo. No califican como PSRP. Los tanques de retención suelen ser más pequeños que los digestores aerobios y no tratan el lodo durante tanto tiempo. Pueden servir como almacenamiento provisorio de lodo que se enviará a otro proceso de tratamiento, como un digestor anaerobio, un lecho de secado de lodo o una operación de compostaje. En algunos casos, el lodo extraído de los tanques de almacenamiento de sólidos se envía a un relleno sanitario para su disposición.

El tiempo de retención de sólidos se calcula tomando la masa total (kg o lb) de sólidos en el digestor y dividiendo por la masa (kg o lb) de sólidos eliminados cada día. Para que el SRT aumente, debe disminuir la masa eliminada cada día.

Algunos digestores están equipados con depósitos de sedimentación separados para decantar (Figura 3.5). El diseño de los depósitos de sedimentación separados es similar al diseño de los espesadores por gravedad. Normalmente se utilizan tasas de carga de sólidos que oscilan entre 25 a 50 kg/m²•d (5 a 10 lb/ft²•d) de área superficial de depósito de sedimentación (WEF, 1995). Los sólidos espesados contienen típicamente de 2 a 4 % de TS (WEF, 1995).

Para obtener más información sobre los espesantes por gravedad, consulte el Capítulo 2.

A principios de la década de 1990, Enviroquip, Inc. (Austin, Texas) inició la investigación en respuesta a los nuevos requisitos de desempeño incluidos en las regulaciones 503. Identificaron cuatro técnicas que mejoraron el funcionamiento de los digestores aerobios: espesamiento previo, operación por etapas, operación aerobia-anóxica y control de temperatura. La Tabla 3.2 resume estas técnicas y sus beneficios. Los digestores construidos después de 1993 pueden incorporar una o más de estas técnicas.

Tabla 3.2 Efectos de las técnicas de mejora del digestor sobre el desempeño del digestor (Daigger, Graef y Eike, 1997)

Técnica	Mejoras en el desempeño del digestor aerobio
1. Espesamiento previo	■ Incrementa el SRT en instalaciones existentes ■ Reduce los requisitos generales de volumen ■ Aumenta la destrucción de VS ■ Aumenta la temperatura ■ Acelera la digestión y la tasa de destrucción de patógenos.
2. Operación por etapas (dos digestores operados en serie).	■ Reduce el requisito de volumen general ■ Mejora la estabilización de sólidos ■ Mejora la destrucción de patógenos ■ Reduce el costo de capital de equipos de aeración y tanques ■ Reduce la necesidad de oxígeno para el procesado y el mezclado
3. Operación aerobia-anóxica	■ Recuperación de alcalinidad y equilibrio de pH ■ Ahorro de energía a través de la reducción de la demanda de oxígeno ■ Eliminación del nitrógeno ■ Eliminación del fósforo
4. Control de temperatura	■ Reduce el SRT y el volumen ■ Reduce el costo de capital de equipos de aeración y tanques ■ Proporciona un proceso confiable durante todo el año

Tabla 3.3 Características del sobrenadante de los digestores aerobios

Parámetro	Concentración	Referencia
DBO, mg/L	50–100	Daigger, 1988
SST, mg/L	100–10 000	EPA de los EE. UU., 1987
Nitrógeno inorgánico total, mg/L como N	10–100	WEF, 2014
Nitrógeno Kjeldahl total, mg/L como N	100–500	WEF, 2014
Ortofosfato, mg/L como P	20–130	Ju, Shah y Porteous, 2005; WEF et al., 2018

Nota. Datos de nitrógeno provenientes de *Moving Toward Resource Recovery Facilities* (Tabla 4.3) (WEF, 2014).

Desempeño esperado

Repase el Capítulo 1 para conocer las alternativas para cumplir con el 38 % de VSR.

Según las características del lodo de alimentación, la digestión aerobia puede reducir la masa de VS entre un 35 y un 50 % (WEF et al., 2018). Las regulaciones 503 requieren un mínimo de 38 % de VSR en el digestor para cumplir con el requisito de RAV. La reducción de sólidos volátiles depende tanto de la cantidad de tiempo que los sólidos permanecen en el digestor como de la temperatura de funcionamiento. Si el digestor no alcanza el 38 % de VSR, las regulaciones prevén otras alternativas como el análisis de SOUR (Tabla 3.1).

Para obtener una explicación detallada del concepto de organismo indicador, consulte el Capítulo 10, "Desinfección", en el primer libro de la serie Fundamentos para el tratamiento de aguas residuales.

Se espera que los digestores aerobios reduzcan el número de bacterias coliformes fecales por debajo de 2 000 000 de unidades formadoras de colonias (UFC) por gramo de TS, aunque a menudo funcionan mucho mejor. Este límite está presente en las regulaciones 503 como un criterio para los biosólidos de Clase B. Permite que los biosólidos se apliquen de forma segura sobre la tierra para el cultivo de algunos cultivos. Las coliformes fecales generalmente no son patógenas. Son organismos indicadores. Cuando están presentes, es probable que también haya patógenos presentes, pero no es necesario que lo estén. Algunos patógenos que pueden estar presentes en las aguas residuales, el lodo y los biosólidos y las enfermedades que causan incluyen *Vibrio cholerae* (cólera), *Salmonella typhi* (fiebre tifoidea), *Shigella* (disentería), hepatitis A, rotavirus, anquilostomas y tenias (WEF, 2012b). La reducción del número de coliformes fecales a través de la respiración endógena también reduce el número de patógenos. Esto no significa que los biosólidos estén libres de patógenos. Los operadores deben tener cuidado de evitar exposiciones innecesarias con el uso de guantes y con una buena higiene personal cuando trabajan con lodo y biosólidos.

Es una práctica común espesar los sólidos en el digestor mediante la decantación regular del exceso de agua. La Tabla 3.3 muestra las concentraciones típicas de DBO, SST, nitrógeno y ortofosfato en el sobrenadante. Tres estudios sobre digestores aerobios informaron concentraciones de DBO en el sobrenadante de 100 mg/L o menos (Brock y Darland, 1970; Daigger, 1998; EPA de los EE.UU., 1975a). Las concentraciones totales de sólidos en suspensión en el sobrenadante dependen de cuán bien sedimente el lodo durante la decantación y de si la desnitrificación lleva o no el lodo sedimentado a la parte superior del digestor. El total de sólidos en suspensión puede ser tan bajo como 100 mg/L o tan alto como 10 000 mg/L (EPA de los EE. UU., 1987). En un digestor que funcione bien con una buena separación de sólidos, el sobrenadante debe contener menos de 300 mg/L de SST (EPA de los EE. UU., 1975a). La liberación de nutrientes durante la digestión está relacionada con la reducción de SVS. La liberación de nitrógeno es aproximadamente del 8 al 10 % de la destrucción de SVS, la liberación de fósforo de los lodos de eliminación de fósforo no biológico es de aproximadamente el 2 % de la destrucción de SVS y la liberación de fósforo de los lodos de eliminación de fósforo biológico mejorada es aproximadamente del 4 al 8 % de la reducción de SVS (Jeyanayagam y Husband, 2002).

COMPROBACIÓN DE CONOCIMIENTOS

1. **Un operador puede necesitar agregar más aire del requerido para lograr 2 mg/L de OD simplemente para evitar que los sólidos se depositen en el piso del digestor.**
   - ☐ Verdadero
   - ☐ Falso

2. **El sobrenadante siempre se acumula en la parte superior de un digestor aerobio.**
   - ☐ Verdadero
   - ☐ Falso

3. **Las bacterias coliformes fecales generalmente son patógenas.**
   - ☐ Verdadero
   - ☐ Falso

4. **Los digestores aerobios cumplen la definición de un PSRP cuando:**
   a. El SRT es de al menos 40 días a 20 °C (68 °F)
   b. El SRT es de al menos 60 días a 10 °C (68 °F)
   c. El SRT es de al menos 40 días a 15 °C (59 °F)
   d. El SRT es de al menos 60 días a 5 °C (86 °F)

5. **La reducción mínima de VS requerida para cumplir con el RAV bajo las regulaciones 503 es de:**
   a. 27 %
   b. 38 %
   c. 52 %
   d. 61 %

6. **Esta es la concentración máxima de sólidos esperada que se puede lograr solo mediante decantación (sin agregar productos químicos) en un digestor aerobio:**
   a. 0.5 %
   b. 1.2 %
   c. 1.75 %
   d. 3.5 %

7. **¿Qué conjunto de condiciones requerirá el caudal de aire más alto para alcanzar una concentración de OD de 2 mg/L en el digestor?**
   a. Agua fría, alto contenido de sólidos
   b. Agua fría, bajo contenido de sólidos
   c. Agua tibia, alto contenido de sólidos
   d. Agua tibia, bajo contenido de sólidos

8. **Un digestor aerobio opera con un SRT de 20 días y alcanza una VSR del 16 %. Lo más probable es que se clasifique como:**
   a. PSRP
   b. Tanque de almacenamiento de sólidos
   c. Proceso para reducir aún más los patógenos
   d. Decantación continua

9. **La concentración de nitrógeno en el sobrenadante del digestor aerobio depende de todo lo siguiente EXCEPTO:**
   a. Porcentaje de lodo primario agregado
   b. Cambiar entre condiciones aerobias y anóxicas
   c. Porcentaje de reducción de sólidos volátiles
   d. Actividad de bacterias nitrificantes y desnitrificantes

Equipos

Los equipos del digestor aerobio son similares a los que se encuentran en los sistemas de lodo activado. El proceso requiere un depósito para acumular los sólidos en digestión, un método para agregar aire al proceso, un método para mezclar el contenido del digestor, una tubería de entrada para el lodo entrante y tuberías de salida para eliminar el lodo digerido y el sobrenadante. También se pueden proporcionar sensores de nivel de agua y sondas en el depósito para medir el OD, el pH, la temperatura y la concentración de sólidos.

Para obtener más información sobre los sensores de nivel y las sondas, consulte el capítulo "Bombas y estaciones elevadoras" de este manual.

DISEÑO DEL DEPÓSITO

Los digestores aerobios suelen ser depósitos descubiertos y sin calefacción hechos de hormigón o acero. Pueden ser redondos, cuadrados o rectangulares. Los digestores en climas fríos pueden tener cubiertas para ayudar a conservar el calor. También se pueden agregar cubiertas para evitar que entre el agua de lluvia. Las pendientes del fondo de los tanques suelen oscilar entre 1 : 12 a 3 : 12 para facilitar la eliminación de los sólidos digeridos y la limpieza del digestor. Las profundidades del agua en la pared lateral varían de 1 a 3 m (3 a 10 ft) para contener el espumaje que puede ocurrir (WEF, 1995). El volumen del digestor está determinado por la temperatura mínima de funcionamiento, el SRT deseado y la concentración de sólidos esperada dentro del digestor. El depósito se puede usar en conjunto con un depósito de sedimentación separado para decantar, aunque no sucede en la mayoría de los casos (Figura 3.5).

La mayoría de las instalaciones con digestores aerobios tendrá al menos dos depósitos de digestión separados. Esto permite al operador poner fuera de servicio un depósito para su limpieza y mantenimiento. Los depósitos pueden ser operados en paralelo o en serie. Con la operación en paralelo, el lodo crudo del flujo líquido se alimenta a uno o más depósitos de digestión (Figura 3.6 [A]). Los sólidos se pueden eliminar de cualquiera de los depósitos del digestor una vez que se completa el tratamiento. Con el funcionamiento en serie, el lodo crudo se alimenta al primer digestor (Figura 3.6 [B]). El lodo del primer digestor se transfiere después al segundo digestor. Los sólidos se eliminan del segundo digestor una vez que se completa el tratamiento. Esta práctica a veces se denomina *digestión en dos etapas*. Generalmente la decantación se realiza desde el segundo digestor. La digestión en dos etapas minimiza la posibilidad de que trozos de lodo dejen el digestor sin tratar o parcialmente tratados y evita el paso de patógenos. Algunas instalaciones tienen más de dos depósitos de digestión operados en serie, pero esto no es común.

Lodo crudo se refiere al lodo que se eliminó durante el tratamiento del líquido, pero que no ha recibido ningún procesamiento adicional aparte del espesamiento. Esto incluye lodos primarios, secundarios y terciarios. El lodo crudo es cualquier cosa aguas arriba del digestor.

Tanto en funcionamiento en paralelo como en serie, los digestores pueden funcionar en modo por lotes o semicontinuo. Con la operación por lotes, se carga un digestor hasta que está lleno y se opera hasta que el contenido cumple con las metas del tratamiento. Después, se eliminan los sólidos todos a la vez. En la operación semicontinua, se agregan los sólidos de forma regular, generalmente a diario, y se eliminan los

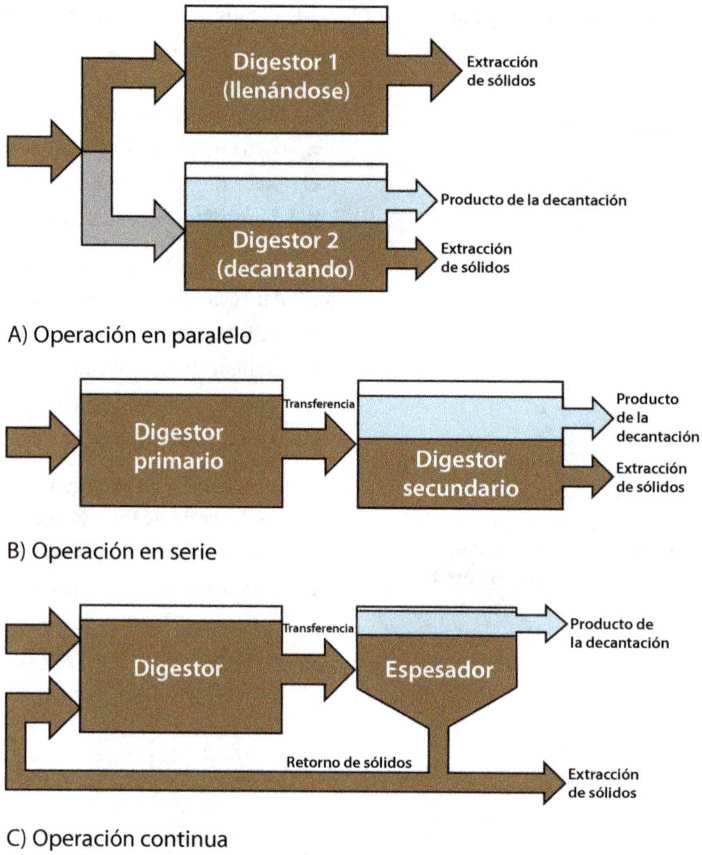

Figura 3.6 Modos de funcionamiento del digestor aerobio (reimpreso con permiso de Indigo Water Group)

sólidos del digestor periódicamente cuando cumplen con las metas del tratamiento. La operación continua (Figura 3.6 [C]) incorpora un espesante que recicla los sólidos de regreso al digestor. Los sólidos y el producto de la decantación se eliminan del espesante en lugar del digestor.

EQUIPO DE AERACIÓN Y MEZCLADO

Se pueden usar muchos dispositivos diferentes para mezclar y proporcionar oxígeno en digestores aerobios, incluidos aire difuso, aeración superficial mecánica, turbinas mecánicas sumergidas y aeración por chorro. Se pueden encontrar descripciones e imágenes más detalladas de estos equipos en el Capítulo 8 del Libro 1, "Lodo Activado", y en el capítulo de sistemas de aeración de este mismo libro (Capítulo 8). El mezclado tiene los siguientes beneficios: (a) pone a los microorganismos en contacto con los alimentos, (b) dispersa los productos de desecho, (c) mantiene un ambiente uniforme (oxígeno, temperatura, nutrientes, etc.), y (d) diluye cualquier material tóxico que ingrese al digestor.

Los sistemas de aire difuso para digestores aerobios son similares a los que se utilizan en los procesos de lodo activado. Los difusores suelen estar ubicados cerca del fondo del depósito. Pueden colocarse a lo largo de un lado del tanque para producir un patrón en espiral o cruzado en rodillo a lo largo del depósito (Figura 3.7), o pueden instalarse como un sistema de rejilla montado en el piso (Figura 3.8). Se han utilizado difusores de burbuja fina y de burbuja gruesa en los digestores aerobios. Cuando son nuevos, los difusores de burbujas finas producen burbujas con diámetros de aproximadamente 2 a 5 milímetros (mm) (0.08 a 0.20 in) en agua limpia (EPA de los EE. UU., 1989). Los difusores de burbujas gruesas suelen producir burbujas de mayor diámetro, de 6 a 10 mm (1/4–3/8 in) (EPA de los EE. UU., 1989). Las burbujas gruesas pueden proporcionar una mejor mezcla, pero pueden no ser tan eficientes en la transferencia de OD al líquido del digestor.

La aeración por chorro de aire, un tipo de aeración de burbujas finas, se trata en el Capítulo 8 del primer libro sobre lodo activado.

Una alternativa a los sistemas de difusores ubicados sobre el piso son los equipos de aeración de alto cizallamiento no atascables, diseñados específicamente para altas concentraciones de sólidos (4 a 8 % de sólidos). Este sistema de aeración combina tubos de aspiración o tubos de corte con una abertura ajustable por arriba del agua para controlar el caudal de aire y difusores de fuente puntual no atascables. El tubo de corte y los tubos de aspiración aportan mezclado y cizallamiento para transferir oxígeno. La limitación de este sistema es que funciona mejor cuando el líquido tiene más de 6.1 m (20 ft) de profundidad (Daigger, Yates, Scisson, Grotheer, Hervol y Bailey, 1997).

Figura 3.7 Difusores de burbuja gruesa en un lado del depósito (reimpreso con permiso de Indigo Water Group)

Un tipo de aereador mecánico superficial es un dispositivo flotante montado en un pontón de diseño de baja o alta velocidad (Figura 3.9). Los aereadores de baja velocidad se usan más comúnmente en digestores aerobios. En comparación con los sistemas de aeración difusa, los sistemas de aeración mecánica superficial pueden ser más simples y fáciles de mantener porque no es necesario vaciar el digestor para acceder a ellos. Los aereadores superficiales también son menos propensos a ensuciarse. Las desventajas incluyen la falta de control, el bajo desempeño cuando hay exceso de espuma, el mayor potencial de espumaje debido a la alta turbulencia en la superficie, la mayor pérdida de calor del digestor y el potencial de acumulación de hielo durante el invierno en

Figura 3.8 Difusores de burbuja fina en patrón de cuadrícula (reimpreso con permiso de Indigo Water Group)

Figura 3.9 Aereador superficial flotante en digestor aerobio (reimpreso con permiso de Indigo Water Group)

climas fríos como resultado de las salpicaduras del dispositivo (WEF et al., 2018). Los aereadores de tubo de aspiración y los dispositivos de aeración de tipo salpicadura se analizan en el Capítulo 8, "Lodo activado", de Fundamentos para el tratamiento de aguas residuales I: Tratamiento líquido (WEF y ABC, 2018).

PREPARACIÓN DE LAS TUBERÍAS

Los requisitos específicos de tuberías para digestores aerobios incluyen disposiciones para alimentar sólidos, retirar sólidos digeridos, decantar el sobrenadante y suministrar aire para la aeración (cuando corresponda). Las tuberías deben ser lo suficientemente anchas para que pasen sólidos grandes como trozos de tela y otros detritos sin taponarse. Algunas agencias reguladoras requieren un diámetro mínimo de tubería de 15 cm (6 in). Generalmente, solo se necesita una tubería de entrada de alimentación sólida por depósito. Los sólidos digeridos generalmente se eliminan desde el punto bajo de cada depósito. En los sistemas de digestión aerobia diseñados con depósitos de sedimentación, los sólidos digeridos y el sobrenadante se eliminan en el depósito de sedimentación (Figura 3.5). Posteriormente, la mayoría de los sólidos se devuelve del depósito de sedimentación al digestor para mantener el SRT requerido.

Los digestores aerobios operados en grupo pueden diseñarse para eliminar sólidos y sobrenadantes por gravedad o por bombeo. Debido a que es posible que sea necesario eliminar el sobrenadante desde casi cualquier profundidad a medida que el digestor se llena, la mayoría de los digestores está equipada con múltiples tuberías de extracción de sobrenadante ubicadas a diferentes profundidades. El operador determina qué profundidad es probable que dé la mejor calidad de sobrenadante y abre la válvula de descarga para la tubería de extracción correspondiente. Alternativamente, se puede utilizar un decantador flotante. Un decantador flotante sube y baja junto con la superficie del agua en el digestor y se puede utilizar para decantar desde cualquier nivel.

COMPROBACIÓN DE CONOCIMIENTOS

1. **Una ventaja de operar dos digestores en serie en lugar de en paralelo es que el digestor en serie:**
   a. Reduce la probabilidad de que atraviesen patógenos.
   b. Mejora la reducción de VS en un 20 %.
   c. Reduce el consumo de oxígeno en el proceso.
   d. Requiere menos mezcla que la operación en paralelo.

2. **Esta característica de los digestores aerobios facilita la eliminación de sólidos del fondo:**
   a. Cubiertas integrales
   b. Profundidad del agua en la pared lateral
   c. Piso en pendiente
   d. Escotilla de decantación

3. El propósito del sistema de aeración es:
   a. Mezclar el contenido del digestor
   b. Evitar que los sólidos se sedimenten
   c. Proporcionar oxígeno a los microorganismos
   d. Todas las opciones anteriores

4. Este tipo de sistema de aeración tiene un mayor potencial de espumaje que otros.
   a. Aire difuso de burbuja fina
   b. Aereadores superficiales
   c. Aire difuso de burbuja gruesa
   d. Mezclador sumergido

5. Los sólidos digeridos generalmente se eliminan de un digestor aerobio en esta ubicación.
   a. Justo por debajo de la superficie del agua
   b. Junto a la tubería de entrada de lodos
   c. Cerca del fondo
   d. Medio del manto

Variables del proceso

Los factores importantes en el control del funcionamiento de los digestores aerobios son similares a los de otros procesos biológicos aerobios. Las tablas 3.4 y 3.5 incluyen factores de conversión y datos para un digestor aerobio típico que se utilizarán en los cálculos a lo largo de esta sección.

TIEMPO DE DETENCIÓN HIDRÁULICA

El tiempo de detención hidráulica también puede denominarse tiempo de retención hidráulica (TRH) o simplemente tiempo de detención (TD). Los ingenieros utilizan el TRH, mientras que los manuales de capacitación de operadores y los exámenes de certificación utilizan el TDH. El TDH puede ser (a) el tiempo requerido para llenar un recipiente, (b) el tiempo requerido para vaciar un recipiente, o (c) la cantidad promedio de tiempo que el agua permanece en un recipiente. El nivel de agua del digestor controla el TRH en el digestor. Para la mayoría de los digestores, el nivel del agua subirá y bajará a medida que se agrega lodo crudo al digestor y se elimina el exceso de líquido mediante decantación. El nivel del agua será más bajo después de la decantación y la extracción del lodo digerido. Los niveles del digestor deben verificarse visualmente a diario para evitar un desbordamiento accidental.

La fórmula para el TD es la siguiente:

$$\text{Tiempo de detención} = \frac{\text{Volumen}}{\text{Caudal}} \qquad (3.1)$$

Tenga en cuenta que las unidades de volumen y caudal deben coincidir.

EJEMPLO DE CÁLCULO

Encuentre el TDH para este digestor aerobio con la información proporcionada en la Tabla 3.5. Para este ejemplo, solo se usa el caudal de lodo de alimentación al digestor. El caudal de lodo del efluente más el caudal de producto de la decantación más el agua agregada de la lluvia menos la evaporación debe ser igual al caudal de entrada. Debido a que el caudal de entrada en la mayoría de las instalaciones se mide directamente o se puede estimar fácilmente a partir de las tasas de bombeo de lodo, es más fácil y preciso usar el caudal de entrada para el cálculo del TD.

Tabla 3.4 Factores de conversión

1 m	=	3.28 ft
1 m^3	=	1000 L
1 m^3	=	264.172 gal
1 gal	=	3.785 L
1 min	=	60 s
1 día	=	1440 min
1 %	=	10 000 mg/L

Hay 24 horas en un día y 60 minutos en una hora. 24 × 60 = 1440.

Tabla 3.5 Parámetros para ejemplos de cálculo de digestor aerobio

Parámetro	Unidades	
	Unidades habituales en los EE. UU.	Unidades estándar del sistema internacional
Depósito del digestor		
Largo	120 ft	36.6 m
Ancho	120 ft	36.6 m
Profundidad	20 ft	6.1 m
Caudal del lodo de alimentación	41.67 gpm	2.63 L/s
Concentración de alimentación	5.0 %	5.0 %
% de sólidos volátiles alimentados	80 %	80 %
Extracción de lodo digerido	35 gpm	2.21 L/s
Concentración de lodo digerido	3.0 %	3.0 %
% de VS digeridos	71 %	71 %
Caudal de decantación	9600 gpd	0.42 L/s
SST producto de la decantación	500 mg/L	500 mg/L

Solución con unidades del sistema estándar internacional:

Paso 1: Halle el volumen del digestor en metros cúbicos.

$$\text{Volumen} = (\text{Longitud})(\text{Ancho})(\text{Altura o Profundidad}) \tag{3.2}$$

$$\text{Volumen} = (36.6\ \text{m})(36.6\ \text{m})(6.1\ \text{m})$$

$$\text{Volumen} = 8171\ \text{m}^3$$

Paso 2: Convierta el caudal de lodo de alimentación de L/s a m^3/d. Este paso es necesario para que las unidades de volumen y caudal sean compatibles.

$$\frac{2.63\ \text{L}}{\text{s}}\left|\frac{60\ \text{s}}{1\ \text{min}}\right|\left|\frac{1440\ \text{min}}{1\ \text{día}}\right|\left|\frac{1\ \text{m}^3}{1000\ \text{L}}\right| = \frac{227\ \text{m}^3}{\text{d}}$$

Paso 3: Calcule el TD en días con la ecuación 3.1. Debido a que el volumen está en m^3 y la tasa de lodo de alimentación está en m^3/d, el m^3 en ambas unidades se cancela, dejando solo días.

$$\text{Tiempo de detención} = \frac{\text{Volumen}}{\text{Caudal}}$$

$$\text{Tiempo de detención} = \frac{8171\ \text{m}^3}{227\ \text{m}^3/\text{d}}$$

$$\text{Tiempo de detención} = 36\ \text{días}$$

Solución con unidades habituales en los EE. UU.:

Paso 1: Halle el volumen del digestor en pies cúbicos con la ecuación 3.2.

$$\text{Volumen} = (\text{Longitud})(\text{Ancho})(\text{Altura o Profundidad})$$

$$\text{Volumen} = (120\ \text{ft})(120\ \text{ft})(20\ \text{ft})$$

$$\text{Volumen} = 288\ 000\ \text{ft}^3$$

Paso 2: Convierta el volumen del digestor de pies cúbicos a galones. Este paso es necesario para que las unidades de volumen y caudal sean compatibles.

$$\frac{288\ 000\ \text{ft}^3}{}\left|\frac{7.48\ \text{gal}}{1\ \text{ft}^3}\right| = 2\ 152\ 240\ \text{gal}$$

Paso 3: Convierta el caudal de lodo de alimentación de galones por minuto a galones por día. Debido a que los digestores tienen TD largos, la respuesta final debería ser en días en lugar de minutos.

$$\frac{41.67\ \text{gal}}{\text{min}}\left|\frac{1440\ \text{min}}{1\ \text{día}}\right| = \frac{60\ 005\ \text{gal}}{\text{día}}$$

Paso 4: Calcule el TD en días con la ecuación 3.1. Debido a que el volumen está en galones y la tasa de lodo de alimentación está en gpd, los galones en ambas unidades se cancelan, dejando solo días.

$$\text{Tiempo de detención} = \frac{\text{Volumen}}{\text{Caudal}}$$

$$\text{Tiempo de detención} = \frac{2\ 152\ 240\ \text{gal}}{60\ 005\ \text{gpd}}$$

$$\text{Tiempo de detención} = 35.9\ \text{días}$$

TIEMPO DE RETENCIÓN DE SÓLIDOS

El tiempo de retención de sólidos (SRT) es la cantidad de tiempo que los sólidos permanecen en el digestor. Para los digestores que funcionan sin decantación, el SRT y el TDH serán iguales. Para los digestores que decantan el exceso de agua, ya sea desde el interior del propio depósito del digestor o en un depósito de sedimentación separado, el SRT será más largo que el TDH. Los digestores que se operan de acuerdo con las regulaciones 503 tendrán SRT mínimos de entre 40 y 60 días, con SRT más largos requeridos a temperaturas del agua más frías. Por lo general, las instalaciones de recuperación de recursos hídricos se diseñan y construyen con un exceso de capacidad suficiente como para procesar caudales de entrada y cargas de DBO hasta 20 años en el futuro. Como resultado, la mayoría de las instalaciones está operando a un porcentaje menor de su capacidad real. Esto sucede con los procesos de procesamiento de sólidos y con los procesos del flujo de líquidos. Para un digestor aerobio el SRT mínimo requerido puede ser de 40 días a 20 °C (68 °F), pero los SRT operativos reales pueden ser mucho más largos. Afortunadamente, los SRT más prolongados mejoran el desempeño del digestor en términos de destrucción de VS. Sin embargo, los SRT más largos pueden hacer que sea más difícil decantar y deshidratar sólidos digeridos aerobiamente al disminuir el tamaño de las partículas y aumentar el número de bacterias filamentosas.

El tiempo de retención de sólidos en el digestor se calcula de la misma forma que para el proceso de lodo activado. El tiempo de retención de sólidos es simplemente la masa (kg o lb) de sólidos dentro del digestor dividida por la masa (kg o lb) de sólidos que salen del digestor (ecuación 3.3). Los sólidos salen del digestor a través de la línea de extracción de lodo, pero también en el producto de la decantación.

$$\text{Tiempo de retención de sólidos} = \frac{\text{Masa de sólidos en el digestor}}{\text{Masa de sólidos que salen del digestor}} \quad (3.3)$$

Cuando se analizan sólidos en digestores aerobios y sobrenadantes, se puede usar el análisis de TS o de SST. Por lo general, el análisis de TS se utiliza cuando la concentración de sólidos esperada es de al menos 20 000 mg/L. El análisis de TS incluye sales disueltas, y el análisis de SST no.

$$\text{SRT} = \frac{\text{Masa de sólidos en el digestor}}{\text{Masa de sólidos en la extracción de lodo} + \text{Masa de sólidos en el sobrenadante}} \quad (3.4)$$

En un digestor que funcione bien con una buena separación de sólidos, el sobrenadante debe contener menos de 300 mg/L de SST (EPA de los EE. UU., 1975a). Sin embargo, la concentración de sólidos depende de qué tan bien sedimenten los sólidos que se digieren. Los SRT más largos tienden a producir un sobrenadante más sucio y con SST más altos. La desnitrificación en el digestor también puede dificultar mantener bajos los SST en el sobrenadante. La mayoría de las veces, habrá suficientes sólidos saliendo en la decantación para afectar el cálculo de SRT. Estos deben incluirse en los cálculos de SRT cuando sea posible.

La masa puede calcularse como kilogramos o libras. En un digestor con buena separación de sólidos y sobrenadante relativamente limpio, la masa de sólidos en el sobrenadante debe ser pequeña en comparación con la masa de sólidos presentes en el digestor y la masa de sólidos que se extraen del digestor.

Unidades estándar internacionales para calcular la masa:

$$\text{Masa, kg} = \frac{(\text{Volumen, m}^3)(\text{Concentración, mg/L})}{1000} \qquad (3.5)$$

Para hallar los kilogramos por día en lugar de kilogramos, use el caudal en m^3/d en lugar del volumen en metros cúbicos. Las tasas de alimentación de lodo, las tasas de extracción de lodo y la extracción de sobrenadante estarán en kg/d. La masa en el digestor estará en kg.

Alternativamente, use el análisis dimensional para convertir unidades:

$$\frac{X\ \text{mg}}{\text{L}}\left|\frac{1\ \text{g}}{1000\ \text{mg}}\right|\left|\frac{1\ \text{kg}}{1000\ \text{g}}\right|\left|\frac{1000\ \text{L}}{1\ \text{m}^3}\right|\left|\frac{X\ \text{m}^3}{1\ \text{día}}\right| = X\frac{\text{kg}}{\text{d}} \qquad (3.6)$$

Nota: La conversión X m^3/d se usa para el flujo y se usa solo X m^3 para el volumen.

Unidades habituales en los EE. UU. para calcular la masa:

$$\text{Masa, lb} = (\text{Concentración, mg/L})(\text{Volumen, mill. de gal})(8.34) \qquad (3.7)$$

Para calcular libras por día en lugar de libras, use el caudal en mgd en lugar del volumen en millones de galones. Alternativamente, use el análisis dimensional para convertir las unidades. Las tasas de alimentación de lodo, las tasas de extracción de lodo y la extracción de sobrenadante estarán en lb/d. La masa en el digestor estará en lb.

$$\frac{X\ \text{mg}}{\text{L}}\left|\frac{3.785\ \text{L}}{1\ \text{gal}}\right|\left|\frac{1\,000\,000\ \text{gal}}{1\ \text{mill. de gal}}\right|\left|\frac{X\ \text{mill. de gal}}{1\ \text{day}}\right|\left|\frac{1\ \text{g}}{1000\ \text{mg}}\right|\left|\frac{1\ \text{kg}}{1000\ \text{g}}\right|\left|\frac{2.204\ \text{lb}}{1\ \text{kg}}\right| = X\frac{\text{lb}}{\text{d}} \qquad (3.8)$$

EJEMPLO DE CÁLCULO

Con los datos de la instalación que se dan en la Tabla 3.5, calcule el SRT para el digestor. Al observar el cálculo del SRT (ecuación 3.4), podemos ver que necesitaremos calcular la masa de sólidos dentro del digestor, la masa de sólidos en el lodo extraído y la masa de sólidos en la decantación antes de poder calcular el SRT.

Solución con unidades del sistema estándar internacional:

Paso 1: Halle el volumen del digestor en metros cúbicos.

$$\text{Volumen} = (\text{Longitud})(\text{Ancho})(\text{Altura o Profundidad})$$

$$\text{Volumen} = (36.6\ \text{m})(36.6\ \text{m})(6.1\ \text{m})$$

$$\text{Volumen} = 8171\ \text{m}^3$$

Paso 2: Convierta la concentración de sólidos en el digestor de porcentaje a mg/L. Se debe hacer porque la fórmula de masa solo funciona cuando la concentración está en mg/L. Para este ejemplo, se supone que la concentración de sólidos dentro del digestor es la misma que la concentración de sólidos que salen del digestor. Si se permite que el lodo se sedimente y espese antes de retirarlo, la concentración será mayor que la concentración de operación.

$$\frac{3\%}{}\left|\frac{10\ 000\ \text{mg/L}}{1\%}\right| = 30\ 000\ \text{mg/L}$$

Paso 3: Halle la masa de sólidos dentro del digestor con la ecuación 3.5 o la ecuación 3.6.

$$\text{Masa, kg} = \frac{(\text{Volumen, m}^3)(\text{Concentración, mg/L})}{1000}$$

$$\text{Masa, kg} = \frac{(8171\ \text{m}^3)(30\ 000\ \text{mg/L})}{1000}$$

$$\text{Masa, kg} = 245\ 130$$

Alternativamente, use el análisis dimensional para convertir las unidades.

$$\frac{X\ \text{mg}}{\text{L}}\left|\frac{1\ \text{g}}{1000\ \text{mg}}\right|\left|\frac{1\ \text{kg}}{1000\ \text{g}}\right|\left|\frac{1000\ \text{L}}{1\ \text{m}^3}\right|\left|\frac{X\ \text{m}^3}{}\right| = X\frac{\text{kg}}{\text{d}}$$

$$\frac{30\ 000\ \text{mg}}{\text{L}}\left|\frac{1\ \text{g}}{1000\ \text{mg}}\right|\left|\frac{1\ \text{kg}}{1000\ \text{g}}\right|\left|\frac{1000\ \text{L}}{1\ \text{m}^3}\right|\left|\frac{8171\ \text{m}^3}{}\right| = 245\ 130\ \text{kg}$$

Nota: La conversión X m^3/d se usa para el caudal y se usa solo X m^3 para el volumen.

Paso 4: Convierta la tasa de extracción de lodo de lps a m^3/d.

$$\frac{2.21\ \text{L}}{\text{s}}\left|\frac{1\ \text{m}^3}{1000\ \text{L}}\right|\left|\frac{60\ \text{s}}{1\ \text{min}}\right|\left|\frac{1440\ \text{min}}{1\ \text{día}}\right| = 191\frac{\text{m}^3}{\text{d}}$$

Paso 5: Halle la masa de sólidos que salen del digestor en la extracción de lodo.

$$\text{Masa, }\frac{\text{kg}}{\text{d}} = \frac{\left(\text{Volumen, }\frac{\text{m}^3}{\text{d}}\right)(\text{Concentración, mg/L})}{1000}$$

$$\text{Masa, }\frac{\text{kg}}{\text{d}} = \frac{\left(191\frac{\text{m}^3}{\text{d}}\right)(30\ 000\ \text{mg/L})}{1000}$$

$$\text{Masa, }\frac{\text{kg}}{\text{d}} = 5730$$

Paso 6: Convierta el caudal de producto de la decantación de L/s a m^3/d.

$$\frac{0.42\ \text{L}}{\text{s}}\left|\frac{1\ \text{m}^3}{1000\ \text{L}}\right|\left|\frac{60\ \text{s}}{1\ \text{min}}\right|\left|\frac{1440\ \text{min}}{1\ \text{día}}\right| = 36.3\frac{\text{m}^3}{\text{d}}$$

Paso 7: Halle la masa de sólidos que salen del digestor en el producto de la decantación.

$$\text{Masa, } \frac{\text{kg}}{\text{d}} = \frac{\left(\text{Volumen, } \frac{\text{m}^3}{\text{d}}\right)(\text{Concentración, mg/L})}{1000}$$

$$\text{Masa, } \frac{\text{kg}}{\text{d}} = \frac{\left(36.3 \frac{\text{m}^3}{\text{d}}\right)(500 \text{ mg/L})}{1000}$$

$$\text{Masa, } \frac{\text{kg}}{\text{d}} = 18.2$$

Observe que la masa de lodo en el producto de la decantación es pequeña en comparación con la cantidad en el digestor y la cantidad que se extrae.

Las unidades en el SRT deben ser días porque ambos, la extracción de lodo y los caudales de decantación, se calcularon en kg/d. Se cancela la cantidad en kilogramos, dejando días.

Paso 8: Calcule el SRT usando la fórmula 3.4.

$$\text{SRT} = \frac{\text{Masa de sólidos en el digestor}}{\text{Masa de sólidos en la extracción de lodo} + \text{Masa de sólidos en el sobrenadante}}$$

$$\text{SRT} = \frac{245\ 130 \text{ kg}}{5730 \frac{\text{kg}}{\text{d}} + 18.2 \frac{\text{kg}}{\text{d}}}$$

$$\text{SRT} = \frac{245\ 130 \text{ kg}}{5748.2 \frac{\text{kg}}{\text{d}}}$$

$$\text{SRT} = 42.6 \text{ días}$$

Cuando se conoce el SRT final, el cálculo se realiza a la inversa para encontrar la masa total y los galones que deben extraerse del digestor cada día.

Solución con unidades habituales en los EE. UU.:

Paso 1: Halle el volumen del digestor en pies cúbicos.

$$\text{Volumen} = (\text{Longitud})(\text{Ancho})(\text{Altura o Profundidad})$$

$$\text{Volumen} = (120 \text{ ft})(120 \text{ ft})(20 \text{ ft})$$

$$\text{Volumen} = 288\ 000 \text{ ft}^3$$

Paso 2: Convierta el volumen del digestor de pies cúbicos a mill. de galones

$$\frac{288\ 000 \text{ ft}^3}{} \left| \frac{7.48 \text{ gal}}{1 \text{ ft}^3} \right| \left| \frac{1 \text{ mill. de gal}}{1\ 000\ 000 \text{ gal}} \right| = 2.1542 \text{ mill. de gal}$$

Paso 3: Convierta la concentración de sólidos en el digestor de porcentaje a mg/L. Se debe hacer porque la fórmula de masa solo funciona cuando la concentración está en mg/L. Para este ejemplo, se supone que la concentración de sólidos dentro del digestor es la misma que la concentración de sólidos que salen del digestor. Si se permite que el lodo se sedimente y espese antes de retirarlo, la concentración será mayor que la concentración de operación.

$$\frac{3\%}{} \left| \frac{10\ 000 \text{ mg/L}}{1\%} \right| = 30\ 000 \text{ mg/L}$$

Paso 4: Halle la masa de sólidos dentro del digestor con la ecuación 3.7 o la ecuación 3.8.

$$\text{Masa, lb} = (\text{Concentración, mg/L})(\text{Volumen, mill. de gal})(8.34)$$

$$\text{Masa, lb} = (30\ 000\ \text{mg/L})(2.1542\ \text{mill. de gal})(8.34)$$

$$\text{Masa, lb} = 538\ 981$$

Alternativamente, use el análisis dimensional para convertir las unidades.

$$\frac{30\ 000\ \text{mg}}{\text{L}}\left|\frac{3.785\ \text{L}}{1\ \text{gal}}\right|\left|\frac{1\ 000\ 000\ \text{gal}}{1\ \text{mill. de gal}}\right|\left|2.1542\ \text{mill. de gal}\right|\left|\frac{1\ \text{g}}{1000\ \text{mg}}\right|\left|\frac{1\ \text{kg}}{1000\ \text{g}}\right|\left|\frac{2.204\ \text{lb}}{1\ \text{kg}}\right| = 539\ 119\ \text{lb}$$

La fórmula de libras (ecuación 3.7) da un resultado ligeramente diferente a la del análisis dimensional. Esto se debe a que el factor de conversión de 8.34 utilizado en la fórmula de libras se redondea a la baja desde 8.34214. Con el análisis dimensional, este factor no se redondea. Para el resto de este ejemplo, se utiliza la fórmula de libras en lugar del análisis dimensional.

Paso 5: Convierta la tasa de extracción de lodos de gpm a mgd.

$$\frac{35\ \text{gal}}{\text{min}}\left|\frac{1440\ \text{min}}{1\ \text{día}}\right|\left|\frac{1\ \text{mill. de gal}}{1\ 000\ 000\ \text{gal}}\right| = 0.05\ \text{mill. de gal}$$

Paso 6: Halle la masa de sólidos que salen del digestor en la extracción de lodo.

$$\text{Masa, }\frac{\text{lb}}{\text{d}} = (\text{Concentración, mg/L})(\text{Caudal, mgd})(8.34)$$

$$\text{Masa, }\frac{\text{lb}}{\text{d}} = (30\ 000\ \text{mg/L})(0.05\ \text{mgd})(8.34)$$

$$\text{Masa, }\frac{\text{lb}}{\text{d}} = 12\ 510$$

Paso 7: Convierta el caudal de producto de la decantación de gpd a mgd.

$$\frac{9600\ \text{gal}}{\text{d}}\left|\frac{1\ \text{mill. de gal}}{1\ 000\ 000\ \text{gal}}\right| = 0.0096\ \text{mgd}$$

Paso 8: Halle la masa de sólidos que salen del digestor en el producto de la decantación.

$$\text{Masa, }\frac{\text{lb}}{\text{d}} = (\text{Concentración, mg/L})(\text{Caudal, mgd})(8.34)$$

$$\text{Masa, }\frac{\text{lb}}{\text{d}} = (500\ \text{mg/L})(0.0096\ \text{mgd})(8.34)$$

$$\text{Masa, }\frac{\text{lb}}{\text{d}} = 40.0$$

Observe que la masa de lodo en el producto de la decantación es pequeña en comparación con la cantidad en el digestor y la cantidad que se extrae.

Las unidades en el SRT deben ser días porque ambos, la extracción de lodo y los caudales de decantación, se calcularon en lb/d. Se cancela la cantidad en libras, dejando días.

Paso 9: Calcule el SRT con la fórmula 3.4.

$$\text{SRT} = \frac{\text{Masa de sólidos en el digestor}}{\text{Masa de sólidos en la extracción de lodo} + \text{Masa de sólidos en el sobrenadante}}$$

Los SRT calculados utilizando unidades internacionales estándar frente a las unidades habituales en los EE. UU. son ligeramente diferentes debido al redondeo del factor de conversión en la fórmula de libras.

$$\text{SRT} = \frac{538\ 981\ \text{lb}}{12\ 510\ \frac{\text{lb}}{\text{d}} + 40.0\ \frac{\text{lb}}{\text{d}}}$$

$$\text{SRT} = \frac{538\ 981\ \text{lb}}{12\ 550\ \frac{\text{lb}}{\text{d}}}$$

$$\text{SRT} = 42.9\ \text{días}$$

Cuando se conoce el SRT final, el cálculo se realiza a la inversa para encontrar la masa total y los galones que deben extraerse del digestor cada día.

COMPROBACIÓN DE CONOCIMIENTOS

1. **Para digestores aerobios que funcionan sin decantación, el TDH y el SRT son iguales.**
   - ☐ Verdadero
   - ☐ Falso

2. **Después de un ciclo de decantación, el nivel de agua en el digestor será más bajo y el TDH será:**
   a. Más largo
   b. Más corto
   c. Aproximadamente igual
   d. Sin cambios

3. **Encuentre el volumen de un digestor que mide 15.2 m (50 ft) de largo por 9.1 m (30 ft) de ancho y 3.66 m (12 ft) de profundidad.**
   a. 154 m^3 (5460 ft^3)
   b. 506 m^3 (18 000 ft^3)
   c. 800 m^3 (28 250 ft^3)
   d. 1660 m^3 (58 617 ft^3)

4. **El digestor puede contener 1528 m^3 (54 000 ft^3) de sólidos en digestión en su nivel de llenado más alto. Cada día, se agregan 170 m^3/d (45 000 gpd) de lodo de alimentación al digestor y se elimina un volumen igual de lodo digerido y producto de la decantación. ¿Cuál el TDH en días?**
   a. 2.8 días
   b. 3.7 días
   c. 7.2 días
   d. 9.0 días

5. **El lodo de alimentación se agrega a un digestor aerobio a una velocidad de 2.08 L/s (33 gpm). Si la tasa es constante durante todo el día, ¿cuántos metros cúbicos por día (galones por día) de lodo de alimentación se agregarán al digestor?**
   a. 127 m^3/d (33 500 gpd)
   b. 159 m^3/d (42 000 gpd)
   c. 180 m^3/d (47 500 gpd)
   d. 208 m^3/d (55 000 gpd)

6. **Encuentre el TDH para un digestor aerobio con las siguientes características. El digestor mide 24.4 m (80 ft) de largo, 15.2 m (50 ft) de ancho y 5.49 m (18 ft) de profundidad. Se agrega el lodo de alimentación al digestor a una tasa de 47.3 m^3/d (12 500 gpd). El digestor funciona a su nivel máximo de llenado. Los sólidos digeridos y el producto de la decantación se eliminan del digestor a la misma velocidad que se agrega el lodo de alimentación para que el nivel del agua no cambie.**
   a. 34.2 días
   b. 43.1 días
   c. 52.3 días
   d. 57.4 días

7. **El sobrenadante se elimina de forma rutinaria de un digestor aerobio por decantación. ¿Cuál de los siguientes enunciados es verdadero?**
   a. El SRT y el TDH son iguales.
   b. El TDH es más largo que el SRT.
   c. El SRT es más largo que el TDH.
   d. El TRH es más corto que el TDH.

8. **Un motivo de las altas concentraciones de SST en el sobrenadante del digestor aerobio podría ser:**
   a. Ausencia de bacterias filamentosas
   b. Nitrificación durante la digestión
   c. Tiempos de sedimentación demasiado largos
   d. Desnitrificación durante la decantación

9. **Un digestor aerobio contiene 1634 m^3 (0.4308 mill. de gal.) de sólidos en digestión al 3.0 % de TS. ¿Cuántos kg (lb) de sólidos contiene el digestor?**
   a. 24 510 kg (50 118 lb)
   b. 34 925 kg (76 975 lb)
   c. 43 862 kg (96 672 lb)
   d. 49 020 kg (107 786 lb)

10. **Un digestor aerobio contiene 122 580 kg (269 440 lb) de sólidos en digestión. Cada día, se extraen del digestor 2460 kg (5404 lb) de sólidos digeridos. Otros 25.8 kg (56.7 lb) de sólidos se salen en el producto de la decantación. ¿Cuál es el SRT?**
    a. 24.5 días
    b. 32.1 días
    c. 49.3 días
    d. 60.7 días

11. Un digestor aerobio contiene 114 408 kg (251 524 lb) de sólidos en digestión. ¿Cuántos kg (lb) se pueden eliminar cada día del digestor sin dejar de cumplir con un SRT mínimo de 40 días?

a. 2860 kg (6288 lb)

b. 28 600 kg (62 880 lb)

c. 3250 kg (7163 lb)

d. 32 500 kg (71 630 lb)

12. Con la siguiente información, determine el SRT. El digestor contiene actualmente 3814 m³ (1.01 mill. de gal) de sólidos en digestión, con una concentración de TS de 2.8 %. Los biosólidos finales se eliminan del digestor de forma continua a una velocidad de 0.75 lps (12 gpm). El digestor se decanta diariamente. Los resultados de los análisis de laboratorio indican que el producto de la decantación contiene 5000 mg/L de TS. En promedio, se eliminan 67.1 m³/d (17 720 gpd) de producto de la decantación.

a. 36.7 días

b. 49.4 días

c. 58.1 días

d. 60.2 días

13. La desnitrificación en el digestor hizo que algunos de los sólidos en el digestor subieran a la superficie durante la decantación. Con registros de bombeo y resultados de análisis de laboratorio, el operador estimó que 293.7 m³ (77 600 gal) de producto de la decantación con una concentración promedio de TS de 1 % se devolvieron al proceso de tratamiento secundario. Antes de que comenzara la decantación, el digestor contenía 17 005 m³ (4.5 mill. de gal.) de sólidos en digestión al 1.8 % de TS. ¿Cuál será el SRT si se eliminan 8334 kg (18 375 lb) de sólidos digeridos del digestor?

a. 27.2 días

b. 38.3 días

c. 47.6 días

d. 51.1 días

TASA DE CARGA DE SÓLIDOS

Algunas instalaciones utilizan el cálculo de la SLR volátil para el control diario del proceso en lugar del SRT o además del SRT. La SLR se expresa en kilogramos de VS por metro cúbico de volumen de digestor por día (kg VS/m³•d) o libras de VS por pie cúbico de volumen de digestor por día (lb VS/ft³•d). Un rango aceptable para la SLR es de 0.385 a 2.24 kg VS/m³•d (0.024 a 0.14 lb VS/ft³•d); sin embargo, la SLR real variará con el SRT (EPA de los EE. UU., 1974). La tasa de carga de sólidos se calcula de acuerdo con la siguiente fórmula:

$$\text{Tasa de carga de sólidos} = \frac{\text{Masa de sólidos volátiles que entra en el digestor diariamente}}{\text{Volumen del digestor}} \tag{3.9}$$

Halle la masa de VS que ingresa al digestor. Para ello, multiplique la masa total de sólidos por el porcentaje de sólidos volátiles. El porcentaje de VS debe ingresarse en la ecuación 3.10 como un decimal.

$$\text{Masa de sólidos volátiles} = (\text{Masa de Sólidos Totales})(\text{Porcentaje Volátil}) \tag{3.10}$$

La ecuación 3.10 también puede expresarse como la ecuación 3.11 (sistema métrico) o como la ecuación 3.12 (unidades habituales en los EE. UU.).

$$\text{Masa de sólidos volátiles, } \frac{\text{kg}}{\text{d}} = \left(\frac{\left(\text{Caudal, } \frac{\text{m}^3}{\text{d}}\right)(\text{Concentración, mg/L})}{1000}\right)(\text{\% Volátil}) \tag{3.11}$$

Para determinar kilogramos en lugar de kilogramos por día, use el volumen en m³ en lugar del caudal en m³/d. Las tasas de alimentación de lodo, las tasas de extracción de lodo y la extracción de sobrenadante estarán en kg/d. La masa en el digestor estará en kg.

$$\text{Masa de sólidos volátiles, } \frac{\text{lb}}{\text{d}} = (\text{mg/L})(\text{mgd})(8.34)(\text{\% Volátil}) \tag{3.12}$$

Para determinar libras en lugar de libras por día, use el volumen en mill. de gal. en lugar del caudal en mgd. Las tasas de alimentación de lodo, las tasas de extracción de lodo y la extracción de sobrenadante estarán en lb/d. La masa en el digestor estará en lb.

La tasa de carga de sólidos está relacionada con el SRT, pero un parámetro no puede usarse para predecir exactamente el otro. La SLR se basa en los VS, mientras que el SRT se basa en los TS. El tiempo de retención de sólidos está influenciado por la cantidad de descomposición del VS que ocurre durante la digestión.

EJEMPLO DE CÁLCULO

Con los datos de la instalación que se suministran en la Tabla 3.5, calcule la SLR para el digestor. Previamente se calculó el volumen del digestor como parte del ejemplo de cálculo del SRT. El volumen del digestor es de 8171 m^3 (288 000 ft^3).

Solución con unidades del sistema estándar internacional:

Paso 1: Convierta la concentración de lodo de alimentación de porcentaje a mg/L.

$$\frac{5\%}{}\left|\frac{10\ 000\ \text{mg/L}}{1\%}\right| = 50\ 000\ \text{mg/L}$$

Paso 2: Convierta la tasa de lodo de alimentación de lps a m^3/d.

$$\frac{2.63\ \text{L}}{\text{s}}\left|\frac{1\ \text{m}^3}{1000\ \text{L}}\right|\left|\frac{60\ \text{s}}{1\ \text{min}}\right|\left|\frac{1440\ \text{min}}{1\ \text{d}}\right| = 227\frac{\text{m}^3}{\text{d}}$$

Paso 3: Halle la masa de VS con la ecuación 3.11.

$$\text{Masa de sólidos volátiles, }\frac{\text{kg}}{\text{d}} = \left(\frac{\left(\text{Caudal, }\frac{\text{m}^3}{\text{d}}\right)(\text{Concentración, mg/L})}{1000}\right)(\%\ \text{Volátil})$$

$$\text{Masa de sólidos volátiles, }\frac{\text{kg}}{\text{d}} = \left(\frac{\left(227\frac{\text{m}^3}{\text{d}}\right)(50\ 000\ \text{mg/L})}{1000}\right)(0.80)$$

$$\text{Masa de sólidos volátiles, }\frac{\text{kg}}{\text{d}} = 9080$$

Paso 4: Calcule la SLR con la fórmula 3.9.

$$\text{Tasa de carga de sólidos} = \frac{\text{Masa de sólidos volátiles que entra en el digestor}}{\text{Volumen del digestor}}$$

$$\text{Tasa de carga de sólidos, }\frac{\text{kg VS}}{\text{m}^3\cdot\text{d}} = \frac{9080\frac{\text{kg VS}}{\text{d}}}{8171\ \text{m}^3}$$

$$\text{Tasa de carga de sólidos, }\frac{\text{kg VS}}{\text{m}^3\cdot\text{d}} = 1.11$$

La SLR está dentro del rango aceptable para SLR de 0.385 a 2.24 kg VS/m^3•d.

Solución con unidades habituales en los EE. UU.:

Paso 1: Convierta la concentración de lodo de alimentación de porcentaje a mg/L.

$$\frac{5\%}{}\left|\frac{10\ 000\ \text{mg/L}}{1\%}\right| = 50\ 000\ \text{mg/L}$$

Paso 2: Convierta el caudal de lodo de alimentación de gpm a mgd.

$$\frac{41.67 \text{ gal}}{\text{min}} \left| \frac{1440 \text{ min}}{1 \text{ día}} \right| \left| \frac{1 \text{ mill. de gal}}{1\,000\,000 \text{ gal}} \right| = 0.06 \text{ mgd}$$

Paso 3: Halle la masa de VS con la ecuación 3.12.

$$\text{Masa de sólidos volátiles, } \frac{\text{lb}}{\text{d}} = (\text{mg/L})(\text{mgd})(8.34)(\text{\% Volátil})$$

$$\text{Masa de sólidos volátiles, } \frac{\text{lb}}{\text{d}} = (50\,000 \text{ mg/L})(0.06 \text{ mgd})(8.34)(0.80)$$

$$\text{Masa de sólidos volátiles, } \frac{\text{lb}}{\text{d}} = 20\,016$$

Paso 4: Calcule la SLR con la fórmula 3.9.

$$\text{Tasa de carga de sólidos} = \frac{\text{Masa de sólidos volátiles que entra en el digestor}}{\text{Volumen del digestor}}$$

$$\text{Tasa de carga de sólidos, } \frac{\text{lb VS}}{\text{ft}^3\cdot\text{d}} = \frac{20\,016 \frac{\text{lb VS}}{\text{d}}}{288\,000 \text{ ft}^3}$$

$$\text{Tasa de carga de sólidos, } \frac{\text{lb VS}}{\text{ft}^3\cdot\text{d}} = 0.07$$

La SLR está dentro del rango aceptable para SLR de 0.024 a 0.14 lb VS/ft^3•d.

Las tasas de carga también deben mantenerse lo más constantes posible para evitar la posibilidad de alterar el digestor. Los aumentos repentinos en la SLR pueden sobrecargar el sistema de aeración, causando una disminución en las concentraciones de OD, y pueden causar problemas de septicidad y olor. Cuando las tasas de carga se incrementan repentinamente, pueden hacer que el digestor forme espuma.

La tasa de carga del digestor está influenciada por el volumen de líquido en el digestor. Si un tanque digestor está funcionando a la mitad del llenado normal, 3 m (10 ft) en lugar de 6 m (20 ft), y la tasa de alimentación de lodo permanece igual, la tasa de carga de VS se duplicará.

REDUCCIÓN DE SÓLIDOS VOLÁTILES

Dos metas de la digestión aerobia son reducir la masa total de lodos y reducir el porcentaje de VS en el lodo remanente. Las regulaciones 503 consideran que el lodo está estabilizado cuando los VS se han reducido en al menos un 38 %. La Figura 3.10 muestra un ejemplo de un digestor aerobio que recibe 1000 kg de LAP que contiene 80 % de VS. En otras palabras, la alimentación al digestor contiene 800 kg de VS y 200 kg de SNV. Los SNV incluyen material inerte como arena, gravilla y cáscaras de huevo. En este ejemplo, el digestor pudo lograr una reducción del 50 % de VS, lo que significa que la mitad de los 800 kg de VS que ingresaron al digestor se convirtieron en dióxido de carbono, agua y nutrientes. Los 400 kg restantes de VS más los 200 kg de material inerte pasan por el digestor. Terminamos con 600 kg de sólidos digeridos remanentes. Este digestor logró una reducción del 50 % en la masa de VS y una reducción del 40 % en la masa total de lodo.

El digestor de ejemplo que se muestra en la Figura 3.10 redujo la masa de VS y la masa total de sólidos. Debido a que el material inerte y no volátil pasa a través del digestor sin cambios, el porcentaje de VS que permanece en los biosólidos de digestión también disminuye. En otras palabras, los VS se convierten en una parte cada vez más pequeña de los TS que quedan. Observe que el lodo de alimentación contenía 80 % de VS, pero los sólidos digeridos solo contienen 67 % de VS. El porcentaje de VS se calcula usando la ecuación 3.13. La "parte" es el término del que estamos interesados en encontrar el porcentaje y el "todo" es la cantidad total

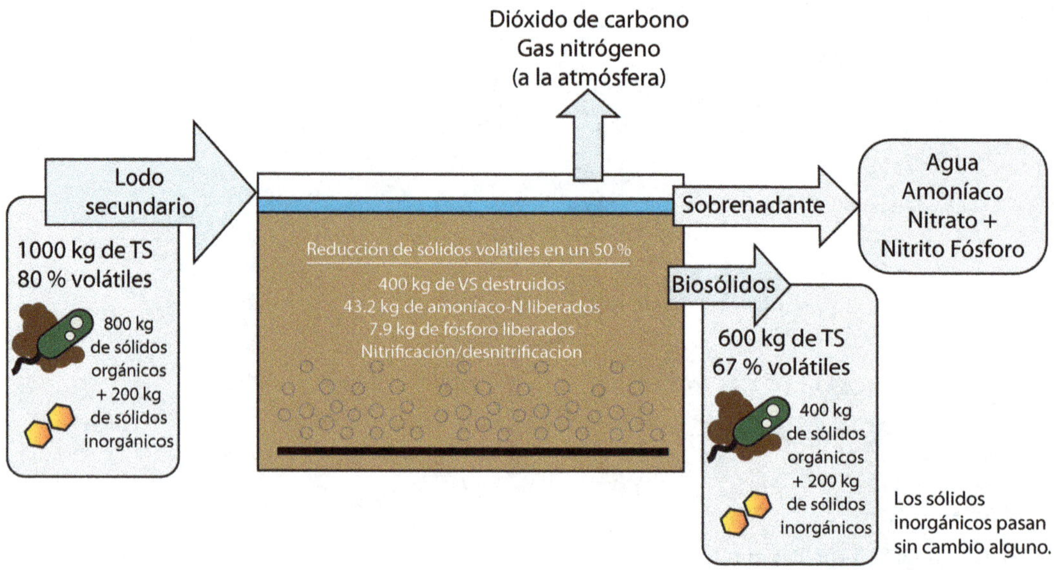

Figura 3.10 Entradas y salidas de un digestor aerobio (reimpreso con permiso de Indigo Water Group)

de sólidos. Tenga en cuenta que los TS (todo) son iguales a los VS (parte) más SNV (parte). Asegúrese de utilizar la "parte" relevante en la ecuación.

$$\text{Porcentaje} = \frac{\text{Parte}}{\text{Todo}} \times 100 \tag{3.13}$$

EJEMPLO DE CÁLCULO

Se eliminó del digestor un total de 600 kg de lodo que contenía 200 kg de arena. Use la ecuación 3.13 para encontrar el porcentaje de VS.

En este ejemplo, 200 kg son los SNV. Para encontrar los VS, primero reste el SNV de los TS. Es por esto que en la ecuación se utilizan 400 kg (VS) en lugar de 200 kg (SNV).

$$\text{Porcentaje} = \frac{\text{Parte}}{\text{Todo}} \times 100$$

$$\text{Porcentaje} = \frac{400\ \text{kg}}{600\ \text{kg}} \times 100$$

$$\text{Porcentaje} = 66.7$$

Si se conocen las masas de VS que entran y salen del digestor, el porcentaje de eliminación se puede calcular utilizando la fórmula de porcentaje de eliminación (ecuación 3.14). Debido a que este método realiza un seguimiento de todas las masas (kg o lb) de sólidos, se denomina *equilibrio de masa.*

$$\text{Eliminación porcentual} = \frac{(\text{Entrante} - \text{Saliente})}{\text{Entrante}} \times 100 \tag{3.14}$$

Para el digestor representado en la Figura 3.10, la masa de VS que ingresa al digestor fue de 800 kg y la masa que salió del digestor fue de 400 kg. Calcule el porcentaje de eliminación de VS.

$$\text{Eliminación porcentual} = \frac{(\text{Entrante} - \text{Saliente})}{\text{Entrante}} \times 100$$

$$\text{Eliminación porcentual} = \frac{(800\ \text{kg} - 400\ \text{kg})}{800\ \text{kg}} \times 100$$

$$\text{Eliminación porcentual} = 50$$

La mayoría de las veces no sabemos exactamente cuántos kg o lb de VS se alimentaron al digestor y cuánto queda. El cálculo de kg o lb totales requiere un registro diligente de cada trocito de lodo enviado al digestor, así como caudalímetros precisos. Afortunadamente, existe un método más simple para calcular el porcentaje de reducción de VS a través de un digestor. La ecuación de Van Kleek estima el %VSR con solo dos datos: el porcentaje de VS en el lodo que ingresa al digestor y el porcentaje de VS en los sólidos digeridos que salen del digestor (ecuación 3.15). Dado que la fórmula se basa en porcentajes, el cálculo es el mismo para las unidades métricas y las habituales en los EE. UU.

$$\text{Reducción de sólidos volátiles, \%} = \left(\frac{VS_{\text{entrantes}} - VS_{\text{salientes}}}{VS_{\text{entrantes}} - (VS_{\text{entrantes}} \times VS_{\text{salientes}})} \right) \times 100\% \qquad (3.15)$$

EJEMPLO DE CÁLCULO

Use la ecuación 3.15 para calcular el porcentaje de reducción de VS para el digestor que se muestra en la Figura 3.10. El lodo de alimentación contiene un 80 % VS y los sólidos digeridos contienen un 67 % VS. Todos los porcentajes deben ingresarse en la ecuación en forma decimal.

$$\text{Reducción de sólidos volátiles, \%} = \left(\frac{VS_{\text{entrantes}} - VS_{\text{salientes}}}{VS_{\text{entrantes}} - (VS_{\text{entrantes}} \times VS_{\text{salientes}})} \right) \times 100$$

$$\text{Reducción de sólidos volátiles, \%} = \left(\frac{0.80 - 0.67}{0.80 - (0.80 \times 0.67)} \right) \times 100$$

$$\text{Reducción de sólidos volátiles, \%} = \left(\frac{0.80 - 0.67}{0.80 - 0.536} \right) \times 100$$

$$\text{Reducción de sólidos volátiles, \%} = \left(\frac{0.13}{0.264} \right) \times 100$$

$$\text{Reducción de sólidos volátiles, \%} = 49.2$$

Cuando resuelva ecuaciones, siempre siga el orden de las operaciones. Primero, busque todo lo que esté elevado a una potencia, como 2 al cuadrado (2^2), y lo que esté entre paréntesis. Estas operaciones matemáticas deben completarse primero. Después, multiplique y divida, seguido de sumas y restas. Trabaja de izquierda a derecha a lo largo de la ecuación siguiendo el orden de las operaciones.

La ecuación de Van Kleek supone que los SNV en el lodo de alimentación se *conservan* durante el proceso de digestión. En otras palabras, no cambian ni en sus características ni en sus cantidades. Esto no siempre es cierto. La acumulación de arena, la mezcla y el muestreo incorrectos y la acumulación de lodo pueden hacer que *parezca* que la masa de SNV está disminuyendo durante el tratamiento. Si eso sucede, ejecutar un equilibrio de masa y usar la ecuación de Van Kleek dará resultados diferentes. Los resultados de la ecuación de Van Kleek no serán tan precisos como el equilibrio de masa y subestimarán el VSR (Switzenbaum, Farrell y Pincince, 2003).

Conservado significa que los SNV no están cambiando.

Hasta cierto punto, cuanto más tiempo permanezcan los sólidos en el digestor, mayor será la destrucción del VS. Al mismo tiempo, los costos eléctricos aumentan con SRT más largos, porque los microorganismos consumen más oxígeno en el proceso y porque se debe evitar que los sólidos se asienten. Para minimizar los costos de aeración, un operador puede querer calcular la concentración más alta de VS que pueden tener los sólidos digeridos y al mismo tiempo cumplir con el requisito mínimo de VSR del 38 %. Tenga en cuenta que menos VSR significa que quedarán más sólidos digeridos (kg o lb) cuando se complete el tratamiento. Se debe poner en consideración el dinero ahorrado en electricidad en contraposición con el dinero gastado en transportar sólidos digeridos hasta su lugar de disposición final.

EJEMPLO DE CÁLCULO

Halle la concentración de VS más alta posible en el lodo digerido cuando el lodo de alimentación contenga un 82 % de VS cumpliendo al mismo tiempo con el requisito de 38 % de VSR.

$$\text{Reducción de sólidos volátiles, \%} = \left(\frac{VS_{\text{entrantes}} - VS_{\text{salientes}}}{VS_{\text{entrantes}} - (VS_{\text{entrantes}} \times VS_{\text{salientes}})} \right) \times 100$$

$$38\% = \left(\frac{0.82 - VS_{salientes}}{0.82 - (0.82 \times VS_{salientes})} \right) \times 100$$

$$0.38 = \frac{0.82 - VS_{salientes}}{0.82 - (0.82 \times VS_{salientes})}$$

$$(0.38)[0.82 - (0.82 \times VS_{salientes})] = 0.82 - VS_{salientes}$$

$$(0.38)(0.82 - 0.82VS_{salientes}) = 0.82 - VS_{salientes}$$

$$0.3116 - 0.3116VS_{salientes} = 0.82 - VS_{salientes}$$

$$-0.3116VS_{salientes} = 0.5084 - VS_{salientes}$$

$$0.6884VS_{salientes} = 0.5084$$

$$VS_{salientes} = 0.74$$

El trabajo inverso en álgebra es complicado. En lugar de resolver como se muestra en el ejemplo, otra opción es adivinar para estimar la concentración de VS requerida en el lodo digerido y resolver la ecuación usando el porcentaje de sólidos volátiles que entran y las concentraciones de VS que salen que se estimaron adivinando. Esta forma de resolución puede requerir múltiples iteraciones porque es poco probable que la primera vez que se adivine se obtenga el resultado correcto. La Tabla 3.6 detalla el porcentaje de VS que debe alcanzarse para que una concentración de VS inicial determinada alcance un mínimo de 38 % de VSR.

La mayoría de los digestores aerobios alcanza entre 35 y 50 % de VSR (WEF et al., 2018). ¿Por qué no pueden hacerlo mejor? ¿Por qué no un 70 % u 80 % de VSR? No todos los VS son biodegradables. Los estudios estiman que entre el 20 y el 35 % de los VS en el lodo secundario no son biodegradables (McKinney, 1963; Park, Abu-Orf y Novak, 2006; Reynolds, 1967; WEF et al., 2018). Al menos, no son biodegradables durante el tiempo que pasan en el digestor. La Figura 3.11 ilustra el %VSR alcanzado en digestores aerobios frente al número de grados-día que los sólidos permanecieron en el digestor. Al principio, cuando el lodo se agrega por primera vez al digestor, la VSR es relativamente rápida, pero después disminuye. El límite práctico para %VSR es de aproximadamente el 50 % a menos que los sólidos en digestión se mantengan durante períodos extraordinariamente largos. Desde la perspectiva del control del proceso, este límite de digestibilidad significa que los operadores deben monitorear los digestores y retirar el lodo tan pronto como se cumpla el requisito de %VSR o SOUR. Mantener sólidos en el digestor durante períodos de tiempo más largos solo aumenta los costos operativos. ¿Por qué aumentan los costos operativos? Toda la energía y todo el aire necesarios para mantener los sólidos en suspensión cuestan dinero. Los SRT largos también pueden hacer que los sólidos sean más difíciles de deshidratar.

Los ingenieros utilizan los grados-días para diseñar digestores aerobios. Es simplemente la temperatura del digestor en grados Celsius (°C) multiplicada por el SRT en días. Por ejemplo, 40 días a 20 °C son 800 grados-día.

REQUISITOS DE OXÍGENO

La aeración proporciona oxígeno a los microorganismos en los sólidos en digestión y mantiene los sólidos en suspensión mediante el suministro de mezclado. Una concentración mínima de OD de 1.0 mg/L debe ser el objetivo en las condiciones de máxima demanda de oxígeno (tasas de carga más altas en el digestor primario), mientras que un OD mínimo de 2.0 mg/L debe ser el objetivo a condiciones promedio (Ahlberg

Cuando dos digestores funcionan en serie, el primer digestor se denomina *digestor primario* y el segundo digestor se denomina *digestor secundario*.

Tabla 3.6 Porcentaje de sólidos volátiles terminados requerido para alcanzar la reducción del 38 % de sólidos volátiles

VS entrantes, %	VS salientes, %	%VSR
70	59.0	38.3
72	61.3	38.4
74	63.7	38.3
76	66.2	38.2
78	68.6	38.4
80	71.0	38.8
82	73.8	38.2
84	76.5	38.0
86	79.2	38.0

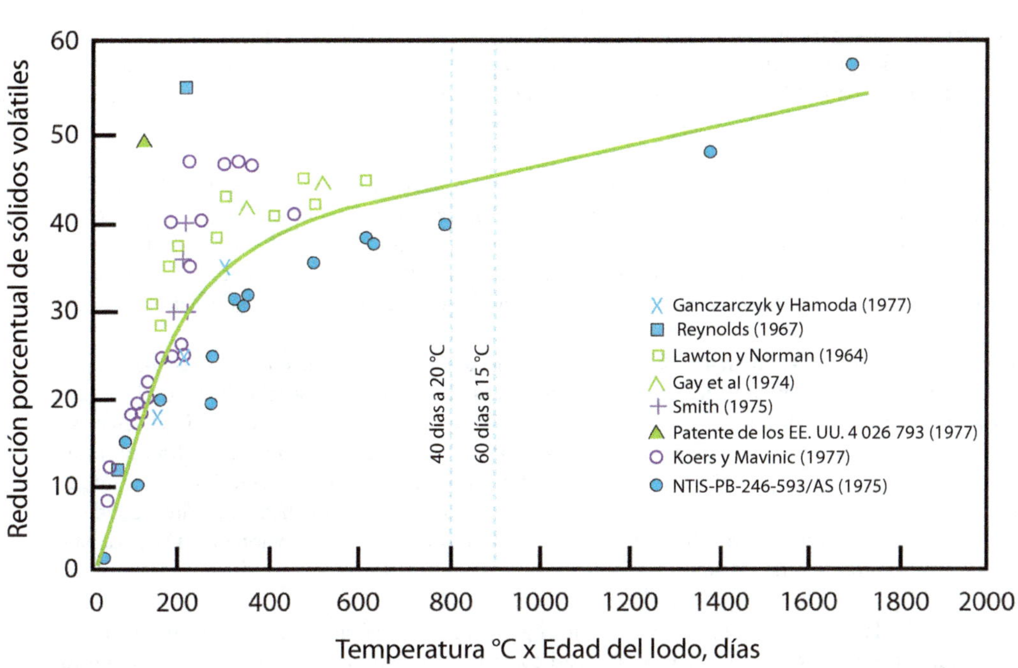

Figura 3.11 Porcentaje de reducción de sólidos volátiles versus grados-días (EPA de los EE. UU., 1979)

y Boyko, 1972; EPA de los EE. UU., 1974, 1978a y 1979; WEF et al., 2018). Los digestores aerobios se pueden operar con concentraciones más bajas de OD, entre 0.5 y 1.0 mg/L, para inhibir la nitrificación. Sin embargo, la investigación muestra que los digestores que funcionan con concentraciones bajas de OD son menos eficientes en la VSR (Arunachalam, Shah y Ju, 2004). Todavía se observa una reducción de sólidos volátiles, pero a una tasa más lenta. Muy poco oxígeno puede causar una digestión incompleta y problemas de olor.

La destrucción de VS aumenta la alcalinidad residual al formar bicarbonato de amonio, la nitrificación consume alcalinidad y la desnitrificación puede recuperar hasta la mitad de la alcalinidad consumida durante la nitrificación. La alcalinidad producida por la destrucción de VS se elimina del digestor durante la decantación.

pH Y ALCALINIDAD

Los procesos de tratamiento biológico funcionan mejor cuando el pH se mantiene entre 6.5 y 9.0 y hay suficiente alcalinidad residual para mantener el pH dentro de ese rango. Los digestores aerobios no son una excepción. Algunos de los primeros manuales sobre la operación de los digestores aerobios afirmaban que si los digestores se operaban a pH bajo de forma constante, los microorganismos se adaptarían a esa condición. Investigaciones más recientes han demostrado que los digestores que funcionan a pH bajo no son tan buenos en la VSR como los que funcionan dentro del rango de pH de 6.5 a 9 (Anderson y Mavinic, 1984).

El pH y la alcalinidad están relacionados, pero uno no puede usarse para predecir el otro. El pH es el logaritmo negativo de la concentración de iones de hidrógeno en unidades estándar o SU. Debido a que el pH está en una escala logarítmica, la concentración de iones de hidrógeno a pH 4 será 10 veces la concentración de iones de hidrógeno a pH 5 y 100 veces la concentración a pH 6. Pequeños cambios en el pH significan grandes cambios en la concentración de iones de hidrógeno. Es importante mantener el digestor a un pH superior a 6.0 SU en todo momento. Una caída del pH por debajo de 6 puede matar los microorganismos en el proceso y puede requerir que se vuelva a inocular el digestor con microorganismos vivos. Si los microorganismos mueren, se detendrá la digestión. Si el pH del digestor cae por debajo de 6.5 SU, se puede agregar cal, soda cáustica o bicarbonato de sodio para elevar el pH. Una regla general es agregar 1 kg de cal por cada 1000 kg de lodo en digestión (1 libra de cal por cada 1000 lb de lodo en digestión); sin embargo, se deben realizar ensayos de jarra en laboratorio para evitar una dosis excesiva y un pico repentino en el pH, lo que podría dañar aún más el proceso.

El inóculo utiliza microorganismos vivos, generalmente de otra instalación de aguas residuales, y los agrega a un proceso de tratamiento. La meta es poner en línea un proceso rápidamente o reiniciar un proceso existente proporcionando una gran masa de microorganismos activos vivos en lugar de esperar a que crezcan por sí mismos.

El bicarbonato de sodio tiene varias ventajas sobre la cal. No puede causar un pico repentino en el pH, por lo que los operadores pueden agregar una gran cantidad de alcalinidad sin causar un gran cambio en el pH. En segundo lugar, el bicarbonato de sodio no es peligroso y no requiere una manipulación especial como la cal.

La *alcalinidad* es la capacidad de *buffer* y se expresa como mg/L como $CaCO_3$. Es una medida de cuánto ácido se puede agregar al agua antes de que haya un gran cambio en el pH. En los procesos de tratamiento de aguas residuales, la mayor parte de la alcalinidad proviene del ion de bicarbonato disuelto (HCO_3^-). El ion de bicarbonato proporciona una gran capacidad de *buffer* (absorción de ácido) entre aproximadamente un pH 6.3 y un pH 10.3, que cubre el rango de pH necesario para el tratamiento biológico (pH 6.5 a 9). Si se agrega suficiente ácido al agua para agotar toda la capacidad de *buffer*, el pH puede caer repentinamente hasta 4.5 SU, aunque las caídas por debajo de 5.5 SU son raras (WEF et al., 2018). Cuando esto sucede, se dice que el digestor se ha puesto agrio. Idealmente, la alcalinidad en el sobrenadante del digestor debe mantenerse por encima de 100 mg/L como $CaCO_3$ para prevenir una caída repentina del pH.

La alcalinidad y el pH están relacionados porque el agua con alta alcalinidad generalmente tendrá un pH superior a 7 SU. Recuerde que el pH está en una escala logarítmica. Los pequeños cambios en el pH en realidad son grandes cambios en la concentración de iones de hidrógeno (ácido). Se deben medir ambos parámetros de forma regular para saber qué está sucediendo en el digestor. Se debe monitorear la alcalinidad del sobrenadante del digestor al menos tres veces por semana, mientras que el pH se debe monitorear diariamente.

Las bacterias nitrificantes consumen 4.57 kg de oxígeno por cada 1 kg de amoníaco que se convierte en nitrato. La conversión también produce ácido, que puede reducir el pH en el digestor. Por cada 1 mg/L de amoníaco convertido en nitrato, se consumirán 7.14 mg/L de alcalinidad como $CaCO_3$. Las bacterias nitrificantes son aerobios estrictos y deben disponer de OD para funcionar; prefieren tener disponible al menos 2 mg/L de OD. Cuando el OD cae por debajo de 1.5 mg/L, se inhibirán las bacterias nitrificantes. Cuando cae por debajo de 1 mg/L, la nitrificación se hará mucho más lenta significativamente y puede detenerse. Si el pH en un digestor está bajando, puede ser útil reducir la concentración de OD por debajo de 1.5 mg/L para inhibir la nitrificación.

La desnitrificación, la conversión de nitrato en gas nitrógeno, genera alcalinidad. Por cada 1 mg/L de nitrato desnitrificado, se producirán 3.57 mg/L de alcalinidad como $CaCO_3$. Un método simple para moderar los cambios de pH en los digestores aerobios es encender y apagar el aire para estimular la desnitrificación. Generalmente, el tiempo sin aire debe ser aproximadamente una cuarta parte del tiempo total. Si no es posible o no es deseable apagar el aire por completo, entonces disminuya el OD en el tanque del digestor por debajo de 0.5 mg/L. Esto mantendrá los sólidos en suspensión al mismo tiempo que fomenta la desnitrificación en las partículas floculadas más grandes.

Los tanques de digestor cubiertos pueden atrapar el exceso de dióxido de carbono producido por la respiración endógena. El dióxido de carbono acumulado se disuelve posteriormente en el lodo en digestión. El dióxido de carbono se convierte en ácido carbónico en agua. Esta reacción puede consumir alcalinidad y hacer que el pH baje, incluso cuando no hay presentes bacterias nitrificantes. Si la alcalinidad y el pH del digestor están disminuyendo, puede ser necesario ventilar y expulsar el dióxido de carbono atrapado debajo de las cubiertas del digestor.

DECANTACIÓN

Es una práctica común eliminar el exceso de agua de los digestores aerobios por decantación. La decantación espesa los sólidos dentro del digestor. La decantación se logra con mayor frecuencia en un digestor apagando el aire y los mezcladores durante varias horas y permitiendo que los sólidos se asienten en el fondo del depósito. Se debe formar una capa de sobrenadante en la parte superior del digestor. El sobrenadante contendrá sólidos en suspensión y puede ser similar en apariencia al efluente primario y ser de un color pajizo claro a casi negro. El producto de la decantación puede eliminarse dejándolo que desborde por un vertedero o por bombeo.

Algunos digestores están equipados con tuberías que desembocan en el digestor a diferentes alturas. Estas tuberías se pueden utilizar para eliminar el sobrenadante por gravedad o por bombeo. Otros están equipados con válvulas telescópicas para eliminar el producto de la decantación. Una restricción de las válvulas telescópicas es su limitada distancia de recorrido, lo que puede reducir la cantidad de producto de la decantación que se puede eliminar. Algunos sistemas incorporan un depósito de sedimentación separado similar a un espesador por gravedad (Figura 3.5). Estos sistemas decantan continuamente cuando se agregan sólidos al digestor. Los sólidos que entran en el digestor fuerzan el producto de la decantación hacia afuera. En estos sistemas, los sólidos en digestión se ciclan entre el digestor y el depósito de sedimentación. El sobrenadante se descarga desde la parte superior del espesador por gravedad.

Un *juez de lodos* es un tubo largo y flexible con una válvula en un extremo. Suele tener 4.6 m (15 ft) de largo. El juez de lodos se baja con cuidado al digestor con la válvula inferior abierta. Cuando el extremo llega al fondo, un tirón rápido cierra la válvula. Cuando el juez de lodos se retira del tanque, las capas de sólidos sedimentados, el sobrenadante y los sólidos flotantes son claramente visibles. Los jueces de lodos tienen marcas a intervalos de 0.3 m (1 ft). Un juez de lodos también se puede denominar *tomador de núcleos* o *muestreador de desechos líquidos compuestos* o *CoLiWaSa*.

La desnitrificación puede hacer que algunos de los sólidos sedimentados vuelvan a subir a la superficie. Cuando se produce la desnitrificación, el sobrenadante se puede intercalar entre capas de sólidos sedimentados y sólidos flotantes. Algunos digestores aerobios están equipados con múltiples puntos de desembalse para el sobrenadante y los sólidos sedimentados. Se puede usar un juez de lodos o un extractor de núcleo para determinar la profundidad de la capa de sobrenadante. Posteriormente, el operador puede usar el punto de desembalse más cercano para minimizar la cantidad de sólidos capturados durante la extracción del sobrenadante.

La concentración máxima de TS que se puede alcanzar solo por decantación es de aproximadamente 1.75 % (Daigger y Bailey, 2000). Se pueden agregar cal u otros floculantes al digestor para facilitar la sedimentación de los sólidos en digestión y eliminar el sobrenadante. En este caso, se pueden alcanzar concentraciones de sólidos más altas. Se puede utilizar la ecuación normal dos (ecuación 3.16) para determinar cuánto volumen de producto de la decantación debe eliminarse para lograr una concentración de TS deseada o para determinar la concentración de TS en un digestor después de la decantación. La ecuación supone que sale una masa mínima de sólidos en la producto de la decantación. Piense en el lado izquierdo de la ecuación como la condición inicial y el lado derecho de la ecuación como la condición final.

$$\text{Concentración}_1 \times \text{Volumen}_1 = \text{Concentración}_2 \times \text{Volumen}_2$$

$$\text{o bien} \tag{3.16}$$

$$C_1 \times V_1 = C_2 \times V_2$$

EJEMPLO DE CÁLCULO

Un digestor aerobio contiene 8171 m³ (288 000 ft³) de sólidos en digestión a una concentración de 1.8 % de TS. (a) ¿Qué cantidad de producto de la decantación debe eliminarse del digestor para lograr una concentración de TS de 3.0 %? (b) ¿Cuántos m (ft) de sólidos de digestión permanecerán en el digestor una vez que se complete la decantación? El digestor mide 36.6 m (120 ft) de largo por 36.6 m (120 ft) de ancho.

Solución con unidades del sistema estándar internacional:

Paso 1: Halle el nuevo volumen en el digestor con la ecuación 3.16. Las unidades de V_1 y V_2 deben coincidir y las unidades de C_1 y C_2 deben coincidir.

$$\text{Concentración}_1 \times \text{Volumen}_1 = \text{Concentración}_2 \times \text{Volumen}_2$$

$$(1.8\%)(8171\ \text{m}^3) = (3.0\%)(\text{Volumen}_2)$$

$$14\ 707.8\ \%\cdot\text{m}^3 = (3.0\%)(\text{Volumen}_2)$$

$$4902.6\ \text{m}^3 = \text{Volumen}_2$$

Las unidades $\%\cdot\text{m}^3$ pueden parecer extrañas, pero al final se cancelan, dejando solo m³.

Paso 2: Halle el volumen de producto de la decantación que debe eliminarse del digestor. Para ello, reste el volumen eliminado del volumen inicial.

$$8171\ \text{m}^3 - 4902.6\ \text{m}^3 = 3268.4\ \text{m}^3$$

Paso 3: Use la fórmula de volumen para Hallar el nuevo nivel de llenado.

$$\text{Volumen} = \text{Largo} \times \text{Ancho} \times \text{Profundidad}$$

$$4902.6\ \text{m}^3 = (36.6\ \text{m})(36.6\ \text{m})(\text{Profundidad})$$

$$4902.6\ \text{m}^3 = (1339.56\ \text{m}^2)(\text{Profundidad})$$

$$3.66\ \text{m} = \text{Profundidad}$$

Solución con unidades habituales en los EE. UU.:

Paso 1: Halle el nuevo volumen en el digestor con la ecuación 3.16. Las unidades de V_1 y V_2 deben coincidir y las unidades de C_1 y C_2 deben coincidir.

$$\text{Concentración}_1 \times \text{Volumen}_1 = \text{Concentración}_2 \times \text{Volumen}_2$$

$$(1.8\%)(288\ 000\ \text{ft}^3) = (3.0\%)(\text{Volumen}_2)$$

$$518\ 400\ \%\text{"}\text{ft}^3 = (3.0\%)(\text{Volumen}_2)$$

$$172\ 800\ \text{ft}^3 = \text{Volumen}_2$$

Las unidades % • ft^3 pueden parecer extrañas, pero al final se cancelan, dejando sólo ft^3.

Paso 2: Halle el volumen de producto de la decantación que debe eliminarse del digestor. Para ello, reste el volumen eliminado del volumen inicial.

$$288\ 000\ ft^3 - 172\ 800\ ft^3 = 115\ 200\ ft^3$$

Paso 3: Use la fórmula de volumen para Hallar el nuevo nivel de llenado.

$$\text{Volumen} = \text{Largo} \times \text{Ancho} \times \text{Profundidad}$$

$$172\ 800\ ft^3 = (120\ ft)(120\ ft)(\text{Profundidad})$$

$$172\ 800\ ft^3 = (14\ 400\ ft^2)(\text{Profundidad})$$

$$12\ ft = \text{Profundidad}$$

Tenga en cuenta que cuando se restablecen la aeración y el mezclado es probable que el digestor libere sulfuro de hidrógeno, disulfuro de dimetilo, metilmercaptano y otros compuestos que causan olores. Cuanto más dure el ciclo de sedimentación y decantación, más fuertes serán los olores. Cuando los digestores están cubiertos o están dentro de un edificio, es posible que se libere suficiente sulfuro de hidrógeno para crear una atmósfera peligrosa. Puede que sea necesario realizar un seguimiento atmosférico.

FACTORES QUE AFECTAN LA DECANTACIÓN

Varios factores afectarán la facilidad con que el lodo en digestión sedimenta y se separa del sobrenadante, incluida la concentración de sólidos, el SRT, el tamaño de las partículas, la presencia de filamentos, la temperatura del agua y la desnitrificación.

CONCENTRACIÓN DE SÓLIDOS

A medida que aumenta la concentración de sólidos en el digestor, se hace más difícil sedimentar los sólidos. A medida que aumenta la concentración de lodo, naturalmente las partículas de lodo estarán más juntas. Su proximidad significa que habrá más colisiones entre las partículas a medida que sedimentan, una condición llamada *sedimentación retardada*. En la sedimentación retardada las partículas chocan y después se separan hacia arriba, hacia los lados y en cualquier otro ángulo, incluso hacia abajo. Este movimiento direccional alternativo hace más lenta la sedimentación, por lo que los sólidos pueden tardar más en llegar al fondo del digestor. Una vez que los sólidos están en el fondo del digestor, solo se compactarán hasta cierto punto. A medida que las partículas se aprietan unas con otras, se contraen las aberturas y las vías por las que el agua podrían haber podido escapar. Las moléculas de agua quedan atrapadas dentro del manto de sólidos sedimentados. Finalmente, las partículas de lodo generalmente tienen carga negativa y se repelen entre sí. Cuanto más se acerquen las partículas, más repulsión natural habrá. Piense en ello como intentar juntar los polos cargados negativamente de dos imanes. Por estas razones, será más fácil decantar a concentraciones de sólidos más bajas que a concentraciones de sólidos más altas.

TIEMPO DE RETENCIÓN DE SÓLIDOS Y TAMAÑO DE LAS PARTÍCULAS

El tiempo de retención de sólidos y el tamaño de las partículas están relacionados. A medida que los sólidos se mantienen en el digestor durante períodos de tiempo más prolongados, los microorganismos consumen cada vez más del exopolímero que ayuda a mantener las partículas de flóculo unidas. Los SRT más largos en el digestor dan como resultado partículas de flóculo cada vez más pequeñas. Las partículas más pequeñas se sedimentan más lentamente, lo que significa que puede llevar mucho más tiempo sedimentar los sólidos antes de decantar. Las partículas más pequeñas también pueden dificultar la deshidratación de los lodos aerobios en los procesos aguas abajo.

ÍNDICE DE VOLUMEN DE LODO Y FILAMENTOS

Las bacterias filamentosas crecen tanto en el proceso de lodo activado como en los digestores. Los filamentos que se extienden más allá de los bordes de las partículas floculadas crean resistencia y hacen más lenta la velocidad de sedimentación. La formación de puentes, cuando dos o más partículas floculadas pequeñas están conectadas por filamentos, provoca una sedimentación extremadamente lenta. La mayoría de los filamentos crecen lentamente y se acumulan en mayor número con SRT más largos. El personal de operaciones puede ver una correlación entre los índices de volumen de lodo (SVI) altos en el proceso de lodo activado y la necesidad de tiempos sin ventilación más prolongados antes de la decantación. Los SVI altos y la baja capacidad de sedimentación en el digestor también harán que el lodo sea más difícil de deshidratar en los procesos aguas abajo.

TEMPERATURA

La temperatura afecta la capacidad de sedimentación del lodo porque a medida que el agua se enfría, se vuelve más densa. La densidad entre el agua y los flóculos es reducida, por lo que los cambios en la densidad del agua provocan una sedimentación más lenta. Se observa un fuerte patrón estacional en muchas instalaciones en sus procesos de lodo activado donde el volumen de lodo sedimentado a los cinco minutos (SSV_5) es mucho menor en el verano que en el invierno. El mismo fenómeno puede ocurrir en digestores aerobios, incluso cuando no hay filamentos presentes. Incluso con una sedimentación más lenta, se pueden lograr las mismas concentraciones de lodo sedimentado. Solo llevará más tiempo con agua fría que con agua tibia.

COMPROBACIÓN DE CONOCIMIENTOS

1. **La SLR y el SRT están relacionados.**
   - ☐ Verdadero
   - ☐ Falso

2. **Al calcular la SLR, se utilizan los TS del lodo de alimentación.**
   - ☐ Verdadero
   - ☐ Falso

3. **La fórmula de masa se puede modificar para calcular kg (lb) o kg/d (lb/d) según se utilice el volumen de depósito o el caudal de entrada o salida del depósito.**
   - ☐ Verdadero
   - ☐ Falso

4. **El nivel de llenado del digestor no tiene impacto en la tasa de carga de VS.**
   - ☐ Verdadero
   - ☐ Falso

5. **Si se conoce el pH, se puede calcular la concentración de alcalinidad.**
   - ☐ Verdadero
   - ☐ Falso

6. **Un digestor aerobio mide 91.4 m (300 ft) de largo, 30.5 m (100 ft) de ancho y 6.1 m (20 ft) de profundidad. Cada día, se agregan 757.1 m³ (200 000 gpd) de LAP al digestor. El LAP espesado contiene 4.2 % de TS y es 80 % volátil. ¿Cuántos kg (lb) de VS se agregan al digestor cada día?**
   a. 22 806 kg/d (50 226 lb/d)
   b. 25 439 kg/d (56 045 lb/d)
   c. 28 508 kg/d (62 832 lb/d)
   d. 31 798 kg/d (70 056 lb/d)

7. **Un digestor aerobio mide 91.4 m (300 ft) de largo, 30.5 m (100 ft) de ancho y 6.1 m (20 ft) de profundidad. Cada día, se agregan 757.1 m³ (200 000 gpd) de LAP al digestor. El LAP espesado contiene 4.2 % de TS y es 80 % volátil. ¿Cuál es la tasa de carga de VS al digestor?**
   a. 1.5 kg/m³•d (0.09 lb/ft³)
   b. 1.8 kg/m³•d (0.11 lb/ft³)
   c. 3.0 kg/m³•d (0.18 lb/ft³)
   d. 3.6 kg/m³•d (0.22 lb/ft³)

8. **Las tasas de carga de sólidos volátiles a los digestores aerobios deben mantenerse tan constantes como sea posible para:**
   a. Incrementar el espumaje
   b. Maximizar los olores
   c. Facilitar los cálculos
   d. Minimizar las molestias

9. **Un digestor aerobio recibió 12 000 kg (5500 lb) de VS. Después de 40 días, solo quedaban 7200 kg (3300 lb). ¿Qué porcentaje de VS fueron destruidos?**
   a. 30 %
   b. 40 %
   c. 60 %
   d. 80 %

10. **Un digestor aerobio se alimenta con 15 000 kg (6800 lb) de TS que son 75 % volátiles. Una vez completada la digestión, ¿cuántos kg (lb) de sólidos inertes quedarán?**
    a. 3750 kg (1700 lb)
    b. 7500 kg (3400 lb)
    c. 11 250 kg (5100 lb)
    d. 13 000 kg (5900 lb)

11. **Un digestor aerobio recibe una mezcla de lodo primario y secundario que contiene 82 % de VS. Los sólidos digeridos que salen del digestor contienen 73 % de VS. Calcule el porcentaje de reducción de VS a través del digestor.**
    a. 9.0 %
    b. 38.2 %
    c. 40.7 %
    d. 59.9 %

12. **Los digestores normalmente no alcanzan más del 50 % de VSR porque:**
    a. Los sólidos no volátiles en el lodo de alimentación no son biodegradables.
    b. Algunos VS en el lodo de alimentación no son biodegradables.
    c. 50 % es el límite del cálculo de VSR.
    d. La mayoría de los digestores no tienen SRT lo suficientemente largos.

13. Un digestor es operado a 22 °C (71.6 °F) y con un SRT de 42 días. ¿Cuántos grados-días es esto?

a. 528
b. 924
c. 1800
d. 3007

14. Los digestores aerobios funcionan mejor a un pH más cercano a:

a. 4
b. 7
c. 10
d. 12

15. Un digestor aerobio se considera agrio cuando:

a. La alcalinidad es superior a 100 mg/L
b. La SLR es superior a 0.3 lb de DBO/ft³•d
c. El pH cae por debajo de 6.5 SU
d. La concentración de CO_2 supera las 400 ppm

16. Un método para prevenir una mayor caída del pH en un digestor aerobio es:

a. Agregar ácido clorhídrico o cítrico
b. Incrementar el tiempo de retención de sólidos
c. Asegurarse de que las escotillas de los tanques cubiertos están cerradas
d. Reducir la concentración de OD para inhibir la nitrificación

17. Cambiar un digestor aerobio entre condiciones aerobias y anóxicas:

a. Reduce las concentraciones de nitratos
b. Aumenta los costos generales en energía
c. Disminuye la alcalinidad del sobrenadante
d. Acentúa la VSR

18. Un efecto secundario de operar digestores aerobios a concentraciones de OD por debajo de 1.0 mg/L es:

a. Incremento en la eliminación de amoníaco
b. Disminución de la destrucción de VS
c. Mayor producción de nitratos
d. Mejor sedimentación durante la decantación

19. La decantación puede aumentar la concentración de TS en un digestor a aproximadamente _______ sin agregar productos químicos.

a. 0.5 %
b. 2.0 %
c. 3.5 %
d. 5.0 %

20. Un digestor contiene 17 005 m³ (600 000 ft³) de sólidos en digestión con una concentración de TS del 1.5 %. Se deja que el contenido del digestor se sedimente y se eliminan 7895 m³ (278 571 ft³) de sobrenadante del digestor. Una vez que se reanudan la aeración y el mezclado, ¿cuál será la nueva concentración de TS en el digestor?

a. 0.8 %
b. 1.9 %
c. 2.6 %
d. 2.8 %

21. La concentración de sólidos en un digestor aerobio es del 3.5 %. El operador ha apagado el aire durante varias horas, pero no puede conseguir que se forme una capa de sobrenadante. ¿Cuál es la razón más probable?

a. Ya se ha alcanzado la concentración máxima.
b. Las partículas de sólidos son demasiado grandes para compactarlas.
c. El pH bajo evita que se produzca la coagulación.
d. La temperatura del agua está dificultando la sedimentación.

22. Normalmente, el aire y la mezcla solo deben apagarse en un digestor en particular durante unas horas antes de que se acumulen varios pies de sobrenadante. Hoy, el aire ha estado apagado durante 12 horas, pero los sólidos no se sedimentan. La concentración de sólidos en el digestor es de solo 1.5 % TS. ¿Cuál es la causa más probable?

a. La temperatura del agua es demasiado cálida.
b. Hay bacterias filamentosas presentes.
c. Hay SRT más cortos y partículas más grandes.
d. El operador olvidó agregar cal.

Control del proceso

En la mayoría de las instalaciones, los digestores aerobios funcionan como procesos autorregulables con muy bajo requerimiento de control de proceso. Básicamente, el control de procesos consta de lo siguiente:

- Gestión del lodo de alimentación para mantener una tasa de alimentación al digestor lo más constante posible sin sobrecargarlo. Las descargas y sobrecargas contaminantes pueden causar espumaje, bajo OD y olores.
- Cumplir las metas de tratamiento para la destrucción de VS o SOUR y asegurar un SRT adecuado para la temperatura del digestor.
- Mantener la salud de los microorganismos con el pH y el OD dentro de los límites.
- Mantener los sólidos en suspensión con aeración y mezclado.
- Decantación según sea necesario para dejar espacio para alimentar más lodo y maximizar el SRT. No todas las instalaciones se decantan.
- Gestión de la decantación para minimizar el impacto en los procesos unitarios de flujo de líquidos.
- Minimizar los costos de operación y las concentraciones de nitrógeno total cambiando el digestor entre condiciones aerobias y anóxicas.
- Optimización de los procesos aguas arriba para minimizar la acumulación de arena y trozos de tela en el digestor.
- Espesamiento previo de lodo de alimentación como se describe en el Capítulo 2, "Espesamiento", para maximizar el SRT y minimizar la necesidad de decantación. No todas las instalaciones espesan previamente.

Se puede lograr la operación aerobia-anóxica ya sea (a) encendiendo y apagando el aire o (b) funcionando a bajas concentraciones de OD para permitir que ocurra la nitrificación y desnitrificación simultáneas.

Cada mg/L de nitrógeno nitrato utilizado durante la desnitrificación equivale a 2.86 mg/L de OD. La desnitrificación ahorra dinero al disminuir la cantidad de OD requerido. Eso significa menos uso de electricidad por el equipo de aeración.

SOBRENADANTE

Para digestores simples o digestores múltiples operados en paralelo, la sedimentación y la decantación se realizan normalmente en un digestor a la vez. El lodo de alimentación se desvía a un digestor mientras que el lodo espesado y el producto de la decantación se retiran de otro (Figura 3.6). Esto minimiza la posibilidad de que el lodo no digerido o parcialmente digerido provoque un cortocircuito en el digestor y termine en el lodo extraído. Cuando los digestores funcionan en serie, normalmente solo se decanta el digestor secundario. Debido a que la mayor parte de la respiración endógena tiene lugar en el digestor primario y a que se ha consumido la mayor parte del material orgánico, existe menor riesgo de generar olores al dejar el aire apagado durante un período de tiempo prolongado.

Un cortocircuito ocurre cuando el agua o el lodo se mueven a través de un depósito más rápido que el tiempo de detención hidráulica promedio calculada.

Las metas de la decantación son las siguientes:

- Aumentar la concentración de TS en el digestor secundario.
- Aumentar el SRT del digestor.
- Aumentar la concentración de lodo de alimentación a los dispositivos de deshidratación aguas abajo para mejorar el desempeño y aumentar el porcentaje de sólidos en la torta terminada.

Cuando dos digestores funcionan en serie, el primer digestor se denomina *digestor primario* y el segundo digestor se denomina *digestor secundario*.

El capítulo 5 trata sobre los dispositivos de deshidratación.

Los sólidos espesados producidos por la deshidratación se denominan *torta*.

Dejar que los sólidos digeridos sedimenten correctamente antes de eliminar el sobrenadante. El tiempo de sedimentación requerido se puede estimar realizando una prueba de sedimentación en laboratorio. Antes de eliminar el sobrenadante, el equipo de aeración/mezcla debe apagarse durante el período mínimo indicado por la prueba de sedimentación. La eliminación del sobrenadante debe ser frecuente para minimizar el impacto de grandes y sostenidos flujos de retorno del sobrenadante en el flujo líquido. Por ejemplo, si se elimina 1 m (3 ft) de sobrenadante del digestor cada 3 días, en su lugar se puede eliminar un tercio de un metro (1 ft) de sobrenadante a diario. Cuando sea posible, el sobrenadante debe retornarse durante los períodos de caudal bajo. Para la mayoría de las instalaciones, esto será temprano en la mañana o tarde en la noche. No se debe agregar lodo nuevo al digestor durante la decantación.

El sobrenadante reciclado tiene el potencial de afectar el funcionamiento del flujo líquido, en particular la eliminación de nutrientes. El impacto que tenga dependerá de las concentraciones de cada componente (SST, DBO, amoníaco, nitrato y fósforo) y qué tan rápido se devuelve el sobrenadante. En una WRRF, los caudales de los flujos de reciclado que contienen sólidos suelen promediar entre el 5 % y el 10 % del caudal de entrada, pero se han observado hasta del 20 al 30 % del caudal medio de entrada (Daigger, 1998). Los flujos de reciclaje incluyen los de espesamiento, decantación y deshidratación. El sobrenadante generalmente se devuelve al flujo líquido en un punto aguas abajo del monitoreo y muestreo del flujo del caudal de entrada, pero aguas arriba del tratamiento secundario (Figura 3.12). Por lo general, estos procesos no se operan de forma continua,

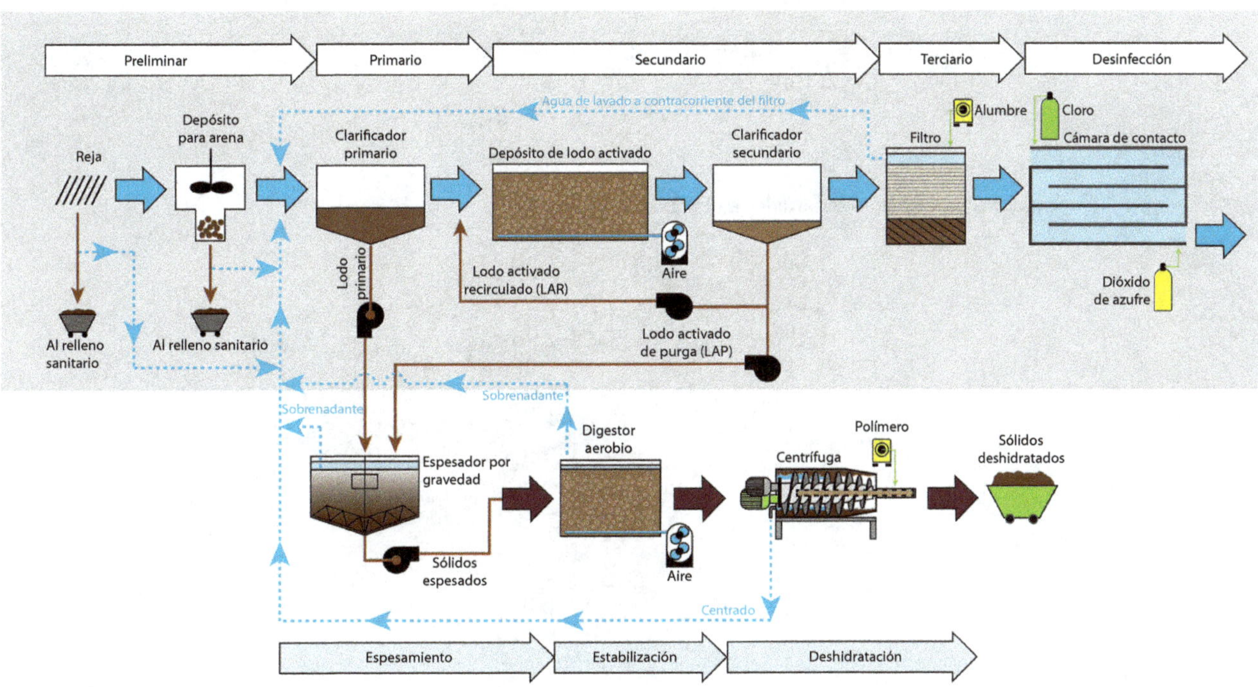

Figura 3.12 Reciclado de procesos de manipulación de sólidos a corriente líquida (reimpreso con permiso de Indigo Water Group)

lo que significa que los flujos de reciclaje solo regresan al flujo líquido por un tiempo limitado durante el día. Aunque pueden ser solo del 5 al 10 % del flujo del caudal de entrada diario promedio, el porcentaje instantáneo o por hora puede ser mucho mayor.

Usemos la ecuación normal tres (3.17) para ver el impacto potencial de la decantación del digestor en la concentración de fósforo total o FT de caudal de entrada. La ecuación normal dos (3.16) funciona bien cuando estamos concentrando o diluyendo. En ese caso, todo el Volumen_1 se incluye en el Volumen_2 o viceversa. La ecuación normal tres es necesaria cuando las dos cosas que se mezclan son aditivas. En otras palabras, cuando el volumen final (Volumen_3) será Volumen_1 más Volumen_2. Al igual que con la ecuación normal dos, Volumen_1 y Volumen_2 pueden ser volumen o caudal.

$$(\text{Concentración}_1 \times \text{Volumen}_1) + (\text{Concentración}_2 \times \text{Volumen}_2) = (\text{Concentración}_3 \times \text{Volumen}_3)$$

o bien (3.17)

$$(C_1 \times V_1) + (C_2 \times V_2) = (C_3 \times V_3)$$

EJEMPLO DE CÁLCULO

Una WRRF tiene un digestor aerobio que se decanta dos veces por semana. El caudal promedio diario del caudal de entrada es de 18 925 m^3/d (5 mgd) y promedia 7 mg/L de PO_4-P. Si el digestor se decantara todos los días, el volumen de decantación sería aproximadamente el 10 % del caudal de entrada promedio. Sin embargo, este digestor solo se decanta dos veces por semana por lo que el volumen de decantación que se devuelve en esos días es de 6624 m^3/d (1.75 mgd). Los análisis de laboratorio muestran que la concentración de PO_4-P en el producto de la decantación es de 80 mg/L. Si el producto de la decantación se devuelve lentamente durante un período de 24 horas, ¿cuál será la nueva concentración de fósforo del caudal de entrada?

Solución con unidades del sistema estándar internacional:

$$(C_1 \times V_1) + (C_2 \times V_2) = (C_3 \times V_3)$$

$$\left(7\frac{\text{mg}}{\text{L}} \times 18\,925\frac{\text{m}^3}{\text{d}}\right) + \left(80\frac{\text{mg}}{\text{L}} \times 6624\frac{\text{m}^3}{\text{d}}\right) = \left(C_3 \times 25\,549\frac{\text{m}^3}{\text{d}}\right)$$

$$\left(132\,475\frac{\text{mg}}{\text{L}} \times \frac{\text{m}^3}{\text{d}}\right) + \left(529\,920\frac{\text{mg}}{\text{L}} \times \frac{\text{m}^3}{\text{d}}\right) = \left(C_3 \times 25\,549\frac{\text{m}^3}{\text{d}}\right)$$

$$662\,395\frac{\text{mg}}{\text{L}} \times \frac{\text{m}^3}{\text{d}} = \left(C_3 \times 25\,549\frac{\text{m}^3}{\text{d}}\right)$$

$$26\frac{\text{mg}}{\text{L}} = C_3$$

Solución con unidades habituales en los EE. UU.:

$$(C_1 \times V_1) + (C_2 \times V_2) = (C_3 \times V_3)$$

$$\left(7\frac{\text{mg}}{\text{L}} \times 5\text{ mgd}\right) + \left(80\frac{\text{mg}}{\text{L}} \times 1.75\text{ mgd}\right) = (C_3 \times 6.75\text{ mgd})$$

$$\left(35\frac{\text{mg}}{\text{L}} \times \text{mgd}\right) + \left(140\frac{\text{mg}}{\text{L}} \times \text{mgd}\right) = (C_3 \times 6.75\text{ mgd})$$

$$175\frac{\text{mg}}{\text{L}} \times \text{mgd} = (C_3 \times 6.75\text{ mgd})$$

$$26\frac{\text{mg}}{\text{L}} = C_3$$

La concentración de fósforo en el caudal de entrada aumentó de 7 mg/L a 26 mg/L cuando se devolvió la decantación. ¿Cómo afectará esto al sistema de alimentación química si se utiliza cloruro férrico para precipitar fósforo? ¿Qué pasa si esta WWTF tiene un límite bajo permitido de descarga para fósforo? ¿El impacto del flujo de reciclaje sería más pronunciado si todo el producto de la decantación se devolviera en un período de tiempo más corto? ¿Solo durante el turno de día, por ejemplo? ¿Podría el operador de esta instalación minimizar el impacto decantando más a menudo? Hagamos el cálculo nuevamente, pero esta vez el digestor se decantará 5 días a la semana en lugar de 2. El volumen de producto de la decantación desciende a 2650 m^3/d (0.7 mgd).

Solución con unidades del sistema estándar internacional:

$$(C_1 \times V_1) + (C_2 \times V_2) = (C_3 \times V_3)$$

$$\left(7\frac{\text{mg}}{\text{L}} \times 18\,925\frac{\text{m}^3}{\text{d}}\right) + \left(80\frac{\text{mg}}{\text{L}} \times 2650\frac{\text{m}^3}{\text{d}}\right) = \left(C_3 \times 21\,575\frac{\text{m}^3}{\text{d}}\right)$$

$$\left(132\,475\frac{\text{mg}}{\text{L}} \times \frac{\text{m}^3}{\text{d}}\right) + \left(212\,000\frac{\text{mg}}{\text{L}} \times \frac{\text{m}^3}{\text{d}}\right) = \left(C_3 \times 21\,575\frac{\text{m}^3}{\text{d}}\right)$$

$$344\,475\frac{\text{mg}}{\text{L}} \times \frac{\text{m}^3}{\text{d}} = \left(C_3 \times 21\,575\frac{\text{m}^3}{\text{d}}\right)$$

$$16\frac{\text{mg}}{\text{L}} = C_3$$

Solución con unidades habituales en los EE. UU.:

$$(C_1 \times V_1) + (C_2 \times V_2) = (C_3 \times V_3)$$

$$\left(7\frac{\text{mg}}{\text{L}} \times 5\text{ mgd}\right) + \left(80\frac{\text{mg}}{\text{L}} \times 0.7\text{ mgd}\right) = (C_3 \times 5.7\text{ mgd})$$

$$\left(35\frac{\text{mg}}{\text{L}} \times \text{mgd}\right) + \left(56\frac{\text{mg}}{\text{L}} \times \text{mgd}\right) = (C_3 \times 5.7\text{ mgd})$$

$$91\frac{\text{mg}}{\text{L}} \times \text{mgd} = (C_3 \times 5.7\text{ mgd})$$

$$16\frac{\text{mg}}{\text{L}} = C_3$$

El aumento de la frecuencia de decantación redujo la concentración de fósforo devuelto de 26 mg/L a 16 mg/L como P. Aunque sigue siendo más alta que la concentración promedio del caudal de entrada, decantar con más frecuencia tendrá menos impacto en la eliminación de nutrientes y en las concentraciones de fósforo efluente que decantar menos a menudo.

El fósforo no es el único componente del sobrenadante del digestor que puede tener un impacto en el flujo líquida. Grandes cantidades de producto de la decantación devueltas en un corto período de tiempo pueden causar una onda hidráulica en los clarificadores. Las ondas hidráulicas pueden perturbar el manto de lodo del clarificador y empujar los sólidos hacia arriba sobre el vertedero y fuera del clarificador. El retorno de altas concentraciones de nitrato puede causar desnitrificación en los clarificadores. El retorno de altas concentraciones de SST puede afectar la sedimentación en un proceso de lodo activado y aumentar la turbiedad del efluente. También puede aumentar el porcentaje de material inerte en los procesos de lodo activado y aumentar la concentración de sólidos en suspensión en el licor mezclado. Finalmente, reciclar sólidos es ineficiente porque los mismos sólidos terminan siendo manipulados varias veces.

COMPROBACIÓN DE CONOCIMIENTOS

1. **La mayoría de las WRRF devuelve el producto de la decantación del digestor continuamente.**
   - ☐ Verdadero
   - ☐ Falso
2. **Las descargas contaminantes en un digestor aerobio con VS:**
   a. Pueden causar espumaje.
   b. Aumentan el SRT general.
   c. Reducen la frecuencia de decantación.
   d. Provocan la acumulación de trozos de tela.
3. **Normalmente el producto de la decantación del digestor se devuelve al flujo líquido:**
   a. Aguas arriba de las obras de cabecera
   b. Después del monitoreo del caudal de entrada
   c. Directamente a al depósito de aeración
   d. En la caja de distribución principal
4. **El producto de la decantación, que contiene 40 mg/L de FT, se devuelve a la caja de distribución de efluentes del clarificador primario. El efluente del clarificador primario contiene 6 mg/L de FT. Halle la concentración de FT en los caudales combinados si el caudal de entrada es 45 420 m^3/d (12 mgd) y el caudal de retorno de decantación es 9538 m^3/d (2.52 mgd).**
   a. 7.5 mg/L
   b. 9.0 mg/L
   c. 10.2 mg/L
   d. 11.9 mg/L
5. **Un digestor anaerobio se alimenta con una mezcla de lodo primario y secundario. El lodo primario contiene un 6 % de TS. El lodo secundario contiene un 0.8 % de sólidos. Si se mezclan 113.55 m^3/d (30 000 gpd) de lodo primario y 189.25 m^3/d (50 000 gpd) de lodo secundario, ¿cuál será la concentración de lodo de alimentación en el digestor?**
   a. 1.83 %
   b. 2.75 %
   c. 4.05 %
   d. 5.21 %
6. **Retornar sobrenadante del digestor con una alta concentración de SST:**
   a. Disminuye los costos operativos generales
   b. Impacta sobre la tasa de carga superficial de los clarificadores
   c. Puede aumentar la turbiedad del efluente
   d. Afecta las tasas de eliminación de DBO
7. **El mejor momento para retornar el sobrenadante sería:**
   a. Durante períodos de caudal bajo
   b. Cuando todo el personal está en la instalación
   c. Temprano en la tarde o en la noche
   d. Siempre que el digestor esté funcionando

Operación

En su mayor parte, la digestión aerobia es un proceso autorregulado, a menos que el proceso esté sobrecargado o el equipo no funcione. El funcionamiento de rutina incluye pruebas analíticas y comprobaciones periódicas de equipos eléctricos y mecánicos como sellos, cojinetes, temporizadores, relés y controladores lógicos programables (PCL).

OPERACIÓN DIARIA

Generalmente, los digestores aerobios se operan con la alimentación continua o intermitente de lodo crudo con extracciones intermitentes de sobrenadantes y de lodo digerido. Los sólidos en digestión se pueden aerear y mezclar continuamente. Muchas instalaciones practican ciclos de aire-encendido/aire-apagado para fomentar la desnitrificación y la eliminación de nitrógeno total.

1. Inspeccione el sistema dos veces por turno.
   a. Inspeccione la superficie del digestor. Tome nota del patrón de mezcla para determinar si existen puntos muertos. Los puntos muertos pueden indicar difusores obstruidos. Tome nota de las áreas que sean más turbulentas que otras. Las áreas turbulentas pueden indicar que sale aire por un difusor o cabezal roto.
   b. Si los hay, inspeccione los aereadores superficiales. Asegúrese de que los aereadores superficiales estén sumergidos al nivel recomendado por el fabricante. Escuche si se producen ruidos inusuales. Los ruidos inusuales a menudo preceden a fallas del equipo.
   c. Huela el digestor. El digestor debe tener un olor agradable a humedad similar al del suelo del jardín. Olores más fuertes, especialmente a huevos podridos, indican un bajo OD o septicidad. Un olor agrio puede indicar un pH bajo.
   d. Registre el nivel de llenado del digestor.
   e. Realice una verificación visual del nivel de llenado del digestor y compare los resultados con cualquier instrumentación e indicadores de nivel. Deben estar de acuerdo.
   f. Si la hay, tome nota de la espuma cobertora.
   g. Inspeccione el equipo eléctrico en busca de evidencia de corrosión o desgaste.

   h. La mayoría de los PLC no deben funcionar a temperaturas superiores a 37.8 °C (100 °F). Verifique que la temperatura del aire dentro de los recintos sea inferior a 37.8 °C (100 °F).
   i. Si es necesario reemplace las baterías en los PLC.

2. Tome muestras como se describe en la sección "Recolección, muestreo y análisis de datos" de este capítulo.
3. Ajuste el equipo de aeración como sea necesario para mantener el OD entre 1 y 2 mg/L.
4. Según sea necesario, agregue bicarbonato de sodio, hidróxido de sodio, cal u otra base para mantener el pH entre 6.5 y 9.0 SU.
5. Agregue el lodo de alimentación al digestor en pequeños lotes, distribuyendo la carga lo más uniformemente posible durante un período de 24 horas. Asegúrese de que las tasas de carga instantánea y promedio no excedan la tasa de carga diseñada para el digestor. Mantener una tasa de alimentación uniforme minimizará el riesgo de espumaje y evitará caídas repentinas en la concentración de OD.
6. Considere la posibilidad de incluir un ciclo sin aire en el funcionamiento diario del digestor. Los ciclos sin aire fomentan la desnitrificación, reducen los costos generales de energía, reducen la concentración total de nitrógeno en los sólidos estabilizados y pueden ayudar a mantener un pH casi neutro.
7. Según sea necesario, decante para eliminar el exceso de agua y maximizar el SRT. Es posible que no sea necesario decantar en instalaciones con equipo de espesamiento aguas arriba del digestor.
   a. Apague el equipo de aeración y deje que los sólidos sedimenten. Limite el tiempo que el sistema de aeración permanece apagado durante la decantación a 3 o 4 horas. Los ciclos de decantación más largos corren el riesgo de obstruir el equipo difusor de aire.
   b. Tome muestras del producto de la decantación como se describe en la sección "Recolección, muestreo y análisis de datos" de este capítulo.
   c. Determine la localización en el digestor en donde el sobrenadante es más limpio. Esta capa puede formarse entre capas de sólidos flotantes y sedimentados. Seleccione un punto de extracción que proporcione la mejor calidad de sobrenadante.
   d. Elimine el sobrenadante y devuélvalo al flujo líquido. Tenga en cuenta que el retorno del sobrenadante puede afectar los procesos unitarios de flujo de líquido y puede afectar la calidad final del efluente. Utilice la ecuación normal tres (3.17) para determinar cómo puede afectar el retorno del sobrenadante en la operación del flujo líquido. Por ejemplo, el fósforo que retorna en el sobrenadante puede requerir un ajuste del sistema de alimentación química del lado del flujo líquido de la instalación.
   e. Ajuste los caudales de retorno del sobrenadante para minimizar los impactos en el flujo líquido.
   f. Controle visualmente la calidad del sobrenadante durante la decantación para evitar enviar un exceso de sólidos de regreso al flujo líquido.
8. Antes de eliminar los sólidos estabilizados del digestor haga lo siguiente:
   a. Calcule el % de VSR o realice una análisis de la SOUR.
   b. Según lo requiera el permiso de biosólidos de la instalación, tome muestras para metales pesados, nutrientes y otros parámetros.
9. Después de la decantación y la eliminación de sólidos, vuelva a poner en servicio el sistema de aeración y los mezcladores (si los hubiera).

La tasa de carga de diseño para el digestor debe incluirse en el manual de operaciones y mantenimiento de la instalación y en el conjunto de planos de la instalación.

La escala de pH va de 0 a 14. Un pH de 7 es neutro. Un pH inferior a 7 es acídico y un pH superior a 7 es básico.

El Capítulo 1 incluye un diagrama de flujo para determinar qué tipos de muestreo y análisis podrían ser necesarios antes de la aplicación de biosólidos en la tierra.

PUESTA EN FUNCIONAMIENTO

Los siguientes son los pasos clave para poner en funcionamiento el sistema de digestión aerobia por primera vez:

1. Use agua limpia para llenar completamente los digestores.
2. Pruebe las bombas, las tuberías de transferencia de lodo, las tuberías de decantación y las válvulas para garantizar un funcionamiento adecuado.
3. Pruebe todo el equipo de aeración según corresponda.
   a. Comprobaciones de los sopladores. Antes de arrancar los sopladores, realice las comprobaciones finales de los sopladores según el manual de operación y mantenimiento del fabricante. Asegúrese de comprobar los siguientes elementos:
      - Verifique la rotación del soplador para confirmar que es en sentido antihorario vista desde el motor.
      - Verifique que la lubricación sea adecuada.
      - Supervise cuidadosamente cada soplador durante sus primeras 8 horas de operación.
      - Asegúrese de que las válvulas del soplador estén en las posiciones correctas para proporcionar aire al digestor.
   b. Controles de difusor. También realice las comprobaciones finales del difusor según el manual de operación y mantenimiento del fabricante antes de encender el soplador. Asegúrese de comprobar los siguientes elementos:
      - Asegúrese de que todos los difusores estén nivelados a lo largo del digestor.

- Pruebe los difusores al 50 % del caudal de aire según su diseño para confirmar una aeración uniforme y exponer cualquier fuga.
- Antes de continuar, corrija cualquier fuga y problema.

c. Comprobaciones del aereador superficial. Asegúrese de que el aereador superficial esté sumergido al nivel recomendado por el manual de operación y mantenimiento del fabricante. Encienda el aereador y escuche para prestar atención a ruidos inusuales. Verifique que el funcionamiento sea correcto.

4. Drene la mayor parte del agua limpia del digestor.
5. Abra la válvula o compuerta del caudal de entrada del digestor y comience a llenar el digestor con lodo de alimentación. Para iniciar un digestor aerobio sin problemas, no sobrecargue el digestor. Proceda con cuidado agregando pequeñas cantidades de lodo de alimentación con una programación regular durante muchos días. El digestor se llenará y digerirá lentamente durante varias semanas. Para ayudar a garantizar la estabilidad del proceso, utilice los siguientes pasos:
   a. Al llenar un digestor, siempre realice controles visuales para verificar los niveles del tanque.
   b. Establezca la aeración para mantener al menos 1 mg/L de OD tan pronto como los difusores se sumerjan unos centímetros. Si se usa aeración mecánica, encienda los aereadores cuando se alcance el nivel de líquido apropiado.
   c. Si el volumen inicial de lodo de alimentación no proporciona suficiente volumen de líquido para operar el sistema de aeración de manera eficaz, se puede agregar lodo digerido adicional del caudal de entrada o del efluente de otra instalación o planta para obtener el volumen necesario.
   d. El digestor puede tardar varias semanas en llenarse después de desconectarse para su limpieza y mantenimiento.
6. Para instalaciones con dos o más depósitos de digestión operados en serie, los sólidos pueden transferirse al segundo depósito de digestión una vez que el digestor primario esté lleno.
7. El inicio de la digestión aerobia con lodo de alimentación primaria requiere mucho más tiempo y más OD que la digestión de lodo secundario.

APAGADO

La razón más probable para cerrar un tanque digestor aerobio es para reparar el sistema de aeración y eliminar la arena y los detritos. Además, los digestores de hormigón deben ponerse fuera de servicio cada pocos años para inspeccionar las paredes y el fondo de hormigón en busca de corrosión y descascaramiento. Si se usan, los tanques de acero deben inspeccionarse para detectar óxido y corrosión, agujeros en los recubrimientos, áreas con pintura o recubrimientos rayada o diluida y tornillos sueltos. Use la siguiente secuencia, o un enfoque similar basado en necesidades particulares, si es necesario el apagado:

El *descascaramiento* se produce cuando se desprenden fragmentos de hormigón de la pared o el fondo de un tanque. El descascaramiento ocurre a menudo como resultado de una oxidación de las varillas de acero en lo profundo dentro del hormigón.

1. Apague el sistema de aeración.
2. Decante tanto sobrenadante como sea posible.
3. Elimine el lodo del digestor.
4. Limpie el digestor para eliminar cualquier resto de lodo, arena, costra de espuma y escombros. Los siguientes pasos pueden resultar útiles:
   a. Limpieza general: Llene el tanque hasta aproximadamente 2 ft de profundidad con agua potable o no potable. A continuación, encienda el sistema de aeración para desprender el lodo. Cuando termine, use una bomba para enviar el agua usada de regreso a un punto aguas arriba del tratamiento primario o secundario, pero aguas abajo del monitoreo del flujo del caudal de entrada. También se pueden eliminar los sólidos y el agua de lavado con un camión de aspiración.
   b. Quite la arena y los detritos manualmente, ya sea a mano o con palas.
   c. Lave a presión las paredes y el fondo del digestor, así como otros equipos según sea necesario.
   d. Llene el tanque limpio con agua limpia hasta justo por encima de las tuberías colectoras de aire y encienda los sopladores para encontrar y resolver cualquier patrón de aeración inconsistente que pueda apuntar a un difusor obstruido, un difusor faltante o roto, o un cabezal roto. Haga las reparaciones necesarias.
   e. Si el digestor estará fuera de servicio durante varias semanas o varios meses, prepare para su almacenamiento según las recomendaciones del fabricante las bombas, los ventiladores y los aereadores superficiales.
5. Asegúrese de vaciar todas las líneas y bombas de lodo antes de un apagado prolongado, y haga correr agua limpia a través de ellas. El lodo atrapado entre las válvulas cerradas continuará descomponiéndose y puede producir gases y presión. Es posible que se produzca suficiente presión para romper tuberías, bombas y válvulas.

Los digestores a menudo se clasifican como ubicaciones de entrada a espacios confinados porque es probable que se trate de un entorno peligroso. No ingrese a un digestor sin notificar a un supervisor y siga el procedimiento de entrada al tanque de la instalación. Asegúrese siempre de que haya una ventilación adecuada y condiciones de trabajo seguras antes de entrar.

COMPROBACIÓN DE CONOCIMIENTOS

1. **Al poner en funcionamiento un digestor nuevo o uno que ha estado fuera de servicio, el digestor debe llenarse completamente con lodo de alimentación antes de iniciar el sistema de aeración.**
   - ☐ Verdadero
   - ☐ Falso
2. **La puesta en funcionamiento de un digestor con lodo primario lleva más tiempo que la puesta en funcionamiento de un digestor con lodo secundario.**
   - ☐ Verdadero
   - ☐ Falso
3. **La superficie de un digestor aerobio tiene espuma inalterada en un cuadrante. El resto de la superficie del digestor está casi libre de espuma, con burbujas de aire que rompen en la superficie en un patrón regular. El operador concluye lo siguiente:**
   a. El cuadrante con espuma tiene una tubería colectora rota.
   b. Al cuadrante con espuma le falta un difusor.
   c. El cuadrante con espuma tiene difusores obstruidos.
   d. El cuadrante con espuma está bien mezclado.
4. **Un digestor aerobio bien operado debe oler:**
   a. Agradable y mohoso
   b. Intenso y agrio
   c. Como huevos podridos
   d. Frutal y lupulado
5. **Para asegurar una adecuada destrucción de VS, la concentración de OD en un digestor debe ser**
   a. Menor a 0.5 mg/L
   b. Al menos 1.0 mg/L
   c. Igual a 2.0 mg/L
   d. Mayor a 2.0 mg/L
6. **Las fases de sedimentación y decantación de sólidos deben limitarse a 3 a 4 horas para:**
   a. Minimizar los sólidos flotantes
   b. Maximizar la desnitrificación
   c. Evitar la obstrucción del difusor
   d. Reducir los impactos del flujo líquido
7. **Las bombas y las líneas de lodo deben vaciarse de lodo al hacer correr a través de ellas agua limpia antes del almacenamiento a largo plazo porque:**
   a. El lodo atrapado puede producir gases y presión
   b. El lodo seco puede dañar el equipo
   c. El lodo atrapado puede secarse y formar una obstrucción
   d. Es más fácil eliminar el lodo fresco que el viejo

Recolección, muestreo y análisis de los datos

La Tabla 3.7 presenta el seguimiento recomendado para el control de procesos. Esta tabla no incluye el muestreo ni los análisis que pueden ser necesarios para cumplir con los permisos y la aplicación en tierra, como metales pesados. Se deben muestrear y monitorear cuatro ubicaciones de los digestores aerobios: el lodo de alimentación, dentro del proceso (digestión de sólidos), extracción de lodo (sólidos digeridos) y sobrenadante (Figura 3.13). El lodo de alimentación se monitorea para calcular la tasa de carga de VS y como parte del cálculo del % de VSR. Los sólidos en digestión se monitorean para el control del proceso. Los sólidos digeridos (extracción de lodos) se monitorean para garantizar el cumplimiento de las regulaciones 503. Los sólidos totales, el total de sólidos volátiles, la VSR y la SOUR son necesarios para cumplir con las regulaciones sobre biosólidos 503 y deben monitorearse de acuerdo con el permiso de operación de la WRRF o con mayor frecuencia según sea necesario para el control del proceso. El sobrenadante se monitorea para evaluar su impacto potencial en el flujo líquido cuando se retorna. Para obtener los procedimientos completos de laboratorio paso a paso, consulte *Basic Laboratory Procedures for the Operator-Analyst* (WEF, 2012a).

El análisis de la SOUR es un indicador de actividad biológica. Cuanto mayor es el consumo de oxígeno durante la prueba, más actividad biológica hay. El alto consumo de oxígeno también se corresponde con la disponibilidad de DBO. Un mayor uso de oxígeno es un indicador de que hay más DBO disponible. Por el contrario, un bajo uso de oxígeno significa que queda muy poca DBO y que la mayoría de los microorganismos en el proceso ya no son viables. Los sólidos se consideran estabilizados cuando el uso de oxígeno cae por debajo de 1.5 mg/L/g TS/h.

El análisis de la SOUR se utiliza para el control del proceso de lodo activado y de digestión aerobia; sin embargo, la prueba se realiza de manera diferente para cada proceso. Para lodo activado, el cálculo utiliza los VS. Para los digestores aerobios, el cálculo utiliza los TS. El procedimiento de análisis de la SOUR se puede encontrar en el Capítulo 8, "Lodo activado", del primer libro. También puede encontrarse en línea al buscar el Método 1683, Specific Oxygen Uptake Rate in Biosolids, o el número de documento de la EPA de los EE. UU. EPA-821-R-01-014 (https://www.epa.gov/sites/production/files/2015-10/documents/method_1683_draft_2001.pdf).

Tabla 3.7 Monitoreo recomendado para digestores aerobios

Análisis	Frecuencia	Ubicación de la muestra	Tipo de muestra	Objeto
TS	2 × semana	A/LD	Puntual	Tasa de carga
Total de sólidos volátiles	2 × semana	A/LD	Puntual	Tasa de carga/%VSR
Caudal del lodo de alimentación	A diario	A	Totalizadora	Tasa de carga
Temperatura	1 × a diario	P	In situ	CP
OD	1 × a diario	P	In situ	CP
pH	1 × a diario	P	Puntual	CP
Alcalinidad	2 × semana	P	Puntual	CP
SOUR	2 × semana	P	Puntual	CP, conformidad
TS	2 × semana	LD	Puntual	SRT, CP
SST	Producto de la decantación	S	Puntual	Control del proceso de recepción
Amoníaco	Producto de la decantación	S	Puntual	
Nitrito+Nitrato	Producto de la decantación	S	Puntual	
FT	Producto de la decantación	S	Puntual	
SRT	2 × semana	Cálculo	Cálculo	CP, conformidad

Notas. A = lodo de alimentación, P = proceso, LD = lodo digerido, S = sobrenadante, CP = control de proceso. Modificado de la EPA de los EE. UU. (1978b).

Se recomienda el monitoreo de amoníaco y nitrito + nitrato porque concentraciones altas de cualquiera de ellos pueden causar alteraciones en el proceso de lodo activado cuando se decanta el digestor. Si las concentraciones de amoníaco son altas, esto puede indicar que las bacterias nitrificantes no tienen suficiente oxígeno para procesar el amoníaco o que el SRT en el digestor es demasiado corto. Devolver un alto contenido de amoníaco al proceso de lodo activado puede causar un derrame hacia el efluente final y podría causar una infracción al permiso de descarga. Se pueden alcanzar altas concentraciones de nitrato si no se usa aeración de encendido/apagado o si ha pasado un largo período de tiempo entre los ciclos de decantación. El alto contenido de nitrato no es un problema para la operación del digestor, pero puede causar desnitrificación en el clarificador secundario y el lodo flotante cuando se decanta el digestor.

Para las WRRF que deben cumplir con límites bajos de fósforo en el efluente final, se recomienda el monitoreo del fósforo. Como se trató en la sección de control del proceso, el sobrenadante del digestor aerobio puede contener cantidades sustanciales de fósforo total. La eficacia biológica y química de la eliminación de fósforo puede verse afectada por una descarga contaminante de fósforo que se devuelve al flujo líquido. Los sistemas de alimentación de productos químicos pueden requerir ajustes para mantener el cumplimiento de los límites del permiso de descarga.

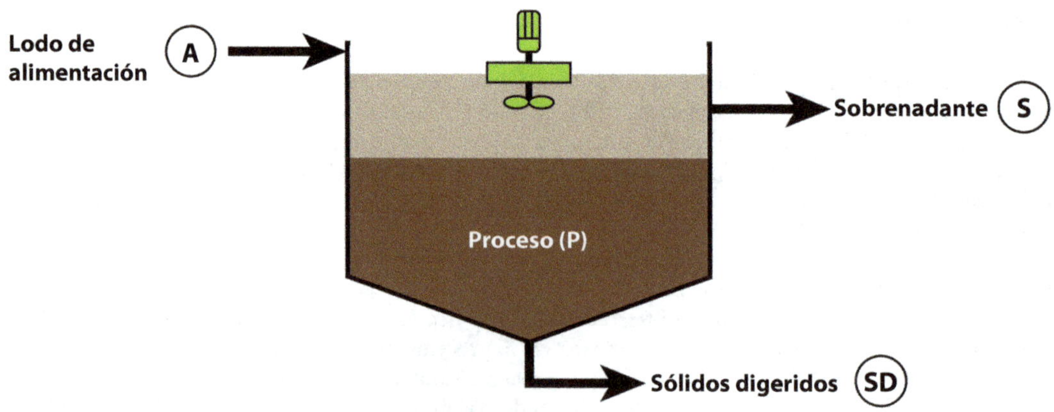

Figura 3.13 Lugares de muestreo para digestores aerobios
Nota. Modificado de la EPA de los EE. UU. (1978b).

Algunos parámetros como el amoníaco, el nitrato y la alcalinidad deben analizarse en el sobrenadante del digestor y no en toda la muestra de lodo. Una turbiedad alta afectará las pruebas del colorímetro. Es posible que el laboratorio desee centrifugar las muestras de lodo antes del análisis para poder obtener una muestra de sobrenadante rápidamente.

Mantenimiento

El mantenimiento planificado de los digestores aerobios es similar al mantenimiento de los procesos de lodo activado. Los componentes que requieren atención regular incluyen los siguientes:

- Sistema de suministro de oxígeno o aeración
- Equipos de mezclado y bombeo
- Equipos de instrumentación y control

AERACIÓN Y SUMINISTRO DE OXÍGENO

Programe una inspección del equipo de aeración una vez al año. Busque tuberías de aire rotas o agrietadas, difusores rotos o faltantes y acumulación excesiva de arena. Realice el mantenimiento recomendado en sopladores y aereadores mecánicos de acuerdo con los manuales de operación y mantenimiento del fabricante. Para sistemas de aeración difusa, verifique que los difusores de tipo membrana estén flexibles. Verifique el tiempo de uso con el cronograma de reemplazo recomendado por el fabricante y reemplácelo/s si es necesario.

Los difusores pueden obstruirse cuando se permite la acumulación de arena, trozos de tela y otros detritos en el digestor. La obstrucción ocurre cuando el sistema de aeración se apaga para estimular la desnitrificación y cuando se permite que los sólidos sedimenten antes de decantar. Si el aire está apagado durante un período prolongado (a veces de 6 a 12 horas por día), los trozos de tela y la arena se asentarán en los difusores y pueden alojarse o envolver los difusores y sus tuberías asociadas. En casos extremos, pueden enterrarse con arena y escombros rejillas enteras de los difusores. Cuando el aire está encendido, la presión del aire empuja contra la presión del agua en el digestor, evitando que el agua y los sólidos ingresen al sistema de aeración. Cuando se apaga el aire, los difusores y las tuberías colectoras de aeración dañados pueden permitir que los sólidos en digestión fluyan hacia el sistema de aeración. Cuando se reanuda la aeración, la presión del aire esparce estos sólidos por toda la tubería de aeración, incrustando los sólidos en la parte inferior de los difusores. Los difusores también pueden desarrollar una biopelícula que crece sobre y dentro del propio material del difusor. Con el tiempo, la acumulación de contaminantes en ambos lados de los difusores reducirá el caudal de aire a través de los difusores, provocando un aumento en la presión de descarga del soplador.

Una *biopelícula* es una comunidad de microorganismos que crece formando una película delgada sobre una superficie fija.

La mejor defensa contra la acumulación excesiva de arena y detritos en los digestores aerobios es la eliminación eficiente de la arena y el filtrado en las obras de cabecera de la WRRF. Una vez que la arena y los escombros han entrado en el proceso de tratamiento, deben retirarse del digestor manualmente. Por lo general, esto requiere que el digestor se ponga fuera de servicio y que el contenido se transfiera a otro digestor o se retire completamente de la instalación. La arena se puede quitar barriendo y con una pala. Los trozos de tela y otros detritos generalmente se eliminan a mano.

EQUIPOS DE MEZCLADO Y BOMBEO

Inspeccione los equipos de mezclado y bombeo en busca de paletas e impulsores desgastados anualmente. Reemplace los componentes defectuosos y registre las piezas críticas para inventario. Dé servicio a los sellos, las empaquetaduras y los puntos de lubricación con la frecuencia recomendada por el fabricante. Asegúrese de utilizar el lubricante recomendado por el fabricante.

EQUIPOS DE INSTRUMENTACIÓN Y CONTROL

Los digestores aerobios pueden estar equipados con sondas de OD, sondas de pH, medidores de TS y dispositivos para medir el nivel de llenado. Cada uno de estos requerirá un mantenimiento continuo. Para obtener más detalles consulte los manuales de operación y mantenimiento del fabricante. Considere la posibilidad de que un representante de servicio capacitado realice el mantenimiento y la calibración al menos una vez al año.

Resolución de problemas

Hay dos tipos de problemas relacionados entre sí que pueden requerir resolución de problemas: equipos y procesos. A veces, la falla o el mal funcionamiento del equipo pueden causar una alteración del proceso. Otras veces, las condiciones del proceso pueden hacer que el equipo funcione deficientemente o funcione mal. La siguiente guía de resolución de problemas se categoriza según las principales causas del problema. En la Tabla 3.8 se encuentra un resumen de los procedimientos de resolución de problemas.

Tabla 3.8 Resolución de problemas para la digestión aerobia

Indicador/observación	Causa probable	Revisar o monitorear	Soluciones
1. Espumaje excesivo	1a. Sobrecarga orgánica	1a. Carga orgánica	1a. Reduzca la tasa de alimentación.
	1b. Aeración excesiva	1b. Oxígeno disuelto	1a. Incremente la concentración de sólidos en el digestor por decantación.
	1c. Bacterias filamentosas	1c. Examen al microscopio	1b. Reduzca la tasa de aeración.
			1c. Clore la espuma para reducir las poblaciones filamentosas, disminuir el tiempo de retención de sólidos.
2. Oxígeno disuelto bajo	2a. Difusores obstruidos	2a. Decante el digestor, retire el lodo e inspeccione los difusores	2a. Limpie los difusores o reemplácelos con difusores de burbujas gruesas o dispositivos tipo manga.
	2b. Nivel de líquido inadecuado/ transferencia de oxígeno mala	2b. Verifique las especificaciones del equipo	2b. Establezca el nivel de líquido adecuado.
	2c. Mal funcionamiento del soplador	2c. Tasa de suministro de aire, presión de la tubería, válvulas	2c. Repare las fugas en las tuberías, coloque las válvulas en la posición adecuada, repare el soplador.
	2d. Sobrecarga orgánica	2d. Verifique la carga orgánica	2d. Reduzca la tasa de alimentación o cambie la alimentación a un digestor diferente.
	2e. La concentración de sólidos es superior al 3.5 %, lo que disminuye la eficiencia de transferencia de oxígeno.	2e. Concentración de sólidos por análisis gravimétrico en laboratorio	2e. Reponga agua para reducir la concentración por debajo del 3.5 % de sólidos.
3. El lodo tiene un olor desagradable	3a. Aeración inadecuada	3a. El oxígeno disuelto debe ser superior a 1 mg/L. Verifique las concentraciones de nitrato y oxígeno disuelto en el sobrenadante	3a. Aumente la aeración o disminuya la tasa de alimentación hasta que se pueda mantener el OD.
	3b. Sobrecarga orgánica	3b. Carga orgánica	3b. Reduzca la tasa de alimentación.
	3c. Tiempo de retención de sólidos inadecuado	3c. Tiempo de retención de sólidos	3c. Aumente la concentración de sólidos aumentando el número de ciclos de decantación.
	3d. Tiempo de decantación demasiado largo		3d. Disminuya el tiempo del ciclo de decantación.
4. El pH en el digestor ha caído a un nivel no deseado (pH menor a 6.0 – 6.5)	4a. Se está produciendo nitrificación y la alcalinidad de las aguas residuales es baja.	4a. pH y alcalinidad del sobrenadante	4a. Encienda y apague los sopladores para estimular la desnitrificación. Comience con 2 horas de apagado y 4 horas de encendido. A medida que disminuyan los niveles de nitrato, aumente el tiempo de aeración hasta aproximadamente el 75 % del tiempo total.
			Agregue bicarbonato de sodio al lodo de alimentación o directamente cal o hidróxido de sodio al digestor.
	4b. En el digestor cubierto, el dióxido de carbono se acumula en el aire y se disuelve en el lodo.		4b. Ventile y elimine el dióxido de carbono.
5. Lodo de sedimentación lenta durante la fase de decantación.	5a. Las partículas floculadas son demasiado pequeñas para sedimentar de manera eficiente.	5a. Examen microscópico para determinar el tamaño medio de los flóculos.	5a. Verifique el SRT y la SOUR del digestor. Si la SOUR es menor de 1 mg/L de OD por gramo de biosólidos por hora, disminuya el SRT del digestor. Un SRT más corto puede aumentar el tamaño de partícula promedio con el tiempo.
			Incremente el tiempo de sedimentación del lodo.
			Agregue un floculante al digestor, como la cal, para aumentar el tamaño de las partículas.

(*continúa*)

Tabla 3.8 Resolución de problemas para la digestión aerobia (*continúa*)

Indicador/observación	Causa probable	Revisar o monitorear	Soluciones
	5b. La concentración de sólidos en el digestor es demasiado alta y la sedimentación impedida (colisiones de partículas) está haciendo más lenta la velocidad de sedimentación.	5b. Medidor de sedimentación diluido para determinar si el lodo se deposita más rápido a una concentración más baja.	5b. Incremente el tiempo de sedimentación del lodo. En el futuro considere operar a una concentración de TS más baja.
	5c. Los filamentos reducen la velocidad de sedimentación de las partículas al crear resistencia.	5c. Examen microscópico para determinar la presencia de filamentos.	5c. Incremente el tiempo de sedimentación del lodo. Agregue un floculante al digestor, como la cal, para aumentar el peso de las partículas y disminuir el tiempo de sedimentación. Disminuya el SRT del digestor para eliminar los filamentos y elimine la espuma manualmente.

Notas. Modificado ligeramente de la EPA de los EE. UU. (1978b).

RESOLUCIÓN DE PROBLEMAS DE EQUIPOS

OBSTRUCCIÓN DE DIFUSORES DE AIRE

Una acumulación de trozos de tela o arena en los difusores puede obstaculizarlos, evitando que el aire pase a través del difusor hacia el lodo en digestión. La evidencia de obstrucción incluye puntos muertos en la superficie del digestor donde no se puede ver mezclado o mayores presiones de descarga del soplador. Cuando se observe evidencia de obstrucción, el digestor debe retirarse de servicio, vaciarse y limpiarse, y todos los difusores y tuberías colectoras de aeración dañados u obstruidos deben repararse o reemplazarse.

DIFUSORES Y TUBERÍAS COLECTORAS ROTOS O FALTANTES

Un difusor roto, rasgado o faltante, o una rotura en una tubería colectora de aire proporcionan una ruta de escape fácil para el aire. Las roturas se manifiestan como áreas especialmente turbulentas en la superficie del digestor. Puede resultar difícil mantener las concentraciones deseadas de OD debido a que el aire produce un cortocircuito a través del digestor a través de la rotura. Cuando se observe evidencia de daños, el digestor debe retirarse de servicio, vaciarse, limpiarse y repararse.

SOPLADORES Y VÁLVULAS

Un sistema de aeración ineficiente o una carga orgánica excesiva (kg [lb] de VS) en el digestor pueden causar una concentración baja de OD. El deterioro del soplador, del aereador mecánico o del difusor de aeración resulta en una pérdida de eficiencia de aeración. Verifique y monitoree de manera rutinaria la tasa de suministro de aire y las presiones de la tubería para detectar problemas potenciales. Registre la posición de todas las válvulas de aire. Investigue la sospecha de obstrucciones, fugas y alta presión.

AEREADORES MECÁNICOS

Ocasionalmente, verifique la potencia entregada a los ejes de aeración mecánica para determinar en que condición se encuentran. La eficiencia del aereador mecánico disminuye si el nivel de líquido excede los límites operativos superior o inferior especificados por el fabricante. Consulte los manuales de operación y mantenimiento del fabricante para conocer los niveles de líquido recomendados.

CONCENTRACIÓN DE SÓLIDOS DEMASIADO ALTA

Cuando la concentración de TS en el digestor excede de 3.5 a 4 %, la eficiencia de transferencia de oxígeno puede reducirse. Esto puede hacer que la concentración de OD disminuya incluso cuando se agrega más aire de lo normal al digestor. Las burbujas de aire no son lo mismo que el OD. El oxígeno debe pasar de la burbuja de aire al líquido del digestor para convertirse en OD. Las concentraciones altas de sólidos pueden inhibir o hacer más lenta esa transferencia. Antes de concluir que la transferencia de oxígeno es la causa de un bajo OD, los operadores deben verificar primero que (a) la carga de VS al digestor no haya aumentado y (b) el equipo de aeración esté funcionando correctamente. Si se sospecha que existe una mala transferencia de oxígeno, reduzca la concentración de TS eliminando sólidos del digestor (si es posible). Para digestores con espesamiento previo, tenga como meta una concentración más baja de TS en el lodo de alimentación. Para los digestores con decantación, disminuya la frecuencia con la que se decanta.

El Capítulo 8, “Sistemas de aeración”, trata en profundidad la transferencia de oxígeno.

CONGELAMIENTO

De acuerdo a las regulaciones 503, los digestores aerobios deben operarse a una temperatura mínima de 15 °C (59 °F). Un clima prolongado con temperaturas por debajo de la temperatura de congelamiento puede conducir a la formación de hielo en el equipo de aeración mecánica, en las paredes y alrededor de las aberturas de las tuberías (Figuras 3.14 y 3.15). Esto puede ocurrir incluso cuando los sólidos que se digieren permanecen por encima de los 15 °C (59 °F). Para evitar un mal funcionamiento y una posible avería durante el invierno, examine los digestores abiertos en busca de formación de hielo. Rompa el hielo y retírelo antes de que pueda dañar el equipo y las tuberías. Use aire tibio para descongelar los aereadores mecánicos afectados por la formación de hielo.

SEDIMENTACIÓN DE SÓLIDOS

La deposición, o sedimentación, puede ocurrir cuando los materiales arenosos ingresan al digestor y cuando los dispositivos de aeración y mezclado no crean suficiente turbulencia. Puede ser necesario mantener una concentración de OD superior a la necesaria para la digestión a fin de proporcionar suficiente energía de mezcla para evitar la sedimentación.

RESOLUCIÓN DE PROBLEMAS DEL PROCESO

OXÍGENO DISUELTO BAJO

La masa de VS que puede procesar el digestor depende de (a) cuánto oxígeno está disponible y (b) cuánto tiempo permanecen los sólidos en el digestor. Recuerde que para los digestores que reciben solo lodo secundario, se necesitan aproximadamente 2 kg (lb) de oxígeno para descomponer 1 kg (lb) de VS. El sistema de aeración solo puede agregar una cantidad limitada de aire y oxígeno al digestor. Si se agregan demasiados VS, el sistema de aeración no podrá mantenerse a ritmo. Entonces, la concentración de OD disminuirá.
El objetivo para la concentración mínima de OD es 1.0 mg/L. Cuando el OD cae por debajo de este nivel, la respiración endógena se hará más lenta o incluso se detendrá. Sin respiración endógena, la VSR también se detendrá. Para mantener concentraciones de OD superiores a 1.0 mg/L, disminuya la tasa de carga de VS, aumente la cantidad de aire que se proporciona o disminuya la concentración de TS, si se sospecha que la eficiencia de transferencia de oxígeno es baja.

OLORES MOLESTOS DE LA DIGESTIÓN DE LODO

Durante el funcionamiento normal, un digestor aerobio no debería producir olores detectables. Una concentración de OD inadecuada es la causa principal de los olores. Para corregir los problemas de olores, primero aumente la concentración de OD agregando más aeración. En segundo lugar, reduzca la tasa de carga de VS. Eliminar la espuma y los detritos flotantes también puede ayudar a controlar los olores. Si ambos fallan, se puede usar la adición de productos químicos como permanganato de potasio o peróxido de hidrógeno para ayudar a eliminar los compuestos que causan el olor. Esto está considerado como una solución costosa y temporal al problema. Determine la dosis necesaria mediante ensayos de jarra en laboratorio.

Figura 14 Digestor aerobio con formación de hielo (reimpreso con permiso de Indigo Water Group)

Figura 3.15 Digestor aerobio sin conexión con formación de hielo (reimpreso con permiso de Indigo Water Group)

ESPUMAJE

El espumaje puede ser causado por una sobrecarga orgánica (kg [lb] de VS) y por la proliferacioón de bacterias filamentosas. Para reducir el espumaje, disminuya la tasa de carga orgánica, instale rociadores de agua que deshagan la espuma, si es posible reduzca la aeración y use productos químicos antiespumantes. Para evitar la dilución del contenido del digestor, use los rociadores de agua con moderación. Reducir la aeración, especialmente la aeración mecánica, puede reducir la generación de espuma, pero no eliminará la espuma existente.

Consideraciones de seguridad

Los digestores aerobios se aerean mediante aereadores mecánicos o aire difuso. El equipo de aeración puede introducir bacterias y otros microbios a la atmósfera en gotas de agua. Mantenga una buena higiene personal usando guantes y lavándose las manos con frecuencia. No coma ni fume en la WRRF, excepto en las áreas designadas que están alejadas del proceso de tratamiento.

Caer en un digestor aerobio puede resultar en ahogamiento. Los sólidos en digestión están saturados de aire, lo que reduce la flotabilidad del cuerpo humano. Si es posible, detenga la aeración cuando trabaje sobre un digestor aerobio. Si es necesario trabajar sobre un digestor, use una cuerda de salvamento y un chaleco salvavidas. Siempre cuente con ayuda de emergencia en las inmediaciones con arneses, chalecos salvavidas y cuerdas de salvamento.

La aeración puede salpicar material grasoso y espuma en los pasillos. También se puede formar limo de algas. Limpie las pasarelas con frecuencia. No deje herramientas u otros elementos donde puedan crear un peligro de tropiezo. Las pasarelas deben tener pasamanos y placas protectoras. Si es necesario quitar los pasamanos para realizar el mantenimiento, solo quite una sección a la vez (el mínimo necesario para el trabajo inmediato) y vuelva a colocarla tan pronto como se complete el trabajo.

El equipo de aeración, especialmente los sopladores, puede producir altos niveles de ruido. La exposición al ruido no debe exceder un promedio ponderado de tiempo de 8 horas de 85 decibeles. Use protección auditiva cuando trabaje cerca de sopladores. Use protección contra polvo al cambiar o limpiar los filtros de aire.

Los digestores a menudo se clasifican como ubicaciones de entrada a espacios confinados porque es probable que se trate de un entorno peligroso. No ingrese a un digestor sin notificar a un supervisor y siga el procedimiento de entrada al tanque de la instalación. Asegúrese siempre de que haya una ventilación adecuada y condiciones de trabajo seguras antes de entrar. Es importante bloquear/etiquetar el equipo para evitar que el lodo ingrese al digestor mientras el personal está dentro.

El lodo que queda atrapado en las tuberías y en los equipos continuará digiriéndose y generando gases. Estos gases pueden hacer que se acumule presión en las tuberías y el equipo. Tenga cuidado de no atrapar lodo entre válvulas cerradas. Cuando retire de servicio el equipo y las tuberías, asegúrese de purgar con agua limpia hasta que se haya eliminado el lodo.

COMPROBACIÓN DE CONOCIMIENTOS

1. **Al realizar una prueba de SOUR en un digestor aerobio se debe utilizar la concentración de TS del digestor.**
   - ☐ Verdadero
   - ☐ Falso
2. **Una turbiedad alta en las muestras del digestor puede interferir con los análisis de laboratorio basados en el colorímetro.**
   - ☐ Verdadero
   - ☐ Falso
3. **Al ingresar a un digestor para realizar la limpieza y el mantenimiento, los operadores deben determinar primero si el digestor es un espacio confinado.**
   - ☐ Verdadero
   - ☐ Falso
4. **Comer, beber y fumar están permitidos cerca de los procesos de tratamiento biológico.**
   - ☐ Verdadero
   - ☐ Falso
5. **El sobrenadante se muestrea y analiza para:**
   a. Mantener el cumplimiento del permiso de biosólidos
   b. Predecir impactos en procesos de flujo líquido
   c. Determinar la destrucción de VS
   d. Estimar el grado de estabilización de sólidos
6. **Las muestras tomadas en esta ubicación son necesarias para calcular la tasa de carga de VS.**
   a. Lodo de alimentación
   b. Proceso
   c. Sólidos digeridos
   d. Sobrenadante
7. **El resultado del cálculos de la SOUR para un digestor aerobio es 0.8 mg/L OD/g TS/h. Esto indica:**
   a. Permanencia de un exceso de DBO
   b. Presencia de amoníaco
   c. Los sólidos están estabilizados
   d. La aeración es demasiado baja
8. **¿Con qué frecuencia se debe inspeccionar el equipo de aeración en un digestor aerobio?**
   a. A diario
   b. Semanalmente
   c. Mensualmente
   d. Anualmente
9. **El aumento de la presión de descarga del soplador puede indicar**
   a. Difusores sucios
   b. Tubería colectora de aire rota
   c. Difusores faltantes
   d. Nivel de agua más bajo
10. **Los tiempos de decantación y extracción de sólidos deben ser lo más cortos posible para:**
   a. Reducir la carga de trabajo del operador
   b. Maximizar el volumen de decantación
   c. Evitar que se ensucien los difusores
   d. Asegurar concentraciones máximas de sólidos
11. **La eficiencia de transferencia de oxígeno y las concentraciones de OD resultantes pueden reducirse por:**
   a. Temperaturas del agua por debajo de 15 °C (59 °F)
   b. Concentraciones de sólidos totales >3.5 %
   c. Tasa de captación de oxígeno específica (SOUR)
   d. Acumulación de nitratos y nitritos
12. **Las concentraciones bajas de OD y los olores en un digestor aerobio pueden ser causados por:**
   a. SRT prolongados
   b. Alta tasa de carga de VS
   c. Mayor eficiencia de transferencia de oxígeno
   d. Bacterias filamentosas y espumaje

Digestión aerobia termofílica autotérmica

La digestión aerobia termofílica autotérmica (ATAD) es una modificación de la digestión aerobia. El proceso ATAD se utilizó por primera vez en los Estados Unidos en 1994 en la planta de tratamiento de aguas residuales Grand Chute-Menasha West en Neenah, Wisconsin. Para 2010, había aproximadamente 50 instalaciones de ATAD en Europa y América del Norte (Oerke et al., 2010). Las instalaciones anteriores a 2002 se denominan *ATAD de primera generación*. Los sistemas de primera generación lograron altas reducciones de VS (50 a 70 %), pero estaban plagados de problemas importantes de olores, altas concentraciones de amoníaco en los flujos de reciclaje y problemas de espumaje (Oerke et al., 2010). La introducción de modificaciones al proceso ayudó a aliviar estos problemas y se mantuvieron altos niveles de destrucción de TS y VS. Los diseños más nuevos se denominan *ATAD de segunda generación*. Los sistemas de ATAD de primera generación consistían en dos tanques operados en serie con tanques adicionales de almacenamiento de lodo ubicados aguas arriba y aguas abajo del proceso. Los sistemas de ATAD de segunda generación consisten en un solo tanque que funciona con SRT más largos que los sistemas de primera generación (Scisson, 2003). Los sistemas de ATAD de segunda generación también están equipados con tanques de almacenamiento de lodo ubicados aguas arriba y aguas abajo del tanque de ATAD.

Autotermia significa autocalentamiento.

Termofílico significa que adora el calor.

La digestión aerobia termofílica autotérmica se diferencia de la digestión aerobia en que (a) captura el calor liberado por la respiración endógena y (b) usa ese calor para mantener una temperatura de funcionamiento más alta. El calor se libera por respiración endógena tanto en la digestión aerobia como en la ATAD. En los sistemas de digestión aerobia descubiertos, la mayor parte del calor se pierde a través de las paredes del digestor, desde la superficie del agua y en el producto de la decantación. Como resultado, el calor generado por la respiración endógena no tiene mucho impacto en la temperatura del agua del digestor. Los sistemas de digestión aerobia termofílica autotérmica están cubiertos y fuertemente aislados. El calor liberado por la respiración endógena permanece en el proceso de ATAD al igual que el calor agregado por los sistemas de aeración y mezcladores. No se agrega calor externo con un intercambiador de calor u otro método. De ahí el término autotermia: autocalentamiento.

En climas fríos, los digestores aerobios tradicionales están cubiertos para retener el calor. En este caso, se retiene algo del calor de la respiración endógena.

Los sistemas de ATAD operan en el rango de 35 a 65 °C (95 a 150 °F) mientras que la mayoría de los digestores aerobios operan en el rango de 15 a 25 °C (59 a 77 °F). Recuerde que por cada aumento de 10 °C (aumento de 18 °F) en la temperatura, se duplica la actividad biológica. El aumento de la temperatura del sistema de ATAD en 20 °C en comparación con la digestión aerobia tradicional significa que la respiración endógena ocurre cuatro veces más rápido. Esto permite que las ATAD funcionen con SRT mucho más cortos que los sistemas tradicionales. Los sistemas de ATAD de primera generación funcionan con SRT de solo 5 a 8 días. Los sistemas de ATAD de segunda generación funcionan con SRT de 12 a 14 días (Oerke, Olsen, Kirk y Maines, 2010). Dado que la ATAD opera con SRT mucho más bajos que la digestión aerobia tradicional (40 a 60 días), los sistemas de ATAD requieren mucho menos almacenamiento de sólidos y tienen una fracción del tamaño de los sistemas tradicionales.

Las temperaturas de funcionamiento más altas de los sistemas de ATAD inhiben la nitrificación. Tiene lugar la respiración endógena (Figura 3.1), pero el amoníaco liberado no se convierte en nitrato y nitrito (Figura 3.3). Como resultado, el amoníaco se acumula en el proceso y estará presente tanto en los gases de escape como en el lodo en digestión a concentraciones de varios cientos de miligramos por litro (WEF, 2008). Los flujos de retorno de los sistemas de ATAD de primera generación pueden contener de 800 a 1500 mg/L de NH_3-N. Los sistemas de ATAD de segunda generación incorporan tanques de nitrificación/desnitrificación posteriores a la digestión que pueden reducir el amoníaco hasta 200 a 300 mg/L de NH_3-N o menos (Oerke et al., 2010). Como en los digestores aerobios tradicionales, el amoníaco se combina con el dióxido de carbono disuelto para formar bicarbonato de amonio (NH_4HCO_3), que aumenta la alcalinidad y el pH. El pH en los sistemas de ATAD suele oscilar entre 8 y 9 SU. El gas amoníaco aporta a los olores.

Los sistemas de ATAD de primera generación constan de dos o más tanques de igual tamaño en serie seguidos de un tanque de almacenamiento para sólidos estabilizados. Aproximadamente el 60 % de la reducción de los VS tiene lugar en el primer tanque (EPA de los EE. UU., 1990). Los sistemas de ATAD de segunda generación utilizan un tanque. Los tanques pueden ser de acero u hormigón aislados. Están equipados con cubiertas aisladas y sistemas de aeración y mezclado.

Generalmente los sistemas de digestión aerobia termofílica autotérmica reciben una mezcla de lodo primario y secundario. El lodo de alimentación se espesa previamente a una concentración de 4 a 6 % de TS. El lodo espesado se almacena en un tanque de retención de lodo hasta que se necesite. A menudo se utilizan los espesadores por gravedad aguas arriba de la ATAD porque son capaces de almacenar y espesar simultáneamente el lodo de alimentación. La extracción y alimentación de lodo a los tanques de ATAD se realiza por lotes en secuencia. Cada día, la aeración y el mezclado se detienen en los tanques de ATAD. Posteriormente, los sólidos estabilizados se transfieren del tanque de ATAD al tanque de almacenamiento. Para los sistemas de primera generación, el lodo se elimina del segundo tanque en serie. El nivel de líquido en el tanque de ATAD cae a medida que se eliminan los sólidos estabilizados. En los sistemas de primera generación, los lodos se transfieren desde el primer tanque de ATAD al segundo tanque de ATAD. El nivel de líquido en el segundo tanque de ATAD en serie se llena mientras que el nivel de líquido en el primer tanque se reduce. Después, todo el lodo espesado previamente recolectado durante las 23 horas anteriores se agrega al tanque de ATAD de la serie.

Para los sistemas de primera generación, el lodo espesado previamente se agrega al primer tanque de la serie. En los sistemas de segunda generación, el lodo espesado previamente se agrega solo al tanque de ATAD. Todas las transferencias entre tanques deben completarse en menos de 1 hora (EPA de los EE. UU., 1990). Cuando los tanques alcanzan su nivel de funcionamiento completo, se reanudan la aeración y el mezclado. Debido a que todos los sólidos se transfieren entre tanques en un período de 1 hora, los tanques permanecen aislados durante las 23 horas restantes cada día. Este tiempo de tratamiento sin interrupciones evita la pérdida de calor innecesaria y es importante para maximizar la destrucción de patógenos.

Las principales ventajas de los sistemas de ATAD incluyen las siguientes:

- Disminución de los SRT en comparación con la digestión aerobia tradicional.
- Tamaño reducido en comparación con la digestión aerobia tradicional.
- La reducción de sólidos volátiles es tan buena como en la digestión aerobia tradicional, o mejor.
- Cuando el proceso se mezcla bien y se mantiene a 55 °C (131 °F) o más, los virus patógenos, las bacterias, los huevos de helmintos viables y otros parásitos pueden reducirse por debajo de los niveles detectables, cumpliendo así con los requisitos de reducción de patógenos para biosólidos de Clase A.
- Con respecto a la temperatura, el proceso es relativamente estable y autorregulado y no se ve muy afectado por la temperatura del aire fuera de la ATAD.
- Se recupera rápidamente de pequeñas perturbaciones del proceso.

Las principales desventajas de los sistemas de ATAD incluyen las siguientes:

- Características de mala deshidratación del lodo.
- Olores objetables.
- Falta de nitrificación y desnitrificación.
- Se requiere control de espuma.

RESUMEN DEL CAPÍTULO

	Digestión aerobia
OBJETO Y FUNCIÓN	■ Reducir los patógenos. ■ Reducir la atracción de vectores. ■ Reducir los sólidos volátiles. ■ Reducir la masa total. ■ Convertir lodo en biosólidos.
TEORÍA DE OPERACIÓN	■ Similar al lodo activado. ■ Los digestores aerobios generalmente reciben solo lodo secundario, pero a veces reciben una mezcla de lodo primario y secundario. ■ Sin acceso a la DBO, los microorganismos entran en respiración endógena, consumiendo su propia masa celular. ■ La respiración endógena libera dióxido de carbono, agua, nitrógeno y fósforo. Para la digestión secundaria de lodo, se consumen aproximadamente 1.5 kg (lb) de OD por kg (lb) de VS destruidos. ■ La liberación de amoníaco aumenta la alcalinidad. ■ En la mayoría de los digestores aerobios, las bacterias nitrificantes convertirán el amoníaco en nitrito y nitrato. Esto requiere 0.5 kg (lb) adicionales de OD por kg (lb) de VS de lodo secundario destruido. ■ La nitrificación consume alcalinidad y puede provocar una caída repentina del pH. ■ La desnitrificación se puede utilizar para recuperar hasta la mitad de la alcalinidad perdida. ■ Para realizar la desnitrificación cicle los digestores entre condiciones aerobias y anóxicas. ■ La adición de lodo primario a los digestores aerobios aumenta la demanda de oxígeno en 1.6 a 1.9 kg de OD por kg (lb) de VS destruidos. ■ Los filamentos de lodo viejos pueden causar espuma y problemas de sedimentación del lodo. ■ Se *pueden* utilizar espesamiento previo, decantación o decantación en etapas separadas para aumentar las concentraciones de TS en el digestor.
PARÁMETROS DE DISEÑO	■ SRT mínimo de 40 días a 20 °C (68 °F) o 60 días a 15 °C (59 °F). ■ VSR mínimo del 38 % requerido por las regulaciones 503. ■ SOUR ≤ de 1.5 mg O_2 por gramo de TS por hora como alternativa al 38 % de VSR. ■ Cuando el volumen es constante, disminuir la SLR aumenta el SRT. ■ Algunos digestores están equipados con depósitos de sedimentación separados para un producto de la decantación continuo. ■ Las tasas de carga de sólidos son similares a los espesantes por gravedad de 25 a 50 $kg/m^2 \cdot d$ (5 a 10 $lb/ft^3 \cdot d$).
DESEMPEÑO ESPERADO	■ Reduce los VS de un 35 a un 50 %. ■ Reduce las coliformes fecales a $<$2 000 000 UFC/g de TS. ■ DBO en el sobrenadante $<$100 mg/L y SST$<$10 000 mg/L. ■ El N y el P del sobrenadante dependen de la VSR.
EQUIPOS	■ Los depósitos pueden ser de hormigón o acero. Son preferibles un mínimo de dos depósitos. ■ Fondos de depósitos en pendiente para facilitar la limpieza. ■ A menudo cubiertos en climas fríos para mantener la temperatura mínima del agua. ■ Se pueden operar múltiples depósitos en paralelo o en serie. ■ Los sistemas de aeración proporcionan el aire y la mezcla. ■ Las tuberías típicas incluyen una tubería de entrada de lodo, múltiples tuberías de extracción de sobrenadante y una tubería de salida de lodo.

VARIABLES DEL PROCESO	■ TDH ■ SRT ■ SLR ■ Eliminación porcentual ■ %VSR ■ Concentraciones mínimas de OD de 1.0 mg/L bajo la tasa de carga máxima de VS y 2.0 mg/L bajo tasas de carga promedio de VS. El oxígeno disuelto puede reducirse por debajo de 1.0 mg/L para inhibir la nitrificación, pero la VSR será menos eficiente. ■ Para un mejor desempeño, mantenga el pH entre 6.5 y 9.0 SU. La alcalinidad del sobrenadante debe mantenerse por encima de 100 mg/L para evitar una caída repentina del pH. Ambos parámetros deben monitorearse regularmente. ■ Decantación • La concentración de sólidos depende de la separación de sólidos. Idealmente<300 mg/L. • Los SRT más largos reducirán el tamaño de las partículas, lo que dificultará la sedimentación de los sólidos en el digestor. Es posible que se necesiten tiempos de sedimentación más prolongados antes de decantar. • La presencia de bacterias filamentosas puede reducir las tasas de sedimentación y reducir la concentración máxima de TS que se puede alcanzar. • El agua más fría disminuirá la velocidad de sedimentación de las partículas. Es posible que se necesiten tiempos de sedimentación más prolongados antes de decantar que con agua tibia.
CONTROL DEL PROCESO	■ Mantenga una tasa de alimentación constante o casi constante y evite la sobrecarga. ■ Cumpla las metas de la VSR o la SOUR garantizando un SRT lo suficientemente largo. ■ Asegure un OD adecuado y un pH casi neutro. ■ Decante según sea necesario para dejar espacio para más sólidos y maximizar el SRT. ■ Gestione el retorno del producto de la decantación para reducir los impactos en el flujo líquido.
OPERACIÓN DIARIA	■ Realice recorridos diarios para inspeccionar el equipo y las superficies de los depósitos. ■ Controle la temperatura del agua, el OD, el pH y la alcalinidad. ■ Decante según sea necesario para dejar espacio para más lodo de alimentación. ■ Utilice un juez de lodos para localizar el sobrenadante de mejor calidad. ■ Calcule y monitoree la SLR y el SRT. ■ Cuando ponga los digestores fuera de servicio, asegúrese de eliminar los sólidos de las tuberías y el equipo.
RECOLECCIÓN, MUESTREO Y ANÁLISIS DE LOS DATOS	■ Monitoree en cuatro ubicaciones: lodo de alimentación, proceso, sólidos digeridos y sobrenadante. ■ Calcule el SRT y el %VSR. ■ Realice un análisis de la SOUR para monitorear el proceso. ■ Analice el sobrenadante para estimar los impactos en el flujo líquido durante la decantación.
RESOLUCIÓN DE PROBLEMAS	■ Recomendamos a los operadores que repasen la tabla de resolución de problemas. ■ La mayoría de los problemas de control de procesos aerobios puede estar relacionada con fallas del equipo, bajo OD, SRT inadecuado o sobrecarga. ■ La operación a temperaturas de agua por debajo de los 15 °C (59 °F) pueden evitar que los digestores aerobios cumplan las metas del tratamiento.

EJERCICIO DEL CAPÍTULO

Una WRRF pequeña utiliza digestión aerobia para estabilizar sus lodos. Tiene un solo digestor de 45.7 m (150 ft) de largo por 45.7 m (150 ft) de ancho. El nivel máximo de agua que puede contener el digestor es de 6.1 m (20 ft), pero los operadores nunca lo hacen funcionar a más de la mitad. El digestor está aereado, pero solo lo suficiente para mantener restringidos los olores. El digestor se alimenta con LAP espesado previamente al 5 % de TS que contiene 82.5 % de VS. En promedio, el digestor recibe 340.7 m^3/d (90 000 gpd) de LAP espesado. La concentración de TS dentro del digestor es del 1.8 %. La instalación no decanta su digestor.

Durante muchos años, la WRRF ha contratado a una empresa para transportar y aplicar en tierra sus biosólidos. Los registros de acarreo muestran un promedio de 273 m^3/d (72 000 gpd) de sólidos eliminados por el digestor diariamente. La empresa de transporte envía muestras a un laboratorio certificado inmediatamente antes de retirar los sólidos del digestor para asegurarse de que cumple con los requisitos de su permiso de biosólidos. Logra el cumplimiento de las regulaciones 503 mediante (a) el monitoreo de organismos indicadores (<2 000 000 de bacterias coliformes fecales por gramo de TS) y (b) incorporando los biosólidos al suelo dentro de las 6 horas posteriores a la aplicación.

Esta modalidad funcionó bien para la pequeña WRRF. Debido a que no estaban tratando de cumplir con los requisitos de tiempo y temperatura (40 días a 20 °C) para un PSRP, pudieron hacer funcionar su digestor con concentraciones muy bajas de OD. En un día típico, las concentraciones de OD en el digestor eran generalmente inferiores a 0.2 mg/L. Un día, la WRRF recibió una carta por correo de su transportista contratado. La carta decía que el transportista ya no incorporaría los biosólidos al suelo. La WRRF tendría que cumplir con el requisito de RAV por su cuenta antes de que el transportista recogiera sus biosólidos. Eso significaba cumplir con el requisito mínimo del 38 % de VSR o pasar un análisis de la SOUR a ≤1.5 mg/L OD por gramo de TS por hora (mg/L OD/g TS/h).

El operador principal de la planta decide tomar una muestra y hacer una prueba de la SOUR. Para su sorpresa, la SOUR es superior a 11.2 mg/L OD/g TS/h. Esto significa que hay muchos microorganismos activos en el digestor y mucha DBO disponible. El lodo no está estabilizado.

1. Suministre al menos dos motivos posibles por los cuales la SOUR del digestor es tan alta.

2. Calcule tanto la tasa de carga de VS al digestor como el SRT. ¿Cómo se comparan los valores calculados con los criterios de diseño que se muestran en la Tabla 3.1?

   Tasa de carga =

   SRT =

3. ¿Qué podría hacer el operador para aumentar el SRT y disminuir la tasa de carga de VS?

4. Después de realizar cambios para aumentar el SRT y disminuir la tasa de carga de VS, la SOUR permanece aproximadamente igual. Además, el porcentaje de VSR es solo del 14 %. ¿Qué cambio puede hacer el operador para mejorar el desempeño?

5. Después de realizar el cambio, el operador comienza a realizar un análisis de SOUR cada dos días. Durante las próximas 2 semanas, la SOUR cae gradualmente de 11.2 mg/L OD/g TS/h a menos de 2.0 mg/L OD/g TS/h. La concentración de VS en el lodo de alimentación se mantiene en 82.5 %, pero la concentración en el lodo acarreado ha caído al 74 %. ¿Cumplen los sólidos que salen del digestor con el requisito de reducción de atracción de vectores en las regulaciones 503? ¿Cómo lo sabe?

6. Pasa otra semana y la SOUR cae por debajo de 1.0 mg/L OD/g TS/h. Ahora el digestor está alcanzando un 50 % de VSR. ¡Felicitaciones! El operador principal de la planta está revisando los datos del digestor y se da cuenta de que el pH ha ido disminuyendo lentamente desde que tomaron la decisión de aumentar la concentración de OD. ¿Por qué baja el pH? ¿Deberían estar preocupados? ¿En qué momento deberían actuar? ¿Qué podrían hacer?

7. El operador jefe de la planta asiste a un seminario y aprende que es posible nitrificar y desnitrificar al mismo tiempo operando a una concentración más baja de OD. Disminuyen la salida de aire del soplador de 0.45 L/m^3•s (27 cfm/1000 ft^3) a 0.29 L/m^3•s (17.4 cfm/1000 ft^3). La concentración de OD en el depósito cayó a 0.6 mg/L y el pH en el digestor permaneció casi neutral. Curiosamente, la concentración de TS en el digestor cayó del 5 % a menos del 2 % durante la noche. El operador jefe de la planta comprobó con el transportista para ver si habían eliminado más sólidos de lo habitual por alguna razón, pero no lo habían hecho. ¿Por qué cayó la concentración de TS?

SOLUCIONES AL EJERCICIO DEL CAPÍTULO

1. El tiempo de retención de sólidos es demasiado bajo, la tasa de carga de VS es demasiado alta, el OD es demasiado bajo.

2. Tasa de carga de sólidos = 2.21 kg/m³•d (0.138 lb/ft³)

SRT = 23.3 días (23.4 días)

La tasa de carga de sólidos es alta en comparación con los criterios de diseño dados en la Tabla 3.1 de 0.385–2.24 kg/m³•d (0.024–0.14 lb/ft³•d). El SRT es mucho más bajo que los 40 a 60 días especificados por las regulaciones 503.

Solución para tasa de carga de sólidos con unidades estándar internacionales:

Paso 1: Halle el volumen del digestor.

Los operadores nunca hacen funcionar el digestor a más de a medio llenar. Asegúrese de utilizar el volumen de llenado, no el máximo volumen posible.

$$\text{Volumen} = \text{Largo} \times \text{Ancho} \times \text{Altura}$$

$$\text{Volumen} = (45.7\ \text{m})(45.7\ \text{m})(3.05\ \text{m})$$

$$\text{Volumen} = 6370\ \text{m}^3$$

Paso 2: Convierta la concentración de sólidos de porcentaje a mg/L.

$$\frac{5\%}{}\left|\frac{10\ 000\ \text{mg/L}}{1\%}\right| = 50\ 000\ \text{mg/L}$$

Paso 3: Halle la masa de VS en la alimentación del digestor.

$$\text{Masa de sólidos volátiles, } \frac{\text{kg}}{\text{d}} = \left(\frac{\left(\text{Caudal, } \frac{\text{m}^3}{\text{d}}\right)(\text{Concentración, mg/L})}{1000}\right)(\%\ \text{Volátil})$$

$$\text{Masa de sólidos volátiles, } \frac{\text{kg}}{\text{d}} = \left(\frac{\left(340.7\frac{\text{m}^3}{\text{d}}\right)(50\ 000\ \text{mg/L})}{1000}\right)(0.825)$$

$$\text{Masa de sólidos volátiles, } \frac{\text{kg}}{\text{d}} = 14\ 054$$

Paso 4: Halle la tasa de carga de VS.

$$\text{Tasa de carga de sólidos} = \frac{\text{Masa de sólidos volátiles que entra en el digestor diariamente}}{\text{Volumen del digestor}}$$

$$\text{Tasa de carga de sólidos} = \frac{14\ 054\frac{\text{kg}}{\text{d}}}{6370\ \text{m}^3}$$

$$\text{Tasa de carga de sólidos} = 2.21\frac{\text{kg}}{\text{m}^3\cdot\text{d}}$$

Solución para tasa de carga de sólidos con unidades habituales en los EE. UU.:

Paso 1: Halle el volumen del digestor.

Los operadores nunca hacen funcionar el digestor a más de a medio llenar. Asegúrese de utilizar el volumen de llenado, no el máximo volumen posible.

$$\text{Volumen} = \text{Largo} \times \text{Ancho} \times \text{Altura}$$

$$\text{Volumen} = (150\ \text{ft})(150\ \text{ft})(10\ \text{ft})$$

$$\text{Volumen} = 225\ 000\ \text{ft}^3$$

Paso 2: Convierta la concentración de sólidos de porcentaje a mg/L.

$$\frac{5\%}{}\left|\frac{10\ 000\ \text{mg/L}}{1\%}\right| = 50\ 000\ \text{mg/L}$$

Paso 3: Convierta el caudal de lodo de alimentación de gpd a mgd.

$$\frac{90\ 000\ \text{gal}}{\text{d}}\left|\frac{1\ \text{mill. de gal}}{1\ 000\ 000\ \text{gal}}\right| = 0.09\ \text{mgd}$$

Paso 4: Halle la masa de VS en la alimentación del digestor.

$$\text{Masa de sólidos volátiles, } \frac{\text{lb}}{\text{d}} = (\text{mg/L})(\text{mgd})(8.34)(\%\ \text{Volátil})$$

$$\text{Masa de sólidos volátiles, } \frac{\text{lb}}{\text{d}} = (50\ 000\ \text{mg/L})(0.09\ \text{mgd})(8.34)(0.825)$$

$$\text{Masa de sólidos volátiles, } \frac{\text{lb}}{\text{d}} = 30\ 962$$

Paso 5: Halle la tasa de carga de VS.

$$\text{Tasa de carga de sólidos} = \frac{\text{Masa de sólidos volátiles que entra en el digestor diariamente}}{\text{Volumen del digestor}}$$

$$\text{Tasa de carga de sólidos} = \frac{30\ 962\ \text{lb/d}}{225\ 000\ \text{ft}^3}$$

$$\text{Tasa de carga de sólidos} = 0.138 \frac{\text{lb}}{\text{d}\cdot\text{ft}^3}$$

Solución para tiempo de retención de sólidos con unidades estándar internacionales:

Paso 1: Convierta la concentración de sólidos en el digestor de porcentaje a mg/L.

$$\frac{1.8\ \%}{}\left|\frac{10\ 000\ \text{mg/L}}{1.8\ \%}\right| = 18\ 000\ \text{mg/L}$$

Paso 2: Halle la masa de TS dentro del digestor.

$$\text{Masa, kg} = \left(\frac{(\text{Volumen, m}^3)(\text{Concentración, mg/L})}{1000}\right)$$

$$\text{Masa, kg} = \left(\frac{(6370\ \text{m}^3)(18\ 000\ \text{mg/L})}{1000}\right)$$

$$\text{Masa, kg} = 114\ 660$$

Paso 3: Halle la masa de TS que salen del digestor cada día.

$$\text{Masa, } \frac{\text{kg}}{\text{d}} = \left(\frac{\left(\text{Volumen, } \frac{\text{m}^3}{\text{d}}\right)(\text{Concentración, mg/L})}{1000}\right)$$

$$\text{Masa, } \frac{\text{kg}}{\text{d}} = \left(\frac{\left(273 \frac{\text{m}^3}{\text{d}}\right)(18\ 000\ \text{mg/L})}{1000}\right)$$

$$\text{Masa, } \frac{\text{kg}}{\text{d}} = 4914$$

La concentración de sólidos que salen del digestor es la misma que la concentración de sólidos dentro del digestor. Para un digestor que sedimenta y decanta, el lodo extraído del digestor tendrá una concentración más alta que la concentración operativa mixta. Al calcular el SRT, asegúrese de utilizar la concentración de sólidos real que sale del digestor.

Paso 4: Calcule el SRT.

$$\text{SRT} = \frac{\text{Masa de sólidos en el digestor}}{\text{Masa de sólidos en la extracción de lodo} + \text{Masa de sólidos en el sobrenadante}}$$

$$\text{SRT} = \frac{114\ 660\ \text{kg}}{4914 \frac{\text{kg}}{\text{d}} + 0 \frac{\text{kg}}{\text{d}}}$$

$$\text{SRT} = 23.3\ \text{días}$$

Esta WRRF espesa previamente en lugar de decantar, por lo que los TS en la decantación son cero.

Solución para tiempo de retención de sólidos con unidades habituales en los EE. UU.:

Paso 1: Convierta la concentración de sólidos en el digestor de porcentaje a mg/L.

$$\frac{1.8\%}{} \left| \frac{10\ 000\ \text{mg/L}}{1.8\%} \right| = 18\ 000\ \text{mg/L}$$

Paso 2: Convierta el volumen del digestor de ft^3 a mill. de gal.

$$\frac{225\ 000\ \text{ft}^3}{} \left| \frac{7.48\ \text{gal}}{1\ \text{ft}^3} \right| \left| \frac{1\ \text{mill. de gal}}{1\ 000\ 000\ \text{gal}} \right| = 1.683\ \text{mill. de gal}$$

Paso 3: Halle la masa de TS dentro del digestor.

$$\text{Masa, lb} = \left(\frac{\text{mg}}{\text{L}}\right)(\text{mill. de gal})(8.34)$$

$$\text{Masa, lb} = \left(18\ 000\frac{\text{mg}}{\text{L}}\right)(1.683\ \text{mill. de gal})(8.34)$$

$$\text{Masa, lb} = 252\ 652$$

Paso 4: Convierta el caudal de lodo acarreado de gpd a mgd.

$$\frac{72\ 000\ \text{gal}}{\text{d}}\left|\frac{\text{mill. de gal}}{1\ 000\ 000\ \text{gal}}\right| = 0.072\ \text{mgd}$$

Paso 5: Halle la masa de TS que salen del digestor cada día.

$$\text{Masa, }\frac{\text{lb}}{\text{d}} = \left(\frac{\text{mg}}{\text{L}}\right)(\text{mgd})(8.34)$$

$$\text{Masa, }\frac{\text{lb}}{\text{d}} = \left(18\ 000\frac{\text{mg}}{\text{L}}\right)(0.072\ \text{mgd})(8.34)$$

$$\text{Masa, }\frac{\text{lb}}{\text{d}} = 10\ 809$$

Paso 6: Calcule el SRT.

Esta WRRF espesa previamente en lugar de decantar, por lo que los TS en la decantación son cero.

$$\text{SRT} = \frac{252\ 652\ \text{lb}}{10\ 809\frac{\text{lb}}{\text{d}} + 0}$$

$$\text{SRT} = 23.4\ \text{días}$$

3. El operador podría elevar el nivel de agua operativo en el digestor de 3.05 m (10 ft) a 6.1 m (20 ft). El operador decide dejar de eliminar sólidos del digestor hasta que alcance su nivel máximo de operación. Posteriormente, comienzan a eliminar los sólidos del digestor nuevamente. Como resultado, el SRT aumenta de 23 a 47 días. La tasa de carga de VS disminuye de 2.21 $kg/m^3 \cdot d$ (0.14 $lb/ft^3 \cdot d$) a 1.10 $kg/m^3 \cdot d$ (0.07 lb $VS/ft^3 \cdot d$).

4. El operador necesita aumentar la concentración de OD de 0.2 mg/L a al menos 1.0 mg/L. La respiración endógena no puede tener lugar sin acceso al oxígeno.

5. Sí. Los sólidos que salen del digestor no cumplen con el límite de la SOUR de 1.5 mg/L OD/g TS/h, pero cumplen con el mínimo de 38 % VSR.

$$\text{Reducción de sólidos volátiles, \%} = \left(\frac{VS_{entrantes} - VS_{salientes}}{VS_{entrantes} - (VS_{entrantes} \times VS_{salientes})}\right) \times 100\%$$

$$\text{Reducción de sólidos volátiles, \%} = \left(\frac{0.825 - 0.74}{0.825 - (0.825 \times 0.74)}\right) \times 100\%$$

$$\text{Reducción de sólidos volátiles, \%} = \left(\frac{0.085}{0.825 - 0.6105}\right) \times 100\%$$

$$\text{Reducción de sólidos volátiles, \%} = 39.6$$

6. El pH está bajando porque se está produciendo nitrificación. Las bacterias nitrificantes están convirtiendo el amoníaco liberado por la respiración endógena en nitrito y nitrato. Esta reacción genera ácido. Sí, el operador debe estar preocupado. Si el pH cae por debajo de 6.0 SU, podría matar o inhibir los microorganismos en el proceso. Si eso sucede, la reducción de VS se hará más lenta o se detendrá. El operador debe actuar cuando el pH alcanza 6.5 SU. Podrían intentar reducir la concentración de OD para inhibir la nitrificación, pero deberán tener cuidado de no reducirla demasiado. Podrían incorporar un ciclo si aire para estimular la desnitrificación y recuperar la alcalinidad perdida. También podrían agregar cal, bicarbonato de sodio u otra base al digestor para ajustar el pH.

7. Cuando el operador redujo la salida del soplador, no había suficiente caudal de aire para mantener los sólidos en suspensión (mezclados). Muchos de los sólidos del digestor sedimentaron en el fondo del digestor. El operador debe aumentar el caudal de aire hasta que haya suficiente energía de mezclado para mantener los sólidos en suspensión.

Referencias

Descargue los informes y manuales de la EPA de los EE. UU. desde el sitio web del Centro del Servicio Nacional de Publicaciones Ambientales de la EPA en https://nepis.epa.gov y busque el número de informe.

Ahlberg, N. y Boyko, B. (1972). Evaluation and design of aerobic digesters. *Journal Water Pollution Control Federation, 44*(4), 634–643.

Anderson, B. y Mavinic, D. (1984). Aerobic sludge digestion with pH control—Preliminary investigation. *Journal Water Pollution Control Federation, 56*(7), 889-897.

American Public Health Association, American Water Works Association y Water Environment Federation. (2017). *Standard methods for the examination of water and wastewater* (23.ª ed.). American Public Health Association.

Arunachalam, R., Shah, H. y Ju, L. (2004). Aerobic sludge digestion under low dissolved oxygen conditions. *Water Environment Research, 76*(5), 453–462.

Benefield, L. y Randall, C. (1980). *Biological process design for wastewater treatment.* Prentice-Hall, Inc.

Brock, T. y Darland, G. (1970). Limits of microbial existence—Temperature and pH. *Science, 169*, 1316.

Daigger, G. (1998). Recycle streams—How to control impacts on liquid treatment processes. *Water Environment and Technology, 10*(10), 47–52.

Daigger, G. y Bailey, E. (2000). Improving aerobic digestion by prethickening, staged operation, and aerobic-anoxic operation: Four full-scale demonstrations. *Water Environment Research, 72*(3), 260-270.

Daigger, G. T., Graef, S. P. y Eike, S. (1997, octubre 18–22). *Operational modifications of a conventional aerobic digestion to the aerobic/anoxic digestion process* [presentación de artículo científico]. 70th Annual Water Environment Federation Technical Exposition and Conference, Chicago, IL, United States. Water Environment Federation.

Daigger, G., Yates, R., Scisson, J., Grotheer, T., Hervol, H., y Bailey, E. (1997). The challenge of meeting Class B while digesting thicker solids. *Aerobic Digestion Workshop, Vol. I.* Enviroquip, Inc.

Gerardi, M. (2006). *Wastewater bacteria.* Wiley & Sons.

Henze, M., van Loosdrecht, M. C., Ekama, G. y Brdjanovic, D. (2008). *Biological wastewater treatment: Principles, modeling, and design.* IWA Publishing, Cambridge University Press.

Jeyanayagam, S. y Husband, J. (2002). BNR sludges. *Water Environment and Technology, 14*(10), 39–45.

Ju, L., Shah, H. y Porteous, J. (2005). Phosphorus release in aerobic sludge digestion. *Water Environment Research, 77*(5), 553-559.

Mavinic, D. y Koers, D. (1982). Fate of nitrogen in aerobic sludge digestion. *Journal Water Pollution Control Federation, 54*(4), 352-360.

Maxwell, M., et al. (20–24 de septiembre de 1992). *Impact of the new sludge regulations on aerobic digester sizing and cost-effectiveness* [presentación de artículo científico]. 65th Annual Water Environment Federation Exposition and Conference, New Orleans, LA, Estados Unidos. Water Environment Federation.

McKinney, R. (1963). *Advances in biological waste treatment.* Pergamon Press.

Metcalf & Eddy. (2003). *Wastewater engineering treatment and reuse* (4.º ed.). McGraw-Hill Higher Education.

Metcalf & Eddy/AECOM. (2014). *Wastewater engineering: Treatment and resource recovery.* McGraw Hill Education.

Oerke, D., Olsen, C., Kirk, J. y Maines, C. (2010). *Second generation ATAD: A-Tad Better? Two case studies of conversion from "first generation" to "second generation" ATAD systems* [presentación de artículo científico]. WEF Residuals and Biosolids Conference, Savannah, GA, Estados Unidos. Water Environment Federation.

Park, C., Abu-Orf, M. M. y Novak, J. (2006). The digestability of waste activated sludges. *Water Environment Research, 78*(1), 59-68.

Reynolds, T. (1967). Aerobic digestion of waste activated sludge. *Water and Sewage Works, 114*, 37.

Scisson, J. (2003). *ATAD, The next generation: Design, construction, start-up, and operation of the first municipal 2nd generation ATAD* [presentación de artículo científico]. WEF/AWWA/CWEA Joint Residuals and Biosolids Management Conference and Exhibition, Salt Lake City, UT, Estados Unidos. Water Environment Federation.

Switzenbaum, M., Farrell, J. y Pincince, A. (2003). Relationship between the Van Kleek and mass-balance calculation of volatile solids loss. *Water Environment Research, 75*(4), 377-380.

U.S. Environmental Protection Agency. (1974). *Process design manual for sludge treatment and disposal* (EPA 625/1-74-006). United States Environmental Protection Agency, Technology Transfer.

U.S. Environmental Protectiton Agency. (1975a). *Aerobic stabilization of waste activated sludge—An experimental investigation* (EPA-600/2-75-035). U.S. Environmental Protection Agency, Water Research Division, Municipal Environmental Research Laboratory.

U.S. Environmental Protection Agency. (1975b). *Raw sewage coagulation and aerobic sludge digestion* (EPA 600/2-75-049). U.S. Environmental Protection Agency, Municipal Environmental Research Laboratory, Office of Research and Development.

U.S. Environmental Protection Agency. (1978a). *Sludge treatment and disposal: Sludge treatment volume 1* (EPA-625/4/78-012A). United States Environmental Protection Agency, Environmental Research Information Center.

U.S. Environmental Protection Agency. (1978b). *Operations manual: Sludge handling and conditioning* (EPA 430/9-78-002). U.S. Environmental Protection Agency, Office of Water Programs Operations, Municipal Operations Branch.

U.S. Environmental Protection Agency. (1979). *Process design manual for sludge treatment and disposal* (EPA 625/1-79-011). United States Environmental Protection Agency, Municipal Environmental Research Laboratory, Office of Research and Development, Center for Environmental Research Information Technology Transfer.

U.S. Environmental Protection Agency. (1987). EPA Design Information Report: Sidestreams in Wastewater Treatment Plants. *Journal Water Pollution Control Federation, 59*(1), 54–59.

U.S. Environmental Protection Agency. (1989). *Fine pore aeration systems* (EPA 625/1-89/023). United States Environmental Protection Agency, Center for Environmental Research Information, Risk Reduction Engineering Laboratory.

U.S. Environmental Protection Agency. (1990). *Environmental regulations and technology: Autothermal thermophilic aerobic digestion of municipal wastewater sludge* (EPA/625/10-90/007). United States Environmental Protection Agency, Office of Research and Development.

U.S. Environmental Protection Agency. (1993). *Nitrogen control manual* (EPA/625/R-10/010). United States Environmental Protection Agency, Office of Research and Development, Office of Water.

U.S. Environmental Protection Agency. (2010). *Nutrient control design manual* (EPA/600/R-10/100). U.S. Environmental Protection Agency, Office of Research and Development, National Risk Management Research Laboratory, Water Supply and Water Resources Division.

Water Environment Federation. (1995). *Wastewater residuals stabilization* (Manual of Practice No. FD-9). Water Environment Federation.

Water Environment Federation. (2008). *Operation of municipal wastewater treatment plants* (6.ª ed., Manual of Practice No. 11). Water Environment Federation.

Water Environment Federation. (2012a). *Basic laboratory procedures for the operator-analyst* (5.ª ed.). Water Environment Federation.

Water Environment Federation. (2012b). *Safety, health, and security in wastewater systems* (6.º ed., Manual of Practice No. 1). Water Environment Federation.

Water Environment Federation. (2014). *Moving toward resource recovery facilities.* Water Environment Federation.

Water Environment Federation. (2016). *Operation of water resource recovery facilities* (7.º ed., Manual of Practice No. 11). Water Environment Federation.

Water Environment Federation. (2017). *Wastewater biology: The microlife* (3.º ed.). Water Environment Federation.

Water Environment Federation & Association of Boards of Certification. (2018). *Wastewater Treatment Fundamentals I—Liquid Treatment.* Water Environment Federation.

Water Environment Federation, American Society of Civil Engineers, & Environmental and Water Resources Institute. (2018). *Design of water resource recovery facilities* (6.ª ed., WEF Manual of Practice No. 8/ASCE Manuals and Reports on Engineering Practice No. 76). Water Environment Federation.

Bibliografía sugerida

Eikum, A., Carlson, D. y Lunder, A. (1975). Phosphorus release during storage of aerobically digested sludge. *Journal Water Pollution Control Federation, 47*(2), 330-337.

Gay, D., Drnevich, R., Breider, E. y Young, K. (1974). *High purity oxygen aerobic digestion experiences at Speedway Indiana* [artículo científico presentado]. National Conference on Municipal Sludge Management. Information Transfer, Inc.

Hamoda, M. y Ganczarczyk, K. (1977). Aerobic digestion of sludges precipitated from wastewater by lime addition. *Journal Water Pollution Control Federation, 49*(3), 375.

Koers, D. y Mavinec, D. (1977). Aerobic digestion of waste activated sludge at low temperatures. *Journal Water Pollution Control Federation, 50*(3), 460.

Lawton, G. y Norman, J. (1964). Aerobic sludge digestion studies. *Journal Water Pollution Control Federation, 36*(4), 495.

Operator's Notebook. (n.d.). Consultado del 20 de noviembre de 2015, del sitio de capacitación de Wright's: http://www.wrights-trainingsite.com/aerodigestion.html

Rein, D. A. (1977). *Patente de los Estados Unidos n.º 4 026 793.*

Smith, J. J. (1975). Biological oxidation and disinfection of sludge. *Water Research, 9*, 17.

Stege, K. y Baily, E. (2003). *Aerobic digestion operation of Stockbridge Wastewater Treatment Plant, Georgia.* Georgia Water Pollution Control Association.

U.S. Environmental Protection Agency. (1976). *Anaerobic sludge digestion: Operations manual* (EPA 430/9-76-001). U.S. Environmental Protection Agency.

U.S. Environmental Protection Agency. (1990). *Autothermal thermophilic aerobic digestion of municipal wastewater sludge* (EPA/625/10-90/007). U.S. Environmental Protection Agency.

U.S. Environmental Protection Agency. (1994). *A plain English guide to the EPA Part 503 Biosolids Rule* (EPA/832/R-93/003). U.S. Environmental Protection Agency.

U.S. Environmental Protection Agency. (2003). *Biosolids technology fact sheet: Gravity thickening* (EPA 832-F-03-022). U.S. Environmental Protection Agency.

CAPÍTULO 4

Digestión anaerobia

Introducción

Aunque la digestión anaerobia se ha utilizado durante casi un siglo, solo se utiliza en menos del 5 % de todas las instalaciones de recuperación de recursos hídricos (*water resource recovery facilities*, WRRF). En 2020, había 1269 WRRF de los Estados Unidos que utilizaban la digestión anaerobia para estabilizar los biosólidos (American Biogas Council, n.d.). Se estima que existen 33 912 WRRF en todo los Estados Unidos (EPA de los EE. UU., 2008). La digestión anaerobia se utiliza generalmente en las WRRF más grandes que tienen una capacidad permitida mayor a 19 000 m^3/d (5 mgd) y en las WRRF que producen lodo primario (WEF et al., 2018). Los digestores aerobios se encuentran con mayor frecuencia en las instalaciones más pequeñas y en las que producen solo lodo secundario.

A lo largo de este capítulo, se han presentado comparaciones entre los digestores aerobios y anaerobios. Antes de comenzar este capítulo, se recomienda a los lectores completar el capítulo 3: Digestión anaerobia.

La digestión anaerobia es capaz de producir diversos productos útiles: biosólidos, *biogás*, electricidad y fósforo recuperado. No todos los digestores anaerobios están diseñados o funcionan para producir los cuatro productos. Los biosólidos pueden ser tierra que se aplica como fertilizante. El biogás puede quemarse para calentar el digestor y otros edificios o puede convertirse en electricidad con un generador. El fósforo es un nutriente esencial para la agricultura.

El *biogás* es un término utilizado para describir la mezcla de *metano* con otros gases producidos durante la digestión anaerobia. Después de limpiarlo para eliminar impurezas, el biogás es idéntico al gas natural.

En general, la digestión anaerobia requiere una mayor cantidad de equipos, un mayor muestreo y control, y una mayor frecuencia en los ajustes en el proceso que la digestión aerobia. Esto hace que la digestión anaerobia sea más costosa a la hora de establecer y más complicada a la hora de operarla y mantenerla. A pesar de estas desventajas, los digestores anaerobios se están volviendo cada vez más populares dado que la industria de las aguas residuales se enfoca más en la reducción del uso de energía y en la recuperación de recursos. Dado que los digestores anaerobios no requieren aeración, utilizan mucha menos energía que los digestores aerobios.

El *metano* también es conocido como gas natural.

OBJETIVOS DE APRENDIZAJE

Después de completar este capítulo, podrá:

- Enumerar cinco posibles objetivos de la digestión anaerobia.
- Enumerar los diferentes grupos de bacterias que pueden estar presentes en los digestores anaerobios.
- Explicar el concepto de fermentación.
- Describir las diferentes reacciones biológicas que pueden tener lugar en los digestores anaerobios.
- Explicar por qué una tasa de alimentación constante es importante en la digestión anaerobia.
- Explicar cómo la temperatura afecta el desempeño de un digestor anaerobio.
- Calcular las variables de control del proceso incluidos el tiempo de detención hidráulica, el tiempo de retención de sólidos, la tasa de carga de sólidos volátiles, la relación ácido volátil-alcalinidad, y la reducción porcentual de sólidos volátiles.
- Recolectar muestras de control del proceso, realizar análisis y evaluar los resultados.
- Poner en funcionamiento un nuevo digestor anaerobio, poner un digestor en servicio y sacar un digestor de servicio.
- Implementar medidas correctivas para mantener el pH, la alcalinidad y la composición de gas del digestor dentro de los límites aceptados.
- Explicar por qué debe monitorearse y gestionarse el reciclaje de sobrenadante del digestor que vuelve al proceso de tratamiento de líquidos.
- Determinar cuándo debe detenerse la alimentación de un digestor anaerobio secundario.
- Resolver problemas mecánicos y problemas en el control del proceso de digestión anaerobia que se presentan con frecuencia.

Anaerobio implica la ausencia de oxígeno, nitrito y nitrato.

Objeto y función

La digestión *anaerobia* es un proceso de tratamiento biológico que se utiliza para procesar y estabilizar de forma adicional los sólidos (lodo) que se eliminan de las aguas residuales durante el tratamiento primario, secundario y terciario. El lodo se coloca en un tanque, denominado *digestor anaerobio,* donde suele permanecer durante 15 a 20 días (Grady et al., 1999; EPA de los EE. UU., 1979; WEF et al., 2018). Los tiempos de digestión de los digestores anaerobios son más cortos que los de los digestores aerobios debido a que los digestores anaerobios funcionan a temperaturas más altas. A diferencia de la digestión aerobia, la digestión anaerobia no requiere oxígeno ni aeración.

Un *patógeno* es un organismo capaz de causar enfermedades. Los patógenos incluyen virus, bacterias y protozoos.

Las metas de la digestión anaerobia son (a) reducir la cantidad de *patógenos* en el remanente de sólidos hasta lograr una concentración segura; (b) reducir la atracción de *vectores*; (c) reducir la masa y el porcentaje de sólidos volátiles (*volatile solids*, VS); (d) reducir la masa total de sólidos; (e) producir biogás (metano) que puede utilizarse como combustible, y, cuando se cumplen ciertos requisitos enumerados en las regulaciones 503; (f) convertir el lodo en *biosólidos*. Los digestores anaerobios también pueden producir electricidad a través de la cogeneración y recuperar fósforo.

Un *vector* es algo que transmite enfermedades pero que no las provoca. Por ejemplo, los mosquitos con su picadura transmiten la enfermedad de la malaria. El mosquito es el vector, la malaria es la enfermedad.

En todo este capítulo, se utilizan los términos *lodo de alimentación*, *sólidos* y *biosólidos*. Lodo de alimentación hace referencia al lodo primario, lodo secundario, lodo terciario o a una mezcla que se agrega al digestor. El lodo no está estabilizado y requiere un tratamiento adicional antes de que cumpla con los requisitos de las regulaciones 503. Sólidos se utiliza para hacer referencia al lodo que puede o no cumplir con los requisitos de las regulaciones 503. Los biosólidos son sólidos estabilizados que cumplen con los requisitos de las regulaciones 503. Cuando no está claro si se han cumplido los criterios 503, se utiliza el término *sólidos* en lugar de *biosólidos*.

Los *biosólidos* son lodo que se ha estabilizado y que cumple con los requisitos de las regulaciones 503. Consulte el Capítulo 1 para obtener una explicación en profundidad de la estabilización de lodo.

Teoría de operación

En su forma más simple, la digestión anaerobia consiste en un *tanque* único, cubierto, donde se combina el lodo de alimentación con una población mixta de bacterias y otros microorganismos. Las bacterias descomponen el lodo en ausencia de oxígeno, nitrito y nitrato. Muchas instalaciones operan dos digestores en serie. La instalación que se muestra en la Figura 4.1 incluye digestores primarios con cubiertas fijas (A), un digestor secundario con cubierta de membrana para almacenamiento de gas (B) y un proceso para la recuperación de fósforo del sobrenadante del digestor (C). El lodo de alimentación ingresa al digestor primario. A continuación, el lodo se transfiere al digestor secundario cuando el tratamiento está mayormente completo. Las instalaciones más grandes pueden tener múltiples digestores primarios y secundarios.

Los depósitos y los tanques son contenedores que almacenan líquido. En general, el término *depósito* se utiliza para los contenedores sin tapa y el término *tanque* para los contenedores con tapa.

Las cubiertas evitan que el aire ingrese a los digestores. Esto permite que la mezcla deseada de bacterias anaerobias crezca y genere poblaciones estables. El oxígeno, el nitrito y el nitrato son tóxicos para las bacterias formadoras de metano. Las cantidades relativamente pequeñas de oxígeno, nitrito y nitrato disueltos que ingresan al digestor con el lodo entrante se usan por completo de forma casi instantánea. El contenido del digestor es realmente anaerobio. La mayoría de los digestores anaerobios se calientan. El calentamiento aumenta la actividad de las bacterias y reduce la cantidad de tiempo necesaria para digerir el lodo. La mayoría de los digestores anaerobios primarios y algunos secundarios son de mezclado. La mezcla distribuye el lodo de alimentación por todo el digestor, distribuye los productos de desecho, minimiza la formación de

Figura 4.1 Digestores primarios (con cubierta fija) (A) y digestores secundarios (con cubierta de membrana con almacenamiento de gas) (B) con tratamiento de flujo lateral y recuperación de fósforo (C) (reimpreso con autorización de Passaro Engineering, LLC)

capas de arena y natas, contribuye a la liberación de gas y ayuda a mantener una temperatura constante en todo el digestor. Cuando se utiliza tanto un digestor primario como uno secundario, el digestor primario normalmente es de mezcla y el digestor secundario no.

Los digestores anaerobios generalmente se alimentan con una mezcla de lodo primario y secundario, aunque algunas WRRF los alimentan solo con lodo primario o secundario (Figura 4.2). Tres grupos separados de bacterias anaerobias convierten la materia orgánica en el lodo en metano (CH_4), dióxido de carbono (CO_2), agua (H_2O), gas hidrógeno (H_2), amoníaco (NH_3) y fosfato (PO_4^{-3}). Un cuarto grupo de bacterias, las bacterias reductoras de sulfato, convierten el sulfato en sulfuro de hidrógeno. La digestión anaerobia consiste en cuatro pasos diferentes: *hidrólisis, acidogénesis, acetogénesis* y *metanogénesis*. La acidogénesis y la acetogénesis combinadas también se conocen como *fermentación* (EPA de los EE. UU., 2015). El material inerte, que se muestra como hexágonos de color anaranjado en las Figuras 4.2 y 4.3, pasa a través del digestor sin cambio alguno.

Veamos cada paso en detalle. En la Figura 4.3 se resumen las reacciones químicas y los organismos implicados. En el primer paso suceden dos cosas. El material sólido se descompone físicamente y comienza a volverse soluble. A continuación, las *enzimas* extracelulares (enzimas que operan fuera de las bacterias) descomponen los compuestos orgánicos complejos, tales como celulosa, proteínas, lípidos y otras moléculas orgánicas, en componentes más pequeños y solubles. Este paso es fundamental, ya que las bacterias no pueden "comer" sólidos o moléculas orgánicas grandes. No es posible que esos elementos grandes se desplacen a través de sus membranas celulares. Las enzimas extracelulares fundamentalmente predigieren su propio alimento para que este pueda desplazarse a través de la membrana celular.

Se considera que la hidrólisis es el paso *limitador de la tasa* (el más lento) de la digestión anaerobia (Pavlostathis y Gossett, 1988, 2004). Diversos factores pueden afectar la hidrólisis, incluidos los organismos presentes, las condiciones de crecimiento, la temperatura, el área superficial de las partículas (Sanders et al., 2000) y la composición de los sólidos. Esto implica que el tiempo requerido para la hidrólisis puede variar de una instalación a otra. No toda la materia orgánica puede hidrolizarse. La fracción no biodegradable del lodo municipal varía. Puede ser tan baja como del 35 % al 40 % o tan alta como del 70 % al 80 % de la materia orgánica volátil (Parkin y Owen, 1986). La cantidad máxima de reducción de sólidos volátiles (*volatile solids reduction*, VSR) que cualquier digestor puede lograr dependerá de la biodegradabilidad del lodo de alimentación.

En el segundo paso (formación de ácido), las bacterias formadoras de ácido (*acidógenos*) convierten los componentes orgánicos solubles creados en la primera etapa en ácido acético (vinagre), ácido propiónico,

La digestión anaerobia se presenta aquí como un proceso de cuatro pasos. Algunos textos presentan a la digestión anaerobia como de tres pasos: hidrólisis, acidogénesis y metanogénesis; mientras que referencias anteriores tal vez la presenten como de solo dos pasos: formación de ácido y formación de metano. A medida que mejore nuestra comprensión del proceso, en el futuro se podrían agregar aún más pasos.

Las *enzimas* son moléculas orgánicas producidas por organismos vivientes. Funcionan como tijeras químicas que cortan las moléculas grandes, como carbohidratos, proteínas y lípidos, y las dividen en sus componentes más pequeños. Los carbohidratos se vuelven azúcares. Las proteínas se vuelven aminoácidos. Los lípidos se vuelven triglicéridos.

Limitador de la tasa implica que la velocidad de este paso evita que todos los otros pasos sean más rápidos. Su tasa (velocidad) se ve limitada por el primer paso.

Las bacterias *acidogénicas* y acetogénicas a veces se denominan en su conjunto bacterias *saprofitas*.

Los ácidos grados se conocen con diferentes nombres. Se los denomina *ácidos grasos volátiles* cuando contienen, como máximo, cinco átomos de carbono, ácidos grasos cuando contienen de seis a 25 átomos de carbono y *ácidos grasos de cadena larga* cuando contienen más de 25. Los ácidos orgánicos de *peso molecular bajo* contienen, como máximo, cinco átomos de carbono.

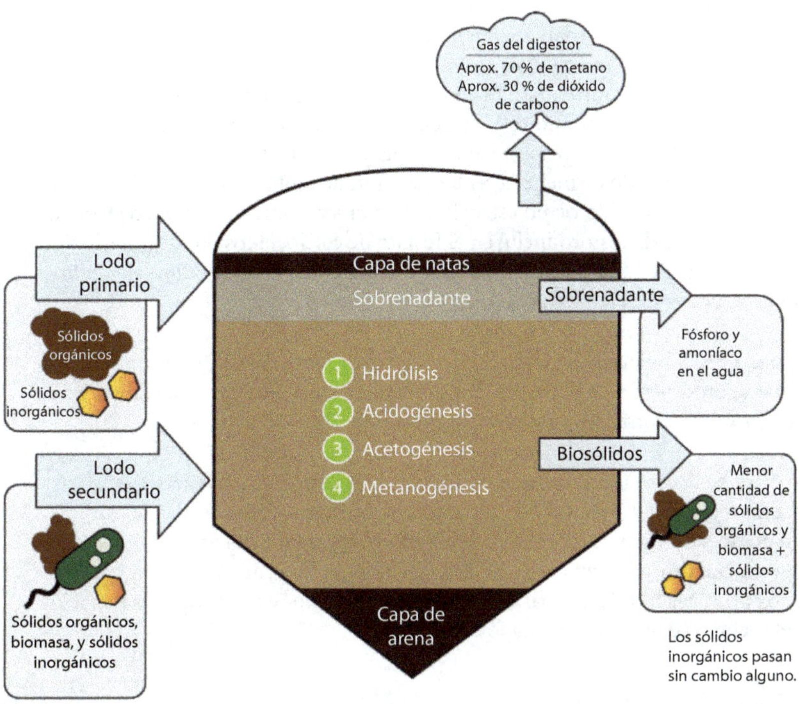

Figura 4.2 Resumen del proceso de digestión anaerobia (reimpreso con autorización de Indigo Water Group)

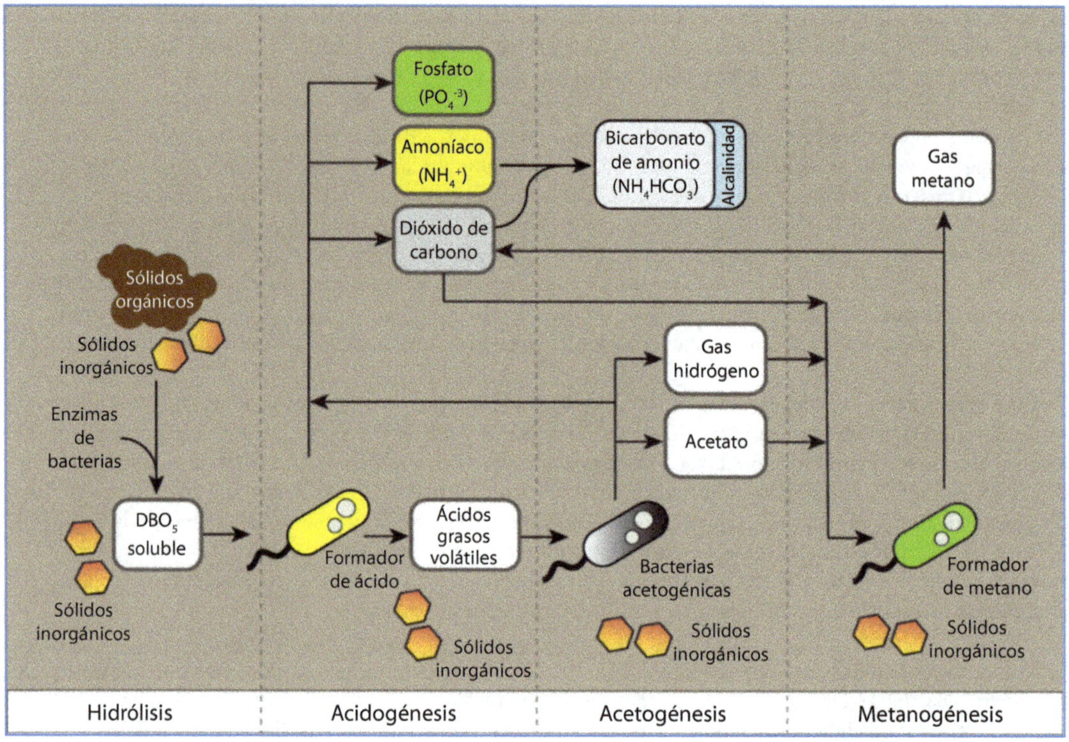

Figura 4.3 Cuatro etapas de la digestión anaerobia (reimpreso con autorización de Indigo Water Group)

gas hidrógeno, dióxido de carbono y otros ácidos orgánicos *de bajo peso molecular* (WEF et al., 2018). Las concentraciones y las proporciones relativas de estos ácidos orgánicos son un indicador de la condición general de un digestor. En su conjunto, se denominan ácidos grasos volátiles (AGV).

La acidogénesis también produce amoníaco, fosfato y dióxido de carbono (Figura 4.3). Recuerde del capítulo 5 de *Fundamentos para el tratamiento de aguas residuales I: Tratamiento líquido* (WEF & ABC, 2018) que la mayoría de los microorganismos contienen 12 % y 16 % de nitrógeno y entre 2 % y 5 % de fósforo por peso. Los organismos acumuladores de fosfato pueden contener hasta 40 % de fósforo por peso. La materia orgánica en el lodo primario también contiene nitrógeno y fósforo. Dado que el lodo primario y secundario se descomponen en el digestor, se libera fósforo y nitrógeno. El amoníaco reacciona con el dióxido de carbono disuelto en el agua para formar bicarbonato de amonio (NH_4HCO_3). Debido a que el bicarbonato de amonio es un *buffer* químico, aumenta la concentración de alcalinidad en el digestor. El fosfato puede mantenerse como ortofosfato disuelto, pero también puede formar diferentes precipitados sólidos. El fosfato de amonio y magnesio ($MgNH_4PO_4$), comúnmente conocido como estruvita, es un cristal molesto que puede formarse en el lodo de digestión. Otros compuestos de fósforo incluyen el fosfato de calcio, el fosfato de potasio y magnesio y el fosfato de hierro (WEF, 2014). El fosfato de hierro se conoce comúnmente como *vivianita*. El fósforo precipitado abandona el digestor en los sólidos.

En el paso 3, las bacterias acetogénicas convierten en ácido acético la mayor parte del ácido propiónico y de otros compuestos orgánicos que se produjeron en el paso 2. También se produce una cantidad adicional de dióxido de carbono, amoníaco y fósforo junto con un nuevo subproducto, el gas hidrógeno.

En el paso 4, dos grupos diferentes de bacterias formadoras de metano convierten el ácido acético y el gas hidrógeno que se produjeron en los pasos 2 y 3 en metano y dióxido de carbono (Figura 4.3). Un grupo convierte el ácido acético en metano y dióxido de carbono, como se muestra en la Ecuación 4.1. Alrededor de dos tercios del metano se producen de esta forma (Bajpai, 2017). Un segundo grupo de metanógenos combina el dióxido de carbono con el gas hidrógeno para formar metano, como se muestra en la Ecuación 4.2. Alrededor de un tercio del metano se produce de esta forma.

$$\begin{gathered}\text{Ácido acético} \rightarrow \text{Metano} + \text{dióxido de carbono} \\ CH_3COOH \rightarrow CH_4 + CO_2\end{gathered} \tag{4.1}$$

$$\text{Dióxido de carbono} + \text{gas hidrógeno} \rightarrow \text{Metano} + \text{agua} \qquad (4.2)$$
$$CO_2 + 4H_2 \rightarrow CH_4 + 2H_2O$$

Los metanógenos crecen muy lentamente en comparación con los otros grupos de bacterias en el proceso. También son muy sensibles a los cambios en su entorno. Los pequeños cambios en el pH, la alcalinidad, la temperatura y el tiempo de retención de sólidos (SRT) del digestor pueden afectar su actividad y crecimiento. Son susceptibles a ser envenenados si las concentraciones de ácidos volátiles o amoníaco son muy altas y son sensibles a una amplia variedad de metales pesados y compuestos orgánicos e inorgánicos. El control del proceso gira en torno a asegurar que estas bacterias delicadas no se vean afectadas.

La digestión anaerobia depende de la preservación de una comunidad saludable de bacterias para descomponer los VS y reducir la masa total de sólidos remanentes. En el capítulo 5 de *Fundamentos para el tratamiento de aguas residuales I: Tratamiento líquido* (WEF & ABC, 2018), hemos cubierto los aspectos básicos del tratamiento biológico y aprendimos sobre las bacterias heterotróficas, las nitrificantes y las acumuladoras de fósforo. Aunque la digestión anaerobia depende de un conjunto completamente diferente de microorganismos, estos principios siguen siendo aplicables:

- Cada microorganismo en el proceso tiene una tasa de crecimiento máxima que puede alcanzar.
- La falta de carbono o nutrientes puede limitar el crecimiento.
- La tasa de crecimiento aumenta con la disponibilidad de recursos hasta que se alcanza la tasa máxima.
- Si más de un recurso está limitando el crecimiento, los efectos son sumatorios.
- Si hay un exceso de recursos disponibles, el crecimiento está limitado por la tasa de crecimiento máxima.
- Las condiciones ambientales (temperatura, pH, alcalinidad, toxicidad) también pueden limitar el crecimiento.
- El rendimiento es fijo. Las bacterias solo pueden crecer y reproducirse cuando hay alimentos disponibles.

En *Fundamentos para el tratamiento de aguas residuales I: Tratamiento líquido* (WEF & ABC, 2018), comparamos las tasas de crecimiento de los microorganismos con las líneas de ensamblaje en una fábrica que produce automóviles. Las líneas de ensamblaje deben tener acceso a todas las partes necesarias para ensamblar los automóviles. Si falta un componente clave, la línea de ensamblaje se detendrá por completo. Si un componente clave es escaso, entonces la cantidad de componentes disponibles determinará la cantidad de automóviles que pueden producirse cada día. Al mismo tiempo, si se cuenta con un suministro ilimitado de partes, esto no implica que la línea de ensamblaje pueda producir un suministro ilimitado de automóviles cada día. La línea de ensamblaje tiene una tasa de producción máxima. Esta tasa de producción es comparable a la rapidez con la que un determinado microorganismo puede crecer y reproducirse. En los procesos de tratamiento secundario, las bacterias heterotróficas y nitrificantes existen como líneas de ensamblaje paralelas. Cada una tiene su propia entrada y salida. No dependen la una de la otra para obtener materias primas. En los digestores anaerobios, cada grupo de bacterias proporciona las materias primas para el siguiente grupo. En lugar de tener líneas de ensamblaje paralelas, las líneas de ensamblaje son interdependientes. Esto significa que el proceso de digestión solo puede funcionar tan rápido como el grupo de crecimiento más lento: los metanógenos.

Los metanógenos crecen muy lentamente. También son el último paso en la línea de ensamblaje secuencial. Para evitar que los ácidos volátiles y el hidrógeno se acumulen en el digestor, las tasas de crecimiento de los acidógenos y acetógenos deben reducirse para que coincidan con la tasa de crecimiento de los formadores de metano. Esto se logra mediante la restricción del acceso que tienen a las materias primas que necesitan y asegurando que la tasa de alimentación al digestor sea lo más constante posible. Piense en la última vez que fue al supermercado. Tal vez usted *embolsó* sus propias compras o lo hizo un empleado mientras usted observaba. El cajero puede sacar artículos del carrito de compras, ingresar los precios en la caja registradora y enviar los artículos por la cinta transportadora con bastante rapidez. Si hay muchas compras en el carrito, la persona que las coloca en bolsas generalmente se agobia con rapidez. No puede embolsar con la rapidez con la que el cajero puede enviarle los artículos hacia ella. Tampoco tiene ningún lugar para almacenar los artículos no embolsados. Como resultado, los artículos empiezan a acumularse en la cinta, lo que a veces obliga al cajero a detenerse y esperar mientras la persona que embolsa las compras retoma el ritmo. Si tan solo hay unos pocos artículos en el carrito de compras, el cajero vaciará rápidamente el carrito y los enviará a la cinta transportadora. Esta vez, la persona que embolsa las compras tiene una menor cantidad de artículos de los que ocuparse y no se ve agobiada. Los artículos no se acumulan. Este mismo tipo de dinámica se desarrolla en los digestores anaerobios. Los metanógenos son los más lentos, por lo tanto, se debe restringir el acceso de los acidógenos y acetógenos a las materias primas para que estas últimas no agobien a los metanógenos. De lo contrario, los AGV comenzarán a acumularse en el digestor, lo que, con el tiempo, disminuirá el pH y envenenará los formadores de metano.

El *embolsado* de compras describe el acto físico de colocar artículos en bolsas para su transporte. La persona que embolsa las compras es la persona que realiza el trabajo.

COMPROBACIÓN DE CONOCIMIENTOS

1. **La digestión anaerobia normalmente se utiliza en las WRRF más grandes que tienen una capacidad permitida superior a unos 19 000 m³/d (5 mgd).**
   - ☐ Verdadero
   - ☐ Falso

2. **El biogás que se produce en los digestores anaerobios puede utilizarse para calentar el digestor o producir electricidad.**
   - ☐ Verdadero
   - ☐ Falso

3. **En general, los digestores anaerobios se alimentan solo con lodo secundario.**
   - ☐ Verdadero
   - ☐ Falso

4. **Todos los digestores anaerobios son capaces de lograr un 50 % de VSR.**
   - ☐ Verdadero
   - ☐ Falso

5. **Los metanógenos siempre utilizan ácido acético para producir gas metano.**
   - ☐ Verdadero
   - ☐ Falso

6. **Este valioso nutriente puede recuperarse de los digestores anaerobios.**
   a. Potasio
   b. Calcio
   c. Fósforo
   d. Nitrato

7. **Se considera que los sólidos digeridos están estabilizados cuando**
   a. Cumplen con los requisitos de las regulaciones 503
   b. Se someten a la digestión anaerobia durante al menos 10 días
   c. Contienen menos de 70 % de VS
   d. Ya no contienen ningún patógeno

8. **Los digestores anaerobios se cubren para prevenir**
   a. La generación de olores
   b. El ingreso de aire
   c. Que los detritos sean arrojados por el viento
   d. Desbordes de lodo

9. **Una de las metas de la digestión anaerobia es**
   a. Aumentar la atracción de vectores
   b. Minimizar la masa de sólidos inertes
   c. Producir gas dióxido de carbono
   d. Reducir la masa de VS

10. **Este término se utiliza para describir el material que ingresa a un digestor.**
    a. Lodo de alimentación
    b. Sólidos
    c. Biosólidos
    d. Primario

11. **El material inerte que ingresa a un digestor anaerobio**
    a. Se descompone durante la hidrólisis
    b. Sirve como fuente de alimento para los metanógenos
    c. Pasa a través del digestor sin cambio alguno
    d. Se recolecta en el sobrenadante del digestor

12. **El paso limitador de la tasa de la digestión anaerobia es**
    a. La hidrólisis
    b. La acidogénesis
    c. La acetogénesis
    d. La metanogénesis

13. **Las bacterias acidogénicas convierten**
    a. Ácidos grasos volátiles en ácido acético
    b. Compuestos orgánicos solubles en AGV
    c. Almidones en azúcares simples
    d. Materia orgánica en metano

14. **El amoníaco generado a través de la descomposición de VS**
    a. Disminuye el pH del sobrenadante del digestor
    b. Reacciona con calcio para formar un precipitado
    c. Se combina con dióxido de carbono para aumentar la alcalinidad
    d. Ayuda en la formación de cristales de vivianita

15. **El fosfato de amonio y magnesio es comúnmente conocido como**
    a. Estruvita
    b. Vivianita
    c. Chert
    d. Piedra azul

16. **En los digestores anaerobios, es muy probable que este grupo de bacterias sufra daños a causa de los compuestos tóxicos que ingresan al digestor.**
    a. Acidógenos
    b. Acetógenos
    c. Metanógenos
    d. Reductoras de sulfato

Parámetros de diseño

Los digestores anaerobios se clasifican según su temperatura operativa y su tasa de carga orgánica. La mayoría de los sistemas de digestión anaerobia en los Estados Unidos son digestores *mesofílicos* convencionales. Los digestores mesofílicos funcionan a temperaturas de entre 30 y 38 °C (85 y 100 °F) (WEF et al., 2018). Los digestores *termofílicos* son mucho menos comunes. Funcionan a temperaturas más altas de entre 50 y 57 °C (122 y 135 °F). Los sistemas convencionales se pueden categorizar como procesos de tasa baja (sin mezcla) o procesos de tasa alta, que incluyen mezcla y calentamiento. Los digestores de tasa baja tienen tasas de carga orgánica más bajas que los digestores de tasa alta (Tabla 4.1).

Mesofílico se traduce literalmente como "amor por el medio". Los digestores mesofílicos funcionan con temperaturas moderadas, ni demasiado frías ni demasiado cálidas.

El tamaño de los digestores está diseñado para proporcionar un tiempo de detención lo suficientemente prolongado como para estabilizar los sólidos. En general, el tamaño de los digestores de tasa alta está diseñado para un SRT promedio de 15 a 20 días. Los tiempos de detención levemente más cortos (del orden de los 12 días) suelen utilizarse en los diseños europeos (WEF et al., 2018). Los SRT mínimos en los Estados Unidos están determinados por los requisitos de las regulaciones 503.

Termofílico se traduce como "amor por el calor". Los procesos termofílicos funcionan con temperaturas más cálidas que los procesos mesofílicos.

Aunque la mayoría de los digestores anaerobios en los Estados Unidos son digestores mesofílicos convencionales, existen diferentes modificaciones o procesos de digestión avanzada. Cada uno fue diseñado para alcanzar una digestión más completa, promover la reducción de patógenos y mejorar la operación del digestor. Casi todos los procesos de digestión avanzada han logrado una mejor VSR que la digestión mesofílica convencional (Schafer et al., 2002).

En el capítulo 1 de este manual se puede encontrar un resumen de las regulaciones 503.

DIGESTIÓN POR ÁCIDO/GAS

La digestión por ácido/gas, o digestión de fase doble, se lleva a cabo en un sistema de tanque doble. Esto proporciona entornos separados para las bacterias formadoras de ácido y las formadoras de metano para que cada una de ellas esté optimizada para el proceso específico. En la primera fase, los sustratos de alimento son hidrolizados para producir AGV, que se convierten en metano y dióxido de carbono en la segunda fase. La fase de ácido suele estar limitada a un SRT de 1.5 a 2 días; la fase de gas requiere un SRT mínimo de 10 a 15 días. Los sistemas de ácido/gas se han utilizado para procesar los sólidos "difíciles de digerir" (que incluyen todo el lodo activado de purga (LAP) o mayormente sólidos de alimentación de LAP) sin un espumaje significativo. Se deben tomar precauciones para evitar la alimentación insuficiente del digestor de fase ácida que puede provocar un exceso de 2 días en el SRT. Si esto ocurre, se podría producir un espumaje intenso.

DIGESTIÓN TERMOFÍLICA

Los procesos de digestión termofílica incluyen una o más etapas que funcionan a temperaturas termofílicas (55 °C [131 °F] o más altas). La meta principal del tratamiento termofílico es lograr una mayor destrucción de

Tabla 4.1 Criterios de diseño para los digestores anaerobios de tasa alta convencionales

Parámetro	Valor	Referencia
SRT, días	15–20	WEF, 2017; WEF et al., 2018
Temperatura operativa, °C (°F)		
Mesofílica	30–38 (85–100)	Metcalf & Eddy, 2014; WEF, 2017; WEF et al., 2018
Termofílica	50–57 (122–135)	WEF et al., 2018
Carga de sólidos volátiles en suspensión, kg/m³·d (lb/ft³·d)		
Digestor sin mezcla de tasa baja Tasa de carga promedio	0.5–1.5 (0.04–0.10)	Burd, 1968; WEF et al., 2018
Digestor con mezcla de tasa alta Tasa de carga promedio	1.9–2.5 (0.12–0.16)	WEF et al., 2018
Digestor con mezcla de tasa alta Tasa de carga pico	3.2 (0.2)	WEF et al., 2018
Concentración de lodo de alimentación, %	3–8	EPA de los EE. UU., 1976; WEF, 2017

Nota. kg/m³·d es kilogramos por metro cúbico por día, y lb/ft³·d es libras por pie cúbico por día.

patógenos; sin embargo, también puede aumentar la destrucción de VS y disminuir los tiempos de detención requeridos. La digestión termofílica puede afectar las características del olor del lodo digerido, por lo tanto, aumentará el potencial de olores durante la deshidratación y la carga de la torta. La digestión termofílica también puede afectar la capacidad de deshidratación del lodo digerido; sin embargo, los resultados informados varían. Algunas instalaciones informan el uso de dosis más altas de polímeros con la digestión termofílica, mientras que otras presentan una reducción en el uso de polímeros y un aumento en los sólidos de la torta (Haug et al., 2002). Dado que el calentamiento hasta temperaturas termofílicas requiere una cantidad mucho más importante de energía que la que se necesita para la digestión mesofílica, la recuperación de calor es un paso importante en la digestión termofílica.

PROCESOS DE PRETRATAMIENTO PARA LA DIGESTIÓN

El pretratamiento es un "complemento" a la digestión anaerobia convencional; su objetivo es mejorar el desempeño del digestor, la VSR y la destrucción de patógenos, así como también reducir el potencial de espumaje. En general, el pretratamiento incluye ultrasonido, calor, presión o una combinación de estos. Todos estos procesos de pretratamiento ayudan a descomponer y disolver el lodo de alimentación antes de que se lo agregue al digestor. Muchos de los procesos de pretratamiento están patentados.

La *viscosidad* describe lo bien que fluyen los líquidos. El agua tiene una viscosidad baja; el jarabe de maíz tiene una mayor viscosidad. El jarabe de maíz no fluye con tanta facilidad como el agua.

DIGESTIÓN DE CONCENTRACIONES CON ALTO CONTENIDO DE SÓLIDOS

La digestión anaerobia se utiliza generalmente con concentraciones de lodo de alimentación (TS) del 3 % al 5 %. Sin embargo, también se ha utilizado en concentraciones de alimentación del 7 % al 8 % de TS en algunas instalaciones, principalmente en Europa. En general, los digestores de estas instalaciones están equipados con mezcladores mecánicos montados en el techo o sistemas de mezcla por bombeo con boquillas internas. La digestión de alimentación con alto contenido de sólidos puede producir espuma; por lo tanto, normalmente se incluyen sistemas antiespumaje.

Saturado significa que el aire está reteniendo tanta agua como le es posible. El aire cálido puede retener más agua que el aire frío.

La digestión de alimentación con alto contenido de sólidos puede reducir el volumen del digestor necesario o aumentar, de manera eficaz, la capacidad de un digestor existente. El espesamiento de la alimentación al 6 % o 7 % de TS puede aumentar significativamente su *viscosidad*. El proceso también aumenta de forma eficaz la carga de VS en el digestor y, dado que la digestión con alto contenido de sólidos concentra los componentes de la alimentación, los efectos de toxicidad pueden verse exacerbados.

Una unidad térmica británica (Btu) es la cantidad de energía calórica que se requiere para aumentar la temperatura de 1 lb de agua en un grado Fahrenheit.

Desempeño esperado

La digestión anaerobia estabiliza los sólidos mediante la reducción de la masa de VS en hasta un 60 %. En la práctica, la mayoría de los digestores anaerobios alcanzan una VSR del 45 % al 55 % (WEF et al., 2018). Tal como sucede con los digestores aerobios, los digestores anaerobios se clasifican como procesos que reducen significativamente los patógenos conforme a las regulaciones 503. Los digestores mesofílicos son capaces de producir biosólidos de clase B. Los digestores termofílicos son capaces de producir biosólidos de clase A. Los parámetros operativos típicos de los digestores anaerobios se pueden encontrar en la Tabla 4.2.

El valor calorífico del gas natural es de 37 a 40 MJ/m^3 (950 a 1050 Btu/scf).

CARACTERÍSTICAS DEL GAS DEL DIGESTOR

La tasa de producción de gas de un digestor anaerobio mesofílico típico que se alimenta con una mezcla de lodo primario y LAP debe ser de alrededor de 0.75 a 1.12 metros cúbicos por kilogramo (m^3/kg) (12 a 18 pies cúbicos por libra [ft^3/lb]) de VS destruidos (WEF et al., 2018). El biogás de los digestores anaerobios oscila entre un 60 % y 65 % de metano, por volumen, y un 35 % a 40 % de dióxido de carbono, por volumen. Un aumento en los niveles de dióxido de carbono (porcentaje) suele indicar una condición no deseada. El biogás también contiene cantidades traza de gas nitrógeno, gas hidrógeno, sulfuro de hidrógeno y otros contaminantes.

Los *siloxanos* son un grupo de compuestos orgánicos conformados por silicio, metano y oxígeno. Se los utiliza en una gran variedad de productos, tales como plásticos, revestimientos y productos de cuidado personal como champús y desodorantes. Los siloxanos le otorgan a estos productos una sensación de suavidad. Cuando se queman los siloxanos, forman dióxido de silicio, también conocido como *arena de playa*. Son un contaminante común en el gas del digestor que aumenta sustancialmente el desgaste y el mantenimiento de los equipos (WEF, 2014).

El gas que se encuentra en el interior del digestor y sale de allí está completamente *saturado* de agua. El gas que sale del digestor mesofílico tiene una temperatura de alrededor de 30 a 38 °C (85 a 100 °F). El valor energético de 1 metro cúbico estándar de gas del digestor normalmente oscila entre 18.7 y 22.4 megajoules (MJ) (1 pie cúbico estándar oscila entre 500 y 600 unidades térmicas británicas [Btu]). Esto es menor al valor calorífico para el gas natural debido a su contenido de dióxido de carbono y agua. Las concentraciones de *siloxano* pueden ser, como máximo, de 11 partes por millón (ppm) y el sulfuro de hidrógeno (H_2S) normalmente oscila de 1000 a 2000 ppm (WEF, 2014). El sulfuro de hidrógeno huele a huevo podrido y puede ser el responsable de los problemas de olores y de la corrosión en el digestor y las tuberías adyacentes. Para utilizar el biogás del digestor como fuente de energía renovable, primero se lo debe limpiar para eliminar todas las impurezas y así proteger el equipo aguas abajo.

Tabla 4.2 Parámetros operativos típicos para los digestores anaerobios mesofílicos (McCarty & McKinner, 1961; Metcalf & Eddy, 2014; WEF et al., 2018)

Parámetro	Valor	Unidades
Destrucción de sólidos volátiles	45–55	Porcentaje
pH	6.8–7.2	Unidades estándar (s.u.)
Alcalinidad	1500–5000	mg/L como $CaCO_3$
Temperatura, mesofílica	30–38 (85–100)	°C (°F)
Temperatura, termofílica	50–57 (122–135)	°C (°F)
Contenido de metano	60–65	Porcentaje por volumen
Contenido de dióxido de carbono	35–40	Porcentaje por volumen
Producción de gas por unidad de sólidos volátiles destruidos	0.75–1.12 (12–18)	m^3/kg (ft^3/lb)
Ácidos volátiles	50–300	mg de ácido volátil/L
Relación ácido volátil-alcalinidad	0.05–0.25	mg/L de ácido volátil/mg/L ALC como $CaCO_3$
Amoníaco	800–2000	mg NH_3-N/L

Nota. mg/L es miligramos por litro.

CARACTERÍSTICAS DEL SOBRENADANTE

El sobrenadante del digestor anaerobio contiene concentraciones altas de demanda bioquímica de oxígeno a 5 días (DBO_5), sólidos en suspensión totales (SST), amoníaco y fósforo en comparación con las aguas residuales del caudal de entrada. En los digestores anaerobios, el amoníaco se convierte en nitrito y nitrato y, a continuación, se convierte en gas nitrógeno. Esta conversión no se produce en los digestores anaerobios porque las bacterias nitrificantes son aerobios estrictos. La liberación de nitrógeno y fósforo durante la digestión está relacionada directamente con la destrucción de sólidos volátiles. Se prevé de 8 % a 10 % de amoníaco por unidad de VS destruidos (WEF, 2013). La liberación de fósforo oscila entre un 1 % y 3 % por unidad de VS destruidos en las instalaciones sin remoción biológica mejorada de fósforo y un 4 % y 8 % en aquellas que sí la tienen (WEF, 2013). Las concentraciones reales de amoníaco y fósforo en el digestor y sobrenadante dependerán de los tipos de sólidos que ingresen al digestor y de qué % de VSR se alcance.

Cuando se eliminan los sólidos del digestor y se los deshidrata, el agua eliminada durante la deshidratación contendrá concentraciones similares de amoníaco y fósforo. El sobrenadante y los flujos de reciclado de deshidratación no son mayores al entre 1 % y 2 % del caudal de entrada general de la instalación (WEF, 2014). El sobrenadante del digestor y los flujos de retorno de deshidratación suelen retornar a un punto aguas abajo del monitoreo del caudal de entrada y aguas arriba del tratamiento secundario. Se los debe gestionar con cuidado para evitar descargas contaminantes en el proceso de tratamiento secundario.

Tabla 4.3 Características del sobrenadante del digestor anaerobio

Parámetro	Unidades	Rango de concentración
Demanda bioquímica de oxígeno, a 5 días (DBO_5)[a]	mg/L	100–2000
Sólidos en suspensión totales (SST)[a]	mg/L	100–10 000
Nitrógeno amoniacal (NH_3-N)[b]	mg/L como N	800–2000
Ortofósforo (PO_4-P)[c]	mg/L como P	100–350
Alcalinidad[d]	mg/L como $CaCO_3$	1500–5000

Nota. [a](EPA de los EE. UU., 1987), [b](WEF et al., 2018), [c](Metcalf & Eddy, 2014), y [d](McCarty, 1964).

COMPROBACIÓN DE CONOCIMIENTOS

1. **Los digestores mesofílicos convencionales funcionan a temperaturas de alrededor de**
   a. 25 °C (77 °F)
   b. 35 °C (95 °F)
   c. 45 °C (113 °F)
   d. 55 °C (131 °F)
2. **Este parámetro operativo y de diseño determina si un digestor se considera de tasa baja o alta.**
   a. Temperatura operativa
   b. Tipo de lodo de alimentación
   c. Tiempo de retención de sólidos
   d. Tasa de carga de sólidos volátiles
3. **El SRT para un digestor mesofílico convencional normalmente es de**
   a. 10 días
   b. 20 días
   c. 30 días
   d. 40 días
4. **Una de las ventajas de la digestión termofílica respecto de la digestión mesofílica es**
   a. Mayor destrucción de patógenos
   b. Menor pérdida de VS
   c. Mayor tamaño general del tanque
   d. Operación general más simple
5. **La mayoría de los digestores logra __________ por ciento de VSR.**
   a. 10–20
   b. 25–35
   c. 45–55
   d. 65–75
6. **Los digestores anaerobios son capaces de producir**
   a. Biosólidos de clase A
   b. Biosólidos de clase B
   c. Biosólidos de clase C
   d. Biosólidos de clase D
7. **El biogás producido por la digestión anaerobia generalmente contiene ______ por ciento de metano.**
   a. 35
   b. 50
   c. 65
   d. 80
8. **El valor energético del biogás del digestor es menor al valor energético del gas natural porque el biogás contiene un alto porcentaje de**
   a. Siloxanos
   b. Sulfuro de hidrógeno
   c. Estruvita
   d. Dióxido de carbono
9. **Cuando se queman los siloxanos, estos forman un compuesto abrasivo, también conocido como arena de playa.**
   a. Dióxido de silicio
   b. Estruvita
   c. Vivianita
   d. Silicato de sodio
10. **Las concentraciones de amoníaco son mayores en el sobrenadante del digestor anaerobio que en el sobrenadante del digestor aerobio porque**
    a. Los digestores anaerobios lograr una mayor destrucción de VS
    b. Los digestores aerobios fomentan el crecimiento de las bacterias nitrificantes
    c. El amoníaco se combina con dióxido de carbono en los digestores anaerobios
    d. La formación de estruvita solo se produce en los digestores anaerobios

Equipos

Los digestores anaerobios diseñados correctamente ofrecen a los operadores estructuras, equipos y controles para crear y mantener un entorno ideal para estabilizar con eficiencia el lodo y las natas en un entorno libre de oxígeno. En sus comienzos, eran tanques cubiertos que almacenaban lodo sin calentar y sin mezclar. Se realizaron modificaciones para mejorar la seguridad y reducir los olores y las emisiones de gases malolientes. La mezcla y el calentamiento se agregaron más tarde para mejorar la velocidad y eficiencia del proceso. La segunda edición de *Alcantarillado y disposición de aguas residuales* (Sewerage and Sewage Disposal) (Metcalf & Eddy, 1930) afirma que "la utilización de los gases de descomposición con el propósito de calentar los tanques de digestión de lodo ha entrado en vigencia recientemente". La referencia también ofrece un resumen de la investigación en curso sobre digestión anaerobia realizada por Rudolfs et al. en la Subestación de aguas residuales de las estaciones de experimentos agrícolas de Nueva Jersey (*New Jersey Agricultural Experiment Stations Sewage Substation*) a principios de la década de 1920. Más tarde se desarrollaron regulaciones para asegurar la consistencia de la VSR y la destrucción de patógenos. Los equipos utilizados en los digestores anaerobios han ido evolucionando en los últimos cien años. En esta sección, nos enfocaremos en los equipos que actualmente se utilizan con mayor frecuencia.

CONFIGURACIÓN DEL TANQUE

La forma del tanque del digestor anaerobio se selecciona teniendo en cuenta las siguientes características:

- Buena mezcla
- Acumulación mínima de arena en el fondo
- Fácil control de natas y espuma
- Requisitos de espacio y la visibilidad de los digestores
- Fácil colocación de una cubierta para no dejar pasar al oxígeno y recolectar el biogás que se genera
- Métodos y costos de construcción
- Requisitos de operaciones y mantenimiento

La digestión anaerobia es un proceso altamente corrosivo. Las tres formas comunes de tanque que analizaremos en esta sección generalmente se construyen con hormigón o acero, materiales susceptibles de ser corroídos por el contenido del digestor, por lo que requieren un revestimiento resistente a la corrosión. Los diseños de tanque de acero a veces incorporan acero inoxidable en las áreas propensas a la corrosión, aunque esto aumenta el costo. Los tanques de acero también necesitan un revestimiento resistente a la corrosión en el exterior del digestor. Como la digestión anaerobia requiere temperaturas altas para mejorar la eficiencia del proceso, se aísla el exterior de muchos digestores. Se han utilizado diversos tipos de sistemas de aislamiento: revestimiento de ladrillos con cámara de aire, relleno con tierra, aislamiento con placas de plástico de poliestireno y fibra de vidrio y una variedad de revestimientos en aerosol. El aislamiento también funciona como parte del revestimiento exterior que previene la corrosión mediante la minimización de la exposición del tanque a la lluvia/nieve, a la luz UV y a otros daños ambientales.

Se realizaron experimentos con tanques rectangulares y, en general, no lograron ofrecer las características necesarias en un digestor anaerobio. En la actualidad no se los utiliza. Las tres formas utilizadas con mayor frecuencia son: cilindro corto, silo o cilindro alto y tanques de digestor con forma de huevo (*egg-shaped digester*, ESD). En la Tabla 4.4 se ofrece un resumen de las características de cada una de estas formas de tanque.

DIGESTORES CON FORMA DE CILINDRO CORTO

Los digestores con forma de cilindro corto son el diseño de tanque utilizado más comúnmente para los digestores anaerobios en los Estados Unidos. Su relación altura:diámetro relativamente baja hace que su construcción sea más fácil y, por lo tanto, menos costosa. Sin embargo, esta forma de tanque también presenta algunos inconvenientes operativos. Los digestores cilíndricos son más propensos a presentar zonas muertas y una mezcla inadecuada, lo que da como resultado una VSR más baja, una mayor acumulación de arena en el fondo del digestor y una mayor cantidad de natas atrapadas en la superficie del agua. Esta forma de tanque requiere una mayor frecuencia de limpieza, lo que implica un aumento en los costos de operación y mantenimiento.

Sin embargo, la forma cilíndrica puede ajustarse a una variedad de diseños de cubierta, lo que permite una importante flexibilidad en el proceso. Pueden cumplir diferentes funciones (por ej., almacenamiento de gas y almacenamiento de lodo de nivel de líquido variable).

En general, los tanques con forma de cilindro corto están hechos de hormigón armado, con profundidades de paredes laterales de 6 a 14 m (20 a 45 ft) y diámetros de 8 a 40 m (25 a 125 ft) (EPA de los EE. UU., 1979). Los fondos de los tanques normalmente tienen una pendiente hacia el centro; las pendientes varían entre 1 : 4 y 1 : 6 (WEF, 2017). Las pendientes mayores a 1 : 4 facilitan la eliminación de arena, pero hacen que sea difícil construirlas y mantenerse erguido al limpiarla. La mayoría de los digestores cilíndricos tienen un tubo de extracción central. Como alternativa, los pisos de los tanques pueden dividirse en sectores, como se muestra en la Figura 4.4, donde cada una tiene su propio tubo de extracción (digestor con fondo reticular). Aunque es más difícil y costoso construirlo, este estilo de piso puede ayudar a reducir la frecuencia de limpieza y los costos de operación y mantenimiento.

DIGESTORES SILO

Los digestores silo son una versión más nueva de los digestores con forma de cilindro y tienen una relación altura:diámetro mayor para mejorar las características de mezcla. Los digestores silo pueden ajustarse a diferentes tipos de cubiertas, lo que ofrece una mayor flexibilidad para que se pueda usar el tanque con otros fines.

Actualmente, unos pocos digestores silo están funcionando en los Estados Unidos.

Tabla 4.4 Comparación de las formas del tanque del digestor anaerobio

Cilíndrico 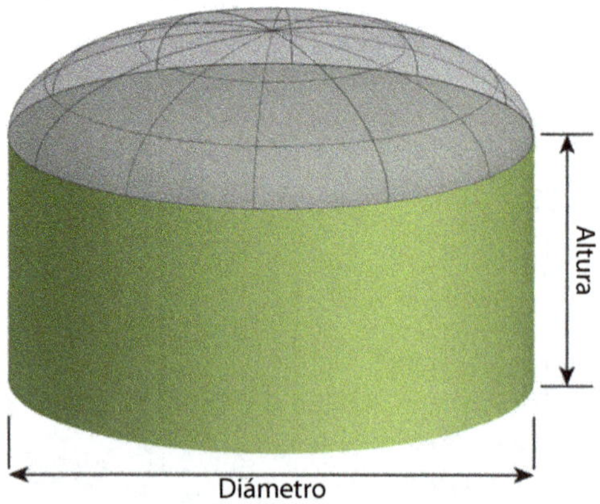	**Ventajas:** ■ Perfil más bajo, minimiza la visibilidad ■ Costo de construcción más bajo **Desventajas:** ■ Requiere más espacio, ocupa casi todo el espacio de la instalación ■ Las características de la mezcla empeoran a medida que disminuye la profundidad del lado ■ La remoción de arena es ineficiente en el fondo más grande ■ La gestión de natas en el área más grande de la superficie del agua plantea un mayor desafío ■ Requiere más limpieza
Cilindro alto o silo 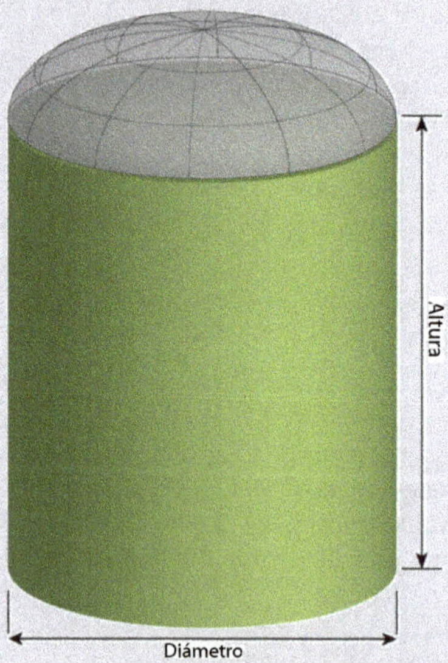	**Ventajas:** ■ Requiere menos espacio, ocupa menos espacio en la instalación ■ Costo de construcción moderado ■ Las características de la mezcla mejoran a medida que aumenta la profundidad del lado ■ El área superficial más pequeña del fondo hace que sea un poco más fácil volver a poner la arena en suspensión; esto puede mejorarse aún más si se proporciona un piso con pendiente pronunciada ■ El área superficial más pequeña del agua mejora un poco la gestión de natas y espuma; esto puede mejorarse aún más si se crea un cono en la parte superior del tanque **Desventajas:** ■ El perfil más alto es más difícil de ocultar ■ La mezcla y el control de natas/espuma no son tan buenas como en los ESD
Con forma de huevo 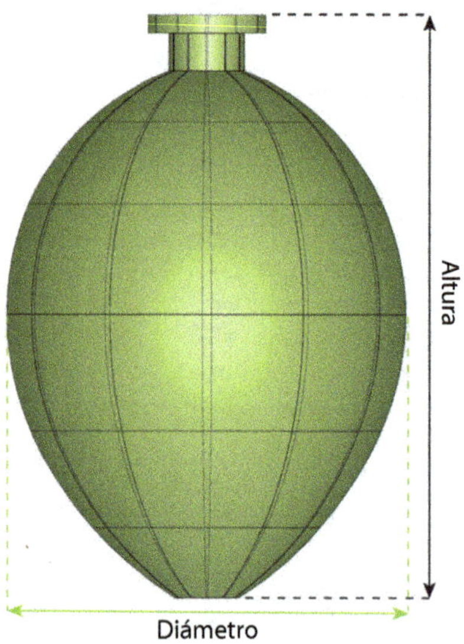	**Ventajas:** ■ Requiere menos espacio, ocupa menos espacio en la instalación ■ Muy buenas características de la mezcla ■ Resulta fácil eliminar arena ■ El área superficial más pequeña del agua facilita la gestión de natas ■ Requiere menos limpieza **Desventajas:** ■ Perfil más alto, difícil de ocultar ■ Difícil de construir, costo de construcción más alto

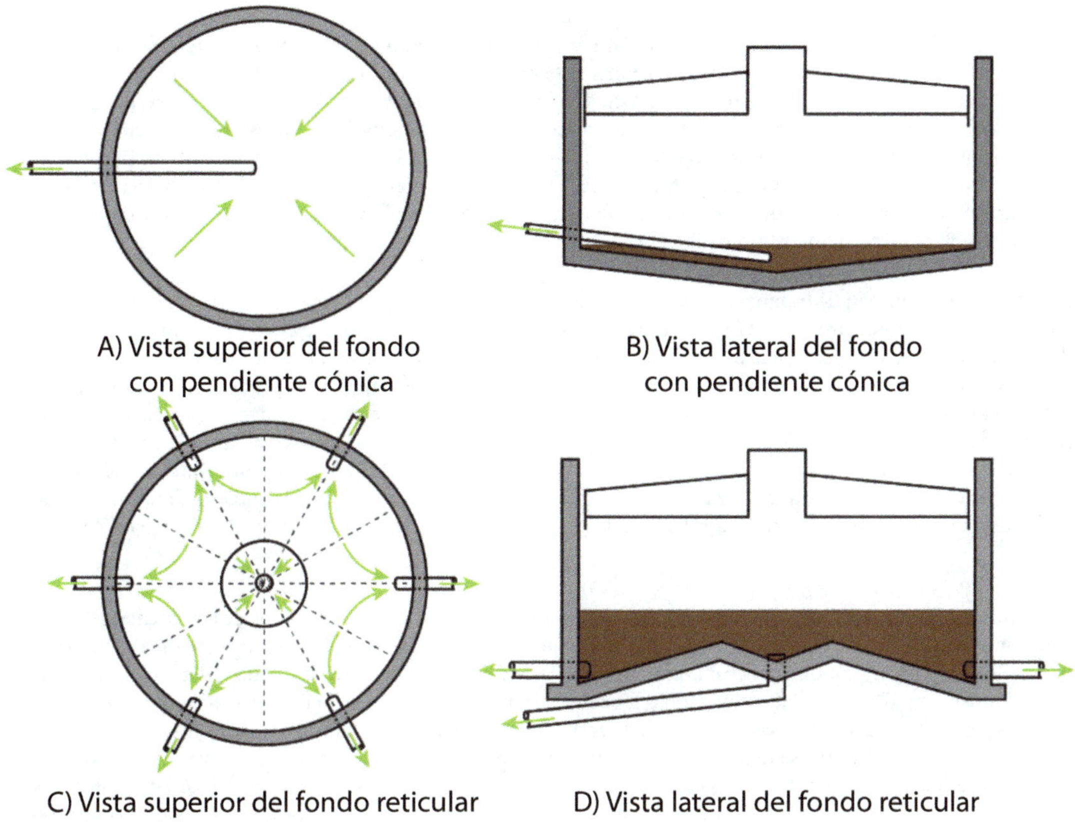

Figura 4.4 Tanques del digestor con fondo cónico en comparación con fondo reticular (adaptado de la EPA de los EE. UU., 1979)

DIGESTORES CON FORMA DE HUEVO

Los digestores con forma de huevo se desarrollaron en Alemania y también han sido ampliamente utilizados en Japón y en los Estados Unidos desde comienzos de la década de 1990 (Stukenberg et al., 1992). En general, se considera que esta forma es la forma óptima para un digestor, ya que ofrece muy buenas características de mezcla, muy pocas zonas muertas, una buena resuspensión o remoción de arena y un fácil procesamiento de natas y espuma. La base cónica, con una mezcla localizada en el centro, ayuda a evitar que la arena y otros materiales pesados se sedimenten y acumulen en el fondo. Esto aumenta la cantidad de volumen activo del tanque y reduce la cantidad de tiempo que el tanque necesita estar fuera de servicio para su limpieza. En una revisión de los ESD, Volpe et al. (2004) informaron que algunos habían estado en funcionamiento durante 20 años sin que haya sido necesario limpiarlos.

La parte superior cónica del digestor presenta ventajas y desventajas operativas. En primer lugar, el grado de agitación de líquidos en la cúpula, debido al sistema de mezcla y al de supresión de espuma, es generalmente alto. Esto ayuda a evitar la formación de capas de nata. Por el contrario, la nata queda atrapada en el lodo y se la elimina del digestor con los sólidos finales. Sin embargo, según la configuración del tanque, la extracción de lodo superior de la cúpula pequeña puede ser problemática dado que no hay demasiado espacio como para incluir un tubo de extracción más grande. El estilo alemán de extracción de sólidos (extracción solo por el fondo) puede ser problemático para los sistemas con sólidos que tienden a formar espuma. En base a esto, lo ideal es que en el diseño se incluya la extracción tanto por el fondo como por la superficie.

El perfil relativamente alto de los ESD hace que estos digestores puedan verse a distancia, pero permite que un digestor de mayor volumen ocupe menos espacio en la instalación. La forma única de los tanques implica que solo una cantidad limitada de empresas de construcción cuenta con los equipos y la experiencia para construirlos, por lo que la construcción de los ESD suele ser más costosa que la de los digestores con forma de cilindro de tamaño similar. La forma única de los ESD que los hace eficaces para la digestión anaerobia también limita la posibilidad de que se los use con otros fines.

CUBIERTAS DE LOS TANQUES

Las cubiertas de los tanques cumplen una función única y fundamental en la digestión anaerobia: Excluyen al oxígeno del proceso. Como se analizó anteriormente en este capítulo, la creación de una atmósfera libre de oxígeno dentro de los tanques permite que prosperen los tipos adecuados de bacterias. Las cubiertas de los digestores también evitan que el gas y los olores del digestor se escapen hacia la atmósfera, reducen los riesgos de explosión asociados con el gas del digestor y aíslan la parte superior del digestor (WEF, 2017). Existen cuatro tipos básicos de cubiertas de digestores: fijas, flotantes, con retención de gas y de membrana. Existe una variedad de diferentes diseños de cubiertas fijas, tales como planas, con estructura de acero y cúpulas. Estos diferentes estilos se muestran en la Figura 4.5.

Debido al gran volumen de espuma que se puede generar en un digestor, las cubiertas deben estar diseñadas para aliviar la presión y proteger al sistema durante el peor de los casos de espumaje. Si no se ofrece un alivio de emergencia adecuado, se puede forzar el ingreso de espuma en el sistema de procesamiento de gas. Esto obstruye los componentes del sistema de procesamiento de gas y requiere que se los saque de funcionamiento, se los desarme y se los limpie. Si la presión no se descarga, se pueden provocar daños importantes a la cubierta. Además de las válvulas de reducción de presión, se pueden proporcionar conductos y tapas de registro de emergencia adicionales como puntos de alivio secundarios. En la Figura 4.6 se muestra un conducto de presión de emergencia instalado en un tanque cubierto con membrana doble. Los pesos en la cubierta del conducto están calibrados para que se abran con facilidad solo si la presión interna alcanza el diseño máximo para el sistema.

CUBIERTAS FIJAS

Las cubiertas fijas son estructuras rígidas que se acoplan directamente a la parte superior de las paredes del digestor. Pueden estar hechas de acero u hormigón. En general, tienen aislamiento para ayudar a mantener la temperatura del digestor. Son estructuras bastante simples y existe una variedad de diseños tales como estructuras y paneles segmentados. En la Figura 4.5, todas las cubiertas que se muestran en la fila superior son diferentes estilos de cubiertas fijas: planas, con estructura de acero y con cúpula. Se suelen utilizar en los digestores primarios. El gas del digestor se retira del punto superior de la cubierta. En general, las cubiertas fijas están diseñadas para la circulación de personas; por lo tanto, resultan de fácil acceso para la recolección de muestras del digestor. También tienen una forma conveniente para soportar elementos como transmisores de presión y nivel, mezcladores mecánicos, válvulas de alivio de presión y conductos de presión de emergencia. En la Figura 4.7 se muestra un ejemplo de los diferentes artefactos que se pueden montar directamente sobre una cubierta fija.

Para funcionar, las cubiertas fijas necesitan solo un pequeño rango de condiciones de presión. Pueden sufrir daños por presurización excesiva así como también en condiciones de vacío. Si el lodo digerido se extrae demasiado rápido de un digestor, se puede crear un vacío. Esto podría provocar no solo daños estructurales al tanque y a la cubierta, sino también el ingreso de aire en el espacio de cabeza del digestor, lo que provocaría que se mezcle el oxígeno con el biogás, lo que posiblemente crearía un riesgo de combustión. Las válvulas de alivio combinadas, normalmente conocidas como *válvulas de alivio*, que se utilizan en los digestores ofrecen alivio tanto de presión como de vacío.

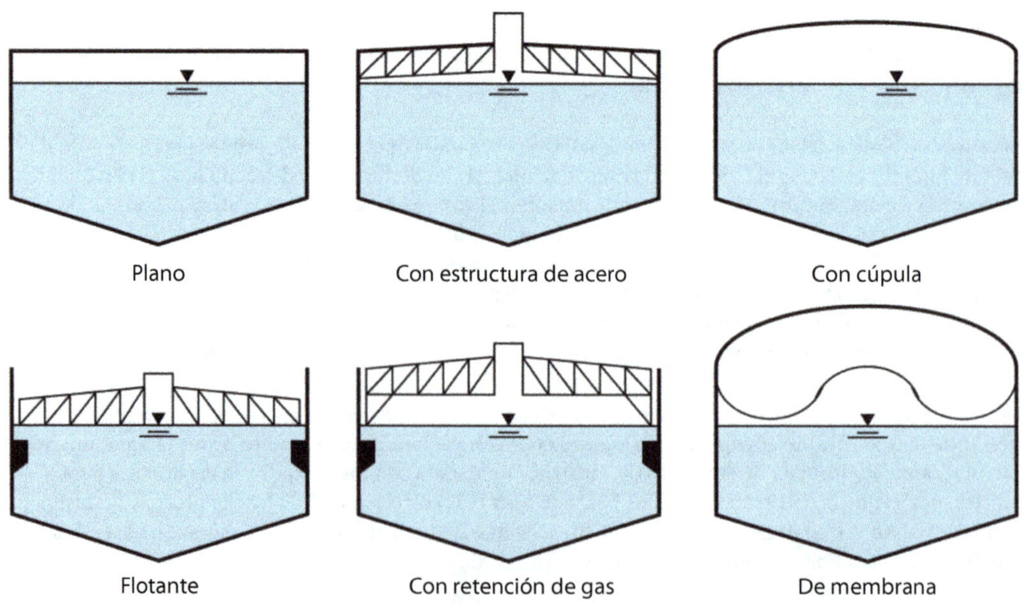

Figura 4.5 Tipos de cubierta del digestor (adaptado de la EPA de los EE. UU., 1979)

Figura 4.6 Conducto de presión de emergencia en el exterior del digestor (reimpreso con autorización de Passaro Engineering, LLC)

Existen diferentes diseños de cubierta fija. Por ejemplo, una cubierta fija sumergida puede utilizarse para crear una parte superior cónica en el digestor que reduce la interfaz líquido-gas de modo similar a la cúpula de gas del ESD. Para obtener más información sobre los diferentes diseños de cubierta, consulte el capítulo de estabilización en el manual de práctica n.º 8 (MOP 8) (WEF et al., 2018).

CUBIERTAS FLOTANTES

Las cubiertas flotantes ayudan a proteger el digestor de la sobrecarga hidráulica ya que se mueven hacia arriba y abajo acompañando el movimiento del nivel de líquido del digestor. La cubierta tiene un faldón que se extiende desde la cubierta hacia abajo para mantener contacto con el agua y así crear un sello para que no ingrese nada de aire al tanque. Las cubiertas flotantes deben operarse dentro de un rango operativo definido. El llenado excesivo de un tanque con cubierta flotante puede hacer que la cubierta flote hasta desprenderse de

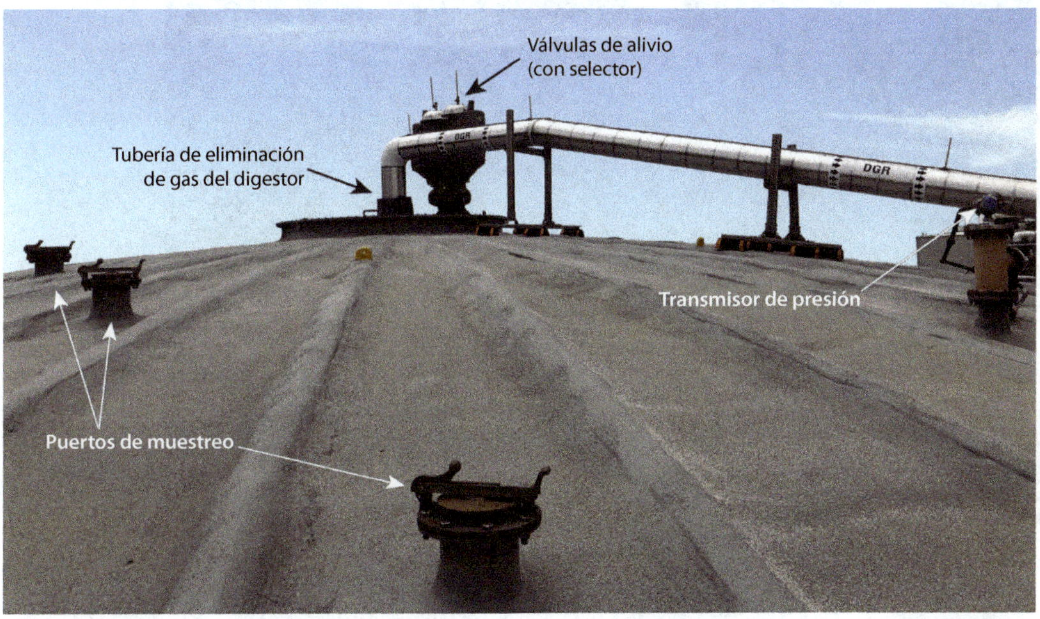

Figura 4.7 Digestor con cubierta fija (reimpreso con autorización de Passaro Engineering, LLC)

la parte superior del tanque o puede provocar daños si la cubierta se atasca y se acumula presión por debajo. Si el tanque se drena por debajo de los límites operativos normales, la cubierta descenderá y descansará sobre las ménsulas. Esto evita que la cubierta dañe cualquier equipo que se encuentre en el fondo del tanque. Si se continúa vaciando el tanque, se puede crear un vacío debajo de la cubierta que dañará la cubierta y la ménsula o que podría fracturar el sello de agua de modo que el aire sea arrastrado hacia el interior del tanque. Si se agrega oxígeno al biogás se puede crear un riesgo de combustión. Los operadores deben tomar precauciones para gestionar correctamente los niveles del tanque con cubiertas flotantes.

Las cubiertas flotantes no pueden utilizarse para soportar equipos, como mezcladores, debido a las limitaciones estructurales y al desafío que implica conectar a la energía a un equipo que constantemente se mueva hacia arriba y abajo acompañando el movimiento de la cubierta. En la Figura 4.8 se muestra a una persona monitoreando el ingreso a un espacio confinado en un tanque del digestor con una cubierta flotante. El tanque está vacío y la cubierta está descansando sobre las ménsulas en su nivel más bajo. En la pared que se encuentra detrás de la persona, se puede observar la mancha del nivel de líquido que muestra el rango operativo de la cubierta. En la Figura 4.9 se muestra el interior de un tanque vacío donde la cubierta descansa sobre las ménsulas.

CUBIERTA CON RETENCIÓN DE GAS

Las cubiertas con retención de gas son similares a las cubiertas flotantes, excepto que la cubierta se mueve hacia arriba y abajo sobre una burbuja presurizada de biogás que se almacena entre la cubierta y el líquido que se encuentra en el tanque. Las cubiertas con retención de gas tienen faldones más extensos que las cubiertas flotantes para mantener contacto con el líquido que se encuentra en el tanque. La presión de gas y los niveles de líquido del tanque deben gestionarse adecuadamente para proteger la cubierta de almacenamiento de gas.

Se debe llevar a cabo una inspección regular tanto de las cubiertas flotantes como de las cubiertas de almacenamiento de gas para asegurar que las cubiertas se mueven libremente y no están cargadas de forma no uniforme.

CUBIERTA DE MEMBRANA DOBLE

Los sistemas de membrana doble pueden utilizarse para retener y almacenar biogás antes de que el gas se use como combustible. Se usa una membrana interna para retener el biogás en el interior del tanque del digestor con el lodo líquido de digestión. Esta membrana "flota" por encima del biogás. Los ventiladores de aire ambiental que soplan aire entre la membrana interna y externa inflan la membrana exterior hasta lograr una presión bastante constante. Se debe monitorear el aire que queda entre las membranas para detectar la presencia de metano. Como solo debe haber aire ambiental que ingresa para inflar completamente la membrana exterior, si se detecta metano en este espacio, podría ser un indicador de presencia de daños en la membrana interior y de fugas de biogás hacia afuera del área de almacenamiento.

Figura 4.8 Digestor con cubierta flotante (reimpreso con autorización de Indigo Water Group)

Figura 4.9 Interior del digestor con cubierta flotante donde se muestra la ménsula (reimpreso con autorización de Indigo Water Group)

En la Figura 4.10 se muestra un sistema de membrana doble durante su instalación. Las trampas de la membrana son cables de acero inoxidable que se instalan de forma transversal en todo el tanque. Si la presión de gas en el interior del gas del digestor disminuye repentinamente, la membrana interior descansará sobre estos cables y se evitará que se desplome sobre el líquido o sobre el piso si se está vaciando el tanque. Aunque este es el motivo por el que se instalan los cables, debe ser una condición operativa normal. El contacto frecuente o prolongado de la membrana interna y los cables trampa de la membrana provocará daños y desgaste en la membrana.

Con el tiempo, la membrana se desgastará y presentará rasgaduras y fugas. Según las condiciones, se prevé que las membranas deben reemplazarse cada 3 a 5 años.

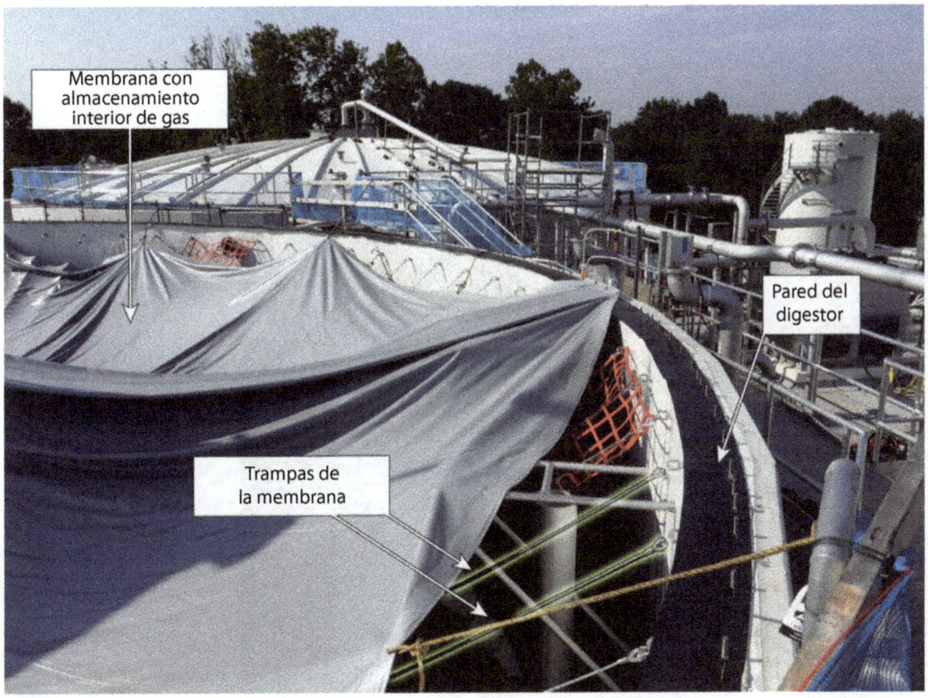

Figura 4.10 Instalación de la membrana interna en una cubierta de almacenamiento de gas de membrana doble (reimpreso con autorización de Passaro Engineering, LLC)

ALMACENAMIENTO DE GAS SEPARADO

Algunas instalaciones cuentan con una estructura separada que solo almacena biogás. Estas estructuras pueden estar hechas de acero pintado o material de membrana. Según el diseño, pueden funcionar a temperaturas más altas que las cubiertas de almacenamiento de gas. En la Figura 4.11 se muestra un tanque esférico de almacenamiento de gas en una WRRF.

PRETRATAMIENTO DE ALIMENTACIÓN DEL DIGESTOR

FILTRADO DEL LODO

Aunque la mayoría de las instalaciones cuentan con el filtrado del caudal de entrada en las obras de cabecera de la instalación, si se agrega otro paso de filtrado al comienzo de la parte de procesamiento de sólidos de la instalación, este puede resultar muy valioso. Existe una gran probabilidad de que todos los detritos que ingresan a la parte de procesamiento de sólidos de la instalación se acumulen en el tanque del digestor. Si las rejas de lodo eliminan los detritos, entonces estos no deben eliminarse de los digestores durante la limpieza, lo que ofrece protección a los equipos del digestor y posiblemente prolongue significativamente el período de tiempo entre limpiezas. Esto también reduce la cantidad de detrito y basura en el producto final de biosólidos, lo que puede mejorar la comercialización y las opciones de uso final.

Las rejas cilíndricas rotatorias y las prensas de presión, también conocidas como *rejas de lodo presurizadas en línea*, se han utilizado con éxito para retirar plásticos, materiales fibrosos y otros detritos del flujo de lodo que se dirige a los digestores anaerobios.

HIDRÓLISIS TÉRMICA

La hidrólisis térmica es un proceso de pretratamiento utilizado antes de la digestión anaerobia donde el lodo de alimentación se calienta hasta los 150 a 220 °C (302 a 428 °F) con una presión de aproximadamente 1380 kPa (200 psi) durante un período de 20 a 30 minutos. Este paso se utiliza para aumentar la eliminación de patógenos en el lodo y aumentar la tasa de digestión en los digestores. También mejora la deshidratación del lodo digerido. Las desventajas de estos sistemas son que requieren equipos mecánicos más complejos y que el proceso crea una gran cantidad adicional de olores que debe controlarse. Se puede obtener más información sobre la hidrólisis térmica en el capítulo de estabilización en el MOP 8 de WEF, *Diseño de instalaciones de recuperación de recursos hídricos (Design of Water Resource Recovery Facilities)* (WEF et al., 2018).

Figura 4.11 Almacenamiento de gas separado (reimpreso con autorización de David Wiman [Ciudad de Columbia])

OTROS TIPOS DE PRETRATAMIENTO DEL LODO

Actualmente se está realizando una gran cantidad de investigaciones sobre otras formas de pretratar el lodo para acortar el tiempo necesario para la digestión anaerobia, así como también para mejorar la producción de gas y la deshidratación del lodo digerido. Para obtener más información sobre las otras opciones de pretratamiento, consulte el capítulo de estabilización en el MOP 8 (WEF et al., 2018).

SISTEMAS DE ALIMENTACIÓN DEL DIGESTOR

Como se analizó anteriormente en este capítulo, es fundamental que los digestores anaerobios se alimenten a una tasa constante; proporcionar un suministro de alimento constante a los metanógenos de crecimiento lento, y mantener una población de miocrobios saludable y equilibrada en el digestor. También es importante que el lodo de alimentación (alimento) se mezcle completamente de inmediato en el digestor para que todos los microorganismos tengan acceso a este y para evitar la formación de bolsas de lodo más frío. En condiciones ideales, los sólidos de alimentación se calentarían de inmediato a la misma temperatura que el resto del contenido del digestor y se mezclarían completamente de inmediato. Un sistema diseñado correctamente inyecta el lodo de alimentación en un lugar que minimiza el riesgo de cortocircuitos en todo el tanque, lo que reduce el riesgo de escape de sólidos fuera del tanque durante la extracción de lodo antes que se los haya digerido por completo.

Dado que tanto la mezcla como el calentamiento del lodo de alimentación con el resto del líquido en el digestor son importantes, algunos sistemas inyectarán el lodo de alimentación en diferentes lugares en el tanque mientras la energía de la mezcla es alta. En los sistemas en los que se utiliza la mezcla por bombeo, el lodo de alimentación puede unirse directamente en la línea de mezcla de recirculado antes de que vuelva a ingresar al tanque. Para calentar el sistema lo más rápido posible, el lodo de alimentación a veces se une directamente al lazo de recirculado del sistema de calentamiento. Esta unión debe realizarse después de los intercambiadores de calor porque la alimentación de sólidos crudos a través de un intercambiador de calor puede provocar diversos problemas de desempeño tales como ensuciamiento rápido y bloqueos por detritos.

EQUIPOS DE MEZCLA DEL DIGESTOR

El desempeño del digestor anaerobio de tasa alta requiere una mezcla completa del contenido del tanque. La mezcla del digestor anaerobio se utiliza para lograr lo siguiente:

- Mantener contacto entre los microorganismos y los materiales orgánicos volátiles dentro del tanque.
- Distribuir el lodo de alimentación en todo el tanque.
- Evitar que se produzcan variaciones de temperatura en el tanque.
- Proporcionar energía para evitar que las partículas más pesadas como la arena se sedimenten fuera de la suspensión y se acumulen en el fondo del tanque.
- Desintegrarlas natas que tienden a flotar en la superficie del agua y redistribuirlas en todo el tanque para que se las pueda eliminar con el lodo digerido.

Mezcla completa significa que el contenido del tanque es el mismo en todo el tanque. Diferentes muestras puntuales recolectadas en el mismo momento en cualquier lugar del interior del tanque deberían tener exactamente las mismas características, como por ejemplo: sólidos en suspensión, temperatura, pH, grasa, arena, especies de nitrógeno, especies de fósforo, alcalinidad y otros.

Sin embargo, no es fácil mantener una mezcla completa del contenido del digestor anaerobio. En primer lugar, no es posible verificar visualmente el funcionamiento adecuado del sistema de mezcla dentro del tanque sellado del digestor. En segundo lugar, la atmósfera dentro del tanque es cálida, húmeda, altamente corrosiva y potencialmente combustible. Se deben utilizar materiales especiales para los equipos, como el acero inoxidable, que no se corroan ni fallen en este entorno. Se deben utilizar equipos antichispas para evitar la combustión en caso de que haya oxígeno en el tanque. En tercer lugar, sin importar lo bueno que sea el equipo de filtrado en la instalación, algunos detritos y materiales fibrosos como cabello y otros permanecerán en el lodo. Este material se suele recolectar de cualquier parte rotatoria del sistema de mezcla. Por último, es difícil y costoso acceder a cualquier equipo o estructura ubicada dentro del tanque para su inspección, limpieza o reparación.

Los *modelos de dinámica de fluidos computacional* son simulaciones matemáticas computarizadas que predicen las corrientes de mezcla dentro de un espacio definido (un tanque) con diferentes entradas de energía de mezcla. La simulación crea imágenes gráficas coloridas que predicen dónde se producirá una buena mezcla y dónde una mezcla inadecuada. Es buena idea calibrar un modelo con observaciones y datos de campo medidos antes de suponer que es preciso para predecir las condiciones del mundo real.

En esta sección, analizaremos tres tipos diferentes de sistemas que pueden utilizarse para mezclar digestores anaerobios: mezcla mecánica, mezcla por bombeo y mezcla por inyección de gas. Abarcaremos los puntos fuertes y los puntos débiles de cada tipo de sistema. El personal de operaciones debe monitorear minuciosamente el desempeño del digestor para verificar de forma indirecta que el sistema de mezcla está mezclando el contenido de forma uniforme.

Los digestores anaerobios están diseñados para ser tanques de *mezcla completa*. Los diseños de sistemas de mezcla se evalúan en función de la potencia de la unidad, el gradiente de velocidad, el caudal de gas de la unidad y el tiempo de inversión del volumen del digestor (WEF et al., 2018). Además, se suelen desarrollar modelos de *dinámica de fluidos computacional* para evaluar y adaptar los diseños de sistemas de mezcla. Los modelos se ven limitados por la calidad y la precisión de los aportes y las suposiciones. Para validar el modelo y mejorar la precisión de las predicciones a futuro del modelo es muy importante verificar los resultados del modelo mediante la recolección de muestras de campo representativas de diferentes profundidades y lugares de muestra, medir los parámetros clave y compararlos con las predicciones del modelo.

Es difícil evaluar el desempeño del sistema de mezcla. Los ingenieros tienen diferentes pruebas específicas de aceptación de mezcla en base a la medición de perfiles de temperatura o perfiles de concentración de sólidos en el contenido del digestor anaerobio o la realización de un estudio de seguimiento. De estos tres enfoques, se considera que los estudios de seguimiento son la prueba más precisa del desempeño del sistema de mezcla. Sin embargo, la realización de estas pruebas es la más costosa y la que más tiempo toma. (D. Chapman, 1989).

Los estudios de seguimiento se realizan agregando una cantidad exacta de un material trazador inerte, como litio, al caudal que ingresa al tanque. Las muestras del efluente se recolectan en intervalos de tiempo regulares (por ejemplo, cada 5 minutos) hasta que todo el trazador ha pasado a través del tanque. El caudal de entrada y el caudal efluente se deben registrar y tener en cuenta. Las concentraciones medidas se comparan con las concentraciones previstas que se calculan suponiendo que se cuenta con un tanque de mezcla completa. Los datos también pueden graficarse; la forma de la curva de tiempo en comparación con la concentración debe ofrecer una representación visual de la cantidad de mezcla que tiene lugar dentro del tanque.

Pueden utilizarse sistemas de mezcla mecánica, a gas, a chorro,y por bombeo; la energía de mezcla varía de 3.16 a 13.19 watts por metro cúbico (W/m^3) [0.12 a 0.5 caballos de fuerza por 1000 pies cúbicos (hp/1000 ft^3)].

El monitoreo de la producción de biogás del digestor y su comparación con la tasa de referencia es una forma eficaz de evaluar que el funcionamiento en curso del sistema de mezcla sea el adecuado. También se debe realizar el muestreo regular para verificar que las natas no se están acumulando en la parte superior del tanque y que la arena no se está acumulando en el fondo. La identificación de la mezcla inadecuada como la causa de problemas de desempeño se analiza con más detalle en la sección de resolución de problemas del proceso, que se encuentra más adelante en este capítulo.

MEZCLA MECÁNICA

La mezcla mecánica se logra con impulsores, propulsores o ruedas de la turbina instalados en el interior del tanque del digestor. Muchos mezcladores mecánicos pueden utilizarse solo con digestores con cubiertas fijas que se usan para soportar los equipos y proporcionan una plataforma estacionaria donde la energía eléctrica se puede conectar a los motores. Los equipos de mezcla mecánica funcionan dentro del tanque sellado, lo que dificulta el acceso para realizar inspecciones, mantenimiento de rutina y reparaciones. Los ejes y los impulsores son propensos a la corrosión, vibración (debido a los materiales fibrosos) y al desgaste (debido a la arena y los detritos). Todas las superficies expuestas deben ser resistentes a la corrosión. Las partes rotatorias deben estar diseñadas para ser de autolimpieza para así minimizar la necesidad de retirar manualmente trozos de tela y cabello de los impulsores, propulsores, turbinas y otros.

En la Figura 4.12 se muestra un diagrama con etiquetas de un mezclador de montaje superior que se utiliza en los digestores anaerobios. Este ejemplo en particular utiliza una correa de transmisión en forma de V y un motor reversible. También se pueden utilizar reductores de engranaje y motores de acoplamiento directo. Los motores están impulsados por accionadores de frecuencia variable que les ofrecen a los operadores un mayor control de la velocidad y también se pueden utilizar para revertir la dirección del motor. Los mezcladores de montaje superior o los agitadores cuelgan de la brida de soporte que está apoyada sobre un pedestal en el lado superior de la cubierta fija. El mezclador debe instalarse con un tubo con sello fijo que se

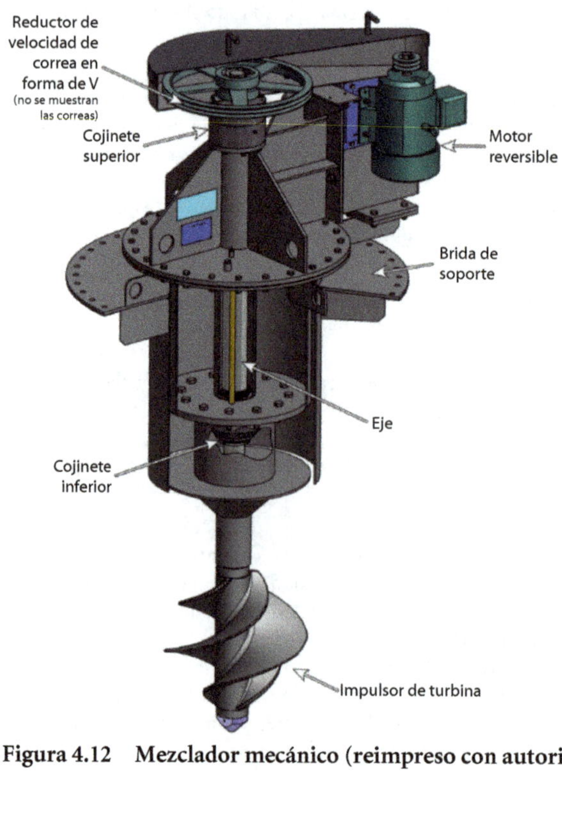

Figura 4.12 Mezclador mecánico (reimpreso con autorización de WesTech, Engineering, Inc.)

extiende hacia abajo hasta el interior del tanque por debajo de la elevación mínima de la superficie del agua (Figura 4.13). Este es un elemento de seguridad que permite que un mezclador se desemperne en la brida de soporte, se deslice a través del tubo con sello y se retire del tanque para realizar tareas de mantenimiento sin permitir que se escapen cantidades excesivas de metano ni que ingrese oxígeno al tanque y se cree, de este modo, un potencial peligro de combustión. Solo puede escaparse la pequeña cantidad de metano que se encuentra dentro del tubo con sello; el agua en el fondo del tubo evita que ingrese aire al digestor.

Otros tipos de mezcladores mecánicos incluyen loa agitadores de baja velocidad y eje corto que pueden tener impulsores individuales o múltiples. Los motores reversibles pueden ayudar a retirar los trozos de tela de los impulsores. La velocidad de mezcla más baja también puede resultar beneficiosa en los digestores propensos al espumaje.

Debido a que los tanques del digestor suelen ser bastante profundos, muchas veces se agregan tubos de aspiración a los mezcladores o agitadores para proporcionar una mayor energía de mezcla en el fondo del tanque sin necesidad de extender los ejes. En la Figura 4.13 se muestra un ejemplo de la instalación de un mezclador con un tubo de aspiración. Si los mezcladores tienen motores reversibles, en general el mezclador puede funcionar arrastrando lodo hacia arriba a través el tubo y empujándolo hacia afuera en la parte superior, volviendo a poner en suspensión a las partículas más pesadas que se puedan haber sedimentado en el fondo del tanque. Si se comienza a formar una capa de natas en la superficie del agua, la dirección del motor puede revertirse para que se arrastre el líquido y las natas hacia el tubo por la parte superior, se descomponga la capa de natas a medida que esta pasa a través de los elementos rotatorios del mezclador y se la empuje hacia abajo a través del tubo hasta que salga cerca del fondo del tanque, donde las natas se integran nuevamente con el contenido del tanque.

Según el diámetro del tanque del digestor, se pueden necesitar varios mezcladores mecánicos para proporcionar suficiente energía de mezcla en todo el tanque. En particular, es necesario evitar los puntos muertos (energía de mezcla insuficiente) cerca de los bordes exteriores del piso del tanque, donde la arena y los sólidos pesados se pueden acumular con rapidez y, con el tiempo, pueden reducir el volumen utilizable del tanque. Los diseños pueden incluir la instalación de varios mezcladores a intervalos regulares alrededor del tanque. Consulte la Figura 4.14 para obtener un diagrama de un mezclador múltiple típico.

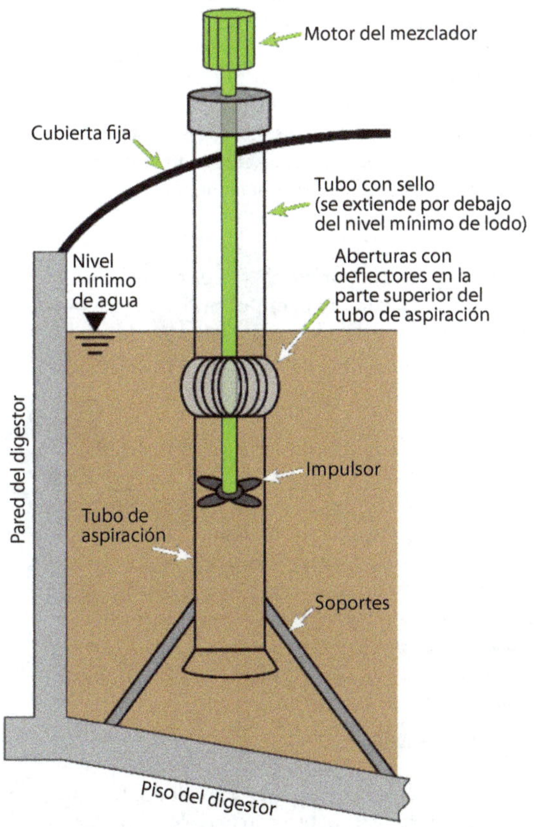

Figura 4.13 Mezclador mecánico instalado dentro del tubo con sello (reimpreso con autorización de Passaro Engineering, LLC)

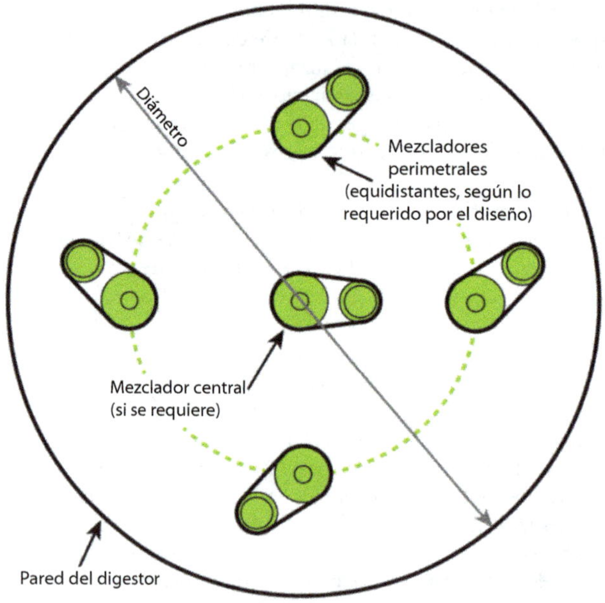

Figura 4.14 Ejemplo de un diagrama de mezclador múltiple: vista en planta (reimpreso con autorización de Passaro Engineering, LLC)

MEZCLA POR BOMBEO

La mezcla por bombeo utiliza bombas instaladas de forma adyacente a los digestores para proporcionar la energía de mezcla en los digestores. La succión de las bombas generalmente se inicia en el fondo del digestor y se descarga nuevamente en el tanque a través de las boquillas de mezcla que pueden organizarse para maximizar las corrientes en el tanque. El beneficio de este tipo de sistema es que se puede acceder a todos los equipos mecánicos desde afuera del tanque. Además, las únicas penetraciones en el tanque para el sistema son tubos fáciles de instalar y sellar. Se puede instalar una descarga adicional con boquillas rociadoras justo por encima de la superficie del agua para rociar la espuma y las natas que se recolectan en la parte superior del tanque y descomponerlas para volver a mezclarlas con el contenido del tanque. Si hay una cantidad excesiva de arena en el contenido del digestor, esta puede desgastar rápidamente las bombas y las boquillas. Las boquillas pueden estar hechas de materiales templados o pueden estar revestidas de vidrio para resistir un poco más la abrasión por la arena. Los trozos de tela, los cabellos y otros materiales fibrosos pueden provocar bloqueos en las bombas. El biogás presente en el lodo también puede acumularse en las bombas y provocar la mezcla de gases. Se debe agregar una forma manual o automática de liberar este gas en el punto más alto de las tuberías o en las bombas. En la Figura 4.15 se muestra un esquema de los componentes básicos de un sistema de mezcla por bomba.

En general, las bombas centrífugas se utilizan para los sistemas de mezcla por bombeo. Los trozos de tela y el material fibroso del digestor pueden atascar la bomba o quedar colgados en el impulsor. La instalación de molinos aguas arriba de las bombas o la adición de un mecanismo de corte a los impulsores pueden reducir los problemas de atascamiento de la bomba. En la Figura 4.16 se muestra una barra de corte en el impulsor de una bomba diseñada para cortar y eliminar los materiales fibrosos.

Los impulsores de la bomba centrífuga pueden, o no, tener instalada una contratuerca (dispositivo de retención). Esta evita que la tuerca del impulsor se desatornille si la bomba se opera en retroceso por error. Esto puede ser un problema cuando el motor se cablea o vuelve a cablear y se da arranque intermitente para verificar la rotación. Si la rotación está en retroceso, la tuerca del impulsor se puede desatornillar parcialmente o en su totalidad. Esto también puede ser un problema cuando se instalan varias bombas combinadas en tuberías colectoras de succión y descarga comunes conectadas a los tanques del digestor que pueden tener niveles variables de agua. Si una válvula de aislamiento se deja abierta por error, es posible que el agua en un tanque con un nivel operativo más alto pueda fluir hacia atrás a través de una bomba, potencialmente desatornillar la tuerca del impulsor y provocar daños al impulsor o al eje. El control de las válvulas puede ayudar a reducir el riesgo de que el caudal circule hacia atrás a través de la bomba.

MEZCLA A GAS

Los sistemas de mezcla a gas utilizan el biogás que se produce en el digestor para mezclar el lodo. El biogás se recolecta y después se comprime. A continuación, el gas presurizado se libera a través de los difusores o las boquillas en el fondo del tanque para que las burbujas se eleven a través del líquido y creen corrientes de velocidad que hacen circular el contenido que se encuentra por encima. Una desventaja de estos sistemas es la

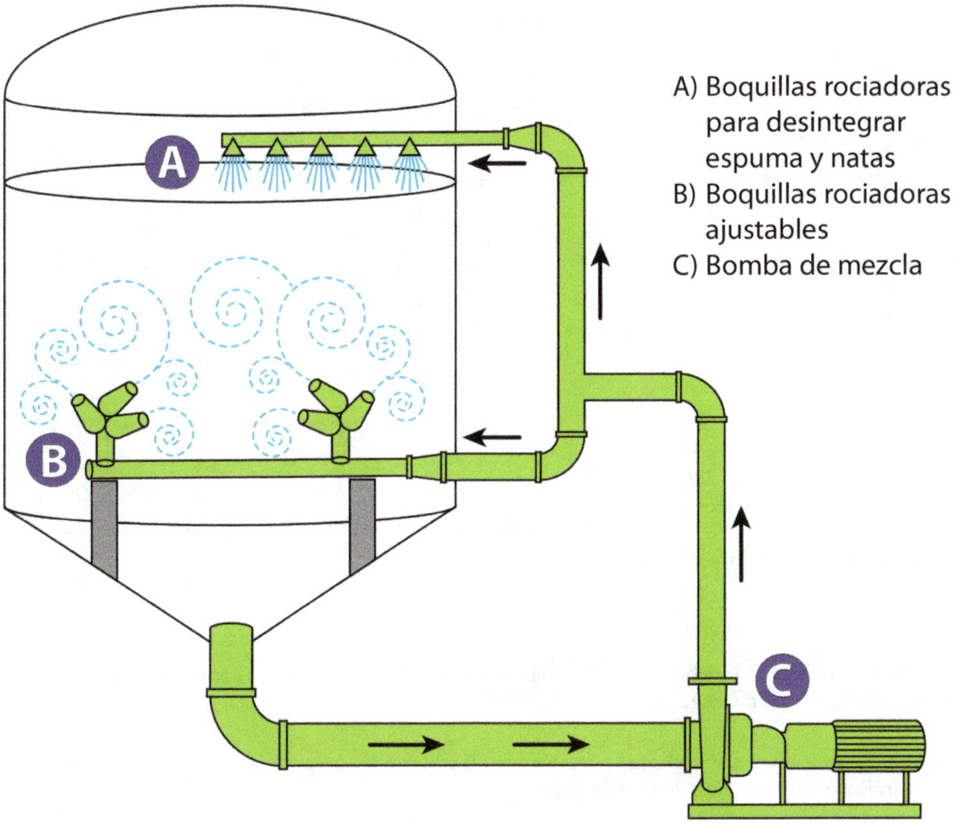

Figura 4.15 Sistema de mezcla por bomba (reimpreso con autorización de Passaro Engineering, LLC)

Figura 4.16 Barra de corte en un impulsor de bomba centrífuga (reimpreso con autorización de Passaro Engineering, LLC)

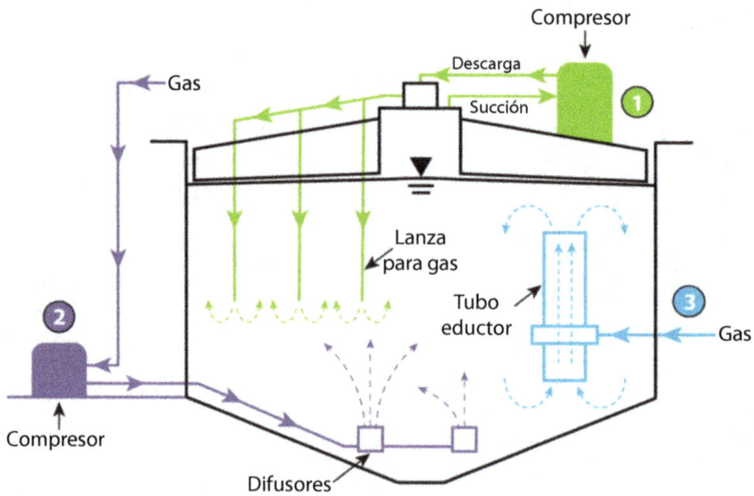

Figura 4.17 Sistema de mezcla de gas: tres opciones (reimpreso con autorización de Walker Process Equipment Division of McNish Corporation)

incapacidad para poder mezclar por debajo de la tubería colectora del difusor. Esto se convierte en un punto muerto donde se puede acumular arena.

Los sistemas de mezcla a gas a veces se utilizan en combinación con mezcladores mecánicos o mezcla por bomba para proporcionar una solución de mezcla más firme.

SISTEMAS DE CALENTAMIENTO DEL DIGESTOR

En general, los digestores de tasa alta están diseñados para funcionar en el rango mesofílico. Esto requiere la utilización de un sistema de calentamiento para mantener una temperatura operativa constante dentro de este rango. Los metanógenos son sensibles a los cambios de temperatura de más de 0.6 °C (1 °F) por día. Los sistemas de calentamiento son principalmente intercambiadores de calor, aunque algunos utilizan la inyección de vapor. El lodo se calienta a través del intercambiador de calor con agua caliente o vapor. El calor del agua o vapor se transfiere al lodo y lo calienta.

La carga total de calor de un digestor es la tasa de calor medida en megajoules (Btu) requeridos por hora para mantener la temperatura objetivo del digestor. Incluye el calor requerido para aumentar la temperatura del lodo de alimentación más frío así como también el calor requerido para compensar cualquier pérdida de calor del digestor hacia el entorno. Las variaciones estacionales de temperatura en los climas templados afectarán tanto la temperatura del lodo de alimentación como la cantidad de calor perdida para que las cargas de calor del invierno sean más altas. En casi todos los sistemas, la mayor parte de la carga de calor se utilizará para elevar la temperatura del lodo entrante hasta alcanzar las temperaturas objetivo.

La energía que se requiere para calentar los sólidos crudos se calcula con la siguiente ecuación (WEF et al., 2018):

El *calor específico* se define como la cantidad de calor que se necesita para elevar la temperatura de 1 g de una sustancia en 1 °C. El calor específico del lodo seco o de los sólidos de aguas residuales se determina tomando medidas en el laboratorio con un calorímetro. El calor específico del agua es una constante de 1 cal (4184 J) del calor necesario para elevar la temperatura de 1 kg de agua en 1 °C.

$$q = m \times Cp \times T \tag{4.3}$$

Donde q = la carga de calor [J/h o MJ/h (Btu/h o mil. Btu/h)];

m = el caudal de masa del lodo entrante, tratado como agua [kg/h (lb/h)];

Cp = el calor o la capacidad de calor específicos del sólido [J/kg•°C o MJ/kg•°C (Btu/lb•°F)]; y

T = la diferencia entre los sólidos entrantes y las temperaturas del digestor [°C (°F)].

Es importante destacar que en esta ecuación un cambio relativamente pequeño en la masa del lodo entrante o en la temperatura del lodo entrante puede tener un efecto importante en la carga total de calor que el sistema de calentamiento del digestor debe emitir.

En general, existen dos tipos diferentes de calderas utilizadas como fuente de calor: calderas de agua caliente y calderas de vapor. El biogás puede utilizarse como el combustible primario para las calderas después de que se haya limpiado y se hayan retirado los contaminantes. Solo se utiliza una segunda alternativa de combustible, como gas natural o aceite combustible, cuando hay escasez de biogás. Debido a la alta temperatura y a las condiciones operativas de presión alta de las calderas de vapor, es necesario tomar precauciones de seguridad adicionales y realizar inspecciones al utilizar estos equipos.

Los intercambiadores de calor se utilizan para transferir el calor del agua caliente o vapor al lodo. Se han realizado experimentos con muchas configuraciones diferentes a lo largo de los años. En la actualidad, los intercambiadores externos de calor que utilizan diseños de tubo dentro de tubo, baño de agua caliente o placa en espiral son los más comunes.

Los intercambiadores de tubo dentro de tubo consisten en un "paquete" de tubos de lodo que crean una extensa trayectoria de caudal hacia adelante y hacia atrás de la unidad. Se instalan tuberías de agua caliente más grandes alrededor de los tubos de lodo. En general, se bombea el *agua caliente de lazo cerrado* desde la caldera en una única dirección a través del intercambiador de calor y se bombea el lodo en la dirección opuesta. En la Figura 4.18 se muestra la dirección del agua y del lodo que fluyen a través del intercambiador de calor de tubo dentro de tubo a contracorriente. Los intercambiadores de calor a contracorriente (direcciones de caudal opuestas) son más eficientes en la transferencia de calor que las unidades de corriente paralela (mismas direcciones de caudal).

En el contexto de un sistema de calentamiento, un sistema de *lazo cerrado* contiene agua que se recircula y recalienta constantemente. Lo opuesto a un sistema de lazo cerrado es un sistema de lazo abierto, en el que el agua fluye a través del sistema una vez y después se la descarga después de haber pasado una vez a través del intercambiador de calor.

Los intercambiadores de calor de baño de agua caliente funcionan de forma similar a los intercambiadores de calor de tubo dentro de tubo, excepto que el agua caliente circula por todo el contenedor del intercambiador del calor alrededor de los tubos de lodo en lugar de estar encerrada en tubos.

Los intercambiadores de calor de placa en espiral son otra opción de transferencia de calor de una caldera al lodo en un digestor. Están conformados por dos o cuatro placas colocadas una arriba de la otra, separadas con un espaciador (Figura 4.19). Las placas se enrollan como un sandwich envuelto en forma de *wrap*. Se crea entonces una forma extensa de tipo cilindro conformada por capas alternas de lodo y agua caliente que fluyen una hacia la otra en direcciones opuestas. El agua caliente o el vapor se canalizan hacia el medio del intercambiador de calor y se traslada hacia afuera a través de un canal único hacia la conexión hidráulica de salida de agua/vapor ubicada en el exterior de la coraza. El lodo más frío se canaliza hacia una conexión hidráulica en el exterior de la coraza y después se traslada hacia adentro a través de un canal único en el centro del intercambiador de calor en espiral donde el lodo calentado sale de la unidad. La cubierta puede retirarse al final del cilindro para permitir el acceso a través de la abertura entre las placas para que pueda realizarse la limpieza con agua caliente a alta presión o con una solución de limpieza. En la Figura 4.19 se muestran las trayectorias alternas del agua caliente o vapor y del lodo que se calienta a través del intercambiador de calor de placa en espiral.

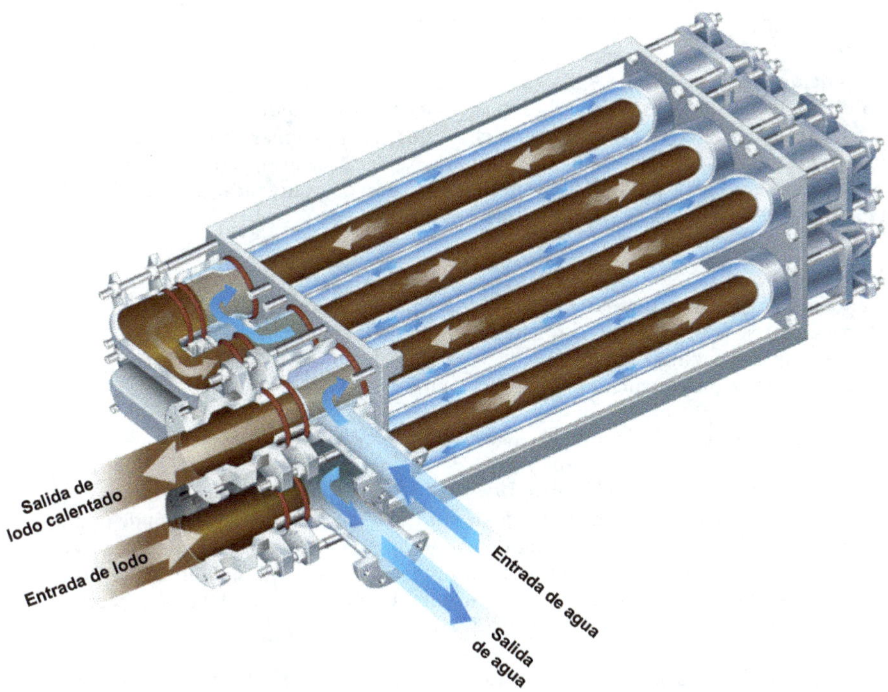

Figura 4.18 Agua caliente hacia el intercambiador de calor de lodo (reimpreso con autorización de Walker Process Equipment Division of McNish Corporation)

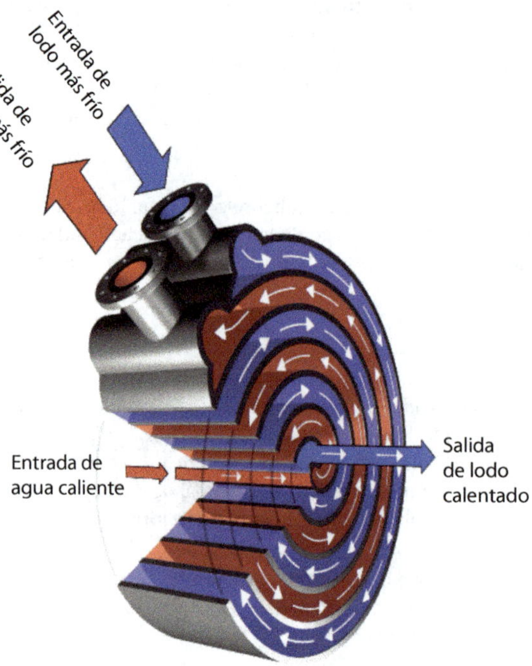

Figura 4.19 Diagrama de corte de sección transversal de un intercambiador de calor de placa en espiral (reimpreso con autorización de Alfa Laval)

Los sistemas de calentamiento del digestor deben funcionar de forma confiable para minimizar las perturbaciones y los casos de espumaje en el digestor. Uno de los problemas que se presenta en todos los intercambiadores de calor es el ensuciamiento. Es importante planificar el acceso adecuado a cualquier intercambiador de calor para su limpieza. Las tasas de transferencia de calor de referencia deben medirse durante la puesta en funcionamiento del sistema y monitorearse regularmente. Cuando la eficiencia de la transferencia disminuye a un nivel predeterminado, la unidad debe sacarse de funcionamiento y limpiarse. Se puede producir ensuciamiento en el lado del lodo y ensuciamiento en el lado del agua. El acondicionamiento adecuado del agua en el lado del agua de lazo cerrado del sistema puede ayudar a minimizar el ensuciamiento en el lado del agua. El ensuciamiento del lado del lodo puede ser un problema que tome mucho más tiempo resolver.

La opción de almacenamiento dentro de un sistema a veces se denomina "punto amplio en la línea".

ALMACENAMIENTO Y DESCARGA DE SÓLIDOS DIGERIDOS

El almacenamiento de sólidos digeridos ofrece una forma necesaria para que los operadores gestionen las tasas de alimentación, los tiempos de detención, los niveles de líquido y el almacenamiento de gas dentro de los digestores, así como también los procesos de deshidratación aguas abajo. Algunos sistemas están diseñados con un tanque adicional del digestor que normalmente puede proporcionar almacenamiento, pero que puede ponerse en funcionamiento como digestor primario, de ser necesario, para cumplir con los requisitos regulatorios durante los períodos de producción pico de sólidos o para sacar un digestor de funcionamiento para realizar tareas de limpieza y mantenimiento.

PROCESAMIENTO DE GAS

Los sistemas de procesamiento de gas en los digestores anaerobios deben transportar el biogás de forma segura desde los digestores donde se lo produce hacia un área de almacenamiento o hacia un sistema de tratamiento antes de que se lo utilice como combustible o hacia la antorcha de gas residual. Un ejemplo de los componentes de un sistema de procesamiento de gas se muestra en la Figura 4.20.

La mayor parte de los gases del digestor se produce en los digestores primarios. Estos digestores pueden tener cubiertas fijas, por lo tanto, el espacio de almacenamiento de gas es muy limitado. El gas se mantendrá a una presión baja constante de, en general, 200 a 250 mm (8 a 10 in.) de columna de agua. Se proporciona un supresor de llamas o una trampa de llama como elemento de seguridad en cualquier lugar donde podría iniciarse un incendio en un punto de liberación de un conducto y producirse un retorno de llama hacia el volumen de biogás más grande. En la Figura 4.21 se muestra un supresor de llamas y el conjunto interno de obturadores aislantes que funciona como un deflector en la línea para detener el incendio. Los supresores de llamas se analizan con más detalle en la sección de seguridad de este capítulo.

El ejemplo de sistema de procesamiento de gas que se muestra en la Figura 4.20 tiene diversas ubicaciones en las que el biogás se utiliza de forma beneficiosa en la instalación. Digamos que en un día cualquiera las calderas y los secadores están usando biogás. Si la demanda es mayor a la producción, entonces el gas de

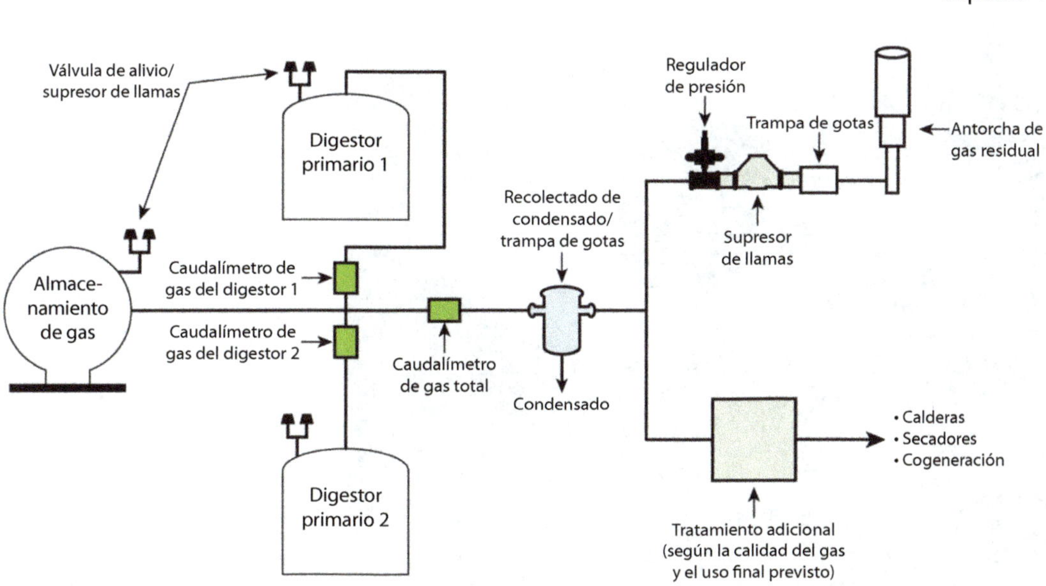

Figura 4.20 Sistema de procesamiento de gas del digestor (reimpreso con autorización de Passaro Engineering, LLC)

cada digestor primario fluye hacia el proceso de tratamiento y después hacia la caldera y los secadores, así como también lo hace algo del gas almacenado para cumplir con la demanda. Si las calderas y los secadores usan menos de lo que se produce, todo exceso de gas se almacenará en la esfera de almacenamiento de gas. Si el secador y las calderas no se están utilizando, todo el gas que se produce se dirigirá al tanque de almacenamiento de gas hasta que este esté completo. Una vez que el almacenamiento esté lleno, todo exceso de biogás debe quemarse en la antorcha de gas.

El exceso de biogás se quema en condiciones controladas como medida de seguridad para reducir cualquier riesgo de incendios o explosiones no intencionales. Esto también ayuda a reducir los olores.

Existen dos tipos básicos de antorchas de gas residual. La antorcha convencional o antorcha de candelero tiene una llama abierta. Las antorchas nuevas están completamente cubiertas; no se ve la llama en absoluto. Las nuevas antorchas proporcionan elementos de seguridad adicionales, pero no les dan a los operadores la oportunidad de observar la llama y así poder deducir la calidad del gas a partir del color de la llama. Las llamas azules indican un buen contenido de metano y una buena combustión. Las llamas de antorcha que presentan un color más anaranjado y amarillento indican un menor contenido de metano y una combustión incompleta. En la Figura 4.22 se presenta un estilo más nuevo de antorcha de gas completamente cubierta.

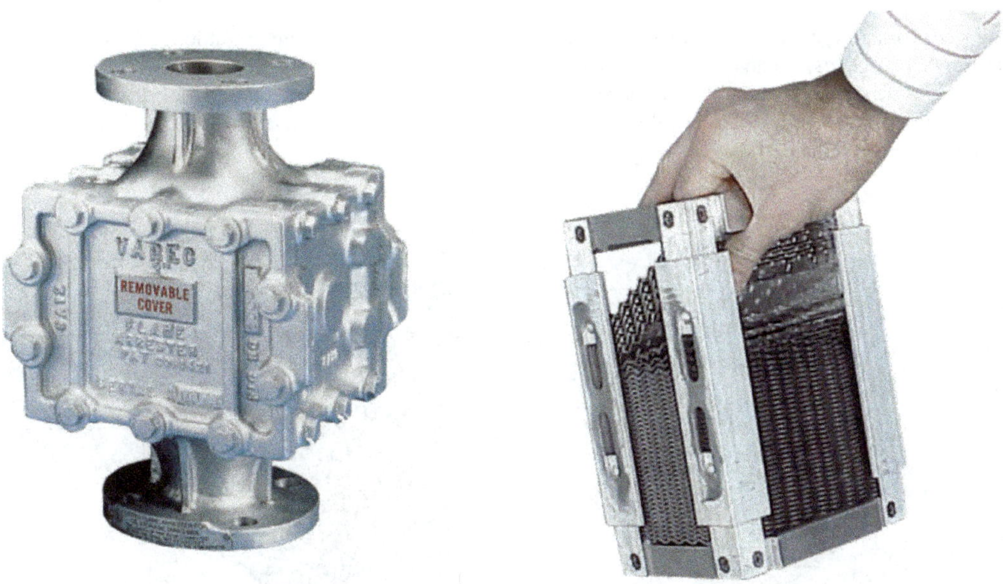

Figura 4.21 Supresor de llamas y conjunto extraíble de obturadores aislantes (reimpreso con autorización de Varec Biogas)

Figura 4.22 Antorcha de exceso de biogás completamente cubierta (reimpreso con autorización de Passaro Engineering, LLC)

DIGESTORES SECUNDARIOS

La mayoría de las instalaciones de digestión de tamaño mediano a grande incluyen digestores primarios y secundarios. La mayor parte de la estabilización y de la producción de gas se produce en el digestor primario. Las tasas de carga de diseño del sistema de digestión y el SRT se basan en el volumen del tanque primario; sin embargo, si se calientan y se mezclan los digestores secundarios, sus volúmenes activos pueden incluirse al calcular las tasas de carga operativas y el SRT.

Los digestores primarios se mezclan y calientan para optimizar la digestión y cumplir con los requisitos de reducción de patógenos; los digestores secundarios pueden, o no, mezclarse y calentarse. Los sistemas de calentamiento del digestor se suelen configurar para utilizar los equipos del intercambiador de calor del digestor primario para proporcionar calor a un digestor secundario cuando el digestor primario se encuentra fuera de servicio.

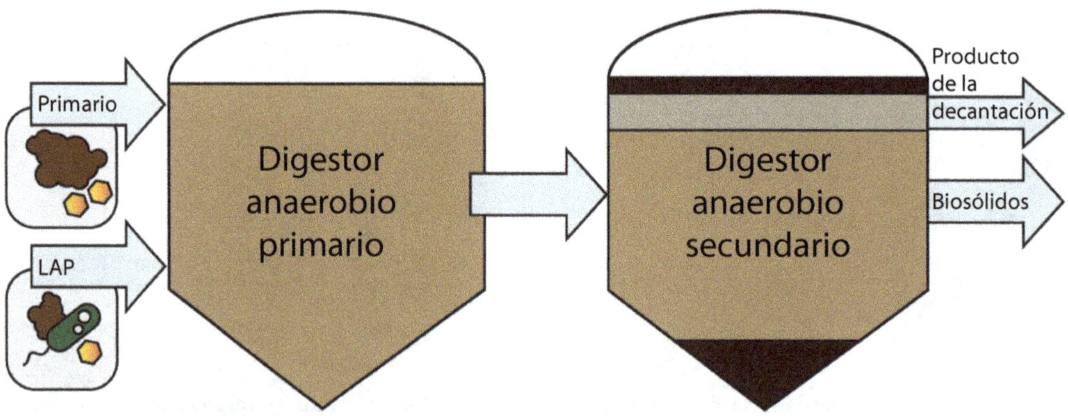

Figura 4.23 Digestores primarios y secundarios (reimpreso con autorización de Indigo Water Group)

Un digestor secundario sin calentar puede utilizarse con los siguientes fines: como contenedor de almacenamiento para los sólidos digeridos, como tanque primario de reserva y como una fuente de lodo de alimentación. Considérelo como una póliza de seguro para el digestor primario. En caso de una perturbación en el proceso, el lodo saludable puede recircularse desde el digestor secundario hacia el digestor primario. Además, en las instalaciones en las que el digestor se decanta para aumentar la concentración de sólidos, el digestor secundario puede utilizarse como depósito en reposo para la extracción de sobrenadante.

Dado que uno de los fines más importantes de los digestores secundarios es ser utilizados como depósitos de almacenamiento, en general tienen cubiertas flotantes o de membrana para permitir el descenso. La capacidad de almacenamiento variable en el digestor secundario se ve limitada por el desplazamiento de la cubierta. En las cubiertas flotantes o con retención de gas, la extracción de sólidos debe detenerse antes de que la cubierta descanse sobre las ménsulas. La eliminación adicional provocará el desarrollo de un vacío por debajo de la cubierta, lo que puede provocar que ingrese aire al digestor y cree una condición potencialmente explosiva. Las cubiertas de membrana pueden permitir un descenso significativamente mayor, según la configuración de los equipos de mezcla instalados.

COMPROBACIÓN DE CONOCIMIENTOS

1. **La forma del tanque del digestor tiene el efecto directo más importante sobre ____________ del digestor.**
   a. Las características de la mezcla
   b. La composición microbiológica
   c. La retención de calor
   d. El tiempo de retención de sólidos

2. **Los tanques ____________ del digestor son más favorables en los proyectos de digestores en los que la instalación cuenta con un terreno adicional y el presupuesto de construcción es limitado.**
   a. Con forma de huevo
   b. De cilindro corto
   c. Silos
   d. Cuadrados

3. **La membrana exterior de una cubierta de membrana doble se elevará y descenderá dependiendo de la cantidad de biogás que esté almacenada dentro de la cubierta.**
   ☐ Verdadero
   ☐ Falso

4. **Un digestor ideal mantiene un flujo pistón en todo el tanque.**
   ☐ Verdadero
   ☐ Falso

5. **Los sistemas de mezcla a gas utilizan ____________ comprimido inyectado en el líquido del digestor anaerobio para crear corrientes de mezcla dentro del tanque.**
   a. Gas nitrógeno
   b. Biogás
   c. Aire
   d. Gas cloro

6. **La porción más grande de la demanda de calor del digestor generalmente proviene de ____________.**
   a. La pérdida de calor a través de la cubierta
   b. La pérdida de calor a través de las paredes
   c. El calentamiento del lodo entrante
   d. El calentamiento del biogás

7. **En su mayoría, los sistemas de calentamiento para los digestores mesofílicos están diseñados para ser operados de forma intermitente, se encienden cuando la temperatura del digestor alcanza los 30 °C (85 °F) y se apagan cuando la temperatura alcanza los 38 °C (100 °F).**
   ☐ Verdadero
   ☐ Falso

8. **Uno de los beneficios de la utilización de un ESD es**
   a. Bajo costo de construcción
   b. Capacidad de almacenamiento interno de gas
   c. Buenas características de mezcla
   d. Operación de nivel de agua variable

9. **El aire es excluido de un digestor con cubierta flotante por**
   a. Un sello de goma de tipo acordeón
   b. Un sello de agua en el fondo del faldón
   c. Un sello telescópico de metal
   d. Un sello de membrana en la parte superior de la pared

10. **Las cubiertas del digestor están protegidas contra la presión alta y los vacíos por**
    a. Un ventilador que hace circular continuamente el aire
    b. Una válvula de alivio
    c. Un sistema de control de presión basado en un controlador lógico programable
    d. Un conducto de cubierta con rejilla

11. **¿Cuál de los siguientes es el propósito más importante de una cubierta del digestor anaerobio?**
    a. Evitar que los detritos ingresen al tanque
    b. Evitar que la luz UV ingrese al tanque
    c. Evitar que el oxígeno ingrese al tanque
    d. Evitar que los químicos ingresen al tanque

12. **En los digestores con cubiertas flotantes, ¿para cuál de los siguientes fines se usan las ménsulas?**
    a. Mantener el líquido en el tanque
    b. Evitar que la cubierta dañe los equipos internos
    c. Crear una burbuja que contenga biogás
    d. Difundir los químicos para controlar el pH

13. Los estudios ___________ se realizan colocando una cantidad precisa de material inerte y detectable en el digestor para determinar el desempeño del sistema de mezcla.

a. Térmicos
b. De la corriente
c. De la mezcla
d. De seguimiento

14. Los sistemas de mezcla por bomba son ventajosos porque los equipos mecánicos se encuentran en el exterior del digestor y, por lo tanto, son de fácil acceso.

☐ Verdadero
☐ Falso

15. La meta del filtrado del lodo es

a. Aumentar la tasa de digestión
b. Disminuir la energía que se necesita para el bombeo
c. Disminuir la cantidad de detritos que se recolectan en el digestor
d. Aumentar la cantidad de VS en el lodo de alimentación

16. La meta de los procesos de pretratamiento del lodo, como la hidrólisis térmica antes de la digestión anaerobia, es

a. Aumentar la tasa de digestión
b. Disminuir la energía que se necesita para el bombeo
c. Disminuir la cantidad de detritos que se recolectan en el digestor
d. Aumentar la cantidad de sólidos inertes en el lodo de alimentación

17. Se debe agregar el lodo de alimentación

a. Inmediatamente antes del intercambiador de calor
b. Inmediatamente después del intercambiador de calor
c. De forma adyacente al punto de descarga
d. En la superficie del agua

18. Una de las observaciones que indica que la mezcla en el digestor es la adecuada es

a. Alta producción de gas
b. Formación de natas en la superficie del agua
c. pH con tendencia descendente
d. Acumulación de arena en el fondo

19. El objetivo de los tubos de aspiración en los mezcladores mecánicos es

a. Reducir el uso de energía del mezclador
b. Crear corrientes de velocidad cerca del fondo del tanque
c. Crear un vórtice de mezcla
d. Proporcionar un soporte sólido para el mezclador

20. Para permitir un proceso de digestión estable, el lodo de alimentación debe

a. Refrigerarse para preservar los sólidos orgánicos
b. Airearse para aumentar la concentración de oxígeno disuelto
c. Evaporarse para reducir el contenido de agua
d. Alimentarse lentamente para evitar sobrecargar a los metanógenos

Variables del proceso

Muchas de las variables del proceso para los digestores anaerobios son las mismas que para los digestores aerobios; sin embargo, los rangos objetivo pueden diferir. Las fórmulas matemáticas para algunas variables son las mismas e incluyen: tiempo de detención hidráulica (TDH), SRT, tasa de carga de VS y reducción porcentual de sólidos volátiles. Consulte el capítulo 3, Digestión aerobia, para obtener ejemplos de problemas matemáticos resueltos para estos parámetros.

TIEMPO DE DETENCIÓN HIDRÁULICA

El tiempo de detención hidráulica también se denomina *tiempo de retención hidráulica* (TRH) o simplemente *tiempo de detención* (TD). El TDH puede ser (a) el tiempo que se requiere para llenar un contenedor, (b) el tiempo que se requiere para vaciar un contenedor, o (c) la cantidad promedio de tiempo que el agua o los sólidos permanecen en un contenedor. La fórmula para el TD se ofrece en la ecuación 4.4. Tenga en cuenta que las unidades de volumen y caudal deben coincidir.

$$\text{Tiempo de detención} = \frac{\text{Volumen}}{\text{Caudal}} \qquad (4.4)$$

El *volumen de trabajo* del digestor es el volumen de lodo que actualmente contiene y no el volumen total del digestor.

El volumen de lodo activo o *volumen de trabajo* del digestor controla el TRH. Este es el volumen de lodo en el digestor que está en contacto con los microorganismos y que está siendo sometido a la digestión. Todo volumen del tanque que sea ocupado por materiales inertes o sólidos sin mezclar no se incluye en el volumen de trabajo. Por ejemplo, la arena que se acumula en el fondo del digestor no forma parte del volumen de trabajo. Las instalaciones con varios digestores primarios o varios digestores autónomos deben distribuirse el lodo de alimentación entre ellos de forma uniforme siempre que sea posible. Esta práctica maximizará el TDH de cada digestor.

TIEMPO DE RETENCIÓN DE SÓLIDOS

El tiempo de retención de sólidos es la cantidad de tiempo que los sólidos permanecen en el digestor. En general, los digestores anaerobios en los Estados Unidos están diseñados para un SRT de 15 a 20 días a 35 °C (95 °F); sin embargo, los SRT realmente operativos pueden ser mucho más prolongados (Tabla 4.1).

Por lo general, las instalaciones de recuperación de recursos hídricos se diseñan y construyen con un exceso de capacidad suficiente como para procesar caudales de entrada y cargas de DBO hasta 20 años en el futuro. Como resultado, la mayoría de las instalaciones funcionan solo a un porcentaje de su capacidad real. Esto sucede con los procesos de procesamiento de sólidos y con los procesos del flujo de líquidos. Afortunadamente, los SRT más prolongados mejoran el desempeño del digestor en términos de destrucción de VS. Para los digestores que funcionan sin decantación, el SRT y el TDH serán iguales.

El tiempo de retención de sólidos en el digestor se calcula del mismo modo que para los digestores aerobios y el proceso de lodo activado. El SRT es tan solo la masa (kg o lb) de sólidos dentro del digestor dividida por la masa (kg o lb) de sólidos que salen del digestor (ecuación 4.5). Los sólidos salen del digestor a través de la línea de extracción de lodo, pero también pueden salir con el producto de la decantación Los sólidos en el producto de la decantación deben contabilizarse al calcular el SRT (ecuación 4.6).

$$\text{SRT, días} = \frac{\text{Masa de sólidos en el digestor}}{\text{Masa de sólidos que salen del digestor}} \tag{4.5}$$

$$\text{SRT, días} = \frac{\text{Masa de sólidos en el digestor}}{(\text{Masa de sólidos eliminados} + \text{masa de sólidos en decantación})} \tag{4.6}$$

Para las WRRF con digestores primarios y secundarios, el cálculo del SRT generalmente se realiza utilizando solo la masa de sólidos en el digestor primario. Si se mezcla y se calienta el digestor secundario, entonces también debe incluirse en el cálculo la masa de sólidos en el digestor secundario. Por ejemplo, en un sistema de digestión de fase doble, en el cálculo del SRT deben incluirse todos los sólidos en todos los tanques.

El SRT debe ser lo suficientemente prolongado como para ofrecer a los metanógenos el tiempo suficiente para crecer y reproducirse. Como se mencionó anteriormente, los productores de metano crecen muy lentamente. Cada vez que se retiran sólidos del digestor, también se retiran algunos metanógenos. Si la cantidad de metanógenos que se retira cada día es mayor a la cantidad de metanógenos que crecen en el digestor, la cantidad de estos últimos disminuirá gradualmente. Con el tiempo, ya no quedará ningún metanógeno en el digestor para poder continuar con la digestión y la producción de metano. Este fenómeno se denomina *lavado*. El lavado puede ser gradual o producirse de un día para el otro, según la rapidez con la que se muevan los sólidos en el digestor.

TASA DE CARGA DE SÓLIDOS VOLÁTILES

La tasa de carga de sólidos volátiles es la masa de VS que se agrega al digestor cada día dividida por el volumen de trabajo del digestor. Es la cantidad de material orgánico o alimento que se agrega al digestor. Si se la aumenta o disminuye, se aumentará o disminuirá la cantidad de bacterias activas dentro del digestor. La tasa de carga de sólidos se expresa como kilogramos de VS por metro cúbico por día (kg VS/m^3•d) o libras de VS por pie cúbico por día (lb VS/ft^3•d). Las tasas de carga de sólidos se calculan conforme a la ecuación 4.7 o a la ecuación 4.8.

$$\text{Tasa de carga de sólidos, } \frac{\text{kg}}{\text{m}^3\cdot\text{d}} = \frac{\text{Sólidos volátiles agregados al digestor, kg/d}}{\text{Volumen del digestor, m}^3} \tag{4.7}$$

$$\text{Tasa de carga de sólidos, } \frac{\text{lb}}{\text{ft}^3\cdot\text{d}} = \frac{\text{Sólidos volátiles agregados al digestor, ppd}}{\text{Volumen del digestor, ft}^3} \tag{4.8}$$

La tasa de carga del digestor se ve afectada por la carga de trabajo del digestor. Si un tanque digestor está funcionando a la mitad del llenado normal, 3 m (10 ft) en lugar de 6 m (20 ft), y la tasa de alimentación de lodo permanece igual, la tasa de carga de VS se duplicará.

Una tasa de carga de sólidos aceptable para los digestores mesofílicos de tasa alta convencionales es de 1.9 a 2.5 kg VS/m^3•d (0.12 a 0.16 lb VS/ft^3•d) (Tabla 4.1). Se suele utilizar un valor a corto plazo de 3.2 kg VS/m^3•d (0.20 lb VS/ft^3•d). El límite superior de la tasa de carga de VS está determinado por la tasa a la que los subproductos tóxicos, en particular el amoníaco, se acumulan o la tasa a la que las bacterias de crecimiento lento se desplazan hacia fuera del digestor. Las tasas de carga más altas se lograrán con determinadas tecnologías de pretratamiento u otras configuraciones.

EJEMPLO DE CÁLCULO

Determine la tasa de carga de VS para un digestor anaerobio a partir de la siguiente información. El digestor tiene un volumen de trabajo de 1704 m^3 (60 160 ft^3). El digestor recibe 1.32 litros por segundo (L/s) (21 galones por minuto [gpm]) de lodo de alimentación. El lodo de alimentación contiene 4.3 % de TS que son 82 % volátiles.

Solución con unidades estándar del sistema internacional

Paso 1: convierta la concentración de lodo de alimentación de porcentaje a mg/L.

$$\frac{4.3\%}{} \left| \frac{10\,000\text{ mg/L}}{1\%} \right| = 43\,000\text{ mg/L}$$

Paso 2: convierta la tasa de lodo de alimentación de lps a m^3/d.

$$\frac{1.32\text{ L}}{\text{s}} \left| \frac{1\text{ m}^3}{1000\text{ L}} \right| \left| \frac{60\text{ s}}{1\text{ min}} \right| \left| \frac{1440\text{ min}}{1\text{ día}} \right| = 114\,\frac{\text{m}^3}{\text{d}}$$

Paso 3: determine la masa de VS utilizando la ecuación 3.11 del capítulo 3.

$$\text{Masa de sólidos volátiles, } \frac{\text{kg}}{\text{g}} = \left(\frac{(\text{Caudal, } \frac{\text{m}^3}{\text{d}})(\text{Concentración, mg/L})}{1000} \right) (\%\text{ Volátil})$$

$$\text{Masa de sólidos volátiles, } \frac{\text{kg}}{\text{g}} = \left(\frac{(114\,\frac{\text{m}^3}{\text{d}})(43\,000\text{ mg/L})}{1000} \right) (0.82)$$

$$\text{Masa de sólidos volátiles, } \frac{\text{kg}}{\text{g}} = 4020$$

Paso 4: calcule la tasa de carga de sólidos utilizando la ecuación 4.7.

$$\text{Tasa de carga de sólidos} = \frac{\text{Masa de sólidos volátiles que entra en el digestor}}{\text{Volumen del digestor}}$$

$$\text{Tasa de carga de sólidos, } \frac{\text{kg VS}}{\text{m}^3 \cdot \text{d}} = \frac{4020\,\frac{\text{kg VS}}{\text{d}}}{1704\text{ m}^3}$$

$$\text{Tasa de carga de sólidos, } \frac{\text{kg VS}}{\text{m}^3 \cdot \text{d}} = 2.36$$

La tasa de carga de sólidos se encuentra dentro de un rango aceptable para las tasas de carga de sólidos de 1.9 a 2.5 kg VS/m^3•d.

Solución con unidades habituales en los EE. UU.

Paso 1: convierta la concentración de lodo de alimentación de porcentaje a mg/L.

$$\frac{4.3\%}{} \left| \frac{10\,000\text{ mg/L}}{1\%} \right| = 43\,000\text{ mg/L}$$

Paso 2: convierta el caudal de lodo de alimentación de gpm a mgd.

$$\frac{21 \text{ gal}}{\text{min}} \left| \frac{1440 \text{ min}}{1 \text{ día}} \right| \left| \frac{1 \text{ mill. de gal}}{1\,000\,000 \text{ gal}} \right| = 0.03 \text{ mgd}$$

Paso 3: determine la masa de VS utilizando la ecuación 3.12 del capítulo 3.

$$\text{Masa de sólidos volátiles, } \frac{\text{lb}}{\text{d}} = (\text{mg/L})(\text{mgd})(8.34)(\%\text{ Volátil})$$

$$\text{Masa de sólidos volátiles, } \frac{\text{lb}}{\text{d}} = (43\,000 \text{ mg/L})(0.03 \text{ mgd})(8.34)(0.82)$$

$$\text{Masa de sólidos volátiles, } \frac{\text{lb}}{\text{d}} = 8822$$

Paso 4: calcule la tasa de carga de sólidos utilizando la ecuación 4.8.

$$\text{Tasa de carga de sólidos} = \frac{\text{Masa de sólidos volátiles que entra en el digestor}}{\text{Volumen del digestor}}$$

$$\text{Tasa de carga de sólidos, } \frac{\text{lb VS}}{\text{ft}^3\cdot\text{d}} = \frac{8822 \dfrac{\text{lb VS}}{\text{d}}}{60\,160 \text{ ft}^3}$$

$$\text{Tasa de carga de sólidos, } \frac{\text{lb VS}}{\text{ft}^3\cdot\text{d}} = 0.15$$

La tasa de carga de sólidos se encuentra dentro de un rango aceptable para las tasas de carga de sólidos de 12 a 0.16 lb VS/ft^3•d.

REDUCCIÓN DE SÓLIDOS VOLÁTILES

Dos de las metas de la digestión anaerobia son reducir la masa total de lodo y reducir el porcentaje de VS en el lodo remanente. Las regulaciones 503 consideran que el lodo está estabilizado cuando los VS se han reducido en al menos un 38 %. La VSR porcentual puede lograrse midiendo y realizando un seguimiento de la masa de VS que ingresa y sale del digestor o con la ecuación de Van Kleek (ecuación 4.9). En el capítulo 3, Digestión aerobia, se pueden encontrar ejemplos de cálculos de ambos métodos.

$$\text{Reducción de sólidos volátiles, } \% = \left(\frac{VS_{\text{entrantes}} - VS_{\text{salientes}}}{VS_{\text{entrantes}} - (VS_{\text{entrantes}} \times VS_{\text{salientes}})} \right) \times 100\% \qquad (4.9)$$

TEMPERATURA

Los diferentes grupos de bacterias formadoras de metano tienen diferentes temperaturas óptimas para su crecimiento. Si la temperatura está fuera del rango óptimo o si se permite que fluctúe, los formadores de metano no podrán generar poblaciones grandes y estables. Los digestores mesofílicos toleran las temperaturas operativas de entre 30 y 38 °C (85 y 100 °F), pero funcionan mejor a temperaturas de entre 35 y 37 °C (95 y 98 °F) (WEF, 2014). En un digestor que se mantiene a una determinada temperatura, por ejemplo de 30 °C (85 °F), crecerá un grupo diferente de metanógenos que en un digestor que se mantiene a otra temperatura, por ejemplo de 35 °C (95 °F). Cuando la temperatura del digestor cambia, toma algo de tiempo que el nuevo grupo de metanógenos crezca y ocupe el lugar del grupo previo. Es importante establecer una temperatura operativa objetivo y cumplirla.

¿Cuán sensibles son los formadores de metano? Un cambio en la temperatura del digestor de 0.6 °C (1 °F) o más por día puede afectar su tasa de crecimiento y cambiar el tipo de especie de metanógenos cuyo crecimiento se ve beneficiado. Debido a que los metanógenos crecen de forma tan lenta, no se pueden adaptar con rapidez a los cambios en su entorno. Las bacterias acidogénicas y acetogénicas crecen mucho más rápido y se ven menos afectadas por los cambios en la temperatura (Figura 4.24). Recuerde la analogía del embolsado de compras. El cajero puede, con rapidez y de forma eficiente, registrar los artículos del carrito y colocarlos en

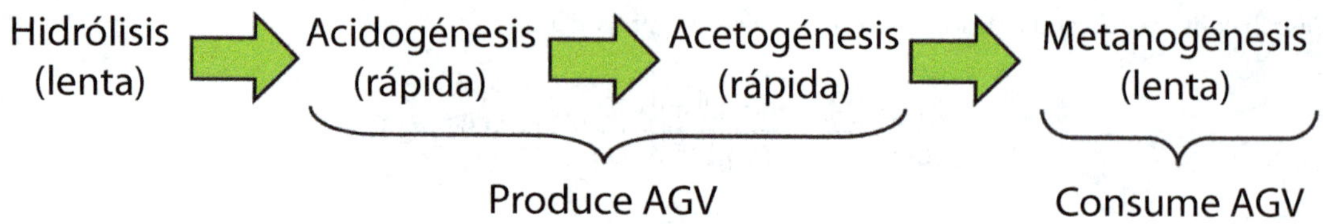

Figura 4.24 Compensación de tasas de crecimiento

la cinta transportadora. En la medida en que la persona que embolsa las compras pueda colocar los artículos en bolsas con la misma rapidez, en la cinta transportadora solo habrá unos pocos artículos esperando ser embolsados. Existe un equilibrio entre el cajero y la persona que embolsa las compras. Ahora imagínese que cada algunos minutos se designa una nueva persona para que embolse las compras. Le tomará algo de tiempo a la nueva persona comprender dónde tienen que ir las cosas. Se produce un desajuste al cambiar la persona que embolsa las compras. El cajero no se ve afectado. Continúa enviando artículos por la cinta transportadora a la misma velocidad, pero la pobre persona que embolsa las compras se ve completamente agobiada. Los artículos comienzan a acumularse en la cinta transportadora. En el digestor, esta acumulación de artículos (AGV) consume alcalinidad y puede reducir el pH, lo que rápidamente provoca un entorno tóxico para los metanógenos, lo que disminuye aún más su actividad. Si la temperatura cambia demasiado de un día para otro, puede que los metanógenos mueran o sean desplazados hacia fuera del digestor más rápido de lo que pueden reproducirse.

El estrés relacionado con la temperatura es provocado por un cambio en la temperatura del digestor de más de 1 o 2 °C (2 o 3 °F) en menos de 10 días. Aunque es menos drástico que un cambio de temperatura de un día para otro de 0.6 °C (1 °F), igualmente puede afectar la actividad de los metanógenos y provocar la acumulación de AGV.

El *pH* es una medida de la concentración del ion hidrógeno (H^+). Es una escala logarítmica. Hay 10 veces más de iones hidrógeno con un pH de 4 que con un pH de 5.

La *alcalinidad* significa capacidad de *buffer*. Refiere a cuán resistente es el agua a los cambios en el pH.

PH Y ALCALINIDAD

El *pH* y la *alcalinidad* son controlados, en parte, por la alta concentración de dióxido de carbono (CO_2) presente en el biogás. Una parte del gas dióxido de carbono permanece sin disolverse en el lodo de digestión, como se muestra en la Figura 4.25. La cantidad que se disuelve depende de la presión dentro del digestor, de la concentración de CO_2 en el biogás y de algunos otros factores. Una vez disuelto, reacciona con agua para formar ácido carbónico (H_2CO_3) e ion bicarbonato (HCO_3^-). El bicarbonato después reacciona con el amoníaco generado por acidogénesis y acetogénesis (Figura 4.3). Se forma bicarbonato de amonio (NH_4HCO_3). Como se analizó anteriormente, el bicarbonato de amonio es un *buffer* que aumenta la alcalinidad en el digestor. En general, los digestores anaerobios funcionan con concentraciones de alcalinidad de entre 3000 y 4000 mg/L como carbonato de calcio ($CaCO_3$) (óptimo), aunque también funcionan con concentraciones de entre 1500 y 5000 mg/L (McCarty, 1964; WEF et al., 2018). Por norma general, mientras

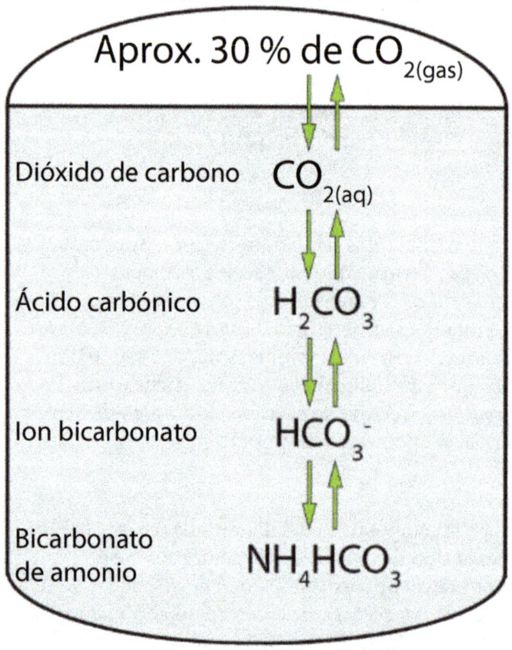

Figura 4.25 Relación entre la concentración y la alcalinidad del gas CO_2 del digestor

más alta sea la concentración de alcalinidad, más estable será el digestor. La alcalinidad sale del digestor con los sólidos digeridos y en el sobrenadante.

Las concentraciones de dióxido de carbono y alcalinidad afectan el pH del digestor. Eche un vistazo a la Figura 4.26. Observe que a medida que la alcalinidad disminuye, también lo hace el pH. Esto tiene sentido, ya que la alcalinidad tiene capacidad de *buffer* o resistencia al cambio en el pH. Los digestores anaerobios pueden funcionar con un pH de entre 6.4 y 7.4 unidades estándar (*standard units*, s.u.); sin embargo, el rango óptimo de pH es de entre 6.8 y 7.2 s.u. Si el pH disminuye por debajo de 6.0, los ácidos volátiles pueden volverse tóxicos para los metanógenos (WEF, 2017). Con valores de pH superiores a 8.0, el amoníaco acuoso *sin ionizar* (amoníaco libre) puede volverse tóxico para los metanógenos (WEF, 2017). Los cambios en el pH cambian la química de los AGV y del amoníaco, lo que hace que estos componentes sean más o menos tóxicos para los metanógenos. Los digestores pueden recuperarse de una disminución de pH que lo deje a un valor tan bajo como 5.0 s.u. siempre y cuando el digestor vuelva a tener un pH casi neutral en un lapso de 12 horas (Parkin & Owen, 1986). Si el nivel bajo de pH se mantiene durante más de 3 años, puede que el digestor no se recupere por completo.

El amoníaco puede existir como amoníaco (NH_3) y amonio ($NH4^+$). Cuando un compuesto químico tiene una carga positiva o negativa, está ionizado. Cuando no tiene una carga, está *sin ionizar*. El porcentaje de amoníaco sin ionizar aumenta con el aumento del pH.

Al recolectar muestras de los digestores anaerobios, se las debe analizar para determinar el pH y la temperatura en un lapso de 5 a 10 minutos después de la recolección (EPA de los EE. UU., 1976). Si se permite que se asienten, se liberará dióxido de carbono, lo que provocará un aumento en el pH. La liberación de dióxido de carbono y el cambio en el pH en las tuberías del digestor y los equipos auxiliares pueden provocar que la estruvita se precipite.

ÁCIDOS VOLÁTILES Y RELACIÓN ÁCIDOS VOLÁTILES-ALCALINIDAD

Dos indicadores clave de la salud del digestor son la concentración de AGV y la relación ácidos volátiles-alcalinidad (*volatile acid to alkalinity ratio*, AV/ALC) Siempre y cuando los acidógenos y acetógenos estén equilibrados con los metanógenos, la concentración de AGV permanecerá entre los 50 y 300 mg/L. Si los acidógenos y acetógenos superan a los metanógenos, la concentración de AGV comenzará a aumentar. Los AGV en sí mismos no son demasiado tóxicos para los metanógenos. El problema con las concentraciones de AGV en aumento es que a medida que se acumulan, los AGV consumen alcalinidad, lo que finalmente reduce el pH. El digestor se corroe. Los metanógenos no pueden tolerar el cambio en el pH y comenzarán a quedarse atrás, lo que provocará que la concentración de AGV aumente aún más rápido. Los digestores anaerobios pueden tolerar concentraciones de AGV superiores a 6000 mg/L siempre y cuando quede suficiente alcalinidad como para mantener el pH entre 6.6 y 7.4 s.u. (McCarty & McKinney, 1961). Las concentraciones de ácido volátil superiores a 500 mg/L deberían desencadenar medidas correctivas.

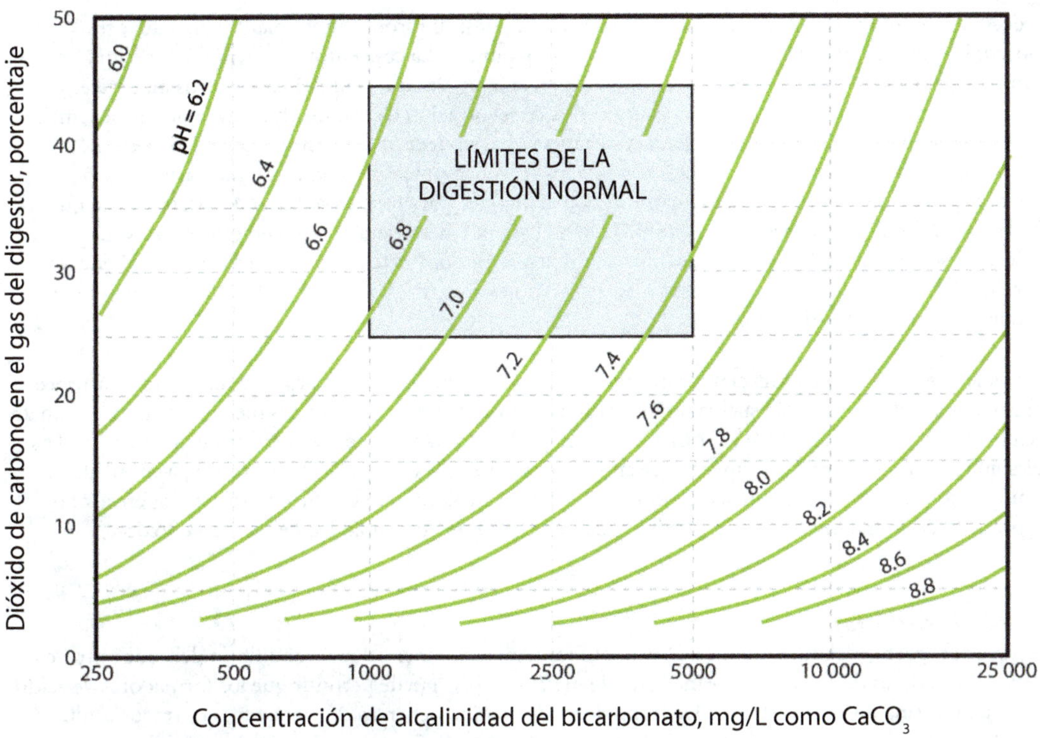

Figura 4.26 Relación entre la concentración del gas dióxido de carbono del digestor, el pH del digestor, y la alcalinidad del digestor de alrededor de 35 °C (95 °F) (adaptado de McCarty, 1964)

Un indicador de la salud del digestor que es aún mejor que la concentración absoluta de AGV es la relación AV/ALC. La relación AV/ALC se calcula utilizando la concentración de ácidos volátiles y dividiéndola por la concentración de alcalinidad, como se muestra en la ecuación 4.10.

$$\text{AV/ALC} = \frac{\text{Ácidos volátiles, mg/L}}{\text{Alcalinidad, mg/L como CaCO}_3} \tag{4.10}$$

La relación AV/ALC debe ser de aproximadamente 0.05 a 0.25 (Metcalf & Eddy/AECOM, 2014). Las relaciones por encima de 0.3 a 0.4 son indicativas de condiciones no deseadas y de la necesidad de tomar medidas correctivas. Si la relación está por encima de 0.8, se puede producir la depresión de pH del digestor y la inhibición de producción de metano. Cuando se encuentren con un digestor que se está corroyendo, los operadores pueden tomar dos tipos de medidas correctivas: (a) reducir la formación de AGV mediante la reducción de la tasa de alimentación del digestor y esperar que los metanógenos se pongan al día o (b) agregar alcalinidad suplementaria al digestor para mantener la AV/ALC por debajo de 0.25. Ambas estrategias se suelen usar de forma simultánea.

EJEMPLO DE CÁLCULO

La concentración de ácidos volátiles ha estado aumentando de forma constante durante los últimos 10 días y ha alcanzado los 652 mg/L. La alcalinidad del digestor ha disminuido levemente de 3200 a 2800 mg/L como $CaCO_3$. ¿Qué es la relación AV/ALC? ¿Se necesitan medidas correctivas?

$$\text{AV/ALC} = \frac{\text{Ácidos volátiles, mg/L}}{\text{Alcalinidad, mg/L como CaCO}_3}$$

$$\text{AV/ALC} = \frac{652 \text{ mg/L}}{2800 \text{ mg/L como CaCO}_3}$$

$$\text{AV/ALC} = 0.23$$

Todavía no se requiere ninguna medida correctiva; sin embargo, el operador puede desear aumentar la frecuencia del muestreo y análisis para asegurar que la relación no está aumentando.

CONTROL DE TOXICIDAD

El proceso anaerobio es sensible a muchas sustancias, incluidas: sulfuros, ácidos volátiles, metales pesados, calcio, sodio, potasio, amoníaco y algunos compuestos orgánicos. La concentración *inhibitoria* de una sustancia depende de muchas variables, incluidas el pH, la temperatura, la presencia de otros materiales y la relación de la concentración de sustancia tóxica con la concentración de sólidos en el digestor. Las sustancias, para ser tóxicas, deben ser solubles. A veces, la sustancia tóxica puede volverse no tóxica mediante unión química. Por ejemplo, los sulfuros solubles son tóxicos en concentraciones relativamente bajas. El sulfuro puede precipitarse con el agregado de cloruro férrico al digestor para formar sulfuros de hierro. Los sulfuros de hierro son sólidos, lo que hace que el sulfuro sea no tóxico. Las sustancias también pueden volverse no tóxicas si se las diluye. Es la dosis (concentración) la que las convierte en veneno. La dilución se puede lograr distribuyendo el lodo de alimentación entre múltiples digestores o devolviendo el lodo de un digestor secundario a un digestor primario.

Inhibitoria implica que la sustancia está ralentizando o deteniendo la actividad de los microorganismos en el proceso.

Las sustancias tóxicas tienden a afectar los metanógenos más que cualquier otro grupo de bacterias en el proceso. Los primeros signos de toxicidad suelen ser una disminución en la producción de gas metano combinada con un aumento en la concentración de AGV. Ambos indican que los formadores de metano están menos activos. Los niveles inhibitorios de diversos compuestos se enumeran en la Tabla 4.5 y en la Tabla 4.6. Tenga en cuenta que los compuestos presentes en el caudal de entrada de aguas residuales se vuelven más concentrados en el lodo. Un programa de pretratamiento eficaz puede ayudar a minimizar la probabilidad de un evento tóxico.

Control del proceso

El control del proceso del digestor anaerobio se enfoca en mantener el delicado equilibrio delicado entre las bacterias formadoras de ácido y las formadoras de metano. No se puede permitir que los formadores de ácido superen a los formadores de metano y los formadores de metano deben estar protegidos contra los cambios ambientales que podrían afectar su actividad y tasa de crecimiento. Los parámetros de control importantes incluyen: SRT, tasa de carga y esquema de alimentación, extracción de sólidos y sobrenadante, temperatura,

Tabla 4.5 Concentración total de metales requerida para inhibir gravemente la digestión anaerobia

Sustancia	Concentración en el contenido del digestor		
	Soluble, mg/L[a]	Total, mg/L[a]	% de sólidos secos[b]
Cobre	0.5	50–70	0.93
Cadmio	—	—	1.08
Zinc	1.0	—	0.97
Hierro	—	—	9.56
Cromo			
Hexavalente (+6)	3.0	200–260	2.20
Trivalente (+3)	—	180–420	2.60
Níquel	2.0	30	—

Nota. La información de la tabla es de [a]Parkin & Owen, 1986, la cual aparece en la tabla 23.5 de WEF et al., 2018; [b]McCarty, 1964, que aparece en la tabla 30.9 de WEF et al., 2018.

pH y alcalinidad. Cada uno se debe mantener dentro de un rango óptimo estrecho y, a la vez, se deben minimizar los cambios de un día para otro.

TIEMPO DE RETENCIÓN DE SÓLIDOS

Siempre se debe mantener un SRT mínimo de al menos 15 días. A medida que aumenta el SRT, también aumentará el porcentaje de VSR hasta que la materia orgánica biodegradable haya sido digerida. La VSR porcentual máxima alcanzable depende de las características del lodo de alimentación. El SRT se ve afectado por la masa total de sólidos en el digestor, la masa total de sólidos retirada del digestor cada día y la masa total de sólidos que salen en el producto de la decantación (si lo hubiera). El SRT se debe calcular a diario.

TASA DE CARGA

La tasa de carga de VS se debe calcular a diario para cada digestor. La masa de VS que se agrega al digestor cada día debe encontrarse dentro de los rangos recomendados que se ofrecen en la Tabla 4.1. Si la tasa de carga es demasiado alta o si aumenta demasiado rápido, los acidógenos y acetógenos superarán a los metanógenos. Además, la masa de VS que se agrega no debe cambiar más de 10 % de un día para otro. Al aumentar la tasa de carga de VS se ofrece más alimento a los acidógenos y acetógenos, lo que aumenta la producción de AGV. Los pequeños aumentos en la carga (menos del 10 % por día) permiten a los metanógenos aumentar su cantidad para que coincida con el aumento en la disponibilidad de AGV. Los aumentos más grandes en la carga crean un efecto dominó: → posible espumaje → consumo de alcalinidad → reducción de pH → inhibición de metanógenos → aumentos adicionales en los AGV → corrosión del digestor → posible muerte de los metanógenos. La sobrecarga es la causa más frecuente de las perturbaciones en el proceso.

Tabla 4.6 Beneficios y concentraciones inhibitorias de cationes seleccionados

Sustancia	Concentración, mg/L		
	Beneficiosa	Moderadamente inhibitoria	Marcadamente inhibitoria
Nitrógeno amoniacal sin ionizar (NH_3)	—	—	100
Nitrógeno amoniacal total ($NH_4^+ + NH_3$)	50–200	1500–3000	>3000
Calcio	100–200	2500–4500	8000
Magnesio	75–150	1000–1500	3000
Potasio	200–400	2500–4500	12 000
Sodio	100–200	3500–5500	8000
Sulfuro	50–100	200	>200

Nota. Adaptado de la tabla 30.10 en WEF et al., 2018. Datos sobre el amoníaco de la tabla 30.8 en WEF, 2017. Los datos de la concentración de amoníaco sin ionizar son de Parkin y Owen, 1986.

Consulte el manual de operación y mantenimiento de su instalación para determinar la tasa de carga de diseño para su digestor.

Cuando varios digestores primarios estén disponibles, la carga se debe distribuir de manera uniforme para evitar la sobrecarga o la carga insuficiente de cualquiera de los digestores. Tenga en cuenta que la concentración de sólidos y los VS porcentuales en el lodo primario y secundario pueden cambiar aun cuando el volumen (m^3 o gal) continúe siendo el mismo. El monitoreo solo del caudal de lodo de alimentación no es suficiente Se debe calcular la masa. En general, el lodo secundario tiende a ser bastante consistente de un día a otro en términos de masa generada y porcentaje de VS. El lodo primario depende mucho más de lo que sucede fuera del área de servicio. La puesta en funcionamiento de industrias estacionales, como las enlatadoras, puede aumentar de repente la masa y el porcentaje de VS en el lodo primario. Las lluvias pueden aumentar la cantidad de arena en el lodo primario.

ESQUEMA DE ALIMENTACIÓN DEL DIGESTOR

La uniformidad y la consistencia son claves para la operación del digestor. Los cambios repentinos en el volumen, la concentración, la temperatura, la composición o las tasas de extracción de los sólidos de alimentos obstaculizará el desempeño del digestor y se puede producir una perturbación en el proceso. El esquema de alimentación ideal es una mezcla de diferentes tipos de sólidos de alimentación (LAP y primario) en forma continua, las 24 horas del día. Donde sea imposible la alimentación continua, se puede utilizar, en su lugar, la alimentación frecuente e intermitente. Un esquema de alimentación intermitente típico es alimentar el digestor durante 5 a 15 minutos por cada hora. Las WRRF que funcionan durante un solo turno de 8 horas pueden utilizar un esquema de al menos tres alimentaciones: al comienzo, en el medio y al final del turno.

Las instalaciones con varios digestores deben distribuir el lodo de alimentación entre sus digestores primarios de la forma más uniforme posible. Esto ayudará a asegurar que todos los digestores tengan aproximadamente el mismo SRT. La distribución uniforme también ayuda a minimizar el potencial de que se produzca una perturbación en el proceso provocada por alimentación excesiva o toxicidad. Los cambios en la calidad o cantidad del lodo de alimentación pueden reducirse simplemente distribuyendo el cambio en un volumen más grande de lodo de digestión.

EXTRACCIÓN DE LODO

Los sólidos deben extraerse del digestor primario inmediatamente antes de alimentar lodo crudo para evitar cortocircuitos. En los digestores con carga superficial, los tiempos y la tasa de extracción y alimentación de sólidos se coordinan para que tengan lugar al mismo tiempo. Los sólidos se deben extraer al menos una vez al día para evitar una disminución repentina de la población activa de microorganismos, así como también una alteración en la relación AV/ALC del digestor, lo que podría afectar su capacidad de *buffer*. El digestor primario puede regularse para que solo envíe el desborde hacia el digestor secundario o hacia el tanque de almacenamiento de lodo digerido a medida que se agrega lodo crudo.

Los digestores con cubierta fija generalmente funcionan a su capacidad de volumen total. El volumen del lodo no fluctúa demasiado de un día para otro. El volumen de sólidos y sobrenadante retirados cada día se corresponde con el volumen de lodo agregado. En el caso de los digestores con cubierta fija, es necesario asegurarse de que la entrada y la salida del digestor sean tan iguales como sea posible para evitar la presurización accidental del digestor (llenado excesivo) y la formación de vacío dentro del digestor (extracción excesiva). La acumulación de presión en el digestor puede forzar el escape de gas del digestor a través de grietas y adaptadores, puede causar daños a los equipos, provocar que la instalación viole su permiso de aire limpio o crear condiciones que podrían dar lugar a una explosión. Si se escapa suficiente gas del digestor y la mezcla de aire y metano alrededor del digestor disminuye y se ubica entre el límite explosivo más bajo (*lower explosive limit*, LEL) y el límite explosivo más alto (*upper explosive limit*, UEL), puede producirse una explosión. Una chispa perdida es todo lo que necesita para encender la mezcla de aire y metano. La extracción excesiva de lodo de un digestor con cubierta fija puede crear un vacío en el interior del digestor. El vacío puede dañar la cubierta del digestor ya que la jala hacia adentro. El vacío también puede arrastrar aire hacia el interior del digestor. Si ingresa al digestor una cantidad de aire suficiente como para crear una mezcla de aire y metano entre el LEL y el UEL, se puede producir una explosión. Para obtener más información sobre los aspectos de seguridad del biogás, consulte la sección de seguridad que se encuentra más adelante en este capítulo.

Los digestores con cubierta flotante son más tolerantes. Según el diseño de la cubierta y los equipos de mezcla y calentamiento utilizados, el nivel de lodo puede fluctuar, como máximo, 2.4 m (8 ft) entre el nivel operativo inferior y superior. De todas formas, los operadores deben tener cuidado de no retirar demasiados sólidos. La cubierta debe flotar para mantener el sello de agua y evitar que el aire ingrese al digestor. Si se permite que la cubierta descanse sobre las ménsulas, el aire podrá ingresar al digestor, lo que potencialmente puede provocar una explosión. Con los digestores con cubierta fija y con cubierta flotante, los niveles de lodo deben verificarse visualmente todos los días para evitar un desborde accidental.

CONCENTRACIÓN DE LODO DE ALIMENTACIÓN

La concentración de TS en el lodo de alimentación debe ser lo más densa posible pero, a la vez, debe mantenerse mezclable dentro del digestor. Las concentraciones típicas del lodo de alimentación varían del 3 % al 8 % de TS (EPA de los EE. UU., 1976). El espesamiento previo del lodo de alimentación es necesario para lograr lo siguiente:

1. Evitar la pérdida de alcalinidad del digestor. El agua en el lodo primario y secundario generalmente contiene <300 mg/L de alcalinidad como $CaCO_3$. Cuando el lodo de alimentación se agrega al digestor, parte del lodo y del sobrenadante que ya se encuentran en el digestor se verán desplazados. Si se agrega demasiada agua al digestor, se disminuirán las concentraciones de alcalinidad del digestor. Los digestores con concentraciones de alcalinidad más altas tienden a ser más estables porque pueden evitar las reducciones de pH provocadas por aumentos en los ácidos volátiles.
2. Se debe reducir la cantidad de calor requerida para mantener la temperatura operativa óptima. Se necesita una gran cantidad de energía para elevar la temperatura del lodo de alimentación. Si se agrega menos agua, se necesitará menos calentamiento.
3. Proporcione el TDH máximo. Este es la cantidad de tiempo que el líquido se mantiene dentro del digestor.
4. Proporcione el SRT máximo. La mayoría de los digestores primarios no están decantados. Cuando se envía un exceso de agua al digestor, ocupa un espacio que podría haberse llenado con más sólidos.
5. Se debe evitar el lavado accidental de sólidos y microorganismos.

ESPUMAJE

El espumaje es uno de los problemas operativos más frecuentes en los digestores anaerobios (WERF, 2014). El espumaje dentro de un digestor anaerobio puede provocar problemas importantes que incluyen olores fuera de la instalación, derrames de espuma/lodo por los desbordes, pérdida de la flotabilidad de la cubierta del digestor en los digestores con cubierta flotante, ensuciamiento de la línea de gas y presurización excesiva del digestor a causa de obstrucciones en las válvulas de alivio de presión (Chapman et al., 2014). El espumaje puede estar provocado por diversos factores que incluyen concentraciones altas de organismos filamentosos en el lodo de alimentación, presencia de agentes tensioactivos y operaciones inestables del digestor (WEF et al., 2018). El espumaje asociado con los filamentos y aditivos químicos se puede solucionar con el control de la fuente. El espumaje asociado con la estabilidad del digestor es provocado por las bacterias en el proceso que responde a la tensión ambiental.

La causa más frecuente del espumaje es la presencia de bacterias filamentosas, principalmente *Nocardioformes* y *Microthrix parvicella* (WERF, 2014). Estas bacterias ingresan a la WRRF en el caudal de entrada de aguas residuales. Pueden crecer y multiplicarse en los procesos de lodo activado bajo determinadas condiciones. Si se acumulan suficientes bacterias, estas pueden causar espumaje y una sedimentación y compactación del lodo inadecuadas. Mientras mayor sea la cantidad de filamentos, mayor será la probabilidad de que se produzca espumaje. Las bacterias filamentosas acaban en el digestor cuando se transfiere el LAP. Si se acumulan suficientes bacterias filamentosas en el digestor, allí también pueden provocar problemas de espumaje.

Nocardioformes es un grupo de diferentes bacterias. *Nocardia* es un tipo de nocardioformes que puede provocar espumaje en los procesos y digestores de lodo activado.

Las *Nocardia* son filamentos cortos con ramificaciones en genuinos ángulos recto. En general, los filamentos son de 5 a 30 mm de largo (Jenkins et al., 2004). Se los identifica fácilmente en los sistemas de lodo activado a través del examen microscópico. Las *Nocardia* son marcadamente *grampositivas*. Las *Nocardia* son aerobios estrictos que no pueden crecer ni reproducirse dentro de los digestores anaerobios (Hernandez & Jenkins, 1994).

La tinción de Gram es un colorante utilizado para identificar las bacterias. Una bacteria que absorbe el colorante y se vuelve de color púrpura es *grampositiva*. Las bacterias gramnegativas tomarán un color rosado después de la tinción.

M. parvicella es un filamento largo y delgado que forma espirales irregulares. Cuando se lo observa con un microscopio, se parece a un espagueti. En general, los filamentos *M. parvicella* son de 50 a 200 mm de largo (Jenkins et al., 2004). Son grampositivos y *neissernegativos*. *M. parvicella* también es un aerobio estricto que necesita concentraciones bajas de oxígeno disuelto para poder crecer. No puede crecer o reproducirse dentro de un digestor anaerobio (Rossetti et al., 2005).

La tinción de Neisser es otro colorante utilizado para identificar bacterias. Las bacterias Neisser-positivas tomar un color de azul a negro. Las bacterias *Neisser-negativas* son de un color marrón claro o pajizo.

En el interior de un digestor anaerobio, ambos tipos de filamentos pierden sus propiedades de tinción grampositiva. Los filamentos *Nocardia* se descomponen y los filamentos *M. parvicella* se descomponen en filamentos más cortos y delgados. Estos cambios puede dificultar su identificación con el microscopio (Jenkins et al., 2004). Muchos filamentos individuales sobreviven a la digestión anaerobia (Hernandez & Jenkins, 1994; Rossetti et al., 2005). En esencia, se vuelven inactivos. A continuación se pueden volver a inocular los filamentos en un proceso de lodo activado cuando el sobrenadante, filtrado, centrado y otras corrientes de deshidratación vuelven al lado del líquido de la WRRF.

¿Por qué la presencia de estas bacterias filamentosas puede contribuir con la formación de espuma? Comienza con la *tensión superficial.* Tome un vaso de agua y revuélvalo o agítelo lo más rápido que pueda. Se pueden formar pequeñas burbujas, pero se romperán casi de inmediato. Las burbujas son capas delgadas de agua que rodean pequeños volúmenes de aire. Las moléculas de agua se deslizan fuera de la superficie de la parte superior de la burbuja y vuelven al líquido subyacente. La tensión superficial las arrastra nuevamente hacia el líquido. Esto se denomina drenaje. Las moléculas de agua también pueden abandonar la superficie de una burbuja a través de la evaporación. Finalmente, la presión de aire dentro de la burbuja será mayor a la fuerza que mantiene unidas a las moléculas de agua restantes y la burbuja se romperá. En el agua pura, esto se produce muy rápido.

En el capítulo 1, aprendimos que las moléculas de agua están polarizadas; tienen una carga ligeramente negativa en un extremo y ligeramente positiva en el otro. Las moléculas individuales se atraen mutuamente. La atracción acerca y une a las moléculas individuales. Las moléculas de agua en la superficie son apenas arrastradas hacia el resto del líquido porque la atracción sobre esas moléculas exteriores se da solo en una dirección. La *tensión superficial* es el motivo por el cual el agua se acumula en muchas superficies en lugar de desparramarse.

Para estabilizar las burbujas, es posible agregar *agentes tensioactivos.* Los agentes tensioactivos fortalecen las burbujas al reducir la cantidad de atracción entre las moléculas de agua. El detergente contiene agentes tensioactivos. Tome un vaso de agua y agréguele una pequeña cantidad de detergente. A continuación, revuélvalo o agítelo lo más rápido que pueda. Se formarán burbujas estables. Sin embargo, si el vaso de agua y la espuma se dejan reposar durante la noche, las burbujas se disiparán. Las aguas residuales contienen diferentes tipos de agentes tensioactivos. A veces, la agitación de las aguas residuales es todo lo que necesita para formar espuma.

Otra forma de estabilizar las burbujas es agregando partículas *hidrofóbicas.* Las partículas se acumulan sobre y cerca de la superficie del agua. Al acoplarse a las burbujas, las partículas hidrofóbicas pueden ralentizar o evitar el drenaje. Las paredes de las burbujas no se vuelven más delgadas y, por lo tanto, no se rompen. Los filamentos *Nocardia* y *M. parvicella* son hidrofóbicos. Su presencia ayuda a estabilizar las burbujas de dióxido de carbono y metano que se forman durante la digestión. En un digestor de espumaje, *Nocardia* y *M. parvicella* se concentrarán en la espuma. Las burbujas de gas que se elevan a través del lodo los empujan hacia arriba.

Hidrofóbico literalmente se traduce como con miedo al agua.

El espumaje también puede ser provocado por la sobrecarga orgánica del digestor. A mayor cantidad de materia orgánica que ingrese al digestor, mayor será la cantidad de gas generado, ya que dicha materia orgánica se descompone. Toda esa producción de gas aumenta la probabilidad de que se produzca el espumaje, en especial si ya se encuentran presentes agentes tensioactivos o bacterias filamentosas. La sobrecarga orgánica puede ser provocada por (a) un aumento en la masa total de lodo de alimentación, (b) un aumento en el porcentaje de VS en el lodo de alimentación o (c) un cambio en la composición del lodo de alimentación (WERF, 2014). Tenga en cuenta que en casa caso, lo importante es la masa de SVS y no el volumen en m^3/d o gpd que se alimenta.

En general, los digestores anaerobios mesofílicos de tasa alta están diseñados para recibir una carga diaria promedio de lodo de alimentación de 1.9 a 2.5 kg de sólidos volátiles en suspensión (SVS)/m^3 (0.12 a 0.16 lb SVS/ft^3) y pueden experimentar eventos de carga pico de, como máximo, 3.2 kg SVS/m^3 (0.2 lb SVS/ft^3) (Tabla 4.2). Los estudios sugieren que al aumentar la carga a un digestor más de un 10 % de un día para otro se puede desencadenar el espumaje. También es más probable que se produzca el espumaje cuando la tasa de carga es mayor a 2.40 kg SVS/m^3 (0.15 lb SVS/ft^3). También es más probable que se produzca el espumaje si la relación de LAP-lodo de alimentación total excede el 40 % (WERF, 2014). Si un digestor con una mezcla inadecuada experimenta un aumento en su tasa de producción de gas, la espuma puede elevarse. La espuma puede ingresar al sistema de recolección de gas o desbordarse y salir del digestor (WERF, 2014).

EXPANSIÓN DE VOLUMEN DE AUMENTO RÁPIDO

La expansión de volumen de aumento rápido es provocada por las burbujas de gas que quedan atrapadas en el lodo de digestión (Chapman et al., 2014). En condiciones operativas normales, las burbujas de gas se forman continuamente en el lodo. Las burbujas de gas se desplazan hacia arriba a través del lodo hasta llegar a la parte superior del digestor del mismo modo en que las burbujas de dióxido de carbono se desplazan hacia arriba a través de un vaso lleno de soda o cerveza. En la superficie del lodo, las burbujas se rompen y el gas se libera en el interior del espacio de cabeza del digestor (Figura 4.27 A). A veces, las burbujas de gas no se desplazan a través del lodo con la rapidez suficiente y comienzan a acumularse en el lodo. Las burbujas más pequeñas tienen más posibilidades de quedar atrapadas que las más grandes. La acumulación de gas hace que el lodo se expanda y ocupe más lugar en el digestor, lo que aumenta el nivel del lodo (Figura 4.27 B). Esto puede producirse durante el transcurso de varias horas; el volumen del digestor aumenta de un 10 % a un 15 % (WEF et al., 2018). A diferencia de lo que sucede con el espumaje, mientras que las burbujas de gas se acumulan en la superficie del lodo, el aumento rápido produce lodo espumoso en todo el digestor.

La densidad es la masa por volumen. El agua tiene una densidad de 997 kg/m^3 (8.34 lb/gal). La *gravedad específica* es la relación de la densidad de una sustancia con la densidad del agua. Por definición, el agua tiene una gravedad específica de 1.0. Las sustancias que son más pesadas que el agua tendrán gravedades específicas mayores a 1.0.

El aumento rápido puede provocar el desborde de los digestores y puede forzar el ingreso de espuma y lodo en los equipos de procesamiento de gas El gas atrapado puede disminuir la *gravedad específica* del contenido del digestor. Esto puede provocar problemas con los equipos de detección de nivel, la operación de la cubierta del digestor

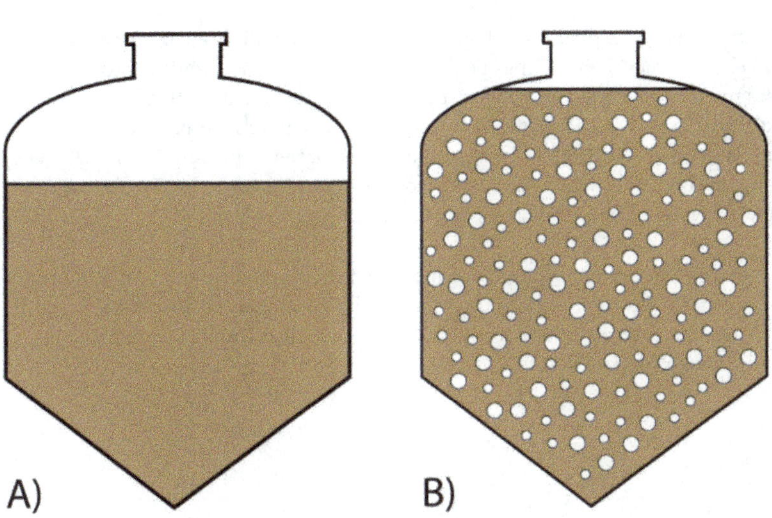

Figura 4.27 Expansión de volumen de aumento rápido (reimpreso con autorización de Brown and Caldwell)

y los sistemas de desborde. Uno de los métodos de detección de un cambio en la densidad del contenido del tanque es la utilización de un transmisor de nivel láser y un transmisor de nivel de presión en el mismo digestor. El rango y la calibración de los sensores de nivel están determinados por la puesta en funcionamiento de la WRRF en función de la elevación de la superficie del agua y la gravedad específica del lodo de digestión. Si el lodo gradualmente comienza a atrapar más gas, la densidad del lodo disminuirá y las lecturas en los dos transmisores de nivel se alejarán. Si se produce un caso de aumento rápido, habrá una diferencia significativa y repentina entre las dos lecturas. Es posible programar una condición de alarma en el sistema de controles: cuando se produzca un cambio repentino en la diferencia entre estas dos lecturas se disparará una alarma para informar a los operadores sobre la necesidad de un control para detectar un caso de aumento rápido.

Las causas comunes del aumento rápido están relacionadas con la operación del digestor: tasas de alimentación, mezcla del digestor, interrupciones del servicio eléctrico y agregado de desechos de alta concentración (Sharpe, 2014). Al aumentar la tasa de alimentación y agregar desechos de alta concentración al digestor, se aumentará la producción de gas. Una mayor cantidad de gas aumenta la probabilidad de que se acumule en el lodo, lo que puede derivar en un caso de aumento rápido. La mezcla ayuda a las burbujas de gas a desplazarse hasta la superficie. Si la mezcla es insuficiente, las burbujas de gas no se agolparán lo suficiente como para alcanzar la superficie. Si la mezcla es excesiva, las burbujas de gas más grandes se dividirán en burbujas de gas más pequeñas que no podrán desplazarse hasta la superficie con la rapidez necesaria. Las interrupciones del servicio eléctrico provocan casos de aumento rápido al detener la mezcla por completo. Para evitar casos de aumento rápido, los operadores deben mantener una tasa de alimentación de VS al digestor lo más constante posible y asegurarse de que los mezcladores funcionan dentro de sus parámetros de diseño.

FORMACIÓN DE ESTRUVITA

La estruvita está compuesta por magnesio, amonio y fosfato ($MgNH_4PO_4$). A medida que se descomponen las sustancias orgánicas, se libera amonio y fosfato (Figura 4.3). El magnesio ingresa al digestor con el caudal de entrada de aguas residuales. En general, es el componente menos disponible de los tres. El hecho de que los tres iones estén presentes no implica que se formarán automáticamente cristales de estruvita. En primer lugar, debe excederse aquello que se denomina *producto de solubilidad*. Imagínese que tiene una cubeta plástica llena de pelotas de color negro, amarillo y verde que representan el magnesio, el amonio y los iones fosfato. La cubeta representa la cantidad de iones que pueden permanecer disueltos (sin cristalizar) en el digestor. A medida que se agreguen pelotas, la cubeta comenzará a desbordarse. No importa el color de las pelotas que se agregan. Sin embargo, las pelotas que salgan lo harán en grupos de tres: una de cada color. La estruvita siempre tiene una parte de magnesio, otra de amonio y otra de fosfato. Cuando la cantidad de iones en el digestor excede la capacidad que este tiene para disolverlos, se forman cristales de estruvita.

La parte complicada de la formación de estruvita es que la cantidad de iones que pueden permanecer disueltos (tamaño de la cubeta) depende del pH y la temperatura del lodo. Si la cubeta está apenas llena de pelotas de colores diferentes y de pronto se encoge (menor capacidad) debido a un cambio en el pH o la temperatura o en ambos, un grupo de pelotas será expulsado hacia afuera y se formará estruvita. ¿Dónde vemos los cambios en el pH y la temperatura? Cuando el lodo sale del digestor, ingresa al intercambiador de calor, pasa a través de curvas y adaptadores y cuando se lo expone al aire.

La estruvita tiene una solubilidad mínima de un pH de alrededor de 10. Eso no significa que la estruvita solo se forma con un pH de 10. Ese es el pH con la "cubeta" más pequeña. La cubeta es más grande con un pH de 7 y con un pH de 12. Los cristales pueden formarse con cualquier pH si se cuenta con la cantidad necesaria de iones dando vueltas. Esa es la clave. La cubeta debe estar llena antes de que se pueda formar estruvita. Puede contener un 90 % de amoníaco y solo un 10 % de los otros dos iones, pero tan pronto como se agregue cualquiera de los iones y se sobrepase el nivel de llenado del contenido, se obtendrán cristales. La formación de cristales se detiene en el momento en que la cubeta deja de desbordarse.

Es importante tener en cuenta que debido a que el magnesio es generalmente el ingrediente que falta, nunca se deben utilizar el hidróxido de magnesio y otros compuestos de magnesio para el control de pH en un digestor anaerobio. En algunas instalaciones se observa la formación estacional de estruvita relacionada con la aplicación de sal, cloruro de magnesio, para deshielo en carreteras.

COMPROBACIÓN DE CONOCIMIENTOS

1. **La digestión anaerobia genera alcalinidad.**
   - ☐ Verdadero
   - ☐ Falso
2. **A medida que aumenta la alcalinidad, disminuye el pH del digestor.**
   - ☐ Verdadero
   - ☐ Falso
3. **Los ácidos grasos volátiles son tóxicos para los metanógenos en concentraciones bajas.**
   - ☐ Verdadero
   - ☐ Falso
4. **Al aumentar la tasa de carga de VS a un digestor anaerobio más de un 10 % por día se puede desencadenar un caso de espumaje.**
   - ☐ Verdadero
   - ☐ Falso
5. **¿Cuál de los siguientes se incluye en el volumen de trabajo de un digestor anaerobio?**
   a. Sólidos inertes sedimentados
   b. Natas y detritos
   c. Sólidos de digestión
   d. Volumen total del digestor
6. **En general, los tiempos de retención de sólidos para los digestores anaerobios mesofílicos son de alrededor de**
   a. 10 días
   b. 20 días
   c. 30 días
   d. 40 días
7. **Los sólidos salen del digestor a través de**
   a. La extracción y decantación de lodo
   b. El desechado y la extracción de lodo
   c. Las tuberías de desborde y decantación
   d. Solo la extracción de lodo
8. **El lavado de metanógenos se produce cuando**
   a. El SRT es demasiado prolongado
   b. El TDH es demasiado corto
   c. El SRT es demasiado corto
   d. El TDH es demasiado prolongado
9. **Un digestor anaerobio primario contiene 100 025 kg (220 370 lb) de lodo de digestión. Cada día, se eliminan 3925 kg (8650 lb). El digestor no está decantado. ¿Cuál es el SRT?**
   a. 11.6 días
   b. 15.3 días
   c. 25.5 días
   d. 56.1 días
10. **El lodo de alimentación contiene 2.3 % de TS. ¿Cuánto es en mg/L?**
    a. 230
    b. 2300
    c. 23 000
    d. 230 000
11. **Un digestor anaerobio primario tiene un volumen máximo de 5557 m^3 (196 250 ft^3). Se alimenta continuamente a 3.15 L/s (50 gpm). El lodo de alimentación tiene una concentración de TS de 4.3 % contiene 82 % de VS. Determine la tasa de carga de VS.**
    a. 1.33 $kg/m^3 \cdot d$ (0.08 $lb/ft^3 \cdot d$)
    b. 1.68 $kg/m^3 \cdot d$ (0.10 $lb/ft^3 \cdot d$)
    c. 2.05 $kg/m^3 \cdot d$ (0.13 $lb/ft^3 \cdot d$)
    d. 2.86 $kg/m^3 \cdot d$ (0.18 $lb/ft^3 \cdot d$)
12. **La temperatura de un digestor anaerobio mesofílico no debe cambiar más de _____ por día.**
    a. 0.3 °C (0.5 °F)
    b. 0.6 °C (1.0 °F)
    c. 1.0 °C (1.8 °F)
    d. 2.0 °C (3.6 °F)
13. **Esta forma de nitrógeno puede volverse tóxica para los metanógenos, en especial con valores de pH superiores a 8.0 s.u.**
    a. Bicarbonato de amonio
    b. Amoníaco ionizado (NH_4^+)
    c. Hidróxido de amonio
    d. Amoníaco sin ionizar (NH_3)

14. **Una muestra de lodo se recolecta de un digestor primario. Si no se la analiza en un lapso de 10 minutos**
    a. Puede reducirse el pH
    b. Pueden aumentar los materiales inertes
    c. Puede aumentar el pH
    d. Pueden disminuir los materiales inertes

15. **La concentración de ácidos volátiles en un digestor anaerobio es de 275 mg/L. La concentración de alcalinidad es de 1750 mg/L como $CaCO_3$. ¿Qué es la relación AV/ALC?**
    a. 0.16
    b. 0.32
    c. 0.75
    d. 2.75

16. **Un indicador del ingreso de un compuesto tóxico a un digestor anaerobio es**
    a. El aumento en la producción de gas metano
    b. La disminución en la temperatura operativa del digestor
    c. El aumento en la concentración de ácidos volátiles
    d. Una disminución en la SLR

17. **La tasa de carga de VS a un digestor anaerobio debe**
    a. Dejarse fluctuar en un 20 %
    b. Mantenerse lo más constante posible
    c. Tener regulación de caudal al caudal de entrada
    d. Ajustarse en base a la relación AV/ALC

18. **La tasa de carga de VS a un digestor anaerobio aumenta un 30 % en un solo día. ¿Qué es más probable que ocurra?**
    a. Un aumento en la producción de gas metano
    b. Un aumento de pH a más de 8.0 s.u.
    c. La muerte de las bacterias acetogénicas
    d. La acumulación de ácidos volátiles

19. **¿Cuál de los siguientes esquemas de alimentación del digestor es menos probable que produzca una perturbación en el proceso?**
    a. Alimentación continua
    b. Alimentación durante 15 minutos por cada hora
    c. Alimentación 3 veces al día
    d. Alimentación una vez al día

20. **La extracción de lodo y sobrenadante de un digestor con cubierta fija con mayor rapidez de la que se agrega lodo de alimentación puede provocar**
    a. La acumulación de presión en el digestor
    b. Una mezcla explosiva de aire y biogás
    c. La violación del permiso de aire limpio
    d. Un SRT demasiado prolongado

21. **En general, el lodo se espesa previamente antes de agregarlo a un digestor anaerobio para**
    a. Reducir el TD
    b. Aumentar los requisitos de calentamiento
    c. Maximizar el procesamiento de sólidos
    d. Evitar la pérdida de alcalinidad

22. **La causa más común del espumaje en el digestor es**
    a. La sobrecarga orgánica
    b. Los agentes tensioactivos
    c. Las bacterias filamentosas
    d. La acumulación de AGV

23. **Un caso de aumento rápido en un digestor anaerobio**
    a. Es provocado por la mezcla excesiva o insuficiente
    b. Crea una capa de espuma superficial
    c. Es provocado por la alimentación insuficiente crónica
    d. Separa el biogás de los sólidos

Operación

DE RUTINA

A diario, los operadores deben monitorear diversos indicadores de desempeño clave para cada digestor primario anaerobio activo y trabajar para establecer y mantener un entorno estable en cada tanque para que los metanógenos puedan prosperar.

Los cinco indicadores clave del desempeño son

- La relación AV/ALC
- El pH
- La tasa de carga de sólidos
- La temperatura del digestor
- La producción de biogás en el digestor

Si todos estos parámetros están dentro de los límites normales y, sobre todo, las tendencias de cada uno de estos parámetros muestran un desempeño estable en los últimos días, entonces el digestor se está desempeñando correctamente y no es necesario realizar ningún cambio operativo. Al observar los gráficos de tendencia, los puntos de datos deben desplazarse levemente hacia arriba y hacia abajo de forma aleatoria. Tres puntos de datos consecutivos que muestren una tendencia en la misma dirección deben desencadenar una investigación para determinar la causa.

Cada parámetro se analiza en detalle en la sección de control del proceso. Si un parámetro comienza a presentar una tendencia en la dirección incorrecta, se deben realizar ajustes tempranos y graduales. Las secciones de resolución de problemas proporcionan un resumen de los ajustes correspondientes que deben realizarse para estabilizar el proceso.

EXTRACCIÓN DE SÓLIDOS

El lodo se elimina de los digestores haciéndolo desbordar por encima de una pared o un vertedero, haciéndolo fluir por gravedad a través de las tuberías de descarga o bombeándolo hacia afuera del digestor. Los sólidos deben extraerse del digestor primario inmediatamente antes de la alimentación de lodo crudo para eliminar cualquier riesgo de cortocircuitos. En los digestores con carga superficial, el nuevo lodo de alimentación que ingresa al tanque desplaza al lodo digerido para que la descarga intermitente tenga lugar con la misma tasa y el mismo volumen con los que se alimenta el nuevo lodo. Los sólidos se deben extraer al menos una vez al día para evitar una disminución repentina de la población activa de microorganismos, así como también una alteración en la relación AV/ALC del digestor, lo que podría afectar su capacidad de *buffer*. El digestor primario puede regularse para que solo envíe el desborde hacia el digestor secundario o hacia el tanque de almacenamiento de lodo digerido a medida que se agrega lodo crudo. Los sólidos se pueden extraer de las siguientes ubicaciones:

- El fondo del digestor
- La estructura de desborde
- Cualquier punto dentro de un digestor con buena mezcla

Uno de los beneficios de la eliminación de sólidos del fondo del digestor es que también se puede eliminar parte de la arena que se acumula en el fondo del digestor. De ser posible, la eliminación de sólidos del fondo debe realizarse periódicamente para minimizar la acumulación de arena.

Es importante reconocer que, debido a que la digestión destruye los VS, la concentración de biosólidos eliminada del digestor debe ser inferior a la concentración de alimentación, a menos que el digestor esté decantado.

ALIMENTACIÓN DEL DIGESTOR

Es importante que los digestores se alimenten de la forma más constante posible. Esto ayuda a asegurar que los metanógenos mantengan el ritmo de los acidógenos y que los ácidos volátiles no se acumulen en el proceso. Lo ideal es agregar una cantidad constante de VS al digestor en todo momento. Sin embargo, las limitaciones tales como las tasas mínimas de bombeo y los turnos con ausencia de personal requieren que algunos digestores se alimenten de forma intermitente. Es importante que los operadores continúen trabajando para encontrar nuevas maneras de equilibrar la alimentación tanto como sea posible.

Recuerde, lo más importante no es el volumen del lodo de alimentación. Los microorganismos responden a la cantidad (masa) de VS presentes en el lodo de alimentación. No es suficiente alimentar el mismo volumen de lodo todos los días. Según la concentración de VS, el volumen de lodo de alimentación que se alimenta al digestor cada día debe ajustarse según sea necesario para que la tasa de carga de VS se mantenga constante.

DECANTACIÓN

La *decantación* se utiliza para eliminar parte del exceso de agua del lodo digerido y para aumentar la concentración de sólidos de los sólidos digeridos. La eliminación de agua aumenta el SRT dentro del digestor y puede aumentar la reducción de VS en el digestor.

El término *decantar* significa extraer lentamente líquidos de la parte superior de un contenedor de manera tal que no se perturben los niveles inferiores de líquido o el sedimento en el fondo.

Los sistemas de mezcla y calentamiento (recirculación) deben apagarse durante un período de 8 a 12 horas para permitir que los sólidos más pesados se sedimenten y que se forme una capa de *sobrenadante* transparente. En general, la decantación se realiza en los digestores secundarios que pueden funcionar con niveles variables de líquido. Los digestores primarios sin mezcla y de tasa baja también pueden estar decantados. Los tanques del digestor secundario que están diseñados para decantarse suelen contar con extracción de sólidos por bomba. Diferentes tubos de extracción de sólidos con válvulas individuales se instalan en diferentes niveles en el digestor, a partir de una distancia corta por debajo del nivel máximo de agua. Estas válvulas le ofrecen al operador el control necesario para extraer del digestor el sobrenadante de mejor calidad.

El *sobrenadante* es el líquido (generalmente transparente) que descansa sobre los sólidos sedimentados después de un proceso como la sedimentación o precipitación.

En general, el sobrenadante decantado se recicla y vuelve hacia la cabecera de la instalación para obtener un tratamiento adicional. Este flujo de reciclado puede tener una concentración alta de sólidos, amoníaco y fósforo. Aunque el flujo de decantación de un digestor es de un volumen pequeño en comparación con el caudal de entrada de aguas residuales que ingresa a la instalación, puede conducir una carga importante de contaminantes que afecten de forma negativa todo el proceso de tratamiento. El producto de la decantación debe eliminarse del tanque de la forma más lenta posible. Esto ayuda a evitar que se formen corrientes de velocidad en el digestor y "agiten" el contenido del tanque. Si el producto de la decantación se alimenta directamente a la cabecera de la instalación, la eliminación lenta ayuda a disminuir la tasa con la que se alimentan nuevamente los sólidos reciclados y los nutrientes al proceso de tratamiento principal. De ser posible, es mejor colocar el volumen de producto de la decantación en un tanque de retención temporal y después alimentarlo lentamente hacia la cabecera de la instalación durante todo el período de tiempo entre los ciclos de decantación.

La decantación de un digestor anaerobio puede realizarse con los siguientes pasos:

1. Controle el nivel de líquido del digestor secundario para verificar que el volumen disponible para la decantación sea el adecuado. Es una buena práctica decantar siempre el mismo volumen para garantizar un TD uniforme en el digestor.
2. Recolecte una muestra y realícele la prueba de medición de sedimentación. Registre una lectura de lodo sedimentado cada 30 minutos o cada 60 minutos hasta que el lodo deje de sedimentarse (la lectura permanece constante).
3. En función de los resultados de la prueba de medición de sedimentación, observe dónde se forma el nivel de sobrenadante más transparente. ¿Es el sobrenadante lo suficientemente transparente como para decantarse con éxito? ¿Dónde se formó la capa transparente y cómo se relaciona con el lugar donde podría formarse en el digestor? ¿Cuánto tiempo tarda la sedimentación completa? Estos datos deben utilizarse para facilitar la identificación del tiempo que se debe dejar sedimentar el digestor y pueden ofrecer una idea general sobre el lugar donde el sobrenadante de mejor calidad puede estar ubicado respecto de la superficie del digestor.
4. Apague los sistemas de mezcla y calentamiento en el digestor para permitir la decantación y que los contenidos se sedimenten durante el tiempo óptimo en base a los datos de la prueba de medición sedimentación (en general, de 8 a 12 horas).
5. Etiquete los contenedores de muestra individuales de vidrio transparente con el nombre de cada una de las válvulas de decantación (o cada una de las ubicaciones de decantación espaciadas de forma uniforme). Recolecte muestras de cada ubicación y compárelas visualmente para determinar cuál es el sobrenadante de mejor aspecto. Conserve esa muestra como referencia para después compararla con la muestra posterior. La ubicación en la que se encontró la mejor muestra es la válvula que debe abrirse para comenzar la decantación. Tome otra muestra del producto de decantación, compárela con la muestra de referencia (deberían verse muy similares) y envíela al laboratorio para realizar un análisis para determinar las concentraciones de SST y amoníaco.
6. Dado que debe conocerse la tasa de producto de decantación bombeado y que el volumen objetivo de producto de decantación se conoce, se puede calcular el tiempo total de decantación. Recuerde mantener la tasa de decantación lo más lenta y constante posible. Durante la decantación, continúe tomando muestras del líquido decantado cada 15 a 20 minutos y compárelas con la muestra de referencia original. Si nota que la calidad se degrada, es posible que necesite detener la decantación y tomar muestras adicionales de la válvula superior y de la válvula inferior a la ubicación original de decantación para determinar si al cambiar la posición de la decantación se mejora la calidad del líquido decantado. Envíe una o dos muestras adicionales al laboratorio para que usted pueda calcular de forma precisa la carga total que ha reciclado y enviado hacia la cabecera de la instalación.
7. Una vez que se haya dejado decantar el volumen objetivo, detenga la decantación y cierre todas las válvulas de decantación. Reinicie los sistemas de calentamiento y mezcla.

CONTROL DE NATAS

La acumulación de natas en la superficie de los digestores anaerobios es frecuente. Las natas son una combinación de grasa y aceite no digeridos y suelen contener materiales flotantes, como plásticos, que no se eliminan previamente en el proceso del tratamiento. Las natas flotan en la superficie líquida del digestor y puede acumularse, lo que conforma un tapete denso.

Las formas del tanque, como la de ESD, que minimizan el área superficial de la interfaz agua/gas facilitan la concentración en los lugares donde se acumulan natas y también facilitan su manejo. Los sistemas de mezcla con rociadores superficiales o agitación superficial permiten agitar la superficie del agua para descomponer las natas y combinarlas nuevamente con el contenido del tanque. Algunos diseños del digestor permiten que el lodo de descarga se extraiga desde la parte superior o desde el fondo del digestor anaerobio. La eliminación de sólidos desde la parte superior permite a los operadores eliminar las natas concentradas y la espuma, lo que previene que estas queden atrapadas en el tanque y se acumulen con el tiempo.

Si el sistema de mezcla del digestor deja de funcionar por cualquier motivo, las natas comenzarán a elevarse de inmediato y flotarán en la superficie del líquido. El tiempo de inactividad del sistema de mezcla se debe minimizar. Después de que se reinicia la mezcla, el sistema de mezcla debe ser capaz de desintegrar las natas y volver a ponerlas en suspensión dentro del líquido. Las muestras puntuales tomadas de la parte superior del digestor pueden ayudar a determinar cuán eficaz es el sistema de mezcla a la hora de volver a mezclar las natas en el digestor. La mezcla continua y eficaz del digestor es necesaria para gestionar los niveles de natas en los digestores anaerobios.

CONTROL DE ESPUMA

Como se analizó anteriormente en este capítulo, existen diversas condiciones que pueden provocar o incrementar los problemas de espumaje en el digestor. Si se produce un aumento en la cantidad de espuma que se produce en un digestor, es importante investigar y determinar la causa principal y corregir la condición subyacente. Si solo se intenta controlar la espuma (el síntoma), es muy fácil gastar grandes cantidades de mano de obra de operación y mantenimiento sin controlar el problema. Consulte la sección de control del proceso y la sección de resolución de problemas de este capítulo para determinar cuál puede llegar a ser la causa principal de un problema de espumaje.

Como solución a corto plazo (mientras se está llevando a cabo la resolución de problemas), los siguientes enfoques pueden ayudar a mantener la espuma en niveles manejables:

1. Si cuenta con un rociador a nivel de la superficie del agua, asegúrese de que usted está enviando el caudal máximo a través de dicho rociador. Es importante contar con un flujo potente de rociado que cubra tanta superficie del agua como sea posible. El rociado desestabiliza las burbujas en la espuma. Si no tiene un patrón de rociado potente y amplio, el sistema no será eficaz a la hora de derribar la espuma. Es posible que los cabezales de rociado sufran obstrucciones totales o parciales. Si el rociador no está ayudando a controlar la espuma, es posible que valga la pena limpiar e inspeccionar el sistema de rociado.
2. Los agentes antiespuma pueden resultar útiles para reducir la espuma durante casos de espumaje intermitente. Sin embargo, son costosos, y el agregado de químicos puede provocar efectos no deseados en el caudal de reciclado/aguas abajo. Los agentes antiespuma que son químicos solo deben utilizarse como un enfoque temporal, no como solución a largo plazo.

PUESTA EN FUNCIONAMIENTO

Se debe realizar una planificación importante antes de la puesta en funcionamiento para minimizar el riesgo de que se produzcan problemas inesperados. También es necesario que se tomen varias decisiones importantes.

En el caso de los digestores nuevos, ¿se acarreará lodo de inoculación o no? Recuerde nuestro análisis sobre la lentitud con la que crecen los metanógenos. Al traer una población de metanógenos saludables se puede disminuir de manera significativa el tiempo requerido para la puesta en funcionamiento de un digestor nuevo. Sin el lodo de inoculación, se prevé que la duración de la puesta en funcionamiento sea de aproximadamente 45 días. Según la cantidad de lodo de inoculación que se incorpore, este tiempo se puede disminuir hasta 7 a 10 días (WEF, 2008). La capacidad de cargar completamente un digestor nuevo reduce la necesidad de un almacenamiento temporal de lodo o el acarreo hasta una instalación cercana. Por otro lado, puede ser muy costoso acarrear lodo de inoculación desde otra instalación. La cantidad y la calidad del lodo de inoculación son muy importantes. Recuerde que los metanógenos son sensibles a los cambios relativamente pequeños en su entorno. El proceso de transporte debe intentar minimizar el estrés sobre estos microorganismos. También se deben coordinar muchos otros detalles para extraer el lodo calentado de digestión activa de un digestor y colocarlo en un camión cisterna para después transportarlo, descargarlo del camión cisterna y colocarlo en un digestor nuevo de forma rápida y eficiente sin permitir que la temperatura disminuya demasiado. Si con anticipación se preparan un plan A y un plan B, se reducirá el estrés provocado por el procedimiento de inoculación (tanto para usted como para los metanógenos).

¿Con qué líquido se debe llenar primero el digestor? En *Operación de plantas de tratamiento de aguas residuales municipales* (*Operation of Municipal Wastewater Treatment Plants*) (WEF, 2008) se establece que se puede llenar con cualquiera de los siguientes:

- LAP no espesado (antes del agregado de polímeros)
- Efluente del clarificador secundario (no clorado)
- Efluente del clarificador primario
- Una combinación de lodo primario crudo y LAP

Desde la perspectiva del proceso, todos estos líquidos se han utilizado para respaldar puestas en funcionamiento exitosas. Antes de tomar esta decisión, considere lo siguiente: estará controlando la operación total del sistema de calentamiento, el sistema de mezcla, la instrumentación y otros; es decir, en general, con este líquido controlará la operación integrada de todos los aspectos mecánicos, eléctricos y de los controles del digestor en su totalidad. Si se descubren un problema o dos (o 10) durante este período de operación inicial,y se necesita vaciar el tanque o dejarlo reposar mientras está lleno sin mezclarlo ni calentarlo durante varios días mientras se esperan las piezas de repuesto y otros elementos, ¿cuál sería el líquido más fácil con el que tratar? Una vez que se toma la decisión, se requiere planificación para garantizar que estén disponibles las bombas, mangueras y conexiones adecuadas para que el tanque se llene en un período razonable de tiempo.

Una vez que la planificación está completa, los pasos generales para la puesta en funcionamiento de un digestor anaerobio son los siguientes:

- Retire todos los equipos, materiales y detritos del tanque y ciérrelo; selle todas las compuertas de acceso y las aberturas. Realice las pruebas necesarias para detectar fugas de agua y de presión de aire.
- Inspeccione los equipos y asegúrese de que todo esté correctamente instalado, de que se han realizado las pruebas iniciales para garantizar la correcta instalación de las tuberías y las conexiones eléctricas, y de que se ha verificado la correcta rotación del motor; es decir, que todos los elementos estén operativos. En el sistema de calentamiento, lleve a cabo un procedimiento de limpieza por vapor para eliminar todo resto de aceite o grasa del interior de la caldera que haya quedado producto del proceso de manufactura. Realice las pruebas de agua de lazo cerrado en la caldera y agregue químicos de acondicionamiento para proteger los componentes de la caldera contra la corrosión y el sarro. Lo ideal es verificar que el sistema de caldera del digestor puede funcionar de forma continua y confiable antes de llenar el digestor con lodo. Considere realizar la puesta en funcionamiento y las pruebas de las calderas en el agua de prueba de detección de fugas en el tanque para identificar los problemas con anticipación. Pídale al representante del fabricante que realice la puesta en funcionamiento y el ajuste del quemador.
- Inspeccione todos los equipos de seguridad y asegúrese de que todo está correctamente instalado y listo para ponerse en funcionamiento.
- Verifique el correcto funcionamiento del sistema de recolección de gas, del acondicionamiento y de los dispositivos de seguridad, incluidos, entre otros: trampas de sedimentación, separadores de espuma, transmisores y reguladores de presión, equipos de almacenamiento de gas, antorchas de gas residual, trampas de llama/supresores de llamas y válvulas de alivio de presión.
- Llene el tanque con una de las cuatro opciones de líquido que se analizaron anteriormente (efluente secundario, efluente primario, LAP no espesado o una combinación de lodo primario crudo y LAP) hasta el nivel operativo total y ponga en funcionamiento el sistema de mezcla y el sistema de recirculación/calentamiento. Lleve el contenido del tanque hasta la temperatura operativa objetivo del digestor y mantenga dicha temperatura. Recuerde que todo cambio de 0.6 °C (1 °F) en la temperatura del digestor puede provocar estrés en los metanógenos y reducir su tasa de crecimiento. Es importante que los lazos de control se ajusten para mantener la temperatura objetivo.
- Lo ideal es purgar el espacio de cabeza con un gas inerte, como nitrógeno o dióxido de carbono, para desplazar al oxígeno y reducir el riesgo de que se produzca un incendio una vez que comience la producción de biogás. Consulte la sección de seguridad al final de este capítulo para obtener más información sobre la inflamabilidad del metano y del sulfuro de hidrógeno. Consulte también *Principios y prácticas de purga* (*Purging Principles and Practices*) publicado por la Asociación Estadounidense del Gas (*American Gas Association*) (American Gas Association, 2001) para obtener más detalles sobre el proceso de purga.
- Drene el tanque hasta alcanzar el nivel operativo más bajo con el que pueda funcionar. Drene el agua a la misma tasa con la que se agrega nitrógeno para evitar la creación de vacío y así evitar que se produzcan daños o el ingreso de aire (y oxígeno) en el espacio de cabeza.
- Agregue el lodo de inoculación. Este debe provenir de una WRRF cercana que cuente con un digestor anaerobio correctamente operado. De ser posible, intente obtener lodo de inoculación de una WRRF que opere con una relación lodo primario-LAP similar a la que recibirá el digestor nuevo. Minimice la disminución de temperatura durante el proceso de transferencia. De ser posible, filtre el lodo de inoculación antes de agregarlo al digestor nuevo.
- Asegúrese de recopilar la siguiente información de la WRRF de la que provenga el lodo de inoculación: temperatura operativa normal del digestor, temperatura durante el retiro del lodo del tanque, VS y TS del lodo de alimentación y tasa de carga de VS promedio.
- Asegúrese también de que la mezcla de agua y lodo de inoculación se ha llevado a la temperatura de operación del digestor y se la ha mantenido a dicha temperatura. Esta temperatura objetivo debe ser inicialmente la misma que la temperatura del digestor en la WRRF de la que proviene el lodo de alimentación. Se puede ajustar gradualmente con el tiempo, si así se lo desea.
- Comience a agregar el lodo de alimentación. Como regla general y punto de partida, no alimente más de la mitad de la tasa de carga de VS del digestor del que proviene el lodo de inoculación.
- Los siguientes parámetros se deben monitorear todos los días: temperatura, relación AV/ALC, pH, SLR, VSR y tasa de producción de gas.
- Esté preparado para alimentar alcalinidad a su digestor. Si mantiene un aumento gradual en la tasa de carga de VS (SLR), puede que no la necesite. Sin embargo, monitoree atentamente la relación AV/ALC. Si la relación comienza a aumentar, no aumente la SLR hasta que la tendencia se nivele. Si la relación AV/ALC continúa aumentando y el pH disminuye a 6.6, disminuya la tasa de carga al nivel previo y comience la alimentación de alcalinidad.
- Si todos los parámetros se encuentran dentro de un rango adecuado, puede aumentar la tasa de alimentación en incrementos de 0.16 kg de VS/m^3•d (0.01 lb de VS/d/ft^3) cada 3 a 5 días (WEF, 2008) hasta alcanzar la tasa de carga de VS del diseño.

Un lazo de control es un mecanismo de retroalimentación programado en la lógica del sistema de control que intenta corregir todas las diferencias entre una variable del proceso medida, como la temperatura del tanque, y el punto de ajuste objetivo que se ingresó en el sistema de control.

Ajustar un lazo de control es básicamente el arte de retocar parámetros programados, como la frecuencia con la que se realizan ajustes y la magnitud de cada corrección para que el sistema de control alcance rápidamente un punto de ajuste y lo mantenga en las condiciones dinámicas (cambiantes) del sistema.

APAGADO

El apagado del digestor debe planificarse cuidadosamente y se deben llevar a cabo los pasos con semanas de anticipación a la fecha en la que realmente quiere apagar el digestor. Antes del apagado, las válvulas de alivio de presión y vacío deben inspeccionarse para verificar el correcto funcionamiento y así evitar daños en la cubierta del digestor. Al menos 5 semanas antes del apagado, se debe comenzar una reducción gradual en la carga de VS del digestor que se sacará de funcionamiento; a la vez, la tasa de carga de VS hacia los digestores que permanezcan en línea se debe aumentar progresivamente. Sus niveles de líquido deben mantenerse tan altos como sea posible para mantener el TDH máximo. Al mantener el TDH máximo se deberían minimizar las perturbaciones biológicas provocadas por la carga de VS más alta. La relación AV/ALC del digestor en línea debe monitorearse a diario y los resultados deben publicarse en formato de gráfico de tendencia para evaluar los efectos del aumento en la carga de VS. Si la relación cambia más de un 30 %, la carga excesiva de VS debe desviarse hacia el tanque de retención de sólidos para evitar una perturbación en el proceso. Al menos 1 semana antes de que comience el ciclo de drenaje, el digestor objetivo se debe retirar por completo del ciclo normal de llenado y extracción de la siguiente manera:

- Se debe cerrar la válvula de llenado del digestor.
- La válvula de extracción de sólidos digeridos debe permanecer cerrada.
- Se deben sacar de funcionamiento las bombas de agua de calentamiento de sólidos.
- Las bombas de recirculación de sólidos deben permanecer operativas, pero el intercambiador de calor debe desviarse.
- El sistema de mezcla del digestor debe permanecer operativo.
- Se deben cerrar todas las válvulas de la tubería colectora de gas del digestor objetivo para así aislar al digestor objetivo de la tubería colectora de gas común.

Al interrumpir la alimentación y el calentamiento del digestor, se debería reducir de manera significativa la producción de gas. El drenaje del tanque del digestor, de ser necesario, incluye los siguientes pasos adicionales:

- Interrumpir la mezcla.
- Agregar gas nitrógeno al espacio de cabeza de gas del digestor para desplazar el gas del digestor a través de la válvula de alivio de presión. El digestor es un espacio confinado y debe garantizarse el espacio libre para realizar actividades de mantenimiento o construcción conforme al plan de seguridad de espacios confinados del contratista o de la empresa. La aplicación de gas inerte para la purga es eficaz si se requiere el ingreso rápido al digestor. La aplicación de gas inerte debe desplazar a los gases explosivos, pero no creará una atmósfera segura para el ingreso; por lo tanto, la ventilación forzada de aire es obligatoria.
- Monitoree el caudal de gas con un sensor de monitoreo remoto.
- Los tubos o equipos con trampas para sólidos producirán gas. Estas áreas se deben drenar y lavar con agua.
- Consulte la sección de seguridad de este capítulo para obtener información adicional.

COMPROBACIÓN DE CONOCIMIENTOS

1. **Al poner en funcionamiento un nuevo digestor anaerobio o uno que ha estado fuera de servicio, el digestor debe llenarse completamente con lodo crudo de alimentación antes de verificar el estado de preparación de los equipos.**
   - ☐ Verdadero
   - ☐ Falso

2. **Los sólidos se deben retirar del digestor inmediatamente antes de alimentar al digestor para evitar ______________.**
   a. Producción de gas
   b. Cortocircuitos
   c. Reducción de sólidos volátiles
   d. Aumento en la alcalinidad

3. **A menos que se decante el digestor, la concentración de TS en la descarga de lodo probablemente sea menor a la de los sólidos alimentados porque los VS se destruyen durante el proceso de digestión anaerobia.**
   - ☐ Verdadero
   - ☐ Falso

4. **Los digestores anaerobios tienen un buen desempeño cuando se los alimenta por tandas con volúmenes uniformes de lodo una vez cada 48 horas.**
   - ☐ Verdadero
   - ☐ Falso

5. **La decantación se realiza para ______________ y aumentar el SRT en el digestor.**
   a. Aumentar la concentración de VS
   b. Disminuir la concentración de VS
   c. Aumentar la concentración de TS
   d. Disminuir la concentración de TS

6. **______________ debe reducirse lentamente con semanas de anticipación al momento en que está planificado sacar de funcionamiento a un digestor.**
   a. La carga de sólidos volátiles
   b. La intensidad de la mezcla
   c. El nivel de agua del tanque
   d. La temperatura del digestor

7. **La mezcla continua del digestor es importante para ______________.**
   a. Mantener el nivel de líquido en el tanque
   b. Evitar que las natas floten en la parte superior del tanque
   c. Evitar las bolsas de oxígeno disuelto bajo en el lodo
   d. Evitar la formación de estruvita

8. **El sistema de calentamiento del digestor debe mantenerse en funcionamiento durante el ciclo de decantación para evitar que la temperatura disminuya por debajo de 0.6 °C (1 °F).**
   ☐ Verdadero
   ☐ Falso

9. **El parámetro que es importante monitorear para garantizar la correcta alimentación del digestor es ______________.**
   a. La temperatura
   b. El volumen de alimentación
   c. El pH
   d. La carga de VS de alimentación

10. **Se agrega ______________ en los espacios cerrados donde se podría acumular biogás para reducir el riesgo de que se produzca un incendio o una explosión.**
    a. Aire
    b. Oxígeno
    c. Nitrógeno
    d. Hidrógeno

11. **Un enfoque a largo plazo para el manejo de la espuma en el digestor sería ______________.**
    a. Identificar un agente antiespuma químico eficaz
    b. Instalar cabezales de rociado adicionales
    c. Identificar la causa principal y corregirla
    d. Instalar conductos de alivio de emergencia adicionales

12. **Los sistemas de mezcla deben estar diseñados para desintegrar las películas de natas en la superficie del digestor e integrarlas con el resto de líquido en el tanque.**
    ☐ Verdadero
    ☐ Falso

Recolección, muestreo y análisis de los datos

Operar un digestor anaerobio es diferente a operar otros procesos biológicos, como el lodo activado, porque son muy pocas las observaciones que se pueden hacer de forma directa. Los tanques sellados del digestor no permiten la observación visual del color del contenido del tanque, de las características de la espuma o de la consistencia del contenido del digestor. El sistema de recolección de gas no da lugar a que se perciban los cambios en los olores del proceso. Los resultados de laboratorio de un programa bien diseñado de muestreo y análisis son la única forma de evaluar el estado del proceso de digestión dentro del tanque.

Los programas de muestreo y análisis deben lograr las siguientes metas:

- Proporcionar la cantidad correcta de información: Se deben recolectar muestras con la frecuencia suficiente como para documentar los cambios en el proceso a medida que comienzan a producirse, pero no con demasiada frecuencia como para que el personal de operaciones se vea agobiado por los datos y no los pueda usar en absoluto. La columna de "frecuencia" en la Tabla 4.7 proporciona un buen punto de partida con basen los programas de muestreo y análisis para los digestores anaerobios que se utilizan en diversas instalaciones de tratamiento. Las frecuencias de recolección de muestras deben, de forma periódica, revisarse y confirmarse o ajustarse para cubrir las necesidades en una instalación en particular.
- Enfóquese en la recolección de muestras uniformes y representativas. Por ejemplo, una muestra puntual de lodo recirculado debe tener las mismas características que el resto del caudal en la línea de recirculación en el momento en que se recolectó. Las muestras deben ser frescas, no se deben tomar del final de una *linea de muestra de extremo cerrado que sea prolongada*. Deben tomarse de una válvula completamente abierta que fluye a caudal completo, no de una *válvula agrietada* que podría estar filtrando parte de los sólidos que, por lo tanto, no ingresan a la muestra.
- Incorpore prácticas para garantizar que las muestras se preservan y analizan correctamente. Se necesitan resultados de laboratorio precisos para tomar buenas decisiones de control del proceso. *Métodos estándar* (*Standard Methods*) (APHA et al., 2017) y *Procedimientos básicos de laboratorio para el operador y analista* (*Basic Laboratory Procedures for the Operator-Analyst*) (WEF, 2012) incluyen procedimientos paso a paso para la realización apropiada de estos análisis.
- Los resultados de laboratorio deben registrarse una vez en una ubicación central a la que puedan acceder todos los miembros del personal que necesiten utilizarlos. La presentación rápida y eficiente de informes que no requiere ninguna entrada de datos duplicados es importante. Los datos de los sistemas de gestión de información de laboratorio pueden utilizarse para general gráficos de tendencia de datos que se usan para hacer ajustes al proceso en base a los datos.

Una línea o un tubo de "extremo cerrado" son aquellos que se ven interrumpidos de golpe por una tapa o barrera que impide que el caudal continúe fluyendo.

Una válvula "agrietada" es aquella que presenta una abertura no demasiado grande o de unos pocos grados que permite que se escape una pequeña cantidad de caudal.

El control de la digestión anaerobia se basa en las muestras recolectadas de cinco ubicaciones en el proceso de digestión: (a) alimentación del digestor; (b) lodo en el digestor, cuya muestra generalmente se recolecta de la línea de lodo de recirculación; (c) sólidos digeridos; (d) sobrenadante (si lo hubiera) y (e) gas del digestor. Las ubicaciones de las muestras se deben identificar durante el diseño del digestor y planificarse adecuadamente para ayudar a los operadores a obtener muestras representativas y para que el trabajo de muestreo sea lo más eficiente y limpio posible.

Los digestores anaerobios tienen TD prolongados. Una vez que se produjo una perturbación en el proceso, es difícil realizar ajustes y volver a un rango operativo saludable. Por lo tanto, es fundamental realizar controles regulares de la salud y el desempeño del proceso y reaccionar rápidamente a las tendencias no deseadas antes de que se conviertan en una verdadera perturbación en el proceso. Las muestras para la evaluación del desempeño y para el control del proceso deben recolectarse de cada digestor activo. Las ubicaciones y frecuencias recomendadas de muestreo, así como también los análisis recomendados, se enumeran en la Tabla 4.7.

En la tabla, para cada uno de estos parámetros hay rangos objetivo o normales. Sin embargo, el monitoreo diario de estas cantidades sin la realización de un análisis de las tendencias de las medidas con el tiempo puede dar lugar a que los problemas en el proceso pasen desapercibidos hasta que se produzca una perturbación en el proceso. Una sola cantidad medida de una muestra no es tan importante cuando se la observa individualmente, pero es mucho más significativa cuando se la mira en el contexto de muchas otras medidas recientes. Al utilizar la dirección de la tendencia (aumento o disminución) y la tasa de cambio, el personal de operaciones puede anticipar un posible problema con mayor anticipación, realizar correcciones graduales y, de este modo, tener una mejor posibilidad de evitar una perturbación en el proceso.

Mantenimiento

Se deben abordar diversos tipos de mantenimiento para los sistemas de digestión anaerobia. Como sucede con muchas otras áreas de la WRRF, existen diferentes tipos de equipos mecánicos, equipos eléctricos, instrumentación y controles que necesitan atención regular para funcionar de forma adecuada. Es importante que el personal de la instalación conozca las tareas de mantenimiento preventivo que el fabricante recomienda realizar sobre sus equipos. Si se realizan actividades como el engrase de motores, el cambio de aceite, el reemplazo de filtros y el reemplazo de las baterías del suministro de energía ininterrumpible, se puede mejorar

Tabla 4.7 Monitoreo recomendado para los digestores anaerobios

Parámetro	Unidades	Método de prueba	Rango objetivo	Frecuencia	Ubicación de muestreo	
					Lodo de alimentación	Lodo recirculado[c] o sólidos digeridos
Temperatura[a]	°C (°F)	Medidor	32–38 °C (90–100 °F)	A diario		X
Ácidos volátiles	mg/L	5560[d]	50–330	A diario o 3 veces/semana		X
Alcalinidad (ALC)	mg/L	2320[d]	1500–5000	A diario o 3 veces/semana	X	X
AV/ALC	Ninguna	Cálculo	0.1 a 0.2	A diario	N/A	N/A
pH	SU	Medidor	6.8–7.2	A diario	X	X
Sólidos totales[b]	%	2540B[d]	Solo informe	A diario	X	X
Sólidos volátiles[b]	%	2540E[d]	Solo informe	A diario	X	X
Caudal[b]	Litros (galones)	Medidor	Solo informe	A diario	X	X
Tasa de carga orgánica[e]	kg VS/m³•d (lb/ft³•d)	Cálculo	1.9–2.5 (0.12–0.16)	A diario	X	
Gas producido por VS destruidos	m³/kg (ft³/lb)	Cálculo	0.75–1.12 (12–18)	A diario	N/A	
Composición de gas	%	Analizador de gas	Menos de 35 % de CO_2	A diario	Sistema de gas	

Nota. Adaptado de WEF, 2017; WEF et al., 2018; WERF, 2014.

[a]Temperaturas para los digestores mesofílicos. Las temperaturas objetivo para los digestores termofílicos pueden variar según el diseño.

[b]Mida el contenido y el caudal de sólidos totales y volátiles para el lodo de alimentación combinado que ingresa al digestor. Las fuentes de lodo individual también pueden analizarse para determinar la fuente de los cambios en la calidad del lodo o la presencia de sustancias tóxicas.

[c]Se muestreó aguas arriba del punto de introducción de lodo crudo.

[d]*Métodos estándar* (APHA et al., 2017).

[e]En función del volumen de llenado de trabajo del digestor.

de forma importante la fiabilidad de sus equipos y prolongar su vida útil. Esta información está incluida en el manual de operación y mantenimiento que se le proporciona al comprar su nuevo equipo. La mayoría de los fabricantes también tienen disponible en sus sitios web información de mantenimiento adicional, como videos instructivos e información sobre el pedido de repuestos. Los sistemas de gestión de mantenimiento de computadoras están diseñados para ofrecer herramientas para planificar, priorizar y documentar el historial del mantenimiento sobre los equipos y las estructuras. Cada instalación debe contar con un sistema de mantenimiento formalizado para garantizar la disponibilidad de equipos y controles confiables en la instalación cuando se necesitan equipos.

La limpieza del digestor es una tarea de mantenimiento que requiere mucho tiempo y mucha mano de obra, y que debe realizarse periódicamente en los digestores anaerobios. La frecuencia de la limpieza del digestor depende de diversos factores como el desempeño de la reja en el caudal de entrada, la eficiencia de la eliminación de arena, la presencia de rejas de lodo, la configuración del tanque del digestor y la eficiencia de la mezcla del digestor. El MOP 11 de la Water Environment Federation establece que la frecuencia de limpieza normal para los digestores cilíndricos es de cada 2 a 5 años (WEF, 2008). Sin embargo, la mayoría de las instalaciones deciden operar los digestores anaerobios hasta que documentan deterioro en la eficiencia del digestor y una producción de gas que no puede corregirse con otros enfoques y que parece estar relacionada con una reducción en el TDH debido a la acumulación de arena en el digestor. Un plan regular de muestreo de arena y natas en el digestor puede documentar la acumulación de estos materiales en el digestor y comenzar a determinar cuándo se requiere el apagado y la limpieza del tanque. Después de varios ciclos de limpieza, se vuelve más fácil anticipar la tasa con la que la arena y los detritos se acumulan en el digestor y planificar de forma proactiva cuándo se debe realizar la próxima limpieza.

Existen algunas inquietudes de seguridad significativas que deben abordarse durante la limpieza del digestor: ingreso a un espacio confinado, posible presencia de gases tóxicos e inflamables y peligros biológicos presentes en la arena y los detritos. El entorno corrosivo del interior del tanque operativo puede provocar daños estructurales y mecánicos que pueden crear condiciones riesgosas al ingresar al tanque. Las válvulas o los tubos pueden corroerse o dañarse y ceder cuando son sometidos a una presión inusual creada por el hecho de que un tanque esté lleno y el tanque adyacente, vacío. El vaciado de los tanques que están quemados a nivel parcial o total puede provocar daños por la presión de las aguas subterráneas/de la flotabilidad del tanque. La arena y los detritos se deben eliminar a través de compuertas y vías de acceso restringidas. Si solo hay un digestor, se deben llevar a cabo planificaciones temporales para gestionar el lodo de la instalación. El acarreo hasta una instalación cercana puede ser costoso y tomar mucho tiempo. Si se cuenta con varios digestores, su desempeño se puede ver afectado por la sobrecarga de VS mientras un digestor está fuera de servicio por tareas de limpieza. Se deben realizar inspecciones siempre que se limpie un digestor. Si se descubren daños inesperados en los equipos o en el tanque que deben repararse, el esquema original para poner nuevamente en funcionamiento el digestor se puede retrasar de forma significativa. La limpieza de un tanque de digestor es una tarea complicada. Se debe planificar y ejecutar cuidadosamente para garantizar la seguridad de los trabajadores y un efecto mínimo sobre la operación y el desempeño de la instalación.

Los sistemas de calentamiento del digestor también pueden requerir un importante mantenimiento y limpieza. Debido a que el funcionamiento correcto es fundamental para la salud de los procesos de digestión anaerobia, el desempeño del sistema de calentamiento debe monitorearse regularmente y las eficiencias decrecientes deben activar la limpieza del intercambiador de calor y de la caldera antes de que se produzcan problemas significativos en el desempeño del digestor.

Los intercambiadores de calor pueden experimentar ensuciamiento tanto en el lado del lodo como en el lado del agua/vapor. En general, el lado del lodo requiere una limpieza más frecuente para mantener tasas de transferencia de calor aceptables. Cuando un intercambiador de calor se pone en funcionamiento por primera vez, es importante registrar las cifras de la transferencia de calor de referencia. En un intercambiador de calor individual se proporcionan transmisores de temperatura y presión, y medidores de temperatura para que el operador pueda registrar la temperatura del agua en el interior, la temperatura del agua en el exterior, el caudal de agua caliente y la presión del agua caliente, así como también la temperatura del lodo en el interior, la temperatura del lodo en el exterior, el caudal de lodo y la presión a través del intercambiador de calor. El ensuciamiento puede provocar una disminución lenta de la eficiencia de la transferencia de calor del agua al lodo y un aumento gradual en la presión y una disminución en el caudal a través de la unidad. La única forma de "ver" esta disminución es elaborando gráficos de tendencia para la presión, el caudal y la transferencia de calor. Se debe definir un valor mínimo aceptable para la eficiencia de transferencia de calor que funcione como desencadenante de la limpieza del intercambiador de calor. Para los sistemas con varias unidades, es probable que los intercambiadores de calor se hayan puesto en funcionamiento al mismo tiempo y que presenten la misma cantidad de uso en condiciones operativas similares. Es probable que los intercambiadores de calor presenten una tasa de ensuciamiento similar y alcancen el valor mínimo aceptable de eficiencia más o menos al mismo tiempo, a menos que la instalación escalone intencionalmente el esquema de limpieza. Este esquema escalonado ayuda a distribuir el trabajo de mantenimiento que implica la limpieza de los intercambiadores de calor. El lado del agua de los intercambiadores de calor también puede ensuciarse con sarro. Sin embargo, gran parte de esto puede evitarse si se le realizan pruebas periódicas al agua del lazo de calentamiento y si se agregan al sistema de agua los químicos de acondicionamiento adecuados según sea necesario.

Las calderas requieren limpieza e inspecciones regulares. Los tubos y las placas pueden picarse y corroerse o quedar cubiertas con sarro. Muchas de las calderas del sistema de calentamiento del digestor utilizan biogás de los digestores como fuente de combustible. En general, el biogás es más corrosivo que el gas natural y puede contener otros químicos como siloxanos que, al exponerlos a altas temperaturas, pueden convertirse en polvo blanco o partículas similares a la arena. Pueden acumularse en los tubos y las placas de la caldera y sirven como material aislante que reduce la eficiencia de la caldera. La planificación de inspecciones regulares de mantenimiento con profesionales capacitados en calderas ayudará a respaldar la fiabilidad del desempeño de la caldera. Es probable que estas inspecciones identifiquen tareas de mantenimiento adicionales requeridas, en especial para las calderas a biogás.

Un tipo único de actividad de mantenimiento que puede tener lugar en las instalaciones que usan digestores anaerobios está relacionado con la precipitación de estruvita. Como se mencionó anteriormente en la sección de teoría, es posible en el interior del digestor se desarrollen condiciones en las que el fosfato de amonio y magnesio ($MgNH_4PO_4$), también denominado *estruvita*, se forme en el digestor. Puede formarse como cristales sueltos que salen del digestor junto con el lodo descargado. A veces se adhiere a las paredes, los tubos y los equipos del digestor, y forma una capa de estruvita. Esta precipitación molesta puede ser más frecuente en las instalaciones que utilizan la captación de fósforo biológico en su proceso principal. Estas instalaciones tienden a presentar concentraciones muy altas de ortofosfato en sus digestores.

Después de que el lodo sale del digestor, se presentan otras oportunidades para la formación de estruvita. Los lugares más comunes son inmediatamente aguas abajo de una alteración o turbulencia en la trayectoria del caudal. La turbulencia provoca la liberación de CO_2 en el lodo, lo que provoca un aumento local en el pH. Una vez que los cristales comienzan a formarse y encuentran una pequeña cornisa o zona áspera a la cual adherirse, encima de ellos crecen más cristales. Si las condiciones son óptimas, los cristales de estruvita pueden formarse con rapidez. Al principio, restringen el caudal; con el tiempo, bloquean por completo los tubos, las válvulas, los impulsores de las bombas y otros. El problema, al principio, suele manifestarse como un problema de desempeño de la bomba. Una vez que la línea se desmonta para verificar si hay un bloqueo, se descubren los cristales de estruvita.

La estruvita puede estar floja y fangosa dentro de un tubo. Puede ser tan dura como el hormigón. Es probable que se deban desmontar y limpiar algunas secciones del tubo. Puede que las bombas se tengan que desarmar por completo y limpiar antes de que puedan funcionar correctamente. El tratamiento de los bloqueos de estruvita de emergencia puede ser un problema costoso a la hora de combatirlo. Existen sistemas que intencionalmente precipitan y capturan la estruvita dentro de sus reactores. Este enfoque busca crear las condiciones adecuadas y favorecer la formación de precipitado donde pueda retirarse con facilidad en lugar

Figura 4.28 Precipitación de estruvita en un tubo de centrado (reimpreso con autorización de **Passaro Engineering, LLC**)

de dejar que la reacción se produzca en cualquier lugar de forma aleatoria, lo que genera problemas operativos y de mantenimiento. Estos sistemas se consideran sistemas de recuperación de recursos porque la estruvita puede reciclarse como fosforita, que es muy valiosa para la producción de fertilizantes.

COMPROBACIÓN DE CONOCIMIENTOS

1. **¿Qué dos muestras deben recolectarse al calcular el VSR a través de un digestor anaerobio?**
   a. Lodo de alimentación y lodo digerido
   b. Lodo digerido y sobrenadante
   c. Digestor primario y secundario
   d. Sobrenadante y lodo de alimentación

2. **Antes de recolectar una muestra, _____________.**
   a. Se deben lavar las líneas de muestra
   b. Se debe abrir en un 50 % el puerto de muestreo
   c. Se debe enjuagar el contenedor con agua caliente
   d. Se deben apagar los mezcladores y las bombas

3. **Los VS del lodo de alimentación se deben medir**
   a. Solo en el lodo primario
   b. Solo en el lodo secundario
   c. En el punto de entrada de cada digestor
   d. Después de combinar las fuentes de lodo

4. **Los resultados de laboratorio se deben**
   a. Guardar bajo llave en la oficina del supervisor
   b. Representarse en gráficos para identificar las tendencias
   c. Registrarse en diferentes ubicaciones
   d. Revisarse solo durante perturbaciones

5. **La meta de un programa de mantenimiento formalizado es _____________.**
   a. Eliminar la necesidad de reemplazar los equipos
   b. Documentar los costos de mantenimiento para los reclamos de garantía
   c. Mejorar la fiabilidad de los equipos fundamentales
   d. Asignar la responsabilidad si los equipos fallan

6. **Al _____________ se puede aumentar el TRH y mejorar el VSR.**
   a. Agregar rociadores superficiales
   b. Limpiar el digestor
   c. Eliminar el ensuciamiento de un intercambiador de calor
   d. Eliminar la estruvita de una bomba

7. **Una disminución gradual en la tasa de transferencia de calor de un sistema de calentamiento del digestor probablemente sea señal de _____________.**
   a. Una falla en la caldera
   b. Una obstrucción en la bomba de agua caliente
   c. Ensuciamiento en el intercambiador de calor
   d. Daños en el transmisor de temperatura

Resolución de problemas

Las perturbaciones en el proceso pueden tener diversas causas principales. Por el contrario, los síntomas de la perturbación son casi universales después del comienzo de la perturbación (Figura 4.29). El indicador principal de una perturbación en el proceso es casi siempre un aumento en la concentración de ácidos volátiles del digestor, un aumento en la relación AV/ALC o ambos. Esto puede estar acompañado, o no, de una disminución en la producción de metano. El porcentaje de metano en el gas del digestor puede disminuir y el porcentaje de dióxido de carbono puede aumentar. Estos síntomas iniciales son indicadores de que las bacterias formadoras de metano no están utilizando los AGV con la misma rapidez con la que se producen. La dificultad recae en determinar si los AGV están aumentando porque los acidógenos y acetógenos han aumentado la producción

Indicadores de perturbaciones en el proceso	Posibles causas
• Disminución en la producción de gas • Disminución en el porcentaje de CO_2 • Aumento en la concentración de AV • Aumento en la relación AV/ALC • Disminución en el pH • Disminución en la reducción de VS • Nivel alto de sólidos en el sobrenadante • Calidad inadecuada del lodo digerido	Carga Calentamiento Mezcla Sistema de gas Toxicidad

Figura 4.29 Indicadores y posibles causas de las perturbaciones en el proceso (modificado de la EPA de los EE. UU, 1976)

y los metanógenos no están manteniendo el ritmo del nuevo suministro O si la actividad de los formadores de metano ha disminuido. Recuerde la analogía del supermercado. En el primer caso, el cajero aumenta la velocidad y comienza a enviar artículos por la cinta transportadora con mayor rapidez. La persona que embolsa las compras trabaja a un ritmo constante y no aumenta el ritmo para igualar al del cajero. Los artículos se acumulan en la cinta. En el segundo caso, el cajero continúa trabajando a la tasa normal, pero la persona que embolsa las compras reduce la velocidad. Los artículos se acumulan en la cinta. No podemos implementar la(s) medida(s) correctiva(s) adecuada(s) a menos que conozcamos el motivo del desequilibrio. ¿Son los formadores de ácido hiperactivos o los formadores de metano hipoactivos? Determine si los acidógenos y acetógenos están superando a los metanógenos (alimentación excesiva) o si la actividad de los metanógenos está inhibida.

La resolución de problemas debería comenzar con la comparación de las condiciones operativas actuales y las tendencias de los datos con los rangos aceptados. Si todavía no están disponibles los datos actuales, puede que sea necesario recolectar y analizar muestras. ¿Están todos los parámetros dentro de los límites? ¿Ha cambiado algo? ¿Cuánto ha cambiado? ¿Están trabajando correctamente todos los equipos asociados? ¿Cuál es la diferencia entre la condición operativa actual (perturbación en curso) y la de la semana pasada o la del mes pasado cuando el digestor estaba funcionando correctamente?

La Figura 4.30 es un diagrama de flujo de resolución de problemas Asume que el digestor está presentando uno o más de los síntomas de perturbación en el proceso que se muestran en la Figura 4.29. Las cuatro causas básicas de las perturbaciones en el digestor son: sobrecarga hidráulica, sobrecarga orgánica, estrés ambiental y toxicidad. Las sobrecargas hidráulicas y orgánicas se producen cuando se exceden las tasas diseñadas de carga hidráulica u orgánica, o cuando sufren un cambio mayor a un 10 % por día. Las sobrecargas hidráulicas empujan el agua con alta alcalinidad hacia afuera del digestor. Esto hace que la relación AV/ALC aumente aunque la concentración de AGV no esté en aumento. Tenga en cuenta que los metanógenos pueden tolerar concentraciones altas de AGV siempre y cuando la relación AV/ALC permanezca dentro de los límites. Otro problema provocado por las sobrecargas hidráulicas es el enfriamiento del contenido del digestor. Las sobrecargas orgánicas son provocadas por (a) un aumento en la masa (kg o lb) de los VS que ingresan al digestor, (b) una disminución en el volumen de trabajo del digestor o (c) ambos. Las sobrecargas orgánicas pueden aumentar rápidamente las concentraciones de AGV y la producción de gas. El aumento de producción de gas puede ocasionar espumaje o un caso de elevación rápida. Aunque los operadores tienen poco control sobre la masa de lodo primario y secundario generada en una WRRF, sí tienen control sobre el esquema de alimentación y la forma en que el lodo se distribuye en los diferentes digestores (si los hubiera).

El potencial de las condiciones de sobrecarga hidráulica y orgánica puede minimizarse con una buena gestión del lodo de alimentación, así como también si se garantiza que el volumen de trabajo del digestor no se ve reducido por la acumulación de arena y natas o por la mezcla inadecuada. El *estrés ambiental* hace referencia a los cambios en la temperatura, el pH, los AGV, la alcalinidad, la relación AV/ALC y la mezcla. Los pequeños cambios en cualquiera de estos pueden reducir las tasas de actividad y crecimiento de los metanógenos o darles un impulso a los acidógenos y acetógenos. Los cambios en la temperatura y en la mezcla están relacionados con los equipos. Deberá consultar los manuales de operación y mantenimiento de los equipos específicos de su WRRF. Los componentes tóxicos pueden ingresar a la WRRF con el caudal de entrada de aguas residuales y concentrarse en el lodo de digestión. En general, las toxinas afectan más a los metanógenos que a cualquier otro grupo de bacterias.

En caso de que se produzca una perturbación en el digestor, una estrategia de control eficaz incluye los siguientes pasos:

1. Detener o reducir la alimentación de sólidos para darles a los metanógenos la oportunidad de captar el exceso de AGV.
2. Detener el lodo transferido del digestor primario al secundario.
3. Determinar la causa del desequilibrio.
4. Corregir la causa del desequilibrio.
5. Proporcionar un control de pH hasta que el tratamiento vuelva a ser el normal.
6. De ser necesario, transferir lodo del digestor secundario nuevamente hacia el digestor primario. Esto puede realizarse para agregar alcalinidad y bacterias saludables o para reducir la concentración de un compuesto tóxico.

Si solo un digestor se ve afectado, la carga a las unidades restantes puede aumentarse cuidadosamente para permitir que se recupere la unidad que presenta la perturbación. Si la sobrecarga está afectando varias unidades, la reducción de la alimentación requerirá un método de abordaje del exceso de sólidos que implica acarrearlos a otra instalación, el almacenamiento temporal en la instalación o la estabilización química y su disposición.

Tómese algo de tiempo para repasar las diferentes situaciones en la Figura 4.30.

Control de olores

Como los digestores anaerobios son tanques sellados con recolección y almacenamiento, utilización o combustión de gas presurizado no se producen demasiados problemas de olores en circunstancias normales cuando todo funciona correctamente. El almacenamiento de lodo de alimentación del digestor aguas arriba o el almacenamiento de sólidos digeridos aguas abajo antes de la deshidratación pueden generar fuentes de olores constantes; las instalaciones pueden entonces considerar cubrir los tanques, recolectar aire viciado y tratarlo. Sin embargo, cuando los tanques del digestor necesitan sacarse de funcionamiento para realizar tareas de limpieza, se pueden generar importantes problemas de olores. Estos casos de olores intermitentes son difíciles de contener y tratar. La mejor manera de gestionar los olores durante la limpieza es contar con un plan bien diseñado que incluya el drenaje y lavado eficiente junto con la eliminación y disposición rápida de arena y trozos de tela.

Consideraciones de seguridad

La producción de biogás durante la digestión anaerobia crea algunos peligros de seguridad particulares. Como se analizó anteriormente en este capítulo, el gas se recolecta en los puntos más altos de cada tanque y, en general, se mantiene a una presión baja constante. Si se produce un desequilibrio o un desperfecto en el sistema, las presiones de gas pueden comenzar a aumentar o se pueden formar vacíos. Se proporcionan válvulas combinadas de alivio de presión y alivio de vacío para proteger las cubiertas y los equipos y evitar que se produzcan daños. Pueden liberar de forma aleatoria pequeñas cantidades de biogás en cualquier momento para mantener una presión segura dentro del sistema. Las personas que trabajan sobre y alrededor de las válvulas de alivio de presión o de los conductos o las tapas de alivio de emergencia deben estar al tanto de que en cualquier momento podrían hacerse presentes gases combustibles. Se deben cumplir de forma estricta las restricciones sobre los tipos de actividades que están permitidas en estas áreas para mantener a todos a salvo. Las restricciones pueden incluir las siguientes:

- Prohibido fumar
- Prohibido soldar
- Prohibido cortar metales
- Prohibida la presencia de llamas abiertas
- Prohibido usar herramientas o equipos que generan chispas

Por lo general, hay un edificio o un espacio cerrado adyacente a los tanques del digestor donde se alojan los equipos mecánicos relacionados. En condiciones normales, no debería haber ningún gas perjudicial en estas áreas. Sin embargo, si se produjera un pico de presión o algún otro daño, se podría ocasionar una fuga en ubicaciones como un sello en la pared o la junta de un tubo o una conexión de los equipos. Estas áreas interiores se suelen monitorear de forma continua con sensores de sulfuro de hidrógeno y gas metano. Los sensores mantenidos y calibrados de forma adecuada monitorearán con frecuencia las áreas ocupadas y pueden activar una alarma si las mediciones de estos gases comienzan a aumentar.

Existen otros riesgos peligrosos relacionados con el gas cuando los digestores anaerobios se ponen o se sacan de funcionamiento. Periódicamente los tanques del digestor deberán sacarse de funcionamiento y drenarse, limpiarse e inspeccionarse. Estos tanques son espacios confinados y se deben tomar todas las precauciones de seguridad correspondientes. Existen tres principales condiciones peligrosas relacionadas con el gas que son más probables:

1. Baja concentración de oxígeno. En la atmósfera de la Tierra, el aire seco contiene alrededor de 21 % de oxígeno por volumen. En determinados ambientes, el oxígeno puede ser desplazado por otros gases. Cualquier atmósfera en la cual el oxígeno disminuye por debajo del 19.5 % es considerada un entorno "bajo en oxígeno" y, por lo tanto, peligrosa.
2. Concentración de metano superior al LEL. El metano es un gas inodoro, incoloro y *asfixiante*. El LEL para el metano es de 5 % por volumen en el aire y el UEL es de 15 % por volumen en el aire (Zabetakis, 1965). Los límites explosivos más bajos y más altos para el metano se muestran en la Figura 4.32. Si la concentración de metano disminuye por debajo del 5 %, la mezcla será poco abundante como para combustionar. Si la concentración de metano aumenta por encima del 15 %, la mezcla será demasiado abundante como para quemarse. Tenga en cuenta que una concentración de metano superior al UEL nunca se considera de bajo riesgo porque siempre existe la posibilidad de que la atmósfera de pronto se diluya con aire y se vuelva explosiva.

   Como se muestra en la Figura 4.33, un medidor de LEL leerá un porcentaje del LEL. Por lo tanto, si se configura un medidor para que lea el metano y que active una alarma al alcanzar el 20 % del LEL, activará la alarma cuando lea un 1 %, o más, de metano por volumen en el aire.
3. Exposición al sulfuro de hidrógeno. El sulfuro de hidrógeno es un gas incoloro e inflamable que puede tener un fuerte olor a "huevo podrido". La capacidad de una persona de oler el gas H_2S puede desaparecer rápidamente. La exposición al gas H_2S puede tener graves efectos en la salud, incluso en concentraciones bajas. Es un irritante

Un gas asfixiante es un gas no tóxico o mínimamente tóxico que puede desplazar al oxígeno (disminuir la concentración normal de oxígeno) en el aire y provocar la pérdida de conocimiento o la muerte por asfixia.

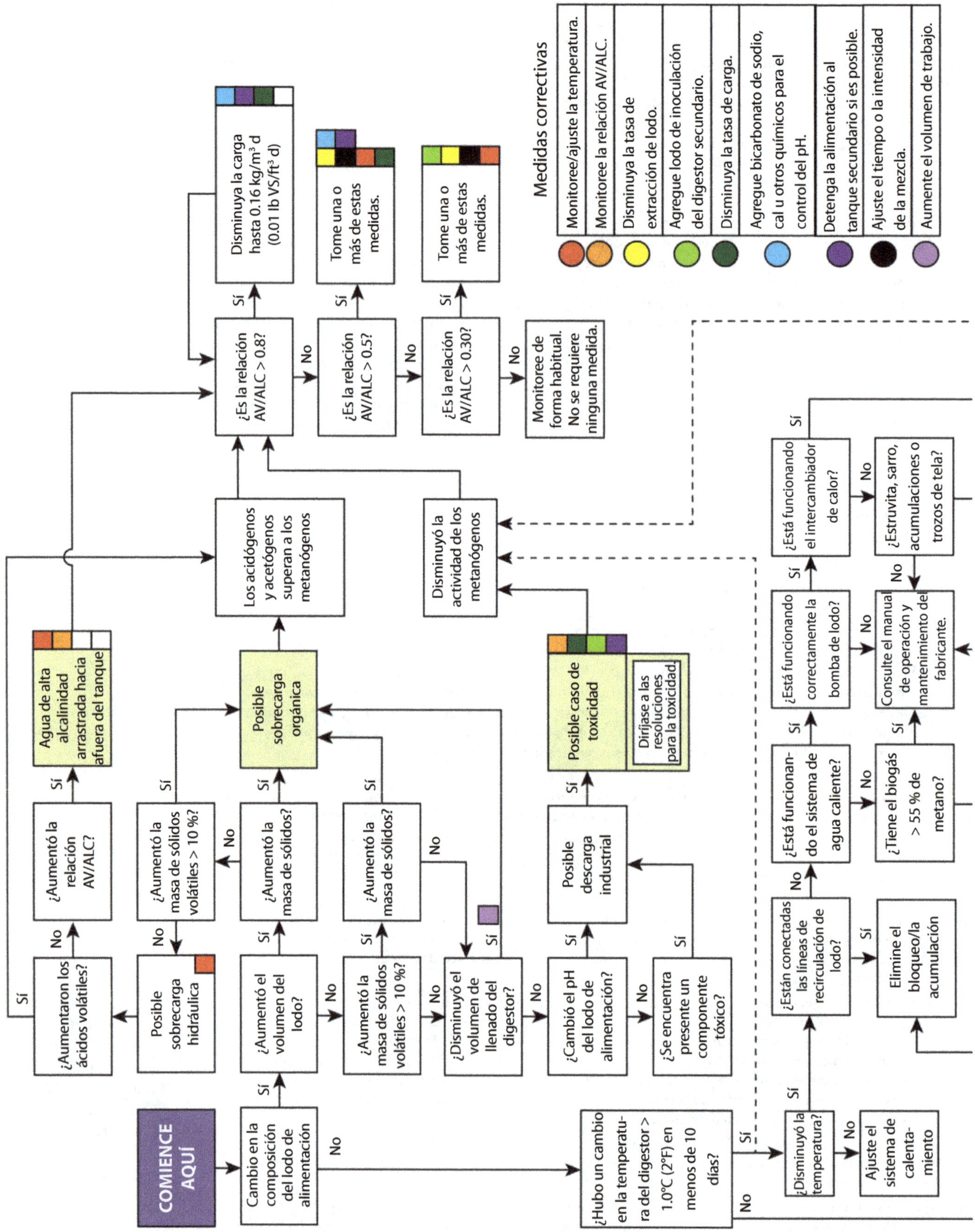

COMIENCE AQUÍ
Cambio en la composición del lodo de alimentación
¿Aumentó el volumen del lodo?
¿Aumentó la masa de sólidos volátiles > 10 %?
¿Disminuyó el volumen de llenado del digestor?
¿Cambió el pH del lodo de alimentación?
¿Se encuentra presente un componente tóxico?
Posible sobrecarga hidráulica
¿Aumentaron los ácidos volátiles?
¿Aumentó la relación AV/ALC?
Agua de alta alcalinidad arrastrada hacia afuera del tanque
¿Aumentó la masa de sólidos volátiles > 10 %?
¿Aumentó la masa de sólidos?
¿Aumentó la masa de sólidos?
Posible sobrecarga orgánica
Posible descarga industrial
Posible caso de toxicidad
Diríjase a las resoluciones para la toxicidad
Los acidógenos y acetógenos superan a los metanógenos
Disminuyó la actividad de los metanógenos
¿Es la relación AV/ALC > 0.8?
¿Es la relación AV/ALC > 0.5?
¿Es la relación AV/ALC > 0.30?
Monitoree de forma habitual. No se requiere ninguna medida.
Disminuya la carga hasta 0.16 kg/m³ d (0.01 lb VS/ft³ d)
Tome una o más de estas medidas.
Tome una o más de estas medidas.
¿Hubo un cambio en la temperatura del digestor > 1.0°C (2°F) en menos de 10 días?
¿Disminuyó la temperatura?
Ajuste el sistema de calentamiento
¿Están conectadas las líneas de recirculación de lodo?
Elimine el bloqueo/la acumulación
¿Está funcionando el sistema de agua caliente?
¿Tiene el biogás > 55 % de metano?
¿Está funcionando correctamente la bomba de lodo?
Consulte el manual de operación y mantenimiento del fabricante.
¿Está funcionando el intercambiador de calor?
¿Estruvita, sarro, acumulaciones o trozos de tela?
Sí
No
Medidas correctivas
Monitoree/ajuste la temperatura.
Monitoree la relación AV/ALC.
Disminuya la tasa de extracción de lodo.
Agregue lodo de inoculación del digestor secundario.
Disminuya la tasa de carga.
Agregue bicarbonato de sodio, cal u otros químicos para el control del pH.
Detenga la alimentación al tanque secundario si es posible.
Ajuste el tiempo o la intensidad de la mezcla.
Aumente el volumen de trabajo.

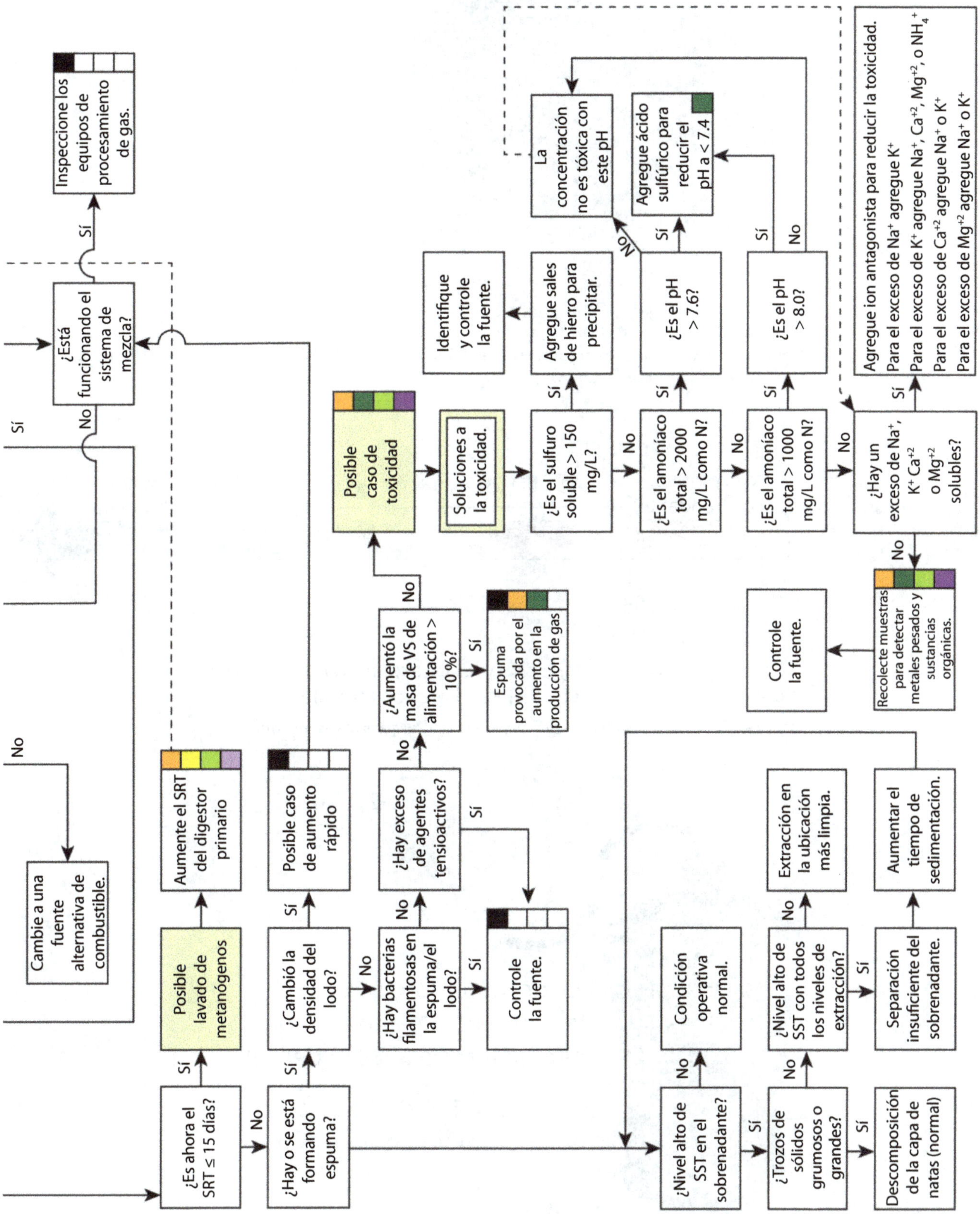

Figura 4.30 Diagrama de flujo de resolución de problemas (reimpreso con autorización de Indigo Water Group)

Figura 4.31 Acercamiento de un sensor de H_2S instalado en el edificio de un digestor (reimpreso con autorización de Passaro Engineering, LLC)

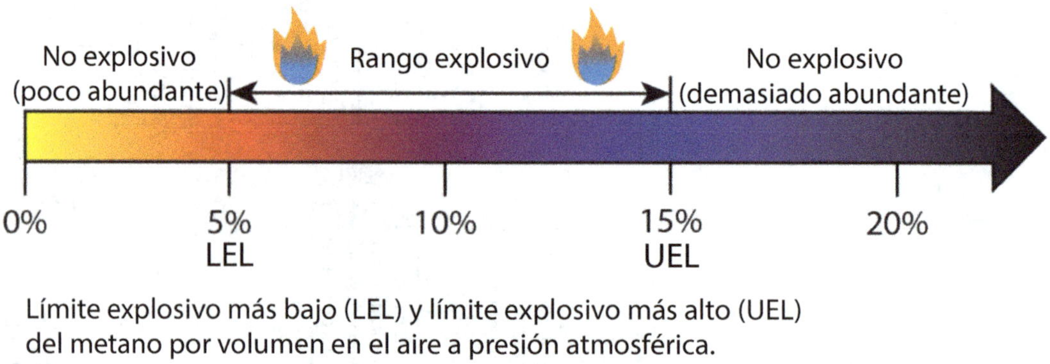

Figura 4.32 Límites explosivos más bajos y más altos para el gas metano

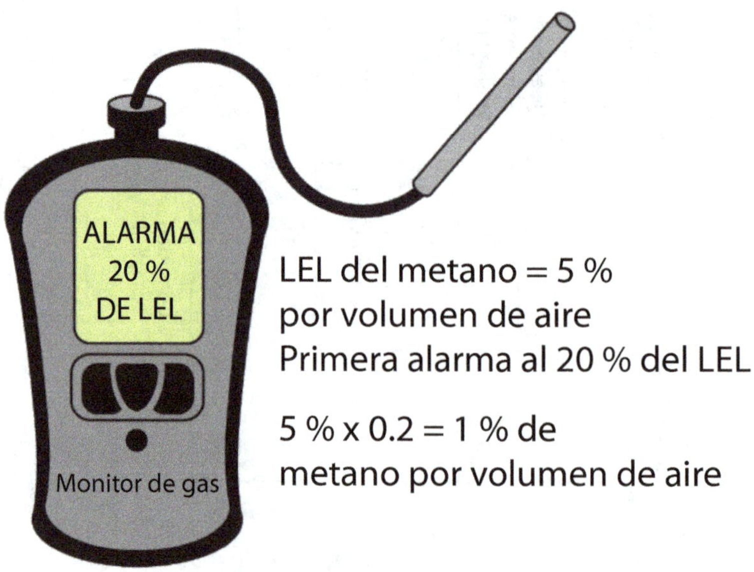

Figura 4.33 Configuración del monitor de gas para la lectura del LEL para el metano

y un asfixiante químico. A 100 ppm, se considera que el H_2S es inmediatamente peligroso para la vida y la salud. El límite de 8 horas de exposición permisible de la Administración de Seguridad y Salud Ocupacionales (*Occupational Safety and Health Administration*) es de 10 ppm. El gas sulfuro de hidrógeno es más denso que el aire, por lo que tiende a acumularse en el piso o en el fondo de los tanques o las estructuras.

La presencia de metano y sulfuro de hidrógeno en el biogás crea riesgos de explosión e incendio. Como se muestra en la Figura 4.34, hay tres cosas que deben estar presentes para que se produzca la combustión: El combustible en el biogás es el metano y el sulfuro de hidrógeno. Los elementos de seguridad en los digestores, como los tubos con sello o las compuertas selladas, están diseñados para reducir el riesgo de que ingresen cantidades significativas de oxígeno al espacio de cabeza del digestor y se mezclen con el biogás. Las actividades que producen calor, como las herramientas que generan chispas y las llamas abiertas, deben restringirse en las áreas en el interior del digestor y alrededor del mismo donde podría haber combustible y oxígeno. Todas estas precauciones de seguridad tienen como objetivo eliminar uno de los lados del triángulo y así reducir el riesgo de que se produzca un incendio. Sin embargo, como todavía existe la posibilidad de que se produzca un incendio, en los digestores anaerobios se incluyen medidas de seguridad adicionales para limitar la propagación de un incendio.

En la sección de procesamiento de gas de este capítulo, abarcamos los motivos por los cuales se necesitan elementos de alivio de presión en los digestores anaerobios. Están diseñados para abrirse durante un corto período de tiempo y expulsar biogás solo el tiempo necesario para disminuir la presión de gas en el interior hasta un nivel seguro. No permiten que el aire pase nuevamente a través del dispositivo e ingrese en el digestor. Cuando se abren por un corto período de tiempo, es posible que la atmósfera en el punto de descarga alcance el LEL del biogás. El oxígeno está presente en el aire. Si se hiciera presente una fuente de calor apropiada, se produciría la combustión. Si no hay restricción alguna en el tubo o en la abertura que conduce a la descarga, es posible que la llama pueda volver a través del tubo y potencialmente arrastrar aire con ella y así crear un incendio por retorno de llama. Los supresores de llamas se utilizan para crear una alteración en el caudal de gas que vuelve a través del tubo; tienen muchos deflectores pequeños que interrumpen el movimiento del calor y lo enfrían lo suficiente como para detener la llama en el dispositivo, lo que evita que la llama se desplace hacia el digestor y alcance la fuente de combustible más grande. Los supresores de llamas y las trampas de llama son dispositivos pasivos que pueden sufrir daños si se produce un *incendio por retorno de llama*. Todos los equipos de seguridad de gas deben inspeccionarse y mantenerse según las recomendaciones del fabricante.

Un *incendio por retorno de llama* se produce cuando una llama se desplaza a través de un tubo o una restricción de regreso a la fuente de combustible y provoca una explosión grande y repentina acompañada de fuego.

Para obtener más información de seguridad, consulte el MOP 1 de WEF, *Prevención de accidentes, salud y seguridad en los sistemas de aguas residuales (Safety, Health, and Security in Wastewater Systems)* (2012).

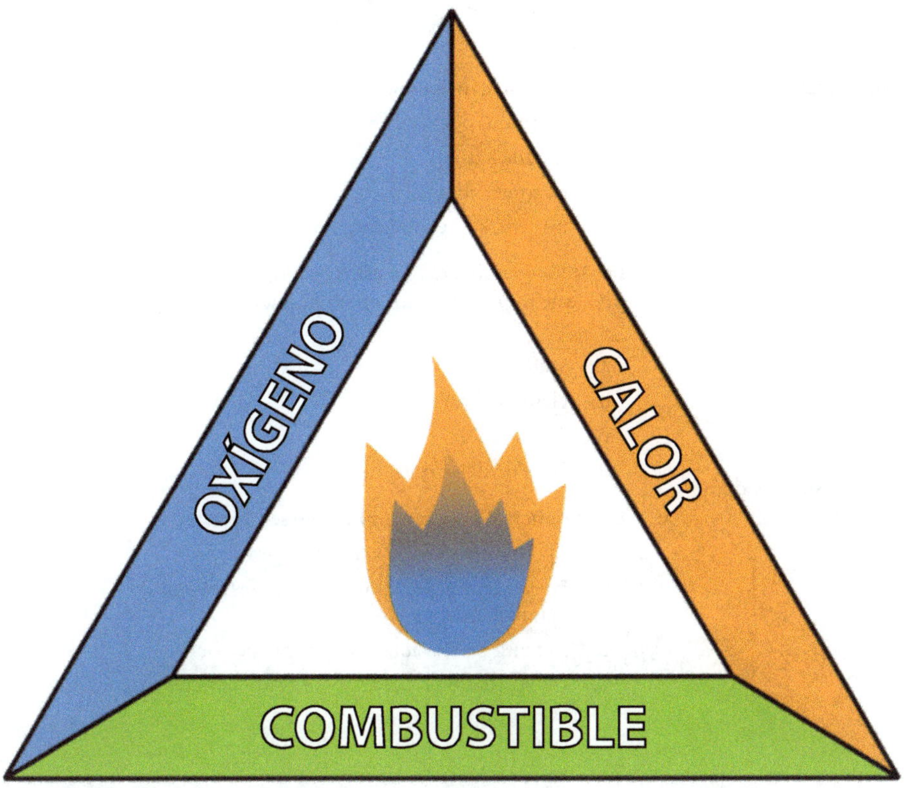

Figura 4.34 Triángulo del fuego

Figura 4.35 Supresor de llamas horizontal (reimpreso con autorización de Passaro Engineering, LLC)

COMPROBACIÓN DE CONOCIMIENTOS

1. **Es posible que las válvulas de alivio de presión liberen pequeñas cantidades de biogás durante el funcionamiento normal de un digestor anaerobio.**
   - ☐ Verdadero
   - ☐ Falso

2. **La exposición por inhalación, ¿a cuál de los componentes del biogás presenta los riesgos más graves para la salud?**
   a. Metano
   b. Sulfuro de hidrógeno
   c. Dióxido de carbono
   d. Oxígeno

3. **Un área donde haya menos de un 21 % de oxígeno se considera una atmósfera con deficiencia de oxígeno.**
   - ☐ Verdadero
   - ☐ Falso

4. **Los supresores de llamas ofrecen protección contra ________.**
   a. Incendios por retorno de llama
   b. La ignición
   c. La combustión
   d. Incendios de combustión súbita

5. **Las tres cosas que deben estar presentes en el mismo momento para que se produzca un incendio incluyen oxígeno, calor y ________.**
   a. Madera
   b. Llama abierta
   c. Combustible
   d. Dióxido de carbono

6. **La presencia de gas metano puede ser detectada**
   a. Al observar su color verde característico
   b. Por un sensor de metano montado en el punto más bajo del área
   c. Al sentir su olor intenso a "huevo podrido"
   d. Un sensor de LEL configurado para detectar metano

EJERCICIO DEL CAPÍTULO

En esta sección, trabajará con dos estudios de caso diferentes. La WRRF en Anytown, EE. UU., está equipada con dos digestores anaerobios operados en serie. El digestor primario recibe una mezcla de lodo primario y LAP espesado. Los sólidos del digestor primario se transfieren al digestor secundario, como se muestra en la Figura 4.36. Se permite que los sólidos digeridos se sedimenten y espesen en el digestor anaerobio secundario antes de la extracción y aplicación en tierra. El producto de decantación del digestor secundario retorna al flujo de líquidos en un punto aguas abajo del monitoreo del caudal de entrada y aguas arriba de los clarificadores primarios. El digestor primario puede almacenar 570 m^3 (120 000 gal). La temperatura del digestor está estable a 34 °C (93.2 °F).

DIGESTIÓN ANAEROBIA: ESTUDIO DE CASO UNO, PERÍODO 1

Se recolectan muestras del digestor tres veces por semana y se las analiza para determinar el pH, la alcalinidad y los AGV. El caudal de bombeo de lodo de alimentación del digestor se monitorea continuamente a través del control de supervisión y el sistema de adquisición de datos de la instalación. Las muestras de lodo de alimentación se recolectan tres veces por semana y se las monitorea para detectar sólidos totales y VS. En condiciones operativas normales, la alcalinidad en el digestor secundario es ligeramente más alta que en el digestor secundario y la concentración de ácidos volátiles es ligeramente más baja. Los datos operativos desde el 22 de septiembre hasta el 7 de octubre se presentan en la Tabla 4.8. La concentración de ácidos volátiles en el digestor primario aumentó rápidamente entre el 2 y el 5 de octubre. Su misión es (a) determinar por qué los ácidos volátiles están aumentando y (b) determinar qué debe hacer el operador para reducir los AGV y restaurar el buen estado de los digestores.

1. En base a su conocimiento sobre la digestión anaerobia, ¿cuál es el motivo más probable de un aumento en los AGV? ______________________________
2. ¿Qué parámetros están cambiando con el tiempo y cuáles no? ______________________________
3. ¿Qué dos parámetros operativos fundamentales debe calcular el operador para poder tener un mejor conocimiento sobre lo que está sucediendo? ______________________________
4. ¿Qué parámetros resultan menos útiles para el control del proceso y la resolución de problemas? ______________________________
5. Agregue columnas a la Tabla 4.8 para cada parámetro operativo fundamental y realice los cálculos.
6. Compare los resultados con los parámetros operativos típicos que se presentan en la Tabla 4.2.
7. ¿Qué medidas correctivas podría tomar el operador para minimizar la perturbación, reducir los AGV y restaurar la salud del digestor? ______________________________

DIGESTIÓN ANAEROBIA: ESTUDIO DE CASO UNO, PERÍODO 2

El operador sospecha que el aumento en la carga de VS al digestor es el motivo del aumento de los ácidos volátiles. Se decide reducir la tasa de carga al digestor acarreando temporalmente el lodo de alimentación hacia otra instalación de tratamiento. También se comienza a transferir lodo digerido saludable del digestor

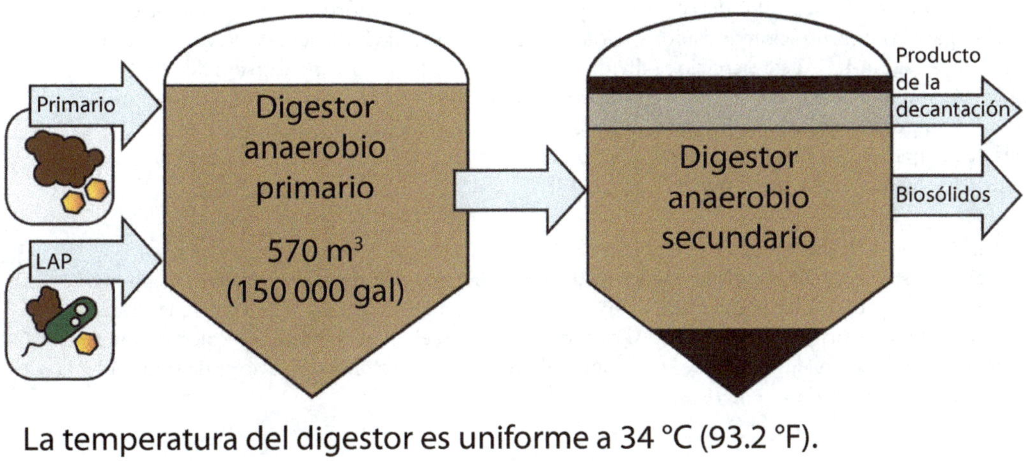

Figura 4.36 Proceso de digestor anaerobio de etapa doble en Anytown, EE. UU (reimpreso con autorización de Indigo Water Group)

Tabla 4.8 Digestión anaerobia: estudio de caso uno, período 1 (WPCF & Environment Canada, 1981).

Fecha	Ácidos volátiles, mg/L	Alcalinidad, mg/L	Lodo de alimentación, m^3/d (gal/d)	Sólidos totales, %	Sólidos volátiles, %	Lodo de inoculación agregado, m^3/d (gal/d)	pH, s.u.	Observaciones
22 de septiembre	125	2450	40.5 (10 700)	5.3	65	Ninguno	7.0	
25 de septiembre	115	2400	38.8 (10 250)	5.2	69	Ninguno	6.9	
29 de septiembre	120	2400	37.8 (10 000)	5.9	76	Ninguno	6.9	
2 de octubre	180	2300	37.0 (9800)	6.6	79	Ninguno	7.0	
5 de octubre	450	2250	38.6 (10 200)	6.3	76	Ninguno	7.0	
7 de octubre	620	2200	39.4 (10 400)	6.2	74	Ninguno	6.9	

secundario nuevamente hacia el digestor primario. Se espera así poner en marcha la biología y diluir los AGV en el digestor primario. Se continúan recolectando datos operativos tres veces por semana hasta el 9 de noviembre. Los resultados se presentan en la Tabla 4.9. Su misión es determinar (1) si las medidas correctivas tuvieron éxito y (2) de dónde proceden los sólidos volátiles adicionales en el lodo de alimentación.

1. ¿Tuvieron éxito las medidas correctivas? ¿Que pruebas respaldan su conclusión? ________________
2. ¿Pudo el operador restablecer la relación AV/ALC y la tasa de carga de VS a las condiciones previas a la perturbación? ________________
3. **Pregunta de seguridad:** ¿De dónde es más probable que procedan los VS adicionales? ¿Es más probable que hayan procedido del lodo primario o el LAP? Tenga en cuenta lo que conoce sobre la consistencia del lodo primario y del lodo secundario. ________________

DIGESTIÓN ANAEROBIA: ESTUDIO DE CASO DOS

En este ejercicio, todos los cálculos del control del proceso ya están realizados. Los diagramas de control del proceso para la concentración de ácidos volátiles, la relación AV/ALC, y la tasa de carga de SVS se muestran en la Figura 4.37. Este ejercicio se divide en cuatro períodos de tiempo distribuidos en 2 meses. Sacará el máximo provecho del ejercicio si puede evitar anticiparse y enfocar toda su atención en cada período de tiempo de la secuencia. Están etiquetados del 1 al 4 en la Figura 4.37. Consulte las respuestas después de completar las preguntas para cada período de tiempo. Algunas respuestas están acompañadas por información adicional sobre el proceso.

DIGESTIÓN ANAEROBIA: ESTUDIO DE CASO DOS, PERÍODO 1

En general, la relación AV/ALC es de alrededor de 0.1 y la concentración de AGV es inferior a 250 mg/L. En el transcurso de 5 días, la concentración de AGV ha aumentado de 232 mg/L a 580 mg/L. La relación AV/ALC ha aumentado de menos de 0.1 a 0.25. Al final del período 1, el operador decide recolectar muestras del digestor secundario. Se descubre que la relación AV/ALC en el digestor secundario es de solo 0.12 y la concentración de AGV es de 180 mg/L.

Tabla 4.9 Digestión anaerobia: estudio de caso uno, período 2 (WPCF & Environment Canada, 1981)

Fecha	Ácidos volátiles, mg/L	Alcalinidad, mg/L	Lodo de alimentación, m^3/d (gal/d)	Sólidos totales, %	Sólidos volátiles, %	Lodo de inoculación agregado, m^3/d (gal/d)	pH, SU	Observaciones
9 de octubre	750	2350	32.9 (8700)	5.9	68	13.9 (3670)	6.9	
11 de octubre	670	2400	33.3 (8800)	5.7	67	16.4 (4330)	7.0	
14 de octubre	680	2350	38.2 (10 100)	5.7	65	Ninguno	7.0	
16 de octubre	640	2450	36.0 (9500)	5.5	67	15.0 (3960)	6.9	
19 de octubre	490	2450	35.6 (9400)	5.4	66	1.9 (500)	6.9	
21 de octubre	280	2350	37.1 (9800)	5.5	66	Ninguno	6.9	
*octubre 23	140	2350	39.0 (10 300)	5.2	68	Ninguno	7.0	
28 de octubre	120	2400	39.7 (10 500)	5.5	67	Ninguno	6.9	
*noviembre 9	120	2450	40.5 (10 700)	5.4	66	Ninguno	7.0	

*Aquí no se presentan todos los resultados de laboratorio de entre el 23 de octubre y el 9 de noviembre.

1. Revise cada uno de los gráficos de control del proceso para el período 1 (Figura 4.37). ¿Es el aumento en los AGV el resultado de un aumento en la tasa de carga de VS? ______
2. Si la tasa de producción de AGV no presentó cambios, ¿qué sucedió con la tasa de consumo de AGV? ______
3. ¿Qué otras variables de control del proceso debería controlar el operador? ¿Por qué? ______
4. ¿Qué podría hacer el operador para reducir la tasa de generación de AGV? ______
5. ¿Qué podría hacer el operador para que la relación AV/ALC disminuya rápidamente? ______
6. El digestor secundario parece no verse afectado. ¿Por qué podría verse afectado solo el digestor primario? ______
7. ¿Qué debería hacer el operador para confirmar sus sospechas? ______
8. ¿Qué puede hacer el operador para evitar que el digestor secundario también se vea afectado por la perturbación? ______

DIGESTIÓN ANAEROBIA: ESTUDIO DE CASO DOS, PERÍODO 2

El operador decide disminuir la tasa de carga a alrededor de 1.5 kg/m^3•d (0.07 lb/ft^3•d). El lodo que no puede alimentarse al digestor se bombeará a un estanque de tratamiento de aguas residuales vacío. Observe en la Figura 4.37 que la tasa de carga es ahora la mitad de lo que era durante el período 1.

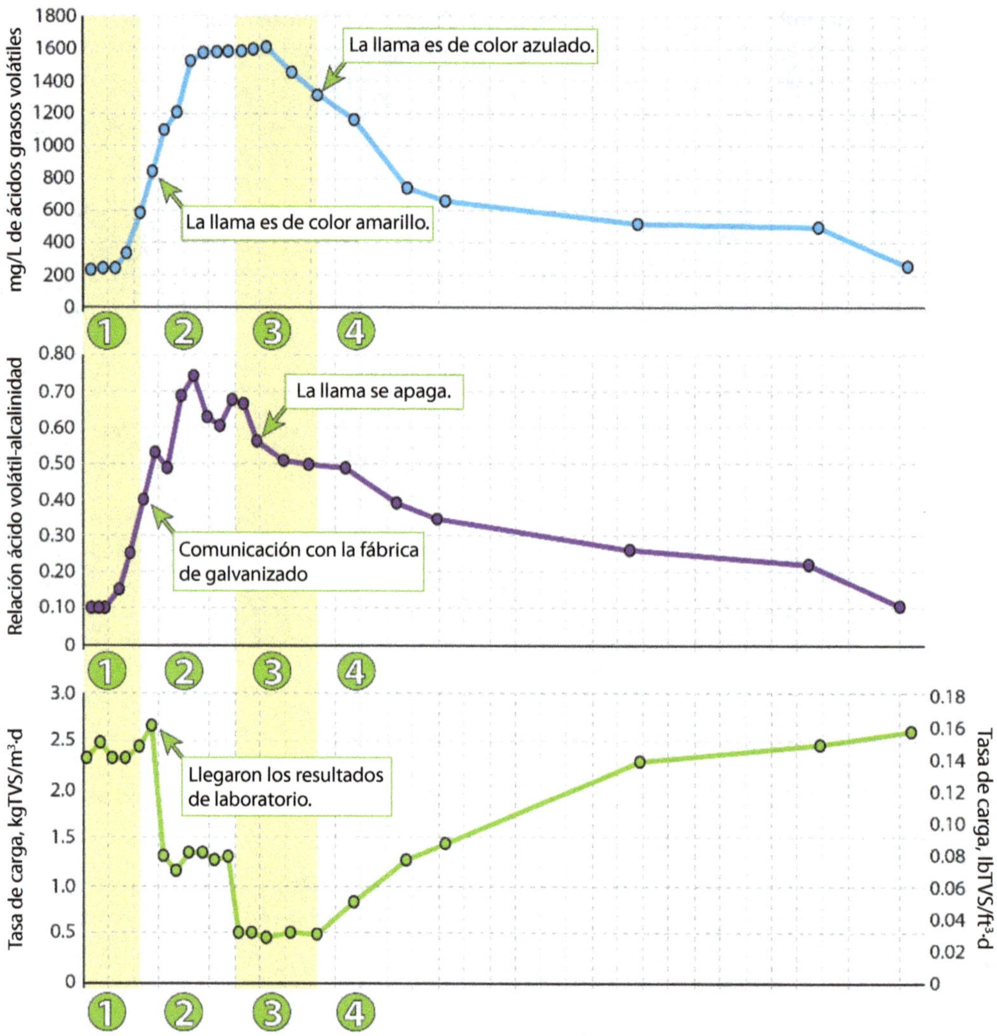

Figura 4.37 Gráficos de control del proceso para el estudio de caso dos (adaptado de WPCF & Environment Canada, 1981)

La concentración de ácidos volátiles continúa aumentando en el digestor y la relación AV/ALC en el digestor primario ha aumentado a 0.74 (Figura 4.37). La llama de la antorcha del digestor ahora presenta un color más amarillento que azulado. Las muestras de laboratorio indican que el pH ha disminuido por debajo de 6.5 y que la relación AV/ALC en el digestor secundario está aumentando.

Una fábrica de galvanizado de cromo se comunicó para informar que tenían una gran fuga en su tanque de baño de galvanizado. Se lo ha reparado, pero calculan que más de 19 m^3 (5000 gal) de desechos de cromo se descargaron directamente en el alcantarillado. El informe del laboratorio, que se recibió más tarde ese mismo día, mostró un 3 % de cromo total en el lodo del digestor. El operador sabe que esta concentración de cromo es tóxica para los metanógenos.

El operador debe tomar medidas para lograr la recuperación del digestor. Afortunadamente, el cromo ya no ingresa a la WRRF.

1. ¿Por qué se volvió amarilla la llama? ________________

2. El cromo es tóxico en concentraciones altas. ¿Cómo podría el operador disminuir la concentración de cromo en el digestor? ________________

3. La relación AV/ALC es demasiado alta para que los metanógenos puedan sobrevivir. ¿Cómo puede el operador ajustar la relación? ________________

4. ¿Puede el operador de alguna manera reducir la tasa de carga de VS para dar a los metanógenos la oportunidad de ponerse al día y consumir los AGV que ya se han producido? ______________________________

____

DIGESTIÓN ANAEROBIA: ESTUDIO DE CASO DOS, PERÍODO 3

El operador decide (a) disminuir nuevamente la tasa de carga a alrededor de 0.5 kg/m^3•d (0.03 lb/ft^3•d) (el lodo que no puede alimentarse al digestor se bombeará al estanque de tratamiento vacío), (b) comenzar a agregar cal al digestor para el control de alcalinidad y (c) reciclar el lodo del digestor secundario hacia el digestor primario.

La llama de la antorcha del digestor se extingue dos veces, pero el operador puede volver a encenderla. Una semana después, la llama vuelve a tomar un color azulado. El pH del digestor se ha recuperado a 6.8.

1. ¿Por qué se extinguió la llama? ______________________________
2. ¿Qué está sucediendo con la concentración de AGV? ¿Por qué? ______________________________
3. ¿Por que la llama volvió a tomar un color azulado? ______________________________
4. ¿Cuál es la relación AV/ALC al final del período 3? ______________________________
5. ¿Cuánto tiempo debe el operador continuar agregando cal al digestor? ______________________________

DIGESTIÓN ANAEROBIA: ESTUDIO DE CASO DOS, PERÍODO 3

El digestor se está recuperando. La concentración de ácido volátil está disminuyendo, el pH es de 7.0, y la relación AV/ALC continúa disminuyendo. El operador cuenta con un estanque de tratamiento lleno de lodo que, en algún momento, necesitará transferirse al digestor o acarrearse a otra instalación. El operador aumenta gradualmente la tasa de alimentación durante las semanas posteriores hasta que el digestor está funcionando con su tasa de carga de VS original. La recuperación completa ha tomado poco más de 2 meses desde la perturbación original.

SOLUCIONES AL EJERCICIO DEL CAPÍTULO

ESTUDIO DE CASO UNO: PERÍODO 1

1. El motivo más probable de un aumento en los ácidos volátiles es la alimentación excesiva. Un aumento repentino en la masa de VS en el lodo de alimentación provocará un aumento repentino en la tasa de crecimiento y en la actividad de las bacterias formadoras de ácido. El aumento en la actividad da lugar a la acumulación de AGV porque las bacterias formadoras de metano no pueden adaptarse con tanta rapidez a los cambios en las condiciones.
2. Los ácidos volátiles están aumentando. El volumen de lodo bombeado no está cambiando demasiado, pero el porcentaje de TS y el porcentaje de VS están aumentando. Lo importante es la masa de VS, no el caudal de la bomba de alimentación. El pH y la alcalinidad no están cambiando.
3. El operador debe calcular la relación AV/ALC y la tasa de carga de VS para cada día.
4. El pH y la alcalinidad son menos útiles porque no cambiaron demasiado durante toda la perturbación.
5. Los resultados del cálculo se muestran en la Tabla 4.10. La relación AV/ALC se calculó utilizando la ecuación 4.10. Las tasas de carga se calcularon utilizando las ecuaciones 4.7 y 4.8. La relación AV/ALC debe ser menor a

Tabla 4.10 Digestión anaerobia: estudio de caso uno, período 1, cálculos del control de proceso

Fecha	AV/ALC	Tasa de carga, kg VS/m^3•d	Tasa de carga, lb VS/ft^{3}d
22 de septiembre	0.05	2.45	0.15
25 de septiembre	0.05	2.44	0.15
29 de septiembre	0.05	2.97	0.19
2 de octubre	0.08	3.38	0.21
5 de octubre	0.20	3.24	0.20
7 de octubre	0.28	3.17	0.20

0.1. Alcanzó un valor de 0.28 el 7 de octubre. Las tasas de carga están dentro del rango operativo típico para los digestores anaerobios, pero aumentaron de repente entre el 29 de septiembre y el 7 de octubre.

6. El operador podría intentar tomar diferentes medidas correctivas. En primer lugar, el operador debe dejar de transferir lodo del digestor primario al digestor secundario. En este momento, el lodo en el digestor secundario continúa siendo saludable y puede utilizarse para volver a inocular el digestor primario. Al detener la alimentación al digestor secundario, se lo protege y se ayuda a garantizar que solo el digestor primario presenta la perturbación. En segundo lugar, el operador debe reducir la tasa de carga al digestor primario, de ser posible. Esto les dará a las bacterias formadoras de metano la oportunidad de adaptarse y consumir la acumulación de AGV. El operador también puede agregar químicos al digestor primario para aumentar la alcalinidad. Recuerde: Los ácidos volátiles no son necesariamente un problema, siempre y cuando la relación AV/ALC sea baja. Si la situación continúa empeorando, el operador podría transferir lodo saludable del digestor secundario al digestor primario.

ESTUDIO DE CASO UNO: PERÍODO 2

1. Sí, las medidas correctivas fueron exitosas. La evidencia incluye: (a) una disminución de las concentraciones de AGV a 120 mg/L el 9 de noviembre y (b) una disminución de la relación AV/ALC por debajo de 0.1 el 23 de octubre.
2. Sí. Para responder la pregunta, se debe calcular la relación AV/ALC y las tasas de carga de VS para el período 2. Los resultados de los cálculos se presentan en la Tabla 4.11.
3. **Pregunta de seguridad:** El porcentaje de VS en la mayoría de los procesos de tratamiento secundario suele ser constante de un día para otro. Esto implica que es muy probable que el aumento repentino en la carga de VS provenga del lodo primario. Las características del lodo primario reflejan los tipos de actividades que tienen lugar en la red de alcantarillado. En este caso, una enlatadora de frutas estacional había puesto en marcha su producción y estaba enviando una cantidad importante de desechos a la WRRF.

ESTUDIO DE CASO DOS: PERÍODO 1

1. No, la tasa de carga de VS no cambió más de un 10 % cada día en el período 1.
2. Los AGV están aumentando y eso implica que no se los está utilizando con la misma rapidez con la que se los está produciendo.
3. El operador debe verificar el SRT y la temperatura del digestor. Si el SRT es demasiado corto, la población de metanógenos se lavará hacia afuera del digestor. Las bacterias formadoras de metanógenos son sensibles a los cambios en la temperatura, por más pequeños que sean. Un cambio en la temperatura puede ser el motivo por el que los formadores de metano no están consumiendo AGV con la misma rapidez con la que lo suelen hacer.

   El SRT se mantuvo entre 18 y 22 días durante varias semanas. La temperatura del digestor se monitorea continuamente y no ha cambiado más de 0.6 °C (1 °F) durante la última semana. Ninguno contribuyó con la acumulación de AGV.
4. Reduzca la tasa de carga de VS al digestor primario.
   El operador no puede controlar la cantidad de lodo generado. El exceso de lodo se pudo almacenar temporalmente en un depósito vacío o en un estanque de tratamiento de aguas residuales. Esta WRRF en particular tiene un estanque fuera de servicio. El exceso de lodo también podría acarrearse a otra instalación. El acarreo es costoso, en especial para las instalaciones más grandes.
5. El operador no puede cambiar la concentración de AGV, pero puede aumentar la concentración de alcalinidad.
   El operador calcula la cantidad de cal que se requiere en base a la recomendación general de 1 kg de cal por cada 8.4 m^3 de lodo (1 lb de cal por cada 1000 gal lodo) (WPCF & Environment Canada, 1981).
   El operador realiza un pedido de cal suficiente para 2 semanas de uso diario, por si acaso.
6. Algo está afectando a los formadores de metano. Puede haber algo tóxico en el lodo de alimentación.

Tabla 4.11 Digestión anaerobia: estudio de caso uno, período 2, cálculos del control de proceso

Fecha	AV/ALC	Tasa de carga, kg VS/m³•d	Tasa de carga, lb VS/ft³d
9 de octubre	0.32	2.32	0.15
11 de octubre	0.28	2.23	0.14
14 de octubre	0.29	2.48	0.16
16 de octubre	0.26	2.33	0.15
19 de octubre	0.20	2.23	0.14
21 de octubre	0.12	2.36	0.15
23 de octubre	0.06	2.42	0.15
28 de octubre	0.05	2.57	0.16
9 de noviembre	0.05	2.53	0.15

7. El operador debe recolectar muestras del caudal de entrada de aguas residuales y del lodo primario y secundario. Las muestras deben analizarse para detectar metales pesados y compuestos orgánicos que pueden ser tóxicos para los formadores de metano.
8. Detenga la transferencia de lodo de alimentación desde el digestor primario al digestor secundario. Aíslelo.

ESTUDIO DE CASO DOS: PERÍODO 2

1. La concentración de gas metano del digestor está disminuyendo. En este punto, ya no queda un porcentaje de metano lo suficientemente alto como para producir una llama azul.
2. La concentración de cromo puede disminuirse si se diluye el lodo en el digestor primario. El operador podría transferir lodo saludable del digestor secundario nuevamente hacia el digestor primario. De hecho, se combinarán los contenidos de ambos digestores, lo que disminuirá la concentración general de cromo. El operador también podría agregar lodo de alimentación saludable de una WRRF cercana. Con la segunda opción, se deberá tener cuidado de no disminuir demasiado el SRT del digestor porque, de lo contrario, se eliminarán completamente los metanógenos.
3. Agregue cal u otra base para aumentar la alcalinidad. El operador se ha preparado para esto y cuenta con un suministro de cal en la instalación.
4. Encuentre un lugar donde almacenar el lodo de forma temporal o acarréelo a otra instalación.

ESTUDIO DE CASO DOS: PERÍODO 3

1. La concentración de metano disminuye por debajo del LEL.
2. La concentración de AGV está disminuyendo. Los metanógenos están convirtiendo los AGV en metano.
3. La concentración de metano aumentó. Esto demuestra que los metanógenos se están recuperando.
4. Alrededor de 0.5
5. Hasta que la relación AV/ALC sea de 0.25 o inferior

RESUMEN DEL CAPÍTULO

	Digestión anaerobia
OBJETO Y FUNCIÓN	■ Reducir los patógenos. ■ Reducir la atracción de vectores. ■ Reducir los VS. ■ Reducir la masa total de sólidos. ■ Convertir lodo en biosólidos. ■ Producir biogás para utilizar como combustible. ■ Recuperar el fósforo precipitado.
TEORÍA DE OPERACIÓN	■ Los sólidos generalmente se almacenan en tanques cubiertos a alrededor de 35 °C (95 °F) durante 15–20 días. ■ Tres grupos principales de bacterias descomponen los VS. ■ No se encuentran presente ni el oxígeno, ni el nitrito ni el nitrato. ■ Cuatro pasos diferentes: hidrólisis, acidogénesis, acetogénesis y metanogénesis. ■ Los productos finales incluyen: metano, dióxido de carbono, agua, gas hidrógeno, amoníaco, fosfato y alcalinidad. ■ Cada grupo de bacterias elabora productos finales que el siguiente grupo de bacterias necesita. ■ Los formadores de metano crecen lentamente. La tasa de crecimiento de los formadores de ácido se reduce para corresponderse con la de los formadores de metano mediante la limitación de recursos disponibles. ■ Las condiciones ambientales o los componentes tóxicos pueden perturbar o matar con facilidad a los formadores de metano. ■ Los sólidos inertes pasan a través del digestor sin cambio alguno.
PARÁMETROS DE DISEÑO	■ Los criterios de diseño para los digestores mesofílicos convencionales incluyen: • SRT de entre 15 y 20 días. • Una reducción mínima de VS del 38 % requerida por las regulaciones 503. • Ser calentados para mantener una temperatura de 30–38 °C (85–100 °F). • Una carga del digestor sin mezcla de tasa baja de 0.5–1.5 kg SVS/m^3·d (0.04–0.10 lb SVS/ft^3·d). • Una carga del digestor con mezcla de tasa alta de 1.9–2.5 kg SVS/m^3·d (0.12–0.16 lb SVS/ft^3·d). ■ Los digestores termofílicos funcionan a 50–57 °C (122–135 °F). ■ Existen diferentes variaciones para mejorar la destrucción de VS.
DESEMPEÑO ESPERADO	■ Reduce los VS en hasta un 60 %, aunque lo típico es en un 45 %–55 %. ■ Puede producir biosólidos de clase B. ■ Produce entre 0.75–1.12 m^3 de biogás por kilogramo de VS destruidos (12–18 ft^3/lb). ■ El biogás contiene 60 %–65 % de metano y 35 %–40 % de dióxido de carbono con cantidades traza de sulfuro de hidrógeno y otros gases. ■ El biogás tiene un valor calorífico menor al del gas natural. ■ DBO del sobrenadante <2000 mg/L y SST $<10\,000$ mg/L. ■ El N y el P del sobrenadante dependen de la VSR. ■ El amoníaco se acumula en el digestor a 800–2000 mg/L como N.
EQUIPOS	■ La forma del tanque tiene un gran efecto sobre ciertas características del sistema, como la eficiencia de la mezcla, la acumulación de arena y la acumulación de natas.

VARIABLES DEL PROCESO	■ TDH. ■ SRT. ■ Tasa de carga de VS. ■ VSR. ■ Cambio de temperatura menor a 0.6 °C (1 °F) por día. ■ Un pH de 6.8–7.2 es lo ideal. ■ Una alcalinidad de 3000–4000 mg/L como $CaCO_3$ es lo típico. ■ Una concentración de ácidos volátiles de 50–300 mg/L indica que se trata de un digestor saludable. ■ La relación AV/ALC debe ser menor a 0.3. ■ Los metales pesados, el amoníaco, los sulfuros y otros componentes pueden ser tóxicos.
CONTROL DEL PROCESO	■ Equilibre las tasas de crecimiento de los acidógenos, acetógenos y metanógenos. ■ Mantenga las variables del proceso dentro de los rangos aceptables. ■ Mantenga un SRT mínimo de al menos 15 días. ■ Mantenga una tasa de alimentación constante o casi constante y evite la sobrecarga. ■ No aumente la carga de VS más de un 10 % por día. ■ Equilibre los agregados de lodo con extracciones de lodo y sobrenadante. ■ Espese previamente el lodo de alimentación para maximizar el TDH y el TRH, reducir los requisitos de calentamiento y evitar la pérdida de alcalinidad y metanógenos. ■ Evite los casos de espumaje minimizando la transferencia de filamentos y agentes tensioactivos al digestor y manteniendo una tasa de alimentación constante. ■ Evite los casos de aumento rápido garantizando que los equipos de mezcla están trabajando correctamente y manteniendo una tasa de alimentación constante.
OPERACIÓN DIARIA	■ Realice recorridas diarias para inspeccionar los equipos.
RECOLECCIÓN, MUESTREO Y ANÁLISIS DE LOS DATOS	■ Realice el monitoreo de cinco ubicaciones: lodo de alimentación, lodo en el digestor, sólidos digeridos, sobrenadante y biogás. ■ Asegúrese de que las muestras sean representativas. ■ Analice las muestras recolectadas para determinar la temperatura y el pH en un lapso de 5–10 minutos a partir de la recolección de la muestra. ■ Represente los resultados en gráficos a diario para identificar fácilmente las tendencias y posibles problemas.
RESOLUCIÓN DE PROBLEMAS	■ Determine si los acidógenos y acetógenos están superando a los metanógenos (alimentación excesiva) o si la actividad de los metanógenos está inhibida. ■ Compare las condiciones operativas actuales y las tendencias de los datos con los rangos aceptados para determinar la(s) causa(s) de las condiciones no deseadas. ■ Lleve a cabo la resolución de problemas de los equipos del digestor utilizando los manuales de operación y mantenimiento para los equipos de su WRRF. ■ Considere al digestor secundario como una póliza de seguro. Detenga la transferencia de lodo al digestor secundario si el digestor primario presenta una perturbación. ■ Se recomienda a los operadores revisar la infografía de resolución de problemas para analizar diferentes situaciones.

Referencias

American Biogas Council. (n.d.). *FAQs*. Recuperado el 17 de junio de 2020 de https://americanbiogascouncil.org/resources/faqs/

American Gas Association. (2001). *Purging principles and practice.* American Gas Association.

American Society of Civil Engineers. (2017). *2017 Infrastructure report card.* https://www.infrastructurereportcard.org/cat-item/wastewater/

American Public Health Association, American Water Works Association y Water Environment Federation. (2017). *Standard methods for the examination of water and wastewater* (23.º edición). American Public Health Association.

Bajpai, P. (2017). Capítulo 2: Basics of anaerobic digestion process. En *Anaerobic technology in pulp and paper industry* (pp. 7–12). https://www.springer.com/gp/book/9789811041297

Burd, R. S. (1968). *A study of sludge handling and disposal* (Publicación n.º WP-20-4). U.S. Department of the Interior, Federal Water Pollution Control Administration.

Chapman, D. (1989). *Mixing in anaerobic digesters: State of the art.* Gulf Publishing Co.

Chapman, T., Strehler, A., Truong, P., & Krugel, S. (2014). *Digester gas hold-up and rapid rise foam formation* [Presentación de artículo científico]. Annual Residuals and Biosolids Conference (CD-ROM), Austin, TX, Estados Unidos: Water Environment Federation.

Grady, C. P. L., Daigger, G. T., & Lim, H. C. (1999). *Biological wastewater treatment.* Marcel Dekker.

Haug, R. T., LeBrun, T. I., & Tortoriei, L. D. (1983). Thermal pretreatment of sludges—A field demonstration. *Journal of the Water Pollution Control Federation, 55*, 23–34.

Hernandez, M., & Jenkins, D. (1994). The fate of Nocardia in anaerobic digestion. *Water Environment Research, 66*(6), 828–835.

Jenkins, D., Richard, M. G., & Daigger, G. T. (2004). *Manual on the causes and control of activated sludge bulking, foaming, and other solids separation problems* (3.º edición). CRC Press LLC and IWA Publishing.

McCarty, P. (1964, octubre). Anaerobic waste treatment fundamentals, part two. *Public Works*, 123–126.

McCarty, P. L., & McKinney, R. E. (1961). Salt toxicity in anaerobic treatment. *Journal of the Water Pollution Control Federation, 33*, 399.

Metcalf & Eddy/AECOM. (2014). *Wastewater engineering: Treatment and resource recovery.* McGraw Hill Education.

Parkin, G. F., & Owen, W. F. (1986). Fundamentals of anaerobic digestion of wastewater sludges. *Journal of Environmental Engineering, 112*(5), 867–920.

Pavlostathis, S. G., & Gossett, J. M. (1988). Preliminary conversion mechanisms in anaerobic digestion of biological sludges. *Journal of Environmental Engineering, 114*, 575–592.

Pavlostathis, S. G., & Gossett, J. M. (2004). A kinetic model for anaerobic digestion of biological sludge. *Biotechnology and Bioengineering, 28*, 1519–1530.

Rossetti, S., Tomei, M. C., Nielsen, P. H., & Tandoi, V. (2005). *"Microthrix parvicella,"* a filamentous bacteria causing bulking and foaming in activated sludge systems: A review of current knowledge. *FEMS Microbiology Reviews, 29*, 49–64.

Sanders, W. T. M., Geerink, M., Zeeman, G., & Lettinga, G. (2000). Anaerobic hydrolysis kinetics of particulate substrates. *Water Science and Technology, 41*, 17–24.

Schafer, P. L., Farrell, J., Newman, G., & Vandenburch, S. (2002, 28 de septiembre-2 de octubre). *Advanced anaerobic digestion performance comparisons* [Presentación de artículo científico]. 75th Annual Water Environment Federation Technical Exposition and Conference (CD-ROM), Chicago, IL, Estados Unidos. Water Environment Federation.

Sharpe, G. (2014). *Rapid volume expansion of digester contents* [Presentación de artículo científico]. NC AWWA WEA Annual Conference (p. n. d.). Winston-Salem, NC, Estados Unidos. American Water Works Association—Water Environment Association. https://cdn.ymaws.com/www.ncsafewater.org/resource/collection/2329C0EB-1D63-4289-AEDB-2956CF99CAF0/WW_Monday_AM_11.35_Sharpe.pdf

Stukenberg, J. R., Clark, J. H., Sandino, J., & Naydo, W. (1992). Egg-shaped digesters: From Germany to the US. *Water Environment & Technology, 4*(4), 42–51.

U.S. Environmental Protection Agency. (1974). *Sludge design manual for sludge treatment and disposal* (EPA 625/1-74-006). U.S. Environmental Protection Agency.

U.S. Environmental Protection Agency. (1976). *Anaerobic sludge digestion: Operations manual* (EPA 430/9-76-001). U.S. Environmental Protection Agency, Office of Water, Program Operations.

U.S. Environmental Protection Agency. (1979). *Process design manual for sludge treatment and disposal* (EPA 625/1-79-011). U.S. Environmental Protection Agency.

U.S. Environmental Protection Agency. (1987a). *Dewatering municipal wastewater sludges: Design manual* (EPA 625/1-87/014). U.S. Environmental Protection Agency, Center for Environmental Research.

U.S. Environmental Protection Agency. (1987b). EPA design information report: Anaerobic digester mixing systems (EPA/600/J-87/014). *Journal of the Water Pollution Control Federation, 59*(3), 162–170.

U.S. Environmental Protection Agency. (1987c). Sidestreams in wastewater treatment plants. *Journal of the Water Pollution Control Federation, 59*(1), 54-59.

U.S. Environmental Protection Agency. (2008, 8 de abril). *EPA facility registry service* (FRS): Wastewater treatment plants. https://catalog.data.gov/dataset/epa-facility-registry-service-frs-wastewater-treatment-plants

U.S. Environmental Protection Agency. (2015). *Anaerobic digestion and its applications* (EPA 600/R-15/304). U.S. Environmental Protection Agency, Land Remediation and Pollution Control Division, National Risk Management Research Laboratory.

Water Environment Federation. (2008). *Operation of municipal wastewater treatment plants* (6.º edición) (Manual de práctica n.º 11). Water Environment Federation.

Water Environment Federation. (2012). *Basic laboratory procedures for the operator-analyst* (5.ª ed.). Water Environment Federation.

Water Environment Federation. (2013). *Operation of nutrient removal facilities* (Manual de práctica n.º 37). Water Environment Federation.

Water Environment Federation. (2014). *Moving toward resource recovery facilities.* Water Environment Federation.

Water Environment Federation. (2017). *Operation of water resource recovery facilities* (7.º edición) (Manual de práctica n.º 11). Water Environment Federation.

Water Environment Federation & Association of Boards of Certification. (2018). *Wastewater Treatment Fundamentals I—Liquid Treatment.* Water Environment Federation.

Water Environment Federation, American Society of Civil Engineers, & Environmental and Water Resources Institute. (2018). *Design of water resource recovery facilities* (6.ª ed., WEF Manual of Practice No. 8/ASCE Manuals and Reports on Engineering Practice No. 76). Water Environment Federation.

Water Environment Research Foundation. (2014). *Guidance document on anaerobic digester foaming prevention and control methods* (Informe final INFR1SG10a). Water Environment Research Foundation and IWA Publishing.

Water Pollution Control Federation & Environment Canada. (1981). *WPCF wastewater treatment skill training package: Anaerobic digestion administrative guide.* Preparado en conjunto por Water Pollution Control Federation y Environment Canada.

Zabetakis, M. (1965). *Flammability characteristics of combustible gases and vapors.* U.S. Bureau of Mines.

Bibliografía sugerida

Trout, P. A. (2000, 14 de octubre-18 de octubre). *Inert gas purging of anaerobic digesters and digester gas systems* [Presentación de artículo científico]. 73rd Annual Water Environment Federation Technical Exposition and Conference, Anaheim, CA, Estados Unidos. Water Environment Federation.

Descargue los informes y manuales de la EPA de los EE. UU. desde el sitio web del Centro del Servicio Nacional de Publicaciones Ambientales de la EPA en https://nepis.epa.gov y busque el número de informe.

U.S. Environmental Protection Agency. (1976). *Anaerobic sludge digestion: Operations manual* (EPA 430/9-76-001). U.S. Environmental Protection Agency.

U.S. Environmental Protection Agency. (1987). EPA design information report: Anaerobic digester mixing systems (EPA/600/J-87/014). *Journal of the Water Pollution Control Federation, 59*(3).

U.S. Environmental Protection Agency. (1994). *A plain English guide to the EPA Part 503 Biosolids Rule* (EPA/832/R-93/003). U.S. Environmental Protection Agency.

Water Environment Federation. (2017). *Anaerobic digestion fundamentals* (Hoja de datos, WSEC-2017-FS-002). Water Environment Federation.

CAPÍTULO 5

Deshidratación

Introducción

La deshidratación se utiliza para reducir el volumen de lodo o biosólidos para continuar procesando o para la disposición final. La deshidratación difiere del espesamiento en que el espesamiento del lodo produce sólidos totales en el rango de 2 % a 10 % y la deshidratación típicamente produce sólidos en el rango de 10 % a 45 %. Los sistemas de deshidratación de lodo trasladan y procesan lodo líquido espesado, biosólidos estabilizados o flujos de natas para reducir la cantidad de exceso de agua en tales flujos. La reducción de la cantidad de agua en tales flujos reduce también la cantidad de lodo o biosólidos para continuar tratando o disponiendo. Las tecnologías de deshidratación producen materiales adecuados para continuar el procesamiento, reutilizar beneficiosamente o disponer. El procesamiento adicional de material deshidratado más allá de lo descrito en este capítulo incluye la creación de un material adecuado para comercializarse como fertilizante mediante la *peletización* o la reducción adicional del volumen del lodo que se eliminará con tecnologías como la incineración o el secado térmico.

La *peletización* es el secado por calor del lodo, que resulta en un producto aproximadamente 95 % de sólidos totales que pueden embolsarse y venderse con frecuencia como fertilizante orgánico comercial.

Los procesos de deshidratado están compuestos por una serie de sistemas más pequeños: traslado de lodo líquido espesado (biosólidos), equipos de tecnología de deshidratación y traslado de tortas o de biosólidos deshidratados. El traslado de los biosólidos de la deshidratación se tratará al final de este capítulo, pero el enfoque principal aquí será en las tecnologías de deshidratación. Las bombas de alimentación de biosólidos que se usan para alimentar los dispositivos de deshidratación se tratan en el Capítulo 7 de este manual.

OBJETIVOS DE APRENDIZAJE

Después de completar este capítulo, podrá:

- Explicar el propósito de la deshidratación.
- Explicar las ventajas/desventajas de la deshidratación mecánica en contraposición con el secado por aire.
- Detallar los tipos comunes de equipos de deshidratación mecánica utilizados en instalaciones de recuperación de recursos hídricos (WRRF).
- Calcular las variables de control del proceso, incluidas la tasa de carga hidráulica y la tasa de carga de sólidos.
- Poner en funcionamiento, operar y apagar distintos tipos de sistemas de deshidratación.
- Explicar de qué manera se requiere la deshidratación para cumplir requisitos regulatorios y cómo aumenta las opciones de disposición, reduce los costos de acarreo y, con frecuencia, reduce otros costos de disposición.
- Comprender cómo ajustar las tasas de alimentación de polímero para optimizar el desempeño del deshidratación.
- Describir la resolución de problemas y el mantenimiento de diversos tipos de sistemas de deshidratación mecánica y lechos de secado.
- Comprender diversos tipos comunes de equipos para trasladar lodo.
- Comprender los aspectos básicos del almacenamiento y del acarreo de lodo.

Objeto y función

Al igual que el espesado, la deshidratación de lodo (biosólidos) es un proceso físico que se utiliza para eliminar el agua de los sólidos y reducir el volumen total que se continuará tratando o se eliminará. La reducción del volumen no reduce la masa general de los sólidos secos porque la cantidad total de sólidos continúa siendo la misma y está concentrada en un porcentaje mayor de sólidos totales (TS). La reducción del volumen de lodo o biosólidos reduce los costos de acarreo y disposición de lodo para la instalación de recuperación de recursos hídricos (WRRF).

La masa y el volumen son dos unidades utilizadas comúnmente para medir los biosólidos. La *masa* es la cantidad de materia o sólidos totales contenida en los biosólidos. El *volumen* es la cantidad de espacio que ocupan. Durante la deshidratación, el volumen total se reduce; no obstante, la masa no cambia.

El proceso de deshidratación genera dos productos: una torta de sólidos que consiste en sólidos concentrados y un flujo líquido que consiste principalmente en agua con una cantidad pequeña de sólidos residuales. El flujo líquido puede tener diversos nombres, según el tipo de equipo de deshidratación (centrado, drenaje inferior, humedad evaporada, presado y filtrado) y se recicla de regreso a una ubicación designada en el flujo líquido de la WRRF. El desempeño de los equipos de deshidratación se mide mediante la optimización del contenido de sólidos de torta y la tasa de retención de sólidos. Tal como se indicó, el contenido de sólidos de la torta en general va de 10 % a 45 % de TS y la tasa de retención de sólidos en el líquido está, en general, entre el 90 % y el 99 %.

La capacidad de deshidratación de los biosólidos varía mucho. Hay diversas maneras en las que puede mantenerse agua en los biosólidos. La comprensión de los tipos de agua y de la manera en que los biosólidos se tratan antes de la deshidratación puede resultar muy útil para la optimización del proceso de deshidratación. Todos los procesos de deshidratación se benefician con alguna forma de acondicionamiento químico. Un acondicionamiento químico adecuado mejora los sólidos de las tortas y las tasas de retención de sólidos. El acondicionamiento químico se trata en detalle en el Capítulo 2, Espesamiento, de este manual.

El lector puede consultar el Capítulo 1 de este manual para obtener mayor información sobre el tipo de agua que se encuentra en los sólidos que deben ser tratados en la WRRF.

Las características físicas y químicas de los sólidos determinan el proceso de deshidratación que resulta la mejor opción para usar en la WRRF. Los biosólidos que se procesan bien en un filtro de banda posiblemente no funcionen igual de bien en una centrífuga y viceversa. Los lodos industriales y químicos no se deshidratan bien en una prensa de filtro de banda porque suelen ser más viscosos y pegajosos y, en consecuencia, atascan los poros de la banda y se adhieren a la superficie, lo que los hace difíciles de eliminar por raspado en el extremo de descarga de la máquina. El desempeño del proceso de deshidratación puede optimizarse mediante el ajuste de las variables del proceso y las pruebas con distintos tipos y concentraciones de químicos de acondicionamiento. Las pruebas piloto con distintos equipos de deshidratación también pueden ser deseables al agregar o cambiar procesos de deshidratación en la WRRF. En la Tabla 5.1 se muestra una comparación lado a lado de los diversos equipos que pueden usarse en la deshidratación.

Además de los tipos de equipo que se usan en el proceso de deshidratación, es importante comprender que hay diversas variables del proceso en la WRRF que afectarán el desempeño del proceso de deshidratación. Los procesos de deshidratación no responden bien al cambio. Las propiedades de los biosólidos y la conducta en la deshidratación cambiarán con los cambios en otras variables del proceso aguas arriba. El operador debe considerar el seguimiento de las variables siguientes para optimizar el desempeño en la deshidratación:

- TS de alimentación, total de sólidos volátiles, pH y temperatura
- Alcalinidad
- Conductividad
- Tipo y concentración de polímero
- Cargas de la WRRF y del digestor
- Concentración de sólidos en suspensión en el licor mezclado
- Índice de volumen del lodo
- Edad de los biosólidos digeridos
- Clima

COMPROBACIÓN DE CONOCIMIENTOS

1. **La deshidratación reduce la masa total de lodo.**
   - ☐ Verdadero
   - ☐ Falso
2. **La prensa de filtro de banda es el mejor equipo para deshidratar lodos químicos.**
   - ☐ Verdadero
   - ☐ Falso
3. **Los lechos de secado son el medio más antiguo de deshidratación de lodo.**
   - ☐ Verdadero
   - ☐ Falso
4. **El secador por calor y la peletización del lodo se usan para crear un fertilizante beneficioso de reutilización que puede comercializarse.**
   - ☐ Verdadero
   - ☐ Falso
5. **En general, no se requiere acondicionamiento químico en la deshidratación del lodo.**
   - ☐ Verdadero
   - ☐ Falso

Tabla 5.1 Resumen de las tecnologías de deshidratación (WEF et al., 2018)

Tecnología de deshidratación	Principio de operación	Funciona mejor en	Logra
Centrífuga 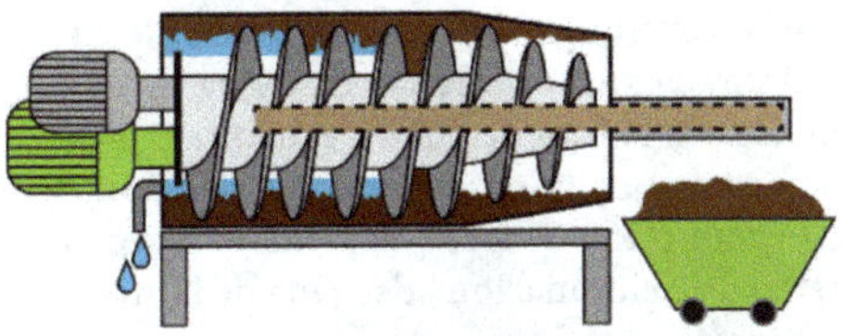	Se agrega polímero para coagular los sólidos más pequeños. La centrífuga gira a velocidades entre 1000–3000 rpm. La fuerza centrífuga empuja los sólidos hacia fuera de la centrífuga con una fuerza entre 500 a 3000 veces la fuerza de gravedad. El agua se recolecta sobre los sólidos.	Son adecuadas para todo tipo de lodo.	5 %–35 % de TS[a]
Prensa de filtro de banda 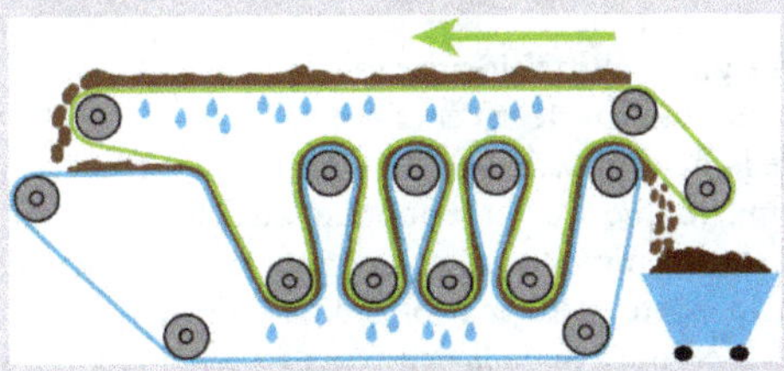	Se esparce el lodo acondicionado a lo ancho de una banda porosa. El agua libre se drena a través de la banda mediante la gravedad. Los sólidos se mezclan suavemente a medida que viajan a lo largo de la banda para que liberen el agua atrapada. El lodo entonces cae a una segunda banda. Las dos bandas se acercan y aprietan el lodo entre ellas. La presión aumenta gradualmente para presionar y quitar el agua del lodo.	Esto es adecuado para todos los tipos de lodo, a excepción del lodo químico. El lodo químico suele ser pegajoso y no se libera fácilmente de las bandas.	10 %–20 % de TS[b]
Prensa rotativa 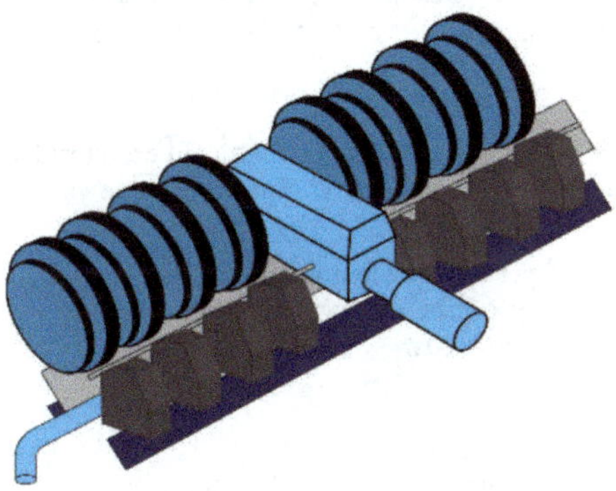	El lodo acondicionado se alimenta a un canal con rejas a ambos lados. El canal se curva alrededor de la circunferencia de la unidad y el agua libre atraviesa las rejas a medida que se desplazan concéntricamente de manera constante. La torta forma un tapón cerca de la salida y se libera mediante una restricción controlada por presión.	Son adecuadas para todo tipo de lodo.	12 %–28 % de TS[c]
Prensa de tornillo 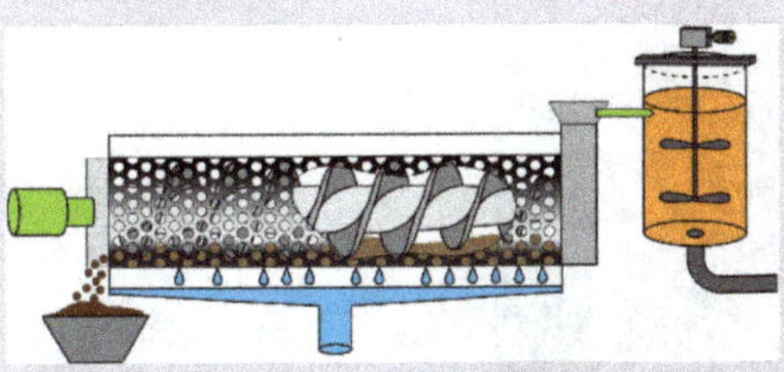	Una prensa de tornillo consiste en una reja cilíndrica con un barreno de tornillo en el centro. El lodo acondicionado se alimenta al extremo del tornillo con la entrada de deshidratación por gravedad. El barreno mueve lentamente el lodo al extremo opuesto de la prensa. El agua libre se estruja fuera del lodo mediante una presión y una fricción cada vez mayores.	Son adecuadas para todo tipo de lodo.	12 %–40 % de TS[d]
Lechos de secado 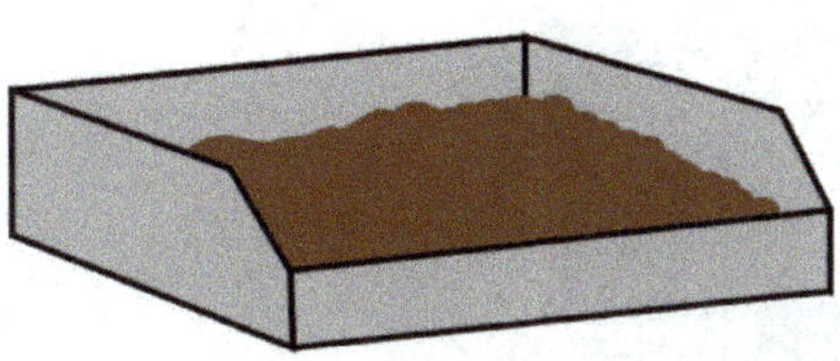	El método más antiguo para deshidratar lodo. Los sólidos se colocan en los lechos y se deshidratan mediante el drenaje y la evaporación.	Combinación primaria digerida anaerobiamente de lodo activado primario+ de purga.	44.5 %–95.5 % de TS[e]

Nota. El porcentaje alcanzado de sólidos totales depende de la calidad del lodo, la concentración del caudal de entrada, el acondicionamiento del lodo y otras variables operativas.

Centrífugas de deshidratación

TEORÍA DE OPERACIÓN

El centrifugado es el proceso de separar los sólidos del líquido mediante la sedimentación, que se mejora mediante fuerza centrífuga. La teoría subyacente a la operación de las centrífugas se trata extensamente en el Capítulo 2 de este manual. Las centrífugas utilizadas para la deshidratación son eficaces en todos los tipos de lodo o biosólido y, de manera rutinaria, tienen un desempeño hacia el lado superior del rango de 5 % a 35 % de TS. Las ventajas del uso de una centrífuga de deshidratación son una buena contención del olor, capacidades de puesta en funcionamiento y apagado rápidos, una producción de torta relativamente seca y un menor tamaño. Las desventajas son que las centrífugas requieren una eliminación adecuada de la arena para reducir los problemas de mantenimiento, los mayores requisitos de mantenimiento (como personal de mantenimiento calificado) y mayores concentraciones de sólidos en el centrado.

La centrífuga es un tambor cilíndrico con un tornillo interior que gira a altas velocidades (de 1000 a 3000 rpm) para desarrollar fuerza centrífuga. El lodo se alimenta al interior de la centrifuga y fluye a través de la superficie anular (superficie interior en forma de anillo) de la máquina. El lodo se sedimenta hacia el exterior y el agua menos densa se desplaza al centro de la máquina, lo que crea un estanque. Los biosólidos se desplazan hacia los vertederos de descarga o hacia los diques en el extremo cónico de la máquina. La velocidad del tornillo (Figura 5.1) controla el caudal de descarga que, a su vez, determina la profundidad del manto de lodo en la centrífuga. El tornillo gira a una velocidad levemente diferente a la de la campana y raspa los sólidos en la campana hacia la descarga. La leve diferencia entre las revoluciones por minuto (rpm) entre la campana y el tornillo se denomina *velocidad diferencial.*

PARÁMETROS DE DISEÑO Y DESEMPEÑO ESPERADO

Las velocidades de la campana de las centrífugas que se usan para espesar y deshidratar típicamente son las mismas, entre 1000 y 3000 rpm. Sin embargo, las centrífugas que se usan para deshidratar el lodo presentan algunas diferencias:

- Las centrífugas de deshidratación usan un reductor de engranaje de tornillo distinto o una unidad de velocidad variable, por lo que la velocidad diferencial de una centrífuga de deshidratación es menor que la de una centrífuga utilizada para espesamiento.
- En una centrífuga de deshidratación, la menor velocidad diferencial permite que la profundidad del estanque sea mayor, lo que aumenta la profundidad del manto de biosólidos y produce una torta más seca. Algunos fabricantes también proveen controles de profundidad de piscina automáticos.

Figura 5.1 Tornillo de la centrífuga (reimpreso con autorización de Bruce Taylor, Howard County, MD)

Al igual que las centrífugas de espesamiento, las centrífugas de deshidratación tienen un tamaño con base en las tasas de carga hidráulica o de sólidos y están diseñadas para cumplir metas de proceso que hayan sido especificadas por el ingeniero y el personal de operaciones para la WRRF. Estas metas del proceso incluyen sequedad de la torta, retención de sólidos o calidad del centrado, uso de polímeros y consumo de energía. En general, el tamaño y las tasas de las centrífugas se establecen en kilogramos (libras) de sólidos por hora. Los TS del lodo de alimentación, por lo tanto, determinan el caudal hidráulico. La Tabla 5.2 muestra las características de desempeño de las centrífugas de deshidratación.

La *tasa de retención de sólidos* se refiere al porcentaje de sólidos capturado en la torta de biosólidos en contraposición con la cantidad de sólidos que quedan en el centrado y regresan al flujo líquido para volver a tratarse.

EQUIPOS

Las centrífugas de deshidratación, como las de espesamiento, con frecuencia están compuestas de los siguientes componentes principales: campana de base, transportador o tornillo, tubo de entrada o de alimentación, cojinetes principales, impulsor de engranajes, conjunto del retropropulsor y motor principal. Consulte las piezas etiquetadas en la Figura 5.2. El contenedor de la centrífuga se encuentra en la base y hay aisladores de vibración entre medio que reducen la transferencia de vibración de la máquina al contenedor. El tornillo está dentro de la campana, que se encuentra dentro de un contenedor con los cojinetes principales. El contenedor cubre todo el conjunto giratorio de la unidad por razones de seguridad y para atenuar ruidos.

El tubo de alimentación fijo transporta el lodo de alimentación hacia la centrífuga, donde el distribuidor de entrada lo deposita de forma pareja. El transportador actúa como un rastrillo que mueve los sólidos hacia el extremo cónico de la campana para su descarga. La separación se produce en todo el largo de la máquina y el líquido se descarga de la campana al fluir sobre un dique de plato ajustable. Los diseños de centrífuga más actuales tienen un desempeño y un uso energético más eficientes al incluir vertederos especializados que ayudan a dirigir el centrado en la dirección opuesta al giro de la campana para brindarle propulsión adicional para el giro de la campana. La profundidad del estanque se puede ajustar mediante la rotación de estos vertederos.

En la mayoría de los casos, también se puede agregar polímero en distintos puntos de alimentación de la centrífuga para mejorar el proceso de deshidratación. Además, en general se utilizan bombas de cavidad progresiva con impulsores de velocidad variable para entregar el lodo a la máquina y se utilizan transportadores de banda o tornillo para trasladar los biosólidos deshidratados en un edificio o camión para su disposición o aplicación en tierra.

VARIABLES DEL PROCESO

Como se mencionó anteriormente, además de la tasa de carga hidráulica y de sólidos, se deben comprender otras variables del proceso, como la velocidad de la campana, la profundidad del estanque y la velocidad del tornillo, y el acondicionamiento químico. La variable más importante en la operación de una centrífuga es la tasa de carga hidráulica (TCH). La tasa de alimentación o carga hidráulica de la centrífuga afecta la claridad

Tabla 5.2 Características de desempeño de las centrífugas

Tipo de lodo	Sólidos en la torta (%)	Retención de sólidos	
		Sin químicos	Con químicos
Sin tratar:			
Primario	25–35	75–90	95+
Filtro primario y percolador	20–25	60–80	95+
LAP y primario	12–20	55–65	92+
Lodo de purga:			
Filtro percolador	10–20	60–80	92+
LAP	5–15	60–80	92+
Con digestión anaerobia:			
Primario	25–35	65–80	92+
Filtro primario y percolador	18–25	60–75	90+
LAP y primario	15–20	50–65	90+
Con digestión aerobia:			
LAP	8–10	60–75	90+

Nota. Adaptado de WEF et al., 2018, y Metcalf & Eddy, 2003.

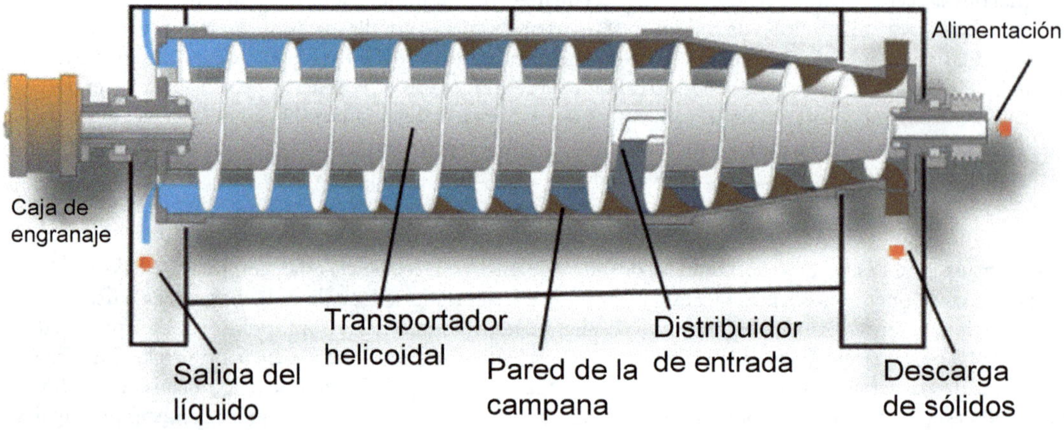

Figura 5.2 Componentes de la centrífuga (reimpreso con autorización de Alfa Laval)

del centrado o la recuperación de sólidos. Si se aumenta demasiado la tasa de alimentación, disminuye la recuperación de sólidos o aumenta el consumo de polímero, o ambos. Con frecuencia, es necesaria una variación de la velocidad diferencial cuando aumentan las tasas de carga de sólidos. Lo ideal es optimizar la concentración de sólidos de la torta a una velocidad diferencial y tasa de alimentación mínimas. La velocidad diferencial entre la campana y el tornillo controla el tiempo que los sólidos pasan en la centrífuga y, de esta manera, el nivel de concentración de los sólidos de descarga.

CONTROL DEL PROCESO

Las centrífugas son únicas, en tanto ofrecen al operador un muy amplio rango de lodo deshidratado entre el 5 % y el 35 % de TS. Es muy útil que la alimentación de lodo sea uniforme para controlar el proceso de deshidratación de la centrífuga. Las grandes variaciones en las concentraciones de TS, los porcentajes de sólidos de lodo combinado o la septicidad del lodo de alimentación afectan la uniformidad de la operación de la centrífuga.

Las centrífugas son capaces de procesar TCH en rangos de 6 a 340 m^3/h (25 a 1500 gpm). Cambios en la carga hidráulica automáticamente cambiarán la profundidad del estanque en el vertedero y por lo tanto el tiempo de detención en la máquina y la uniformidad total de los sólidos espesados. Incluso un cambio moderado en la TCH puede afectar el desempeño total y será necesario modificar el agregado de polímero o la configuración del vertedero o profundidad del estanque. La profundidad del estanque es un factor de la TCH así como también la altura del vertedero de descarga. En la mayoría de los casos, la centrífuga debe detenerse para cambiar la altura del vertedero; sin embargo, algunos fabricantes comenzaron a automatizar este proceso. La tasa de eliminación de la torta es una función de la carga diferencial y la velocidad diferencial.

En general, la velocidad de la campana se configura durante la puesta en funcionamiento y los operadores con frecuencia olvidan que se puede ajustar junto con la velocidad del tornillo. El rango de la velocidad diferencial de la campana al tornillo puede ir de 1 a 20 rpm. A mayores velocidades diferenciales, los sólidos se eliminan con mayor rapidez y tienen un porcentaje inferior de concentración de sólidos. A velocidades diferenciales menores, sucede lo contrario. Aunque la máquina en general se debe detener para cambiar la configuración del vertedero o agregar un nuevo dique, los operadores pueden realizar ajustes a la velocidad diferencial mientras la centrífuga está en funcionamiento y monitorear el cambio resultante en el proceso. Es como un subibaja. A medida que la velocidad diferencial aumenta, la concentración de sólidos se reduce y a medida que la velocidad diferencial se reduce la concentración de sólidos aumenta.

El acondicionamiento químico y los puntos de adición de alimentación de polímero tienen un efecto importante en el desempeño de la centrífuga, además del gasto en polímero. Son importantes el descanso, la mezcla y la dilución adecuados del polímero para su desempeño total. La mayoría de los fabricantes de centrífugas recomiendan cuatro puntos de adición: interno en el tubo de alimentación, inmediatamente delante del tubo de alimentación, 9 a 12 m (25 a 40 ft) delante del tubo de alimentación de la centrífuga y 20 a 25 m (50 a 70 ft) delante del tubo de alimentación. Estas distancias controlan la magnitud de la mezcla y la floculación que se produce antes de que los sólidos de alimentación ingresen a la centrífuga. Desafortunadamente, la única manera de determinar el punto de alimentación óptimo para la combinación de sólidos de alimentación y polímero utilizados es mediante prueba y error. Además, el punto de alimentación óptimo puede variar estacionalmente. En la sección sobre polímero al final del Capítulo 2 de este manual se puede encontrar mayor información acerca de los sistemas y el acondicionamiento de polímero.

OPERACIÓN

Las centrífugas presentan unos pocos problemas operativos comunes. Se pueden obstruir la campana y el transportador si la velocidad diferencial es demasiado baja para transportar los sólidos desde la centrífuga lo suficientemente rápido. Esto puede ocasionar una sobrecarga de torque, que es más común en las centrífugas de deshidratación que en las centrífugas de espesamiento, debido a las menores concentraciones de sólidos en las centrífugas de espesamiento. Puede haber una vibración excesiva producto de una distribución de sólidos no uniforme en la unidad. Este problema se puede reducir si se limpia completamente la unidad después de cada uso. Se deben tomar lecturas de vibración de manera regular para poder identificar la causa antes de que cree problemas operativos adicionales como el daño de cojinetes. Finalmente, una mala calidad de centrado puede ser un problema operativo. Si la configuración del vertedero (dique) es demasiado baja, los sólidos pueden ser arrastrados hacia el centrado. La velocidad diferencial también puede afectar la calidad del centrado. Si es demasiado baja, los sólidos se pueden acumular dentro de la unidad y derramarse sobre el centrado. Si la velocidad diferencial es demasiado alta, puede no producirse una clarificación adecuada. El tipo de lodo de alimentación también puede afectar las operaciones y el mantenimiento y el costo asociado del espesamiento.

PUESTA EN FUNCIONAMIENTO

Cada fabricante de centrífugas presenta algunas variaciones en los procedimientos de puesta en funcionamiento de la máquina, por lo tanto, para estar seguro, siga las pautas del manual de operación y mantenimiento. La puesta en funcionamiento en general es automática y comienza en el panel de control de la máquina al presionar el botón de encendido. Los siguientes son pasos automáticos típicos que con frecuencia se suceden cuando se pone en funcionamiento la unidad:

- Se enciende el sistema de lubricación hidráulico para el sistema de aceitado de cojinetes.
- La campana y el tornillo comienzan a girar.
- Se encienden el sistema de polímero y las bombas de lodo de alimentación.
- El polímero y la alimentación comenzarán al 25 % de caudal normal.
- Cuando la centrífuga sella, la alimentación y el polímero aumentarán al 60 % de caudal normal y la operación cambiará al control de carga.
- Cuando la centrífuga está operando normalmente, se pueden realizar ajustes a la profundidad de la piscina y a la velocidad diferencia, según resulte necesario para mantener una calidad adecuada de biosólidos deshidratados. En muchas instalaciones, la centrífuga puede ponerse en funcionamiento en control de carga sin provocar disparos de torque; no obstante, es más rápido lograr condiciones de estado regular en el control de velocidad.

APAGADO

Para un apagado breve, la centrífuga se puede pausar desde el panel de control. Cuando se pausa la centrífuga, la alimentación de lodo y polímero se detiene, pero la campana y el tornillo siguen girando. Solo se debe pausar la máquina durante un período de tiempo breve y preestablecido y no se debe usar para una parada de rutina. A continuación, los pasos para una parada de rutina:

- El botón de parada en el panel de control de la centrífuga está presionado.
- La alimentación de lodo y polímero se detendrá.
- Según el fabricante, puede comenzar la rutina de limpieza in situ (*clean in place,* CIP). En general incluye un lavado con agua o solvente a la máquina para eliminar los sólidos que quedaran dentro de la campana y el transportador.
- Si no comienza la rutina CIP, se debe limpiar completamente la máquina con agua caliente a fin de eliminar los sólidos. La campana y el transportador deben seguir operando durante este ciclo de limpieza.
- La centrífuga se detiene completamente.
- Se detiene el sistema de lubricación.

OPERACIÓN DIARIA

Durante la operación de rutina, la centrífuga necesita muy poca atención. Para asegurar que la operación continúe, es importante llevar a cabo las tareas siguientes:

- Controle el nivel del depósito de aceite del cojinete.
- Controle que no haya ruidos inusuales o temperaturas excesivas en el cojinete.
- Controle que no haya una vibración excesiva de la máquina.
- Controle la lectura del amperímetro para verificar que la centrífuga no está sobrecargada.
- Monitoree que no presenten inconvenientes los sistemas de alimentación de lodo y polímero.

- Controle la calidad del lodo espesado. ¿La concentración de sólidos es la adecuada para que los procesos aguas abajo operen adecuadamente?
- Controle la calidad del centrado. ¿Es claro o contiene un exceso de sólidos?

RECOLECCIÓN, MUESTREO Y ANÁLISIS DE LOS DATOS

Lodo de alimentación: Deben tomarse muestras diarias del porcentaje de TS, del porcentaje de sólidos volátiles (VS) y de la tasa de alimentación. Según los procesos aguas arriba, también es posible que se deban tomar muestras para medir el pH y la temperatura para evaluar su efecto potencial en el desempeño del polímero.

Centrado: Debe tomarse una muestra diaria para medir los sólidos en suspensión totales (SST) que se usarán en los cálculos de porcentaje de retención. Según las condiciones del permiso en el proceso de tratamiento principal, es posible que deban tomarse muestras con frecuencia para medir la demanda bioquímica de oxígeno carbonosa a 5 días ($DBOC_5$), el NH_3-N y el PO_4-P en el centrado para poder calcular la cantidad de estos contaminantes que se están reciclando de regreso a la cabecera del proceso de tratamiento principal. También debe registrarse la cantidad de centrado diaria.

Torta deshidratada: Deben tomarse muestras diarias para medir el porcentaje de TS y los sólidos volátiles en suspensión (SVS) en la torta deshidratada.

MONITOREO DE DESEMPEÑO

Las centrífugas de deshidratación en general tienen el tamaño para cumplir criterios específicos, como tasas de carga hidráulica y de sólidos, y para cumplir metas del proceso u operativas, como la tasa de retención de sólidos y el uso de polímero en kilogramos de polímero por tonelada métrica de biosólidos deshidratados (libras de polímero por tonelada de biosólidos). Los siguientes ejemplos ilustran cada uno de estos tipos de cálculos. Estos cálculos pueden llevarse a cabo de manera rutinaria y pueden someterse a seguimiento para asegurar que la centrífuga de deshidratación esté funcionando según los criterios de diseño, y pueden ser una indicación del momento en que resultarían necesarios el mantenimiento o la revisión del tipo de polímero a partir de cambios en los biosólidos deshidratados o en la calidad del centrado.

Ejemplo de cálculo de la tasa de carga hidráulica

La WRRF de Anytown, EE. UU., tiene una sola centrífuga para deshidratar sus biosólidos. En promedio, se deshidratan 443 m³ (117 000 gal) de biosólidos por día. La centrífuga funciona 6.5 horas por día. Halle la TCH en litros por segundo (L/s) o galones por minuto (gpm) con la ecuación 5.1. Tenga en cuenta que, debido a que las centrífugas no tienen un área de aplicación como los espesadores por gravedad y las prensas de filtro de banda, la TCH es sencillamente el caudal del lodo de alimentación que ingresa a la centrífuga por unidad de tiempo.

Solución con unidades estándar del sistema internacional

Paso 1: Halle la TCH en m³/h.

$$\text{TCH de la centrífuga} = \frac{\text{Caudal total aplicado}}{\text{Tiempo de funcionamiento}} \tag{5.1}$$

$$\text{TCH de la centrífuga} = \frac{443\ \text{m}^3}{6.5\ \text{h}}$$

$$\text{TCH de la centrífuga} = 68.2\ \text{m}^3/\text{h}$$

Paso 2: Convierta la TCH de m³/h a L/s.

$$\left|\frac{68.2\ \text{m}^3}{\text{h}}\right|\frac{1000\ \text{L}}{1\ \text{m}^3}\left|\right|\frac{1\ \text{h}}{60\ \text{min}}\left|\right|\frac{1\ \text{min}}{60\ \text{s}}\right| = 18.9\ \text{L/s}$$

Solución con unidades habituales en los EE. UU.

Paso 1: Halle la TCH en galones por hora.

$$\text{TCH de la centrífuga} = \frac{\text{Caudal total aplicado}}{\text{Tiempo de funcionamiento}}$$

$$\text{TCH de la centrífuga} = \frac{117\ 000\ \text{gal}}{6.5\ \text{h}}$$

$$\text{TCH de la centrífuga} = 18\ 000\ \text{gal/h}$$

Paso 2: Convierta la TCH de gal/h a gal/min.

$$\left.\frac{18\ 000\ \text{gal}}{\text{h}}\right|\left.\frac{1\ \text{h}}{60\ \text{min}}\right| = 300\ \text{gpm}$$

Ejemplo de cálculo de la tasa de carga sólidos

El lodo digerido anaerobiamente se envía directamente a una centrífuga de deshidratación a una tasa de 18.9 L/s (300 gpm). El lodo de alimentación contiene 1.8 % de TS. ¿Cuál es la tasa de alimentación, en kg/h (lb/h)? Tenga en cuenta que, debido a que las centrífugas no tienen un área de aplicación como los espesadores por gravedad y las prensas de filtro de banda, la tasa de carga de sólidos es sencillamente la masa del lodo de alimentación que ingresa a la centrífuga por unidad de tiempo.

Solución con unidades estándar del sistema internacional

Para la fórmula de masa es necesario que la concentración esté en mg/L y el caudal en m^3/d. Debemos convertir las unidades para poder hallar la masa.

Paso 1: Convierta la concentración de lodo de alimentación de porcentaje a mg/L.

$$\left.\frac{1.8\%}{}\right|\left.\frac{10\ 000\ \text{mg/L}}{1\%}\right| = 18\ 000\ \text{mg/L}$$

Paso 2: Convierta el caudal de lodo de alimentación de L/s a m^3/d.

$$\left.\frac{18.9\ \text{L}}{\text{s}}\right|\left.\frac{1\ \text{m}^3}{1000\ \text{L}}\right|\left.\frac{60\ \text{s}}{1\ \text{min}}\right|\left.\frac{60\ \text{min}}{1\ \text{h}}\right|\left.\frac{24\ \text{h}}{1\ \text{d}}\right| = 1633\ \text{m}^3/\text{d}$$

Paso 3: Halle la masa de sólidos que ingresa a la centrífuga como si la centrífuga operara continuamente durante 24 horas. Aunque la centrífuga opera solo 6.5 horas por día, la fórmula de la masa requiere que ingresemos el caudal en m^3/d (como se indica arriba).

$$\frac{\text{kg}}{\text{d}} = \frac{\left[\left(\text{Concentración}, \frac{\text{mg}}{\text{L}}\right)\left(\text{Caudal}, \frac{\text{m}^3}{\text{d}}\right)\right]}{1000} \qquad (5.2)$$

$$\frac{\text{kg}}{\text{d}} = \frac{\left[\left(18\ 000\ \frac{\text{mg}}{\text{L}}\right)\left(1633\ \frac{\text{m}^3}{\text{d}}\right)\right]}{1000}$$

$$\frac{\text{kg}}{\text{d}} = 29\ 394$$

Paso 4: Convierta la tasa de carga de kg/d a kg/h.

$$\frac{29\ 394\ \text{kg}}{\text{d}}\left|\frac{1\ \text{d}}{24\ \text{h}}\right| = 1225\ \text{kg/h}$$

Solución con unidades habituales en los EE. UU.

Para la fórmula de masa es necesario que la concentración esté en mg/L y el caudal en mgd. Debemos convertir las unidades para poder hallar la masa.

Paso 1: Convierta la concentración de lodo de alimentación de porcentaje a mg/L.

$$\frac{1.8\%}{}\left|\frac{10\ 000\ \text{mg/L}}{1\%}\right| = 18\ 000\ \text{mg/L}$$

Paso 2: Convierta el caudal de lodo de alimentación de gpm a mgd.

$$\frac{300\ \text{gal}}{\text{min}}\left|\frac{60\ \text{min}}{1\ \text{h}}\right|\left|\frac{24\ \text{h}}{1\ \text{d}}\right|\left|\frac{1\ \text{mill. de gal}}{1\ 000\ 000\ \text{gal}}\right| = 0.432\ \text{mgd}$$

Paso 3: Halle la masa de sólidos que ingresa a la centrífuga como si la centrífuga operara continuamente durante 24 horas. Aunque la centrífuga opera solo 6.5 horas por día, la fórmula de la masa requiere que ingresemos el caudal en m³/d (como se indica arriba).

$$\frac{\text{lb}}{\text{d}} = (\text{Concentración, mg/L})(\text{Caudal, mgd})(8.34) \tag{5.3}$$

$$\frac{\text{lb}}{\text{d}} = \left(18\ 000\frac{\text{mg}}{\text{L}}\right)(0.432\ \text{mgd})(8.34)$$

$$\frac{\text{lb}}{\text{d}} = 64\ 852$$

Paso 4: Convierta la tasa de carga de lb/d a lb/h.

$$\frac{64\ 852\ \text{lb}}{\text{d}}\left|\frac{1\ \text{d}}{24\ \text{h}}\right| = 2702\ \text{lb/h}$$

Ejemplo de cálculo para el uso de polímero

Una solución de polímero que contiene 0.2 % de polímero activo se alimenta a una centrífuga a una tasa de 0.36 L/s (5.7 gpm). Si la centrífuga se opera durante 6.5 horas, ¿cuántos kilogramos (libras) de polímero se utilizarán?

Podemos usar los mismos pasos del ejemplo de tasa de carga de sólidos para calcular la masa de polímero utilizada; no obstante, es más fácil convertir la unidad. Observe que usamos 6.5 horas por día en lugar de 24 porque la centrífuga solo opera durante 6.5 horas por día.

La solución contiene 0.2 % de polímero. Esto es lo mismo que decir que tiene 0.2 partes de polímero cada 100 partes de solución.

Solución con unidades estándar del sistema internacional

$$\frac{0.36\ \text{L}}{\text{s}}\left|\frac{1\ \text{kg}}{1\ \text{L}}\right|\left|\frac{60\ \text{s}}{1\ \text{min}}\right|\left|\frac{6.5\ \text{h}}{1\ \text{d}}\right|\left|\frac{0.2\ \text{partes de polímero}}{100\ \text{partes de solución de polímero}}\right| = 16.8\ \text{kg/d}$$

Solución con unidades habituales en los EE. UU.

$$\frac{5.7\text{ gal}}{1\text{ min}}\left|\frac{8.34\text{ lb}}{1\text{ gal}}\right|\left|\frac{60\text{ min}}{1\text{ h}}\right|\left|\frac{6.5\text{ h}}{1\text{ d}}\right|\left|\frac{0.2\text{ partes de polímero}}{100\text{ partes de solución de polímero}}\right| = 37.1\text{ lb/d}$$

Ejemplo de cálculo para el uso de polímero por tonelada de sólidos secos

Una centrífuga funciona 6.5 horas por día. Se utilizó una masa total de 16.8 kg (37.1 lb) de polímero. Si la centrifuga deshidrató 1225 kg/h (2702 lb/h) de lodo de alimentación, ¿cuál fue la tasa de dosificación de polímero en kilogramos de polímero por tonelada métrica (libras por tonelada) de sólidos secos?

Una tonelada métrica contiene 1000 kg. En unidades habituales en los EE. UU., una tonelada contiene 2000 lb. Una tonelada de los EE. UU. (2000 lb) equivale a 0.91 toneladas métricas (907 kg). Por este motivo, a veces las toneladas de los EE. UU. se denominan *toneladas cortas*.

Solución con unidades estándar del sistema internacional

Paso 1: Halle la masa total de sólidos deshidratados.

$$\frac{1225\text{ kg}}{\text{h}}\left|\frac{6.5\text{ h tiempo de funcionamiento}}{1\text{ d}}\right| = 7962.5\text{ kg de sólidos/d}$$

Paso 2: Convierta los kg de sólidos en toneladas métricas.

$$\frac{7962.5\text{ kg}}{\text{d}}\left|\frac{1\text{ tonelada métrica}}{1000\text{ kg}}\right| = 7.9625\text{ toneladas métricas de sólidos}$$

Paso 3: Halle la relación de polímero utilizado por tonelada de sólidos secos.

$$\frac{\text{kg}}{\text{tonelada métrica}} = \frac{\text{kg de polímero utilizados}}{\text{toneladas métricas de sólidos secos}}$$

$$\frac{\text{kg}}{\text{tonelada métrica}} = \frac{16.8\text{ kg de polímero}}{7.9625\text{ toneladas métricas de sólidos secos}}$$

$$\frac{\text{kg}}{\text{tonelada métrica}} = 2.11$$

Solución con unidades habituales en los EE. UU.

Paso 1: Halle la masa total de sólidos deshidratados.

$$\frac{2702\text{ lb}}{\text{h}}\left|\frac{6.5\text{ h}}{1\text{ d}}\right| = 17\,563\text{ lb/d}$$

Paso 2: Convierta las libras (lb) de sólidos en toneladas cortas.

$$\frac{17\,563\text{ lb}}{\text{d}}\left|\frac{1\text{ tonelada}}{2000\text{ lb}}\right| = 8.7815\text{ toneladas}$$

Paso 3: Halle la relación de polímero utilizado por tonelada de sólidos secos.

$$\frac{\text{lb}}{\text{tonelada}} = \frac{\text{lb de polímero utilizadas}}{\text{toneladas de sólidos secos}}$$

$$\frac{\text{lb}}{\text{tonelada}} = \frac{37.1\text{ lb de polímero utilizadas}}{8.7815\text{ toneladas de sólidos secos}}$$

$$\frac{\text{lb}}{\text{tonelada}} = 4.2$$

Ejemplo de cálculo para el porcentaje de retención

La mayoría de los procesos de espesamiento y deshidratación son capaces de retener más del 95 % de los sólidos del lodo de alimentación. En otras palabras, el 95 % o más de los sólidos terminan en los sólidos espesados y menos del 5 % regresan al flujo de líquido de la instalación de tratamiento. Si se conoce la masa total de sólidos que ingresa y sale del proceso de espesamiento o deshidratación, se puede calcular el porcentaje de retención con la ecuación del porcentaje de eliminación (ecuación 5.4). La masa que ingresa al proceso está compuesta por los kilogramos o libras de sólidos del lodo de alimentación. La masa que sale del proceso está compuesta por los kilogramos o libras de sólidos del lodo espesado o deshidratado. Los sólidos presentes en el *agua* eliminada del lodo no se incluyen en el cálculo de porcentaje de eliminación (retención).

El *agua* eliminada de los sólidos durante el espesamiento o la deshidratación tiene un nombre diferente según del proceso del que provenga. Se denomina *agua proveniente del tambor* si proviene de un espesador con tambor rotativo, *filtrado* si proviene de una prensa de filtro de banda o espesadores con banda de gravedad y *centrado* si proviene de una centrífuga.

$$\%\ \text{Eliminación} = \frac{(\text{Entrante} - \text{Saliente})}{\text{Entrante}} \times 100 \qquad (5.4)$$

Muchas instalaciones, especialmente las más pequeñas, no poseen caudalímetros en sus líneas de lodo de alimentación. En cambio, se debe estimar el caudal en base al tiempo en servicio de la bomba. Recuerde que son necesarias mediciones de caudal precisas para calcular la masa (kg o lb). También puede ser difícil estimar el volumen del lodo espesado o deshidratado. Afortunadamente, se puede calcular el porcentaje de retención directamente a partir de resultados de laboratorio, sin necesidad de mediciones de caudal. Se necesitan tres datos de laboratorio: la concentración de TS en el lodo de alimentación, la concentración de TS del lodo espesado o deshidratado y la concentración de SST del agua eliminada del lodo. En la ecuación 5.5, los sólidos del agua eliminada del lodo se denominan simplemente % de SST recirculado. Se usa el % TS de la torta, tanto para sólidos espesados como deshidratados. Aunque la ecuación 5.5 parezca complicada, es fácil de resolver si se sigue el orden de las operaciones.

El orden de las operaciones establece que los problemas matemáticos se deben resolver en un orden en particular. Primero se deben completar los cálculos dentro de paréntesis . Vaya desde lo interior a lo exterior. En segundo lugar, se deben resolver los exponentes, también denominados *potencias*. Después, multiplique y divida los números de izquierda a derecha a lo largo de la ecuación. Finalmente, sume y reste los números de izquierda a derecha a lo largo de la ecuación. Para recordar el orden, use la frase Pedro Mira Dos Alumnos Sonreir (paréntesis y exponentes, multiplicaciones, divisiones, adiciones y sustracciones) o Pedro Escucha Mientras Dos Alumnos Sonríen (paréntesis, exponentes, multiplicaciones, divisiones, adiciones y sustracciones).

$$\text{Retención de sólidos, \%} = \left[\frac{\text{TS de la torta, \%}}{\text{TS del lodo de alimentación, \%}}\right] \times \left[\frac{(\text{TS del lodo de alimentación, \%}) - (\text{SST de retorno, \%})}{(\text{TS de la torta, \%}) - (\text{SST de retorno, \%})}\right] \times 100 \qquad (5.5)$$

Cálculo de ejemplo

Se alimentan sólidos digeridos aerobiamente a una centrífuga a un concentración de 1.8 % de TS. La torta deshidratada contiene un 24.6 % de TS. El centrado contiene 1200 mg/L de SST. Halle el porcentaje de retención de sólidos para esta centrífuga de deshidratación.

Paso 1: Convierta la concentración de TS del centrado de mg/L a porcentaje.

$$\frac{1200\ \text{mg/L}}{} \left| \frac{1\%}{10\,000\ \text{mg/L}} \right| = 0.12\%$$

Paso 2: Calcule el porcentaje de retención con la ecuación 5.5.

$$\text{Retención de sólidos, \%} = \left[\frac{\text{TS de la torta, \%}}{\text{TS del lodo de alimentación, \%}}\right] \times \left[\frac{(\text{TS del lodo de alimentación, \%}) - (\text{SST de retorno, \%})}{(\text{TS de la torta, \%}) - (\text{SST de retorno, \%})}\right] \times 100$$

$$\text{Retención de sólidos, \%} = \left[\frac{24.6\%}{1.8\%}\right] \times \left[\frac{1.8\% - 0.12\%}{24.6\% - 0.12\%}\right] \times 100$$

$$\text{Retención de sólidos, \%} = [13.67] \times \left[\frac{1.68}{24.48}\right] \times 100$$

$$\text{Retención de sólidos, \%} = [13.67] \times [0.06863] \times 100$$

$$\text{Retención de sólidos, \%} = 93.8$$

La tasa de retención de sólidos para esta centrífuga es menor al 95 %, lo que significa que se devuelven demasiado sólidos al lado líquido de la WRRF. El operador debe investigar y determinar la causa de la tasa de retención baja y tomar medidas correctivas. La retención de sólidos baja obliga a la WRRF a tratar los mismos sólidos una y otra vez. La devolución de sólidos finos a un proceso de lodo activado puede afectar también el desempeño del proceso.

MANTENIMIENTO

En general, las recomendaciones del fabricante determinan el mantenimiento preventivo de las centrífugas en base a la cantidad de horas que operó la unidad (horas de servicio). Se puede encontrar información acerca de los requisitos del fabricante en cuanto al desgaste de elementos como cojinetes, bandas, mosaicos de desgaste en el tornillo o en el transportador y otros componentes en el manual de operación y mantenimiento del fabricante. El mantenimiento de rutina normal en general consiste en una lubricación periódica y una inspección de rutina de bujes, cojinetes y sellos. Deben quedar a mano los repuestos para elementos como el pasador de seguridad, los cojinetes principales, los sellos y los bujes.

Una de las principales inquietudes en la operación de una centrífuga es el desgaste por abrasión de la punta y los bordes frontales del transportador de tornillo, el distribuidor de entrada y la campana. Tal como ya se indicó, las centrífugas requieren una buena eliminación de arena aguas arriba para asegurar requisitos menores de mantenimiento resultantes del desgaste del tornillo. Se pueden adquirir centrífugas con distintos tipos de suplementos de material templado que ayudan a prevenir el desgaste excesivo o al menos aumentan las horas de servicio de la máquina. Para un mantenimiento extensivo en general es necesario desmontar la máquina para tener acceso a las piezas principales. Algunos elementos se pueden reparar en el lugar, pero, debido a la operación a alta velocidad de la centrífuga, con frecuencia es necesario un rebalanceo y se debe contactar al fabricante. Algunos fabricantes poseen un programa de intercambio para el reemplazo del tornillo que brinda ayuda en operaciones continuas y reduce el tiempo de inactividad.

RESOLUCIÓN DE PROBLEMAS

Con frecuencia, se desea la optimización de la sequedad de la tortas en las operaciones de la centrífuga. En general, se eligen polímeros para suministrar una concentración de TS o una sequedad específicas en los biosólidos. Si se desea una torta más húmeda, pueden llevarse a cabo cambios operativos, como aumentar la tasa de alimentación o reducir la profundidad del estanque; no obstante, si se desea una torta más húmeda, puede resultar necesario cambiar de polímero. Si es el caso, una buena manera de comenzar es solicitar ayuda al proveedor de polímero. Además, es posible observar el tiempo que tarda la centrífuga en sellar. Si sella rápidamente (menos de 2 minutos), es posible que las placas del vertedero estén demasiado bajas como para lograr una torta más seca. Pueden elevarse de manera incremental hasta que la centrífuga tarde de 5 a 8 minutos en sellar.

Otro problema común para las centrífugas es el alto consumo de polímero. Si es el caso, puede tener en cuenta las opciones siguientes:

- Si los biosólidos son viscosos, agregue agua de dilución al polímero. El polímero debe entrar en contacto con todas las partículas de sólidos para capturarlas en el flóculo y reducir la viscosidad puede resultar de ayuda.
- Cambie el punto donde se agrega el polímero. Muchos fabricantes sugieren tener cuatro puntos para agregar polímero.
- Un mayor consumo de polímero resulta en un menor tiempo de descanso para la solución de polímero. Verifique para determinar si el tiempo de descanso del polímero es suficiente.
- Consulte además la sección de resolución de problemas relacionados con el polímero en el Capítulo 2 de este manual para obtener información adicional.

Ocasionalmente, es deseable aumentar la capacidad de la centrífuga. Esto puede lograrse con el aumento de la tasa de alimentación; no obstante, el resultado será una torta más húmeda. Es posible agregar más polímero para compensar esto de algún modo. Además, es posible ajustar la altura de la placa del vertedero para permitir una profundidad un poco mayor del estanque cuando se aumenta la tasa de alimentación. Esto puede resultar de ayuda para mantener los sólidos de la torta, siempre y cuando no sean demasiado viscosos, lo que puede provocar una probabilidad mayor de obstruir la centrífuga o disparar la alarma de alto torque. También es posible agregar sales férricas para aumentar la capacidad de la centrífuga. Esto puede tener el beneficio adicional de reducir el uso del polímero. Además, la centrífuga puede operarse durante más horas para lograr el efecto de mayor capacidad.

Se incluye un resumen con los problemas operativos más comunes de la centrífuga, sus causas probables y medidas correctivas en la Tabla 5.3.

Tabla 5.3 Resolución de problemas para centrífugas (WEF, 2017)

Indicaciones/observaciones	Causa probable	Acción
Desempeño general inadecuado	El lodo ya no reacciona bien con el polímero	Verifique las operaciones de las instalaciones aguas arriba, el sistema de composición del polímero y la calidad del polímero. Si no hay una causa obvia, consulte al proveedor del polímero para obtener ayuda.
	Tasa de alimentación excesiva	Intente reducir la tasa de alimentación.
	Los sólidos de alimentación son demasiado espesos	Lleve a cabo ensayos de jarra con polímero diluido, intente agregar agua de dilución posterior al polímero o intente hacer más finos los sólidos de alimentación.
	La profundidad del estanque es insuficiente	Verifique la configuración del vertedero y eleve el nivel del estanque en 6 mm.
	Otro	Eleve la velocidad de la campana. Antes de hacerlo, consulte al fabricante.
Alto torque	Los sólidos de la torta son demasiado viscosos	Reduzca la configuración del torque para obtener una torta más húmeda y menos viscosa.
		Pruebe con otro polímero. Algunos polímeros generan más torque que otros.
La centrífuga no se sella	El lodo ya no reacciona bien con el polímero	Consulte más arriba.
	La configuración del estanque es demasiado alta	Baje el estanque 6 mm. Esto hará ganar tiempo hasta resolver el problema.
Desempeño errático	Variaciones en la alimentación o en el polímero	Intente mantener un material de alimentación uniforme. Verifique los lotes de polímero para confirmar que sean uniformes. Puede resultar necesario cambiar el estanque para que funcione con todos los materiales.
Vibraciones altas de manera intermitente	Desplazamiento malo del lodo dentro de la máquina	Reducir la velocidad de la campana en varios cientos de rpm puede funcionar. También puede intentar con estanques más profundos y tasas de alimentación más altas.
Vibraciones que aumentaron lentamente durante la semana	Falla del cojinete del transportador	Desarme y verifique los cojinetes
	Sólidos que bloquean la zona de alimentación y provocan el bloqueo del transportador	Apague, lave y reinicie. Si el problema continúa, intente reducir la velocidad de la campana.
Las vibraciones aumentan rápidamente	Apague de inmediato y verifique la temperatura de los cojinetes	Verifique para determinar si los cojinetes están en mal estado.
Alta vibración constante	Sólidos entre la zona de alimentación y el cojinete del transportador posterior	Apague, quite el tubo de alimentación y lave a presión.
	Problema mecánico grave	Apague y desarme. Verifique en busca de erosión, metales desgastados, placas torcidas y cojinetes en mal estado.

Nota. Adaptado de WEF, 2017.

COMPROBACIÓN DE CONOCIMIENTOS

1. **La *tasa de retención de sólidos* se refiere a la cantidad de sólidos que pueden retenerse en los biosólidos en contraposición con los sólidos que abandonan la máquina en el centrado.**
   - ☐ Verdadero
   - ☐ Falso

2. **En una centrífuga de deshidratación, la separación de sólidos se produce únicamente en el extremo cónico.**
   - ☐ Verdadero
   - ☐ Falso

3. **¿Qué puede hacerse para aumentar la capacidad de la centrífuga?**
   a. Hacer funcionar la centrífuga durante más tiempo
   b. Reducir la profundidad del estanque
   c. Reducir la tasa de alimentación
   d. Hacer funcionar la centrífuga durante menos tiempo

4. **El rango de la velocidad diferencial entre la campana y tornillo típicamente está entre _______________.**
    a. 1–20 rpm
    b. 20–40 rpm
    c. 40–60 rpm
    d. 60–80 rpm

5. **El rango de las velocidades de las campanas de la centrífuga de deshidratación es de ___________.**
    a. 100–300 rpm
    b. 300–900 rpm
    c. 600–1500 rpm
    d. 1000–3000 rpm

6. **¿En cuál de los siguientes rangos producen típicamente TS las centrífugas de deshidratación?**
    a. 2 %–15 %
    b. 5 %–35 %
    c. 15 %–75 %
    d. 25 %–85 %

7. **Las centrífugas son solo eficaces en la deshidratación de lodo activado de purga.**
    - ☐ Verdadero
    - ☐ Falso

8. **Cuanto mayor es el porcentaje de retención, menor es el porcentaje de sólidos que se devolverá a la cabecera de la WRRF.**
    - ☐ Verdadero
    - ☐ Falso

9. **Al aumentar la tasa de alimentación, se asegura un mayor porcentaje de sólidos en la torta producida en una centrífuga de deshidratación.**
    - ☐ Verdadero
    - ☐ Falso

Prensas de filtro de banda

TEORÍA DE OPERACIÓN

Las prensas de filtro de banda (BFP) combinan los principios de floculación química, gravedad y presión mecánica para deshidratar lodo o biosólidos en la WRRF. La sección de drenaje por gravedad opera de la misma manera que los espesadores con banda de gravedad descritos en el Capitulo 2 de este manual. Después de la sección de drenaje por gravedad de la máquina, los biosólidos se dejan caer a una sección inferior donde el lodo se estruja entre dos bandas de tela. Hay típicamente una zona de baja presión (zona de cuña) primero y después el lodo continúa hacia una zona de alta presión donde una serie de rodillos suministra fuerza de apriete y cizallamiento que libera más agua del lodo. Es posible usar prensas de filtro de banda para deshidratar casi todos los tipos de lodo, a excepción de los lodos químicos o lodos que se estabilizaron con cal. Estos tipos de lodo son demasiado viscosos o pegajosos y suelen no deshidratarse igual de bien por gravedad, y se adhieren a las bandas en las zonas de presión. Así, son difíciles de eliminar con la rasqueta en el extremo de descarga de la máquina. El lodo o los biosólidos de la prensa de filtro de banda pueden trasladarse aguas abajo para continuar su tratamiento, como con incineración o secado, aplicarse al relleno sanitario o aplicarse en tierra.

Las ventajas de usar BFP para deshidratar biosólidos incluyen requisitos de baja energía, menores costos de capital y operativos que con otros dispositivos de deshidratación mecánica, una menor complejidad mecánica con mayor facilidad de mantenimiento, capacidad de producir tortas relativamente secas y facilidad de apagado. Las desventajas son un mayor potencial de olores, porque no están cerradas como una centrífuga, sensibilidad a las características de alimentación del lodo entrante y necesidad de una mayor supervisión del operador, en particular en la puesta en funcionamiento.

PARÁMETROS DE DISEÑO Y DESEMPEÑO ESPERADO

Las prensas de filtro de banda están diseñadas con criterios similares de desempeño y carga a la centrífuga de deshidratación. Los cálculos de tasas de carga hidráulica y de sólidos se tratan en el Capítulo 2, bajo la sección del espesador con banda de gravedad. El tipo de proceso de estabilización utilizado en la WRRF tiene un efecto directo en el contenido de sólidos máximo que puede lograrse con una BFP. Los sólidos diluidos requieren más drenaje por gravedad, más polímero y más tiempo de deshidratación que el material concentrado de los sólidos de alimentación. Los diseños de las prensas de filtro de banda cambiaron con los años para producir mayores concentraciones de sólidos de torta deshidratados y se desarrollaron nuevas prensas que despliegan rodillos adicionales, plataformas separadas de drenaje y espesamiento por gravedad y el uso de zonas de compresión vertical para reducir el espacio que ocupa la máquina.

Tal como ya se indicó, la fuente del lodo o de los biosólidos tiene un efecto sobre el desempeño de la BFP. El tipo de lodo (primario, secundario o combinado) y el proceso de tratamiento aguas arriba (sin digerir, digerido anaerobiamente, digerido aerobiamente, digerido térmicamente, etc.) puede tener un efecto importante en la capacidad y el desempeño de la BFP. El diseño típico de TCH de una BFP es de 3 a 12.5 L/s•m de ancho de la banda (15 a 61 gpm/ft de ancho de la banda o 50 a 200 gpm/m de ancho de la banda). Las tasas de carga de sólidos típicas son de 135 a 1136 kg/m•h (92 a 760 lb/ft•h) con sólidos secos. Las tasas de retención de sólidos en general son de entre 92 % y 98 % y la torta deshidratada en general contiene entre 10 % y 20 % de sólidos, con una concentración de TS que puede llegar al 35 %, según el tipo de lodo que se deshidrata.

EQUIPOS

Los componentes principales de la BFP incluyen el marco, las bandas, los sistemas de guía y tensionamiento de las bandas, el sistema de agua de lavado de las bandas, los rodillos y los cojinetes, las rasquetas de descarga de torta, el sistema de impulsión, el control de velocidad de la banda y el tanque de floculación. Otros componentes son los equipos de alimentación de lodo, el sistema de transporte de torta y los equipos de acondicionamiento químico. Las prensas de banda de gravedad varían en sus características mecánicas y operativas, y en sus diseños, con base en los cambios desarrollados por los fabricantes. Hay prensas disponibles con ancho de banda de 0.5 a 3.5 m (1.6 a 9.8 ft). En su mayoría, las instalaciones municipales usan anchos de banda de 1 a 2 m (3.3 a 6.6 ft).

Tal como se observó, las prensas de banda de gravedad están conformadas por tres zonas distintas: la zona de drenaje por gravedad, la zona de baja presión o de cuña y la zona de alta presión (consulte la Figura 5.3).

La zona de drenaje por gravedad funciona exactamente como un espesador con banda de gravedad. La eficacia de esta zona es una función del tipo de sólido, de la concentración, del acondicionamiento de químicos, de la tela de la banda y del tiempo de detención. El tiempo que el lodo permanece en la zona de gravedad depende de la velocidad de la banda y varía según la experiencia del operador con la unidad. Varias filas de chicanas (Figura 5.4) trasladan el lodo y eliminan el exceso de agua mediante el giro constante del lodo, lo que libera el agua atrapada y crea áreas abiertas para permitir que salga agua adicional de la zona de drenaje. El largo de la sección de drenaje por gravedad es seleccionado por el fabricante para producir una concentración de TS del 4 % al 5 % antes de la zona de cuña o baja presión debajo. El largo de las zonas de gravedad varía entre 2 y 4.1 m (6.6 y 13 ft).

Después de la zona de drenaje por gravedad, los sólidos caen a una zona de cuña de baja presión. En esta área se juntan las bandas y los sólidos quedan en cuña entre las bandas. Esta área comienza a aplicar presión para extraer gradualmente el agua y formar una torta que pueda soportar la presión y el cizallamiento en la zona de alta presión siguiente. Según el fabricante, la zona de cuña puede ser fija o ajustable en altura y ángulo (Figura 5.5).

La presión continúa aumentando a medida que los sólidos pasan de la zona de cuña a la zona de alta presión. Se aplican fuerzas sobre el lodo a medida que las bandas se desplazan por arriba y por debajo de los rodillos (Figura 5.6). Los rodillos se mueven en dirección opuesta, lo que provoca un efecto de cizallamiento por parte de las bandas sobre los biosólidos. Esta acción aplica *cizallamiento* y cambia la forma de las partículas de lodo, que se aprietan entre ellas y liberan el agua capilar o intersticial. Según el fabricante, estos rodillos con

El agua intersticial llena los orificios o los espacios entre las partículas de sólidos. Cuando el lodo se aprieta entre las bandas, las partículas individuales de sólidos se acercan y parte del agua intersticial se elimina. Hasta cierto punto, cuanto con mayor fuerza se apriete el lodo, más agua se liberará. El lector puede consultar el Capítulo 1 de este manual para obtener mayor información sobre los tipos de agua que se encuentran en el lodo.

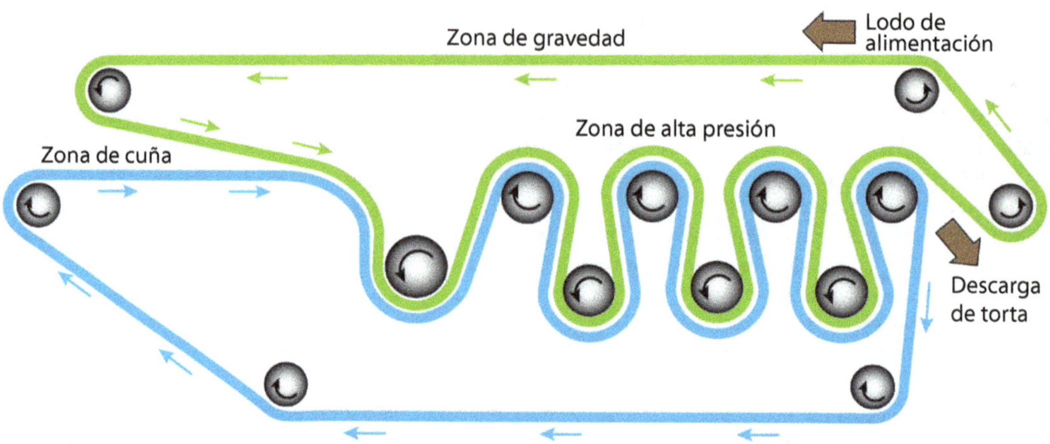

Figura 5.3 Zonas de la prensa de bandas (reimpreso con autorización de Alfa Laval.)

Figura 5.4 **Chicanas en la parte de drenaje por gravedad de una prensa de filtro de banda (reimpreso con autorización de Alfa Laval)**

frecuencia tienen un diámetro que va disminuyendo. La tensión de la banda aprieta la torta cuando las bandas se mueven alrededor de los rodillos, lo que maximiza el cizallamiento. Las presiones promedio aplicadas suelen ser de 35 a 105 kPa (5 a 15 psi) y pueden llegar a 210 kPa (30 psi), según el fabricante y la disposición de los rodillos.

Los rodillos sostienen las bandas porosas de tela y suministran tensión, cizallamiento y compresión durante las etapas de presión de la prensa de banda. La tensión de la banda debe basarse en al menos 5.4 kPa/cm de ancho de banda (200 lb/in de ancho de banda) y la tensión de impulsión debe calcularse con base en una velocidad de banda de al menos 4.6 m/min (15 ft/min). En su mayoría, las prensas de banda tienen dos bandas, pero algunas tienen tres. Las prensas de tres bandas suelen estar diseñadas para concentraciones de lodo de alimentación de menos de 0.5 % de TS. El material de la banda se basa en la aplicación. El tipo más común de tela es el poliéster. En su mayoría, las bandas tienen costura de acero inoxidable, pero algunas prensas pueden tener bandas sin costura. Las bandas sin costura son más difíciles de reemplazar y las bandas con costura suelen tener un mayor desgaste y deben cambiarse con mayor frecuencia. La Figura 5.7 muestra un ejemplo de banda con costura.

Figura 5.5 **Zona de cuña de la prensa de filtro de banda (reimpreso con autorización de Alfa Laval)**

Figura 5.6 Rodillos de varios diámetros de prensas de filtro de banda (reimpreso con autorización de Indigo Water Group)

Otra parte integral de una BFP es el sistema de guía de las bandas. El sistema de guía de las bandas mantiene la alineación correcta de las bandas. Para ello, mantiene centradas las bandas en los rodillos. Utiliza brazos hidráulicos con detección automática (Figura 5.8) conectados a un interruptor de límite para detectar cambios en la alineación de las bandas. La unidad de dirección hidráulica (puede ser eléctrica o neumática) ofrece el ajuste automático de los rodillos de dirección para corregir la alineación de las bandas (Figura 5.9).

Los sistemas de ajuste de la tensión de las bandas son necesarios para el funcionamiento correcto de las prensas de bandas. Los ajustes en la tensión de las bandas pueden ser una de las variables de control del proceso del operador. La tensión de las bandas se controla neumáticamente, mecánicamente o hidráulicamente, según el fabricante.

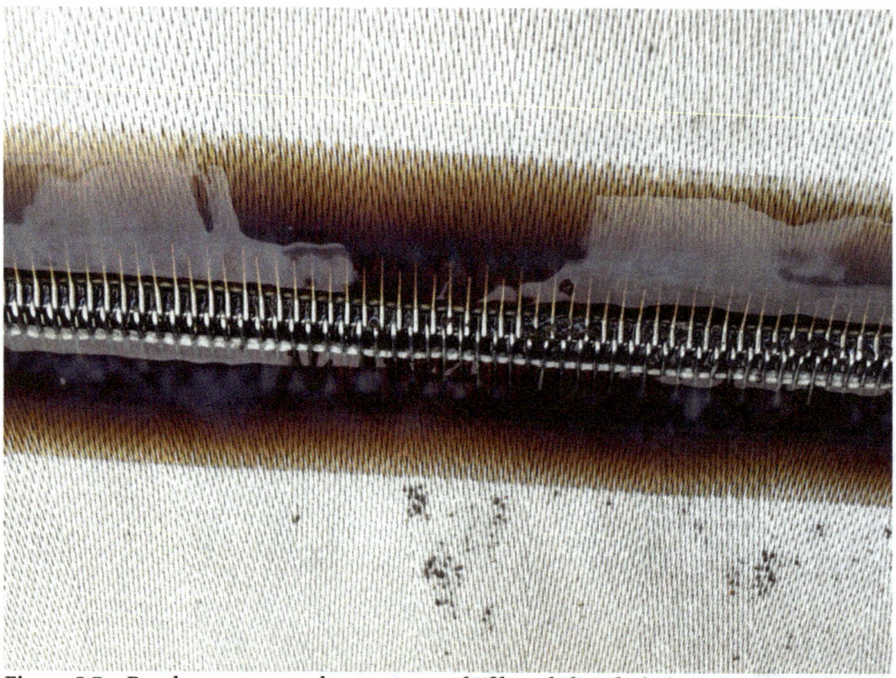

Figura 5.7 Banda con costura de una prensa de filtro de banda (reimpreso con autorización de Indigo Water Group)

Figura 5.8 Brazo de detección automático (reimpreso con autorización de Alfa Laval)

El aumento en la tensión de las bandas aumentará la presión de deshidratación, aumentará el porcentaje de TS de la torta, aumentará la probabilidad de extrusión de la torta por los lados de las bandas y reducirá la retención de sólidos en el filtrado. La tensión de las bandas típicamente se ajusta automáticamente y puede monitorearse con un manómetro. Típicamente, la vida útil de las bandas se reduce cuando aumenta la tensión.

Sistemas complementarios de la BFP incluyen sistemas de alimentación, sistemas de acondicionamiento del lodo o polímero y sistemas de transporte para la descarga de torta. El polímero es el acondicionador químico utilizado más comúnmente para las operaciones de BFP. Las bombas de alimentación de químicos pueden controlarse de manera manual o automática y pueden ajustarse su velocidad o la longitud de su carrera. En los

Figura 5.9 Unidad de dirección hidráulica (reimpreso con autorización de Alfa Laval)

sistemas automatizados (los más comunes), el control de la bomba de químicos está integrado con el panel de control de la prensa de bandas. El sistema de tubos de alimentación aguas arriba incluye típicamente varias tomas para alimentación de químicos y sistemas de inyección y mezclado. El lector puede consultar la sección sobre el espesador con banda de gravedad en el Capítulo 2, Espesamiento, de este manual para obtener información adicional sobre estos sistemas.

Las bombas de alimentación funcionan de manera continua cuando la prensa de banda está en operación y las bombas siempre tienen impulsores de velocidad variable para ajustar la tasa de alimentación y optimizar el desempeño de la BFP. Las bombas más utilizadas para la aplicación del sistema de alimentación son las de desplazamiento positivo. Con frecuencia, se utilizan tubos y válvulas de interconexión para obtener redundancia. El control de la tasa de alimentación típicamente está incorporado en el panel de control de la prensa de banda principal.

El raspador de descarga (rasqueta) es una cuchilla hecha en general de plástico de alta dureza (Figura 5.10). Está ubicado en el extremo de la sección de alta presión de la BFP. La rasqueta raspa los sólidos deshidratados de la banda hacia el sistema de transporte de torta. La rasqueta se considera un elemento de desgaste y debe mantenerse para asegurar la alineación y el ajuste correctos en relación con la superficie de las bandas a fin de prevenir la reducción de la vida útil de las bandas o el deterioro de la costura de las bandas.

VARIABLES DEL PROCESO

Hay diversas variables del proceso que afectan el desempeño de la BFP. Como ya se observó, el proceso de estabilización de sólidos puede afectar mucho el desempeño de deshidratación de sólidos. En general, el lodo primario es el más fácil de deshidratar y el LAP sin espesar es el más difícil de deshidratar. La selección del polímero y el almacenamiento también afectan la capacidad de deshidratación. Con frecuencia, el servicio público selecciona el proveedor de polímero anualmente antes de emitir un contrato de compra y los biosólidos pueden cambiar en el año, lo que dificulta la selección del polímero. Si el polímero solo reacciona bien con los biosólidos durante una parte del año, el desempeño de la BFP se verá perjudicado durante el resto del año. La dosis de polímero deberá ajustarse con frecuencia para mantener la sequedad objetivo de la torta. Además, el polímero tiene una vida útil, después de la cual comienza a perder eficacia. Deben gestionarse el pedido y la duración en almacenamiento del polímero para asegurar que se use todo durante la vida útil.

La carga hidráulica de la prensa de filtro de banda está limitada por el volumen de agua que puede atravesar las bandas. Una mala calidad del agua de lavado puede reducir la calidad del filtrado y tiempos de funcionamiento de la BFP más cortos debido al atascamiento (la obstrucción) de la tela del filtro de banda. Las concentraciones de sólidos de alimentación más finas con frecuencia resultan en la producción de menores cantidades de sólidos de torta. Por otro lado, mayores sólidos en la alimentación resultan en menos

Figura 5.10 Rasqueta de una prensa de filtro de banda (reimpreso con autorización de Brett Doub y Town of Danville Water Pollution Control Facility)

tiempo de residencia en general en la BFP y, por lo tanto, pueden resultar en sólidos más húmedos. La tasa de retención puede verse afectada por todas estas variables del proceso, pero en general permanecerá por arriba del 95 % con operaciones estables.

Además, hay características mecánicas que afectarán el desempeño de la BFP. La composición de las bandas, la condición o la antigüedad generales, la velocidad y la tensión afectarán los sólidos de torta. El caudal y la presión del agua de lavado también afectarán el desempeño general. Figura 5.11 muestra un sistema de agua de lavado para una BFP. Se requiere una presión del agua de lavado de al menos 590 kPa (85 psi) de manera continua. En las aplicaciones donde hay aceite y grasa, se recomiendan mayores presiones de agua, más cercanas a 830 kPa (120 psi). Con frecuencia se usan bombas de refuerzo de agua de lavado para asegurar una presión adecuada uniforme. El sistema de agua de lavado asegura una limpieza adecuada de la banda para permitir que el agua se filtre por el lodo y la banda y hacia afuera a través del sistema de drenaje de la unidad. Consulte el diagrama del sistema de agua de lavado en Figura 5.11. Un caudal y una presión adecuados del agua de lavado maximizarán la vida útil de la banda. Es posible que resulten necesarios sistemas de refuerzo de presión de agua para asegurar un suministro uniforme de agua de lavado que cumpla o supere los requisitos mínimos de presión recomendados.

CONTROL DEL PROCESO

En general, debido a que el operador puede observar en la BFP, es bastante fácil determinar qué está sucediendo. Así, los ajustes de control del proceso son fáciles de llevar a cabo y de verificar visualmente. Esto significa además, no obstante, que las BFP requieren la atención del operador para optimizar el desempeño. La siguiente lista incluye variables que, si se verifican con frecuencia, permitirán que el operador cambie una por vez y optimice el desempeño de la BFP:

- pH, temperatura, concentración de sólidos y caudal de alimentación
- Tipo de polímero, concentración, alimentación y dosis
- Concentración de SST del filtrado
- Velocidad de la banda
- Presión hidráulica
- Presión de agua de lavado, caudal y concentración de SST
- Concentración de sólidos de la torta

OPERACIÓN

Uno de los motivos por los cuales se usan BFP en las WRRF para la deshidratación es que son fáciles de operar. En las secciones siguientes se describirán cuestiones sobre la puesta en funcionamiento, el apagado y la operación diaria.

PUESTA EN FUNCIONAMIENTO

En su mayoría, las BFP están equipadas con una puesta en funcionamiento de un botón. Esto significa que el operador solo tiene que poner en funcionamiento manualmente las bombas de alimentación y de polímero, e

Figura 5.11 Sistema de agua de lavado de una prensa de banda (reimpreso con autorización de Alfa Laval)

incluso ambas pueden vincularse al panel de control principal para la BFP, según los requisitos y las limitaciones del fabricante. En general, el sistema de la BFP se pone en funcionamiento de la manera siguiente:

- Se abre la válvula de agua de lavado
- Se inicia la bomba de agua de lavado (ciclo de prehumedecimiento de la banda)
- Se inicia el sistema neumático o hidráulico de tensión de la banda
- Se inician el accionador de la banda y el transportador de la torta deshidratada
- Se inicia el sistema de alimentación de polímero
- Se inicia la bomba de alimentación de biosólidos

Si todos los demás aspectos permanecen igual y no cambiaron las condiciones específicas de los sólidos de alimentación, la BFP puede comenzar a producir sólidos en torta optimizada casi de inmediato. Es importante tener en cuenta que solo debe cambiarse una variable del proceso por vez y que debe permitirse un tiempo suficiente entre los cambios para tener en cuenta aspectos como el largo del tubo de alimentación en el tendido, la energía de mezcla del polímero y el tiempo de retención de la BFP para que el cambio sea de hecho observado por el operador.

APAGADO

El apagado de la prensa de filtro de banda es también con mayor frecuencia un procedimiento con un solo botón. La BFP se apaga en general en la secuencia opuesta a la puesta en funcionamiento, con el sistema de agua de lavado como el último elemento en detenerse. La limpieza correcta de la banda es fundamental para la operación de la BFP.

OPERACIÓN DIARIA

Además de los procedimientos de puesta en funcionamiento y apagado de rutina, es esencial que el operador recopile los datos mencionados anteriormente para optimizar las operaciones de la BFP. Además de esa información, es importante que los operadores sepan qué alarmas tiene equipadas el sistema de la BFP. Estas alarmas, según el fabricante, resultarán en el apagado del sistema de BFP de la manera siguiente:

- Rotura de las bandas
- Alineación de las bandas
- Falla del sistema neumático/hidráulico
- Baja presión de agua de lavado
- Cable de emergencia alrededor de la unidad activado
- Falla de la bomba de alimentación de polímero
- Falla del sistema de agua de dilución de polímero (si corresponde)
- Apagado del transportador
- Falla de la bomba de alimentación de biosólidos
- Falla de la bomba de agua de lavado

RECOLECCIÓN, MUESTREO Y ANÁLISIS DE LOS DATOS

Lodo de alimentación: Deben tomarse muestras diarias del porcentaje de TS, del porcentaje de VS y de tasa de alimentación. Según los procesos aguas arriba, también es posible que se deban tomar muestras para medir el pH y la temperatura para evaluar su efecto potencial en el desempeño del polímero.

Filtrado/presado: Debe tomarse una muestra diaria para medir los SST que se usarán en los cálculos de porcentaje de retención. Según las condiciones del permiso en el proceso de tratamiento principal, es posible que deban tomarse muestras con frecuencia para medir la $DBOC_5$, el NH_3-N y el PO_4-P en el filtrado para poder calcular la cantidad de estos contaminantes que se está reciclando de regreso a la cabecera del proceso de tratamiento principal. También debe registrarse la cantidad de filtrado diaria.

Torta deshidratada: Deben tomarse muestras diarias para medir el porcentaje de TS y los SVS en la torta deshidratada.

MONITOREO DE DESEMPEÑO

Los cálculos de eficiencia de retención y uso de polímero por kilogramo (libra) de sólidos se presentan en la sección sobre la centrífuga de este capítulo. Si el agua de lavado de la banda se incluye en la muestra de filtrado, el análisis de filtrado real está diluido y debe tenerse en cuenta al calcular la tasa de retención.

Después que la BFP estuvo en funcionamiento, los sólidos aproximados de la torta pueden determinarse relativamente rápido con un horno a microondas de alta energía (Figura 5.12) u otro dispositivo similar.

MANTENIMIENTO

Cuando resulte posible, las instalaciones deben usar el mantenimiento preventivo y no el mantenimiento reactivo. El mantenimiento preventivo es mucho menos costoso que las reparaciones posteriores al hecho. En general, además de las recomendaciones del fabricante, los procedimientos siguientes ampliarán la vida de la BFP y reducirán el costo operativo general de la unidad:

- Lave la BFP a diario después de finalizar con la deshidratación. Esto evita que la torta se seque y se acumule en distintas partes de la BFP.
- Verifique para asegurar que todos los rodillos estén girando libremente.
- Controle los cojinetes semanalmente en busca de daños.
- Siga el programa de lubricación del manual de operación y mantenimiento. Esto ampliará la vida útil de los cojinetes del rodillo y del motor de accionamiento de la banda.
- Limpie las boquillas de agua de lavado con la frecuencia necesaria (esto dependerá de la calidad y de los SST del agua de lavado). Esto asegurará una limpieza adecuada de la banda.
- Inspeccione y limpie la rasqueta para eliminar cualquier detrito acumulado.
- Limpie a diario las chicanas de la sección de gravedad después de apagar o al apagar la prensa.

La limpieza de las bandas probablemente sea uno de los elementos más importantes de mantenimiento preventivo. Si una banda se colmata, no es posible que el agua la atraviese. Todas las BFP tienen sistemas de agua de lavado. Estos sistemas con frecuencia deben estar equipados con tamices que también deben mantenerse limpios en todo momento. Las boquillas de agua de lavado se limpian cuando se gira la manivela en el extremo de la tubería colectora de rociado. Se abre una válvula de descarga, lo que permite que el caudal de agua de lavado pase a través de la tubería colectora y se drene. Además, a medida que se gira la manivela, los cepillos en una vara a través de la tubería colectora limpian las boquillas desde dentro y el caudal de agua de lavado elimina cualquier material aflojado a través del sistema por la línea de descarga.

Si el sistema de agua de lavado se mantuvo correctamente y la banda continúa demostrando señales de colmatado, es posible usar una solución de limpieza para liberar la acumulación de polímero en la banda. El limpiador más utilizado es la solución de blanqueador diluido, pero también hay disponibles limpiadores comerciales de polímero. Debe lavarse toda la BFP completamente después de cada turno operativo. Esto eliminará el lodo antiguo y permitirá que el turno siguiente comience con una BFP limpia, lo que prolongará la vida útil de la unidad.

RESOLUCIÓN DE PROBLEMAS

Se proporciona el diagrama siguiente (Figura 5.13) para guiar gráficamente al operador por los pasos de resolución de problemas para determinar soluciones para bajos sólidos en la torta, bajas tasas de retención, baja carga de sólidos y mal acondicionamiento con polímero.

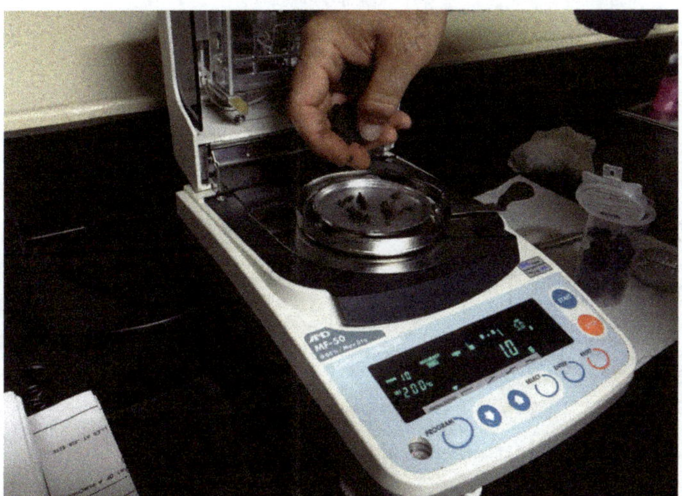

Figura 5.12 Horno a microondas para el secado de lodo (reimpreso con autorización de Indigo Water Group)

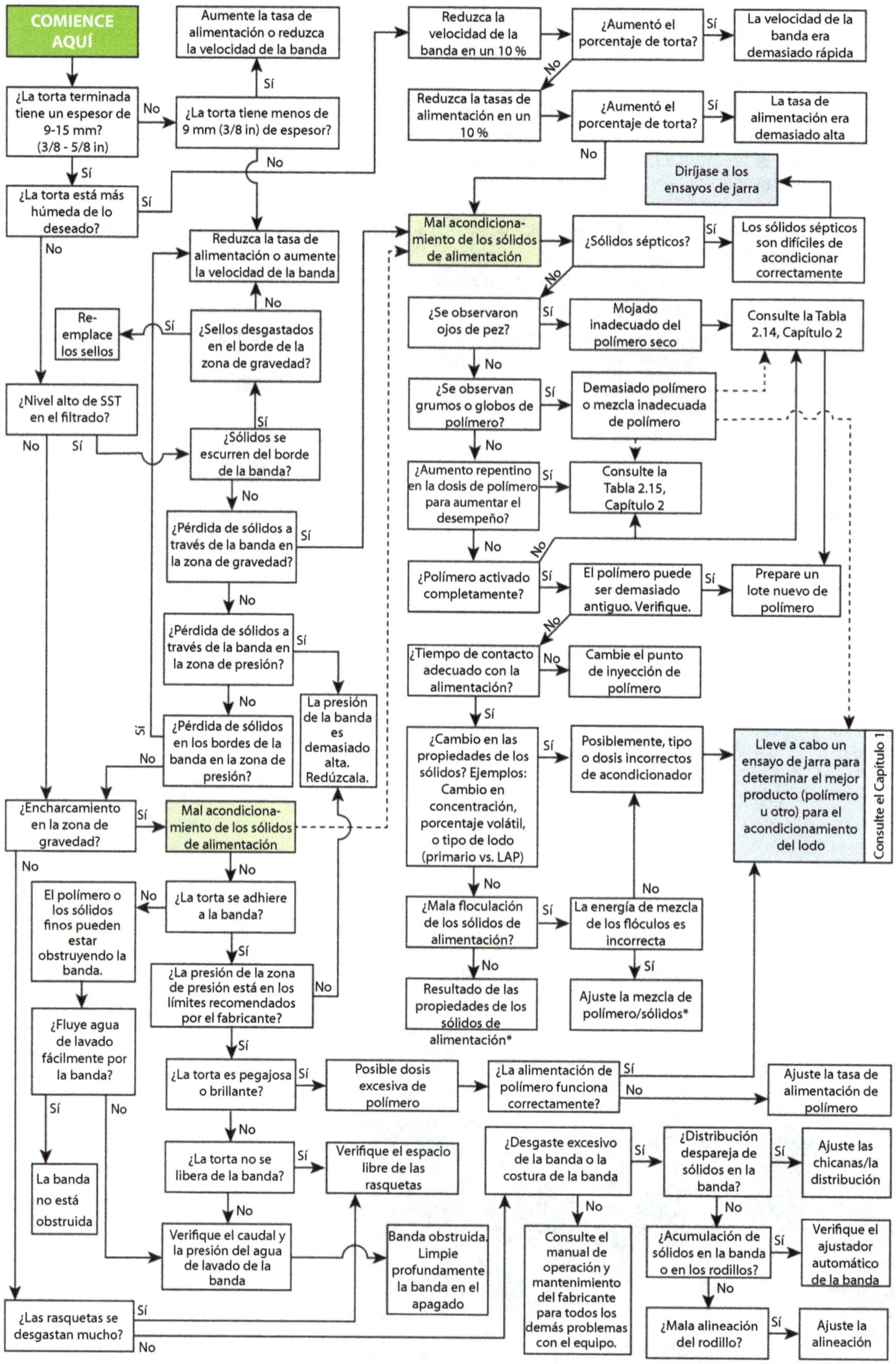

*Nota: El secado máximo de la torta (porcentaje de sólidos) es determinado por las características del lodo de alimentación. Consulte el Capítulo 1 para obtener más información.

Figura 5.13 Diagrama de resolución de problemas para la operación de una prensa de filtro de banda (reimpreso con autorización de Indigo Water Group)

COMPROBACIÓN DE CONOCIMIENTOS

1. La zona de baja presión también se denomina la zona de cuña.
   - ☐ Verdadero
   - ☐ Falso
2. Los lodos químicos se deshidratan fácilmente en las BFP.
   - ☐ Verdadero
   - ☐ Falso
3. Los sólidos de alimentación diluidos requieren menos tiempo de detención en la sección de gravedad de la banda.
   - ☐ Verdadero
   - ☐ Falso
4. ¿En cuál de los rangos siguientes están las tasas de retención típicas de las BFP?
   - a. 62 %–68 %
   - b. 72 %–780 %
   - c. 82 %–88 %
   - d. 92 %–98 %
5. La sección de drenaje por gravedad de la BFP funciona de idéntica manera al espesador con banda de gravedad.
   - ☐ Verdadero
   - ☐ Falso
6. Las chicanas mueven el lodo a hileras en la sección de gravedad de la BFP para permitir que el agua se drene por la banda.
   - ☐ Verdadero
   - ☐ Falso
7. Cuando las partículas de sólidos se fuerzan juntas y cambian de forma, y se libera agua de entre las partículas, se denomina ______________.
   - a. Corte
   - b. Estrujamiento
   - c. Cizallamiento
   - d. Secado
8. El agua que ocupa los espacios entre las partículas de sólidos se denomina agua ______________.
   - a. Interespacial
   - b. Intersticial
   - c. Intergaláctica
   - d. Interspectral
9. Las bandas de la BFP más comúnmente están hechas de ______________.
   - a. Aluminio
   - b. Algodón
   - c. Poliéster
   - d. Seda
10. La tensión de las bandas de una BFP típicamente se ajusta automáticamente y puede monitorearse con un manómetro.
    - ☐ Verdadero
    - ☐ Falso
11. Los sistemas de agua de lavado de la prensa de banda deben operar a no menos de ______________.
    - a. 590 kPa (85 psi)
    - b. 690 kPa (100 psi)
    - c. 790 kPa (115 psi)
    - d. 890 kPa (130 psi)
12. ¿Cuál de las siguientes es la actividad de mantenimiento diario más importante para los operadores de prensa de banda?
    - a. Realinear la rasqueta
    - b. Apretar la costura de la banda
    - c. Lavar la BFP
    - d. Ajustar la alineación de las bandas
13. ¿Cuál es una causa potencial de pérdida de sólidos a través de los lados de una banda en una zona de alta presión de la prensa de filtro de banda?
    - a. La dosis de polímero es demasiado alta
    - b. La presión del agua de lavado es demasiado alta
    - c. La presión de la banda es demasiado alta
    - d. La presión de la zona de gravedad es demasiado alta
14. ¿Cuál es una posible causa de que se adhiera torta a la banda de una BFP?
    - a. El uso de una nueva rasqueta
    - b. Demasiado polímero
    - c. Tasa de carga de sólidos demasiado baja
    - d. Velocidad de la banda demasiado baja
15. Debe usarse solución de ácido sulfúrico diluida para limpiar correctamente las bandas de una prensa de filtro de banda.
    - ☐ Verdadero
    - ☐ Falso
16. En general, con la operación de la BFP, los sólidos de alimentación más gruesos se deshidratan mejor que el material de alimentación más fino.
    - ☐ Verdadero
    - ☐ Falso
17. Las prensas de filtro de banda son los mejores dispositivos de deshidratación para los sólidos industriales.
    - ☐ Verdadero
    - ☐ Falso

Prensas rotativas

Las prensas rotativas y las prensas de ventilador rotativo son muy similares en diseño y en desempeño. En este capítulo, las trataremos en conjunto y las denominaremos *prensas rotativas*. Cuando haya diferencias importantes, como en la construcción del filtro/de la placa y en la cantidad máxima de unidades combinadas en un sistema, indicaremos los detalles de ambos diseños.

Las prensas rotativas ocupan un lugar relativamente pequeño en comparación con otras tecnologías de deshidratación como las BFP y las centrífugas. Debido a que conservan los sólidos en áreas contenidas de la prensa, los olores se contienen dentro de la unidad y el área circundante de trabajo es más fácil de mantener limpia. Operan a baja velocidad, lo que minimiza el ruido, la vibración y el desgaste de los equipos. Las menores velocidades requieren motores más pequeños, lo que reduce el consumo de energía para operar la prensa. Con una alimentación uniforme de sólidos a las unidades, los operadores pueden poner en funcionamiento el sistema, hacer los ajustes iniciales y permitir que las unidades funcionen en modo automático sin la necesidad de ajustes regulares. En su mayoría, las prensas rotativas requieren solo un lavado intermitente, y algunas solo usan agua de lavado al apagarse en el final de un ciclo de funcionamiento. Esto resulta en que se requiera menos agua de lavado y que se regrese menos caudal de reciclado a la cabecera de la instalación. Las prensas rotativas suelen funcionar mejor con determinada presión de alimentación y tasa de alimentación, con base en las características de los sólidos. Debido a que son sistemas modulares que están compuestos por canales idénticos, la mejor manera de controlar la producción es tomar un canal entero y ponerlo o sacarlo de servicio, o ajustar la cantidad de horas por día que funciona una prensa. Las prensas rotativas suelen poder suministrar un desempeño uniforme donde se requiere una torta moderadamente seca. En general, no podrán producir la torta más seca para un lodo determinado.

TEORÍA DE OPERACIÓN

Las prensas rotativas son una tecnología relativamente nueva para la deshidratación de lodo de las aguas residuales municipales. Las prensas comenzaron a estar disponibles comercialmente a principios de los 2000. Son unidades compactas y circulares que usan filtrado por gravedad, y después apretamiento mecánico y presión, para eliminar el agua de los sólidos, en gran medida como las BFP desagotan el lodo. No obstante, la disposición física de las unidades y la manera en que filtran y crean presión son muy distintas.

El diseño de los sistema de presión rotativa es modular. Cada una de las unidades circulares se denomina *canal*. En la Figura 5.15, observamos una vista transversal de un canal desde el lado. Esto indica toda la trayectoria del caudal a través de la unidad. El lodo de alimentación accede a la unidad en la zona de filtrado. Debido a que el lodo se acondicionó y se floculó antes de alimentarse al canal, en el lodo hay agua libre, que comienza de inmediato a drenarse por gravedad a través de las placas del filtro. Cada canal típicamente incluye

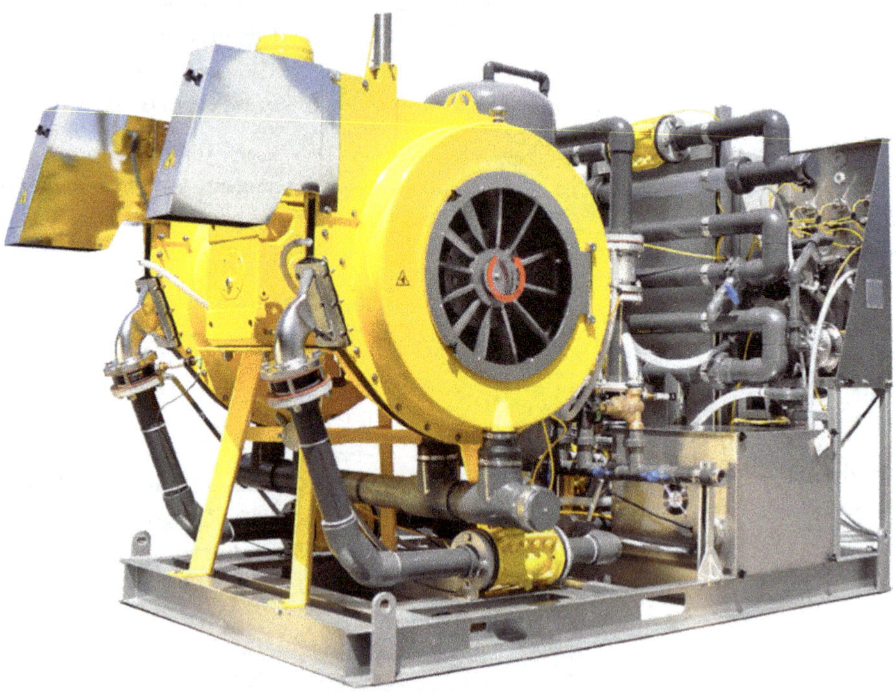

Figura 5.14 Sistema de prensa de ventilador rotativo de dos canales (reimpreso con autorización de Prime Solution Inc.)

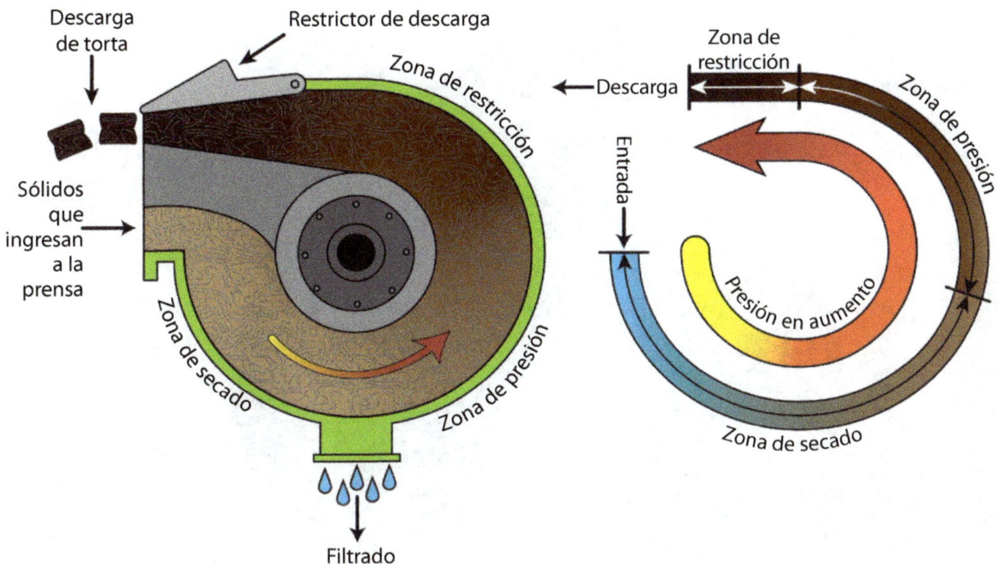

Figura 5.15 Vista transversal del canal de la prensa rotativa

hojas raspadoras para ayudar a mover los sólidos fuera de las placas del filtro y para ayudar a mantener las trayectorias del caudal abiertas a fin de que el agua continúe el drenaje a través de toda la sección de filtrado de la unidad. Las hojas raspadoras funcionan de manera similar a las chicanas que mueven el lodo en la parte de gravedad de una BFP, al abrir nuevas trayectorias de drenaje y girar el lodo para que drene más agua.

La parte interna de la prensa se gira lentamente a una velocidad de 1 a 3 rpm en la dirección indicada por la flecha color verde azulado en la Figura 5.15. Hay una restricción mecánica ajustable ubicada en el extremo de descarga del canal. Se utiliza para crear contrapresión de descarga. Debido a que se acumula presión a lo largo de la trayectoria del caudal a través de la unidad, gradualmente se elimina más agua. La fricción de la parte giratoria de la unidad empuja los sólidos contra la restricción de descarga. Un tapón de torta deshidratada forma la zona de restricción final de la prensa. La presión aumenta hasta que es lo suficientemente alta para empujar la torta a través de la restricción final y fuera de la prensa a un conducto de descarga o a un transportador de torta, donde se traslada al próximo paso del procesamiento de sólidos.

PARÁMETROS DE DISEÑO Y DESEMPEÑO ESPERADO

Las características uniformes de los sólidos de alimentación ayudan a estabilizar el desempeño de una prensa rotativa. Las tasas de retención pueden superar el 95 %. El desempeño de una prensa rotativa depende del tipo de sólidos alimentados a la unidad y de la eficacia de los químicos de acondicionamiento. La Water Environment Federation recopiló un resumen de características de desempeño para prensas rotativas que deshidratan diversos tipos de sólidos. El rango de cifras informadas indicó que los sólidos de alimentación de las prensas rotativas y de las prensas de ventilador rotativo variaron entre 1 % y 6 % de TS y que la torta descargada varió entre 16 % y 26 % de TS (WEF et al., 2018).

Debido a que el desempeño de las prensas rotativas varía en función de las distintas características de alimentación, algunos fabricantes tienen sistemas de prensa rotativa montados en remolque que pueden enviarse a una instalación específica para ejecutar pruebas piloto y determinar allí la TCH y el desempeño estimado para los sólidos.

EQUIPOS

Los sólidos de alimentación de entre 1 % y 6 % de TS se bombean a las unidades de las prensas rotativas a una presión de entre 2 y 8 psi. Con frecuencia, se usa polímero como químico de acondicionamiento. El polímero y los sólidos de alimentación se mezclan en una unidad de floculación para asegurar la mezcla y el tiempo de almacenamiento correctos antes de que los sólidos acondicionados se envíen a la prensa rotativa. El agregado de polímeros y el mezclado correcto son necesarios para flocular los sólidos y permitir que se drene agua libre durante la etapa de filtrado inicial del proceso de deshidratación con prensa rotativa.

La prensa rotativa es un diseño de tipo modular en el cual una unidad única se denomina *canal.* Cada canal está compuesto por varias "capas" verticales juntas que forman un canal (Figura 5.16). Como ya observamos en la vista transversal de la Figura 5.15, el lodo se alimenta a la unidad y se traslada por una trayectoria del caudal en forma de "U". En el lado de este canal está montada la placa/reja de filtrado. Este componente es una

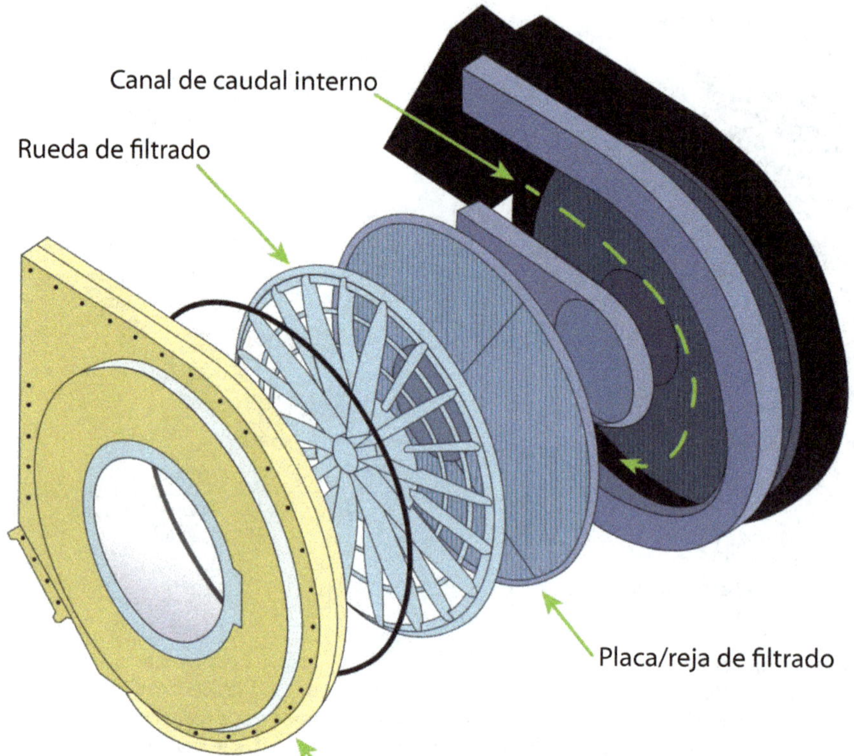

Figura 5.16 Capas de una prensa rotativa/prensa de ventilador rotativo (redibujado con imágenes de Prime Solution Inc.)

de las mayores diferencias entre la prensa rotativa y la prensa de ventilador rotativo. En las prensas rotativas, este componente es una placa de acero inoxidable con muchas perforaciones pequeñas que la atraviesan que permite que el filtrado se drene hacia afuera. En una prensa de ventilador rotativo, este componente está hecho de una reja con alambre de cuña y aberturas pequeñas. En todas las prensas rotativas y de ventilador rotativo, montado sobre eso es lo que se denomina *rueda de filtrado*. Este componente tiene la apariencia de un tapacubo en la rueda de un automóvil. En general, tienen aletas similares a rayos ubicadas desde el centro hacia los bordes exteriores de la rueda. Hay miembros transversales circulares que se conectan entre los rayos. Esta placa crea un soporte estructural para la placa/reja de filtrado y crea espacio para que el filtrado se drene a la parte inferior de la unidad para ser recolectado en el tubo de drenaje del filtrado. Finalmente, montada en la parte superior de la rueda de filtrado está la tapa exterior de la unidad. Con frecuencia está hecha de fibra de vidrio. Algunos fabricantes incluyen una ventana de visualización en la tapa, de modo que los operadores puedan verificar visualmente la calidad del filtrado cuando la unidad está en funcionamiento. Típicamente hay un puerto de muestreo de filtrado ubicado cerca de la parte inferior de la unidad, donde un operador puede recolectar una muestra de filtrado para analizar el porcentaje de sólidos y otros parámetros. La medición del porcentaje de sólidos se usa para calcular el porcentaje de retención de la prensa rotativa.

Para obtener un ejemplo de cómo calcular el porcentaje de retención, consulte el ejemplo de cálculo para el porcentaje de retención en la sección de monitoreo del desempeño en la sección sobre la centrífuga de este mismo capítulo.

Una instalación puede agregar más canales, conectados en paralelo, para aumentar la capacidad del sistema de prensa rotativa. La unidad que se muestra en la Figura 5.17 es un sistema de seis canales. Si se requieren múltiples unidades para satisfacer la capacidad requerida del sistema, típicamente son instaladas con un impulsor de eje común por un motor y reductor de engranajes. Los motores de accionamiento en general van de 3.7 a 22.4 kW (5 a 30 hp). Es posible conectar hasta ocho canales mediante un eje común a un único motor de accionamiento/reductor de engranajes en una prensa rotativa. Las prensas de ventilador rotativo suelen ser más pequeñas y típicamente están limitadas a un máximo de cuatro canales por sistema.

El agua de lavado es intermitente en las prensas rotativas. Los sistemas automáticos de agua de lavado pueden programarse para funcionar un par de minutos, una hora o un turno, etc. Algunos sistemas solo usan agua de lavado al final de un ciclo de funcionamiento para eliminar sólidos de la unidad antes del apagado. El fabricante recomendará el caudal y la presión mínimos (en general, 310 kPa [45 psig]) necesarios para asegurar una limpieza correcta. Debido a que el agua de lavado atraviesa las placas de filtro y se drena con

Figura 5.17 Sistema de prensa rotativa de seis canales (reimpreso con autorización de Dewberry)

el caudal del filtrado, la reducción de la cantidad de agua de lavado necesaria reduce directamente la cantidad de caudal que es necesario regresar a la cabecera de la instalación. También ahorra agua si la instalación usa agua potable para el agua de lavado o reduce costos de bombeo si la instalación está reciclando su efluente.

El sistema requerido para operar las prensas rotativas se muestra en la Figura 5.18.

Una bomba de velocidad variable alimenta los sólidos a la prensa. Debido a que el caudal de alimentación puede tener mucho contenido de sólidos (1 % a 6 % de TS), con frecuencia se usan bombas de desplazamiento positivo. Las prensas rotativas tienen una línea de alimentación que divide y suministra sólidos de alimentación a todos los canales. En consecuencia, una bomba puede alimentar a todo el sistema. Con frecuencia, las WRRF municipales tienen instalada una bomba de respaldo que se usará si hay una bomba fuera de servicio por mantenimiento o reparación. Se usa una bomba separada para medir el ingreso de polímero o químico de acondicionamiento al lodo. Algunos sistemas suministran un mezclado con alta energía en el punto donde se mezclan el agua y el polímero. Otros sistemas ofrecen un mezclado de velocidad variable en una zona de floculación o tanque floculador. Estos sistemas con frecuencia son cerrados. Para poder verificar visualmente la calidad del flóculo antes de enviar los sólidos acondicionados a la prensa rotativa, con frecuencia hay un tubo transparente donde el flóculo puede visualizarse y verificarse antes de alimentar el lodo en la prensa en la puesta en funcionamiento. Este modo de operación se denomina *modo de recirculación* o *modo de derivación*. La válvula de recirculación de sólidos, denominada también *válvula de derivación*, se abre para permitir que los sólidos acondicionados regresen al tanque de almacenamiento de sólidos mientras se llevan a cabo los ajustes iniciales del caudal de alimentación y del caudal de la solución de polímero, se ajusta la operación del tanque de mezclado/floculación y se verifica la formación de flóculos adecuados. Las válvulas de alimentación del canal están cerradas cuando se opera en modo de recirculación/derivación. Los sólidos regresan al tanque de almacenamiento de sólidos mientras se hacen ajustes a la alimentación de polímero/químicos de acondicionamiento. Después de lograda la floculación correcta de los sólidos, es posible volver a abrir las válvulas de alimentación del canal para enviar caudal a la prensa. En sistemas de canales múltiples, los controles utilizarán control de caudal o de presión para equilibrar la alimentación a cada canal.

VARIABLES DEL PROCESO

Hay diversos parámetros que pueden tener un efecto importante en el desempeño de una prensa rotativa.

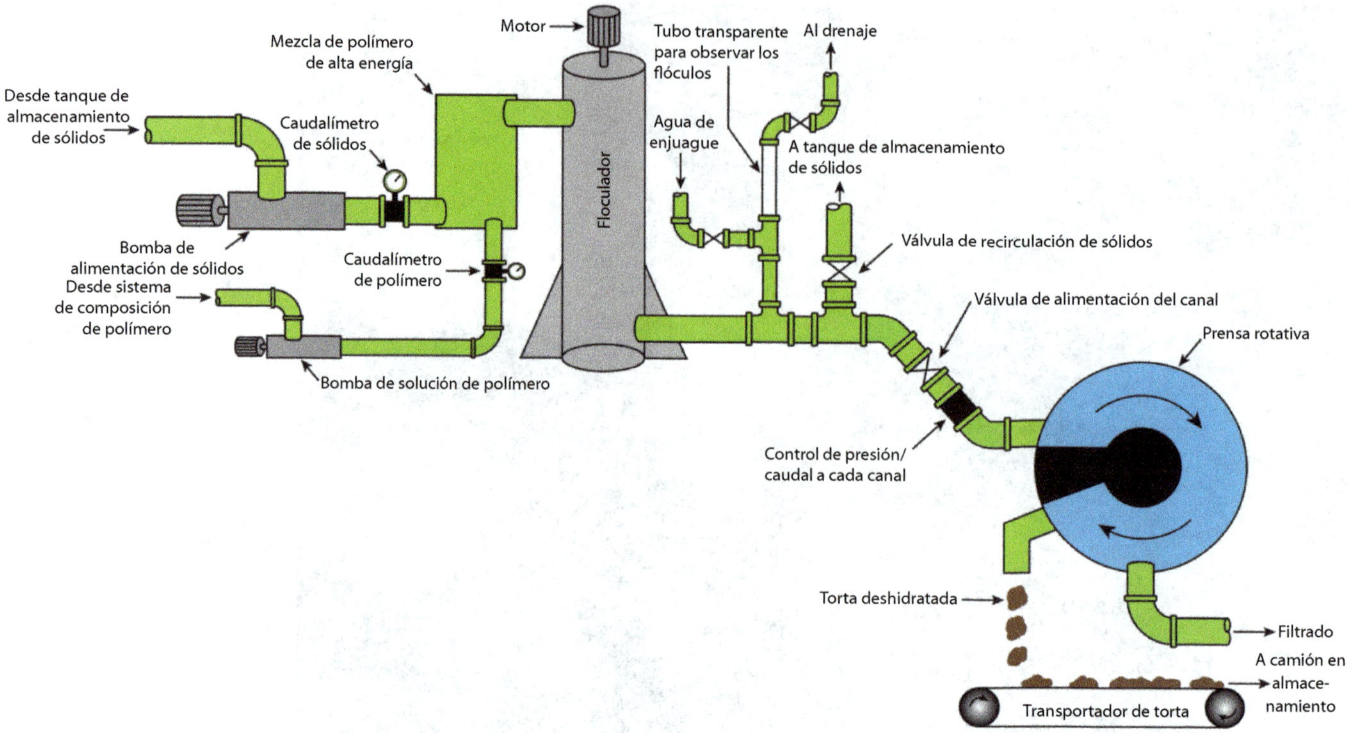

Figura 5.18 Representación esquemática para un sistema de prensa rotativa (reimpreso con autorización de Passaro Engineering, LLC, e Indigo Water Group)

CARACTERÍSTICAS DEL LODO DE ALIMENTACIÓN

Como sucede con la mayor parte de los procesos de deshidratación, las características de los sólidos de alimentación afectan el desempeño de la prensa rotativa. Es ideal bombear un lodo de calidad uniforme a la bomba. Las bombas de sólidos de alimentación deben extraer de un tanque de almacenamiento bien mezclado. Los sólidos deben deshidratarse lo antes posible porque los sólidos almacenados durante más tiempo son más difíciles de deshidratar. Si los lodos de la instalación se combinan antes de deshidratarse, la relación entre los tipos (por ejemplo, la cantidad de lodo primario en comparación con la cantidad de lodo secundario) debe mantenerse lo más uniforme posible. Con frecuencia, las características de los sólidos de alimentación no están completamente bajo el control del personal de operaciones. Los cambios en el tratamiento aguas arriba o los efectos de otros problemas en los equipos del sistema afectarán el proceso de deshidratación. Cuando se produce un cambio repentino en las características de los sólidos, recuerde que el logro del desempeño esperado en la deshidratación puede requerir un mayor ajuste que lo habitual.

Una "regla general" es un enunciado que ofrece una manera de estimar aproximadamente algo pero no tiene intención de ser exacto o confiable en todas las aplicaciones.

TASA DE ALIMENTACIÓN

La tasa de alimentación depende de las características del lodo de alimentación. Una regla general adecuada para lodo municipal es un máximo de TCH de 3 L/s (50 gpm) en un canal de 915 mm (36 in) de diámetro.

VELOCIDAD DE GIRO

La velocidad de giro puede ajustarse, en general, de 1 a 3 rpm. No obstante, este parámetro no debe modificarse con frecuencia. En general, el aumento de la velocidad de giro reducirá la sequedad de la torta porque traslada los sólidos a través de la unidad con mayor rapidez. Hay una velocidad de giro óptima que producirá la mejor tasa de producción de torta. Si la velocidad está por arriba o por debajo de esta velocidad óptima, la producción de torta se reducirá. Por lo tanto, este parámetro no debe modificarse a diario. Si las condiciones del lodo de alimentación están relativamente estables, este parámetro debe optimizarse en la puesta en funcionamiento y ajustarse solo cuando las características de los sólidos de alimentación a largo plazo cambian y puede llevarse a cabo la cantidad adecuada de experimentación con prueba y error para determinar la nueva configuración óptima.

TIPO DE POLÍMERO, DOSIFICACIÓN Y MEZCLADO

Se utilizan diferentes tipos de polímero para acondicionar diferentes tipos de lodo. Después de identificar el tipo correcto, debe identificarse la dosificación adecuada. La mala floculación puede ser provocada por muy poco o demasiado polímero agregado, además de una energía de mezclado inicial insuficiente. La mezcla excesiva de la floculación puede dañar o romper los flóculos. Deben llevarse a cabo comprobaciones visuales regulares para asegurar que se esté formando un flóculo firme antes de que el lodo ingrese a la prensa. Recuerde que el agua cálida (no caliente) puede ser más eficaz como agua de dilución para la composición del polímero. Si halla problemas de desempeño con el polímero en invierno, es posible que le resulte útil calentar el agua de mezclado.

Hay información más detallada sobre químicos acondicionadores y ensayos de jarra específicos para polímeros, cálculos y equipos de alimentación en el Capítulo 1 y en el Capítulo 2 de este manual.

RESTRICCIÓN DE LA CONTRAPRESIÓN DE DESCARGA

La contrapresión creada por la restricción mecánica en el extremo de la descarga de la prensa puede ajustarse. Cuando se aumenta la contrapresión, el secado de la torta aumenta y la producción de torta a través del canal disminuye. Esta relación directa y sencilla hace que la contrapresión sea una variable del proceso adecuada para usar a diario y ajustar el desempeño de la prensa rotativa. Esto se describe con mayor detalle en la próxima sección, Control del proceso.

CONTROL DEL PROCESO

El personal de operaciones puede ajustar las siguientes condiciones operativas para alterar el desempeño del sistema de prensa rotativa.

TASA DE ALIMENTACIÓN

Al aumentar la tasa de alimentación se aumentará la carga hidráulica de cada canal. Al aumentar la tasa de alimentación se aumenta la presión de alimentación, lo que reduce la tasa de captura y reduce el contenido de sólidos de la torta. Consulte la subsección sobre la presión de alimentación debajo.

PRESIÓN DE ALIMENTACIÓN

Para maximizar la carga hidráulica en un sistema de prensa rotativa, resulta tentador aumentar la presión de alimentación. Según las características de los sólidos de alimentación, hay una presión de alimentación máxima que suministrará una adecuada producción hidráulica, una adecuada producción de torta y un desempeño estable (Figura 5.19). Si la presión de alimentación aumenta por encima de ella, la producción de torta, el secado de la torta y la tasa de retención de sólidos comienzan a deteriorarse. La alta presión de alimentación provoca una turbulencia adicional cuando el lodo ingresa a la prensa, lo que puede dañar la estructura del flóculo en el lodo. Las partículas de flóculos más pequeñas pueden fluir a través de las rejas del filtro, en lugar de ser conservadas en la torta de lodo. Además, una mayor presión eleva la velocidad del agua mientras se drena por las aberturas de la reja del filtro. Las altas velocidades pueden provocar cizallamiento con las partículas de lodo rotas más pequeñas que atraviesan la reja. La torta es empujada a través de la unidad a mayor velocidad, lo que no permite eliminar tanta agua en la zona de compresión. Los cambios en la presión de alimentación pueden provocar un rápido deterioro del desempeño de la unidad. La presión de alimentación óptima se establece en la puesta en funcionamiento inicial y con frecuencia no debe modificarse hasta que se producen cambios importantes en las características de los sólidos de alimentación.

DOSIFICACIÓN DE POLÍMERO

La dosificación óptima de polímero es un parámetro difícil de determinar. Mucho polímero y poco polímero tienen, ambos, un efecto negativo similar en el desempeño. La mejor manera de asegurarse de usar la dosificación correcta para promover una buena floculación y no usar un exceso de polímero es llevar cabo ensayos de jarra regulares con el lodo de alimentación. Consulte el Capítulo 1 de este manual para repasar la sección sobre cómo llevar a cabo un ensayo de jarra.

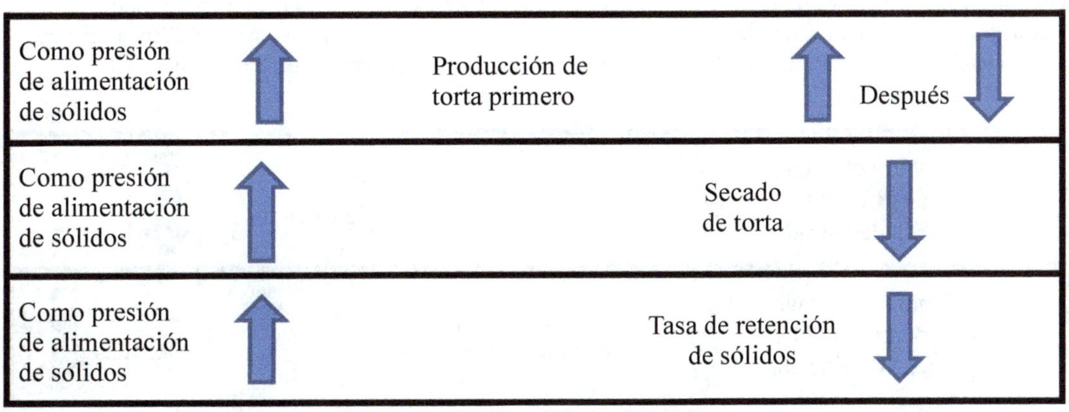

Figura 5.19 Efectos de aumentar la presión de alimentación de sólidos

PUNTO DE INYECCIÓN DE POLÍMERO

Algunos sistemas están diseñados con múltiples puntos de inyección de polímero que permiten que los operadores tengan flexibilidad en el lugar donde la solución de polímero ingresa al caudal de lodo. Esta flexibilidad adicional puede marcar una diferencia importante cuando los operadores intentan lograr una buena floculación de los sólidos. El uso de un punto de alimentación de polímero alternativo a un metro (unos pies) más cerca o más lejos de la prensa rotativa puede tener un efecto importante en el desempeño de la prensa.

ENERGÍA DE FLOCULACIÓN

Algunos sistemas de alimentación de polímero tienen un mezclador de floculación de velocidad variable por separado que puede ajustarse para detectar la velocidad óptima para el mezclador de floculación a fin de asegurar un contacto correcto entre los sólidos acondicionados de modo que se formen partículas (pequeños sólidos que se agrupan con la ayuda del polímero o de otros químicos de acondicionamiento). Si la energía de mezcla de floculación es demasiado lenta, las partículas de los flóculos son pequeñas y más difíciles de filtrar fuera del lodo de alimentación. Si la energía de mezcla de floculación es demasiado alta, la turbulencia y las mayores velocidades en el líquido crearán fuerzas de cizallamiento que romperán las partículas de flóculos de mayor tamaño. Esto también resulta en partículas pequeñas que son difíciles de filtrar. Si la energía de floculación es demasiado alta o demasiado baja, la calidad del filtrado y las tasas de retención serán bajas.

VELOCIDAD DE GIRO

Las prensas rotativas y las prensas de ventilador rotativo en general están impulsadas por un motor con reductor de engranaje. Esto permite ajustar la velocidad de giro del eje, en general entre 1 y 3 rpm. Este giro produce fricción entre la torta, las placas del filtro y la restricción de descarga. A medida que se aumenta la velocidad, se crea más fricción y la torta se desplaza a través de la prensa a mayor velocidad. El secado de la torta se reduce porque hay menos tiempo en que se aprieta la torta para permitir la eliminación de más agua (Figura 5.20).

RESTRICCIÓN DE LA CONTRAPRESIÓN DE DESCARGA

Las prensas rotativas y de ventilador rotativo están hechas para permitir un ajuste fácil de la restricción de descarga (Figura 5.21). Con frecuencia hay un accionador neumático que permite aumentar o reducir la restricción provocada por la paleta o la placa final. Con frecuencia se ajusta en la puesta en funcionamiento para hallar la configuración de presión correcta, donde la torta cumple los requisitos de secado de descarga y el canal logra una tasa suficiente de producción de torta.

En resumen, la mejor estrategia para el control del proceso general es hallar una presión de alimentación baja y dejar esa configuración sola. Ajustar demasiado la velocidad de giro de la rueda de filtrado también puede tener un efecto negativo en la producción de torta. La manera más directa de hallar el equilibrio correcto para lograr el secado objetivo de la torta y la mejor tasa de producción de torta es ajustar la presión de descarga. Recuerde cambiar siempre solo un parámetro de control del proceso por vez para asegurarse de que comprenda el efecto de cada cambio en el desempeño general. Un buen enfoque estándar para el ajuste de variables es seleccionar una, cambiarla un máximo de 10 %, permitir que el sistema se estabilice según las nuevas condiciones operativas, registrar los resultados de desempeño y, después, determinar si el cambio tuvo el efecto deseado. Los cambios futuros deben basarse siempre en los resultados de desempeño del cambio anterior.

OPERACIÓN

PUESTA EN FUNCIONAMIENTO

Los controles de la prensa rotativa se configuran para iniciar una secuencia de puesta en funcionamiento automática que incluye los pasos siguientes. Recuerde que el sistema siempre debe operarse en modo de desviación o recirculación antes de enviar cualquier lodo acondicionado a la prensa rotativa. Esto asegurará que se mezclen los caudales de sólidos de alimentación y solución de polímero correctos y que se esté

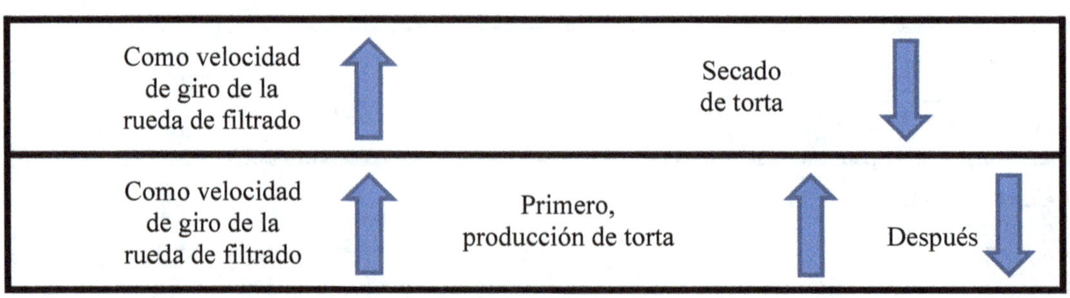

Figura 5.20 Efectos de aumentar la velocidad de giro de la rueda de filtrado

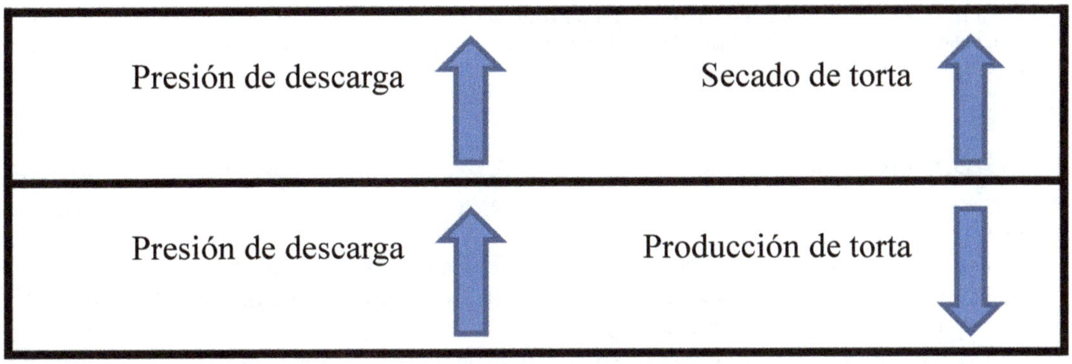

Figura 5.21 Efectos de aumentar la presión de descarga

produciendo la floculación correcta de sólidos antes de que los sólidos de alimentación se envíen a los canales para la deshidratación. Consulte la Figura 5.18 para repasar los componentes del sistema.

- Abra la válvula de desviación/recirculación de sólidos.
- Cierre las válvulas de alimentación de canal.
- Inicie la bomba de alimentación de sólidos y ajuste la velocidad al caudal deseado.
- Encienda el sistema de polímero y ajuste el caudal de la solución de polímero al deseado.
- Recolecte una muestra fresca en el tubo transparente y verifique para ver si hay una formación correcta de flóculos en los sólidos acondicionados.
- Si no hay una buena formación de flóculos, ajuste la dosificación de polímero y el mezclado de floculación y, a continuación, recolecte una muestra fresca y verifique que se produzca una formación correcta de flóculos.
- Después de verificada la formación correcta de flóculos, acceda al modo de operación/producción de la prensa.
- Comience la rotación de la rueda de filtrado y ajuste a la velocidad objetivo.
- Ajuste la presión de restricción de descarga.
- Ajuste la presión del sello radial.
- Abra cada una de las válvulas de alimentación de canal.
- Cierre la válvula de desviación/recirculación.
- Habilite el sistema automático de agua de lavado.
- Permita que la operación del sistema se estabilice y que se forme el tapón de descarga. Sabrá que el tapón se formó cuando deje de salir agua libre del restrictor de descarga.
- Verifique la torta deshidratada en la descarga de la prensa rotativa. Según sea necesario, haga ajustes en la presión de restricción de descarga, la velocidad de rotación de la prensa y el caudal/la presión de los sólidos de alimentación.
- De ser necesario, capture una muestra fresca de sólidos de alimentación en el tubo transparente y verifique la formación de flóculos. Haga ajustes en la dosificación de polímero y en la mezcla de floculación según sea necesario para lograr una buena formación de flóculos.
- Después de lograr la tasa de descarga y el secado de la torta, permita que el sistema funcione en modo automático.
- Ocasionalmente, verifique el sistema para asegurar que no haya alarmas activas y que la tasa de descarga y el secado de la torta continúen cumpliendo los objetivos.

APAGADO

Muchas prensas rotativas están operadas únicamente durante una cantidad de horas por día o durante determinados días de la semana. Pueden apagarse temporalmente durante la noche y después reiniciarse al día siguiente. En su mayoría, los controles de la prensa rotativa incluyen una secuencia de apagado automático que se usa para estos apagados a corto plazo. Los pasos generales son los siguientes:

- Apague las bombas de sólido de alimentación a la prensa. En la mayoría de los sistemas, esto también apagará automáticamente el sistema de alimentación de polímero. Verifique que se hayan detenido ambas bombas.
- La prensa debe continuar girando hasta que todo el lodo presionado se haya descargado de la unidad. Libere la presión de restricción de descarga.
- Apague el sistema del transportador (si lo hay).
- El agua de lavado debe continuar rociándose durante varios minutos después de completada la descarga de la prensa, para limpiar de manera suficiente las rejas del filtro. Apague el sistema automático de agua de lavado después de haber limpiado las rejas.

- Asegúrese de que las líneas de polímero y el tanque de floculación se vacíen. El polímero que queda en las líneas y en el tanque puede convertirse en gel y formar obstrucciones que provocarán problemas al intentar reiniciar la prensa rotativa.

OPERACIÓN DIARIA

- Haga los ajustes necesarios en el caudal de alimentación de polímero y en la tasa de alimentación de polímero.
- Verifique el porcentaje de sólidos de la torta y ajuste la contrapresión de la compuerta de descarga/válvula si es necesario.
- Verifique las presiones de entrada y de descarga y asegúrese de que estén en un rango normal.
- Verifique que todos los conductos y compuertas estén fluyendo libremente y que el transportador esté funcionando correctamente (de ser necesario).
- Recolecte las muestras necesarias y transpórtelas al laboratorio para su análisis.
- Repase los datos recientes de desempeño y verifique que todos los parámetros estén en los rangos objetivo y que no haya tendencias negativas que deban corregirse.

RECOLECCIÓN, MUESTREO Y ANÁLISIS DE LOS DATOS

Lodo de alimentación: Deben tomarse muestras diarias del porcentaje de TS, del porcentaje de VS y de tasa de alimentación. Según los procesos aguas arriba, también es posible que se deban tomar muestras para medir el pH y la temperatura para evaluar su efecto potencial en el desempeño del polímero.

Presado: Debe tomarse una muestra diaria para medir los SST que se usarán en los cálculos de porcentaje de retención. Según las condiciones del permiso en el proceso de tratamiento principal, es posible que deban tomarse muestras con frecuencia para medir la $DBOC_5$, el NH_3-N y el PO_4-P en el presado para poder calcular la cantidad de estos contaminantes que se está reciclando de regreso a la cabecera del proceso de tratamiento principal. También debe registrarse la cantidad de presado diaria.

Torta deshidratada: Deben tomarse muestras diarias para medir el porcentaje de TS en la torta deshidratada.

MONITOREO DE DESEMPEÑO

El monitoreo de desempeño para las prensas rotativas es similar al monitoreo de otros procesos de deshidratación. Ejemplos de tasa/eficiencia de retención y uso de polímero por kilogramo (libra) de sólidos se muestran en la sección sobre la centrífuga anteriormente en este capítulo. Si el agua de lavado de la prensa se incluye en la muestra de filtrado, el análisis de filtrado real está diluido y debe ajustarse para calcular la tasa de retención. Los sólidos aproximados de la torta pueden determinarse relativamente rápido con un horno a microondas de alta energía u otro dispositivo similar.

MANTENIMIENTO

Hay tareas de mantenimiento preventivas regulares que deben llevarse a cabo en el sistema de prensa rotativa/ prensa de ventilador rotativo:

- Durante cada turno en que el sistema está en operación, el personal de operación y mantenimiento debe inspeccionar la limpieza. ¿Hay fugas de lodo o polímero? ¿Hay nuevos ruidos o vibraciones? ¿Hay fugas de aceite o grasa? ¿Hay fugas de aire del sistema neumático? ¿Hay condiciones poco seguras? Cualquiera de estas condiciones debe resolverse lo antes posible después de descubierta.
- Una vez cada un par de semanas, deben verificarse los valores de torque del sistema para los pernos que sostienen juntas las capas verticales de la prensa rotativa y deben apretarse según resulte necesario.
- Una o dos veces por año, debe desarmarse cada canal y deben inspeccionarse, y repararse según resulte necesario, los sellos, las boquillas de agua de lavado, las rejas de filtrado y las hojas raspadoras (de haberlas).
- La instrumentación y los controles deben limpiarse, inspeccionarse y calibrarse según lo recomienda el manual de operación y mantenimiento del fabricante.
- Deben cambiarse el aceite y la grasa en el reductor de engranajes, el motor de impulsión de la prensa, las bombas de alimentación, las bombas de polímero y los mezcladores de polímero según las recomendaciones del fabricante, que pueden encontrarse en el manual de operación y mantenimiento del sistema.

RESOLUCIÓN DE PROBLEMAS

La tabla siguiente (Tabla 5.4) incluye los problemas más comunes al operar una prensa rotativa o una prensa de ventilador rotativo.

Tabla 5.4 Resolución de problemas con las prensas rotativas/de ventilador rotativo

Indicaciones/ observaciones	Causa probable	Acción
Tasa de retención en descenso (filtrado diario)	Dosis o mezcla incorrectas de polímero	Recolecte una muestra de lodo de alimentación en el tubo transparente y verifique que los flóculos se formen correctamente. Si los flóculos son malos, ajuste la mezcla o la dosificación.
	Las características de los sólidos de alimentación están cambiando	Lleve a cabo un ensayo de jarra para hallar un polímero y una tasa de dosificación eficaces.
	Caudal/presión de entrada demasiado altos	Reduzca el caudal de sólidos de alimentación.
	Reja de filtro dañada	Inspeccione la reja de filtro y repare los daños.
	Sellos con fugas	Inspeccione los sellos y reemplácelos si tienen fugas.
La torta deshidratada está demasiado húmeda	Dosis o mezcla incorrectas de polímero	Recolecte una muestra de lodo de alimentación en el tubo transparente y verifique que los flóculos se formen correctamente. Si los flóculos son malos, ajuste la mezcla o la dosificación.
	Las características de los sólidos de alimentación están cambiando	Lleve a cabo un ensayo de jarra para hallar un polímero y una tasa de dosificación eficaces.
	La velocidad de la rueda de filtrado es demasiado alta	Reduzca la velocidad de la rueda.
	La presión de descarga es demasiado baja	Aumente la restricción o presión de descarga.
	El caudal de alimentación es demasiado alto	Reduzca la velocidad de la bomba de alimentación.
La torta de deshidratación está demasiado seca/descarga con obstrucciones	La presión de restricción de descarga es demasiado alta	Reduzca la presión de restricción de salida.
	La velocidad de la rueda de filtrado es demasiado baja	Aumente la velocidad de la rueda de rotación.
	El caudal de alimentación es demasiado bajo	Aumente la velocidad de la bomba de alimentación.
	Limpieza inadecuada del canal durante el apagado	Apague el canal y limpie anualmente los sólidos de torta, y lave el canal con agua.
Menor capacidad del canal	Dosis o mezcla incorrectas de polímero	Recolecte una muestra de lodo de alimentación en el tubo transparente y verifique que los flóculos se formen correctamente. Si los flóculos son malos, ajuste la mezcla o la dosificación.
	Las características de los sólidos de alimentación están cambiando	Lleve a cabo un ensayo de jarra para hallar un polímero y una tasa de dosificación eficaces.
	La torta está demasiado seca	Aumente la velocidad de la rueda de rotación y reduzca la presión de restricción de descarga.
	La reja/placa del filtro está obstruida	Verifique que la presión del agua de lavado esté a un mínimo de 310 kPa (45 psig) y que las hojas raspadoras no estén dañadas; limpie manualmente la reja/placa del filtro.

COMPROBACIÓN DE CONOCIMIENTOS

1. **Las prensas rotativas usan ______________ para deshidratar los sólidos de las aguas residuales municipales.**
   a. Gravedad y presión
   b. Gravedad y fuerza centrífuga
   c. Presión y fuerza centrífuga
   d. Gravedad y flotación en el aire

2. **El polímero y los químicos de acondicionamiento en general no se necesitan para lograr un desempeño adecuado de una prensa rotativa.**
   ☐ Verdadero
   ☐ Falso

3. **Las características de una prensa rotativa incluyen:**
   a. Ocupa poco espacio, no contiene los olores, altas velocidades
   b. Bajas velocidades, ocupa más espacio, buena contención de los olores
   c. Bajo uso de energía, buena contención de los olores, ocupa poco espacio
   d. Ocupa más espacio, usa más energía, no contiene los olores

4. **Las tres zonas diferentes de una prensa rotativa son:**
   a. Floculación, restricción y estrujamiento
   b. Filtración, presión y restricción
   c. Flotación, presión y floculación
   d. Clasificación, floculación y disecado

5. **Las prensas rotativas están hechas de unidades modulares denominadas canales que están conectadas y giran a causa de un único eje en común.**
   ☐ Verdadero
   ☐ Falso

6. **Se recomienda llevar a cabo regularmente un ______________ para asegurarse de usar el tipo y la dosis correctos de polímero.**
   a. ensayo de tasa de elevación
   b. ensayo de tasa de retención
   c. ensayo de jarra
   d. ensayo de papel de filtrado

7. El modo de _______________ se utiliza para llevar a cabo la puesta en funcionamiento inicial y los ajustes del sistema en una prensa giratoria.

a. producción
b. deshidratación
c. recirculación/desviación
d. prueba piloto/prueba y error

8. Al ajustar una prensa rotativa, cuando aumenta la presión de alimentación de sólidos probablemente se produzca _______________.

a. una reducción en la producción de torta
b. una mejora en la calidad del filtrado
c. un aumento en el contenido de sólidos de la torta
d. un aumento en la producción de sólidos

9. Monitorear _______________ de una prensa rotativa ayudará a determinar el efecto del flujo de reciclaje en el proceso principal.

a. el caudal de sólidos de alimentación y el contenido de sólidos
b. el caudal de filtrado, la DBOC y las concentraciones de nutrientes
c. la cantidad de torta y el contenido de VS
d. la temperatura del centrado, el pH y la alcalinidad

10. Ajustar _______________ ayuda a formar el tapón de torta inicial en la prensa rotativa.

a. la presión de restricción de descarga
b. la tensión del rodillo en las bandas
c. la velocidad diferencial del tornillo
d. la velocidad de giro del tambor

11. El bajo contenido de sólidos en la torta de deshidratación que se descarga de una prensa rotativa probablemente sea provocado por:

a. La velocidad de la rueda de filtrado demasiado baja
b. El caudal de sólidos de alimentación demasiado bajo
c. La presión de descarga demasiado baja
d. La presión de entrada demasiado baja

12. _______________ de una prensa rotativa crea presión de fricción que elimina agua adicional de la torta y la quita de la prensa.

a. La presión de restricción de descarga
b. La presión de sólidos de alimentación
c. El agua de lavado de alta presión
d. La rotación de la rueda de filtrado

13. Una tarea de mantenimiento típica para una prensa rotativa es:

a. Reemplazar una banda de filtro desgastada
b. Inspeccionar y limpiar las boquillas de agua de lavado
c. Reacondicionar un tornillo desgastado
d. Lubricar los cojinetes del tambor

Prensas de tornillo

TEORÍA DE OPERACIÓN

Las prensas de tornillo históricamente se utilizaron para aplicaciones de deshidratación industrial y agrícola. La mayoría de las aplicaciones municipales no estaba instalada en los Estados Unidos hasta después de 2000. Hay dos tipos principales de prensas de tornillo más ampliamente usadas en aplicaciones municipales: horizontales e inclinadas. Las prensas de tornillo inclinadas típicamente están diseñadas en ángulos de 10 a 20° de la horizontal. Otras áreas de diferencia son la configuración de entrada de sólidos, el diseño de la cesta de la reja (placa perforada o alambre de cuña), la limpieza de la cesta desde dentro y fuera (cepillos y sistema de lavado rotativo) y recolección de filtrado/prensado.

Las prensas de tornillo son dispositivos sencillos y de movimiento lento que logran una deshidratación continua. Los elementos principales de la prensa de tornillo son la bomba de alimentación de sólidos, el sistema de composición y alimentación de polímero, el sistema de inyección y mezcla de polímero, el tanque floculador, la entrada de sólidos, el mecanismo impulsor de tornillo, el tornillo con eje cerrado dentro de una reja, el compartimiento del cerramiento de la reja y una salida para torta deshidratada. Consulte la Figura 5.22 para obtener un ejemplo de prensa de tornillo de discos múltiples. Algunas de las ventajas de operar una prensa de tornillo son: baja velocidad de giro, bajo consumo de energía, contención de olores, menores requisitos de atención del operador y menores requisitos de demanda y presión de agua de lavado que una BFP. Algunas de las desventajas pueden incluir: menores concentraciones de torta, mayor espacio ocupado, requisito de agua de lavado, menor retención de sólidos que otros procesos de deshidratación y menor capacidad por unidad (lo que requiere más unidades que otras tecnologías para instalaciones más grandes).

PARÁMETROS DE DISEÑO Y DESEMPEÑO ESPERADO

Los sólidos de la torta de prensa de tornillo varían mucho según el uso de polímero, las características de los sólidos del caudal de entrada, incluido el porcentaje de TS, y la aplicación (con digestión aerobia o anaerobia, LAP, primario, RBC, etc.). Las concentraciones de sólidos deshidratados van de 12 % a 40 % de TS, con las mayores concentraciones de TS logradas cuando los sólidos del caudal de entrada contienen al menos algún porcentaje de sólidos primarios. Los sólidos digeridos típicamente resultan en una mayor concentración de sólidos deshidratados que los sólidos sin digerir; no obstante, los sólidos digeridos requieren una dosis mayor de polímero.

Figura 5.22 Prensa de tornillo de múltiples discos (reimpreso con autorización de Ekoton)

Deben tenerse en cuenta las tasas de carga hidráulica al establecer el tamaño de la prensa de tornillo. Aunque varía según el modelo y el fabricante, una TCH típica para una prensa de tornillo horizontal va de 3.8 a 2650 L/min (1 a 700 gpm) y 18.9 a 1325 L/min (5 a 350 gpm) para prensas de tornillo inclinadas. Las tasas de carga de sólidos varían según las características de los sólidos, el tamaño del tornillo y la velocidad de giro. La capacidad de tasa de carga de sólidos para una prensa de tornillo horizontal va de 0.91 a 2113 kg/h (2 a 4500 lb/h). El diseño de prensa de tornillo inclinada es principalmente controlado por la carga de sólidos, que típicamente va de 22.7 a 454 kg/h (50 a 1000 lb/h).

Las prensas de tornillo pueden operar bajo un amplio rango de tasas de carga solo mediante el cambio de la velocidad del tornillo. El diseño implica equilibrar más sólidos o una mayor TCH con mayor velocidad del tornillo y mayores concentraciones de sólidos de la torta (que mejora a menores velocidades del tornillo). Otro factor que afecta los sólidos de la torta es la velocidad del barreno o el tiempo de retención de los sólidos en el sistema de deshidratación. Los sólidos de la torta aumentarán a medida que la velocidad del barreno se reduzca, siempre y cuando la tasa de carga de sólidos sea constante. La velocidad del barreno puede reducirse hasta que el caudal entrante supere la cantidad de agua que se drena en la sección de gravedad de la prensa de tornillo. Cuando esto sucede, los sólidos comienzan a acumularse en la prensa de tornillo.

EQUIPOS

Hay variaciones importantes en el diseño del tornillo según los fabricantes. No obstante, las funciones principales son similares. Incluyen el tornillo o los tornillos, la reja, la cámara de acondicionamiento y floculación, el mecanismo de limpieza y los impulsores. En su mayoría, las superficies del tornillo que entran en contacto con agua o lodo están hechas de acero inoxidable 304 o 316. Las configuraciones de los equipos y el tamaño de los tornillos o tambores también varían entre los fabricantes. Además, algunos sistemas de prensa de tornillo están diseñados para incluir entre 1 y 6 tornillos. En estos sistemas de múltiples tornillos, el tamaño de los tornillos o de los tambores, en general, tiene un diámetro más pequeño que en los sistemas que incluyen solo un tornillo. En los sistemas de múltiples tornillos o tambores, el tambor varía de 10 a 46 cm (4 a 18 in) y la cantidad de tambores utilizados es determinada por la producción deseada de sólidos.

En los sistemas de un único tornillo, el diámetro del tornillo es de 28 a 80 cm (11 a 31.5 in) y el intermedio entre las placas en general es de 15 a 25 cm (5.9 a 9.8 in). Tal como ya se observó, la inclinación puede variar de 10 a 20°. La inclinación del tornillo también permite que el transportador de la torta quepa debajo de la descarga, de modo que la prensa de tornillo no requiera otro soporte/pedestal. La inclinación también facilita una torta uniforme durante la puesta en funcionamiento, debido a que la descarga está por arriba de la elevación de entrada.

Las configuraciones de la reja de la prensa de tornillo también pueden variar mucho entre los fabricantes. Como ya se observó, los elementos de deshidratación pueden ser acero inoxidable perforado o alambre de cuña, o discos de acero inoxidable. La meta principal de la reja es asegurar una tasa de retención de al menos el 95 % independientemente del tipo de sólidos que se esté deshidratando. Los orificios utilizados en las rejas de placa perforada en general van de 1 a 3 mm de diámetro. La separación de los discos puede ser de 0.15 a 0.50 mm. La cantidad de área abierta generada por estas perforaciones varía de 2 % a 48 %, según el tipo de sólidos, la uniformidad de la entrada y la ubicación de la prensa de tornillo. Los tambores que sostienen las rejas vienen en una o dos piezas. La ventaja del tambor de dos piezas es que permite que las rejas se quiten de la prensa sin quitar el tornillo. Las prensas de tornillo inclinadas solo están disponibles con rejas de alambre de cuña y discos. El espaciamiento entre los alambres o las barras varía de 0.05 a 0.5 mm. El área abierta de las secciones varía de 3 % a 30 %. El tambor que sostiene las rejas de alambre de cuña puede, como en rejas de placa perforada, tener una o dos piezas.

El acondicionamiento químico es otro aspecto importante en facilitar sólidos de torta uniformes. El polímero se combina con sólidos en una cámara de floculación y mezcla aguas arriba de la prensa de tornillo. Este acondicionamiento se hace para mejorar la capacidad de deshidratación de la máquina. El tamaño de la cámara, en general, es para un tiempo de retención de 0.5 a 10 minutos, según el tornillo esté horizontal o inclinado. Algunos tanques de acondicionamiento de químicos están divididos en múltiples secciones individuales con posibles zonas de dosificación, mezcla rápida y floculación. Los tanques de floculación y dosificación de polímero también pueden estar equipados con mezcladores de velocidad variables (consulte la Figura 5.23) o válvulas de mezcla para permitir que los operadores optimicen la energía de mezclado. El tipo y la dosis de polímero determinan también en gran medida la tasa de captura de sólidos del sistema de prensa de tornillo. La tasa de captura de sólidos también es afectada por el sistema de inyección y mezclado de polímeros, el tamaño de las aberturas de la reja y la presión dentro de la zona de deshidratación.

Las prensas de tornillo primero deshidratan mediante el drenaje por gravedad en la entrada del tambor de deshidratación, y después mediante la eliminación de agua libre de los sólidos al apretar mientras son trasladados hacia el extremo de descarga del tambor. Los sólidos se someten a cada vez más presión y fricción en el tambor. Esta presión cada vez mayor es generada mediante la reducción progresiva del área de la sección transversal disponible de los sólidos. El tambor de deshidratación en general consiste en un tornillo de intermedio de placa variable ubicado entre un bastidor de soporte con discos fijos y móviles alternados.

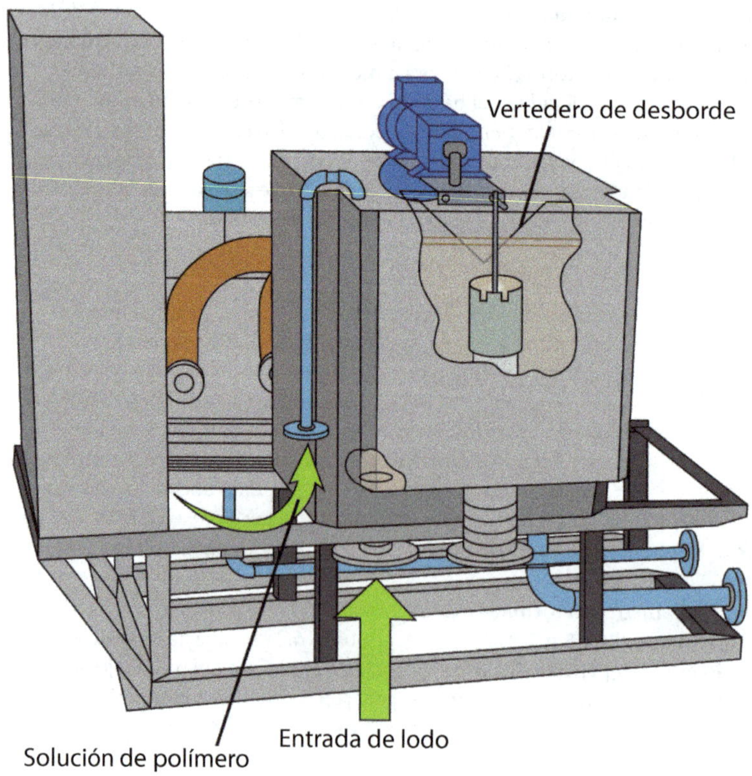

Figura 5.23 Cámara de floculación y dosificación de polímero (reimpreso con autorización de Ekoton)

Los discos fijos están equipados con espaciadores que los mantienen separados y permiten un disco móvil en el medio. Consulte la Figura 5.24 para obtener una vista de los discos fijos y móviles.

La altura de la placa del tornillo y el espesor de los espaciadores y, en consecuencia, la brecha entre los discos fijos y móviles, se reducen a medida que el lodo se transporta cada vez más abajo en el tambor. El agua liberada se traslada a través de la reja de placa perforada o de alambre de cuña alrededor del tornillo mientras se conservan sólidos dentro. El agua de filtrado/prensado se regresa al caudal de entrada de la WRRF y los sólidos caen desde la salida del tornillo en el extremo de la prensa y son trasladados al almacenamiento de sólidos de deshidratación. Consulte la Figura 5.25 para obtener la disposición general de una prensa de tornillo.

En su mayoría, los sistemas de prensa de tornillo incluyen sistemas de limpieza automática con un sistema de agua de las instalaciones y boquillas rociadoras. El agua de lavado de las válvulas solenoides se rocía en la reja de la prensa de tornillo para eliminar los sólidos durante un ciclo de lavado automatizado. La presión mínima de diseño para un sistema de agua de lavado para una prensa de tornillo horizontal es de 276 kPa (40 psi). La prensa de tornillo inclinada estilo reja tiene dos procesos de limpieza. En primer lugar, la reja se limpia continuamente desde dentro con cepillos y limpiadores montados en el borde de la placa del tornillo giratorio. El propósito de estos cepillos y limpiadores es limpiar la reja y permitir que se drene agua por gravedad. Las rejas limpias requieren menos presión de deshidratación. Esto, a su vez, mejora la tasa de retención de sólidos. El segundo proceso de limpieza es un sistema automático de lavado por rociado que limpia la pantalla de una prensa de tornillo inclinada desde fuera. Este sistema automatizado está compuesto por una barra de rociado giratoria con boquillas rociadoras alimentadas por válvulas solenoides. Las tuberías del sistema están hechas de acero inoxidable. Las presiones típicas del sistema de agua de lavado de las prensas de tornillo inclinadas son de 414 a 517 kPa (60 a 75 psi).

VARIABLES DEL PROCESO

La prensa de tornillo operará a su máxima capacidad siempre y cuando el drenaje de agua no esté limitado por una carga de sólidos alta y el volumen del barreno se llene correctamente con sólidos para asegurar una presión máxima en la zona de deshidratación. La maximización de la tasa de carga depende en gran medida de un acondicionamiento correcto del lodo y es específica de cada instalación y de cada lodo. Otra variable que debe tenerse en cuenta es la velocidad de giro, que varía de 0.1 a 2.0 rpm para prensas de tornillo horizontales y de 0.5 a 2.0 rpm para prensas de tornillo inclinadas. Algunos sistemas de múltiples discos operan a hasta 7 rpm. En general, para un elemento de deshidratación determinado, un aumento en la velocidad de giro del tornillo aumenta la capacidad de producción pero reduce la concentración de sólidos de la torta.

CONTROL DEL PROCESO

Tal como se observa arriba, el caudal de entrada máximo del lodo depende de su contenido de sólidos, otras de sus propiedades, el tipo y la dosis de polímero, la calidad de los flóculos formados, la velocidad de giro del tornillo, la brecha de la placa dique y los requisitos de contenido de sólidos secos de la torta. Como regla general, los caudales de entrada de lodo menores resultarán en un mayor contenido de sólidos en la torta. El caudal de entrada del lodo en general se controla mediante el ajuste de la velocidad del accionador de frecuencia variable (VFD) de la bomba de lodo de alimentación. La velocidad de giro del tornillo afecta la capacidad de deshidratación del deshidratador y el contenido de sólidos secos en la torta. Una mayor velocidad de giro en general resulta en una mayor capacidad de deshidratación y en un menor contenido

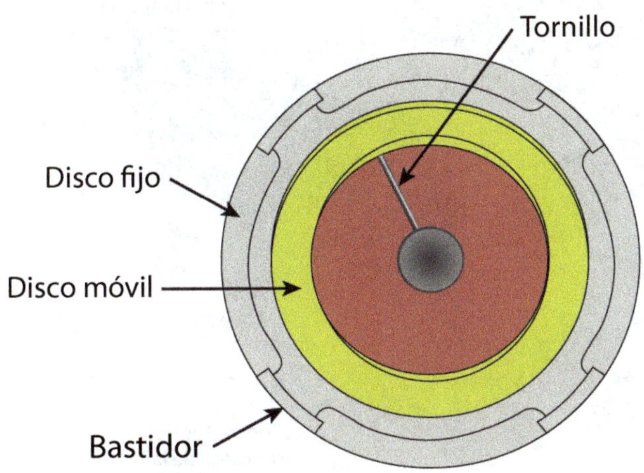

Figura 5.24 Diagrama de disco y tornillo de una prensa de tornillo (reimpreso con autorización de Ekoton)

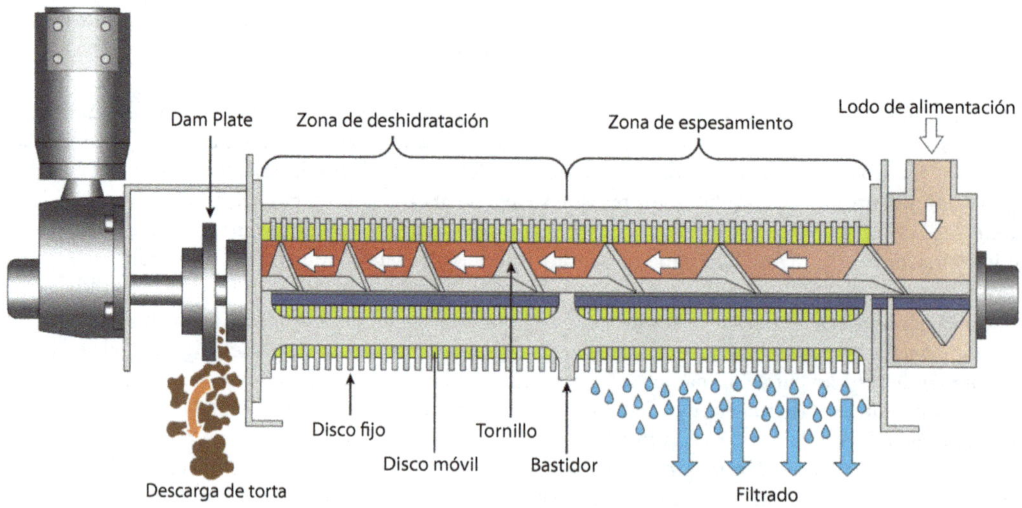

Figura 5.25 Prensa de tornillo (reimpreso con autorización de Ekoton)

de sólidos secos en la torta. Al igual que la bomba de lodo de alimentación del caudal de entrada, el giro del tornillo se controla mediante un motor VFD conectado al tornillo (consulte la Figura 5.26).

El acondicionamiento químico también tiene un efecto importante en el control del proceso de la prensa de tornillo. En su mayoría, los tipos de lodo requieren acondicionamiento químico antes del paso de deshidratación para mejorar las características de deshidratación. Los químicos utilizados incluyen floculantes, que se requieren típicamente, y coagulantes, que son opcionales. Es importante seleccionar los químicos más adecuados y determinar su dosificación, porque el acondicionamiento incorrecto resulta en un mal proceso de deshidratación que incluye, sin limitarse a ello, una excesiva humedad en la torta. El tipo y la dosificación de los agentes de acondicionamiento dependen de las propiedades del lodo que se deshidratará. Además de elegir el polímero adecuado, la velocidad de agitación en el tanque de floculación es importante para optimizar el desempeño de la unidad de prensa de tornillo. Demasiada velocidad afectará la formación de flóculos grandes, y una velocidad demasiado baja puede resultar en zonas muertas con mala floculación.

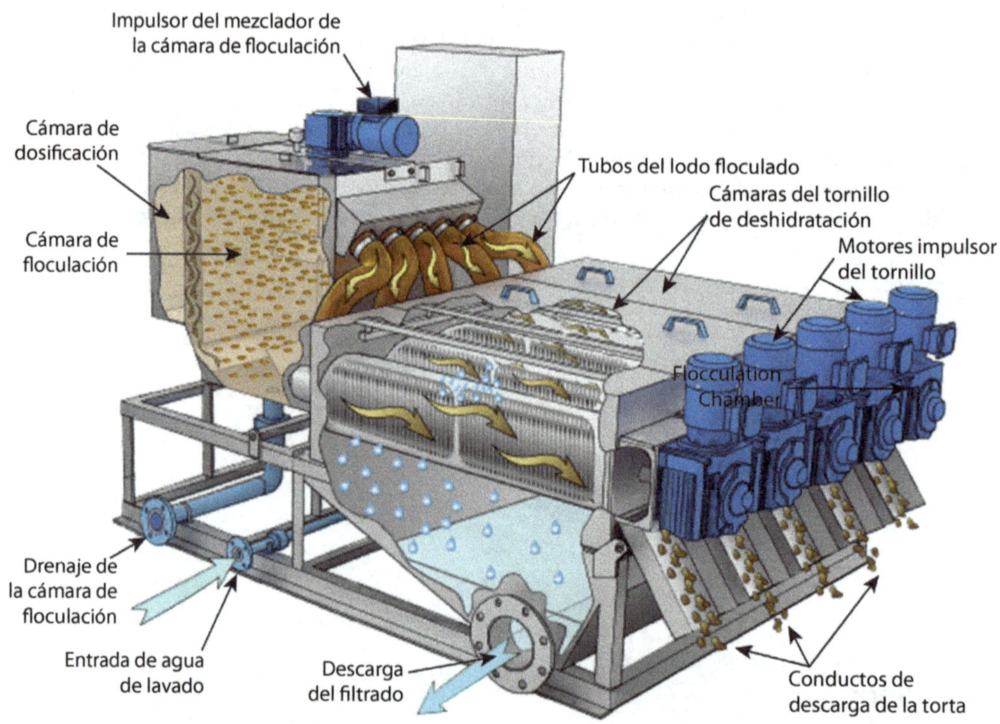

Figura 5.26 Prensa de tornillo con múltiples discos (reimpreso con autorización de Ekoton)

Para lograr una relación óptima entre la eficiencia de deshidratación y la calidad del filtrado, debe ajustarse la brecha entre la placa dique (consulte la Figura 5.25) y el extremo del tambor de deshidratado. La brecha de la placa dique debe establecerse de modo que no provoque acumulaciones de lodo dentro del tambor ni un apretujamiento excesivo de sólidos fuera de los aros en la zona de deshidratación del tambor, lo que reduciría la calidad del filtrado. La calidad óptima de la torta de lodo y del filtrado también se ven afectadas mediante la limpieza del tambor. Los sistemas de agua de lavado se utilizan para lavar los sólidos desde el exterior del tambor y continuar permitiendo que el agua del filtrado caiga libremente de la unidad. Estos sistemas pueden configurarse para funcionar de manera intermitente y automática o manualmente.

OPERACIÓN

Hay muchos modos de operación para las prensas de tornillo. Varían levemente según el tipo. Se utiliza la operación manual para asegurar que cada equipo asociado del sistema sea correctamente operativo. El modo automático debe usarse cuando se opera la máquina para fines de deshidratación.

PUESTA EN FUNCIONAMIENTO

Después de presionar el botón de inicio del panel de control para la prensa de tornillo durante la puesta en funcionamiento, se llevarán a cabo las siguientes acciones:

- El mezclador de la cámara de floculación se enciende al mismo tiempo que los tornillos del tambor de deshidratación.
- Después de un tiempo predeterminado establecido por el fabricante, la bomba de alimentación de lodo, el sistema de dosificación de polímero y el sistema de transporte de torta se iniciarán.
- Finalmente, el sistema de lavado automático operará de manera intermitente en momentos predeterminados para asegurar una limpieza correcta del tambor.

APAGADO

Los procedimientos de apagado dependen del tiempo que transcurra entre períodos de operación de la prensa de tornillo. Si solo será cuestión de un turno típico de 8 a 12 horas, es aceptable simplemente apagar la máquina. No obstante, si la unidad quedará sin funcionar un día o dos, es importante quitar todo el contenido de sólidos de la máquina para que no se seque internamente y no se haga difícil de limpiar. Al llevar a cabo este apagado completo, se producen las acciones siguientes:

- La bomba de lodo del caudal de entrada y el sistema de dosificación de polímero se detienen.
- Los tornillos, el mezclador, las válvulas de enjuague y el sistema de transporte de la torta permanecen operativos durante un tiempo predeterminado (en general, entre 10 y 30 minutos).

OPERACIÓN DIARIA

La operación diaria en general se lleva a cabo en modo automático y, si la máquina se pone en funcionamiento a diario, en general no es necesario volcar completamente el contenido de sólidos de la máquina entre períodos de operación.

RECOLECCIÓN, MUESTREO Y ANÁLISIS DE LOS DATOS

Lodo de alimentación: Deben tomarse muestras diarias del porcentaje de TS, del porcentaje de VS y de tasa de alimentación. Según los procesos aguas arriba, también es posible que se deban tomar muestras para medir el pH y la temperatura para evaluar su efecto potencial en el desempeño del polímero.

Presado: Debe tomarse una muestra diaria para medir los SST que se usarán en los cálculos de porcentaje de retención. Según las condiciones del permiso en el proceso de tratamiento principal, es posible que deban tomarse muestras con frecuencia para medir la $DBOC_5$, el NH_3-N y el PO_4-P en el presado para poder calcular la cantidad de estos contaminantes que se está reciclando de regreso a la cabecera del proceso de tratamiento principal. También debe registrarse la cantidad de presado diaria industrial, de ser posible.

Torta deshidratada: Deben tomarse muestras diarias para medir el porcentaje de TS y los SVS en la torta deshidratada.

MONITOREO DE DESEMPEÑO

Eficiencia de la retención: En general, entre 85 % y 97 %

Uso de polímero por kilogramo (libra) de sólidos: Entre 3 y 17.5 g de polímero activo por kilogramo de sólidos (6 a 35 lb de polímero activo por tonelada seca de sólidos)

MANTENIMIENTO

Las prensas de tornillo funcionan continuamente a velocidades bajas y no requieren la supervisión cercana del operador. En consecuencia, son fáciles de mantener y tienen un menor consumo de energía que la mayoría de los demás dispositivos de deshidratación. Las prensas de tornillo se limpian automáticamente y otras requieren también limpieza manual. Las que requieren limpieza manual tienen programas desde una vez por semana a una vez cada 30 a 60 días. El rociado manual del tanque de floculación, del tornillo y de la reja (o los discos) se llevan a cabo según resulta necesario, según las condiciones de instalación y el programa de deshidratación. Debe seguirse el manual de operación y mantenimiento para los programas de reemplazo de los elementos de desgaste de los equipos. Los elementos de desgaste incluyen tornillos, motorreductores de tornillo, cojinetes, discos fijos y móviles y mezclador y accionador de agitador/polímero.

RESOLUCIÓN DE PROBLEMAS

Consulte la Tabla 5.5 para la resolución de problemas y los elementos de reparación más comunes en las operaciones con prensas de tornillo.

Tabla 5.5 Resolución de problemas para las prensas de tornillo

Problema	Posible causa	Acciones
La prensa de tornillo se detiene de repente	Se presionó el botón de parada de emergencia	Verifique el motivo y resuélvalo. Libere el botón de parada de emergencia.
	Se detectó una situación de emergencia en el equipo y el sistema lleva a cabo un apagado de emergencia automático	Verifique la situación de emergencia y tome medidas adecuadas para resolverla.
El lodo no se alimenta correctamente a la cámara de dosificación	La válvula del tubo de alimentación de lodo está cerrada	Abra la válvula.
	Bloqueo del tubo de lodo	Limpie el tubo de lodo.
	Falla de la bomba de lodo externa	Inspeccione la bomba de alimentación y repárela o reemplácela.
Mala floculación	Tipo de polímero inadecuado	Seleccione otro polímero después de llevar cabo ensayos de jarra adecuados.
	El polímero no es óptimo	Ajuste la dosis o la concentración de polímero.
	Bloqueo del tubo de solución de polímero	Limpie el tubo.
	Falla o bloqueo de la bomba de dosificación de polímero	Inspeccione la bomba, libere el bloqueo, repare o reemplace según resulte necesario.
	Mezclado insuficiente	Ajuste la velocidad de giro del mezclador.
El tornillo no gira	Problemas mecánicos o eléctricos en el motorreductor	Verifique la parte eléctrica del motorreductor y el panel de control. Verifique que no haya daños mecánicos en el motorreductor.
	El tambor está atascado	Gire a la inversa el tornillo durante 2 a 4 segundos.
		Afloje la placa del dique y lave el tambor externamente.
Estrujamiento excesivo de sólidos entre los aros de la zona de deshidratación del tambor	Mala floculación	Consulte las recomendaciones arriba.
	La brecha de la placa del dique es demasiado angosta	Establezca una posición óptima para la brecha.
Acumulación excesiva de sólidos en la superficie externa del tambor	El ciclo de operación de la válvula de enjuague es demasiado corto	Ajuste el tiempo óptimo del ciclo.
	Caudal y presión insuficientes del agua de enjuague	Amente el caudal y la presión para cumplir las recomendaciones del fabricante.
	Las boquillas rociadoras están obstruidas	Limpie las boquillas. Asegúrese de que el agua de enjuague cumpla las cualificaciones mínimas establecidas por el fabricante para SST, etc.
Baja calidad del lodo deshidratado	Mala floculación	Consulte las recomendaciones arriba.
	La brecha de la placa del dique es demasiado ancha	Establezca una posición óptima para la brecha.
	La velocidad de rotación del tornillo es demasiado alta	Reduzca la velocidad de rotación del tornillo.
No hay torta de lodo en la descarga de la prensa de tornillo	Mala floculación	Consulte las recomendaciones arriba.
	La brecha de la placa del dique está demasiado ajustada	Establezca una posición óptima para la brecha.
	La brecha de la placa del dique está obstruida	Afloje la placa del dique para eliminar los materiales de la obstrucción.
	El tambor está atascado	Consulte las recomendaciones arriba.

Nota. Se creó con base en información hallada en el manual de operaciones y mantenimiento de Ekoton.

COMPROBACIÓN DE CONOCIMIENTOS

1. **¿A cuál de los ángulos siguientes están diseñadas típicamente las prensas de tornillo?**
   a. 0 a 10°
   b. 10 a 20°
   c. 20 a 30°
   d. 30 a 40°

2. **Una de las desventajas de operar una prensa de tornillo es la baja velocidad de giro.**
   ☐ Verdadero
   ☐ Falso

3. **Las concentraciones de lodo deshidratado de la prensa de tornillo van de 40 % a 95 % de TS.**
   ☐ Verdadero
   ☐ Falso

4. **Las tasas de carga hidráulica y de sólidos para las prensas de tornillo inclinadas suelen ser algo menores que las de las prensas de tornillo horizontales.**
   ☐ Verdadero
   ☐ Falso

5. **¿Cuál de los siguientes es un beneficio de las prensas de tornillo inclinadas?**
   a. Mayor capacidad de carga hidráulica
   b. Mayor capacidad de carga de sólidos
   c. Mayor contenido de sólidos de la torta
   d. Mayor velocidad de giro

6. **Al reducir la velocidad del barreno o del tornillo en una prensa de tornillo se reduce el contenido de sólidos de la torta de descarga.**
   ☐ Verdadero
   ☐ Falso

7. **En general, las prensas de tornillo giran a velocidades mayores que las centrífugas.**
   ☐ Verdadero
   ☐ Falso

8. **¿Qué hará el aumento de la velocidad de giro del tornillo?**
   a. Aumentará la capacidad de la prensa de tornillo y reducirá el contenido de sólidos de la torta deshidratada.
   b. Reducirá la capacidad de la prensa de tornillo y aumentará el contenido de sólidos de la torta deshidratada.
   c. Aumentará la capacidad de la prensa de tornillo y aumentará el contenido de sólidos de la torta deshidratada.
   d. Reducirá la capacidad de la prensa de tornillo y reducirá el contenido de sólidos de la torta deshidratada.

9. **En general, las prensas de tornillo se deshidratan primero por gravedad y después por presión.**
   ☐ Verdadero
   ☐ Falso

10. **La tasa de captura típica de una prensa de tornillo es de:**
    a. 65 %–75 %
    b. 75 %–85 %
    c. 85 %–95 %
    d. Siempre más del 95 %

11. **Las prensas de tornillo representan un problema para la seguridad debido a la alta velocidad de giro.**
    ☐ Verdadero
    ☐ Falso

12. **En las operaciones con prensas de tornillo, un aumento en la velocidad de giro del tornillo aumenta la capacidad de producción pero reduce la concentración de sólidos de la torta.**
    ☐ Verdadero
    ☐ Falso

Lechos de secado

TEORÍA DE OPERACIÓN

Los lechos de secado son un método de secar los sólidos al aire para eliminar la humedad mediante la expiración natural, la evaporación o el drenaje inducido. Aunque los lechos de secado de arena son los más utilizados, hay otras variaciones, como los lechos de secado asistidos por aspiración, los lechos de secado asistidos por polímero, los lechos de secado pavimentados, los sistemas de secado solares asistidos mecánicamente y los lechos de juncos. El enfoque principal de esta sección estará en los lechos de secado de arena; no obstante, las demás variaciones se tratarán en toda la sección.

Los biosólidos que se secarán con aire en general primero se estabilizan mediante la digestión aerobia o anaerobia. Los lechos de secado son menos complejos y más fáciles de operar, y pueden tener una mayor eficiencia energética que los sistemas de deshidratación mecánica. Los lechos de secado o el secado por aire requieren, no obstante, un mayor espacio y a veces pueden requerir más mano de obra para quitar la torta. También son muy afectados por el clima invernal y la lluvia. Estos tipos de sistema de deshidratación en general solo se consideran para las WRRF rurales con caudales de diseño de menos de 7500 m^3/d (2 mgd). También se usan más en áreas cálidas y secas. Si se usan sistemas de secado por aire en climas fríos o húmedos, estos sistemas deben cubrirse y en general son menos eficientes. En estas situaciones, muchas WRRF también deben tener otra alternativa para la eliminación de biosólidos, como el acarreo de biosólidos líquidos a otra instalación.

Las siguientes son características de los sistemas de lecho de secado:

- Los lechos más sencillos están pavimentados de asfalto o hechos de hormigón.
- En su mayoría, los sistemas floculan los biosólidos con polímero para acelerar la descomposición del agua.
- Algunos tienen disposiciones para decantar el agua superficial.
- Algunos usan aspiración para acelerar la separación del agua de los biosólidos.
- Algunos usan invernaderos de plástico o vidrio para reducir los olores y aislar el sistema del clima.
- Algunos tienen tubos de calentamiento para acelerar el proceso de evaporación.

En la mayoría de los casos, los lechos de secado deben ser sistemas cerrados con tuberías de drenaje o deben tener un revestimiento de membrana para prevenir la contaminación de las aguas subterráneas. Algunos también tienen sistemas de drenaje inferior o una capa de arena para evitar los daños en el revestimiento de la membrana mientras se eliminan los biosólidos secados. El líquido que llega al sistema de drenaje inferior es reciclado al caudal de entrada de la WRRF.

Los lechos de secado tienen las ventajas siguientes: menor costo de capital, menor atención del operador, menor consumo de energía eléctrica, menor sensibilidad a la variación de sólidos, bajo consumo de químicos (o ninguno) y una alta concentración de sólidos de la torta cuando se opera correctamente. Algunas desventajas de los lechos de secado son: mayores requisitos de terreno, funcionan mejor cuando el lodo se estabilizó correctamente antes, el clima puede tener un efecto importante en el funcionamiento, requieren mucha mano de obra durante el proceso de eliminación de sólidos y posibilidad de inconvenientes por olores y visuales.

PARÁMETROS DE DISEÑO Y DESEMPEÑO ESPERADO

Cuando están bien diseñados y operados, los lechos de secado pueden lograr un producto más seco que la mayoría de los dispositivos de secado mecánico; no obstante, los lechos de secado típicamente requieren más mano de obra. Los lechos de secado pueden lograr un contenido de sólidos deshidratados de 44.5 % a 95 %. Debido a que todos los sistemas de secado por aire estarán fuera de servicio durante distintos períodos cuando los sólidos se estén secando o eliminando, es ventajoso tener varias unidades más pequeñas en lugar de una unidad más grande. Los lechos de secado se usan desde principios del siglo XX. Originalmente, su tamaño se basaba en los requisitos de área per cápita en metros cuadrados per cápita (m^2/cápita [ft^2/cápita]);

Tabla 5.6 Diseño de lecho de arena (EPA de los EE. UU., 1978)

Parámetro		Mín.	Máx.	Unidades	Mín.	Máx.	Unidades
Profundidad del lodo		8	12	in	20.32	30.48	cm
Profundidad de la arena[a]		6	12	in	2.4	4.7	cm
Profundidad de la grava		12	18	in	4.7	7.1	cm
Módulo del lecho de secado							
	Largo	20	100	ft	6	30.5	m
	Ancho	20	25	ft	6	7.6	m
Espaciamiento del tubo de drenaje[b]		8	20	ft	2.5	6	m
Contenido de humedad del lodo		50	60	%	50	60	%
Tasa de carga de sólidos							
	Lecho abierto	—	25	lb/ft^2/año	—	122	kg/m^2•año
	Lecho cubierto	—	40	lb/ft^2/año	—	195	kg/m^2•año

[a]Arena típicamente 0.55 mm (0.22 in) de tamaño.
[b]El tubo de drenaje típicamente tiene 15 cm (6 in) de diámetro.

no obstante, actualmente es más común y exacto designarlos en función de la carga de sólidos. Consulte la Tabla 5.6 para obtener los criterios de diseño para el lecho de arena, incluidas las tasas de carga de sólidos máxima y mínima para lechos cubiertos y abiertos. Al determinar si los lechos de secado son una buena opción para su instalación, los mejores criterios que deben tenerse en cuenta son las condiciones climáticas (temperatura, velocidad del viento, humedad y precipitaciones).

EQUIPOS

La deshidratación en un lecho de arena se produce mediante la decantación (cuando está disponible), el drenaje por gravedad del agua libre y la evaporación hasta que se lograron las concentraciones de sólidos deseadas. A medida que el lodo se seca, se forman grietas en la superficie. Esto permite la evaporación desde las capas inferiores. Esta acción acelera el proceso de secado. La Figura 5.27 ilustra un lecho de arena típico. El tubo de drenaje perforado tiene un espaciado de 2.4 a 6 m (8 a 20 ft). La grava está dispuesta en capas de gruesa a fina cada 75 mm (3 in) en una profundidad total de 300 a 460 mm (12 a 18 in). La arena está dispuesta en capas sobre la grava para una profundidad adicional de 150 a 300 mm (6 a 12 in). A continuación, se aplica lodo a una profundidad de 200 a 300 mm (8 a 12 in). Los lechos de arena con frecuencia son rectangulares, pero a veces pueden ser cuadrados. Abarcan de 6 a 30 m (20 a 100 ft) de largo y 6 a 7.6 m (20 a 25 ft) de ancho.

Inicialmente, se drena agua de los biosólidos, que se desplaza a través de las capas de arena y grava y hacia el sistema de recolección del drenaje inferior a través de perforaciones en el tubo de drenaje. En las WRRF actuales con lodo activado, debido a que los sólidos no se separan del agua libre bien sin usar polímero, se usan lechos de secado asistidos por polímero. Tienen un diseño muy similar al de los lechos de arena estándar; no obstante, hay un sistema de dosificación de polímero aguas arriba utilizado para mezclar polímero con los sólidos antes de aplicarse al lecho.

El paso de drenaje requiere varios días. Eventualmente, la arena se obstruye con partículas finas de sólidos y el sistema de drenaje inferior elimina toda el agua libre. Cuando está disponible, la decantación puede eliminar los restos de agua en la superficie de la capa de biosólidos. La evaporación se usará, a continuación, para eliminar cualquier agua restante. Es posible usar tractores para descomponer la costra superficial, lo que permite la aeración y la eliminación de agua adicional mediante evaporación. Finalmente, cuando los biosólidos están listos para eliminarse, esto se lleva a cabo con frecuencia mediante el uso de cargadores delanteros. Si se elimina arena en este proceso, debe agregarse más antes de poner en servicio nuevamente el lecho y de cargarlo nuevamente con biosólidos líquidos.

Los lechos de secado de alambre de cuña usan materiales porosos o bloques con aberturas en ranura en forma de cuña de aproximadamente 2.25 mm (0.01 in) de ancho. La superficie de filtrado se denomina *septum*. Esta superficie sostiene los biosólidos floculados de polímero y permite el drenaje entre las ranuras. En algunos

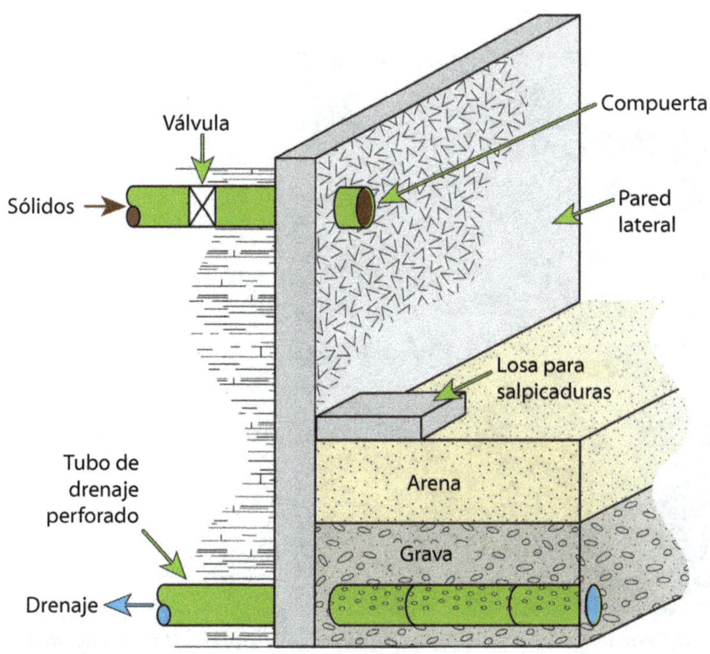

Figura 5.27 Configuración del lecho de arena (EPA de los EE. UU., 1978)

casos, se aplica aspiración al sistema de drenaje para acelerar el tiempo de secado de los biosólidos. Después de secos, los biosólidos se eliminan con cargadores delanteros similares a lechos de secado de arena. El material debe lavarse en ese momento completamente antes de volver a usarse. Estos tipos de lechos de secado son más costosos de construir que los lechos de secado de arena y usan una cantidad similar de polímero a la de las BFP y, en consecuencia, no son tan comunes.

Los lechos pavimentados son los más sencillos. Consisten en un revestimiento de membrana con una capa de hormigón o asfalto por arriba y están rodeados de una pared de contención de hormigón. Los sólidos se aplican a profundidades de 150 a 300 mm (6 a 12 in) y con frecuencia no se usa polímero en estos lechos. A medida que se secan los biosólidos, se usan un tractor u otro tipo de dispositivo mecánico para descomponer la costra superior y dar vuelta el lodo para exponer más área superficial al aire como ayuda para un mayor secado por evaporación. Los lechos pavimentados son el tipo menos eficiente y funcionan mejor en climas desérticos.

Los sistemas de secado solar consisten en una serie de lechos de secado cubiertos por una estructura de tipo invernadero (consulte la Figura 5.28) cuyo clima también puede controlarse. En los sistemas controlados, los sensores monitorean la atmósfera y controlan las rejillas de aire y los ventiladores para optimizar las condiciones de secado. En algunos casos, estos sistemas monitoreados también controlan dispositivos móviles operados eléctricamente o "topos" que aran los sólidos varias veces por día (consulte la Figura 5.29). Estos sistemas de secado solar pueden producir sólidos en torta seca con un contenido de entre 50 % y 90 % de sólidos. Las ventajas del sistema de secado solar incluyen temperaturas mayores de secado debido a la estructura de invernadero (que también ofrece protección contra la lluvia) y una torta más seca en menos tiempo de secado.

Finalmente, los lechos de juncos son un sistema único que combina las acciones de los lechos de secado tradicionales con los efectos de las plantas acuáticas. En los lechos se plantan juncos del género *Phragmites communis*, que extienden sus sistemas de raíces en los sólidos. La microflora puebla el sistema de raíces y continúa degradando los depósitos de sólidos al alimentarse de la materia orgánica. Se ha observado que hasta el 97 % de los sólidos se convierte eventualmente en dióxido de carbono y agua. Así, estos sistemas pueden operar hasta 10 años antes de que haya que eliminar los residuos que quedan y volver a plantar los lechos.

VARIABLES DEL PROCESO

Hay diversas variables del proceso que afectan el contenido de TS de los sólidos deshidratados en un lecho de secado: concentración inicial de sólidos, tiempo de secado, profundidad de la aplicación, digestión del lodo y clima. En general, cuando mayor es al concentración de TS de los sólidos aplicados, mayor es el contenido de humedad de los sólidos deshidratados. Con base en los datos históricos, la profundidad de la aplicación de los sólidos debe ser de 200 mm (8 in), con una profundidad máxima de 300 mm (12 in). La profundidad aplicada debe resultar en una carga óptima de 10 a 15 kg/m^2 (2 a 3 lb/ft^2).

Figura 5.28 Lechos de secado cubiertos por invernadero solar (reimpreso con autorización de Thermal Process Systems)

Figura 5.29 Topo eléctrico para romper la costra de la superficie de los biosólidos (reimpreso con autorización de Thermal Process Systems)

El tiempo de secado total requerido depende del contenido final deseado de humedad y del método de eliminación de sólidos deshidratados. El tiempo total que deben permanecer los sólidos en el lecho de secado es en última instancia controlado por la cantidad de agua que se eliminará por evaporación, que a su vez es determinada por la cantidad eliminada inicialmente por drenaje y decantación (si está disponible). En general, mayores temperaturas, una lluvia mínima, una baja humedad y altas velocidades del viento trabajan para mejorar el secado. Tal como se indicó anteriormente, los efectos del clima se relacionan directamente con la capacidad necesaria del lecho de secado y las concentraciones de TS que pueden lograrse.

CONTROL DEL PROCESO

En general no se incluye instrumentación en los sistemas de lecho de secado, a excepción de la relacionada con los sistemas de alimentación de polímero y caudalímetros que se agregan ocasionalmente para monitorear el suministro de lodo y los caudales de drenaje. La experiencia histórica es con frecuencia la mejor guía para la profundidad de la aplicación de lodo. Las capas con aplicación más delgada se secarán más rápido y permitirán una eliminación y reutilización más rápida del lecho. Nuevamente, muchas veces esto también depende del clima.

OPERACIÓN

La operación de los lechos de secado es bastante sencilla. La sección subsiguiente presenta una descripción básica de las operaciones de los lechos de secado.

PUESTA EN FUNCIONAMIENTO

1. Asegúrese de que todas las líneas de drenaje estén libres de detritos y de que se haya verificado el funcionamiento de las válvulas.
2. Asegúrese de que la capa de arena esté libre de detritos, esté nivelada y sea suave al rastrillo.
3. Instale ataguías u otros dispositivos de bloqueo en el extremo de la abertura (ingreso de vehículos) del lecho de secado.
4. Asegúrese de que la placa de difusión o la base antisalpicaduras estén en su lugar debajo de donde el lodo ingresa al lecho.
5. Inicie el caudal de lodo líquido al lecho. Para ello, abra la válvula o la bomba de lodo.
6. Detenga el caudal de lodo cuando la profundidad del líquido sea de aproximadamente 200 a 300 mm (8 a 12 in).
7. No aplique nuevo lodo líquido sobre una capa de lodo seco.

APAGADO

No hay procedimientos específicos de apagado para un sistema de lecho de secado. Después de que los sólidos se secaron a una concentración aceptable de TS, pueden quitarse del lecho de secado por medios mecánicos, como un cargador delantero. A continuación, el sistema debe limpiarse y debe agregarse nueva arena, en el caso de lechos de arena, antes de cargar nuevamente lodo líquido en el lecho de secado.

OPERACIÓN DIARIA

Hay muy poco para hacer, en términos de operaciones diarias de rutina, para los sistemas de lecho de secado. Los lechos deben inspeccionarse cada unos días para detectar problemas de olores o insectos y deben eliminarse las hierbas que crezcan. Los biosólidos en general se secan a las 3 semanas o más, según el clima. En ese momento, es posible quitar los sólidos. Los vehículos y los equipos de eliminación no deben operarse directamente en la arena, pero a veces pueden conducirse directamente sobre lechos pavimentados y con alambre de cuña. En el caso de las plataformas de arena, es posible tender planchas de madera o madera terciada en la parte superior del lecho si no se instalan carriles permanentes para vehículos. Después de eliminados los sólidos, el lecho debe inspeccionarse y rastrillarse, y debe agregarse nueva arena según resulte necesario. A continuación, el lecho está listo para otra aplicación de lodo líquido.

RECOLECCIÓN, MUESTREO Y ANÁLISIS DE LOS DATOS

Lodo de alimentación: Deben tomarse muestras diarias del porcentaje de TS, del porcentaje de VS y de tasa de alimentación. Según los procesos aguas arriba, también es posible que se deban tomar muestras para medir el pH y la temperatura para evaluar su efecto potencial en el desempeño del polímero.

Drenaje: Debe recolectarse a diario para medir los SST que se usarán en los cálculos de porcentaje de retención. Según las condiciones del permiso en el proceso de tratamiento principal, es posible que deban tomarse muestras con frecuencia para medir la $DBOC_5$, el NH_3-N y el PO_4-P en el filtrado para poder calcular la cantidad de estos contaminantes que se está reciclando de regreso a la cabecera del proceso de tratamiento principal. También debe registrarse la cantidad de filtrado diaria, si es mensurable.

Torta deshidratada: Deben tomarse muestras diarias para medir el porcentaje de TS y los SVS en la torta deshidratada.

MONITOREO DE DESEMPEÑO

Problema 1: Una WRRF pequeña espesa sus sólidos digeridos aerobiamente a una concentración de 5 % de TS antes de transferirlos a un lecho de secado de arena. El lecho está cubierto para mantener fuera la lluvia y la nieve. El lecho de secado se divide en dos secciones. Cada sección tiene 6.1 m (20 ft) de ancho y 24.4 m (80 ft) de largo. Los sólidos aplicados se dejan secar un promedio de 90 días, lo que permite un máximo de cuatro aplicaciones por sección por año. Si se esparce un promedio de 75.7 m^3 (20 000 gal) de sólidos digeridos en una parte del lecho seco con cada aplicación (partes alternadas), ¿cuál es la tasa de carga de sólidos en kg/m^2•año (lb/ft^2•año)?

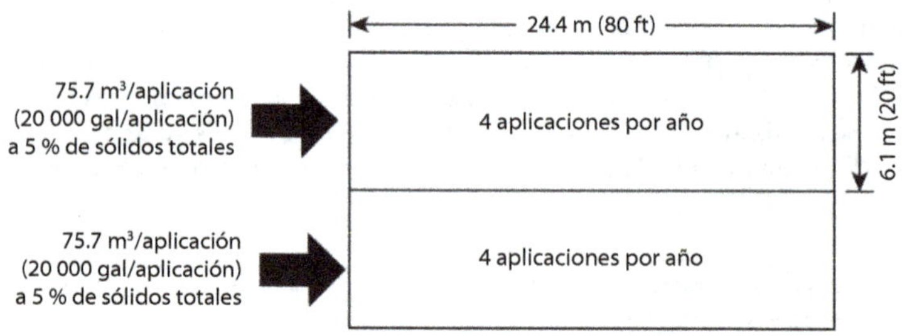

Para resolver este problema, debe hallar la masa de sólidos enviada al lecho de secado con cada aplicación, debe hallar el área de una parte del lechos de secado, debe calcular la tasa de carga de sólidos por aplicación y, a continuación, debe calcular la tasa de carga de sólidos acumulativa por año. Algunos de estos pasos requieren conversiones de las unidades.

Solución con unidades habituales en los EE. UU.

Paso 1: Convierta la concentración de sólidos de porcentaje (%) a mg/L.

$$\frac{5\%}{} \left| \frac{10\ 000\ \text{mg/L}}{1\%} \right| = 50\ 000\ \text{mg/L} \tag{5.6}$$

Paso 2: Convierta el caudal de galones a millones de galones.

$$\frac{20\ 000\ \text{gal}}{} \left| \frac{1\ \text{mill. de gal}}{1\ 000\ 000\ \text{gal}} \right| = 0.02\ \text{mill. de gal} \tag{5.7}$$

Paso 3: Halle la masa total de sólidos enviados a los lechos de secado para cada aplicación.

$$\text{Masa, lb} = (\text{Volumen, mill. de gal})(\text{Concentración, mg/L})(8.34) \tag{5.8}$$
$$\text{Masa, lb} = (0.02 \text{ mill. de gal})(50\ 000 \text{ mg/L})(8.34)$$
$$\text{Masa, lb} = 8340$$

Paso 4: Halle el área de aplicación. Recuerde que se usará solo una sección del lecho para cada aplicación de sólidos.

$$\text{Área} = (\text{Largo})(\text{Ancho}) \tag{5.9}$$
$$\text{Área} = (20 \text{ ft})(80 \text{ ft})$$
$$\text{Área} = 1600 \text{ ft}^2$$

Paso 5: Halle la tasa de carga de sólidos utilizando por aplicación.

$$\text{Tasa de carga de sólidos, } \frac{\text{lb}}{\text{ft}^2} = \frac{\text{Sólidos aplicados, lb}}{\text{Área superficial, ft}^2} \tag{5.10}$$
$$\text{Tasa de carga de sólidos, } \frac{\text{lb}}{\text{ft}^2} = \frac{8340 \text{ lb}}{1600 \text{ ft}^2}$$
$$\text{Tasa de carga de sólidos, } \frac{\text{lb}}{\text{ft}^2} = 5.21$$

Paso 6: Halle la tasa de aplicación de sólidos por año.

$$\frac{5.21 \text{ lb/ft}^2}{\text{aplicación}} \left| \frac{4 \text{ aplicaciones}}{\text{año}} \right| = 20.85 \frac{\text{lb}}{\text{ft}^2 \cdot \text{año}}$$

Compare su resultado con las tasas de carga de sólidos típicas para los lechos de secado (Tabla 5.6). Los lechos cubiertos pueden recibir hasta 40 lb/ft²•año de sólidos. La tasa de carga calculada está muy por debajo del máximo.

Solución con unidades estándar del sistema internacional

Paso 1: Convierta la concentración de sólidos de porcentaje (%) a mg/L.

$$\frac{5\%}{} \left| \frac{10\ 000 \text{ mg/L}}{1\%} \right| = 50\ 000 \text{ mg/L} \tag{5.11}$$

Paso 2: Halle la masa total de sólidos enviados a los lechos de secado para cada aplicación.

$$\text{Masa, kg} = \frac{(\text{Volumen, m}^3)(\text{Concentración, mg/L})}{1000} \tag{5.12}$$
$$\text{Masa, kg} = \frac{(75.7 \text{ m}^3)(50\ 000 \text{ mg/L})}{1000}$$
$$\text{Masa, kg} = 3785$$

Paso 3: Halle el área de aplicación. Recuerde que se usará solo una sección del lecho para cada aplicación de sólidos.

$$\text{Área} = (\text{Largo})(\text{Ancho}) \tag{5.13}$$

$$\text{Área} = (24.4\ \text{m})(6.1\ \text{m})$$

$$\text{Área} = 148.8\ \text{m}^2$$

Paso 4: Halle la tasa de carga de sólidos utilizando por aplicación.

$$\text{Tasa de carga de sólidos, } \frac{\text{kg}}{\text{m}^2} = \frac{\text{Sólidos aplicados, kg}}{\text{Área superficial, m}^2} \tag{5.14}$$

$$\text{Tasa de carga de sólidos, } \frac{\text{kg}}{\text{m}^2} = \frac{3785\ \text{kg}}{148.8\ \text{m}^2}$$

$$\text{Tasa de carga de sólidos, } \frac{\text{kg}}{\text{m}^2} = 25.4$$

Paso 5: Halle la tasa de aplicación de sólidos por año.

$$\frac{25.4\ \text{kg/m}^2}{\text{aplicación}} \left| \frac{4\ \text{aplicaciones}}{\text{año}} \right| = 101.6 \frac{\text{kg}}{\text{m}^2 \cdot \text{año}}$$

Compare su resultado con las tasas de carga de sólidos típicas para los lechos de secado (Tabla 5.6). Los lechos cubiertos pueden recibir hasta 195 kg/m²•año de sólidos. La tasa de carga calculada está muy por debajo del máximo.

Problema 2: Con la información suministrada en el problema 1, halle la profundidad de los sólidos en el lecho de secado en centímetros (pulgadas) inmediatamente después de la aplicación de sólidos. El volumen de sólidos aplicado cada vez es de 75.7 m³ (20 000 gal).

Solución con unidades habituales en los EE. UU.

Paso 1: Convierta el volumen de sólidos de galones a pies cúbicos.

$$\frac{20\,000\ \text{gal}}{} \left| \frac{1\ \text{ft}^3}{7.48\ \text{gal}} \right| = 2673.8\ \text{ft}^3$$

Paso 2: Use la fórmula del volumen y trabaje hacia atrás para hallar la profundidad.

$$\text{Volumen} = (\text{Largo})(\text{Ancho})(\text{Altura}) \tag{5.15}$$

$$2673.8\ \text{ft}^3 = (80\ \text{ft})(20\ \text{ft})(\text{Altura})$$

$$2673.8\ \text{ft}^3 = (1600\ \text{ft}^2)(\text{Altura})$$

$$1.67\ \text{ft} = \text{altura}$$

Paso 3: Convierta la altura (profundidad) de pies a pulgadas.

$$\frac{1.67\ \text{ft}}{} \left| \frac{12\ \text{in}}{1\ \text{ft}} \right| = 20\ \text{in}$$

Solución con unidades del sistema métrico

Paso 1: Use la fórmula del volumen y trabaje hacia atrás para hallar la profundidad.

$$\text{Volumen} = (\textit{Largo})(\text{Ancho})(\text{Altura}) \tag{5.16}$$
$$75.7\ \text{m}^3 = (24.4\ \text{m})(6.1\ \text{m})(\text{Altura})$$
$$75.7\ \text{m}^3 = (148.84\ \text{m}^2)(\text{Altura})$$
$$0.51\ \text{m} = \text{Altura}$$

Paso 2: Convierta la altura (profundidad) de metros a centímetros.

$$\frac{0.51\ \text{m}}{} \left| \frac{100\ \text{cm}}{1\ \text{m}} \right| = 51\ \text{cm}$$

Problema 3: Después de cada aplicación, se dejan secar los sólidos durante 90 días. La concentración de sólidos aumenta de 5 % a 42 % de TS. Halle el volumen de sólidos después de secar y el volumen de líquido que regresa a las obras de cabecera de la WRRF.

Solución con unidades habituales en los EE. UU.

Paso 1: Use la ecuación normal dos para hallar el volumen de sólidos después de secar.

$$(\text{Concentración}_1)(\text{Volumen}_1) = (\text{Concentración}_2)(\text{Volumen}_2) \tag{5.17}$$
$$(5\%)(20\ 000\ \text{gal}) = (42\%)(\text{Volumen}_2)$$
$$2381\ \text{gal} = \text{Volumen}_2$$

Paso 2: Reste el volumen final de sólidos del volumen inicial para hallar el volumen de líquido devuelto a las obras de cabecera de la WRRF.

$$\text{Volumen inicial} - \text{Volumen de sólidos finales} = \text{Volumen de líquido} \tag{5.18}$$
$$20\ 000\ \text{gal} - 2381\ \text{gal} = \text{Volumen de líquido}$$
$$17\ 619\ \text{gal} = \text{Volumen de líquido}$$

Solución con unidades estándar del sistema internacional

Paso 1: Use la ecuación normal dos para hallar el volumen de sólidos después de secar.

$$(\text{Concentración}_1)(\text{Volumen}_1) = (\text{Concentración}_2)(\text{Volumen}_2) \tag{5.19}$$
$$(5\%)(75.7\ \text{m}^3) = (42\%)(\text{Volumen}_2)$$
$$9.0\ \text{m}^3 = \text{Volumen}_2$$

Paso 2: Reste el volumen final de sólidos del volumen inicial para hallar el volumen de líquido devuelto a las obras de cabecera de la WRRF.

$$\text{Volumen inicial} - \text{Volumen de sólidos finales} = \text{Volumen de líquido} \tag{5.20}$$
$$75.7\ \text{m}^3 - 9.0\ \text{m}^3 = \text{Volumen de líquido}$$
$$66.7\ \text{m}^3 = \text{Volumen de líquido}$$

MANTENIMIENTO

Hay un mantenimiento mínimo para los sistemas de lechos de secado, a excepción de la eliminación de sólidos de la superficie. Esto puede requerir mucha mano de obra y mucho tiempo. En las operaciones de lecho de arena, se elimina algo de arena durante cada ciclo de eliminación de lodo. La cantidad depende del método de eliminación de torta seca que se utiliza. La profundidad de la arena también debe verificarse periódicamente con un punto de referencia establecido en la pared del lecho. Debe agregarse arena según resulte necesario para mantener ese nivel operativo. La superficie de la arena debe nivelarse y rastrillarse antes de cada aplicación de lodo.

El sistema de drenaje de los lechos debe verificarse de manera rutinaria para confirmar su funcionamiento correcto. Puede verificarse el drenaje libre de las líneas después de aplicado nuevo lodo. Como sucede con cualquier equipo de deshidratación, deben inspeccionarse y operarse con frecuencia las líneas y válvulas de lodo. Las líneas de drenaje y lodo también deben drenarse después de cada uso en invierno para prevenir el congelamiento.

RESOLUCIÓN DE PROBLEMAS

La resolución de problemas para los lechos de secado es bastante básica y puede repasarse en la Tabla 5.7.

Tabla 5.7 Resolución de problemas con los lechos de secado (WEF, 2017)

Indicaciones/observaciones	Causa probable	Revisar o monitorear	Soluciones
Tiempo de deshidratación excesivo	La profundidad del lodo aplicado es demasiado grande	En general, 200 mm (8 in) de lodo aplicado son satisfactorios	Después de que el lecho se haya secado, elimine el lodo y limpie; aplique una profundidad menor de lodo y mida la reducción en 3 días. En la siguiente aplicación, aplique dos veces la reducción de los 3 días.
	Lodo aplicado a un lecho limpiado incorrectamente	Observe el estado del lecho vacío antes de la aplicación de lodo	Después de secado el lodo, quítelo; limpie completamente el lecho y reemplace la arena según resulte necesario.
	El sistema de drenaje inferior se obstruyó o hay líneas dañadas		Limpie por contracorriente los lechos lentamente. Para ello, conecte la fuente de agua limpia a las tuberías del drenaje inferior, verifique el lecho de arena y reemplace el material según resulte necesario y drene las líneas del drenaje inferior durante el clima frío para evitar que se congelen y dañen.
	Lechos de tamaño insuficiente	Efectos de agregar polímero	Lleve a cabo ensayos de jarra para determinar qué dosis de polímero puede mejorar la floculación y la deshidratación en el lecho.
	Condiciones climáticas	Cantidades de temperatura y precipitación	Cubra o cierre el lecho para protegerlo del clima.
Las líneas de alimentación de lodo están obstruidas	Acumulación de arena y sólidos en las líneas		Abra las válvulas completamente al comenzar la aplicación de lodo para limpiar las líneas; de ser necesario, enjuague las líneas con agua
Se crían moscas en el lecho de lodo			Rompa la costra del lodo y uses larvicidas, como bórax o borato de calcio; use insecticidas para matar las moscas adultas.
Olores cuando se aplica lodo	Digestión inadecuada del lodo	Operación del proceso de digestión	Establezca una operación correcta del proceso de digestión.
El lodo es polvoriento y se quiebra	Secado excesivo	Contenido de humedad	Quite el lodo del lecho cuando se seca a entre el 40 % y el 60 % de contenido de humedad.

COMPROBACIÓN DE CONOCIMIENTOS

1. **¿Cuál es la fuente principal de olores en las aplicaciones de lecho de secado?**
   a. Uso inadecuado de polímero
   b. Digestión inadecuada
   c. Sólidos aplicados inadecuados
   d. Mano de obra inadecuada

2. **En la mayoría de las aplicaciones de lecho de secado, ¿a cuál de las profundidades siguientes debe aplicarse el lodo?**
   a. 50 mm (2 in)
   b. 100 mm (4 in)
   c. 150 mm (6 in)
   d. 200 mm (8 in)

3. **Los lechos de secado de ____________ son las aplicaciones más sencillas.**
   a. juncos
   b. arena
   c. pavimento
   d. asistencia mediante vacío

4. **Es común usar lechos de secado para secar el lodo sin digerir.**
   ☐ Verdadero
   ☐ Falso

5. **Los lechos de secado funcionan mejor en climas cálidos y áridos.**
   ☐ Verdadero
   ☐ Falso

6. **Los lechos de secado típicamente logran concentraciones de sólidos secos totales de al menos ____________.**
   a. 10 %
   b. 20 %
   c. 30 %
   d. 40 %

7. **Nunca debe reemplazarse la arena de un lecho de secado si se opera correctamente.**
   ☐ Verdadero
   ☐ Falso

8. **¿Cuál de los aspectos siguientes puede ayudar a prevenir los efectos de la lluvia en las operaciones de los lechos de secado?**
   a. Mayor uso de polímero
   b. Mayor humedad
   c. Uso de cubiertas
   d. Uso de cargadores delanteros

9. **Es innecesario limpiar camas de secado entre las aplicaciones.**
   ☐ Verdadero
   ☐ Falso

Otros procesos de deshidratación

PRENSAS DE FILTRO DE PRESIÓN

Las prensas de filtro de presión se usan para deshidratar lodo desde la década de 1920. Se operaban en procesos manuales por lotes con mucha mano de obra. Debido a los costos elevados de mano de obra, se empezaron a usar menos en las WRRF que trataban aguas residuales domésticas. Actualmente se usan con mayor frecuencia para deshidratar lodos industriales y soluciones espesas. Las prensas de filtro de presión evolucionaron para usar operaciones automatizadas por lotes.

Las prensas de filtro de presión pueden ser de volumen fijo o de volumen variable. Las prensas de placa empotrada y de placas y marcos son prensas de volumen fijo. Las prensas de placa de membrana son de volumen variable. En ambos tipos de sistema, las placas individuales con orificios de alimentación en el centro y orificios de drenaje en las esquinas exteriores están envueltas en paño de filtro. La torta de lodo se forma en la parte exterior del paño de filtro entre las placas. El agua libre corre a través del paño de filtro, se drena por la placa y se recolecta en los canales de drenaje en las esquinas externas de las placas.

Según la cantidad de lodo que deba deshidratarse, cada unidad de prensa de filtro está hecha de una serie de placas individuales apiladas.

Para iniciar un ciclo de la prensa de filtro, se usa un ariete hidráulico para empujar las placas apretadas juntas y bloquearlas en su lugar.

A continuación, el lodo se bombea al espacio entre las placas y se permite el drenaje de agua a través de los materiales de filtrado. A medida que se acumulan sólidos entre cada placa, la presión aumenta gradualmente a

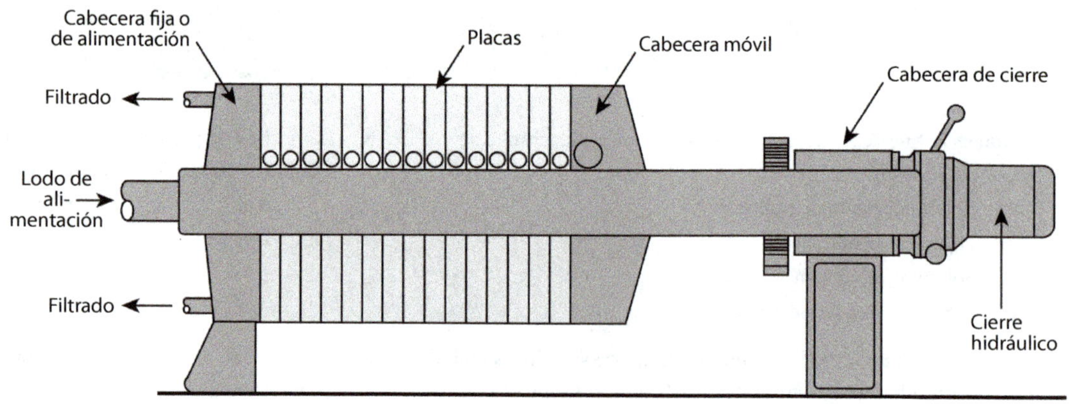

Figura 5.30 Diagrama de los componentes de una prensa de filtro (EPA de los EE. UU., 1974) (reimpreso con autorización de Indigo Water Group)

700 a 2100 kPa (100 a 300 psi) para forzar el líquido a través del medio del filtro. La presión cada vez mayor deja una torta de sólidos muy concentrada atrapada entre los paños de filtro que cubren las placas. El filtrado se drena por los canales creados por los orificios de drenaje en las placas. Consulte la Figura 5.31 para ver un diagrama de la trayectoria del caudal a través de una prensa de filtro. Cuando se alcanza la presión máxima objetivo, la bomba de alimentación se apaga. El filtrado gradualmente deja de drenarse de la prensa y se libera el bloque de la pila de placas. Cada placa se separa de la placa adyacente y, a continuación, el bloque de torta deshidratada que se formó entre ellas cae fuera de la prensa a un transportador, un conducto, un contenedor o un camión debajo.

Con el uso de químicos de acondicionamiento, las prensas de filtro de presión típicamente pueden lograr sólidos de torta mayores que cualquier otro proceso de deshidratación: de 40 % a 50 % de sólidos de torta a partir de diversos tipos de lodos de aguas residuales municipales. También pueden lograr tasas de retención de sólidos del 99 %. En su mayoría, los operadores seleccionan sólidos de torta objetivo con base en los requisitos de almacenamiento, de acarreo o del uso final y, después, ajustan la dosificación del químico de acondicionamiento y el tiempo del ciclo de filtrado para lograr dicho objetivo. Un tiempo de ciclo típico

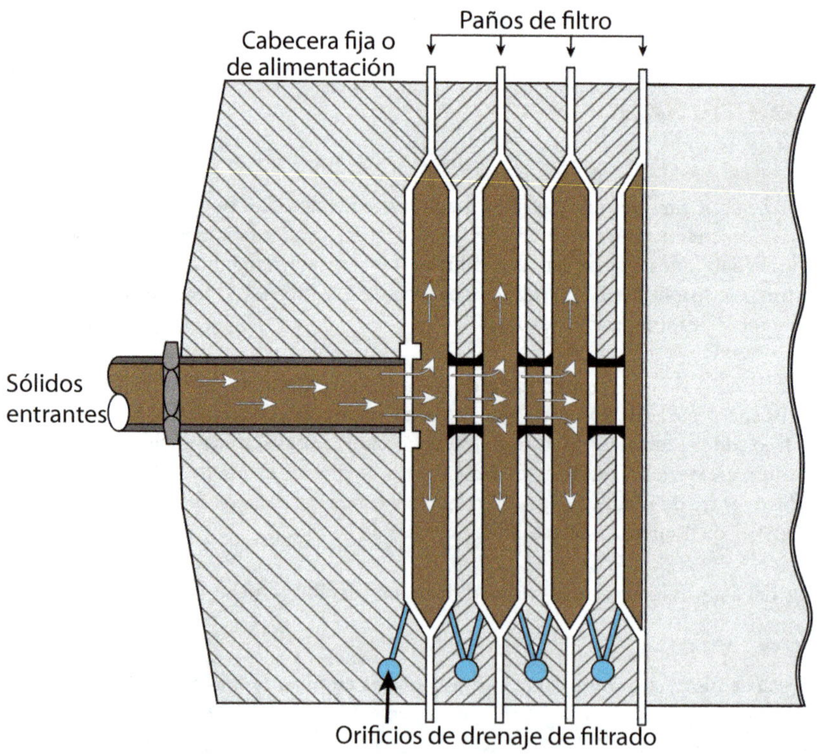

Figura 5.31 Diagrama del caudal a través de una prensa de filtro (EPA de los EE. UU., 1974) (reimpreso con autorización de Indigo Water Group)

para una prensa de filtro de volumen fijo puede consistir en el llenado de la unidad con lodo durante 15 a 20 minutos hasta alcanzar la presión objetivo y después mantener la misma presión y permitir que el filtrado continúe de 1.5 a 2 horas. Después de que cae el caudal del filtrado o de que se cumplen los sólidos de la torta, el operador puede finalizar el ciclo del lote.

En los sistemas de placa con membrana, la placa flexible se infla completamente con aire o agua a fin de suministrar una fuerza adicional para estrujar el agua de la torta del filtro. Las placas con membrana se usan para aumentar el contenido de sólidos de la torta o para reducir el tiempo requerido para el filtrado de la prensa de filtro. Las prensas de filtro de la placa de la membrana pueden lograr los sólidos de torta objetivo en un 25 % del tiempo requerido para el filtrado en una prensa de filtro de volumen fijo (EPA de los EE. UU., 1979).

Acondicionamiento del lodo para la deshidratación

Como se menciona en las secciones anteriores de este capítulo, la mayoría del equipo de deshidratación solo es eficaz cuando el lodo está acondicionado correctamente con polímeros orgánicos o químicos inorgánicos como cloruro férrico o alumbre. La selección del químico y de la dosis correctos es fundamental para lograr un desempeño adecuado del equipo de deshidratación. Consulte el Capítulo 1 de este manual para repasar las secciones detalladas sobre químicos de acondicionamiento orgánicos e inorgánicos, cómo seleccionar uno con los ensayos de jarra y los ensayos de tiempo de filtrado y algunos ejemplos de matemáticas. Consulte el Capítulo 2 para repasar una descripción detallada de la teoría operativa de los polímeros, los tipos de sistemas de conformación de polímeros y más cálculos matemáticos con polímeros.

COMPROBACIÓN DE CONOCIMIENTOS

1. **En las prensas de filtro de presión, la presión que deshidrata el lodo es creada por**
   a. La fuerza centrífuga de un tornillo giratorio
   b. El estrujamiento mecánico entre bandas en rodillos
   c. El bombeo de lodo entre placas de filtro
   d. Empujar lentamente el lodo contra una restricción de descarga

2. **La deshidratación de lodo en una BFP es un proceso ____________.**
   a. de flujo pistón
   b. de flujo continuo
   c. automatizado
   d. por lotes

3. **____________ se envuelven alrededor de las placas para capturar la torta y permitir que el filtrado se drene a través de las placas en la prensa de filtro de presión.**
   a. Los paños de filtro
   b. Las bandas de filtro
   c. Las rejas de alambre de cuña
   d. Las membranas

Transportadores de torta de lodo

ASPECTOS GENERALES

Cuando alguno de los procesos de deshidratación descritos en este capítulo produce torta de lodo, con frecuencia dicha torta debe desplazarse al siguiente punto del proceso. Debido a que la torta deshidratada típicamente es entre 18 % y 25 % de sólidos o más, no se vuelca como un líquido. Tiene una consistencia más similar a la de un pudín cuando es más blanda y más similar a la de una masa para moldear cuando tiene más sólidos. Este material presenta desafíos especiales para trasladarse de manera que conserve el material contenido, mantenga el área circundante limpia y se "autolimpie" suficientemente bien de modo que los transportadores no se obstruyan o bloqueen con frecuencia.

Los sistemas de transportador incluyen el componente mecánico que de hecho empuja, tracciona o traslada la torta y, además, otros componentes como compuertas para dirigir la torta a distintas ubicaciones, conductos para dirigir la torta a la próxima ubicación y mantenerla contenida, y desvíos que pueden empujar o redirigir la torta a un lado o al otro en un punto donde dos trayectorias se cruzan o se separan. Se resaltan diversos componentes del sistema del transportador en la Figura 5.32.

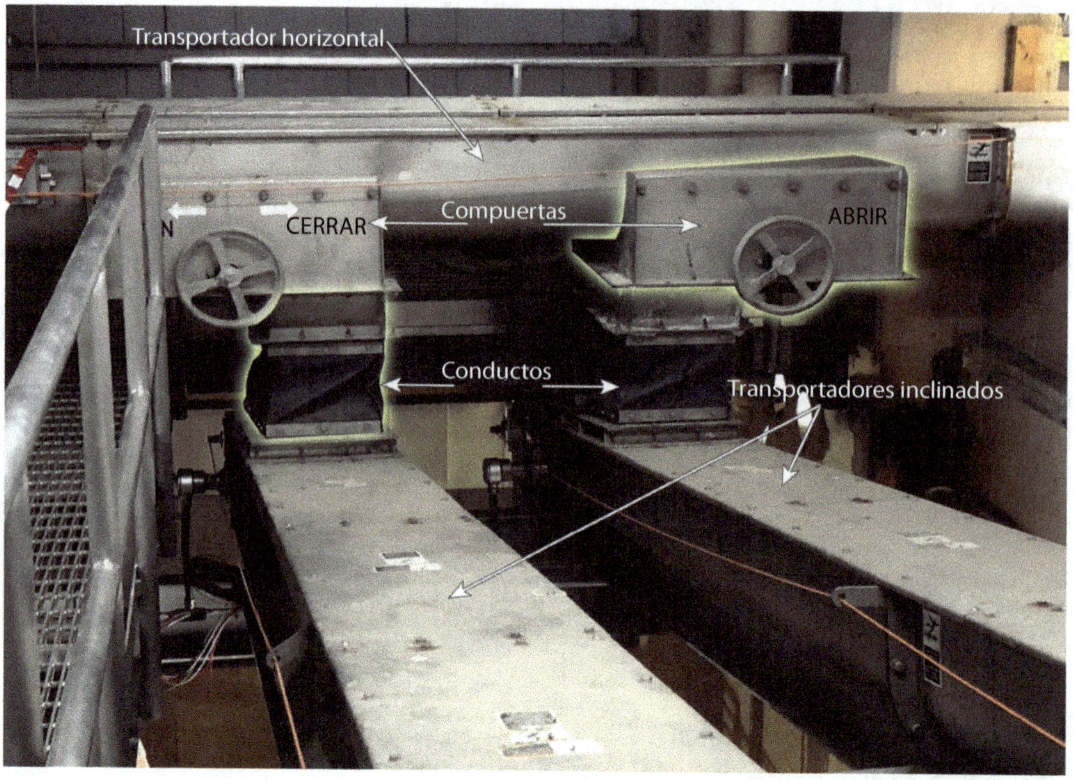

Figura 5.32 Sistema de transportador de lodo (reimpreso con autorización de Passaro Engineering, LLC)

CINTAS TRANSPORTADORAS

La torta deshidratada cae del conducto de descarga a un sistema de transporte que está compuesto típicamente por una cinta transportadora que en última instancia descarga la torta directamente a un camión, a una base de hormigón o a un contenedor para su almacenamiento antes de su secado o disposición. Las cintas están sostenidas por rodillos espaciados de 0.9 a 1.5 m (3 a 5 ft) del lado de transporte y aproximadamente a 3 m (10 ft) del lado de retorno del transportador. Los rodillos del lado de traslado se denominan *rodillos del lado de carga* y los del lado de retorno se denominan *rodillos guía*. Para aumentar la capacidad, los rodillos del lado de carga con frecuencia tienen ángulo para que la cinta forme una superficie de transporte cóncava. En la Figura 5.33 se muestra un sistema típico de cinta transportadora que trasladaría la torta a un camión para su disposición definitiva.

El ángulo de reposo es la pendiente de pila de biosólidos cuando se mide desde la horizontal. Los biosólidos con un mayor ángulo de reposo son adecuados para transportarse en una cinta transportadora.

Las cintas transportadoras se utilizan para transportar biosólidos relativamente secos (con más de un 15 % de TS). Deben tenerse en cuenta las características de los biosólidos al determinar qué sistema de transporte o transportador se usará. No deben usarse cintas transportadoras con biosólidos con un menor porcentaje de sólidos porque tienen una tendencia a fluir como un líquido y esto crea problemas de descarga en una cinta transportadora con ángulo. Las características de los biosólidos (ángulo de reposo y sobrecarga, adherencia, densidad promedio y rango de variación) deben tenerse en cuenta al decidir si la mejor opción para el traslado de biosólidos deshidratados es la cinta transportadora.

Los materiales de la cinta deben resistir la corrosión y la abrasión. Los cojinetes de rodillo deben estar sellados y deben tener engrasadores externos. Los transportadores deben estar diseñados para usarse dentro de un edificio. Cuando partes del sistema del transportador deben ubicarse fuera de un edificio, el diseño debe suministrar protección para la lluvia y el viento. El tamaño del sistema de transporte debe poder procesar la capacidad máxima de la unidad de deshidratación o la de múltiples unidades si están vinculadas al mismo sistema de transporte. El extremo del sistema de transporte que descarga la torta en diversas ubicaciones a lo largo del remolque del camión se muestra en la Figura 5.34.

TRANSPORTADORES HELICOIDALES

Los transportadores helicoidales empujan o traccionan de biosólidos mediante una hoja helicoidal (placa) montada en un tubo en canaleta con forma de "U" o completamente cerrado. Las placas pueden estar conectadas a un eje central o el tornillo puede no tener eje. Consulte la Figura 5.35 para ver imágenes de

Figura 5.33 Sistema de cinta transportadora (reimpreso con autorización de Indigo Water Group)

cada tipo. Las placas se fabrican en diversos diseños y pueden tener secciones transversales completas o parciales (o ambas). El intermedio (la distancia horizontal entre las hojas de la placa) puede variar a lo largo del eje. Los transportadores helicoidales se utilizan para trasladar los biosólidos de manera horizontal, vertical o a lo largo de una inclinación. Los transportadores helicoidales en general están cerrados completamente. Esto produce un entorno de trabajo más limpio, debido a que la torta está contenida en la unidad cuando se traslada. También ayuda a contener los olores. Los conductos de aire para malos olores pueden conectarse directamente a una cubierta del transportador de modo que el aire oloroso se quite del transportador y se dirija a un sistema de control de olores o biofiltro.

Figura 5.34 Abertura de descarga del transportador para la carga en camión (reimpreso con autorización de Indigo Water Group)

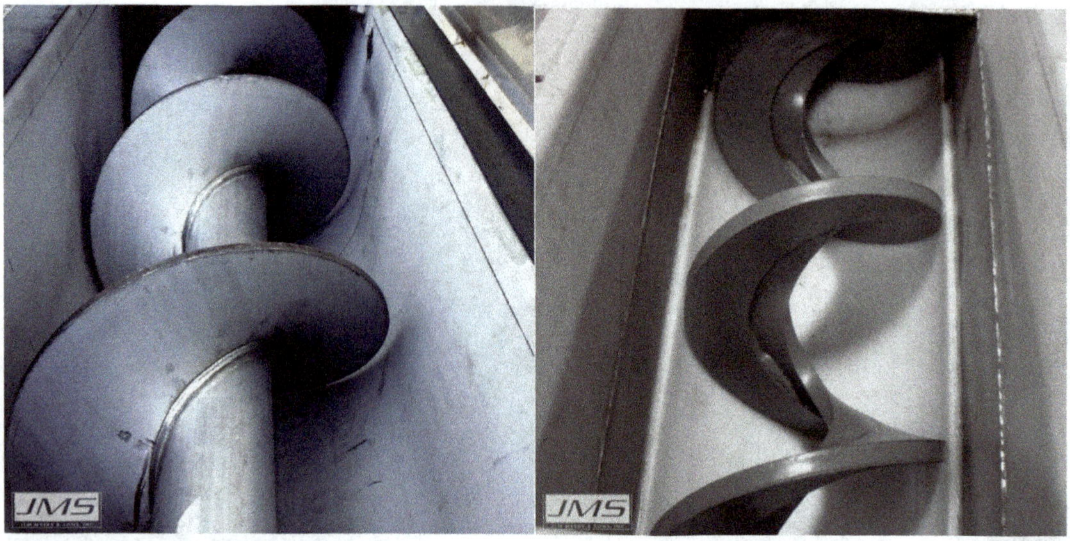

Figura 5.35 Transportadores helicoidales con y sin eje (reimpreso con autorización de Jim Myers & Sons, Inc. [JMS])

El contenido de agua y la fluidez de los biosólidos deben tenerse en cuenta si el transportador helicoidal se instalará en una inclinación o verticalmente. Los transportadores están disponibles en secciones de aproximadamente 3 a 4 m (10 a 12 ft) de largo, según el tamaño del eje y de las placas. Las instalaciones más extensas se hacen mediante la unión de secciones de largo estándar.

En su mayoría, los transportadores helicoidales pueden diseñarse para operar en una aplicación de empuje o tracción. Si se montan los impulsores de los transportadores helicoidales en el extremo de descarga de la unidad para que tiren del material hacia ella, se protegen el eje y el tornillo durante una situación en la que se atasca algo entre el tornillo y el tubo o la canaleta del transportador. Si el tornillo deja de girar repentinamente cuando está en movimiento de empuje, el eje o el tornillo es más probable que se traben, lo que provocará daños estructurales importantes en el eje o en el tornillo y en la canaleta o en el tubo. Si se produce un atascamiento durante el funcionamiento en una aplicación con tracción de tiro, el eje se detiene y el motor se apaga. La carga de impacto momentánea puede provocar que el eje o el punto de conexión del tornillo se quiebren.

TRANSPORTADOR HELICOIDAL CON EJE MACIZO

En los transportadores con eje, un mecanismo impulsor gira el eje central, sostenido por cojinetes en los extremos y por cojinetes intermedios de soporte necesarios para reducir las deflexiones del eje. En su mayoría, los transportadores helicoidales instalados en las WRRF tienen de 9 a 12 m (30 a 40 ft) de largo. Las secciones más largas típicamente necesitan cojinetes intermedios de soporte para reducir la deflexión del eje. Los cojinetes intermedios tienen la desventaja de que pueden crear una obstrucción donde puede acumularse torta y obstruir el transportador. Los materiales fibrosos también pueden provocar problemas al envolverse firmemente alrededor del eje. Los tornillos y las canaletas pueden estar revestidos o pueden estar hechos de materiales endurecidos para resistir mejor el desgaste. Los transportadores helicoidales con eje también se denominan *transportadores con barreno* o *transportadores con fondo vivo*.

TRANSPORTADOR HELICOIDAL SIN EJE

Un transportador helicoidal sin eje es básicamente un tornillo o resorte helicoidal industrial de servicio pesado. El tornillo está conectado a una unidad impulsora con un reductor. El resorte gira lentamente en una canaleta metálica revestida en teflón. El revestimiento evita el contacto de metal con metal y el desgaste de la canaleta y del tornillo. Los transportadores en general están diseñados para "tirar" de la torta deshidratada hacia el extremo del impulsor de la unidad. Al mirar la Figura 5.36 debajo, la torta deshidratada caería del equipo de deshidratación e ingresaría a la canaleta cerca del extremo posterior, designado con el número 4. La torta se desplaza o transporta a lo largo de la canaleta hacia el extremo de impulsión, designado con el número 10. Se descarga en la parte siguiente del proceso a través de la boquilla o del conducto de descarga, designados con el número 9.

Debido a que los transportadores helicoidales descansan sobre el revestimiento en teflón de la canaleta, no es necesario que los cojinetes intermedios sostengan un eje. Según el tipo de material que se desplace, el revestimiento de teflón se desgasta con el tiempo y eventualmente debe reemplazarse.

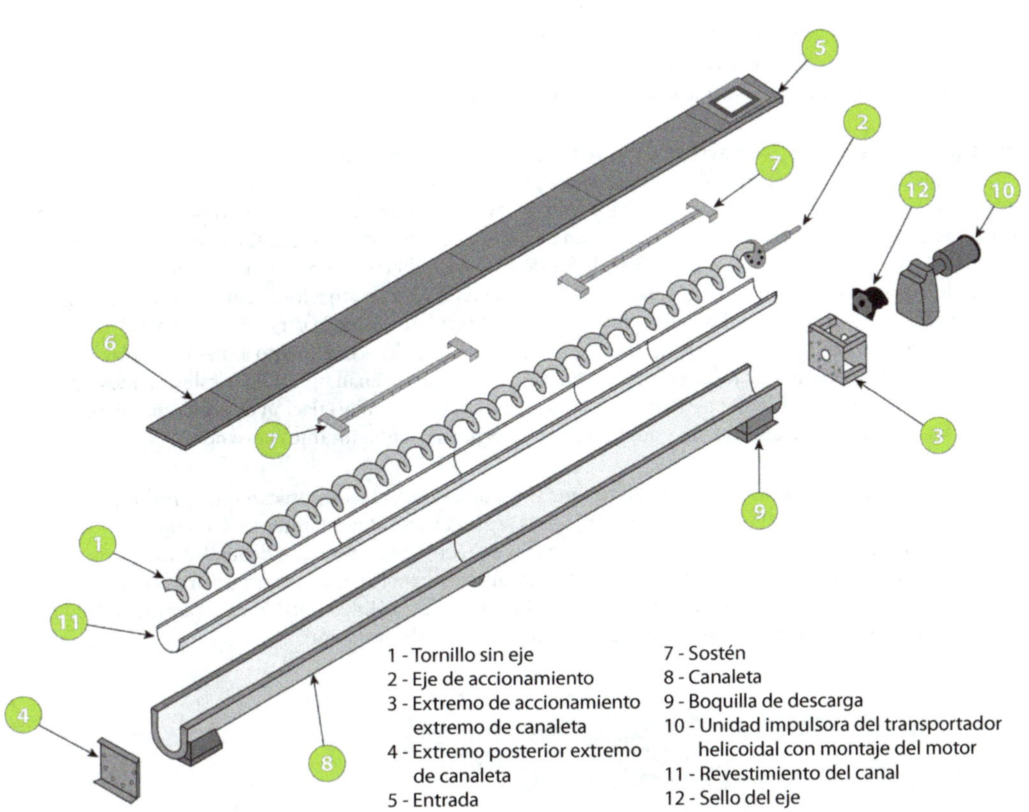

Figura 5.36 Componentes del transportador helicoidal sin eje (reimpreso con autorización de KWS Manufacturing Company, Ltd.)

COMPROBACIÓN DE CONOCIMIENTOS

1. **El mejor uso de las cintas transportadoras es para material de al menos ____________.**
   a. 1 % de TS
   b. 5 % de TS
   c. 10 % de TS
   d. 15 % de TS

2. **Los transportadores helicoidales pueden diseñarse para empujar o traccionar torta deshidratada hasta la ubicación de descarga.**
   ☐ Verdadero
   ☐ Falso

3. **Los transportadores helicoidales con eje típicamente están diseñados en largos menores para evitar o minimizar el uso de cojinetes intermedios porque ____________.**
   a. requieren una energía excesiva para operar
   b. crean interferencias donde el material se engancha
   c. requieren un diseño estructural excesivo
   d. aumentan excesivamente el costo en capital del sistema

4. **Las canaletas del transportador helicoidal están revestidas con ____________.**
   a. poliéster
   b. algodón
   c. teflón
   d. aluminio

Almacenamiento y acarreo del lodo deshidratado

Cuando se operan equipos de deshidratación de manera intermitente, es necesario almacenar sólidos entre períodos operativos hasta que se acarrean desde la WRRF para su disposición final. El volumen de almacenamiento requerido es específico para cada proceso. Si los biosólidos están almacenados entre la estabilización y la aplicación en tierra, el volumen de almacenamiento requerido dependerá de los plazos agrícolas y las condiciones climáticas. Por ejemplo, algunas regulaciones no permiten la disposición de biosólidos en terrenos cubiertos por nieve o congelados, ni durante momentos específicos durante el año cuando el clima no es propicio a evitar que los biosólidos se escurran e ingresen a las aguas del estado. Si los biosólidos se aplicarán en tierra, la WRRF debe tener suficiente almacenamiento disponible para permitir períodos cuando no puede utilizarse material deshidratado. Se recomienda una capacidad de almacenamiento de 120 a 180 días. Este plazo puede reducirse si la instalación tiene una opción alternativa de disposición disponible y aprobada.

La torta deshidratada no fluye por gravedad y puede ser pegajosa y grumosa. Esto puede complicar el diseño del almacenamiento. Para las operaciones de disposición a corto plazo (tratamiento adicional fuera de la instalación o acarreo directo al relleno sanitario), los biosólidos solo se conservarán durante días o unas pocas semanas. En este caso, las alternativas de almacenamiento consisten en grandes contenedores rodantes, grandes volquetes, depósitos para torta húmeda con transportadores de fondo vivo o búnkeres de hormigón con paneles. Se requiere un almacenamiento a largo plazo si los biosólidos se aplicarán en tierra. Las situaciones como las restricciones para la aplicación en tierra relacionadas con el clima, los límites regulatorios en la carga de nutrientes y las restricciones de relleno sanitario puede requerir una disponibilidad de almacenamiento a más largo plazo. Además, el control de olores puede resultar un problema cuando se almacenan biosólidos deshidratados que se digirieron anaerobiamente durante períodos extensos. La ubicación de la instalación de almacenamiento en relación con las residencias y empresas circundantes debe tenerse en cuenta durante el diseño.

Tal como se observa en el presente capítulo, las operaciones de deshidratación típicamente producen biosólidos que contienen un 15 % a un 40 % de TS o más según el acondicionamiento del lodo y los equipos de deshidratación que se usen. Estos tipos de sólido no fluyen fácilmente, sino que deben transportarse mediante dispositivos mecánicos como bombas de desplazamiento positivo, cintas transportadoras o transportadores helicoidales. Ocasionalmente, según el diseño, los biosólidos pueden caer por gravedad en contenedores o camiones directamente debajo de los equipos de deshidratación.

COMPROBACIÓN DE CONOCIMIENTOS

1. **¿Cuántos días de almacenamiento de biosólidos se recomiendan?**
   a. 30–60 días
   b. 60–120 días
   c. 90–150 días
   d. 120–180 días

2. **Los biosólidos deshidratados se almacenan a largo plazo con mayor frecuencia en tanques.**
   ☐ Verdadero
   ☐ Falso

Control de olores

El control de olores en los sistemas de deshidratación puede resultar un problema. Lo afectan significativamente el tipo de proceso de estabilización de sólidos utilizado aguas arriba de la deshidratación. Algunos dispositivos de deshidratación se prestan al control de olores más que otros. Las centrífugas, las prensas rotativas y las prensas de tornillo, por ejemplo, están cerradas. Por otro lado, las prensas de filtro de banda típicamente están abiertas al aire y el operador puede inspeccionar visualmente la parte de drenaje por gravedad de la máquina. Algunos fabricantes pueden suministrar cerramientos para la BFP, pero la resolución de problemas es más difícil y los costos de capital de la máquina aumentan.

A veces se usan químicos para el control de olores. Hay básicamente dos tipos de químicos para el control de olores que se usan más ampliamente en aplicaciones de deshidratación de aguas residuales. El primer tipo es el de los oxidantes: ozono, peróxido de hidrógeno, dióxido de cloro, permanganato, hipoclorito y cloro. Estos químicos suministran oxígeno, que reacciona con el sulfuro de hidrógeno y otros componentes olorosos para convertirlos en compuestos menos olorosos. El segundo tipo de químico para el control de olores es el neutralizador de olores. En general, hay aceites o agentes tensioactivos que se unen a los químicos que provocan olores y, así, reducen el olor desagradable. Algunos de estos químicos funcionan mejor que otros. Puede valer la pena experimentar antes de invertir en equipos y químicos costosos para el control de olores.

Consideraciones de seguridad

Los equipos de deshidratación pueden provocar condiciones peligrosas que un operador debe tener en cuenta. Debe tenerse en cuenta plenamente la seguridad del personal, y debe incorporarse en el diseño de cada sistema. El sistema debe disponer facilidad en el mantenimiento con paradas de seguridad o cables de desactivación, un acceso conveniente y seguro a los equipos, un drenaje adecuado, y son fundamentales la contención de derrames, las pasarelas y los pisos antideslizantes, una iluminación suficiente, la reducción de ruidos, la ventilación y el control de olores. También se deben suministrar interbloqueos de los sistemas para detener de manera segura la operación si alguno de los componentes (bombas de alimentación de lodo y polímero, equipos de deshidratación o transporte de torta) se apaga individualmente. Además, en todas las operaciones de deshidratación, el operador debe permanecer atento al agua, a los biosólidos y al polímero en las superficies peatonales, porque pueden provocar peligros graves de resbalones.

En la operación de una BFP, un operador nunca debe intentar eliminar sólidos u objetos de las bandas en la sección de presión de los rodillos de la máquina cuando está en funcionamiento. Si una herramienta u otro elemento caen en la banda, intente detener la máquina y quite el elemento antes de que ingrese a la sección de presión de la unidad. Nunca extienda las manos hacia una unidad en funcionamiento. Las zonas de presión pueden rasgar la piel y romper huesos fácilmente. Debe suministrarse una ventilación adecuada en cualquier aplicación de deshidratación para evitar respirar sulfuro de hidrógeno y bacterias y sólidos aerosolizados.

Los transportadores de lodo también crean algunas consideraciones de seguridad únicas. Se trata de equipos de movimiento lento que generan torques altos.

- Mantenga las cubiertas y las protecciones de seguridad colocadas en todos los componentes móviles.
- Las cubiertas de los transportadores en general están destinadas a evitar el contacto accidental con las piezas móviles. No debe caminarse sobre ellas.
- Sepa dónde está ubicada la parada de emergencia del transportador en caso de que su movimiento deba detenerse rápidamente. Debe ser accesible desde donde una persona pueda estar trabajando alrededor del equipo.
- No use ropa suelta ni cabello largo suelto cerca de los equipos de transportadores en funcionamiento porque pueden quedar atrapados en una pieza móvil y ser traccionados hacia adentro de la unidad.
- Nunca coloque la mano ni una herramienta en un transportador en movimiento para intentar liberar un bloqueo con la unidad energizada.
- Antes de trabajar en un transportador o de quitar una cubierta o una protección de seguridad, la unidad debe bloquearse y etiquetarse correctamente para evitar la energización accidental.

Conveyor Equipment Manufacturers Association (CEMA) ofrece información de seguridad y letreros/adhesivos de seguridad aplicables específicamente a distintos tipos de transportadores. Consulte la sección de bibliografía sugerida al final de este capítulo para obtener documentos y materiales de referencia específicos. En la Figura 5.37 se muestran algunos ejemplos de adhesivos de seguridad de CEMA.

Figura 5.37 Adhesivos de seguridad para transportadores de Conveyor Equipment Manufacturers Association

COMPROBACIÓN DE CONOCIMIENTOS

1. **El ozono es un tipo de oxidante que se usa en el control de olores de los biosólidos.**
   - ☐ Verdadero
   - ☐ Falso

2. **Los interbloqueos de seguridad no son una parte importante de las consideraciones de seguridad del sistema de deshidratación.**
   - ☐ Verdadero
   - ☐ Falso

3. **La ventilación adecuada es una consideración de seguridad importante en todas las aplicaciones de deshidratación.**
   - ☐ Verdadero
   - ☐ Falso

RESUMEN DEL CAPÍTULO

	deshidratación
OBJETO Y FUNCIÓN	■ La deshidratación es un proceso físico que se utiliza para eliminar el agua de los sólidos y reducir el volumen total que se continuará tratando o eliminará. ■ La reducción del volumen de sólidos reduce los costos de acarreo y disposición de lodo para la WRRF.
TEORÍA DE OPERACIÓN	■ Los dispositivos de deshidratación usan fuerzas como la gravedad, la presión, el estrujamiento, el cizallamiento y el giro a alta velocidad para separar el agua de los sólidos. ■ Todos los dispositivos de deshidratación se benefician con el uso de acondicionadores químicos que ayudan en la separación y aumentan los sólidos en la torta y las tasas de retención.
PARÁMETROS DE DISEÑO	■ Las tasas de alimentación o carga de sólidos son la cantidad de sólidos secos que puede procesar un dispositivo de deshidratación en un período determinado. ■ Las tasas de carga hidráulica son el volumen de sólidos húmedos que se puede procesar en un período determinado. ■ La eficiencia de captura es una medida de la cantidad de sólidos que quedan en el agua que se separa.
DESEMPEÑO ESPERADO	■ Según el proceso de estabilización utilizado antes de la deshidratación, los dispositivos de deshidratación pueden producir sólidos deshidratados en el rango de 10 % a 45 %. ■ Debido a que el agua separada de los sólidos (denominada *filtrado, centrado, presado* o *drenaje*) se recicla hacia la cabecera de la WRRF para un tratamiento adicional, las tasas de retención de sólidos deben estar entre 90 % y 99 %.
CENTRÍFUGAS	■ Se hacen girar los sólidos acondicionados a 2000 a 3000 rpm para crear fuerzas centrífugas y separar rápidamente las partículas de sólidos más densas del agua. ■ Los sólidos de alimentación se liberan en el medio de la campana giratoria. La fuerza creada por el movimiento giratorio provoca que las partículas de sólidos más densas migren al borde externo de la campana y que las moléculas de agua de menor densidad permanezcan más cerca del centro del cilindro giratorio. ■ El tornillo, que se mueve a una velocidad un tanto diferente que la campana, raspa los sólidos de las paredes de la campana y los empuja a través de la sección cónica y fuera del extremo de descarga de torta de la centrífuga. ■ El agua se acumula en el centro de la centrífuga hasta que alcanza una profundidad que le permite desbordar de los vertederos en el extremo del centrado de la centrífuga y fluye de regreso a la cabecera de la WRRF para volver a tratarse. ■ Ventajas: Menor espacio y buena contención de los olores. ■ Desventajas: Requiere una adecuada eliminación de arena, mayores costos de mantenimiento que resultan de la velocidad de giro del equipo y menores tasas de retención en general.
PRENSAS DE FILTRO DE BANDA	■ Tal como en un espesador con banda de gravedad, los sólidos acondicionados se esparcen de manera uniforme a lo ancho de una banda tejida móvil que permite que el agua drene por ella debido a la gravedad. Se utilizan arados (chicanas) fijos para girar el lodo y permitir que más agua drene de la banda a medida que se mueve a lo largo de la banda. ■ Los sólidos espesados caen desde el extremo de la zona de gravedad a una sección inferior donde se estrujan entre dos bandas. La zona inicial de baja presión se denomina la *zona de cuña*. A medida que los sólidos se trasladan más por la unidad, las bandas se estrujan mediante un serie de rodillos en lo que se denomina *zona de alta presión*. ■ En el extremo de descarga de la unidad, se utiliza una rasqueta para eliminar los sólidos de la torta. La torta cae a un sistema de transporte que traslada lo sólidos a un área de almacenamiento. ■ El filtrado se recolecta en la parte inferior de la unidad y se regresa a la cabecera de la WRRF. ■ Es fundamental usar la presión adecuada de rocío de agua de lavado sobre toda la superficie de las bandas para lograr un uso óptimo de la banda. Pueden ser necesarias bombas reforzadoras para asegurar una presión adecuada. ■ Ventajas: Menores requisitos de energía que otros dispositivos de deshidratación, menos complejas y más fáciles de operar y mantener, menos costos operativos y sólidos de la torta relativamente secos. ■ Desventajas: Mayor potencial para el control de olores, a no ser que se diseñen con una cubierta, y necesidad de mayor atención del operador resultante de la sensibilidad a las características de los sólidos de alimentación entrantes.

PRENSAS ROTATIVAS	■ Las prensas rotativas tienen los beneficios de ocupar menos espacio, operar a menores velocidades, requerir motores más pequeños, requerir solo agua de lavado intermitente y estar cerradas para crear condiciones operativas más limpias y contener los olores. ■ Las unidades son modulares con múltiples canales en paralelo para deshidratar la cantidad requerida de sólidos. Es posible impulsar hasta ocho canales con un motor y un eje en común. ■ Cada canal está compuesto por múltiples placas verticales unidas con pernos para crear la trayectoria del caudal con forma de "U" a través de la unidad. ■ El lodo de alimentación atraviesa la zona de filtrado, la zona de presión y la zona de restricción, con un aumento gradual de la presión a lo largo de la trayectoria. ■ El lodo acondicionado ingresa a la unidad y después comienza a drenarse agua fuera de los sólidos a través de las placas del filtro. ■ La zona de restricción es creada por un mecanismo de restricción mecánica que estruja la torta para lograr el secado deseado. ■ El lodo de alimentación se alimenta a entre 20 y 50 kPa (3 y 8 psi) y después se empuja lentamente a través del canal mediante la rueda de filtrado que gira a entre 1 y 3 rpm. ■ Las prensas rotativas en general logran un 16 % a 26 % de TS en la torta al deshidratar lodo municipal.
PRENSAS DE TORNILLO	■ Las prensas de tornillo primero deshidratan mediante el drenaje por gravedad en la entrada del tornillo y después mediante la eliminación de agua libre de los sólidos al apretar mediante una mayor presión mientras son trasladados hacia el extremo de descarga del tornillo. Esta presión cada vez mayor es generada mediante la reducción progresiva del área de la sección transversal disponible de los sólidos. ■ Las prensas de tornillo pueden disponerse de manera horizontal o inclinarse a entre 10 y 20° de la horizontal. ■ El agua de filtrado/prensado se regresa al caudal de entrada de la WRRF y los sólidos caen desde la salida del tornillo en el extremo de la prensa y son trasladados al almacenamiento de sólidos de deshidratación. ■ Ventajas: Menores velocidades de rotación, menor consumo de energía, contención de los olores y menor demanda de agua de lavado y requisitos de presión que las BFP. ■ Desventajas: Menores concentraciones de sólidos en la torta, ocupan mayor espacio que las centrífugas y menores tasas de retención que otros dispositivos de deshidratación.
LECHOS DE SECADO	■ Los lechos de secado son un método de secar los sólidos al aire para eliminar la humedad mediante la expiración natural, la evaporación o el drenaje inducido. ■ Los lechos de secado deben ser sistemas cerrados con tuberías de drenaje o deben tener un revestimiento de membrana para prevenir la contaminación de las aguas subterráneas. ■ El agua que se drena del lecho de secado se regresa a la cabecera de la WRRF. ■ Los lechos de secado pueden producir concentraciones de sólidos en la torta seca de 45 % a 95 %, algo superior a la mayoría de los demás dispositivos de deshidratación. ■ Ventajas: Menor costo de capital que otros sistemas de deshidratación mecánica, menores requisitos de atención del operador, menor consumo de energía eléctrica, menor sensibilidad a la variación de sólidos, bajo consumo de químicos (o ninguno) y una alta concentración de sólidos de la torta cuando se opera correctamente. ■ Desventajas: Ocupan el mayor espacio entre todos los sistemas de deshidratación, funcionan mejor cuando el lodo se estabilizó correctamente antes, el clima puede tener un efecto importante en el funcionamiento, requieren mucha mano de obra durante el proceso de eliminación de sólidos y potencial de inconvenientes por olores y visuales.
TRANSPORTADORES DE TORTA DE LODO	■ La torta deshidratada en general tiene 18 % a 25 % de sólidos o más y entonces no se vuelca como un líquido. Debe trasladarse al lugar de almacenamiento o al tratamiento adicional con mecanismos distintos que los sólidos espesados. ■ Los sistemas de transportadores empujan, traccionan o trasladan los sólidos de la torta al lugar siguiente e incluyen cintas transportadoras y transportadores helicoidales.
ALMACENAMIENTO Y ACARREO DEL LODO DESHIDRATADO	■ Los sólidos de torta deshidratada con frecuencia deben almacenarse durante poco tiempo (semirremolques) o durante más tiempo (bases de hormigón y edificios de almacenamiento) antes de la eliminación definitiva. ■ Los requisitos de almacenamiento con frecuencia dependen de los requisitos de aplicación en tierra agrícola y de las variaciones climáticas. ■ Se recomienda que la mayoría de las instalaciones tengan de 120 a 180 días de almacenamiento disponibles.

CONTROL DE OLORES Y SEGURIDAD

- Pueden provenir olores importantes de los dispositivos de deshidratación, según el método de estabilización de sólidos utilizado aguas arriba.
- El mal olor se puede recolectar en la mayoría de los dispositivos de deshidratación y enviar a un sistema de control de olores para un tratamiento adicional.
- Los resbalones y las caídas son la causa de la mayoría de lesiones en las WRRF. Esto también es cierto cuando se trabaja en cercanías de equipos de deshidratación. Si se usa polímero, este riesgo es aún mayor.
- Se debe tener cuidado extra cuando se trabaja en cercanías de equipos móviles para evitar que el cabello o prendas sueltas de ropa queden atrapados en las piezas móviles.

Referencias

Metcalf & Eddy, Inc. (2003). *Wastewater engineering treatment and reuse* (4.ª ed.). McGraw-Hill Higher Education.

Metcalf & Eddy/AECOM. (2014). *Wastewater engineering: Treatment and resource recovery.* McGraw Hill Education.

U.S. Environmental Protection Agency. (1974). *Sludge design manual for sludge treatment and disposal* (EPA 625/1-74-006). U.S. Environmental Protection Agency.

U.S. Environmental Protection Agency. (1978). *Operations manual: Sludge handling and conditioning* (EPA 430/9-78-002). U.S. Environmental Protection Agency.

U.S. Environmental Protection Agency. (1979). *Process design manual for sludge treatment and disposal* (EPA 625/1-79-011). U.S. Environmental Protection Agency.

Water Environment Federation. (2017). *Operation of water resource recovery facilities* (7.ª ed.; Manual of Practice No. 11). Water Environment Federation.

Water Environment Federation, American Society of Civil Engineers, & Environmental and Water Resources Institute. (2018). *Design of water resource recovery facilities* (6.ª ed.; WEF Manual of Practice No. 8/ASCE Manuals and Reports on Engineering Practice No. 76). Water Environment Federation.

Bibliografía sugerida

Conveyor Equipment Manufacturers Association. (2018). *Manual No. 352—Screw conveyor safety operation/maintenance* (CEMA-352). Conveyor Equipment Manufacturers Association.

Conveyor Equipment Manufacturers Association. (2018). *Manual No. 353—Shaftless screw conveyor safety operation and maintenance* (CEMA-353). Conveyor Equipment Manufacturers Association.

U.S. Environmental Protection Agency. (1994). *A plain English guide to the EPA part 503 biosolids rule* (EPA/832/R-93/003). U.S. Environmental Protection Agency.

Water Environment Federation & Association of Boards of Certification. (2018). *Wastewater treatment fundamentals I—Liquid treatment.* Water Environment Federation.

Water Environment Federation. (2019). *Thickening and dewatering* (Fact sheet, WSEC-2019-FS-001). Water Environment Federation.

Descargue los informes y manuales de la EPA de los EE. UU. desde el sitio web del Centro del Servicio Nacional de Publicaciones Ambientales de la EPA en https://nepis.epa.gov y busque el número de informe.

CAPÍTULO 6

Aspectos eléctricos básicos y motores

Introducción

Los operadores deben estar familiarizados con los motores y demás equipos, circuitos y diagramas eléctricos. Estos conocimientos son fundamentales para mantener y resolver problemas en los equipos utilizados a lo largo del proceso de tratamiento. Los operadores usan gráficos y diagramas eléctricos para determinar cuáles equipos podrían estar recibiendo suministro eléctrico de una fuente y qué debe desconectarse antes de realizar un mantenimiento de manera segura. Pueden tomar o registrar mediciones eléctricas para determinar si un equipo funciona correctamente. Los operadores también pueden cambiar fusibles y restablecer disyuntores. Sin embargo, en la mayoría de los casos, las instalaciones de los equipos, las reparaciones eléctricas y la resolución de problemas eléctricos deben estar a cargo de un electricista cualificado.

La mayoría de los operadores no están cualificados para trabajar con electricidad y no deben intentar solucionar problemas de sistemas eléctricos que requieren abrir paneles o usar equipos para realizar pruebas. El simple acto de abrir un panel eléctrico de alto voltaje puede producir un arco eléctrico. Un arco eléctrico es una liberación repentina de luz y calor producida por un tipo de explosión o descarga eléctrica. El arco eléctrico es solo uno de los peligros que conlleva trabajar con electricidad. Trabajar con las herramientas incorrectas o tocar el elemento incorrecto pueden producir lesiones permanentes o la muerte. Asegúrese de cumplir las políticas de su empleador concernientes a los trabajos que puede y no puede realizar usted mismo. Si tiene dudas, comuníquese con un electricista cualificado antes de realizar trabajos en un equipo eléctrico.

Los electricistas estudian y trabajan durante años como aprendices y profesionales en formación y deben aprobar exámenes escritos difíciles antes de convertirse en electricistas expertos.

En este capítulo se describen los aspectos eléctricos básicos, la relación entre electricidad y magnetismo, la manera en que funcionan los motores de corriente continua y alterna y los distintos tipos de diagramas eléctricos. Hay muchos libros y videos excelentes que tratan sobre la electricidad, la resolución de problemas de sistemas eléctricos y los motores en mayor detalle. Las referencias que se incluyen al final de este capítulo son fáciles de leer y comprender. Asegúrese de cumplir las políticas y los procedimientos de seguridad de su empleador antes de realizar cualquier trabajo en equipos eléctricos.

OBJETIVOS DE APRENDIZAJE

Después de completar este capítulo, podrá:

- Definir la electricidad y enumerar al menos dos materiales conductores y dos aislantes.
- Describir la relación entre electricidad y magnetismo.
- Comparar y contrastar las variables operativas de los sistemas eléctricos e hidráulicos.
- Usar la ley de Ohm y la rueda de fórmulas para calcular el voltaje, la resistencia, la corriente y la potencia de un circuito eléctrico.
- Calcular el costo de operar un equipo eléctrico.
- Comparar y contrastar circuitos eléctricos en serie y el paralelo.
- Comparar y contrastar la corriente continua y la alterna.
- Explicar cómo funcionan distintos tipos de equipos eléctricos, incluidos los solenoides, los transformadores y los desconectadores.
- Explicar cómo funcionan distintos tipos de motores eléctricos y enumerar sus componentes.
- Interpretar información detallada en la placa de identificación de un motor eléctrico.
- Interpretar gráficos eléctricos y seguir la trayectoria de la energía desde la fuente hasta el equipo.
- Describir los peligros de trabajar con electricidad y los métodos para mitigar esos peligros.

¿Qué es la electricidad?

La electricidad es un tipo de energía creada por el movimiento *coordinado de electrones* que resulta en una diferencia de *potencial eléctrico* entre dos ubicaciones. Para comprender la electricidad, primero debemos repasar la teoría atómica. Toda materia está compuesta de *átomos*. Los átomos contienen protones (partículas con carga positiva) y neutrones (partículas sin carga) en su centro. El centro de un átomo se denomina *núcleo*. Alrededor del núcleo hay partículas con carga negativa denominadas *electrones*. En la Figura 6.1 se muestra un diagrama de un átomo de aluminio. El aluminio tiene 13 protones y 14 neutrones en el núcleo, lo que le da al núcleo una carga positiva 13 (+13). El aluminio también tiene 13 electrones que orbitan alrededor del núcleo. Juntos, los electrones tienen una carga negativa 13 (−13). Las cargas de los protones y los electrones se equilibran. El átomo completo es eléctricamente neutro. Si los átomos no fueran normalmente eléctricamente neutros, recibiríamos una descarga eléctrica cada vez que tocáramos algo.

Coordinado, en este caso, significa que los electrones se mueven juntos en una dirección.

Los *electrones* son las partículas con carga negativa de un átomo.

El *potencial eléctrico* es la diferencia de carga entre dos ubicaciones, como los extremos de una batería. Es la cantidad de trabajo eléctrico que potencialmente se puede hacer.

Los electrones se organizan en niveles de energía llamados *capas*. Son como trayectorias que los electrones siguen cuando se mueven alrededor del núcleo. Cada capa orbital solo puede mantener una cierta cantidad de electrones. Cuanto más alejados están los electrones del núcleo, mayor es su nivel de energía. Observe el átomo de aluminio en la Figura 6.1. La primera capa, la más cercana al núcleo, contiene 2 electrones. La segunda capa contiene 8 electrones. La tercera capa contiene 3 electrones. Por razones que no comprendemos completamente, los átomos son más estables (menos reactivos) cuando tienen 8, 18 o 32 electrones en su *capa* externa. Algunas excepciones a esta regla son el hidrógeno, el helio, el litio, el berilio y el boro, que son más estables con solo 2 electrones en su capa externa. Las capas más cercanas al núcleo mantienen menos electrones. Las capas más alejadas del núcleo son más grandes y pueden contener más electrones.

Los *átomos* son el componente básico de la naturaleza. No pueden descomponerse en partes más pequeñas sin perder sus propiedades únicas.

Cuando un átomo no tiene una cantidad suficiente de electrones para llenar su capa externa, pierde sus electrones adicionales o adquiere más para lograr su configuración más estable. Así se forman las moléculas y los compuestos. Observe nuevamente el átomo de aluminio. La capa externa contiene 3 electrones. El aluminio necesita perder 3 electrones o adquirir 5 electrones más para lograr su configuración más estable. ¿Cuál opción cree que requiere la menor cantidad de energía? Perder 3 electrones requiere menos energía. Cuando el aluminio pierde 3 electrones tiene una carga de +3 porque ahora hay 3 protones más que electrones.

El primer libro de esta serie: Fundamentos para las aguas residuales I: Tratamiento líquido, contiene un repaso de química al comienzo del Capítulo 9 ("Eliminación de nutrientes").

Las capas se subdividen en orbitales. Si estudió química en la escuela secundaria o la facultad, recordará haber escuchado acerca de los orbitales s, p, d y f. Un orbital s contiene 2 electrones, p contiene 6, d contiene 10 y f contiene 14. Las capas pueden tener uno o más tipo de orbitales. Conocer sobre las capas y los orbitales nos ayuda a comprender cómo están organizados los electrones en los átomos y por qué los átomos se comportan de la manera en que lo hacen.

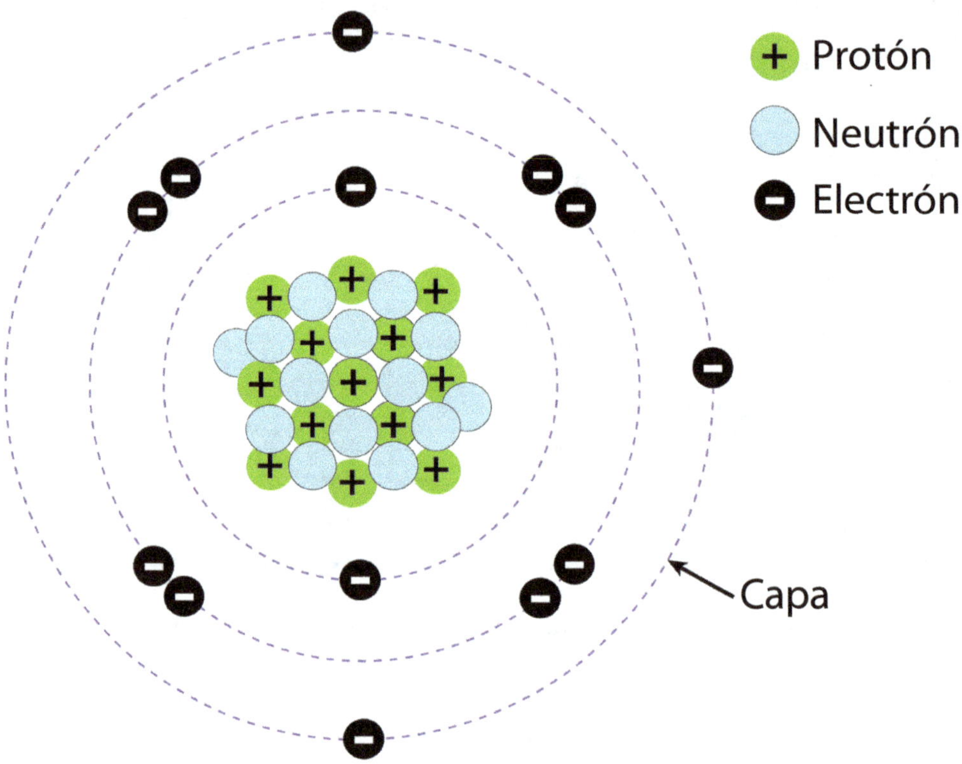

Figura 6.1 **Átomo de aluminio**

Los átomos de cloro tienen una capa externa con 7 electrones. Para que el cloro logre su configuración más estable, necesita ganar 1 electrón para tener 8 electrones en su capa externa. Cuando lo hace, el electrón adicional le da al átomo de cloro una carga negativa 1 (−1). El aluminio y el cloro se pueden combinar al perder y tomar electrones para formar cloruro de aluminio ($AlCl_3$). Observe que hay tres átomos de cloro por cada átomo de aluminio. Se necesitan tres cargas negativas de tres átomos de cloro para neutralizar las tres cargas positivas en un átomo de aluminio. Para mayor información acerca de cómo se forman los compuestos químicos, consulte el repaso de química en el Libro 1, Capítulo 9 ("Eliminación de nutrientes").

Algunos metales, como el cobre y el aluminio, se comportan de manera diferente cuando se encuentran en sus formas pura o casi pura. Ejemplos de metales puros o casi puros incluyen los tubos de cobre, las latas de aluminio, el papel de aluminio y, por supuesto, los cables de cobre y aluminio. En lugar de perder electrones para formar compuestos químicos como el cloruro de aluminio, los electrones en la capa externa pueden moverse aleatoriamente entre los átomos de metal cercanos (Figura 6.2). ¿Por qué sucede esto? Los electrones en la capa externa están más alejados de los protones con carga positiva en el núcleo. La mayor distancia disminuye la atracción entre los protones y los electrones. Algunos de los electrones en la capa externa tienen un enlace lo suficientemente débil como para poder escapar de la atracción de los protones. Son "libres" para moverse de un átomo a otro. Solo es necesario un pequeño empujón o energía adicional para que se muevan. Los electrones libres también se denominan *electrones de valencia.* La capa externa del átomo se denomina *capa de valencia.*

Puede observar el efecto de la distancia frente al grado de atracción con un par de imanes. Los imanes tienen un extremo positivo y un extremo negativo. Estos son los polos del imán. Por convención, el polo positivo del imán es el polo norte y se muestra en rojo en la mayoría de los diagramas. El polo negativo del imán es el polo sur y se muestra en azul en la mayoría de los gráficos. Coloque dos imanes a cierta distancia en una superficie plana de manera que el polo negativo de un imán quede frente al polo positivo del otro imán. Lentamente, acerque un imán al otro. A medida que los imanes se acercan, el extremo negativo de un imán comenzará a

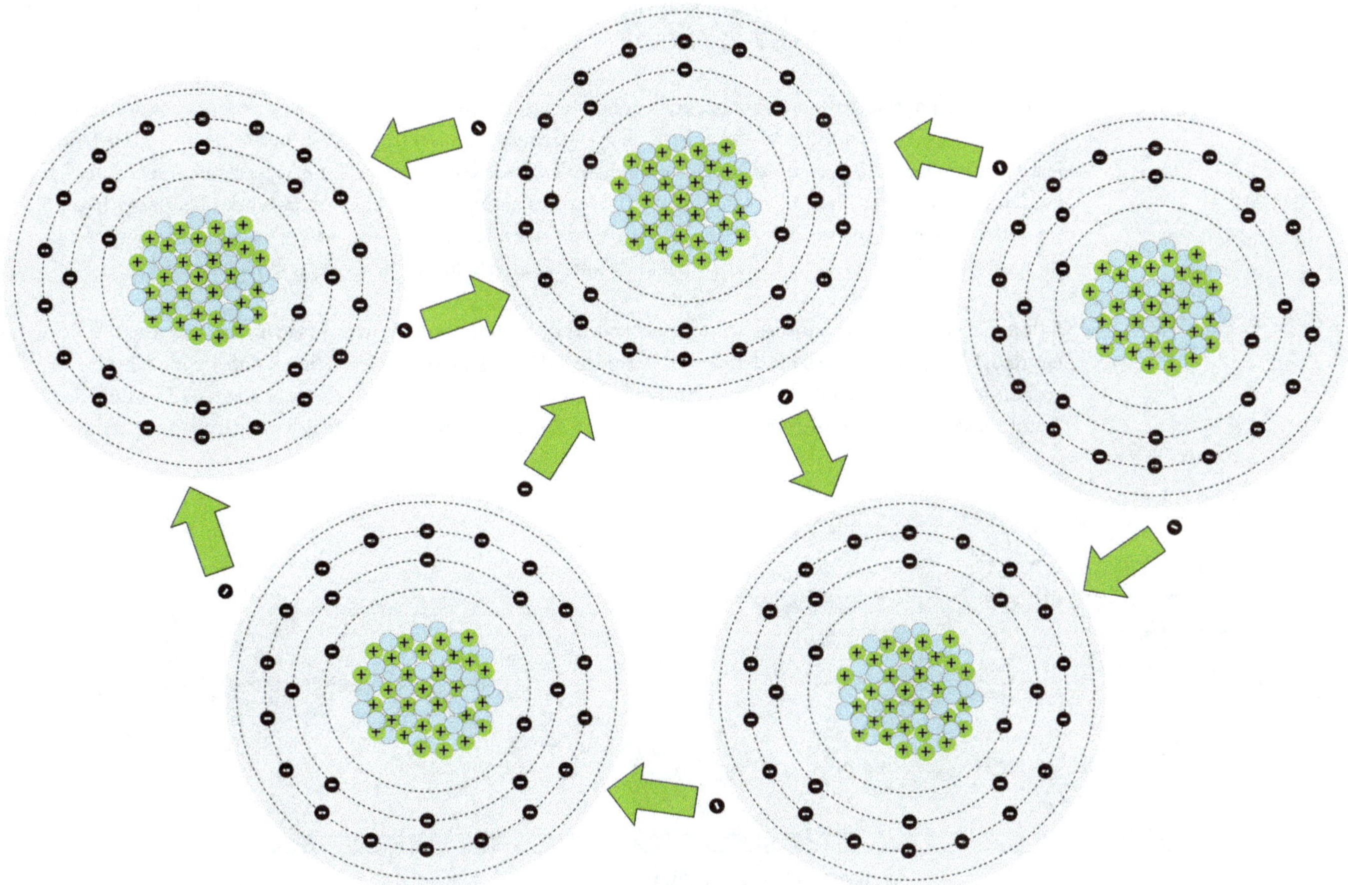

Figura 6.2 Electrones externos de movimiento aleatorio entre átomos de cobre

atraer al extremo positivo del otro imán. Finalmente, se juntarán de golpe. Los electrones libres se comportan de manera similar: se alejan de un átomo y son capturados por otro temporalmente.

Los materiales que pierden con facilidad sus electrones se denominan *conductores*, mientras que los materiales que no pierden sus electrones con facilidad se denominan *aislantes*. Los mejores conductores eléctricos son el platino, el oro, la plata, el cobre y el aluminio. Los primeros tres son demasiado caros para la mayoría de los usos, aunque se utilizan para conducir electricidad en placas de circuitos. Entre los buenos aislantes se encuentran el vidrio, el aire, el plástico, la goma y la madera. Si observa los cables en las paredes de su hogar, notará que tienen un centro de metal rodeado de plástico u otro material aislante. El aislante evita que los electrones se escapen del centro de metal y por lo tanto, evita que recibamos una descarga eléctrica.

El cobre es el conductor elegido en las instalaciones de recuperación de recursos hídricos. El aluminio se corroe y desaparece después de un tiempo.

¡Los átomos son diminutos! En realidad, un *alambre de aluminio* calibre 12, como el que puede encontrar en un circuito de 20 amperios, podría contener muchos más átomos que dos transversales. ¿Cuántos más? Los átomos de aluminio tienen un diámetro aproximado de 1.48 ángstroms (Huheey, 1983). Un alambre calibre 12 tiene un diámetro de 2.05 mm (0.08 in). Si los átomos de aluminio se apilaran uno sobre otro, habría aproximadamente 14 millones alineados transversalmente en el alambre. Debido a que los átomos y los electrones están presentes en cantidades tan grandes, se utilizan unidades de medida especiales para mantener un registro. Los átomos y las moléculas se cuentan en moles. Un mol es igual a 6.022×10^{23} átomos o moléculas. Los electrones se cuentan en culombios. Un culombio es igual a 6.242×10^{18} electrones que pasan por un lugar por segundo.

El movimiento de electrones en patrones aleatorios no es electricidad. Regrese a la definición. Requiere el *movimiento coordinado* de electrones y una *diferencia en el potencial eléctrico* entre dos ubicaciones producido por ese movimiento. Todos esos movimientos aleatorios de electrones entre átomos de metales necesitan estar coordinados para que se muevan juntos en una dirección o la otra. Solo así observaremos una diferencia en el potencial eléctrico entre ubicaciones. Si ambos extremos de una batería están conectados por un alambre de metal para formar un *circuito*, el *voltaje* de la batería empujará a los electrones libres en el metal a moverse en la misma dirección. Los electrones se moverán, entonces, por el circuito desde un terminal de la batería al otro. La Figura 6.3 ilustra cómo se pueden mover los electrones de un átomo al otro en un alambre. Es como en el juego de la papa, en el que cada átomo recibe y pasa los electrones adicionales.

Un *circuito* es una trayectoria en bucle que siguen los electrones. Los electrones regresan a su punto de partida.

El *voltaje* es la presión eléctrica.

Voltios es la unidad usada para expresar la presión eléctrica.

El juego de la papa solo funciona si la papa, o en este caso los electrones, se siguen moviendo. No se les puede permitir detenerse o acumularse en un lugar. Los electrones deben fluir desde su punto de inicio alrededor de un bucle denominado *circuito* y regresar al lugar de donde comenzaron. En el trayecto, los electrones pierden un poco de su energía. Esta energía se puede utilizar para generar calor, encender lámparas, hacer funcionar motores y operar otros dispositivos eléctricos. En la Figura 6.4 se ilustra un circuito eléctrico típico. Los electrones fluyen desde la batería a través del circuito hasta la lámpara y regresan a la batería.

El flujo del electrón en circuitos se puede mostrar de dos maneras diferentes: la teoría convencional Figura 6.4 (A) y la teoría del electrón (B) (Arasmith, 2010a). La teoría convencional data de los días de Benjamin Franklin. Él creía que los electrones se movían desde el extremo positivo de la batería, alrededor del circuito hacia el extremo negativo de la batería. La teoría del electrón nos dice que para que un extremo de la

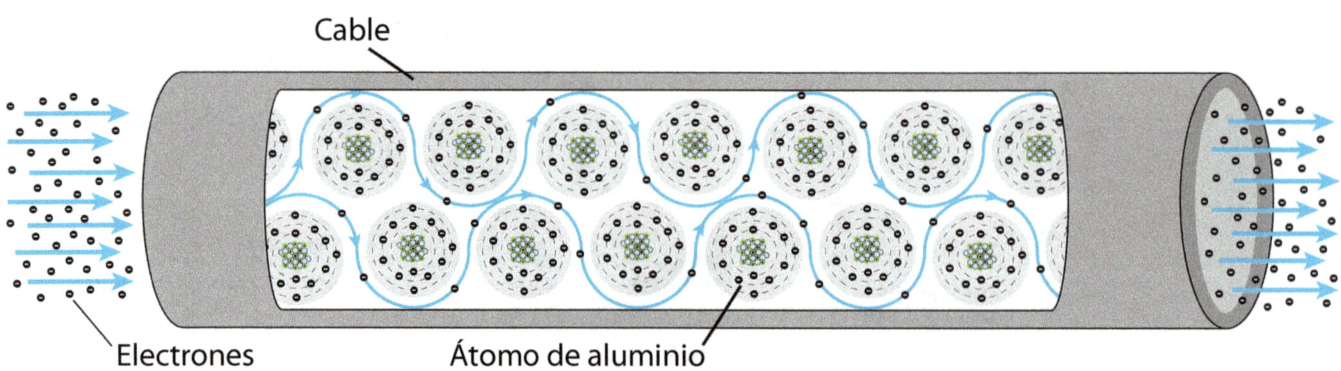

Figura 6.3 Átomos de aluminio en un alambre de aluminio

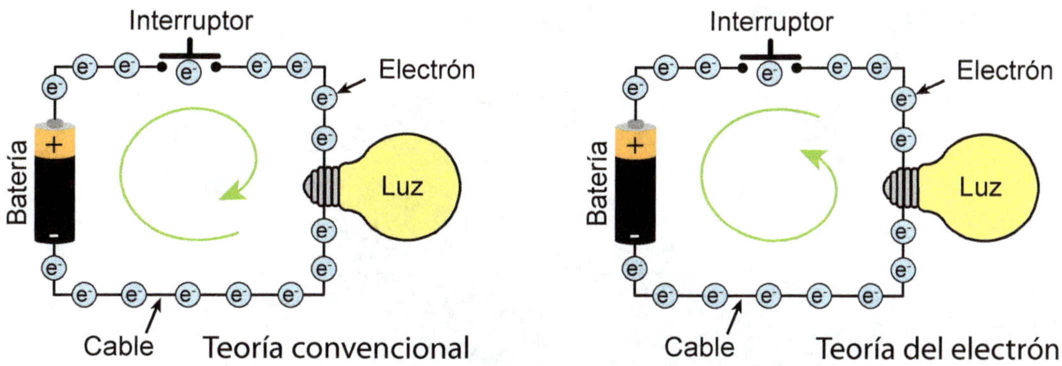

Figura 6.4 Circuitos eléctricos que muestran (a) la teoría convencional y (b) la teoría del electrón

batería tenga carga negativa, debe tener más electrones que el extremo positivo. La teoría del electrón dice que los electrones abandonan el extremo negativo de la batería, fluyen a través del circuito y regresan al extremo positivo de la batería. Esta es la dirección opuesta a la teoría convencional. Observará diagramas eléctricos dibujados en ambos sentidos. Para hacerlo aún más confuso, las ecuaciones matemáticas que utilizamos para evaluar los equipos y los circuitos eléctricos se basan en la teoría convencional aunque sabemos que la teoría del electrón es más correcta.

¿Cómo hacemos para que todos los electrones fluyan en la misma dirección? Necesitamos darles un empujón. El método más común para generar electricidad útil es usar imanes. Los imanes pueden inducir una corriente eléctrica en un conductor como un trozo de alambre de metal. Si se dirige el polo negativo de un imán hacia un alambre de metal, se empujarán los electrones con carga negativa lejos del imán. Puede observar este efecto si coloca dos imanes sobre una mesa con sus polos negativos enfrentados. Mueva lentamente el polo negativo de un imán hacia el polo negativo del otro imán. Podrá empujar el segundo imán a través de la mesa sin tocarlo. Los electrones con carga negativa son empujados por el polo negativo de un imán de la misma manera. Si se dirige el polo positivo de un imán hacia un alambre de metal, se atraerán los electrones con carga negativa hacia del imán. Al alternar entre polos negativos y positivos, los electrones se moverán hacia atrás y hacia adelante por el alambre.

Para generar electricidad, el imán se debe mover por el alambre de metal (conductor) o hacia atrás y hacia adelante sobre el conductor. El movimiento crea corriente. Así es esencialmente cómo funcionan los generadores eléctricos. Un carrete de alambre de metal denominado *bobina* se monta sobre un eje y se rodea de un armazón de imanes (Figura 6.5). Al girar el carrete de alambre (bobina) dentro de los imanes, se genera electricidad. El eje se puede girar manualmente o por medio de un ventilador o propulsor acoplado al extremo del eje y después se hace pasar aire, vapor o agua por él. En resumen, se necesitan tres cosas para generar electricidad de esta manera: un campo magnético, un conductor y movimiento relativo. Cuando se utilizan más imanes o imanes más potentes, el flujo de los electrones será mayor que cuando se usan menos imanes o menos potentes.

Hay una fuerte relación entre electricidad y magnetismo. En el párrafo anterior, aprendimos que los generadores usan imanes para crear una corriente eléctrica en un alambre. La relación inversa también es cierta. La corriente eléctrica que fluye por un alambre genera un campo magnético. La fuerza del campo magnético será proporcional a la cantidad de corriente que fluya por el alambre. El campo magnético se puede intensificar (aumentar) si se bobina el alambre, como se muestra en la Figura 6.6. Más bobinas generan un campo magnético más fuerte. El campo magnético se puede intensificar aún más si se inserta una vara o núcleo de hierro en la bobina o si se aumenta la corriente.

Realice estos experimentos para ver de qué manera los imanes pueden generar electricidad y cómo se puede usar la electricidad para crear un imán (Fielding, 2017).

Experimento n.º 1: Enrolle un tramo de alambre de cobre alrededor de una barra de hierro. Cuantas más vueltas, mejor. Cuando termine, debe parecer un carrete de hilo. Después, conecte cada extremo del alambre de la bobina a un multímetro. Configure el multímetro para que mida voltaje de corriente alterna (CA) con

Puede generar electricidad estática arrastrando los pies por la alfombra. El movimiento entre los pies y la alfombra agrega energía al sistema y permite que algunos electrones libres escapen de sus átomos. Se acumula carga estática. Después, cuando toca un picaporte, la energía acumulada se libera en forma de chispa. ¡Recibe un pequeña descarga! La electricidad estática no sirve para operar dispositivos electrónicos.

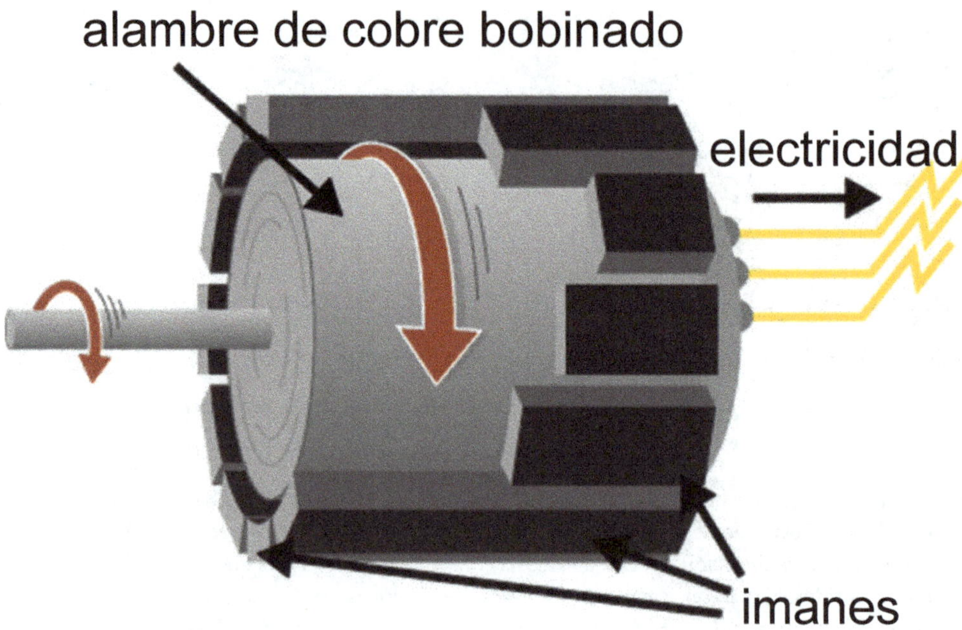

Figura 6.5 Generador eléctrico (Energy Information Administration, n. d.)

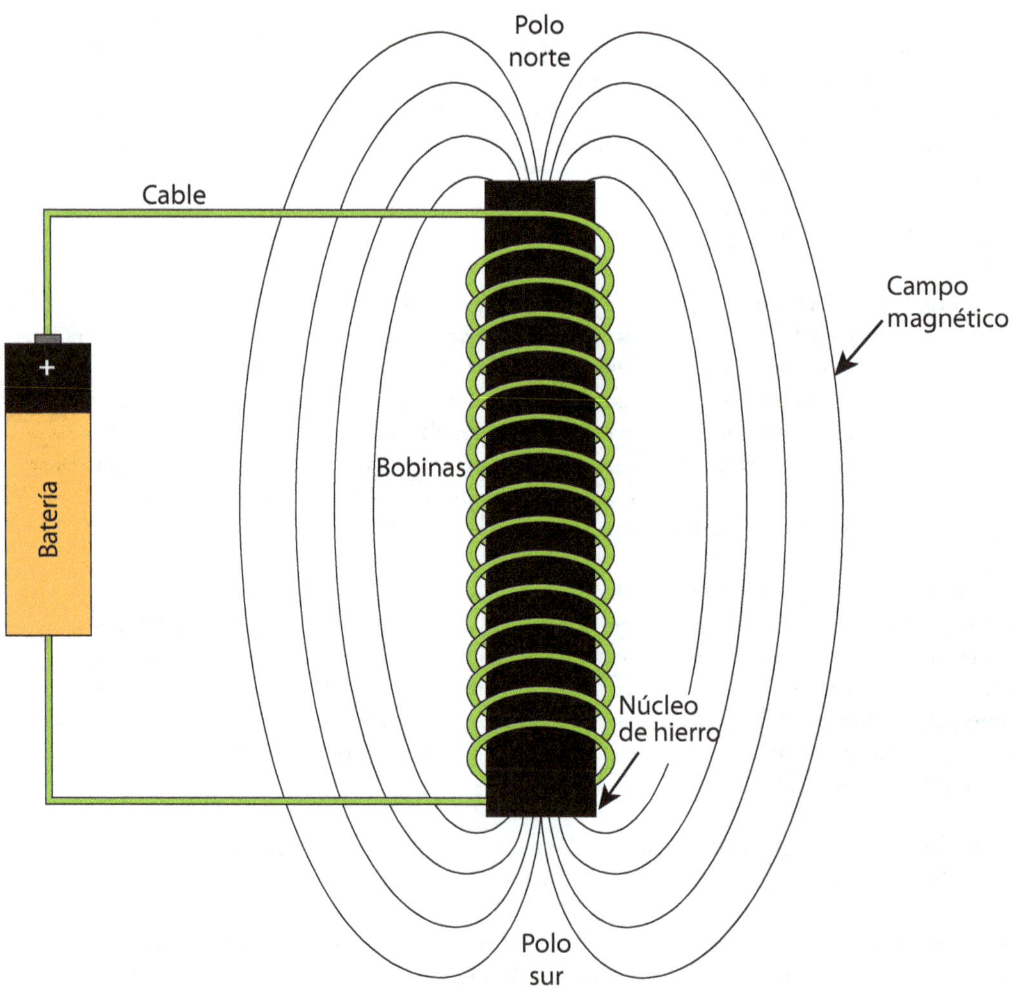

Figura 6.6 Electroimán

ajuste automático de rango. (En la próxima sección definiremos el voltaje). El medidor marcará cero. Después, tome un imán grande y muévalo hacia atrás y hacia adelante en forma perpendicular al alambre bobinado. ¿Qué sucede con la lectura del voltaje en el medidor? El movimiento del imán crea una corriente eléctrica en el alambre. Realice el mismo experimento con un imán más potente o con varios imanes unidos. ¿Cómo varía el voltaje? ¿Qué sucede si solamente colocamos el imán sobre la bobina de alambre? Se necesitan tres cosas para crear corriente eléctrica: un campo magnético, un conductor y movimiento relativo.

Experimento n.º 2: Reemplace el multímetro con una batería. Cuando la corriente fluye a través del alambre, genera un campo magnético que convierte el alambre bobinado en un imán o electroimán. Observe si el campo magnético que genera su bobina es lo suficientemente fuerte como para atraer clavos pequeños o clips para hojas. ¿Qué sucede cuando se desconecta la batería? Ni bien se detiene el flujo de electricidad, desaparece el campo magnético. Los electroimanes son imanes semipermanentes. Se utilizan en motores, interruptores eléctricos, relés y solenoides.

Experimento n.º 3: Para esta demostración son necesarios un imán pequeño pero potente y un trozo de tubo de cobre con un diámetro un poco más grande que el del imán. Ponga el tubo en posición vertical sobre un extremo. Después, deje caer el imán dentro del tubo de cobre. ¿Qué sucede? El imán cae lentamente por el tubo, mucho más lentamente que si cayera fuera del tubo. A medida que el imán cae por el tubo de cobre, el tubo de cobre se convierte en un electroimán justo alrededor del área por donde va pasando el imán. El cobre genera un campo magnético repelente. Los dos campos magnéticos que se empujan entre sí ralentizan la caída del imán. Realice el mismo experimento con un trozo de tubo plástico. ¿Cuál fue el cambio en el comportamiento del imán?

Los metales magnéticos incluyen el hierro, el níquel, el cobalto y algunas aleaciones.

En resumen:

- Algunos átomos tienen electrones libres que se pueden mover entre ellos.
- La electricidad es un flujo dirigido de electrones libres.
- La electricidad debe fluir en un bucle denominado circuito.
- La electricidad y el magnetismo se relacionan entre sí.
- Se pueden usar imanes para crear una corriente eléctrica en un alambre.
- Una corriente eléctrica produce un campo magnético.

Vea una demostración de estos tres experimentos con Jeremy Fielding en YouTube. https://www.youtube.com/watch?v=onjFFoOC_yk

COMPROBACIÓN DE CONOCIMIENTOS

1. **Los átomos en general**
   a. Tienen carga positiva
   b. Son eléctricamente neutros
   c. Tienen carga negativa
2. **Los electrones en la capa externa de un átomo son**
   a. Electrones de valencia
   b. Electrones perdidos
   c. Electrones de enlace
   d. Electrones covalentes
3. **Cuando el cobre está en su estado puro o casi puro, los electrones en la capa externa pueden**
   a. Saltar aleatoriamente entre orbitales
   b. Formar enlaces covalentes con otros elementos
   c. Moverse de un átomo de cobre a otro
   d. Generar electricidad por medio del movimiento aleatorio
4. **La atracción entre protones y electrones depende de la distancia entre ellos.**
   ☐ Verdadero
   ☐ Falso
5. **Los extremos norte y sur de un imán o campo magnético se denominan**
   a. Iones
   b. Valencias
   c. Atractores
   d. Polos
6. **Un ejemplo de un buen aislante puede ser**
   a. Cobre
   b. Goma
   c. Aluminio
   d. Hierro

7. Un ejemplo de un buen conductor puede ser
   a. Poliestireno
   b. Goma
   c. Vidrio
   d. Plata

8. La electricidad necesita ______________ con coordinación de los electrones.
   a. la carga
   b. el movimiento
   c. el potencial
   d. la diferencia

9. Se puede mostrar el flujo de la electricidad desde el extremo positivo de la batería (teoría convencional) o desde el extremo negativo de la batería (teoría del electrón).
   ☐ Verdadero
   ☐ Falso

10. Si se coloca un imán cerca de una bobina de alambre de cobre, se genera electricidad.
   ☐ Verdadero
   ☐ Falso

11. La corriente que fluye por un alambre genera un campo magnético.
   ☐ Verdadero
   ☐ Falso

12. Un método para aumentar la fuerza de un campo magnético generado por una bobina de alambre es
   a. Disminuir la cantidad de vueltas
   b. Colocar una vara de vidrio dentro de la bobina
   c. Aumentar la cantidad de vueltas
   d. Disminuir la cantidad de corriente

Propiedades de la electricidad

Hay cuatro propiedades básicas de la electricidad: corriente, voltaje, resistencia y potencia. Los circuitos eléctricos se clasifican según la cantidad de corriente (amperios) y voltaje que pueden transportar.

Un amperio equivale a 1 culombio de electrones que pasan por un punto en un segundo. Un culombio es igual a 6.242×10^{18} electrones por segundo. Los culombios y los amperios son equivalentes siempre y cuando el tiempo sea igual a un segundo.

CORRIENTE

La corriente es el flujo de electrones dentro de un circuito eléctrico. Los electrones fluyen por los circuitos de la misma manera que el agua fluye por una tubería. El flujo del agua en un tubo se puede medir en metros cúbicos por segundo (m^3/s) o en galones por minuto (gpm). La corriente eléctrica se mide en *amperios*. Ampere es otra forma de llamar al amperio. Se usan el símbolo "A" para el amperio y el símbolo "mA" para el miliamperio. Hay 1000 mA en un amperio. En las fórmulas matemáticas, se identifica a la corriente con la letra I, que significa "intensidad". Tanto la corriente eléctrica como el caudal del agua se expresan como la cantidad de unidades (electrones o m^3 o galones) que pasan por un punto en un periodo específico (segundos o minutos). El flujo de electrones se produce cuando se aplica presión (voltaje) a los átomos del material.

La corriente es la propiedad de la electricidad que puede matar a una persona. Solo son necesarios 10 mA (0.01 A) para "atrapar" a una persona en un circuito eléctrico. Esto se denomina con frecuencia umbral de "tetanización". Con esta cantidad de corriente, los músculos se contraen y la persona puede no ser capaz de soltarse.

VOLTAJE

El voltaje es la fuerza que empuja a los electrones en un circuito. Al voltaje también se lo denomina *fuerza electromotriz* (FEM) o fuerza que mueve a los electrones. Esta fuerza de desplazamiento se puede comparar con la presión de agua en un tanque (Figura 6.7). Cuanto mayor sea el nivel del agua, mayor será la presión en el fondo del tanque. Cuanto mayor sea el voltaje, mayor será la FEM y mayor será la cantidad de electrones que se pueden desplazar por el circuito. Tome una taza de papel y hágale un pequeño orificio en un costado cerca del fondo. Después, coloque la taza al lado del fregadero con el orificio apuntando hacia el fregadero y llene la taza con agua. Al principio, el agua saldrá con fuerza del orificio y alcanzará cierta distancia, pero a medida que el nivel del agua en la taza y la presión en el fondo de la taza disminuyan, el agua saldrá con menos fuerza y alcanzará menos distancia. Menor presión es igual a menor cantidad de agua por unidad de tiempo. El voltaje es similar. Un voltaje más alto es igual a más electrones por unidad de tiempo que se desplazan por el circuito.

La presión en el fondo de una columna de agua de 1 m de profundidad es de 9.81 kilopascales (kPa). La presión en el fondo de una columna de agua de 1 ft de profundidad es de 0.433 libras por pulgadas cuadradas (psi). La presión es independiente del ancho o la forma del tanque.

El voltaje puede existir incluso cuando no haya corriente. Es como un tanque lleno de agua. Cuando hay agua en el tanque, se puede medir la presión del agua. Si se detiene el flujo del agua que sale del tanque, aún podemos medir la presión del agua en el fondo del tanque. De la misma manera, podemos medir el voltaje de una batería aunque la batería no esté conectada a un circuito. El voltaje se mide en voltios (V) con un voltímetro o un multímetro.

Figura 6.7 Presión de agua

Otro término utilizado para voltaje es *diferencia de potencial.* Potencial es la capacidad para convertirse o desarrollarse en algo en el futuro. En el voltaje, es la capacidad de trabajo. Los electrones en un extremo del circuito tienen más energía que los electrones en el otro extremo. La diferencia en el nivel de energía es la cantidad de trabajo que los electrones en el circuito pueden hacer. En otras palabras, la cantidad de trabajo que potencialmente se puede realizar.

Otra forma de pensar en la diferencia de potencial es comparar los niveles de agua en dos recipientes (Figura 6.8). Si el nivel del agua en los dos recipientes es el mismo, no hay diferencia en la energía potencial entre los recipientes. Si los recipientes están conectados, el agua no fluirá de un recipiente al otro porque los niveles de agua ya son iguales. Esto es similar a una batería agotada. Debido a que no hay diferencia de voltaje a través de la batería, la corriente no puede fluir. Si se aumenta el nivel del agua en un recipiente hasta llegar a varios metros (pies) por encima del otro recipiente, el recipiente con mayor nivel de agua tiene más energía potencial. Si conectamos estos dos recipientes, el agua fluirá hacia abajo desde el nivel de agua más alto al nivel de agua más bajo. Una rueda hidráulica o una turbina colocada en la trayectoria del agua puede capturar parte de esa energía y girar. La energía capturada realiza trabajo. De la misma forma, el voltaje fluye desde áreas con mayor voltaje hacia áreas con menor voltaje. Se puede capturar parte de la energía para realizar trabajo. Una batería con carga completa hará que la corriente fluya en un circuito.

La *Norma para la Seguridad Eléctrica en los Lugares de Trabajo* (*Standard for Electrical Safety in the Workplace*, NFPA, 2018) de la Administración de Seguridad y Salud Ocupacionales (*Occupational Safety and Health Administration*, OSHA), el Código Nacional de Electricidad (*National Electrical Code*, NEC) y la Asociación Nacional de Protección contra Incendios (National Fire Protection Association, NFPA) clasifican los voltajes inferiores a 50 V como no peligrosos, los voltajes entre 50 y 600 V como voltaje medio y los voltajes superiores a 600 V como voltaje alto. La norma 70 de la NFPA, NEC, es la norma que rige las instalaciones eléctricas y es reconocida como el estándar internacional. El objetivo de NEC es "... la protección práctica de personas y bienes contra los peligros que conlleva el uso de la electricidad" (NEC 90.1). El NEC divide los voltajes en dos categorías: menores a 1000 V y mayores a 1000 V. Con los voltajes más altos se debe tener un cuidado adicional durante la instalación para asegurar la protección de personas y bienes.

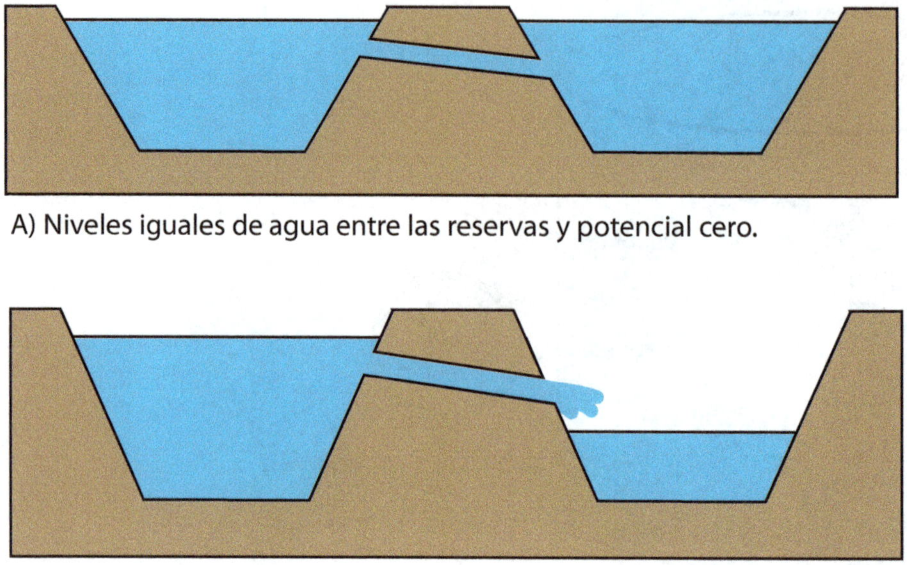

A) Niveles iguales de agua entre las reservas y potencial cero.

B) Niveles distintos de agua entre reservas. Hay potencial para realizar trabajo.

Figura 6.8 Energía potencial entre las reservas

RESISTENCIA

La resistencia es la restricción del flujo de electrones en un circuito. Es la oposición o empuje contra el flujo de corriente. La resistencia se mide en ohmios, que se representa con la letra griega omega (Ω). En las fórmulas matemáticas, se usa la letra R para la resistencia.

Los electrones que se mueven por un alambre se comportan de manera similar al agua que se mueve por un tubo. La resistencia eléctrica se puede comparar a la fricción en los tubos de agua. Los tubos más largos tienen más pérdida por fricción y caída de presión que los tubos más cortos. Esto se debe a que la fricción, creada por el agua que frota contra la pared del tubo, consume parte de la energía en el agua. En los tubos, la pérdida de fricción se mide como carga perdida o caída de presión. En los sistemas eléctricos, la resistencia se mide en ohmios (Ω). Cuanto más largo sea el circuito eléctrico, mayor será la resistencia. Los tubos de agua de diámetro más grande tienen menos pérdida de fricción que los tubos de agua de menor diámetro porque hay menos superficie de tubo por volumen de agua. De manera similar, los alambres eléctricos más gruesos (mayor diámetro) poseen una resistencia menor que los alambres más finos (menor diámetro). La resistencia en los circuitos eléctricos también depende del material del que está hecho el circuito y la temperatura del material. El cobre tiene menor resistencia a la corriente eléctrica que el aluminio. La plata tiene menor resistencia que el cobre y que el aluminio, pero no se usa para la mayoría del cableado eléctrico por su costo.

Como se mencionó anteriormente, uno de los subproductos del flujo de corriente es el calor. Incluso los conductores crean calor, especialmente si no son del tamaño adecuado. Esta es la razón por la que los motores y los transformadores se sienten tibios cuando están funcionando. Están tibios debido a la corriente. ¿De dónde proviene el calor? Los electrones que se mueven a través del circuito chocan con los átomos del metal. Este frotamiento de partículas subatómicas crea fricción y calor. Por lo tanto, es importante elegir el tamaño de alambre correcto para el circuito eléctrico. Si el alambre es demasiado pequeño para el uso que se pretende, se puede sobrecalentar y quemar. En la Tabla 6.1 se enumeran algunos de los tamaños de alambres que se usan comúnmente en los circuitos eléctricos. Los tamaños de alambres en los EE. UU se denominan según su número de calibre de alambre estadounidense (*American Wire Gauge*, AWG) y las áreas de los alambres se expresan en *mils*. El área de la sección transversal de cada calibre se expresa como el área circular de mils (*circular mil area*, CMA). Fuera de los EE. UU., los tamaños de los alambres y las áreas se expresan como el área de la sección transversal del alambre en milímetros cuadrados (mm^2). Observe que a medida que el número de calibre aumenta, disminuye el área de la sección transversal. Cuanto más pequeño el alambre, menor cantidad de corriente puede transportar sin sobrecalentarse.

En la Figura 6.9 y en la Tabla 6.2 se resumen las variables de los sistemas eléctricos e hidráulicos. Las comparaciones entre variables no son perfectas, pero son útiles para comprenderlas.

Todo tiene resistencia. Los materiales que tienen menor resistencia se denominan *conductores*. Los materiales que tienen mucha resistencia se denominan *aislantes*.

Todas las resistencias tienen dos dimensiones: área de la sección transversal y longitud.

Un mil es la milésima parte de una pulgada. Para calcular el área mil circular (*circular mil area*, CMA) primero se convierte el diámetro de pulgadas a mils multiplicando por 1000. Después, el diámetro en mil se multiplica por sí mismo (cuadrado). Por ejemplo, un alambre calibre 16 tiene un diámetro de 0.0508 in. Esto es equivalente a 50.8 mil. El CMA es (50.8 mil)(50.8 mil) = 2581 mil. Observe que el CMA se expresa en mil, no en mils cuadrados. Debido a que se toma como referencia para el CMA un alambre teórico de 1 mil de diámetro, el factor de conversión de 0.785 (o 3.1415 para Pi [ϖ]) que se usa con frecuencia para calcular un área se deja fuera de la ecuación. Por ello las unidades se expresan en mils en lugar de mil^2.

Tabla 6.1 Propiedades del conductor de cobre (NFPA, 2020)

Tamaño en calibre de alambre estadounidense	Diámetro mm (in)	Área mm² (mil)	Resistencia Ω/km (Ω/1000 ft)
16	1.291 (0.0508)	1.31(2 580)	13.17 (4.016)
14	1.628 (0.0641)	2.08(4 110)	8.286 (2.525)
12	2.053 (0.0808)	3.31(6 530)	5.211 (1.588)
10	2.588 (0.1019)	5.26(10 380)	3.277 (0.9989)
8	3.264 (0.1285)	8.37(16 510)	2.061 (0.6282)
4	5.189 (0.2043)	21.2(41 740)	0.8152 (0.2485)
1	7.348 (0.2893)	42.4(83 690)	0.4066 (0.1239)

Nota. mm = milímetro, in. = pulgada, mm² = milímetros cuadrados, mil = mil circular, km = kilómetros, ft = pies. Adaptado de "American Wire Gauge"; https://en.wikibooks.org/wiki/Engineering_Tables/American_Wire_Gauge. Basado en NEC, Capítulo 9, Tabla 8.

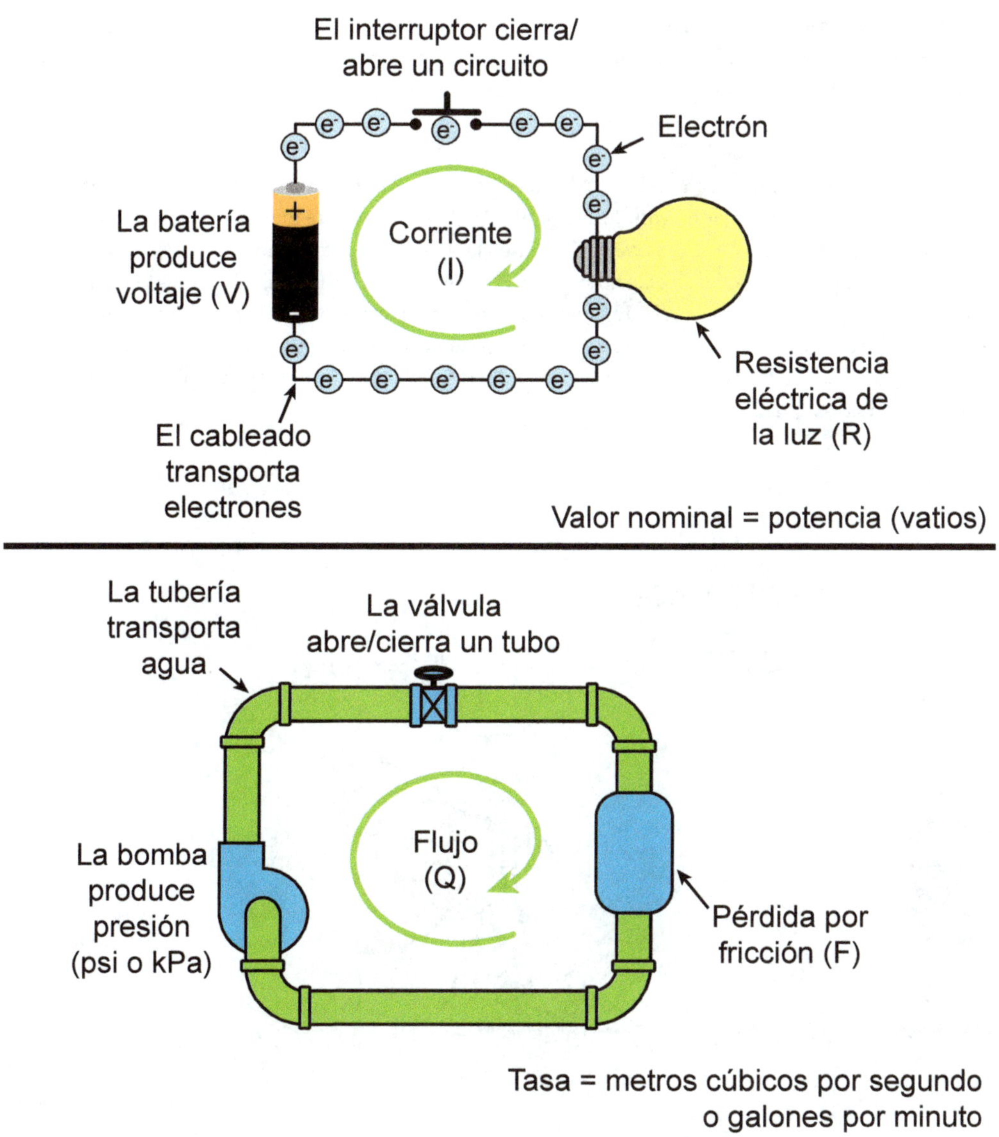

Figura 6.9 Comparación entre variables eléctricas e hidráulicas

Tabla 6.2 Comparación entre unidades hidráulicas y eléctricas

Variable eléctrica	Unidades	Símbolo	Equivalente hidráulico	Unidades hidráulicas
Voltaje (FEM)	Voltios	E o V	Presión	Pa (psi)
Corriente	Amperios	I o A	Caudal	m^3/d (gpm)
Resistencia	Ohmios	R o Ω	Carga perdida	m (ft)

Nota. Pa = Pascales, psi = libras por pulgada cuadrada, m^3/d = metros cúbicos por día, gpm = galones por minuto, m = metros, ft = pies.

La *potencia* se mide en vatios. Para tener potencia, son necesarios voltaje y corriente.

POTENCIA

La *potencia* es la tasa a la que se suministra y utiliza la energía eléctrica. Se mide en vatios (W) o kilovatios (kW). En las fórmulas matemáticas, se usa la letra P para representar la potencia.

La energía no se crea ni se destruye, pero se puede convertir de una forma a otra. La energía eléctrica se suministra a hogares y empresas, pero se debe convertir en otras formas para que sea útil. Las bombillas de luz convierten energía eléctrica en luz y calor. Se miden en vatios. Los motores convierten energía eléctrica en energía mecánica. Se miden en kilovatios o caballos de fuerza.

REUNIMOS LOS ASPECTOS BÁSICOS

La Figura 6.10 muestra un circuito eléctrico básico. En este circuito simple están presentes los cuatro aspectos eléctricos básicos. La batería proporciona **voltaje** al circuito. No habrá corriente que fluya por el circuito hasta que se cierre el interruptor y se forme una trayectoria completa. El símbolo para el interruptor es una línea horizontal en la parte superior del circuito. Cuando no hay corriente, la luz está apagada. Cuando se cierra el interruptor, como en la Figura 6.10, la corriente fluye en el circuito. El elemento de la luz ofrecerá **resistencia** y encenderá la bombilla. El alambre también ofrece alguna resistencia. La energía eléctrica se convierte en energía lumínica: **potencia**. La luz continuará encendida mientras la batería esté cargada, el interruptor esté cerrado y la bombilla no se queme.

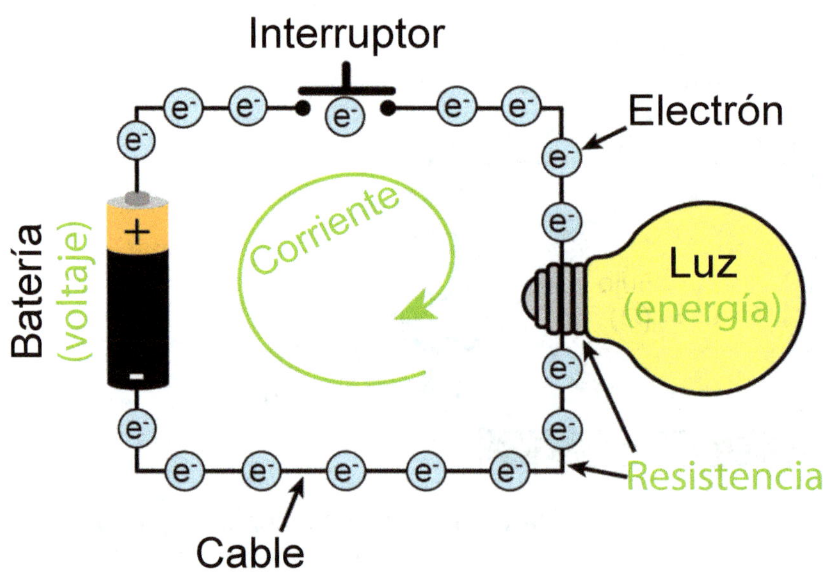

Figura 6.10 Circuito eléctrico básico

COMPROBACIÓN DE CONOCIMIENTOS

1. **La corriente eléctrica se mide en**
   a. Amperios
   b. Voltios
   c. Ohmios
   d. Vatios

2. **El voltaje se describe mejor como __________ en el circuito.**
   a. el flujo de electrones
   b. la resistencia
   c. la presión
   d. la corriente

3. **El voltaje solo se puede medir cuando hay corriente.**
   ☐ Verdadero
   ☐ Falso

4. **Los voltajes inferiores a __________ voltios se clasifican como no peligrosos.**
   a. 10
   b. 25
   c. 50
   d. 120

5. **Un alambre de 4 AWG es __________ que un alambre de 12 AWG.**
   a. más grande
   b. más pequeño

6. **Los dos elementos que deben estar presentes para que haya un flujo de corriente son __________ y __________.**
   a. resistencia y alambre
   b. calor y aislamiento
   c. voltaje y trayectoria completa
   d. herramientas y fusibles

7. **El umbral de tetanización por corriente es de __________.**
   a. 5 mA
   b. 10 mA
   c. 25 mA
   d. 30 mA

8. **Otro término para vatios es __________.**
   a. Energía
   b. Calor
   c. Luz
   d. Resistencia

9. **La resistencia se mide en __________.**
   a. Voltios
   b. Amperios
   c. Vatios
   d. Ohmios

10. **Los alambres más gruesos tienen más resistencia eléctrica que los alambres más finos.**
    ☐ Verdadero
    ☐ Falso

11. **Una los términos eléctricos con sus homólogos hidráulicos.**

a. Voltaje	1. Caudal
b. Batería	2. Presión
c. Interruptor	3. Fricción/carga perdida
d. Resistencia	4. Válvula
e. Corriente	5. Bomba

Relaciones entre las propiedades de la electricidad

LA LEY DE OHM

El voltaje, la corriente y la resistencia se relacionan entre sí por la ley de Ohm (ecuación 6.1). Observe que las tres variables están en línea recta a través de la ecuación. El voltaje es directamente proporcional a la corriente y a la resistencia. Esto significa que si aumenta la corriente, la corriente, la resistencia o ambas deben cambiar para mantener equilibrada la ecuación.

$$\text{Voltaje} = \text{Corriente} \times \text{Resistencia} \quad \text{o} \quad E = I \times R \quad \text{o} \quad \text{Voltios} = \text{Amperios} \times \text{Ohmios} \tag{6.1}$$

Muchos electricistas y operadores usan una versión del gráfico circular para simplificar los cálculos (Figura 6.11). Hay gráficos circulares para varias ecuaciones distintas utilizadas comúnmente por los profesionales del agua y las aguas residuales. Para usar el gráfico, cubra con su dedo el símbolo de la variable que desea resolver. Después, haga el resto de la operación matemática. Por ejemplo, se conocen tanto el voltaje (E) como la resistencia (R) de un circuito eléctrico. Para calcular la corriente, use el dedo para cubrir el símbolo I en el gráfico circular. Lo que

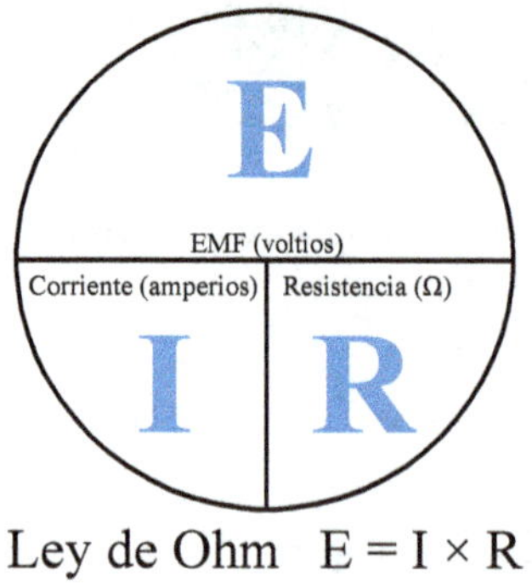

Figura 6.11 Gráfico circular para la ley de Ohm (adaptado de Association of Boards of Certification)

queda es E sobre R. Simplemente, ingrese el valor de E en la calculadora y divida por el valor de R. Eso le da el valor de I. Si se cubre E, quedarán I y R en la mitad inferior del gráfico. En este caso, los valores de I y R se deben multiplicar entre sí. Se pueden encontrar gráficos circulares para otras ecuaciones en la hoja de fórmulas de Association of Boards of Certification en este manual o en su página web en http://www.abccert.org.

La ley de potencias se debe modificar para los circuitos de corriente alterna (CA). Esta modificación se describe más adelante en la sección sobre potencia de CA en esta sección.

LA POTENCIA Y LA RUEDA DE FÓRMULAS

La potencia, la corriente y el voltaje se relacionan entre sí por la fórmula de potencias (ecuación 6.2). La potencia se expresa como P en las ecuaciones matemáticas. Si aumentan la corriente o el voltaje, también aumenta la potencia. Si aumenta la potencia, deben aumentar la corriente, el voltaje o ambos. En la Figura 6.12 se muestra el gráfico circular para la ley de potencia.

$$\text{Potencia} = \text{Corriente} \times \text{Voltaje} \quad \text{o} \quad P = I \times E \quad \text{o} \quad \text{Vatios} = \text{Amperios} \times \text{Voltios} \tag{6.2}$$

En la Figura 6.13 se muestra la *rueda de fórmulas*. El círculo se divide en cuatro cuadrantes. El cuadrante superior derecho es el voltaje. Cuando se desconoce el voltaje, la porción externa del cuadrante tiene ecuaciones que se pueden utilizar para calcular el voltaje. El cuadrante inferior derecho es la resistencia. Cuando se desconoce la resistencia, la porción externa del cuadrante tiene ecuaciones que se pueden utilizar para calcular la resistencia. El cuadrante inferior izquierdo es la corriente. Cuando se desconoce la corriente, la porción externa del cuadrante tiene ecuaciones que se pueden utilizar para calcular la corriente. El cuadrante superior izquierdo es la potencia. Cuando se desconoce la potencia, la porción externa del cuadrante tiene ecuaciones que se pueden utilizar para calcular la potencia. La rueda de fórmulas contiene la ley de Ohm (ecuación 6.1) y la ley de potencias (ecuación 6.2).

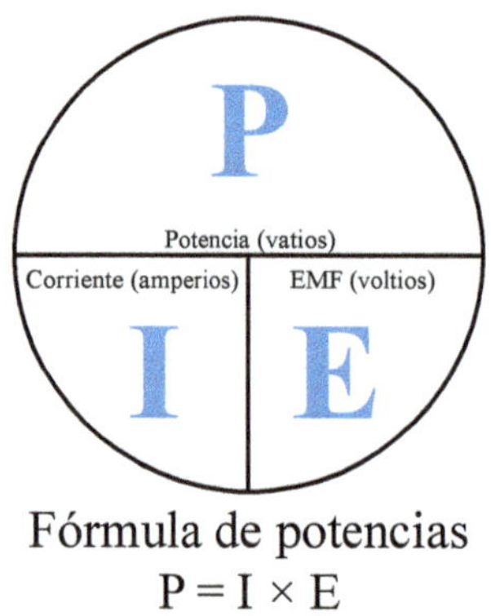

Figura 6.12 Gráfico circular para la ley de potencia (adaptado de Association of Boards of Certification)

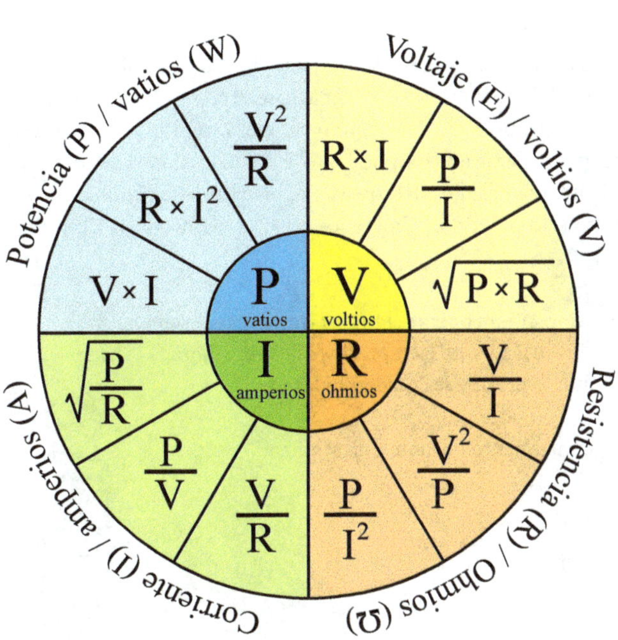

Figura 6.13 **Rueda de fórmulas**

CÁLCULO DE EJEMPLO

El circuito simple que se muestra en la Figura 6.14 contiene una batería de 6 V y un resistor de 3 ohmios. Con la ley de Ohm, calcule los amperios. Después, use la ley de potencias para calcular los vatios.

Para calcular los amperios, use el cuadrante inferior izquierdo de la rueda de fórmulas o el gráfico circular para la ley de Ohm. Con la rueda de fórmulas, se pueden usar tres ecuaciones diferentes. Se desconocen los vatios, por lo tanto la única fórmula que se puede usar es $V \div R$. Si dividimos el voltaje (6 V) por la resistencia (3 Ω) obtenemos 2 A. Para usar el gráfico circular para la ley de Ohm, cubra el símbolo I con el dedo, porque I es lo que desconocemos. Lo que resta de la ecuación es $E \div R$. Recuerde que E significa fuerza electromotriz (FEM) y es lo mismo que el voltaje. Si dividimos la FEM (6 V) por la resistencia (3 Ω) obtenemos 2 A.

Para calcular los vatios, use el cuadrante superior izquierdo de la rueda de fórmulas o el gráfico circular para la ley potencias. Hay tres ecuaciones distintas en la rueda de fórmulas que se pueden usar. Para simplificar, multiplique el voltaje (6 V) por los amperios (2 A) para calcular la potencia (12 W). Para usar el gráfico circular para la ley de potencias, cubra el símbolo P con el dedo, porque desconocemos P. Lo que resta de la ecuación es $I \times R$. Si multiplicamos el voltaje (6 V) por los amperios (2 A), obtenemos la potencia (12 W).

La *rueda de fórmulas* contiene muchas variantes de la ley de Ohm, la ley de potencia y las relaciones entre las dos ecuaciones. Todas las ecuaciones de la rueda se pueden derivar de estas dos ecuaciones.

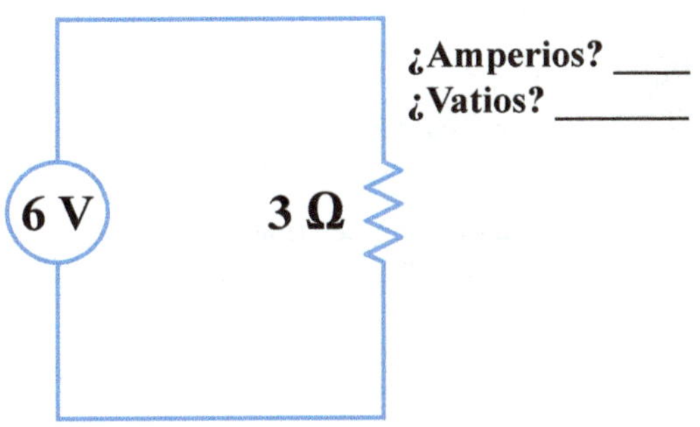

Figura 6.14 **Ejemplo de uso de la ley de Ohm y la fórmula de potencia**

COSTO DE OPERAR EL EQUIPO

En los Estados Unidos, los motores y demás equipos se miden en caballos de fuerza (hp). Un caballo de fuerza es igual a 33 000 ft•lb/min o 746 vatios o 0.746 kilovatios (kW). La potencia se vende en kilovatios hora (kWh). Un kilovatio hora es la cantidad de kilovatios que necesita un equipo para operar multiplicado por el total del tiempo de funcionamiento. El costo total para operar un equipo se puede calcular cuando se conocen la medida de potencia y el tiempo de funcionamiento. Los cálculos del costo de operación para equipos que se miden en kilovatios es igual, excepto que no es necesario convertir primero los caballos de fuerza en kilovatios.

CÁLCULO DE EJEMPLO

Un motor de 30 hp funciona 24 horas por día. ¿Cuánto cuesta operar el motor durante una semana si la electricidad cuesta US$0.075 por kilovatio hora (kWh)? En este ejemplo, los kilovatios hora (kWh) se muestran como kW•h para mostrar claramente cómo se crean y se convierten las unidades.

Paso 1: Calcule el total de horas del tiempo de funcionamiento durante una semana.

$$\frac{7 \text{ días}}{} \left| \frac{24 \text{ días}}{1 \text{ día}} \right| = 168 \text{ horas} \tag{6.3}$$

Paso 2: Convierta los caballos de fuerza en kilovatios.

$$\frac{30 \text{ hp}}{} \left| \frac{0.746 \text{ kW}}{1 \text{ hp}} \right| = 22.38 \text{ kW} \tag{6.4}$$

Paso 3: Determine el total de kilovatios hora necesario para la semana.

$$\begin{aligned} \text{kWh} &= \text{kW} \times \text{horas de funcionamiento} \\ \text{kWh} &= 22.38 \text{ kW} \times 168 \text{ horas} \\ \text{kWh} &= 3790 \end{aligned} \tag{6.5}$$

Paso 4: Convierta los kWh en dólares.

$$\frac{3790 \text{ kWh}}{} \left| \frac{\$0.075}{1 \text{ kWh}} \right| = \$284.40 \tag{6.6}$$

En una situación real, hay otros factores que van a determinar el costo eléctrico total para operar un equipo. Las empresas de servicios públicos pueden aplicar recargos cuando se ponen en funcionamiento equipos grandes y pueden aplicar recargos según la hora del día. Los costos eléctricos serán menores si los equipos se operan por debajo de sus capacidades nominales.

COMPROBACIÓN DE CONOCIMIENTOS

1. **La ley de Ohm es la relación del voltaje, la corriente y ______.**
   a. la resistencia
   b. los vatios
   c. el magnetismo
   d. el calor

2. **La corriente en un circuito es de 2 A con una resistencia de 4 Ω. ¿Cuál es el voltaje?**
   a. 6 V
   b. 8 V
   c. 10 V
   d. 16 V

3. **¿Cuantos amperios hay en un circuito de 1200 W y 120 V?**
   a. 10 A
   b. 30 A
   c. 120 A
   d. 240 A

4. **Un motor de 40 hp funciona a tiempo completo durante 1 año. Si la electricidad cuesta US$0.065 por kilovatio hora, ¿cuánto costó operar el motor? Asumimos que no se aplicaron recargos.**
   a. US$16 991
   b. US$17 036
   c. US$18 995
   d. US$22 776

Circuitos en serie y en paralelo

Los circuitos eléctricos pueden estar configurados con cargas eléctricas en serie o en paralelo. La carga es el equipo o los equipos que el circuito alimenta. En las figuras 6.15 y 6.16 se muestran ejemplos de circuitos en serie y en paralelo. Las líneas quebradas entre los alambres de ambas figuras se usan en general para simbolizar los *resistores* en los circuitos eléctricos. En este caso, se utilizan para representar las cargas eléctricas genéricas en cada circuito. Los circuitos complejos puede contener porciones de cableado tanto en serie como en paralelo.

Se usan *resistores* en los circuitos eléctricos para una variedad de propósitos, incluidos la reducción del flujo de corriente, el ajuste de los voltajes de señal, la división de voltajes y la disipación de la potencia eléctrica en forma de calor.

CIRCUITOS EN SERIE

Los siguientes tres principios rigen para circuitos con cargas en serie (Kuphaldt, n. d.):

1. Corriente: "La cantidad de corriente es la misma por cualquier componente en un circuito en serie" (Kuphaldt, n. d.). Recuerde que la corriente es la cantidad de electrones que pasan por un punto en un periodo determinado. Si la corriente no fuera la misma en todo el circuito, los electrones se amontonarían en algún lugar del circuito. Eso no puede suceder. Recuerde la analogía del agua que se presentó anteriormente. Si se bombea agua a una cierta velocidad, m^3/h o gpm, a través de un tubo, el caudal debe ser el mismo en todo el largo del tubo. Así como el agua no tiene adónde ir, los electrones tienen que seguir moviéndose por el alambre del circuito.
2. Resistencia: "La resistencia total de cualquier circuito en serie es igual a la suma de las resistencias individuales" (Kuphaldt, n. d.). Esto nos permite sumar los valores de resistencia para todas las cargas en el circuito para lograr una carga equivalente.
3. Voltaje: "El voltaje de suministro de un circuito en serie es igual a la suma de las caídas de voltajes individuales" (Kuphaldt, n. d.). También es cierto que la caída de voltaje a través de cada carga será proporcional a la resistencia (ohmios) de cada carga.

Se conoce el voltaje del circuito en serie de la Figura 6.15 . También se conoce la resistencia de cada carga (resistor). Esos datos se pueden usar para calcular la corriente a través del circuito con la ley de Ohm (ecuación 6.1). El primer paso para calcular la resistencia total de un circuito en serie es sumar la resistencia de cada carga para calcular la carga total del sistema. Hay tres cargas en este ejemplo (Figura 6.15), pero las cargas de un circuito en serie se pueden sumar de la misma forma, cualquiera sea su número.

$$\text{Resistencia}_{\text{Total}} = \text{Resistencia}_1 + \text{Resistencia}_2 + \text{Resistencia}_3 \qquad (6.7)$$

$$\text{Resistencia}_{\text{Total}} = 5\ \Omega + 3\ \Omega + 2\ \Omega$$

$$\text{Resistencia}_{\text{Total}} = 10\ \Omega$$

Hay 1000 Ω en un kΩ.

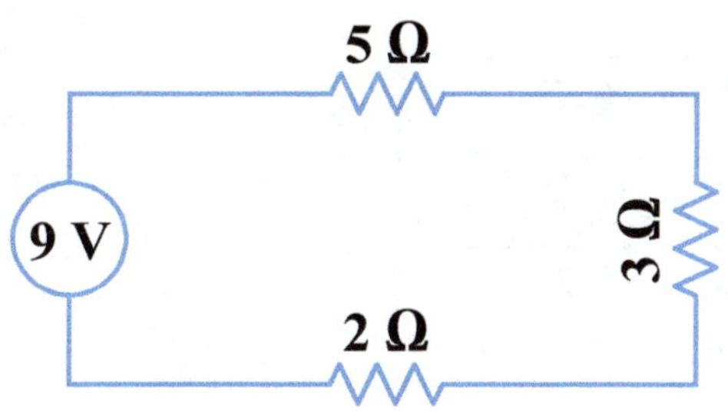

Figura 6.15 Circuito en serie simple, kΩ = kilohmios = 1000 ohmios

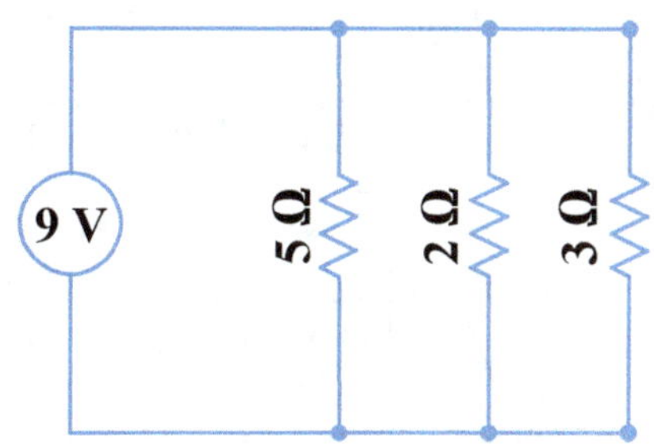

Figura 6.16 Circuito en paralelo simple

Hay 1000 mA en un amperio.

Después, use la ley de Ohm (ecuación 6.1) para calcular la corriente a través del circuito.

$$\text{Voltaje} = \text{Corriente} \times \text{Resistencia}$$
$$9\text{ V} = \text{Corriente} \times 10\ \Omega$$
$$0.9\text{ A} = \text{Corriente}$$

Ahora es posible calcular la caída de voltaje para cada una de las cargas en el circuito. Use la ley de Ohm para calcular la caída de voltaje en cada una de las cargas del sistema. La corriente será la misma para cada carga, pero debido a que la resistencia es distinta, las caídas de voltaje también serán distintas. Finalmente, sabemos que las caídas de voltaje totales a través del circuito serán iguales al voltaje suministrado, que en nuestro circuito de ejemplo es 9 V (Figura 6.15).

Las ecuaciones en la Tabla 6.3 se pueden combinar en una ecuación general (ecuación 6.8). Hay una corriente (I) y una resistencia (R) para cada una de las cargas en el circuito en paralelo. Los subíndices 1, 2 y 3 se usan para mostrar que cada juego de I y R se asocia a las cargas 1, 2 y 3. En este ejemplo hay tres cargas, pero la ecuación se puede acortar o alargar a medida que se agregan tantas cargas como es necesario.

$$\text{Voltaje}_{\text{Total}} = (I_1 \times R_1) + (I_2 \times R_2) + (I_3 \times R_4) \quad (6.8)$$

CIRCUITOS EN PARALELO

Los siguientes tres principios rigen para circuitos con cargas en paralelo (Kuphaldt, n. d.) (consulte también la Tabla 6.4):

1. "Voltaje: El voltaje es igual en todos los componentes en un circuito en paralelo". (Kuphaldt, n. d.).
2. Corriente: "La corriente total del circuito es igual a la suma de las corrientes de los ramales individuales". (Kuphaldt, n. d.). Recuerde que la corriente es la cantidad de electrones que pasan por un punto en un periodo determinado. Cuando los electrones se acercan a un ramal del circuito, tienen la opción de elegir qué trayectoria tomar. Algunos tomarán un camino y otros tomarán el otro. Observe el circuito en serie que se muestra en la Figura 6.16. Imagine que en lugar de electrones, lo que fluye es agua por cada ramal del circuito. Tanto el agua como los electrones siempre toman el camino con menor resistencia (trayectoria de caudal más fácil). Los ramales con mayor resistencia reducen o restringen el flujo en comparación con otros ramales. El primer ramal tiene una resistencia de 5 kΩ y el segundo ramal tiene una resistencia de solo 2 kΩ. Podemos imaginar la resistencia como obstáculos al flujo. El primer ramal tiene cinco obstáculos, mientras que el segundo ramal solo tiene dos. Como resultado, fluirá más corriente por el segundo ramal. Otra manera de imaginar la cantidad de corriente que fluirá por cada ramal es el tránsito vehicular. Si usted pudiera elegir viajar por un camino con cinco accidentes o cambios de carriles, o por otro con solo dos accidentes o cambios de carriles, elegiría el camino con menos obstáculos.

Tabla 6.3 Cálculos para un circuito en serie de ejemplo

Carga de 5 Ω	Voltaje = Corriente × Resistencia Voltaje = 0.9 A × 5 Ω Voltaje = 4.5 V
Carga de 3 Ω	Voltaje = Corriente × Resistencia Voltaje = 0.9 A × 3 Ω Voltaje = 2.7 V
Carga de 2 Ω	Voltaje = Corriente × Resistencia Voltaje = 0.9 A × 2 Ω Voltaje = 1.8 V
Total 9 V	$\text{Voltaje}_{\text{Total}} = \text{Voltaje}_1 + \text{Voltaje}_2 + \text{Voltaje}_3$ $\text{Voltaje}_{\text{Total}} = 4.5\text{ V} + 2.7\text{ V} + 1.8\text{ V}$ $\text{Voltaje}_{\text{Total}} = 9\text{ V}$

Tabla 6.4 Cálculos para un circuito en paralelo de ejemplo

Carga de 5 Ω	Voltaje = Corriente × Resistencia 9 V = 0.9 A × 5 Ω 1.8 V = Corriente
Carga de 3 Ω	Voltaje = Corriente × Resistencia 9 V = 0.9 A × 3 Ω 3 V = Corriente
Carga de 2 Ω	Voltaje = Corriente × Resistencia 9 V = 0.9 A × 2 Ω 4.5 V = Corriente
Corriente total	$\text{Corriente}_{\text{Total}} = \text{Corriente}_1 + \text{Corriente}_2 + \text{Corriente}_3$ $\text{Corriente}_{\text{Total}} = 1.8\text{ V} + 3\text{ V} + 4.5\text{ V}$ $\text{Corriente}_{\text{Total}} = 9.3\text{ V}$

3. Resistencia: "Las resistencias individuales disminuyen para igualar a una resistencia total menor en lugar de hacer una suma total". (Kuphaldt, n. d.). En otras palabras, si el circuito tiene resistencias de 5 Ω, 3 Ω, y 2 Ω, la resistencia total no será 5 + 3 + 2 = 10 Ω. Será algo menor a 10 Ω. La resistencia real de un circuito en paralelo no se puede calcular hasta conocer la corriente por cada ramal.

Se conoce el voltaje del circuito en paralelo de la Figura 6.16. También se conocen las resistencias (cargas), pero no se pueden sumar de la misma forma que las cargas en los circuitos en serie. Si sumamos las cargas y usamos la ley de Ohm para calcular la corriente, asumimos que toda la corriente pasa por todas las cargas. Eso no es cierto en los circuitos en paralelo. Solo parte de la corriente pasa por cada carga. En lugar de combinar todas las cargas en una carga equivalente, cada ramal del circuito se debe analizar por separado con la ley de Ohm.

También se puede calcular la corriente total del circuito en paralelo creando una resistencia equivalente (carga) con la ecuación 6.9. Hay tres cargas en este ejemplo (Figura 6.16), pero las cargas de un circuito en serie se pueden sumar de la misma forma, cualquiera sea su número.

$$\text{Corriente}_{\text{Total}} = \frac{\text{Voltaje}}{\text{Resistencia}_1} + \frac{\text{Voltaje}}{\text{Resistencia}_2} + \frac{\text{Voltaje}}{\text{Resistencia}_3} \quad (6.9)$$

Ahora que se conocen el voltaje y la corriente total, es posible calcular la resistencia total de este circuito en paralelo con la ley de Ohm (ecuación 6.1).

$$\begin{gathered}\text{Voltaje} = \text{Corriente} \times \text{Resistencia}\\ 9\text{ V} = \text{Corriente} \times 10\ \Omega\\ 0.9\text{ A} = \text{Corriente}\end{gathered}$$

COMPROBACIÓN DE CONOCIMIENTOS

1. **La cantidad de corriente es la misma por cualquier componente en un circuito en paralelo.**
   - ☐ Verdadero
   - ☐ Falso

2. **Un circuito de 12 V se cablea con tres resistores en serie. Los resistores tienen valores de 10 ohmios (Ω), 5 Ω, y 3 Ω. Calcule la resistencia equivalente total para el circuito.**
   a. 8 Ω
   b. 12 Ω
   c. 18 Ω
   d. 22 Ω

3. **La suma de las caídas de voltaje a través de cada carga en un circuito en serie es igual al voltaje suministrado al circuito.**
   - ☐ Verdadero
   - ☐ Falso

4. **Un circuito de 12 V se cablea con tres cargas en paralelo. Las cargas tienen valores de 10 Ω, 5 Ω, y 3 Ω. ¿Cuál es la corriente total por el circuito?**
   - a. 7.6 A
   - b. 12.3 A
   - c. 18.0 A
   - d. 22.8 A

5. **El voltaje es igual en todos los componentes en un circuito en paralelo.**
   - ☐ Verdadero
   - ☐ Falso

Corriente continua y corriente alterna

Hay dos tipos de corriente: corriente continua (CC) y corriente alterna (CA).

CORRIENTE CONTINUA

La corriente continua (CC) solo fluye en una dirección. El voltaje y la corriente (amperios) permanecen igual en el tiempo salvo que cambie la fuente de CC. Corriente continua es el tipo de electricidad que suministran las baterías. Los circuitos simples que se muestran en la Figura 6.4 usan CC, como la mayoría de los dispositivos electrónicos pequeños como las computadoras. Muchos dispositivos electrónicos contienen rectificadores. Los rectificadores convierten el suministro de CA en suministro de CC. Esto permite que un equipo alimentado con CC opere con el suministro de CA disponible en los tomacorrientes.

Los circuitos de *corriente continua* en general no tienen un cable a tierra como los circuitos de CA. Si hay uno presente, será blanco o gris. Esto no se debe confundir con el conductor (alambre) de puesta a tierra del equipo, que es verde, verde con línea amarilla o de cobre desnudo.

El cableado para *corriente continua* consiste en dos o tres cables(Figura 6.17). Los colores de los cables están estandarizados en algunos países. En los Estados Unidos, la mayoría de las instalaciones siguen las normas de cableado de National Electrical Code. En los Estados Unidos, el cable positivo es en general rojo, el negativo es en general negro y el *cable a tierra*, si lo hubiera, es blanco o gris. El cable positivo transporta energía de una fuente a un equipo eléctrico. Por el cable negativo regresan los electrones a la fuente de energía, y se completa el circuito. Puede haber otro cable: el conductor de puesta a tierra del equipo. El conductor de puesta a tierra del equipo puede ser verde o de cobre desnudo. El conductor de puesta a tierra del equipo es un dispositivo de seguridad. Con frecuencia, es un alambre más grueso que el de los cables positivo o negativo. En general, no fluye corriente por el conductor (cable) de puesta a tierra del equipo. Si un circuito se *sobrecarga* o se produce un *cortocircuito*, el conductor (cable) de puesta a tierra del equipo proporciona una vía de escape para el exceso de electricidad. El conductor (cable) de puesta a tierra del equipo ayuda a evitar descargas eléctricas e incendios. Algunos enchufes en los Estados Unidos tienen puesta a tierra (tres patas) y otros no (dos patas). Por seguridad, se prefieren los enchufes de tres patas.

El cableado en Canadá se rige por Canadian Electrical Code.

Los términos *sobrecarga* y *cortocircuito* se definen más adelante en este capítulo.

Energizado significa que algo está conectado eléctricamente a o es él mismo una fuente de voltaje.

Figura 6.17 Colores del cableado para un circuito CC (Estados Unidos)

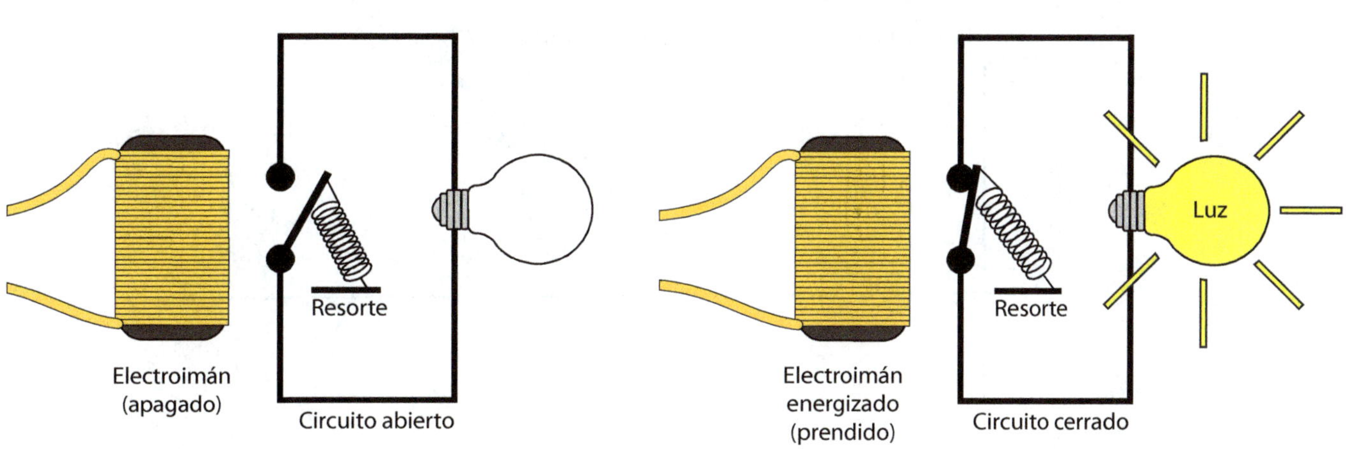

Figura 6.18 Interruptor solenoide

Se puede usar una bobina de CC para crear un electroimán o solenoide. *Solenoide* es un término genérico para una bobina de alambre que se usa como electroimán. En la Figura 6.18 se utiliza un solenoide para cerrar un interruptor en un circuito eléctrico. Cuando se *energiza* la bobina, el campo magnético que genera la bobina hace cerrar el interruptor. Cuando la bobina se desenergiza, un resorte u otro mecanismo hacen que el interruptor se abra. Los solenoides también se pueden usar para abrir y cerrar válvulas. En las válvulas solenoides de acción directa, el solenoide tira de un pistón o émbolo para abrir una trayectoria y permitir que el aire o el agua pasen por la válvula. En las válvulas activadas por piloto, un solenoide tira de un pistón o émbolo dentro del piloto para abrirla. Esto iguala la presión a través de la válvula principal y permite que se abra o se cierre. Los solenoides tienen muchos otros usos. Es importante recordar que un solenoide solo puede crear un campo magnético si pasa corriente por él. En el momento en que la electricidad se apaga, el solenoide deja de generar un campo magnético. En el ejemplo que se muestra en la Figura 6.18, una pérdida de energía hará que el interruptor se abra inmediatamente y la luz se apague.

CORRIENTE ALTERNA

La corriente alterna (CA) fluye primero en una dirección y después se invierte y fluye en la dirección opuesta. Una vez completa, esta acción se denomina *ciclo*. En los Estados Unidos y Canadá, la electricidad de CA se suministra a 60 ciclos por segundo o 60 hercios (Hz). Hercio es otro nombre para la frecuencia. En la mayor parte del resto del mundo, la electricidad de CA se suministra a 50 ciclos por segundo o 50 Hz. La corriente alterna es el tipo de electricidad que suministra la empresa de energía y está disponible en los tomacorrientes.

Hay 1000 ms (milisegundos) en un segundo. Si dividimos 1000 ms por 60 Hz es igual a 16.7 ms por ciclo. Divida por 4 para calcular el tiempo para alcanzar el voltaje pico o regresar a voltaje cero: 4.17 ms.

Cuando se mide la corriente CA con un osciloscopio, un instrumento usado para medir electricidad, los cambios en el voltaje en el tiempo producen un patrón de onda senoidal como la que se muestra en la Figura 6.19. Esta onda senoidal está basada en 60 Hz. La corriente alterna comienza en voltaje cero y sube hasta un voltaje pico en 4.17 ms. Tarda otros 4.17 ms en volver al voltaje cero. Esta es una mitad del ciclo. Después de volver a cero, el voltaje comienza el pico en la dirección opuesta. Tarda otros 4.17 ms en alcanzar el voltaje pico en la dirección opuesta y otros 4.17 ms en regresar al voltaje cero. Este es un ciclo completo. Lleva 16.7 ms completar un ciclo de CA a 60 Hz. Cada segundo, el voltaje de CA regresa a cero o se apaga y se enciende 120 veces.

También se puede generar corriente alterna si se colocan dos imanes en el exterior y se hacen girar las bobinas de alambre en el centro.

La corriente alterna que consiste en una sola onda senoidal se denomina potencia monofásica.

El patrón de onda senoidal es el resultado de la manera en que se genera la energía CA. Anteriormente en este capítulo, aprendimos que un campo magnético que se mueve por un conductor induce voltaje. Cuando el polo negativo del campo magnético pasa por el alambre eléctrico, repele a los electrones con carga negativa. Cuando el polo positivo de un campo magnético pasa por un alambre, atrae a los electrones con carga negativa hacia él. La magnitud del empuje o de la atracción depende de la fuerza del campo magnético y la cercanía al conductor. En la Figura 6.20 se muestra un imán que rota entre dos bobinas de cobre conectadas por un alambre de cobre. Cuando el imán gira, el campo magnético a su alrededor también gira y repele y atrae a los electrones en las bobinas de alambre. Cuando el imán está exactamente perpendicular a las bobinas, el empuje y la atracción de los dos extremos del campo magnético se cancelan entre sí. No hay movimiento de electrones (1). Cuando el polo sur (negativo) del campo magnético comienza a girar hacia la bobina superior, el voltaje aumenta hasta que alcanza un voltaje positivo máximo (3). Al mismo tiempo, el polo norte (positivo) del campo magnético gira hacia la bobina inferior (3). Después, a medida que el imán sigue girando, el polo norte (positivo) del campo magnético gira hacia la bobina superior (7). Ahora, los electrones son atraídos en lugar de repelidos. El movimiento aún aumenta el voltaje, pero ahora la lectura es negativa. Un ciclo total se completa 50 o 60 veces por segundo.

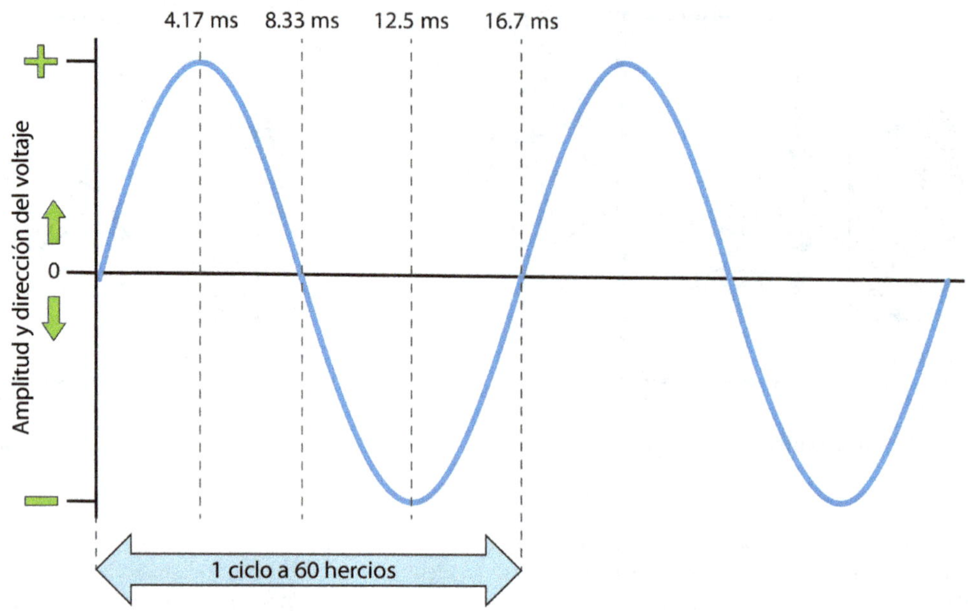

Figura 6.19 Corriente alterna

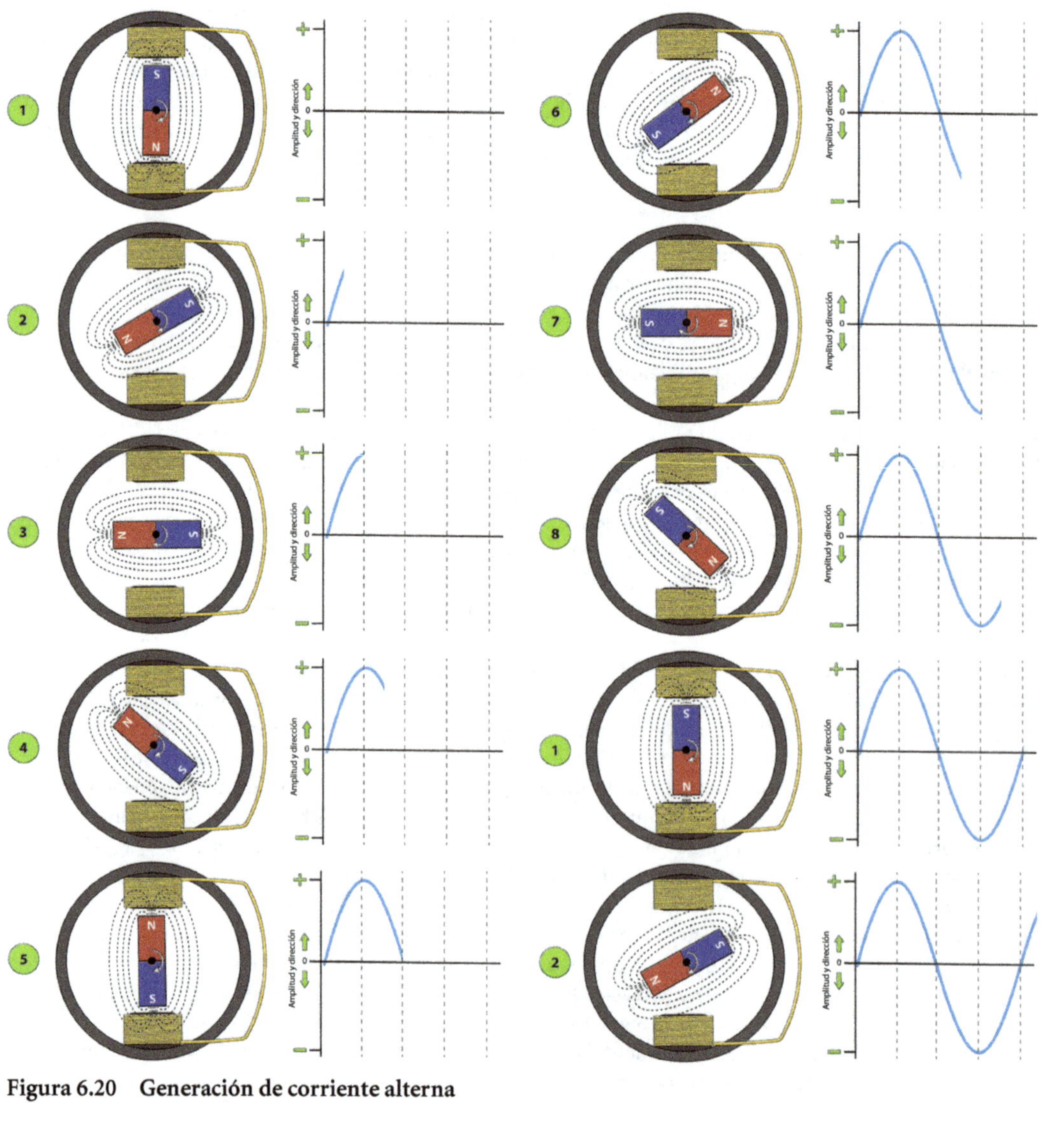

Figura 6.20 Generación de corriente alterna

¿Cómo proporciona la corriente alterna energía de trabajo si los electrones se mueven para atrás y para adelante? El voltaje promedio de la onda senoidal es cero. Los electrones nunca completan el circuito, pero logran de alguna forma entregar energía. Es el *efecto mariposa* máximo. El agua (o el viento o el vapor) hace girar una turbina a gran distancia y agrega energía a los electrones en esa ubicación. La energía después pasa de un electrón a otro como en el juego de la papa. Al final de la cadena, un equipo se pone en funcionamiento y la energía que se fue pasando se convierte en trabajo útil y calor. ¡Es mágico! En realidad, los electrones no se mueven por el circuito. Es la energía la que se mueve. En la Figura 6.21 se ilustra un juguete popular de escritorio llamado péndulo de Newton. Consiste en una hilera de bolas de metal que cuelgan de cordeles o alambres. Si una bola (A) del extremo se levanta y se deja caer, se balancea hacia abajo y golpea la siguiente bola. La energía que se ganó al levantar la primera bola se transmite por cada bola hasta que causa que la bola en el otro extremo (B) se balancee hacia arriba. La transmisión de energía a través de una cadena de electrones tanto en circuitos de CA como de CC es muy similar.

El *efecto mariposa* es una teoría que dice que pequeños cambios en una parte de un sistema pueden tener grandes efectos en otra parte del sistema que aparentemente no tiene conexión.

Desde el punto de vista de la física cuántica, diríamos que los electrones al comienzo de la cadena ganaron suficiente energía excedente como para ser elevados al siguiente nivel (órbita superior) en sus átomos. Este nivel de energía superior no es sostenible, por ello, los electrones liberan la energía adicional cuando regresan a sus órbitas normales. La energía adicional pasa a otro electrón. Esta acción se repite una y otra vez hasta que la energía llega a donde necesitamos que vaya. Es un poco como agregar una gota de agua en un tanque lleno y observar cómo una gota de agua sale por el otro extremo del tanque. No es la misma gota y el efecto es instantáneo. Esta transferencia de energía y no el paso de electrones es la razón por la que tanto la CC (cadena de energía recta) y la CA (brigada de cubetas) pueden pasar energía excedente.

Al igual que los circuitos de CC, el cableado de circuitos de CA monofásicos consiste en dos o tres cables (Figura 6.17). Los colores de los cables están estandarizados en algunos países. En los circuitos de CC, los dos cables que transportan electricidad en condiciones de operación normales son los cables positivo (rojo) y negativo (negro). En circuitos de CA monofásicos, los dos cables que transportan electricidad en condiciones de operación normales son los conductores sin conexión a tierra (cables vivos). En los Estados Unidos, los colores de los conductores sin conexión a tierra (vivos) en los circuitos CA no están estandarizados y pueden ser de cualquier color excepto por los colores reservados para los cables con conexión a tierra y los cables de puesta a tierra del equipo: verde, verde con líneas amarillas o de cobre desnudo. En un circuito monofásico de 120 V con dos cables, los conductores sin conexión a tierra transportan la corriente a la carga. El conductor con conexión a tierra (blanco o gris) es el retorno a la fuente.

El cableado en Canadá se rige por Canadian Electrical Code.

CORRIENTE TRIFÁSICA

La mayoría de los equipos eléctricos industriales, como los motores, usan electricidad trifásica. La electricidad trifásica consiste en tres fuentes distintas de energía separadas en el tiempo. Se genera de la misma manera que se genera la corriente alterna monofásica, excepto que en lugar de haber un conjunto de bobinas en el generador, hay tres juegos de bobinas (Figura 6.22). A medida que el imán gira por los tres juegos de bobinas,

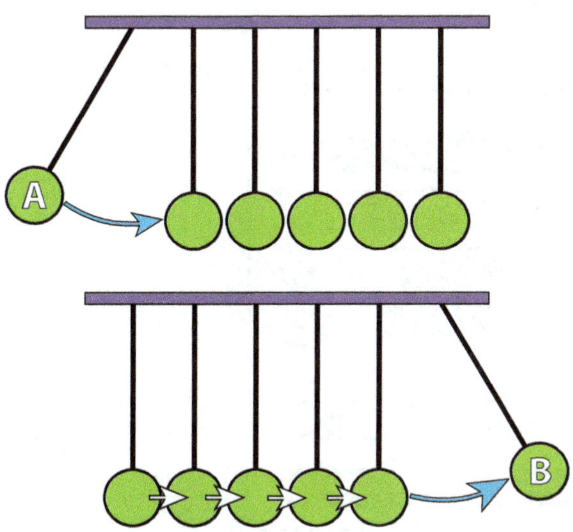

Figura 6.21 Péndulo de Newton

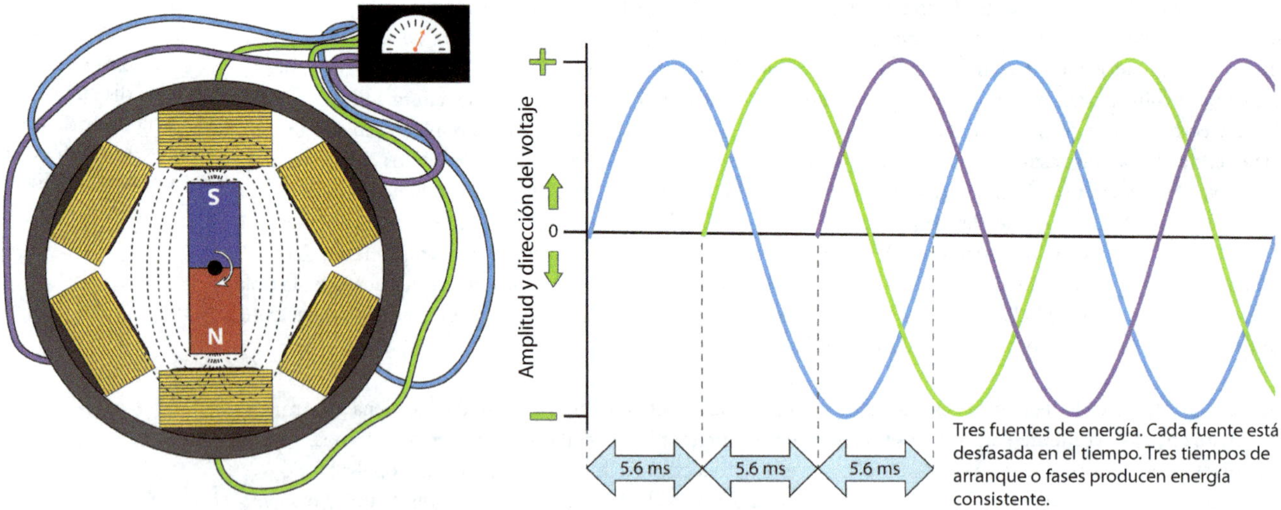

Figura 6.22 Corriente alterna trifásica

Hay 360° en un círculo completo. Tres juegos de bobinas con un espaciado igual entre ellas las ubica a una distancia de 360° ÷ 3, o 120°.

se generan tres ondas eléctricas senoidales: una para cada bobina. El imán no puede estar en la misma posición relativa para cada bobina al mismo tiempo. Como resultado, hay tres ondas senoidales apenas desfasadas unas de otras en el tiempo. A esta separación a veces se la denomina 120° de separación. "Grados de separación" hace referencia a la posición de las bobinas en el generador. La ventaja de usar energía trifásica es que el voltaje medido es mucho más consistente en el tiempo y nunca baja totalmente a voltaje cero.

Los circuitos de CA trifásicos consisten en seis cables "vivos" separados. En la práctica, el operador o electricista que trabaje en un equipo verá solo tres de los cables. Los cables se conectan juntos internamente en los motores, los transformadores y los generadores. Se pueden conectar juntos en una configuración en estrella o en triángulo. La energía de corriente alterna se puede suministrar en voltajes de 120, 208, 240, 277 o 480 V. Un transformador con configuración en triángulo suministra voltajes de 120/240, 240 y 240/480 V. Un transformador con configuración en estrella suministra voltajes de 120/208, 277/480 y 480 V.

En los Estados Unidos se usa un conjunto de colores de cables para voltajes de 240 V e inferiores y otro conjunto de colores para voltajes superiores a 240 V. Estos colores no están estandarizados pero la mayoría de las marcas los siguen por convención. Esto permite una fácil identificación de los circuitos de alto voltaje. En los circuitos con voltajes de 240 V o inferiores, los tres cables vivos de las tres fases de energía son negro, rojo y azul (Figura 6.23). El neutro es blanco y el conductor de puesta a tierra del equipo puede ser de cobre desnudo, verde o verde con una línea amarilla. En los circuitos con voltajes superiores a 240 V, los tras cables vivos son marrón, naranja y amarillo. El neutro es gris y el conductor de puesta a tierra del equipo es de cobre desnudo, verde o verde con una línea amarilla. Los colores de cable estándar varían de un país a otro, por lo tanto verifique los colores estándar si no se encuentra en los Estados Unidos.

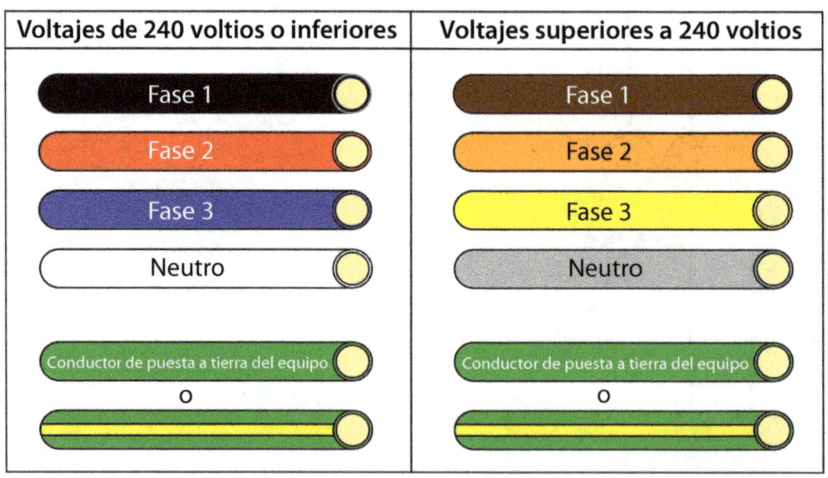

Figura 6.23 Colores de cableado para un circuito trifásico de 120 a 480 VCA (Estados Unidos)

FACTOR DE POTENCIA

El factor de potencia (FP) de un circuito de CA es la relación entre la potencia real y la potencia aparente (ecuación 6.10). La potencia real se expresa en vatios (W) o kilovatios (kW) y la potencia aparente se expresa en kilovoltio-amperio reactivo (kVAR) o voltio-amperio reactivo. Los factores de potencia se pueden aplicar a instalaciones enteras, a todos los equipos en un circuito o a un solo equipo.

$$\text{Factor de potencia} = \frac{\text{Potencia real (kW)}}{\text{Potencia aparente (kVAR)}} \tag{6.10}$$

La diferencia entre la potencia real y la potencia aparente se explica mejor si la comparamos con un vaso lleno de cerveza (The Engineering Mindset, 2018). Un vaso de cerveza contiene tanto cerveza como espuma. El vaso de cerveza cuesta lo mismo independientemente de la cantidad de espuma presente. Si hay mucha espuma, la cantidad de cerveza que obtenemos por cada dólar que gastamos es baja. No es un buen valor. La cerveza representa la potencia real en kilovatios. La potencia real puede hacer trabajo útil en el circuito eléctrico. La espuma representa la potencia reactiva en kVAR. La espuma no es útil, pero siempre habrá algo de ella en el vaso.

La ecuación 6.10 se puede reescribir en términos de cerveza para obtener la ecuación 6.11. Si el vaso estuviera completamente lleno de cerveza y no hubiera espuma, el factor de potencia calculado sería de 1.0. En la práctica, esto es muy difícil o imposible de lograr. Los edificios de oficinas comerciales tienden a tener factores de potencia entre 0.92 y 0.98, pero los edificios industriales, como las instalaciones de recuperación de recursos hídricos (*water resource recovery facilities,* WRRF), pueden tener factores de potencia tan bajos como 0.7 (The Engineering Mindset, 2018).

$$\text{Factor de potencia} = \frac{\text{Cuánta cerveza (kW)}}{\text{Compramos por vaso (kVAR)}} \tag{6.11}$$

El factor de potencia cambia la ecuación de la ley de potencia (ecuación 6.2) cuando se trata de circuitos de CA y motores de inducción, en particular. La ecuación de factor de potencia de CC se multiplica por el factor de potencia para crear la ecuación 6.12. El factor de potencia se describe con mayor detalle en la sección sobre motores de inducción más adelante en este capítulo.

$$\begin{gathered}\text{Potencia} = \text{Corriente} \times \text{Voltaje} \times \text{FP} \\ \text{o} \\ P = I \times E \times \text{FP} \\ \text{o} \\ \text{Vatios} = \text{Amperios} \times \text{Voltios} \times \text{FP}\end{gathered} \tag{6.12}$$

COMPROBACIÓN DE CONOCIMIENTOS

1. **Una característica de la CC es**
   a. el voltaje fluctuante
   b. que es unidireccional
   c. que tiene 50 o 60 Hz
   d. que está disponible desde los tomacorrientes en la pared

2. **Un solenoide es otro nombre para**
   a. una bobina de alambre
   b. un transformador
   c. una válvula
   d. un electroimán

3. **Este término describe la frecuencia de ciclos en la corriente alterna:**
   a. Hercio
   b. Voltaje
   c. Ohmios
   d. Amplitud

4. **Los electrones individuales se mueven por los circuitos eléctricos y regresan a su punto de partida.**
   ☐ Verdadero
   ☐ Falso

5. En los Estados Unidos, los conductores (cables) con conexión a tierra en los circuitos eléctricos de corriente continua en general son
   a. Rojos
   b. Negros o azules
   c. Blancos o grises
   d. Amarillos

6. Esto indica que un cable de conexión contiene un conductor (cable) de puesta a tierra del equipo:
   a. Enchufe de dos patas
   b. Línea amarilla sobre verde
   c. Exterior gris o anaranjado
   d. Enchufe de tres patas

7. Los conductores (cables) de puesta a tierra del equipo en general se usan para hacer regresar los electrones a la fuente de energía y completar el circuito.
   ☐ Verdadero
   ☐ Falso

8. En los circuitos de CA monofásicos, el cable rojo o el negro transportarían energía desde la fuente hacia la carga.
   ☐ Verdadero
   ☐ Falso

9. La mayoría de los equipos industriales son alimentados con
   a. electricidad monofásica
   b. electricidad trifásica

10. La electricidad trifásica consiste en múltiples fuentes de energía desfasadas en el tiempo, una en relación con la otra.
   ☐ Verdadero
   ☐ Falso

11. Una ventaja de la energía trifásica es que
   a. es más cara de generar en comparación con la energía monofásica.
   b. es más confiable en comparación con la energía monofásica.
   c. posee menos variación de voltaje en comparación con la energía monofásica.
   d. es menos probable que cause incendios eléctricos en comparación con la energía monofásica.

12. ¿Cuántos cables contiene un circuito de CA trifásico sin conexión a tierra?
   a. 2
   b. 4
   c. 6
   d. 8

Transformadores

Los transformadores son dispositivos que pueden aumentar o disminuir el voltaje en un circuito eléctrico. En la Figura 6.24 se muestra una representación esquemática de un transformador. Los transformadores consisten en dos bobinas de alambre fijas que se encuentran cerca pero no se tocan. La bobina primaria recibe electricidad de CA, que después induce una corriente en la bobina secundaria. La corriente inducida es el resultado del transformador.

Movimiento relativo significa que dos cosas se están moviendo una en relación a la otra. Se puede mover una cosa o se pueden mover ambas cosas siempre y cuando no se muevan juntas en la misma dirección.

Los transformadores trabajan solo con CA. Anteriormente en este capítulo, aprendimos que son necesarios tres elementos para generar electricidad: un campo magnético, un conductor y *movimiento relativo*. La corriente eléctrica que pasa por un conductor (cable) genera un campo magnético. Observe el campo

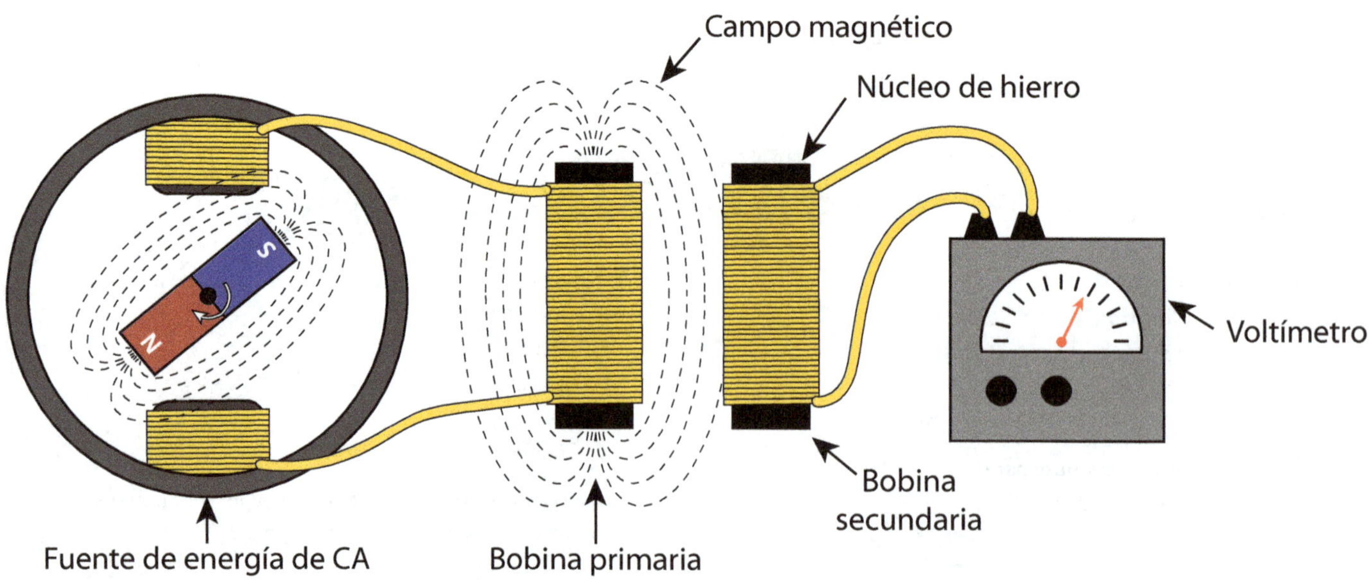

Figura 6.24 Representación esquemática de un transformador

magnético alrededor de la bobina primaria en la Figura 6.24. En el caso de la energía de CC, el campo magnético es constante o invariable. En el caso de la energía de CA, el campo magnético aumenta y disminuye a medida que el voltaje aumenta y disminuye y los polos del campo magnético cambian de ubicación (Figura 6.20). El voltaje y el polo cambian siguiendo el patrón de onda senoidal de la electricidad de CA. La bobina secundaria del generador no se está moviendo, pero el campo magnético sí se está moviendo. Esto causa que se induzca (cree) voltaje en la bobina secundaria. Los tres elementos están presentes: un campo magnético, un conductor y movimiento relativo, por lo tanto, se genera electricidad.

Según el propósito del transformador, el voltaje en la bobina secundaria puede aumentar o disminuir, en función de la cantidad de vueltas en cada bobina. Por ejemplo, en el transformador que se muestra en la Figura 6.24, la bobina primaria y la secundaria tienen la misma cantidad de vueltas y, por lo tanto, el mismo voltaje. Si la cantidad de vueltas cambia en la bobina primaria o en la secundaria, el voltaje cambiará proporcionalmente. Por ejemplo, el transformador que se muestra en la Figura 6.25 tiene 100 vueltas en la bobina primaria y solo 50 vueltas en la bobina secundaria. La proporción o la relación entre las vueltas de la bobina primaria y la secundaria es de 100 a 50 o, simplemente, 2 a 1. Debido a que la cantidad de vueltas disminuyó 2 veces, el voltaje también disminuirá 2 veces. Observe en la Figura 6.25 que el voltaje disminuyó de 240 V a 120 V. El transformador que se muestra en la Figura 6.25 es un transformador reductor. "Reductor" hace referencia a la disminución de voltaje.

La carga es el equipo o los equipos que el circuito alimenta.

El amperaje también varía a través del transformador. Observe nuevamente la ley de potencia en la ecuación 6.2. La ley de potencia establece que la potencia (vatios) es igual a la intensidad (amperios) multiplicada por la fuerza electromotriz (voltios). Debido a que el voltaje disminuyó y la potencia permaneció igual, los amperios deben aumentar. Observe en la Figura 6.25 que los amperios aumentaron 2 veces, de 10 A a 20 A.

La electricidad y los transformadores de corriente alterna hacen posible mover la energía grandes distancias con muy poca pérdida de electricidad a través del sistema. Esto se realiza en general por medio de líneas aéreas protegidas con supresores de descargas de rayos. Una vez que se entrega en las subestaciones, el voltaje se disminuye hasta el voltaje de suministro, que en general es de 480 VCA. En la Tabla 6.5 se ofrece un ejemplo de la forma en que la energía se puede disminuir y aumentar entre el punto de generación y el punto de suministro. Se utilizó la regla de potencia (ecuación 6.2) para calcular los amperios a partir de los vatios y los voltios.

Una planta de energía produce 5 MW de potencia con 24 000 V por la turbina y 120.3 A (Tabla 6.5). Fuera de la planta de energía hay una subestación. La subestación tiene transformadores para generar los altos voltajes necesarios para empujar la electricidad largas distancias con pérdidas mínimas. Los transformadores fuera de la planta de energía aumentan el voltaje de 24 kV a 345 kV y la corriente disminuye a 8.4 A. Aún hay 5 MW de potencia. Este voltaje superior y amperaje inferior (potencia) se pueden mover cientos de millas sin que se reduzca el voltaje. Debido a que la corriente se redujo por el aumento del voltaje, los cables utilizados para transmitir la potencia pueden ser mucho más pequeños. Después de moverse una gran distancia, la energía llega a una subestación de una ciudad. En la subestación, se reduce el voltaje a 69 kV y 41.8 A. Aún hay 5 MW de potencia. Desde esta subestación, la energía se distribuye a otras subestaciones en la ciudad. En esas subestaciones, el voltaje se reduce nuevamente para la distribución por la ciudad. En la WRRF, hay un

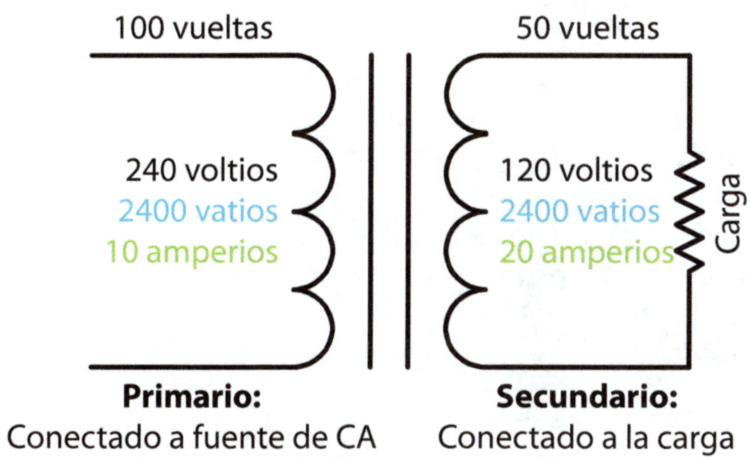

Figura 6.25 Transformador de reducción

Hay 1000 V en un kilovoltio.

Hay un millón (1 000 000) de vatios en un megavatio.

Tabla 6.5 Ejemplo de suministro de energía eléctrica (Cortesía de Roger Zieg)

Planta de energía	Subestación	Transmisión	Subestación	Distribución	WRRF
5 MW	5 MW	5 MW	5 MW	5 MW	5 MW
24 kV	345 kV	345 kV	69 kV	13.8 kV	480 V
120.3 A	8.4 A	8.4 A	41.8 A	209 A	6016 A

Nota. MW = megavatios, kV = kilovoltios.

transformador que reducirá el voltaje entrante a un voltaje para hacer funcionar el equipo, en general 240 V o 480 V (Figura 6.26). Puede haber otros transformadores en la instalación que reducen el voltaje aún más. Las cafeteras, las computadoras, la iluminación y otros dispositivos operan a 120 V.

Cortocircuitos y fallas a tierra

Los términos *cortocircuito y falla a tierra* se utilizan en descripciones de electricidad pero, ¿qué significan esos términos?

Cortocircuito

La corriente eléctrica fluye en un bucle llamado *circuito.* En la Figura 6.10 se muestra un circuito eléctrico de ejemplo. La corriente sale de la batería (o del tomacorriente), viaja por el cable hasta la bombilla de luz, a través de la bombilla y de regreso a la batería. La corriente que se mueve por la bombilla hace que se encienda la luz. Un cortocircuito se produce cuando parte del circuito se omite o desvía. Si el circuito que se muestra en la Figura 6.10 fuera una lámpara enchufada a un tomacorriente, los dos alambres que conectan la lámpara al tomacorriente estarían ubicados uno junto al otro en un cable de conexión. En general, los dos alambres están separados por un aislamiento y no se tocan. Sin embargo, si el cable de conexión se pela, el aislamiento entre los alambres se puede desgastar lo suficiente como para que los dos alambres se toquen. Parte o toda la electricidad del circuito ahora puede hacer un camino más corto: desde la pared, por el cable de conexión hasta el lugar en el que los dos alambres se tocan y de regreso a la pared. Cuando esto sucede, se produce un cortocircuito o corto. Los cortocircuitos pueden evitar que un equipo se ponga en funcionamiento o permanezca en funcionamiento y pueden provocar un sobrecalentamiento del circuito, lo que a veces ocasiona un incendio o una explosión.

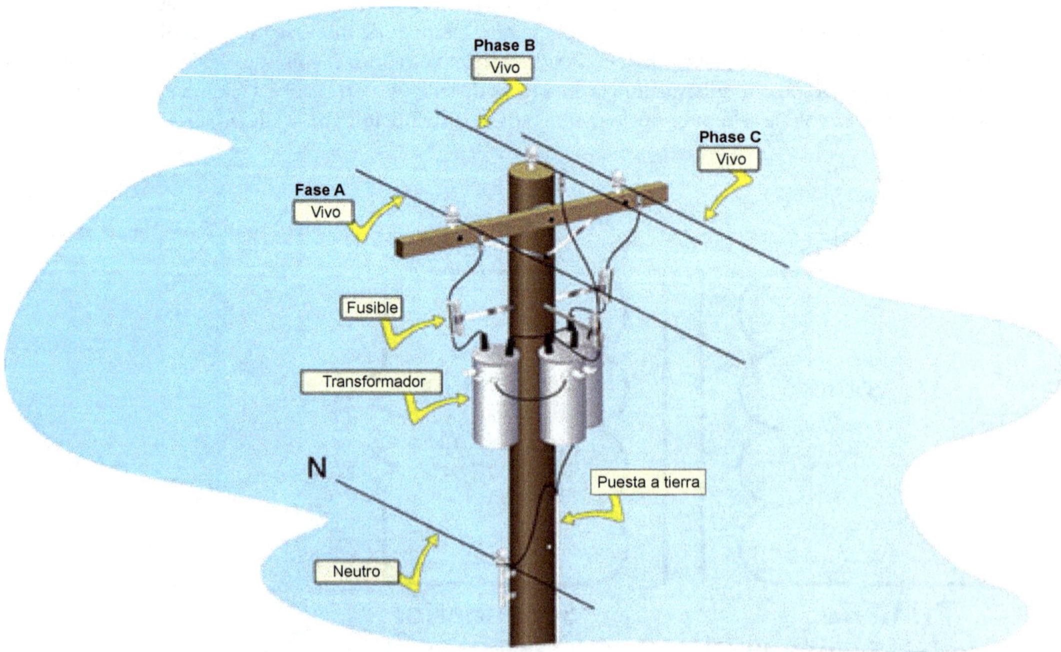

Figura 6.26 Suministro de energía trifásica (Arasmith, 2010b) (reimpreso con autorización de ACR Publications)

Toda corriente en exceso de la corriente nominal del equipo o de la ampacidad de un conductor es una sobrecorriente. Puede ser el resultado de una sobrecarga, un cortocircuito o una falla a tierra. (NFPA 70, National Electrical Code [NEC], Capítulo 1, Artículo 100 [NEC 100]).

CÁLCULO DE EJEMPLO

Un conductor de 5.26 mm^2 (calibre de alambre estadounidense [AWG] 10) se tiende 152.4 m (500 ft) hasta un calentador. El conductor también debe regresar 152.4 m (500 ft) hasta la fuente de suministro. El voltaje del circuito es de 277 V. Mientras está funcionando, se produce un corto en el calentador que junta la fase y el neutro. A partir de los datos de la Tabla 6.1, un alambre de cobre de 5.26 mm^2 (10 AWG) tiene 3.277 Ω de resistencia por kilómetro (0.9989 Ω de resistencia por 1000 ft). La ley de Ohm establece que la corriente en el circuito es igual al voltaje dividido por la resistencia. Use la ecuación 6.1 o el gráfico circular para la ley de Ohm para calcular la corriente que resulta del cortocircuito.

Solución con unidades del sistema métrico

Paso 1: Calcule la resistencia desde la fuente de energía al calentador.

$$\frac{152.4\ \text{m}}{} \left| \frac{1\ \text{km}}{1000\ \text{m}} \right| \left| \frac{3.277\ \Omega}{1\ \text{km}} \right| = 0.5\ \Omega$$

Paso 2: Calcule la corriente.

$$\begin{gathered}\text{Voltaje} = \text{Corriente} \times \text{Resistencia}\\ 277\ \text{V} = \text{Corriente} \times 0.5\ \Omega\\ 554\ \text{A} = \text{Corriente}\end{gathered}$$

Solución con unidades habituales en los EE. UU.

Paso 1: Calcule la resistencia desde la fuente de energía al calentador.

$$\frac{500\ \text{ft}}{} \left| \frac{0.9989\ \Omega}{1000\ \text{ft}} \right| = 0.5\ \Omega$$

Paso 2: Calcule la corriente.

$$\begin{gathered}\text{Voltaje} = \text{Corriente} \times \text{Resistencia}\\ 277\ \text{V} = \text{Corriente} \times 0.5\ \Omega\\ 554\ \text{A} = \text{Corriente}\end{gathered}$$

Eso es mucha corriente muy rápido. Si esto sucediera en un circuito eléctrico de 30 A, se quemaría un fusible o saltaría el disyuntor. El circuito se sobrecalentaría con el pico repentino de corriente. Es corriente más que suficiente para abrir el fusible o el disyuntor, que podrían ser de 30 A.

FALLA A TIERRA

Una falla a tierra es similar a un cortocircuito. Es ocasionada por un conductor energizado que entra en contacto con una caja de metal, un conducto o un equipo con conexión a tierra (por ejemplo, un alambre suelto en un motor conectado a la carcasa del motor). Si se permite a la electricidad pasar por la carcasa del motor, cualquiera que lo toque estaría en riesgo de recibir una descarga eléctrica. En cambio, la electricidad se desvía al conductor (cable) de puesta a tierra del equipo. Se convierte en la vía de retorno, de regreso a la fuente de energía, puenteando el resto del circuito normal. Como un cortocircuito, una falla a tierra vierte mucha corriente de manera casi instantánea en el circuito. Por esta razón es importante verificar que los conductos, los acoples y los equipos de metal se conecten de forma tal de permitir que la corriente se traslade de manera segura sin interrupciones en la vía correspondiente. Las fallas a tierra pueden provocar que los disyuntores se disparen y se quemen los fusibles.

Conforme a NFPA 70E (NFPA, 2018), 130.6(M): Reconexión de circuitos después de la operación del dispositivo de protección: "Después de que un circuito se desenergiza mediante la operación automática de un dispositivo de protección del circuito, el circuito no se debe volver a energizar hasta que se haya determinado que el equipo y el circuito se pueden energizar de manera segura. Se debe prohibir la realización reiterada de reconexión manual de disyuntores o de reemplazo de fusibles para volver a energizar circuitos. Si se determina, a partir del diseño del circuito y de los dispositivos de sobrecorriente involucrados, que la operación automática de un dispositivo fue ocasionada por una sobrecarga y no por una falla eléctrica, no será necesario examinar el circuito o el equipo conectado antes de volver a energizar el circuito".

SOBRECARGA

Una sobrecarga consiste en sobrecorriente. Una sobrecarga se puede describir como corriente en exceso para la clasificación nominal del dispositivo. Una sobrecarga se puede describir como algo de demasiada corriente durante algo de demasiado tiempo. Si hay 21 A en un fusible o disyuntor de 20 A, el fusible o disyuntor finalmente se abrirán porque solo tienen capacidad para 20 A y hay 21 A. Las sobrecargas se pueden producir por agregar demasiadas cargas a un circuito, pero también las puede producir un equipo que no funcione correctamente y consuma más electricidad de lo normal. Ejemplos de equipos que no funcionan correctamente y que pueden aumentar el consumo de amperios incluyen una banda transportadora que no realice un seguimiento adecuado, una polea de motor que no esté adecuadamente alineada, cojinetes de motor que no estén lubricados adecuadamente o una obturación total o parcial en una línea aguas abajo que haga que una bomba realice mayor esfuerzo.

Si se dispara un disyuntor o se quema un fusible, se debe buscar y solucionar la causa de la falla. El disyuntor no se debe restablecer ni se debe cambiar el fusible hasta que se determine que esas acciones se pueden hacer de forma segura. Si se determina que la interrupción se debió a una sobrecarga, el circuito se puede restablecer. Si la interrupción se debió a alguna otra razón, se debe llamar a un electricista para evaluar y reparar el circuito.

COMPROBACIÓN DE CONOCIMIENTOS

1. **La corriente continua se apaga y enciende 120 veces por segundo.**
   - ☐ Verdadero
   - ☐ Falso
2. **Un transformador tiene una relación de vueltas de 4:1, primario a secundario. Si el voltaje del primario es de 480 V, ¿cuál es el voltaje del secundario?**
   - a. 480 V
   - b. 240 V
   - c. 120 V
   - d. 24 V
3. **Un campo magnético induce voltaje en un conductor que se mueve a través de él.**
   - ☐ Verdadero
   - ☐ Falso
4. **Hay 75 000 W en el primario de un transformador con una relación de vueltas de 4:1. ¿Cuántos vatios hay en el secundario?**
   - a. 18 750
   - b. 37 500
   - c. 25 000
   - d. 75 000
5. **Tanto un cortocircuito como una sobrecarga crean un aumento de corriente que puede disparar un disyuntor.**
   - ☐ Verdadero
   - ☐ Falso
6. **Se disparó el disyuntor. ¿Qué debe hacer el operador?**
   - a. Restablecer el disyuntor lo antes posible.
   - b. Llamar a un electricista cualificado.
   - c. Reemplazar el disyuntor.
   - d. Puentear el disyuntor.

Motores

Los motores eléctricos son dispositivos electromecánicos que convierten energía eléctrica en energía mecánica. Hace varios años ya que se diseñan motores eléctricos. Los motores están disponibles para aplicaciones con CC y CA. Los motores para CA también están disponibles para corrientes monofásica y trifásica. Los motores también están disponibles para varios voltajes estándar. Los motores pequeños en general son monofásicos y operan con una corriente eléctrica de 110 V. Los motores más grandes que se encuentran en las WRRF en general son trifásicos y operan con la energía trifásica de 480 V usada en general en las aplicaciones industriales. Los motores más grandes con requisitos de voltajes superiores son necesarios cuando se requieren más caballos de fuerza (kilovatios).

MOTORES DE CORRIENTE CONTINUA DE IMANES PERMANENTES

Un motor eléctrico CC de imanes permanentes consiste en al menos un par de imanes permanentes, opuestos entre sí, montados dentro de una carcasa cilíndrica de metal y uno o más bucles de alambre en el centro de la carcasa (Figura 6.27). Los bucles de alambre están montados sobre un eje que puede girar libremente dentro de la carcasa. Recuerde que cuando una corriente eléctrica pasa por un conductor (cable), genera un campo magnético. La intensidad de ese campo magnético depende de la cantidad de vueltas de alambre y se puede intensificar aún más si el bobinado se realiza alrededor de un núcleo de hierro. Cuando se alimenta el motor, el campo magnético creado por los bucles de alambre será atraído o repelido por los imanes en la carcasa. Esto hace que los bucles de alambre y el eje giren.

Se puede hacer el mismo tipo de motor si se colocan las bobinas de alambre dentro del estator y se usa un imán para el rotor. Con este diseño se construyen los motores de CC sin escobillas.

Los bucles son mucho más largos que el que se muestra en esta simple representación esquemática y se enrollan alrededor de columnas de hierro laminado muchas veces hasta formar bobinas de alambre más grandes llamadas *devanado* (Figura 6.28). Los devanados parecen carretes de hilo. Al conjunto de la carcasa y los imanes se lo denomina "estator" porque esos elementos quedan fijos. A las bobinas o los devanados y otras partes móviles del motor se los denomina de manera colectiva *rotor.* El rotor no toca el estator. Cada extremo del devanado está conectado a un colector de delgas en el extremo del inducido (Figura 6.29). El colector de delgas está conectado a un suministro de energía de CC por medio de trozos de grafito llamados *escobillas* (Figura 6.28). Las escobillas rozan contra las delgas a medida que giran para realizar un circuito eléctrico completo. Las escobillas quedan fijas con resortes que mantienen la tensión. Las escobillas gradualmente se desgastan con el tiempo por el roce contra el colector de delgas. Cuando las escobillas se desgastan o ya no pueden hacer contacto, se rompe el circuito eléctrico y ya no fluye corriente y se detiene el motor.

Un *rotor* es la parte del motor que gira. Un inducido gira y contiene tanto las bobinas que conducen la corriente como el colector de delgas. El colector de delgas es la pieza del inducido que se conecta a cada extremo de las bobinas y también hace contacto con las escobillas de grafito.

Observe con detenimiento el inducido de la Figura 6.29. Observe que el *colector de delgas* consiste en múltiples barras de metal. Aquí es donde finalizan los devanados en la columna del inducido. Cada devanado está conectado a dos barras ubicadas en lados opuestos del inducido. A medida que el inducido gira, las escobillas de grafito entran en contacto con cada par de barras sucesivamente, y cuando lo hacen, la bobina conectada a esas dos barras se energiza y se convierte en un electroimán. El campo magnético le da al inducido un impulso que lo acerca o lo aleja de uno de los imanes permanentes en la carcasa. Esto hace girar al inducido y pone al siguiente juego de barras en contacto con las escobillas. Se energiza una bobina por vez.

El *colector de delgas* es un dispositivo adjunto conectado al inducido de un motor o generador por medio del cual se realiza la conexión eléctrica que asegura que la corriente fluya como CC.

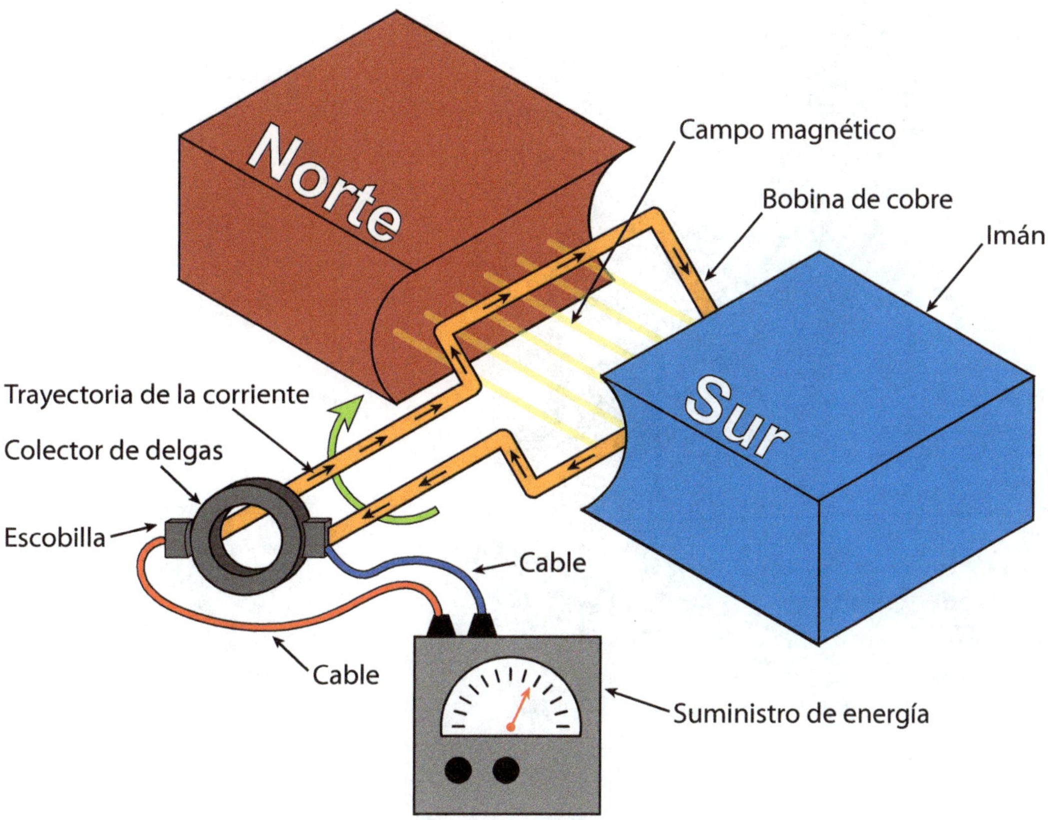

Figura 6.27 Operación de un motor con imanes permanentes

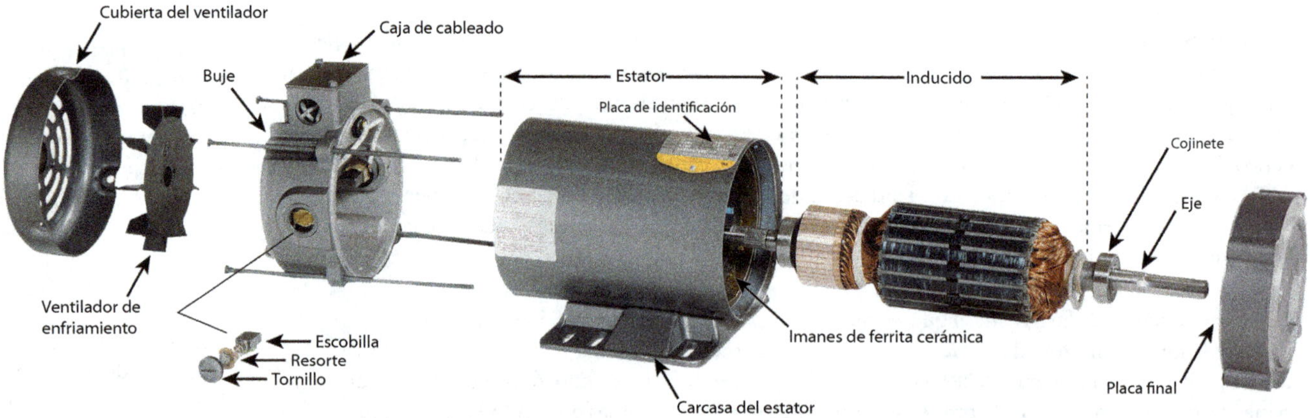

Figura 6.28 Motor con imanes permanentes de corriente continua (reimpreso con autorización de ABB Motors and Mechanical Inc.)

El campo magnético giratorio genera calor por medio de la resistencia de los alambres y el efecto de la carga sobre el motor. El calor se debe controlar. El cableado dentro del motor está protegido contra cortocircuitos con un aislamiento susceptible a los efectos del calor, la humedad y los productos químicos. Si el aislamiento se rompe, el motor falla. Muchos motores incluyen un ventilador que evita el sobrecalentamiento, cojinetes que ayudan al eje a girar suavemente y terminadores y placas extremas para proteger las partes internas del motor de la suciedad y la humedad.

Una ventaja de los motores de CC es el control de precisión (WEF, 2009). Por esta razón, con frecuencia se usan como controladores en aplicaciones de automatización. También se utilizan para otras aplicaciones que

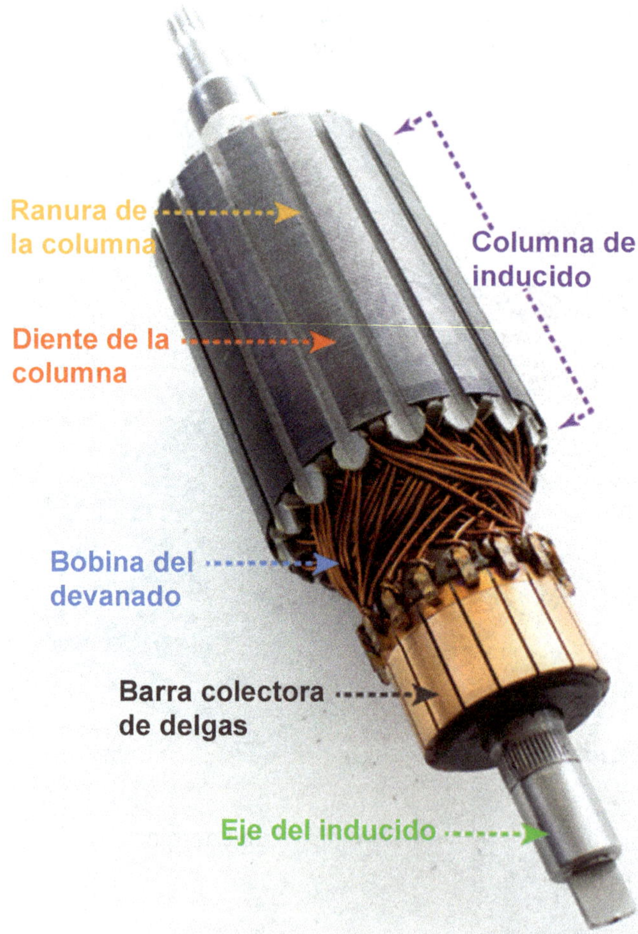

Figura 6.29 Inducido para un motor CC (reimpreso con autorización de GrosChopp)

necesitan precisión, como las grúas, los montacargas y los elevadores. También se usan en todos los equipos móviles alimentados a batería y para varias aplicaciones en ferrocarriles eléctricos. En las WRRF, los motores de CC grandes se vienen usando en aplicaciones de control de velocidad variable, como el bombeo de caudal de entrada y de lodo activado recirculado que usa reostatos o controladores de voltaje variable. Debido a que no es práctico para las empresas de energía generar y distribuir voltaje de CC, el voltaje para los motores de CC en general proviene de la CA del lugar donde se va a utilizar por medio de un rectificador.

MOTORES TRIFÁSICOS DE CORRIENTE ALTERNA

Todos los motores de CA operan según los mismos principios básicos independientemente del tipo o el tamaño. El giro del eje es el resultado de la fuerza creada por la interacción de un campo magnético y la corriente entre el rotor (campo magnético giratorio) y el estator (campo magnético fijo). Resulta indistinto que el campo magnético se cree en el rotor o el estator. En los motores de CC, al campo magnético del estator lo generan los imanes. En los motores de CA, los imanes se reemplazan con un segundo conjunto de devanados. La corriente eléctrica que pasa por los devanados primarios genera una corriente eléctrica en los devanados secundarios. Los motores de corriente alterna operan según el mismo principio básico de inducción que los transformadores (Figura 6.24). Todos los motores de CA trifásicos contienen conjuntos separados de devanados para cada fase de corriente.

Hay tres tipos generales de motores trifásicos, cada uno con rotores y características operativas únicas. Los tres tipos son: el motor de inducción de jaula de ardilla, el motor de inducción con rotor devanado y el motor sincrónico. La energía eléctrica trifásica necesaria para estos motores, independientemente que sean de inducción o sincrónicos, se puede calcular de la siguiente manera:

$$\text{Potencia} = \text{Voltaje} \times \text{Corriente} \times \sqrt{3} \times \text{Factor de potencia} \tag{6.13}$$

o

$$\text{Vatios} = \text{Voltios} \times \text{Amperios} \times 1.732 \times \text{FP}$$

o

$$P = V \times I \times 1.732 \times \text{FP}$$

MOTORES TRIFÁSICOS DE INDUCCIÓN DE JAULA DE ARDILLA

Debido a su alta eficiencia y bajos requisitos de mantenimiento, los motores trifásicos de inducción de jaula de ardilla son los más comunes. Este tipo de motor a inducción es el menos costoso y está disponible en todas las potencias nominales y velocidades sincrónicas comunes. La eficiencia de los motores de jaula de ardilla depende de diversos factores, que incluyen las características de la energía eléctrica suministrada y el tamaño, el diseño, la integridad *electromecánica* y la carga operativa del motor. El operador debe controlar parcialmente los últimos dos factores por medio de las operaciones y las prácticas de mantenimiento adecuadas (WEF, 2009).

En los motores sincrónicos, el rotor gira a la misma tasa que el campo magnético giratorio interno del motor.

Electromecánico hace referencia a los componentes eléctricos y mecánicos del motor.

En los motores de jaula de ardilla se aplica voltaje directamente al estator o devanado primario (Figura 6.30). El rotor, o devanado secundario, consiste en barras de aluminio o cobre unidas en los extremos por un anillo conductor en una disposición que se asemeja a una jaula de ardilla. Los devanados del rotor forman un circuito cerrado completo sin conexiones externas. La ausencia de contactos eléctricos móviles hace que los motores de jaula de ardilla sean muy confiables (WEF, 2009).

La velocidad de un motor de jaula de ardilla es casi constante en el rango normal de cargas. La velocidad de todos los motores por inducción está determinada por la frecuencia de la línea (50 frente a 60 Hz), la cantidad de polos en el motor y el deslizamiento. Los polos son los extremos opuestos de los campos magnéticos generados por cada conjunto de devanado. Cuantos más polos tenga un motor, más lento girará. En la Tabla 6.6 se enumeran las velocidades sincrónicas para distintas cantidades de polos. La velocidad sincrónica del motor es la velocidad sincronizada con la frecuencia de la corriente eléctrica o la velocidad a la que gira el campo magnético.

Para que un motor de jaula de ardilla produzca torque, la velocidad operativa debe ser inferior a la velocidad sincrónica. La diferencia entre la velocidad operativa y la velocidad sincrónica, que se llama *deslizamiento*, es proporcional al torque producido. En general es menor al 3 % de la velocidad sincrónica a plena carga (WEF, 2009).

Los motores de jaula de ardilla están clasificados por la Asociación Nacional de Fabricantes Eléctricos (*National Electrical Manufacturer Association*, NEMA) en cuatro clases de diseños (del A al D) según las

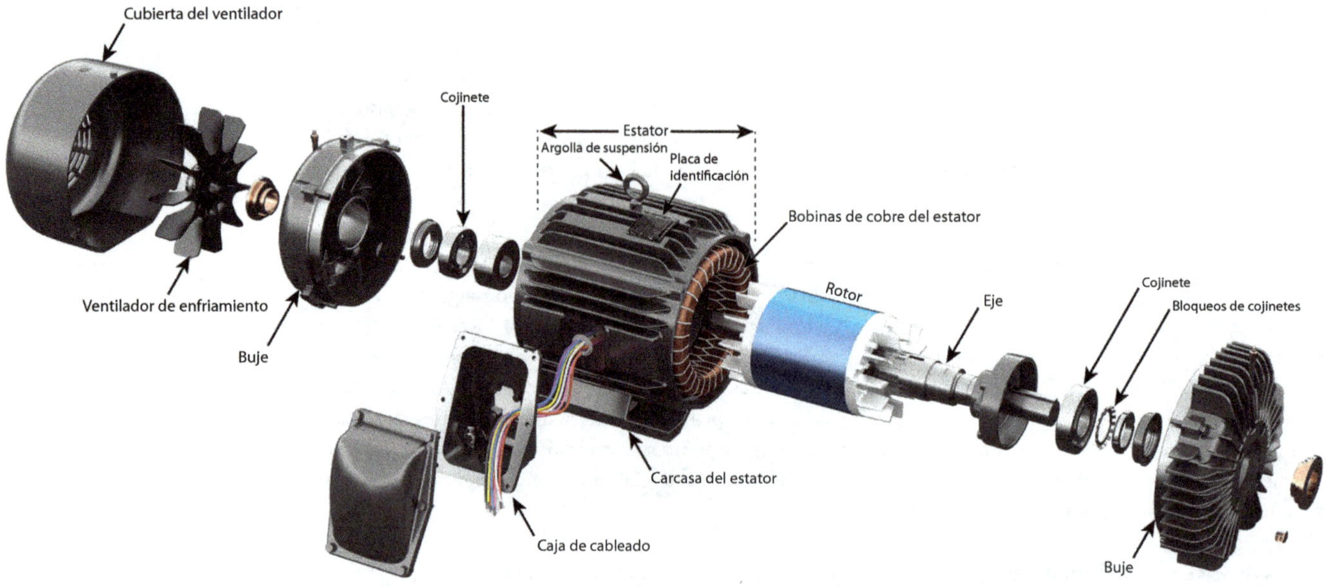

Figura 6.30 Motor por inducción trifásico (reimpreso con autorización de ABB Motors and Mechanical Inc.)

características del torque, el deslizamiento y el arranque. La clase A tiene par de arranque bajo, deslizamiento bajo y corriente normal para el arranque. La clase B es similar a la clase A, pero consume menos corriente. La clase C tiene más par de arranque que las clases A y B, pero no puede llevar cargas a máxima velocidad. La clase D tiene par de arranque alto y deslizamiento de plena carga alto.

MOTORES TRIFÁSICOS DE ROTOR DEVANADO

En un motor por inducción con rotor devanado, a diferencia del motor con jaula de ardilla, los extremos libres de los devanados secundarios se unen por fuera a delgas (Figura 6.31). Las delgas giran con el eje y evitan que los devanados se enreden. Se usan escobillas de carbono para conectar las delgas al suministro eléctrico. De esta manera, los motores con rotor devanado son similares a los motores de CC de imanes permanentes.

La velocidad de un motor con rotor devanado se puede controlar mediante la variación de la resistencia externa. Sin una resistencia externa, este motor se comporta de manera similar a un motor por inducción de jaula de ardilla. El uso del motor con rotor devanado en general está reservado a aplicaciones que requieren un par de arranque alto y tienen operaciones intermitentes, como los elevadores y las grúas.

MOTORES SINCRÓNICOS

En un motor sincrónico, se aplica voltaje de CC al rotor, que gira junto al campo magnético giratorio de estator. Esto hace que el rotor gire a una velocidad sincrónica. Sin embargo, el motor sincrónico, por sí mismo, no puede producir torque a una velocidad distinta que la sincrónica. Por lo tanto, se necesitan mecanismos de arranque alternativos, como el devanado de jaula de ardilla.

Tabla 6.6 Cantidad de polos vs velocidad sincrónica (reimpreso con autorización de ISC Companies)

	Velocidad sincrónica, rpm	
Cantidad de polos	50 ciclos (Hz)	60 ciclos, Hz
2	3000	3600
4	1500	1800
6	1000	1200
8	750	900
10	600	720

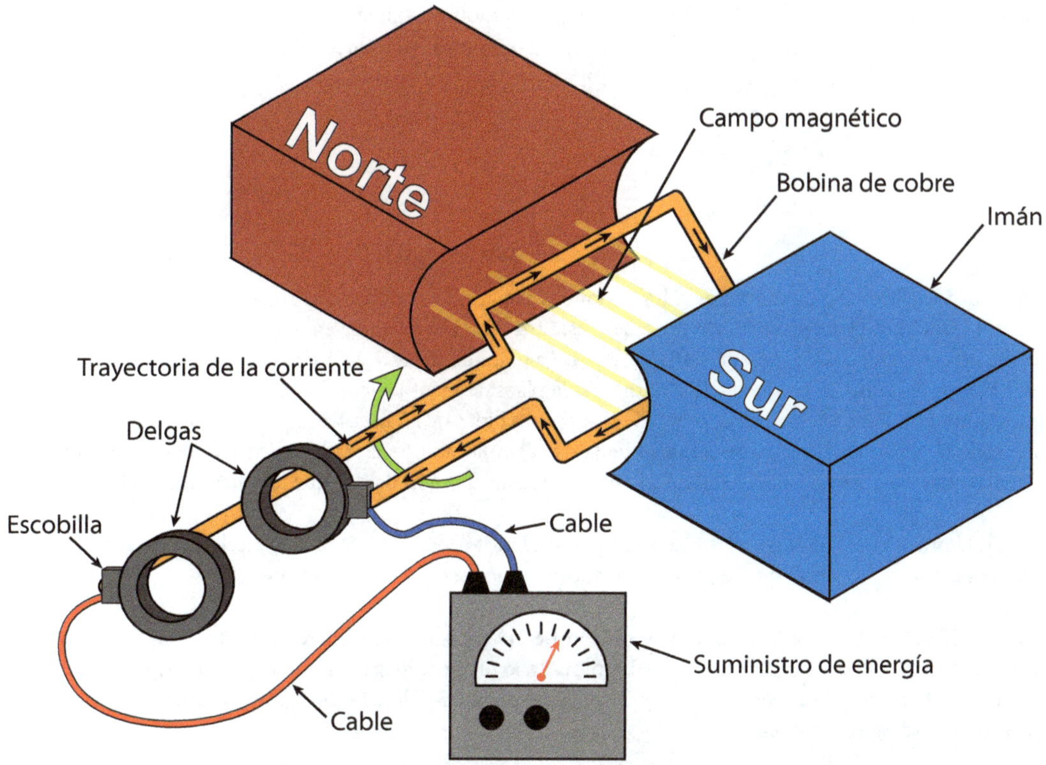

Figura 6.31 Representación esquemática de un motor por inducción con rotor devanado

COMPROBACIÓN DE CONOCIMIENTOS

1. **Los motores más grandes que se encuentran en las WRRF en general operan con**
   a. Baterías de corriente continua
   b. Corriente monofásica de 110 VCA
   c. Corriente trifásica de 240 VCA
   d. Corriente trifásica de 480 VCA
2. **Los imanes permanentes de un motor de CC en general se ubican en**
   a. El estator
   b. La jaula de ardilla
   c. El inducido
   d. El colector de delgas
3. **El contacto entre los devanados y el colector de delgas se realiza mediante**
   a. El campo magnético
   b. Las escobillas
   c. Adhesivo en el inducido
   d. Grasa
4. **En un motor de CC, el colector de delgas asegura que solo un conjunto de devanado esté energizado por vez.**
   ☐ Verdadero
   ☐ Falso
5. **¿Qué hace que el rotor gire en un motor eléctrico?**
   a. Las ardillas que corren en la jaula
   b. La repulsión entre dos campos magnéticos
   c. La electrificación de los imanes
   d. La interacción del diente de la columna con los devanados
6. **En los motores de CA, los imanes permanentes de un motor de CC se reemplazan por**
   a. Transformadores
   b. Una columna de inducido
   c. Un segundo conjunto de devanados
   d. Una barra colectora de delgas
7. **La fórmula de potencia para un motor trifásico incluye un factor de 1.762 para compensar el hecho de recibir energía de tres fuentes distintas.**
   ☐ Verdadero
   ☐ Falso
8. **Este es el tipo más común de motor por inducción:**
   a. Sincrónico
   b. De jaula de ardilla
   c. Con rotor devanado
   d. Monofásico

9. ¿Cuál de los siguientes motores de CA tendrá la menor velocidad sincrónica?

a. 2 polos

b. 4 polos

c. 6 polos

d. 8 polos

10. Para que un motor de jaula de ardilla produzca torque, la velocidad operativa y la velocidad sincrónica deben ser iguales.

☐ Verdadero

☐ Falso

INFORMACIÓN DE LA PLACA DE IDENTIFICACIÓN

La placa de identificación del motor es el lugar donde se encuentra la información exigida por National Electrical Code (NEC). La placa de identificación está firmemente colocada en el motor. La siguiente información se basa en el documento NEMA MG 1. La placa de identificación en la Figura 6.32 es de un motor Baldor de 10 hp. Es recomendable mantener la placa de identificación lo más limpia posible. Puede resultar muy útil mantener un registro de los motores, una foto de la placa de identificación y apuntar la ubicación del motor en caso de que el motor deba ser reemplazado. Se describirá la información de la placa de identificación tomando como referencia la placa de identificación Baldor que se muestra en la Figura 6.32.

N.º CAT. El número de catálogo se usa para remplazar el motor por otro similar. A veces, hay referencias cruzadas de otros fabricantes que se pueden substituir como reemplazo equivalente.

ESPEC. "ESPEC." es la especificación para este motor en particular. Los números y la letras forman un código que indica la forma y lugar de fabricación del motor. En la placa de identificación que se muestra en la Figura 6.32, la primera parte del número ESPEC: 36G271 hace referencia a la especificación mecánica y "S" significa la revisión de esa especificación.

HP. "Caballos de fuerza" es una indicación sobre cuánto trabajo puede hacer el motor cuando se le suministra el voltaje nominal y produce corriente de plena carga. También indica la cantidad de torque que puede producir el motor para hacer funcionar el equipo. Fuera de los Estados Unidos, los motores se clasifican en kilovatios en lugar de caballos de fuerza. Hay 0.746 kW en 1 hp.

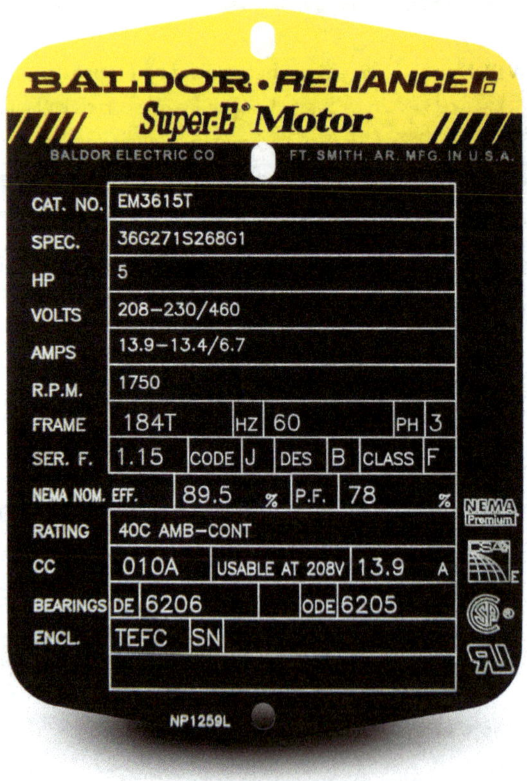

Figura 6.32 Ejemplo de placa de identificación de un motor (reimpreso con autorización de ABB Motors and Mechanical Inc.)

VOLTIOS. Detalla el o los voltajes para los que el funcionamiento del motor está diseñado. Los motores más grandes tienen bobinas más grandes y más resistencia, por lo tanto, en general necesitan mayor voltaje. Los motores monofásicos que funcionan con 120 V de CA son comunes para aplicaciones pequeñas (menores a 0.746 kw [1 hp]). Los motores trifásicos en general funcionan a 208, 230 y 460 V. Los motores trifásicos son una opción frecuente en las WRRF porque no necesitan una bobina adicional para la puesta en funcionamiento como los motores monofásicos.

La placa de identificación en la Figura 6.32 detalla dos voltajes distintos de 208 a 230 V y 460 V, lo que lo hace un motor de doble voltaje. Este motor en particular puede funcionar tanto en voltaje alto como en voltaje bajo. El diagrama de cableado que acompaña al motor muestra las conexiones necesarias para ambos voltajes. Observe que el voltaje bajo y el voltaje alto están separados por una barra oblicua (/) en la placa de identificación. Los dos voltajes bajos están separados por un guión (-) para indicar un rango.

Los voltajes utilizados no tienen que ser exactamente los de la placa de identificación. Hay una tolerancia permitida de +10 %. Esto significa que este motor podrá funcionar con voltajes de 414 a 506 V en el extremo superior y de 207 a 253 V en el extremo inferior. El +10 % también se aplica a los 208 V.

AMPERAJE. El amperaje nominal también se denomina "amperaje a carga plena" (*full load amps"*, FLA). Es la cantidad de corriente que el motor consume cuando tiene carga plena. Observe que los amperios del voltaje inferior son más altos que los del voltaje superior. Los amperios de la placa de identificación se usan para calcular el tamaño de la protección de sobrecarga del motor. La protección contra cortocircuitos y fallas a tierra para el equipo se calcula de acuerdo a las tablas de NEC.

Cuando un motor arranca, su campo magnético giratorio debe superar la fricción interna, la inercia de la masa del rotor y la inercia de la carga mecánica conectada al motor. Como resultado, durante el arranque se necesita una corriente alta que es de 10 a 100 veces la corriente operativa (WEF, 2013). Los circuitos del motor deben ser capaces de soportar esta corriente. Cuando el motor alcanza su velocidad operativa típica, la corriente cae a niveles operativos. El tiempo necesario para que el motor alcance esta velocidad (velocidad de arranque) depende del tamaño y la carga del motor, pero en general es de solo unos pocos segundos.

Los motores tienen otro valor de corriente: el amperaje de rotor bloqueado (*locked rotor amperes*, LRA). Para calcular el LRA de un motor, los fabricantes en general analizan la cantidad de corriente que consume cuando el rotor no se puede mover. Este es el mayor consumo de corriente del motor. Para calcular el FLA, los fabricantes miden el consumo de corriente del motor cuando está en funcionamiento a su carga mecánica nominal plena. Los ingenieros usan tanto los valores del LRA como del FLA cuando diseñan los circuitos eléctricos que conectan el motor con el sistema eléctrico.

R.P.M. "R.P.M." significa giros o revoluciones por minuto. Esta es la velocidad del eje a carga plena. La velocidad de este motor es de 1750 rpm (Figura 6.32). Si fuera un motor sincrónico, la velocidad del motor se podría calcular multiplicando los ciclos/segundo por la cantidad de segundos en un minuto: 50 Hz × 60 segundos = 3000 rpm (60 Hz × 60 segundos = 3600 rpm). Observe que la velocidad de este motor es inferior al valor calculado. La velocidad del motor también es determinada por la cantidad de polos. Este es un motor de 4 polos y la velocidad es inferior a la que predice la fórmula matemática debido al "deslizamiento" en el motor. Este "deslizamiento" se debe a la índole mecánica del motor. La velocidad del eje queda demorada en relación a la velocidad eléctrica.

CARCASA. El número de carcasa permite reemplazar un motor por otro motor con el mismo tamaño de eje, la misma altura de eje, la misma ranura y el mismo patrón de perno para el montaje. También hay información en el número que es útil para el instalador. En el caso de los motores que se venden en los Estados Unidos, si el número de carcasa es de tres dígitos, se puede calcular la altura del eje dividiendo los primeros dos números del número de la carcasa por 4. El número de carcasa del motor en la Figura 6.32 es 184. Si dividimos 21 por 4 obtenemos una altura de eje de 5.25 in (13 cm). La altura del eje se mide desde el fondo del motor al centro del eje.

También puede haber letras en el número de carcasa. Las letras aparecen después del número de carcasa. El número de carcasa de este motor tiene la letra T. En la Tabla 6.7 se incluyen ejemplos de algunas letras comunes que aparecen en las placas de identificación y su significado.

HZ. El hercio indica la frecuencia del sistema eléctrico. En los Estados Unidos, la frecuencia en general es de 60 Hz. En otros países, la norma es 50 Hz. A veces, las placas de identificación tienen múltiples frecuencias.

Tabla 6.7 Denominador alfabético de la carcasa

JM	Motor de bomba de acoplamiento cerrado con montaje frontal C y extensiones de eje especiales
C	Montaje frontal (pueden ser montajes circulares o de pie)
D	Montaje con brida
S	Eje corto
T	Eje estandarizado
V	Montaje vertical
Y	Dimensiones de montajes especiales
Z	Todas las dimensiones son estándar excepto la del eje extendido

F. F es la cantidad de fases del motor. En general, los motores son monofásicos o trifásicos. En algunos casos se usan motores de CC o bifásicos. En algunas placas de identificación, aparece la palabra "CLASE" en lugar de F.

F. SER. F. SER. es el factor de servicio del motor. Es la cantidad porcentual en la que el motor se puede sobrecargar sin quemarse. Este motor tiene un factor de servicio de 1.15. Esto significa que puede funcionar a un 115 % de sus caballos de fuerza nominales de manera continua sin sobrecalentarse o quemarse. Sin embargo, si el motor funciona a su factor de servicio nominal se reducirá la vida útil del motor. El factor de servicio ayuda en situaciones en las que puede haber una sobrecarga no intencional (por ejemplo, más producto en un transportador) y el motor necesita retirar la carga. Los factores de servicio más comunes son de 1.0 y 1.15.

CÓDIGO. El código es una letra que indica la corriente de rotor bloqueado del motor. La corriente de rotor bloqueado es la corriente que el motor consume cuando no está funcionando, pero está energizado; está parado. Hay dos momentos en los que el motor está con rotor bloqueado: cuando arranca y cuando se detiene. La corriente de rotor bloqueado necesaria para arrancar el motor se denomina *corriente de inserción*. La corriente de inserción generalmente es de 6 a 8 veces la FLC del motor (Tabla 6.8). La corriente de inserción afecta la clasificación y el tipo de fusibles y disyuntores usados para proteger el motor del arranque y cuando está en funcionamiento.

Las letras de código son alfabéticas de la A a la V. La Tabla 430.7(B) de NEC muestra los kilovoltio-amperios (kVA) por caballo de fuerza con el rotor bloqueado. En la Tabla 6.8 se detallan algunas otras letras de código con sus kilovoltio-amperios asociados. Observe que a medida que las letras avanzan por el abecedario, aumenta la corriente de rotor bloqueado.

La letra de código en la placa de identificación de la Figura 6.32 es la J. La tabla de NEC indica que este motor tiene una corriente de rotor bloqueado de 7.1 a 7.99 kVA por caballo de fuerza.

La fórmula utilizada para calcular la corriente de rotor bloqueado es la siguiente:

$$I = \frac{\text{k} \times \text{kVA} \times \text{hp}}{1.732 \times E} \qquad (6.14)$$

$$I = \frac{1000 \times 7.99 \times 10}{1.732 \times 460}$$

$$I = \frac{79\ 900}{797}$$

$$I = 100$$

Tabla 6.8 Letra de código Amperios con rotor bloqueado

Letra de código	Kilovoltio-amperios por caballo de fuerza con rotor bloqueado
J	7.1-7.99
K	8.0-8.99
L	9.0-9.99
M	10.0-11.19
N	11.2-12.49

Esto significa que el método de desconexión y el controlador usados para arrancar este motor (arrancador del motor, fusibles/disyuntores, etc.) deben ser capaces de transportar al menos 100 A.

DIS. El diseño del motor concierne el torque que el motor produce cuando arranca. NEMA estableció cuatro códigos de diseño para los motores de inducción eléctricos: A, B, C y D. Recientemente se agregó el motor de diseño B de eficiencia energética. La placa de identificación de la Figura 6.32 indica que este es un motor diseño B. Para mayor información acerca de las clasificaciones NEMA, visite la página https://www.nema.org/. En la Tabla 6.9 se resumen los usos de los distintos diseños de motores.

CLAS. Clas es una clasificación de NEMA. Determina la clasificación nominal del aislamiento según la temperatura operativa máxima admisible. Hay cuatro clases de aislamiento de motor: A, B, F y H. Consulte en NEMA las distintas clases de aislamiento y sus temperaturas operativas máximas.

EF. NOM. NEMA. La eficiencia de un motor es un porcentaje que se basa en la diferencia entre la potencia de entrada del motor y el trabajo de salida real del motor desde el eje del motor. Ningún motor es 100 % eficiente debido a las pérdidas de eficiencia en los sistemas eléctricos, mecánicos y térmicos al hacer funcionar el motor.

FP. FP es el factor de potencia del motor. Es la relación entre lo que necesita el motor para funcionar y lo que hace falta para realmente hacer funcionar el motor debido a todas las pérdidas en eficiencia. Se expresa en porcentaje. Por ejemplo, un motor de 1 hp equivale a 746 W. Sin embargo, la empresa de energía eléctrica puede tener que suministrar 1000 W para hacer funcionar ese motor debido a las pérdidas.

TEMP. La temperatura ambiente máxima para este motor es de 40 C AMB-CONT (Figura 6.32). Este motor se debe mantener en una habitación con una temperatura ambiente de 40 °C o inferior. Si fuera colocado en un lugar con una temperatura más elevada, el motor no podría enfriarse a sí mismo. Se podría quemar en poco tiempo. "CONT" significa que este motor está clasificado para funcionamiento continuo. Una vez que arranca, se espera que funcione durante un periodo largo indefinido.

CERT. CERT. es el número de certificación. Este número aparece en todos los motores que requieren cumplimiento de la ley de energía de los EE. UU.

COJINETES. Esta sección detalla los números de pieza del cojinete del extremo del accionador y el cojinete opuesto al extremo del accionador. Estos números de pieza se usan para el reemplazo directo con un cojinete idéntico.

CERR. El cerramiento es el tipo de carcasa que se proporciona para el motor. Hay varios tipos de cerramientos. Algunos de los más comunes son:

Abiertos a prueba de goteo (*Open Drip Proof*, **ODP**): Están construidos de manera tal que las gotas de líquidos o sólidos que caigan en un ángulo no superior a 15° no pueden ingresar al motor.

Totalmente cerrados: Están construidos para evitar el intercambio de aire entre el interior y el exterior del motor. El motor no es hermético.

Tabla 6.9 Uso de letras para el diseño

Letra de diseño	Corriente inicial	Torque de rotor bloqueado	Aplicación
A	Alto a medio	Normal	Ventiladores y bombas
B	Bajo	Alto	HVAC con ventiladores, sopladores y bombas
C	Bajo	Alto	Bombas de desplazamiento positivo, transportadores
D	Bajo	Muy alto	Grúas, elevadoras, cizallas

Totalmente cerrados y enfriados por motor (*Totally Enclosed Fan-Cooled*, **TEFC**)**:** El motor está totalmente cerrado. El eje del motor se extiende y a él se adjunta un ventilador. El ventilador sopla aire a través de la carcasa exterior. El ventilador está cubierto por una protección para la seguridad del personal.

Totalmente cerrados, sin ventilación (*Totally Enclosed Non-Ventilated, TENV):* El motor está totalmente cerrado pero no está equipado para enfriamiento desde medios externos.

Totalmente cerrado, enfriado por soplador (*Totally Enclosed Blower-Cooled*, **TEBC**)**:** El motor está totalmente cerrado pero está equipado con un ventilador con suministro de energía independiente que sopla aire a través del motor. Este motor se usa con mayor frecuencia en aplicaciones de velocidad variable.

Totalmente cerrado, a prueba de explosión (*Totally Enclosed Explosion-Proof*, **TEXP**)**.** El motor está totalmente cerrado y puede soportar una explosión interna de gas o vapor. También evita la ignición de gases o vapores que rodean al motor por chispas, destellos o explosiones que pudieran ocurrir dentro del motor. Los motores totalmente cerrados a prueba de explosión se encuentran generalmente en las estaciones de bombeo y en las obras de cabecera.

NS. El número de serie es el número con el que se registra el motor con el fabricante. También se puede usar para identificar el motor cuando se consulta por piezas de reemplazo. Se puede usar en caso de devolución.

Se debe mantener un registro con especificaciones detalladas y copias de la información de la placa de identificación de todos los motores junto con los registros de mantenimiento. Si los datos requeridos no están disponibles, se le deben solicitar al fabricante. Las placas de identificación de los motores se tornan ilegibles con el tiempo debido a la pintura, el raspado para quitar la pintura, el aceite, el clima, la inmersión en pozos sumideros y otros factores.

COMPROBACIÓN DE CONOCIMIENTOS

1. **Un motor puede operar a voltajes que superan su voltaje de diseño en hasta un ________.**
   a. 5 %
   b. 10 %
   c. 15 %
   d. 20 %

2. **Este término describe la cantidad de amperios que un motor consumirá con carga plena.**
   a. Amperaje de rotor bloqueado
   b. Amperaje de giro libre
   c. Amperaje de plena carga
   d. Amperaje de carga base

3. **El consumo de amperios de un motor es más alto cuando alcanza su velocidad operativa típica.**
   ☐ Verdadero
   ☐ Falso

4. **Calcule la velocidad del motor para un motor sincrónico que opera a 50 Hz.**
   a. 2400 rpm
   b. 3000 rpm
   c. 3600 rpm
   d. 4200 rpm

5. **Dos motores con el mismo número de carcasa**
   a. Tienen el mismo tamaño de eje
   b. Operan a las mismas rpm
   c. Consumen los mismos amperios
   d. Generan los mismos kW (hp)

6. **Un motor con un factor de servicio de 1.1 puede**
   a. Necesitar tiempo adicional para llegar a la velocidad máxima
   b. Operar a 110 % de su capacidad sin dañarse
   c. Funcionar tanto a una potencia de 50 Hz como de 60 Hz
   d. Usarse únicamente con energía de CC

7. **El código de un motor para la corriente de inserción indica el consumo de amperios del rotor bloqueado.**
   ☐ Verdadero
   ☐ Falso

8. **Los motores con esta designación de NEMA son adecuados para usar con sopladores y bombas:**
   a. A
   b. B
   c. C
   d. D

9. **Este tipo de motor se debe utilizar en lugares en los que se pueden acumular gases inflamables:**
   a. TEFC
   b. TEBC
   c. ODP
   d. TEXP

CONTROL DEL MOTOR

Los motores eléctricos se pueden arrancar con un arrancador de voltaje pleno, un arrancador suave o un accionador.

ARRANCADORES

Un arrancador es un relé intermedio entre un motor de alto voltaje (en general, cualquier motor de 115 VCA o superior) y circuitos de control de bajo voltaje (de 12 a 24 VCC). Se usan para aumentar la seguridad y minimizar los requisitos de cableado del motor. Son interruptores o relés especialmente diseñados que permiten la operación de corto plazo a un nivel de corriente alta durante el arranque del motor. Cuando el motor alcanza su velocidad de funcionamiento, la corriente cae al FLA del motor. Un arrancador también detiene el motor si el arranque lleva mucho tiempo (excede su LRA) o el motor excede su FLA, porque la corriente alta puede causar que el motor se sobrecaliente y falle. El arrancador permite que el voltaje bajo controle el voltaje más alto del motor.

Los arrancadores de voltaje pleno suministran el voltaje de línea completo al motor inmediatamente después del arranque. Ese arranque abrupto puede ser dañino para algunos equipos y puede causar que una empresa de servicios públicos devengue cargos adicionales para esa empresa de servicios públicos o para una empresa de energía. Los arrancadores suaves limitan la cantidad de voltaje disponible en el arranque y después gradualmente la aumentan a medida que el motor alcanza la velocidad operativa. Los arrancadores se usan para operar motores en una única velocidad. El equipo, en este caso un motor, opera a su velocidad operativa plena o no opera.

ACCIONADORES

Con frecuencia, necesitamos operar un motor o el equipo que impulsa a cierto porcentaje de su capacidad total. Los accionadores proporcionan esa flexibilidad al permitir que el motor opere a distintas velocidades. Hay tres clases de accionadores de velocidad variable: accionadores de frecuencia variable (*variable frequency drives,* VFD), controles de motor bobinado con alambre con unidades secundarias de recuperación de energía y controles de velocidad de torque variable. Los primeros dos tipos son los que se usan con mayor frecuencia en las instalaciones de tratamiento de aguas residuales.

A los accionadores de frecuencia variable también se los denomina *accionadores de frecuencia ajustable, accionadores de velocidad variable, accionadores inversores* o solo *accionadores.*

Accionadores de frecuencia variable. Los accionadores de frecuencia variable permiten modificaciones en la velocidad del motor con o sin carga aplicada. El accionador básicamente transforma una señal de CA trifásica en un voltaje de CC reestructurado con frecuencia y voltaje controlables.

Observe nuevamente la Figura 6.22 y repase de qué forma se genera la electricidad trifásica. El imán que gira en el centro del generador genera electricidad en las bobinas a la misma frecuencia (velocidad) que el giro del imán. Si el imán gira 120 veces por segundo, obtenemos 60 Hz de potencia. Si el imán gira a una velocidad distinta, cambian los hercios. Lo mismo sucede dentro de un motor de CA trifásico. Si aumentamos o disminuimos los hercios de la potencia suministrada a la bobina primaria (estator), aumentará o disminuirá proporcionalmente la velocidad de giro de la bobina secundaria (rotor). El campo magnético del rotor está siempre capturando el campo magnético de estator. El VFD aprovecha este comportamiento. Al aumentar o disminuir los hercios, el VFD puede aumentar la velocidad del motor.

Eaton Videos tiene videos excelentes en YouTube que dan una explicación más detallada de los VFD: https://www.youtube.com/watch?v=YA-6TNhFsE4&t=43s

Control del motor bobinado con alambre. Los motores bobinados con alambre controlan la velocidad limitando el voltaje a la bobina del estator o del rotor. Los controles reducen el consumo de corriente en el arranque y varían la impedancia de las bobinas del rotor por medio de reostatos de estado sólido. Los reostatos electrónicos de estado sólido también permiten que la mayor parte de la energía generada se convierta en potencia de CA de frecuencia fija y se vuelva a alimentar en la red de suministro de la instalación. Este mecanismo de control se usa generalmente en los motores más grandes (superiores a 75 kW [100 hp]) o en motores que usan más de 480 VCA. Un inconveniente de este control es la cantidad de calor generado, que reduce la eficiencia del motor. Sin embargo, la eficiencia promedio de este método se encuentra en general entre 85 % y 90 %.

MEDICIONES DE LAS CARACTERÍSTICAS ELÉCTRICAS

Las características de la energía suministrada a un motor y el comportamiento de la electricidad dentro del motor se pueden medir. Estas mediciones se usan para evaluar la calidad del suministro de energía, la carga sobre el motor, la eficiencia operativa general del motor y la integridad eléctrica del motor. Es importante observar que personal especialmente capacitado debe realizar todas las pruebas y mediciones eléctricas.

VOLTAJE

Para fines de diagnóstico, se toman mediciones de voltaje trifásico en los tres conductores del lado de carga de los controles del motor (Figura 6.33). El desequilibrio de voltaje en las mediciones entre L1 y L2, L1 y L3 y L2 y L3 debe ser menor a 1 %.

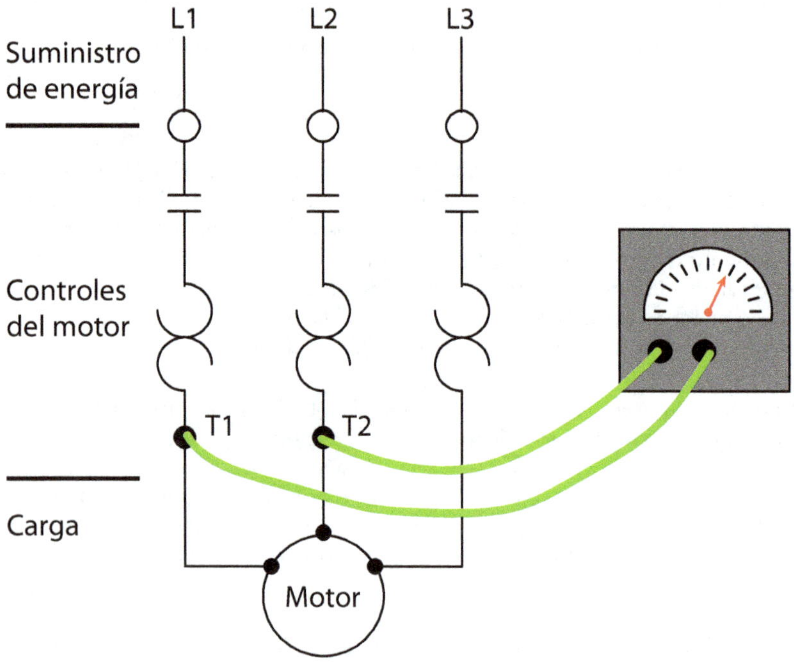

Figura 6.33 Control de voltaje en motores trifásicos (L = conductor de potencia y T = terminal del arrancador.del motor) (reimpreso con autorización de Xylem Inc.)

$$\text{Desequilibrio (\%)} = \frac{\text{Promedio de desviación máxima}}{\text{Promedio de las tres lecturas}} \times 100 \tag{6.15}$$

Si excede el 1 %, el desequilibrio de amperaje y la temperatura operativa del motor serán altos. Con frecuencia, los problemas en los controles del motor o el suministro de energía ocasionan desequilibrios de voltaje. Las pruebas de desequilibrio de voltaje deben ser parte del mantenimiento preventivo del equipo.

AMPERAJE

Las corrientes (amperaje) que fluyen por cada fase (L1, L2 y L3) de un motor trifásico deben ser casi iguales. Cuando el amperaje entre las fases está desequilibrado, el motor funciona en caliente y pierde eficiencia. Las mediciones de amperaje se deben tomar cuando el motor se encuentra en su temperatura y carga operativas normales. El porcentaje de desequilibrio se calcula con la misma fórmula que se usa para el desequilibrio de voltaje. A plena carga, el desequilibrio máximo permitido es 5 %. Si un motor opera muy por debajo de su carga plena, se puede aceptar un porcentaje de desequilibrio mayor.

Para identificar la fuente del desequilibrio del voltaje o el amperaje es necesaria información sobre resolución de problemas. Nuevamente, es importante observar que la resolución de todos los problemas eléctricos debe estar a cargo únicamente de personal cualificado y capacitado. Primero, mida el voltaje y el amperaje con la disposición original de los conductores de energía. Después, cambie la ubicación de los tres conductores de energía del lado de carga de los controles del motor y repita las mediciones. Es importante verificar que las posiciones de los tres conductores fueron modificadas. Si solo se cambian dos conductores, el motor operará en la dirección opuesta. Cambie los tres conductores nuevamente para obtener la tercera disposición posible y tome otro conjunto de lecturas. Si un mismo conductor siempre produce una lectura que difiere de las otras dos, el problema se encuentra entre ese terminal y la planta de energía. El problema puede ser tan simple como contactos del arrancador gastados o tornillos sueltos del terminal. Por el contrario, puede ser necesaria la ayuda de la empresa de energía para encontrar la solución.

Si se cambian dos conductores eléctricos de un motor trifásico se revierte la dirección de giro del motor.

FACTOR DE POTENCIA

El método más fácil y preciso disponible para medir el factor de potencia es usar un medidor de factor de potencia. La potencia reactiva kilovoltio-amperio es la energía usada para producir las fuerzas magnéticas inducidas que hacen girar el motor. La potencia reactiva no se puede medir con un vatímetro. El factor de potencia solo se puede calcular con los datos obtenidos con un vatímetro, un voltímetro y un amperímetro. La potencia real (kilovatios) y la potencia aparente (kilovotio-amperio) se miden directamente y se usan en el cálculo.

RESISTENCIA Y AISLAMIENTO

El aislamiento confina el flujo de electricidad a su trayectoria prevista mediante la protección de la trayectoria eléctrica por el conductor con una barrera de alta resistencia. Con el tiempo, el aislamiento alrededor de los conductores comienza a descomponerse y permite que la corriente pase a tierra. Se debe controlar el aislamiento de los cables que van al motor y de las bobinas mismas del motor habitualmente como parte del mantenimiento preventivo. Esta medición simple realizada con un megóhmetro puede contribuir a evitar las situaciones de mantenimiento de emergencia. Debido a que se mide la resistencia del aislamiento al flujo de electrones, los valores de resistencia se miden en unidades de megaohmios o megohmios (millones de ohmios).

Siempre que se mide resistencia, se deben quitar todas las fuentes de energía del circuito que se analiza. Siempre es importante controlar el voltaje antes de colocar las sondas del megóhmetro en los terminales. El megóhmetro tiene su propio suministro de energía para energizar el circuito que se analiza. Se debe controlar cada conductor conectando el megóhmetro al conductor que se analiza y a tierra. Tierra, en este caso, es la carcasa del motor o el tornillo de puesta a tierra en la caja de conexiones de los cables. Un motor nuevo debe tener una lectura de resistencia infinita. Con el tiempo, la resistencia disminuye gradualmente. Esta información se debe plasmar en un gráfico para que se pueda visualizar la tendencia. Cuando se alcanza un valor de resistencia mínimo, las bobinas se pueden recubrir y secar en caliente para restablecer el valor de aislamiento. Algunos fabricantes permiten 2 megaohmios por caballo de fuerza (MΩ/hp) como valor de resistencia mínima antes de realizar el servicio a las bobinas (WEF, 2009). En motores más pequeños, se debe usar una relación un poco mayor. Si se controla el motor en los controles del motor, se controla al mismo tiempo el aislamiento del conductor al motor. Se deben tomar lecturas adicionales en el motor antes de que fallen las bobinas del motor por baja resistencia.

POTENCIA

La potencia medida es la demanda eléctrica real instantánea necesaria para operar un motor en condiciones de carga plena o parcial. La potencia se mide en kilovatios y se puede obtener directamente por medio de un vatímetro. Puede ser útil conocer la potencia que consume un motor al momento de evaluar la eficiencia operativa del sistema. Las mediciones de potencia se pueden comparar con la potencia nominal del motor para determinar si el motor está sobrecargado (tamaño reducido) o tiene una carga insuficiente (demasiado grande). La sobrecarga puede ser el resultado de una mala elección de motor o de un problema en el motor, el accionador o el *elemento accionado*, y requiere atención inmediata. Los motores logran la mayor eficiencia en su condición de plena carga.

El *elemento accionador* es el equipo que el motor está operando. Algunos ejemplos son las bombas, los ventiladores y los sopladores.

OPERACIÓN DE RUTINA DEL MOTOR

Cuando un operador realiza las inspecciones diarias de la instalación, debe prestar especial atención a todos los equipos eléctricos y mecánicos en su área designada. Las observaciones deben incluir el examen de la condición física del equipo y el uso de los sentidos para monitorear los ruidos que hace el equipo que está operando, el estado visible del equipo, como señales de fugas o cambios de color, u olores inusuales. Controle que las reservas de aceite del motor tengan el nivel correcto e identifique cualquier señal de decoloración del aceite. Limpie periódicamente los conductos del motor. Los cojinetes lubricados no deben perder grasa ni hacer demasiado ruido. Se pueden tomar lecturas del amperaje de algunos motores a través del sistema de control del la instalación. Si estuvieran disponibles las lecturas de amperaje, se deben registrar a diario. Lecturas demasiado altas o bajas podrían indicar que hay un problema en el motor o en lo que el motor acciona.

Si un motor que se supone que debería funcionar no está funcionando, verifique la presencia en la instalación de alguna situación que provoque que el motor se detenga. Por ejemplo, si las concentraciones de oxígeno disuelto en el depósito de lodo activado están al máximo, el sistema de control de la instalación podría haber apagado temporalmente el soplador y su motor asociado. Este motor debería volver a arrancar solo cuando fuera nuevamente necesario. Después de verificar que el motor debería estar funcionando, controle el disyuntor que suministra energía al motor. Si el disyuntor se encuentra en la posición de disparado o hay alguna indicación de falla en el disyuntor, solicite a un electricista cualificado que investigue la falla.

MANTENIMIENTO DEL MOTOR

En teoría, un motor eléctrico de jaula de ardilla (cuando se lo opera dentro de sus parámetros de diseño) no falla nunca porque las únicas piezas que se desgastan son las superficies de desgaste. Además, un cojinete actual con carga adecuada funcionará casi indefinidamente, si recibe el cuidado adecuado. Los campos magnéticos que hacen girar al motor no ocasionan desgaste. La electricidad que fluye por el cable no desgasta el cable. Por lo

La vida útil de los cojinetes de buena calidad debe ser de al menos 100 000 horas u 11.4 años de servicio continuo.

tanto, el motor nunca se debería desgastar ni fallar. Esta teoría solo concierne a los motores de jaula de ardilla. Las escobillas y las delgas en otros tipos de motores se pueden desgastar y finalmente producir la falla del motor.

Las causas principales de fallas del motor son negligencia, incluida la falta de limpieza de los conductos del motor que produce sobrecalentamiento, una lubricación inadecuada (demasiada o insuficiente) que causa que los cojinetes fallen y puede ocasionar la destrucción completa del motor si el rotor entra en contacto con el estator y una tensión inadecuada de la banda que ocasiona la falla del cojinete y la posible destrucción del motor. Si no se realiza un mantenimiento adecuado de los relés de sobrecarga y demás equipos de protección, se puede producir una sobrecarga eléctrica. Las reacciones químicas y térmicas producto del exceso de aceite pueden ocasionar fallas en el aislamiento y cortos en los devanados. La falta de mantenimiento de la maquinaria accionada, puede ocasionar sobrecarga, sobrecalentamiento y, finalmente, falla del motor. La falta de una protección adecuada contra los factores ambientales puede producir fallas en el motor debido al daño por óxido, corrosión o contaminación con partículas extrañas.

Sorprendentemente, muchos motores se dañan por el agua durante el proceso de lavado llevado a cabo por personal imprudente. Los circuitos de control del motor con frecuencia se descuidan hasta que ocurre una falla. Las conexiones flojas en los circuitos eléctricos causan sobrecorriente o falla de fase, como también sobrecalentamiento. Estas son solo algunas de las formas de negligencia que pueden ocasionar la falla del motor (WPCF, 1984). La falla principal de la falla de los cojinetes es la lubricación excesiva.

Se detallan a continuación las mejores prácticas de gestión recomendadas para motores:

- Es preferible que técnicos capacitados realicen la lubricación de manera periódica, y no una sola vez para toda la vida útil del equipo.
- Todas las cubiertas de los cojinetes del motor deben estar equipadas con válvulas de descarga de grasa que permitan la salida del exceso de grasa. Si no está abierta la descarga de grasa, cualquier exceso de grasa puede provocar altas temperaturas en el cojinete y fallas prematuras. El exceso de grasa también puede ingresar al motor y revestir los devanados, lo que provoca que se sobrecalienten.
- Los siguientes puntos se deben controlar de manera periódica para asegurar una larga vida útil de los cojinetes: acumulación de grasa interna o externa, acumulación de suciedad, temperatura excesiva del motor (especialmente los extremos de los cojinetes), alineación del eje, juego del cojinete (desgaste) y ruido o vibración excesivos. Es muy importante controlar con frecuencia la operación mecánica de un motor y del equipo accionado para detectar vibraciones, ruidos, altas temperaturas y otras condiciones anormales, y proporcionar un mantenimiento de rutina adecuado de eliminación de polvo y lubricación de cojinetes para asegurar una larga vida útil del motor.
- Si el motor falló completamente, recíclelo adecuadamente (Figura 6.34).

Figura 6.34 Motores destinados para reciclaje (reimpreso con autorización de Indigo Water Group)

- La operación eléctrica del motor afecta el costo de operación y la capacidad del motor de proporcionar un servicio confiable. Se debe controlar que el motor tenga el voltaje, el amperaje y la resistencia a tierra adecuados. También se debe controlar cuidadosamente la operación de los controles del motor. Los arrancadores del motor deben activarse completamente sin traquetear. Se deben reemplazar las bobinas debilitadas y los contactos desgastados. Se pueden usar sensores y cámaras térmicas para controlar la disipación adecuada del calor. Una vez por año, un electricista cualificado debe controlar todas las conexiones del panel de control para verificar que estén ajustadas.

COMPROBACIÓN DE CONOCIMIENTOS

1. **La información del FLA del motor en la placa de identificación sirve para ______.**
   a. determinar el tamaño de las sobrecargas
   b. determinar el tamaño de los fusibles
   c. determinar el tamaño del disyuntor
   d. determinar el tamaño del cable

2. **El número de carcasa es ______.**
   a. el mismo para cada motor
   b. para determinar el tamaño de los fusibles
   c. para determinar el tamaño del disyuntor
   d. para determinar la altura del eje

3. **RPM significa ______.**
   a. rutina para el mantenimiento
   b. revoluciones por minuto
   c. rotaciones por mes
   d. rotación de partes mantenidas

4. **El factor de potencia es ______.**
   a. la ubicación del motor
   b. el tipo de aislamiento del motor
   c. la cantidad de sobrecarga que soporta el motor
   d. el tipo de cerramiento del motor

5. **El trabajo que puede hacer un motor se mide en ______.**
   a. caballos de fuerza
   b. amperios
   c. voltaje
   d. resistencia

6. **¿Quiénes pueden tomar mediciones de voltaje, amperaje y otros parámetros eléctricos?**
   a. Los operadores
   b. Los gerentes
   c. El personal capacitado
   d. Solo electricistas cualificados

7. **Si los voltajes entre las fases de la corriente trifásica están desequilibrados**
   a. Aumentará la temperatura del motor.
   b. El motor no arrancará.
   c. Aumentará el consumo de amperios.
   d. Inspeccione los devanados.

8. **Un desequilibrio de voltaje puede estar ocasionado por un problema en los controles del motor.**
   ☐ Verdadero
   ☐ Falso

9. **Cuando se analizan el desequilibrio de voltaje o amperaje de un motor trifásico, no es necesario controlar los tres conductores.**
   ☐ Verdadero
   ☐ Falso

10. **Después de realizar el mantenimiento de rutina de un motor trifásico, el motor se vuelve a arrancar. Antes de realizar el mantenimiento, el motor giraba en sentido horario. Ahora gira en sentido antihorario. ¿Cómo se puede corregir este problema?**
    a. Reequilibrar los voltajes dentro del 1 %
    b. Cambiar dos de los conductores eléctricos
    c. Llamar a la empresa de energía
    d. Desmagnetizar las bobinas

11. **Cuando se usa un megóhmetro para controlar la resistencia del aislamiento de un motor:**
    a. Controle el vataje antes del análisis
    b. Verifique que el motor esté conectado al disyuntor
    c. Aísle el motor de todas las fuentes de energía
    d. Verifique que el rotor puede girar libremente

12. **Mantenga los siguientes elementos limpios para asegurar un buen caudal de aire y contribuir a mantener el motor funcionando en el rango de temperaturas correcto:**
    a. Conductos
    b. Cojinetes
    c. Devanados
    d. Reservas

13. **La causa principal de la falla de cojinetes es**
    a. El polvo
    b. La estriación
    c. El exceso de grasa
    d. La humedad

14. **Un cojinete bien cuidado debe durar al menos ______ de operación.**
    a. 5000 horas
    b. 25 000 horas
    c. 50 000 horas
    d. 100 000 horas

Planos eléctricos

La energía llega a la instalación y se usa para hacer funcionar el equipo. Para hacer un seguimiento de la electricidad a través del equipo será necesario comprender los planos eléctricos. La empresa de ingeniería responsable de los gráficos eléctricos proporciona los planos eléctricos. Se dibujan con símbolos que representan el equipo y los cables. Los planos no muestran la disposición del equipo o dónde está ubicado el equipo. Muestran cómo está conectado el equipo eléctricamente. Los planos se usan en la industria de la electricidad para indicar el flujo de la electricidad. Algunos planos son planos unifilares de la energía que ingresa a la instalación. En la Figura 6.35 se muestra un ejemplo de un plano unifilar.

Los planos unifilares son importantes para determinar cómo se distribuye la electricidad por la instalación. A veces, los planos unifilares incluyen los tamaños de transformador, los tamaños de cables, los dispositivos de sobrecorriente (fusibles/disyuntores) y el equipo en el que termina la electricidad. Otros planos se utilizan para indicar el flujo de la electricidad a partir del momento en que la empresa de servicios públicos entrega la energía principal. Algunos de estos planos hacen un seguimiento de la energía en la instalación mientras que otros hacen un seguimiento de la energía de control. Estos planos incluyen los transformadores, los interruptores, la protección contra sobrecorriente y los dispositivos adicionales utilizados para iniciar y detener el flujo de la electricidad en los procesos individuales.

Los planos más importantes para las operaciones son los planos de control de los procesos individuales. En la Figura 6.36 se muestra un ejemplo de un plano de control. Los planos se dibujan para mostrar la energía y los controles utilizados para hacer funcionar los distintos procesos. La parte dedicada a la energía muestra dónde se origina la energía para el sistema de control, cómo se desconecta la energía desde el sistema de control, el equipo que usa la energía y las conexiones entre los equipos. La parte del plano dedicada a la energía incluye los transformadores, los medios de desconexión, los disyuntores o fusibles, los relés, los contactores, los

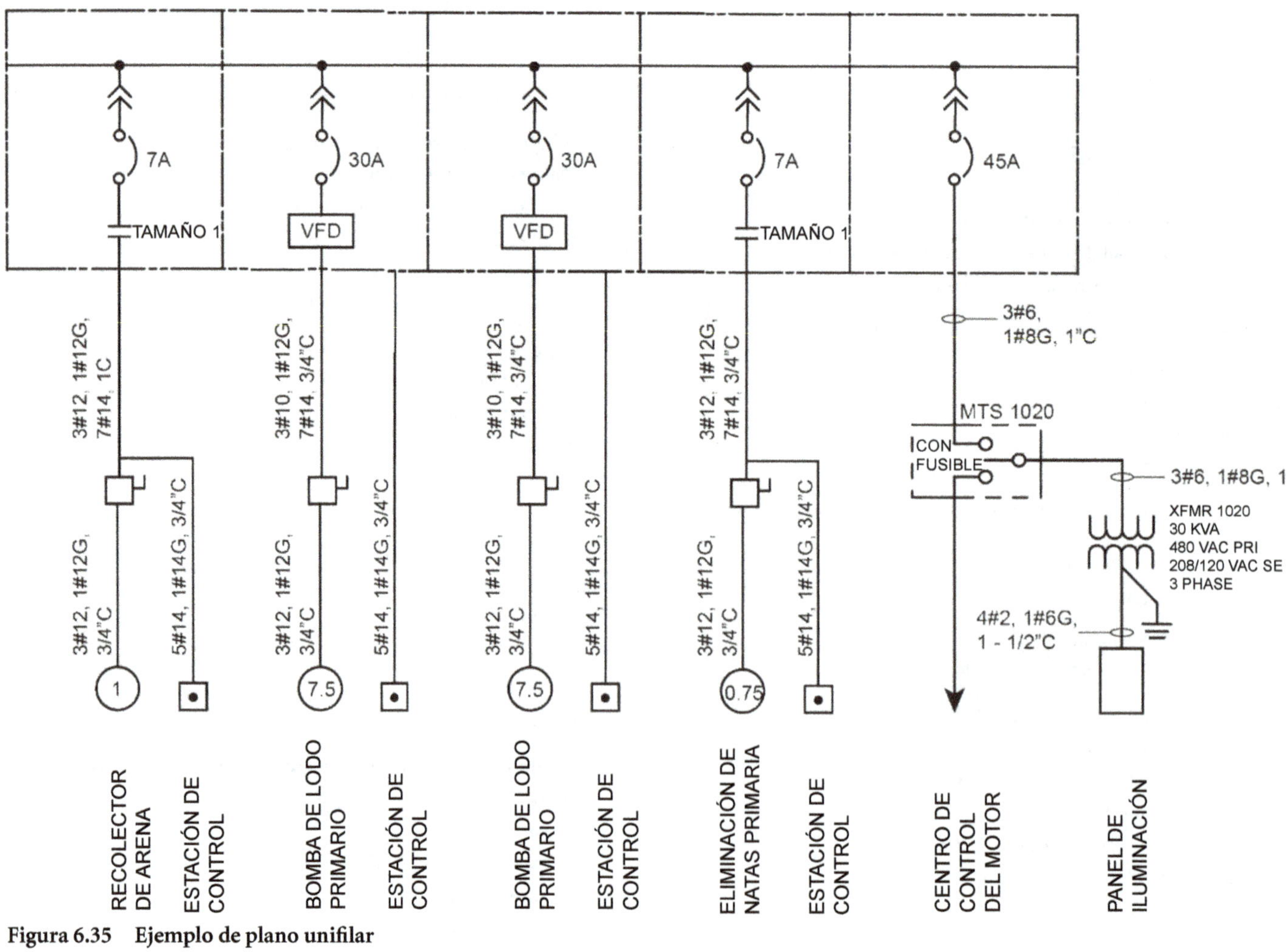

Figura 6.35 Ejemplo de plano unifilar

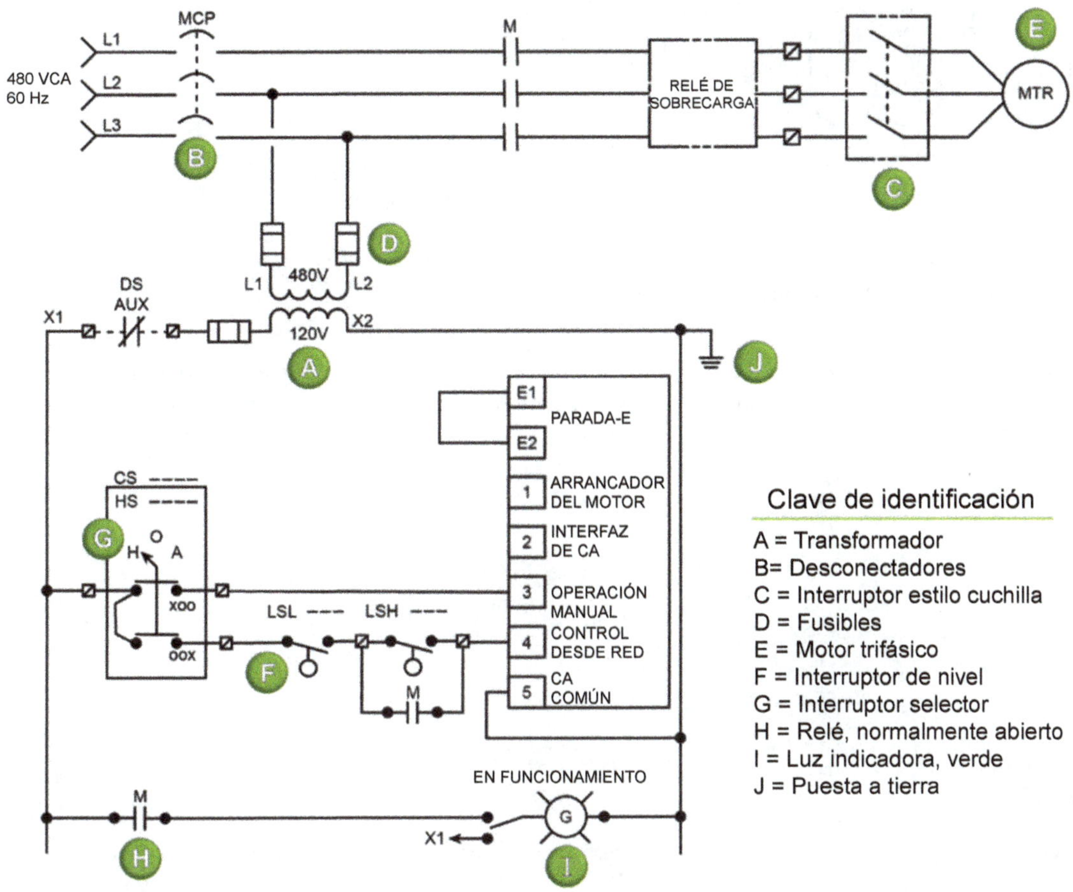

Figura 6.36 Ejemplo de un diagrama de control

arrancadores de motor, los contactos principales de los dispositivos eléctricos y las sobrecargas (si las hubiera), y los motores, calentadores, etc.

La parte del plano dedicada al control muestra los interruptores que son necesarios en el circuito de control para una operación segura del equipo. Los interruptores apagan y encienden el equipo de manera manual o automática y son la interfaz entre el operador y el equipo. La parte dedicada al control también muestra las bobinas de los relés, los contactores y los arrancadores de motor que se usan para hacer funcionar al equipo. La parte del plano dedicada al control incluye los transformadores de control (si se usaran), los disyuntores o los fusibles, los *dispositivos* usados para controlar el flujo de la electricidad y las bobinas de los relés, los contactores y los arrancadores de motor.

Un dispositivo es una unidad de un sistema eléctrico, distinto a un conductor, cuya función principal es transportar o controlar energía eléctrica (NEC 100; Definiciones: "dispositivo").

SÍMBOLOS

Los planos se dibujan con símbolos. Los símbolos son el ABC de la lectura del plano. Es importante conocer los símbolos para comprender el flujo de la electricidad. A veces hay una leyenda en los dibujos que identifica los símbolos utilizados. A veces esta leyenda no está presente. A continuación se incluyen algunos símbolos comunes usados en los planos con una breve explicación de cada uno.

Es importante comprender que los planos a veces son dibujados con todos los equipos en su posición y apagados. En otros casos, los planos se dibujan con los equipos energizados y listos para funcionar.

PARTE DEL PLANO DEDICADA A LA ENERGÍA

TRANSFORMADOR

Toda la potencia que entra a un transformador sale del transformador. Hay dos tipos de transformadores que se usan para disminuir o aumentar el voltaje. Un transformador consiste en un par de devanados alrededor de un núcleo (bobina). El primario recibe la potencia y el secundario entrega la potencia. El símbolo típico para un transformador es similar al de la Figura 6.37.

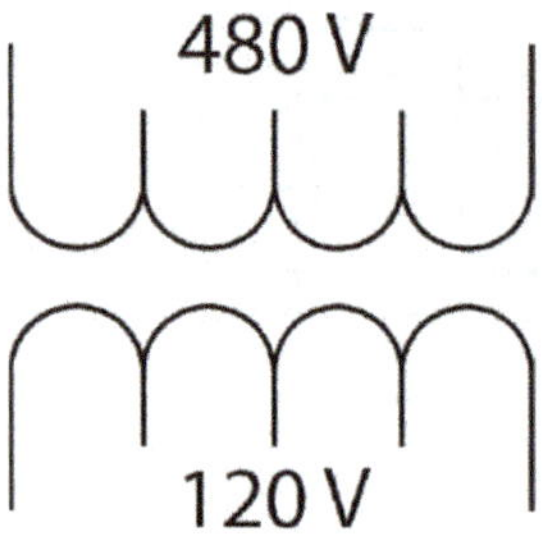

Figura 6.37 Símbolo de transformador con voltajes

Los transformadores proveen potencia a la instalación. Los transformadores se clasifican en kilovoltio-amperio o en miles de voltios-amperios. Como se mencionó anteriormente, $P = E \times I$. Sin embargo, para calcular los kilovoltio-amperios de un transformador, se incluye un paso más.

Transformador monofásico:

$$\text{kVA} = \frac{\text{E} \times I}{1000}$$

Transformador trifásico:

$$\text{kVA} = \frac{\text{E} \times 1.732 \times I}{1000}$$

Tanto el primario como el secundario de un transformador tienen el voltaje marcado.

Desconectadores

Un disyuntor es un dispositivo diseñado para abrir y cerrar un circuito por medios no automáticos y para abrir el circuito automáticamente en caso de una sobrecorriente predeterminada sin sufrir daños si se lo usa adecuadamente dentro de sus valores nominales (NEC, 100).

Hay dos tipos principales de desconectadores utilizados para desenergizar equipos eléctricos y ponerlos en un modo seguro: los disyuntores y los interruptores cuchilla. Este es el equipo que se bloquea/etiqueta por seguridad antes de trabajar en él.

Los símbolos en la Figura 6.38 son de un disyuntor. Los disyuntores se etiquetan para identificar la cantidad de polos (contactos) dentro del disyuntor. El símbolo de un disyuntor se puede modificar para indicar el tipo de disyuntor. Para mostrar estas modificaciones, se usa solo el símbolo del disyuntor de 3 polos.

Recuerde lo explicado acerca de la corriente y los dos elementos asociados a ella: el magnetismo y el calor. Los disyuntores tienen la función de interrumpir el circuito cuando se encuentra en una o en ambas condiciones. Los disyuntores se pueden adquirir de manera individual o pueden formar parte de un conjunto como el centro de control del motor (*motor control center*, MCC) (Consulte las Figuras 6.39 y 6.40).

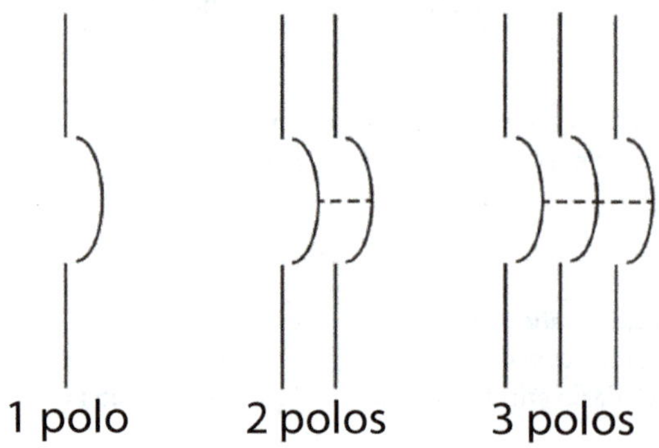

Figura 6.38 Símbolos del disyuntor

Figura 6.39 Disyuntores (reimpreso con autorización de Indigo Water Group)

Figura 640 Ejemplo de centro de control del motor (reimpreso con autorización de Indigo Water Group)

El centro de control del motor, o MCC, es un ensamble de una o más secciones cerradas con una barra de alimentación común, que contiene principalmente las unidades de control del motor (NEC, 100).

NEC permite que los disyuntores estén conectados desde la parte superior o desde la parte inferior, salvo especificación en contrario. Por cuestiones de seguridad, se asume en general que la energía ingresa por la parte superior de los disyuntores y los interruptores. Es importante recordar esto cuando se trabaja con el equipo. El equipo nunca está desenergizado hasta que haya sido verificado.

En la Figura 6.41, se muestra el símbolo de un disyuntor magnético. En la Figura 6.42, se muestra un ejemplo de un disyuntor magnético. Al disyuntor magnético con frecuencia se lo denomina *disyuntor instantáneo.* Tiene configuraciones ajustables y se usa en circuitos de control del motor para proteger al equipo de cortocircuitos y fallas a tierra. Opera cuando el campo magnético "hace un pico" debido al aumento del campo magnético por el cortocircuito o la falla a tierra. El disyuntor magnético no ofrece protección térmica para el circuito eléctrico. Funciona solamente según el principio del magnetismo.

En la Figura 6.43, se muestra el símbolo del disyuntor termo-magnético. Este tipo de disyuntor tiene propiedades magnéticas y térmicas (Figura 6.44) y se encuentra en hogares, edificios comerciales y la industria. Opera cuando la corriente "hace un pico" debido a un cortocircuito o una falla a tierra o cuando hay una sobrecarga; en otras palabras, algo de demasiado calor durante algo de demasiado tiempo. También se denomina *disyuntor de tiempo inverso.* Cuanto más alto es el pico, más rápido se dispara. Cuanto menor es la corriente, más tarda en dispararse.

Así como hay disyuntores de 1, 2 y 3 polos, también hay interruptores de desconexión o interruptores estilo cuchilla de 1, 2 y 3 polos. NEC tiene seis definiciones para interruptores: aislamiento por desviación, uso general, disparo de uso general, aislamiento, circuito de motor y transferencia. Cada uno de ellos se puede usar en una instalación para encender o apagar un equipo. Aquí se describirán el interruptor de uso general y el interruptor por aislamiento. Pueden estar en cajas independientes o estar integrados al centro de control del motor (Figura 6.40).

Por seguridad, NEC prohíbe que los interruptores estilo cuchilla estén cableados desde la parte inferior. Si están cableados desde la parte inferior y el interruptor está abierto, las hojas podrían aún estar energizadas y poner en riesgo al personal de recibir una descarga eléctrica. Si se los cablea desde la parte superior, cuando las hojas están abiertas, las hojas se desenergizan; aún si la gravedad actuara sobre las cuchillas, no hay peligro para el personal.

El interruptor estilo cuchilla no se puede montar invertido. Si así se hiciera y las cuchillas estuvieran abiertas, puede actuar la gravedad y cerrar las cuchillas y dejar expuesto al electricista a una descarga eléctrica. Las Figuras 6.45 y 6.46 son ejemplos de símbolos del interruptor estilo cuchilla y un interruptor estilo cuchilla de tres polos, respectivamente.

Un interruptor de aislamiento es un interruptor diseñado para aislar un circuito eléctrico de su fuente de alimentación. No posee valor nominal de interrupción y está diseñado para operar únicamente después de que el circuito se abrió por otros medios (NEC, 100).

En las Figuras 6.47 y 6.48 se muestran el símbolo y una imagen de un desconectador sin fusible, respectivamente. Este interruptor por aislamiento es un desconectador que se coloca habitualmente al lado de lo que necesita ser bloqueado. Como indica la definición, solo se debe usar para abrir el circuito después de que el circuito haya sido desenergizado por algún otro medio. Por ejemplo, se abre el circuito desde el MCC, después se abre este interruptor. Este desconectador no sirve de protección contra cortocircuito de los equipos ya que no cuenta con valores de interrupción ni tiene fusibles. Se puede usar para protección contra fallas a tierra porque el cerramiento está unido al sistema de puesta a tierra del equipo para regresar la corriente de falla a tierra a la fuente.

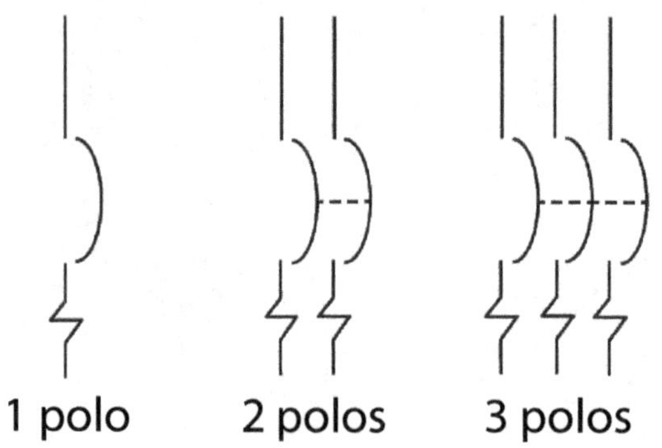

Figura 6.41 Símbolo del disyuntor magnético

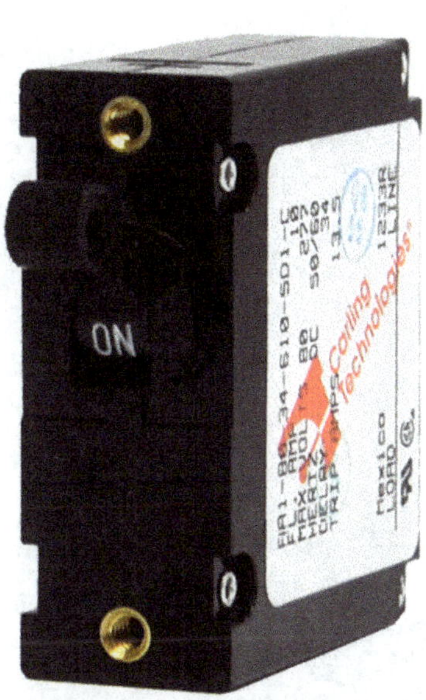

Figura 6.42 Disyuntor magnético (reimpreso con autorización de Carling Technologies)

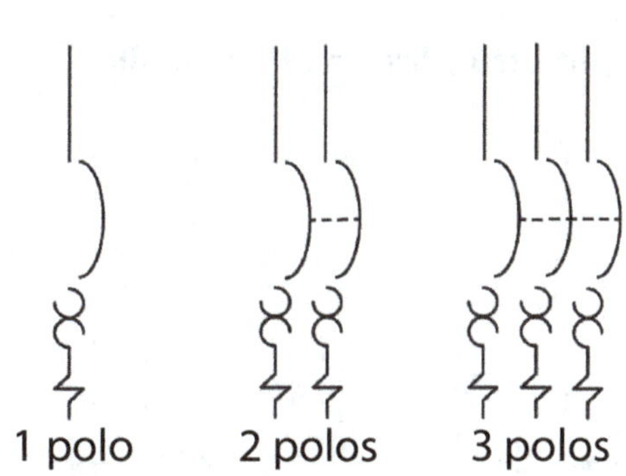

Figura 6.43 Símbolo del disyuntor termomagnético

En la Figura 6.49 se muestra una imagen de un fusible desconectado (observe en la figura 6.47 el símbolo del fusible desconectado). Este desconectador se usa para proteger al equipo de cortocircuitos y fallas a tierra. Los portafusibles están diseñados para el tipo de fusible que se debe usar. En este tipo de interruptor, las cuchillas se abren cuando el equipo está en funcionamiento.

Los fusibles con tapas de metal en los extremos se usan en aplicaciones de hasta 60 A. Por encima de los 60 A, se usan fusiblescuchilla.

Hay dos tipos de fusibles: sin retardo de tiempo y con retardo de tiempo.

Sin retardo de tiempo. En la Figura 6.50 se muestra un dibujo con vista en corte de un fusible sin retardo de tiempo.

"Interruptor de uso general. Un interruptor diseñado para uso en circuitos de ramales y distribución generales. Su valor nominal se expresa en amperios y puede interrumpir corriente eléctrica según su valor nominal, ya que está expresado en voltaje". (NEC, 100).

Figura 6.44 Disyuntor termo-magnético (reimpreso con autorización de Schneider Electric)

Interruptores estilo cuchilla

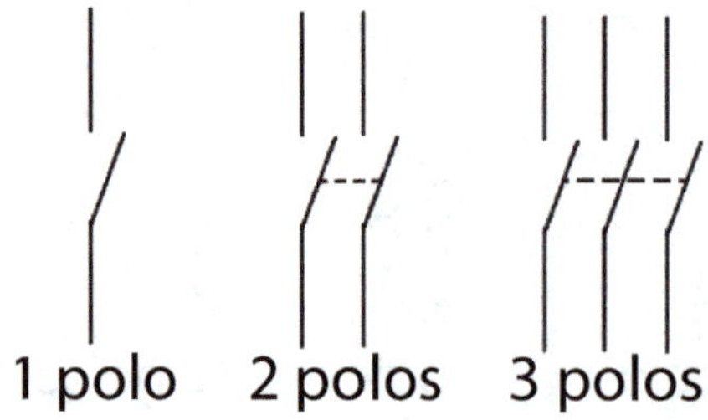

Figura 6.45 Símbolos del interruptor estilo cuchilla

Figura 6.46 Interruptor estilo cuchilla de tres polos (Dmitriy Kulichev © 123RF.com)

Nota. Algunas imágenes y fotos en esta página son material protegido por derecho de autor de 123RF.com, sus colaboradores o socios y se usan con autorización conforme al permiso correspondiente. Estas imágenes y fotos no se deben copiar o descargar sin autorización de 123RF.com.

Desconectador sin fusible

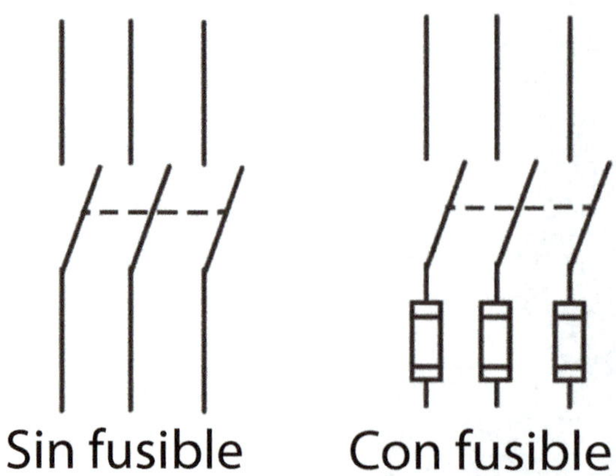

Figura 6.47 Símbolos de desconectadores sin y con fusibles

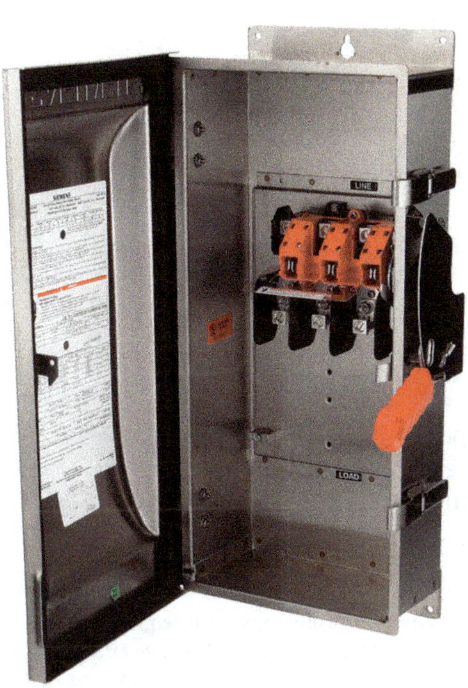

Figura 6.48 Desconectador sin fusible (interruptor de seguridad) © Siemens AG 2020, Todos los derechos reservados

El elemento en el medio del fusible tiene el valor correspondiente al circuito en el que se lo coloca. El elemento se calienta con el flujo de corriente, pero cuando se exceden los valores del fusible, se funde y abre el circuito. El elemento está rodeado de arena que detiene el arco eléctrico durante el cortocircuito y la falla a tierra. Los cortocircuitos y las fallas a tierra funden el elemento inmediatamente.

La tapa con muesca en el extremo del fusible es un elemento de rechazo. El elemento de rechazo asegura que el fusible se use solo en el portafusible que acepta la muesca. Los elementos de rechazo se encuentran en los

DESCONECTADOR CON FUSIBLE

Figura 6.49 Desconectador con fusible (reimpreso con autorización de Schneider Electric)

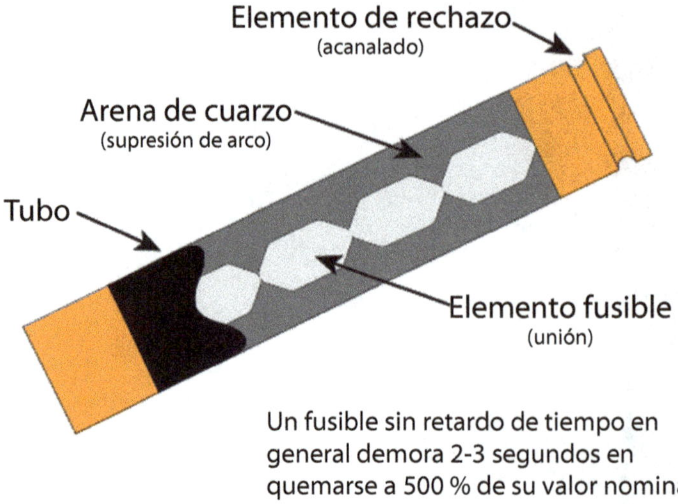

Figura 6.50 Representación esquemática de fusible sin retardo de tiempo. (Imagen cortesía de Roger Zieg)

fusibles limitadores de corriente. Los fusibles limitadores de corriente son fusibles que se abren muy rápido en situaciones de falla grandes como los cortocircuitos y las fallas a tierra. Esto limita la cantidad de energía a que se vería expuesto el operador.

Observe que el fusible sin retardo de tiempo no se abre inmediatamente si no hay falla. Hay un retardo de tiempo en caso de sobrecarga.

Con retardo de tiempo. En la Figura 6.51 se muestra un dibujo con vista en corte de un fusible con retardo de tiempo.

La protección contra sobrecorriente de circuitos y conductores no se debe modificar, aún temporalmente, más allá de lo permitido por las secciones pertinentes de los códigos y estándares eléctricos referidos a la protección contra sobrecorriente (110.7 Modificación a la protección contra sobrecorriente en NFPA [2018]).

El elemento en el medio del fusible tiene el valor correspondiente al circuito en el que se lo coloca. Se funde y abre el circuito muy rápidamente en caso de cortocircuito o falla a tierra. Observe que está rodeado de arena que detiene el arco eléctrico durante el cortocircuito y la falla a tierra. Sin embargo, hay un segundo elemento en este fusible. Es la sección de retardo de tiempo. En este fusible está soldada a un extremo del elemento de cortocircuito. Esta sección de retardo de tiempo le da al motor el tiempo necesario para arrancar y funcionar. Esta unión soldada no se funde en ese periodo salvo que el motor se detenga. Observe que el retardo de tiempo en caso de una sobrecarga es mayor que en los fusibles sin retardo de tiempo.

La muesca en un extremo de la cuchilla es el elemento de rechazo de este fusible. El fusible está hecho para ser usado en un portafusible con una espiga que lo atraviese. El elemento de rechazo se usa en fusibles limitadores de corriente.

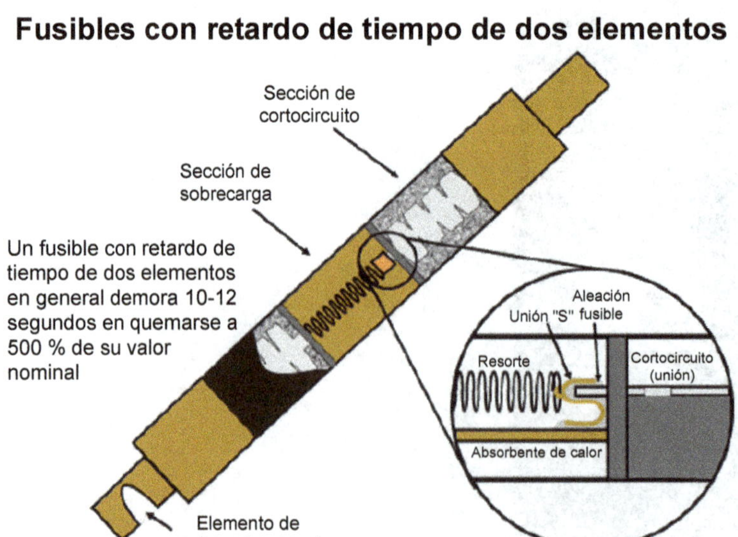

Figura 6.51 Fusible de dos elementos con retardo de tiempo (Imagen cortesía de Roger Zieg)

Cuando se reemplaza un fusible, por cuestiones de seguridad, debe ser por otro similar. No se deben intercambiar o modificar para que encajen. No use herramientas para hacer una muesca en la cuchilla de un fusible para que encaje. No pliegue el extremo del fusible para que encaje.

Motores

El símbolo de un motor trifásico son tres líneas que terminan en un círculo (Figura 6.52). El círculo, en general, tiene información que identifica al motor en el campo. De izquierda a derecha, las líneas se etiquetan como A, B, C, que indican las tres fases.

Los motores monofásicos solo tienen dos líneas. Las líneas se pueden etiquetar como "A, B" o "A, N", según el voltaje del motor. La N representa un neutro y un motor monofásico de bajo voltaje.

Las conexiones del motor están incluidas en la compra del motor. A veces las conexiones se encuentran en la placa de identificación del motor. En otros casos, pueden estar dentro de la caja de conexiones del motor.

El motor de CC es un motor de uso específico y la información sobre la conexión del motor se encuentra en el motor o en la documentación del motor que se entrega en el momento de la compra. En la figura 6.53 se muestran los símbolos del motor de corriente continua.

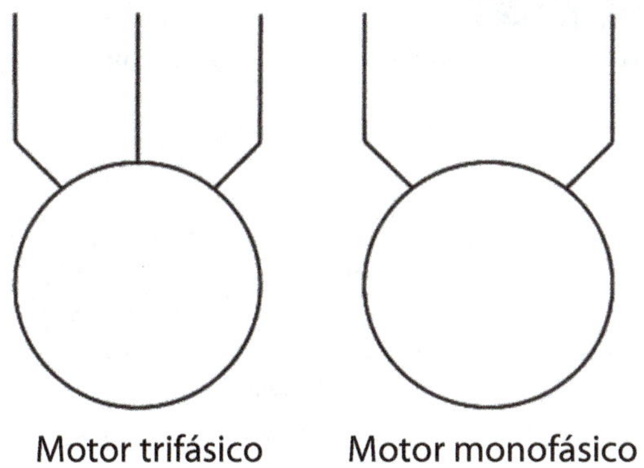

Figura 6.52 Símbolos del motor eléctrico

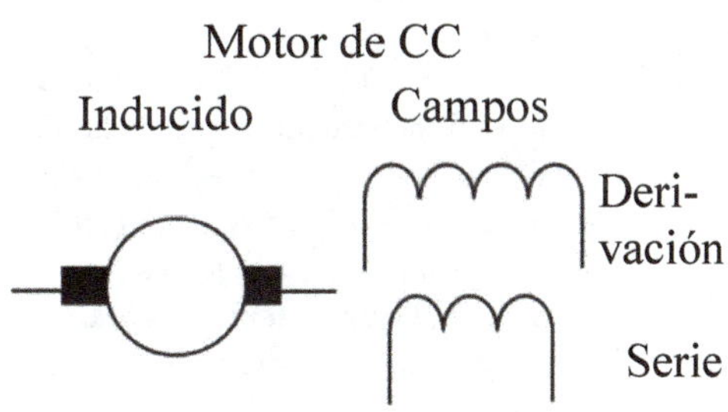

Figura 6.53 Símbolos del motor de corriente continua

COMPROBACIÓN DE CONOCIMIENTOS

1. **Es importante conocer los símbolos**
   a. Para comprender el flujo de la electricidad
   b. Para comprender la temperatura en el circuito
   c. Para comprender el pronóstico del clima
   d. Para comprender cómo funciona un motor
2. **Los dos tipos principales de desconectadores son**
   a. Caliente y frío
   b. Con código de colores o numerados
   c. Disyuntores e interruptores estilo cuchilla
   d. Negativo y positivo
3. **El disyuntor térmico-magnético se encuentra en**
   a. Hogares
   b. Edificios comerciales
   c. Industria
   d. Todos los anteriores
4. **Si un interruptor estilo cuchilla se monta invertido, expone al operador a**
   a. Peligro de apriete
   b. Peligro de descarga eléctrica
   c. Quemadura por congelamiento
   d. Un corte grave
5. **Los fusibles con tapa de metal en los extremos tienen valores de**
   a. 25 A e inferior
   b. 50 A e inferior
   c. 100 A e inferior
   d. 60 A e inferior

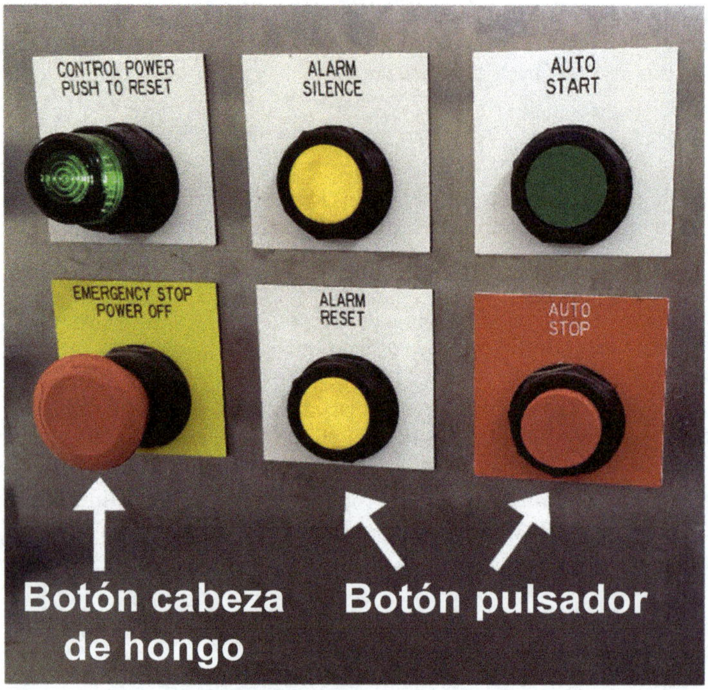

Figura 6.54 Interruptores botón pulsador y botón pulsador con cabeza de hongo (reimpreso con autorización de Indigo Water Group)

PARTE DEL PLANO DEDICADA AL CONTROL

Los interruptores de la parte del plano dedicada al control se pueden dibujar en relación a la gravedad. Si la gravedad actúa sobre el interruptor, una parte del símbolo cae. A veces los interruptores tienen resortes que evitan que caigan las piezas. A los interruptores con resortes se los denomina *interruptores de contacto momentáneo.* No se mantienen en la posición cuando se los presiona debido al resorte. Un ejemplo es un botón de encendido. Es importante reconocerlos cuando se interpretan los planos eléctricos. Esta sección del capítulo contiene muchas figuras cuyas imágenes representan los símbolos comunes usados en la industria.

Los interruptores son dispositivos usados en el sistema de control. Todos los interruptores tienen contactos. Los contactos pueden ser normalmente abiertos o normalmente cerrados. Estos términos hacen referencia al estado de los contactos cuando están "en reposo". En otras palabras, nada hizo que los contactos se modifiquen. Si se realizara un control de continuidad, con un medidor digital, los contactos normalmente cerrados deberían dar una lectura cercana a 0.0. La lectura de los contactos normalmente abiertos debería ser "O.L.".

Los siguientes símbolos son frecuentes en los planos eléctricos que se usan en operaciones de aguas. A efectos del presente manual, los símbolos pueden tener la leyenda "normalmente abierto" (NA) o "normalmente cerrado" (NC) debajo de ellos cuando se describen. Sin embargo, en los planos, es necesario que el operador reconozca el símbolo porque no aparece la leyenda NA y NC junto al símbolo.

BOTÓN PULSADOR

Los botones pulsadores son los interruptores de control más comunes en el sector. Un botón pulsador industrial tiene tres partes distintivas: la placa con la leyenda, el operador y los bloques de contacto. La placa con la leyenda describe el propósito del botón pulsador: parar, arrancar, adelantar, retroceder, etc. El operador es el mecanismo que controla el bloque de contacto. El bloque de contacto es la pieza que tiene los contactos. Hay dos posiciones para los contactos: abierta o cerrada. El operador, cuando se presiona, puede abrir los contactos o cerrar los contactos según la disposición de los bloques de contacto en el controlador.

Los botones pulsadores vienen en una variedad de estilos (Figura 6.54), según la necesidad o el uso. Los estilos incluyen el botón al ras, medio recubierto, extendido y hongo jumbo. El símbolo para el botón pulsador estándar es una línea horizontal sobre los contactos con una línea vertical en el medio (Figura 6.55). La línea vertical indica que es un botón pulsador. Este es el símbolo para un botón pulsador momentáneo. Es momentáneo porque cuando el botón se presiona y se libera, el resorte lo regresa a su posición original.

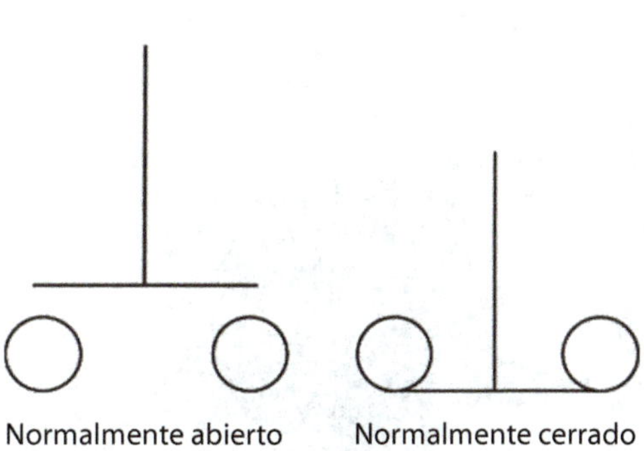

Figura 6.55 Símbolo del botón pulsador

Figura 6.56 Botón pulsador cabeza de hongo

A veces se coloca una cabeza de hongo sobre el botón pulsador (Figura 6.56). Esto se hace para poder presionar el operador sin tener que presionarlo en el centro. Los botones de parada de emergencia tienen cabezas de hongo. Las cabezas de hongo también se usan en aplicaciones en las que el operador usa ambas manos para la operación (es decir, una prensa). Una de las más comunes son las barras antipánico colocadas en puertas de entrada de centros comerciales, hospitales, edificios de oficina, etc.

BOTÓN PULSADOR MANTENIDO

El botón pulsador mantenido con frecuencia se usa para control directo del equipo. Es como el botón del interruptor de luz. Un botón se presiona y el otro "salta". Este tipo de interruptor se encuentra en arrancadores de motor en los que el botón verde o negro se presiona y el botón rojo "salta". Comienza el proceso. Se presiona el botón rojo y el botón verde o negro "salta". El proceso se detiene.

El /\ en el símbolo representa un punto pivote del interruptor (Figura 6.57).

INTERRUPTORES DE NIVEL

A los interruptores de nivel también se los denomina *interruptores de flotador* y se los usa de distintas maneras en una WRRF (Figuras 6.58 y 6.59). Se usan para mantener el control de los líquidos en los tanques, los pozos, las estaciones elevadoras, etc. Pueden tener distintas configuraciones. Uno de los usos más comunes es en estaciones elevadoras. El interruptor de nivel con frecuencia se reemplaza por sensores electrónicos.

INTERRUPTORES DE PRESIÓN

Los interruptores de presión se usan en sistemas en donde una presión en exceso o demasiado poca pueden comprometer al sistema (Figuras 6.60 y 6.61). Los interruptores de presión se usan en sistemas con agua, vapor y aire. Se usan comúnmente en compresores de aire, sistemas burbujeadores, calderas y hornos.

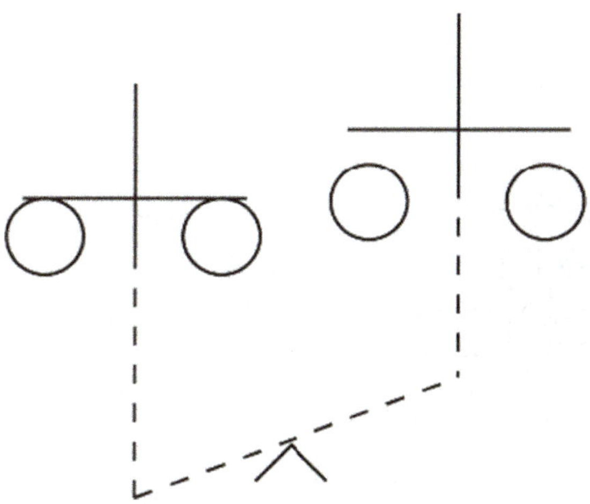

Figura 6.57 Símbolo del botón pulsador mantenido

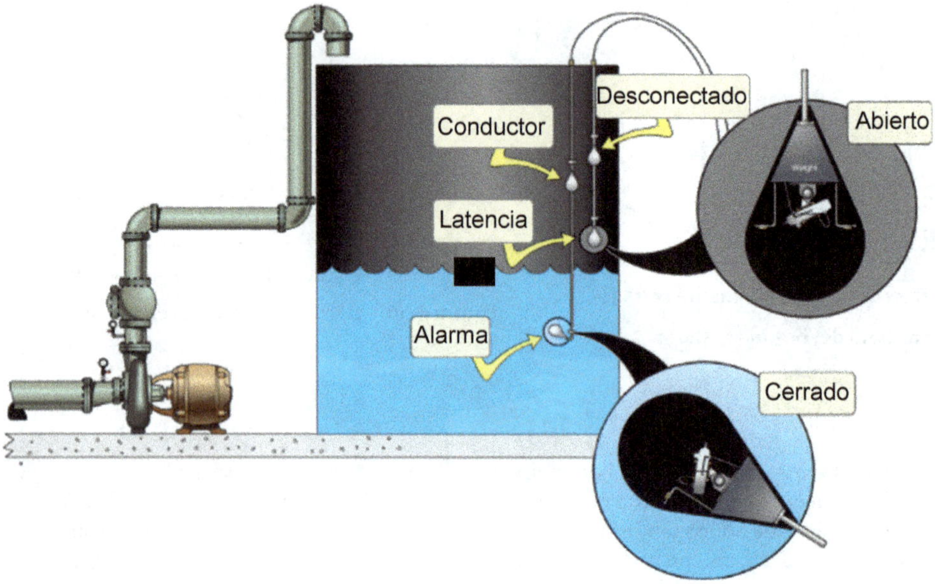

Figura 6.58 **Interruptor de flotador (Arasmith, 2010b) (reimpreso con autorización de ACR Publications)**

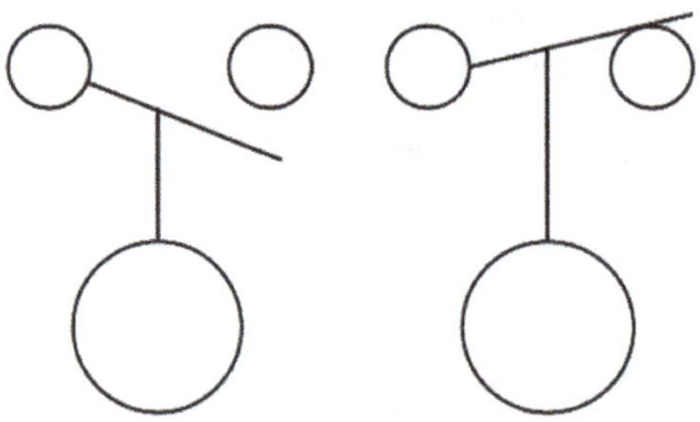

Normalmente abierto Normalmente cerrado

Figura 6.59 **Símbolo del interruptor de nivel**

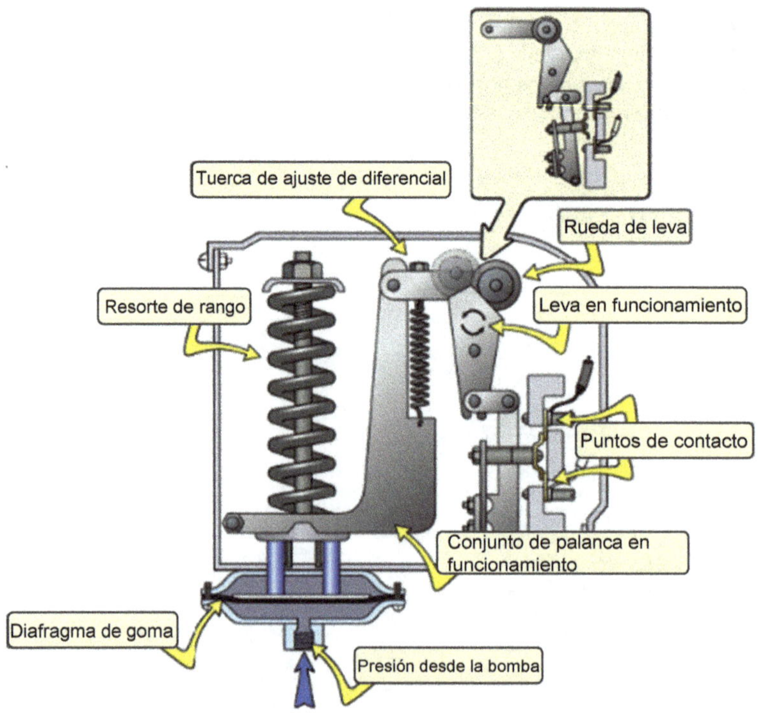

Figura 6.60 **Interruptor de presión (Arasmith, 2010b) (reimpreso con autorización de ACR Publications)**

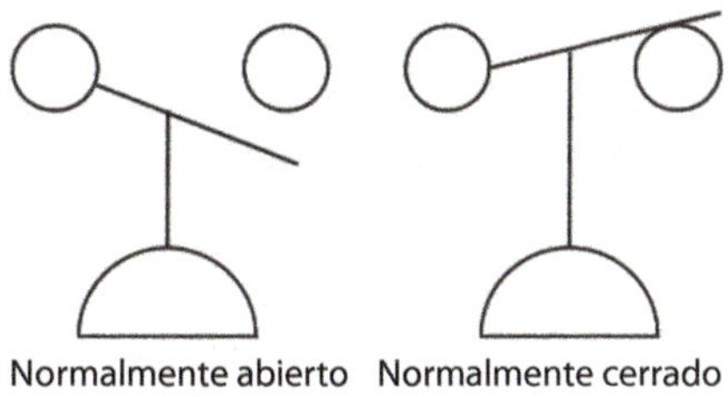

Figura 6.61 Símbolo del interruptor de presión

Figura 6.62 Símbolo del interruptor conmutador

INTERRUPTOR CONMUTADOR

Los interruptores conmutadores son interruptores manuales que encienden o apagan cosas (Figura 6.62). Puede ser el interruptor de un pequeño motor con una protección de sobrecarga incorporada. Se puede usar en una máquina que analice productos químicos o la pureza del agua. Se puede usar en una centrífuga en el laboratorio.

INTERRUPTOR SELECTOR

Los interruptores selectores son interruptores en los que se selecciona la posición abierta o cerrada de los contactos (Figuras 6.63 y 6.64). Un ejemplo sería un interruptor manual apagado automático (*hand-off-auto*, H-O-A). Puede haber múltiples contactos normalmente abiertos (NA) y normalmente cerrados (NC) en el interruptor selector, y cada posición del interruptor "selecciona" el proceso que debe realizarse. Cuando se usa este interruptor, es muy útil tener una tabla de verdad (consulte la Tabla 6.10). La tabla de verdad ayuda a seleccionar los contactos correctos para el proceso. La tabla de verdad también contribuye a la resolución de problemas.

INTERRUPTOR DE TEMPERATURA

Los interruptores de temperatura se usan para controlar la temperatura. Pueden estar conectados a operaciones de apagado o encendido de equipos (ventiladores, calentadores). Algunos interruptores de temperatura están configurados y no se pueden ajustar como el interruptor de temperatura del balastro de un artefacto de iluminación. Otros interruptores de temperatura se pueden ajustar como el termostato para calentar o enfriar. En la figura 6.65, se muestra un ejemplo del símbolo de un interruptor de temperatura.

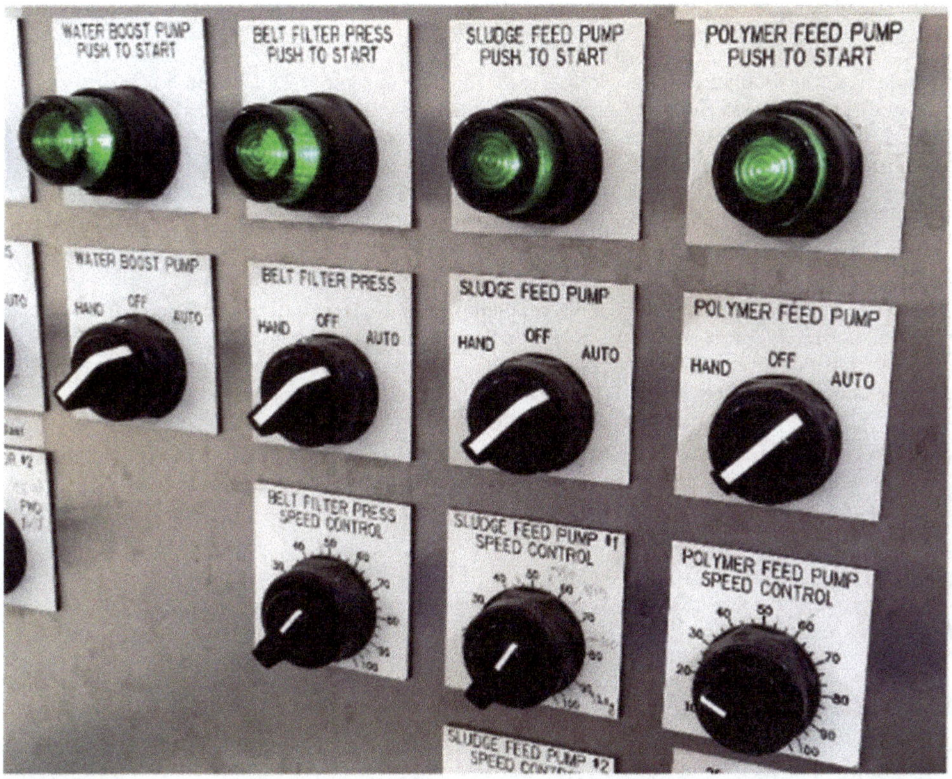

Figura 6.63 Interruptores selectores (reimpreso con autorización de Indigo Water Group)

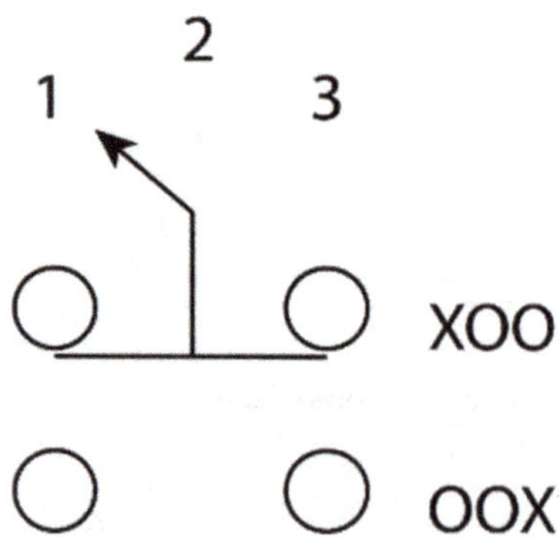

Figura 6.64 Símbolo del interruptor selector

TEMPORIZADORES

Los temporizadores se usan para apagar o encender cosas antes, durante o después de una operación. Los temporizadores físicos se usan con mayor frecuencia con una base de relé y enchufado a la base. La base puede ser una base de 8 pines o de 11 pines. Si no hay un temporizador físico para las operaciones, el temporizador puede ser parte del controlador lógico programable (PLC). Dos de los temporizadores más usados son el temporizador con retardo a la conexión y el temporizador con retardo a la desconexión. En la Figura 6.66 se muestran los símbolos del temporizador.

Un temporizador con retardo a la conexión es exactamente lo que indica su nombre. Retarda las operaciones de encendido o apagado por un periodo seleccionado después del arranque. Por ejemplo, el transportador no arranca durante un periodo predeterminado (contacto abierto) después de presionar el botón de encendido para permitir que suene una alarma (contacto cerrado) a fin de que las personas no sean lastimadas por el transportador. El símbolo del temporizador con retardo a la conexión tiene una "flecha" en el eje que apunta hacia arriba. Como cuando se enciende una luz, el interruptor se mueve hacia arriba.

Un temporizador con retardo a la desconexión también es exactamente lo que indica su nombre. Retarda las operaciones de encendido o apagado por un periodo seleccionado después de apagar la operación. Por ejemplo, la operación se apaga pero el transportador sigue funcionando por un periodo predeterminado para quitar el producto del transportador. Este símbolo tiene una "cabeza de flecha" hacia abajo. Como cuando se apaga una luz, el interruptor se mueve hacia abajo.

INTERRUPTOR DE LÍMITE

Los interruptores de límite se usan para establecer límites. Se pueden usar para establecer un límite de parada o un límite de arranque para cosas como un transportador. Sin embargo, la palabra que mejor describe el uso de un interruptor de límite es *posicionamiento*. Un ejemplo sería una protección sobre una bomba accionada por banda. Por seguridad, el compresor no debe funcionar sin la protección (consulte la figura 6.67). Se puede insertar un interruptor de límite en el cableado de control, montado a la bomba, y la protección activa el interruptor de límite. En este caso, el plano mostraría que el interruptor se encuentra en posición para que la bomba funcione. Sin la protección, la bomba no arranca.

El interruptor de límite puede causar confusión al intentar comprender qué significa estar conectado en el circuito de control. Los interruptores tienen posiciones normalmente abierta o normalmente cerrada. Sin embargo, el interruptor de límite puede estar conectado con los contactos que se **mantienen abiertos** (Figura 6.68a) o que se **mantienen cerrados** (Figura 6.68d).

En el ejemplo de la bomba, los contactos del interruptor de límite estarían cableados como normalmente abiertos. La protección mantendría los contactos en la posición cerrada para que la bomba funcione. Si quitamos la protección, los contactos se abren.

Tabla 6.10 Tabla de verdad H-O-A (Cortesía de Roger Zieg)

Posición	Manual	Desconectado	Auto
1	x	o	o
2	o	o	o
3	o	o	x

Notas. X = contactos cerrados. O = contactos abiertos.

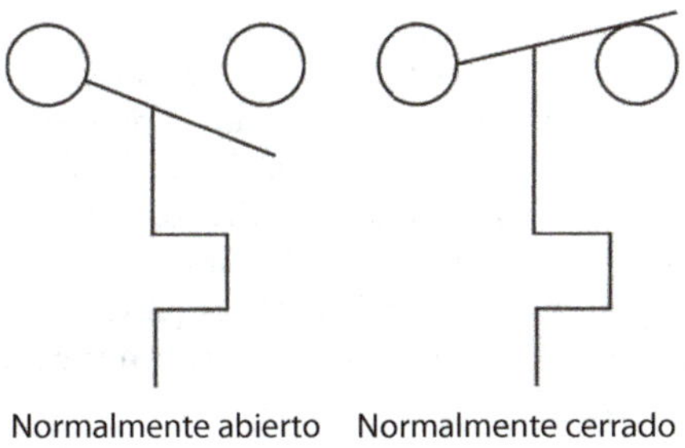

Figura 6.65 Símbolo del interruptor de temperatura

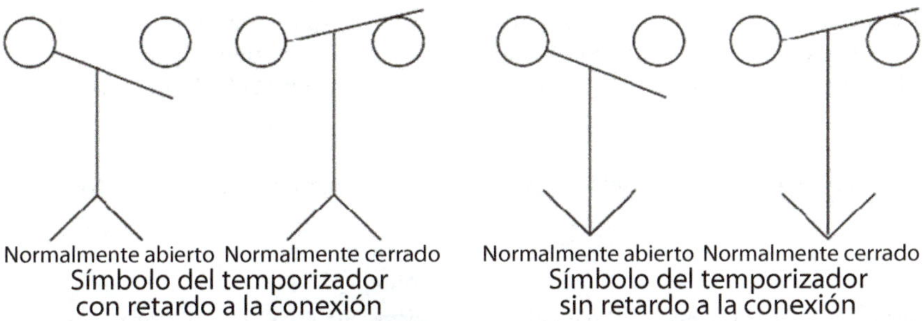

Figura 6.66 Símbolos del temporizador

Figura 6.67 Protector de banda (reimpreso con autorización de Indigo Water Group)

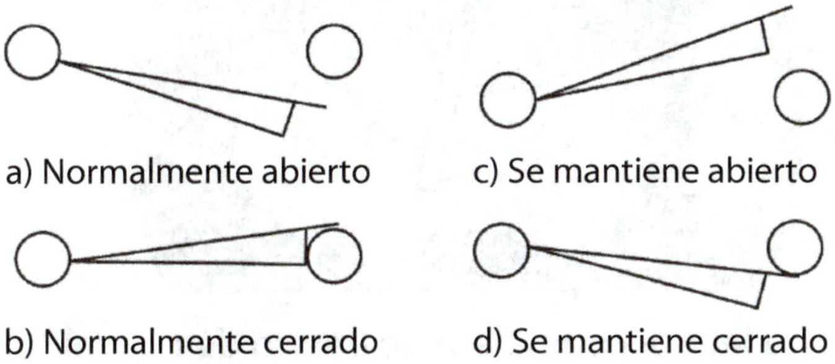

Figura 6.68 Interruptores de límite

INTERRUPTOR DE CAUDAL

Los interruptores de caudal se usan en circuitos para indicar el caudal de un material o de aire. A veces se los llama *interruptores de prueba* (Figuras 6.69 y 6.70). En otras palabras, el sistema no funciona si no se "prueba" que la operación es segura. A modo de ejemplo: En una caldera, el gas no se enciende hasta que haya caudal de agua. El interruptor de caudal "prueba" que hay caudal de agua y se cierra completando el circuito. Cuando se cierra el circuito, funciona el sistema. Según el proceso, al interruptor de caudal se lo puede llamar interruptor de "aleta". Esto sucede cuando el sistema admite caudal de aire. Se lo llama interruptor de aleta porque el símbolo parece una aleta. No importa cuál sea el aire o el líquido del sistema, el símbolo eléctrico es el mismo.

CONTACTOS DEL RELÉ

Cada uno de los símbolos, hasta este punto, tiene contactos. Se dibujan como círculos en los interruptores. A veces, los interruptores tienen dos o más juegos de contactos y pueden estar en combinación, como en el interruptor de límite. Un interruptor puede tener tanto juegos de contacto NA como NC. Esto se puede observar en el símbolo del interruptor selector. Sin embargo, hay otro símbolo para un contacto. Este símbolo de contacto se usa con relés, arrancadores de motor y contactores. Con frecuencia, se etiqueta para indicar el equipo al que está asociado. Este contacto también tiene indicadores NA y NC. Consulte las Figuras 6.71 a 6.73 para ejemplos de contactos de relé.

Cuando la bobina de este relé está energizada, los contactos NA (izquierda) se cierran y los contactos NC (derecha) se abren.

BOBINA

Hay al menos dos símbolos para las bobinas que se usan en planos eléctricos (Figura 6.74). Uno parece un rayo. Es el símbolo usado anteriormente para el disyuntor magnético. Se usa con frecuencia para representar una bobina solenoide para una válvula de aire o una válvula hidráulica. A veces se usa en el relé de un soplador para el ventilador de un calefactor. El otro símbolo de bobina es un círculo. El círculo es el que se usa con mayor frecuencia y puede representar la bobina de un relé, un contactor, un arrancador de motor y una válvula solenoide. Dentro del círculo hay una marca que indica cuáles contactos usa la bobina. Los contactos asociados a la bobina tienen el mismo indicador. En la Tabla 6.11 se enumeran los indicadores comunes de bobinas.

Símbolos electrónicos. A veces el interruptor del sistema de control no es mecánico. Actualmente, el uso de interruptores electrónicos es común en algunos sistemas. El símbolo es el mismo que el símbolo mecánico, pero se le agrega un diamante alrededor del símbolo (Figura 6.75). Cuando se usa, al dispositivo electrónico se lo denomina *interruptor de proximidad.* No hay conmutación mecánica, se realiza por medio de la electrónica del dispositivo.

LUZ

El símbolo de una luz es también el círculo. La diferencia es que el círculo tiene líneas que salen del círculo que representan los rayos de luz. El color de la luz está indicado por una letra dentro del círculo. Consulte la Figura 6.76.

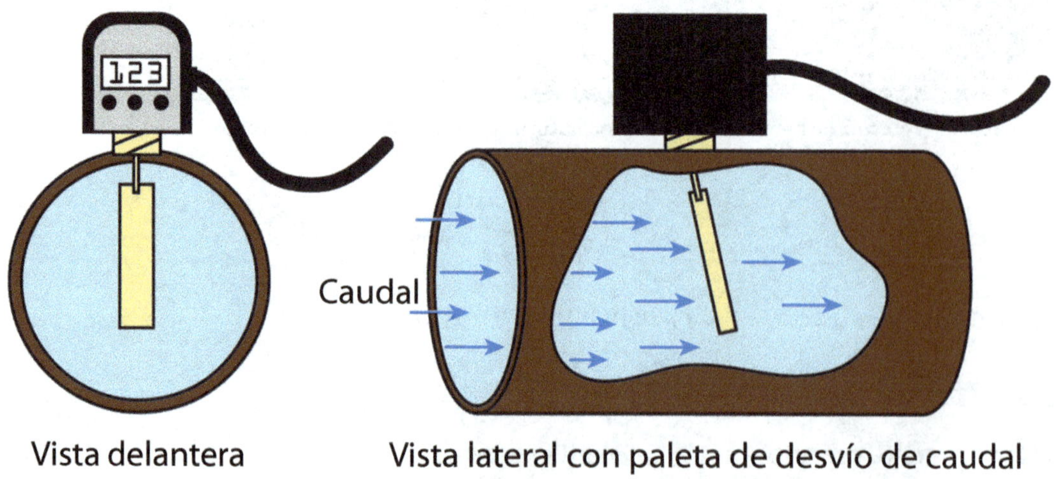

Figura 6.69 Interruptores de caudal

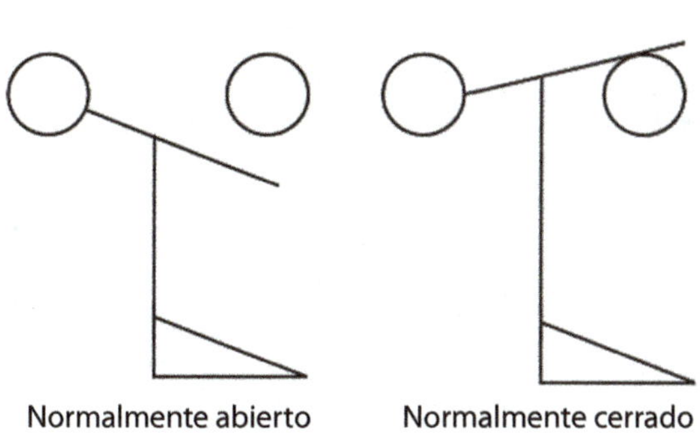

Figura 6.70 Símbolo del interruptor de caudal

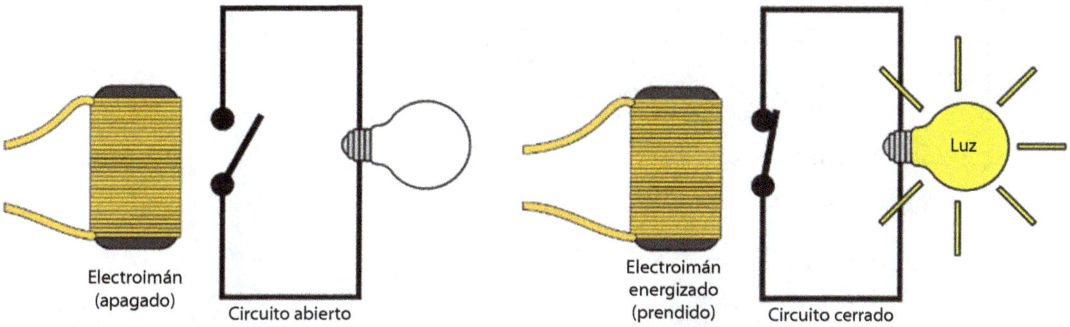

Figura 6.71 Contactos del relé (reimpreso con autorización de Indigo Water Group)

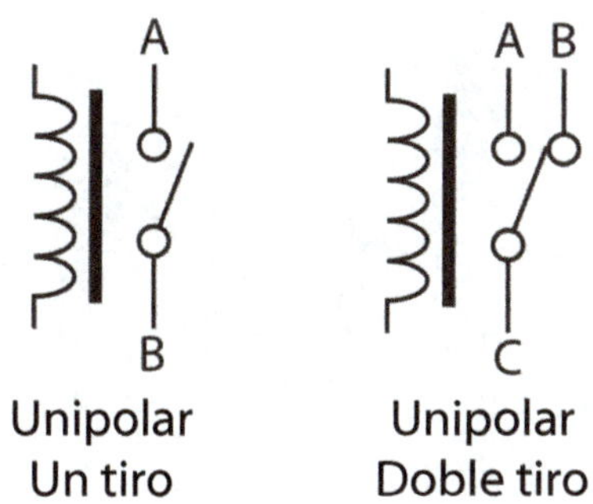

Figura 6.72 Representación esquemática de los contactos del relé

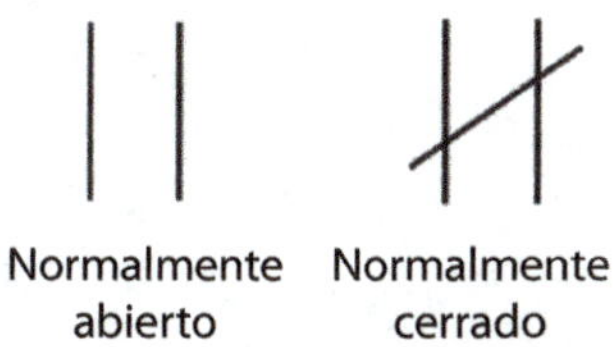

Figura 6.73 Símbolos de los contactos del relé

Tabla 6.11 Denominadores comunes de las bobinas

Denominación	Significado
CR	Relé de control
JCR	Relé de impulso con bobina
MCR	Relé de bobina maestra (principal)
ESR	Relé de parada de emergencia
TR	Relé con retardo de tiempo
M	Arrancador del motor
HC	Contactor de calentamiento

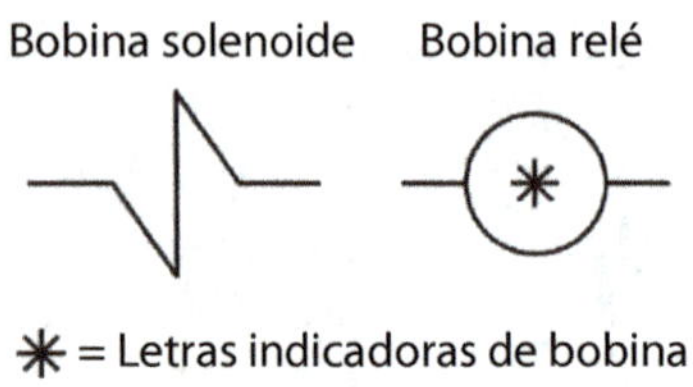

Figura 6.74 Símbolos de bobinas

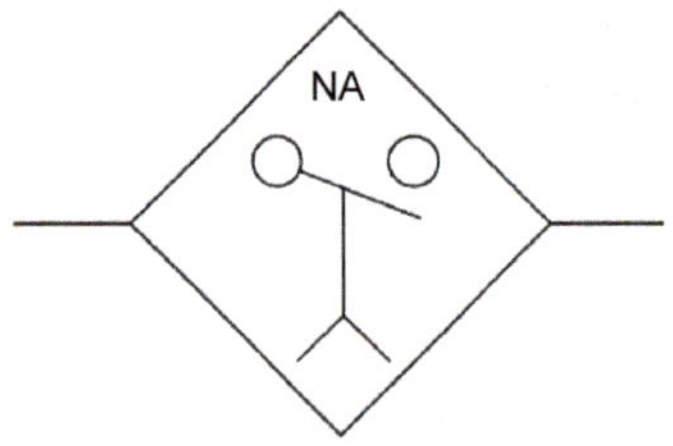

Figura 6.75 Símbolos electrónicos

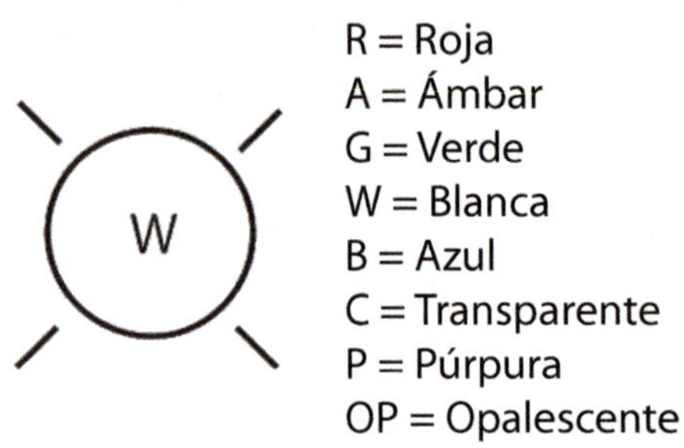

Figura 6.76 Símbolo de luces indicadoras

COMPROBACIÓN DE CONOCIMIENTOS

1. 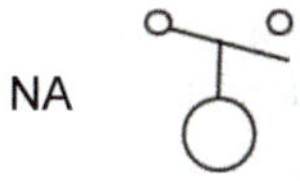

es el símbolo para un interruptor normalmente abierto _____.
   a. de caudal
   b. del inodoro
   c. de presión
   d. de flotador

2.  **es el símbolo de un _____.**
   a. interruptor de caudal normalmente abierto
   b. interruptor de límite normalmente cerrado
   c. botón pulsador normalmente abierto
   d. botón pulsador normalmente cerrado

3. 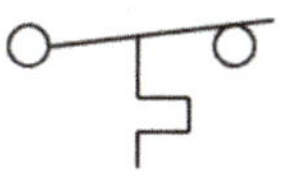 **es el símbolo de un _____.**
   a. interruptor de pie normalmente abierto
   b. interruptor de temperatura normalmente cerrado
   c. interruptor de presión normalmente abierto
   d. interruptor de pie normalmente cerrado

4.  **es el símbolo de un _____.**
   a. interruptor de límite normalmente cerrado
   b. interruptor de límite que se mantiene cerrado
   c. interruptor de presión normalmente cerrado
   d. interruptor de temperatura normalmente cerrado

5.  **es el símbolo de un _____.**
   a. botón pulsador normalmente cerrado
   b. botón pulsador que se mantiene cerrado
   c. interruptor selector normalmente cerrado
   d. interruptor selector

6. **Un círculo es el símbolo de _____.**
   a. un interruptor de presión
   b. un botón pulsador
   c. una bobina
   d. un interruptor de pie

LECTURA DEL PLANO ELÉCTRICO

Hay dos tipos de planos dentro de los sistemas eléctricos. Uno es el diagrama de cableado y el otro es el diagrama de líneas (Figuras 6.77 y 6.78). Un diagrama de cableado se asocia generalmente al equipo que se cablea. El diagrama de cableado muestra dónde está conectado cada cable en ese equipo y a dónde va el cable desde esa conexión. También se lo denomina *representación esquemática del cableado*.

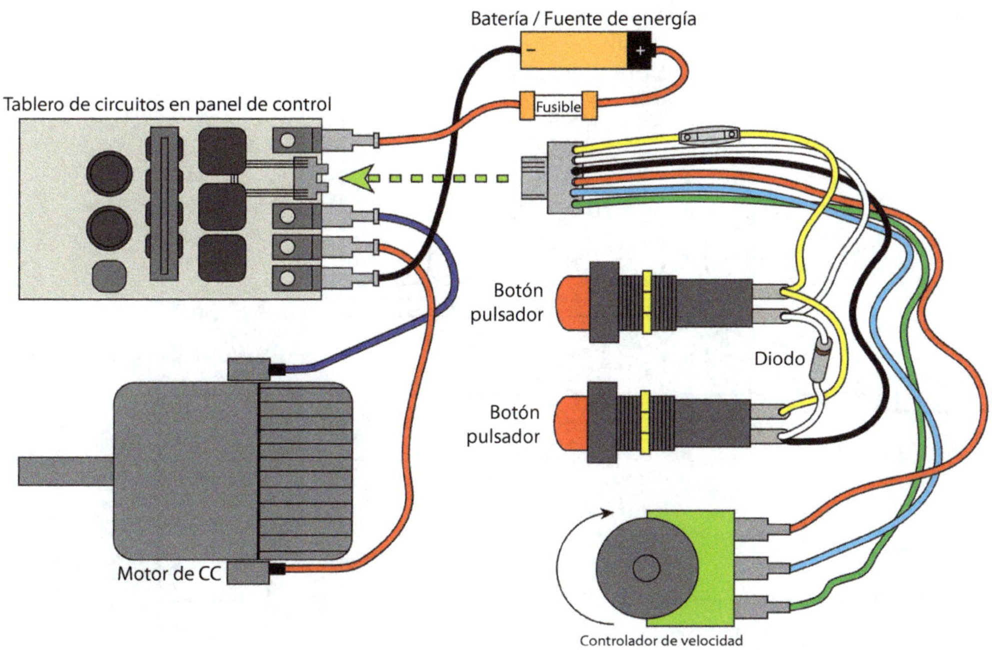

Figura 6.77 Ejemplo de diagrama de cableado (reimpreso con autorización de 4QD Ltd.)

El otro tipo de diagrama de cableado es el diagrama de líneas. El diagrama de líneas se usa para mostrar cómo están cableados entre sí los dispositivos en una secuencia pero no indica dónde está ubicado el dispositivo.

Al diagrama de líneas también se lo denomina *diagrama de escalera*. Como en una escalera, hay dos líneas verticales en paralelo, llamadas *rieles*. Entre los rieles hay líneas horizontales llamadas peldaños. Los peldaños contienen los distintos símbolos de entradas y salidas. La Figura 6.78 es un diagrama de línea simple de un circuito de control.

Este diagrama de línea simple es la base de todos los diagramas de línea que se pueden ver asociados a sistemas de control eléctricos en una instalación. El diagrama de escalera de una instalación tiene dispositivos de entrada y salida adicionales de distintos tipos.

Una explicación sobre cómo leer este diagrama. Desde la parte superior del dibujo, el voltaje se disminuye con un transformador de control de 480 V a 120 V. En sentido antihorario, la línea representa los cables del circuito. Se usa un fusible en el circuito de control para proteger las salidas de control de cortocircuitos y fallas a tierra.

Siguiendo en sentido antihorario, el primer dispositivo es un botón de parada con cabeza de hongo. Observe que los contactos del botón de parada están cerrados, lo que significa que hay una vía continua de corriente cuando se energiza el circuito. El símbolo para el botón de parada se dibuja en relación a la gravedad. Si observamos el símbolo, podemos reconocer que hay un resorte y cuando presionamos y liberamos el botón, el resorte vuelve los contactos a su estado original, en general, cerrado.

El siguiente interruptor es el botón de arranque. Hay contactos abiertos en el interruptor de arranque. La línea horizontal está sobre los contactos. Un resorte mantiene los contactos separados. Cuando se presiona el botón, los contactos se cierran y se completa la trayectoria para el flujo de corriente. Mientras se mantiene presionado el botón, la trayectoria permanece cerrada y la corriente puede fluir.

El símbolo siguiente es una bobina. Está identificada como bobina C. Puede ser la bobina de un arrancador de motor, un contactor u otro tipo de relé. El plano indicará el propósito.

Desde la bobina seguimos la trayectoria de regreso hacia y a través del transformador. La trayectoria ahora está completa. Observe que el símbolo de puesta a tierra también está en el transformador. Esto indica que en caso de grandes picos ocasionados por descargas de rayos, esta es la trayectoria a tierra de esos picos. La corriente en el circuito que acabamos de describir regresa al transformador, pasa a través del transformador y sigue por los dispositivos, nuevamente. La corriente continua por esta trayectoria hasta que el circuito es desenergizado. En este caso, el circuito se desenergiza cuando se libera el botón de arranque.

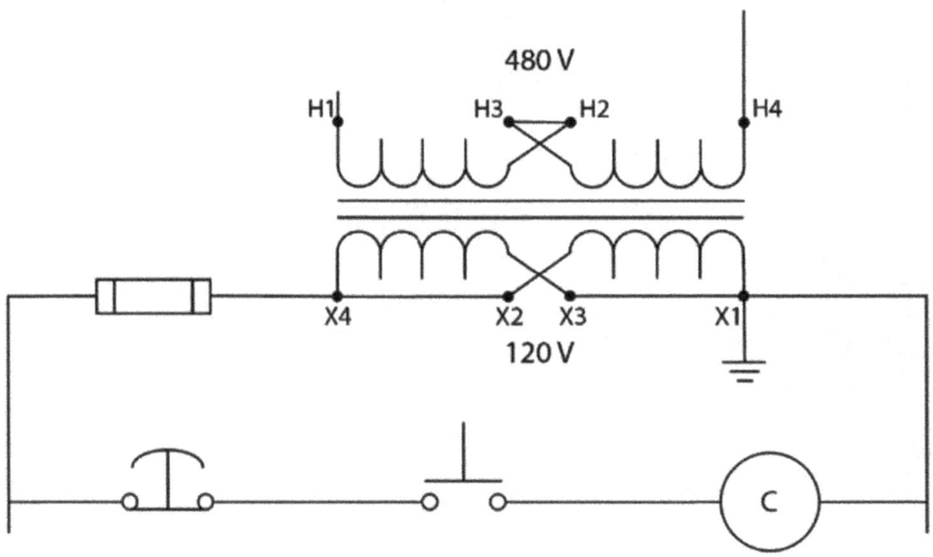

Figura 6.78 Ejemplo de plano unifilar

BOBINAS Y CONTACTOS DEL RELÉ

Todos los relés eléctricos operan conforme al principio del magnetismo. Esto también es cierto para los solenoides. Las partes básicas de un relé incluyen un núcleo fijo, una bobina, un inducido, un resorte y contactos (Figura 6.79). La bobina está anexada al núcleo fijo. Cuando se energiza, la bobina crea un campo magnético. El inducido es la parte móvil del relé. Es atraído por el campo magnético. Tanto el núcleo fijo como el inducido tienen la mitad de su juego de contactos unidos mecánicamente a ellos. Según la operación, los contactos pueden estar normalmente abiertos o normalmente cerrados, o los dos contactos pueden estar en el relé.

Cuando la bobina está energizada, el campo magnético es lo suficientemente fuerte como para superar la tensión del resorte y comprimirlo. Los contactos normalmente abiertos se cierran y los contactos normalmente cerrados se abren. Cuando está desenergizado, el resorte contribuye a volver al inducido y a los contactos a su posición original. Esto se observa en los dibujos a continuación.

Si este fuera un relé de CC, funcionaría sin problema. Sin embargo, como es un relé de CA, hay piezas adicionales en el núcleo fijo. Estas se denominan *anillos de polo sombreado*. La finalidad de los anillos de polo sombreado es mantener al inducido tenso ante el núcleo fijo durante el ciclo de CA. Si no estuvieran, el inducido y los contactos "traquetearían" a 60 ciclos por segundo a medida que el campo magnético se enciende y se apaga. El campo magnético, que atrae al inducido hacia el núcleo fijo, atraviesa los anillos de polo sombreado. Debido a que los anillos de polo sombreados son un conductor y una trayectoria completa, el campo magnético induce voltaje en ellos. Los anillos de polo sombreado, a su vez, tienen corriente. La corriente crea un campo magnético. El campo magnético de los anillos de polo sombreados ocurre después de que el inducido es atraído hacia el núcleo fijo y sostiene al inducido cuando se apaga la CA antes del encendido.

Observe que el voltaje de la bobina puede ser distinto al voltaje a través de los contactos. Están unidos mecánicamente pero no están unidos eléctricamente. La bobina puede operar a 24 V pero los contactos pueden tener 480 V como en un arrancador de motor.

TIPOS DE RELÉ

Relé tipo cubo de hielo

Hay tres tipos distintos de relés que se usan en los sistemas eléctricos. Uno se denomina relé tipo "cubo de hielo" (Figura 6.80). Es un relé con pines que se insertan en una base. Puede ser un relé de 8 pines o un relé de 11 pines. Es un relé pequeño enchufable. Se usa en circuitos de control donde la corriente es limitada. Este tipo de relé tiene contactos NA y NC. Los contactos están identificados con números en la parte superior del relé y en la base. Estos contactos pueden transportar pequeñas cantidades de corriente y están limitados en general a 10 A. Cuando los contactos de este relé fallan o cuando se quema la bobina, se reemplaza el relé completo.

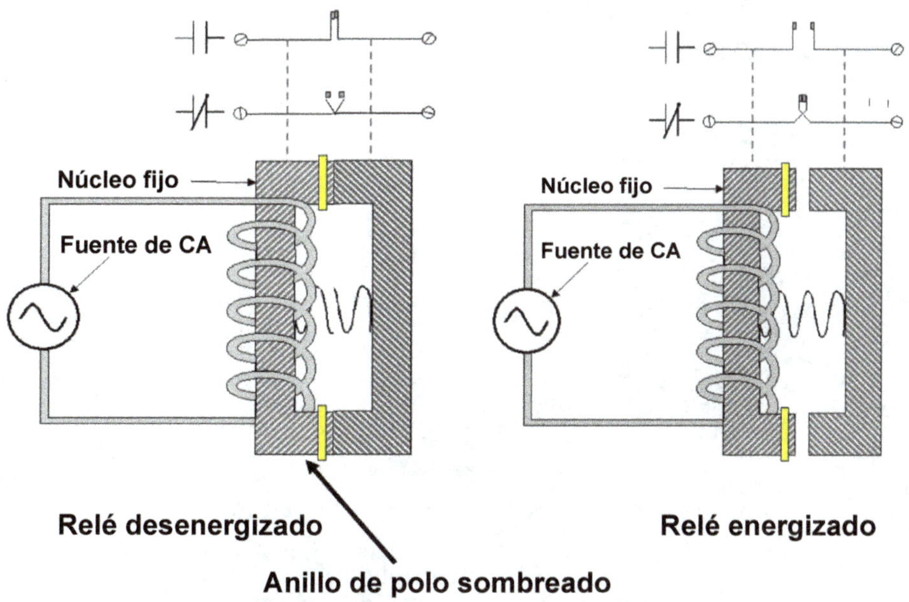

Figura 6.79 Contactos y bobina del relé (cortesía de Roger Zieg)

Figura 6.80 Relé tipo cubo de hielo (reimpreso con autorización de Schneider Electric)

En la Figura 6.81 se muestra un ejemplo de un relé de 8 pines y la secuencia numérica. Observe que cada lado del relé es una imagen en espejo del otro. Hay una muesca en el cuerpo del relé y en la base del relé. Esa muesca indicadora es el punto donde comienza la numeración del relé. También sirve para orientar adecuadamente el relé. Este es un relé de 8 pines. En general, 2 y 7 son la bobina del relé. Si se conectan cables a la base en 2 y 7, energizarían la bobina del relé. El plano tendrá los números que indican qué cable va en el 2 y qué cable va en el 7.

Hay 4 juegos de contactos: 2 NA y 2 NC. Los contactos abiertos son los números 1 y 3 y 8 y 6. Los contactos NC son los números 1 y 4 y 8 y 5. Los números de los contactos también estarán en el plano. A los pines 1 y 8 a veces se los denomina *pines comunes*. Esto es porque los pines 3 y 4 son como el pin 1 y los pines 5 y 6 son como el pin 8.

También hay relés de 11 pines. Los números de las bobinas en un relé de 11 pines en general son el 2 y el 10. Hay 3 juegos de contactos en un relé de 11 pines: 3 NA y 3 NC. El diagrama de cableado indicará los números para la conexión adecuada del relé.

Figura 6.81 Relé de base tubo de 8 pines (cortesía de Roger Zieg)

Contactor

El segundo tipo de relé es el contactor (Figura 6.82). Este tipo se usa en iluminación, en controles de motor y en cualquier lugar en el que sea necesaria mayor corriente a través de los contactos. Este tipo de relé tiene contactos intercambiables. Los contactos NA se pueden cambiar por contactos NC y los contactos NC se pueden cambiar por contactos NA. A veces la orientación del bloque de contactos cambia el contacto. Este relé puede tener más de 4 contactos. Algunos contactores para iluminación tienen 12 juegos de contactos. A diferencia del relé tipo cubo de hielo, cuando los contactos en este relé fallan o se quema la bobina, se pueden reemplazar. No es necesario reemplazar el relé completo.

Los contactos de este contactor tienen valores de corriente de hasta 400 A, según el fabricante. Son más grandes que los del relé tipo cubo de hielo. Al igual que el relé tipo cubo de hielo, el contactor puede hacer trabajo. A diferencia del relé tipo cubo de hielo, no hay números que indiquen contactos NA y NC. Hay marcas en los contactos del contactor que indican abierto o cerrado. Los contactos abiertos y cerrados atraviesan el contactor de arriba hacia abajo.

El cableado de la bobina está separado del de los contactos. Siga las instrucciones del fabricante para el cableado. Como en el relé tipo cubo de hielo, el voltaje de la bobina puede ser diferente que el voltaje entre los contactos.

Arrancador del motor

Hay un relé más que hace trabajo, pero tiene características adicionales para proteger aquello que hace funcionar. Se denomina *arrancador del motor*. El arrancador del motor es un contactor con adición de sobrecargas. Las sobrecargas protegen al motor de una sobrecarga que podría producirse mientras funciona el motor.

Si recordamos que una sobrecarga es algo de demasiada corriente durante algo de demasiado tiempo, este es el propósito de la presencia de sobrecargas en el arrancador del motor. Si se coloca una carga en el motor con un exceso de la corriente necesaria para hacer funcionar el motor y la carga permanece por algo de

Figura 6.82 Contactor © Siemens AG 2020, todos los derechos reservados

demasiado tiempo, las sobrecargas detectarán el calor de más y operarán los contactos de sobrecarga. Tanto las sobrecargas como los contactos de sobrecarga se encuentran en el arrancador del motor. Las sobrecargas se encuentran en la parte de energía del dibujo. Los contactos están en el circuito de control.

El arrancador del motor es un contactor con el agregado del bloque de sobrecarga. Como se mencionó en la sección "Planos eléctricos", la bobina del relé, el contactor y el arrancador del motor aparece en la parte de control del plano. Sin embargo, pueden aparecer piezas de los relés, los contactores y los arrancadores del motor en las partes de energía y de control de un plano eléctrico. La parte de energía de un plano se puede parecer a la Figura 6.83.

En la Figura 6.83 los contactos xM son los contactos principales del arrancador del motor. Estos contactos poseen los valores suficientes para transportar toda la corriente del motor. Estos contactos están unidos mecánicamente a la bobina del arrancador del motor. Los contactos tienen un valor nominal de 480 V y cualquiera sea la corriente del motor. xOL es el símbolo de las sobrecargas o los calentadores del arrancador del motor.

Si juntamos las secciones de energía y de control, algunas partes del arrancador del motor están en la sección de energía del plano y otras piezas están en la sección de control.

Observemos el plano (Figura 6.84). ¿Cómo hacemos arrancar el motor?

Los contactos abiertos del desconectador con fusible se cierran mediante la operación manual de la manija del desconectador. Cuando se cierran los contactos del desconectador, hay voltaje en la parte superior de los contactos 1M del arrancador del motor. Al mismo tiempo, hay potencia hacia el transformador de control. El transformador de control reduce gradualmente los 480 V de la potencia principal a 120 V. Los 120 V estarán en un lateral del botón de arranque y un lateral del contacto auxiliar 1M debajo del botón de arranque.

Se presiona el botón de arranque. Cuando esto sucede, hay una trayectoria completa a través del botón de arranque. La corriente fluye por el circuito. La corriente energiza la bobina del arrancador del motor (1M). La bobina energizada cambia el estado de los contactos asociados a ella. Hay cuatro contactos, en este plano, asociados a la bobina 1M: un contacto auxiliar debajo del botón de arranque y los tres contactos principales del arrancador del motor. Cuando se cierra el contacto auxiliar, se crea una trayectoria paralela para la corriente hacia la bobina. Este es el denominado “contacto sostenido”. Permite al operador liberar el botón

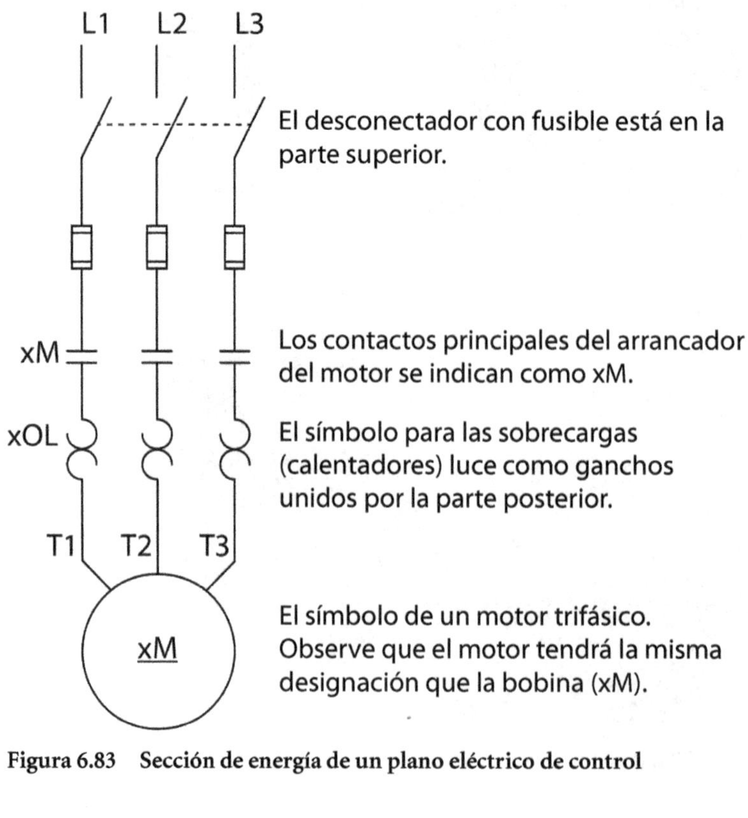

Figura 6.83 Sección de energía de un plano eléctrico de control

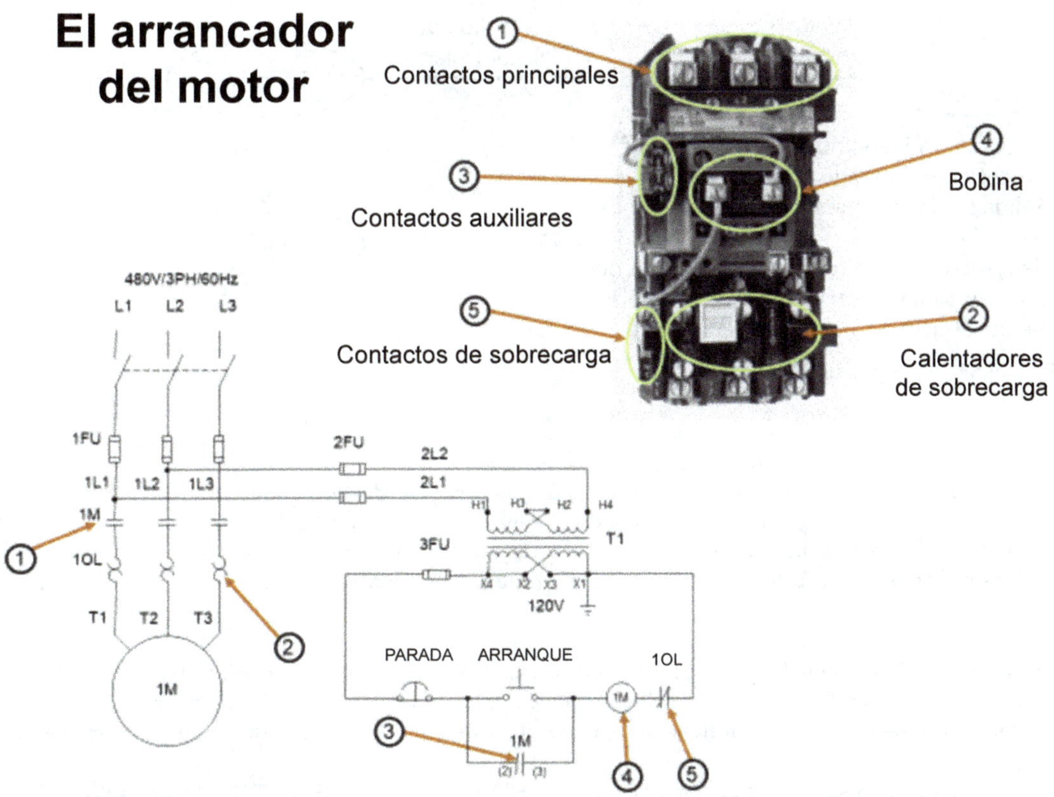

Figura 6.84 Arrancador del motor: Plano vs diagrama del dispositivo (cortesía de Roger Zieg)

de arranque. Cuando se libera el botón de arranque se abre la trayectoria desde el botón de arranque hasta la bobina, pero el contacto auxiliar mantiene la trayectoria completa. Los contactos auxiliares y los contactos principales están unidos mecánicamente en el arrancador del motor. Debido a que el contacto permanece cerrado, la bobina permanece energizada. Los contactos principales del arrancador del motor también cambian de abiertos a cerrados y el motor arranca.

El contacto que se encuentra después de la bobina del arrancador del motor es el contacto de sobrecarga. Está asociado con las sobrecargas que se encuentran en la parte de energía del dibujo. Mientras este contacto permanece cerrado, hay una trayectoria completa para la corriente en el circuito de control. Este contacto se abre cuando los calentadores del arrancador del motor exceden la temperatura de configuración. Cuando se abre este contacto, se abre la trayectoria y la bobina se desenergiza y detiene el motor. El contacto no se puede restablecer hasta que se hayan enfriado las sobrecargas.

La corriente sigue fluyendo en el circuito de control mientras el transformador reciba suministro eléctrico, el fusible esté en buen estado, el botón de parada no esté presionado, el contacto auxiliar permanezca cerrado y el contacto de sobrecarga no se abra. En este dibujo simple, hay al menos cinco elementos que se deben controlar si el motor no funciona.

Control proporcional, integral y derivativo

Hay otro tipo de sistema de control. Cuando se mejoran los sistemas más antiguos, los sistemas de control también se mejoran. Se colocan controles diferentes que ofrecen retroalimentación a una computadora. A los nuevos controles aún se los denomina *interruptores*, pero también se los denomina *instrumentos*. Estos instrumentos ayudan al sistema a funcionar de manera óptima.

El nuevo sistema se denomina "PID": proporcional, integral, derivativo. Un ejemplo de este sistema se puede ver en una mejora de una estación elevadora. En el sistema antiguo, los interruptores de flotador controlaban las bombas. Cuando el nivel alcanzaba al flotador superior, el flotador servía de interruptor de arranque. La bomba se encendía y cuando el nivel bajaba, activaba el flotador inferior que servía de botón de parada. Si el sumidero se desbordaba, se disparaba una alarma. La alarma podía ser una luz o algún tipo de sonido. Posiblemente se usaban los dos tipos.

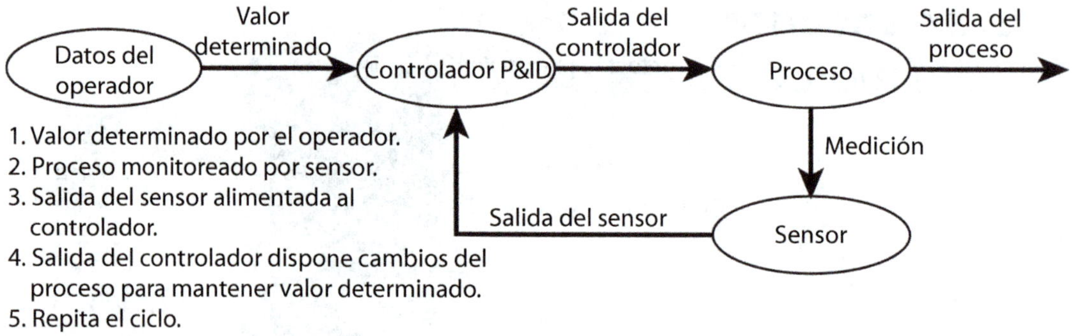

Figura 6.85 Ejemplo de control PID

El sistema nuevo aún tiene interruptores, pero ahora son interruptores de flotador que proporcionan retroalimentación a una computadora. El motor de la bomba ahora está controlado por un inversor (accionador). La bomba ya no se apaga. La bomba se acelera o se lentifica en respuesta al nivel detectado por el instrumento. Los instrumentos, por medio de la retroalimentación al inversor, controlan la velocidad del motor.

La Figura 6.85 representa un dibujo simplificado de un control PID para la bomba. El controlador PID es el inversor. El proceso es el funcionamiento del motor. El sensor controla la velocidad del motor para que haya un flujo continuo a través de la estación elevadora, en lugar de ciclos repetidos de encendido y apagado del motor.

En muchos lugares se usa un controlador lógico programable (PLC). Por medio del PLC, el sistema PID proporciona información sobre la estación a la instalación principal.

COMPROBACIÓN DE CONOCIMIENTOS

1. **Los relés funcionan por ______.**
   a. magnetismo
   b. resistencia
   c. calor
   d. voltaje de corriente continua

2. **Los tres tipos de contactores son ______.**
   a. relé tipo cubo de hielo, contactor, sobrecarga
   b. contactor, arrancador del motor, bomba
   c. arrancador del motor, convertidor RF, controlador
   d. relé tipo cubo de hielo, contactor, arrancador del motor

3. **Los contactos del relé tipo cubo de hielo ______.**
   a. pueden transportar 100 A
   b. pueden transportar 60 A
   c. pueden transportar 10 A
   d. no pueden transportar corriente

4. **Un relé de 8 pines ______.**
   a. tiene 10 juegos de contactos
   b. tiene 8 juegos de contactos
   c. tiene 6 juegos de contactos
   d. tiene 4 juegos de contactos

5. **Los botones pulsadores de un diagrama de control ______.**
   a. son todos NA
   b. son tanto NA como NC
   c. son todos NC
   d. No hay botones pulsadores en los circuitos de control.

Prácticas laborales relacionadas con la seguridad

BLOQUEO/ETIQUETADO

Antes de realizar cualquier trabajo o mantenimiento en un equipo, el equipo se debe desconectar de su fuente de alimentación para desenergizarlo. También se deben vaciar y purgar las líneas neumáticas e hidráulicas, desconectar accionadores por bandas y cadenas y uniones mecánicas en los equipos accionados por ejes, si fuera posible, y asegurar las partes mecánicas móviles con pestillos, cadenas, cuñas, bloques y otros dispositivos, para aislar los equipos mecánicos. Estas precauciones contribuyen a asegurar que los líquidos no ingresen en el lugar de trabajo y que el equipo no se energice de repente cuando se está trabajando en él.

En la Figura 6.86 se muestra un panel de control local típico para un equipo, en este caso un ventilador de escape. El panel contiene un interruptor de desconexión (A) que se puede usar para desconectar el suministro eléctrico del ventilador. El panel también incluye un interruptor manual apagado-automático (H-O-A) (B) que se puede usar para apagar el equipo, hacerlo funcionar en modo manual (manual) o hacerlo funcionar por medio del control del sistema remoto (automático), y un indicador luminoso (C) que muestra el estado del equipo. Si solo apagamos el equipo, no se desenergiza (OSHA 1910.333[b][2][ii][B]). La energía seguirá fluyendo hacia él y aún puede causar una descarga eléctrica. El interruptor de desconexión se debe tirar hacia abajo a la posición apagado para cortar el suministro eléctrico.

La mayoría de las WRRF tienen mucho personal de operaciones y mantenimiento, y pueden tener también contratistas en el lugar. Cualquiera de ellos que pase caminando por un panel como el que se muestra en la Figura 6.86 podría ver el interruptor de desconexión hacia abajo o el interruptor H-O-A en la posición apagado, y decidir volver a energizar o volver a arrancar el equipo para "corregir" la situación, y así podría lastimar a la persona que está trabajando en él o dañar el equipo. Para evitar que esto suceda, se deben usar etiquetas y bloqueos para señalar que el equipo no se debe energizar, abrir, liberar ni usar de alguna otra forma. El concepto de bloqueo del equipo, los controles o los lugares de trabajo con frecuencia incluye el uso de un candado real en un interruptor o control y de etiquetas con la leyenda "no operar" en los equipos y paneles de control (Figura 6.87).

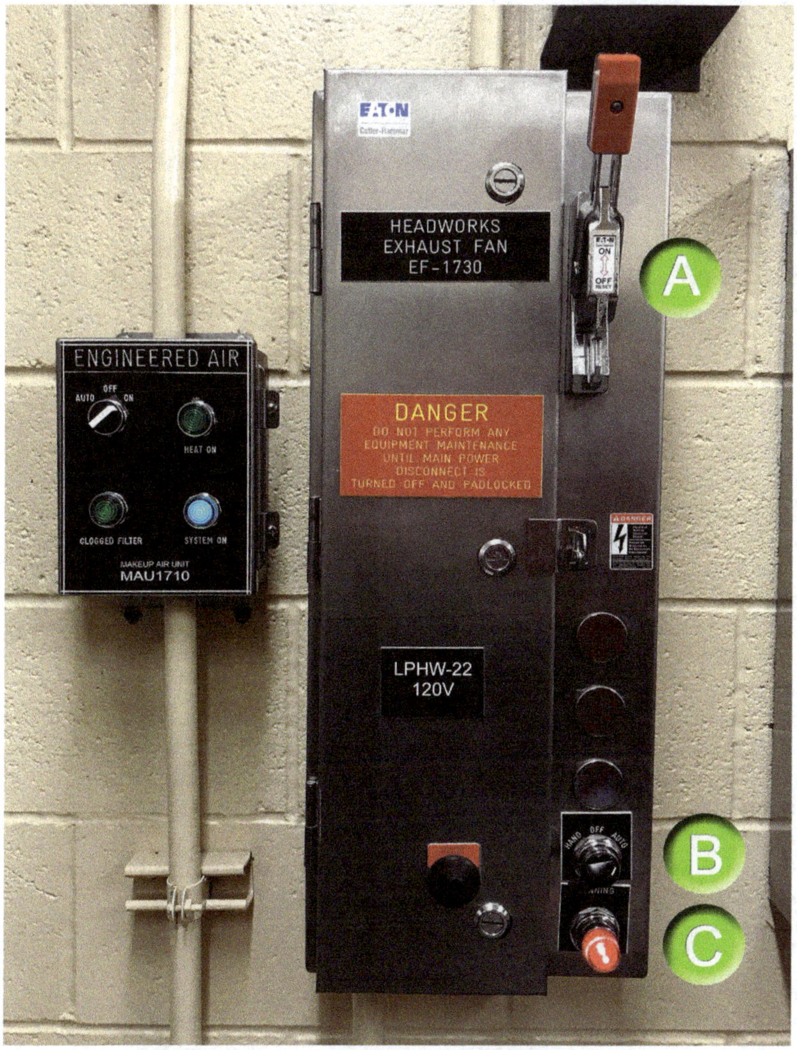

Figura 6.86 Ejemplo de un panel de control local (reimpreso con autorización de Indigo Water Group)

Figura 6.87 Estación de bloqueo/etiquetado (reimpreso con autorización de Indigo Water Group)

El interruptor de desconexión en la Figura 6.88 está equipado con una ranura de metal justamente para este propósito. Cuando el interruptor se tira hacia abajo para desconectar el suministro eléctrico, se debe insertar un candado en las ranuras de metal tanto del interruptor como del panel de control. La persona que coloca el candado debe conservar la llave. Una vez colocado, evita que cualquiera restablezca el suministro eléctrico sin quitar primero el candado. Si muchas personas están trabajando en el mismo equipo, cada persona debe poner su propio candado en el interruptor para que ningún trabajador pueda restablecer el suministro eléctrico sin el conocimiento y el consentimiento de todo el resto. El panel de control y el equipo también debe tener etiquetas que indiquen que están fuera de servicio y que no se deben utilizar (OSHA 1910.333, 1910.147).

Como norma general, nunca corte el candado de un dispositivo o equipo bloqueado. Esto podría provocar lesiones graves. Si alguien se fuera sin devolver las llaves, sufriera una lesión de largo plazo u ocurriera algún otro incidente que impidiera que esa persona vaya a trabajar, la decisión de hacer algo como cortar un candado es una decisión administrativa y todas las consecuencias deben ser consideradas exhaustivamente.

Un programa de bloqueo/etiquetado que cumple con las especificaciones de la Administración de Seguridad y Salud Ocupacionales (*Occupational Safety and Health Administration,* OSHA) incluye en la capacitación de los empleados los tres aspectos siguientes:

- El programa de control de energía del empleador
- Elementos de los programas de control de energía que son relevantes para las tareas del empleado
- Varios requisitos de la norma de bloqueo/etiquetado de OSHA

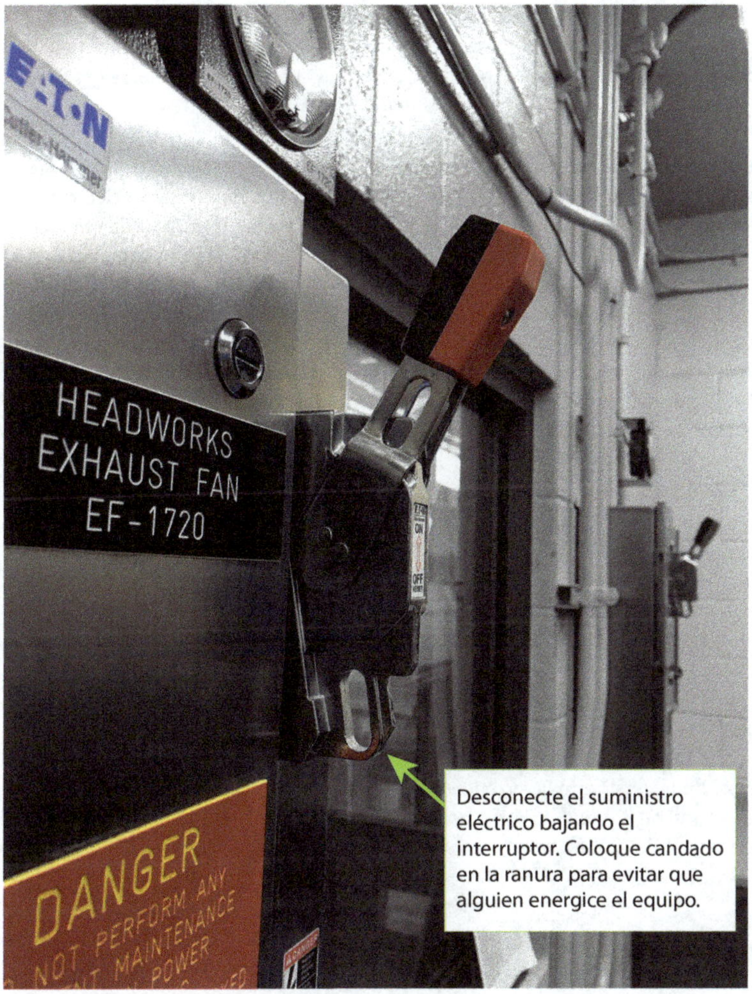

Figura 6.88 Interruptor de desconexión eléctrico (reimpreso con autorización de Indigo Water Group)

Las siguientes son reglas que un empleador debe seguir para proteger a los empleados:

- Desarrollar, implementar y hacer cumplir un programa de control de energía.
- Usar dispositivos de bloqueo en equipos que pueden ser bloqueados. Se pueden usar dispositivos de etiquetado en lugar de dispositivos de bloqueo solo si los dispositivos de etiquetado pueden proporcionar el mismo nivel de protección.
- Verificar que los dispositivos nuevos o reacondicionados pueden ser bloqueados.
- Si el equipo existente no puede ser bloqueado, desarrollar un programa de etiquetado.
- Desarrollar, documentar, implementar y hacer cumplir los procedimientos de control de energía.
- Usar solo dispositivos de bloqueo/etiquetado autorizados para ese uso en particular y verificar que son durables, estandarizados y fuertes.
- Verificar que los dispositivos de bloqueo/etiquetado identifican a los usuarios individuales.
- Establecer una política que permita que únicamente el empleado que colocó el dispositivo lo pueda quitar [consulte 29 CFR 1910.147 (e)(3) por excepciones].
- Inspeccionar y actualizar anualmente los procedimientos de control de energía.
- Proporcionar capacitación eficaz para todos los empleados incluidos en la norma.
- Cumplir con los procedimientos de control de energía adicionales de las normas OSHA cuando se analizan o reubican máquinas, cuando contratistas externos trabajan en el lugar, en situaciones de bloqueo y durante los cambios de turnos y de personal.

PELIGROS ELÉCTRICOS

Hay dos peligros asociados con la electricidad: la descarga eléctrica y el arco eléctrico. Una descarga eléctrica es una descarga repentina de corriente eléctrica por el cuerpo. En otras palabras, el cuerpo se torna temporalmente parte de un circuito eléctrico. Hay dos maneras en que una persona puede recibir una descarga. Potencial de contacto, en el que la persona hace contacto directo con piezas energizadas, o potencial de paso, en el que la persona puede recibir una descarga eléctrica por el voltaje que pasa por la tierra (es decir, una línea eléctrica caída).

La *Norma de Seguridad Eléctrica en los Lugares de Trabajo* de NFPA 70E (NFPA, 2018) exige que los trabajadores estén protegidos contra las quemaduras por arco eléctrico que pudieran producir quemaduras mayores a las de segundo grado. La cantidad de energía necesaria para provocar una quemadura de segundo grado es 1.2 cal/cm². El límite del arco eléctrico es la distancia desde la fuente del arco que se calcula en 1.2 cal/cm². Si una persona cruza el límite del arco eléctrico, debe usar vestimenta contra arco eléctrico con el valor correspondiente al riesgo de arco eléctrico.

"Solo personas cualificadas deben realizar tareas tales como el análisis, la resolución de problemas y la medición del voltaje de equipos eléctricos que operen a voltajes iguales o superiores a los 50 voltios". (NFPA 70E, *Norma de Seguridad Eléctrica en los Lugares de Trabajo*, p. 17 [NFPA, 2018]) Si el operador no es una persona cualificada para trabajos eléctricos, se debe llamar a un electricista cualificado.

La descarga eléctrica puede no tener efectos o puede causar quemaduras leves a graves, infartos, daños al sistema nervioso o incluso la muerte. Un arco eléctrico, también llamado *arco voltaico*, es un tipo de explosión eléctrica o descarga repentina de energía eléctrica. Durante un arco eléctrico, la electricidad forma un arco de luz y calor intensos que se puede producir entre dos porciones de un circuito eléctrico, de un equipo o de una persona. Las temperaturas de un arco eléctrico pueden alcanzar o exceder los 19 400 °C (35 000 °F), que vaporiza casi todo con lo que entra en contacto, incluido el cableado de metal los conductos y los paneles eléctricos. Si un trabajador se expone a un arco eléctrico puede sufrir en parte o en la mayoría de su cuerpo quemaduras que podrían poner en peligro su vida. Muchos circuitos eléctricos en entornos comerciales e industriales tienen la capacidad de provocar un arco eléctrico. Por ello, NUNCA debe abrir un panel eléctrico de alto voltaje salvo que esté cualificado para hacerlo y tenga puesto un equipo de protección personal (EPP) que pueda proteger contra un arco eléctrico.

Antes de comenzar cualquier trabajo eléctrico, una persona cualificada debe realizar una evaluación del riesgo. Una "persona cualificada es alguien que ha demostrado habilidades y conocimiento relacionados a la construcción y la operación de equipos e instalaciones eléctricas y ha recibido capacitación en seguridad para identificar los peligros y reducir los riesgos asociados". (p. 12 en NFPA [2018]). La evaluación del riesgo identifica los peligros, estima la probabilidad de que suceda algo malo que pueda afectar la salud y la vida de las personas y determina cuáles son las medidas de protección necesarias.

Las medidas de protección incluyen establecer límites para la descarga y el arco eléctricos. Una vez establecidos, los límites no son una distancia medida con cinta métrica. Los límites son una esfera que se extiende en todas las direcciones con el centro en el lugar donde se encuentran las piezas del circuito y los conductores energizados y expuestos. En la versión más reciente de la Norma de Seguridad Eléctrica en los Lugares de Trabajo (*Standard for Electrical Safety in the Workplace*) de NFPA 70E hay guías para establecer los límites y para el EPP recomendado (NFPA, 2018).

ETIQUETADO DEL EQUIPO

NEC establece que todos los equipos eléctricos deben tener etiquetas de arco eléctrico (NEC 110.16). El equipo puede tener dos tipos distintos de etiquetas. Una es una etiqueta genérica que haga referencia a NFPA 70E (Figura 6.89). Se trata de una advertencia sobre seguir los procedimientos de seguridad y usar los EPP conforme a NFPA 70E. El segundo tipo de etiqueta es más específico e incluye información acerca del peligro de descarga y el peligro de arco eléctrico, los límites y los EPP necesarios (Figura 6.90). Este tipo de etiqueta proviene de un *análisis de energía incidente*.

Figura 6.89 Señal de advertencia genérica de arco eléctrico

Figura 6.90 Advertencia de arco eléctrico con especificaciones sobre el equipo y requisitos de EPP

Un análisis de energía incidente es un componente de la evaluación de riesgo de arco eléctrico que se usa para predecir la energía incidente de un arco eléctrico en condiciones específicas.

La etiqueta del equipo a partir de un análisis de energía incidente le proporciona al operador la información necesaria para establecer los límites para el trabajo. El límite (barreras) se coloca en el límite del arco eléctrico o en el límite de la descarga eléctrica. Estos límites marcan la extensión o la distancia que puede alcanzar un arco eléctrico o una descarga eléctrica si ocurrieran. A modo de ejemplo, considere una etiqueta que indique un límite de arco eléctrico de 0.46 m (18.3 in) y un límite de descarga eléctrica de 1 m (42 in). Se deben colocar barreras a un mínimo de 1 m (42 in) del equipo energizado y expuesto. Si se trabaja a una distancia menor a 0.46 m (18.3 in) de los conductores y las piezas del circuito energizados y expuestos, será necesario usar ropa con un valor nominal de arco de 1.2 cal/cm^2.

COMPROBACIÓN DE CONOCIMIENTOS

1. **La evaluación de riesgo la realiza ______.**
   a. una persona cualificada
   b. cualquiera que trabaje con el equipo
   c. una persona con capacitación limitada
   d. (Un análisis de riesgo no es necesario).

2. **El límite de un arco eléctrico es de ______.**
   a. 12 in
   b. 42 in
   c. Donde la energía sea 1.2 cal/cm^2
   d. No es importante

3. **El límite de aproximación restringida es ______.**
   a. un límite de descarga eléctrica
   b. 12 in
   c. Un límite de arco eléctrico
   d. Donde son necesarios EPP

4. **Los equipos de protección personal (EPP) para la protección contra descarga eléctrica ______.**
   a. se miden el calorías
   b. son goma aislada
   c. son límite establecido por voltaje
   d. son cualquier vestimenta que no se queme

RESUMEN DEL CAPÍTULO

	Digestión aerobia
ELECTRICIDAD	■ Los electrones de valencia se pueden mover libremente entre los átomos en metales conductores puros o casi puros. ■ La electricidad es el movimiento coordinado de electrones que resulta en una diferencia de potencial eléctrico entre dos ubicaciones. ■ La electricidad fluye en una trayectoria completa llamada circuito que comienza y termina en el mismo lugar. ■ Si se mueve un imán por un conductor, puede inducir voltaje eléctrico. ■ La corriente eléctrica que fluye por un conductor genera un campo magnético. ■ Los campos magnéticos generados por corrientes eléctricas se pueden intensificar si se bobina el alambre y se coloca un núcleo de hierro en el centro de la bobina.
PROPIEDADES DE LA ELECTRICIDAD	■ La corriente es el flujo de electrones a través de un circuito. Expresado en amperios (A). Símbolo I en fórmulas matemáticas. Similar al caudal (m^3/d o gpm) para un sistema de agua. ■ El voltaje es la fuerza electromotriz (FEM) o la presión que proporciona el empuje para iniciar el flujo de corriente. Expresado en voltios. Símbolo V o E en fórmulas matemáticas. Similar a la presión de agua (kPa o psi) en un sistema de agua. ■ La resistencia es la restricción del flujo de electrones a través de un circuito. Expresado en ohmios (Ω). Símbolo R en fórmulas matemáticas. Similar a la pérdida de fricción en un tubo. ■ La potencia es la tasa a la que se suministra y utiliza la energía eléctrica. Se expresa en vatios (W) o kilovatios (kW).
RELACIONES	■ Ley de Ohm. Voltaje = Corriente × Resistencia ■ Ley de potencia para circuitos de CC. Potencia = Corriente × Voltaje ■ Ley de potencia para circuitos monofásicos de CA. Potencia = Corriente × Voltaje × Factor de potencia ■ Ley de potencia para circuitos trifásicos de CA. Potencia = Corriente × Voltaje × 1.762 × Factor de potencia ■ 1 caballo de fuerza (hp) = 0.746 kW
CIRCUITOS	■ Los circuitos en serie colocan una carga después de la otra en una línea sin ramales. ■ Los circuitos en paralelo incluyen bucles o ramales separados con cargas en cada uno. ■ En los circuitos en serie, la corriente es siempre la misma a través de cualquier componente. Las resistencias para todas las cargas se pueden agregar juntas para lograr una carga equivalente. ■ En los circuitos en paralelo, el voltaje es siempre el mismo a través de cualquier componente. La corriente a través de cada bucle o ramal es proporcional a la resistencia de cada bucle o ramal. ■ En un cortocircuito, dos alambres que normalmente no se deberían tocar, entran en contacto entre sí. Esto permite que los electrones se desvíen de parte o de todo el circuito. ■ Una falla a tierra ocurre cuando un conductor energizado (alambre "vivo") entra en contacto con una caja de metal, un conducto o un equipo. El cable a tierra se convierte en la nueva trayectoria para el circuito. Una falla a tierra puede disparar un disyuntor y quemar los fusibles. ■ Una sobrecarga es causada por un consumo excesivo de corriente a través de un circuito. Las sobrecargas pueden o no disparar disyuntores o quemar fusibles.
CORRIENTE DE CA/CC	■ La corriente continua fluye solamente en una dirección. ■ Los circuitos de corriente continua pueden contener tres cables: positivo, negativo y de puesta a tierra. ■ La energía de corriente continua se puede usar para crear electroimanes. ■ La corriente alterna fluye primero en una dirección y después en la dirección opuesta. ■ La frecuencia del ciclo es el hercio (Hz); la energía de CA de 60 Hz cambia de dirección 120 veces por segundo. ■ La energía de corriente alterna puede ser monofásica (una fuente de energía) o trifásica (tres fuentes de energía sin sincronización por 120° una en relación con la otra). ■ Los circuitos monofásicos CA usan dos alambres vivos que transportan electricidad en condiciones operativas normales. El tercer cable, el conductor con conexión a tierra, es el retorno a la fuente. ■ Los circuitos de CA trifásicos contienen seis cables "vivos". En la práctica, solo se ven tres de los cables. Pueden estar conectados en una configuración en estrella o en triángulo. ■ El factor de potencia es la relación entre la potencia real y la potencia aparente.

EQUIPO ELÉCTRICO	■ Solenoide: Una bobina de alambre usada como electroimán. Se puede usar para abrir o cerrar un interruptor, para abrir o cerrar una válvula y para otros propósitos. ■ Transformador: Dos bobinas de alambre que se usan para aumentar (incrementar) o disminuir (reducir) el voltaje en un circuito de CA. La corriente (vatios) permanece igual, pero cambia el amperaje. ■ Inversor: Los inversores convierten la corriente de CA en corriente de CC.
MOTORES	■ Convierten energía eléctrica en energía mecánica. ■ Los motores de CC de imanes permanentes consisten en un estator y un rotor. El estator tiene imanes permanentes montados en el interior. El rotor tiene uno o más bucles de alambre llamados *devanados*. La energía eléctrica suministrada a los devanados genera un campo magnético que reacciona a los imanes permanentes del estator. La atracción y la repulsión de los dos imanes hacen girar al rotor. Las escobillas de grafito mantienen el circuito eléctrico entre los devanados y el colector de delgas. ■ Los motores de corriente continua con imanes permanentes también se pueden construir con devanados montados en el estator y un rotor de imanes permanentes. Este diseño no necesita escobillas ni un colector de delgas. ■ Los motores de CA trifásicos son similares a los motores de CC, excepto que en lugar de los imanes permanentes tienen un segundo juego de devanados. Un juego de devanados se energiza para crear un campo magnético. El campo magnético en el primer juego de devanados induce un campo magnético en el segundo juego de devanados. La atracción y la repulsión de los dos campos magnéticos hacen girar al rotor. El rotor o el estator pueden servir como el primer juego de devanados. ■ Los motores de CA trifásicos de jaula de ardilla son los más comunes. ■ Todos los motores deben tener una placa de identificación montada directamente a la carcasa. La placa de identificación lista las características del motor. ■ El amperaje a carga plena (FLA) es la cantidad de corriente que el motor consume cuando tiene carga plena. ■ El amperaje de rotor bloqueado (LRA) es la cantidad de corriente que el motor consume durante el arranque o cuando el rotor no se puede mover. En general es de 6 a 8 veces el FLA.
CONTROL DEL MOTOR	■ Los motores eléctricos se pueden arrancar con arrancadores de voltaje pleno, arrancadores suaves o accionadores. ■ Los arrancadores se usan con motores de una velocidad. ■ Los accionadores de frecuencia variable (VFD) se usan con motores de velocidad variable. Ajustan la velocidad del motor por medio del ajuste de los hercios (frecuencia) de la potencia suministrada al motor. ■ Los motores bobinados con alambre controlan la velocidad limitando el voltaje.
MEDICIONES DE LAS CARACTERÍSTICAS ELÉCTRICAS	■ A las mediciones las deben tomar personas cualificadas y capacitadas. ■ Las diferencias de voltaje entre los tres conductores (alambres vivos) de un motor de CA trifásico debe ser menor al 1 %. ■ Las diferencias de amperaje entre los tres conductores de un motor de CA trifásico debe ser menor al 5% a plena carga. ■ Si se cambian dos conductores de un motor de CA trifásico, el motor girará en sentido inverso. ■ Los motores con las mismas características, que operan con la misma carga deben tener el mismo consumo de amperios. ■ La integridad del aislamiento se verifica midiendo la resistencia con un megóhmetro. El motor se debe desconectar del suministro eléctrico antes del análisis.
MANTENIMIENTO	■ Lubrique los cojinetes conforme a las recomendaciones del fabricante. ■ Mantenga los conductos de ventilación del motor limpios y despejados. ■ Reemplace las escobillas y las delgas según fuera necesario.
SEGURIDAD	■ Siempre bloquee y etiquete el equipo antes del mantenimiento. ■ Cada persona debe tener su candado y llave propios. ■ Hay dos peligros eléctricos: la descarga eléctrica y el arco eléctrico. ■ Los operadores NUNCA deben abrir un panel eléctrico de alto voltaje salvo que estén cualificados para hacerlo Y estén usando EPP adecuados. ■ NEC exige que todos los equipos eléctricos tengan etiquetas de arco eléctrico.

Referencias

Arasmith, S. (2010a). *Electrical fundamentals for water and wastewater.* ACR Publications, Inc.

Arasmith, S. (2010b). *Introduction to small water systems* (Kit para el capacitador). ACR Publications, Inc.

Creative Safety Supply. (n. d.). *Electrical wire colors.* https://www.creativesafetysupply.com/articles/wire-color-codes/

Energy Information Administration. (n. d.). Electricity explained: How electricity is generated. https://www.eia.gov/energyexplained/electricity/how-electricity-is-generated.php

Fielding, J. (26 de Junio, 2017). *Jeremy Fielding channel* [Video]. YouTube. https://www.youtube.com/watch?v=onjFFoOC_yk&t=579s

Huheey, J. (1983). *Inorganic chemistry* (3.ª ed.). Harper Collins Publishers.

Kuphaldt, T. R., & All About Circuits. (n. d.). *Simple parallel circuits* En Lessons in electric circuits. Vol. I Direct current (DC) (Capítulo 5: *Series and parallel circuits*). https://www.allaboutcircuits.com/textbook/direct-current/chpt-5/simple-parallel-circuits/

Kuphaldt, T. R., & All About Circuits. (n. d.). *Simple parallel circuits* En Lessons in electric circuits. Vol. I Direct current (DC) (Capítulo 5: *Series and parallel circuits*). https://www.allaboutcircuits.com/textbook/direct-current/chpt-5/simple-series-circuits/

National Fire Protection Association. (2020). *National electrical code* (NFPA 70). National Fire Protection Association.

National Fire Protection Association. (2018). *Standard for electrical safety in the workplace* (NFPA 70E). National Fire Protection Association.

The Engineering Mindset. (29 de octubre de 2018). *Power factor explained—The basics what is power factor pf* [Video]. YouTube. https://www.youtube.com/watch?v=Tv_7XWf96gg

Water Environment Federation. (2013). *Automation of water resource recovery facilities* (4.ª ed., Manual of Practice n.º 21). Water Environment Federation.

Water Environment Federation. (2009). *Energy conservation in water and wastewater treatment facilities* (Manual of Practice n.º 32). Water Environment Federation.

Water Pollution Control Federation. (1984). *Prime movers: Engines, motors, turbines, pumps, blowers, and generators* (Manual of Practice n.º OM-5). Water Pollution Control Federation.

Bibliografía sugerida

Hand, A. (2011). *Electric motor maintenance and troubleshooting* (2.ª ed.). McGraw-Hill Education.

Keler, V. (2017). *Everything electrical: How to test circuits like a pro: Part 1.* Independently published.

Keler, V. (2017). *Everything electrical: How to test circuits like a pro: Part 2.* Independently published.

Keler, V. (2017). *Everything electrical: How to use all the functions on your multimeter.*

Miller, R., & Miller, M. (2014). *Industrial electricity and motor controls* (2.ª ed.). McGraw-Hill Education.

Water Environment Federation & Association of Boards of Certification. (2018). *Wastewater treatment fundamentals I—Liquid treatment.* Water Environment Federation.

CAPÍTULO 7

Bombas y estaciones elevadoras

Introducción

Se usan distintos tipos de bombas de diferentes formas en nuestras instalaciones de recuperación de recursos hídricos (*water resource recovery facilities*, WRRF). Son equipos fundamentales que utilizan los operadores en las redes de alcantarillado y en las WRRF de todo el mundo.

Si una bomba falla puede producir daños en el medio ambiente, riesgos para la salud humana, incumplimiento de permisos, inundaciones, daños en los equipos y problemas de seguridad para los trabajadores. Los operadores deben conocer cómo funcionan en general las bombas y las estaciones elevadoras para poder identificar los problemas rápidamente y corregirlos a fin de minimizar los daños. En este capítulo se describen aspectos fundamentales sobre la terminología y el desempeño de las bombas. Estudiaremos el funcionamiento de los distintos diseños de bombas y para cuáles aplicaciones está mejor equipada cada clase de bomba. La sección final del capítulo describe cómo funcionan las bombas juntas en sistemas en los distintos tipos de estaciones elevadoras.

OBJETIVOS DE APRENDIZAJE

Después de completar este capítulo, podrá:

- Detallar los propósitos principales para usar bombas y estaciones elevadoras.
- Definir términos hidráulicos y explicar de qué forma se relacionan con la operación de una bomba.
- Detallar las características que definen a los distintos tipos de bombas.
- Seleccionar un tipo de bomba según la información sobre los fluidos o los sólidos que se deben bombear y la aplicación.
- Identificar los componentes de los distintos tipos de bombas y explicar su función.
- Explicar los principios básicos (la teoría) que sustenta la operación de los distintos tipos de bombas.
- Calcular la potencia hidráulica, al freno y del motor.
- Determinar por qué una bomba puede estar cavitando y planificar un curso de acción para eliminar la cavitación cuando ocurre.
- Identificar el punto de eficiencia óptimo y la zona operativa preferida de una bomba.
- Usar las leyes de afinidad de la bomba para calcular los nuevos valores de salida de caudal, la carga hidráulica, el consumo de amperios y la potencia al freno de una bomba centrífuga después de cambiar el diámetro del impulsor o la velocidad del motor.
- Poner en funcionamiento y operar de forma segura distintos tipos de bombas.
- Realizar mantenimiento y resolver problemas básicos en distintos tipos de bombas.
- Identificar los componentes de una estación elevadora.
- Poner en funcionamiento y detener una estación elevadora.
- Realizar mantenimiento y resolver problemas básicos de estaciones elevadoras.

Objeto y función de las bombas

Las bombas son las encargadas del trabajo pesado en la recuperación de recursos hídricos. Gracias a ellas, todo funciona. Se usan muchos tipos diferentes de bombas para trasladar el agua, las aguas residuales, los productos químicos para el tratamiento y los sólidos de un lugar a otro. Las bombas mueven las aguas residuales a través de la red de alcantarillado hasta la instalación de recuperación de recursos hídricos (WRRF). Aumentan la elevación del agua hacia un tanque o una caja de distribución para que pueda fluir por gravedad hacia los procesos aguas abajo. Miden los productos químicos que ingresan en los tanques o los procesos. Regulan los flujos de reciclado. Son herramientas mecánicas fundamentales que ayudan a los operadores a recuperar aguas todos los días.

Clasificación de las bombas

Se usan muchos tipos diferentes de bombas para el agua y las aguas residuales. En la Figura 7.1 se muestran las bombas usadas con mayor frecuencia en los sistemas de aguas residuales. En líneas generales, las bombas se clasifican en bombas cinéticas/dinámicas o bombas de desplazamiento positivo. Las bombas cinéticas o dinámicas aumentan la velocidad del agua o de los sólidos cuando pasan a través ellas. La velocidad, después, se convierte en presión en el punto de descarga de la bomba. Entre las bombas cinéticas se encuentran las bombas centrífugas y las bombas tipo turbina. Las bombas de desplazamiento positivo toman un volumen fijo de fluido o lodo de la entrada, que pasa a través del cuerpo de la bomba, y después lo expulsan por el punto de descarga. Estas bombas empujan el fluido o el lodo de manera similar a la que la pasta dental se empuja apretando el tubo. Las bombas de desplazamiento positivo pueden ser recíprocas (diafragma, pistón y émbolo) o giratorias (lóbulo, cavidad progresiva, de tornillo y peristáltica). Hay algunos pocos tipos de bombas que no encajan completamente en ninguna categoría, como las bombas de elevación de aire y las bombas de ariete. En la Figura 7.1,estos dos tipos de bombas se incluyen en la categoría "Especiales".

En este capítulo, un *fluido* es cualquier material que se bombea, un *líquido* es cualquier fluido compuesto predominantemente por agua y los *sólidos* son fluidos que contienen más de 2 % de sólidos totales (TS). Las aguas residuales crudas, por ejemplo, son un líquido. En general, contienen entre 200 y 300 miligramos por litro (mg/L) de sólidos en suspensión totales (SST) (0.02 % a 0.03 %), demasiado poco como para afectar la forma en que fluye el líquido. El lodo primario y el secundario pueden contener hasta 50 000 mg/L de TS (5 %). El lodo deshidratado y espesado es un sólido y puede contener más de 200 000 mg/L (20 %) de TS. Una alta concentración de sólidos en biosólidos y lodos espesados y deshidratados afecta en gran medida el comportamiento del material y el tipo de bomba que los puede desplazar.

El lodo de las aguas residuales municipales comienza a comportarse distinto del agua cuando la concentración de sólidos alcanza aproximadamente el 2 % de TS (Kent y Stallman, 2017).

En general, se usan bombas cinéticas cuando la concentración de TS del fluido bombeado es inferior al rango de 4 % a 5 %. Por arriba de esta concentración, se deben usar bombas de desplazamiento positivo. ¿Cuál es la razón? Bombear lodo es distinto a bombear agua. El agua fluye con facilidad. Si hay un camino descendente para que fluya, seguirá ese camino. No necesita un empuje adicional para moverse. Por el contrario, el lodo puede comportarse como un sólido cuando está en reposo y como un líquido una vez que comienza a moverse. Si alguna vez disfrutó de una bebida helada como un Slurpee o un margarita, pudo observar

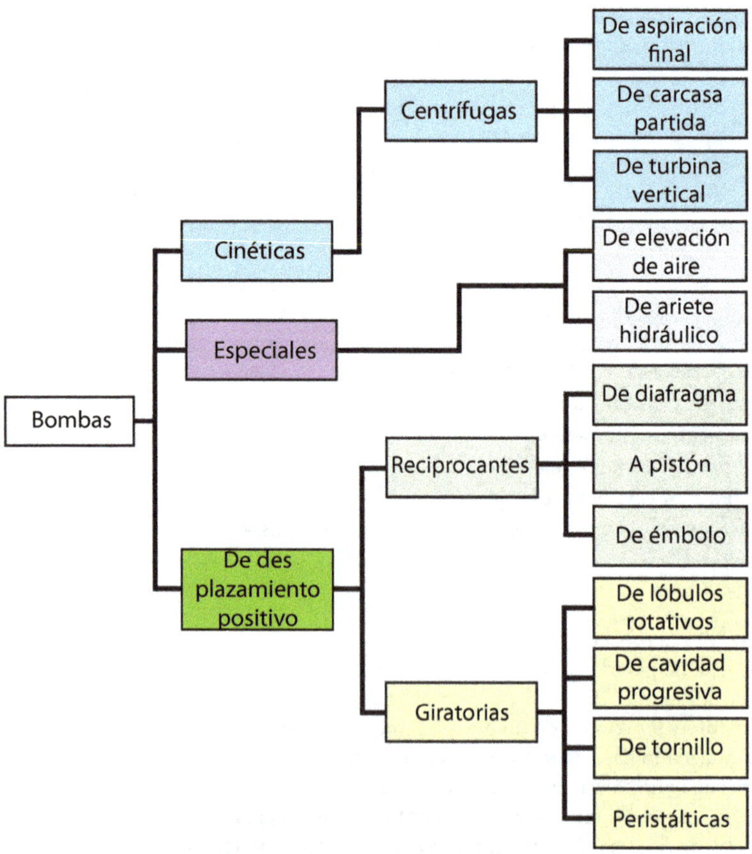

Figura 7.1 Tipos comunes de bombas para aguas residuales (Adaptado de WEF, 2017)

este cambio de comportamiento. Cuando el vaso está lleno, la succión de su boca hace pasar la mezcla de cristales de hielo y agua fácilmente por el sorbete. Si deja de beber, la mezcla espesa de cristales de hielo y agua no regresa a la copa. Permanece en el sorbete. En algún punto, el sorbete comienza a tener problemas para alcanzar los últimos rastros de bebida en el fondo del vaso. ¿Qué hacemos? Quitamos el sorbete y nos acercamos el vaso a la boca. La *solución espesa* en el fondo de la copa en general no se desliza fácilmente hacia nuestra boca. Queda adherida en el fondo de la copa. Si golpeamos suavemente el fondo de la copa, no pasa nada. Si el golpe es más fuerte, la solución espesa se libera de repente del fondo de la copa y cae rápidamente hacia el extremo abierto. Cuando comienza a moverse, se traslada con facilidad. La solución espesa de la bebida helada actúa como un sólido cuando está en reposo y como un líquido cuando se mueve. Otro ejemplo de este comportamiento es cuando intentamos extraer ketchup de una botella de vidrio.

Una *solución espesa* es una mezcla semilíquida de sólidos no disueltos suspendidos en un fluido, generalmente agua.

Los lodos primarios y secundarios y los sólidos de digestión se comportan de la misma manera. El lodo necesita un empujón adicional para moverse pero, cuando se está moviendo, tiende a fluir con facilidad. La fuerza de empuje necesaria depende de la concentración de TS, del tamaño de las partículas, de la temperatura, de la presencia de polímeros y de otros factores. El término técnico para la cantidad de empuje necesaria es *límite de fluencia.* Es difícil trazar una línea entre el momento en el que un fluido se comporta más como agua (fluye con facilidad) y más como un sólido (necesita un empujón), pero los estudios sugieren que en el caso del lodo de aguas residuales municipales, este cambio de comportamiento comienza a suceder cuando la concentración de sólidos alcanza aproximadamente el 2 % de TS (Kent y Stallman, 2017). A medida que las concentraciones de sólidos aumentan, es necesaria una mayor energía inicial para mover el lodo.

Límite de fluencia es la cantidad mínima de fuerza que se debe aplicar para iniciar el flujo.

La reología estudia la forma de fluir de distintos tipos de materia. Puede haber escuchado o leído acerca de las propiedades reológicas del lodo, lo que significa que fluye de manera distinta al agua.

Estas diferencias de comportamiento entre los líquidos y las soluciones espesas afectan la elección de la bomba. Las bombas centrífugas se usan para bombear caudal de entrada no tratado, efluente primario, lodo activado recirculado y lodo activado de purga. Cada uno de estos líquidos, en general, contiene menos de 2 % de TS. Las bombas de desplazamiento positivo se usan para bombear natas, lodo primario, lodo activado de purga espesado, lodo químico, flotante de espesadores de flotación por aire disuelto, lodo de espesadores por gravedad y torta deshidratada. Cada uno de estos fluidos en general contiene más de 2 % de TS y con frecuencia más de 5 % de TS. Las bombas de desplazamiento positivo son capaces de generar la presión (energía) adicional necesaria para mover el lodo a través de largas tuberías, incluso cuando las bombas operan de manera intermitente.

COMPROBACIÓN DE CONOCIMIENTOS

1. **¿Cuál de los siguientes ejemplos representa una bomba cinética o dinámica?**
   a. De elevación de aire
   b. Centrífuga
   c. De lóbulos rotativos
   d. De desplazamiento positivo

2. **¿Cuál de los siguientes ejemplos representa una bomba de desplazamiento positivo?**
   a. De ariete hidráulico
   b. Centrífuga
   c. De lóbulos rotativos
   d. Tipo turbina

3. **Las bombas de desplazamiento positivo se usan para bombear soluciones espesas que poseen en general más del 4 % al 5 % de TS.**
   ☐ Verdadero
   ☐ Falso

Hidráulica del sistema de bombeo y definiciones

Las bombas se usan para transportar agua y sólidos de un punto a otro. Para ello, se necesita energía. La cantidad de energía necesaria depende de la cantidad de agua bombeada (caudal), la resistencia al flujo (la carga hidráulica que la bomba debe vencer) y la eficiencia de la bomba y el motor.

CAUDAL

El *caudal* es el volumen de líquido bombeado por unidad de tiempo. También se puede denominar *capacidad* o *capacidad de bombeo.* La capacidad de las bombas en general se expresa en litros por segundo (L/s) o en metros cúbicos por segundo (m^3/s) (galones por minuto [gpm] o millones de galones por día [mgd]).

Energía es la capacidad de trabajo. La energía no se puede crear ni destruir pero se puede convertir de una forma de energía a otra.

La *masa* se expresa en kilogramos (kg) o libras (lb).

CARGA HIDRÁULICA

Carga hidráulica es un término que se usa para describir la cantidad de *energía* que una *masa* de líquido contiene. También se puede usar carga hidráulica para describir la cantidad de energía que se agrega a o se pierde de una masa de fluido. Se expresa como metros o pies de carga hidráulica. Un metro (3.3 ft) de carga hidráulica es la energía necesaria para elevar agua 1 m (3.3 ft). Hay cuatro tipos de energía (carga hidráulica) en los sistemas de bombeo: presión, elevación, fricción y velocidad.

PRESIÓN Y ELEVACIÓN

La presión y la elevación se relacionan pero no son exactamente lo mismo. La presión es la cantidad de fuerza que empuja contra un área. La presión se expresa en kilopascales por metro cuadrado (kPa/m^2) o libras por pulgada cuadrada (lb/in^2 o *psi*). La elevación se expresa en metros o pies. No tiene área. A la elevación también se la denomina *carga hidráulica estática*. Si algo es estático, no se está moviendo. Hay carga hidráulica estática en los sistemas de bombeo aunque la bomba no esté bombeando.

Podemos ilustrar la relación entre la elevación y la presión si comparamos la presión y la elevación con un pie cúbico de agua. Un pie cúbico de agua tiene 1 ft de ancho, por 1 ft de largo, por 1 ft de alto y pesa 62.4 lb. El área en el fondo del cubo es igual a 1 ft^2 o 144 in^2 (12 in × 12 in). Para calcular la presión en el fondo del cubo de agua, tome la masa del agua y divídala por el número de pulgadas cuadradas del fondo del cubo (ecuación 7.1). Recuerde que el cubo de agua tiene 1 ft de alto. El resultado de ese cálculo es el número de libras por pulgada cuadrada (psi) de presión por 1 ft de profundidad de agua.

$$\text{Presión, psi} = \frac{\text{Masa}}{\text{Área}} \qquad (7.1)$$

$$\text{Presión, psi} = \frac{62.4 \text{ lb}}{144 \text{ sq in}}$$

$$\text{Presión, psi} = 0.433$$

La presión en el fondo de un pie cúbico de agua es 0.433 psi por pie de profundidad de agua. La elevación o carga hidráulica estática es 1 ft. Si se duplica la elevación también se duplica la presión. En unidades métricas, 0.433 psi por pie de profundidad de agua es equivalente a 9.795 kPa por metro de profundidad de agua. Si se conoce la elevación del agua, se puede calcular la presión y viceversa simplemente mediante la conversión de unidades con las ecuaciones 7.2 a 7.4.

$$\frac{\text{X ft de profundidad de agua}}{} \left| \frac{0.433 \text{ psi}}{\text{1 ft de profundidad de agua}} \right| = \text{X psi} \qquad (7.2)$$

$$\frac{\text{X m de profundidad de agua}}{} \left| \frac{9.795 \text{ kPa}}{\text{1 m de profundidad de agua}} \right| = \text{X kPa} \qquad (7.3)$$

$$\frac{\text{X psi}}{\text{ft de profundidad de agua}} \left| \frac{\text{1 ft de profundidad de agua}}{0.433 \text{ psi}} \right| = \text{X ft} \qquad (7.4)$$

$$\frac{\text{X kPa}}{\text{metro de profundidad de agua}} \left| \frac{\text{1 m de profundidad de agua}}{9.795 \text{ kPa}} \right| = \text{X m} \qquad (7.5)$$

El dispositivo usado con más frecuencia para medir la presión es el manómetro. Si se coloca la bomba de manera tal que la descarga esté orientada hacia arriba, el fluido que sale de la bomba alcanzará una cierta altura. La altura es igual a la carga hidráulica de descarga que está generando la bomba. Entonces, se puede calcular la presión de descarga a partir de la carga hidráulica de descarga con la ecuación 7.2 o con la ecuación 7.3.

1 *psi* = 6.89476 kPa para la misma profundidad de agua.

Solo dos aspectos afectan la presión en un cubo de fluido: la altura del cubo y su densidad. La presión es la misma en todos los puntos del fondo del cubo. Si el cubo tuviera un área de solo 1 cm^2 (0.1 in^2) en lugar de

1 m^2 (10.8 ft^2), pero aún tuviera una altura de 1 m (3.3 ft), la presión en el fondo sería la misma. La *densidad* es la cantidad de masa (kg o lb) por volumen (m^3 o ft^3). El cloruro férrico es más denso que el agua. El agua pesa 1000 kg/m^3 (62.4 lb/ft^3). Una solución con 40 % de cloruro férrico pesa 1417.6 kg/m^3 (88.6 lb/ft^3). Debido a que el cloruro férrico pesa más que el agua, la presión en el fondo de un cubo de cloruro férrico será mayor que la presión en el fondo de un cubo de agua de tamaño idéntico.

La *densidad* es la cantidad de masa (kg o lb) por volumen (m^3 o ft^3).

Tómese un momento para observar la Figura 7.2. Una bomba se encuentra entre dos tanques, cada uno parcialmente lleno de agua. La distancia entre el nivel de líquido en el tanque final (o el punto más alto al que se bombea) y la línea central de la entrada de la bomba se denomina *carga hidráulica estática de descarga* (Figura 7.2). La bomba debe proporcionar energía suficiente para mover el agua al punto más alto posible. La carga hidráulica estática de descarga esencialmente es la cantidad de trabajo que tiene que hacer la bomba para empujar contra la gravedad y mover el fluido dentro del segundo tanque. La carga hidráulica estática de un sistema de bombeo puede cambiar según los niveles de líquido en los puntos de aspiración y descarga del sistema de bombeo. A medida que los tanques se llenan y se vacían, la carga hidráulica estática aumenta y disminuye con el tiempo.

Ocurre algo especial con la carga estática en el lado de aspiración de una bomba. Si la línea central de la bomba está ubicada por encima del nivel de agua del pozo sumidero del cual bombea, se dice que está en una *condición de altura de aspiración.* Observe el diagrama en el lado izquierdo de la Figura 7.3. Esto significa que la bomba debe ser capaz de extraer el fluido por su línea de aspiración para bombearlo. Esta condición presenta desafíos para los distintos diseños de bombas. El diagrama en el costado derecho de la Figura 7.3 muestra una condición denominada *condición de carga de aspiración* o *condición de aspiración inundada.* En esta situación, la gravedad ayuda a mover el agua desde el pozo sumidero hasta la bomba. Esta es una condición operativa mucho más favorable para las bombas. Sin embargo, ambas condiciones son comunes en los sistemas de bombeo de agua y aguas residuales. Comprender las condiciones de carga de aspiración en las que opera una bomba es un aspecto importante no solo del diseño de la bomba sino también para resolver

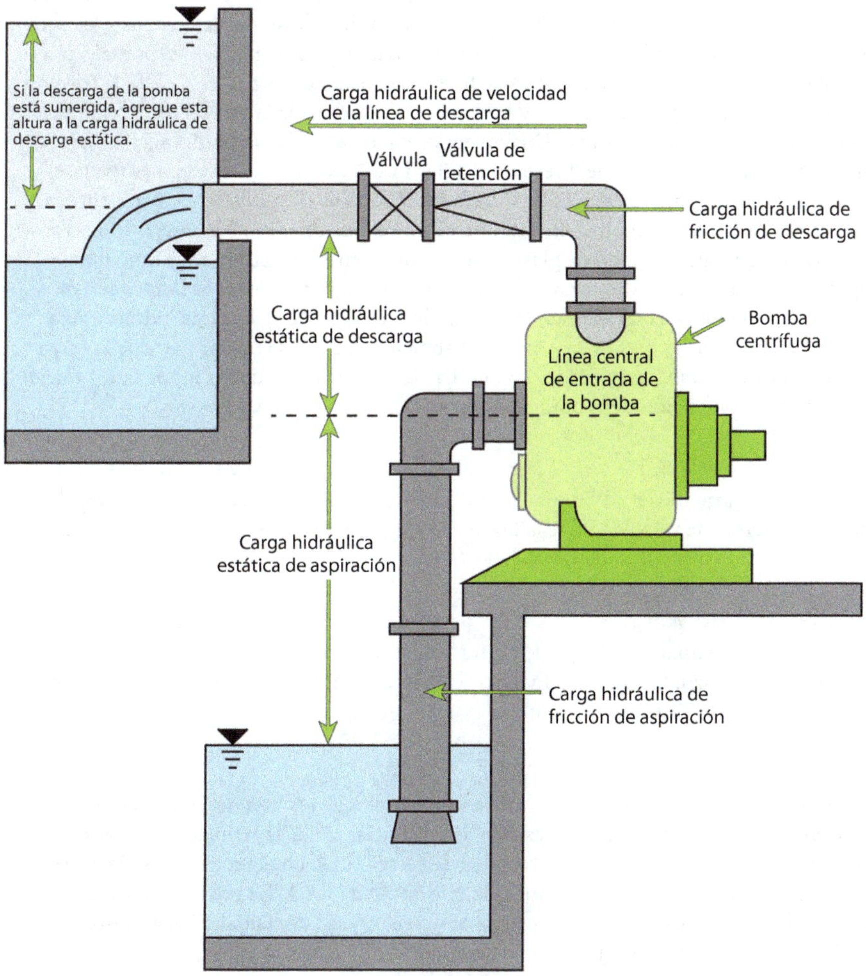

Figura 7.2 Carga hidráulica estática (WPCF, 1984)

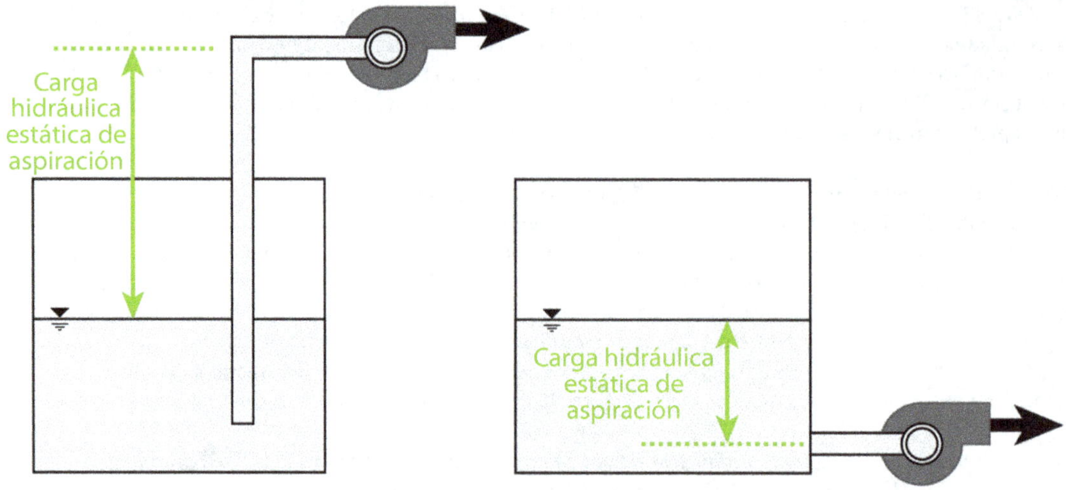

Figura 7.3 Comparación entre altura de aspiración y carga hidráulica de aspiración

problemas de desempeño de la bomba como la cavitación. Observe nuevamente la bomba de la Figura 7.2. El nivel de agua en el pozo sumidero del cual bombea está *por debajo* de la línea central de entrada de la bomba; por lo tanto, está operando en una condición de *altura de aspiración*.

CARGA HIDRÁULICA DE FRICCIÓN

La fricción es la resistencia al movimiento entre dos cosas que se rozan o se deslizan una contra la otra. En los sistemas de bombeo, los fluidos rozan contra las paredes de los tubos, los interiores de las válvulas y los acoples y el interior de las bombas mismas. La cantidad de energía necesaria para vencer la resistencia por fricción se denomina *carga hidráulica de fricción*. La carga hidráulica de fricción consta de dos partes. Una es la fricción del fluido que se mueve por el tubo (grandes pérdidas) y la otra es la fricción creada por las restricciones, las curvas, los acoples y las válvulas (pérdidas menores). Una forma de considerar la carga hidráulica de fricción es como la energía que se pierde por el cambio de dirección del fluido. Si la superficie del tubo es suave, el fluido se desliza sobre ella. No hay mucha fricción. Si la superficie del tubo es rugosa, se crea turbulencia a lo largo de la pared del tubo. El agua se arremolina en lugar de viajar en una línea recta y pareja. Todos esos cambios de dirección necesitan energía. Un tubo de plástico suave ofrece menos resistencia al flujo que un tubo de hormigón rugoso o de hierro corroído y se necesita menos energía para mover los fluidos por él. Si hay pocas válvulas y acoples en grandes extensiones de tubería, la mayor parte de la carga hidráulica de fricción proviene del tubo. Si la tubería es corta y hay muchas válvulas y acoples, la mayor parte de la carga hidráulica de fricción proviene de las válvulas y de los acoples. La carga de fricción de los tubos de aspiración y de descarga de la bomba afecta la operación de la bomba (Figura 7.2).

CARGA HIDRÁULICA DE VELOCIDAD

La cantidad de energía necesaria para mover un fluido a una velocidad en particular se denomina *carga hidráulica de velocidad*. Es la energía de velocidad que la bomba le agrega al fluido. Cuanto más rápido se bombee el agua, mayor será la carga hidráulica de velocidad.

CARGA HIDRÁULICA DINÁMICA TOTAL

La carga dinámica total (CDT) es la suma de la carga de aspiración estática, la carga de descarga estática, la carga de fricción y la carga de velocidad. Es todo el esfuerzo que la bomba debe hacer y las fuerzas que debe vencer para mover un líquido desde el punto A al punto B.

REQUISITOS DE EFICIENCIA Y POTENCIA

La cantidad de energía necesaria para que opere una bomba es proporcional a la tasa de caudal, la carga hidráulica que la bomba debe generar para vencer la resistencia y la eficiencia de la bomba y su motor. Esta energía, o potencia, se mide en kilovatios (kW) o caballos de fuerza (hp). Los caudales más altos necesitan más potencia que los caudales más bajos. A medida que aumenta la CDT, también aumenta la cantidad de potencia que la bomba necesita para producir la misma cantidad de caudal. Si disminuye la eficiencia del motor o de la bomba, aumenta la potencia necesaria.

En unidades estándar del Sistema Internacional, la potencia de salida de la bomba cuando bombea un fluido es

$$\text{kW} = (9.8)(\text{Caudal, m}^3/\text{s})(\text{Carga hidráulica, m}) \tag{7.6}$$

En unidades habituales en los EE. UU., la potencia de salida de la bomba es

$$\text{hp} = \frac{(\text{Caudal, gpm})(\text{Carga hidráulica, ft})}{(3960)} \tag{7.7}$$

En ambas ecuaciones, la carga hidráulica es la CDT.

Hay tres tipos de potencia en los sistemas de bombeo: la potencia de salida de la bomba, la potencia de entrada de la bomba y la potencia de entrada del motor (Figura 7.4). Las unidades para todas ellas son los kilovatios en el sistema métrico y los caballos de fuerza en las unidades habituales en los EE. UU. La potencia de salida de la bomba, también denominada *caballos de fuerza del agua*, es la cantidad de potencia disponible en la descarga de la bomba. Es la cantidad de potencia disponible para mover un fluido desde el punto A hasta el punto B.

La bomba no es 100 % eficiente. Se debe dar más potencia a la bomba que la potencia que la bomba finalmente va a proporcionar en la descarga. Si la bomba tiene una eficiencia del 90 %, será necesario un 10 % adicional en la entrada de la bomba. Esa es la potencia de entrada de la bomba. A la potencia de entrada de la bomba también se la puede denominar *potencia de salida del eje del motor* o *potencia al freno*. Para calcular la potencia de entrada de la bomba (potencia al freno) se suma el término de eficiencia de la bomba a las ecuaciones de potencia de salida de la bomba (caballos de fuerza del agua). El término del porcentaje de eficiencia se debe convertir a decimales antes de sumarlo a la ecuación 7.8 o a la ecuación 7.9.

En las ecuaciones 7.6 y 7.7 anteriormente en este capítulo se proporcionan las ecuaciones para el agua k-w (hp).

$$\text{Freno, kW} = \frac{(9.8)(\text{Caudal, m}^3/\text{s})(\text{Carga hidráulica, m})}{\text{Eficiencia de la bomba, \% expresado como decimal}} \tag{7.8}$$

$$\text{Freno, hp} = \frac{(\text{Caudal, gpm})(\text{Carga hidráulica, ft})}{3960 \times \text{Eficiencia de la bomba, \% expresado como decimal}} \tag{7.9}$$

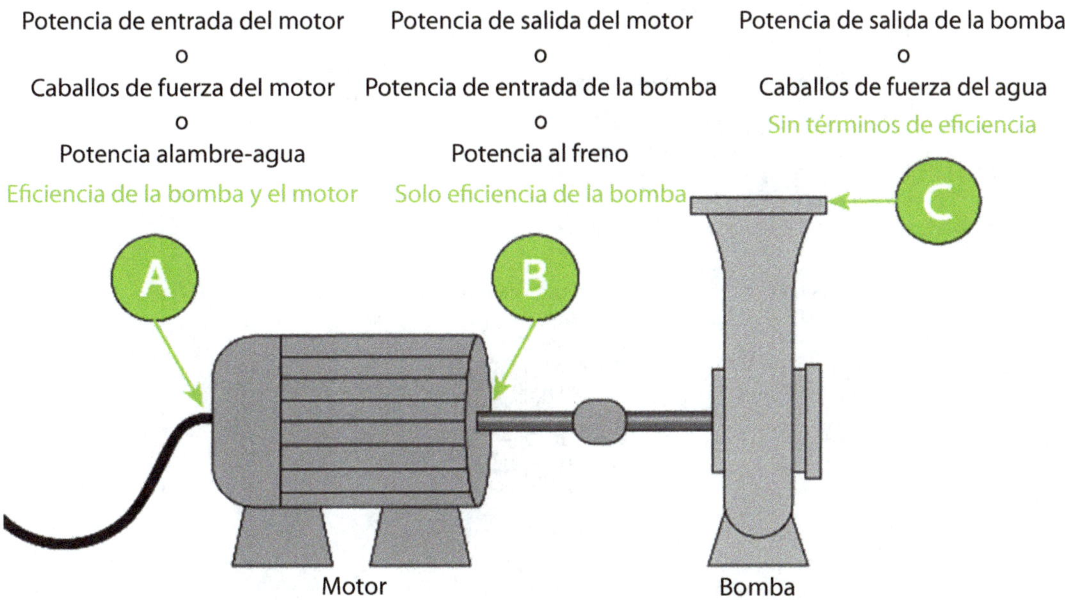

Figura 7.4 Tipos de suministro de energía para el sistema de la bomba (reimpreso con autorización de Indigo Water Group)

El motor tampoco es 100 % eficiente. Parte de la energía eléctrica que se suministra al motor se convertirá en calor. Se debe dar más potencia al motor de lo que la bomba va a recibir. La cantidad de potencia que va al motor es la potencia de entrada del motor. También se la denomina caballos de fuerza del motor o caballos de potencia. Los cálculos para la potencia de entrada del motor incluyen los términos de eficiencia tanto de la bomba como del motor (ecuación 7.10 y ecuación 7.11).

$$\text{Motor, kW} = \frac{(9.8)(\text{Caudal, m}^3/\text{s})(\text{Carga hidráulica, m})}{(\text{Eficiencia de la bomba, \% como decimal})(\text{Eficiencia del motor, \% como decimal})} \quad (7.10)$$

$$\text{Motor, hp} = \frac{(\text{Caudal, gpm})(\text{Carga hidráulica, ft})}{3960 \times (\text{Eficiencia de la bomba, \% como decimal})(\text{Eficiencia del motor, \% como decimal})} \quad (7.11)$$

ECUACIÓN GENERAL DE EJEMPLO PARA LA EFICIENCIA Y LA POTENCIA DE LA BOMBA 1

Se usa una bomba centrífuga para llenar un tanque ubicado a 91.4 m (300 ft) sobre la línea central de descarga de la bomba. La bomba tiene una eficiencia del 78 % y el motor tiene una eficiencia del 95 %. Calcule los kilovatios de potencia (caballos de fuerza) necesarios para un caudal de 0.0076 m^3/s (120 gpm). Las ecuaciones para los kilovatios (caballos de fuerza) se pueden encontrar en la hoja de fórmula ABC.

Kilovatios de potencia (caballos de fuerza) es otra forma de llamar a los kilovatios del motor o los caballos de fuerza del motor. Indica que son necesarios ambos términos de eficiencia. El alambre proporciona la energía (entrada del motor) al agua (salida de la bomba).

Solución en unidades habituales en los EE. UU.

Paso 1: Convierta las eficiencias de la bomba y del motor de porcentaje a expresión decimal.

$$\frac{78\%}{}\left|\frac{1}{100}\right| = 0.78$$

$$\frac{95\%}{}\left|\frac{1}{100}\right| = 0.95$$

Paso 2: Hay tres ecuaciones distintas para los caballos de fuerza: caballos de fuerza del agua, potencia al freno y caballos de fuerza del motor. Como queremos conocer los caballos de fuerza totales necesarios para mover el agua de un punto A a un punto B, debemos tener en cuenta tanto la eficiencia de la bomba como la del motor. Use la ecuación de caballos de fuerza del motor para calcular los caballos de fuerza necesarios.

$$\text{Caballos de fuerza del motor, hp} = \frac{(\text{Caudal, gpm})(\text{Carga hidráulica, ft})}{(3960)(\text{Eficiencia de la bomba, \%})(\text{Eficiencia del motor, \%})} \quad (7.12)$$

$$\text{Caballos de fuerza del motor, hp} = \frac{(120 \text{ gpm})(300 \text{ ft})}{(3960)(0.78)(0.95)}$$

$$\text{Caballos de fuerza del motor, hp} = 12.3$$

Solución en unidades estándar del sistema internacional

Paso 1: Convierta las eficiencias de la bomba y del motor de porcentaje a expresión decimal.

$$\frac{78\%}{}\left|\frac{1}{100}\right| = 0.78$$

$$\frac{95\%}{}\left|\frac{1}{100}\right| = 0.95$$

Paso 2: Hay tres ecuaciones distintas para los caballos de fuerza: caballos de fuerza del agua, potencia al freno y caballos de fuerza del motor. Como queremos conocer los caballos de fuerza totales necesarios para mover el agua de un punto A a un punto B, debemos tener en cuenta tanto la eficiencia de la bomba como la del motor. Use la ecuación de caballos de fuerza del motor para calcular los kilovatios necesarios.

$$\text{Caballos de fuerza del motor, kW} = \frac{(9.8)(\text{Caudal, m}^3/\text{s})(\text{Carga hidráulica, m})}{(\text{Eficiencia de la bomba, \%})(\text{Eficiencia del motor, \%})} \quad (7.13)$$

$$\text{Caballos de fuerza del motor, kW} = \frac{(9.8)(0.0076\ \text{m}^3/\text{s})(91.4\ \text{m})}{(0.78)(0.95)}$$

$$\text{Caballos de fuerza del motor, kW} = 9.2$$

La hoja de fórmulas de ABC presenta tanto las formulas en unidades habituales en los EE. UU. como las formulas en unidades estándar del sistema internacional (métrico) como caballos de fuerza (ecuación 7.12 y ecuación 7.13). El sistema métrico usa solo kilovatios y no caballos de fuerza.

ECUACIÓN GENERAL DE EJEMPLO PARA LA POTENCIA Y EL COSTO DE OPERAR LA BOMBA 2

Las bombas de lodo activado recirculado operan las 24 horas de los 365 días del año. Calcule el costo de operar dos bombas de 90 kW (120 hp) durante un año si el costo de la electricidad es de US$0.095/kWh.

Solución en unidades habituales en los EE. UU.

Paso 1: Convierta los caballos de fuerza en kilovatios. Este paso es necesario porque la electricidad se vende en kilovatios•horas (kW•h) en lugar de caballos de fuerza.

Los kilovatios por hora se pueden expresar como kW•h o kWh. Escribir esta unidad con el signo de multiplicación nos recuerda que el valor nominal de un equipo está expresado como el consumo de energía en kilovatios o caballos de fuerza y ese consumo de energía depende del tiempo de funcionamiento.

$$\frac{120\ \text{hp}}{} \left| \frac{0.746\ \text{kW}}{1\ \text{hp}} \right| = 89.52\ \text{kW}$$

Paso 2: Calcule el total de horas del tiempo de funcionamiento de cada bomba.

$$\frac{24\ \text{h}}{1\ \text{d}} \left| \frac{365\ \text{d}}{1\ \text{años}} \right| = 8760\ \text{h/años}$$

Paso 3: Calcule el total de kilovatios-horas necesario para cada bomba.

$$\text{Kilovatios-horas} = \text{kilovatios} \times \text{horas de funcionamiento} \quad (7.14)$$

$$\text{Kilovatios-horas} = 89.52\ \text{kW} \times 8760\ \text{h}$$

$$\text{Kilovatios-horas} = 784\ 195$$

Paso 4: Calcule el costo de operar dos bombas durante un año.

$$\frac{2\ \text{bombas}}{} \left| \frac{784\ 195\ \text{kWh}}{1\ \text{bomba}} \right| \left| \frac{9.5\ \text{centavos}}{1\ \text{kWh}} \right| \left| \frac{1\ \text{dólar}}{100\ \text{centavos}} \right| = \$148\ 997$$

Solución alternativa:

Este problema también se puede resolver con una conversión de unidad única más larga, como se muestra a continuación.

$$\frac{2\ \text{bombas}}{} \left| \frac{120\ \text{hp}}{1\ \text{bomba}} \right| \left| \frac{0.746\ \text{kW}}{1\ \text{hp}} \right| \left| \frac{\$0.095}{1\ \text{kWh}} \right| \left| \frac{24\ \text{h}}{1\ \text{d}} \right| \left| \frac{365\ \text{d}}{1\ \text{años}} \right| = \$148\ 997$$

Solución en unidades estándar del sistema internacional

Paso 1: Calcule el total de horas del tiempo de funcionamiento de cada bomba.

$$\frac{24\ \text{h}}{1\ \text{d}}\left|\frac{365\ \text{d}}{1\ \text{años}}\right| = 8760\ \text{h/años}$$

Paso 2: Calcule el total de kilovatios-horas necesario para cada bomba.

$$\text{Kilovatios-horas} = \text{kilovatios} \times \text{horas de funcionamiento} \tag{7.15}$$

$$\text{Kilovatios-horas} = 90\ \text{kW} \times 8760\ \text{h}$$

$$\text{Kilovatios-horas} = 788\,400$$

Paso 3: Calcule el costo de operar dos bombas durante un año.

$$\frac{2\ \text{bombas}}{}\left|\frac{788\,400\ \text{kWh}}{1\ \text{bomba}}\right|\left|\frac{9.5\ \text{centavos}}{1\ \text{kWh}}\right|\left|\frac{1\ \text{dólar}}{100\ \text{centavos}}\right| = \$149\,796$$

Solución alternativa:

Este problema también se puede resolver con una conversión de unidad única más larga, como se muestra a continuación.

$$\frac{2\ \text{bombas}}{}\left|\frac{90\ \text{kW}}{1\ \text{bomba}}\right|\left|\frac{\$0.095}{1\ \text{kWh}}\right|\left|\frac{24\ \text{h}}{1\ \text{d}}\right|\left|\frac{365\ \text{d}}{1\ \text{años}}\right| = \$149\,796$$

ECUACIÓN GENERAL DE EJEMPLO PARA LA EFICIENCIA DE LA BOMBA 3

La eficiencia de las bombas y los motores puede disminuir con el tiempo. Los operadores y el personal de mantenimiento monitorean el consumo de amperios para determinar el estado del equipo. Un aumento del consumo de amperios en un caudal registrado con anterioridad puede indicar la presencia de un bloqueo en la tubería aguas abajo. Una disminución de la eficiencia a lo largo del tiempo puede indicar un desgaste del impulsor, un aumento de la separación del anillo de desgaste o placas de desgaste gastadas en una bomba centrífuga.

A partir de la siguiente información, calcule la eficiencia total del sistema del motor y de la bomba. Una estación elevadora contiene dos bombas centrífugas. Solo una bomba opera por vez. Las aguas residuales se transfieren desde un pozo sumidero a una velocidad de 28.4 L/s (450 gpm). La bomba debe vencer una CDT de 18.3 m (60 ft). Cuando la bomba está operando, un amperímetro muestra que el motor consume 32 amperios. La estación de bombeo opera con energía monofásica de 220 VCA y tiene un factor de potencia de 1.12.

Los factores de potencia se describen en el Capítulo 6: Electricidad y motores.

Solución en unidades habituales en los EE. UU.

Paso 1: Calcule la cantidad de vatios que demanda el motor cuando la bomba está operando.

$$\text{Vatios} = \text{Amperios} \times \text{Voltios} \times \text{Factor de potencia} \tag{7.16}$$

$$\text{Vatios} = 32\ \text{A} \times 220\ \text{V} \times 1.12$$

$$\text{Vatios} = 7884.8$$

Paso 2: Convierta los vatios en caballos de fuerza.

$$\frac{7884.8\ \text{W}}{}\left|\frac{1\ \text{kW}}{1000\ \text{W}}\right|\left|\frac{1\ \text{hp}}{0.746\ \text{kW}}\right| = 10.6\ \text{hp}$$

Paso 3: Calcule los caballos de fuerza del agua. Es la cantidad de potencia suministrada por el sistema del motor y la bomba. Es la potencia útil que mueve al agua.

$$\text{Caballos de fuerza del agua, hp} = \frac{(\text{Caudal, gpm})(\text{Carga hidráulica, ft})}{3960} \tag{7.17}$$

$$\text{Caballos de fuerza del agua, hp} = \frac{(450\text{ gpm})(60\text{ ft})}{3960}$$

$$\text{Caballos de fuerza del agua, hp} = 6.82$$

Paso 4: Calcule la eficiencia total de la bomba y del motor.

$$\text{Eficiencia porcentual} = \frac{\text{Salida}}{\text{Entrada}} \times 100 \tag{7.18}$$

$$\text{Eficiencia porcentual} = \frac{6.82\text{ hp}}{10.6\text{ hp}} \times 100$$

$$\text{Eficiencia porcentual} = 64.3\%$$

Solución en unidades estándar del sistema internacional

Paso 1: Calcule la cantidad de vatios que demanda el motor cuando la bomba está operando.

$$\text{Vatios} = \text{Amperios} \times \text{Voltios} \times \text{Potencia Factor} \tag{7.19}$$

$$\text{Vatios} = 32\text{ A} \times 220\text{ V} \times 1.12$$

$$\text{Vatios} = 7884.8$$

Paso 2: Convierta los vatios en kilovatios.

$$\frac{7884.8\text{ W}}{} \left| \frac{1\text{ kW}}{1000\text{ W}} \right| = 7.88\text{ kW}$$

Paso 3:Convierta el caudal de L/s a m^3/s.

$$\frac{28.4\text{ L}}{\text{s}} \left| \frac{1\text{ m}^3}{1000\text{ L}} \right| = 0.0284\text{ m}^3/\text{s}$$

Paso 4: Calcule los kilovatios del agua. Es la cantidad de potencia suministrada por el sistema del motor y la bomba. Son los kilovatios útiles que mueven al agua.

$$\text{Caballos de fuerza del agua, kW} = (9.8)(\text{Caudal, m}^3/\text{s})(\text{Carga hidráulica, m}) \tag{7.20}$$

$$\text{Caballos de fuerza del agua, kW} = (9.8)(0.0284\text{ m}^3/\text{s})(18.3\text{ m})$$

$$\text{Caballos de fuerza del agua, kW} = 5.09$$

Paso 5: Calcule la eficiencia total de la bomba y del motor.

$$\text{Eficiencia porcentual} = \frac{\text{Salida}}{\text{Entrada}} \times 100 \tag{7.21}$$

$$\text{Eficiencia porcentual} = \frac{5.09\text{ kW}}{7.88\text{ kW}} \times 100$$

$$\text{Eficiencia porcentual} = 64.6\%$$

Información general de la bomba

OPERACIÓN

PUESTA EN FUNCIONAMIENTO

La lista a continuación contiene los elementos que es recomendable controlar cada vez que se pone en funcionamiento una bomba que estuvo fuera de servicio.

- Inspeccione la base y asegúrese de que todos los pernos estén apretados y la base esté nivelada.
- Controle que el eje de la bomba gire libremente.
- Controle el sello. Si se usa empaquetadura, asegúrese de que el agua del sello esté abierta y que escurra a la tasa correcta. Si se usa un sello mecánico, controle que no haya fugas.
- Verifique que la bomba y el accionador estén adecuadamente lubricados.
- Controle el estado del acoplamiento.
- Verifique que todas las válvulas de aspiración y descarga estén en la posición correcta.
- Asegúrese de que la bomba esté completamente cebada y de que el aire haya sido expulsado.
- Inmediatamente después del arranque, verifique que no haya ruidos o vibración anormales provenientes de la bomba.

APAGADO

- Presione el botón "Apagado" (*Off*) para detener la bomba.
- Coloque el interruptor de desconexión en la posición de "apagado" para asegurar que la bomba no se ponga en funcionamiento accidentalmente.
- Cierre el agua de lavado del sello, si la hubiera.
- Cierre las válvulas de aislamiento de los lados de aspiración y de descarga de la bomba. Tenga en cuenta que si una bomba de aguas residuales o sólidos está fuera de servicio por más de 24 horas, es posible que se acumulen gases en la sección aislada de la tubería, que pueden producir daños. Si se dispone de una conexión de lavado, úsela para retirar las aguas residuales o los sólidos de la bomba antes de cerrar la válvula de descarga. Si no hubiera conexión de lavado, podría ser necesario dejar una de las válvulas apenas abierta para permitir que la presión se libere de la tubería o instalar una válvula de alivio de presión.
- Si la bomba va a permanecer fuera de servicio durante un mes o más, consulte las instrucciones de operaciones y mantenimiento del fabricante (O&M) para saber si se deben tomar medidas adicionales para proteger la bomba.

OPERACIÓN DIARIA

Cuando una bomba se opera bajo condiciones normales, sigue siendo recomendable verificar periódicamente que funcione adecuadamente. Se debe controlar a diario lo que detallla a continuación:

- Escuche la bomba cuando está operando. Si nota algún ruido extraño, debe investigar para determinar la fuente del nuevo ruido.
- ¿Hay algún olor nuevo o distinto cerca de la bomba? Los componentes que rozan o se sobrecalientan con frecuencia tienen un olor a "quemado" característico.
- Algunos operadores apoyan la mano sobre la bomba mientras está operando para saber si está más caliente que lo usual o si está vibrando. Esta práctica puede ser peligrosa porque los componentes de la bomba pueden calentarse mucho y producir quemaduras graves. Es mejor usar una pistola de temperatura infrarroja para medir la temperatura exacta de la bomba. Las pistolas infrarrojas de buena calidad ahora están disponibles a precios razonables. En primer lugar, lo van a proteger de lesiones por quemaduras. En segundo lugar, proporcionan una medición de temperatura exacta que se puede registrar y usar para determinar una tendencia para observar si se están produciendo cambios. Después de saber que la temperatura es segura, puede colocar su mano en la bomba para controlar si hay vibraciones nuevas.
- Controle fugas nuevas de agua o lubricante. Si encuentra algo, haga siempre un seguimiento hasta la fuente y documente sus descubrimientos. Programe una reparación o presente una orden de trabajo, si correspondiera.
- En las bombas con caja de prensaestopa y empaquetadura, verifique que la cantidad de fuga sea la correcta. Ajuste las tuercas con collarín si fuera necesario.

MANTENIMIENTO

Es muy importante que se lleve a cabo el mantenimiento preventivo descrito en el manual de operación y mantenimiento de la bomba. Esas instrucciones, en general, consisten en (1) un programa de mantenimiento (por tiempo de funcionamiento o tiempo calendario), (2) actividades de mantenimiento en cada intervalo de mantenimiento y (3) instrucciones sobre cómo realizar dicho mantenimiento. Ejemplos de mantenimiento de rutina y preventivo incluyen:

- Para las bombas con cajas de prensaestopa y empaquetadura: Si la velocidad de escurrimiento del agua del sello ya no se puede ajustar adecuadamente y se está fugando líquido bombeado, reemplace la empaquetadura.

- Para las bombas con sellos mecánicos: Si se fuga líquido bombeado por el sello, probablemente sea momento de reemplazar el sello. Siga las recomendaciones del fabricante.
- Los motores pueden o no necesitar ser engrasados. Consulte las recomendaciones del fabricante para sus motores incluidas en el manual de operación y mantenimiento.
- En las bombas accionadas por banda y roldana, las bandas se estiran con el tiempo y es necesario ajustar la tensión. Controle periódicamente el desgaste de la banda.
- Los cojinetes de la bomba pueden o no necesitar grasa o aceite. Consulte el manual de operación y mantenimiento y reemplace según las recomendaciones. Además, SIEMPRE preste atención al tipo de aceite o grasa requerido. El cojinete de un motor puede necesitar una grasa distinta a la del cojinete de una bomba (y los resultados pueden ser catastróficos si se usa el tipo incorrecto de grasa o se mezclan las grasas).

Consulte las secciones de operación y mantenimiento y las guías de resolución de problemas al final de la sección de cada bomba para obtener más información.

Bombas centrífugas

LAS MEJORES APLICACIONES

Las bombas centrífugas se usan para muchas aplicaciones distintas en las WRRF. Pueden bombear aguas residuales del caudal de entrada a lo largo de todo el proceso hasta el punto en el que se espesan los sólidos a aproximadamente un 4 % a un 5 %. Las bombas centrífugas no pueden bombear de manera eficiente algo más espeso o más viscoso que eso. Las aplicaciones comunes en aguas residuales incluyen caudal de entrada, reciclado interno, lodo activado recirculado, lodo activado de purga, efluente y bombeo de agua del proceso. Se pueden usar para bombear lodo primario, pero el lodo primario con frecuencia puede tener un contenido de sólidos mayor que un 4 % a un 5 %. Esta es una aplicación límite para las bombas centrífugas.

Algunas bombas centrífugas pueden bombear líquidos con sólidos grandes, incluso sólidos de varios centímetros (pulgadas) de diámetro. Los inodoros domésticos en general tienen un drenaje de 7.6 cm (3 in). Lógicamente, los objetos más grandes que deberían aparecer en el caudal de entrada de las aguas residuales deben tener un diámetro inferior a 7.6 cm (3 in). Sin embargo, los operadores de aguas residuales saben que pueden aparecer objetos extraños en el caudal de entrada. Por suerte, las bombas centrífugas pueden diseñarse para procesar objetos más grandes.

TEORÍA DE OPERACIÓN

Las bombas centrífugas tienen una parte móvil: un impulsor que gira dentro de una cubierta (observe la Figura 7.5). Los fluidos ingresan a la bomba por la entrada de aspiración cuando se forma una bolsa de menor presión en el centro del impulsor giratorio. El impulsor giratorio tiene álabes curvos que lanzan o arrojan el líquido al perímetro de la voluta. La voluta se ensancha en la descarga y se vuelve más grande en el área en el que el caudal pasa por la voluta y sale de la bomba.

Figura 7.5 Bomba centrífuga con impulsor empotrado (reimpreso con autorización de Indigo Water Group)

CONFIGURACIONES

ASPIRACIÓN FINAL

El flujo ingresa a una bomba centrífuga con aspiración final por el extremo opuesto al motor. Ingresa en forma paralela a la dirección del eje y se descarga en ángulo perpendicular al eje. Las bombas centrífugas con aspiración final pueden tener distintas disposiciones. En esta sección, se describen diferentes configuraciones frecuentes en las WRRF.

Horizontal

En una bomba centrífuga horizontal, la disposición del eje es horizontal (observe la Figura 7.6). Esta disposición ocupa un espacio relativamente grande.

Vertical

Cuando el espacio es limitado, se puede usar una bomba centrífuga vertical. La bomba se monta sobre un pedestal para que la línea de aspiración esté por debajo de la bomba. El eje es vertical y el motor se monta en la parte superior. Observe la Figura 7.7. La línea de aspiración tiene la etiqueta "A" y la línea de descarga tiene la etiqueta "B".

Las bombas centrífugas, con frecuencia, se instalan por debajo del nivel del suelo para colocarlas al lado del pozo sumidero del que están bombeando a fin de proporcionar condiciones de carga de aspiración neta positiva. Esto significa que estas bombas con frecuencia se instalan en áreas propensas a inundarse. Los motores y los controles de las bombas de aspiración final horizontales o verticales se dañan si se sumergen. Una estrategia para reducir el riesgo de daños por inundación es instalar bombas centrífugas verticales con eje extendido. La bomba, que se puede sumergir sin dañarse, permanece montada en el pedestal para aprovechar la carga de aspiración neta positiva (*net positive suction head*, NPSH), pero el motor se eleva a una posición en la que no corre peligro de quedar sumergido. La bomba y el motor se conectan por medio de un eje de bomba extendido. Según la longitud de este eje extendido, puede ser necesaria una cantidad de cojinetes intermedios para estabilizar el eje y minimizar la deflexión (observe la Figura 7.8). El motor de esta bomba se monta en el piso superior.

SUMERGIBLE

Una bomba centrífuga sumergible es una bomba de acoplamiento cerrado con motor y está diseñada para su instalación en un pozo sumidero, sumergida en el fluido que se bombea (observe la Figura 7.9). Los cables de energía y control deben tener un sello hermético en la zona en la que atraviesan el cerramiento de la bomba. Se instalan sensores de fuga dentro del motor que abren automáticamente el circuito y apagan la bomba si se detecta agua dentro del cerramiento del motor.

Figura 7.6 Bomba centrífuga horizontal y motor montados sobre base (reimpreso con autorización de Indigo Water Group)

Figura 7.7 Bomba centrífuga vertical (reimpreso con autorización de Indigo Water Group)

Figura 7.8 Bomba centrífuga con eje extendido (reimpreso con autorización de Douglas Borkosky)

Figura 7.9 Bombas sumergibles (reimpreso con autorización de Douglas Borkosky)

Las estaciones de bombeo sumergibles tienen todo el equipo instalado dentro del pozo sumidero o montado en la parte superior del pozo sumidero. El espacio ocupado puede ser significativamente menor que el de las estaciones de foso seco tradicionales y, por lo tanto, son más económicas. Para obtener más información, consulte la sección sobre estaciones elevadoras al final de este capítulo.

Las bombas sumergibles o bombas de inmersión se pueden instalar en estaciones de foso seco que corren riesgo de inundarse. Un problema de esta situación es que las bombas sumergibles están diseñadas para enfriarse con el fluido que bombean. Si instalamos una bomba sumergible en un foso seco, el aire es menos eficaz para enfriar el motor de la bomba que el fluido. Si se instalan bombas sumergibles en pozos sumideros puede ser necesario agregar dispositivos de enfriamiento adicionales a los motores, como una camisa de aguas de enfriamiento. Una bomba de inmersión es similar a una sumergible, en tanto se puede sumergir por un periodo corto sin sufrir daños, pero no está diseñada para operar sumergida durante periodos prolongados.

DE CARCASA PARTIDA

Una centrífuga horizontal de carcasa partida es una disposición alternativa a una centrífuga de aspiración final. Soporta capacidades de caudales más grandes a mayores presiones que las bombas centrífugas de aspiración final. Las bombas horizontales de carcasa partida están diseñadas para bombear aguas sin sólidos o con poco contenido de sólidos, como las bombas contra incendios o las bombas de aguas de enfriamiento. Tienen usos limitados en las WRRF.

La carcasa de la bomba viene en dos partes separadas que se atornillan juntas. En la Figura 7.10 se puede observar que los tubos de entrada y de descarga se incorporan en la parte inferior de la bomba. Si se quitan los pernos, se puede retirar toda la parte superior de la carcasa para acceder con facilidad al impulsor y a los sellos. Estas bombas tienen un diseño de doble aspiración en el que el caudal ingresa a los impulsores por ambos lados. El impulsor se instala entre los dos cojinetes para lograr una carga estable y equilibrada.

COMPONENTES

El la Figura 7.11 se muestran los componentes básicos de una bomba centrífuga. En esta sección se describirán el objeto y la función de esos componentes.

IMPULSOR

El impulsor es la parte central de una bomba centrífuga. Es la parte giratoria que transfiere energía a los fluidos que se bombean. Está en contacto directo con el fluido. Debido a que las bombas centrífugas pueden funcionar con diversos tipos de aguas residuales y lodos, se realizaron muchas adaptaciones a las formas y

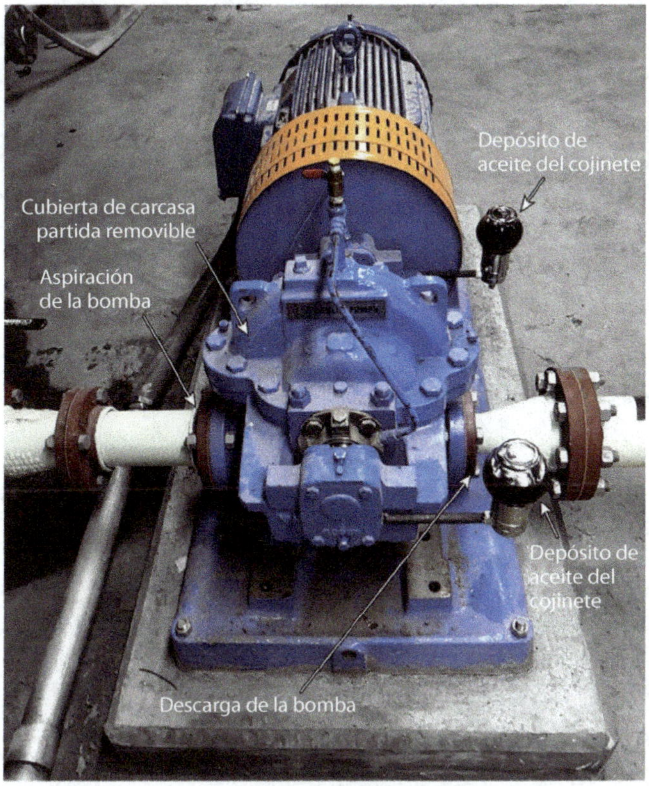

Figura 7.10 Bomba horizontal con carcasa partida (reimpreso con autorización de Passaro Engineering, LLC)

a los materiales del impulsor para mejorar el desempeño en términos de eficiencia, fuerza, durabilidad y capacidad de trabajar con distintos tipos de sólidos. Los impulsores abiertos, sin una cubierta frontal o trasera, se usan principalmente para bombear aguas residuales que contienen sólidos más grandes. Los impulsores semiabiertos tienen una cubierta trasera pero no una cubierta frontal, lo que mejora la fuerza del impulsor pero le permite trabajar con algunos sólidos más grandes. Los impulsores cerrados tienen una cubierta frontal y una trasera, y álabes en medio. Este diseño es el más fuerte, pero se obstruye con facilidad si hay sólidos en el fluido que se bombea (observe la Figura 7.12).

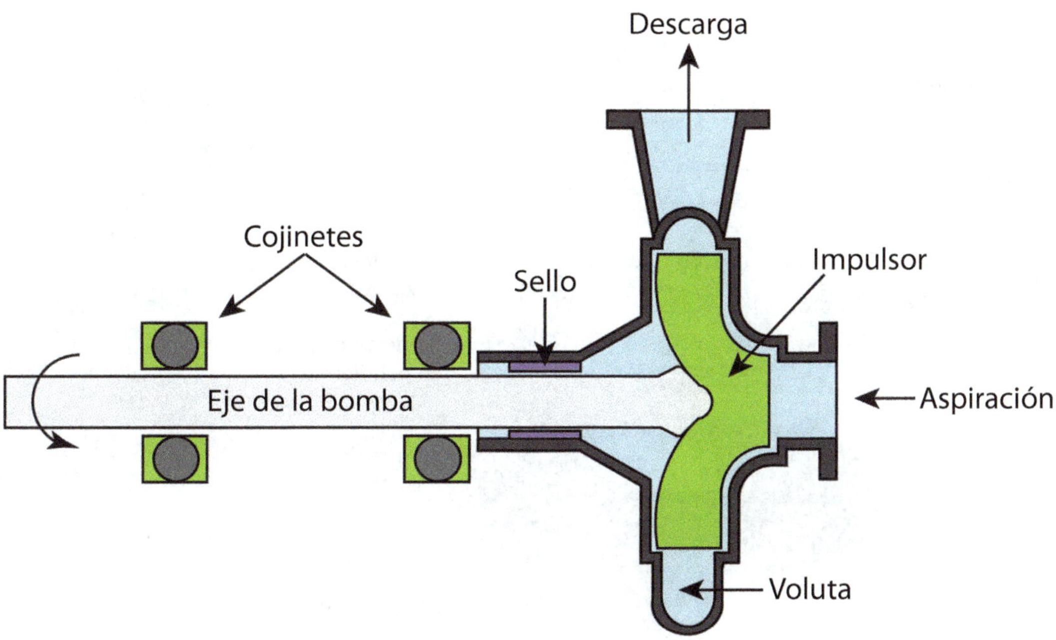

Figura 7.11 Componentes de la bomba centrífuga (EPA de los EE. UU., 1979)

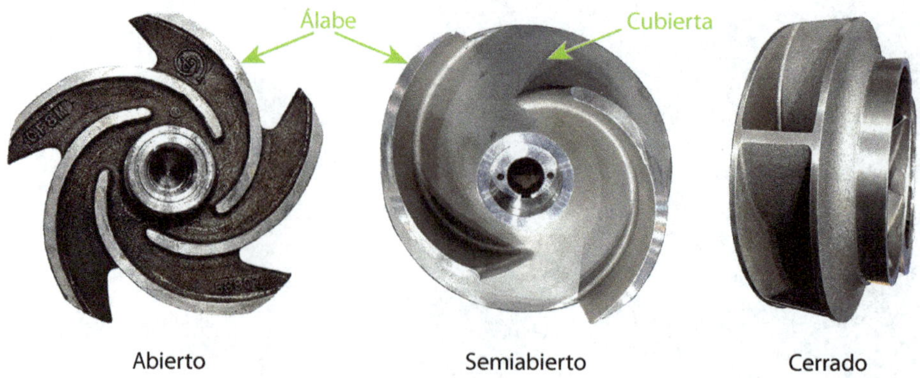

Figura 7.12 Tipos de impulsores (reimpreso con autorización de Indigo Water Group)

Durante décadas se han usado impulsores cerrados, antiobstrucción y de álabes múltiples en la industria de las aguas residuales. Sin embargo, los desechos actuales de las aguas residuales han cambiado como resultado de nuevos productos que salieron al mercado, como las toallitas húmedas "desechables en el inodoro". Este tipo de desecho es suave y se enrosca en los álabes del impulsor o se atasca entre los álabes y forma grandes grumos. En estas condiciones, las toallitas causan vibración, uso excesivo de energía eléctrica, reducción del caudal y, a veces, obstrucción total de la bomba. En respuesta a estos problemas, los fabricantes de bombas lanzaron nuevos diseños de impulsores y otras estrategias que reducen o eliminan este problema.

Se han usado bombas cortadoras y trozadoras de manera muy eficaz para tratar distintos tipos de desechos y material fibroso. Las bombas trozadoras vienen en una variedad de diseños. Se agregaron barras cortadoras en el frente del impulsor para reducir el tamaño de los sólidos y los desechos antes de que lleguen al impulsor. Los bordes de los impulsores se afilaron o serraron para contribuir a cortar los materiales sólidos y transportarlos por la bomba. Se agregaron barras cortadoras en la parte trasera de los impulsores para cortar y eliminar material fibroso que pudiera enroscarse en el eje en esa zona. En la Figura 7.13 se muestran varias de estas características. Los dispositivos de corte adicionales ayudan a mantener la bomba en funcionamiento, pero pueden ocasionar una disminución en la eficiencia de la bomba. Al haber más piezas sometidas a un fuerte desgaste, también es necesario mayor mantenimiento para estas bombas.

Otros fabricantes desarrollaron impulsores semiabiertos que mantienen aproximadamente la misma eficiencia que los impulsores cerrados antiobstrucción, pero dejan pasar toallitas de manera más eficaz. En la Figura 7.14,

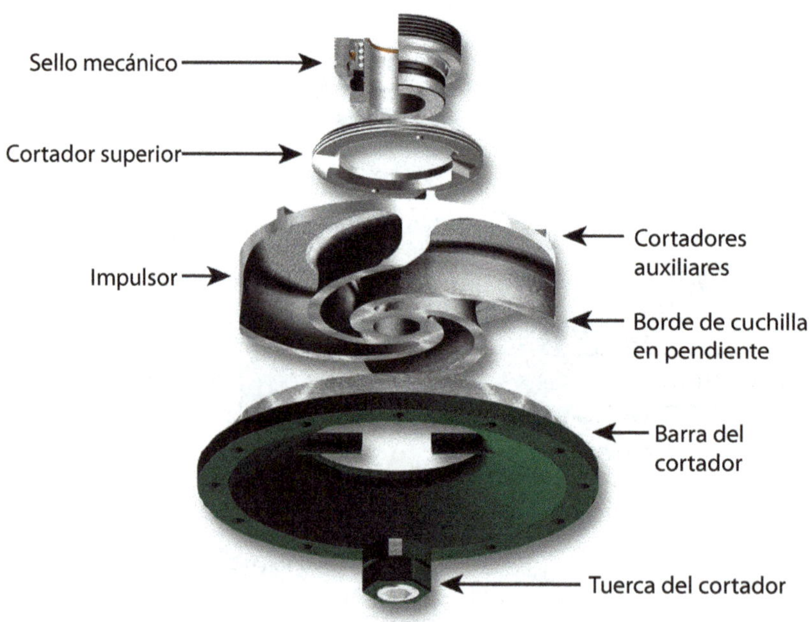

Figura 7.13 Conjunto de trozador e impulsor de bomba (reimpreso con autorización de Vaughan Co., Inc.)

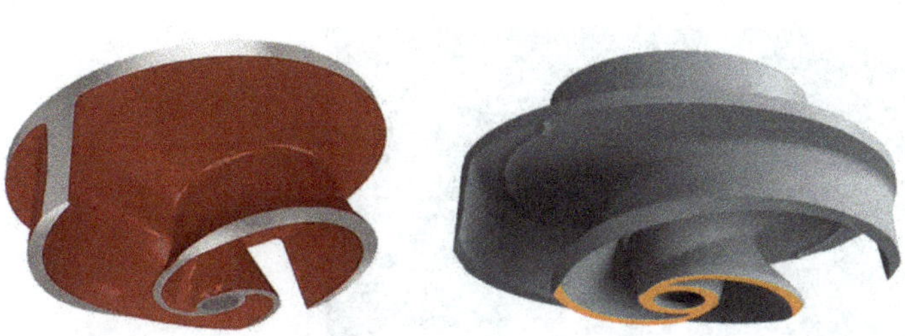

Figura 7.14 Diseños modificados de impulsor para procesamiento de sólidos (imagen de la izquierda reimpresa con autorización de Xylem Inc., e imagen de la derecha reimpresa con autorización de Tony Lococo)

se muestran ejemplos de diseños de impulsores semiabiertos en los que, debido a la forma del impulsor, el movimiento giratorio empuja las toallitas o los desechos hacia el extremo de los álabes, lejos del centro del impulsor y los expulsa por la descarga de la voluta. Para conservar la eficiencia, hay poca tolerancia entre el impulsor y una placa de desgaste en la aspiración. Esta tolerancia se debe controlar y ajustar periódicamente. La placa de desgaste también contiene un acanalado que realiza un corte mínimo a las toallitas. Sin embargo, tenga en cuenta que los diseños abiertos a prueba de toallitas con frecuencia también sufren mucho desgaste, por lo que se recomienda con énfasis el uso de materiales endurecidos para los impulsores y las placas de desgaste.

Independientemente de la forma y del estilo de impulsor seleccionado, todos los impulsores se instalan y funcionan de manera similar. El impulsor se monta sobre un eje y se conecta a un accionador. Aunque los accionadores son, en general, motores eléctricos, muchas bombas son accionadas por combustión o vapor. El accionador puede operar a una velocidad constante o variable.

Los accionadores están diseñados para girar en una dirección, en general en sentido antihorario. Muchos fabricantes imprimen una flecha de giro en la voluta de la bomba o pegan un adhesivo en la bomba para indicar la dirección correcta de giro. Es importante verificar que el motor (y el impulsor) estén girando en la dirección correcta siempre que se cablee o vuelva a cablear el motor.

Los álabes del impulsor se usan para lanzar el agua fuera del centro de la bomba y alrededor de la voluta. De esta manera, crean un área de baja presión en el centro del impulsor hacia adonde puede ingresar más fluido. Crean una trayectoria por la que el flujo puede atravesar la bomba. Los impulsores transfieren energía al agua para crear la velocidad que mueve el agua fuera y alrededor de la voluta de la bomba.

Los extremos del impulsor están constantemente en contacto con el fluido bombeado. Las partículas abrasivas o arenosas en el fluido pueden producir desgaste. Los impulsores también pueden estar expuestos a una turbulencia destructiva creada durante la cavitación. A medida que los impulsores se desgastan, tienen menos área superficial con la cual crear velocidad. Los espacios libres entre las piezas de la bomba se agrandan. Los impulsores desgastados reducen la capacidad y la eficiencia de la bomba. Los espacios libres y el desgaste de estas piezas cortadoras/trozadoras se deben controlar periódicamente y corregir de acuerdo con las tolerancias recomendadas por el fabricante.

EJE

Los ejes de las bombas son simplemente cilindros sólidos de metal altamente mecanizados que se usan para trasladar el movimiento giratorio del motor o del accionador hacia el impulsor. Pueden ser muy cortos, como el de una bomba con acoplamiento cerrado, o muy largos, como los de una bomba de eje extendido (observe en la Figura 7.15 un ejemplo de una bomba con acoplamiento cerrado). Es importante proteger el eje de estriaciones o daños. Un eje debe ser recto y equilibrado para evitar causar daños y desgaste a los cojinetes y los sellos.

Dos componentes asociados al eje son las mangas del eje y las chavetas del eje. La manga del eje se usa, en general, en el área de los sellos como material resistente a la corrosión y como pieza de sacrificio si los sellos rayan o "desgastan por fricción" la manga. En lugar de reemplazar todo el eje, se puede quitar y reemplazar la manga (en general, un ajuste termocontraíble). Las chavetas del eje son piezas de metal rectangulares que se asientan dentro de dos surcos: un surco en el eje y un surco en la bomba o en el acoplamiento. La chaveta contribuye a mantener el eje y el impulsor girando juntos.

Figura 7.15 Eje de bomba en bomba centrífuga con acoplamiento cerrado (reimpreso con autorización de Indigo Water Group)

COJINETES

Los cojinetes se usan en todos los lugares en los que una pieza móvil entra en contacto con una pieza que no se mueve. En las bombas, hay cojinetes que permiten a una pieza girar dentro de una pieza fija. Se denominan *cojinetes radiales*. Se usan para permitir al eje girar dentro de la carcasa o voluta de la bomba. Hay otro tipo de cojinete denominado *cojinete de empuje* que está diseñado para resistir el movimiento causado por cargas axiales o de empuje. Este tipo de carga se crea cuando el impulsor giratorio entra en contacto con el fluido que se bombea.

Una carga radial se mueve en dirección perpendicular al eje. Una carga de empuje o axial se mueve en dirección paralela al eje.

Los cojinetes se usan para reducir la fricción en la interfaz entre la pieza que se mueve y la pieza que no se mueve. El tipo más común de cojinete antifricción usado en bombas es el cojinete de bolas. Puede estar diseñado como un cojinete radial o como un cojinete de empuje. En ocasiones, también se usan cojinetes de rodillo en algunas bombas, pero no son eficaces para transportar cargas de empuje. En la Figura 7.16 se muestran los componentes básicos de un cojinete de bolas. El eje de la bomba pasa a través del centro del cojinete. Una serie de elementos rodantes (bolas de metal) separados de manera regular está contenida

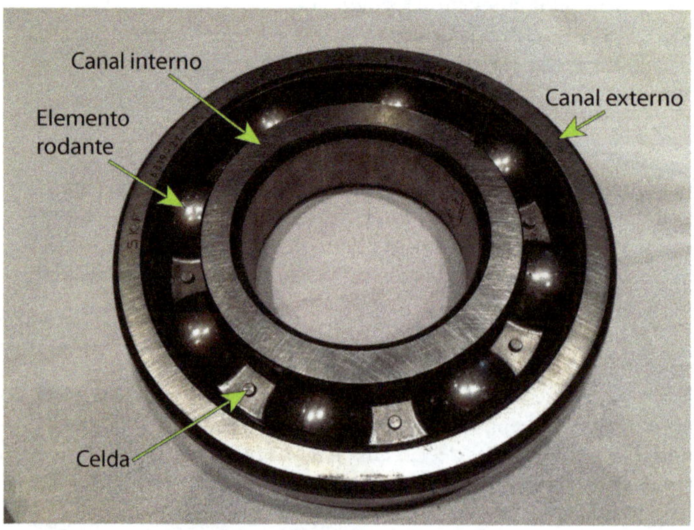

Figura 7.16 Componentes de un cojinete de bola antifricción (reimpreso con autorización de Indigo Water Group)

libremente en una celda fija compuesta de un anillo interior y un anillo exterior llamados *canales*. Cuando el eje se mueve, la carga que transporta el cojinete se distribuye por todos los puntos en los que las bolas tocan los canales. Debido a que siempre están girando, el punto de contacto está siempre cambiando, lo que evita que se produzcan fricción y calor en el cojinete.

ANILLOS DE DESGASTE

Para que la operación de la bomba sea eficiente, es importante que haya espacios libres reducidos entre el alojamiento de la bomba, o la voluta, y el impulsor. Si la separación es demasiado grande, el agua puede regresar por los costados del impulsor a la aspiración de la bomba. Sin embargo, si hay tolerancias muy estrechas entre la voluta fija y el impulsor giratorio, se pueden producir condiciones que dañen uno o ambos componentes. Los fabricantes de bombas usan anillos de aleación de cobre o bronce incrustados en el impulsor (en uno o ambos lados de un impulsor cerrado) para proteger al impulsor o la carcasa de los daños. Los anillos de desgaste o las placas de desgaste a veces se instalan en la voluta de las bombas en los impulsores semiabiertos (observe la Figura 7.17). El anillo de desgaste forma un sello entre la entrada del impulsor y la carcasa de la bomba. Disminuye la cantidad de pérdida por fuga alrededor del impulsor, lo que hace que la bomba sea más eficiente. También protege el alojamiento de la bomba y el impulsor del desgaste.

Dos problemas potenciales que pueden presentarse debido a los anillos de desgaste son: (a) la acumulación de material sólido entre la cubierta del impulsor en un impulsor cerrado y la pared de la voluta, y (b) el desgaste por fricción. El desgaste por fricción puede suceder cuando dos superficies metálicas se mueven cerca una de otra. Si quedan atrapados desechos entre las dos superficies o si las dos superficies rozan entre ellas, se puede formar un punto caliente que suelde las dos superficies.

Los anillos de desgaste son pequeños y se consideran componentes de sacrificio. Están diseñados para desgastarse o erosionarse con el tiempo. Se debe medir periódicamente la distancia entre el anillo de desgaste y la carcasa de la bomba. El fabricante de la bomba proporciona pautas que indican cuándo el espacio libre es demasiado grande y reduce la eficiencia de la bomba. Cuando esto sucede, se debe desensamblar la bomba, se deben quitar los anillos de desgaste viejos y se deben instalar anillos de desgaste nuevos. Se deben ajustar firmemente al impulsor para evitar que se suelten durante la operación y dañen la bomba. Con frecuencia, los anillos de desgaste se adaptan encogiéndose después de calentarlos, instalarlos y permitirles que se enfríen y se contraigan en su ubicación en el impulsor. El manual de operación y mantenimiento del fabricante incluye instrucciones paso a paso con recomendaciones para reemplazar los anillos de desgaste.

ALOJAMIENTO/VOLUTA

La *voluta de la bomba*, también denominada *alojamiento de la bomba* o *carcasa de la bomba*, es la cubierta externa de la bomba alrededor del impulsor (consulte la Figura 7.18). Si comenzamos por el cortaaguas y seguimos en sentido antihorario, se puede observar que la forma de la voluta se ensancha gradualmente. Cuando el impulsor gira en la dirección que se muestra en la figura, se transfiere energía desde el impulsor

Figura 7.17 Anillo de desgaste en el alojamiento de una bomba (reimpreso con autorización de Indigo Water Group)

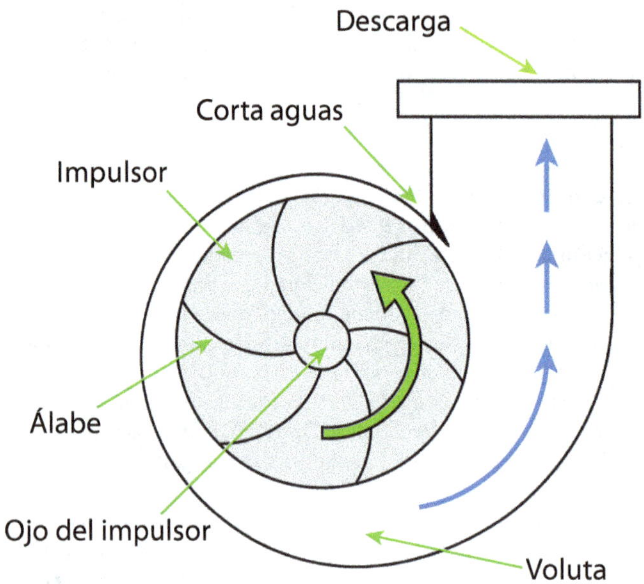

Figura 7.18 Voluta de bomba con impulsor a la vista (reimpreso con autorización de Indigo Water Group)

al fluido y aumenta la velocidad a medida que viaja alrededor del perímetro de la voluta. Cuando el fluido alcanza la zona de descarga más ancha de la voluta, interactúa con el cortaaguas. Una pequeña porción del caudal continua girando por la voluta mientras que la mayor parte del caudal es expulsado por la descarga. Esto convierte parte de la energía de la velocidad en presión. En resumen, el movimiento del impulsor crea velocidad y la forma de la voluta convierte la velocidad en presión.

SELLOS DEL EJE

Es necesario un sello para evitar que el fluido bombeado, que tiene una presión más elevada, se fugue de la voluta o la carcasa de la bomba por donde ingresa el eje. En especial, es fundamental evitar que el fluido bombeado ingrese a los cojinetes o al motor. El sello debe mantener de manera eficaz el fluido presurizado dentro de la bomba en la interfaz entre la carcasa/voluta fija de la bomba y el eje giratorio. También debe permitir que el eje se mueva libremente para evitar que afecte negativamente la eficiencia de la bomba. Hay dos categorías básicas de sellos que se usan en bombas de aguas residuales: cajas de prensaestopa con empaquetadura y sellos mecánicos.

Caja de prensaestopa

Una caja de prensaestopa en realidad no es una caja (al menos actualmente ya no lo es). El nombre originariamente proviene de los barcos y hacía referencia a una caja construida alrededor de la ubicación en la que el eje del propulsor del barco atravesaba el casco del barco. Esta caja estaba llena de trozos de tela o soga u otro material comprimido para crear un sello que impidiera el ingreso del agua del mar al barco. El mismo concepto se usa actualmente en las cajas de prensaestopa de las bombas. La caja de prensaestopa de una bomba es una cavidad cilíndrica alrededor del eje en el punto en el que el eje atraviesa la carcasa de la bomba. Dentro de la caja se apilan varias hileras de material de empaquetadura que se sujetan con un prensaestopa. En la Figura 7.19 se muestran los componentes de una caja de prensaestopa. El eje de la bomba se extiende a través de la caja de prensaestopa. Se colocan varios anillos de material de empaquetadura alrededor del eje. Un anillo de cierre hidráulico (también denominado *empaque hidráulico*) se instala en el medio de los anillos y se conecta al suministro de agua del sello. Los orificios del anillo de cierre hidráulico distribuyen el agua del sello por la empaquetadura y sobre el eje para mantenerlos refrigerados y limpios. El agua del sello, que debe tener mayor presión que el líquido dentro de la bomba, sale expulsada a través de la empaquetadura y evita que el líquido bombeado o la arena ingresen al sello y dañen el eje. Consulte cuál es la presión de agua del sello que recomienda el fabricante de su bomba. Debe ser como mínimo 35 kpa (5 psi) superior a la presión del fluido dentro de la bomba. El prensaestopa se instala en el extremo del motor de la empaquetadura y se fija con pernos de prensaestopa. Se pueden usar las tuercas de los pernos de prensaestopa para ajustar la compresión de la empaquetadura y así ajustar la tasa de fuga del agua del sello.

El agua del sello no debe contener partículas abrasivas y se debe ajustar para que escurra de la caja de prensaestopa a una tasa mínima de 1 a 2 gotas por segundo. Para las bombas más grandes, se recomiendan tasas de fuga un poco más elevadas.

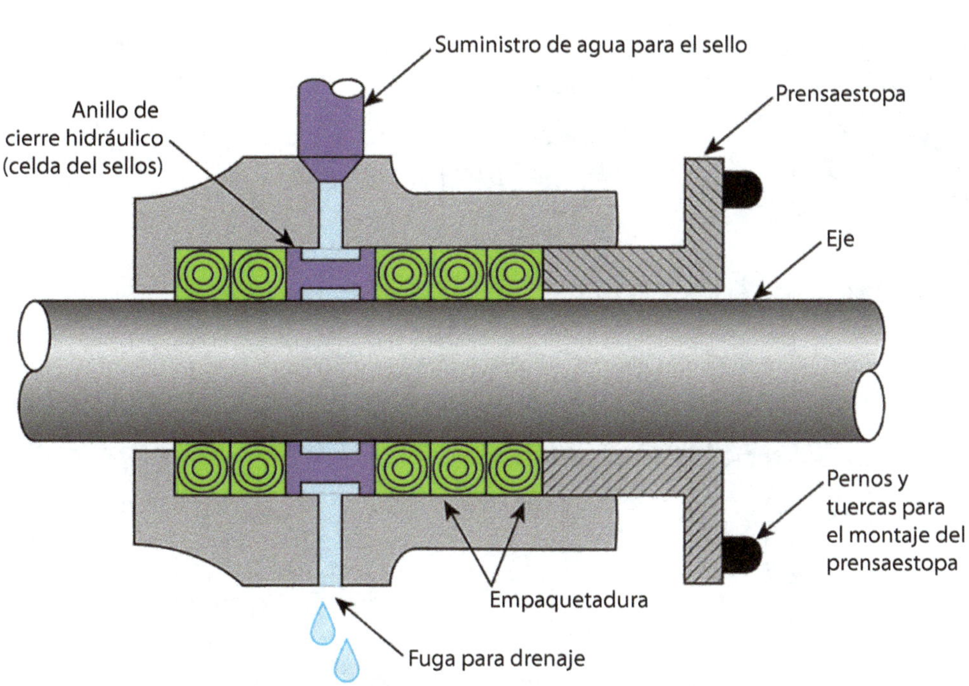

Figura 7.19 Diagrama con vista en corte de una caja de prensaestopa

Las cajas de prensaestopa y su material de empaquetadura no son caros, se instalan con facilidad y son confiables. Necesitan mantenimiento periódico y tienen tasas de fuga relativamente altas. Los operadores deben verificar que el agua del sello esté abierta siempre que hagan funcionar la bomba. Se debe ajustar la empaquetadura regularmente para lograr la tasa de fuga correcta para una limpieza y una refrigeración adecuadas. La empaquetadura es un elemento que se desgasta y se debe reemplazar cuando la tasa de fuga ya no se pueda ajustar.

Sellos mecánicos

Todos los sellos mecánicos contienen un conjunto de caras de sellado, un conjunto de sellos fijos secundarios y un dispositivo que presiona las caras de sellado entre sí. Los sellos mecánicos pueden contener otras piezas como mangas del eje, anillos de collarín, anillos de retención, anillos de compresión o clavijas (Budris, 2011) (consulte la Figura 7.20 y la Figura 7.21). Las caras de sellado consisten en dos superficies muy planas. Una cara está dentro de un armazón y no se mueve. Es fija. La otra cara está sujeta al eje de la bomba y gira con él. Para evitar que las dos caras de sellado se adhieran entre sí, en general son de materiales distintos como grafito y carburo de silicio o cerámica. Los sellos secundarios pueden ser juntas tóricas, cuñas o anillos en V.

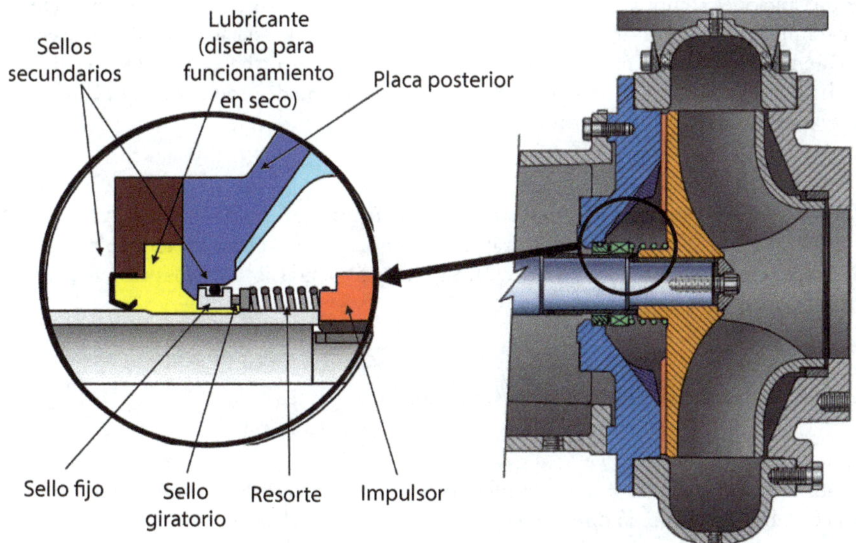

Figura 7.20 Diagrama con vista en corte de un sello mecánico (reimpreso con autorización de Cornell Pump Company)

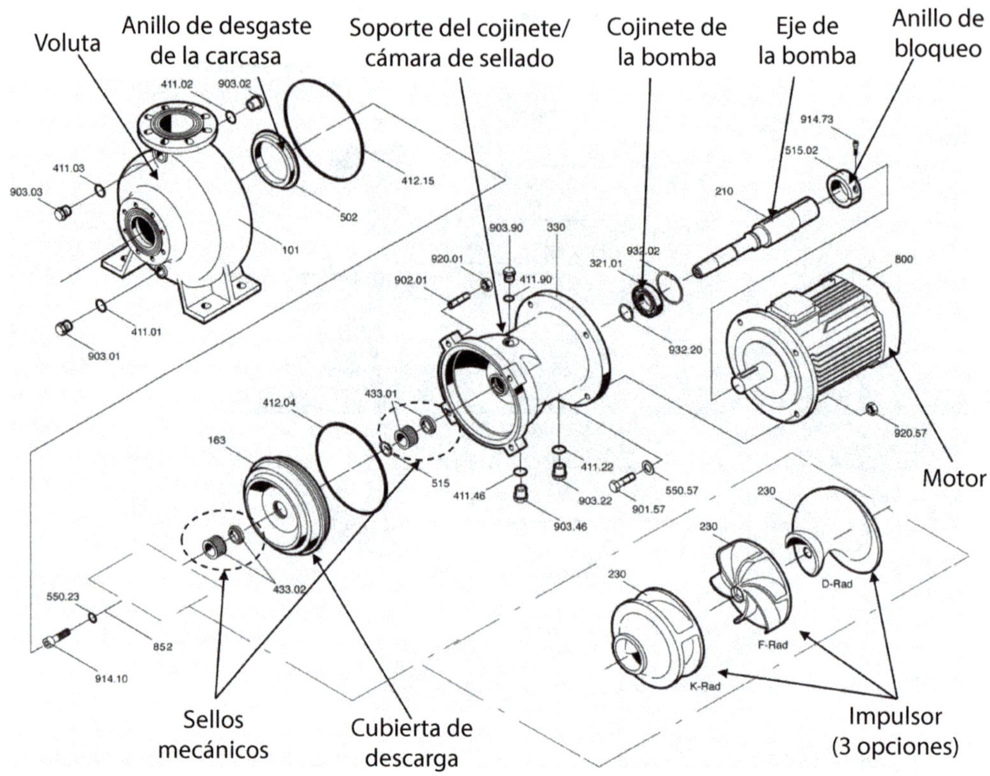

Figura 7.21 Ubicación del sello mecánico y la caja de prensaestopa en una bomba centrífuga (Imagen protegida por derecho de autor suministrada con autorización de KSB, Inc.)

Para que funcione el sello, las dos caras de sellado se deben mantener juntas. Se puede usar un solo resorte, múltiples resortes o fuelles de metal. Hay muchos tipos diferentes de sellos mecánicos disponibles de distintos fabricantes.

Los sellos mecánicos no tienen tasas de fuga observables y no necesitan una inspección ni un ajuste de fuga periódicos como las cajas de prensaestopa. Debido a que no ejercen presión sobre el eje, no causan desgaste al eje o a la manga. Los sellos mecánicos pueden soportar presiones y velocidades más elevadas que las cajas de prensaestopa. Por estos motivos, muchas municipalidades están reemplazando las cajas de prensaestopa en las bombas más antiguas por sellos mecánicos. La mayor desventaja de los sellos mecánicos es su costo más elevado. Se deben tomar precauciones al momento de instalar sellos mecánicos nuevos. Las caras de contacto deben estar perfectamente limpias para permitir que se forme la película de líquido adecuadamente entre ellas y lubrique las caras. Algo tan pequeño como una mancha o una huella dactilar puede hacer que el sello falle. El nuevo sello tipo cartucho tiene sus caras "preinstaladas" dentro de un armazón de protección para eliminar el riesgo de contaminar las caras durante la instalación.

Lubricación

En general, los sellos se lubrican con el medio que se bombea o con una fuente de agua de sello aparte. Algunos usos extremos, como el bombeo de sólidos deshidratados, necesitan un recipiente de temple lleno de glicerina u otro aceite ligero para lubricar el sello (Figura 7.22). Siga las recomendaciones del fabricante para saber qué lubricante usar en el recipiente de temple.

CONECTORES DE LA BOMBA AL ACCIONADOR

Hay muchas maneras distintas en las que se puede conectar un motor a una bomba.

Bombas con acoplamiento cerrado

En una bomba con acoplamiento cerrado, el motor y la bomba comparten un mismo eje continuo. En otras palabras, el impulsor de la bomba está montado directamente sobre el extremo del eje del motor. No se necesita acoplamiento y, por lo tanto, no necesita alineación. Debido a que no hay cojinetes en la bomba, todas las cargas radiales y de empuje las deben soportar los cojinetes del motor. Esto limita el tamaño de las bombas con acoplamiento cerrado.

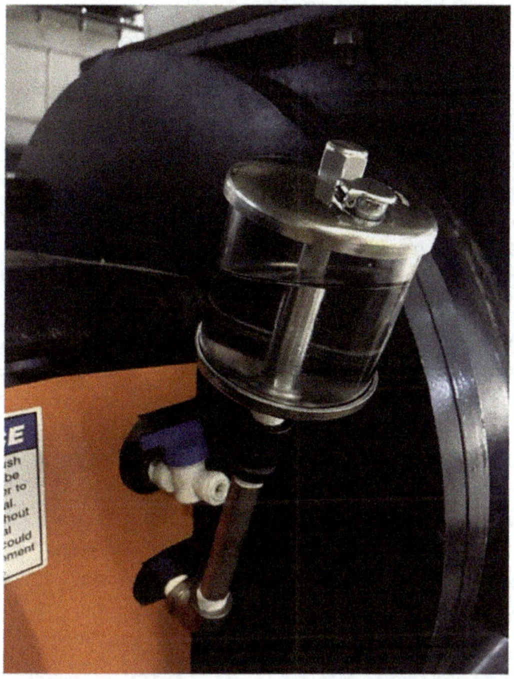

Figura 7.22 Recipiente de temple para lubricación de sello (reimpreso con autorización de Passaro Engineering, LLC)

Bombas montadas sobre base

En una bomba montada sobre base, el motor y la bomba son componentes separados y están ambos montados sobre una plataforma o base común. El montaje del motor es ajustable para que la posición del motor se pueda regular con cuñas hasta la elevación correcta y después, los ejes se pueden alinear adecuadamente en planos paralelos (desfasados) o angulares. Después de alinear los dos ejes según las tolerancias recomendadas, se conectan con un acoplamiento. La alineación se puede realizar con un borde recto. Este método se basa en prueba y error y no es muy preciso. También se pueden usar software y sensores de alineación láser para tomar medidas precisas. El software da sugerencias sobre cómo mejorar la alineación. Es el mejor método para proteger su equipo, ya que asegura el cumplimiento de las recomendaciones de tolerancia de alineación del fabricante. En la Figura 7.23 se muestran ejemplos de informes de alineación láser.

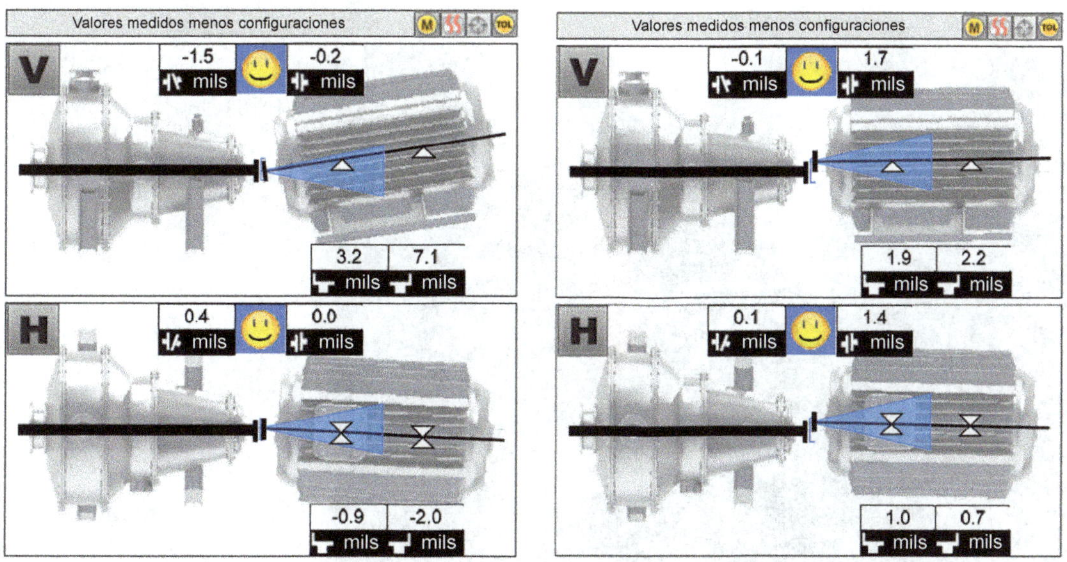

Figura 7.23 Informes de alineación láser que muestran cantidades aceptables de falta de alineación angular y desajuste (reimpreso con autorización de Passaro Engineering, LLC)

Acoplamientos

Se usan acoplamientos para conectar el eje de la bomba con el eje del motor para que el motor pueda accionar la bomba. Hay muchos estilos de acoplamientos diferentes que se usan con frecuencia en las bombas.

Un acoplamiento flexible o elastomérico está compuesto de dos cubos de metal conectados por una pieza de caucho duro o neopreno o uretano. Es un diseño simple que no necesita lubricación ni mantenimiento. Un cubo se conecta al eje de la bomba y el otro cubo se conecta al eje del motor. En general, funcionan hasta que falla el suplemento y entonces se cambia el suplemento flexible. Se instalan con facilidad y pueden tolerar algunas fallas de alineación. Sin embargo, cuanto mayor sea la falta de alineación, mayor será el estrés que sufrirá el suplemento flexible, y esto disminuye la vida útil del acoplamiento.

Los acoplamientos flexibles se pueden usar en muchas bombas (observe la Figura 7.24). No son ideales para aplicaciones con torques elevados y se desgastan con mayor rapidez en altas temperaturas. Se debe verificar la compatibilidad química si se usan en una bomba que podría estar expuesta a un producto químico.

Los acoplamientos de rejilla también tienen dos cubos de metal conectados a los ejes de la bomba y del motor. Se usa un resorte de rejilla para transmitir potencia desde el motor (consulte la Figura 7.25). Los acoplamientos de rejilla son muy eficaces para transmitir cargas con alto torque. Se usan con mayor frecuencia en las bombas más grandes. No son flexibles y pueden tolerar solo pequeñas fallas de alineación. Hay contacto metal con metal entre los cubos de metal y el resorte. Deben ser engrasados regularmente para reducir la fricción en los puntos de contacto. Los acoplamientos de rejilla tienen cubiertas partidas horizontales o verticales que se instalan sobre el resorte (y la grasa) para mantener la grasa en el acoplamiento y evitar la presencia de suciedad y demás abrasivos en la grasa.

Los acoplamientos de engranaje existen hace mucho tiempo. Transmiten eficazmente torque alto a alta velocidad, lo que los hace atractivos para bombas grandes con motores grandes. Los acoplamientos están compuestos de dos cubos de metal con un engranaje externo que se engrana con dos mangas externas con engranajes en el interior. Se deben lubricar e inspeccionar regularmente.

Los acoplamiento de disco son acoplamientos rígidos que funcionan bien en aplicaciones con torque medio a alto. Soportan bien las altas temperaturas. Son más caros, pero pueden ser reparados a bajo costo. No necesitan mantenimiento.

Bandas y roldanas

Las bandas y las roldanas son otro método común para conectar la bomba al motor (observe la Figura 7.26). Tanto el eje de la bomba como el eje del motor están equipados con una roldana. Una banda (o múltiples bandas) corren entre la roldana del motor y la roldana de la bomba. En esta configuración, la bomba y el motor terminan uno junto al otro (o uno encima del otro para ahorrar espacio). Esta configuración requiere

Figura 7.24 Acoplamiento flexible (reimpreso con autorización de Passaro Engineering, LLC)

Figura 7.25 Acoplamiento de rejilla con cubierta partida horizontal (reimpreso con autorización de Lovejoy/Timken)

un mantenimiento adicional, que incluye controlar la tensión de las bandas, examinar el desgaste de las bandas y controlar la alienación de las bandas y las roldanas.

La razón principal por la que se usan bandas y roldanas es permitir que una bomba opere a una velocidad intermedia deseada (rpm) con la velocidad estándar del motor. Por ejemplo, si la configuración de diseño se logra mejor cuando se opera una bomba común o estándar a 1580 rpm, se puede seleccionar una combinación de banda y roldana, y usar un motor de 1800 rpm para accionar la bomba a 1580 rpm. Esto elimina el costo y el mantenimiento asociados a un accionador de frecuencia variable (VFD) o a un reductor de engranajes. También puede permitir el uso de un impulsor más grande y más eficiente a una velocidad reducida.

¿Cuál es la diferencia entre una polea y una roldana? Una *polea* es una rueda montada sobre el extremo de un eje, diseñada para tirar de un cable (o banda) que cambia la dirección o la posición de un peso, o diseñada para usar el cable o la banda para transferir potencia a otro eje. Una *roldana* es una rueda o una polea con ranuras alrededor para guiar el cable o la banda. Básicamente, una roldana es un tipo especial de polea.

DESEMPEÑO ESPERADO

CURVAS DE LA BOMBA

Se pueden obtener las curvas de desempeño de la bomba del fabricante. Estos gráficos muestran cómo se desempeña la bomba bajo distintas condiciones operativas. El manual de operación y mantenimiento del fabricante incluye una curva de la bomba para la bomba específica que se instaló en su instalación. Es una buena fuente de información que puede ser útil si necesita resolver problemas de su bomba.

Figura 7.26 Bomba accionada con banda y roldana (reimpreso con autorización de Cornell Pump Company)

LECTURA DE LA CURVA DE DESEMPEÑO DE LA BOMBA

Las curvas de desempeño de la bomba contienen mucha información sobre cómo opera una bomba en particular con distintos caudales y cargas hidráulicas. Esta sección proporciona información sobre cómo interpretar el diagrama de curva de desempeño de una bomba para una bomba centrífuga.

En su forma más básica, el diagrama de curva de desempeño de una bomba contiene una sola curva de bomba, como la que se muestra en la Figura 7.27. El eje x es el caudal de descarga de la bomba. Los caudales más bajos están en el lado izquierdo del gráfico y aumentan hacia el lado derecho del gráfico. El eje y es la cantidad de carga hidráulica que la bomba debe contrarrestar. También es la presión de descarga de la bomba. La presión de descarga llega a su punto máximo en la parte superior izquierda del gráfico y llega a su punto mínimo en la parte inferior derecha del gráfico. La Figura 7.27 incluye dos puntos operativos posibles. El punto operativo es el caudal que produce la bomba y la carga hidráulica que debe contrarrestar. El punto operativo 1 tiene un caudal superior al punto operativo 2 y la bomba debe contrarrestar menos carga hidráulica. El punto operativo 2 tiene un caudal inferior al punto operativo 1 y la bomba debe contrarrestar mayor carga hidráulica. Una bomba centrífuga siempre, absolutamente y en todo momento opera en su curva. Cuando la carga hidráulica aumenta, el caudal disminuye y viceversa. Las bombas, con frecuencia, operan en distintos puntos diferentes a lo largo de sus curvas en el transcurso de un día.

¿Cómo logramos que una curva centrífuga opere en una curva distinta? Hay dos variables que se pueden cambiar para mover la bomba a una nueva curva de desempeño: la velocidad del motor y el diámetro del impulsor. Los operadores, con frecuencia, cambian las velocidades del motor pero rara vez, si es que lo hacen, cambian el diámetro del impulsor.

¿Por qué el cambio de la velocidad o el cambio del diámetro del impulsor afectan la curva de la bomba? Recuerde que las bombas centrífugas generan carga hidráulica de velocidad. Cuanto mayor sea la carga hidráulica de velocidad, mayor será la cantidad de presión que puede generar la bomba. Si aumenta la carga hidráulica de velocidad, por ende aumentan la presión de descarga y el caudal de descarga. ¿Por qué esto aumenta el caudal? Porque el fluido se mueve por la bomba más rápido y el tamaño de la voluta no cambió. Comparémoslo con llenar un balde con mayor frecuencia.

En los manuales de fundamentos para el tratamiento de aguas residuales, para calcular la velocidad tomamos el caudal y lo dividimos por el área de la sección transversal. Así calculamos la velocidad en un tubo, a través de un depósito para arena o sobre un vertedero clarificador. La velocidad es también la distancia por tiempo (ecuación 7.22). Si aumentamos el diámetro del impulsor y mantenemos la velocidad del motor constante, un punto del anillo exterior del impulsor deberá trasladarse más rápido (mayor velocidad) para volver a su ubicación inicial al final de cada giro. Su trayectoria es más larga. De manera similar, si aumentamos la velocidad del motor, un punto del anillo externo del impulsor se trasladará proporcionalmente más rápido. En ambos casos, el anillo externo gira más rápido, lo que significa que la bomba produce más carga hidráulica de velocidad.

$$\text{Velocidad} = \frac{\text{Distancia}}{\text{Tiempo}} \tag{7.22}$$

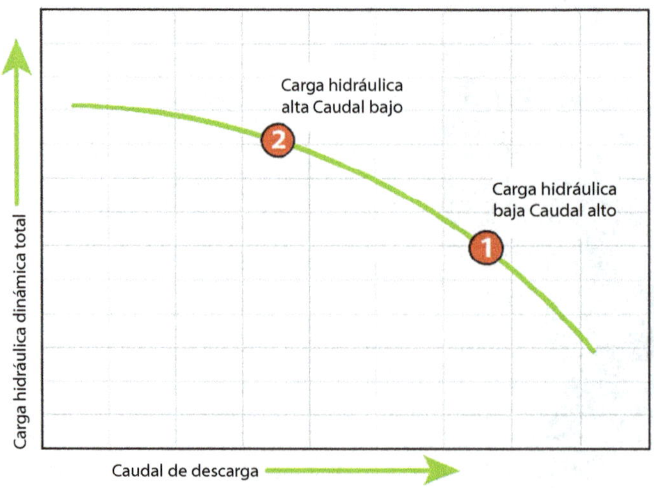

Figura 7.27 Curva de desempeño de la bomba

Los fabricantes de bombas, en general, muestran varias curvas de desempeño de bomba en el mismo diagrama. En la Figura 7.28, se muestra un ejemplo de un diagrama de desempeño de bomba con varias curvas. Estos grupos de curvas de desempeño similares se denominan *familias de curvas*. En general, se proporcionan familias de curvas para un alojamiento de bomba en particular. Un diagrama de familia de curvas puede mostrar cómo se desempeñan impulsores con distintos diámetros a la misma velocidad del motor, O BIEN, puede mostrar el desempeño de un solo diámetro de impulsor a distintas velocidades del motor. Un diagrama de diámetro constante etiqueta cada curva con una velocidad distinta del motor (Figura 7.29). Un diagrama de velocidad del motor constante etiqueta cada curva con un diámetro del impulsor distinto. Cuando compramos una bomba nueva o de reemplazo, el fabricante de la bomba necesitará saber cuánto caudal debe proporcionar la bomba y cuánta presión de descarga debe contrarrestar. Con esos dos datos, se trazará un diagrama de desempeño de la bomba como el que se muestra en la Figura 7.30. Si la condición operativa deseada se encuentra entre dos curvas, el fabricante puede ajustar el impulsor para crear una curva nueva entre las existentes. Otra opción es modificar la velocidad del motor para lograr el caudal deseado.

Los diagramas de curvas de bombas pueden incluir información adicional además de las curvas de desempeño de la bomba. La Figura 7.31 incluye curvas de desempeño en verde (A), líneas de potencia al freno en violeta (B), eficiencia de la bomba en línea de puntos negra (C) y carga de aspiración neta positiva deseada en línea de puntos azul (D). Las líneas de potencia al freno (B) indican cuánta potencia debe suministrar el motor a la bomba. Son útiles al momento de elegir un motor. La eficiencia de la bomba (C) es la diferencia entre la entrada de potencia al freno y la salida de potencia hidráulica. Las líneas de eficiencia de la bomba nos indican cuán eficiente es la bomba en el consumo de energía en distintos puntos de sus curvas de desempeño. El NPSH necesario ($NPSH_R$) aumenta con el caudal.

POTENCIA Y EFICIENCIA

En general, las bombas centrífugas se usan con caudales muy grandes. Debido a ello, la eficiencia es un factor importante cuando se elige una bomba y ya se conocen las condiciones de diseño. En las curvas de la bomba se incluyen líneas de eficiencia creadas por los fabricantes de las bombas. La información es útil cuando queremos evaluar si la bomba está operando en una zona deseable de su curva. En la Figura 7.32 se muestra un ejemplo de curva de una bomba con la línea de eficiencia.

El punto de mayor eficiencia (*best efficiency point*, BEP) de una bomba es el caudal en el que la bomba opera a máxima eficiencia con un diámetro de impulsor determinado. Por lo tanto, en la curva de ejemplo que se muestra en la Figura 7.33, si se usa un impulsor de tamaño estándar, el BEP sería de 232 m^3/h a 45 m CDT(1020 gpm a 147 ft CDT). Entonces, ahora sabemos con exactitud dónde funciona la bomba con LA MAYOR eficiencia. También sabemos que, en el mundo real, las bombas nunca operan en un punto. Entonces, ¿cómo definimos el rango de caudales en los que la bomba opera correctamente? Hydraulics Institute nos ayuda a definir este rango. La región operativa recomendada (*preferred operating region*, POR) es un rango de caudales a cualquiera de los lados del BEP dentro del cual no se deteriora considerablemente la eficiencia hidráulica de la bomba (Hydraulic Institute, 2012). Para las bombas que operan a velocidades específicas inferiores o iguales a 4500, la POR se define como el rango de caudales entre 70 % y 120 % del BEP.

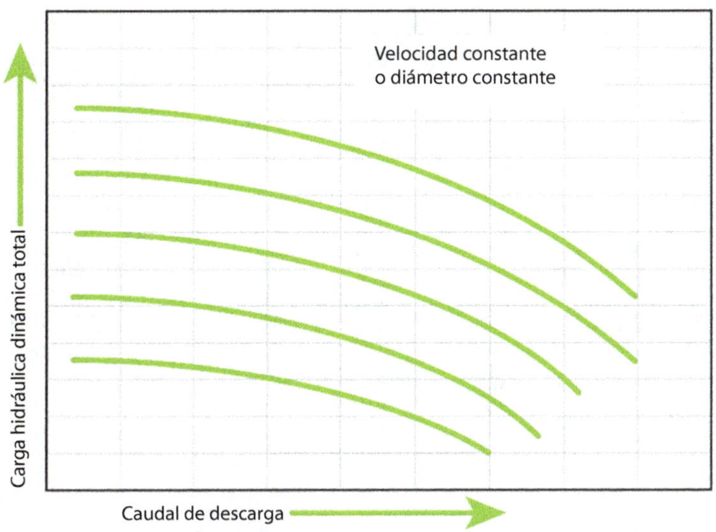

Figura 7.28 Familia de curvas

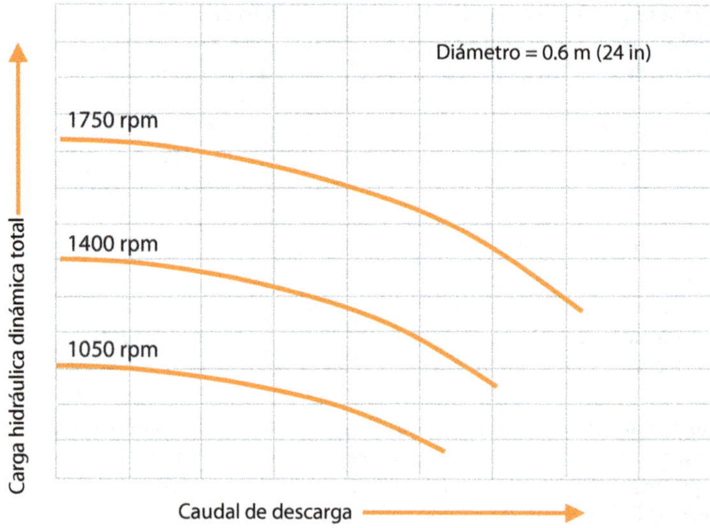

Figura 7.29 Familia de curvas de la bomba con diámetro fijo de impulsor (reimpreso con autorización de Indigo Water Group)

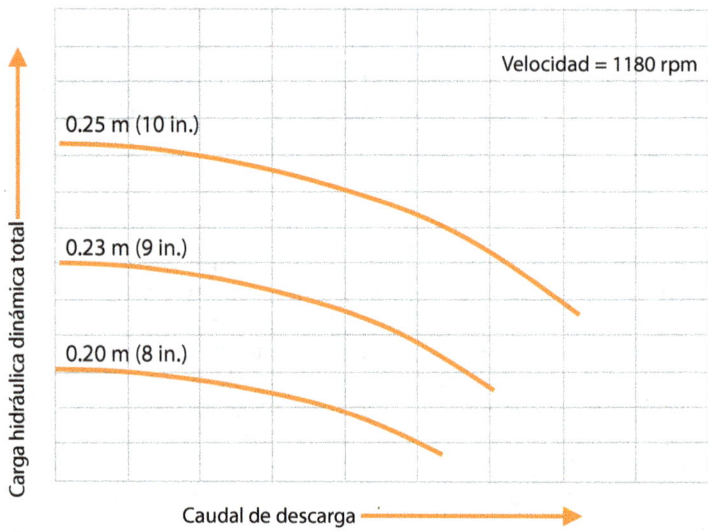

Figura 7.30 Familia de curvas de la bomba con velocidad fija del motor

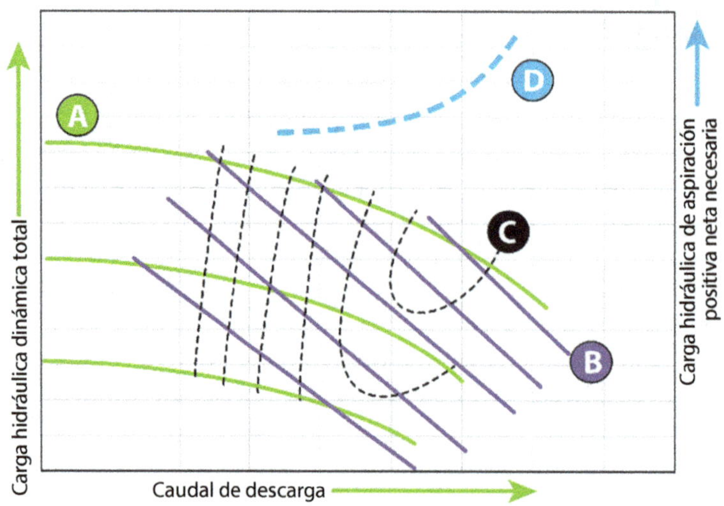

Figura 7.31 Información adicional incluida en los diagramas de desempeño de la bomba

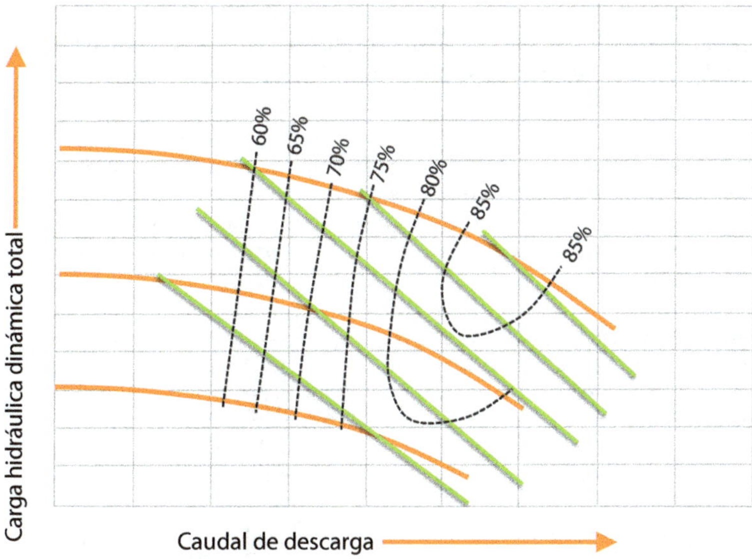

Figura 7.32 Eficiencia de la bomba con distintos diámetros de impulsor para la misma bomba

En el ejemplo que se muestra en la Figura 7.33, la POR para esta bomba con un impulsor de tamaño estándar sería entre 162 y 278 m³/h (714 y 1224 gpm). Si esta bomba opera fuera de este rango, puede comenzar a haber distintos problemas de desempeño. Si el caudal de nuestra bomba es menor a la POR, se dice que opera "a la izquierda de la curva". La bomba comienza a tener recirculación en las entradas de descarga y de aspiración. Esto disminuye la eficiencia de la bomba. Si los caudales son inferiores, se acorta la vida útil del impulsor, de los cojinetes y de los sellos. A medida que nos acercamos al punto de cierre de la bomba, puede haber cavitación por bajo caudal y altas temperaturas internas de la bomba. En el otro extremo, si la bomba opera con caudales superiores a la POR, se dice que opera "a la derecha de la curva". Esto también reduce la vida útil de cojinetes y sellos. Cuando aumenta el caudal, se produce cavitación por caudal alto antes de alcanzar el punto de caudal máximo de la bomba. Hydraulics Institute también permite a los fabricantes de bombas definir el rango operativo permitido (*allowable operating range*, AOR), que es más amplio que la POR pero aún es un rango "aceptable" para la garantía de la bomba y cuestiones de mantenimiento. La operación dentro de la POR es óptima, la operación dentro del AOR es aceptable.

La velocidad específica de una bomba se calcula a partir de la velocidad de giro, del caudal y de la carga hidráulica de la bomba. Las bombas con caudal alto y baja carga hidráulica tienen velocidades específicas superiores. La mayoría de las bombas centrífugas que se usan en las WRRF tienen velocidades específicas menores o iguales a 4500. Las bombas de flujo mixto o axial tienen velocidades específicas más altas que pueden reducir su POR.

Las expresiones *a la izquierda de la curva ya la derecha de la curva* son engañosas. Recuerde: las bombas SIEMPRE operan en sus curvas. Mejores son las expresiones *a la izquierda de la POR y a la derecha de la POR.*

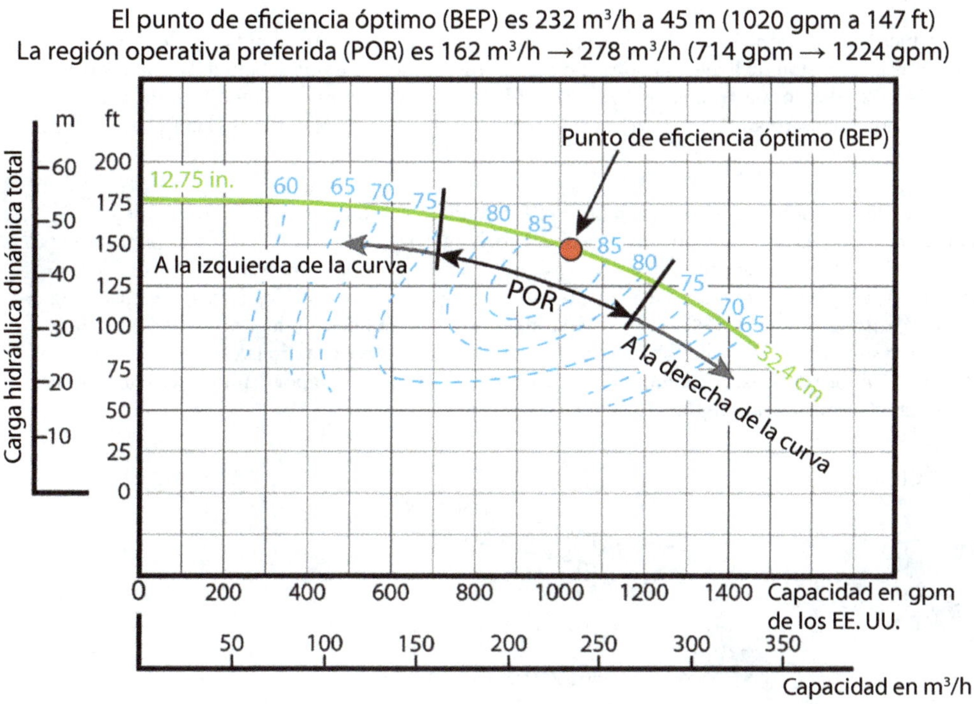

Figura 7.33 Punto de eficiencia óptimo y región operativa preferida de una bomba

CONDICIONES DE CARGA DE ASPIRACIÓN

Con anterioridad en este capítulo, se mencionaron las condiciones de carga hidráulica estática y dinámica de una bomba. Observe nuevamente la Figura 7.2 para refrescar su memoria en cuanto a la terminología.

MÁXIMA ELEVACIÓN TEÓRICA

Una bomba centrífuga funciona haciendo girar un impulsor dentro de una cubierta. El movimiento del impulsor crea una presión inferior en la entrada de la bomba (el ojo) y una presión superior en el anillo externo del impulsor y la descarga de la bomba. La presión inferior en el ojo permite que ingrese más fluido a la bomba. Sin embargo, esto solo sucede si la presión fuera de la bomba es superior que la presión dentro de la bomba. Si no lo es, el fluido no se mueve.

Hay dos fuentes potenciales de presión fuera de la bomba: el fluido en sí y la presión atmosférica. Para una bomba que opera con aspiración inundada, están disponibles las dos fuentes de presión. Para una bomba que opera en condición de altura de aspiración, donde la línea central de la bomba está por encima del nivel del fluido que bombea, la única fuente de presión externa es la atmósfera. Esto significa que una bomba en condición de altura de aspiración solo puede generar tanta altura cuanta presión atmosférica haya empujando hacia abajo (Figura 7.34). Esto se cumple con todas las bombas, no solo con las centrífugas.

A nivel del mar, la presión atmosférica es de 1 atmósfera (Figura 7.35). Esto es equivalente a 101.325 kPa o 14.7 psi. Si el fluido que bombeamos tiene la misma densidad que el agua, podemos calcular la máxima altura teórica con las conversiones de unidad de presión a carga hidráulica descritas anteriormente en este capítulo. Una presión descendente de una atmósfera (101.325 kPa) es equivalente a 10.332 m de profundidad de agua. En unidades habituales en los EE. UU., una atmósfera (14.7 psi) es equivalente a 34 ft de profundidad de agua. A nivel del mar, una bomba tiene una elevación teórica máxima de 10.332 m (34 ft). En la práctica, nunca alcanzamos el máximo teórico porque parte de la energía de la presión atmosférica se pierde por fricción y carga hidráulica de velocidad. Aunque la teórica es de 10.332 m (34 ft), una bomba en condición de altura de aspiración solo puede lograr una altura real de 7.3 m (24 ft). Recuerde que la presión atmosférica disminuye cuando aumenta la elevación. Una bomba que opera en Denver, Colorado, solo tiene un 83 % de la presión atmosférica disponible de la que tiene la que opera a nivel del mar.

CAVITACIÓN

La cavitación ocurre cuando se forman burbujas de gas dentro de la bomba o en su tubería aguas arriba. Cuando las burbujas de gas ingresan a la región de alta presión dentro de la bomba, implotan y colapsan sobre sí mismas. Las implosiones están acompañadas de ondas de choque que pueden generar más de 103 421 kPa (15 000 psi) de presión. Con el tiempo, la cavitación puede erosionar el impulsor de la bomba y el alojamiento de la bomba, además de las tuberías y las válvulas aguas arriba, y dejar un patrón en panal de abeja revelador en el metal como el que se muestra en la Figura 7.36.

¿Por qué se produce la cavitación? La cavitación se produce cuando, debido a una condición de diseño o una condición operativa, la presión dentro de la bomba o su tubería asociada cae por debajo de un nivel crítico. A este nivel crítico se lo denomina *presión de vapor*. La caída de la presión hace que el fluido en la bomba o la tubería hierva. Aunque pensamos en el hervor como el agregado de calor, en realidad es la conversión de un líquido en un gas.

Imagínese un vaso de agua sobre un mostrador. Las moléculas de agua están en continuo movimiento. La presión del aire empuja la superficie del agua hacia abajo, lo que evita que escapen las moléculas de agua. Al mismo tiempo, las moléculas de agua ejercen presión hacia arriba contra el aire. Para que las moléculas de agua escapen y se conviertan en vapor de agua, podemos agregar calor para darles a las moléculas de agua más energía o podemos quitar parte de la presión descendente del aire. El líquido hierve cuando alcanza una temperatura lo suficientemente alta. En forma similar, el líquido hierve cuando la presión disminuye lo suficiente. En términos técnicos, la ebullición ocurre cuando la presión de vapor (empuje ascendente) es mayor que la presión atmosférica (empuje descendente).

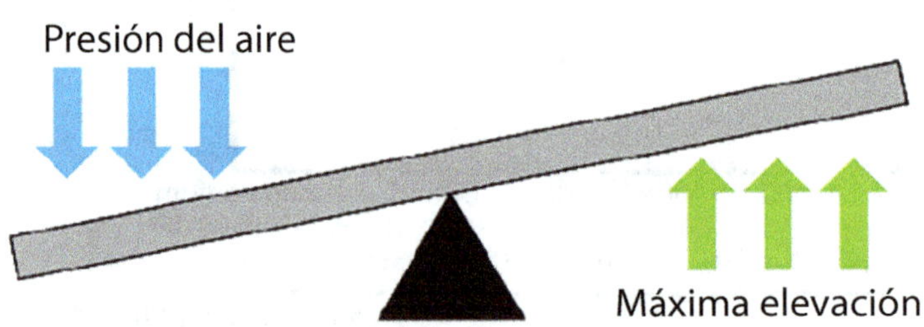

Figura 7.34 Presión de aire frente a altura máxima

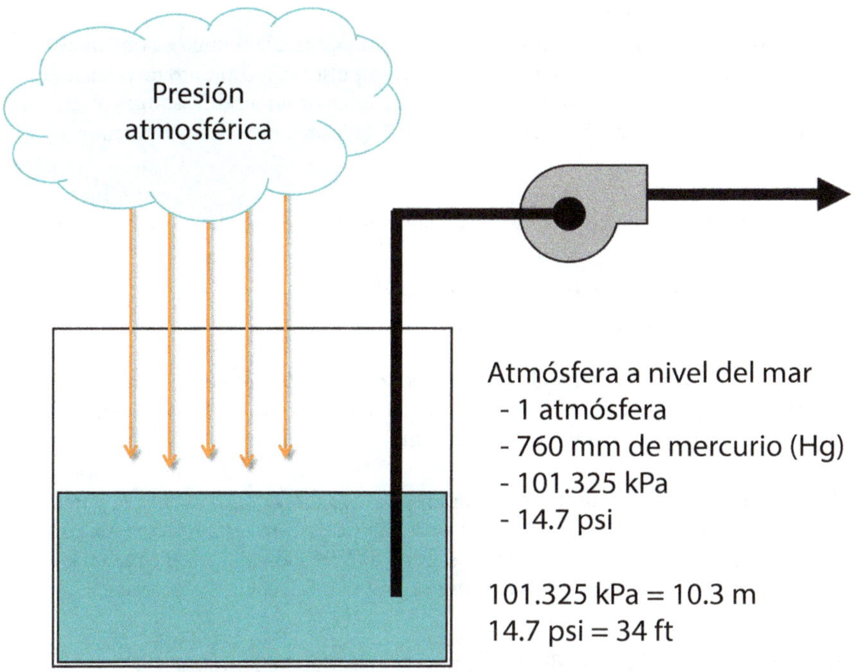

Figura 7.35 Presión atmosférica (reimpreso con autorización de Indigo Water Group)

La presión decrece cuando los fluidos pasan por las tuberías, las válvulas y las bombas. Si disminuye demasiado, el líquido puede hervir y se produce la cavitación. Si no queremos que se produzca la cavitación, necesitamos asegurarnos de que haya suficiente presión inicial aguas arriba de la bomba para que la presión dentro de la bomba no caiga por debajo de la presión de vapor del líquido. La presión aguas arriba tiene un nombre especial: NPSH. $NPSH_A$ es la cantidad real de presión aguas arriba. $NPSH_A$ depende de cómo está diseñado el sistema de bombeo pero puede verse afectado por algunas condiciones operativas. $NPSH_R$ es la cantidad de presión aguas arriba necesaria para evitar la cavitación de la bomba. $NPSH_R$ depende del tipo, la capacidad, el punto operativo de la bomba y de otros factores. Podemos decir que $NPSH_R$ es la cantidad de caída de presión que debemos esperar cuando el fluido pasa por la bomba. Si $NPSH_A$ es mayor que $NPSH_R$, la bomba no cavita.

Las bombas que operan con altura de aspiración tienen menos $NPSH_A$ que las que operan con aspiraciones inundadas. Esto hace que las bombas con altura de aspiración sean más propensas a cavitar.

El ingeniero de diseño y el fabricante de la bomba toman la mayoría de las decisiones que afectan la $NPSH_A$ y la $NPSH_R$. Esto incluye el diámetro de las tuberías aguas arriba y aguas abajo, el material de las tuberías, los tamaños y las ubicaciones de las válvulas, el tipo y el modelo de bomba que se instala y si la bomba se instala con altura de aspiración o aspiración inundada. Sin embargo, $NPSH_A$ puede disminuir producto de cualquier condición que aumente la caída de presión en el sistema de bombeo. Esto incluye la información que se proporciona en la Tabla 7.1.

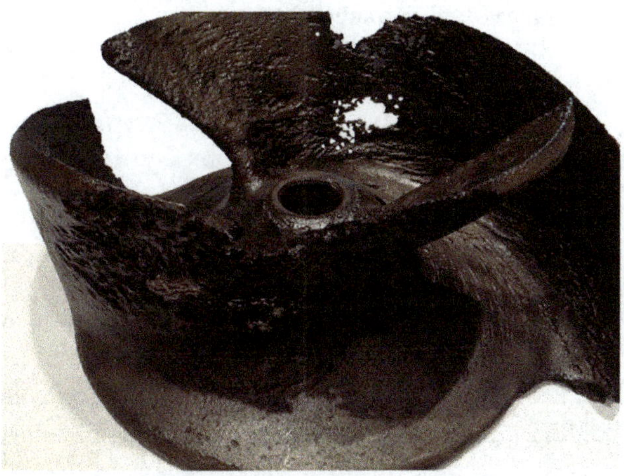

Figura 7.36 Impulsor con daño por cavitación (reimpreso con autorización de Ken Schnaars)

LEYES DE AFINIDAD DE LAS BOMBAS CENTRÍFUGAS

En la sección anterior sobre curvas de bombas, aprendimos que es posible poner una bomba en una nueva curva operativa si cambiamos la velocidad del motor o el diámetro del impulsor. Un conjunto de ecuaciones denominadas*leyes de afinidad de las bombas* nos permiten predecir los efectos de las modificaciones. Estas ecuaciones solo sirven para bombas centrífugas. Las leyes de afinidad de las bombas de desplazamiento positivo son distintas.

Cuando se modifica la velocidad de giro de una bomba, rigen las siguientes tres relaciones:

$$\frac{\text{Velocidad nueva}}{\text{Velocidad anterior}} = \frac{\text{Caudal nuevo}}{\text{Caudal anterior}} \tag{7.23}$$

Esta ecuación nos dice que la velocidad está directamente relacionada con el caudal (ecuación 7.23). Si se aumenta la velocidad del motor en un 25 %, la salida de caudal también aumenta un 25 %. Los accionadores de frecuencia variable se basan en esta relación para aumentar o disminuir los caudales.

La modificación de la velocidad de giro también afecta la presión de descarga (carga hidráulica) y la potencia al freno. Estas relaciones son un poco más complicadas. La nueva presión de descarga está relacionada con el cuadrado de la velocidad (ecuación 7.24). La nueva potencia al freno está relacionada con el cubo de la velocidad (ecuación 7.25). Aunque suena complicado, los cálculos no son tan difíciles como parecen.

$$\left(\frac{\text{Velocidad nueva}}{\text{Velocidad anterior}}\right)^2 = \frac{\text{Presión de descarga (carga hidráulica) nueva}}{\text{Presión de descarga (carga hidráulica) anterior}} \tag{7.24}$$

$$\left(\frac{\text{Velocidad nueva}}{\text{Velocidad anterior}}\right)^3 = \frac{\text{Potencia al freno nueva}}{\text{Potencia al freno anterior}} \tag{7.25}$$

La manera más fácil de usar las leyes de afinidad es crear un factor a partir de la nueva condición, en este caso la velocidad, y después aplicarlo a las tres ecuaciones. En este ejemplo, el operador aumenta la velocidad del motor de una bomba centrífuga de 1800 rmp a 2250 rpm. Divida la nueva condición por la antigua condición para obtener el factor.

$$\frac{\text{Velocidad nueva}}{\text{Velocidad anterior}} = \text{Factor} \tag{7.26}$$

$$\frac{2250 \text{ rpm}}{1800 \text{ rpm}} = 1.25$$

Ahora se puede usar ese factor para calcular el caudal, la presión de descarga y la potencia al freno nuevas. Según qué queramos calcular, el factor se usa una, dos o tres veces, como se muestra en la Tabla 7.2. Intente hacer estos cálculos usted mismo. También se puede obtener el factor dividiendo la salida de caudal deseada de la bomba (condición nueva) por la salida real de la bomba (condición antigua).

Tabla 7.1 Cuestiones de diseño y de operación que pueden causar cavitación

Cuestión de diseño	Cuestión de operación
Altura de aspiración excesiva	Línea de aspiración parcial o totalmente obturada
Línea de caudal de entrada de diámetro demasiado pequeño	Válvula parcialmente cerrada en la línea de aspiración
Línea de descarga demasiado larga	Línea de descarga parcial o totalmente obturada
Línea de descarga de diámetro demasiado pequeño	Velocidad excesiva por la línea de descarga
Carga hidráulica estática de descarga demasiado alta	
Demasiadas válvulas aguas arriba o válvulas demasiado pequeñas	

Tabla 7.2 Resultados de cálculos de las leyes de afinidad de la bomba

Parámetro	Condición anterior	Ecuación	Cálculo con factores	Condición actual
Caudal	56.8 m^3/h (250 gpm)	7.18	(Caudal)(Factor)	71 m^3/h (312.5 gpm)
Carga hidráulica	24.4 m (80 ft)	7.19	(Carga hidráulica)(Factor)(Factor)	38.1 m (125 ft)
Potencia al freno	22.4 kW (30 hp)	7.20	(Potencia al freno)(Factor)(Factor)(Factor)	43.8 kW (58.6 hp)

Hay otras tres leyes de afinidad que se pueden usar para predecir el desempeño de la bomba cuando la velocidad del motor permanece igual pero se cambia el diámetro del impulsor. Debido a que los operadores rara vez cambian el diámetro del impulsor, esas ecuaciones no se incluyen aquí. Las leyes de afinidad de la bomba son útiles porque nos permiten predecir cuánta presión generará una bomba y si necesitamos un motor nuevo para lograr el caudal deseado.

VARIABLES DEL PROCESO

CONDICIONES DE CARGA HIDRÁULICA VARIABLE

Muchos pozos sumideros, tanques y cajas de distribución pueden tener variaciones en el nivel del agua. La elevación del agua en el lugar desde donde se bombea y en el lugar hacia donde se bombea afecta la capacidad de las bombas.

CARACTERÍSTICAS DEL FLUIDO QUE SE BOMBEA

Las características del fluido que se bombea afectan significativamente el desempeño de la bomba centrífuga. Durante el diseño, la elección de los impulsores depende del fluido específico con el que van a trabajar. Si ese fluido cambia significativamente con el tiempo o si las características no son uniformes, es probable que resulte difícil que la bomba logre el nivel de servicio para el que fue diseñada. Características como la viscosidad, el contenido de sólidos, los desechos intermitentes, etc., pueden dificultar que la bomba centrífuga logre de manera confiable sus requisitos de caudal.

EFECTO DEL AUMENTO DE LA CARGA HIDRÁULICA DE DESCARGA

Si la pérdida de carga hidráulica en una tubería de impulsión aumenta, el caudal disminuye. La Figura 7.37 ilustra lo que sucede si se cierra parcialmente una válvula en la tubería de impulsión de descarga de la bomba. Ya no rige la curva del sistema original de la derecha. En cambio, la pérdida de carga hidráulica (o CDT) de cada caudal es mayor a la anterior y, por lo tanto, se crea un nuevo sistema de curva (con estrangulamiento). El punto de intersección entre la nueva curva del sistema y la curva de la bomba define el nuevo caudal Q_2. La bomba no cambió y, por lo tanto, la curva de la bomba no cambió. La operación cambia de Q_1 a Q_2 debido a la válvula parcialmente cerrada.

OPERACIÓN DE BOMBAS CENTRÍFUGAS

PUESTA EN FUNCIONAMIENTO

En la descripción general de las bombas que aparece anteriormente en este capítulo, se incluye una lista que rige, en líneas generales, para la mayoría de las bombas independientemente del tipo. En las bombas centrífugas, la puesta en funcionamiento sigue la lista en gran medida. Las actividades de arranque clave incluirían verificar la dirección de giro, controlar la fuga de los sellos (o la cantidad adecuada de agua de lavado) y documentar el consumo de amperios del motor, junto con la velocidad, el caudal y la carga hidráulica de descarga (si fuera posible). Cuando la bomba opera por primera vez, escúchela y obsérvela en busca de alguna pista que revele problemas mecánicos o hidráulicos.

APAGADO

Si se saca de servicio una bomba, es importante seguir las instrucciones del fabricante en lo relativo al almacenamiento a largo y corto plazo. Se recomienda drenar la bomba. Si en la bomba permanece líquido con bacterias y sustancias orgánicas, la actividad biológica o la sedimentación de productos químicos pueden agarrotar la bomba o, en casos más extremos, la presión del gas generada por las bacterias puede dañar la bomba o sus sellos. Si la bomba va a estar meses apagada, es importante girar el impulsor y girar el ensamble con la mano para evitar problemas como daños en el cojinete (atasco de cojinete) o adhesión de las caras del sello (que puede producir la rotura del sello cuando la bomba vuelve a entrar en servicio.

OPERACIÓN DIARIA

Las bombas centrífugas se usan con frecuencia en aplicaciones en las que se encienden y se apagan de manera periódica. Es importante observar el tiempo de funcionamiento y el tiempo de descenso de nivel de agua de la bomba. Si el sistema de control de una bomba obtiene datos de nivel erróneos o si se cambian las configuraciones de control, la bomba se puede ver negativamente afectada si se alterna con frecuencia o tiene tiempos de funcionamiento muy cortos. Cuando arranca una bomba, la entrada de electricidad introduce grandes cantidades de calor en el motor, pero un periodo de funcionamiento corto no le da tiempo al motor de la bomba para liberar

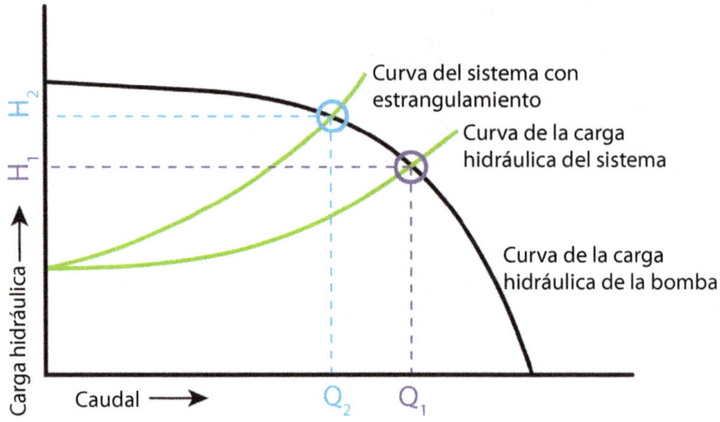

Figura 7.37 Curvas del sistema que muestran el efecto del estrangulamiento de la bomba (reimpreso con autorización de Indigo Water Group)

el calor. Con el tiempo, el aislamiento de la bomba y los cojinetes pueden fallar prematuramente. En general, observe y preste atención a los ruidos para verificar que nada cambió desde la última observación.

MANTENIMIENTO

Las consideraciones de mantenimiento generales se describen en la sección anterior sobre el mantenimiento general de la bomba. Aquí se incluyen algunas actividades de mantenimiento adicionales que son importantes para las bombas centrífugas.

Con el tiempo, la empaquetadura y los sellos mecánicos deben ser reemplazados. Para reemplazar la empaquetadura, se retira el prensaestopa y se tira de la empaquetadura con una púa o un gancho con punta filosa. En general, la empaquetadura se puede reemplazar sin quitar el acoplamiento o el conjunto giratorio. Para reemplazar los sellos mecánicos, se retiran el impulsor o el acoplamiento, o directamente se retira el sello (si es un sello dividido). El método de remoción depende del tipo de sello, el tipo de bomba y la geometría del área del sello.

Los impulsores y los anillos de desgaste se deben inspeccionar regularmente (1 a 2 veces por año). Cuando alguno de ellos muestra signos de desgaste que ponen en riesgo la eficiencia o la operación estable, o puede provocar fallas, es necesario reemplazar los anillos de desgaste o el impulsor. Los manuales de operación y mantenimiento de las bombas, en general, proporcionan procedimientos paso a paso (así como también especificaciones para la separación del anillo de desgaste). Antes de reemplazar los anillos de desgaste, verifique que la bomba permita el ajuste axial de los anillos de desgaste, en cuyo caso, la separación se puede cerrar y se puede extender la vida útil del anillo de desgaste.

RESOLUCIÓN DE PROBLEMAS

Tabla 7.3 Guía para la resolución de problemas para bombas centrífugas (reimpreso y modificado con autorización de Cornell Pump Company)

Síntomas	Causas	Correcciones
No bombea	La bomba no está adecuadamente cebada (foso seco) o la voluta está llena de aire/gas (sumergible)	Cebe la bomba correctamente, expulse el aire de la voluta o agregue agua según fuera necesario. En el caso de una bomba sumergible atascada con aire, levante la bomba desde el codo de descarga para liberar el gas/aire y después vuelva a colocarla.
	La bomba funciona muy lentamente o la carga hidráulica del sistema es muy alta	Verifique que el accionador de velocidad variable se encuentre en la velocidad correcta. Revise la hidráulica del sistema (comience con la presión diferencial a través de la bomba si hubiera manómetros). Verifique que todas las válvulas en la aspiración y en la descarga están abiertas.
	No hay carga hidráulica suficiente para abrir la válvula de retención	Inspeccione la válvula de retención (resistencia del brazo).
	Fuga de aire en la tubería de aspiración	Controle y repare la línea de aspiración.
	Tubería de aspiración o álabes del impulsor obstruidos	Desobstruya la aspiración.
	Punto alto de la tubería de aspiración sobre el ojo del impulsor	Repare la tubería de aspiración.
	Altura de aspiración demasiado alta	Revise la hidráulica del sistema; verifique que las válvulas en la aspiración estén completamente abiertas.

Tabla 7.3 Guía para la resolución de problemas para las bombas centrífugas (*Continuación*)

Síntomas	Causas	Correcciones
Desempeño deteriorado	Bolsas de aire o pequeñas fugas de aire en la línea de aspiración	Ubique y corrija.
	Obstrucción en la línea de aspiración o el impulsor	Elimine la obstrucción.
	Inmersión insuficiente del tubo de aspiración	Revise la hidráulica del sistema; busque vórtices visibles.
	Impulsor o anillo de desgaste con desgaste excesivo	Reemplace el impulsor o el anillo de desgaste.
	Altura de aspiración demasiado alta	Revise la hidráulica del sistema; verifique que las válvulas en la aspiración estén completamente abiertas. Controle que la línea de aspiración no esté obstruida. Baje la bomba o aumente el nivel del pozo sumidero.
	Dirección incorrecta de giro	En condición seca, controle visualmente el giro de la bomba (verifique con la operación o el mantenimiento o la flecha en la pieza de fundición de la voluta). Revierta el giro (en general, cambiando dos fases en una bomba trifásica) y verifique el caudal/giro.
	Falta anillo de desgaste	Coloque anillo de desgaste.
	Desviación en la interfaz entre la garra y el codo	Vuelva a asentar la bomba sobre el codo; confirme que la junta del sello no falte o esté desgastada; confirme que no haya obstrucción.
Accionador sobrecargado	Velocidad mayor que la planeada	Reduzca la velocidad.
	La bomba funciona fuera de curva/sistema incorrecto	Revise el punto operativo (caudal y carga hidráulica) en comparación con la curva de la bomba. Cambie la carga hidráulica del sistema si fuera posible.
	Gravedad específica del liquido demasiado alta	El lodo espeso es más difícil de bombear. Haga menos espeso el lodo o cambie el tipo de bomba. Verifique que el accionador y el motor no excedan la capacidad.
	Líquido tratado de mayor viscosidad que el agua	El lodo viscoso es más difícil de bombear. Haga menos espeso el lodo o cambie el tipo de bomba. Verifique que el accionador y el motor no excedan la capacidad.
	El diámetro del impulsor es demasiado grande	Ajuste el impulsor.
	Bajo voltaje	Consulte a la empresa de electricidad.
	Tensión de la tubería en las bridas/bomba con agarrotamiento	Sujete adecuadamente la tubería.
	Empaquetadura demasiado tensa	Afloje las tuercas del prensaestopa de la empaquetadura.
Ruido excesivo	Alineación inadecuada	Alinee todas las piezas giratorias.
	Cavitación (excesiva altura de aspiración)	Revise la hidráulica del sistema. Aumente el nivel del pozo sumidero o baje la bomba.
	Cavitación (diseño inadecuado de aspiración)	Corrija la tubería de aspiración. Verifique que todas las válvulas del lado de aspiración estén abiertas.
	Funcionamiento fuera del rango recomendado	Revise el punto operativo (caudal y carga hidráulica) en comparación con la curva de la bomba.
	Material alojado en el impulsor	Quite el material.
	Cojinetes gastados	Reemplace los cojinetes.
	Tornillo del impulsor flojo o roto	Reemplace.
	Dirección incorrecta de giro	En condición seca, controle visualmente el giro de la bomba (verifique con la operación o el mantenimiento o la flecha en la pieza de fundición de la voluta). Revierta el giro (en general, cambiando dos fases en una bomba trifásica) y verifique el caudal/giro.
Vibración excesiva	Alineación inadecuada	Alinee correctamente.
	Componentes desbalanceados	Balancee los componentes.
	Eje curvado	Reemplace el eje.
	Estructural (rigidez/pata coja)	Corrija los pernos/las cuñas adecuadamente.
	Funcionamiento fuera del rango recomendado	Revise el punto operativo (caudal y carga hidráulica) en comparación con la curva de la bomba.
Falla prematura del cojinete	Línea de compensación obstruida o estrangulada	Desobstruya o reemplace.
	Anillos de desgaste gastados	Reemplace.
	Alineación inadecuada	Alinee todas las piezas giratorias.
	Tubería de aspiración o descarga sin el soporte adecuado	Corrija los soportes.
	Eje curvado	Reemplace el eje.
	Ingresa agua o contaminantes a los cojinetes	Proteja la bomba del medio ambiente.
	Lubricación de cojinetes no adecuada	Consulte instrucciones de lubricación en el manual de operación y mantenimiento.
	Tipo incorrecto de lubricación	Consulte instrucciones de lubricación en el manual de operación y mantenimiento.
	Cargas excesivas en banda	Controle la tensión de las bandas según instrucciones de operación y mantenimiento. Una banda con exceso de tensión carga los cojinetes de la bomba y el motor.

Tabla 7.3 Guía para la resolución de problemas para las bombas centrífugas (*Continuación*)

Síntomas	Causas	Correcciones
Falla del motor eléctrico	Voltaje de suministro alto o bajo	Controle el voltaje con un voltímetro.
	Onda eléctrica alta	Controle el voltaje y consulte a la empresa de electricidad.
	Mala conexión eléctrica	Desconecte el suministro eléctrico, limpie y controle las conexiones.
	Sobrecargas	Controle el amperaje; no exceda el amperaje de plena carga de la placa de identificación.
	Falla de cojinetes	Cambie los cojinetes del motor.
	Conducto de refrigeración obturado (roedores, hojas, suciedad, etc.)	Instale rejas adecuadas.
	Desgaste o daño del aislamiento	Controle la resistencia del aislamiento del motor conforme al manual de operación y mantenimiento.
	Agua en el motor	Proteja la bomba del medio ambiente
Desgaste rápido de almohadilla de acoplamiento	Alineación inadecuada	Alinee.
	Eje curvado	Reemplace el eje.
	Elastómero incorrecto	Cambie el elastómero.
Exceso de temperatura en el motor (sumergible)	Falla de la camisa/del sistema refrigerante (configuraciones de foso seco, de inmersión o sumergible equipados con sistema de refrigeración interno)	Controle o cambie el refrigerante según el manual de operación y mantenimiento.
	Desperfectos del sensor de monitoreo del relé	Controle la operación del sensor (específico de cada bomba y sensor, consulte la operación y el mantenimiento).
	Consulte problemas posibles en sección anterior "Accionador sobrecargado".	Consulte sección anterior.
Alarma de humedad en el motor (sumergible) o falla de sello	Fuga en los sellos	Consulte la operación y el mantenimiento sobre inspección y reemplazo.
	Desperfectos del sensor de monitoreo del relé	Controle la operación del sensor (específico de cada bomba y sensor, consulte la operación y el mantenimiento).

SEGURIDAD

Hay muchas cuestiones de seguridad que debe tener en cuenta cuando trabaja cerca de bombas:

- Las bombas con frecuencia son controladas por sistemas de control automáticos. Cuando una bomba está en servicio, puede encenderse o apagarse de repente sin aviso.
- Las bombas tienen piezas móviles. Es importante mantener protectores y cubiertas siempre instalados para evitar un contacto accidental con las partes móviles como los acoplamientos y los ventiladores de motor que pueden causar lesiones graves.
- Los motores de las bombas son equipos energizados eléctricamente. Siempre se deben seguir cuidadosamente los procedimientos de bloqueo/etiquetado cuando es necesario sacar una bomba de servicio para trabajar en ella.
- Se pueden acumular gases en las bombas que pueden producir lesiones si se liberan de repente.
- Bajo ciertas condiciones, las piezas de una bomba se pueden sobrecalentar y causar quemaduras.

Para una explicación completa sobre cuestiones de seguridad relacionadas a las bombas en las WRRF, consulte el manual de práctica n.º 1 de la Water Environment Federation sobre *seguridad, salud y protección en sistemas de aguas residuales* (WEF, 2012).

COMPROBACIÓN DE CONOCIMIENTOS

1. **La elevación teórica máxima de cualquier bomba es**
   a. 4.5 m (14.7 ft)
   b. 6.2 m (20.2 ft)
   c. 10.3 m (34.0 ft)
   d. 25.3 m (83.0 ft)

2. **¿Con hasta qué porcentaje de sólidos se usan las bombas centrífugas?**
   a. 0.04 %
   b. 0.4 %
   c. 4 %
   d. 14 %

3. Las bombas de aguas residuales fueron diseñadas tradicionalmente para dejar pasar sólidos de hasta __________ de diámetro.

a. 25 mm (1 in)
b. 51 mm (2 in)
c. 76 mm (3 in)
d. 102 mm (4 in)

4. La razón principal para ubicar una bomba por debajo del nivel del suelo, adyacente a un pozo sumidero es __________.

a. proporcionar carga hidráulica de descarga adicional
b. proporcionar carga de aspiración positiva
c. proporcionar espacio para una bomba en paralelo
d. refrigerar el motor

5. En una configuración de bomba con eje extendido en la que el motor se encuentra uno o más niveles por encima de la bomba, un eje largo puede necesitar:

a. Una camisa de refrigeración
b. Un motor de inmersión
c. Cojinetes intermedios
d. Un sello mecánico doble

6. Las bombas sumergibles, en general, se refrigeran mediante:

a. Transferencia de calor a la tubería
b. Transferencia de calor a las cadenas
c. Transferencia de calor al fluido que se bombea
d. Un intercambiador de calor sobre nivel

7. ¿Para cuáles de estas situaciones se diseñaría una bomba de inmersión?

a. Operación diaria en un pozo sumidero
b. Operación sobre el nivel del piso refrigerada con ventilador
c. Inundación de foso seco accidental por falla de tubería
d. Uso como bomba de pozo sumidero en una habitación de bomba de foso seco

8. ¿Para cuáles de estas funciones en una WRRF sería adecuada una bomba de carcasa partida?

a. Bombeo de efluente como agua de reutilización
b. Bombeo de lodo primario
c. Bombeo de natas
d. Bombeo de lodo activado recirculado

9. ¿Qué tipo de impulsor es un impulsor con una sola cubierta detrás de los álabes de la bomba?

a. Impulsor de arena
b. Impulsor cerrado
c. Impulsor abierto
d. Impulsor semiabierto

10. Debido a que los álabes se encuentran entre dos cubiertas, ¿qué tipo de impulsor se puede obstruir con mayor facilidad?

a. Impulsor de arena
b. Impulsor cerrado
c. Impulsor abierto
d. Impulsor semiabierto

11. ¿Qué problema actual intentan resolver los fabricantes de bombas con los cortadores, los trozadores y los diseños de bombas semiabiertos de mayor eficiencia?

a. Mayor contenido de café molido en las aguas residuales
b. Mayor contenido de arena en las aguas residuales
c. Aguas residuales de mayor temperatura
d. Contenido de sólidos fibrosos como toallitas desechables en inodoros

12. ¿En cuál de estos escenarios sería prudente controlar el giro de una bomba?

a. Después de una interrupción prolongada del servicio eléctrico
b. Después de que la bomba no opere por 2 meses debido al clima seco
c. Después de reinstalar una bomba reparada
d. Con los cambios de horario (dos veces por año)

13. ¿Qué tipo de cojinete resiste los movimientos perpendiculares al eje?

a. Cojinete radial
b. Cojinete cruzado
c. Cojinete de empuje
d. Cojinete invertido

14. ¿Qué tipo de cojinete resiste el movimiento del eje cuando el impulsor presiona sobre el motor?

a. Cojinete radial
b. Cojinete cruzado
c. Cojinete de empuje
d. Cojinete invertido

15. ¿Cuál es el objetivo de los anillos de desgaste en una bomba con impulsor cerrado antiobstrucción?

a. Resistir cargas de empuje
b. Evitar recirculación desde la descarga a la aspiración
c. Aislar la arena en la cubierta
d. Rasgar o cortar toallitas desechables en el inodoro

16. Las versiones actuales de los impulsores semiabiertos usan un impulsor semiabierto para tratar las toallitas. El impulsor en general tiene poca tolerancia con:

a. Los anillos de desgaste
b. La placa de desgaste
c. La voluta
d. La placa posterior

17. ¿Qué puede suceder cuando se gastan los anillos de desgaste o la placa de desgaste?

a. Falla de cojinetes
b. Falla de sellos
c. Disminución de la eficiencia de la bomba
d. Temperatura alta en el motor

18. ¿Cómo se denomina el área cilíndrica por donde el eje ingresa a la bomba y hay empaquetadura para sellar las fugas?

a. Sello mecánico
b. Cámara del cojinete
c. Ojo del impulsor
d. Caja de prensaestopa

19. ¿Cómo se denomina el segmento especial de la empaquetadura que permite que el agua presurizada se distribuya por la caja de prensaestopa?

a. Anillo de retención
b. Anillo de agua
c. Anillo de cierre hidráulico
d. Anillo de sello

20. Como mínimo, se recomienda suministrar agua de sello a la caja de prensaestopa __________.

a. al menos a 10 psi por encima de la presión de aspiración de la bomba
b. al menos a 10 psi por encima de la presión en la descarga de la tubería de impulsión
c. al menos a 5 psi por encima de la presión de aspiración de la bomba
d. al menos a 5 psi por encima de la presión del fluido dentro de la bomba

21. Si se escurre agua del sello de una bomba a dos gotas por segundo, ¿qué debe hacer inmediatamente un operador o técnico de mantenimiento?

a. Tomar una llave de torque y ajustar los pernos del prensaestopa de la empaquetadura con el torque recomendado.
b. Aflojar el prensaestopa de la empaquetadura hasta lograr un flujo uniforme.
c. No realizar ajustes al prensaestopa de la empaquetadura.
d. Aumentar la presión de agua del sello.

22. ¿Cuál de estos elementos es una pieza crítica de un sello mecánico?

a. La cara del sello
b. Los dedos del sello
c. El hombro del sello
d. El pie del sello

23. ¿Cuál es la mayor desventaja de un sello mecánico?

a. El espacio
b. El costo
c. El tamaño
d. El ruido

24. Algunas bombas están configuradas con una lubricación forzada por gravedad para el sello. ¿Cómo se denomina con frecuencia a la unidad cilíndrica que contiene el lubricante?

a. Empuje de sello
b. Recipiente de temple
c. Sello en recipiente
d. Sello forzado

25. ¿Cuál de estas configuraciones de bomba/motor elimina los cojinetes de la bomba?

a. Eje de línea extendido
b. Montado en bastidor
c. Banda y roldanas
d. Acoplamiento cerrado

26. ¿Cuál de estas configuraciones de bomba/motor le permite a una bomba operar a una velocidad más baja que el motor sin una caja de engranaje o VFD?

a. Eje de línea extendido
b. Montado en bastidor
c. Banda y roldanas
d. Acoplamiento cerrado

27. ¿Qué se alinea con láser con frecuencia antes de poner en funcionamiento un motor y una bomba montados sobre base?

a. Los cojinetes de la bomba y el motor
b. Los ejes de la bomba y el motor
c. Los sellos mecánicos
d. Las patas de soporte del motor

28. ¿Qué puede suceder cuando una bomba opera "a la izquierda de su curva"?

a. Se agota.
b. Puede haber aumento de recirculación.
c. Disminuye el espacio del anillo de desgaste.
d. Se duplica la velocidad del cojinete.

29. La situación en la que se forman burbujas de aire y colapsan en la cercanía del impulsor se denomina __________.

a. sedimentación
b. fragmentación
c. aeración
d. cavitación

30. La eficiencia alambre-agua toma en consideración __________.

a. la eficiencia de la bomba y la eficiencia del transformador
b. la eficiencia de la bomba y la eficiencia del cableado
c. la eficiencia de la bomba y la eficiencia del motor
d. la eficiencia del motor y la eficiencia del cableado

Bombas de desplazamiento positivo

El bombeo de sólidos se lleva a cabo en la mayoría de los casos con bombas de desplazamiento positivo. Una bomba de desplazamiento positivo permite el ingreso de una cantidad definida de lodo en un lugar y después usa un mecanismo (pistón, rotor, diafragma) para empujar el lodo por una tubería de descarga. Al repetir el proceso una y otra vez, la bomba de desplazamiento positivo crea caudal. Debido a la manera en que las bombas mueven los sólidos, el caudal en general no varía según la contrapresión o la carga hidráulica. El caudal es casi directamente proporcional a la velocidad o la frecuencia del accionador (es decir, si se duplica la velocidad, aproximadamente se duplica el caudal). Esta es una diferencia importante con las bombas centrífugas y hace que las bombas de desplazamiento positivo sean una opción atractiva para alimentar lodo a un proceso de deshidratación o espesamiento y para dosificar productos químicos. Las bombas de desplazamiento positivo, en general, se pueden dividir en dos categorías: bombas reciprocantes y bombas giratorias (consulte la Figura 7.1).

Las bombas reciprocantes desplazan los sólidos mediante el movimiento del mecanismo de bombeo por una línea o eje. Ese movimiento se puede crear con el uso de una leva accionada por motor eléctrico o con cilindros hidráulicos que usan aire comprimido o aceite. Son bombas reciprocantes comunes las bombas de diafragma, las bombas de émbolo y las bombas de pistón.

Las bombas giratorias de desplazamiento positivo usan un motor para accionar un conjunto giratorio que desplaza el lodo. El conjunto giratorio interactúa con un alojamiento flexible (tubo o estator) o una carcasa rígida pero, a diferencia de la bomba centrífuga, el lodo se bombea en volúmenes definidos (desplazamiento). Son bombas giratorias de desplazamiento positivo comunes las bombas de cavidad progresiva, las bombas de lóbulos rotativos o bombas de engranajes y las bombas peristálticas.

Una aplicación de bombeo de lodo particular puede ser realizado adecuadamente por varios tipos diferentes de bombas de desplazamiento positivo. Los factores para decidir el tipo de bomba a usar pueden ser el contenido de sólidos, la presión de descarga, el caudal de diseño, los rangos de caudales, el espacio disponible, la sensibilidad al ruido, los requisitos de mantenimiento, el costo de capital, el costo operativo, el costo de mantenimiento y la disponibilidad de soporte técnico de calidad. Las siguientes secciones proporcionan algunas características generales de cada tipo común de bomba de desplazamiento positivo que se mencionó anteriormente. Finalmente, un operador o diseñador sensato trabajará en forma conjunta con los fabricantes de la bomba para obtener información específica del modelo relacionada a estos factores y consultará a otros operadores con experiencia en operación y mantenimiento en cada bomba considerada.

CONSIDERACIONES OPERATIVAS GENERALES

La mayoría de las bombas de desplazamiento positivo puede producir presiones altas de descarga. Es muy peligroso poner en funcionamiento una bomba de desplazamiento positivo con las válvulas cerradas o las descargas restringidas. Antes de poner en funcionamiento cualquier bomba de desplazamiento positivo, el operador debe seguir la trayectoria completa del caudal desde el comienzo de la tubería de aspiración hasta el punto de descarga y verificar que las válvulas correspondientes estén abiertas. Si la tubería de descarga tiene ensambles de alivio de presión, se deben mantener en funcionamiento. La presión desarrollada por muchas bombas de desplazamiento positivo es suficiente para causar lesiones por una ruptura de la tubería o del equipo. Las bombas de desplazamiento positivo son herramientas muy importantes para mover sólidos pesados pero, para realizar esa tarea, están construidas para mover caudal a alta presión.

COMPROBACIÓN DE CONOCIMIENTOS

1. **Las dos categorías de bombas de desplazamiento positivo son:**
   a. Giratoria y radial
   b. Reciprocante y centrífuga
   c. Reciprocante y giratoria
   d. Radial y centrífuga

2. **La presión de descarga de una bomba de desplazamiento positivo está limitada por el caudal a través de la bomba.**
   ☐ Verdadero
   ☐ Falso

3. **El caudal de descarga de una bomba de desplazamiento positivo es casi directamente proporcional a su:**
   a. Presión de descarga
   b. Velocidad
   c. Carga hidráulica de aspiración
   d. Temperatura del aceite

4. **Un buen uso de una bomba de desplazamiento positivo sería:**
   a. Estación elevadora de caudal de entrada en una WRRF
   b. Bombeo de efluente del clarificador secundario para agua de reutilización
   c. Bombeo de lodo primario espesado con 8 % de SST
   d. Bombeo de centrado de centrífuga con 0.2 % de SST

BOMBAS DE DIAFRAGMA Y DE DISCO

LAS MEJORES APLICACIONES

Las bombas de diafragma y de disco se usan comúnmente para la dosificación de productos químicos, la transferencia de líquidos y el bombeo de lodo. Cuando se usan para dosificación de productos químicos y transferencia de líquidos, las bombas de diafragma se accionan con aire o con un accionador reciprocante. Cuando las bombas son más grandes y se usan con sólidos, se accionan con levas y ejes conectados a un motorreductor eléctrico. Las bombas más grandes de procesamiento de sólidos se usan en general para bombear concentraciones de sólidos de 1 % a 8 %.

TEORÍA DE OPERACIÓN

La bomba de diafragma más básica tiene un disco flexible que está fijo alrededor del exterior de una vara o eje, que se conecta en el centro del disco del lado opuesto al medio bombeado. Cuando se aplica presión de forma hidráulica (aire) o por fuerza directa mediante una configuración de leva o eje accionador, el disco del diafragma se dobla desde su posición de reposo a un punto alejado del medio bombeado. Este movimiento hace ingresar el líquido o los sólidos a la bomba. Cuando el diafragma revierte la dirección, pasa por la posición de reposo y hasta un punto en el que expulsa al medio de la cámara de bombeo. Después, cuando revierte nuevamente la dirección, comienza otra vez a incorporar líquidos o sólidos a la bomba. Se usan válvulas de retención para restringir la dirección del caudal tanto del lado de aspiración como del lado de descarga de la cámara de bombeo (consulte la Figura 7.38).

CONFIGURACIONES

Las configuraciones más comunes de bombas de diafragma son las bombas dosificadoras de diafragma simple, bombas de diafragma doble opuestos y variantes más grandes de las bombas de diafragma simple o doble y las bombas de disco. Las bombas *dosificadoras* de diafragma simple, en general, son pequeñas y el tamaño de su tubería es inferior a 25 mm (1 in). Las bombas de diafragma simple tienen un motor eléctrico conectado directamente que mueve una vara hacia atrás y hacia adelante para completar los ciclos del diafragma simple. En una WRRF, este tipo de bombas se puede usar para dosificar productos químicos o como bomba de agua reforzadora pequeña. Las bombas de diafragma simple y doble son más grandes; sus tuberías en general tienen un diámetro de 25 a 75 mm (1 a 3 in) (observe la Figura 7.39).

Estas bombas se pueden usar para dosificar productos químicos y para transferir líquidos y sólidos de bajo SST. Las bombas de diafragma doble, en general, se accionan con aire comprimido.

En las bombas de diafragma más grandes, es común que los discos estén horizontales y tengan un mecanismo impulsor que accione los diafragmas con varas conectadas en vertical, aspecto similar a las bombas de émbolo. Una variante similar pero única usa dos discos en serie. La terminología entre variantes puede ser confusa, por lo que el operador debe revisar la configuración del equipo existente y el propuesto para comprender los principios de operación y los requisitos de mantenimiento de cada variante.

COMPONENTES: BOMBA DE DIAFRAGMA ACCIONADA POR AIRE

En una bomba neumática, hay una válvula de aire alternante que por ciclos suministra aire y ventea a cada diafragma hacia delante y hacia atrás (en una configuración de diafragma doble) o por ciclos suministra aire y ventea el único diafragma. Para el suministro de aire, hay una válvula de control, un compresor, un tanque receptor, un regulador y quizás equipos de acondicionamiento (filtrado, trampa de humedad o secador).

Las bombas de diafragma crean una importante cantidad de pulsación en el caudal de descarga debido a los ciclos de las condiciones de aspiración y descarga. Esto puede no ser un problema si las presiones son bajas, la tubería es rígida y no hay dosificación de productos químicos o polímero aguas abajo de las bombas. Se puede agregar un amortiguador de pulsación en la tubería de descarga inmediatamente después de la bomba para minimizar el efecto.

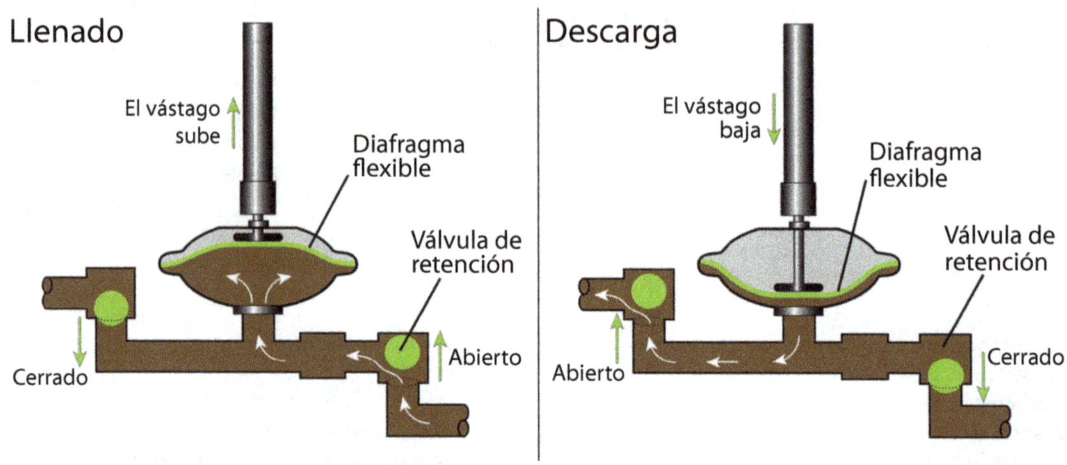

Figura 7.38 Secuencia de aspiración y descarga de la bomba de diafragma

Figura 7.39 Bomba de diafragma doble accionada neumáticamente (cortesía de Yamada America, Inc.)

COMPONENTES: BOMBA DE DOBLE DIAFRAGMA

El caudal ingresa por el tubo múltiple de aspiración en la brida que se muestra en la parte inferior derecha de la ilustración en corte. Esta configuración tiene dos trayectorias (en paralelo) a través de la bomba: dos discos que alternan aspiración y descarga. Si seguimos la trayectoria del caudal por la trayectoria más cercana, el primer componente que encontramos es una válvula (de retención) de bola de aspiración. Cuando el diafragma se levanta, hace ingresar el lodo a la cámara de bombeo y la bola se levanta para permitir que el caudal ingrese a la cámara. Observe que cada válvula de bola tiene una tapa que permite el acceso para inspeccionar y hacer mantenimiento de la válvula. En la cámara de bombeo, el diafragma está compuesto de un disco central y de un muñón. El muñón está hecho de un elastómero (Viton®, Buna-N®, Neoprene®, etc.). El disco está unido a una vara de conexión (observe la Figura 7.40). Cuando la vara se mueve hacia arriba, el disco tira del muñón y crea una bolsa de menor presión que permite que el lodo ingrese a la bomba. Cuando la vara y el disco descienden, el lodo no puede volver al tubo múltiple de aspiración porque la válvula de retención de bola de aspiración está cerrada, entonces abandona el lado de descarga por otra válvula de retención de bola. El tubo múltiple de descarga se conecta con el tubo de descarga.

Un motorreductor (no se muestra) que opera a menos de 110 rpm proporciona la fuerza impulsora de esta bomba de disco doble. El motorreductor hace girar un árbol de levas con levas excéntricas (círculos con el eje desfasado ubicado en la parte superior de la vara de conexión). Las levas mueven la vara de conexión hacia arriba y hacia abajo, lo que hace que el diafragma se mueva hacia adelante y hacia atrás. En la Figura 7.41 se muestran los componentes de una bomba de diafragma doble.

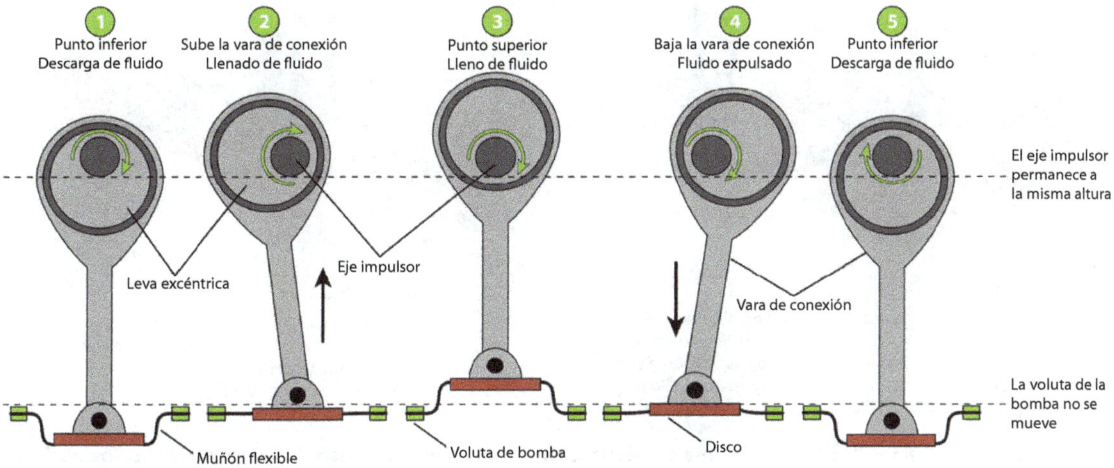

Figura 7.40 Bombeo de una bomba de diafragma doble

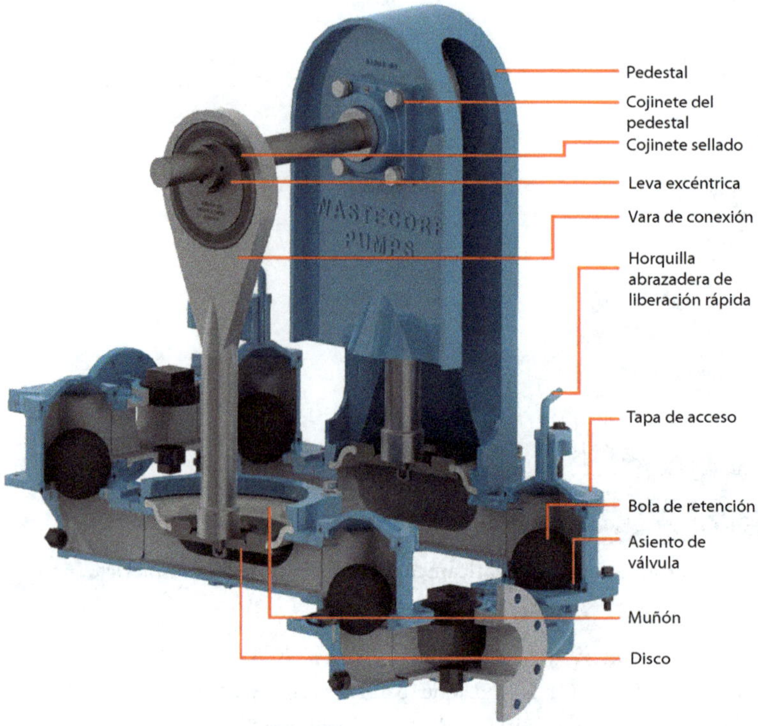

Figura 7.41 Vista en corte de una bomba de doble disco (cortesía: WASTECORP PUMPS)

COMPONENTES: BOMBA DE DOBLE DISCO

En la configuración de doble disco en serie, la cámara de la bomba no retiene el borde del disco (tecnología de disco libre que se basa en un diseño no cautivo) (observe la Figura 7.42). Los discos trabajan al unísono para realizar las tareas de bombeo y de válvulas, lo que crea una acción doble de bombeo no obstruible. La interacción hidráulica entre los discos crea vacío y presión simultáneamente para mover el fluido desde la aspiración hasta la descarga. Por medio de una disposición de varas de conexión y un árbol de levas, se crea una acción reciprocante de los discos que forma una gran cavidad entre los discos. Los discos giran 180 grados desfasados uno de otros y así realizan las tareas de bombeo y de válvulas durante la operación. Durante el ciclo de aspiración, el disco de aspiración se levanta de su asiento y así crea vacío, mientras que el disco de descarga se asienta y llena la cavidad dentro de la bomba. El ciclo de descarga crea presión sobre el disco de aspiración, lo que causa que el disco se asiente y expulse el caudal por la descarga. Si no es necesaria la altura de aspiración, la *válvula clapeta* (o válvula de pie) no es necesaria y, por lo tanto, se puede aumentar el pasaje de sólidos.

Una *válvula clapeta* mantiene el fluido en la bomba para que pueda volver a cebarse.

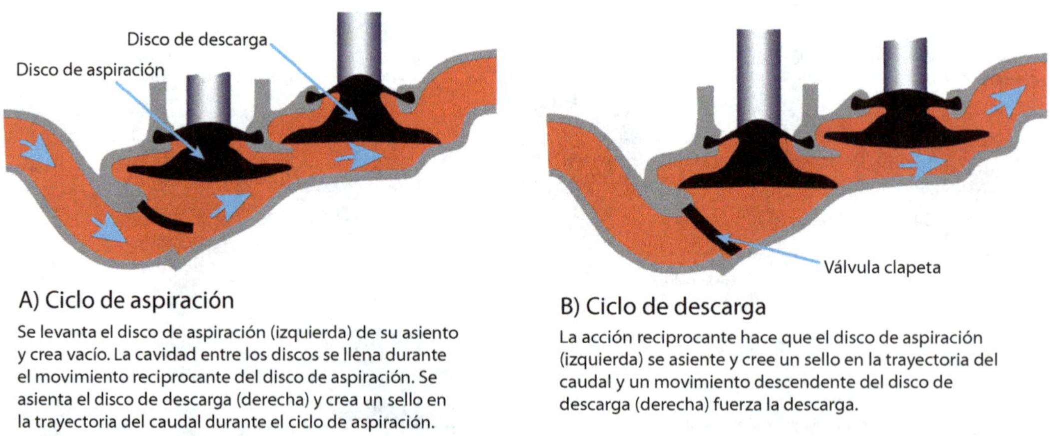

Figura 7.42 Ciclos de bombeo en una configuración en serie de doble disco (reimpreso con autorización de Penn Valley Pump Co, Inc.)

DESEMPEÑO ESPERADO

La Tabla 7.4 suministra rangos aproximados de operación para distintos estilos de bombas de diafragma.

Variables que afectan el desempeño

La capacidad y la carga hidráulica de descarga operativa disponible varían en base a los siguientes factores:

Altura de aspiración: Cuando aumenta la altura de aspiración, las bombas de diafragma pueden tener una reducción de caudal.

Viscosidad: Cuando aumenta la viscosidad, se puede reducir el caudal nominal.

Características del accionador: El torque puede esta limitado cuando se usan accionadores con banda y roldana en lugar de motorreductores. La presión neumática de suministro debe estar por encima de la presión de descarga máxima del líquido o los sólidos bombeados.

Además, las bombas de sólidos deben tratar todos los desechos que se encuentren en el lodo. Los sólidos grandes o el material fibroso como el cabello o los trozos de tela pueden ocasionar problemas, reducir el caudal de bombeo o hacer que la bomba deje de funcionar cuando los sólidos interfieren con la operación de las válvulas de retención de bola o los discos.

OPERACIÓN

Puesta en funcionamiento

Para cuestiones referidas a la puesta en funcionamiento, consulte la lista de "Puesta en funcionamiento" que aparece anteriormente en este capítulo bajo el título "Consideraciones generales sobre las bombas".

Apagado

En la lista "Apagado" que aparece anteriormente en este capítulo bajo el título "Consideraciones generales sobre las bombas" se enumeran las consideraciones generales.

Operación diaria

En la lista "Operación diaria" que aparece anteriormente en este capítulo bajo el título "Consideraciones generales sobre las bombas" se incluyen los elementos que se deben controlar regularmente.

MANTENIMIENTO

Con el tiempo, los muñones y los diafragmas completos se desgastan y deben ser reemplazados. Las velocidades operativas altas y un contenido importante de arena o abrasivos en el lodo o el líquido aumentan el desgaste de estas piezas. En las bombas accionadas eléctricamente, hay cojinetes en el motor y en múltiples puntos del eje impulsor (cerca de las levas) y puede ser necesario engrasarlos periódicamente. Las levas y las varas de conexión también pueden necesitar grasa. Cuando los hubiera, los accionadores a banda pueden necesitar ajustes de tensión periódicos y reemplazo de banda.

En las bombas accionadas neumáticamente, se debe mantener el sistema de suministro de aire y la válvula de aire secuencial se desgasta con el tiempo y debe ser reemplazada.

Como siempre, lea y siga cuidadosamente las recomendaciones de mantenimiento del fabricante.

Tabla 7.4 Desempeño aproximado de las bombas de diafragma

Estilo de bomba	Rango de caudal	Presión máxima de descarga operativa
Dosaje de diafragma simple	0.06 a 0.44 L/s (1 a 7 gpm)	Hasta 690 kPa (100 psi)
Diafragma doble	0.06 a 21 L/s (1 a 325 gpm)	Hasta 690 kPa (100 psi)
Disco doble (en paralelo)	0.06 a 16 L/s (1 a 250 gpm)	Hasta 550 kPa (80 psi)
Disco doble (en serie)	0.06 a 69 L/s (1 a 1100 gpm)	Hasta 410 kPa (60 psi)

Fuente: Revisión de publicaciones de 2019 y 2020 y páginas web de Wastecorp, Penn Valley, Dultemier Sales y Yamada.

COMPROBACIÓN DE CONOCIMIENTOS

1. **¿Que tipo de leva produce el movimiento hacia arriba y hacia abajo en una bomba de diafragma de disco doble?**
   a. Circular
   b. Cuadrada
   c. Excéntrica
   d. Elíptica
2. **¿Qué determina la dirección del caudal en la mayoría de las bombas de diafragma?**
   a. La dirección de giro del motor
   b. La orientación de la válvula de retención de bola
   c. La dirección del movimiento del diafragma
   d. La orientación del álabe guía
3. **La sección flexible de una bomba de diafragma de disco doble que sella la bomba se denomina:**
   a. Leva
   b. Vara de conexión
   c. Disco
   d. Muñón
4. **Una bomba de disco doble debe tener una válvula clapeta (o válvula de pie) si:**
   a. Bombea sólidos finos
   b. Bombea sólidos espesos
   c. Tiene una carga hidráulica de descarga alta
   d. Necesita proporcionar altura de aspiración
5. **Las bombas de diafragma y de disco doble en general tienen:**
   a. Ciclos de aspiración, descarga y recarga
   b. Ciclos de recarga, caudal detenido y descarga
   c. Ciclos de aspiración y descarga
   d. Cuatro ciclos independientes
6. **Las bombas de diafragma pequeñas en general están accionadas por:**
   a. Energía solar
   b. Bombas hidráulicas
   c. Aire comprimido
   d. Turbinas
7. **Si una bomba de diafragma está secuenciando (reciprocando) pero no hay caudal, es posible que:**
   a. Una retención de bola esté atascada
   b. Una vara esté rota
   c. Haya una fuga en la línea aguas abajo
   d. Esté desconectado el suministro de energía
8. **En las bombas de diafragma más grandes (>100 mm [4 in]) con motores eléctricos, el árbol de leva (o eje accionador) en general gira:**
   a. Por encima de 1800 rpm
   b. A aproximadamente 1200 rpm
   c. A aproximadamente 900 rpm
   d. A menos de 110 rpm

DE EMBOLO

LAS MEJORES APLICACIONES

Las bombas de émbolo se usan típicamente en aplicaciones con sólidos pesados. Pueden incluir lodo digerido, lodo espesado, lodo primario o agua de pozos sépticos. La bomba de émbolo ofrece un pasaje grande para los sólidos, por lo que resulta de utilidad en los casos en que las bombas de desplazamiento positivo necesitan filtrado o triturado antes de la bomba. Las bombas de émbolo se usan hace casi un siglo. Las bombas de émbolo pueden tratar altas concentraciones de sólidos de hasta 18 % siempre y cuando los sólidos sean fluibles, como el lodo húmedo deshidratado. En general, se usan con sólidos de 2 % a 10 %.

Los sólidos de mayor viscosidad pueden no fluir hacia la aspiración de la bomba o la tubería de aspiración.

TEORÍA DE OPERACIÓN

Las bombas de émbolo usan un émbolo cilíndrico grande para desplazar líquidos o sólidos de la cámara de bombeo. El movimiento del émbolo es hacia arriba y hacia abajo, lo que lo hace una bomba reciprocante. Cuando el émbolo se mueve hacia arriba desde su posición inferior, crea un vacío y hace que el lodo ingrese a la cámara de bombeo (por una válvula de retención de bola de entrada). Cuando el émbolo baja desde su posición superior, se crea presión, la retención de bola de entrada se cierra y el líquido o los sólidos salen expulsados por la válvula de retención de bola de descarga. La bomba de émbolo logra muy buena altura de aspiración con una altura de hasta 7.6 m (25 ft) y tiene una altura de aspiración normal con una altura de entre 3 y 6 m (10 a 20 ft).

CONFIGURACIONES

Las bombas de émbolo pueden ser unidades con un único émbolo. Sin embargo, es muy común ver dos (doble), tres (triple) o incluso cuatro (cuádruple) émbolos operados por el mismo eje impulsor. En este caso, la bomba viene con un tubo múltiple instalado en la aspiración y la descarga para permitir una única conexión de aspiración y descarga y un accionador compartido. Las bombas de émbolo se pueden montar sobre remolque para que se puedan usar cuando el contenido de sólidos es demasiado alto para las bombas centrífugas montadas sobre remolque.

COMPONENTES

La bomba de émbolo se usa hace más tiempo que las bombas de disco doble descritas anteriormente, y el diseño de disco doble (en paralelo) se basa en gran medida en el mecanismo impulsor de la bomba de émbolo. La Figura 7.43 es una vista en corte de una bomba de émbolo único. La trayectoria del caudal incluye una cámara de aire de entrada, una válvula de retención de bola de aspiración, una válvula de retención de bola de descarga y una cámara de aire de descarga. Las cámaras de aire sirven como atenuadores de pulsación. El sistema accionador incluye un motorreductor (o accionador a banda), un eje impulsor, cojinetes, un ensamble excéntrico y varas de conexión. Las bombas de émbolo a motor pueden ajustar la excentricidad de la conexión de la vara de conexión mediante el ajuste de las clavijas en el ensamble excéntrico. Esto permite aumentar o disminuir el recorrido del émbolo. Debido a las grandes fuerzas y la interacción de las múltiples piezas giratorias, las bombas de émbolo, en general, están equipadas con lubricadores por goteo o sistemas de lubricación automáticos.

El mantenimiento de las válvulas de retención de bola se puede realizar a través de las tapas de acceso con horquilla o manijas en L simples, que permiten acceder fácilmente al conjunto de la válvula de retención de bola para la limpieza.

Las bombas de émbolo se basan en un sistema de empaquetadura como mecanismo de sellado (observe la Figura 7.44). A diferencia del conjunto de empaquetadura de una bomba centrífuga en el que un eje de alta velocidad gira dentro de la empaquetadura, el émbolo se desliza a través de la empaquetadura a una velocidad inferior.

DESEMPEÑO ESPERADO

Las bombas de émbolo pueden desarrollar altas presiones de descarga de hasta 720 kPa (104 psi) de carga hidráulica. Un émbolo único puede tener un diámetro de 180 a 280 mm (7 a 11 in) y producir un caudal máximo de 3.8 a 8.8 L/s (60 a 140 gpm). Cuando se usa en configuraciones múltiples (dobles, triples, cuádruples), una bomba con un solo accionador puede alcanzar los 35 L/s (560 gpm).

Variables que afectan el desempeño

El caudal producido por una bomba de émbolo está determinado, en gran medida, por la velocidad del accionador (rev/min). Se pueden realizar ajustes al largo del recorrido para un ajuste fino. Debido a que la

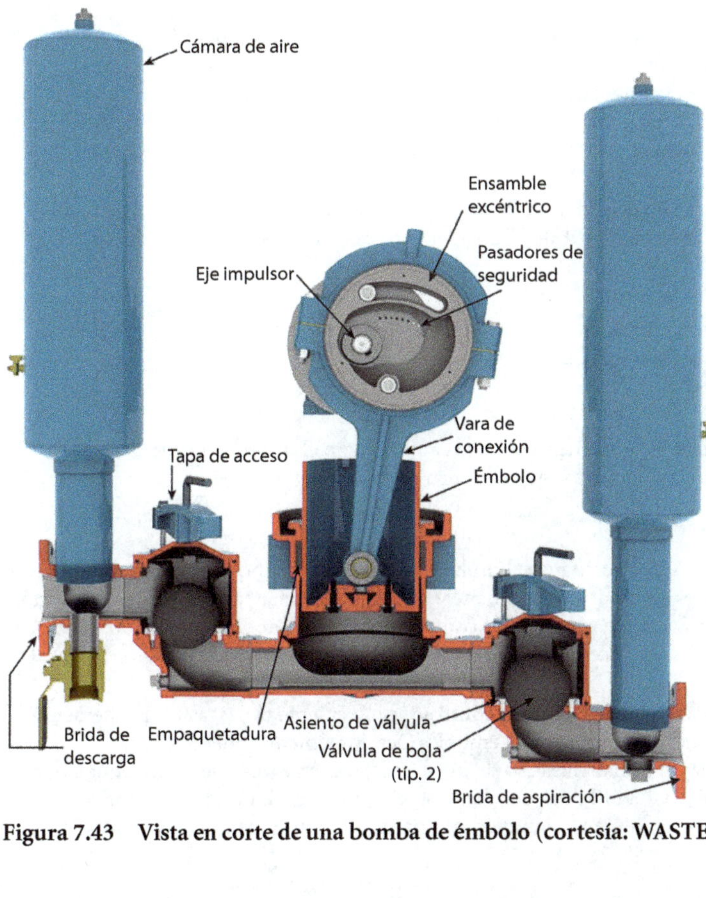

Figura 7.43 Vista en corte de una bomba de émbolo (cortesía: WASTECORP PUMPS)

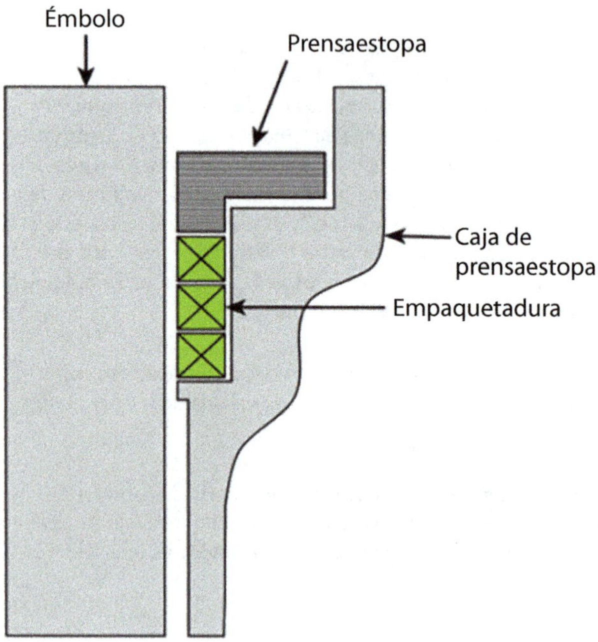

Figura 7.44 Vista en corte de la empaquetadura del émbolo

bomba de émbolo usa desplazamiento positivo, el caudal no varía mucho producto de los cambios en la concentración de sólidos o la carga hidráulica. Sin embargo, siempre se deben revisar los requisitos de altura de aspiración o las condiciones de aspiración. En general, no obstante, las bombas de émbolo son muy eficaces en condiciones de aspiración difíciles, incluidas las líneas de aspiración largas y las situaciones en las que la viscosidad aumenta la carga hidráulica de aspiración necesaria.

OPERACIÓN

Puesta en funcionamiento

Si un pasador de seguridad se rompe, es señal de sobrepresurización. Es una medida de seguridad para evitar el bombeo con descarga cerrada (válvula cerrada, falla de válvula, línea obstruida, etc.). Es más frecuente que haya una válvula cerrada en el arranque que durante una operación estable. Si se rompe un pasador de seguridad, realice una investigación completa para encontrar la causa del pico de presión y corríjala antes de reemplazar el pasador de seguridad e intentar volver a arrancar la bomba.

Para otras cuestiones referidas a la puesta en funcionamiento, consulte la lista de "Puesta en funcionamiento" que aparece anteriormente en este capítulo bajo el título "Consideraciones generales sobre las bombas".

Apagado

En la lista "Apagado" que aparece anteriormente en este capítulo bajo el título "Consideraciones generales sobre las bombas" se enumeran las consideraciones generales.

Operación diaria

En la lista "Operación diaria" que aparece anteriormente en este capítulo bajo el título "Consideraciones generales sobre las bombas" se incluyen los elementos que se deben controlar regularmente.

MANTENIMIENTO

El tipo más frecuente de mantenimiento que necesita una bomba de émbolo es la lubricación. Los lubricadores por goteo o los lubricadores automáticos se deben llenar e inspeccionar regularmente (inspección diaria y llenado según fuera necesario). Se deben engrasar los cojinetes regularmente (semanalmente) y se debe engrasar el motorreductor según las instrucciones específicas del fabricante.

Además de la lubricación, es recomendable que el operador controle regularmente el desgaste y la operación de las retenciones de bola, las chavetas del eje, los bujes y el émbolo. Ocasionalmente, puede resultar necesario ajustar la empaquetadura para eliminar el exceso de fuga. Un ajuste en exceso de la empaquetadura puede marcar el émbolo y eso reducirá la vida útil de la bomba. Con el tiempo, los ensambles de bola y la empaquetadura deben ser reemplazados. Finalmente, también podría ser necesario reemplazar el émbolo.

COMPROBACIÓN DE CONOCIMIENTOS

1. **Mientras la bomba está operando y tiene carga, ¿cuándo es seguro cerrar o restringir la válvula de descarga?**
   a. Solo cuando se bombea agua
   b. En cualquier momento
   c. Nunca
   d. Solo cuando se usa un manómetro
2. **¿Cuál es la función de las cámaras de aire antes y después de una bomba de émbolo?**
   a. Contener los sólidos en exceso
   b. Equilibrar la presión y atenuar las pulsaciones
   c. Mantener la vejiga del diafragma en su lugar
   d. Reducir la fricción producto del bombeo de lodo espesado
3. **La rotura de un pasador de seguridad en una bomba de émbolo con frecuencia indica que:**
   a. El desgaste es normal
   b. El eje principal está dañado
   c. El motor falló
   d. Hubo sobrepresurización
4. **El movimiento de los sólidos por el émbolo desde la cámara de bombeo hacia el exterior está limitado por:**
   a. La presión del agua
   b. La empaquetadura
   c. El sello mecánico
   d. La presión del aire
5. **Si aumenta la excentricidad de la leva de una bomba de émbolo:**
   a. Disminuye el caudal
   b. Aumenta la velocidad
   c. Aumenta la longitud del recorrido
   d. Disminuye la velocidad
6. **Si aumenta la longitud del recorrido pero la velocidad de la bomba de émbolo permanece igual:**
   a. La presión es más alta
   b. Aumenta el caudal
   c. Disminuye la presión
   d. El caudal es menor
7. **El tipo más frecuente de mantenimiento que necesitan las bombas de émbolo típicamente es:**
   a. Medir el desgaste del émbolo
   b. Calibrar la velocidad y el caudal
   c. Reemplazar una válvula de retención de bola
   d. Lubricación
8. **Una bomba de émbolo triple tiene tres émbolos y:**
   a. Ningún motor
   b. Un motor
   c. Dos motores
   d. Tres motores

A PISTÓN

LAS MEJORES APLICACIONES

Las bombas a pistón son bombas reciprocantes que se usan en aplicaciones con altos porcentajes de sólidos. Se usan con mayor frecuencia para bombear biosólidos deshidratados o una mezcla de biosólidos y cal. Las bombas a pistón se usan para bombear concentraciones de sólidos de 15 % a más de 50 %.

TEORÍA DE OPERACIÓN

Las bombas a pistón se basan en las bombas desarrolladas para bombear hormigón. Dos pistones largos de manera alternativa incorporan y descargan sólidos. En general, se usa un accionador hidráulico para producir la presión necesaria para mover el pistón contra la carga hidráulica de descarga.

CONFIGURACIONES

En general, se colocan dos pistones con sus cilindros asociados y las válvulas de control uno sobre otro o uno junto al otro. La bomba resultante es un ensamble largo; sin embargo, las conexiones de aspiración y de descarga están cerca una de otra, separadas solo por las válvulas de control de caudal y los acoples cortos del tubo. En algunos casos, la bomba a pistón está equipada con un sistema de alimentación de barreno que mueve el lodo desde la descarga de un equipo de deshidratación o una tolva de descarga. El barreno contribuye a mover el material con alto contenido de sólidos dentro de la aspiración de la bomba a pistón cuando el material no fluye lo suficientemente rápido.

COMPONENTES

El mecanismo de bombeo de una bomba a pistón consiste en una cámara de material, un pistón, un eje, una cámara hidráulica y un sistema accionador hidráulico (bomba) con válvulas de control hidráulicas. El diseño del pistón puede incluir distintas opciones como un revestimiento en el pistón o sellos reemplazables alrededor del pistón. En los extremos de aspiración y descarga de los pistones o las cámaras de material, un conjunto de control de caudal usa válvulas de asiento o válvulas de retención de bola para dirigir el caudal dentro y fuera de la cámara de material. Las válvulas de asiento consisten en un disco de válvula unido a un eje hidráulico cilíndrico. El mismo conjunto hidráulico que se usa para mover los cilindros hidráulicos del pistón abre y cierra las válvulas de asiento. Las retenciones a bola permiten caudal en una sola dirección pero no se accionan. El conjunto hidráulico proporciona la presión necesaria para bombear aceite hidráulico a los cilindros. Las líneas de retorno llevan el aceite de regreso al depósito del conjunto hidráulico cuando el pistón se retira durante el ciclo de aspiración y llenado. (En la Figura 7.45 se muestra un diagrama con vista en corte de una bomba a pistón con sus distintos componentes etiquetados)

DESEMPEÑO ESPERADO

Las bombas a pistón pueden bombear a altas presiones, con frecuencia hasta 7000 kPa (1000 psi). Algunos casos especiales fueron diseñados para presiones superiores a 21 000 kPa (3000 psi). Por el contrario, su caudal es relativamente bajo. Los modelos pequeños (150 mm [6 in] de descarga) están diseñados para 0.2 a 0.8 L/s (3 gpm a 13 gpm) y los modelos más grandes (300 mm [12 in] de descarga) están diseñados para un máximo de aproximadamente 11 L/s (180 gpm). El caudal típico de las bombas a pistón más grandes es de 9 L/s (140 gpm).

Variables que afectan el desempeño

El desafío más común que enfrentan las bombas a pistón es la presión de descarga que desarrollan los lodos deshidratados (>20 % de sólidos). Un método para superar parte de la presión de descarga es agregar un anillo de inyección de agua o polímero en la descarga de la bomba. Gran parte de la presión de descarga es resultado de la alta viscosidad del lodo. En la pared del tubo, la alta viscosidad causa una resistencia significativa (fricción entre la pared del tubo y el lodo y fricción dentro del lodo causado por la viscosidad) y, por lo tanto, se necesita una presión de descarga alta para mover el lodo. Se usan anillos de inyección para introducir una capa de agua o una mezcla de agua y polímero alrededor de la parte externa del lodo bombeado (observe la Figura 7.46). La intención es crear una capa muy delgada entre el tubo y el lodo para que haya menor resistencia. No es recomendable agregar demasiada agua porque reduce la concentración de sólidos de la torta y se debe acarrear para su disposición o se debe eliminar con procesos posteriores de secado. En general, la relación de agua o polímero sobre los sólidos o la torta depende del tamaño del tubo y del caudal de la torta, pero una buena regla general es 1 % del caudal de la torta. Por ejemplo, un caudal de torta de 0.063 L/s necesitaría 0.0063 L/s de agua o polímero (un caudal de torta de 30 gpm necesitaría 0.3 gpm de caudal de agua o polímero).

OPERACIÓN

Para tareas de arranque, parada y de operaciones diarias, consulte las listas que aparecen anteriormente en este capítulo bajo el título "Consideraciones generales sobre las bombas".

MANTENIMIENTO

Las bombas a pistón deben poder soportar presiones potencialmente altas y proteger al operador. Las piezas que más desgaste sufren son el pistón o los sellos del pistón, las válvulas de asiento, las válvulas de control hidráulico y la bomba hidráulica. Siga las recomendaciones del fabricante en lo relativo a la inspección y la reparación o reemplazo de estas piezas.

Se debe realizar un mantenimiento de rutina en el generador de energía hidráulica: para que el sistema hidráulico funcione correctamente, es necesario controlar el aceite, cambiar el aceite y cambiar el filtro. Los desechos en el aceite hidráulico pueden dañar las válvulas de control. Los sellos del cilindro hidráulico también se desgastan con el tiempo. Fugas visibles en el cilindro indican que puede ser necesario reemplazar un sello. Controlar la operación de la bomba y las presiones asociadas (presión de descarga y presión de aceite hidráulico) pueden dar una idea del estado de las válvulas de control y el pistón. La contaminación en el aceite

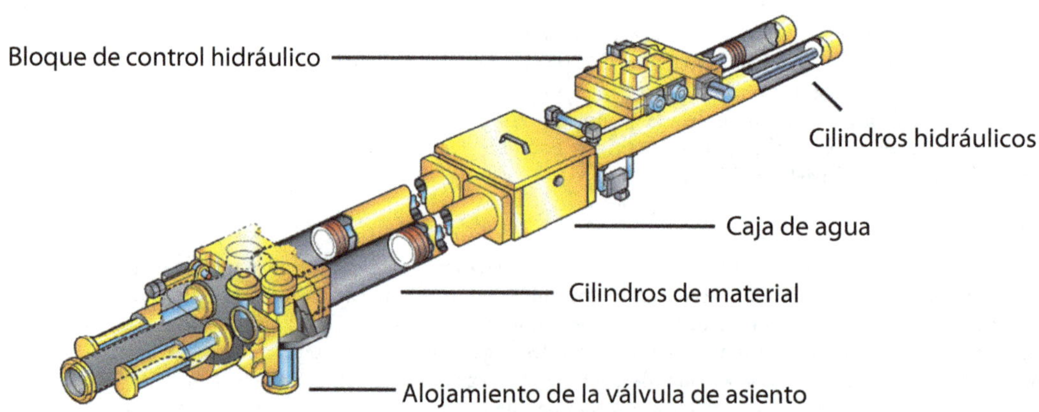

Figura 7.45 Vista en corte de una bomba a pistón (reimpreso con autorización de Schwing Bioset)

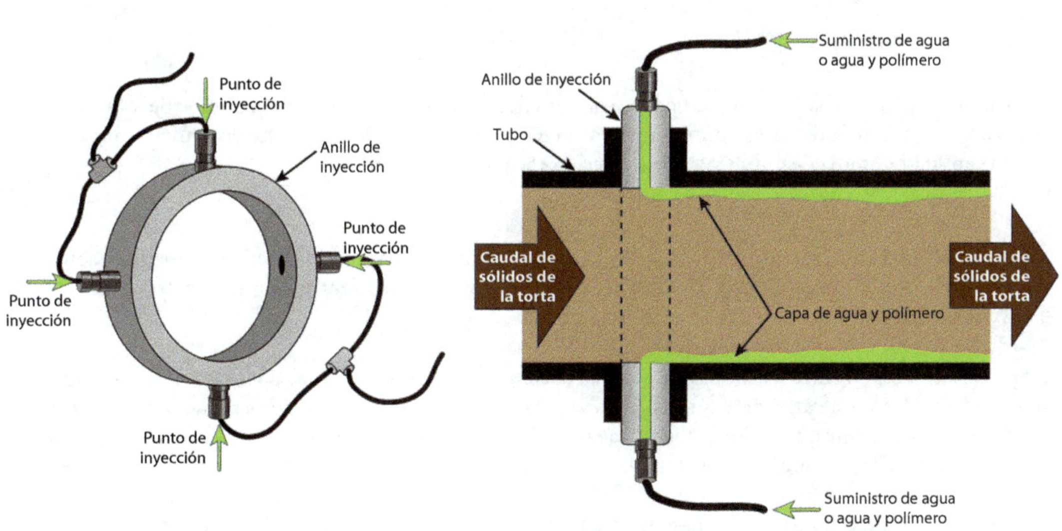

Figura 7.46 Anillo de inyección de polímero para los sólidos de la torta

hidráulico puede indicar desgaste del pistón o desgaste del sello del pistón a medida que el lodo pasa por el pistón y por los sellos hidráulicos subsiguientes para ingresar al sistema hidráulico.

Cuando se usa un alimentador de tornillo en el lado de succión, hay un accionador, engranajes y cojinetes separados que se deben lubricar. A través del tiempo, se debe inspeccionar el desgaste del alimentador de tornillo o el revestimiento. Esto puede resultar difícil según la configuración del conducto o la tolva sobre el alimentador de tornillo.

COMPROBACIÓN DE CONOCIMIENTOS

1. **La presión de descarga máxima típica de una bomba a pistón es aproximadamente:**
   a. 7 kPa (1 psi)
   b. 70 kPa (10 psi)
   c. 700 kPa (100 psi)
   d. 7000 kPa (1000 psi)

2. **Las válvulas de control de una bomba a pistón, que consisten en un disco, un eje y un cilindro hidráulico, se denominan:**
   a. Válvulas de bola
   b. Válvulas tapón
   c. Válvulas de compuerta
   d. Válvulas de asiento

3. **Cuando las bombas a pistón bombean biosólidos deshidratados, es común colocar un barreno helicoidal:**
   a. Inmediatamente después de la bomba en la tubería de descarga
   b. En el lado de aspiración de la bomba
   c. Al final de la tubería de impulsión
   d. En el medio de la tubería de descarga

4. **El propósito principal de un anillo de inyección de agua o polímero en la tubería de descarga de una bomba que transporta una torta con alto contenido de sólidos es:**
   a. Reducir la densidad del lodo
   b. Aumentar los sólidos de la torta
   c. Disminuir la fricción en la pared del tubo
   d. Disminuir el caudal

5. **La fuerza motriz que hace operar a una bomba a pistón proviene de un:**
   a. Accionador de engranajes de torque alto
   b. Tornillo de torque alto
   c. Diafragma neumático
   d. Sistema de bombeo de aceite hidráulico

6. **El rango de tamaños aproximado de las bombas a pistón es de:**
   a. 150 a 300 mm (6 a 12 in)
   b. 25 a 100 mm (1 a 4 in)
   c. 200 a 600 mm (8 a 24 in)
   d. Solo 150 mm (6 in)

7. **Cuando se bombea una torta de lodo, el agua o el polímero que se agregan al lodo en la descarga de la bomba:**
   a. No modifican los sólidos de la torta
   b. Son muy pocos, solo aproximadamente el 10 % del caudal de la torta
   c. Son muy pocos, solo aproximadamente el 1 % del caudal de la torta
   d. Aumentan los sólidos de la torta

8. **Uno de los elementos principales que se desgastan en una bomba de torta a pistón es:**
   a. Un muñón
   b. Una leva excéntrica
   c. Una válvula clapeta
   d. Una válvula de asiento

DE LÓBULOS ROTATIVOS

LAS MEJORES APLICACIONES

Otro tipo de bomba de desplazamiento positivo que es eficaz para mover sólidos es la bomba de lóbulos rotativos. Son bombas de descarga continua por las que pueden pasar sólidos grandes de manera eficaz. Hay una cantidad mínima de pulsación que se crea en el caudal de descarga.

TEORÍA DE OPERACIÓN

Como resultado del entrelazamiento de los lóbulos rotativos, cúmulos de fluidos quedan atrapados y son transportados por la parte externa de la cubierta de la bomba y arrojados dentro del tubo de descarga (observe la Figura 7.47).

En el paso A, el cúmulo entre los lóbulos se separa en la entrada de la bomba cuando los lóbulos comienzan a moverse en sentido contrario. Este cúmulo cada vez mayor produce una caída momentánea de la presión en el cúmulo que permite que el fluido ingrese a la bomba por el tubo de entrada. En el paso B, el segundo lóbulo gira para sellar el cúmulo y atrapa un volumen específico de fluido entre los dos lóbulos y la cubierta de la bomba. El giro del rotor barre el cúmulo de fluido por la parte externa de la cubierta de la bomba hacia el lado de descarga de la bomba. En el paso C, la punta del lóbulo pierde contacto con la cubierta de la bomba y se abre, y empuja el fluido dentro de la abertura del lado de descarga de la bomba. En el centro de la bomba, los dos rotores se entrelazan y así evitan que el fluido retorne a la bomba. A medida que los rotores continúan girando y entregando cúmulos de fluido a la descarga, la presión comienza a aumentar y expulsa el caudal fuera de la bomba a una velocidad constante.

Cuando se apaga la bomba, los rotores se bloquean en la posición en la que se encuentran. Según la presión de descarga del sistema, puede retornar poco o nada de fluido por las tolerancias mínimas entre el rotor y la pared de la bomba y entre los dos rotores entrelazados. Por lo tanto, en general no son necesarias válvulas de retención externas en las bombas de lóbulos rotativos. Solo se necesitan válvulas de aislamiento para poder sacar la bomba de servicio para realizar mantenimiento o reparaciones importantes.

CONFIGURACIONES

Las bombas de lóbulos rotativos se pueden acoplar a un motor o pueden accionarse con bandas y roldanas.

COMPONENTES

En la Figura 7.48 se muestran los componentes básicos de una bomba de lóbulos rotativos.

Cada bomba tiene dos ejes. Cada eje está equipado con un rotor cuya forma está diseñada para entrelazarse con el rotor del otro eje. Los rotores pueden tener distintas formas y están hechos de distintos materiales para cumplir con los requisitos de la aplicación. Los rotores pueden estar hechos de goma o de acero revestido en goma. Otros están hechos completamente de acero o de acero inoxidable (observe la Figura 7.49). Es importante poder describir precisamente el material que se va a bombear porque esta información se usa para elegir la forma y el material adecuados para el rotor.

Los diseños más modernos tienen mejoras que permiten un acceso más rápido y fácil al interior de la bomba. Las tapas de rápida extracción y las cubiertas o carcasas partidas de las bombas contribuyen a minimizar el desensamble necesario para acceder a los componentes internos. Se agregaron placas de desgaste o placas

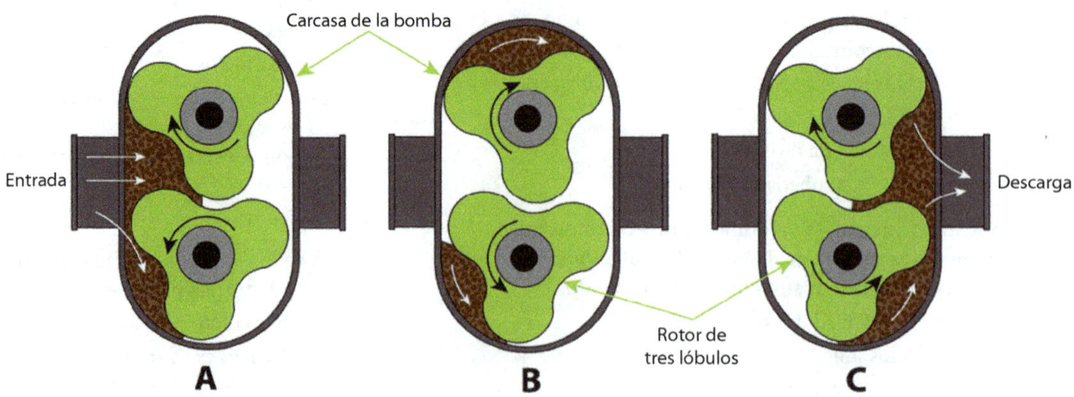

Figura 7.47 Secuencia de movimiento a través de una bomba de lóbulos rotativos

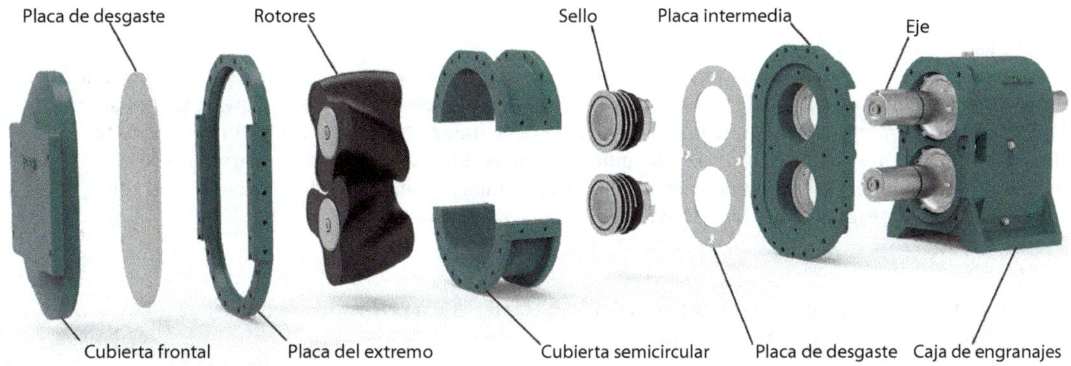

Figura 7.48 Plano de despiece de una bomba de lóbulos rotativos (reimpreso con autorización de NETZSCH Pumps North America, LLC)

de protección de la carcasa para proporcionar una forma rápida y económica de renovar las tolerancias de la bomba y proteger los componentes más costosos. Las bombas de lóbulos rotativos, en general, usan un engranaje temporizador o una banda temporizadora para sincronizar el giro de los dos ejes para que los dos rotores se entrelacen adecuadamente. Hay una cámara reguladora o cámara intermedia entre el extremo húmedo de la bomba y el engranaje temporizador.

Las bombas de lóbulos rotativos están diseñadas para operar en cualquier dirección. Si se revierte la dirección de giro del motor, se revierte la dirección del caudal por la bomba. Algunos fabricantes proporcionan entradas y salidas de distintas formas para que el flujo sea parejo y se reduzcan las pérdidas de carga hidráulica. Aunque el cuerpo principal de la bomba soporte flujos revertidos, puede haber perturbaciones en el caudal en la entrada y en la salida. Las bombas necesitarían ser reconfiguradas para que el flujo se pueda revertir eficientemente.

DESEMPEÑO ESPERADO

Las bombas de lóbulos rotativos proporcionan bombeo de bajo cizallamiento debido a las mínimas turbulencias creadas dentro de la bomba. Los lóbulos entrelazados suministran continuamente fluido al extremo de descarga de la bomba para que no haya problemas de pulsación en el caudal de descarga. La capacidad de la bomba está directamente relacionada a la velocidad de giro de la bomba. Pueden operar en un amplio rango de velocidades, en general de 1 a 800 rpm. Por ello, una sola bomba puede entregar un amplio rango de caudales.

Variables que afectan el desempeño

Como en la mayoría de las bombas de desplazamiento positivo, los lóbulos rotativos producen un caudal que es casi directamente proporcional a la velocidad de la bomba, independientemente de los pequeños cambios en la carga hidráulica. La viscosidad y la densidad del lodo afectan la altura de aspiración y la carga hidráulica de descarga (de forma similar a otras bombas de desplazamiento positivo). Cuando los lóbulos se desgastan y aumenta la distancia entre ellos, el caudal a una determinada velocidad disminuye y retrocede (recircula) más lodo.

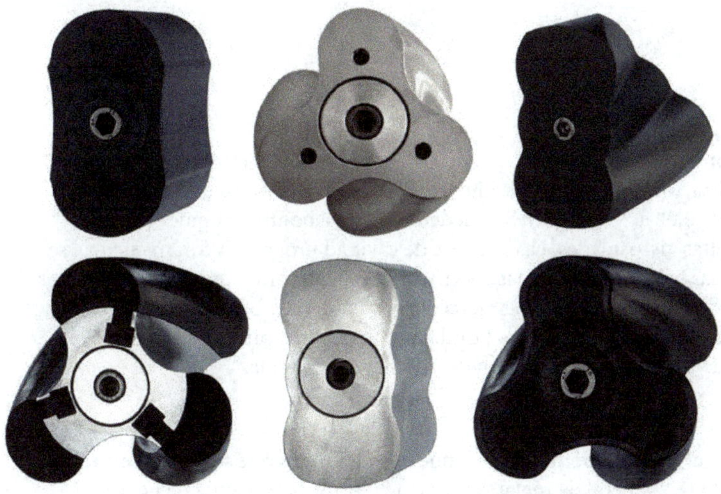

Figura 7.49 Opciones de materiales para el rotor (reimpreso con autorización de Boerger, LLC)

OPERACIÓN

Puesta en funcionamiento

Cuando ponga en funcionamiento una bomba de lóbulos rotativos, asegúrese de: (a) llenar la bomba de líquido, y (b) llenar el recipiente de temple con líquido de temple adecuado. Observe que la viscosidad del fluido bombeado influye en el tipo de lubricante que se debe usar en el recipiente de temple. Consulte el manual de operación y mantenimiento como guía. Para saber qué otros elementos controlar durante la puesta en funcionamiento, consulte las listas que aparecen anteriormente en este capítulo bajo el título "Consideraciones generales sobre las bombas".

Apagado

Para tareas de apagado, consulte las listas que aparecen anteriormente en este capítulo bajo el título "Consideraciones generales sobre las bombas".

Operación diaria

Para tareas de operaciones diarias, consulte las listas que aparecen anteriormente en este capítulo bajo el título "Consideraciones generales sobre las bombas".

MANTENIMIENTO

Se recomienda retirar con agua periódicamente el material bombeado dentro de la bomba para eliminar depósitos de sólidos bombeados. Los sellos del eje en general necesitan un medio de sellado y, con frecuencia, se usa un recipiente de temple para aplicar el medio. El medio de temple se debe cambiar periódicamente (cuando la bomba no está operando). Los cojinetes en algunas bombas de lóbulos rotativos se engrasan una sola vez y para siempre, pero asegúrese de consultar las recomendaciones de lubricación de la bomba y del motor. El nivel de aceite en el engranaje temporizador (si lo hubiera) se debe controlar regularmente. Se debe cambiar el aceite conforme a las recomendaciones del fabricante.

COMPROBACIÓN DE CONOCIMIENTOS

1. **¿Por qué, en general, no son necesarias válvulas de retención externas en las bombas de lóbulos rotativos?**
   a. Hay muy poca pulsación.
   b. Las bombas tienen válvulas clapeta incorporadas.
   c. La tolerancia entre los lóbulos y entre los lóbulos y la pared es muy pequeña.
   d. El lodo fluye hacia la presión alta por sí solo.

2. **¿Cuántos ejes en general tienen las bombas de lóbulos rotativos?**
   a. Ninguno
   b. Uno
   c. Dos
   d. Tres

3. **Si la velocidad de giro de una bomba de lóbulos rotativos va de 20 rpm a 60 rpm, ¿cuánto aumentará aproximadamente el caudal a través de la bomba?**
   a. 40 %
   b. 80 %
   c. 100 %
   d. 200 %

DE CAVIDAD PROGRESIVA

LAS MEJORES APLICACIONES

Las bombas de cavidad progresiva son bombas de desplazamiento positivo giratorias que ofrecen distintas ventajas que las hacen útiles para aplicaciones con aguas residuales. Están disponibles en un rango de capacidades que va de 0.001 a 126 L/s (0.02 a 2000 gpm). Se pueden usar para bombear líquidos con contenido de sólidos más elevado y altas viscosidades. Las bombas de cavidad progresiva con frecuencia se usan para bombear materiales que a las bombas centrífugas les cuesta bombear, como los sólidos espesados o deshidratados. Las bombas de cavidad progresiva además ejercen cantidades muy bajas de *tensión de cizallamiento* sobre el fluido que bombean. Son ideales para bombear líquidos que pueden dañarse por la tensión de cizallamiento, como el lodo floculado y la solución de polímero preparada.

La *tensión de cizallamiento* está causada por fuerzas que se mueven en distintas direcciones que causan una falla en un plano. En los líquidos, está causada por la turbulencia o las corrientes de velocidad que se mueven en direcciones opuestas. La tensión por fuerzas en un líquido puede dañar fácilmente las estructuras frágiles como las partículas floculadas.

TEORÍA DE OPERACIÓN

En una bomba de cavidad progresiva, el material bombeado se mueve en cúmulos que se forman entre el estator de goma fijo y el rotor rígido (en general de metal) giratorio. El rotor tiene forma de hélice única (como un sacacorchos) y el estator está moldeado con una hélice doble (observe la Figura 7.50 a

Figura 7.50 Configuración de hélice simple y doble (reimpreso con autorización de Passaro Engineering, LLC)

continuación). Cuando el rotor gira dentro del estator, los cúmulos que se forman transportan el material bombeado en una dirección paralela al eje. El movimiento del rotor es excéntrico a través de la hélice doble del estator a medida que el accionador lo hace girar (con frecuencia, un motor eléctrico).

La capacidad de una bomba de cavidad progresiva es directamente proporcional a la velocidad del motor. Con frecuencia, están accionadas por medio de un VFD que proporciona al operador un amplio rango de control de caudal en la bomba.

Debido a su configuración y su operación, las bombas de cavidad progresiva a veces también se denominan *bombas de tornillo excéntricas*. Aunque los nombres son similares, esta bomba es muy distinta a la bomba de tornillo de Arquímedes que se describe en la siguiente sección de este capítulo.

CONFIGURACIONES

Las bombas de cavidad progresiva se pueden instalar en configuración horizontal o vertical. La mayoría de las instalaciones en las WRRF son de orientación horizontal.

Las bombas de cavidad progresiva ocupan mucho espacio. En algunas aplicaciones, el espacio en el piso disponible es muy acotado. Es posible conseguir bombas con cajas de engranajes en ángulo recto, lo que achica el espacio total (observe la Figura 7.51).

Otra opción para ahorrar espacio que actualmente está disponible en algunas unidades es la de estatores divididos. La carcasa exterior alrededor del rotor-estator viene en 2 o 4 partes con una cubierta y pernos ajustables que comprimen todo el conjunto. Así, el rotor y el estator se pueden inspeccionar o reemplazar sin tener que desensamblar toda la tubería y quitarla del extremo de descarga de la bomba. En la Figura 7.50 se pueden observar las dos mitades del estator.

COMPONENTES

En la Figura 7.52 se muestran los componentes básicos de una bomba de cavidad progresiva.

Figura 7.51 Bomba de cavidad progresiva con una caja de engranajes en ángulo recto (reimpreso con autorización de Passaro Engineering, LLC)

El rotor está conectado al motor por medio de una vara de conexión y uniones universales. Cuando el motor hace girar el rotor, se mueve de manera excéntrica a través del estator y mueve cúmulos de fluido desde la aspiración hasta la descarga. Debido a las ajustadas tolerancias entre el rotor y el estator, estas piezas se desgastan con el tiempo. El estator flexible se desgasta con mayor rapidez, pero finalmente, también será necesario reemplazar el rotor. Es importante que la bomba de cavidad progresiva nunca funcione sin fluido dentro para bombear.

Una bomba de cavidad progresiva puede tener sondas o interruptores de monitoreo de la temperatura para asegurar que la unidad no funcione en seco. Si no se está bombeando material por la unidad, la fricción entre el rotor y el estator aumenta rápidamente la temperatura en la interfaz y causa daño permanente al estator. El dispositivo de monitoreo de temperatura, que se muestra en la Figura 7.53, en general, está compuesto de un sensor termistor incrustado en el estator cerca de la interfaz donde entra en contacto con el rotor. Está conectado a relés en el dispositivo de control. Cuando la temperatura medida alcanza el punto de ajuste en el dispositivo de control, el relé se abre y apaga la bomba. El error por "alta temperatura" en general debe ser eliminado antes de que se pueda restablecer el relé del dispositivo de control y se pueda volver a arrancar la bomba.

Las bombas de cavidad progresiva se pueden usar para bombear materiales con altos contenidos de sólidos. En ciertas aplicaciones, el material bombeado puede estar tan seco que es necesaria una presión excesiva para superar la fricción y mover el material por la tubería de descarga. Las presiones operativas altas aumentan el desgaste en el estator y el rotor y también causan mayor consumo de amperaje del motor para bombear la cantidad necesaria de material. Se puede disminuir la fricción con un anillo de inyección de polímero, que crea una capa delgada de polímero en las paredes del tubo para reducir la fricción en la pared y reducir la presión necesaria para bombear el material. (Observe en la Figura 7.46, en la sección de la bomba a pistón, una figura que muestra este tipo de instalación de polímero).

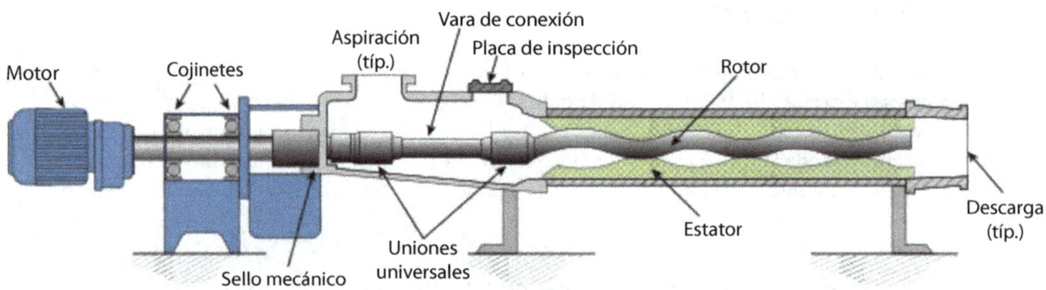

Figura 7.52 Componentes principales de una bomba de cavidad progresiva

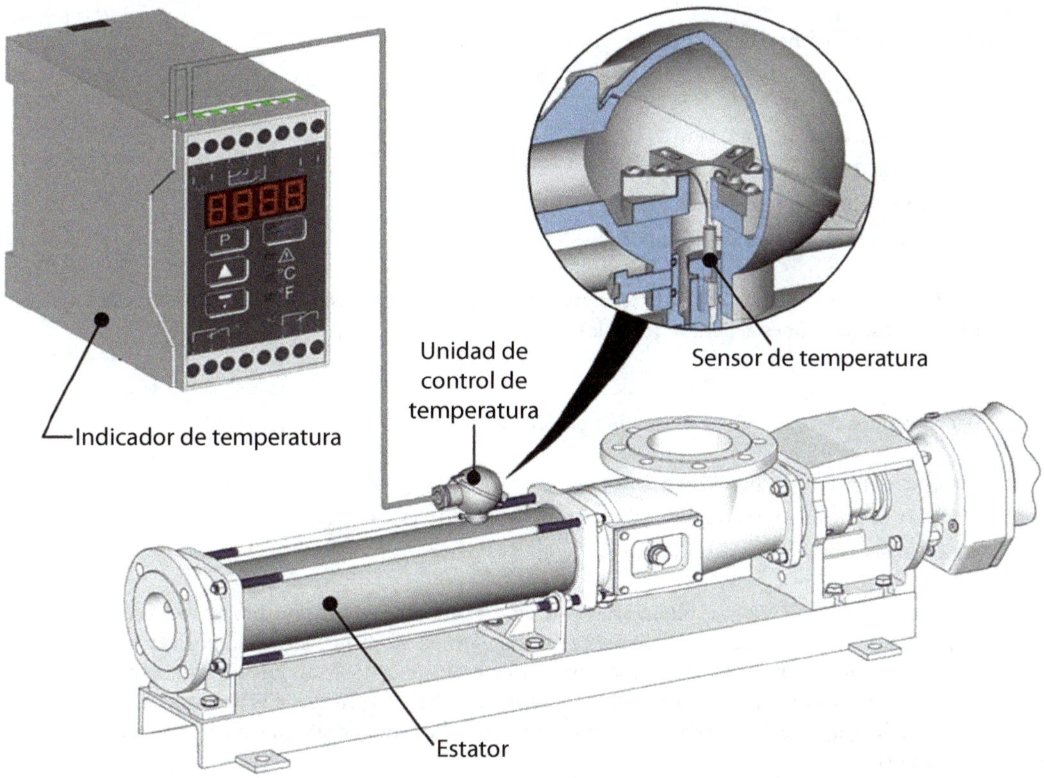

Figura 7.53 Sensor de temperatura en el estator de una bomba de cavidad progresiva (Seepex, Inc., 511 Speedway Drive, Enon, Ohio 45323; 937-864-7150)

DESEMPEÑO ESPERADO

Variables que afectan el desempeño

Los materiales altamente abrasivos, como la arena, pueden causar un desgaste adicional en el estator, lo que podría disminuir su vida útil.

Si se opera a alta velocidad o a alta presión, se generará más calor dentro de la bomba y el rotor y el estator se desgastarán más rápidamente.

OPERACIÓN

Puesta en funcionamiento

Los pasos generales necesarios para poner en funcionamiento una bomba de cavidad progresiva son los siguientes:

- Llene la bomba con. líquido para evitar que el rotor y el estator funcionen en seco. Asegúrese de expulsar todo el aire de la bomba antes de ponerla en funcionamiento.
- Arranque el motor para verificar que está correctamente cableado y que la bomba descarga en la dirección correcta. Las bombas de cavidad progresiva pueden operar a capacidad plena en cualquier dirección si se revierten los puntos de aspiración y descarga. Antes de poner en funcionamiento una bomba de cavidad progresiva cuyo motor fue desconectado y reconectado, se debe verificar que el motor gire en la dirección correcta para su aplicación.

Para tareas de arranque adicionales, consulte la lista que aparece anteriormente en este capítulo bajo el título "Consideraciones generales sobre las bombas".

Apagado

Para tareas de apagado, consulte la lista que aparece anteriormente en este capítulo bajo el título "Consideraciones generales sobre las bombas".

Operación diaria

Se deben realizar inspecciones diarias para verificar que:

- No se fugue material bombeado de la bomba,
- No se fugue lubricante de la unidad,
- No haya vibración,
- No se observe sobrecalentamiento, y
- No se escuchen ruidos extraños o distintos.

Para tareas de operaciones diarias adicionales, consulte las listas que aparecen anteriormente en este capítulo bajo el título "Consideraciones generales sobre las bombas".

MANTENIMIENTO

Hay un par de puntos de una bomba de cavidad progresiva que necesitan lubricación:

- Las uniones con pasadores necesitan grasa.
- Los motores en general necesitan grasa (consulte las recomendaciones del fabricante).
- Complete el nivel de glicerina del recipiente de temple, si lo hubiera.

Si la bomba está procesando material altamente corrosivo, altamente viscoso, con alta temperatura, alta presión o que tiende a dejar depósitos, no se aconseja usar el material bombeado para lubricar. En esos casos, se agrega un recipiente de temple con glicerina a un sello mecánico de doble acción o dorso contra dorso para llenar el espacio entre los dos sellos y evitar que el material bombeado contamine la bomba. En las WRRF, se usan recipientes de temple en las bombas que mueven torta de lodo deshidratado y otras soluciones espesas altamente viscosas.

COMPROBACIÓN DE CONOCIMIENTOS

1. **El funcionamiento en seco es una condición en la que una bomba de cavidad progresiva:**
   a. Opera sin aceite
   b. Opera sin grasa
   c. Opera sin material bombeado a través de ella
   d. Opera en clima sin lluvia

2. **Una bomba de cavidad progresiva solo bombea material en una dirección.**
   ☐ Verdadero
   ☐ Falso

3. **Cuando una cavidad progresiva funciona en seco, la temperatura en la unidad de bombeo aumenta debido a:**
   a. Un exceso de temperatura en el motor
   b. La fricción entre el rotor y el estator
   c. Calor en el cojinete
   d. Reacciones químicas exotérmicas

4. **El depósito de glicerina o de un fluido similar usado para proteger el sello mecánico de un material corrosivo o que presente alguna otra dificultad se denomina:**
   a. Fluido de reserva
   b. Guardián del sello
   c. Protector del sello
   d. Recipiente de temple

DE TORNILLO

LAS MEJORES APLICACIONES

Las bombas de tornillo pueden procesar un amplio rango de caudales en aplicaciones para las que se necesita una cantidad determinada de carga hidráulica. Son eficaces para bombear líquidos que contienen sólidos y material fibroso debido a los grandes espacios libres dentro de la bomba. Pueden mover grandes volúmenes de agua con motores relativamente pequeños. Su giro lento minimiza el desgaste de las parte móviles.

En una WRRF, proporcionan una altura hidráulica confiable para los caudales más grandes en aplicaciones de estación elevadora como el bombeado de caudal de entrada, bombeado de efluente y caudales de lodo recirculado.

TEORÍA DE OPERACIÓN

Las bombas de tornillo son bombas de desplazamiento positivo que mueven agua en dirección paralela a sus ejes de rotación. El extremo inferior de la bomba de tornillo debe estar sumergido en un pozo sumidero. Cuando el tornillo comienza a girar, el espiral "recoge" algo de agua y comienza a moverla hacia arriba a lo largo del eje. Más agua ingresa por el extremo abierto del tornillo y también es transportada hacia arriba por el eje. El espacio libre entre la punta de la espira del tornillo y el canal o tubo dentro del cual gira determina la cantidad de *deslizamiento*que se produce en la bomba.

El *deslizamiento* en una bomba es el flujo interno hacia atrás del líquido bombeado. El deslizamiento aumenta a medida que las piezas de la bomba se desgastan y aumentan los espacios entre los componentes de la bomba. Es importante monitorear esta disminución de la eficiencia para poder programar una reparación de la bomba cuando la eficiencia caiga a un punto que justifique el costo de la reparación.

CONFIGURACIONES

Las bombas de tornillo pueden ser abiertas o con cerramiento. Una bomba de tornillo abierta consiste en un eje sólido con espiras helicoidales continuas soldadas (observe la Figura 7.54). El motor se asienta en la parte superior del canal y hace girar el tornillo. El canal dentro del cual gira el tornillo, en general, tiene forma de U y está construido de hormigón o acero. En una bomba de tornillo abierta, se puede ver la cara del tornillo mientras está operando y transporta el agua hacia arriba por el canal inclinado. Una bomba de tornillo con cerramiento tiene un tubo continuo dentro del cual gira el tornillo. En una bomba de tornillo con cerramiento no se puede observar el cuerpo del tornillo girando mientras está operativo.

Las bombas de tornillo también pueden tener configuraciones de un husillo o husillo doble, según cuánta altura necesite. La altura máxima de una bomba de tornillo de un husillo está determinada por el ángulo en el que está instalada y la longitud máxima del tornillo (o la longitud máxima a la que se puede ajustar entre el cojinete superior y el inferior). En una bomba de tornillo de doble husillo, hay un pozo sumidero adicional en la mitad superior de la inclinación. Un tornillo inferior levanta el agua hasta el pozo sumidero intermedio y después el tornillo superior la levanta hasta la parte superior del canal.

COMPONENTES

Las bombas de tornillo son bastante simples. En la figura a continuación (Figura 7.55) se muestran los principales componentes de una bomba de tornillo abierta instalada en un canal de hormigón.

El cuerpo del tornillo y las espiras soldadas giran en sentido ascendente por el canal con un espacio libre bastante pequeño entre el borde de la espira y el canal. La bomba de tornillo tiene un cojinete superior y uno inferior (observe la Figura 7.56 y la Figura 7.57). Su diseño debe tener en cuenta la expansión y la contracción del tornillo de metal. Las bombas de tornillo giran con bastante lentitud, por lo que el motor debe estar conectado con correas en V y roldanas, o mediante un reductor de engranajes. El acoplamiento que conecta el eje del motor con el eje del tornillo debe estar diseñado para aplicaciones a baja velocidad. Las bombas de tornillo deben bombear desde un pozo sumidero en el extremo del cojinete del fondo de la unidad. El nivel del agua de este pozo sumidero controla la tasa de bombeo que la bomba de tornillo puede alcanzar.

Figura 7.54 Bombas de tornillo abiertas (reimpreso con autorización de Lakeside Equipment Corporation)

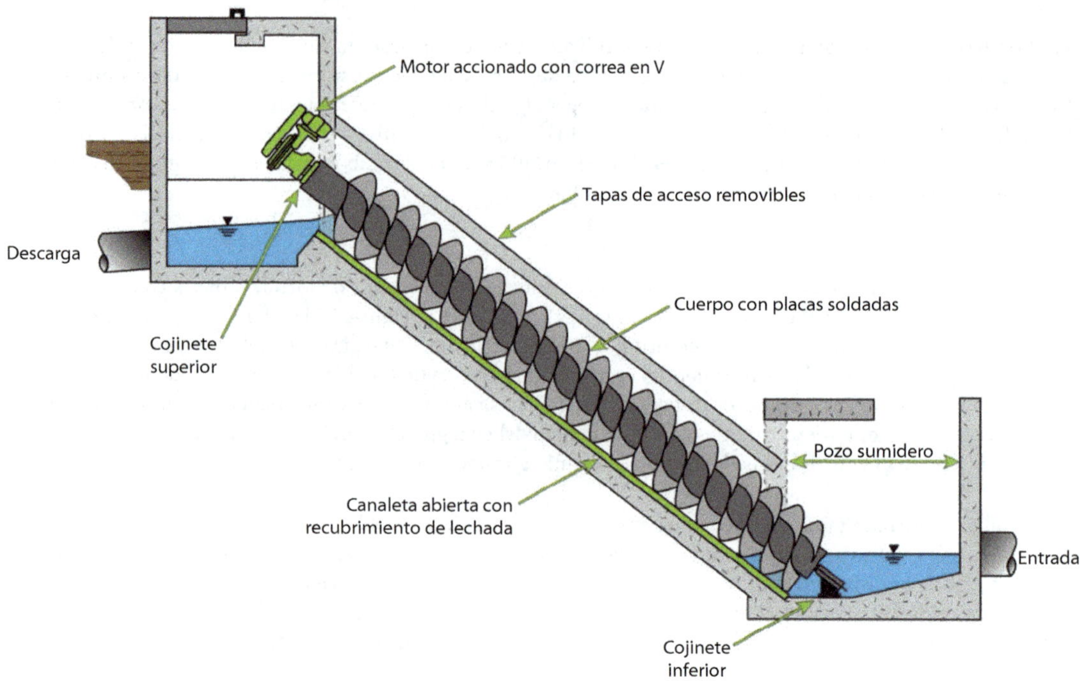

Figura 7.55 Diagrama de una bomba de tornillo

Figura 7.56 Cojinete superior y motor de bomba de tornillo (reimpreso con autorización de Lakeside Equipment Corporation)

Figura 7.57 Cojinete inferior de una bomba de tonillo (reimpreso con autorización de Lakeside Equipment Corporation)

DESEMPEÑO ESPERADO

La capacidad de la bomba de tornillo depende del diámetro del tornillo y la profundidad de sumersión en el pozo sumidero del fondo. Las bombas de tornillo vienen en diámetros de 0.3 a 3.7 m (12 a 144 in.). El rango de la capacidad de caudal de una bomba de un tornillo puede ir de 0.06 a 3470 L/s (90 a 55 000 gpm) con una altura hidráulica de hasta 15 m (50 ft) en un husillo. Las bombas de tornillo pueden alcanzar una eficiencia de bombeo total de aproximadamente 75 %.

Variables que afectan el desempeño

OPERACIÓN

Puesta en funcionamiento

Las bombas de tornillo giran lentamente pero de todas formas necesitan lubricación en los cojinetes y los componentes accionadores. Se deben llenar las unidades de engrase automático y deben estar operativos antes de poner en funcionamiento el tornillo.

Para tareas de arranque, consulte las listas que aparecen anteriormente en este capítulo bajo el título "Consideraciones generales sobre las bombas".

Apagado

Las bombas de tornillo son bombas grandes pero relativamente simples. Hay pocas cuestiones de las cuales preocuparse durante el apagado. Para tareas de apagado, consulte las listas que aparecen anteriormente en este capítulo bajo el título "Consideraciones generales sobre las bombas".

Operación diaria

La atención que se requiere del operador es mínima. Resulta adecuado que se realice una inspección rápida visual y de ruidos, especialmente en el extremo del accionador. Para tareas de operaciones diarias, consulte las listas que aparecen anteriormente en este capítulo bajo el título "Consideraciones generales sobre las bombas".

MANTENIMIENTO

En su mayoría, los tornillos están protegidos de objetos grandes y potencialmente dañinos mediante rejas o barras aguas arriba. Sin embargo, se recomienda realizar una inspección visual de la reja (cuando está abierta). Los cojinetes inferiores y superiores necesitan lubicación de rutina y se debe completar el nivel de grasa cuando fuera necesario. Los componentes accionadores en la parte superior (motor, reductor de engranajes, bandas y roldanas, etc.) tienen un mantenimiento recomendado. Consulte el manual de operación y mantenimiento del fabricante para obtener más detalles.

COMPROBACIÓN DE CONOCIMIENTOS

1. **¿Con qué aumenta el caudal a través de una bomba de tornillo?**
   a. El aumento de la presión de descarga
   b. La disminución del nivel de pozo sumidero
   c. El aumento del nivel de pozo sumidero
   d. Nada. Es una bomba de caudal constante.

2. **¿En cuáles de estos procesos unitarios se encuentran con frecuencia las bombas de tornillo?**
   a. Bombeo de lodo primario
   b. Bombeo de caudal de entrada
   c. Bombeo de efluente del clarificador secundario.
   d. Reciclado interno para lograr la eliminación completa del nitrógeno

PERISTÁLTICAS

LAS MEJORES APLICACIONES

Todo el caudal que pasa por una bomba peristáltica solo entra en contacto con el interior de una manguera; no hay piezas que se mojen. Esto hace que estas bombas sean buenas para bombear productos químicos corrosivos. Las mangueras pueden ser de distintos materiales. Pueden operar con caudales muy bajos y su tasa de bombeo es estable y preciso.

TEORÍA DE OPERACIÓN

Las bombas peristálticas, también conocidas como *bombas de manguera*, son bombas de desplazamiento positivo que usan los mismos mecanismos básicos para mover líquidos y soluciones espesas que nuestros sistemas digestivos. El líquido viaja por un tubo o una manguera (o intestinos) debido a una contracción que se produce justo detrás y que lo empuja y crea una bolsa de presión inferior justo detrás de la contracción que atrae líquido adicional. En nuestro tracto digestivo, las paredes de los intestinos se contraen con movimientos ondulatorios. En una bomba peristáltica, un rodillo o zapata de presión comprime el tubo para crear la contracción que hace avanzar al fluido.

CONFIGURACIONES

Las bombas peristálticas pequeñas, en general, tienen un accionador tipo caja que incluye al motor y los controles. Los controles pueden ser un dial de velocidad simple o una interfaz electrónica con funciones de programación y una entrada de referencia de velocidad de 4-20 mA. El eje del motor se extiende desde el frente del accionador. El cabezal de bomba se une al eje del motor. El cabezal de bomba consiste en el rotor, los rodillos o zapatas, una cubierta de protección y la manguera con acoples. En algunas unidades, es necesario reemplazar todo el cabezal de la bomba pero, en general, se pueden abrir y reemplazar solo la manguera.

Si las bombas de manguera son más grandes, pueden tener un motor estándar y una caja de engranajes montada al eje impulsor. En las bombas de manguera de tamaño máximo, un solo motor puede accionar dos mangueras en el mismo eje impulsor.

COMPONENTES

En la Figura 7.58 se muestran los componentes principales de una bomba peristáltica (de manguera).

Además del motor, el eje, el rotor, las zapatas o los rodillos y la manguera, en general hay un conector en la entrada y en la salida de la bomba. En las bombas pequeñas, este conector puede estar conectado a la manguera de bombeo dentro de la bomba y disponer de un acople de lengüeta para conectar con la tubería exterior. Las bombas de manguera más grandes, en general, tienen un mecanismo de fijación para sujetar la manguera interna y las conexiones con bridas de la tubería exterior. Cuando se usan zapatas en lugar de rodillos, la carcasa de la bomba está sellada y llena de lubricante que contribuye a que la zapata se deslice por la manguera sin generar exceso de fricción, calor y desgaste de la zapata.

Para dosificar productos químicos, también es importante consultar la información sobre la bomba y al soporte del fabricante para elegir un material de manguera que sea compatible con el químico que se bombea. Es posible que haya que sacrificar vida útil de la manguera por la resistencia al químico.

DESEMPEÑO ESPERADO

Las bombas de manguera se usan para un amplio rango de caudales. Algunas bombas dosificadoras pequeñas pueden ser de apenas 0.0000017 L/s (0.00000044 gpm). Las bombas de manguera doble más grandes pueden bombear hasta 30 L/s (475 gpm). Este amplio rango de caudales hace que la bomba de manguera sea un buen candidato para muchas aplicaciones. Las mangueras más grandes también pueden procesar sólidos y líquidos viscosos.

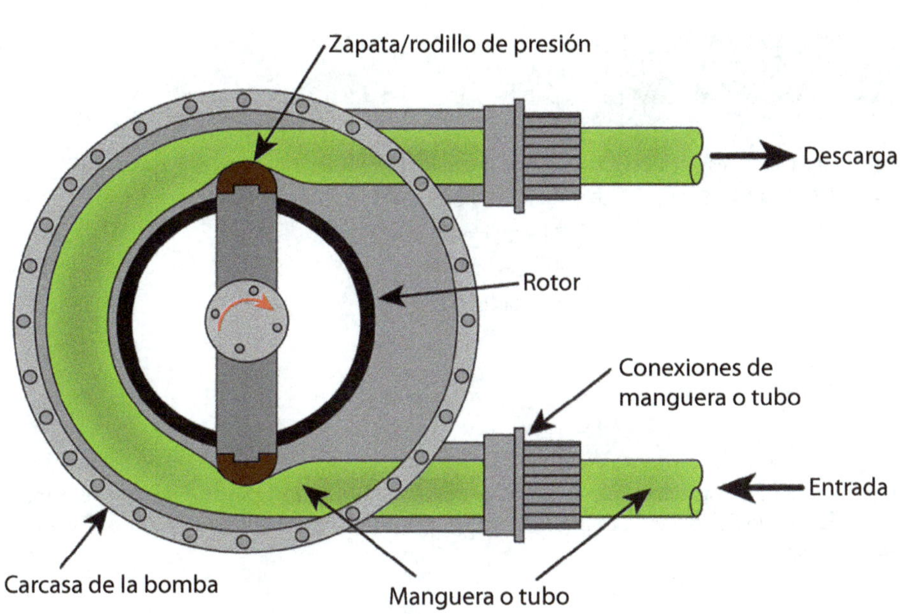

Figura 7.58 Vista en corte de una bomba peristáltica

Variables que afectan el desempeño

El caudal desde una bomba peristáltica en general es directamente proporcional a la velocidad del rotor. Sin embargo, a presiones más altas (sobre 80 psi para bombas dosificadoras pequeñas), hay más deslizamiento producto del aumento de la contrapresión, porque el caudal presiona hacia atrás por la manguera cuando se lo comprime. En la mayoría de las aplicaciones en una WRRF, la presión será lo suficientemente baja como para alcanzar una relación 1 a 1 entre el caudal y la velocidad.

OPERACIÓN

Puesta en funcionamiento

La mayoría de las bombas de manguera pueden autocebarse desde una condición de tubo vacío. Antes de poner en funcionamiento una bomba, es aconsejable inspeccionar las conexiones de la manguera y el conjunto giratorio. En las bombas más grandes con lubricación, inspeccione el nivel y la calidad del lubricante.

Apagado

Si la bomba permanece fuera de la línea durante un periodo prolongado, es aconsejable hacer avanzar o impulsar la bomba para que las zapatas no queden en el mismo lugar de la manguera por largo tiempo. Si las zapatas quedan en un lugar, pueden deformar de manera permanente la manguera y reducir su vida útil.

Operación diaria

La operación diaria debe incluir una inspección visual de la manguera en busca de fugas de fluidos y fallas de la manguera. Una bomba de manguera puede operar en seco, pero es importante que se sigan bombeando los productos químicos o el lodo (por razones relacionadas con otros procesos).

Para otras tareas de arranque, parada y de operaciones diarias, consulte las listas que aparecen anteriormente en este capítulo bajo el título "Consideraciones generales sobre las bombas".

MANTENIMIENTO

Las mangueras son las piezas de reemplazo principales de una bomba peristáltica. Cuando se rompe una manguera, el químico o el lodo bombeado contaminan el alojamiento de la bomba. El personal de mantenimiento debe tener en cuenta la presencia potencial de químicos o lodo. Cuando se rompe la manguera de una bomba de manguera con lubricante en la cámara de la bomba, es probable que el lubricante deba ser reemplazado. Los fabricantes, con frecuencia, recomiendan cambios de manguera proactivos antes de la falla para que se pueda reutilizar el lubricante después del cambio de manguera. Según la disposición, puede ser necesario desconectar la tubería de la bomba cuando se cambia la manguera.

El motor o el accionador tiene sus propios requisitos de mantenimiento. Asegúrese de consultar el manual de operación y mantenimiento del fabricante para obtener instrucciones específicas.

COMPROBACIÓN DE CONOCIMIENTOS

1. **A las presiones que se encuentra la mayoría de las aplicaciones en una WRRF, ¿cuál es la relación aproximada entre el caudal y la velocidad de la bomba en una bomba peristáltica?**
   a. 0.5
   b. 1.0
   c. 1.5
   d. 2.0

2. **¿Qué comprime la manguera en una bomba peristáltica?**
   a. Rodillo o botas
   b. Zapatas o ejes
   c. Rodillos o ejes
   d. Zapatas o rodillos

CÁLCULOS DE EJEMPLO PARA UNA BOMBA DE DESPLAZAMIENTO POSITIVO

El *recorrido* es el largo del émbolo.

Se usa una bomba de émbolo para transferir lodo espesado al digestor. El émbolo tiene un diámetro interior de 38.1 cm (15 in) y un recorrido de 30.5 cm (12 in). La bomba completa 20 recorridos por minuto. Calcule la tasa de la bomba en L/s (gpm).

Solución en unidades habituales en los EE. UU.

Paso 1: Convierta el diámetro interno y la longitud del recorrido de pulgadas a pies. Deseamos que las dimensiones estén expresadas en pies cúbicos porque se convierten fácilmente en galones.

$$\frac{15\text{ in}}{}\left|\frac{1\text{ ft}}{12\text{ in}}\right| = 1.25\text{ ft}$$

$$\frac{12\text{ in}}{}\left|\frac{1\text{ ft}}{12\text{ in}}\right| = 1.0\text{ ft}$$

Paso 2: Calcule el volumen de la cavidad de la bomba de émbolo. La fórmula se puede encontrar en la hoja de fórmulas de ABC. Esta es la cantidad que la bomba va a entregar por cada recorrido.

$$\text{Volumen por recorrido} = (0.785)(\text{Diámetro}^2)(\text{Altura}) \quad (7.27)$$

$$\text{Volumen por recorrido} = (0.785)(1.25\text{ ft})(1.25\text{ ft})(1.0\text{ ft})$$

$$\text{Volumen por recorrido} = 1.23\text{ ft}^3$$

Paso 3: Calcule la salida de la bomba en galones por minuto.

$$\frac{1.23\text{ ft}^3}{\text{recorrido}}\left|\frac{7.48\text{ gal}}{1\text{ ft}^3}\right|\left|\frac{20\text{ recorridos}}{1\text{ min}}\right| = 184\text{ gpm}$$

Solución en unidades estándar del sistema internacional

Paso 1: Convierta el diámetro interno y la longitud del recorrido de centímetros a metros. Deseamos que las dimensiones estén expresadas en metros cúbicos porque se convierten fácilmente en litros.

$$\frac{38.1\text{ cm}}{}\left|\frac{1\text{ m}}{100\text{ cm}}\right| = 0.381\text{ m}$$

$$\frac{30.5\text{ cm}}{}\left|\frac{1\text{ m}}{100\text{ cm}}\right| = 0.305\text{ m}$$

Paso 2: Calcule el volumen de la cavidad de la bomba de émbolo. La fórmula se puede encontrar en la hoja de fórmulas de ABC. Esta es la cantidad que la bomba va a entregar por cada recorrido.

$$\text{Volumen por recorrido} = (0.785)(\text{Diámetro}^2)(\text{Altura}) \tag{7.28}$$

$$\text{Volumen por recorrido} = (0.785)(0.381 \text{ m})(0.381 \text{ m})(0.305 \text{ m})$$

$$\text{Volumen por recorrido} = 0.035 \text{ m}^3$$

Paso 3: Calcule la salida de la bomba en litros por segundo.

$$\left|\frac{0.035 \text{ m}^3}{\text{recorrido}}\right|\frac{1000 \text{ L}}{1 \text{ m}^3}\left|\frac{20 \text{ recorridos}}{1 \text{ min}}\right|\frac{1 \text{ min}}{60 \text{ s}}\right| = 11.7 \text{ L/s}$$

RESOLUCIÓN DE PROBLEMAS PARA BOMBAS DE DESPLAZAMIENTO POSITIVO

Síntomas	Causas	Correcciones
No bombea	La bomba no está adecuadamente cebada	Cebe la bomba correctamente, expulse el aire de la tubería o agregue agua según fuera necesario. La mayoría de las bombas de desplazamiento positivo se puede cebar con algo de aire en la aspiración, pero es más fácil si la línea de aspiración está llena de líquido.
	La bomba funciona muy lentamente o la carga hidráulica del sistema es muy alta	Verifique que el accionador de velocidad variable se encuentre en la velocidad correcta. Revise la hidráulica del sistema (comience con la presión diferencial a través de la bomba si hubiera manómetros). Verifique que todas las válvulas en la aspiración y en la descarga están abiertas.
	Válvulas cerradas: aspiración y descarga	Verifique que todas las válvulas estén abiertas. NOTA: VÁLVULAS CERRADAS EN LA LÍNEA DE DESCARGA PUEDEN GENERAR UNA PRESIÓN PELIGROSA.
	Fuga de aire en la tubería de aspiración	Controle y repare la línea de aspiración
	Empaquetadura (PP, PI) o sello mecánico (PC, RL) con fugas o flojo	Ajuste la empaquetadura o reemplace la empaquetadura gastada; inspeccione el sello y reemplace si estuviera dañado.
	La válvula de bola (DP, PP), válvula clapeta (DD) o válvula de asiento (PI) no funciona	Inspeccione y limpie. Verifique si los componentes de la válvula están gastados; reemplace si fuera necesario.
	Tubería de aspiración obstruida	Desobstruya la tubería de aspiración.
	Un punto alto de la línea de aspiración atrapa aire	Repare la tubería de aspiración para eliminar el punto alto.
	Altura de aspiración demasiado alta	Revise la hidráulica del sistema. Verifique que las válvulas en la aspiración estén completamente abiertas.
	Las alarmas de presión de aceite o temperatura de aceite desactivaron la bomba (PI)	Deje que el sistema se enfríe. Intente restablecer. Consulte la operación y el mantenimiento para obtener soluciones adicionales.
	El sistema de control desactivó la bomba	Revise la descripción del proceso, revise las alarmas, revise el nivel del tanque o la tolva de alimentación.
	Pasador de seguridad roto (PP, DP); el motor o el eje impulsor opera pero el mecanismo de la bomba no se mueve	Reemplace el pasador de seguridad. Revise la causa/monitoree.
Desempeño deteriorado	Bolsas de aire o pequeñas fugas de aire en la línea de aspiración	Ubique y corrija.
	Obstrucción en la línea de aspiración o el impulsor	Elimine la obstrucción.
	Las bandas se deslizan (en caso de accionador por banda)	Ajuste la tensión de la banda, remplace si estuviera gastada.
	Rotor estator (PC), lóbulos (LP), émbolo gastado	Inspeccione y reemplace; si fuera posible, ajuste el estator (PC).
	Altura de aspiración demasiado alta	Revise la hidráulica del sistema; verifique que las válvulas en la aspiración estén completamente abiertas. Controle que la línea de aspiración no esté obstruida. Baje la bomba o aumente el nivel del pozo sumidero.
	Dirección incorrecta de giro (DD, PP, RL, PC)	Verifique el giro.
	Recirculación por el alivio de presión	Controle que no haya desviación en las válvulas de alivio de presión.

Síntomas	Causas	Correcciones
Accionador sobrecargado	Velocidad mayor que la planeada	Reduzca la velocidad.
	La presión de descarga es demasiado alta	Revise la curva del sistema y el valor nominal de la bomba.
	Gravedad específica del liquido demasiado alta	El lodo espeso es más difícil de bombear. Haga menos espeso el lodo o cambie el tipo de bomba. Verifique que el accionador y el motor no excedan la capacidad.
	Líquido tratado de mayor viscosidad que el agua	El lodo viscoso es más difícil de bombear. Haga menos espeso el lodo o cambie el tipo de bomba. Verifique que el accionador y el motor no excedan la capacidad.
	Componentes de la bomba agarrotados/atascados	Siga las instrucciones del fabricante para solucionarlo.
	Torque insuficiente	Revise las configuraciones y los valores del accionador de velocidad variable (la mayoría de las bombas de desplazamiento positivo con accionador eléctrico directo deben estar equipadas con un VFD de torque constante y potencia no constante).
	Bajo voltaje	Consulte a la empresa de electricidad.
	Empaquetadura demasiado tensa (PP)	Afloje la empaquetadura.
Falla del pasador de seguridad (PP, DD, DP)	Alineación inadecuada	Alinee todas las piezas giratorias y los accionadores.
	Presión de descarga de la bomba excesiva	Revise el punto operativo (caudal y carga hidráulica) en comparación con el valor nominal de la bomba.
	Objeto extraño en la bomba	Inspeccione y retire el objeto.
	Cojinetes desgastados o lubricación insuficiente	Lubrique según las instrucciones del fabricante, reemplace los cojinetes.
	Empaquetadura de la bomba demasiado tensa (PP)	Ajuste la empaquetadura.
Vibración o ruido excesivos	Alineación inadecuada	Alinee correctamente.
	Falla el acoplamiento	Inspeccione y reemplace si fuera necesario.
	Eje curvado	Reemplace el eje.
	Sincronización inadecuada (RL)	Los rotores se tocan, consulte las instrucciones de operación y mantenimiento.
	Funcionamiento fuera del rango recomendado	Revise el punto operativo (caudal y carga hidráulica) en comparación con la curva de la bomba.
Falla prematura del cojinete	Lubricación de cojinetes no adecuada	Consulte instrucciones de lubricación en el manual de operación y mantenimiento.
	Ingresa agua o contaminantes a los cojinetes	Proteja la bomba del medio ambiente.
	Alineación inadecuada	Alinee todas las piezas giratorias.
	Eje curvado	Reemplace el eje.
	Tipo incorrecto de lubricación	Consulte instrucciones de lubricación en el manual de operación y mantenimiento.
	Cargas excesivas en banda	Controle la tensión de las bandas según instrucciones de operación y mantenimiento. Una banda con exceso de tensión carga los cojinetes de la bomba y el motor.
Falla del motor eléctrico	Voltaje de suministro alto o bajo	Controle el voltaje con un voltímetro.
	Onda eléctrica alta	Controle el voltaje y consulte a la empresa de electricidad.
	Mala conexión eléctrica	Desconecte el suministro eléctrico, limpie y controle las conexiones.
	Sobrecargas	Controle el amperaje; no exceda el amperaje de plena carga de la placa de identificación.
	Falla de cojinetes	Cambie los cojinetes del motor.
	Conducto de refrigeración obturado (roedores, hojas, suciedad, etc.)	Instale rejas adecuadas.
	Desgaste o daño del aislamiento	Controle la resistencia del aislamiento del motor conforme al manual de operación y mantenimiento.
	Agua en el motor	Proteja la bomba del medio ambiente.

Síntomas	Causas	Correcciones
Desgaste prematuro del rotor/ estator (PC), émbolo (PP), diafragma o muñón (DP, DD)	La presión de descarga es demasiado alta	Confirme las condiciones operativas con la capacidad de la bomba y las condiciones del diseño.
	La bomba funciona en seco	Confirme que llega líquido a la bomba (profundidad suficiente en la aspiración); use protección contra funcionamiento en seco.
	El material se endurece en los componentes de la bomba cuando no está en uso	Enjuague/limpie la bomba después del uso; siga las recomendaciones del fabricante para almacenamiento a corto y largo plazo.
	Alto contenido de arena	Considere materiales de construcción alternativos para los componentes de la bomba; disminuya la velocidad de operación; elimine la arena de los procesos/tanques aguas arriba.
El agua del sello o el material bombeado se fugan de la bomba	Empaquetadura floja o gastada	Ajuste o reemplace la empaquetadura.
	Sello gastado o fuera de alineación	Inspeccione, ajuste o reemplace el sello; verifique la condición y la alineación del eje.
	Las tapas de acceso de las retenciones a bola (DP, PP) tienen fugas	Ajuste las tapas o reemplace las uniones.
	Émbolo dañado (PP); diafragma o muñón dañado (DP, DD)	Inspeccione y reemplace si fuera necesario.

Se usan las siguientes abreviaturas en los casos pertinentes para estilos de bombas específicos: DP = bomba de diafragma, DD = bomba de doble disco, PP = bomba de émbolo, PI = bomba de pistón, RL = bomba de lóbulo rotativo, PC = bomba de cavidad progresiva.

Accesorios comunes para bombas

ACCIONADORES/MOTORES

En su mayoría, las bombas están accionadas por motores eléctricos. Hay un par de tipos muy comunes que se incluyen aquí.

Los motores abiertos a prueba de goteo usan el aire externo para enfriarse. Solo se deben usar en entornos limpios y secos.

Los tipos I y II con protección contra condiciones climáticas usan el aire externo para enfriarse pero también proporcionan protección adicional. El tipo I incluye una reja y protección contra la lluvia y la nieve. El tipo II también incluye protección contra polvo y partículas.

Los motores totalmente cerrados enfriados por ventilador están sellados para que no ingrese aire externo al motor. Esto protege al motor de los entornos húmedos, corrosivos o polvorientos. El ventilador sopla aire sobre el exterior de los ventiladores de enfriamiento para bajar la temperatura. El ventilador está en el mismo eje que el motor. A velocidades bajas del motor, el ventilador puede no moverse lo suficientemente rápido y puede producirse sobrecalentamiento.

Los motores a prueba de explosiones o para lugares peligrosos están completamente cerrados para protegerlos de polvos, vapores o gases inflamables. Los cerramientos están reforzados para contener una explosión interna si ocurriera. Hay distintas clases, grupos y divisiones de motores a prueba de explosión cuya elección depende del tipo de peligro al que puedan estar expuestos.

Se incluye información adicional detallada sobre motores e información de la placa de identificación en el Capítulo 6, Aspectos eléctricos básicos y motores, de este manual *Fundamentos para el tratamiento de aguas residuales II: Procesamiento de sólidos y sistemas de respaldo* (WEF y ABC, 2018).

ARRANCADORES SUAVES Y ACCIONADORES DE FRECUENCIA VARIABLE

Se debe suministrar energía eléctrica al motor de la bomba. Esto se puede hacer por medio de un arrancador del motor ubicado en un centro de control del motor o por medio de un VFD. Las bombas más grandes deben tener un arrancador suave o un VFD para aumentar gradualmente la velocidad del motor cuando arranca la bomba, para limitar la corriente de inserción y reducir el torque en la bomba.

Si se usa un VFD para proporcionar energía a una bomba, se debe especificar el motor con inversor especial. Los accionadores de frecuencia variable convierten la potencia de entrada en una frecuencia ajustable que después se usa para controlar la velocidad del motor. Durante el arranque y el apagado, el VFD aumenta y disminuye la velocidad del motor como un arrancador suave. Cuando el equipo está funcionando, el VFD se puede usar para ajustar la velocidad del motor. Los accionadores de frecuencia variable en general también tienen puntos de ajuste programables adicionales que se pueden usar para proporcionar niveles adicionales de protección. Debido a que los VFD son más complejos y ofrecen mucha más funcionalidad que los arrancadores suaves, en general son más grandes y más caros que los arrancadores suaves. Los accionadores de frecuencia variable generan una cantidad considerable de calor cuando están operando. Debido a que el equipo eléctrico se daña si opera a temperaturas elevadas durante un periodo prolongado, es fundamental que haya refrigeración suficiente para los VFD. Una buena regla general es que en toda habitación o área de equipos eléctricos que hospede VFD y controles debe ser cómodo trabajar. Si está húmedo y caluroso, probablemente el área no es un buen entorno para los VFD y los controles y puede provocar envejecimiento y falla prematuros si no se corrige. También es importante proporcionar filtros en el aire de ventilación para evitar el ingreso de suciedad y polvo en los VFD que provoquen daño.

Los accionadores de frecuencia variable con frecuencia tienen opciones de monitoreo integradas en su programación. En cualquier momento, es posible controlar las pantallas de monitoreo del VFD para ver distintos parámetros operativos como los hercios y el consumo de amperaje. Esta posibilidad de monitoreo puede ser muy útil cuando se debe resolver un problema de operación de la bomba.

La velocidad de un motor CA que opera a 60 Hz (suministro eléctrico estándar de Norteamérica) opera a velocidades definidas según el número de pares de polos que tenga en sus devanados. Cuantos más polos tanga, menor será la velocidad. Sin embargo, si se agregan más polos, disminuye la eficiencia del motor y aumenta el costo del motor. Debido a esto, sería caro construir un motor que opere a 50 rpm. De forma similar, si se usa un VFD para intentar hacer funcionar un motor de 1800 rpm a 50 rpm, el motor probablemente tenga problemas para enfriarse y sobrecalentará los devanados o los cojinetes. Una solución directa y estándar es usar un reductor de engranajes.

REDUCTORES DE ENGRANAJES

Los reductores de engranajes se montan entre el motor y la bomba (u otro equipo accionado). El reductor de engranajes, esencialmente, es una transmisión de una velocidad. No se puede modificar la relación entre los engranajes: solo tiene un juego de engranajes. Cada reductor de engranajes tiene dos velocidades en su placa de identificación. La velocidad accionadora (o de entrada) es la velocidad del motor al que se intenta conectar el reductor de engranajes. En general, la velocidad accionadora es de 3600 rpm o 1800 rpm. La velocidad accionada (o de salida) es la velocidad a la que el reductor de engranajes hace girar la bomba. La velocidad accionada es muy inferior a la velocidad accionadora, quizás de 50 rpm, por ejemplo. Cuando reemplace un reductor de engranajes, asegúrese de registrar las velocidades de entrada y salida cuando se comunique con el fabricante.

TUBERÍAS

Los tubos de hierro dúctil y policloruro de vinilo son los materiales más comunes usados en las WRRF actualmente. Los contratistas deben instalar la tubería correctamente para que quede alineada con los lados de aspiración y de descarga de las bombas. Si se colocan pernos y se los aprieta para alinear la tubería, puede producirse tensión o torsión en la bomba, lo que puede tener un efecto negativo en la vida útil de los sellos y los cojinetes de la bomba. Los representantes de los fabricantes controlan esta alineación cuando se instalan y se ponen en servicio las bombas por primera vez. De manera similar, los soportes de las tuberías se deben colocar adecuadamente para evitar que la bomba deba soportar cualquier peso de la tubería.

VÁLVULAS DE RETENCIÓN

Las válvulas de retención se usan en el lado de la descarga de muchas bombas para evitar que el caudal retroceda por la bomba cuando esta deja de funcionar. En el diagrama a continuación (Figura 7.59) se muestra una válvula de retención con brazo oscilante. El bloque en el extremo del brazo es un contrapeso que contribuye a cerrar el disco cuando se apaga la bomba. La posición de este peso se puede ajustar fácilmente en campo. El peso en el extremo de la palanca hace que la válvula de retención sea más difícil de abrir pero más fácil de cerrar. Si se mueve el peso más cerca de la bisagra, será más fácil abrir la válvula pero será de menos ayuda para cerrarla. En el arranque, en general es necesario efectuar un par de ciclos de encendido y apagado para asegurar que la posición de la palanca está ajustada adecuadamente.

Durante la resolución de problemas, es útil observar la posición de los brazos de las válvulas de retención en distintas situaciones. Por ejemplo, si arranca una bomba y el brazo no se levanta como debería hacerlo si funciona adecuadamente, puede ser indicio de que la bomba está parcialmente obstruida y no está funcionando a caudal pleno. Cuando se apaga una bomba, si la posición del brazo no baja completamente, esto podría indicar que hay una obstrucción en la válvula de retención que evita que se cierre y podría estar retornando caudal por la bomba.

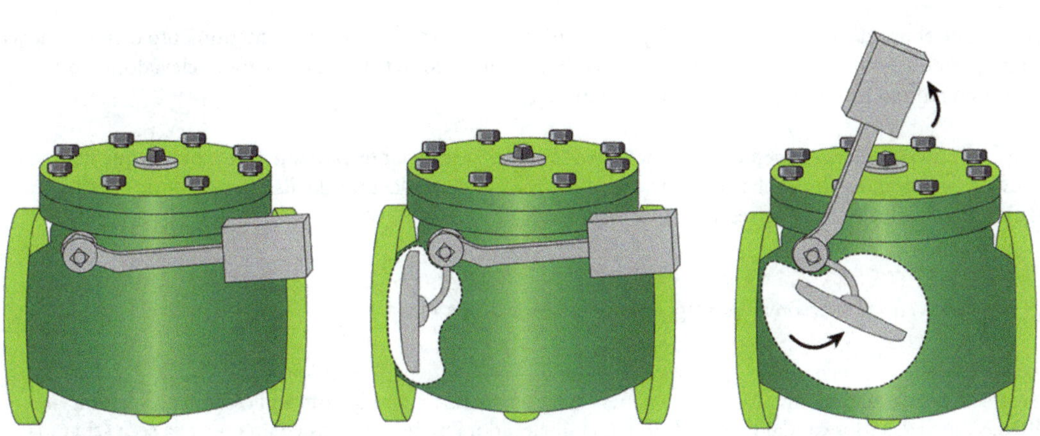

Figura 7.59 Diagrama de posición de la válvula de retención

INSTRUMENTACIÓN

En las bombas, es común encontrar los siguientes instrumentos:

Los manómetros son elementos bastante económicos y proporcionan al operador información operativa básica que los ayuda a evaluar el estado de la bomba. Comúnmente, se instalan en los lados de aspiración y descarga de la bomba.

Con frecuencia, se incluyen interruptores de presión, ya que son seguros económicos para proteger a la bomba de los daños. Los interruptores de presión se configuran para que apaguen la bomba de manera automática antes de que la bomba sufra daños importantes debido a presiones anormalmente altas o bajas.

Se pueden instalar caudalímetros en bombas individuales o en tuberías colectoras de descarga comunes. Se pueden usar distintos tipos de caudalímetros, según el tipo de fluido que se bombea. Los caudalímetros magnéticos se usan con frecuencia en las bombas centrífugas y en las de cavidad progresiva. Es importante instalar estos medidores en conformidad con las instrucciones del fabricante. Si se colocan demasiado cerca de las curvas o las "T" que crean alteraciones en el caudal dentro de la tubería, podría no lograrse una lectura de caudal precisa. El caudal de descarga de algunas bombas giratorias de desplazamiento positivo que crean pulsaciones hace que sea muy difícil obtener mediciones de caudal precisas.

Estaciones elevadoras/estaciones de bombeo

OBJETO Y FUNCIÓN

Las estaciones elevadoras se usan para elevar aguas residuales desde un nivel inferior a uno superior, en particular cuando la elevación de la fuente no es suficiente para que fluya por gravedad o cuando el uso de drenaje por gravedad implica profundidades de cavado y costos de construcción excesivos. Pueden estar ubicadas dentro de la WRRF o pueden estar en cualquier parte de la red de alcantarillado.

Las estaciones elevadoras en un sistema municipal pueden tener distintos tamaños, desde las diseñadas para transportar el caudal de unas pocas viviendas hasta las que transportan más de 380 ML/d (100 mgd), y todo un rango intermedio. En general, aumentan de tamaño a medida que se acercan a la WRRF. Pueden estar mayormente bajo nivel o pueden tener una o múltiples estructuras asociadas, según el diseño. Pueden estar dentro de edificaciones o pueden tener el equipo expuesto a condiciones climáticas.

Independientemente del tamaño o la configuración, las estaciones elevadoras en general tienen una lista común de equipos. Los elementos claves de las estaciones elevadoras incluyen un pozo de recepción de aguas residuales (pozo sumidero), con frecuencia equipado con una reja o molino para eliminar los desechos más grandes, bombas y tubería con válvulas asociadas, motores, un sistema de suministro eléctrico, un control del equipo y un sistema de alarma, y un sistema de control de olores y un sistema de ventilación. Muchas estaciones elevadoras tienen un sistema de suministro eléctrico de respaldo por si falla el suministro principal. En general, consiste en un generador energizado con un motor de combustión interna o, en algunos casos, una bomba accionada por un motor de combustión interna. Algunas también incluyen una conexión permanente que permite el uso de una bomba portátil para puentear la estación en caso de mantenimiento o emergencias. Comúnmente se usan sistemas de alarma y de control automáticos en algunas estaciones elevadoras con monitoreo remoto en tiempo real y operación remota.

Las estaciones elevadoras deben tener capacidad de bombeo redundante para que en el caso de que falle la bomba más grande, las bombas restantes puedan procesar el caudal pico de diseño. Las autoridades regulatorias locales definen los requisitos de capacidad.

TIPOS DE ESTACIONES

Las estaciones elevadoras son de dos tipos: sumergibles y de foso seco.

SUMERGIBLES

Las estaciones elevadoras sumergibles no tienen una sala separada para la bomba; la tubería colectora, las válvulas asociadas y los caudalímetros de la estación elevadora están ubicados en una bóveda seca separada a nivel del suelo para fácil acceso. Según el tamaño de la estación elevadora, se usan distintos métodos de filtrado o molido. En las estaciones elevadoras más pequeñas, hay una cesta que se desliza hacia abajo por un riel y cuelga debajo del tubo del caudal de entrada. En las estaciones más grande, se usan rejas con barras manuales o automáticas, así como también dispositivos de trituración como trituradores, y en general están alojados en una cámara separada antes del pozo sumidero. Para ingresar a la cámara del caudal de entrada, son necesarios procedimientos de espacio confinado.

Las estaciones elevadoras sumergibles pueden estar dentro de una construcción pero, con frecuencia, los controles y el suministro de energía de respaldo están montados en el exterior (observe la Figura 7.60). Tradicionalmente, las estaciones elevadoras se usaban con aplicaciones de bajo caudal, pero en la actualidad se usan en aplicaciones de todos los tamaños. Las ventajas de la estación elevadora sumergible incluyen mayor facilidad para el retiro de la bomba, costos de capital inferiores y una mínima necesidad de acceder a espacios confinados para el mantenimiento normal. Las más pequeñas pueden ser prefabricadas y enviadas al lugar.

Las estaciones elevadoras sumergibles incluyen bombas selladas que operan sumergidas en el pozo sumidero. Se pueden retirar del pozo sumidero para su inspección con una elevadora para levantar bombas por un carril guía. En la Figura 7.61 se muestran los componentes comunes de una estación elevadora sumergible.

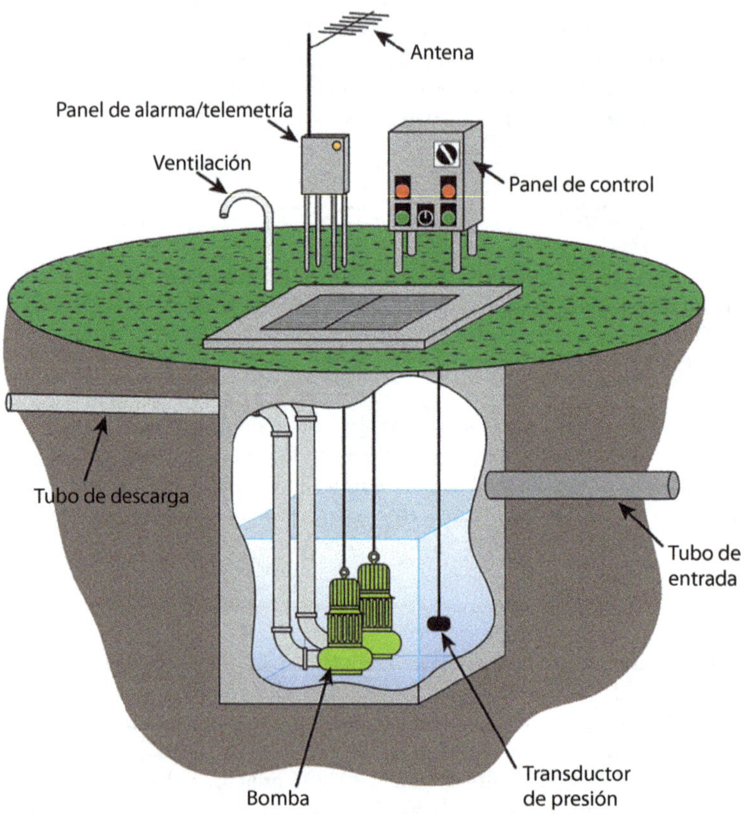

Figura 7.60 Diagrama de una estación elevadora sumergible

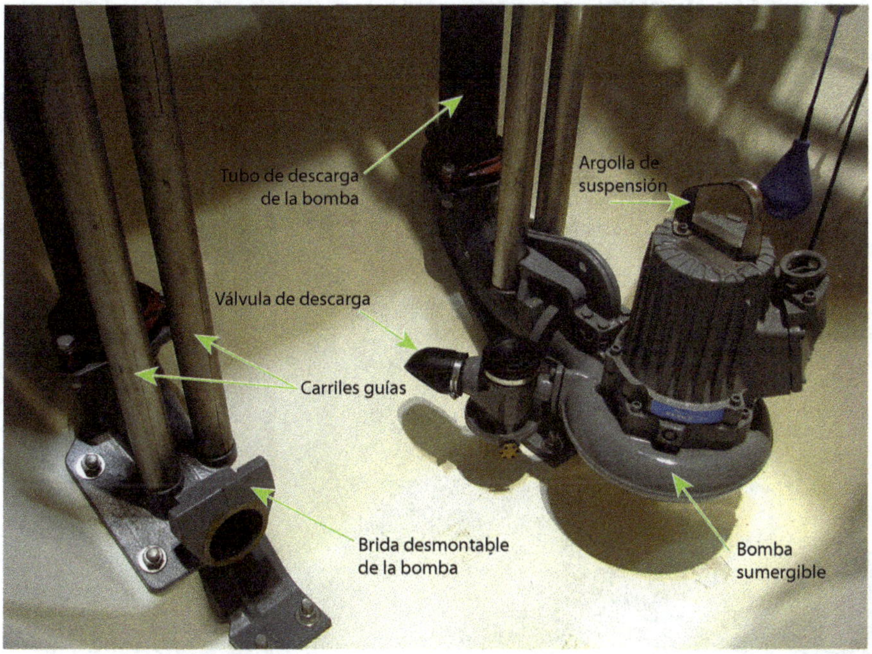

Figura 7.61 Componentes típicos de una estación elevadora sumergible (reimpreso con autorización de Xylem Inc.)

DE FOSO SECO

Las estaciones elevadoras de foso seco, también conocidas como *estaciones elevadoras de pozo seco* o *de pozo seco/pozo sumidero*, se utilizan con mucha frecuencia desde hace décadas en el sector de las aguas residuales. En el pasado, con frecuencia eran el único diseño que aprobaban las agencias reguladoras. Esto fue especialmente cierto durante el tiempo en que el gobierno federal financiaba la mayor parte de la construcción. En los últimos 30 años, las estaciones elevadoras sumergibles se convirtieron en el diseño de elección y se están construyendo pocas estaciones elevadoras de foso seco nuevas.

En las estaciones elevadoras de foso seco, las bombas están en una cámara separada llamada pozo seco porque no contiene aguas residuales. Esta cámara está separada del pozo sumidero y hay tubos que interconectan las dos cámaras (observe la Figura 7.62). Las válvulas y el resto de la tubería están alojadas en el foso seco. Todas las estaciones de foso seco tienen una bomba de pozo sumidero para permitir que el agua sea expulsada por bombeo y evitar la inundación. Al pozo seco se accede, en general, por una escalera portátil en las estaciones elevadoras más pequeñas y por una escalera fija en las más grandes y, según las condiciones, pueden ser necesarios procedimientos de ingreso a espacios confinados para entrar. Incluye ventilación del foso seco por seguridad.

El pozo sumidero de una estación elevadora de foso seco está físicamente separado del foso seco y tiene una entrada separada. Según el tamaño de la estación elevadora, el pozo sumidero contiene dispositivos de filtrado similares a los descritos en la sección de las estaciones elevadoras sumergibles. Para el ingreso al pozo sumidero, es necesario el uso de procedimientos de espacio confinado.

Las estaciones elevadoras de foso seco más pequeñas pueden no estar en una estructura edificada y ser similares a una estación elevadora sumergible desde afuera (observe la Figura 7.63). Las estaciones de foso seco prefabricadas o "latas" eran muy comunes por su costo. Estas estaciones, en general, tienen bombas con motores con acoplamiento cerrado en una cámara pequeña en el fondo de un eje vertical angosto. Con frecuencia, los controles están también en esta cámara inferior. Es difícil trabajar en esta área confinada y, al tener el equipo y los motores eléctricos bajo el nivel del suelo, son susceptibles de inundarse y sufrir fallas catastróficas. Además, muchas de estas estructuras eran de acero, lo que ocasiona problemas de corrosión si no se las trata adecuadamente con protección catódica. Muchas de estas estaciones elevadoras fueron reemplazadas por estaciones elevadoras sumergibles o sus controles fueron elevados a nivel del suelo y sus motores o bombas con acoplamiento cerrado fueron reemplazados por bombas sumergibles de foso seco para disminuir la posibilidad de fallas producto de la inundación del foso seco.

Las estaciones elevadoras de foso seco más grandes, en general, están alojadas en estructuras edificadas. La sección del foso seco y la del pozo sumidero o el caudal de entrada de la edificación están físicamente separadas y se accede por ingresos separados. La combinación bomba/motor es de acoplamiento cerrado en

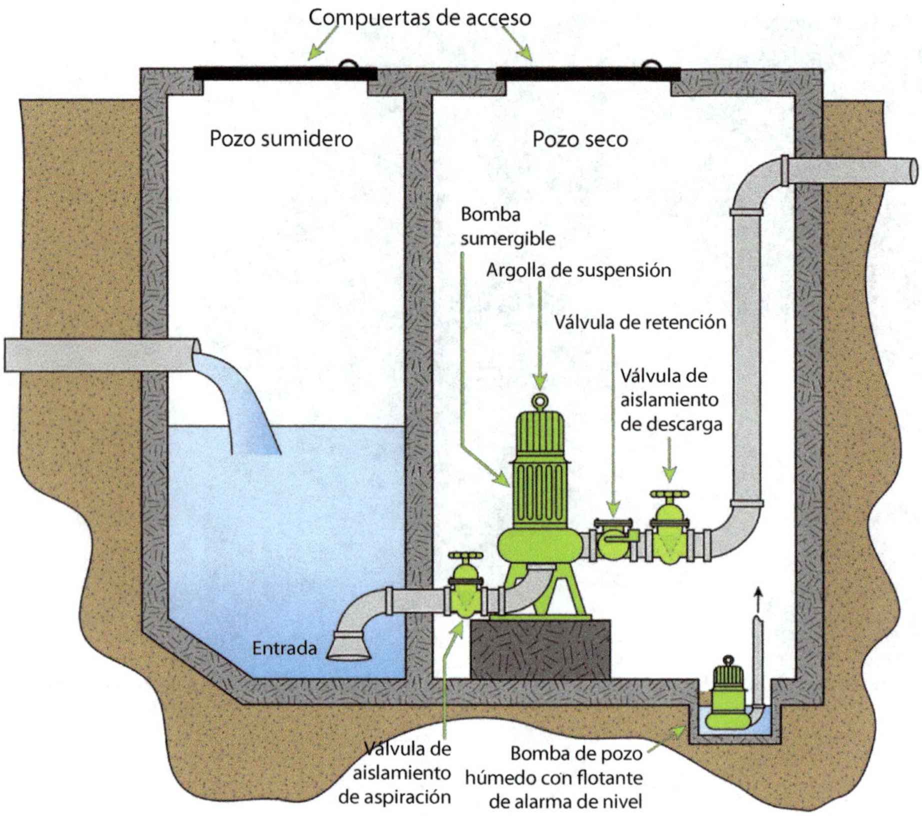

Figura 7.62 Estación elevadora de foso seco más pequeño

el que ambos componentes están montado bajo el nivel del suelo, o el motor está montado sobre el nivel del suelo y está conectado a la bomba por medio de un eje impulsor extendido o de una serie de ejes impulsores (en la Figura 7.64 se muestra este estilo de bomba). Estas instalaciones con ejes extendidos eran comunes en bombas de velocidad variable más antiguas. También requieren un mantenimiento intensivo y pueden causar vibraciones, ruido y otras armónicas si las estructuras de soporte no son rígidas. A medida que estas estaciones elevadoras fueron mejoradas, se agregaron controles de velocidad variable modernos y muchas de las bombas con acoplamiento cerrado o eje extendido fueron reemplazadas por bombas sumergibles de foso seco.

Figura 7.63 Estación elevadora de foso seco más pequeño (reimpreso con autorización de David Pike)

Figura 7.64 Estación elevadora de foso seco más grande con bombas centrífugas con ejes extendidos (reimpreso con autorización de Passaro Engineering, LLC)

Ventajas y desventajas

	Ventajas	Desventajas
Sumergible	Costos de capital Espacio ocupado más pequeño Mayor facilidad para retirar las bombas Ingreso mínimo a espacio confinado Las válvulas están en una cámara de poca profundidad	Menos estética Necesita una cámara de válvula separada No se pueden ver las bombas físicamente
De foso seco	Fácil para inspeccionar las bombas físicamente Las válvulas y las bombas están en una cámara única Con frecuencia en una construcción, lo que facilita el mantenimiento en climas fríos	Costos de capital Necesita ingreso en espacio confinado El foso seco puede inundarse Puede ser difícil retirar las bombas Puede ser difícil acceder al foso seco e incluye trepar a escaleras portátiles verticales

CÁLCULO DE EJEMPLO 1 PARA ESTACIONES ELEVADORAS

Una estación de bombeo tiene dos tuberías de impulsión envejecidas que fueron instaladas durante dos proyectos de construcción distintos y fueron mejoradas a lo largo de los años. El operador quiere reemplazar ambas tuberías con una tubería de impulsión nueva. La primera tubería de impulsión tiene un diámetro de 20.3 cm (8 in). La segunda tubería de impulsión tiene un diámetro de 30.5 cm (12 in). Si asumimos que la velocidad del agua en la nueva tubería de impulsión es la misma que en las dos tuberías más antiguas, ¿qué diámetro debe tener la nueva tubería de impulsión?

Para resolver este problema, debemos tener en cuenta dos cosas. Primero, que la capacidad de un tubo está relacionada a su área de la sección transversal. Segundo, si el agua se mueve a la misma velocidad a través de las tres tuberías, las áreas combinadas de las tuberías de impulsión viejas deben ser igual al área de la nueva tubería de impulsión.

Solución en unidades habituales en los EE. UU.

Paso 1: Calcule el área de la sección transversal de cada tubería antigua. La fórmula se puede encontrar en la hoja de fórmulas de ABC. Es correcto usar pulgadas porque no convertiremos a galones después.

$$\text{Área del tubo } 1 = (0.785)(\text{Diámetro}^2)$$
$$\text{Área del tubo } 1 = (0.785)(8 \text{ in})(8 \text{ in})$$
$$\text{Área del tubo } 1 = 50.24 \text{ in}^2$$
$$\text{Área del tubo } 2 = (0.785)(\text{Diámetro}^2)$$
$$\text{Área del tubo } 2 = (0.785)(12 \text{ in})(12 \text{ in})$$
$$\text{Área del tubo } 2 = 113.04 \text{ in}^2$$

Paso 2: Sume las áreas de las tuberías antiguas. El resultado será igual al área de la nueva tubería de impulsión.

$$\text{Área tubo } 1 + \text{Área tubo } 2 = \text{Área tubo } 3$$
$$50.24 \text{ in}^2 + 113.04 \text{ in}^2 = \text{Área tubo } 3$$
$$163.28 \text{ in}^2 = \text{Área tubo } 3$$

Paso 3: Use el área del tubo 3 para calcular su diámetro.

Para calcular el diámetro, debe tomar la raíz cuadrada de ambos lados de la ecuación.

$$\text{Área del tubo } 3 = (0.785)(\text{Diámetro}^2)$$
$$163.28 \text{ in}^2 = (0.785)(\text{Diámetro}^2)$$
$$208 \text{ in}^2 = \text{Diámetro}^2$$
$$14.4 \text{ in} = \text{Diámetro}$$

Solución en unidades estándar del sistema internacional

Paso 1: Calcule el área de la sección transversal de cada tubería antigua. La fórmula se puede encontrar en la hoja de fórmulas de ABC. Es correcto usar centímetros porque no convertiremos a metros cúbicos o litros después.

$$\text{Área del tubo } 1 = (0.785)(\text{Diámetro}^2)$$
$$\text{Área del tubo } 1 = (0.785)(20.3 \text{ cm})(20.3 \text{ cm})$$
$$\text{Área del tubo } 1 = 323.49 \text{ cm}^2$$
$$\text{Área del tubo } 2 = (0.785)(\text{Diámetro}^2)$$
$$\text{Área del tubo } 2 = (0.785)(30.5 \text{ cm})(30.5 \text{ cm})$$
$$\text{Área del tubo } 2 = 730.25 \text{ cm}^2$$

Paso 2: Sume las áreas de las tuberías antiguas. El resultado será igual al área de la nueva tubería de impulsión.

$$\text{Área tubo } 1 + \text{Área tubo } 2 = \text{Área tubo } 3$$
$$323.49 \text{ cm}^2 + 730.25 \text{ cm}^2 = \text{Área tubo } 3$$
$$1053.74 \text{ cm}^2 = \text{Área tubo } 3$$

Paso 3: Use el área del tubo 3 para calcular su diámetro.

$$\text{Área del tubo 3} = (0.785)(\text{Diámetro}^2)$$
$$1053.74\ \text{cm}^2 = (0.785)(\text{Diámetro}^2)$$
$$1342.34\ \text{cm}^2 = \text{Diámetro}^2$$
$$36.6\ \text{cm} = \text{Diámetro}$$

Para calcular el diámetro, debe tomar la raíz cuadrada de ambos lados de la ecuación.

CÁLCULO DE EJEMPLO 2 PARA ESTACIONES ELEVADORAS

El pozo sumidero de una estación elevadora tiene un volumen de trabajo de 45.42 m^3 (12 000 gal). La bomba principal tiene una capacidad de 113.55 m^3/h (500 gpm). La afluencia promedio del pozo sumidero es de 79.5 m^3/h (350 gpm). ¿Con qué frecuencia la bomba tendrá ciclos de encendido?

Solución en unidades habituales en los EE. UU.

Paso 1: Calcule el tiempo del ciclo de bombeo con la fórmula de tiempo del ciclo de bombeo en la hoja de fórmulas de ABC. Asegúrese de que todas sus unidades concuerden con las requeridas por la fórmula antes de resolverla.

$$\text{Tiempo del ciclo, min} = \frac{\text{Volumen de almacenamiento, gal}}{(\text{Capacidad de la bomba, gpm}) - (\text{Afluencia del pozo sumidero, gpm})} \quad (7.29)$$

$$\text{Tiempo del ciclo, min} = \frac{12\,000\ \text{gal}}{(500\ \text{gpm}) - (350\ \text{gpm})}$$

$$\text{Tiempo del ciclo, min} = \frac{12\,000\ \text{gal}}{150\ \text{gpm}}$$

$$\text{Tiempo del ciclo, min} = 80$$

Solución en unidades estándar del sistema internacional

Paso 1:Convierta la capacidad de la bomba y la afluencia del pozo sumidero de m^3/h a m^3/min.

$$\frac{113.55\ \text{m}^3}{\text{h}}\left|\frac{1\ \text{h}}{60\ \text{min}}\right| = 1.89\ \text{m}^3/\text{min}$$

$$\frac{79.5\ \text{m}^3}{\text{h}}\left|\frac{1\ \text{h}}{60\ \text{min}}\right| = 1.33\ \text{m}^3/\text{min}$$

Paso 2: Calcule el tiempo del ciclo de bombeo con la fórmula de tiempo del ciclo de bombeo en la hoja de fórmulas de ABC. Asegúrese de que todas sus unidades concuerden con las requeridas por la fórmula antes de resolverla.

$$\text{Tiempo del ciclo, min} = \frac{\text{Volumen de almacenamiento, m}^3}{(\text{Capacidad de la bomba, m}^3/\text{min}) - (\text{Afluencia del pozo sumidero, m}^3/\text{min})} \quad (7.30)$$

$$\text{Tiempo del ciclo, min} = \frac{45.42\ \text{m}^3}{(1.89\ \text{m}^3/\text{min}) - (1.33\ \text{m}^3/\text{min})}$$

$$\text{Tiempo del ciclo, min} = \frac{45.42\ \text{m}^3}{0.56\ \text{m}^3/\text{min}}$$

$$\text{Tiempo del ciclo, min} = 81$$

CONSIDERACIONES SOBRE EL DISEÑO

Aunque el diseño no está a cargo, en general, del personal de operaciones, comprender los criterios básicos del diseños permite al personal de operación y mantenimiento realizar aportes que pueden hacer a una estación elevadora nueva más eficiente y de un mantenimiento más sencillo. El propósito de esta sección no es que los operadores aprendan a diseñar una estación elevadora sino proporcionar una descripción general de cuestiones importantes para conversar con el ingeniero de diseño y el fabricante. Cuando se diseña una estación elevadora, independientemente del tipo, hay algunos criterios básicos que se deben observar y considerar en el proceso de diseño. La profundidad del tubo del caudal de entrada y la elevación y la distancia hasta la tapa de registro de descarga son datos fundamentales y con frecuencia fijos. El otro criterio de diseño clave es el caudal. Es importante una comprensión completa no solo del caudal diario total sino también de los patrones típicos de caudales en el transcurso del día. Las características del caudal de aporte y si proviene de fuentes residenciales, comerciales, industriales o alguna combinación ayudan a determinar los caudales picos y cuándo ocurrirán. Si la estación elevadora procesa un sistema de alcantarillado existente, las relaciones entre el caudal pico y el promedio son criterios de diseño importantes, especialmente si el sistema tiene infiltración y afluencia (*infiltration and inflow*, I/I). Todos estos factores darán sustento a las decisiones sobre el tamaño de la bomba, la cantidad de bombas, la capacidad del pozo sumidero y el tipo de control de bomba necesarios. Muchos fabricantes de bombas tienen información adicional de soporte del diseño disponible en sus páginas web.

Determinar el tamaño de las bombas

La determinación del tamaño de las bombas con frecuencia está regido por criterios de diseño regulatorios. A la mayoría de las estaciones elevadoras se les exige que tengan capacidad redundante. En las estaciones elevadoras dobles (con dos bombas), cada bomba debe ser capaz de procesar el caudal pico del diseño. En las estaciones elevadoras triples (con tres bombas), las dos bombas restantes deben ser capaces de procesar el caudal pico si falla la bomba más grande. Aunque los requisitos regulatorios juegan un papel importante, con frecuencia, se permite suficiente flexibilidad de diseño en lo que concierne al tamaño de las bombas y a la selección de los controles y del tipo de impulsor para ayudar a que la estación elevadora opere de manera eficiente en condiciones diarias promedio. Esto contribuye a evitar otros problemas operativos y de mantenimiento.

En las estaciones más pequeñas con un sistema de control simple de encendido/apagado, el objetivo del diseño es equilibrar la cantidad de arranques por hora y la capacidad de procesar caudal pico. Esto se logra fácilmente siempre que la relación entre el caudal pico y el caudal promedio sea razonable. El diseño se torna más complicado cuando hay un I/I excesivo. Diseñar para un caudal pico varias veces mayor que el caudal promedio puede resultar en bombas sobredimensionadas y problemas operativos durante las condiciones de caudal promedio. No solo las bombas se sobredimensionan, también el sistema eléctrico, los controles, la tubería de impulsión y el pozo sumidero. Los componentes sobredimensionados pueden provocar ciclos de bombeo frecuentes, tiempos de detención prolongados en el pozo sumidero y generación de sulfuro de hidrógeno. Si sus bombas están sobredimensionadas, hay varias formas de regular el caudal, que incluyen regular las válvulas de descarga y ajustar el impulsor. Sin embargo, esto también reduce la eficiencia energética. Otra opción es instalar controladores de velocidad variable. Esto puede ser eficaz pero, según que tan sobredimensionada esté la bomba, la bomba podría pasar la mayor parte del tiempo operando a velocidades muy bajas, fuera de la POR. En los casos en los que una bomba está significativamente sobredimensionada para cumplir con las condiciones de caudal promedio, la reducción de la velocidad de la bomba necesaria para evitar ciclos de bombeo frecuentes es tan alta que provoca problemas como vibración de la bomba, cavitación y desgaste innecesario de los componentes giratorios. Una mejor solución puede ser agregar una tercera bomba y al mismo tiempo reducir el tamaño de cada una, a fin de que una bomba se ajuste mejor a un caudal diario típico y dos bombas puedan operar juntas para procesar las condiciones de caudal pico. Para mayor información sobre la eficiencia de las bombas, consulte la sección anterior sobre bombas centrífugas titulada "Desempeño esperado".

Una consideración adicional sobre las bombas es que elegir el tipo de impulsor correcto contribuye a reducir el mantenimiento, lo que hace más confiables a las bombas y capaces de mantener de manera uniforme los caudales de capacidad plena. La sección sobre bombas centrífugas, incluida anteriormente en este capítulo, describe opciones de varios impulsores para bombas centrífugas.

Determinar el tamaño de los pozos sumideros

Es fundamental determinar correctamente el tamaño del pozo sumidero para que la operación y el mantenimiento de la estación elevadora sean los adecuados. Si el pozo sumidero no se diseña correctamente pueden surgir distintos problemas, como

- Sedimentación de sólidos en el fondo del pozo sumidero;
- Sólidos flotantes;
- Cavitación de la bomba por vórtices o aire atrapado en la tubería del caudal de entrada;
- Demasiados arranques por hora o insuficientes;

- Sistemas controlados con velocidad variable que, con frecuencia, disminuyen el nivel del agua hasta el punto de cierre;
- Olores y corrosión y
- Mayor mantenimiento.

Como regla general, se debe diseñar el pozo sumidero teniendo en cuenta las siguientes consideraciones:

- Se debe minimizar la elevación invertida de la tubería del caudal de entrada hasta el nivel del agua del pozo sumidero (la cantidad de caída libre) para evitar atrapamiento de aire en el pozo sumidero, que puede provocar cavitación y vibraciones en la bomba.
- La trayectoria del caudal de entrada a las bombas no debe causar remolinos excesivos o velocidades no uniformes; ambos fenómenos pueden producir cavitación y vibración en las bombas. Puede ser necesario utilizar deflectores u otras estructuras para aquietar el caudal y lograr un caudal uniforme si el espacio físico es limitado.
- El área colectora (el fondo) del pozo sumidero debe tener un área plana mínima justo debajo de la bomba o de la entrada de la bomba para favorecer la resuspensión de los sólidos y su remoción durante el ciclo de bombeo. Es necesario que los laterales de esta área plana tengan pendiente para dirigir los sólidos. Esta configuración minimiza o elimina la necesidad de limpieza de mantenimiento y reduce la producción de olores de la capa de lodo en el fondo del pozo sumidero.
- Se debe colocar la entrada de la bomba, o la campana de aspiración, relativamente cerca del pozo colector, en general un 40 % del diámetro de entrada del tubo.
- El volumen del pozo sumidero debe ser el mínimo necesario para evitar periodos prolongados entre ciclos de bombeo durante los periodos del día de caudal bajo y lo suficientemente grande para evitar arranques excesivos (10 a 15) por hora.
- En las estaciones elevadoras con un sistema de bombeo doble (dos), el diseño más recomendable es el de pozo sumidero circular. Las estaciones elevadoras con otras configuraciones de bombeo pueden necesitar considerar un pozo sumidero rectangular para adaptarse a la disposición de las bombas y permitir el acceso a todas las bombas para el mantenimiento.

Acceso para actividades de operación y mantenimiento

El acceso para las actividades de operación y mantenimiento es una parte fundamental del diseño. Si el acceso dificulta el mantenimiento, u origina problemas de seguridad, hay mayor probabilidad de que no se realice correctamente. A continuación, se describen algunos puntos claves a tener en cuenta:

- ¿Hay una forma directa de retirar las bombas de la estructura?
    - En una estación sumergible, eso significa que cada bomba debe tener una abertura arriba que permita retirar la bomba e instalarla sin tener que mover la bomba hacia los laterales. Para ello, es necesario que las compuertas de acceso se abran completamente y no estorben y que la grúa pueda levantar la bomba verticalmente por los carriles guías y la cargue en un vehículo para transportarla.
    - En una estación de foso seco, este acceso puede ser más dificultoso. Las pequeñas estaciones latas necesitan que la bomba o el conjunto bomba-motor se puedan retirar, mover hacia la abertura vertical y retirar por el eje vertical de ingreso del personal. Una adaptación común es una grúa ubicada sobre el eje. En las estaciones elevadoras de foso seco en construcciones más grandes, debe haber un acceso directo sobre cada bomba por una abertura en el piso. Para los motores con acoplamiento cerrado, puede ser una reja o una placa de acero. Con frecuencia, en las estructuras existentes, esta abertura está centrada entre las bombas y es necesario mover la bomba lateralmente con distintos dispositivos de elevación. En los motores con eje extendido, en general hay una placa de acero removible a la que el motor está unido. Retirarla para acceder crea un grave peligro de caída. Además, la remoción de los ejes impulsores, y posiblemente de las estructuras de acero de soporte, crea desafíos adicionales de trabajo y problemas de seguridad. Las estaciones en edificaciones deben tener un sistema de grúas superiores incorporado para ayudar a mover la grúa horizontalmente una vez que llega al nivel del suelo. También debe haber un sistema de carritos para sacarlas del edificio y cargarlas para su transporte. No es sorprendente, dados todos estos desafíos de mantenimiento, que las estaciones sumergibles o las estaciones elevadoras de foso seco existentes adaptadas con bombas sumergibles se hayan convertido en la norma.
- Acceso vehicular al edificio o la estructura para poder retirar o cargar el equipo. Se debe poder acceder con el vehículo hasta la puerta del edificio o el pozo sumidero de una estación sumergible.
- Acceso a las válvulas. Se deben mover las válvulas de entrada y de descarga como parte esencial del mantenimiento. Para que esta tarea sea segura, hay consideraciones de diseño importantes, como proporcionar un acceso despejado y una posición ergonómica adecuada del trabajador que realiza esta tarea.
- Debe haber una cantidad de espacio adecuada alrededor del equipo para realizar el mantenimiento.
- Capacidad para monitorear y controlar equipos esenciales. En su mayoría, los fabricantes ofrecen esta funcionalidad para poder hacer modificaciones en la operación de manera remota desde la computadora o el teléfono móvil.

Control de la corrosión

En cualquier instalación que haya aguas residuales, se debe monitorear el efecto de los gases, especialmente el sulfuro de hidrógeno (H_2S), sobre la infraestructura. El efecto a largo plazo puede provocar daño estructural y fallas, y ocasionar problemas de seguridad.

Hormigón

Si hay gas H_2S, incluso en bajas concentraciones, con el tiempo produce daños al hormigón debido a la formación de ácido sulfúrico. Esto produce que el hormigón se ablande y se deslave y quede con una superficie rugosa y con el árido del hormigón a la vista. Si esto continua, las varillas de acero comienzan a corroerse y expandirse, y como resultado grandes trozos de hormigón se desprenden o se desgajan. Finalmente, esto puede ocasionar debilitamiento y falla estructural.

Para evitar que se dañe el hormigón, la mejor solución es deshacerse del sulfuro de hidrógeno. Otra opción es proteger el hormigón con un recubrimiento de epoxi o, en estructuras de hormigón nuevas, con una lámina de protección plástica incrustada en el hormigón. Los recubrimientos son una solución eficaz para las estructuras existentes, si se aplican adecuadamente. Para ello, es necesaria una limpieza completa a alta presión del hormigón para lograr una superficie limpia y sólida para que se adhiera el recubrimiento. Si esto no se hace, los recubrimientos fallan y se descascaran.

Metal

Los metales expuestos a las aguas residuales también son propensos a corroerse. En los pozos sumideros, con frecuencia se usan aluminio y acero inoxidable porque son más resistentes a la corrosión que los metales ferrosos. Algunas instalaciones están reemplazando los carriles y las rejas de aluminio, que se debilitan y se corroen con el tiempo, con plástico reforzado con fibra de vidrio. La pintura también sirve como recubrimiento para proteger el metal. También hace lucir a la estación elevadora limpia y bien mantenida. Algunas estaciones elevadoras pequeñas tienen estructuras de acero enterradas. Necesitan protección catódica, lo que incluye un ánodo unido a una estructura de acero que se corroe con mayor facilidad y por lo tanto protege al acero. Los ánodos se deben inspeccionar regularmente y se deben reemplazar periódicamente.

CONSIDERACIONES SOBRE LOS POZOS SUMIDEROS

PROTECCIÓN DE LAS BOMBAS

Hay soluciones tanto simples como sofisticadas para proteger las bombas de los desechos que ingresan en la estación elevadora. Hay dos estrategias generales para hacerlo: (a) eliminar el material del flujo de desechos y (b) romper los desechos en trozos más pequeños que puedan pasar por las bombas. Algo que se debe tener en cuenta es que cada uno de estos dispositivos genera algo de pérdida de carga hidráulica, por lo que el nivel del agua aguas arribas será mayor y el canal o el tubo de ingreso va a tener cierto retroceso. La pérdida de carga hidráulica será mayor en los caudales superiores (picos).

Filtrado (manual y automático)

Se usaban rejas de barras manuales para proteger a las bombas de los desechos sólidos más grandes que podrían obstruir las bombas. Había un espacio de entre 25 50 mm (entre 1 y 2 in) entre las barras. Actualmente, la idea es proteger las bombas o los equipos del proceso de los materiales blandos, como las toallitas, por lo que el espaciado es mucho menor. Las rejas finas tienen un espaciado de 6 mm (0.25 in) o menor para proporcionar esta protección.

La reja de barras manual simple protege a las bombas desde hace mucho tiempo. La desventaja es que es necesario ingresar a un espacio confinado para acceder y limpiar las rejas. También es necesario que el personal saque los trozos de tela y los desechos pesados de la reja y después los retire, los transporte y lleve a cabo su disposición. Esto puede provocar problemas de seguridad y lesiones. Además, si la limpieza no es frecuente, puede producir que el alcantarillado aguas arriba se recargue y se formen sedimentación y malos olores debido a la reducción de la velocidad. La limpieza puede causar una onda de caudal repentina aguas abajo cuando se elimina el dique creado por la reja obstruida.

Se pueden usar rejas de barras automáticas para eliminar algunos de los problemas que pueden crear las rejas que se limpian manualmente (observe la Figura 7.65). Las rejas automáticas se autolimpian mecánicamente en función de un temporizador o de un punto de ajuste diferencial de nivel de agua. Esto elimina la mayoría de los riegos a la seguridad por el acceso del personal y minimiza los aumentos de nivel de agua aguas arriba. También mantiene un patrón de caudal más uniforme en la estación elevadora. Las rejas automáticas pueden estar diseñadas para llevar los desechos hacia el nivel del suelo y así evitar que el personal lo tenga que transportar manualmente fuera de la estación elevadora, lo que mejora aún más la seguridad. La eliminación de los desechos en la estación elevadora puede reducir el mantenimiento y la limpieza necesarios en las instalaciones aguas abajo. Sin embargo, aumenta los costos de capital de los equipos en las estaciones elevadoras y aumenta la cantidad de tiempo de operación y mantenimiento en las estaciones elevadoras. Las rejas más sofisticadas actualmente limpian la reja, eliminan las sustancias orgánicas y después compactan y embolsan los materiales resultantes del filtrado, todo de manera autónoma. Cuando operan adecuadamente, crean un proceso de filtrado sin contacto. Sin embargo, son sistemas que pueden ser complicados y costosos para la resolución de problemas y el mantenimiento.

Figura 7.65 Rejas de estación elevadora (reimpreso con autorización de Indigo Water Group)

Molinos/trituradores

Otra estrategia para tratar los desechos en las estaciones elevadoras es moler o triturar el material más grande en trozos más pequeños para que puedan pasar por las bombas. Debido a que estos dispositivos funcionan de manera continua, la recarga de caudal aguas arriba es mínima. La desventaja es que el material, aunque es más pequeño, permanece en las aguas residuales y se transporta aguas abajo para un posterior tratamiento. Esto puede ocasionar problemas operativos o regulatorios con los biosólidos porque gran parte de este material no es biodegradable. Debido a que la mayoría de estos molinos usan motores con acoplamiento cerrado y pueden quedar sumergidos, es importante que tengan motores sumergibles y no de inmersión. Necesitan mantenimiento preventivo frecuente y reemplazo periódico de los mecanismos cortantes. En la Figura 7.66 se muestra un ejemplo de un molino.

Figura 7.66 Molino (reimpreso con autorización de Douglas Borkosky)

Tamices tipo cesta

Los tamices tipo cesta son una forma simple y eficaz de capturar los desechos de las aguas residuales antes de que ingresen en las estaciones elevadoras pequeñas. Se cuelga una cesta hecha con barras de aluminio en unos carriles guía para poder retirarla y limpiarla manualmente. Una consideración de diseño importante para la seguridad del trabajador es tener disponible una elevadora directamente sobre ella para retirarla (en la Figura 7.67 se muestra un ejemplo de cestas para eliminación de desechos).

SISTEMAS DE CONTROL

Los sistemas de control de las estaciones elevadoras pueden ser desde un simple control de encendido y apagado de la bomba con acceso únicamente local a bombas con controladores de velocidad variable que se pueden operar en forma remota. El elemento común en cualquier sistema es el instrumento sensor de nivel que proporciona información sobre el nivel en el pozo sumidero al panel de control, que decide cuándo arrancar y detener las bombas y a qué velocidad hacerlas funcionar.

PANELES DE CONTROL

La tarea de un panel de control es tomar la entrada de nivel del sensor y convertirla en una instrucción operativa que deben seguir las bombas. Los paneles de control actuales son muy distintos a los antiguos, que eran bancos de relés y reostatos que cubrían toda la pared. La electrónica moderna y los controladores lógicos programables (PLC) los han disminuido a cerramientos del tamaño de un gabinete con interfaces fáciles de usar que permiten ajustes rápidos y sencillos de las configuraciones y las alarmas de las bombas. Muchos fabricantes (o la mayoría de ellos) pueden monitorear y controlar de manera remota la estación elevadora desde una computadora, una tablet o un teléfono móvil. En las estaciones elevadoras más grandes, con mayores caudales, los FVD pueden minimizar los arranques de las bombas y proporcionar un bombeo continuo que se ajuste a la tasa del caudal de entrada.

INSTRUMENTOS SENSORES DE NIVEL

Flotador

Si trabaja en una instalación de aguas residuales, probablemente esté familiarizado con el interruptor de nivel de "bola flotante". Se usan hace mucho tiempo porque son económicos, simples y confiables. Está disminuyendo su uso como sensor de nivel principal porque solo proporcionan puntos fijos de control y puede ser difícil ajustarlos y es necesario ingresar al pozo sumidero. Además, necesitan un mantenimiento frecuente para evitar que se ensucien con grasa y trozos de tela. Actualmente, se usan con frecuencia como alarma de nivel alto en caso de que otros tipos de sensores de nivel fallen. En la Figura 7.68 se muestra un ejemplo de un sistema de control con flotador.

Figura 7.67 Cestas para eliminación de residuos (reimpreso con autorización de Black & Veatch)

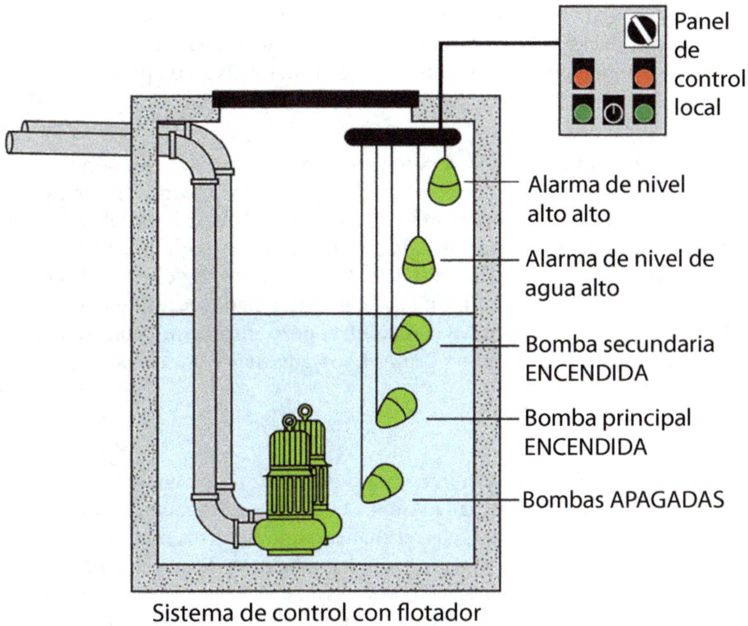

Figura 7.68 Sistema de control con flotador

Burbujeadores

Los sensores de nivel con burbujeadores son otra tecnología que se usa hace mucho tiempo (observe la Figura 7.69). Actualmente usan electrónica moderna e interfaces de usuario en lugar de la tecnología analógica del pasado. Usan un compresor de aire, un sensor de presión y una tubería hacia el pozo sumidero para proporcionar una medición continua del nivel, por lo que son una buena opción en las estaciones elevadoras con velocidad variable. Los sistemas burbujeadores miden el nivel del agua mediante la detección de la presión necesaria para forzar el aire a través de un tubo sumergido. El tubo está montado con su extremo debajo de la superficie del agua que se debe medir y el aire emerge desde el fondo del tubo en forma de un flujo de burbujas. El caudal de aire es relativamente pequeño, solo lo suficiente para evitar que el agua regrese por el

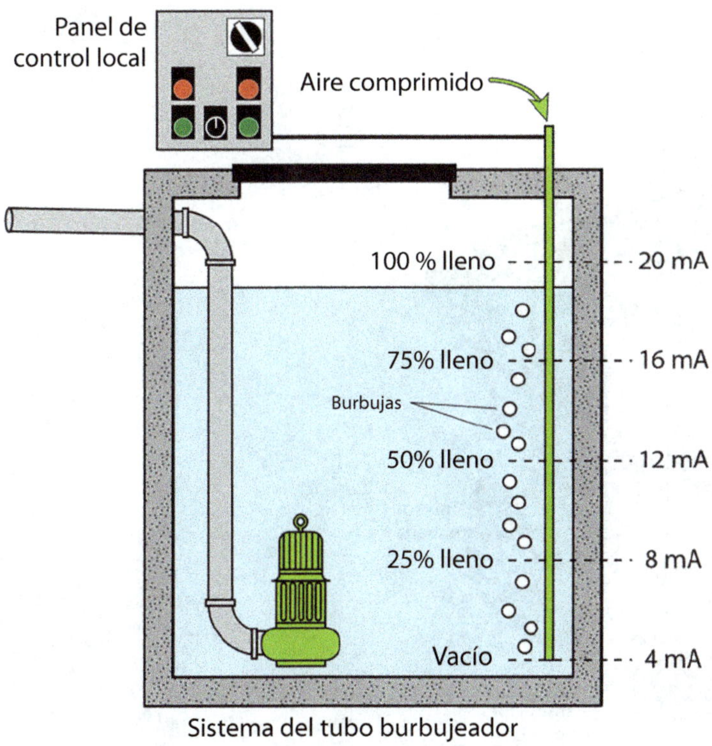

Figura 7.69 Sistema de control de nivel con burbujeador

tubo, por lo que la presión necesaria para empujar el aire por el tubo es igual a la presión en la salida del tubo. Esta presión es proporcional a la profundidad del agua sobre el fondo del tubo. Fugas en las conexiones de las líneas de aire pueden provocar problemas de desempeño en los sistema de control de nivel con burbujeador.

Transductores de presión/sensores de nivel hidrostáticos

Los transductores de presión usan un diafragma sumergido en el pozo sumidero para medir la presión que está ejerciendo la columna de agua sobre el diafragma (observe la Figura 7.70). Para obtener un rango completo de mediciones, el diafragma se debe colocar cerca del fondo del pozo sumidero, debajo del corte por nivel bajo de las bombas. Algunos transductores de presión cuelgan de un cable en el fluido, lo que hace que sean más fáciles de retirar e inspeccionar. Trozos de tela y otros materiales fibrosos, además de la grasa, tienden a acumularse en el transductor y el cable. Deben ser retirados, limpiados e inspeccionados regularmente. La lectura de presión que se envía al controlador es proporcional al nivel en el pozo sumidero. Debido a que los transductores de presión proporcionan mediciones continuas de nivel, son adecuados para los sistemas de control de velocidad variable.

Sensores de nivel ultrasónicos y por radar

Los sensores de nivel ultrasónicos usan ondas de sonido y *los sensores de nivel por radar* usan ondas de radio para determinar la distancia desde el sensor hasta el nivel del agua. Ambos sensores están montados sobre la superficie del agua y no entran en contacto directo con las aguas residuales como los otros sensores. Ambos son muy confiables, necesitan poco mantenimiento y proporcionan mediciones de nivel continuas al controlador. Debido a que ambos toman como punto de medición la superficie, es importante que estén colocados en áreas donde la superficie sea calma (no haya turbulencias). Los dispositivos ultrasónicos necesitan una línea de visión clara para funcionar y pueden tener problemas si hay polvo o neblina (vapor de agua por alta humedad [observe la Figura 7.71]).

Los sensores de nivel por radar no necesitan una línea de visión sin obstrucciones porque se pueden programar para que ignoren objetos. Sin embargo, los sensores de nivel por radar tienen una banda muerta más grande (la distancia desde la sonda en la que no se pueden realizar mediciones) que las unidades ultrasónicas (observe la Figura 7.72). Los sensores por radar, con frecuencia, también son más costosos que las unidades ultrasónicas.

Resumen de los instrumentos de nivel

En la Tabla 7.5 se enumeran las ventajas y las desventajas de los instrumentos de control de nivel de las estaciones elevadoras.

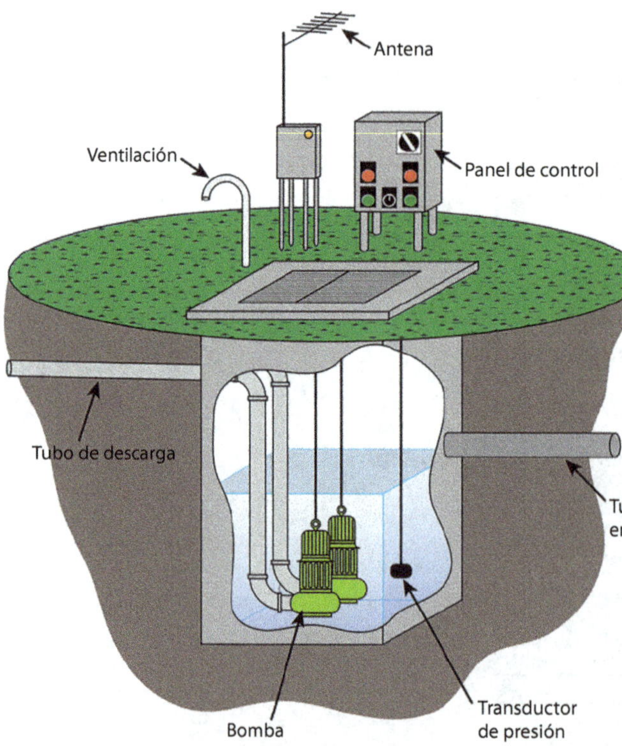

Figura 7.70 Transductor de presión en un pozo sumidero

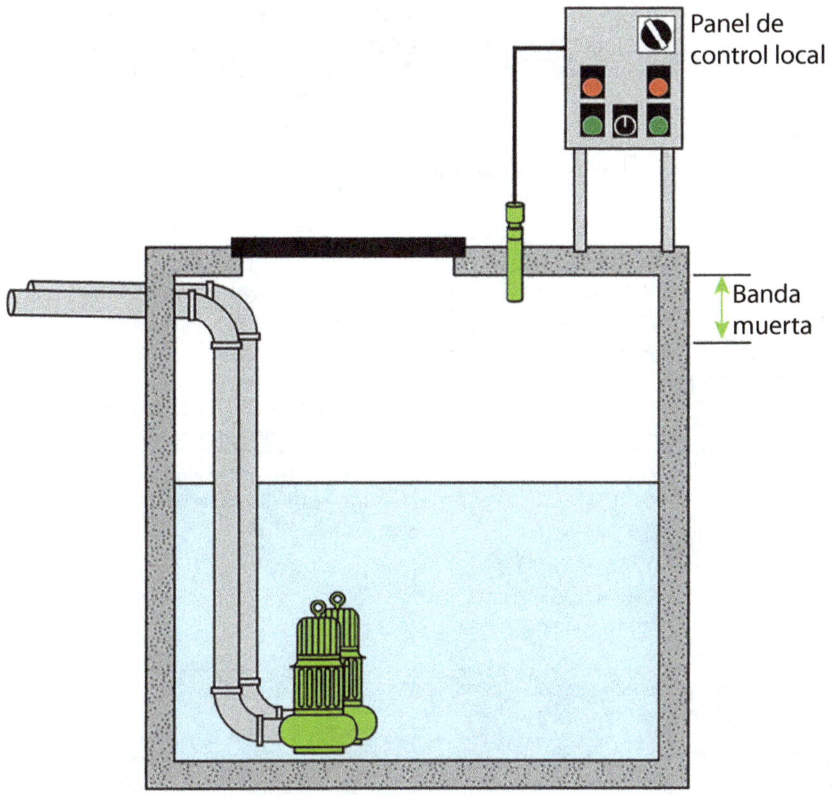

Figura 7.71 Medición de nivel ultrasónico

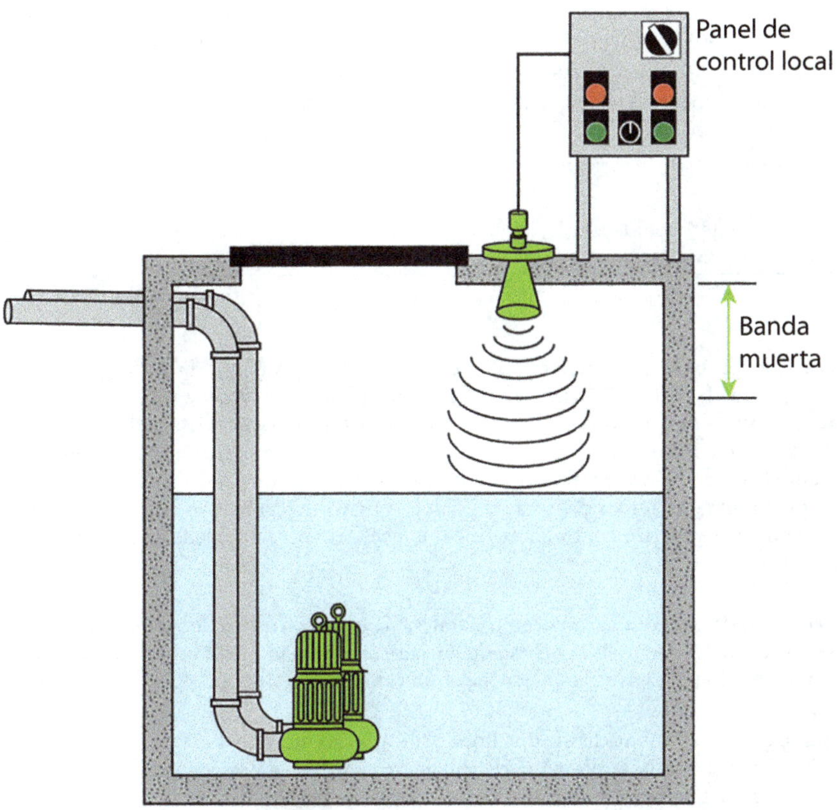

Figura 7.72 Medición de nivel por radar

Tabla 7.5 Ventajas y desventajas de los instrumentos de control de nivel de las estaciones elevadoras

	Ventajas	Desventajas
Bolas flotantes	■ No son costosas ■ Confiables ■ Se usan como soporte de otras tecnologías	■ Propensas a acumulación de grasa y tela ■ No proporcionan mediciones de nivel continuas ■ Necesitan ajustes físicos para cambiar los puntos de control
Burbujeador	■ Es simple cambiar los puntos de ajuste del control o la alarma ■ Proporciona mediciones de nivel continuas por lo que es compatible con controles de velocidad variable	■ Fugas de aire pueden provocar lecturas de nivel imprecisas ■ Transmisión analógica de datos desde el pozo sumidero por presión de aire hasta un transductor montado en el panel de control
Transductor de presión	■ Es simple cambiar los puntos de ajuste del control o la alarma ■ Transmisión electrónica de datos directamente desde el pozo sumidero ■ Proporciona mediciones de nivel continuas por lo que es compatible con controles de velocidad variable	■ En las aguas residuales cerca del fondo del pozo sumidero
Ultrasónico	■ Es simple cambiar los puntos de ajuste del control o la alarma ■ Proporciona mediciones de nivel continuas por lo que es compatible con controles de velocidad variable ■ No está en contacto directo con las aguas residuales	■ Es más costoso ■ Necesita una superficie de agua lisa para funcionar adecuadamente ■ Las unidades ultrasónicas pueden tener problemas con la niebla o la condensación. ■ La turbulencia puede afectar la precisión de la medición de nivel
Radar	■ Es simple cambiar los puntos de ajuste del control o la alarma ■ Proporciona mediciones de nivel continuas por lo que es compatible con controles de velocidad variable ■ No está en contacto directo con las aguas residuales ■ No se ve afectado por la niebla, la condensación o la espuma	■ Tiene una banda muerta más grande que las unidades ultrasónicas ■ Es más costoso que las unidades ultrasónicas ■ La turbulencia puede afectar la precisión de la medición de nivel

OPERACIÓN REMOTA

En la sección sobre alarmas, analizamos el monitoreo remoto de las estaciones elevadoras. Esta es la parte de adquisición de datos o la que puede parecer "obvia" de SCADA (control de supervisión y adquisición de datos). El monitoreo remoto alerta de un problema en tiempo real y, según el nivel de detalle de la alarma, también se puede saber exactamente cuál es el problema. Sin embargo, para solucionarlo, hay que ir a la estación. Aquí comienza la función de la operación remota o la porción de control de supervisión de SCADA. Permite la operación remota de equipos de tareas críticas, con mayor frecuencia las bombas. Según la complejidad del sistema, también se pueden controlar otros equipos. Este control proviene de una *unidad terminal remota (RTU)* o un *PLC*.

Una *RTU* es un dispositivo con microprocesador que monitorea y controla los dispositivos del campo y después se conecta con el control de la instalación o los sistemas SCADA mediante una interfaz hombre-máquina como una computadora o una pantalla táctil. Por medio de esta interfaz, se puede ver y controlar el equipo remoto.

Un *PLC* es una computadora de estado sólido fortalecida para soportar las condiciones más exigentes del campo. Monitorea de manera continua los puntos de entrada y salida y toma decisiones lógicas para controlar automáticamente los procesos y los equipos.

La interfaz de usuario en el centro de control principal, en general, tiene una representación gráfica de la estación elevadora remota. Puede incluir indicación del estado encendido o apagado de la bomba, la velocidad de la bomba y el nivel del pozo sumidero. El usuario puede hacer un cambio operativo sin tener que ir al lugar.

En el pasado, estos sistemas se comunicaban mediante una línea dedicada arrendada o una frecuencia de radio exclusiva. Actualmente, al igual que el monitoreo remoto, el celular se está volviendo rápidamente el estándar en la comunicación y hay aplicaciones para teléfonos móviles para controlar el equipo. Hay un movimiento hacia sistemas en la nube, en los que los fabricantes hospedan los datos y se elimina o se reduce la necesidad de hardware exclusivo en el sitio de control.

Hay muchos contratistas que pueden proporcionar este equipo, pero hay una tendencia a que los fabricantes de las bombas proporcionen sistemas listos para conectar y usar que vienen con el equipo, accesorios y controles, todos preempaquetados de fábrica con distintas opciones para una fácil integración en el sistema SCADA del comprador. En la Figura 7.73 se muestra un ejemplo de una representación esquemática de un sistema SCADA.

ALARMAS

ESTRATEGIA PARA SABER QUÉ ALARMA ESTABLECER

La operación de una estación elevadora, en general, está automatizada, por lo tanto, las instalaciones no necesitan operadores en el lugar. Es muy común que los operadores realicen inspecciones diarias o semanales para identificar problemas potenciales. Entre esta inspecciones, algo puede andar mal; por lo tanto, es recomendable tener un sistema de monitoreo remoto confiable en el lugar. Sin él, el problema puede pasar inadvertido hasta la siguiente inspección. Con él, puede haber una alarma instantánea de problemas potenciales que proporciona ahorro y tranquilidad.

Los avances en tecnología de monitoreo han hecho posible un monitoreo remoto detallado del desempeño de la estación elevadora y reducir la necesidad de la visita en persona. Los sistemas de alarma más simples consisten en una luz intermitente y una bocina de alarma local, para que los vecinos o la policía local notifiquen al personal de la empresa de servicios públicos que hay un inconveniente. Los sistemas de telemetría más básicos pueden tener solo una alarma general para la estación elevadora que indique al personal que debe visitar la estación elevadora para determinar la causa real de la alarma. Los sistemas de alarmas digitales modernos actualmente permiten muchas entradas, que con frecuencia se pueden expandir con módulos de alarmas adicionales. Cuando se combinan con un panel de control que ya tiene varios puntos de alarma específicos para la bomba, como vibración, temperatura, falla de sellos, caudal calculado y otros incorporados, la operación disponible para el personal de operaciones en sus teléfonos móviles o computadoras puede ser muy detallada. En el pasado, algo tan simple como un generador en marcha requería de una visita a la estación elevadora, con frecuencia fuera del horario de trabajo y con tarifas de horas extras. Actualmente, el operador puede ver que la estación está funcionando normalmente con suministro de energía de respaldo y determinar la causa de la interrupción del servicio eléctrico desde una computadora o un teléfono móvil sin tener que abandonar su hogar. Ahora es posible recibir imágenes de vídeo del lugar, y así, un empleado puede ver y escuchar lo que está sucediendo en una estación elevadora. Con los avances en tecnología, como el acceso inalámbrico por 5G, la Internet de las cosas y la inteligencia artificial, es posible obtener información cada vez más detallada en tiempo real y recibir una alerta automática ante una situación antes de que se convierta en un problema.

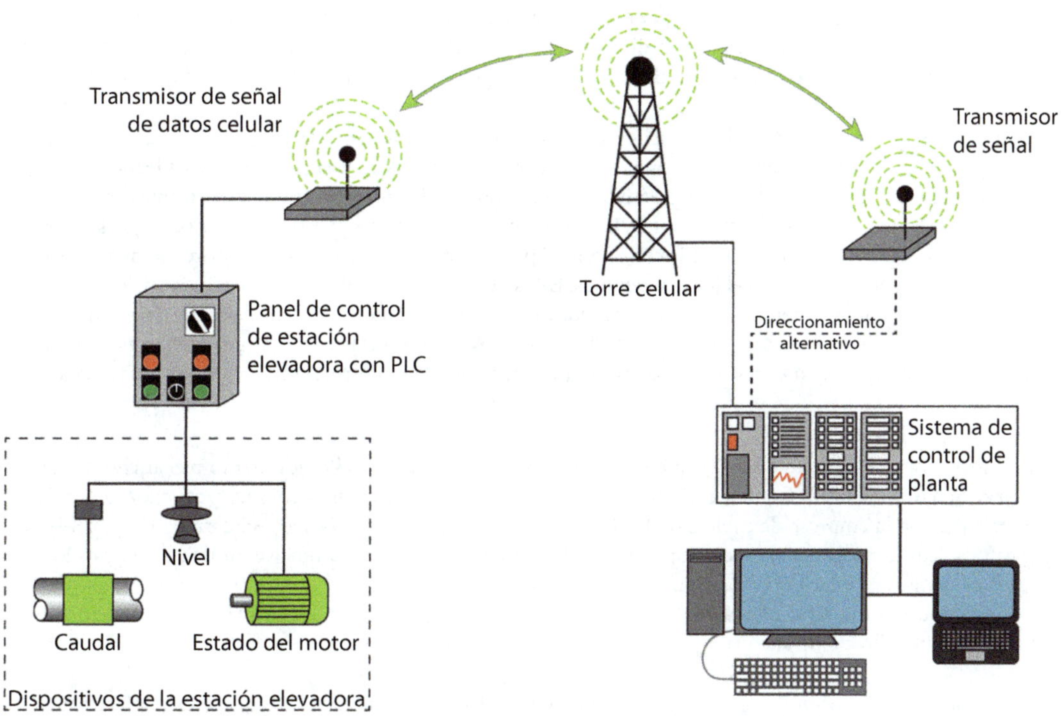

Figura 7.73 Representación esquemática del sistema SCADA

MONITOREO POR ALARMA

El monitoreo por alarma se hacía, en general, en una instalación que contaba con personal las 24 horas del día. Según el caso en particular, lo hacía personal de la WRRF o de otro organismo, como la policía. Con suerte, se notificaba al personal correspondiente a tiempo, pero todos conocemos historias de casos en los que eso no sucedió durante horas e incluso días después de que se disparó la alarma. La llegada de la marcación automática y después de tecnología mucho más sofisticada, permite que la misma estación elevadora notifique al personal responsable.

TECNOLOGÍA DE COMUNICACIÓN POR ALARMA

Los tipos de tecnología de comunicación por alarma siguieron la tendencia general de la industria de las comunicaciones; es decir, de cableada a inalámbrica. Con el aumento de la tecnología digital económica, actualmente se pueden instalar sistemas sofisticados de alarmas en muchos otros sistemas.

Dispositivos de marcación automática

El dispositivo de marcación automática ofrecía una opción más económica que las líneas de teléfono para comunicarse con las estaciones elevadoras remotas. También permitía que las llamadas que generaba fueran directamente al personal de operaciones responsable de las estaciones elevadoras. Los dispositivos de marcación automática se programan para que llamen de manera consecutiva a una lista de números telefónicos hasta que alguien atienda y se haga responsable de la alarma. Originalmente, los dispositivos de marcación automática dependían de líneas de teléfonos comunes pero, actualmente, migraron a redes de llamadas celulares. Estos sistemas solo alertan sobre una falla, pero no proporcionan información operativa. Muchos dispositivos de marcación automática aún siguen en operación donde no hay disponible un ancho de banda confiable.

Radio

La transmisión por radiofrecuencia es otra tecnología comúnmente usada para las comunicaciones con las estaciones elevadoras. Necesita infraestructura en los extremos de envío y de recepción, y con frecuencia incluye una torre alta. La transmisión por radiofrecuencia puede enviar información y también alarmas, con ciertas limitaciones. La naturaleza del entorno de la radiofrecuencia establece que no hay garantía absoluta de que todos los datos se transmitirán y se recibirán por aire exitosamente, especialmente si hay muchos sitios que compiten por enviar datos al mismo tiempo. Sin embargo, un sistema de transmisión por radiofrecuencia bien diseñado tiene un control de error incorporado y funciones de reenvío automático que continúan enviando una información hasta que sea recibida con éxito. Esto hace posible enviar datos importantes por una conexión inalámbrica, siempre que todo el sistema pueda tolerar cierta cantidad de demora. Se usan dos tipos de radiofrecuencia: radiofrecuencia con licencia y radio de amplio espectro de propietario sin autorización. *Las radios con licencia* son sistemas adjudicados a un propietario mediante una licencia de frecuencia otorgada por el organismo regulatorio local (FCC) para operar en una sola frecuencia fija. La agencia emite estas licencias para reducir la interferencia. Las radios con licencia se consideran de alta potencia, en general de hasta 5 W. Esta potencia se traduce en un rango de transmisión largo, con frecuencia hasta 64 km (40 millas).

El segundo tipo de tecnología de radiofrecuencia es la *radio de amplio espectro de propietario sin autorización*. Estos dispositivos se usan con mayor frecuencia en las aplicaciones industriales inalámbricas. La tecnología de radio es exclusiva del fabricante del dispositivo y no funciona en dispositivos de otros fabricantes, lo que constituye un elemento de seguridad adicional. Las radios de propietarios se pueden adaptar para que se ajusten a una aplicación específica, que va desde la conectividad por Ethernet a las señales por sensores, lo que las hace adecuadas para las aplicaciones en el lugar y remotas. Estos dispositivos con frecuencia son más eficientes para transferir datos, ya que la plataforma de radio está optimizada para los tipos y las cantidades de datos que va a transmitir. El dispositivo se puede ajustar a los niveles máximos permitidos por el organismo gubernamental local (p. ej., la FCC), por lo que en general son posibles conexiones de radiofrecuencia de rangos más largos.

Banda ancha y celular

Cuanto mayor sea la cantidad de datos que necesita recolectar, mayor será el rendimiento o el ancho de banda necesario. Si hay disponibilidad de banda ancha cableada, una opción es contar con un proveedor de servicios de Internet, como la empresa de cable o de teléfono. Una conexión cableada, en especial una que use cable de fibra óptica, seguramente será la mejor opción si es fundamental transmitir mucha cantidad de datos y los tiempos de demora deben ser cortos. Si no estuviera disponible la banda ancha, es posible usar antenas de microondas para suministrar banda ancha. Son más costosas, el clima puede degradar la señal y funcionan mejor si hay línea directa de visión.

La última opción es la comunicación celular. Casi todos los sistemas de alarma la usan como su plataforma de comunicación principal u opcional. Es económica y eficaz para un sistema únicamente de alarma y puede funcionar con SCADA si el sistema puede tolerar cierta demora del control en tiempo real. A medida que la tecnología inalámbrica celular 5G de próxima generación (generación 5G) se torna más común, estas limitaciones deberían desaparecer. El único problema de todas estas tecnologías es que dependen de torres o antenas que se pueden dañar durante las tormentas. Además, la vida útil de la tecnología es de solo 7 a 10 años. No es inusual que las empresas ya no den soporte a tecnologías de más de dos generaciones de antigüedad, por lo que probablemente sea necesario actualizar con mayor frecuencia estos sistemas. En la Figura 7.74 se muestra un sistema de telemetría de una estación elevadora que usa transmisión de datos celular.

OPERACIÓN

PUESTA EN FUNCIONAMIENTO

La puesta en funcionamiento de una estación elevadora, en general, incluye a los ingenieros de diseño, los contratistas y los fabricantes del equipo, por eso, rara vez usted está solo durante ese momento crítico. Es importante que el personal de operaciones se involucre y haga preguntas. También es importante asegurarse de contar con la información de contacto de estas personas después de que la capacitación inicial se haya completado porque es inevitable que ocurra algo fuera de lo contemplado. Con la telemetría actual, los técnicos pueden acceder a la mayoría de estos subsistemas de forma remota. Puntos muy importantes que deben ser tenidos en cuenta son los olores y los ciclos de bombeo esporádicos de la estación elevadora producto de falta de caudal por la introducción de aguas residuales en etapas o gradual. Si la estación elevadora presta servicio a dos desarrollos urbanísticos nuevos con pocas viviendas construidas, puede ser necesario transportar agua para lavar el alcantarillado aguas arriba y hacer funcionar la estación periódicamente. Eso debe ser responsabilidad del encargado del desarrollo urbanístico hasta que haya suficiente caudal disponible.

APAGADO

Solo en raras ocasiones se apaga una estación elevadora intencionalmente o sin ninguna razón de emergencia. Es para enviar el caudal a una línea por gravedad para reemplazarla o para realizar mejoras importantes. En todos los casos, debe haber un plan para el procesamiento del caudal antes de comenzar. Si se clausura una estación elevadora, se deberán tomar las medidas necesarias para tratar las aguas residuales restantes, descontaminar la estructura y eliminar materiales peligrosos (con frecuencia, las estaciones elevadoras contienen mercurio, plomo y amianto que necesitan un procesamiento especial). Las regulaciones estatales y locales indicarán si es necesario deshacer la vieja estructura o si puede quedar abandonada.

OPERACIÓN DIARIA

Para la operación diaria de una estación elevadora, en general, no son necesarias las visitas diarias. Como se mencionó en las secciones sobre control y alarmas, cuanto más se pueda monitorear y controlar una estación elevadora de manera remota, menor será la cantidad de visitas necesarias. La frecuencia de las visitas del personal está determinada, en última instancia, por factores como las tareas de limpieza manual de rejas de barras y otras que requieran la presencia en el lugar. Se debe realizar mantenimiento en el edificio y el terreno con la frecuencia suficiente para mantener la estación elevadora limpia y el terreno bien cuidado y seguro.

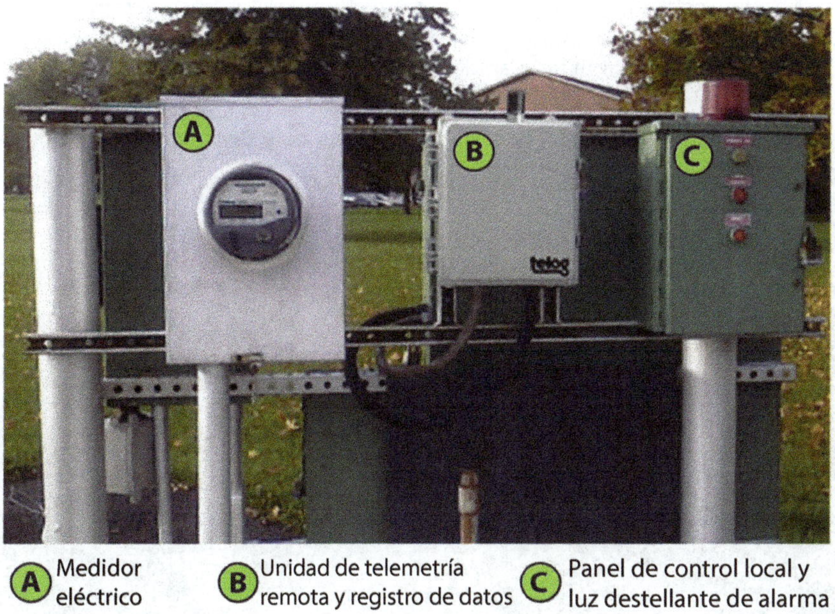

Figura 7.74 Suministro de energía eléctrica, controles y telemetría en una estación elevadora (reimpreso con autorización de Rob Villee)

El mantenimiento del pozo sumidero puede contribuir a reducir los olores en la estación elevadora y en la descarga de la tubería de impulsión, además de mantener las bombas funcionando eficientemente. La clave es tener un pozo colector y un control del nivel del pozo sumidero bien diseñados para evitar la acumulación de sólidos en el fondo y de grasa en la parte superior. Muchos fabricantes tienen bombas que hacen circular las aguas residuales en el pozo sumidero para mezclarlas antes de bombearlas. Se pueden instalar unidades mezcladoras o aereadoras que usan agua o aire para mantener mezclados los contenidos del pozo sumidero. Las otras opciones necesitan una limpieza manual. Hay boquillas que se enganchan en el camión cisterna de agua a presión y limpian el pozo sumidero con un movimiento circular. El último método para limpiar un pozo sumidero es usar un camión de aspiración para eliminar periódicamente el material atrapado en la superficie o el fondo del pozo sumidero.

OPERACIÓN DE EMERGENCIA

Las estaciones elevadoras remotas están diseñadas para operar automáticamente durante la operación normal. Si están bien diseñadas, deben continuar operando de manera autónoma aún en caso de emergencias, como fallas normales en el suministro de energía o problemas en una de las bombas. Por ejemplo, un operador puede recibir una notificación de que el motor de una bomba se detuvo y los controles de la estación elevadora cambiaron e hicieron funcionar otra bomba como la bomba principal. Aún se pueden realizar visitas para controlar la estación y resolver los problemas operativos del motor de la bomba que se detuvo, pero se pueden hacer en el transcurso de uno o dos días si todos los parámetros operativos restantes parecen ser normales.

Bombeo/suministro de energía de respaldo

La falla más común que experimenta la mayoría de las estaciones elevadoras es la pérdida de suministro normal de energía. La mayoría de las regulaciones sobre el diseño exige la disponibilidad en el lugar de un generador de emergencia energizado por un motor de combustión interna que proporcione suministro de energía de respaldo. Preferentemente, el equipo con motor de combustión se debe encender de manera automática para evitar un posible desborde del pozo sumidero. Lo más frecuente es el suministro eléctrico de respaldo, aunque el bombeo de respaldo se está tornando una adaptación común en los casos donde la estación elevadora experimenta altos caudales por clima húmedo y necesita mayor bombeo para tratarlos. En lugar de mejorar las bombas y los sistemas eléctricos por separado, se instala una bomba de respaldo a motor de combustión con el tamaño adecuado para tratar el caudal pico a fin de cumplir con los requisitos regulatorios. En la Figura 7.75 se muestra un ejemplo de un pozo sumidero de desvío y una conexión de descarga de bomba de desvío.

Algunas estaciones, especialmente las muy pequeñas, no tienen respaldos disponibles en el lugar. En este caso, se recomienda tener un enchufe en el que se pueda conectar rápidamente un generador portátil o una conexión que permita enganchar una bomba a la tubería de impulsión. También puede ser beneficioso que las estaciones elevadoras con respaldo en el lugar tengan una de estas opciones o ambas.

Plan de preparación de emergencia

El *plan de preparación de emergencia* (EPP) también se denomina *plan de respuesta de emergencia* (ERP). Es un documento integral que incluye las acciones que ocurren antes, durante y después de una emergencia. El objetivo de un EPP/ERP es evitar, minimizar y mitigar las lesiones y los daños producto de emergencias o

Figura 7.75 Pozo sumidero de desvío y conexión de descarga de la bomba de desvío (reimpreso con autorización de Passaro Engineering, LLC)

desastres naturales o provocados por el hombre. Estos EPP/ERP en general son planes extensos que abarcan a toda la empresa de servicios públicos. En la mayoría de los casos, es un requisito regulatorio. Los componentes claves de estos planes y cómo crearlos se pueden encontrar en línea en Environmental Protection Agency (EPA) de los EE. UU y en muchas agencias ambientales estatales. Aquí proporcionamos una descripción general específica para las estaciones elevadoras.

El cambio climático aumentó la frecuencia y la intensidad de los desastres naturales como los huracanes, los tornados, los incendios forestales y los terremotos, y por ello muchas empresas de servicios públicos hicieron una importante revisión y actualización de sus ERP. También les hizo darse cuenta de que las estaciones elevadoras diseñadas con datos antiguos, como las elevaciones por inundaciones, pueden requerir sistemas de protección innovadores.

Análisis de vulnerabilidad

Un *análisis de vulnerabilidad* es un proceso sistemático para evaluar las amenazas potenciales para la infraestructura crítica e identificar medidas correctivas para evitar, reducir o mitigar el riesgo de consecuencias graves asociadas a estas amenazas.

> Ejemplo: Quizá no pueda subir la estación elevadora lo suficiente como para evitar una nueva elevación por inundación, pero puede cambiar a sumergibles de foso seco, asegurarse de que no haya conexiones eléctricas por debajo del nivel de inundación y subir los controles y el generador para mitigar la mayoría de esos riesgos. Instale una conexión de emergencia para un generador o una bomba portátil para poder usar equipos de respaldo fuera del sitio a fin de mantener operativa la estación elevadora. Algunas empresas de servicios públicos crearon estaciones elevadoras en un remolque móvil. Se pueden mover desde lugares vulnerables frente al océano antes de una tormenta inminente, y queda atrás una instalación pequeña para mantener las operaciones. Después de que pasa la tormenta, la estación elevadora principal vuelve a su lugar para continuar con las operaciones.

La evaluación de vulnerabilidad de una estación elevadora debe tener en cuenta los siguientes puntos:

- Suministro de energía: ¿Qué sucede si está usando electricidad de emergencia, por cuánto tiempo puede funcionar la estación a capacidad pico con el tanque de combustible del generador, dónde consigo combustible, qué sucede si pierdo mi suministro de combustible (p. ej., se corta el gas natural), con qué frecuencia necesitamos detenerlo para hacer mantenimiento (las interrupciones de suministro eléctrico pueden durar de días a semanas), quién puede proporcionarme un respaldo?
- Sistemas mecánicos: ¿Qué sistemas mecánicos, como bombas y controles, son vulnerables a las inundaciones, los incendios, etc., cómo hacemos funcionar la estación elevadora sin controles, dónde consigo repuestos o soportes, quién los puede reparar *(si eso fuera posible)?*
- Comunicaciones: ¿Que sucede si los sistemas de comunicación (controles y alarmas y empleados) fallan, cuál es el plan de respaldo, cómo se comunica con el personal distribuido, los empleados pueden siquiera llegar a la estación elevadora para operarla? ¿Es una falla del sistema en su totalidad o un problema localizado?
- Personal: ¿Podrá el personal llegar a la instalación, la inundación o los desechos les impedirán llegar, es seguro, cómo establece el equilibrio entre la seguridad y la necesidad, hay alguna área en la que puedan descansar?
- Ayuda externa: ¿Tiene la información de contacto de la oficina de gestión de emergencias de su ciudad/ condado/estado, hay acuerdos de servicios compartidos para el personal y el equipo (como una red de respuesta de la agencia del agua y de las aguas residuales), qué contratistas pueden proporcionar ayuda?

Un buen EPP involucra a todos en la planificación y el plan se revisa con ellos regularmente para que se familiaricen con él antes de que resulte necesario. El plan puede incluir una modernización de las estructuras o de los equipos, que puede llevarse a cabo mediante un programa de mejora de capital. Todos sabemos que la construcción programada es mucho más barata que la que se realiza durante una emergencia.

CONSIDERACIONES DE SEGURIDAD

Los pozos sumideros son un área principal en lo que concierne a la seguridad debido a los peligros que presentan, como los gases peligrosos, los riesgos de caídas, el contacto con patógenos, los riesgos por espacio confinado e incluso el ahogamiento. Es importante que todos estos espacios estén debidamente etiquetados según sus riesgos y que todos los empleados usen los equipos de protección personal adecuados, estén capacitados y sigan las normas de seguridad aplicables, como los programas de ingreso en espacios confinados. Son fundamentales la instalación y el mantenimiento de los sistemas adecuados de carriles, rejas, cadenas y ventilación, porque las atmósferas pueden causar el debilitamiento o la falla de estas estructuras. Se prefiere el monitoreo continuo del aire porque permite al personal conocer las condiciones antes del ingreso. Como mínimo, es necesario un detector de gas portátil. Si los olores son un problema, la siguiente sección describe algunas soluciones de ingeniería para reducirlos y proteger a los empleados.

ESTRATEGIAS DE CONTROL DE OLORES

Las estaciones elevadoras pueden producir importante cantidad de olores, no solo en la estación elevadora misma sino también aguas abajo y en el punto de descarga de la tubería de impulsión. Hay muchas estrategias para hacer frente a esta situación y con frecuencia es necesaria una combinación de tecnologías para tratarla (en la Figura 7.76 se muestran instrumentos para medir olores).

En general, la fuente de los olores puede incluir

- Un prolongado tiempo de detención en las tuberías de impulsión aguas arriba,
- Sedimentación de sólidos en alcantarillados y túneles sobredimensionados,
- Descargas industriales con olor, y
- Un prolongado tiempo de detención dentro de la estación de bombeo.

Cuando hay olores en una estación elevadora, es importante primero identificar la fuente de los olores. ¿El olor proviene de las aguas residuales que ingresan o se genera en el pozo sumidero? Cuanto más grande sea la estación elevadora, mayor será la probabilidad de que haya problemas por olores. Las estaciones más grandes tienen áreas de servicio más grandes. Cuanto más tiempo permanezcan las aguas residuales dentro de las tuberías, mayor será la probabilidad de que se agote el oxigeno y se generen sulfuros en las aguas residuales. Esto finalmente resulta en la producción de sulfuro de hidrógeno (H_2S) que se libera en el aire. Puede resultar difícil hacer frente a problemas de diseño de pozos sumideros, sólidos que se sedimentan en los tubos del alcantarillado y tiempos prolongados de detención en las tuberías de impulsión. Una vez construidos estos sistemas, hay muy pocos cambios que los operadores pueden hacer para hacer frente a las causas.

En la mayoría de estas situacionse, el componente hediondo principal de las aguas residuales es el H_2S. Se genera cuando hay condiciones anaerobias en el alcantarillado. El sulfuro de hidrógeno es el producto final del proceso de digestión anaerobia que las bacterias hacen de los compuestos de carbono con sulfatos como fuente de energía. Cuando una estación elevadora se llena de aguas residuales, el aire dentro del pozo sumidero es expulsado por un conducto o espacios en las compuertas y se libera al medio ambiente donde se puede detectar. Las estrategias de control de olores pueden apuntar a tratar la causa del olor o simplemente a tratar el olor cuando deja la estación elevadora.

TRATAR LA CAUSA

Uno de los primeros pasos es determinar el nivel de H_2S. Esto se puede hacer mediante un medidor con registro de datos de H_2S en el aire o se puede controlar la fase líquida con un kit de análisis simple. El segundo paso es determinar si será útil hacer modificaciones operativas como el tiempo de detención, los niveles en el pozo sumidero o el mantenimiento del pozo sumidero o el alcantarillado aguas arriba.

Puede resultar difícil hacer frente a problemas de diseño de pozos sumideros, sólidos que se sedimentan en los tubos del alcantarillado y tiempos prolongados de detención en las tuberías de impulsión. Una vez

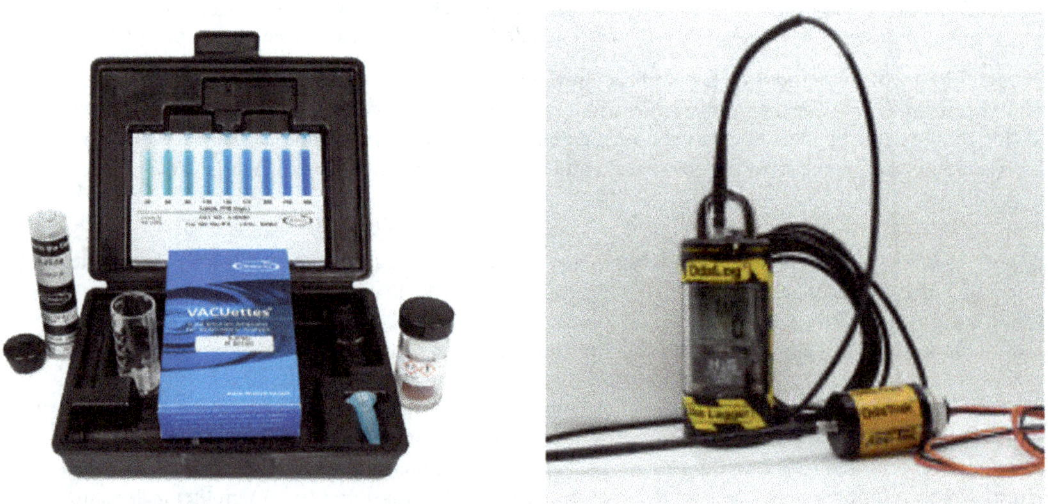

Figura 7.76 Instrumentos para medir olores (reimpreso con autorización de Detection Instruments Corp.)

construidos estos sistemas, hay muy pocos cambios que los operadores pueden hacer para hacer frente a las causas. Las estrategias de control de olores pueden apuntar a tratar la causa del olor o simplemente a tratar el olor cuando deja la estación elevadora.

Hay modificaciones operativas que pueden reducir los problemas de olores:

- Cambiar los puntos de ajuste de nivel para minimizar el volumen dentro del pozo sumidero.
- Limpiar regularmente los segmentos del alcantarillado en los que tienden a depositarse sólidos debido a baja velocidad de caudal.
- Cuando las tuberías de impulsión quedan estancadas por mucho tiempo debido a un suplemento lento (como en una nueva subdivisión), considere transportar aguas residuales en los casos extremos o lavar los pozos sumideros y las tuberías de impulsión con el efluente de la instalación. (Esto puede ser costoso).

Si los cambios operativos no son eficaces, el agregado de productos químicos puede reducir los olores dentro del sistema. Las dos estrategias principales son agregar un aceptor de electrones o agregar una sal de metal. Cuando se agregan nitratos u oxígeno a las aguas residuales, las bacterias usan conversiones anóxicas y óxicas en lugar de conversiones anaerobias.

Los nitratos se agregan, en general, en forma líquida. El oxígeno se agrega, en general, por medio de aire comprimido y difusores sumergidos en una estación de bombeo. El agregado de oxígeno puede tener como efecto colateral que se mezcle el pozo sumidero y así se reduzca la acumulación de material flotante. En la Figura 7.77 se muestra una ilustración de una unidad pequeña de mezclado y aeración. En las estaciones grandes, también se puede agregar oxígeno puro en el pozo sumidero o en un flujo lateral presurizado. El agregado de nitrógeno u oxígeno presenta dos inconvenientes: el costo y la reducción de la demanda bioquímica de oxígeno en la WRRF (cuando se agregan nitratos a lo largo de una gran red de alcantarillado).

Se agregan sales de metal (como el cloruro férrico) para que reaccione químicamente con el H_2S cuando aún está disuelto. El agregado de sales de metal puede presentar problemas relacionados con los costos y la corrosión (según la composición química del agua).

Si se modifican los puntos de control de nivel de una estación elevadora, asegúrese de controlar el nivel mínimo del punto de cierre de la bomba, el tiempo de funcionamiento mínimo de la bomba y los ciclos admisibles por hora. Estos criterios, en general, se detallan en el manual de operación y mantenimiento de instalación de la bomba.

Como fuente de energía, las bacterias prefieren el oxígeno antes que los nitratos, y los nitratos antes que los sulfatos.

TRATAMIENTO DEL OLOR

Cuando no se pueden evitar los olores desagradables en una estación elevadora o alcantarillado, puede resultar necesario el tratamiento. En otras secciones de este manual se describieron detalladamente los procesos de tratamiento de olores. En la Tabla 7.6 se incluye un panorama general de las opciones posibles de tratamiento de olores junto con las dificultades potenciales y los requisitos de mantenimiento.

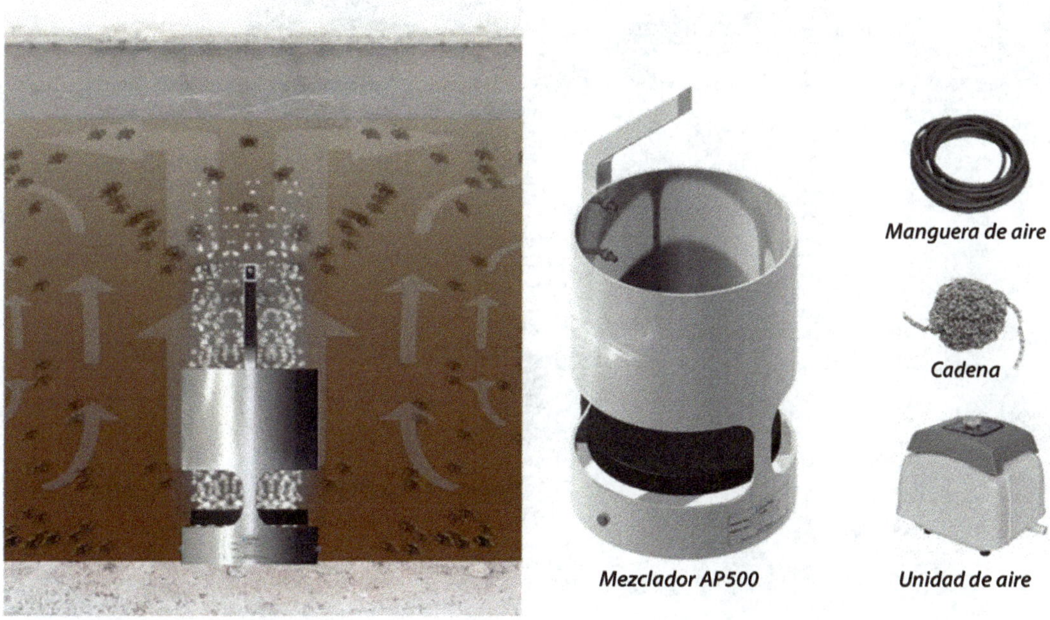

Figura 7.77 Mezcla en el pozo sumidero y unidad de aeración (reimpreso con autorización de IXOM Watercare Inc.)

Tabla 7.6 Opciones de tratamiento de olores en una estación elevadora

Tecnología para el tratamiento del olor	Descripción	Limitaciones y mantenimiento
Unidades de ventilación pasiva	Básicamente, una caja de mantillo montada en el tubo de ventilación de la estación elevadora. En la Figura 7.78 se muestra una ilustración de una unidad de ventilación pasiva.	Se puede usar para concentraciones y caudal de aire pequeños. El mantillo se debe cambiar con frecuencia (es decir, anualmente).
Unidades de carbono	El aire que sale de la estación elevadora es dirigido a un recipiente que contiene carbón activo granular. Con frecuencia, hay un ventilador después del carbono para hacer circular el aire viciado por el medio.	El tratamiento con carbono puede ser muy eficaz tanto para el H_2S como para otros compuestos de azufre. Sin embargo, según con cuánta frecuencia se deba cambiar el carbono, el mantenimiento de estos sistemas puede ser muy costoso.
Biofiltros	El aire que sale de la estación elevadora es dirigido hacia un colchón de un medio (en general una combinación de mantillo). El medio orgánico suministra una fuente de carbono como material biológico que trata el aire cuando pasa por el filtro. En general, hay un ventilador de circulación antes o después del biofiltro.	Los biofiltros pueden ser eficaces, especialmente para eliminar amoníaco. Puede ser necesaria agua para dar humedad al medio para favorecer el crecimiento de una biomasa saludable. Los biofiltros pueden no eliminar muchos compuestos con contenido reducido de azufre. Además, pierden parte de su eficacia en climas fríos. A largo plazo, se debe cambiar el medio (p. ej., cada 10 años, según el diseño y la carga).
Unidad biopercoladora	Estas unidades son similares a los biofiltros, pero el medio, en general, es inorgánico (plástico, arcilla, carcasas, etc.). Con frecuencia, hay un ventilador antes o después del biofiltro para asegurar un caudal uniforme de aire viciado por el medio.	Estas unidades necesitan agua y, en general, se agregan nutrientes. Puede tomar una cantidad de tiempo importante generar un cultivo biológico suficiente para controlar los olores. Durante climas frescos o fríos y en periodos de introducción de pocos contaminantes, el cultivo biológico puede disminuir o fallar. En climas fríos, puede ser necesaria una construcción para la unidad biopercoladora.
Depuradores de químicos	Estas unidades usan una torre empacada en la que interactúan el aire hediondo y el agua con productos químicos. En general, se usa hipoclorito e hidróxido de sodio.	Necesita agua. El costo de los productos químicos puede ser un problema. Las bombas de productos químicos necesitan mantenimiento y control. La temperatura no afecta en gran medida el tratamiento químico, pero el suministro de agua y los sistemas de bombeo se deben proteger del congelamiento.

EL ROL DEL OPERADOR EN EL CONTROL DE OLORES

Un operador no puede cambiar la geometría de la red de alcantarillado ni alejar la estación de los vecinos. Sí puede optimizar la operación de la estación. Probablemente, el operador se dedique más a las tareas de limpieza de la estación elevadora y el alcantarillado o a las tareas de mantenimiento de la operación de un sistema de tratamiento de olores. Los operadores, además, con frecuencia son los que deben lidiar directamente con las quejas por olores de los propietarios de viviendas. Son importantes el profesionalismo, la paciencia y el seguimiento cuando se deben manejar situaciones que involucran las preocupaciones de los vecinos.

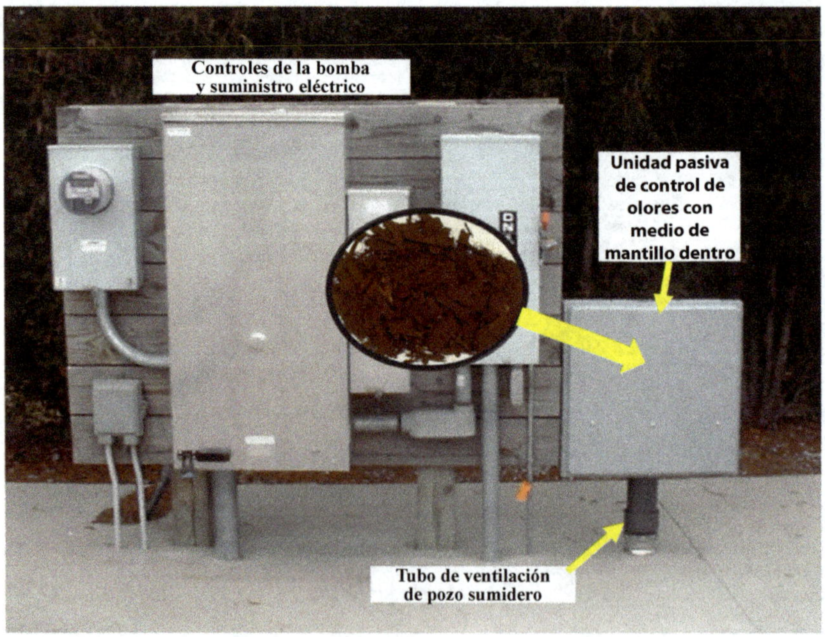

Figura 7.78 Unidad de ventilación pasiva con medio de mantillo (reimpreso con autorización de Precision Systems)

COMPROBACIÓN DE CONOCIMIENTOS

1. **Una razón para usar una estación elevadora es que:**
   a. El caudal necesita descender.
   b. El alcantarillado por gravedad necesitaría una excavación profunda.
   c. Las tapas de registro ocupan mucho espacio.
   d. Se debe evitar la tubería plástica.

2. **En una red de alcantarillado, las estaciones elevadoras en general disminuyen su tamaño a medida que avanzan aguas abajo.**
   ☐ Verdadero
   ☐ Falso

3. **En las estaciones elevadoras hay una bomba adicional o de repuesto para:**
   a. Carga hidráulica
   b. Redundancia
   c. Caudal
   d. Simetría

4. **En caso de falla del suministro eléctrico principal, las estaciones elevadoras logran capacidad con un generador en el lugar, una bomba a motor de combustión en el lugar o:**
   a. Una bomba redundante
   b. Bombas más grandes
   c. Conexiones para bombas portátiles
   d. Más bombas pequeñas

5. **¿Qué tipo de estación elevadora tiene una sala exclusiva para la bomba?**
   a. Estación elevadora sumergible
   b. Estación de bombeo con molino
   c. Estación de lodo activado recirculado
   d. Estación elevadora de foso seco

6. **En una estación de bombeo sumergible, los medidores eléctricos y __________ en general están a nivel del suelo.**
   a. el codo de la base
   b. los controles
   c. la bomba
   d. el tubo de caída

7. **En una estación de bombeo, las bombas están ubicadas en:**
   a. El pozo sumidero
   b. La sala de control
   c. El garaje
   d. El pozo seco

8. **Una de las preocupaciones sobre seguridad más importantes en una estación de foso seco es:**
   a. La ventilación del pozo seco
   b. Controlar la fuga del agua del sello
   c. Que haya luz suficiente para el mantenimiento de la bomba
   d. El mantenimiento de los revestimientos de la tubería

9. **¿Qué es lo que se exige casi siempre para el ingreso a un pozo sumidero?**
   a. Protección auditiva
   b. Autorizaciones o permisos para espacios confinados
   c. Escaleras
   d. Rejas

10. **Una bomba instalada en un pozo seco pero que puede operar durante una inundación catastrófica del pozo seco se denomina:**
    a. Bomba sobreviviente
    b. Bomba de respaldo
    c. Bomba a combustión
    d. Bomba sumergible de foso seco

11. **El apodo para la estación de foso seco prefabricada de acero con un tubo de acceso por escalera y un área cilíndrica inferior para las bombas y los controles es:**
    a. Estación tubo
    b. Estación lata
    c. Estación barril
    d. Foso seco subterráneo

12. **¿Cuál de estos factores es una ventaja de la estación de foso seco?**
    a. Uso de peldaños para la tapa de registro
    b. Espacio ocupado más pequeño
    c. Refugio contra el clima durante el mantenimiento
    d. Costo más bajo en comparación con las estaciones elevadoras sumergibles

13. **¿Cuál de estos factores es una ventaja de una estación elevadora sumergible?**
    a. Espacio ocupado más pequeño
    b. Costos de capital más elevados
    c. Inspección rápida y fácil de cada bomba
    d. Hay escaleras fijas

14. **Dos de los criterios de diseño clave de una estación elevadora típica son el caudal y:**
    a. La elevación
    b. La diferencia de elevación entre el alcantarillado del caudal de entrada y la parte superior de pozo sumidero
    c. La diferencia de elevación entre la parte superior del pozo sumidero y la tubería del caudal de entrada
    d. La diferencia de elevación entre el alcantarillado del caudal de entrada y el punto de descarga

15. **Además del caudal diario total, para determinar el tamaño de una estación de bombeo se debe/n considerar:**
    a. El peso del hormigón
    b. Los caudales pico
    c. La concentración de fósforo
    d. El material de la tubería

16. En una estación triple, en general:
   a. Una bomba puede tratar el caudal pico.
   b. Dos bombas pueden tratar el caudal pico.
   c. Tres bombas deben funcionar para bombear el caudal pico.
   d. Cuatro bombas deben funcionar para bombear el caudal pico.

17. En una estación doble, cada bomba debe poder bombear:
   a. Aproximadamente 1.5 veces el caudal pico
   b. La mitad del caudal pico
   c. El caudal pico
   d. Dos veces el caudal pico

18. Cuando se diseña un pozo sumidero con una caída de la tubería del caudal de entrada al nivel del agua, ¿cuál es el posible resultado negativo?
   a. Cavitación de la bomba producto del exceso de aire en el pozo sumidero
   b. Arranques frecuentes de la bomba
   c. Cavitación de la bomba producto de la formación de vórtices (sumersión insuficiente)
   d. Obstrucción de la bomba

19. Los puntos más bajos en un pozo sumidero deben estar cerca:
   a. Del alcantarillado del caudal de entrada
   b. De los flotantes
   c. De las aspiraciones de la bomba
   d. De la compuerta de acceso

20. Retirar y cargar una bomba en general es más simple en:
   a. Una estación de foso seco con construcción en bloque
   b. Una estación lata
   c. Una estación de foso seco con construcción de fibra de vidrio
   d. Una estación de bombeo sumergible

21. Las dos formas principales de proteger una bomba de los desechos son:
   a. Prevención de la contaminación y filtrado
   b. Filtrado y flotación por aire disuelto
   c. Reducción del tamaño y filtrado
   d. Filtrado y barrido

22. Las rejas de barras automáticas en general operan:
   a. Con un temporizador
   b. En función de un nivel diferencial/aguas arriba
   c. En función de la temperatura
   d. En función de un temporizador y un nivel diferencial/aguas arriba

23. Es común respaldar sistemas burbujeadores, sondas de nivel, sensores ultrasónicos y transductores de presión con:
   a. Discos duros
   b. Bombas adicionales
   c. Filtrado
   d. Sensores con flotante

24. ¿Cuál de estos sensores se coloca completamente sobre el nivel del agua?
   a. Sensor ultrasónico
   b. Burbujeador
   c. Transductor de presión
   d. Sensor con flotante

25. SCADA significa __________ y adquisición de datos
   a. control de natas
   b. control estándar
   c. control de supervisión
   d. cuidado de supervisión

26. Los sistemas de telemetría para comunicarse desde la estación elevadora a un punto de monitoreo central generalmente se llevan a cabo por medio de una línea telefónica, señal celular o:
   a. Remotos infrarrojos
   b. Ondas de sonido
   c. Ondas de radio
   d. Ondas de presión

27. La razón principal de las alarmas de un sistema de telemetría es:
   a. Alertar a los vecinos
   b. Minimizar el tiempo del operador en la estación de bombeo
   c. Recolectar datos
   d. Eliminar las líneas telefónicas

28. Un dispositivo de alarma por telemetría preprogramado para usar una línea de teléfono tradicional para llamar a una lista de números de teléfonos de operadores cuando ocurre una alarma es un/a:
   a. Teléfono celular
   b. Caja parlante
   c. Llamador automático
   d. Marcador automático

29. Dos tipos de comunicación por radiofrecuencia comúnmente usados para la comunicación por telemetría son la frecuencia con licencia y:
   a. La frecuencia doble
   b. La frecuencia sin autorización
   c. La radio rápida
   d. La radio de amplio espectro

30. Las desventajas de los sistemas de telemetría para datos celulares incluyen:
   a. Tecnología de corta vida útil (obsolescencia temprana) y daño de la torre durante las tormentas
   b. Interferencias de radios amateurs y daños por tormenta
   c. Interferencia de radios amateurs y tecnología de propietarios
   d. No se le conocen problemas, funcionan perfectamente

31. Una fuente probable de olores en una estación elevadora es:
   a. Tiempo de detención insuficiente en la estación elevadora
   b. Luz solar/calor sobre la cubierta de la estación elevadora
   c. Prolongado tiempo de detención en las tuberías de impulsión aguas arriba
   d. Alto nivel de oxígeno disuelto en el alcantarillado

32. El control de olores con nitratos principalmente:
   a. Enmascara el olor.
   b. Proporciona una fuente de energía alternativa para que usen las bacterias mientras están en la red de alcantarillado.
   c. Proporciona vitaminas para las bacterias.
   d. Elimina químicamente los ácidos en las aguas residuales.

RESUMEN DEL CAPÍTULO

	Bombas y estaciones elevadoras
OBJETO Y FUNCIÓN	■ Las bombas son los equipos más comunes usados para distribuir aguas residuales. ■ Se usan bombas dentro de la WRRF y las redes de alcantarillado para mover el agua, las aguas residuales, los sólidos y los químicos de un lugar a otro.
CLASIFICACIÓN DE LAS BOMBAS	■ Las bombas cinéticas (centrífugas y con turbina) operan aumentando la velocidad del agua o los sólidos cuando pasan por la bomba. ■ La velocidad en una bomba cinética aumenta cuando aumenta la velocidad de giro del impulsor de la bomba. ■ Las bombas de desplazamiento positivo toman un volumen fijo de fluido o lodo por la sección de entrada de la bomba, lo dirigen al cuerpo de la bomba y después lo expulsan por la descarga de la bomba. ■ Las bombas de desplazamiento positivo pueden ser recíprocas (diafragma, pistón y émbolo) o giratorias (lóbulo, cavidad progresiva, de tornillo y peristáltica). ■ El bombeo de sólidos se lleva a cabo con mayor frecuencia con bombas de desplazamiento positivo.
HIDRÁULICA DEL SISTEMA DE BOMBEO Y DEFINICIONES	■ El *caudal* es el volumen de líquido bombeado por unidad de tiempo. ■ *Carga hidráulica* se usa para describir la cantidad de energía que se agrega o se pierde de una masa de fluido. ■ La presión es la cantidad de fuerza que empuja contra un área. ■ La elevación se denomina *carga hidráulica estática*. Hay carga hidráulica estática en los sistemas de bombeo aunque la bomba no esté bombeando. A medida que los tanques se llenan y se vacían, la carga hidráulica estática aumenta y disminuye con el tiempo. ■ La cantidad de energía necesaria para vencer la resistencia por fricción creada cuando dos cosas se frotan entre sí, como el líquido que frota contra la pared del tubo, se denomina *carga hidráulica de fricción*. ■ La cantidad de energía que la bomba agrega al líquido y que es necesaria para que el agua fluya a una velocidad en particular se denomina *carga hidráulica de velocidad*. ■ La *CDT* es la suma de la carga de aspiración estática, la carga de descarga estática, la carga de fricción y la carga de velocidad. ■ La cantidad de energía necesaria para que opere una bomba es proporcional a la tasa de caudal, la carga hidráulica que la bomba debe generar para vencer la resistencia y la eficiencia de la bomba y su motor. Esta energía, o potencia, se mide en kilovatios (kW) o caballos de fuerza (hp). ■ La altura de aspiración es una situación en la que la línea central de la bomba está sobre el nivel del agua desde el que bombea.
BOMBAS CENTRÍFUGAS	■ Las aplicaciones centrífugas comunes incluyen caudal de entrada, lodo primario, reciclado interno, lodo activado recirculado, lodo activado de purga, efluente y bombeo de agua del proceso. ■ Las bombas centrífugas tienen solo una pieza móvil: un impulsor que gira dentro de una pieza de fundición. ■ El impulsor puede ser abierto (sin cubierta), semiabierto (con una cubierta en la parte frontal o posterior) o cerrado (con cubierta en la parte frontal y posterior). ■ Las bombas centrífugas se pueden operar a velocidades constantes o variables. ■ Las bombas centrífugas contienen cojinetes, anillos de desgaste, sellos del eje (cajas de prensaestopa o mecánicos) y conectores de la bomba al accionador. ■ Los cojinetes radiales resisten fuerzas perpendiculares al eje, los cojinetes de empuje resisten fuerzas paralelas al eje. ■ Los anillos de desgaste disminuyen la fuga (o recirculación) desde la descarga del impulsor de regreso hacia el lado de aspiración del impulsor. ■ Cuando se gastan los anillos de desgaste, disminuye la eficiencia de la bomba. ■ Los sellos del eje son necesarios para evitar que el agua o los sólidos lleguen a los cojinetes o el motor. ■ Los dos tipos de sellos que se usan comúnmente para aguas residuales son la empaquetadura (o caja de prensaestopa) y los sellos mecánicos. ■ Las bombas centrífugas, en general, están conectadas a sus motores en tres disposiciones: con acoplamiento cerrado, montado sobre base o con bandas y roldanas. ■ El impulsor de la bomba está montado directamente sobre el eje del motor en un diseño de acoplamiento cerrado. ■ El eje de la bomba está conectado al eje del motor con un acoplamiento en las bombas montadas sobre base. Además, una bomba montada sobre base contiene cojinetes. ■ En una disposición de bandas y roldanas, la bomba y el motor están uno al lado del otro.

BOMBAS DE DESPLAZAMIENTO POSITIVO	■ El caudal producido por una bomba de desplazamiento positivo es casi directamente proporcional a la velocidad o la frecuencia del accionador. ■ La mayoría de las bombas de desplazamiento positivo puede producir presiones altas de descarga. ■ Como parte del control de las operaciones, se debe verificar que la trayectoria a través de la tubería y las válvulas esté completamente abierta antes de poner en funcionamiento una bomba de desplazamiento positivo.
DE DIAFRAGMA	■ Las bombas de diafragma se usan comúnmente para la dosificación de productos químicos, la transferencia de líquidos y el bombeo de lodo. ■ Las bombas de diafragma crean una importante cantidad de pulsación en el caudal de descarga debido a los ciclos de las condiciones de aspiración y descarga. ■ Las bombas de diafragma se pueden accionar neumáticamente con aire, hidráulicamente con aceite o por medio de un motorreductor y levas. ■ Las bombas de diafragma tienen rangos de caudales que van de 0.06 a 69 L/s (1 a 1100 gpm) y tienen presiones operativas de descarga máximas entre 410 y 690 kPa (60 a 100 psi). ■ La mayoría de las bombas de diafragma usan una válvula de retención de bola para controlar el caudal que ingresa y sale de la voluta de la bomba.
DE ÉMBOLO	■ Las bombas de émbolo se usan más comúnmente para bombear sólidos pesados. ■ Las bombas de émbolo se usan para bombear sólidos con entre un 2% y un 10% de TS pero pueden bombear lodo con hasta un 18% de TS. ■ Las bombas de émbolo crean vacío y presión a medida que ascienden y descienden por el cilindro. ■ La bomba de émbolo logra muy buena altura de aspiración hasta los 7.6 m (25 ft) y tiene una altura de aspiración normal entre los 3 y 6 m (10 a 20 ft). ■ Las bombas de émbolo pueden tener un solo émbolo u operar con hasta cuatro émbolos (cuádruple) con el mismo eje impulsor. ■ El sistema accionador de la bomba de émbolo incluye un motorreductor (o accionador a banda), un eje impulsor, cojinetes, un ensamble excéntrico y varas de conexión. ■ Las bombas de émbolo pueden desarrollar altas presiones de descarga de hasta 720 kPa (104 psi) de carga hidráulica. ■ Un émbolo único puede producir un caudal máximo de 3.8 a 8.8 L/s (60 a 140 gpm). Cuando se usa en configuraciones múltiples (dobles, triples, cuádruples), una bomba con un solo accionador puede alcanzar los 35 L/s (560 gpm).
BOMBAS A PISTÓN	■ Las bombas a pistón se usan en aplicaciones con muy alto contenido de sólidos, como el bombeo de biosólidos deshidratados o una mezcla de biosólidos y cal. Las bombas a pistón se usan para bombear concentraciones de sólidos de 15 % a más de 50 %. ■ Las bombas a pistón pueden bombear a altas presiones, con frecuencia hasta 7000 kPa (1000 psi). Los caudales de la bomba a pistón son relativamente bajos. Los modelos pequeños están diseñados para 0.2 a 0.8 L/s (3 a 13 gpm) y los modelos más grandes están diseñados para un máximo de aproximadamente 11 L/s (180 gpm). ■ Las válvulas de control de una bomba a pistón, que consisten en un disco, un eje y un cilindro hidráulico, se denominan *válvulas de asiento*. ■ Debido al alto contenido de sólidos y la mayor viscosidad, muchas bombas a pistón también están equipadas con un alimentador tornillo barreno en el lado de aspiración de la bomba a pistón.
DE CAVIDAD PROGRESIVA	■ Las bombas de cavidad progresiva pueden bombear líquidos con mayor cantidad de sólidos y alta viscosidad. ■ Los rangos de capacidades disponibles de las bombas de cavidad progresiva van de 0.001 a 126 L/s (0.02 a 2000 gpm). ■ Las bombas de cavidad progresiva, además, ejercen cantidades muy bajas de tensión de cizallamiento sobre el fluido que bombean y, por lo tanto, son muy útiles para bombear sólidos floculados. ■ En las bombas de cavidad progresiva, el movimiento del rotor es excéntrico a través de la hélice doble del estator a medida que el accionador lo hace girar (con frecuencia, un motor eléctrico). ■ La capacidad de una bomba de cavidad progresiva es directamente proporcional a la velocidad del motor. ■ Las bombas de cavidad progresiva nunca deben funcionar sin líquido porque la tolerancia/fricción entre el rotor y el estator aumenta rápidamente la temperatura dentro de la bomba y causa daños permanentes al estator.
DE LÓBULOS ROTATIVOS	■ Las bombas de lóbulos rotativos son bombas de descarga continua por las que pueden pasar sólidos grandes de manera eficaz. ■ Los cúmulos de fluidos quedan atrapados y son transportados por la parte externa de la cubierta de la bomba y arrojados dentro del tubo de descarga. ■ Los rotores pueden tener distintas formas y están hechos de distintos materiales como goma, acero revestido en goma, acero o acero inoxidable. ■ Las bombas de lóbulos rotativos están en general diseñadas para operar en cualquier dirección. ■ Las bombas giratorias operan entre 1 y 800 rpm.

DE TORNILLO

- Las bombas de tornillo pueden procesar un amplio rango de caudales en aplicaciones para las que se necesita una cantidad determinada de elevación hidráulica.
- Las bombas de tornillo son eficaces para bombear líquidos que contienen sólidos y material fibroso debido a los grandes espacios libres dentro de la bomba.
- Las bombas de tornillo pueden mover grandes volúmenes de agua con motores relativamente pequeños.
- Las bombas de tornillo pueden ser abiertas o con cerramiento.
- Los tornillos vienen en diámetros de 0.3 a 3.7 m (12 a 144 in).
- El rango de capacidad de caudal de una bomba de un tornillo puede ir de 0.06 a 3470 L/s (90 a 55 000 gpm) con una altura hidráulica de hasta 15 m (50 ft) en un solo husillo.

Referencias

Arasmith, S. (2011). *Pumps and pumping book* (10.º ed., trainers kit). ACR Publications.

Budris, A. R. (2011). *Back to basics: Mechanical seals for water and wastewater pumps*. Recuperado el 11 de julio, 2011, de https://www.waterworld.com/articles/print/volume-27/issue-7/departments/pump-tips-techniques/back-to-basics-mechanical-seals-for-water-and-wastewater-pumps.html

Hydraulic Institute. (2012). *American national standard for rotodynamic (centrifugal and vertical) pump: Guideline for allowable operating region*. Hydraulic Institute.

Hydraulic Institute. (2017). *Pump systems assessment: Body of knowledge*. Hydraulic Institute. https://estore.pumps.org/Guidebooks/PSABOK.aspx?ItemId=64551

Kent, R., & Stallman, D. (Diciembre 7, 2017). *Respect the rheology! Thickened biosolids pumping for beneficial use* [Presentación de paper]. Ohio Water Environment Association Biosolids Workshop, Columbus, OH, United States. http://www.ohiowea.org/docs/Respect_the_Rheology.pdf

U.S. Environmental Protection Agency. (1979). *Process design manual for sludge treatment and disposal* (EPA 625/1-79-011). U.S. Environmental Protection Agency, Municipal Environmental Research Laboratory, Office of Research and Development, Center for Environmental Research Information Technology Transfer.

Water Environment Federation. (2012). *Safety, health, and security in wastewater systems* (6.º ed.; WEF Manual of Practice n.º 1). Water Environment Federation.

Water Environment Federation. (2017). *Operation of water resource recovery facilities* (7.º ed., WEF Manual of Practice n.º 11). Water Environment Federation.

Water Environment Federation & Association of Boards of Certification. (2018). *Wastewater treatment fundamentals I—Liquid treatment*. Water Environment Federation.

Water Pollution Control Federation. (1984). *Prime movers: engines, motors, turbines, pumps, blowers, and generators* (Manual of Practice n.º OM-5). Water Pollution Control Federation.

Descargue los informes y los manuales de la Agencia de Protección Ambiental de los EE. UU. desde la página web del National Service Center for Environmental Publications de EPA https://nepis.epa.gov y busque el número de informe.

Bibliografía sugerida

Karassik, I., & Heald, C. (2008). Installation, operation, and maintenance. In I. Karassik, J. Messina, P. Cooper, & C. Heald (Eds.), *Pump handbook* (4.º ed.). The McGraw-Hill Companies.

Machine Tech Video Blog. (2016a). *Centrifugal pumps*. https://www.youtube.com/watch?v=Vhc-hEjh12I

Machine Tech Video Blog. (2016b). *Positive displacement pump types*. https://www.youtube.com/watch?v=4OJTN0M1DBk

Machine Tech Video Blog. (2018). *Centrifugal pump types.* https://www.youtube.com/watch?v=2W4bTrV412A

Metcalf & Eddy/AECOM. (2014). *Wastewater engineering: Treatment and resource recovery.* McGraw Hill Education.

U.S. Environmental Protection Agency. (1978a). *Operations manual: Sludge handling and conditioning* (EPA 430/9-78-002). U.S. Environmental Protection Agency, Office of Water Programs Operations, Municipal Operations Branch.

U.S. Environmental Protection Agency. (1978b). *Sludge treatment and disposal: Sludge treatment volume 1* (EPA-625/4/78-012A). U.S. Environmental Protection Agency, Environmental Research Information Center.

U.S. Environmental Protection Agency. (1994). *A plain English guide to the EPA Part 503 biosolids rule* (EPA/832/R-93/003). U.S. Environmental Protection Agency.

U.S. Environmental Protection Agency. (2003). *Biosolids technology fact sheet: Gravity thickening* (EPA 832-F-03-022). U.S. Environmental Protection Agency.

Water Environment Federation. (2017). *Operation of water resource recovery facilities* (7.º ed.; WEF Manual of Practice n.º 11). Water Environment Federation.

Water Environment Federation, American Society of Civil Engineers, & Environmental and Water Resources Institute. (2018). *Design of water resource recovery facilities* (6.º ed.; WEF Manual of Practice n.º 8/ASCE Manuals and Reports on Engineering Practice n.º 76). Water Environment Federation.

CAPÍTULO 8

Sistemas de aeración

Introducción

Los sistemas de aeración son fundamentales para la operación de las instalaciones de recuperación de recursos hídricos (*water resource recovery facilities*, WRRF). Su meta principal es suministrar oxígeno disuelto (OD) a los procesos de tratamiento biológico para que las bacterias puedan convertir la materia orgánica en biomasa y el amoníaco en nitrito y nitrato. La conversión de 1.0 kg (lb) de demanda bioquímica de oxígeno en nuevas bacterias, dióxido de carbono y agua requiere aproximadamente 1.1 kg (lb) de oxígeno en el proceso convencional de lodo activado. La conversión de 1 kg (lb) de amoníaco en nitrato requiere 4.57 kg (lb) de oxígeno. Los sistemas de aeración también proporcionan mezclado, que es necesario para mantener las bacterias y los contaminantes en suspensión y en contacto entre sí para que los microorganismos puedan descomponer los contaminantes. El mezclado también ayuda a evitar cortocircuitos en los tanques del proceso. En la mayoría de los tanques del proceso de las WRRF, si se cumple con el requisito de oxígeno también se proporcionará un mezclado suficiente.

Hay algunas condiciones en las que los caudales de aire bajos son suficientes para mantener las concentraciones de OD requeridas. Para evitar problemas de mezclado, a veces se configura un caudal de aire mínimo para garantizar que siempre se proporcione un mezclado adecuado.

El uso de energía del sistema de aeración es una parte importante del costo de operación de una WRRF y puede variar del 45 % al 75 % de la demanda general de electricidad de la instalación (Rosso y Stenstrom, 2006).

Se utilizan diferentes tipos de dispositivos de aeración para diferentes aplicaciones. En los estanques (las lagunas) de estabilización de aguas residuales se suelen utilizar aereadores mecánicos, incluidos impulsores accionados por motor, aspiradores de hélice y rotores. En general, estos dispositivos se colocan directamente en la superficie del estanque o del depósito. En los procesos de tratamiento como el lodo activado es más común la aeración difusa. Estos sistemas generalmente están compuestos por una fuente de aire presurizado (sopladores), tuberías de distribución y difusores. En conjunto, transfieren OD al líquido para que esté disponible para las bacterias y otros microorganismos en el proceso de tratamiento biológico. Los sistemas de aeración difusa requieren electricidad para alimentar diversos componentes del sistema, como los motores de los sopladores, las válvulas accionadas, la instrumentación del sistema y los controles.

La operación del sistema de aeración puede ser manual o automática. El control automático puede ser tan simple como usar un temporizador para encender y apagar el sistema en momentos especificados por el operador, o puede ser más complejo. Un método de control común ajusta la salida del soplador para mantener la concentración de OD dentro de un rango especificado. Los sistemas de oxígeno de alta pureza utilizan oxígeno líquido en lugar de aire, pero son más comunes en las WRRF industriales que en las WRRF municipales. No se proporcionará información adicional sobre los sistemas de oxígeno de alta pureza en este capítulo. Para obtener más información sobre el funcionamiento de estos sistemas, consulte el manual de práctica n.° 11 de la WEF, *Operación de instalaciones de recuperación de recursos hídricos (Operation of Water Resource Recovery Facilities)* (WEF, 2017b).

OBJETIVOS DE APRENDIZAJE

Después de completar este capítulo, podrá:

- Describir el propósito de los sistemas de aeración.
- Comparar y contrastar diferentes tipos de sistemas de aeración.
- Explicar los diversos componentes de un sistema de aeración difusa.
- Describir las tareas de mantenimiento requeridas para los diferentes tipos de sopladores y difusores.
- Explicar los tipos básicos de estrategias de control utilizados en los sistemas de aeración.
- Identificar los componentes básicos y los principios de operación de los aereadores mecánicos.
- Describir el mantenimiento de los aereadores mecánicos comunes.

Figura 8.1 Aeración en un reactor biológico (reimpreso con autorización de Stacy Passaro Engineering, LLC)

Teoría de la aeración

Los equipos de aeración aumentan el contacto entre el aire y las aguas residuales mediante la inyección de aire directamente en el líquido o la creación de turbulencia al agitar el líquido de forma mecánica o al lanzar el líquido hacia el aire. La meta principal de ambos métodos es aumentar la cantidad de OD en el líquido. En los sistemas de aeración difusa, se envía aire hacia el tanque del proceso y se forman burbujas en el líquido (Figura 8.2). Si el aire se inyecta en el fondo del depósito, las burbujas se elevarán a través del líquido hasta llegar a la parte superior del depósito. Sin embargo, hay una gran diferencia entre las burbujas de aire y el OD. El oxígeno es solo uno de los gases que conforma el aire. El oxígeno conforma hasta aproximadamente el 21 % del volumen total del aire que respiramos. No todo el oxígeno se disuelve en el líquido.

El aire está compuesto por aproximadamente un 78 % de gas nitrógeno, 21 % de oxígeno, menos de 1 % de argón, y cantidades traza de dióxido de carbono, vapor de agua y otros gases.

Piense en cómo las burbujas de dióxido de carbono se elevan a través de un vaso de gaseosa o cerveza. A medida que las burbujas de aire se elevan en el proceso de tratamiento, parte del oxígeno se transfiere hacia fuera de la burbuja y hacia el líquido. El aire dentro de la burbuja no se disuelve. Es importante recordar que las burbujas de aire no son lo mismo que el OD. El oxígeno y los otros gases que se transfieren

Figura 8.2 Difusor de burbuja fina (reimpreso con autorización de Indigo Water Group)

hacia fuera de la burbuja y hacia el líquido se disuelven. La rapidez y la eficiencia con la que se realiza la transferencia se miden como la eficiencia de transferencia de oxígeno (*oxygen transfer efficiency*, OTE) y la tasa de transferencia de oxígeno (*oxygen transfer rate*, OTR).

La eficiencia de transferencia de oxígeno y la OTR se ven afectadas por el área superficial en la transición entre el aire y el líquido (el tamaño de la burbuja), la temperatura del líquido, la concentración inicial de OD en el líquido, la concentración de saturación de OD en el líquido, la concentración de sólidos, la profundidad del líquido y la salinidad, entre otros. Por lo tanto, la OTE y la OTR varían según las características de las aguas residuales en cualquier WRRF. El Estándar de Transferencia de Oxígeno de Agua Limpia (*Clean Water Oxygen Transfer Standard*) de la *American Society of Civil Engineers* (ASCE) (Estándar ANSI/ASCE 2-91) se desarrolló para proporcionar una condición de ensayo estándar en la que se pueden comparar los resultados de la OTE y la OTR para diferentes sistemas de aeración. Un tercer parámetro, la eficiencia de aeración estándar (*standard aeration efficiency*, SAE) mide cuán bien los equipos utilizan la energía para transferir el OD.

La tasa de transferencia de oxígeno se mide como la cantidad de OD transferido por hora. La eficiencia de transferencia de oxígeno se mide como la cantidad de OD transferido dividida por la cantidad de oxígeno suministrado. La eficiencia de aeración estándar es la cantidad de OD transferido dividida por la cantidad de energía utilizada para alimentar los equipos de aeración.

Según una ley científica, denominada *principio de equilibrio* o *principio de LeChatelier*, los sistemas en equilibrio reaccionan a una nueva variación en la entrada mediante el desplazamiento hacia un nuevo balance o equilibrio, de modo tal que la nueva variación en la entrada quede distribuida. En otras palabras, al agregar una mayor cantidad de un componente se creará un movimiento natural desde las áreas de alta concentración hacia las áreas de concentración más baja. En un depósito de aeración, la concentración de oxígeno es más alta en la burbuja de aire (21 %) que en el líquido circundante (0.0002 % a 2 mg/L). Por lo tanto, el oxígeno se disolverá de la burbuja e ingresará al líquido del proceso en la interfaz aire y agua porque se desplaza de un área de alta concentración a una de concentración más baja. Existen diversos factores que afectan la tasa y el alcance de esta transferencia. Uno de estos factores es cuánto se acerca la concentración al punto de saturación. La tasa de transferencia de OD se reduce a medida que el agua se acerca a su punto de saturación de OD, que es la cantidad máxima de OD que el agua puede retener. Esta concentración de saturación cambia según la temperatura y la presión del agua. Cerca del nivel del mar, el agua muy fría se satura a alrededor de los 14.6 mg/L de OD. En agua tibia a 86 °F (30 °C) a nivel del mar, el punto de saturación de OD es de solo 7.6 mg/L.

Los aereadores superficiales mecánicos transfieren oxígeno al agitar la superficie del líquido, o al lanzar gotas de agua hacia el aire, para crear una condición en la que una mayor área superficial del líquido está en contacto con el aire. El área superficial adicional permite que el oxígeno tenga más oportunidades de desplazarse desde la atmósfera hacia el líquido.

COMPROBACIÓN DE CONOCIMIENTOS

1. **En general, el gasto único más grande en una WRRF ________.**
   a. son los químicos de tratamiento
   b. es el agua potable para el enjuague de sellos
   c. es el control de los olores
   d. es la energía del sistema de aeración

2. **El contenido de oxígeno en el aire es de aproximadamente un ____________.**
   a. 1 %
   b. 21 %
   c. 78 %
   d. 99 %

3. **¿Cuántos kilogramos (libras) de oxígeno se requieren para convertir 1.00 kg (lb) de amoníaco en nitrato?**
   a. 1.00
   b. 2.26
   c. 4.57
   d. 7.68

4. **El punto de saturación de OD en agua tibia (86 °F [30 °C]) a nivel del mar es de ____________ mg/L.**
   a. 1.0
   b. 7.6
   c. 14.6
   d. 21.0

5. **El oxígeno contenido en el interior de las burbujas de aire que se inyectan en un líquido se conoce como OD.**
   ☐ Verdadero
   ☐ Falso

6. **Las burbujas de aire pequeñas tienen una OTE más alta que las burbujas más grandes.**
   ☐ Verdadero
   ☐ Falso

7. **____________ se utilizan para agitar el agua en el proceso para promover la transferencia de OD hacia el líquido.**
   a. Las válvulas de aire
   b. Las bombas de cavidad progresiva
   c. Los medidores de OD
   d. Los aereadores mecánicos

Tipos de sistemas de aeración

Hay dos métodos diferentes para agregar OD a las aguas residuales durante el tratamiento utilizados con frecuencia en las WRRF: sistemas de aeración difusa y aereadores mecánicos.

Los sistemas de aeración difusa fueron algunos de los primeros sistemas de aeración utilizados para tratar aguas residuales. Las placas de difusores porosos se comenzaron a utilizar en 1916. Sin embargo, los primeros sistemas de aeración difusa presentaban muchos problemas de confiabilidad y mantenimiento debido a las obstrucciones y al ensuciamiento de los difusores (Water Pollution Control Federation, 1987). Las instalaciones comenzaron a utilizar aereadores mecánicos para reducir los requisitos de mantenimiento y aumentar la cantidad de tiempo de duración del tratamiento dentro de los tanques del proceso. Los aereadores eran menos eficientes para transferir oxígeno pero, en aquel momento, eran más confiables y fáciles de mantener. Como la energía era económica, el hecho de que la eficiencia fuera más baja no era una gran preocupación. Sin embargo, cuando los costos de energía comenzaron a aumentar en la década de 1970, regresó el interés por en encontrar formas de hacer que los sistemas de aeración difusa más eficientes tuvieran un desempeño más confiable. Continuaron produciéndose mejoras en el sistema; los sistemas actuales de aeración difusa son significativamente más eficientes, más fáciles de mantener y ofrecen un grado más alto de control del proceso.

En la actualidad, los aereadores mecánicos se utilizan con mayor frecuencia en lagunas y sistemas de estanque de tratamiento o en instalaciones más pequeñas de lodo activado. Son menos complejos que los sistemas de aeración difusa y tienen un menor costo de compra, pero, en general, requieren un mantenimiento más intensivo, presentan una menor eficiencia para transferir oxígeno al agua del proceso, tienen costos de energía más altos y proporcionan un control del proceso menos preciso.

Los equipos de aeración utilizados con mayor frecuencia para estos dos tipos de sistemas de aeración en las WRRF se describen con más detalle en las próximas secciones.

COMPROBACIÓN DE CONOCIMIENTOS

1. **Los sistemas de aeración difusa generalmente tienen costos de capital (costos de compra inicial) más bajos que los aereadores mecánicos.**
   - ☐ Verdadero
   - ☐ Falso

2. **En general, los sistemas de aeración difusa proporcionan un grado más alto de control del proceso que los sistemas de aeración mecánica.**
   - ☐ Verdadero
   - ☐ Falso

SISTEMAS DE AERACIÓN DIFUSA

La *aeración difusa* se define como la inyección de aire u oxígeno a baja presión por debajo de la superficie del líquido para transferir OD al líquido. Estos sistemas tienen diversos componentes, como se muestra en la Figura 8.3.

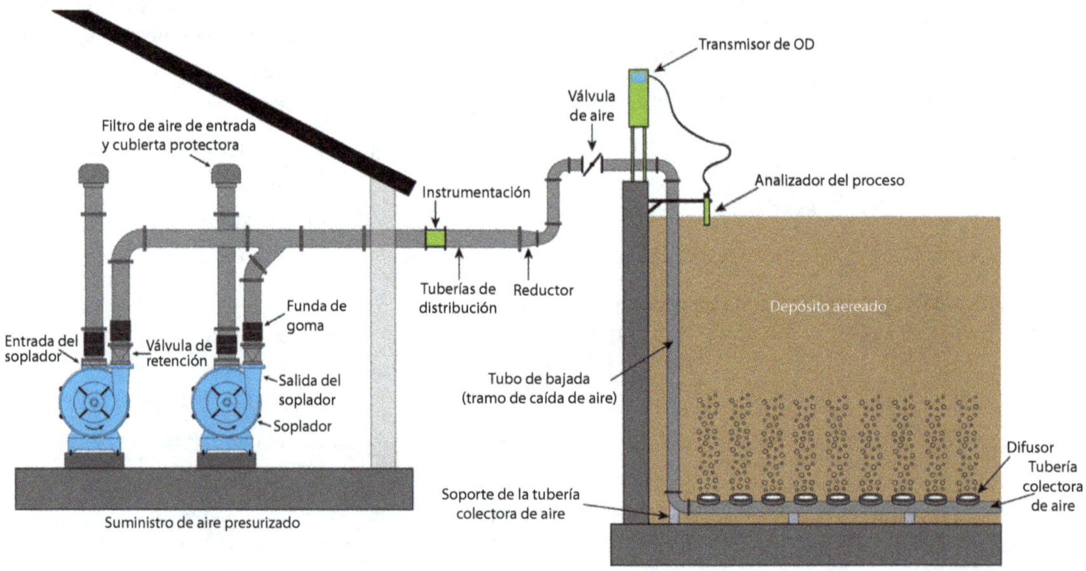

Figura 8.3 Representación esquemática de un sistema de aeración difusa (reimpreso con autorización de Indigo Water Group y Passaro Engineering, LLC)

En primer lugar, se debe contar con una fuente de aire presurizado. Para cumplir con las metas de desempeño del proceso, la cantidad de aire debe ser ajustable dentro de un rango que cumpla con las necesidades de oxígeno de los microorganismos en el proceso en condiciones variables de carga y caudal. El sistema de distribución de aire está compuesto por tubos, acoples y válvulas que conectan el suministro de aire presurizado (los sopladores) con los difusores en el tanque del proceso. La parte de las tuberías de distribución de aire que bajan por la pared del tanque para conectarse con la tubería colectora de aire y los difusores se denomina *tramo de caída de aire* o *tubo de bajada*. El último componente de la rejilla de aire es el difusor, donde el aire se inyecta en el líquido. En general, los difusores están ubicados cerca del fondo de los tanques del reactor biológico. Los sopladores deben ser capaces de generar la presión suficiente como para superar la carga perdida provocada por el sistema de distribución y los difusores así como también por la presión de agua en los difusores. Otros componentes de respaldo importantes, como la instrumentación, se describirán con mayor detalle en la sección de controles.

COMPROBACIÓN DE CONOCIMIENTOS

1. **De los siguientes elementos, marque los que sean componentes de un sistema de aeración difusa:**
   - ☐ Sopladores
   - ☐ Rotores horizontales
   - ☐ Difusores
   - ☐ Analizadores de pH
   - ☐ Válvulas de aire
   - ☐ Controles
   - ☐ Analizadores de OD
   - ☐ Tubos de bajada de aire

SOPLADORES

Los sopladores proporcionan aire presurizado a los sistemas de aeración difusa. En la actualidad, en las WRRF se utilizan dos tipos de sopladores: unidades centrífugas y de desplazamiento positivo. En el diagrama de árbol en la Figura 8.4, se muestran dos tipos de sopladores de desplazamiento positivo y tres tipos de sopladores centrífugos que se utilizan actualmente de manera habitual en las WRRF. En las próximas secciones se proporcionan más detalles sobre cada uno de estos tipos.

Los sopladores centrífugos son básicamente máquinas de presión constante, mientras que los sopladores de desplazamiento positivo producen un volumen constante de caudal de aire en todos los cambios en las condiciones de presión. En el gráfico de la Figura 8.5 se muestran las curvas básicas de operación para ambos tipos de sopladores.

La curva típica para un soplador centrífugo es bastante plana en este gráfico, lo que indica que habrá un cambio significativo en la capacidad del soplador con un pequeño cambio en la presión de descarga. El desempeño de los sopladores centrífugos también se ve afectado por los cambios en las condiciones

¿Cuál es la diferencia entre un ventilador, un soplador y un compresor? Los ventiladores están diseñados para desplazar grandes cantidades de aire; provocan un aumento mínimo en la presión. Los sopladores se utilizan para desplazar grandes cantidades de aire mientras provocan un aumento moderado en la presión para poder desplazar el aire a través del sistema y superar la carga perdida. Un compresor está diseñado para aumentar significativamente la presión del aire mediante la reducción del volumen (el aumento de la densidad). En general, los compresores realizan la descarga hacia un tanque de retención, donde se retiene el aire presurizado hasta que se lo necesita.

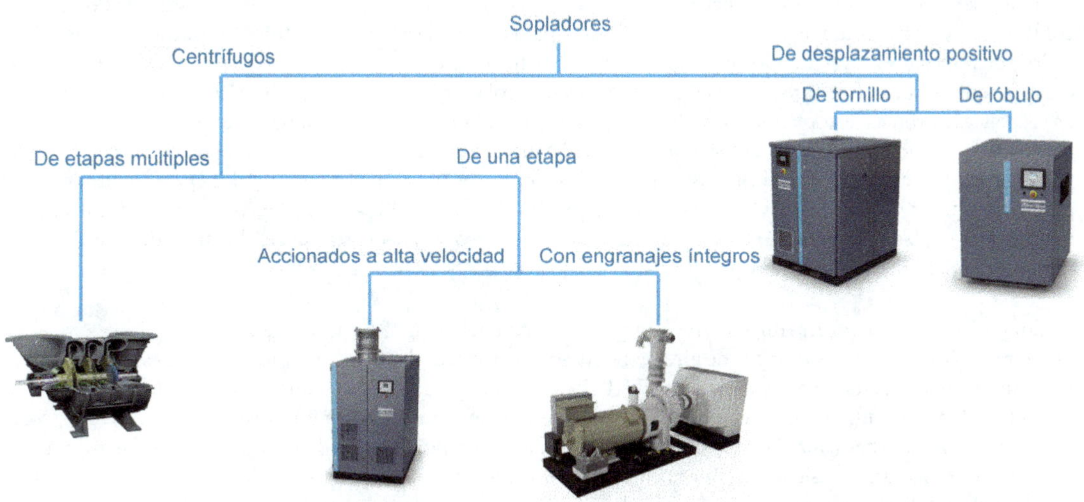

Figura 8.4 Diagrama de árbol para diferentes tipos de sopladores (imagen suministrada por cortesía de Atlas Copco. © Atlas Copco).

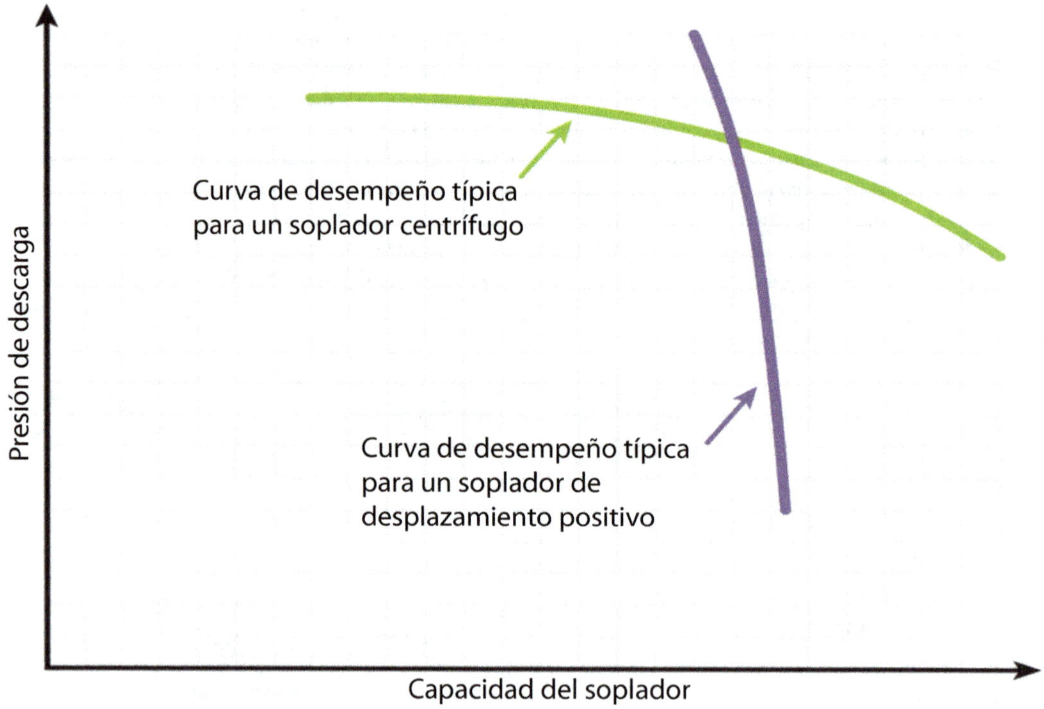

Figura 8.5 Comparación de las curvas de sopladores centrífugos y de desplazamiento positivo (reimpreso con autorización de Indigo Water Group y Passaro Engineering, LLC)

ambientales, como la temperatura y la densidad del aire de entrada. Por otro lado, se puede observar que la curva típica para un soplador de desplazamiento positivo es muy pronunciada (se muestra casi como una línea vertical en el gráfico en la Figura 8.5). Esto indica que el volumen de salida de aire es uniforme en todos los cambios en las condiciones de presión de descarga.

Tradicionalmente, las WRRF eran diseñadas con varios sopladores similares instalados en un sistema diseñado para cumplir con el rango completo de requisitos de caudal de aire. Era común ver tres o cuatro unidades de apariencia similar conectadas entre sí por un tubo múltiple en paralelo para funcionar como el sistema principal de aeración de la instalación. Esta estandarización hizo que el diseño, la construcción, la puesta en funcionamiento, el método de operación y el mantenimiento del sistema sean más sencillos. También simplificó los controles, que típicamente los diseñaba y creaba un integrador de controles (programador) in situ de forma personalizada para cada sistema.

Recientemente, con la intención de hacer que los sistemas de aeración sean más eficientes, los diseñadores combinaron diferentes tamaños y tipos de sopladores para crear un sistema que utiliza los puntos fuertes de los diferentes diseños para optimizar la eficiencia. Las mejoras en la tecnología del sistema de control hicieron que sea posible crear sistemas basados en un controlador lógico programable (PLC) que se envían a la instalación con cada soplador individual. Los integradores in situ solo deben conectar estas unidades controladas de forma individual al sistema de control general en toda la instalación. En la fábrica, los fabricantes preprograman y realizan ensayos sobre los elementos de seguridad automáticos personalizados para cada tipo de soplador. Estos avances hicieron que sea posible combinar dos tipos bastante diferentes de unidades de soplador (casi) autónomas para cumplir con los requisitos del sistema en lugar de diseñar de forma personalizada un sistema completo para cada proyecto.

Dado que los sopladores centrífugos funcionan con mucha eficiencia en su punto de diseño, lo ideal es utilizarlos para cubrir los requisitos de aire de referencia o las necesidades diarias promedio de caudal de aire para un sistema de aeración. Los sopladores de desplazamiento positivo tienen una eficiencia pico más baja que los sopladores centrífugos. Sin embargo, su eficiencia es muy uniforme en un rango mucho más amplio de caudales de aire de operación. Los sopladores de desplazamiento positivo pueden suministrar de forma más eficiente un rango de caudales de aire para cumplir con los requisitos del proceso por encima y por debajo de las condiciones diarias promedio. Un sistema de aeración "mixto" combina diferentes tipos de sopladores con la meta de crear el sistema general más eficiente posible.

COMPROBACIÓN DE CONOCIMIENTOS

1. **La ____________ es cuando se inyecta aire de baja presión por debajo de la superficie del agua en un tanque del proceso para transferir OD al líquido.**
   a. aeración difusa
   b. aeración mecánica
   c. aeración virtual
   d. aeración teórica

2. **Los sopladores ____________ se utilizan comúnmente en las WRRF.**
   a. magnéticos y aerodinámicos
   b. rotativos e inmóviles
   c. mecánicos y difusos
   d. centrífugos y de desplazamiento positivo

3. **____________ son tipos de sopladores de desplazamiento positivo.**
   a. Los de tornillo rotativo y turbo
   b. Los turbo y de lóbulo rotativo
   c. Los de lóbulo rotativo y los de tornillo rotativo
   d. Los centrífugos y los turbo

4. **Los sopladores ____________ producen tasas de caudal de aire relativamente constantes en un rango de diferentes condiciones de presión.**
   a. mecánicos
   b. centrífugos
   c. difusos
   d. de desplazamiento positivo

5. **Los sopladores ____________ producen un rango relativamente amplio de tasas de caudal de aire en un rango de condiciones de presión apenas diferentes.**
   a. mecánicos
   b. centrífugos
   c. difusos
   d. de desplazamiento positivo

6. **Cada vez es más común que los fabricantes suministren los sopladores con paquetes de controles completos.**
   ☐ Verdadero
   ☐ Falso

Criterios de selección del soplador

Se deben considerar varios factores al seleccionar los sopladores correctos:

- Desempeño: Ante todo, los sopladores se seleccionan según el desempeño que se necesite de la unidad en el sistema.
  - ¿Cuánto aire requerirá el proceso en condiciones de diseño promedio? Este debe ser el punto en el que generalmente debe funcionar el sistema y, por lo tanto, también debe ser la eficiencia más alta para el soplador o sistema de sopladores. En condiciones de diseño promedio, el soplador debe funcionar cerca de su mejor punto de eficiencia. ¿Cuánto aire se requiere en la condición de caudal máximo o carga máxima? ¿Cuánto se requiere en la condición de caudal mínimo o carga mínima? Por último, ¿cuál es el requisito de caudal de aire en las condiciones actuales? A veces los cambios proyectados no se producen tal como se previó, por lo que es importante asegurarse de que un soplador o sistema de sopladores puede alcanzar la condición actual o la condición de "puesta en funcionamiento".
  - Las condiciones ambientales pueden afectar significativamente el desempeño del soplador. La elevación a la que está instalado el soplador, las variaciones estacionales de temperatura y la calidad del aire de entrada son factores a tener en cuenta en el diseño y el desempeño previsto del soplador. Estos cambios en las condiciones afectan más el desempeño del soplador centrífugo que el desempeño del soplador de desplazamiento positivo.
  - Presión de descarga: El soplador debe ser capaz de generar la presión suficiente como para empujar el aire hacia fuera del soplador mediante la superación de la contrapresión en el sistema. Esta carga perdida importante del sistema es provocada por la carga perdida del aire que fluye a través de las válvulas, tuberías y acoples en el sistema de distribución de aire, por la carga perdida del aire que fluye a través de los difusores y la contrapresión creada por la profundidad del agua por arriba del difusor. Si el tanque del proceso en el que están instalados los difusores tiene un nivel de agua constante, el componente de presión debido al peso de la columna de agua es constante. Esto se conoce como *presión estática*. Todas las otras pérdidas de presión dependen de la velocidad del caudal de aire a través del tubo y el acople, entre otros. Se conocen como *presión de velocidad*. También se conocen como *presión dinámica* porque cambian en todo el rango del caudal de aire a través del sistema.
  - Relación de reducción: La reducción del soplador es la relación entre los caudales máximos y mínimos. La relación puede analizarse para un soplador individual o para un sistema de sopladores en su totalidad. La reducción en un soplador individual se logra al cerrar parcialmente una válvula de regulación de entrada o de descarga o al hacer funcionar el soplador con un accionador de frecuencia variable (VFD) y al reducir la velocidad del motor del soplador. La meta de reducción para la mayoría de los sistemas de aeración difusa instalados en las WRRF es de un 80 % o 5 : 1 (WEF, 2010). Esto significa que si la tasa máxima de caudal de aire del sistema es de 10 000 sm^3/h (scfm), el caudal de aire mínimo alcanzable del sistema debe ser de 2000 sm^3/h (scfm). La reducción del sistema puede alcanzarse al poner en funcionamiento o sacar de funcionamiento los sopladores paralelos o mediante el ajuste de la salida de los sopladores individuales.

- La curva del sistema: Esta curva define las presiones del sistema en todo el rango de caudales. La curva de operación del sistema es una herramienta que los diseñadores usan para facilitar la identificación del soplador (o grupo de sopladores) adecuado para utilizar en una aplicación específica. El gráfico comienza en el nivel mínimo de caudal de aire y presión y se extiende hasta el nivel máximo de caudal de aire y presión. El ejemplo de curva del sistema que se muestra en la Figura 8.6 es para un sistema con difusores instalados a 3.2 m (10.5 ft) de profundidad del agua. El rango del caudal de aire se extiende más allá de los requisitos mínimos y máximos de caudal de aire del proceso identificados para este sistema. Tenga en cuenta que el gráfico muestra la línea de presión estática definida por el hecho de que este sistema tiene difusores instalados a una profundidad constante del agua de 3.2 m (10.5 ft). En unidades estándar del Sistema Internacional: Dado que 102 mm de columna de agua crean 1.0 kPa de presión, 3.2 m crearían 34.1 kPa como presión de agua estática del sistema. En unidades habituales en los EE. UU.: Dado que 2.31 ft de columna de agua nos proporciona 1.0 psig de presión, el componente de presión estática del sistema es de 4.5 psig. (Consulte el cálculo debajo del gráfico en la Figura 8.6).

Después de determinar el caudal y la presión con los que funcionará un soplador con mayor frecuencia, este punto debe verificarse en la curva de eficiencia del soplador para garantizar que esté cerca del mejor punto de eficiencia del soplador.

- Costo: El costo inicial de la compra de los equipos, conocido como *costo de capital*, siempre se tiene en cuenta porque alguien tiene que entregar el dinero antes de que se puedan enviar los equipos. Esto es importante porque un proyecto no puede llevarse adelante si el propietario no cuenta con el dinero suficiente para comprar los equipos. Sin embargo, es importante considerar este factor junto con otros factores de costo porque es posible que la unidad pueda ser un poco más económica al inicio, pero puede ser el doble de costosa al ponerla en funcionamiento y realizarle tareas de mantenimiento. Un análisis del costo total del ciclo de vida puede garantizar que todos los factores se tengan en cuenta al comprar un equipo importante como un soplador.
- Eficiencia: Es una medición de la cantidad de trabajo útil que realiza un equipo dividida por la cantidad de energía utilizada para hacer funcionar el equipo mientras se estaba realizando el trabajo. Dado que la cantidad de trabajo que debe realizar un soplador en una WRRF es determinada por el proceso, los sopladores de eficiencia más alta logran realizar el trabajo con un costo de electricidad más bajo. La eficiencia general de un soplador es afectada por la eficiencia del soplador y la eficiencia del motor. También se ve significativamente afectada por las condiciones de operación (caudal de aire y presión).

El análisis del costo del ciclo de vida útil es un método para calcular el costo total de la propiedad de un equipo o sistema para que se puedan tomar decisiones informadas antes de la compra inicial. El costo total de la propiedad incluye no solo el precio de compra original y los costos de instalación, sino que también toma en cuenta los costos de operación, mantenimiento y, en última instancia, demolición y desecho de los equipos. Estos costos se distribuyen sobre la vida útil total estimada para obtener un número que pueda compararse con los costos totales del ciclo de vida de otras alternativas.

- Vida útil prevista en el diseño: Los diferentes diseños y materiales de construcción de sopladores pueden dar como resultado vidas útiles previstas en el diseño significativamente diferentes. Es importante comprender plenamente cuáles serán las condiciones normales de operación del soplador y ponerse de acuerdo con el diseñador y el fabricante de los equipos para garantizar que se seleccionan opciones que tolerarán de forma adecuada las condiciones previstas. También es importante que si las condiciones del mundo real no terminan siendo las previstas durante el diseño, el personal de la WRRF se comunique con el fabricante del soplador o su representante local. El personal de la WRRF debe consultarle al fabricante si las condiciones reales están acortando significativamente la vida del soplador o reduciendo la eficiencia y cuáles son las opciones para modificar el soplador o el sistema para que pueda procesar de forma más adecuada las condiciones reales que está experimentando. En general, la vida útil prevista en el diseño de la mayoría de los sopladores en las WRRF es de entre 15 y 20 años.

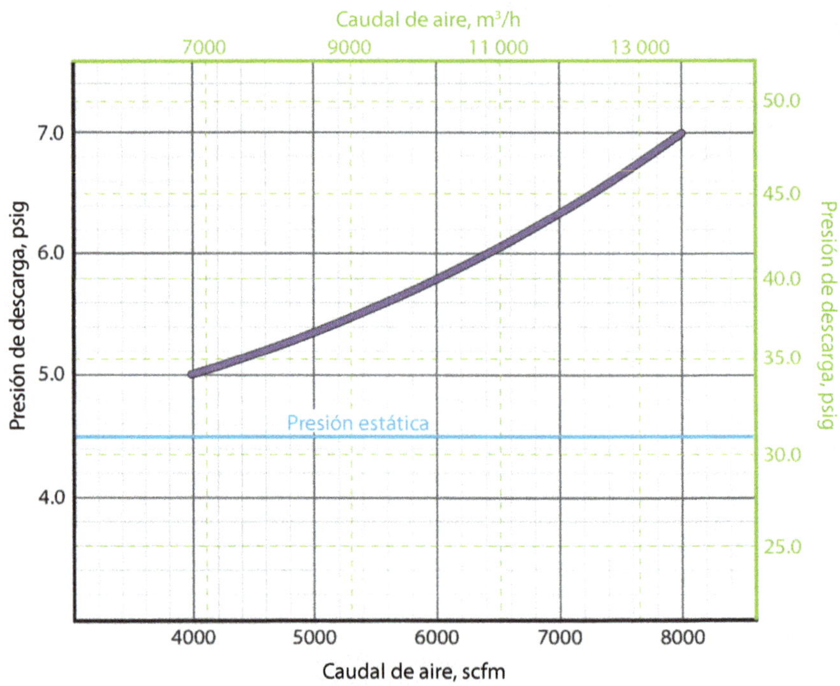

$$\text{Presión estática} \quad \frac{10.5\ \text{ft}}{2.31\ \text{ft/psig}} = 4.5\ \text{psig} \qquad \frac{3200\ \text{mm}}{102\ \text{mm/kPa}} = 31.4\ \text{kPa} \qquad 10.5\ \text{ft} = 3.2\ \text{m}$$

Figura 8.6 Ejemplo de una curva del sistema: difusores a una profundidad constante de 3.2 m (10.5 ft) (reimpreso con autorización de Indigo Water Group y Passaro Engineering, LLC)

- Confiabilidad y costo de mantenimiento: Es fundamental que los microorganismos siempre tengan a disposición una cantidad suficiente de OD en el proceso de tratamiento biológico aerobio. En general, las regulaciones requieren que una WRRF cuente con sopladores adicionales para que cuando la unidad más grande de todas esté fuera de servicio, el resto de los sopladores activos puedan continuar cumpliendo con la demanda máxima de aire. Sin embargo, cada vez que un soplador está fuera de servicio por reparaciones, la capacidad adicional no está disponible. Es importante contar con un soplador que tenga tareas de mantenimiento preventivo (tareas de PM) bien definidas y sencillas para mantener al soplador disponible para su uso cuando se lo requiera. El monitoreo de condiciones como la vibración o la tendencia de la temperatura de los cojinetes también puede ser útil para detectar y corregir problemas antes de que se requiera una reparación. También es importante que las unidades estén bien diseñadas con un buen acceso para el mantenimiento, que tengan un costo razonable y que sus repuestos se encuentren disponibles.
- Nivel de ruido de operación: Algunos diseños de sopladores son mucho más ruidosos que otros durante el funcionamiento. Esto puede provocar condiciones de trabajo desfavorables en las que cualquier persona que trabaje cerca de los sopladores debe utilizar protección auditiva para evitar sufrir pérdidas auditivas. El ruido también puede ser un problema si la WRRF está cerca de hogares u otras áreas con restricciones de ruidos. Los sopladores de desplazamiento positivo tienden a generar más ruido que los sopladores centrífugos. A veces se utilizan silenciadores de entrada y descarga. También se pueden instalar paneles o bloques de insonorización en la sala del soplador para reducir los niveles de ruido.
- Ocupación de espacio: Si se está modernizando una instalación con un nuevo soplador o sistema de sopladores, es posible que sea necesario seleccionar unidades que puedan disponerse de modo tal que quepan en el espacio disponible. Es muy importante que haya disponible una sala adecuada para acceder a los equipos para las actividades de operación y mantenimiento (O&M). Los sopladores de desplazamiento positivo suelen ser accionados por banda, lo que proporciona mayor flexibilidad en el diseño y permite reducir el espacio que ocupan los equipos.

El Instituto Nacional de Salud y Seguridad Ocupacionales (*National Institute for Occupational Safety and Health*, NIOSH) recomienda que la exposición de los trabajadores al ruido se mantenga a 85 dBA como máximo para todos los trabajadores expuestos al ruido durante un día de trabajo de 8 horas. Recomienda una tasa de intercambio de 3 dBA, lo que implica que cada aumento de 3 dBA por encima de este nivel "duplica" la cantidad de ruido y, por lo tanto, acorta a la mitad el tiempo de exposición permitido. Si no se utiliza la protección auditiva adecuada se puede producir una pérdida auditiva temporal o permanente. Se pueden obtener más detalles sobre la protección auditiva en la publicación del NIOSH, *Cómo evitar la pérdida auditiva ocupacional: una guía práctica (Preventing Occupational Hearing Loss—A Practical Guide).*

COMPROBACIÓN DE CONOCIMIENTOS

1. **_____________ se calcula como la suma del componente de velocidad y el componente estático.**
   a. La curva de desempeño del soplador
   b. La OTE del difusor
   c. La presión del sistema
   d. El costo del ciclo de vida

2. **_____________ tiene en cuenta el costo total de propiedad de un equipo, que puede ser un factor a considerar al tomar la decisión de comprar o no los equipos.**
   a. La factorización del costo de O&M
   b. La evaluación de condiciones
   c. El análisis del costo del ciclo de vida útil
   d. La gestión de activos

3. **La _____________ de un soplador es el trabajo realizado por un soplador dividido por la energía utilizada.**
   a. eficiencia
   b. capacidad
   c. tasa de presión
   d. temperatura

4. **La protección auditiva es un tipo importante de equipos de protección personal a utilizar cuando se trabaja cerca de la mayoría de los sopladores.**
   - ☐ Verdadero
   - ☐ Falso

5. **Los siguientes son criterios importantes a considerar al seleccionar un nuevo soplador para una WRRF. Marque todas las opciones que correspondan.**
   - ☐ Requisitos de mantenimiento
   - ☐ Costos del ciclo de vida útil
   - ☐ Ocupación de espacio
   - ☐ Niveles de ruido
   - ☐ Eficiencia energética
   - ☐ Opciones de controles
   - ☐ Requisitos de desempeño
   - ☐ Estética

6. **La cantidad de tiempo que una persona está expuesta a un ruido tiene un efecto de leve a nulo sobre el daño auditivo a largo plazo.**
   - ☐ Verdadero
   - ☐ Falso

7. **El monitoreo de la _____________ de un soplador puede ser útil para detectar un problema en el soplador y corregirlo antes de que provoque una falla.**
   a. vibración
   b. presión de descarga
   c. tasa de caudal de aire
   d. densidad del aire de entrada

Accesorios comunes para sopladores

Independientemente del diseño del soplador individual, existen ciertos componentes y accesorios que todos los sopladores necesitan para funcionar correctamente. En la próxima sección, primero se describen los elementos comunes y después se describen las diferencias entre los diversos tipos de sopladores.

Filtros de aire de entrada

Todos los sopladores requieren filtros de aire de entrada. Los filtros de aire protegen los sopladores porque evitan que la tierra y cualquier otra materia particulada dañen los componentes rotativos del soplador. Los filtros de aire también evitan que los equipos aguas abajo, como la instrumentación y los difusores, sufran daños (ensuciamiento en el lado del aire).

Algunos sistemas de sopladores están diseñados para hacer ingresar aire ambiental externo a los sopladores. Otros sopladores están diseñados para arrastrar el aire de entrada desde la sala o el área donde está instalado el soplador. Para estas instalaciones, el sistema de ventilación de la sala o el edificio debe controlarse para garantizar que el caudal de aire disponible hacia los sopladores sea el adecuado sin crear problemas de presión en la sala ni afectando de forma negativa el desempeño del sistema de HVAC.

Los filtros de entrada pueden estar diseñados con diferentes configuraciones. La versión más simple es un filtro circular cubierto con una cubierta protectora instalada en el extremo de la tubería de entrada que pasa a través de una pared exterior de la sala del soplador. En la Figura 8.7 se muestran cubiertas protectoras azules sobre filtros de entrada para los sopladores centrífugos de etapas múltiples de reactores biológicos y cubiertas protectoras grises más pequeñas sobre filtros de aire de entrada para los sopladores de desplazamiento positivo de un tanque de retención de lodo.

Los diferentes fabricantes, los diferentes diseños de la máquina o del sistema y las diferentes calidades del aire ambiental de entrada requieren diferentes disposiciones del filtro de entrada. En algunas situaciones es posible que se requieran sistemas más complejos de filtración de aire de entrada o de admisión de aire. Algunos sopladores están diseñados con estructuras de admisión de aire más grandes que tienen paneles de filtros en varios lados de la estructura. Los filtros de aire de entrada siempre deben reemplazarse con filtros idénticos, excepto que el fabricante del soplador apruebe un cambio.

Los filtros de aire de entrada deben limpiarse o reemplazarse cuando se ensucien y la carga perdida en todo el filtro comience a evitar que ingrese una cantidad suficiente de aire a la entrada del soplador. En lugar de esperar hasta que el soplador presente problemas de desempeño, es mejor tener instalado un manómetro diferencial en todos los filtros de entrada. Durante la puesta en funcionamiento, debe registrarse la carga perdida de referencia en todo un filtro limpio. A medida que el filtro de entrada se ensucia, las partículas obstruyen algunas de las aberturas de aire y comienza a aumentar la presión diferencial. Se debe limpiar el filtro según las recomendaciones del fabricante. En general, se requiere la limpieza cuando la presión diferencial aumenta de 2.5 a 3.7 kPa (10 a 15 in H_2O).

Figura 8.7 Filtros de aire de entrada del soplador (reimpreso con autorización de Passaro Engineering, LLC)

Los filtros de aire de entrada pueden estar hechos de papel desechable, pero también existe una versión más duradera hecha con paño (consulte la Figura 8.8). El costo de compra inicial de los filtros de papel es menor. Sin embargo, es casi imposible limpiar los filtros de papel sin dañarlos. Deben desecharse y reemplazarse con nuevos filtros de papel cada vez que se ensucien. La compra de los filtros de paño, hechos generalmente de poliéster, puede ser más costosa al inicio, pero, si se los cuida debidamente, pueden limpiarse y secarse varias veces antes de que sea necesario reemplazarlos. Si las instalaciones compran dos conjuntos de filtros de paño, es posible tener un filtro limpio y seco de repuesto, listo para reemplazar al otro cuando la carga perdida indique que es necesario limpiar el filtro en servicio. Los filtros de alambre son una tercera opción, pero no suelen proporcionar una eficiencia lo suficientemente alta como para cumplir con las necesidades de la mayoría de los sopladores. Algunos sistemas usan prefiltros más económicos para proteger a los filtros primarios más costosos.

Acoplamientos de aislamiento de goma o uniones de expansión

Los sopladores producen vibración y calor cuando están en funcionamiento. Como están construidos con metal y las tuberías de distribución de aire también suelen estar hechas de metal, es necesario instalar un conector flexible entre ambos para evitar que la expansión térmica y la vibración provoquen tensión en los componentes del sistema. Los acoplamientos de goma también proporcionan un pequeño grado de ajuste que facilita la alineación exacta entre la entrada y descarga del soplador y las tuberías. En general, estos conectores están hechos de materiales de goma reforzada que son adecuados para la temperatura máxima de operación del soplador. En la Figura 8.9 se muestran conectores de aislamiento de monómero de etileno propileno dieno, embridados y de arco único.

La mayoría de los materiales se expanden o agrandan cuando se los calienta, lo que se conoce como *expansión térmica*. Los metales se expanden a una tasa más alta que la mayoría de los otros materiales.

Motores y conexiones al eje

En general, los sopladores de aeración son impulsados por motores eléctricos. Suelen ser motores trifásicos de inducción con rotores de tipo jaula de ardilla, que alternan la corriente alimentada a 230/460 V. También se pueden usar los monofásicos, a 120 o 240 V; pero el consumo de corriente y, por ende, el costo de la electricidad serán mayores. Con motores más grandes (400 a 2000 hp) también pueden utilizarse voltajes más altos (2300/4600 V). Los motores de desplazamiento positivo suelen ser accionados por banda y son de 1800 o 3600 rpm.

Los sopladores centrífugos de etapas múltiples están diseñados para funcionar a 3600 rpm a 60 Hz. A modo de referencia, la mayoría de las bombas de agua funcionan a 1800 rpm, la mitad de la velocidad de los sopladores de aire. Los motores de inducción de dos polos (3600 rpm) se utilizaron con mucha frecuencia en las últimas tres décadas para accionar los sopladores centrífugos de etapas múltiples.

El soplador centrífugo de una etapa y el soplador turbo están acoplados directamente al motor. Dado que estas unidades funcionan a velocidades mucho más altas que los sopladores centrífugos de etapas múltiples, sus motores deben funcionar a velocidades más altas. Se han utilizado motores síncronos de imanes permanentes para alcanzar estas velocidades más altas con eficiencias muy altas. La refrigeración confiable y eficiente del motor es fundamental para los motores de velocidades más altas porque las temperaturas más altas dañan el aislamiento del motor y acortan la vida útil del motor. Se utilizan motores enfriados por aire y por agua. Para obtener más información sobre los motores, consulte el Capítulo 6, "Aspectos eléctricos básicos y motores".

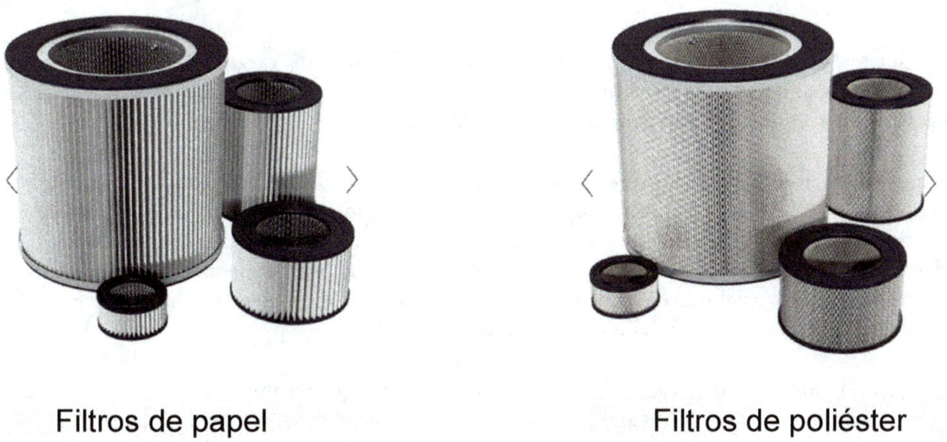

Figura 8.8 Ejemplos de filtros de entrada del soplador (reimpreso con autorización de Solberg Manufacturing)

Figura 8.9 Soplador centrífugo de etapas múltiples con acoplamientos de aislamiento de goma (reimpreso con autorización de Indigo Water Group)

En cada soplador, el motor debe estar conectado al soplador para que se transmita la energía y para que el soplador cree un caudal de aire y presión. Los sopladores centrífugos requieren ejes en línea recta. La mayoría de los fabricantes de sopladores centrífugos utilizan acoplamientos flexibles para transferir la energía del motor al soplador. El elemento flexible, que es el componente de color anaranjado en la fotografía en la Figura 8.10, permite que el eje tenga una pequeña desalineación. Sin embargo, a mayor grado de desalineación, más rápido fallará el elemento flexible y con mayor frecuencia deberá ser reemplazado. Siempre es importante controlar la alineación cada vez que el motor se desacopla del eje y asegurarse de que la alineación está dentro de la tolerancia recomendada por el fabricante del soplador.

Los sopladores de desplazamiento positivo, por el contrario, tienen unas características de desempeño que hacen que sean más convenientes para accionar correas en forma de V. El intercambio de poleas le permite al fabricante utilizar un soplador de medida única para proporcionar un rango de curvas de desempeño y velocidades variables. También ofrece la posibilidad de configurar los equipos de forma tal que requieran un espacio mucho menor al que ocupa un diseño de acoplamiento mecánico lineal.

Cojinetes

Se requiere un cojinete en cada punto en el que se deba soportar una fuerza o una carga entre un componente móvil y uno inmóvil. El cojinete frena el movimiento y permite reducir la fricción entre las partes móviles e inmóviles, en general a través del uso de un lubricante como aceite o grasa.

En general, los sopladores utilizan dos tipos diferentes de cojinetes: cojinetes de deslizamiento, en los que el eje rotativo pasa a través de una funda inmóvil, y cojinetes de empuje, en los que se limitan las cargas axiales creadas por el torque que aplica el motor sobre el eje o creadas por la presión diferencial en los extremos de entrada y descarga del soplador. Los motores también tienen cojinetes. El término *cojinete interno* hace referencia al cojinete del motor o del soplador que está más cerca del acoplamiento y el término *cojinete externo* es el cojinete que se encuentra más lejos del acoplamiento.

Los fabricantes le proporcionarán información sobre el tipo de lubricante que recomiendan para un cojinete específico y la frecuencia con la que se debe cambiar el aceite o volver a engrasar el cojinete. Las altas temperaturas hacen que los lubricantes se descompongan y pierdan su capacidad para reducir la fricción. Los materiales abrasivos, como la arena y las limaduras de metal, entre otros, en la grasa o el aceite dañan

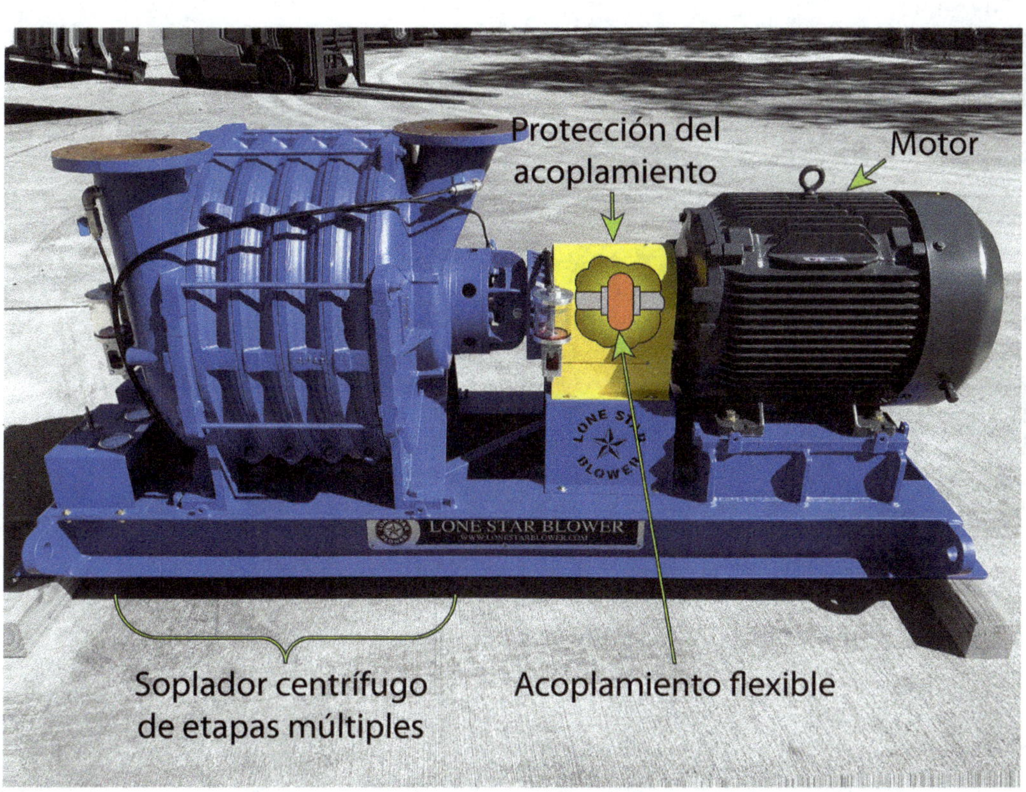

Figura 8.10 Soplador centrífugo de etapas múltiples con un acoplamiento flexible (cortesía de Lone Star Blower, Inc.)

los cojinetes y provocan desgaste y fricción. Las unidades pueden presentar fugas de aceite. Es fundamental realizar un control para garantizar que todos los cojinetes cuenten con una cantidad suficiente de lubricante limpio y de buena calidad. El exceso de grasa también puede causar problemas. La combinación de lubricantes con diferentes propiedades también provocará una falla prematura del cojinete.

Los fabricantes comenzaron a utilizar cojinetes sellados, según corresponda, a los que se les coloca un relleno de grasa de alta calidad en la fábrica y después se los sella para eliminar la necesidad de volver a engrasarlos y evitar que los contaminantes ingresen a la grasa y arruinen el cojinete. En los cojinetes que no son sellados, pueden utilizarse engrasadores automáticos para proporcionar un suministro uniforme de grasa limpia a los cojinetes. En la Figura 8.11 se muestra una fotografía de un engrasador automático.

La velocidad de giro de los motores y sopladores se limitó a la temperatura y a las condiciones en las que los lubricantes pueden funcionar de forma adecuada. Sin embargo, los avances en los cojinetes de aire y en los cojinetes magnéticos, que crean un vacío de aire en el cojinete que evita el contacto directo entre las superficies rotativas e inmóviles, eliminaron la necesidad de usar lubricantes de aceite y grasa. Estos tipos de cojinetes se describen con mayor detalle en la sección titulada "Sopladores accionados a alta velocidad (turbo)" en este capítulo.

Arrancadores suaves o accionadores de frecuencia variable

En general, los sopladores requieren algunos de los motores más grandes en las WRRF. Pueden requerir cantidades significativas de electricidad cuando se ponen en funcionamiento y aceleran rápidamente hasta alcanzar su velocidad máxima. Se puede utilizar un arrancador suave o un VFD para reducir esta corriente de entrada inicial y limitar la cantidad de torque que se aplica sobre los equipos durante la puesta en funcionamiento. Esto protegerá los equipos y prolongará la vida del motor al reducir la cantidad de calor generado por el motor durante la puesta en funcionamiento.

Los arrancadores suaves son dispositivos más simples que solo afectan el funcionamiento del motor durante la puesta en funcionamiento y el arranque inicial del motor. Son dispositivos de estado sólido que reducen el voltaje o la corriente inicial que el motor puede consumir, lo que genera una puesta en funcionamiento y un arranque gradual hasta alcanzar la velocidad máxima. Al alcanzar la velocidad máxima, se incorporan los contactores de desviación y el motor funciona a un voltaje y a una velocidad constantes. Cuando el motor se detiene, el arrancador suave disminuye la velocidad del motor.

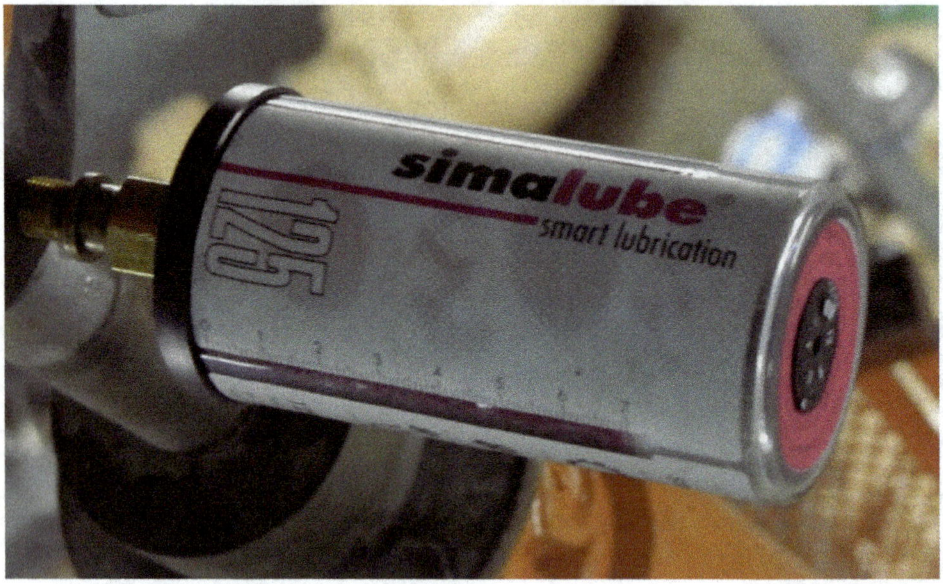

Figura 8.11 Engrasador automático (reimpreso con autorización de Passaro Engineering, LLC)

Los accionadores de frecuencia variable convierten la energía de entrada en una frecuencia ajustable, que después se utiliza para controlar la velocidad del motor. Durante la puesta en funcionamiento y el apagado, el VFD aumentará y disminuirá la velocidad del motor, al igual que un arrancador suave. Cuando los equipos están en funcionamiento, el VFD puede utilizarse para ajustar la velocidad del motor. Los accionadores de frecuencia variable también suelen tener puntos de ajuste programables adicionales que pueden utilizarse para proporcionar niveles adicionales de protección. Dado que los VFD son más complejos y proporcionan una funcionalidad significativamente mayor que los arrancadores suaves, suelen ser más grandes y más costosos que los arrancadores suaves.

Los accionadores de frecuencia variable generan una cantidad importante de calor cuando están en funcionamiento. Dado que los equipos eléctricos sufren daños si funcionan a temperaturas elevadas durante un tiempo prolongado, es fundamental que los VFD cuenten con una refrigeración adecuada. Una buena regla general es que la sala o el área eléctrica que aloje los VFD y el control debe ser cómoda para trabajar en su interior. Si el área tiene una temperatura alta y es demasiado húmeda, probablemente no sea un buen entorno para los VFD y los controles y provocará el envejecimiento prematuro y también fallas prematuras, a menos que se realicen las modificaciones correspondientes. También es importante contar con filtros para el aire de ventilación para evitar que la tierra y el polvo ingresen al interior de los VFD y provoquen daños. Tenga en cuenta que hay ventiladores de refrigeración y paneles de filtros en el VFD más grande que se muestra en la Figura 8.12.

Válvulas de retención de descarga

La mayoría de los sopladores tienen una válvula de retención instalada en las tuberías de descarga para evitar que el aire presurizado se desplace hacia atrás a través del soplador y las tuberías de descarga, lo que podría provocar daños significativos. Esta condición podría darse en cualquier momento en que la presión en el sistema de aeración aumente y sea superior a la presión en el soplador. Este es un problema importante en los sistemas que tienen múltiples sopladores instalados en paralelo y en los que es posible que diferentes sopladores se enciendan y apaguen automáticamente para cumplir con los cambios en los requisitos de caudal de aire. En general, las válvulas de retención son relativamente económicas y, por lo tanto, proporcionan una protección económica para los sopladores.

Elementos de venteo y válvulas de seguridad

La mayoría de los sopladores tienen elementos de control activo que monitorean las presiones de entrada y descarga o el consumo de amperaje del motor del soplador y que apagan los sopladores si las presiones extremas o la producción de ondas podrían provocar daños al soplador. Los elementos de venteo y las válvulas de seguridad también son formas simples de proteger al soplador y se suelen utilizar en combinación con los elementos de seguridad del sistema de control. Una válvula de venteo se configura a una presión máxima segura para el soplador. Si la presión del sistema aumenta por encima de ese punto, la válvula se abre automáticamente y permite que una parte del caudal de aire de descarga se ventile hacia la atmósfera, lo que disminuye la presión del sistema y protege el soplador y el resto del sistema de distribución. Los sistemas sin una reducción adecuada pueden experimentar ventilación con frecuencia durante los períodos de baja demanda de oxígeno. Aunque los equipos están protegidos y se cumple con las necesidades del proceso, esta no es una situación ideal porque se desperdicia energía, lo que produce un exceso de aire que no se necesita.

Figura 8.12 Accionadores de frecuencia variable para sopladores y bombas en una WRRF (reimpreso con autorización de Passaro Engineering, LLC)

COMPROBACIÓN DE CONOCIMIENTOS

1. **Los filtros de entrada eliminan tierra y partículas del aire que ingresa al soplador para evitar que el soplador sufra daños y para ____________.**
   a. proteger los difusores contra el ensuciamiento en el lado del aire
   b. evitar la limpieza de las tuberías de distribución de aire
   c. proteger las sondas de OD contra daños
   d. evitar la pérdida del área de la sección transversal en las tuberías de aire

2. **¿Cuáles de las siguientes características corresponden a los elementos de papel para los filtros de aire de entrada? Seleccione todas las opciones que correspondan.**
   - ☐ Son más eficientes que los filtros de alambre.
   - ☐ Su compra resulta más económica que la de los filtros de paño.
   - ☐ Son reutilizables después de lavarlos con agua.
   - ☐ Son menos eficientes que los filtros de paño.
   - ☐ Son menos duraderos que los filtros de paño.

3. **____________ ofrece una indicación temprana de que se está creando una obstrucción en un filtro de aire de entrada antes de que el desempeño del soplador se vea afectado de forma negativa.**
   a. Un indicador de temperatura
   b. Un medidor de nivel de aceite
   c. Un sensor de presión diferencial
   d. Una sonda de OD

4. **Los acoplamientos de goma se utilizan para conectar las entradas y salidas del soplador a las tuberías para ____________. Marque todas las opciones que correspondan.**
   - ☐ evitar que el calor se desplace a través de las tuberías de aire
   - ☐ evitar que la vibración del soplador se desplace a través de las tuberías de aire
   - ☐ evitar que la corriente eléctrica en el soplador se desplace a través de las tuberías de aire
   - ☐ eliminar la necesidad de alinear las conexiones del soplador con las tuberías
   - ☐ facilitar el apagado rápido de los sopladores según sea necesario

5. **Comúnmente, se utilizan ____________ para conectar los ejes en línea recta de los sopladores centrífugos de etapas múltiples con sus motores.**
   a. tuberías embridadas
   b. sellos mecánicos
   c. acoplamientos flexibles
   d. poleas de correa en forma de V

6. **Los motores y los sopladores de desplazamiento positivo pueden estar instalados lado a lado con sus ejes en paralelo y estar conectados mediante poleas de correa en forma de V.**
   - ☐ Verdadero
   - ☐ Falso

7. El propósito de un ____________ es disminuir la cantidad de electricidad de entrada que se requiere cuando se pone en funcionamiento un soplador.

a. transformador
b. centro de control del motor
c. interruptor de desconexión
d. arrancador suave

8. Se requiere ____________ en cada punto en el que se deba arrastrar una carga entre una pieza inmóvil y una móvil.

a. un cojinete
b. un acoplamiento mecánico
c. un impulsor
d. una válvula de aislamiento

9. Un ____________ convierte la energía entrante en una frecuencia ajustable que puede utilizarse para controlar la velocidad del equipo que se está alimentando.

a. arrancador suave
b. VFD
c. centro de control del motor
d. transmisor

10. En comparación con los motores regulares, los motores de imanes permanentes tienen la ventaja de ser capaces de alcanzar mayores ____________. Marque todas las opciones que correspondan.

- ☐ eficiencias
- ☐ relaciones de reducción
- ☐ velocidades
- ☐ temperaturas
- ☐ frecuencias

11. Un VFD tiene ____________.

a. la misma funcionalidad que un arrancador suave
b. la capacidad de ajustar la velocidad de operación así como también de realizar arranques suaves
c. solo la capacidad de ajustar la velocidad de operación, pero no puede afectar el arranque y el apagado
d. la capacidad de afectar solo la frecuencia, y no la velocidad, de los equipos

12. ____________ evita que el aire se desplace hacia atrás a través del soplador.

a. Una válvula de aislamiento
b. Un sello mecánico
c. Una válvula de retención
d. Un sello de regulación de entrada

Sopladores centrífugos

Teoría

Los sopladores centrífugos trabajan básicamente de la misma manera que las bombas centrífugas. Un leve vacío creado por el movimiento de giro del impulsor arrastra el aire hacia el armazón del soplador a través del ojo del impulsor. El eje del impulsor se extiende hasta el centro del ojo del impulsor. El giro del eje y del impulsor "arroja" el aire hacia el exterior del armazón del soplador utilizando la fuerza centrífuga. Fuera del área del impulsor giratorio, se difunde el aire y se reduce la velocidad para acumular presión. Algunos sopladores tienen una placa de difusión inmóvil con álabes adicionales para ayudar a ralentizar el aire. El aire se desplaza con movimientos circulares entre el exterior del impulsor o difusor y el armazón del soplador hasta que el aire alcanza el corte. El corte divide el caudal de aire y empuja la mayor parte del aire hacia fuera de la descarga y una pequeña cantidad de aire vuelve a desplazarse alrededor del impulsor. En la Figura 8.13 se muestra una vista en corte de un soplador centrífugo de una etapa con los componentes etiquetados.

A medida que el aire en el lado de descarga del soplador choca con la resistencia de la carga perdida creada por el aire que se desplaza a través de las tuberías de descarga, los acoples, las válvulas y los difusores, entre otros, se "comprime" cada vez más hasta alcanzar su presión de salida. Los sopladores centrífugos pueden ser de una etapa con un impulsor o de etapas múltiples con dos o más impulsores en serie. Los impulsores de mayor diámetro desplazan caudales de aire más altos. En los sopladores centrífugos de etapas múltiples, cada etapa por la que se desplaza el aire aumenta la presión. En los sopladores centrífugos de una etapa, se utilizan velocidades más altas y placas de difusión para aumentar la presión.

La física nos proporciona leyes que explican las relaciones entre el volumen, la presión y la temperatura para los gases. La ley combinada de los gases establece que cuando se comprime (es decir, aumenta la presión y disminuye el volumen) una masa determinada de gas, se produce un aumento proporcional en la temperatura. Básicamente, se agrega energía mecánica al gas cuando se lo comprime. Ese estado de mayor energía provoca un aumento en la temperatura. Cuando el soplador está en funcionamiento, la presión y la temperatura del aire en la descarga del soplador siempre son más altas que las condiciones en la entrada. El aumento en la temperatura puede ser un beneficio para los procesos de tratamiento biológico en climas más fríos. Dado que los microorganismos están más activos a temperaturas más altas, al agregar aire cálido al proceso de tratamiento biológico durante el invierno se puede mejorar el desempeño del tratamiento durante el clima frío.

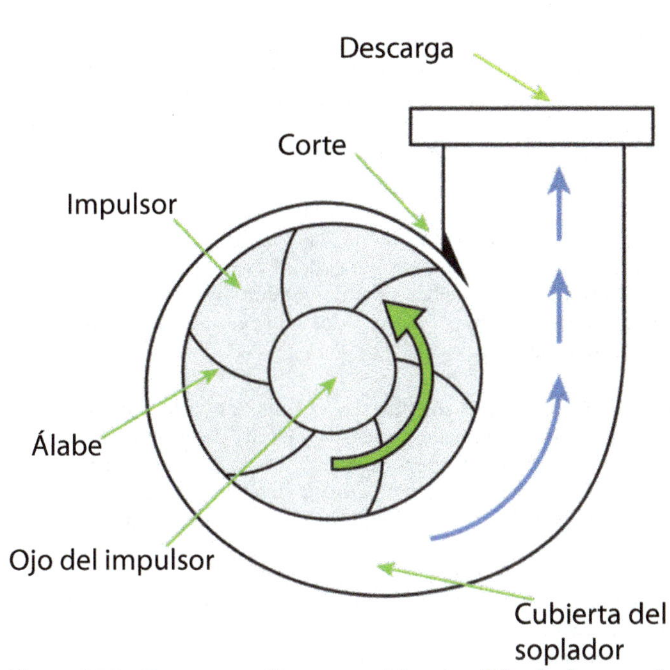

Figura 8.13 Representación esquemática simplificada de un soplador centrífugo (reimpreso con autorización de Indigo Water Group)

La ley combinada de los gases para un gas ideal en un proceso adiabático (es decir, sin cambios en la masa y sin agregar ni quitar calor) es la siguiente:

$$\frac{P_1V_1}{T_1} = \frac{P_2V_2}{T_2} \tag{8.1}$$

La presión (P), el volumen (V) y la temperatura (T) en el estado inicial están indicados por el subíndice 1. Si se cambia la presión o el volumen mediante la compresión, la temperatura debe cambiar en consecuencia para mantener el equilibrio del sistema. La presión (P), el volumen (V) y la temperatura (T) en el estado comprimido están indicados por el subíndice 2.

En condiciones normales de operación para cualquier soplador, hay un gradiente de temperatura que va desde las temperaturas más bajas en el lado de entrada del soplador hasta las temperaturas significativamente más cálidas en la descarga. Esto puede generar una situación en la que los diferentes materiales que conforman varias partes del soplador experimenten diferentes cantidades de expansión térmica. Es importante controlar la alineación y la vibración del soplador durante la puesta en funcionamiento y nuevamente después de que el soplador haya estado en funcionamiento durante varias horas y todos los componentes hayan alcanzado la temperatura máxima de operación en estado regular para verificar que la expansión térmica diferencial no haya causado nuevos problemas de alineación.

Operación

Condiciones normales

Los sopladores centrífugos pueden estar diseñados para funcionar de forma muy eficiente con una presión específica y un caudal específico (punto de diseño). Sin embargo, dicha eficiencia disminuirá rápidamente en diferentes condiciones de caudal de aire y con los cambios en las condiciones ambientales, como la temperatura del aire de entrada y los cambios en la humedad relativa.

Problemas de operación

Las ondas son una condición problemática que puede producirse en los sopladores centrífugos. Las ondas se produce cuando un soplador no logra hacer ingresar la cantidad necesaria de aire (filtros de entrada sucios o válvulas de entrada cerradas) o hay una restricción en la salida que evita que el aire escape (p. ej., una válvula de retención atascada o una válvula de aislamiento cerrada). Si se cierra la válvula de salida de un soplador mientras está en funcionamiento, el soplador intentará empujar el aire contra el bloqueo, se detendrá, volverá a empujarlo y volverá a detenerse. Es posible escuchar la producción de ondas en el soplador. También es posible sentir la salida del aire por el extremo de entrada del soplador. El aire queda atrapado en el interior del soplador y se vuelve a comprimir, lo que provoca un aumento rápido en la temperatura. Los impulsores giran en el aire caliente atrapado en el interior del soplador, por lo tanto, a medida que aumenta la temperatura del impulsor, el aluminio que se expande a una tasa de casi el doble de la del hierro fundido finalmente se expande hasta llenar los espacios libres y el impulsor a 3600 rpm toca la cubierta exterior inmóvil, lo que hace que el eje y el impulsor se atasquen. Los sopladores que sufrieron la producción de ondas, o que estuvieron muy cerca de sufrirla, pueden presentar decoloración o pintura desprendida cerca del extremo de salida del soplador debido al calor excesivo.

La temperatura no es el único problema relacionado con las ondas. Dado que las presiones del soplador varían durante las ondas, el conjunto giratorio completo se desplaza de forma física y axial por el interior de la cubierta del soplador. Según la gravedad de la producción de ondas, este movimiento del rotor coloca una mayor carga axial sobre los cojinetes del soplador. Los cojinetes están diseñados solo para una carga axial mínima, por lo que se produce la falla prematura del cojinete.

Se agregaron diferentes elementos de seguridad a los sopladores centrífugos para evitar las ondas y proteger las máquinas contra daños. Por ejemplo, a las tuberías de entrada pueden agregarse válvulas de purga que se abren si se producen condiciones de bajo caudal de entrada. Se pueden agregar elementos de venteo de alta presión a las tuberías de descarga para liberar aire en caso de que se produzcan obstrucciones en la línea de descarga. Puede agregarse una línea de recirculado para igualar la presión entre la entrada y la salida del soplador para atenuar la fuerza axial a la que están sometidos los cojinetes de empuje. Sin embargo, la estrategia más común para proteger a los sopladores centrífugos contra las ondas es incluir controles que apagan de forma automática el soplador cuando el caudal alcanza el punto de producción de ondas (condición de presión máxima y caudal mínimo). El monitoreo del consumo de amperaje del motor es más efectivo para predecir y ofrecer protección contra daños provocados por ondas que el monitoreo del caudal de aire real.

La curva del soplador centrífugo estándar que se presenta a continuación muestra el volumen de aire que un soplador puede producir con una presión específica mientras el soplador está funcionando a una velocidad constante. El punto "A" es el punto de diseño, el punto "E" es el nuevo punto de operación después de que una válvula de descarga se vuelve a regular (es decir, se cierra parcialmente). Cuando la salida del soplador presenta una restricción (es decir, la válvula está cerrada) durante el funcionamiento, disminuye el volumen del caudal de aire y aumenta la presión en toda esa curva hasta que el punto de operación alcanza el punto de producción de ondas del soplador. Este es el punto en el que el soplador no puede superar la carga perdida y empujar el aire hacia el sistema: una condición de alta presión y bajo caudal en la que el soplador no puede continuar funcionando correctamente y rápidamente se pueden provocar daños a la unidad. Es una condición violenta que un observador puede reconocer fácilmente. La protección contra ondas en función del caudal del soplador o del consumo de amperaje del motor del soplador casi siempre se proporciona en los controles del soplador.

En el extremo opuesto, un soplador centrífugo puede funcionar en una condición de obstrucción. Esta se produce cuando la descarga disminuye a una condición de baja presión y la tasa de caudal de aire del soplador aumenta hasta que alcanza la condición de caudal máximo del soplador. Los sopladores que funcionan en una condición de obstrucción grave desarrollan una vibración de alta frecuencia que es difícil de detectar. La obstrucción no es algo que se pueda notar con facilidad, como sucede con una condición de ondas. Sin embargo, si se permite que un soplador funcione en esta condición de obstrucción grave durante un largo período de tiempo, se producirán daños. Las condiciones de obstrucción o "sin carga" no suelen producirse en las WRRF, por lo que no suelen ser un riesgo importante y no se ofrece protección contra ellas en los controles del soplador.

Control de capacidad

Existen diversas formas de ajustar la capacidad de salida de un soplador centrífugo. Un método es regular la descarga del soplador. Esto reducirá el caudal de aire y la energía que se consumen; sin embargo, no es tan eficiente como otros métodos de control. El efecto de la regulación de la descarga puede observarse en el gráfico en la Figura 8.14. La posición regulada está marcada con la letra "E" y se encuentra más cerca de la condición de producción de ondas del soplador.

Otra opción es regular la válvula de entrada para restringir físicamente la cantidad de aire que puede ingresar a la entrada del soplador. La válvula crea un descenso en la presión que desplaza la curva de operación hacia abajo en relación a la presión manométrica. El descenso en la presión de entrada también reduce la densidad del aire de entrada, lo que desplaza la curva de operación aún más abajo y también reduce aún más el consumo de energía. Por lo tanto, la curva de operación de un soplador que se está regulando con la válvula de entrada comienza por debajo de la curva estándar y es apenas más pronunciada.

La última, y más eficiente, opción para controlar la capacidad de un soplador centrífugo es utilizar un VFD para cambiar la velocidad del motor. Esto proporciona de un 15 % a un 20 % más de eficiencia que la regulación de entrada (WEF, 2010). Sin embargo, la compra de un VFD es considerablemente más costosa que la instalación de una válvula adecuada para la regulación. La familia de curvas de operación en la Figura 8.15 muestra el efecto que la reducción de la velocidad del motor del soplador tiene sobre la capacidad y la presión de descarga.

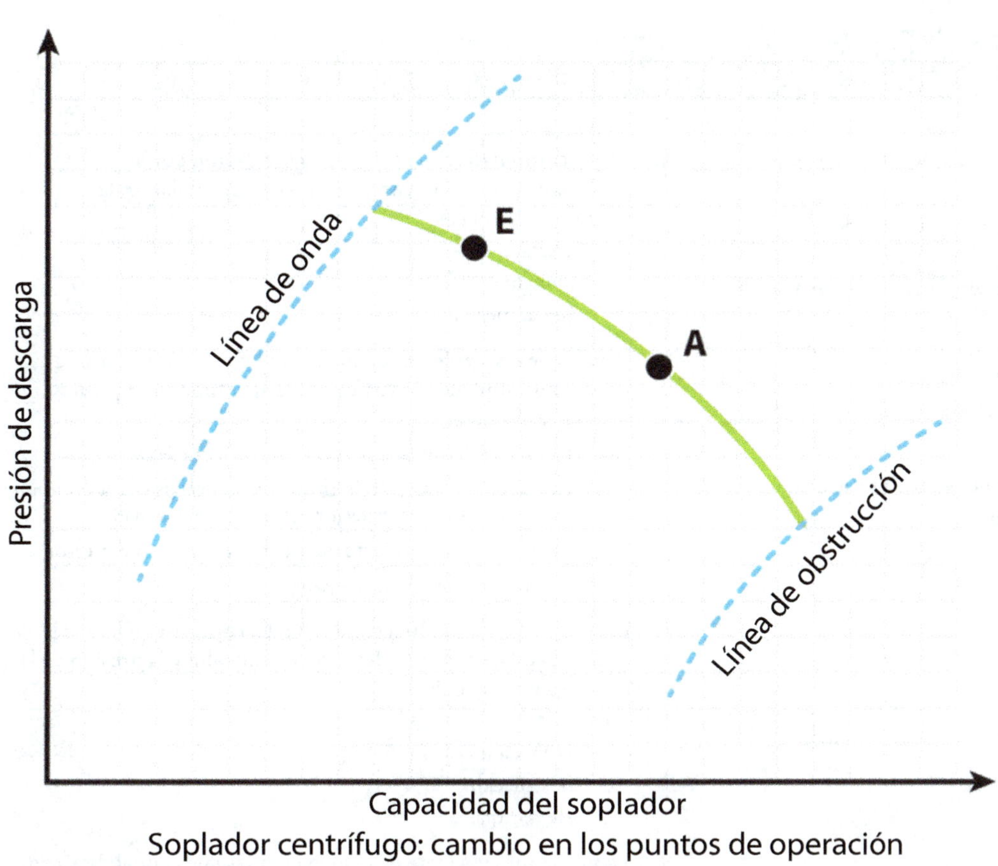

Figura 8.14 **Curva simplificada de un soplador centrífugo que muestra las líneas de onda y obstrucción (reimpreso con autorización de Indigo Water Group y Passaro Engineering, LLC)**

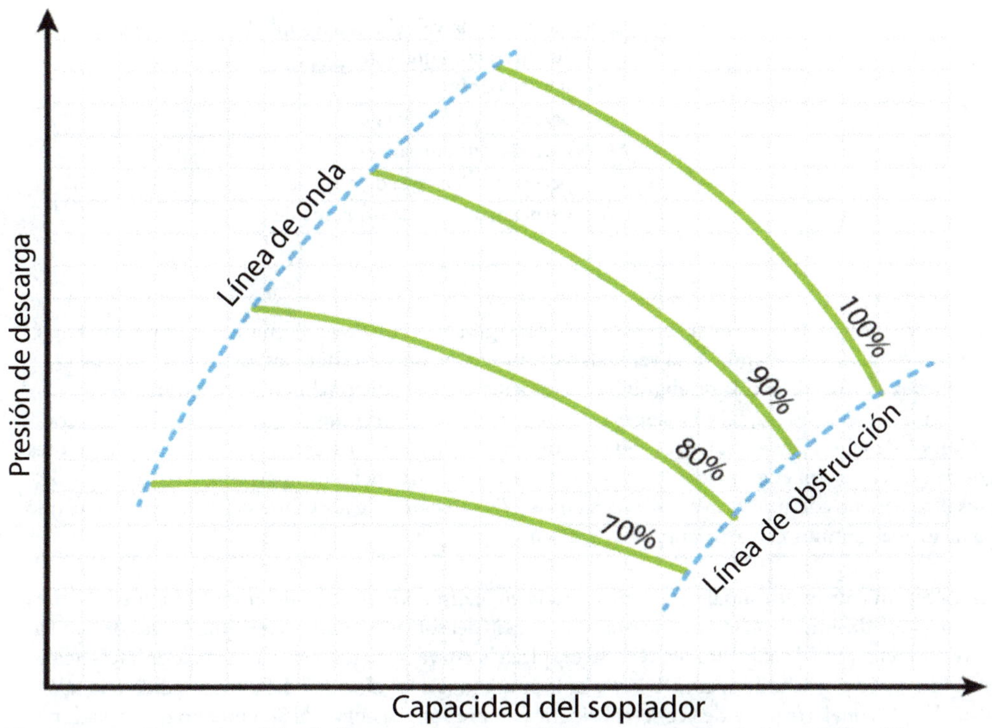

Figura 8.15 **Curva simplificada de un soplador centrífugo que muestra el efecto de las diferentes velocidades del motor (reimpreso con autorización de Indigo Water Group y Passaro Engineering, LLC)**

COMPROBACIÓN DE CONOCIMIENTOS

1. **En los sopladores centrífugos, el caudal de aire y la presión son creados por ____________.**
   a. una manguera comprimida por un impulsor de lóbulo rotativo
   b. lóbulos rotativos que se engranan para atrapar aire y desplazarlo hacia la descarga
   c. un diafragma que arrastra aire a través de la entrada y lo empuja hacia fuera a través de la descarga
   d. un impulsor que gira y arroja el aire hacia el exterior de la cubierta

2. **Se utiliza ____________ para ralentizar el aire y acumular presión en un soplador centrífugo.**
   a. un impulsor
   b. un corte
   c. una placa de difusión
   d. un álabe de entrada

3. **En un soplador centrífugo de etapas múltiples, ____________ a medida que el aire se desplaza a través de cada etapa.**
   a. Aumenta el caudal de aire
   b. Disminuye la temperatura
   c. Aumenta la presión
   d. Aumenta la eficiencia del soplador

4. **Un soplador centrífugo de una etapa tiene un ____________.**
   a. impulsor
   b. motor
   c. filtro de aire de entrada
   d. acoplamiento mecánico

5. **Las características del aire de entrada, como la temperatura y la humedad relativa, casi no afectan el desempeño de un soplador centrífugo.**
   - ☐ Verdadero
   - ☐ Falso

6. **La ley combinada de gases explica la relación por la cual cuando un gas es comprimido por un soplador, la temperatura del gas ____________.**
   a. disminuye
   b. aumenta
   c. se mantiene igual

7. **¿Cuáles de las siguientes condiciones pueden provocar una onda en un soplador centrífugo? Marque todas las opciones que correspondan.**
   - ☐ La válvula de entrada se regula de forma excesiva.
   - ☐ Las tuberías de aire de descarga son golpeadas por un camión y sufren daños en el exterior del edificio del soplador.
   - ☐ La válvula de aislamiento de la descarga se cerró por error.
   - ☐ Los difusores están muy sucios.

8. **La ____________ es una condición del soplador en la que la tasa de caudal de aire de descarga es muy alta y la presión de descarga es muy baja.**
   a. onda
   b. cavitación
   c. obstrucción
   d. sobrecarga

9. **La forma más eficiente de controlar la tasa de caudal de aire de salida de un soplador centrífugo es ____________.**
   a. regular la válvula de entrada
   b. ajustar la velocidad del soplador con un VFD
   c. ajustar la velocidad del soplador con un arrancador suave
   d. regular la válvula de descarga

10. **La reducción de la velocidad del soplador crea una nueva curva de operación que está ____________ la curva de velocidad máxima.**
    a. paralela y por arriba de
    b. paralela y por debajo de
    c. perpendicular y a la derecha de
    d. perpendicular y a la izquierda de

Sopladores centrífugos de una etapa con engranajes íntegros

Los sopladores centrífugos de una etapa con engranajes íntegros usan una caja de engranajes para aumentar la velocidad del impulsor por encima de la velocidad del motor. Se utilizan cojinetes estándar para sostener los ejes impulsores a través de la caja de engranaje. Estos sopladores tradicionalmente utilizaron álabes guía de entrada (*inlet guide vanes*, IGV) y álabes difusores de descarga (*discharge diffuser vanes*, DDV) para variar el volumen de salida. Sin embargo, es cada vez más común que se los accione con VFD. Los sopladores centrífugos de una etapa con engranajes íntegros pueden alcanzar eficiencias de operación más altas que las de todos los otros diseños de sopladores utilizados en las WRRF cuando se los utiliza en un sistema en el que funcionan de forma continua cerca de su punto de diseño.

Para realizar comparaciones entre los diferentes tipos de sopladores, los cálculos de eficiencia se suelen informar como eficiencias isentrópicas. Esto supone condiciones ideales y no se basa en el funcionamiento real, pero facilita la comparación entre los sopladores.

Un IGV establece un patrón de caudal de aire de entrada en la dirección del giro del impulsor a medida que el caudal ingresa al ojo del impulsor, lo que mejora la eficiencia del soplador a una determinada tasa de caudal de aire. Al reducir el área de la abertura del IGV, se desplaza la curva de desempeño del soplador hacia abajo y hacia la izquierda. Se puede utilizar un DDV variable para reducir la velocidad del aire a medida que sale del impulsor, lo que convierte parte de la energía cinética en presión. La curva de desempeño del soplador se desplaza hacia la izquierda y el consumo de energía del motor se reduce significativamente. La capacidad y la descarga del soplador pueden ajustarse utilizando uno de ellos (denominado *control de punto único*) o

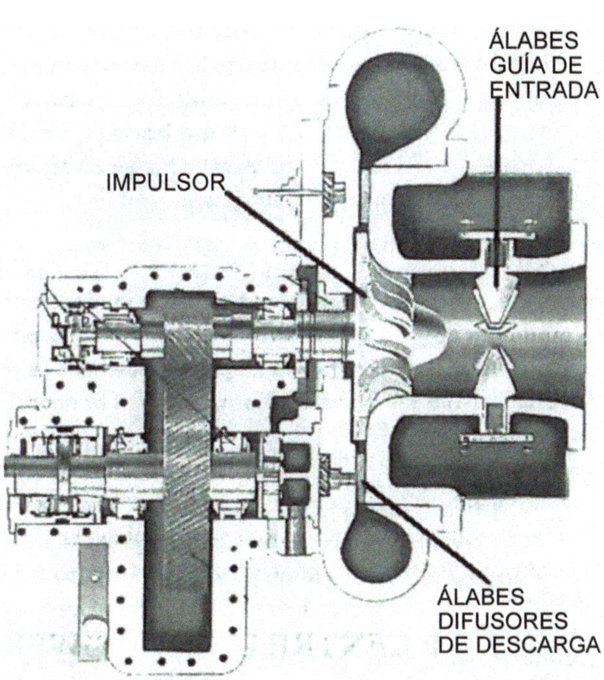

Figura 8.16 Diagrama de corte de un soplador centrífugo de una etapa con engranajes íntegros con álabes guía (reimpreso con autorización de Howden USA)

ajustando los álabes de entrada y descarga (denominado *control de punto doble*). El control de punto doble requiere una programación más sofisticada de controles pero, cuando se lleva a cabo correctamente, también puede alcanzar mayores eficiencias de operación.

Los sopladores centrífugos de una etapa con engranajes íntegros son más susceptibles a la producción de ondas que los sopladores centrífugos de etapas múltiples. En general, la protección contra ondas se proporciona a través de los controles y con válvulas adicionales de alivio de entrada y descarga, como se menciona en la sección anterior.

Los sopladores centrífugos de una etapa con engranajes íntegros tienden a generar más ruido que los sopladores centrífugos de etapas múltiples debido a que tienen una mayor velocidad periférica del impulsor. Se suelen utilizar silenciadores en las tuberías de entrada, descarga y venteo. A veces se utilizan cabinas de insonorización para mejorar la seguridad al trabajar cerca de estos sopladores.

Dado que estos sopladores tienen una caja de engranaje integral, se deben programar tareas de PM adicionales para la lubricación con aceite de la caja de engranaje integral. Algunas unidades utilizan cojinetes de deslizamiento y de empuje con lubricación de película de aceite. Estos sistemas más complicados utilizan bombas de aceite separadas para hacer circular el aceite desde el depósito a través de un intercambiador de calor enfriado por aire o agua, a través de un filtro de aceite y después hacia los cojinetes. Después, el aceite vuelve a drenarse hacia el depósito. Según el tipo de aceite utilizado y el total de horas en funcionamiento del soplador, estos sistemas suelen requerir un cambio anual de aceite y filtro para la caja de engranajes.

COMPROBACIÓN DE CONOCIMIENTOS

1. **La presión y las tasas de caudal de aire que se descargan de los sopladores de una etapa con engranajes íntegros se ajustan para cumplir con los cambios en los requisitos del proceso diurno mediante ____________.**
   a. el cambio de poleas
   b. el cambio de motores
   c. el ajuste del IGV o DDV
   d. el ajuste de la demanda bioquímica de oxígeno o los sólidos en suspensión totales

2. **En condiciones adecuadas, los sopladores centrífugos de una etapa con engranajes íntegros pueden alcanzar una eficiencia más alta que la de todos los otros sopladores utilizados en las WRRF.**
   ☐ Verdadero
   ☐ Falso

Centrífugos de etapas múltiples

Los sopladores centrífugos de etapas múltiples fueron los pilares de la aeración en las WRRF de tamaño mediano y grande durante décadas.

Los sopladores centrífugos de etapas múltiples utilizan varios impulsores en serie. Al girar, cada impulsor empuja aire hacia la cubierta del soplador y crea un área de presión apenas más baja en el centro del impulsor, que arrastra el aire hacia el interior a través del centro. El aire se desplaza por la cubierta del soplador y es encauzado hacia la entrada del impulsor en la etapa siguiente. La cubierta en la última etapa tiene forma de voluta para formar la descarga del soplador y conectarse con las tuberías de distribución de aire. En la Figura 8.17 se muestra la trayectoria del aire a través de un soplador centrífugo de tres etapas.

Cada una de las etapas de un soplador de etapas múltiples agrega una cantidad específica de presión; por lo tanto, la cantidad de etapas se selecciona para cumplir con los requisitos de presión de descarga para el sistema de aeración. Como regla general, un impulsor de 610 mm (24 in) de diámetro agregará 7 kPa (1 psig) de presión de aire para cada etapa. En otras palabras, un soplador de seis etapas con impulsores de 610 mm (24 in) de diámetro tendría una presión de descarga de aproximadamente 42 kPa (6 psig).

Los sopladores centrífugos de etapas múltiples tienen un costo moderado en comparación con otros diseños de sopladores. Funcionan de forma eficiente en sus condiciones de diseño, pero la eficiencia disminuye significativamente cuando cambian las condiciones. De todos los sopladores, los sopladores centrífugos de etapas múltiples son los que tienen la menor capacidad de reducción. Generan menos ruido que otros diseños de sopladores y el ruido es fácil de atenuar con silenciadores.

El mantenimiento preventivo de los sopladores centrífugos de etapas múltiples es relativamente sencillo y económico. Las tareas de PM recomendadas incluyen: lubricación del motor, lubricación del cojinete del soplador y limpieza o reemplazo del filtro de entrada.

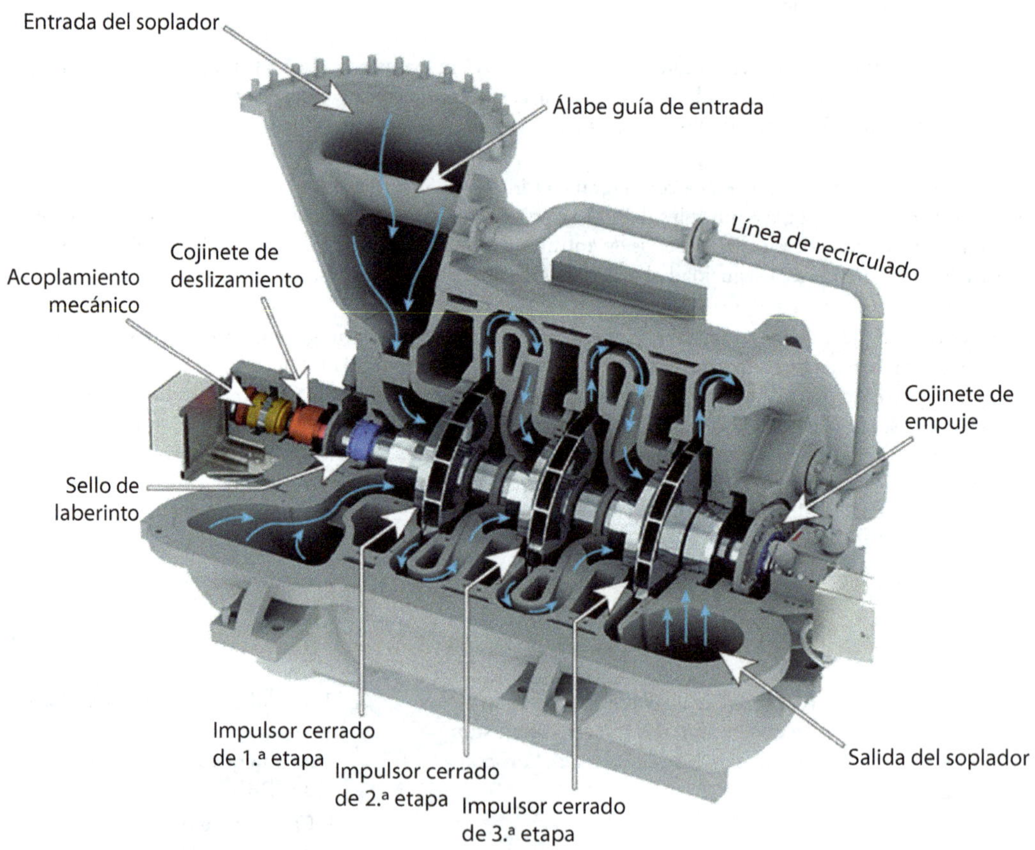

Figura 8.17 Caudal de aire a través de un soplador centrífugo de etapas múltiples (corte del soplador reimpreso con autorización de Howden Roots, LLC)

COMPROBACIÓN DE CONOCIMIENTOS

1. **Una de las deficiencias de los sopladores de etapas múltiples en comparación con otros tipos de sopladores utilizados comúnmente en las WRRF es la ____________.**
   a. producción excesiva de ruido
   b. baja eficiencia del punto de diseño
   c. complejidad de las recomendaciones de las tareas de PM
   d. capacidad limitada de reducción

2. **La presión de descarga de un soplador centrífugo de etapas múltiples aumenta al ____________.**
   a. agregar etapas al soplador
   b. aumentar el diámetro del impulsor
   c. cambiar de control de punto único a control de punto doble
   d. ajustar la abertura en el álabe de entrada

Sopladores accionados a alta velocidad (turbo)

Descripción

Los sopladores turbo son sopladores centrífugos de una etapa y de acoplamiento directo con motores de alta velocidad e impulsores turbo que suelen ser impulsores abiertos fabricados a través de un proceso de fundición de alta precisión. Los sopladores en sí son bastante compactos y también se los conoce como *núcleos sopladores*. En la Figura 8.18 se muestra un núcleo de soplador con los componentes etiquetados. Dada la alta velocidad de estos sopladores, se utilizan cojinetes únicos y medidas adicionales de refrigeración del motor.

Consideraciones de cojinetes especiales

Dado que los sopladores turbo pueden funcionar con velocidades del eje de hasta 50 000 rpm, es fundamental utilizar cojinetes que puedan tolerar este tipo de aplicación. Existen dos opciones de cojinetes para los sopladores turbo: cojinetes aerodinámicos o cojinetes magnéticos. Con cualquiera de estos diseños, las superficies del cojinete y del eje no tienen contacto directo durante el funcionamiento normal y, por lo tanto, no se requiere lubricación. Esto elimina la necesidad de realizar tareas de PM relacionadas con la lubricación en los cojinetes.

Cojinetes aerodinámicos

En los cojinetes aerodinámicos, el giro del eje crea un amortiguador de presión de aire de 30 a 40 bar que hace "flotar" el eje dentro del armazón del cojinete (Figura 8.19). Se produce un pequeño contacto entre el eje y la parte frontal del cojinete durante la puesta en funcionamiento y el apagado, cuando la velocidad de giro no es la adecuada para crear la presión de aire dentro del cojinete. Sin embargo, incluso con este contacto momentáneo, se realizaron ensayos sobre este tipo de cojinete en condiciones repetidas de puesta en funcionamiento y apagado y no parece presentar desgaste relacionado.

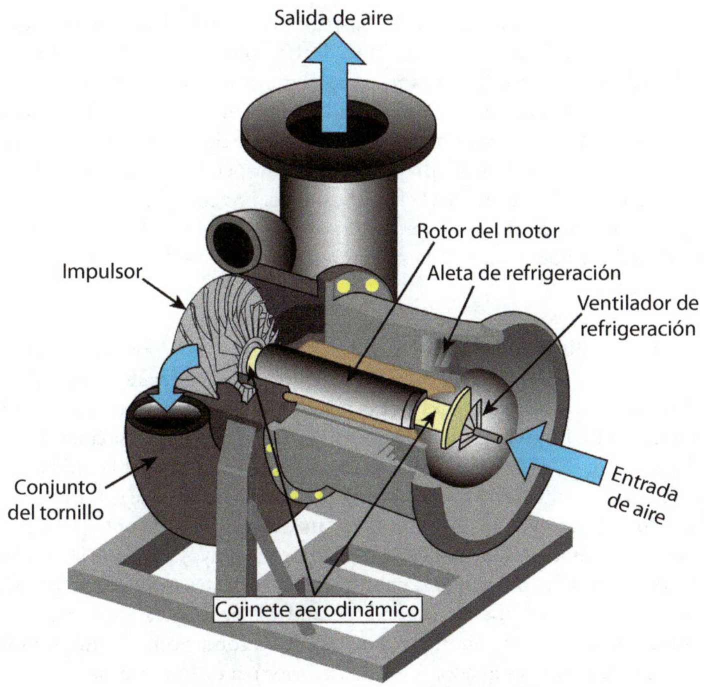

Figura 8.18 Componentes de un núcleo de soplador turbo (APGN Inc.)

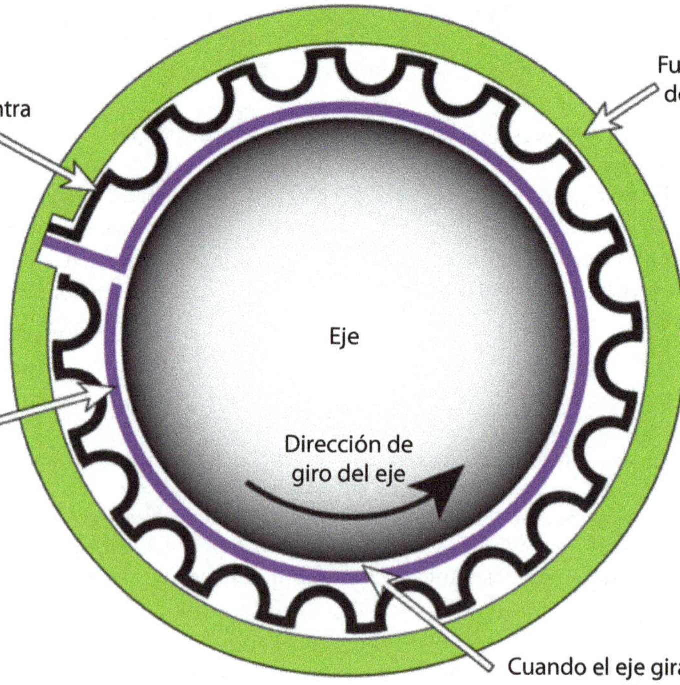

Figura 8.19 Diagrama de corte de un cojinete de deslizamiento aerodinámico (reimpreso con autorización de Indigo Water Group y Passaro Engineering, LLC)

Los cojinetes aerodinámicos son una tecnología simple y pasiva. Si se pierde energía hacia el soplador, el cojinete continuará experimentando el mismo tipo de apagado que experimentaría en condiciones normales de apagado. Debido al diseño simple, los cojinetes aerodinámicos son más económicos que los cojinetes magnéticos. Demostraron ser bastante confiables con el tiempo. Sin embargo, si se presenta un problema con un cojinete aerodinámico, suele ser una falla catastrófica y puede requerir el reemplazo del núcleo de soplador.

Cojinetes magnéticos

En los cojinetes magnéticos, imanes permanentes mantienen el eje "suspendido" dentro del cojinete, lo que crea un entorno libre de fricciones dentro del cual gira el eje (Figura 8.20). Un cojinete magnético activo tiene un estator compuesto por núcleos de acero que están devanados en alambre de cobre para crear el electroimán. La fuerza de cada electroimán es proporcional a la cantidad de corriente que pasa a través del alambre de cobre. El cojinete también está compuesto por un rotor (también conocido como *eje de soplador*). A medida que gira el eje, se genera un campo magnético que mantiene el eje "suspendido" en la mitad del cojinete magnético, por lo que no hay contacto directo entre el eje y el cojinete. Los cojinetes magnéticos activos también tienen sensores de posición y un controlador que monitorea la posición del rotor y realiza ajustes a la cantidad de corriente a través de varios electroimanes para mantener el eje estable y eliminar toda vibración que se pueda presentar en la unidad.

Los cojinetes magnéticos son muy confiables. Eliminan la fricción y casi toda la vibración y, por lo tanto, son muy eficientes. Requieren un sistema de alimentación ininterrumpida (*uninterruptible power supply*, UPS) (una batería) para mantener la corriente hacia los electroimanes en caso de que se produzca una interrupción en el servicio eléctrico para evitar el contacto entre los electroimanes inmóviles y el eje que gira a máxima velocidad. Algunos cojinetes magnéticos también se suministran con un cojinete de respaldo para proteger la unidad contra daños si se produce una interrupción en la corriente hacia los electroimanes. Los fabricantes de los cojinetes magnéticos colocan sensores y un transmisor de posición, un controlador, un amplificador de potencia y un UPS, entre otros, en un paquete de cojinete completo sobre el que ya se realizaron ensayos para que la instalación ahorre tiempo y dinero. Estos elementos adicionales hacen que la compra de los cojinetes magnéticos sea más costosa que la de los cojinetes aerodinámicos. Sin embargo, su posición se controla de manera activa, tienen protección contra fallas y una capacidad integrada de monitoreo minucioso de las condiciones. Es importante tener en cuenta el costo total del ciclo de vida para los sopladores y los accesorios para garantizar que se evaluó el costo real de propiedad antes de decidir cuál es el mejor diseño de sopladores para una aplicación específica.

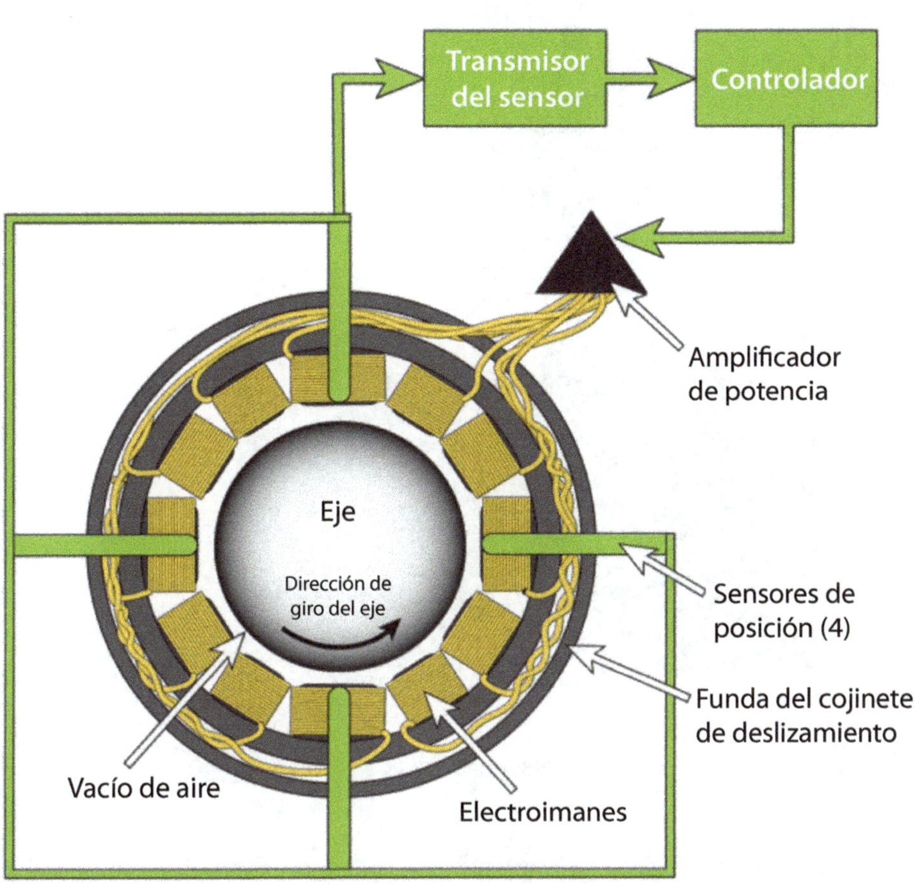

Figura 8.20 Diagrama de corte de un cojinete de deslizamiento magnético controlado de manera activa (reimpreso con autorización de Indigo Water Group y Passaro Engineering, LLC)

Embalados con plataforma

La mayoría de los sopladores turbo se entregan como un paquete "listo para conectar y usar". Los paquetes listos para conectar y usar son sistemas o componentes en los que el fabricante o proveedor es responsable de entregar un paquete completamente funcional que puede conectarse a las tuberías, cablearse a un suministro de energía y estar listo para empezar a funcionar. En la Figura 8.21 se muestra el núcleo de soplador en el centro de este paquete listo para conectar y usar, con todos los otros accesorios del sistema incluidos en el paquete también etiquetados.

En general, estos paquetes se envían completamente ensamblados sobre una plataforma o en el interior de una cabina de insonorización. Suelen venir con conexiones para tuberías, silenciadores y válvulas de aislamiento y retención. Pueden ofrecer diferentes opciones para control por PLC, VFD, refrigeración del motor, refrigeración del espacio de los controles y deshumidificación, entre otros. Se realizan ensayos sobre todo el paquete en la fábrica antes de ser enviado a la instalación del proyecto, lo que simplifica la instalación y puesta en funcionamiento. El fabricante del soplador es responsable del desempeño del paquete.

Operación

Los sopladores turbo pueden alcanzar una alta eficiencia en su punto de diseño. Son ideales para cumplir con la demanda de referencia de un sistema de aeración y después combinarlos con otros tipos de sopladores que tengan un mejor funcionamiento en todo un rango de diferentes condiciones.

Los motores de imanes permanentes de alta velocidad se utilizan en los sopladores turbo de accionamiento directo para alcanzar la velocidad requerida y proporcionar una mejor eficiencia del motor. Estos motores requieren VFD de alta velocidad para proporcionar un control estable de la velocidad del motor. Existen algunas características únicas que deben tenerse en cuenta en estos sistemas. Los VFD de alta velocidad tienen una mayor probabilidad de provocar armónicos que pueden distorsionar la energía de la línea principal y afectar de forma negativa el desempeño de otros equipos eléctricos en la instalación. Se suelen utilizar filtros de armónicos en los VFD para eliminar los problemas de armónicos. Además, tanto los motores como los VFD generan más calor que los equipos de velocidad estándar. Es posible que se requieran sistemas adicionales de enfriamiento por aire o por líquido.

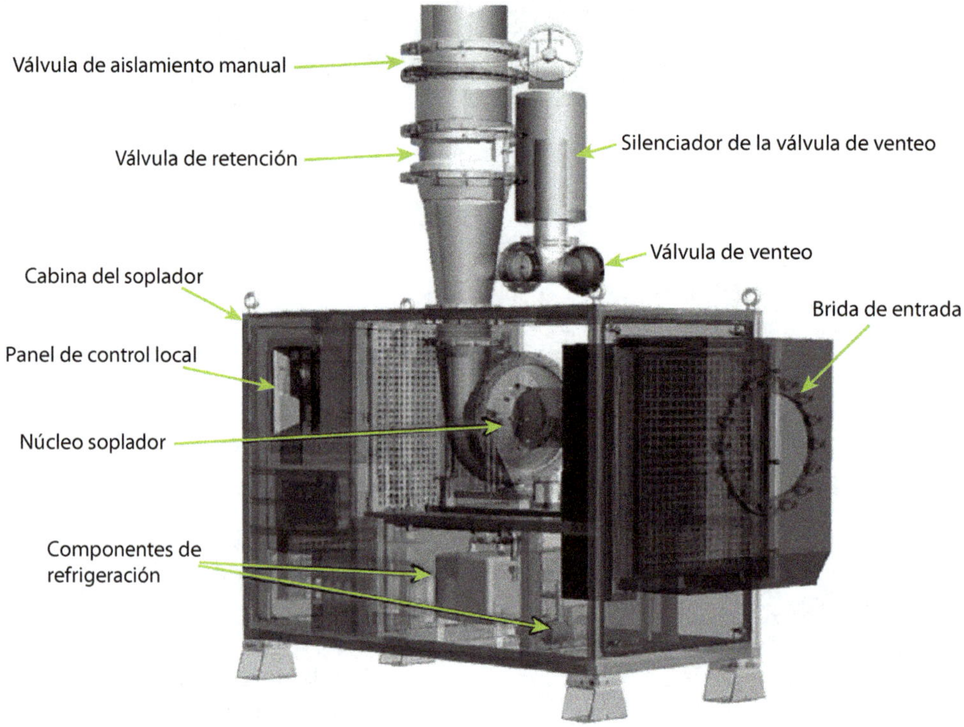

Figura 8.21 Componentes de la plataforma del soplador turbo (APGN Inc.)

El monitoreo de condiciones es una técnica de mantenimiento preventivo que implica el monitoreo y análisis de tendencia de indicadores importantes de desempeño para equipos fundamentales. Para los sopladores, se suelen monitorear parámetros como presión, temperatura, información de lubricación, vibración, velocidad y carga y uso eléctricos o de energía. Debido a que los sopladores proporcionan el aire u oxígeno presurizado que necesitan los microorganismos del proceso para su supervivencia, los sopladores suelen calificar como equipos "fundamentales" en las WRRF.

Mantenimiento

Los requisitos de mantenimiento preventivo de los sopladores turbo son bastante sencillos. Se deben limpiar o reemplazar los filtros de aire de entrada. No se requiere la lubricación de los cojinetes. El desempeño del filtro de armónicos se degradará con el tiempo, por lo que se deben tomar mediciones regulares de la calidad de la energía para determinar cuándo es necesario un reemplazo. Los paquetes de controles de los fabricantes suelen incluir el monitoreo de condiciones para detectar la disminución repentina de la presión del aire de entrada en todo el filtro, el monitoreo de la temperatura de los cojinetes y los motores, la vibración, la presión de descarga y la temperatura del aire de descarga. El sistema generará de forma automática mensajes de mantenimiento y mensajes de alarma si las mediciones de cualquiera de los parámetros se encuentran fuera de los rangos recomendados. El sistema de controles también puede apagar de forma automática el soplador, de ser necesario, para evitar daños.

COMPROBACIÓN DE CONOCIMIENTOS

1. **En un sistema de soplador turbo, el núcleo del soplador hace referencia al ____________.**
   a. impulsor de aluminio fundido
   b. impulsor y tornillo del soplador (o cubierta)
   c. impulsor, tornillo, motor y cojinetes
   d. impulsor, tornillo, motor, cojinetes, VFD, controles y cabina de insonorización

2. **Los sopladores turbo de alta velocidad utilizan cojinetes que no tienen contacto directo durante el funcionamiento a velocidad máxima.**
   ☐ Verdadero
   ☐ Falso

3. **Los cojinetes ____________ crean un "amortiguador de aire" presurizado a partir de la velocidad de giro del eje dentro del cojinete.**
   a. de apoyo
   b. aerodinámicos
   c. cojinetes magnéticos
   d. de empuje y autoalineables

4. **Los siguientes son beneficios que se obtienen al comprar un paquete de equipos listo para conectar y usar:**
   ☐ Una fuente única de responsabilidad
   ☐ Realización de ensayos en la fábrica sobre el sistema
   ☐ Personalización específica para la instalación
   ☐ Instalación simplificada
   ☐ Menor mantenimiento
   ☐ Puesta en funcionamiento simplificada

5. **Los sopladores turbo tienen una eficiencia pico más baja que la mayoría de los otros tipos de sopladores utilizados en las WRRF.**
   ☐ Verdadero
   ☐ Falso

6. **Los motores ____________ se suelen utilizar con sopladores turbo para cumplir con los requisitos de velocidad del soplador y para proporcionar una mejora en la eficiencia.**
   a. de tipo jaula de ardilla
   b. de inducción de dos polos
   c. de imanes permanentes
   d. de derivación de corriente directa

7. **Los filtros de armónicos se pueden utilizar para eliminar ____________.**
   a. el ruido generado por los sopladores turbo
   b. las partículas finas del aire de entrada del soplador
   c. las partículas abrasivas del sistema de aceitado del soplador
   d. los armónicos provocados por los VFD

DE DESPLAZAMIENTO POSITIVO

Los sopladores de desplazamiento positivo desplazan un volumen fijo de aire según la velocidad a la que está funcionando el soplador. El aire no se comprime dentro del soplador, pero la presión de descarga se aumenta justo por encima de la descarga cuando el volumen de aire choca con la resistencia creada por la contrapresión del sistema. Los sopladores de desplazamiento positivo suelen denominarse *máquinas de volumen constante*. Pueden funcionar con rangos de presión bastante amplios sin afectar demasiado la capacidad de la máquina. Las siguientes secciones describirán los sopladores de lóbulo rotativo y tornillo rotativo porque son los sopladores de desplazamiento positivo utilizados más comúnmente en las WRRF.

En general, los sopladores de desplazamiento positivo son accionados por banda. La capacidad de un soplador puede cambiarse mediante la modificación de los diámetros de las poleas o la modificación de la velocidad del motor con un VFD. En general, los sopladores de desplazamiento positivo son accionados por motores de inducción de tipo jaula de ardilla. Para obtener más información sobre este tipo de motor, consulte el Capítulo 6, "Aspectos eléctricos básicos y motores".

Sopladores de lóbulo rotativo

Un soplador de aire de lóbulo rotativo tiene dos rotores; cada rotor tiene dos o tres lóbulos montados sobre él. Cuando los rotores giran en dirección opuesta, se interconectan. En cada una de las revoluciones de los rotores, una bolsa de aire de la entrada queda atrapada entre los dos lóbulos y es arrastrada por el exterior de la cubierta del soplador hacia la salida del soplador, donde se empuja el aire hacia las tuberías de descarga. Como se muestra en la Figura 8.22, el aire de entrada ingresa al espacio alrededor de los lóbulos en el Paso A. En el Paso B, ambos rotores giran hacia afuera y empujan el aire hacia el interior de la bolsa que se forma entre la cubierta del soplador y el rotor. Después, en el Paso C, los elementos rotativos empujan el aire hacia las tuberías de descarga y después se interconectan para formar un sello que evita el retroceso del aire a través del soplador. Los espacios libres reducidos entre los lóbulos donde se interconectan y entre cada lóbulo y la cubierta del soplador forman los sellos que mantienen el desplazamiento del aire en la dirección correcta. Dado que hay un pequeño vacío, los sellos no son perfectos. La fuga de aire hacia atrás se denomina *retroceso* y reduce la eficiencia del soplador. A medida que las superficies de los lóbulos se desgastan con el tiempo, este vacío crece gradualmente, el retroceso crece gradualmente y la eficiencia del soplador disminuye gradualmente.

En la descarga, se produce la compresión cuando el caudal de aire de volumen constante empuja la contrapresión creada por la carga perdida a través de las tuberías, los acoples, los difusores y la columna de agua quieta que se está aerando en el tanque. Aunque la eficiencia pico de un soplador de lóbulo rotativo no es tan alta como la eficiencia de un soplador centrífugo que funciona en su punto de diseño de eficiencia pico, al cambiar las condiciones del sistema se afectará muy poco la eficiencia de un soplador de desplazamiento positivo Por lo tanto, los sopladores de desplazamiento positivo son más adecuados para cumplir con los cambios en los requisitos de aire pico de un sistema de aeración debido a su desempeño uniforme en todo un rango amplio de condiciones de presión. También son ideales para proporcionar aire a los tanques que presentan cambios en las elevaciones

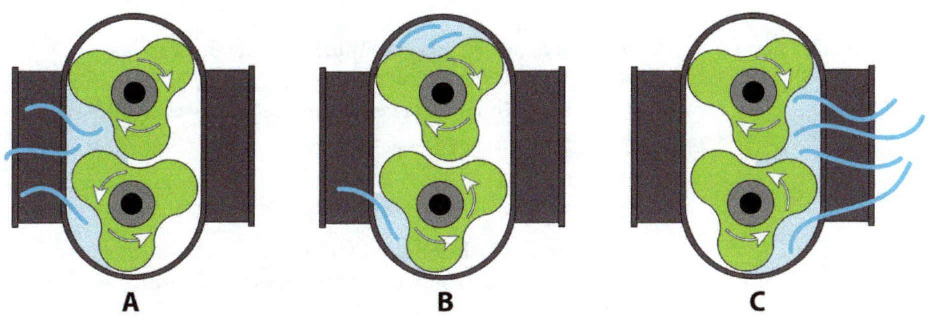

Figura 8.22 Secuencia de operación del soplador rotativo (reimpreso con autorización de Indigo Water Group y Passaro Engineering, LLC)

Figura 8.23 Sopladores de desplazamiento positivo instalados (reimpreso con autorización de la división de aguas residuales de la ciudad de Dunedin - Dunedin, Florida)

del agua, como los digestores aerobios y los reactores secuenciales por lotes, porque las variaciones en la presión de descarga afectan muy poco su capacidad. En la Figura 8.23 se muestran dos sopladores de lóbulo rotativo utilizados en una WRRF para suministrar aire a los tanques de retención de lodo. Observe que los sopladores son accionados por banda con una jaula de seguridad instalada alrededor de las poleas y las correas en forma de V y están colocados encima de grandes silenciadores de descarga.

En las instalaciones más nuevas, los sopladores de lóbulo rotativo (y tornillo rotativo) suelen suministrarse como sistemas previamente empaquetados con una cabina acústica. Esta disposición tiene todos los mismos beneficios que los paquetes de soplador turbo listos para conectar y usar que se describieron en la sección anterior.

El mantenimiento de los sopladores de lóbulo rotativo es bastante sencillo y relativamente económico. Se debe monitorear la tensión y la condición de las bandas. Se deben controlar los niveles de aceite del cojinete del soplador y se debe cambiar el aceite cuando se contamina o comienza a descomponerse. Los motores de inducción de tipo jaula de ardilla deben volver a engrasarse según las recomendaciones del fabricante del soplador.

COMPROBACIÓN DE CONOCIMIENTOS

1. **Los sopladores de lóbulo rotativo también se conocen como máquinas de "presión constante".**
   - ☐ Verdadero
   - ☐ Falso

2. **____________ no se produce dentro de un soplador de lóbulo rotativo, sino en la descarga del soplador.**
   a. La transferencia de OD
   b. El consumo de electricidad
   c. El aumento en la velocidad del aire
   d. La compresión de aire

3. **Una tarea de PM que comúnmente se requiere en los sopladores de lóbulo rotativo es ____________.**
   a. la inspección y el retensionado de las correas en forma de V
   b. la inspección del cojinete aerodinámico
   c. el reemplazo del acoplamiento flexible
   d. el ajuste de la presión de la bomba de aceite

4. **Los sopladores de lóbulo rotativo tienen una eficiencia relativamente constante en todo un rango de presiones de descarga.**
   - ☐ Verdadero
   - ☐ Falso

Figura 8.24 El elemento rotativo interconectado de un soplador de tornillo rotativo (imagen suministrada por cortesía de Atlas Copco. © Atlas Copco)

Sopladores de tornillo rotativo híbridos

Los sopladores de tornillo rotativo híbridos son más nuevos, tienen un lóbulo en ángulo similar a los compresores de tornillo y proporcionan una eficiencia más alta en comparación con los sopladores de lóbulo rotativo tradicionales (Figura 8.24). Esta eficiencia adicional se debe a la compresión interna adicionada a la acción de desplazamiento positivo. Al igual que sucede con un soplador de desplazamiento positivo regular, el aire de entrada queda atrapado en una bolsa formada entre el lóbulo rotativo y la cubierta en el extremo de entrada del soplador. Sin embargo, a medida que la bolsa gira alrededor de la forma de tornillo hacia el extremo de descarga del soplador, el tamaño de la bolsa disminuye gradualmente, lo que comprime el aire a medida que se desplaza por todo el largo del tornillo. Esta compresión adicional mejora la eficiencia del soplador de tornillo rotativo. Mantiene todas las otras características favorables del soplador de lóbulo rotativo: una eficiencia bastante constante en todo un rango de condiciones de presión, buenas capacidades de reducción y un mantenimiento bastante simple y económico.

En general, los sopladores de tornillo rotativo híbridos utilizan motores de inducción. Las unidades pueden ser accionadas por banda o de accionamiento directo. Las posiciones de montaje horizontal o montaje vertical pueden utilizarse para reducir la ocupación de espacio. También se pueden utilizar motores de imanes permanentes (motores con PM [*permanent magnet*]), que pueden mejorar significativamente la eficiencia del motor. Los motores de imanes permanentes deben estar impulsados por VFD compatibles. Pueden utilizarse motores y cojinetes enfriados por aceite para reducir las temperaturas de operación y prolongar la vida de estos componentes. El diseño del paquete de soplador de tornillo rotativo es flexible y cada vez hay más innovaciones importantes respecto al modo en que los paquetes de tornillo rotativo se diseñan y utilizan en las WRRF. En la Figura 8.25 se muestra una instalación con varios sopladores modulares de tornillo listos para conectar y usar.

Cuando se agregar nuevos elementos y componentes, la eficiencia puede mejorar, pero las tareas de operación y mantenimiento de las unidades pueden requerir nuevos conocimientos y habilidades. Las instalaciones deben tener en cuenta los costos totales del ciclo de vida de los equipos antes de realizar una compra.

COMPROBACIÓN DE CONOCIMIENTOS

1. **Los sopladores de tornillo rotativo se consideran "híbridos" porque utilizan ____________.**
   a. desplazamiento positivo y compresión interna
   b. cojinetes estándar y cojinetes aerodinámicos
   c. energía de corriente alterna y energía de corriente directa
   d. movimiento centrífugo y desplazamiento del diafragma

2. **Los sopladores de tornillo rotativo utilizan engranajes impulsores para aumentar la velocidad del soplador por encima de la velocidad del motor.**
   ☐ Verdadero
   ☐ Falso

Figura 8.25 Paquetes de soplador de tornillo rotativo (imagen suministrada por cortesía de Atlas Copco. © Atlas Copco)

TUBERÍAS Y VÁLVULAS DE DISTRIBUCIÓN DE AIRE

Las tuberías de distribución de aire conectan el suministro de aire presurizado (soplador) a los difusores ubicados en el fondo del tanque o depósito del proceso. En general, las tuberías de aire están construidas de acero inoxidable o acero recubierto. Dado que los sopladores producen calor mientras están en funcionamiento, la temperatura de las tuberías de descarga del soplador aumenta bastante. Los metales se expanden cuando se los calienta. Como las tuberías de distribución de aire deben contar con un soporte y, en general, tienen que atravesar una o más paredes entre los sopladores y los difusores, es importante que el diseño de las tuberías de aire sea el adecuado para permitir la expansión térmica. Se deben incluir uniones o acoplamientos de expansión en ubicaciones clave para evitar tensiones en el sistema de tubos.

Dadas las temperaturas bastante altas del aire de descarga, es una práctica común aislar las tuberías de aire, en particular en áreas en las que los trabajadores o visitantes pueden entrar en contacto con el tubo de metal caliente. El aislamiento también puede ayudar a atenuar el ruido del soplador que puede desplazarse a través del tubo.

Las tuberías de aire salen del soplador y se unen a una tubería colectora de distribución de aire. La tubería colectora principal es un tubo más largo que transporta aire presurizado hacia el exterior de los tanques, donde típicamente se ramifica en tuberías colectoras de distribución de aire que alimentan a cada depósito y después se vuelve a ramificar para unirse a los tramos de caída de aire o tubos de bajada individuales que transportan aire a cada rejilla, panel o tubo de aire individual. En la Figura 8.26 se muestran los componentes de un sistema de distribución de aire en el exterior de un tanque de aeración con flechas que muestran cómo fluye el aire a través del sistema.

Pueden utilizarse válvulas de aire para crear aislamiento o realizar ajustes del caudal de aire. Una válvula de aislamiento está 100 % abierta o 100 % cerrada. Puede utilizarse para interrumpir el paso de aire a una rejilla del difusor específica o para interrumpir el paso de aire a todo un reactor que se saca de servicio.

Las válvulas de mariposa son bastante sencillas y económicas y se utilizaron con éxito en las líneas de aire durante años. Proporcionan un buen control de encendido y apagado con un ajuste hermético y también pueden utilizarse para el control de aire. En la Figura 8.27 se muestra una válvula de mariposa accionada manualmente.

También se pueden utilizar válvulas esféricas con puerto en V tanto para el encendido y apagado como para el control. Otras válvulas, como las válvulas de compuerta elípticas o con puerto en forma de diamante posteriores a la cuchilla, las válvulas de diafragma en iris y las válvulas de chorro, pueden utilizarse para el control, pero es posible que sea necesario combinarlas con una válvula de aislamiento.

Figura 8.26 Tuberías de distribución de aire etiquetadas (reimpreso con autorización de Passaro Engineering, LLC)

Las válvulas accionadas automáticamente se utilizan en las tuberías de distribución de aire para crear una presión diferencial para controlar la cantidad de aire que se desplaza hacia una ubicación específica, como un depósito de aeración o una rejilla del difusor. En general, estas válvulas están vinculadas con el sistema de control de la instalación que utiliza instrumentación y programación PLC para ajustar de forma automática los caudales de aire para mantener condiciones ideales de OD del proceso. Es importante evitar utilizar válvulas de control de aire demasiado grandes porque las velocidades de aire más bajas a través de la válvula proporcionan un menor control. Además, cada válvula de control de aire debe configurarse con paradas para limitar el desplazamiento por la válvula a la mitad de su rango (15 % a 70 %) para proporcionar un control más consistente. El control de posición en el accionador es importante. Al utilizar accionadores de operación lenta con bandas muertas del posicionador que pueden configurarse a menos de un 1 %, se puede obtener un control más preciso. Los frenos del motor en el accionador también son útiles para controlar la posición de la válvula.

Se proporcionará más información sobre los sistemas de control de aeración más adelante en este capítulo.

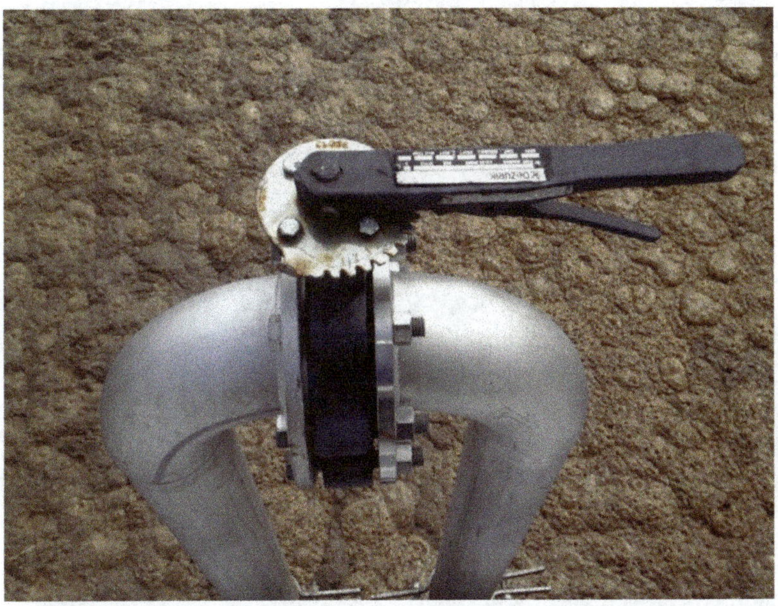

Figura 8.27 Válvula de aislamiento de mariposa accionada manualmente sobre un tramo de caída de aire (reimpreso con autorización de Passaro Engineering, LLC)

COMPROBACIÓN DE CONOCIMIENTOS

1. **Las válvulas ____________ son las válvulas utilizadas más comúnmente para el aislamiento y el control de aire.**
   a. de mariposa
   b. en iris
   c. de chorro
   d. turbo

2. **Las uniones de expansión colocadas correctamente son importantes en un sistema de distribución de aire para ____________.**
   a. difundir el aire hacia el tanque del proceso
   b. transportar calor hacia los microorganismos en el tanque del proceso
   c. aliviar la tensión en el tubo provocada por la expansión térmica
   d. conectar los difusores con la rejilla de aire

3. **Los accionadores automáticos de la válvula de aire deben tener configuradas paradas para permitir únicamente el desplazamiento en el rango medio de la válvula.**
   - ☐ Verdadero
   - ☐ Falso

4. **Las válvulas en las tuberías de distribución de aire se utilizan comúnmente para ____________. Marque todas las opciones que correspondan.**
   - ☐ crear un diferencial de presión en el sistema de distribución de aire
   - ☐ sacar una rejilla de aire de servicio
   - ☐ restringir el ingreso de aire al soplador
   - ☐ controlar la cantidad de aire que se desplaza hacia el reactor biológico

DIFUSORES

Los difusores son el componente del sistema de aeración en el que se inyecta aire al líquido del proceso. El aire de presión baja de los sopladores se desplaza hacia el tanque del proceso a través del tramo de caída de aire o del tubo de bajada de aire, a través del tubo múltiple de distribución de aire y después hacia los difusores individuales. Estos componentes están etiquetados en la Figura 8.28.

El tubo múltiple y las tuberías del difusor son las partes más bajas del sistema de distribución de aire. El aire cálido que sale de los sopladores comienza a enfriarse a medida que se desplaza a través del sistema de distribución de aire. Dado que el aire más frío no puede retener tanto vapor de agua, se forma un condensado en las tuberías.

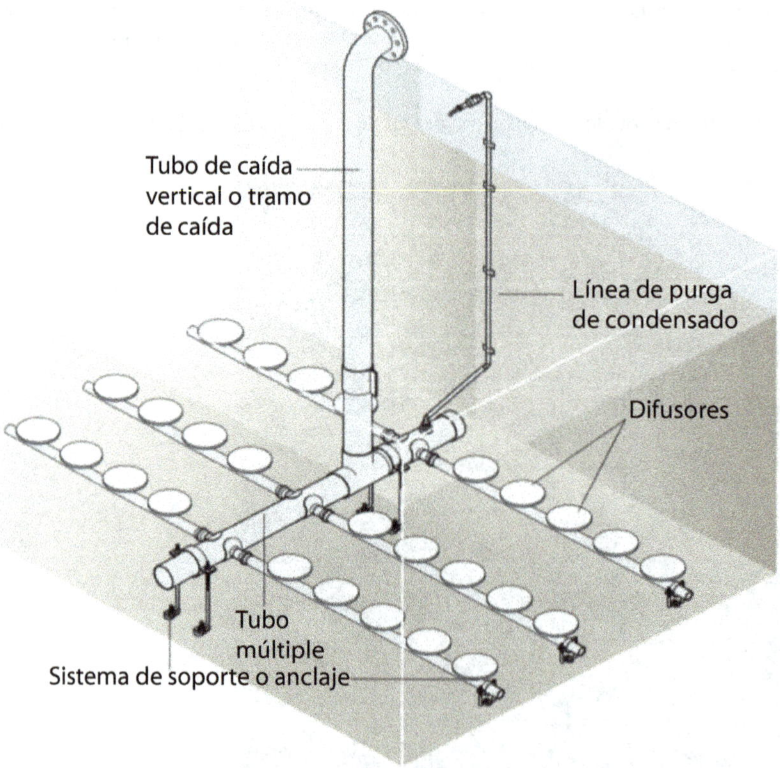

Figura 8.28 Diagrama de rejilla de aire con los componentes etiquetados (reimpreso con autorización de Xylem, Inc.)

Esta agua es empujada por la velocidad del aire a través de los tubos y se acumula en el punto más bajo. Con el tiempo, el agua se acumula cada vez más y puede restringir el desplazamiento del aire a través del tubo múltiple y los difusores, lo que provoca problemas de control del proceso y disminuye la eficiencia del sistema de aeración. Las rejillas que se sacan de servicio también pueden recolectar las fugas de agua del proceso hacia el sistema de distribución de aire a través de los difusores. Para eliminar el agua de las rejillas de aire, se suelen instalar líneas de purga en cada tubo múltiple de aire. Cuando la rejilla está en servicio y la válvula de venteo se abre, el caudal de aire presurizado a través de este línea más pequeña elimina el agua del tubo múltiple, de manera similar a la que la bomba de ventilación de aire mueve el agua. La apertura intermitente de estas válvulas de purga garantizará que todas las rejillas estén libres de agua. Las válvulas de purga pueden ser automáticas o manuales.

El condensado se acumulará más rápido en las tuberías de aire durante el verano cuando haya más humedad presente en el aire proveniente de los sopladores. Si el agua que sale de la línea de purga es licor mezclado en lugar de un condensado bastante limpio o si no deja de salir de la línea, se pueden producir daños a los difusores o a las tuberías que deberán repararse.

Existen diversos diseños y configuraciones de difusores que se utilizaron en las WRRF. En esta sección se describirán los tipos de difusor más comunes. Independientemente del tipo de sistema de difusores, las inspecciones del sistema de difusores son importantes. Pueden identificar el lugar donde quedaron enredados trozos de tela y materiales fibrosos en los tubos múltiples y difusores, lo que afecta el desempeño de forma negativa. Las inspecciones también pueden identificar daños provocados por el movimiento hacia dentro o hacia fuera de los tanques de grandes equipos, como las bombas o los mezcladores sumergibles. Las partes sumergidas del sistema también están sometidas a la flotabilidad y a la fuerza de velocidad del caudal a través de los tanques. Los equipos y los soportes pueden sufrir daños o los equipos pueden funcionar estando sueltos y desarmarse, lo que provocaría daños significativos al sistema y a otros equipos en funcionamiento dentro de los tanques. Aunque para sacar de servicio, drenar y limpiar un tanque se requiere un esfuerzo significativo, las inspecciones, limpiezas y reparaciones adecuadas del sistema son tareas importantes que pueden prolongar de forma significativa la vida útil del sistema y mejorar la eficiencia.

Difusores de burbuja gruesa o grande

Los primeros difusores fueron tubos de aire que tenían orificios para permitir que el aire escape desde el sistema de distribución hacia el tanque del proceso. En la actualidad, los difusores de burbuja grande (también conocida como *gruesa*) generalmente están hechos de policloruro de vinilo de gran espesor o de acero inoxidable de poco espesor. El metal tiene orificios para permitir que el aire ingrese al líquido del proceso. Algunos diseños tienen orificios más pequeños que están activos durante las condiciones de caudal de aire bajo, orificios más grandes que se activan con caudales de aire más grandes, y ranuras cerca del fondo del difusor que expulsan el aire en condiciones de caudal de aire pico. Este diseño ayuda a reducir la cantidad de carga perdida del difusor experimentada en los caudales de aire pico del sistema.

En general, los difusores de burbuja grande (gruesa) producen burbujas de 5 a 12 mm en condiciones de caudal de aire promedio. Como punto de comparación, las burbujas finas suelen estar dentro del rango de 1 a 3 mm. Las burbujas más grandes de los difusores de burbuja gruesa proporcionan una cantidad importante de energía de mezcla junto con la transferencia de oxígeno. Estos difusores son más económicos al comprarlos, tienen una vida de diseño relativamente más prolongada (25 años) y requieren un mantenimiento mínimo. Debido al gran tamaño del orificio, no suelen presentar problemas de obstrucciones o ensuciamiento. Sin embargo, los difusores de burbuja grande son menos eficientes para transferir oxígeno al líquido del proceso. Los sopladores deben producir aproximadamente el doble de caudal de aire para cumplir con los requisitos de OD del proceso con los difusores de burbuja grande que con los difusores de poro fino y, por lo tanto, requieren sopladores más grandes y duplican los costos de energía de aeración. Los difusores de burbuja gruesa se utilizan con mayor frecuencia en WRRF más pequeñas, depósitos de compensación de caudal, sistemas de eliminación de arena aereada, digestores aerobios y tanques de retención de lodo. En la Figura 8.29 se muestra un tipo común de difusor de burbuja grande.

Difusores de burbuja fina

Los difusores de burbuja fina (o de poro fino) forman pequeñas burbujas cuando el aire de presión baja pasa a través de un difusor que contiene poros, orificios, perforaciones o hendiduras. Incluyen los siguientes:

- Difusores de membrana: discos, tubos o cintas
- Difusores cerámicos: placas, discos o cúpulas
- Paneles de difusión

En general, los difusores de burbuja fina producen burbujas de un tamaño bastante uniforme que tienen de 1 a 3 mm de diámetro. El tamaño de burbuja más pequeño aumenta significativamente el área superficial

Figura 8.29 Difusor de burbuja gruesa o grande de acero inoxidable (reimpreso con autorización de Xylem, Inc.)

de las burbujas que están en contacto con el líquido del proceso y, por lo tanto, aumenta la OTE. A medida que se reduce el tamaño de las perforaciones o las hendiduras en los difusores para producir burbujas más pequeñas, aumentan los problemas de obstrucciones y ensuciamiento. Por lo tanto, los difusores de burbuja fina requieren más inspección, mantenimiento y limpieza que los difusores de burbuja gruesa.

Difusores de membrana

Los difusores de membrana de burbuja fina se utilizan en muchas WRRF. Vienen en una variedad de materiales, estilos y configuraciones. Las membranas están hechas de láminas de goma que tienen poros creados a partir de pequeñas perforaciones u orificios hechos en el material de la lámina. La membrana puede cortarse a partir de láminas de goma más grandes o moldearse directamente con la forma necesaria para los contenedores del difusor. El material de membrana debe mantenerse estable en las aguas residuales, debe ser flexible y fuerte y debe poder tolerar el calor que producen los sopladores. El monómero de etileno propileno dieno, el poliuretano y la silicona son materiales de membrana utilizados comúnmente.

A medida que se empuja el aire presurizado de los sopladores a través de la membrana, el difusor se estira. Esto abre el orificio o la perforación en diferentes grados. Con caudales de aire bajos, la membrana se estira solo un poco y de la membrana salen las burbujas más pequeñas. Con caudales de aire altos, la membrana se estira más y las burbujas son más grandes. Los fabricantes de los difusores proporcionan rangos recomendados para el caudal de aire a través de cada difusor. El caudal de aire mínimo es aquel en el que la velocidad del aire puede superar la resistencia de la membrana a estirarse y puede empujar suficiente aire como para abrir de forma uniforme las perforaciones y mantener un caudal de aire constante y uniforme. Se selecciona el caudal de aire máximo para evitar daños, estiramientos excesivos de la membrana y desgarros en los orificios o perforaciones.

Difusores de disco de membrana circular

Existen discos de membrana circular que vienen en una variedad de tamaños, a partir de los 178 mm (7 in) de diámetro. En la Figura 8.30 se muestra un difusor de membrana circular en funcionamiento.

Existen muchos diseños diferentes para adherir los difusores a los contenedores y después adherir estos a los tubos múltiples de rejilla de aire. Los dos diagramas en la Figura 8.31 muestran los componentes de dos tipos diferentes de difusores de membrana circular.

Uno de los beneficios de los discos circulares más pequeños es que si la membrana se daña, el reemplazo de esa sola membrana es bastante económico. También les proporciona a los diseñadores una forma simple de darle un poco de flexibilidad al sistema de difusores. Las rejillas del difusor de aire están diseñadas para los caudales y las cargas de diseño proyectados. Sin embargo, cuando el sistema se pone en funcionamiento por primera

Figura 8.30 Difusor de membrana circular de burbuja fina (reimpreso con autorización de Xylem, Inc.)

vez, los caudales y las cargas suelen ser mucho menores a la condición de diseño. Para mantener el caudal de aire por difusor por debajo del caudal de aire mínimo recomendado durante la puesta en funcionamiento, los diseñadores a veces especifican que se deben instalar tapones en ciertos difusores. Los difusores con tapón también se denominan *vacíos*. A medida que aumentan las cargas con el tiempo, los operadores pueden aumentar la densidad del difusor y el aire total suministrado al proceso mediante la remoción de los tapones y el agregado de un difusor de membrana a algunos o a todos los vacíos.

Los difusores de membrana también vienen con otras configuraciones, como difusores de cinta o difusores de tubo. Pueden utilizarse para cumplir con diversos requisitos de diseño y del proceso. En la Figura 8.32 se muestran fotografías de difusores de cinta de membrana y de tubo de membrana.

En los reactores de flujo pistón en los que todo el caudal de entrada ingresa al inicio del tanque, los microorganismos en el proceso necesitan la mayor cantidad de aire en el inicio del tanque donde la carga es la más alta. A medida que el caudal se desplaza a través del tanque y se reduce la carga de contaminantes (es decir, los descomponen los microorganismos), se necesita cada vez menos aire. Los diseñadores pueden instalar difusores con una densidad más alta (es decir, más difusores por área del tanque) al inicio del tanque y después proporcionar rejillas donde los difusores se extienden adicionalmente cerca del extremo. Este diseño de "aire

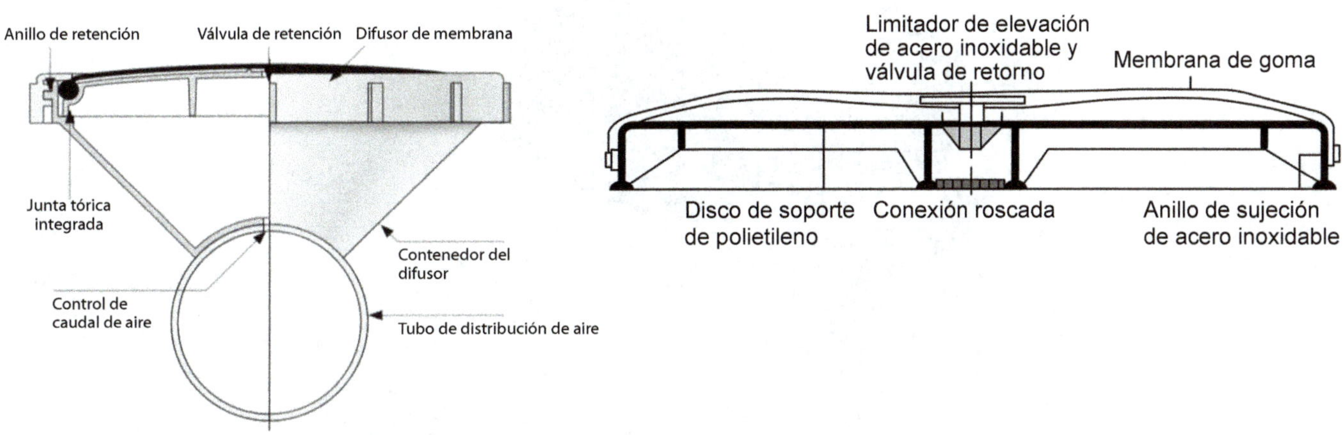

Figura 8.31 Diagramas de sección transversal de dos tipos de difusor de membrana circular (imagen de la izquierda reimpresa con autorización de Xylem, Inc.; diagrama de la derecha suministrado por *Design of Water Resource Recovery Facilities* [WEF et al., 2018])

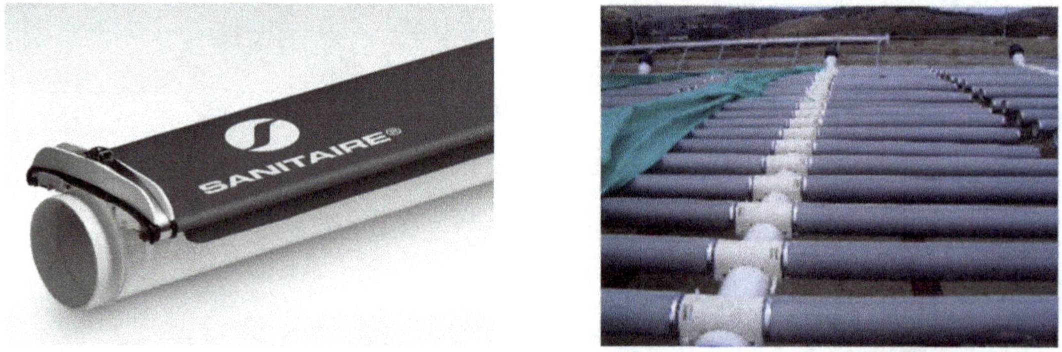

Difusor de cinta de membrana — Difusor tubular de membrana

Figura 8.32 Otras configuraciones de difusores de membrana (difusor de cinta de membrana reimpreso con autorización de Xylem, Inc.; difusor tubular de membrana reimpreso con autorización de SSI Aeration)

graduado" permite que los controles ajusten el caudal de aire para mantener la concentración adecuada de OD en todo el tanque de aeración (o zona aerobia) y, al mismo tiempo, permite mantener el caudal de aire por difusor dentro del rango recomendado por el fabricante. Si se excede el caudal de aire mínimo o máximo recomendado por difusor, se pueden producir efectos graves sobre la vida útil y el desempeño de los difusores. Si los difusores se operan con caudales de aire mayores a los recomendados, se puede desarrollar una carga perdida excesiva a través de los difusores. Esto afectará la eficiencia de los sopladores. Las presiones más altas en el difusor también pueden dañar la membrana con el tiempo al estirar en exceso la membrana y hacer que pierda parte de su flexibilidad. Los orificios o las perforaciones en la membrana pueden rasgarse o dañarse y, por lo tanto, agrandarse con el tiempo. Las burbujas producidas también se agrandarán y disminuirá la OTE.

Las instalaciones de difusores de densidades más altas requieren que una menor cantidad de aire fluya a través de cada difusor. Un menor caudal de aire por difusor provoca menos estiramiento, por lo que el tamaño de las burbujas será más pequeño. Las burbujas más pequeñas tienen una mayor área superficial y una menor flotabilidad, por lo que se elevan a través del agua de forma más lenta. Estos factores dan lugar a una mejora en la eficiencia.

Difusores cerámicos

Los difusores cerámicos de burbuja fina se utilizan en las WRRF hace muchos años. Utilizan un difusor poroso, similar a una piedra, que viene en diferentes formas y grosores. La "piedra", que solía ser de dióxido de silicio pero que en la actualidad suele ser de óxido de aluminio, se comprime en un molde. El difusor terminado es un material rígido con muchos canales pequeños a lo largo. En la Figura 8.33 se muestra una fotografía de un difusor cerámico de burbuja fina.

Figura 8.33 Difusor cerámico de burbuja fina (reimpreso con autorización de Xylem, Inc.)

El aire presurizado de los sopladores se empuja a través de la cerámica porosa e ingresa al líquido del proceso en forma de muchas burbujas pequeñas. En la actualidad, es común comprar difusores cerámicos con los mismos tamaños y formas que los difusores de disco de membrana circular. Las características de operación de los difusores de membrana circular y de los difusores cerámicos circulares son muy similares. El material cerámico es más duradero que la membrana de goma. La cerámica no es susceptible a la fatiga como las membranas. Sin embargo, los difusores cerámicos son muy difíciles de limpiar. Se produce ensuciamiento en toda la sección transversal de la cerámica. Dado que el material del difusor es rígido, no se produce movimiento alguno en el difusor que ayude a desprender la biopelícula que crece en el interior de los canales pequeños. El lavado a alta presión solo puede limpiar la superficie exterior. Se suele necesitar la inmersión en ácido para intentar eliminar los bloqueos de los canales internos. Existen sistemas de limpieza automática que inyectan ácido en el tubo múltiple de aire justo aguas arriba de los difusores. El aire que fluye a través del tubo transporta el ácido a través del difusor y hacia el líquido del proceso. Los difusores cerámicos también pueden limpiarse mediante el drenaje del tanque y el rociado de la solución de ácido en el difusor. Para los difusores que están muy sucios, la otra opción es retirar manualmente los difusores y después limpiarlos y sumergirlos en ácido. Si los difusores cerámicos se mantienen de forma adecuada y no se permite que se ensucien de forma significativa, pueden tener una vida útil prolongada.

Paneles de difusión de poliuretano termoplástico

Los paneles de membrana fina crean burbujas ultrafinas que tienen un diámetro promedio de 0.2 a 1.0 mm. La membrana está montada dentro de un marco rectangular y está hecha de poliuretano termoplástico (*thermoplastic polyurethane*, TPU), lo que les proporciona a los paneles su fuerza y elasticidad. Se alimenta aire a cada panel a través de una línea de aire separada, lo que permite un grado muy alto de control, pero también hace que los sistemas de control automatizado sean un poco más complicados. Es posible cubrir todo el piso con los paneles. Pueden montarse directamente sobre el piso del tanque para que no haya ninguna zona muerta y no se produzca mezcla alguna debajo de los difusores. Los diseñadores deben planificar con cuidado el espaciamiento de los paneles para garantizar que haya suficiente espacio para que el personal de la instalación pueda acceder a cada panel para realizar tareas de limpieza, inspección y mantenimiento. En la Figura 8.34 se muestran paneles de difusión instalados como parte de la modernización de un tanque del proceso en una WRRF.

Hay dos tipos básicos de ensuciamiento comunes en los difusores de poro fino: obstrucción de poros y bioensuciamiento. La obstrucción de poros puede ser provocada por las partículas en el aire de entrada del soplador. También puede ser provocada por los precipitados que se forman en los poros de los difusores. En general, el bioensuciamiento se produce en el lado del agua de la membrana a causa del crecimiento de microorganismos. Es similar al "limo" que a veces crece en las piedras cercanas a la orilla de un lago, aunque se trata de bacterias en lugar de algas. Hay estudios que demostraron (Rosso y Stenstrom, 2006) que el bioensuciamiento se minimiza en las instalaciones con tiempos de retención de sólidos (SRT) más prolongados. La reducción del bioensuciamiento provoca un aumento en la eficiencia de la aeración, que tiende a compensar el costo del tratamiento de los residuos con SRT más prolongados. Los datos también demostraron una mejora significativa en la eficiencia con una limpieza habitual. En la Figura 8.35 se muestra una comparación de la formación de burbujas en un difusor limpio vs. un difusor sucio. Observe las burbujas más pequeñas y uniformes que provienen del lado limpio.

Figura 8.34 Paneles de difusión de poliuretano termoplástico instalados en un biorreactor (© 2020 Parkson Corporation)

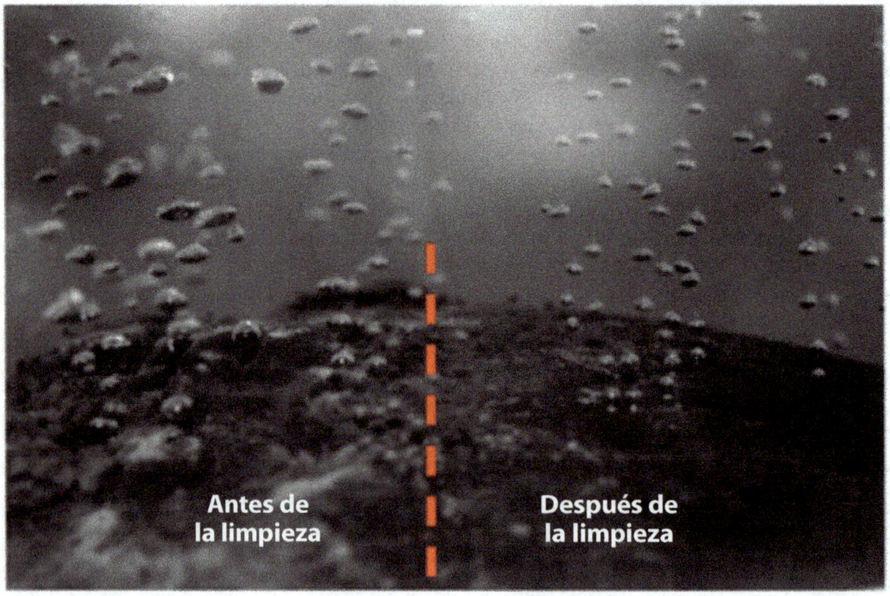

Figura 8.35 Difusor de aire limpio en comparación con difusor de aire sucio (WEF, 2017a) (la fotografía es cortesía de los Prof. Shao-Yuan Leu y Diego Rosso)

La frecuencia de la limpieza varía según diferentes factores. Debe hacerse siempre que haya una disminución significativa en la OTE. En general, esto sucede entre los 6 meses y los 2 años de funcionamiento del difusor. Las tendencias en el aumento de la presión del sistema de aeración y los ensayos sobre los gases de escape son dos maneras de determinar cuándo es necesaria la limpieza. Se puede obtener más información sobre los ensayos sobre los gases de escape en las *pautas estándar para la realización de ensayos de transferencia de oxígeno incorporados al proceso (Standard Guidelines for In-Process Oxygen Transfer Testing)* de la ASCE (1997).

Los fabricantes de difusores de membrana de burbuja fina recomiendan bombear regularmente aire hacia los difusores. Es una sesión de minilimpieza que ayuda a prolongar el tiempo entre las limpiezas completas. El método de bombeo de aire se detalla en el manual de operación y mantenimiento de cada fabricante. En general, implica enviar caudales de aire altos a través de cada difusor durante un corto periodo una vez por semana. Esto abre los poros y ayuda a que el bioensuciamiento se desprenda de los difusores. Gradualmente, la eficiencia disminuirá incluso con el bombeo regular de aire. Las medidas de limpieza completa implican drenar los tanques, lavar los difusores a presión, limpiar cada difusor con una solución de jabón y después enjuagar para eliminar todo el bioensuciamiento. Dado que la limpieza implica mucha mano de obra, suele ser un esfuerzo significativo que requiere que el tanque de aeración se saque de servicio durante varios días como mínimo. Se deben planificar medidas de limpieza cuando las condiciones del proceso permitan que un tanque esté fuera de servicio.

COMPROBACIÓN DE CONOCIMIENTOS

1. **El difusor es el punto en el que ____________.**
   a. ingresan residuos al tanque del proceso
   b. se inyecta aire en el tanque del proceso
   c. se distribuye el aire de entrada a través de las etapas del soplador
   d. se mide el OD en el tanque del proceso

2. **Los difusores de burbuja grande requieren ____________ que los difusores de burbuja fina.**
   a. menos energía para la transferencia de OD
   b. menos mantenimiento y limpieza
   c. un menor caudal de aire proveniente de los sopladores
   d. más espacio para la instalación

3. **Los difusores de burbuja fina crean burbujas que son de ____________ mm de diámetro.**
   a. 0.1–1.0
   b. 1.0–3.0
   c. 3.0–10.0
   d. 5.0–12.0

4. **____________ puede producirse cuando los filtros de aire de entrada del soplador permiten el paso de demasiadas partículas.**
   a. La obstrucción del filtro de entrada
   b. El bioensuciamiento del difusor
   c. El ensuciamiento del difusor del lado del aire
   d. La obstrucción del analizador de OD

5. **____________ es una técnica de minilimpieza frecuente en la que se envían caudales de aire altos a través de los difusores de membrana durante cortos períodos de tiempo.**
   a. El lavado con ácido
   b. El análisis de tendencia de la presión del soplador
   c. El lavado a contracorriente del difusor
   d. El bombeo de aire

6. **En general, los procesos de tratamiento con ____________ presentan un bioensuciamiento más lento del difusor.**
   a. altas cargas de residuos industriales
   b. pequeñas contribuciones de pozos sépticos
   c. SRT altos
   d. límites bajos de sólidos en suspensión totales del efluente

7. **La eficiencia de la transferencia de aire mejora después de la limpieza debido ____________.**
   a. al aumento en la velocidad del aire y la carga perdida
   b. al tamaño de burbuja más pequeño y a las tasas de elevación más lentas
   c. a las concentraciones de sólidos más altas y a un menor caudal de aire
   d. al tamaño de burbuja más grande y a las temperaturas más bajas

Control del sistema de aeración

Las estrategias de control de caudal de aire monitorean varios parámetros del proceso para determinar si se necesita más o menos aire en el sistema. Los controles se programan utilizando los siguientes:

Control de caudal: Un PLC monitorea las concentraciones de OD o amoníaco (NH_4-N) o NO_x y determina cuánto se debe aumentar o disminuir el caudal de aire hacia el reactor para cumplir con los puntos de ajuste de los parámetros del proceso. En general, hay un pequeño rango que es aceptable. Cuando se informan mediciones fuera del rango, el PLC aumenta o disminuye el caudal de aire en una determina cantidad y a una tasa predeterminada. Por ejemplo, si una lectura de OD en un reactor se encuentra por debajo del rango aceptable, el PLC puede abrir la válvula accionada por motor en un 1 % cada 2 minutos hasta que la lectura de OD aumente y alcance el punto en el que vuelve a estar dentro de un rango aceptable.

Presión del sistema constante: La meta es mantener una presión del sistema constante mediante el aumento o la disminución del caudal de aire producido por un sistema de sopladores. Esta estrategia trabaja en conjunto con la estrategia de control de caudal descrita en el párrafo anterior. Por ejemplo, la presión del sistema disminuirá cuando las válvulas se abran en respuesta a una lectura de OD baja en un reactor biológico. Para mantener el punto de ajuste de presión del sistema, el PLC aumentará la velocidad del sistema.

Presión del sistema variable: Esta estrategia es similar a la estrategia de presión del sistema constante, excepto que no hay ningún punto de ajuste de presión predeterminado que se deba mantener. La presión del sistema es controlada por la válvula de distribución de aire "más abierta". La meta de esta estrategia es hacer funcionar el sistema a la presión más baja posible para minimizar los costos eléctricos.

Punto de oxígeno fundamental: Dado que las condiciones de alimento y caudal cambian durante el transcurso del día, existen variaciones en los requisitos de OD para la biomasa. En cualquier momento, puede presentarse una concentración de OD fundamental que producirá lodo con características ideales. La mejor forma de determinar este valor es tomar una medición instantánea con un respirómetro. Tradicionalmente, los respirómetros fueron un poco difíciles de usar y bastante costosos. Los últimos avances en las mediciones de respirometría en línea están facilitando la utilización de estas mediciones para el control del proceso, lo que permite que los ajustes del sistema de aeración cumplan con los requisitos reales de tiempo y oxígeno de los microorganismos y permite evitar que sea necesario cometer errores con fines de precaución al proporcionar un *buffer* de exceso de OD. Si los respirómetros en línea y la lógica de control relacionada continúan evolucionando, este método de control podría cumplir con mayor precisión con las necesidades de oxígeno de los microorganismos, eliminar el costo del exceso de aeración y producir lodo de forma uniforme con características de sedimentación favorables.

COMPROBACIÓN DE CONOCIMIENTOS

1. **Los sistemas de control del proceso pueden utilizar mediciones del analizador de ___________ para determinar si se requiere más o menos caudal de aire en una zona o tanque del proceso determinado.**
   a. pH y sólidos en suspensión totales
   b. temperatura y pH
   c. NH_4-N y OD
   d. OD y sólidos en suspensión totales

2. **Una estrategia de control de aeración con presión variable utiliza la presión que es producto ___________ para ajustar la capacidad del soplador y minimizar la presión del sistema.**
   a. del tanque de aeración menos cargado
   b. de la válvula más abierta
   c. del soplador de velocidad más lenta
   d. de la lectura de OD más estable

3. **Los sistemas de control basados en un controlador lógico programable mejoran la eficiencia del sistema de aeración porque ___________.**
   a. los caudales y las cargas de la instalación cambian continuamente
   b. las OTE son diferentes para los distintos tipos de difusores
   c. los factores alfa varían para los diferentes sistemas de aeración
   d. las configuraciones del tanque de aeración no están estandarizadas

Sistemas de aeración a chorro

Los sistemas de aeración a chorro son sistemas híbridos que utilizan bombas para recircular el licor mezclado o el lodo a través de un tanque y utilizan un sistema de sopladores que descarga aire de presión baja directamente en las boquillas exteriores que rodean las boquillas interiores, por donde el líquido bombeado vuelve a ingresar al tanque. En la Figura 8.36 se muestran todos los componentes de los sistemas de aeración a chorro.

La inyección de aire alrededor del flujo líquido de alta velocidad en las boquillas crea pequeñas burbujas de aire que son eficaces para transferir OD al líquido. En la Figura 8.37 se muestra una sección transversal de cómo el aire ingresa a la tubería colectora de reciclado de líquido. En general, el tamaño de burbuja producido es de 1 a 3 mm de diámetro y es comparable al de las burbujas producidas por los difusores de poro fino.

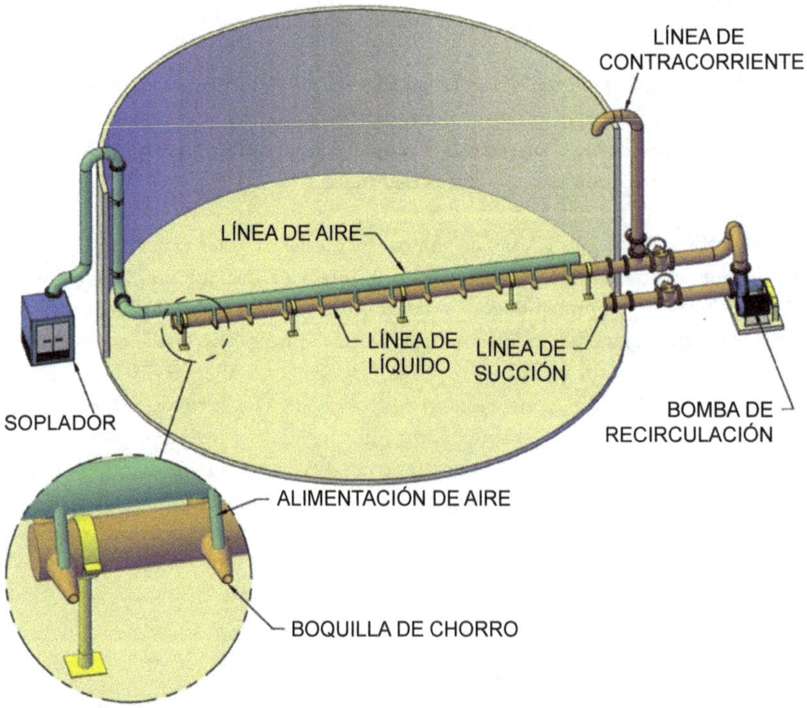

Figura 8.36 Representación esquemática de la aeración a chorro (reimpreso con autorización de Mixing Systems, Inc.)

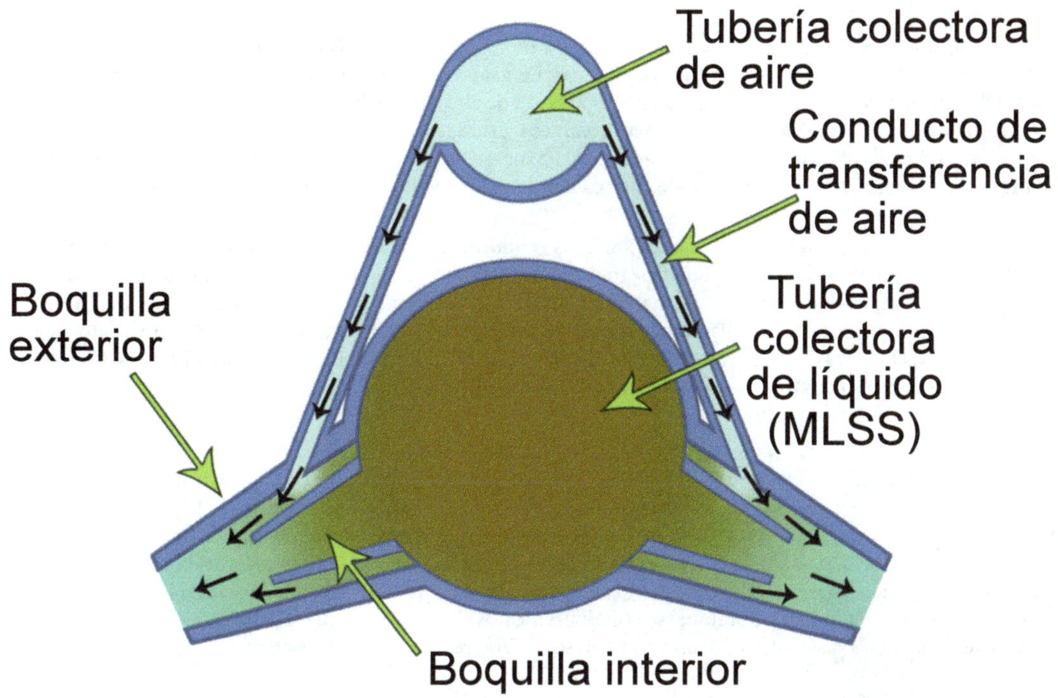

Figura 8.37 Sección transversal de la tubería colectora de aeración a chorro (reimpreso con autorización de Indigo Water Group)

La fuerza de la mezcla de agua y aire al ingresar al contenido del tanque crea una columna que mezcla de forma eficiente el contenido del tanque y aumenta el tiempo de contacto de la burbuja de aire con el agua.

Los sistemas de aeración a chorro alcanzan buenas OTE, raramente se obstruyen y no tienen difusores que puedan ensuciarse. La OTE del sistema de aeración a chorro no se degrada con el tiempo, como sucede con la OTE de los difusores de membrana que presentan ensuciamiento o un exceso de estiramiento. Sin embargo, una de las desventajas de la aeración a chorro es que dos equipos muy importantes, el soplador y la bomba, deben estar en funcionamiento en simultáneo para que el sistema tenga un desempeño adecuado.

No se requiere el acceso regular para realizar tareas de mantenimiento debido a que no hay piezas móviles dentro del tanque. Este es un beneficio significativo en los sistemas en los que los tanques están cubiertos y resulta difícil o costoso sacarlos de funcionamiento para drenarlos y limpiarlos. Por ejemplo, la aeración a chorro es una opción favorable para aerear y mezclar lodo dentro de los reactores de digestión de lodos cubiertos y calentados en un sistema de digestión aerobia termofílica autotérmica.

Las tareas de PM de rutina deben realizarse en las bombas y los sopladores (lubricación de motores, lubricación de cojinetes y limpieza de filtros de entrada de los sopladores, entre otras).

COMPROBACIÓN DE CONOCIMIENTOS

1. **Un sistema de aeración a chorro produce burbujas de aire que son comparables en tamaño con las producidas por los difusores de poro fino.**
   - ☐ Verdadero
   - ☐ Falso

2. **Un aspecto importante del diseño del sistema de aeración a chorro que facilita el mantenimiento es que ____________.**
   a. no hay piezas móviles ubicadas en el interior de los tanques del proceso
   b. solo se utilizan equipos libres de mantenimiento
   c. no se requieren tareas de PM en ninguno de los equipos del sistema
   d. el proceso cuenta con apagados programados regularmente para que puedan realizarse las tareas de mantenimiento

AEREADORES MECÁNICOS

Los aereadores mecánicos utilizan rotores accionados por motor, paletas, impulsores o propulsores para agregar OD a los líquidos del proceso en los tanques y estanques. En general, logran la transferencia de OD mediante la creación de turbulencia en la superficie del agua o el arrastre de aire hacia el líquido del proceso. Existe un rango de eficiencia bastante amplio para los aereadores mecánicos. Esto se debe, en parte, al hecho de que hay diferentes variables que afectan la eficiencia general de cada instalación: el diseño de los equipos utilizados, las dimensiones del tanque o depósito y la relación energía de entrada del aereador y volumen general del depósito, entre otros.

En general, los sistemas de aeración mecánica son más económicos que los sistemas de aeración difusa, pero no suelen proporcionar el mismo nivel de desempeño. Los aereadores mecánicos crean gradientes de OD alrededor de sí mismos, donde la concentración de OD más alta se encuentra inmediatamente alrededor de los componentes rotativos y el OD disminuye a medida que aumenta la distancia respecto de estos. Esto crea condiciones de OD inconsistentes en todo el tanque o depósito del proceso. En general, los sistemas de control son bastante simples y el control exacto del proceso es muy difícil de lograr.

AEREADORES SUPERFICIALES

Los aereadores superficiales son mezcladores con impulsores de accionamiento directo que flotan en la superficie del líquido en el tanque del proceso. Se suelen utilizar para aerear estanques o lagunas de tratamiento. Pueden ser de alta velocidad (accionamiento directo) o baja velocidad (caja de engranaje). Las unidades de baja velocidad son más eficientes, pero también son más grandes, más complejas y más costosas para comprar e instalar. Los aereadores superficiales pueden ser de flotación libre o de montaje fijo (montados en puente o muelle). Pueden proporcionarse con diferentes sistemas de amarre o anclaje. Existe una gran cantidad de variaciones diseñadas para cumplir con los diferentes requisitos del sistema.

El consumo de energía de un aereador superficial es una función de la sumergencia del propulsor o impulsor. Hasta una determinada profundidad, la OTR también es una función de la sumergencia. Algunas instalaciones utilizan compuertas de vertedero accionadas para ajustar el nivel del agua en los tanques, con aereadores mecánicos de montaje fijo para ajustar las concentraciones de OD. Los aereadores de montaje fijo que están demasiado sumergidos pueden experimentar la sobrecarga y falla del motor.

Los tanques más profundos son más difíciles de mezclar y aerear por completo con los aereadores superficiales. Si se agrega un tubo de aspiración al aereador superficial se puede aumentar la profundidad de la mezcla, pero también aumenta el uso de energía del aereador.

Los aereadores superficiales requieren un mantenimiento preventivo regular para poder continuar funcionando de forma confiable. Es posible que sea difícil acceder a los equipos para engrasar los motores, cambiar el aceite en el accionador, o inspeccionar y limpiar los impulsores, los propulsores o las paletas. El funcionamiento durante el invierno y el potencial de acumulación de hielo y nieve en las unidades pueden requerir tareas adicionales de limpieza y mantenimiento durante el invierno.

En la Figura 8.38 se muestran los componentes básicos de un aereador superficial flotante de alta velocidad típico.

Los aereadores superficiales montados en puente o muelle agitan la superficie del agua o arrojan el agua hacia el aire y dejan expuesta una mayor área superficial para promover la transferencia de oxígeno (consulte la fotografía de un aereador superficial de baja velocidad montado en muelle en la Figura 8.39).

Aunque la mezcla turbulenta promueve la transferencia de oxígeno, también puede crear problemas de aerosoles, rociado y olores durante el funcionamiento. Durante las condiciones de invierno, es posible que se forme hielo que puede dañar los equipos o generar problemas de seguridad.

COMPROBACIÓN DE CONOCIMIENTOS

1. **Los aereadores superficiales de alta velocidad ____________.**
   a. tienen el impulsor acoplado directamente al motor
   b. aspiran el aire hacia el líquido del proceso
   c. utilizan accionadores para controlar la velocidad del impulsor
   d. alcanzan la OTE estándar más alta

2. **Las tareas de PM típicas para los aereadores superficiales de baja velocidad pueden incluir ____________. Marque todas las opciones que correspondan.**
   - ☐ cambiar el aceite del accionador
   - ☐ engrasar el motor
   - ☐ limpiar los filtros de entrada
   - ☐ ajustar la tensión de la correa en forma de V

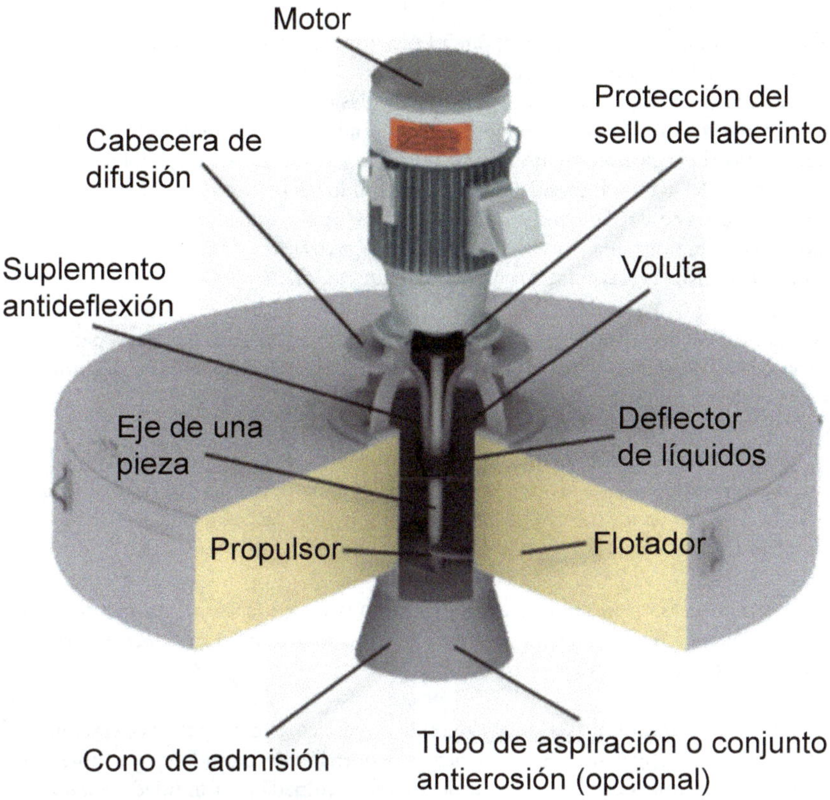

Figura 8.38 Aereador superficial con los componentes etiquetados (ilustración utilizada con autorización de Aqua-Aerobic Systems, Inc.)

Figura 8.39 Aereador superficial montado en muelle en funcionamiento en Fremont, Dakota del Sur (reimpreso con autorización de Indigo Water Group)

ROTORES HORIZONTALES

Los rotores horizontales se utilizan con frecuencia para introducir OD, proporcionar mezcla y transportar las aguas residuales por todos los tanques de tratamiento con forma de circuito cerrado utilizados como zanjas de oxidación. Estos aereadores mecánicos tienen varias hojas o paletas delgadas montadas sobre un eje horizontal común. La unidad se instala de modo tal que las hojas del fondo del eje se adhieran al líquido y el fondo de las hojas quede sumergido. Mientras el eje gira, las hojas crean turbulencia y arrojan parte del agua hacia el aire para aumentar el área superficial del agua y aumentar el OD en el líquido del proceso. Se suelen agregar cubiertas a las unidades para protegerlas contra las condiciones climáticas duras, como el congelamiento, y para ayudar a minimizar inconvenientes por salpicaduras en las paredes y pasarelas cercanas. En la Figura 8.40 se muestra un diagrama de un rotor horizontal con los componentes etiquetados.

En general, los controles para los rotores horizontales son bastante simples. Si hay un VFD instalado para alimentar el motor, las lecturas de OD en el tanque del proceso pueden utilizarse para aumentar o disminuir la velocidad del giro del eje y así mantener un punto de ajuste de OD en el tanque.

En algunos casos, el ajuste del rotor horizontal para mantener el punto de ajuste de OD deseado y para proporcionar una mezcla adecuada creará velocidades en todo el tanque que son más altas que las deseadas. Se pueden instalar deflectores aguas abajo de los rotores horizontales para reducir las velocidades de 0.3 a 0.6 m/s (1 a 2 fps) y crear una trayectoria del caudal ondulante para minimizar los cortocircuitos.

Es necesario inspeccionar regularmente los rotores horizontales para garantizar que las hojas no presentan acumulación de detritos ni daños. Se recomiendan lavados regulares. Durante el clima frío, es necesario retirar el hielo de la cubierta y de las superficies adyacentes.

Si un rotor horizontal no mantiene un OD mínimo en condiciones de carga pico, el personal de operación y mantenimiento de la instalación debe investigar si puede o no bajarse la posición de la unidad para aumentar la sumergencia de las hojas. Esto aumentará la OTR del rotor hasta una determinada profundidad. Muchos rotores horizontales están diseñados para poder montarse en diversas posiciones y así poder ajustar la sumergencia hasta un pie (metro) para cumplir con los cambios en los requisitos de desempeño del sistema. Recuerde que al aumentar la sumergencia también aumenta la carga del toque sobre la unidad, lo que afecta el desempeño del motor y provoca un aumento en el desgaste de las correas en forma de V y de los cojinetes.

Las tareas de PM típicas para los rotores horizontales incluyen el engrasado de los cojinetes del motor, el engrasado de los cojinetes del eje y la inspección y el tensionamiento de la correa en forma de V, según sea necesario.

Si se utilizan sondas de OD en el lazo de control de cualquier sistema de aeración, es muy importante que se limpien y calibren regularmente para garantizar lecturas precisas.

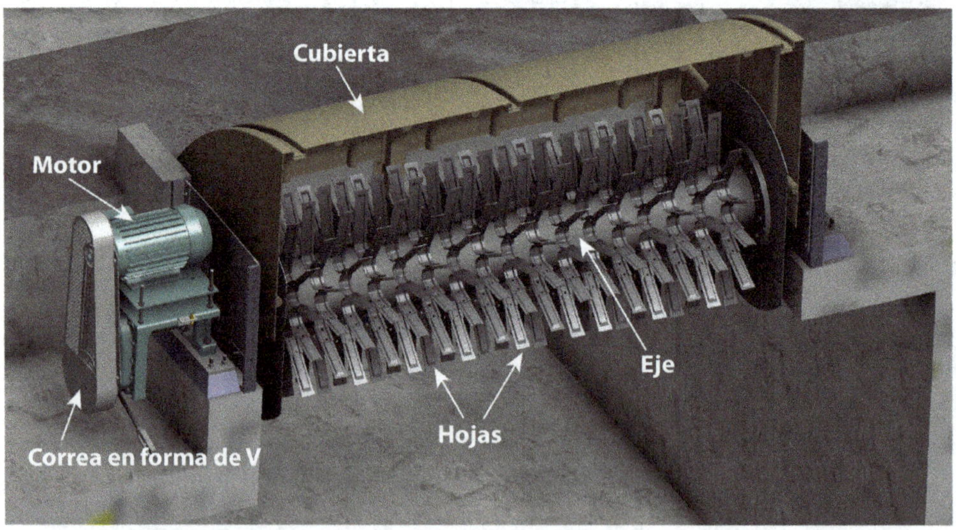

Figura 8.40 Fotografía o diagrama del folleto del CLR de Lakeside (reimpreso con autorización de Lakeside Equipment Corporation)

COMPROBACIÓN DE CONOCIMIENTOS

1. **Los operadores pueden ajustar ____________ para aumentar o disminuir la OTR de un rotor horizontal.**
   a. el tiempo de detención en el depósito
   b. la temperatura del agua del proceso
   c. la velocidad de giro del eje
   d. la elevación del tanque del proceso

2. **La disminución de la profundidad de la sumergencia de las hojas de un rotor horizontal ____________.**
   a. directamente provocará el fallo a corto plazo de los cojinetes del eje
   b. acortará la vida útil de la unidad
   c. disminuirá la cantidad de energía necesaria para hacer funcionar el rotor horizontal
   d. aumentará la OTE

AEREADORES CON MEZCLADOR

Las unidades de aereador con mezclador están diseñadas para mantener una buena mezcla en todo el tanque del proceso y para agregar OD al mismo tiempo. Las unidades son mezcladores verticales con tubos de difusores de burbuja gruesa, también denominados *rociadores en anillo,* instalados debajo del mezclador. En la Figura 8.41 se muestran los componentes principales del aereador con mezclador.

En general, las unidades impulsoras están montadas en un puente o una plataforma instalados por encima de la superficie del agua. El accionador está conectado al cuerpo del mezclador mediante un eje vertical largo que suele estar hecho de acero inoxidable. El cuerpo del mezclador, que está instalado sobre un soporte guía cerca del fondo del tanque, es un disco sólido de plástico reforzado de un diámetro bastante grande que tiene una forma circular o de tipo hiperboloide que también tiene aletas fundidas que ayudan a transportar las corrientes de agua hacia abajo y hacia fuera del fondo del mezclador, lo que separa las corrientes de forma uniforme alrededor del perímetro del disco. Esta trayectoria de la corriente de velocidad crea corrientes turbulentas en todo el piso del tanque, que recogen y mezclan los sólidos con el contenido del tanque. El giro a baja velocidad del eje del mezclador proporciona una baja energía de mezcla de cizallamiento que no daña el licor mezclado floculado o el lodo floculado. También hay un rociador en anillo instalado directamente debajo

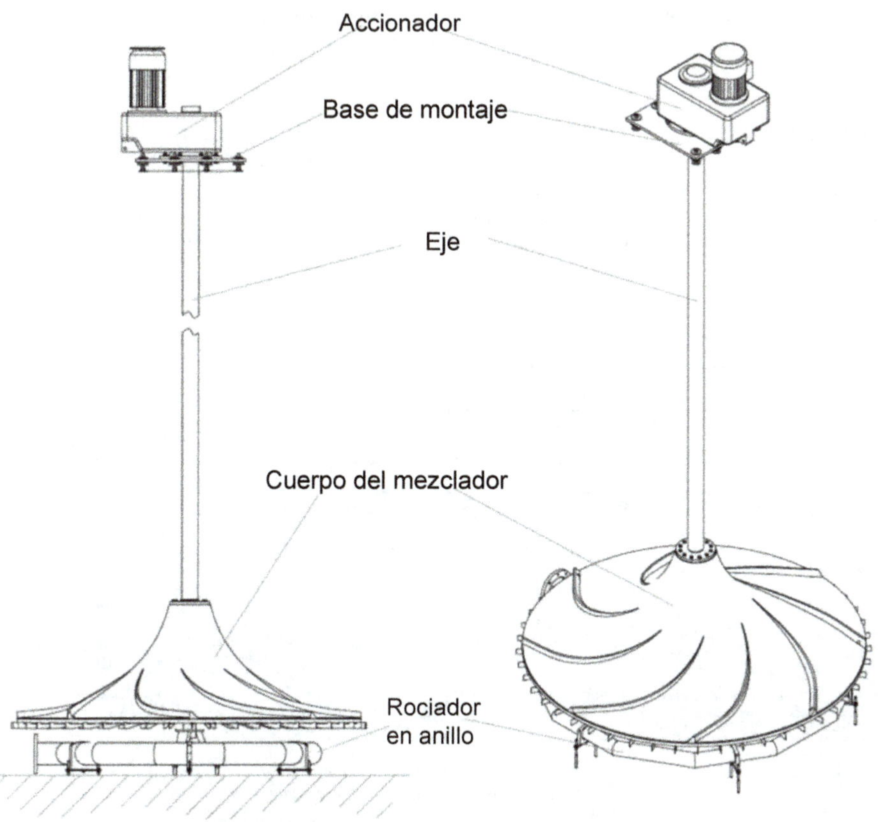

Figura 8.41 Componentes principales de un aereador con mezclador (reimpreso con autorización de INVENT Environmental Technologies, Inc.)

del cuerpo del mezclador que está conectado a una fuente de aire de presión baja, como un compresor o un soplador. Se liberan burbujas grandes a través de los orificios ubicados en el fondo del tubo que conforma el rociador en anillo. Los orificios están en el fondo del tubo para ayudar a evitar que los sólidos se sedimenten en los orificios y obstruyan el tubo de aire. Cuando el aire sale del tubo, las burbujas se desplazan hacia arriba y golpean el fondo del cuerpo del mezclador. Entran en contacto con las nervaduras de cizallamiento rotativas instaladas en el fondo del cuerpo del mezclador y se dividen en burbujas más finas que se dispersan por todo el tanque junto con las corrientes de mezcla que bajan desde el cuerpo del mezclador. En la Figura 8.42 se muestra el patrón de mezcla general creado cuando el aereador con mezclador está en funcionamiento.

En general, los aereadores con mezclador requieren motores de 7 a 40 hp (5.5 a 30 kW). Pueden utilizarse motores más pequeños en las unidades que solo proporcionan mezcla.

El aereador con mezclador debe instalarse en un arrancador suave o VFD. El VFD ofrece la ventaja adicional de proporcionar ajuste al mezclador y energía de cizallamiento para cumplir con las necesidades del sistema. La tasa de caudal de aire que se envía al rociador en anillo también puede ajustarse para cumplir con los requisitos de OD en el tanque del proceso.

La unidad del mezclador es bastante simple y económica. Sin embargo, es importante recordar que, por sí sola, no puede transferir OD al agua del proceso. Para convertir esta unidad en un aereador, debe acoplarse con una fuente de aire de presión baja y con controles adecuados para proporcionar la capacidad de mantener las concentraciones objetivo de OD en el proceso.

Los aereadores con mezclador alcanzan OTE constantes a medida que las unidades envejecen porque no hay difusores que se puedan ensuciar o pierdan eficiencia.

Se debe realizar solo un mantenimiento mínimo en las unidades de aereador con mezclador. El motor y el accionador están ubicados cerca del nivel del agua, por lo que son de fácil acceso para la lubricación y el monitoreo. El cuerpo del mezclador no requiere mantenimiento, excepto una inspección periódica para detectar daños. Dado que las aletas están fundidas en el cuerpo del mezclador, no hay paletas u hojas mecánicas separadas en las que se puedan acumular con facilidad materiales fibrosos o detritos. El único punto de mantenimiento del mezclador que está sumergido es el cojinete de respaldo del fondo. Se recomienda limpiarlo e inspeccionarlo cada 2 años. Durante esta inspección, es importante inspeccionar y limpiar también el anillo rociador para garantizar que se liberen de forma uniforme las burbujas de aire adecuadas alrededor del anillo directamente por debajo del mezclador rotativo. El anillo rociador, las tuberías de distribución de aire y los soportes de las tuberías deben repararse si se detecta algún daño.

La resolución de problemas para los aereadores con mezclador es bastante sencilla. Las cargas excesivas o desequilibradas sobre el cuerpo del mezclador pueden provocar el apagado del motor o generar vibraciones y ruido. Los soportes y los soportes de montaje pueden quedar sueltos, tener demasiadas holguras y generar ruido y vibraciones. Los tipos o niveles incorrectos de lubricante pueden provocar altas temperaturas en el accionador y dificultar su puesta en funcionamiento o provocar fugas de aceite en la unidad.

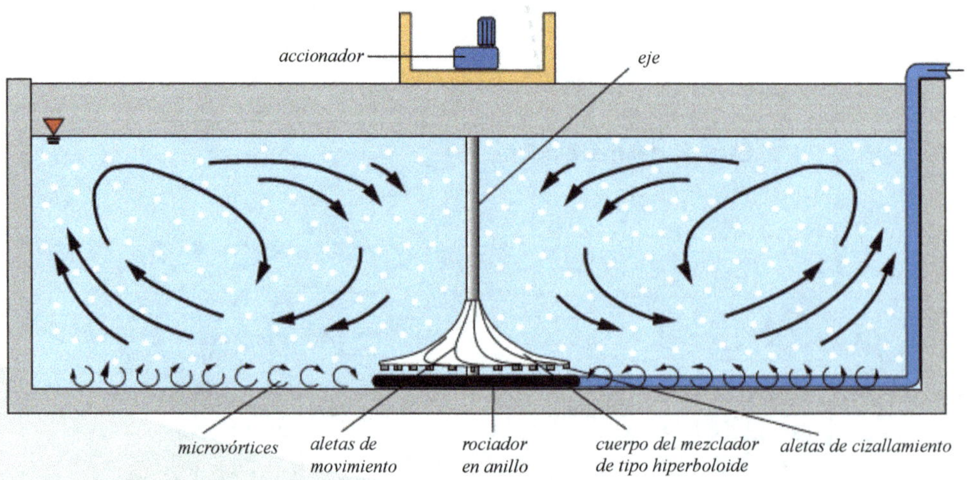

Figura 8.42 Diagrama del patrón de mezcla y aeración del folleto de INVENT (reimpreso con autorización de INVENT Environmental Technologies, Inc.)

COMPROBACIÓN DE CONOCIMIENTOS

1. **Los aereadores con mezclador transfieren OD a los tanques del proceso principalmente al ____________.**
   a. crear turbulencia en la superficie del agua
   b. bajar aire al tanque a través del tubo de aspiración
   c. inyectar pequeñas burbujas de aire al líquido del proceso
   d. cizallar burbujas del anillo rociador y mezclarlas con el líquido del proceso

2. **Entre las siguientes opciones, marque todas las que sean componentes de los aereadores con mezclador.**
   ☐ Motores sumergibles
   ☐ Cuerpo del mezclador sumergido
   ☐ Anillo rociador
   ☐ Suministro de aire separado
   ☐ Motor montado en plataforma
   ☐ Tubo de aspiración

3. **Los aereadores con mezclador no solo proporcionan una buena OTE, sino que también proporcionan ____________.**
   a. energía de mezcla adicional en todo el piso del tanque
   b. mezcla de alta velocidad para una mejor eficiencia del proceso
   c. mediciones y controles integrales de OD
   d. transferencia de calor al proceso desde el eje del mezclador

4. **Las tareas de mantenimiento preventivo para los aereadores con mezclador incluyen ____________.**
   a. el reemplazo del acoplamiento mecánico cuando falla
   b. el cambio de aceite después del período de tiempo de funcionamiento recomendado
   c. la reconstrucción del soporte guía en el fondo del tanque
   d. el reemplazo del motor después de fallar y no poder ponerse en funcionamiento

5. **El ensuciamiento del difusor es un problema común para los aereadores con mezclador que puede reducir significativamente la eficiencia de la unidad.**
   ☐ Verdadero
   ☐ Falso

6. **El ajuste del álabe guía de entrada es la forma más eficiente de controlar la capacidad de un aereador con mezclador.**
   ☐ Verdadero
   ☐ Falso

RESUMEN DEL CAPÍTULO

Sistemas de aeración	
OBJETO Y FUNCIÓN	■ Los sistemas de aeración proporcionan OD a los microorganismos que descomponen los contaminantes. ■ Los sistemas de aeración también proporcionan mezclado en los tanques del proceso.
TEORÍA DE LA AERACIÓN	■ El oxígeno se disuelve en el agua cuando hay contacto entre las burbujas de aire y el agua del proceso. ■ A mayor tamaño del área superficial de las burbujas, mejor es la transferencia de OD, porque las burbujas más pequeñas transfieren más OD. ■ La tasa de transferencia de oxígeno es la cantidad de OD agregado por hora. ■ La eficiencia de transferencia de oxígeno es el OD agregado por cantidad de aire proporcionado. ■ Estos ensayos se estandarizaron en agua limpia en condiciones de temperatura y presión constantes. Esto permite realizar una comparación. ■ La eficiencia de aeración estándar es la OTR estándar dividida por la energía utilizada.
TIPOS DE SISTEMAS DE AERACIÓN	■ Los sistemas de aeración difusa inyectan aire de presión baja con burbujas de diferentes tamaños al líquido del proceso. ■ Los aereadores mecánicos agitan la superficie del agua, arrojan líquido del proceso hacia el aire, o bajan aire al líquido del proceso.
Sistemas de aeración difusa	
ASPECTOS GENERALES DE LOS SISTEMAS DE AERACIÓN DIFUSA	■ Los sistemas inyectan aire a través de los difusores en el fondo de los tanques del proceso. ■ Utilizan los siguientes equipos: sopladores, tuberías de distribución de aire, válvulas, analizadores, controles, tramos de caída de aire, tubos múltiples de aire y difusores. ■ Proporcionan un mejor control del proceso y una aeración más eficiente. ■ Son más complejos y tienen un costo de capital más alto.
SOPLADORES	■ Los sopladores centrífugos y de desplazamiento positivo son comunes en las WRRF. ■ Los sopladores centrífugos son máquinas de presión constante. ■ Los sopladores de desplazamiento positivo son máquinas de volumen de aire constante. ■ Los sopladores de lóbulo rotativo son los sopladores de desplazamiento positivo utilizados más comúnmente en las WRRF. ■ Su eficiencia no es tan alta como la de los sopladores centrífugos en los puntos de diseño, pero la eficiencia del soplador de lóbulo rotativo es bastante constante en diversas presiones. ■ Los sopladores de tornillo rotativo son una tecnología híbrida que combina los principios de desplazamiento positivo con la compresión interna, lo que mejora la eficiencia respecto del desplazamiento positivo solo.
TUBERÍAS Y VÁLVULAS DE DISTRIBUCIÓN DE AIRE	■ Las tuberías de distribución de aire transportan aire presurizado desde los sopladores hacia los difusores. ■ Las válvulas de aire se utilizan para crear aislamiento (control de encendido y apagado) o contrapresión. ■ Las válvulas de mariposa son las más comunes; también se pueden utilizar adecuadamente otros tipos de válvulas.

DIFUSORES	■ Los difusores de burbuja gruesa son de bajo mantenimiento, pero también proporcionan bajas eficiencias de transferencia de aire. ■ Los difusores de burbuja fina o poro fino son más eficientes, pero requieren una limpieza continua para mantener su desempeño. ■ El ensuciamiento y el bioensuciamiento en el lado del aire pueden disminuir la eficiencia de un difusor. ■ El bombeo de aire, que implica hacer pasar altos caudales de aire a través de cada difusor de membrana durante un período corto de tiempo, ayuda a ralentizar el bioensuciamiento.
CONTROL DEL SISTEMA DE AERACIÓN DIFUSA	■ El control de caudal monitorea el OD en el tanque del proceso y aumenta o disminuye la capacidad del soplador para cumplir con los puntos de ajuste de OD. ■ La presión del sistema constante utiliza el control de caudal de OD y después ajusta el caudal de aire de los sopladores para mantener la presión objetivo del sistema. ■ La presión del sistema variable utiliza la "válvula más abierta" para regular el caudal de aire y mantener la presión del sistema lo más baja posible.
SISTEMAS DE AERACIÓN A CHORRO	■ Utilizan un suministro de aire (soplador) y realizan el bombeo de reciclado a través de las boquillas para crear burbujas finas que proporcionan una transferencia de aire eficiente.
Aereadores mecánicos	
AEREADORES SUPERFICIALES	■ Las unidades de alta velocidad (accionamiento directo) y baja velocidad (accionamiento por engranaje) crean turbulencia para atrapar aire en el líquido del proceso y transferir OD. ■ Crean una gradiente de OD alrededor de los elementos rotativos.
ROTORES HORIZONTALES	■ El eje horizontal con paletas empuja el caudal alrededor de tanques con forma de circuito cerrado. ■ La transferencia de aire se ve afectada por la profundidad de sumergencia de las paletas.
AEREADORES CON MEZCLADOR	■ Los aereadores con mezclador son mezcladores de eje vertical que tienen un anillo rociador (o un anillo difusor de burbuja grande) montado debajo del mezclador cerca del fondo de los tanques de aeración. A medida que gira, el mezclador cizalla las burbujas en burbujas mucho más finas. ■ El accionador está localizado por encima del nivel del agua. Las tareas de mantenimiento que se deben realizar debajo de la línea de agua son mínimos. ■ Los aereadores con mezclador pueden alcanzar OTE relativamente altas con relativamente pocos caballos de fuerza de entrada. ■ Los controles suelen utilizar señales de transmisor de OD en línea para ajustar la velocidad del giro del mezclador y la tasa de caudal de aire de alimentación enviado al rociador.

Referencias

American Society of Civil Engineers. (1997). *ASCE standard: Standard guidelines for in-process oxygen transfer testing* (ISBN 0-7844-0114-4). American Society of Civil Engineers.

Rosso, D., & Stenstrom, M. K. (2006). Economic implications of fine-porous diffuser aging. *Water Environment Research, 78*(8), 810-815.

Water Environment Federation. (2010). *Energy conservation in water and wastewater treatment facilities* (WEF Manual of Practice No. 32). Water Environment Federation.

Water Environment Federation. (2017a). *Liquid stream fundamentals: Diffusers* (Fact Sheet; WSEC-2017-FS-026). Water Environment Federation.

Water Environment Federation. (2017b). *Operation of water resource recovery facilities* (7.ª ed.; Manual of Practice No. 11). Water Environment Federation.

Water Environment Federation, American Society of Civil Engineers, & Environmental and Water Resources Institute. (2018). *Design of water resource recovery facilities* (6.ª ed.; WEF Manual of Practice No. 8/ASCE Manuals and Reports on Engineering Practice No. 76). Water Environment Federation.

Water Pollution Control Federation. (1988). *Aeration* (Manual of Practice No. FD-13). Water Pollution Control Federation.

Bibliografía sugerida

American Society of Civil Engineers. (2006). *ASCE standard: Measurement of oxygen transfer in clean water* (ISBN 13:978-0-7844-0848-3). American Society of Civil Engineers.

Redmon, D. (2018). Aeration, mass transfer & oxygen transfer efficiency [Presentación de artículo científico]. WWOA Meeting.

U.S. Environmental Protection Agency. (1989). *Technology transfer design manual: Fine pore aeration systems* (EPA 625/1-89/023). U.S. Environmental Protection Agency, Office of Research and Development, Risk Reduction Engineering Laboratory.

Water Environment Federation. (2017). *Liquid stream fundamentals: Aeration design* (Fact Sheet; WSEC-2017-FS-024). Water Environment Federation.

Water Environment Federation & Association of Boards of Certification (2018). *Wastewater treatment fundamentals I—Liquid treatment.* Water Environment Federation.

CAPÍTULO 9

Procedimientos de laboratorio

Introducción

Para que la operación y el control de una instalación de recuperación de recursos hídricos (*water resource recovery facility*, WRRF) sean eficaces, es necesario que los operadores tengan pleno conocimiento de la composición del caudal de entrada, del efluente y de los flujos del proceso interno. Se requieren datos de caudal exactos para calcular las tasas de carga hacia la WRRF y los procesos individuales. Los operadores deben recolectar y analizar muestras para el control del proceso y el cumplimiento normativo. Un laboratorio certificado puede analizarlas fuera de la instalación, o pueden hacerlo los operadores o el personal de un laboratorio dentro de la instalación. En general, en las WRRF más pequeñas, el operador y el analista son la misma persona. Algunos estados, aunque no todos, requieren que las muestras utilizadas con fines de presentación de informes en relación con los permisos sean analizadas por un laboratorio certificado. Las pruebas de control del proceso casi siempre se realizan en la instalación o en el laboratorio de una WRRF cercana.

Los resultados de las muestras ayudan a los operadores a conocer con qué eficiencia están funcionando los diferentes procesos unitarios y pueden ayudar a optimizar el desempeño y predecir y evitar problemas de operación. Las agencias reguladoras utilizan los resultados de laboratorio para determinar el cumplimiento con el permiso de descarga y para garantizar que las WRRF no están funcionando por arriba de sus capacidades de diseño. Al exceder la capacidad hidráulica o la capacidad de carga se puede producir una expansión de la instalación. Los ingenieros de diseño repasan los datos históricos para determinar cuándo puede ser necesaria una expansión o actualización de la instalación para aumentar la capacidad o cumplir con los nuevos requisitos regulatorios. Por estos motivos, los análisis de laboratorio deben realizarse de la forma más cuidadosa y uniforme posible con todas las muestras de control de calidad requeridas.

En este capítulo se presenta información sobre el monitoreo del caudal, la recolección de muestras representativas y los procedimientos paso a paso para algunos de los métodos de prueba utilizados más comúnmente en el tratamiento de aguas residuales. Estos métodos de prueba se utilizan en diversos procesos de tratamiento y también se pueden utilizar para el cumplimiento normativo. Las versiones oficiales de estos métodos de prueba se pueden encontrar en la publicación sobre *métodos estándar para el examen del agua y de las aguas residuales* (*Standard Methods for the Examination of Water and Wastewater*), una publicación conjunta de la *American Public Health Association*, la *American Water Works Association* y la *Water Environment Federation* (WEF) (APHA et al., 2017). El texto, revisado y actualizado cada 3 a 5 años desde 1905, fue diseñado y escrito para que lo utilice el personal de laboratorio capacitado. La versión más actual de los *métodos estándar* (*Standard Methods*) está disponible en línea en https://www.standardmethods.org/ en formato electrónico e impreso. Los procedimientos paso a paso en un formato fácil de leer pueden encontrarse en otra publicación de la WEF sobre *procedimientos de laboratorio básicos para el operador y analista* (*Basic Laboratory Procedures for the Operator-Analyst*) (WEF, 2012).

Basic Laboratory Procedures for the Operator-Analyst (WEF, 2012) se recomienda como manual complementario a este manual de capacitación sobre operaciones.

OBJETIVOS DE APRENDIZAJE

Después de completar este capítulo, podrá:

- Comparar y contrastar diversos tipos de dispositivos de medición de caudal.
- Seleccionar el tipo más adecuado de dispositivo de medición de caudal para una aplicación en particular.
- Explicar el propósito de cada tipo de muestra de control de calidad, incluidos los blancos, los duplicados, las réplicas, los estándares, los estándares de calibración, las muestras de verificación de calibración, las muestras adicionadas y los duplicados adicionados.
- Seleccionar las muestras adecuadas de control de calidad en función del *analito*, de cómo se utilizarán los datos y de los requisitos regulatorios.
- Evaluar los resultados de las muestras de control de calidad para determinar la fuente de error más probable en una medición analítica.
- Explicar la Ley de Beer y cómo se aplica a los análisis con colorímetros y espectrofotómetros.

El *analito* es la sustancia que el análisis está diseñado para medir. Ejemplos de analitos incluyen el oxígeno disuelto, los SST y el arsénico.

- Aplicar los principios fundamentales de los colorímetros y espectrofotómetros para analizar muestras para una amplia variedad de parámetros que incluyen la demanda química de oxígeno y los nutrientes.
- Realizar los siguientes análisis:
  - pH
  - alcalinidad
  - sólidos totales y total de sólidos volátiles
  - sólidos en suspensión totales (SST) y sólidos volátiles en suspensión totales
  - demanda bioquímica de oxígeno (DBO)
  - demanda bioquímica de oxígeno carbonosa (DBOC)
  - DBO soluble y DBOC
- Evaluar datos analíticos sin procesar para determinar la aceptación o el rechazo de los resultados.
- Realizar todos los cálculos necesarios para transformar los datos analíticos sin procesar en resultados que se pueden informar.

Símbolos químicos y fórmulas

$C_4H_8N_2S$: Aliltiourea

H^+: Ion de hidrógeno

HCl: Ácido clorhídrico

H_2S: Sulfuro de hidrógeno

H_2SO_4: Ácido sulfúrico

NH_3: Amoníaco

NH_3-N: Nitrógeno amoniacal o amoníaco como N

NO_2-N: Nitrógeno nitrito o nitrito como N

NO_3-N: Nitrógeno nitrato o nitrato como N

NO_5-N: Nitrito + nitrógeno nitrato

OH^-: Ion de hidróxido

PO_4^{-3}: Fosfato

PO_4-P: Fosfato-fósforo o fosfato como P

Medición de caudal

El caudal se mide indirectamente al medir la velocidad a través de un área conocida. El método más simple de calcular la velocidad utiliza solo el caudal y el área conforme a la siguiente ecuación:

$$\text{Velocidad} = \frac{\text{Caudal}}{\text{Área}} \tag{9.1}$$

Este cálculo simple no tiene en cuenta muchos de los parámetros que pueden afectar la velocidad de caudal, que incluyen la pendiente del tubo o canal, la dureza del material sobre el que flota el agua y el grado de ralentización del agua por la fricción. La fiabilidad de la medición de caudal depende de la exactitud de la medición del área y la velocidad. Los dispositivos de medición de caudal tienen tres criterios básicos que determinan su desempeño: área, velocidad y características del dispositivo. Los dos tipos básicos de medición de caudal son de canal abierto y de tubo cerrado. Los dispositivos de canal abierto suponen una velocidad constante creada por la geometría o forma del dispositivo y miden el cambio en el área de la sección transversal que ocupa el caudal. Los dispositivos de canal cerrado suponen un área constante (las dimensiones interiores del canal cerrado) y miden la velocidad a través de una variedad de métodos diferentes. Para obtener un buen desempeño del dispositivo de medición, ambos tipos requieren que las condiciones de aproximación al dispositivo estén libres de obstrucciones y cambios abruptos de tamaño y dirección. Las obstrucciones y los cambios abruptos producen alteraciones en el perfil de velocidad que generan imprecisiones.

MEDICIÓN DE CAUDAL DE CANAL ABIERTO

Un vertedero o una canaleta miden el líquido que fluye en los canales abiertos o en los tubos parcialmente llenos bajo presión atmosférica. Estos dispositivos hacen que el caudal adopte ciertas características (p. ej., forma y tamaño) según el dispositivo utilizado. Los cambios en el caudal producen un cambio mensurable en el nivel de líquido cerca del dispositivo o en el dispositivo. El aumento en el nivel de agua se denomina *carga hidráulica*. La carga hidráulica se relaciona con el caudal mediante fórmulas matemáticas que son específicas para el tipo y el tamaño de dispositivo. El dispositivo específico determina la ubicación y exactitud de las mediciones de nivel y es extremadamente importante para un desempeño exacto. Tenga en cuenta que todo lo que se encuentre sobre la superficie del agua que la haga verse más alta de lo que realmente es (burbujas, espuma y detritos flotantes) provocará una lectura de medición de caudal artificialmente alta. En muchos textos se trata extensamente la utilización de caudalímetros de canal abierto. Para obtener más información, consulte el *manual de medición de caudal de canal abierto de ISCO* (*ISCO Open Channel Flow Measurement Handbook*) (Teledyne ISCO, 2016).

VERTEDEROS

Una estructura de vertedero es una obstrucción que se extiende a lo largo de todo el canal. Los vertederos se clasifican según la forma de la abertura: rectangulares, trapezoidales (Cipolletti), o triangulares (muesca en V). En la Figura 9.1 se muestran cuatro ejemplos de vertederos utilizados comúnmente en las aguas residuales; sin embargo, existen otras variedades. Para cada tipo de vertedero se utiliza un cálculo diferente para estimar la cantidad de caudal que pasa sobre él. Los cálculos se basan en la profundidad del agua o la carga hidráulica que se acumula por detrás del vertedero y son específicos para la longitud y la forma del vertedero. Diversos fabricantes proporcionan tablas para los vertederos que detallan los caudales junto con las correspondientes profundidades del agua.

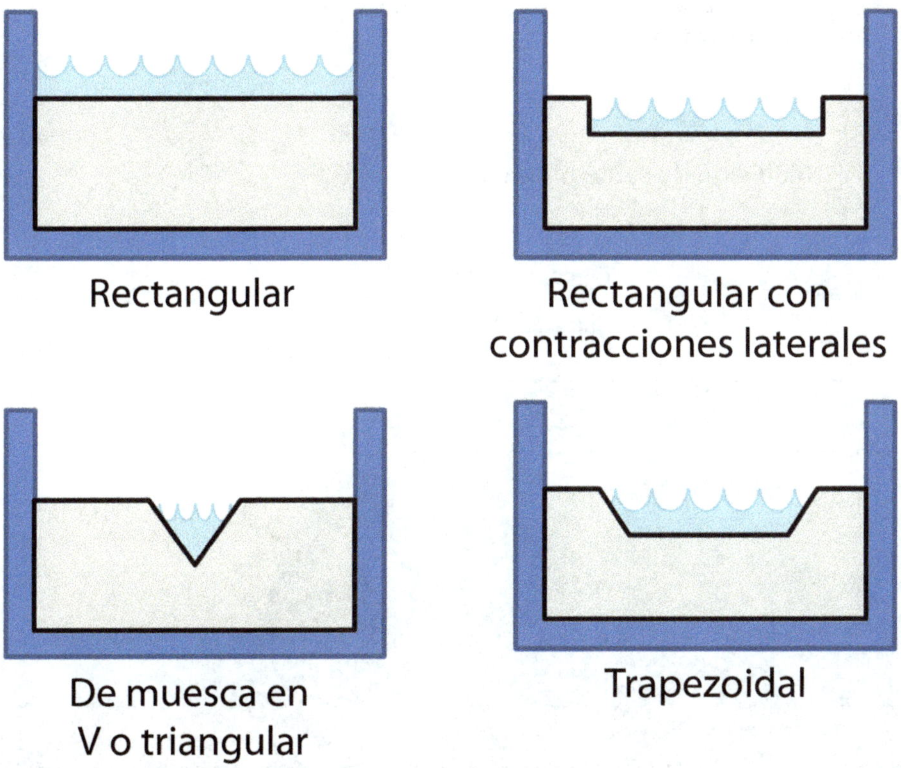

Figura 9.1 Ejemplos de vertederos (Grant, 1989) (reimpreso con autorización de Teledyne ISCO. Teledyne ISCO. Manual de medición de caudal de canal abierto de ISCO [*Isco Open Channel Flow Measurement Handbook*], 3.ª edición)

Aunque los vertederos se colocan en todo el ancho de un canal, el agua fluye libremente sobre la parte superior del vertedero, como se muestra en la Figura 9.1. El borde sobre el que flota el agua se denomina *cresta*. El flujo de agua que sale expulsado y pasa por encima del vertedero se denomina *lámina vertiente*. Para que un vertedero mida los caudales con exactitud, la lámina vertiente debe caer libremente lejos de la cresta. En otras palabras, debe haber un espacio abierto de aire entre la lámina vertiente y el vertedero. A medida que el agua se acerca al vertedero, se acumula levemente por detrás, de manera que el nivel de agua es un poco más alto que el propio vertedero. Este aumento en el nivel de agua se denomina *carga hidráulica*. La carga hidráulica es la distancia desde la parte superior del vertedero hasta la parte superior del agua que se acumula por detrás de él. La carga hidráulica, o la altura, del agua está directamente relacionada con la cantidad de caudal que pasa sobre del vertedero. Mientras más alto sea el caudal, más alta será la carga hidráulica. A medida que el agua se acerca a la cresta del vertedero, el agua es arrastrada hacia abajo, lo que crea una suave pendiente descendente desde la profundidad del agua más alta por detrás del vertedero hacia abajo sobre la abertura del vertedero. Este es el descenso de nivel.

La carga hidráulica o la altura del agua por detrás de un vertedero se mide comúnmente con un limnímetro o sensor de nivel ultrasónico. En la Figura 9.2 se muestra un sensor de nivel instalado. Un limnímetro es similar en apariencia a una regla o a una vara de medir que contiene marcas de distancia para la profundidad en toda su extensión. Los limnímetros están instalados de forma permanente en el lateral del canal. Un sensor de nivel ultrasónico transmite un pulso de sonido desde un sensor suspendido por encima del canal hasta la superficie del agua que se encuentra debajo y después mide el tiempo que transcurre hasta que el eco regresa (Figura 9.3). Mientras más corta sea la distancia entre los dos puntos, más rápido viajará el sonido entre ellos. Una gran ventaja de la utilización de sensores de nivel ultrasónicos es que son capaces de monitorear el caudal de forma continua. Los cambios en la temperatura del aire, la espuma superficial, la niebla y la neblina pueden tener efectos adversos sobre las mediciones de nivel ultrasónicas. Los operadores deben proteger los componentes electrónicos delicados contra la humedad y los gases corrosivos. Además de la detección de nivel ultrasónica, una alternativa es el radar, por ejemplo, en los casos en los que la utilización de sensores de nivel ultrasónicos se ve afectada por el espumaje del proceso. Para obtener una medición exacta de la carga hidráulica sin los efectos del descenso de nivel, la medición de la altura del agua debe tomarse un poco más atrás del borde del vertedero. Se recomienda una distancia de 3 a 4 veces la carga hidráulica máxima prevista (Grant, 1989).

La instalación de los vertederos es económica y de bajo costo en comparación con otros dispositivos de medición de caudal. Los vertederos pueden atrapar espuma y sólidos por detrás de ellos; los elementos flotantes más grandes pueden quedar atrapados entre el fondo de la lámina vertiente y el vertedero. Los vertederos deben limpiarse periódicamente para eliminar el material atrapado. Los vertederos no son adecuados para los canales que transportan grandes cantidades de detritos, pero pueden funcionar bien para la medición de los caudales del efluente final.

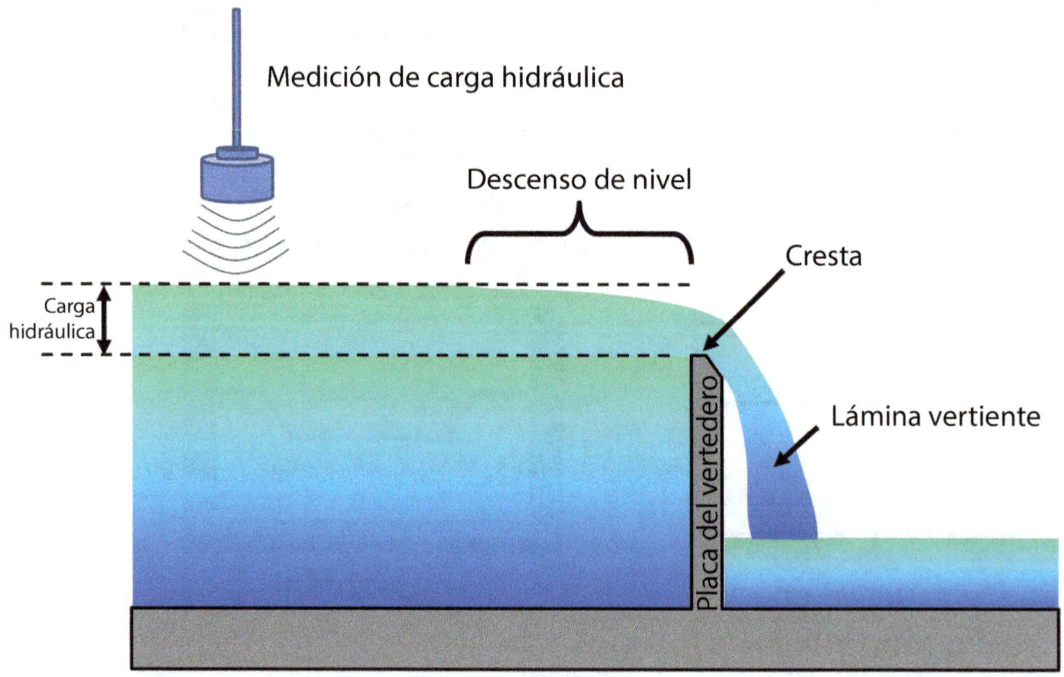

Figura 9.2 Vista lateral de un vertedero (Grant, 1989) (reimpreso con autorización de Teledyne ISCO. Teledyne ISCO. Manual de medición de caudal de canal abierto de ISCO [*Isco Open Channel Flow Measurement Handbook*]**, 3.ª edición)**

Figura 9.3 Medición de nivel ultrasónico (reimpreso con autorización de Richard Weigand, CET)

CANALETAS

Una canaleta es otro tipo de dispositivo de medición de caudal de canal abierto. En general, las canaletas tienen tres secciones: una sección convergente por la que ingresa el caudal, una sección de "garganta" y una sección divergente por la que sale el caudal. Las canaletas funcionan en base al mismo principio básico que los vertederos: un aumento en la carga hidráulica se correlaciona con la cantidad de caudal que pasa a través de la canaleta. Sin embargo, las canaletas están colocadas dentro del canal abierto y no restringen el caudal de la misma forma en que lo hacen los vertederos. El agua se desplaza libremente a través de una canaleta y no se acumula por detrás ella, como se muestra en la Figura 9.4. Las canaletas crean el aumento en la carga hidráulica al moldear el canal en dos formas. En primer lugar, todas las canaletas tienen una sección estrecha denominada "garganta", donde la velocidad del agua aumenta porque se disminuye el área de la sección transversal. El cambio en la velocidad a través de la garganta estrecha provoca una elevación leve del nivel de agua por detrás de la garganta. El aumento en el nivel de agua es proporcional a la cantidad de caudal que pasa a través de la canaleta. En segundo lugar, una canaleta también puede cambiar la pendiente del canal para aumentar aún más la velocidad de caudal a través de la canaleta. La carga hidráulica o la altura del agua a través de una canaleta se mide comúnmente con un limnímetro o sensor de nivel ultrasónico. En la Figura 9.5 se muestra un limnímetro instalado en una canaleta. También se pueden utilizar otros tipos de dispositivos de medición de caudal.

Las canaletas suelen ser autolimpiantes debido a las altas velocidades de caudal y son más adecuadas que los vertederos para las corrientes de residuos que contienen una gran cantidad de sólidos en suspensión. Es por esto que la mayoría de las WRRF utiliza canaletas para medir los caudales de entrada. Existen diversos tipos de canaletas, pero los tipos utilizados más comúnmente en las aplicaciones de aguas residuales son la canaleta Parshall, la canaleta Palmer-Bowlus y la canaleta trapezoidal. Las canaletas Parshall, las utilizadas más comúnmente, son canaletas que se instalan de forma permanente y están disponibles en una variedad de tamaños para adaptarse a casi cualquier caudal. Las canaletas Palmer-Bowlus fueron diseñadas originalmente por dos ingenieros en los distritos de saneamiento del condado de Los Ángeles para la medición de caudales en tubos y canales existentes. Las canaletas Palmer-Bowlus se utilizan comúnmente para medir caudales en las bocas de inspección. Las canaletas trapezoidales funcionan bien para la medición de caudales en un amplio rango y son muy adecuadas para los caudales extremadamente bajos.

Las lecturas del medidor ultrasónico pueden verse afectadas por la espuma, la turbulencia, las ondas en el caudal, los ecos en las paredes laterales y los vientos fuertes (Teledyne ISCO, 2016).

MEDICIÓN DE CAUDAL DE TUBO CERRADO

Cuando el tubo está lleno en la medición de caudal de tubo cerrado, el área de la sección transversal puede determinarse con exactitud. Sin embargo, la medición de la velocidad es más difícil debido a que la fricción de la pared del tubo, la viscosidad del líquido y otros factores afectan la velocidad de caudal. Existen cinco clases de caudalímetro de tubo cerrado utilizados comúnmente en el tratamiento de aguas residuales: de presión diferencial, mecánicos, magnéticos, ultrasónicos y de flujo de masa.

Figura 9.4 Canaleta Parshall con sensor de nivel (reimpreso con autorización de Richard Weigand, CET)

Figura 9.5 Canaleta con limnímetro (reimpreso con autorización de Richard Weigand, CET)

CAUDALÍMETROS DE PRESIÓN DIFERENCIAL

Los caudalímetros de presión diferencial incluyen placas de orificio, tubos de Venturi, boquillas, tubos de Pitot y rotámetros de área variable. Cuando se los selecciona y aplica correctamente, miden líquidos limpios (p. ej., agua potable y agua filtrada) y gases relativamente limpios (p. ej., gas del digestor de baja humedad y aire comprimido).

Los caudalímetros de presión diferencial utilizan una constricción dentro del tubo que produce una disminución repentina, temporal y mensurable de la presión en todo el tubo. Los principios de conservación de masa y energía relacionan de forma matemática la disminución repentina de la presión con la velocidad y el caudal del líquido que se está midiendo. En general, el rango del caudalímetro está limitado a una relación de 4 : 1 entre el caudal máximo y el mínimo. Para que funcionen correctamente, los caudalímetros de presión diferencial requieren que las tomas de los tubos estén limpias tanto aguas arriba como aguas abajo de la constricción. El mantenimiento de rutina incluye la limpieza de estas tomas mediante su soplado y la eliminación de toda humedad acumulada en las aplicaciones de gas.

Figura 9.6 muestra una representación esquemática de una placa de orificio. Una placa de orificio es una placa de metal delgada con un orificio en el medio. El lado aguas arriba tiene un borde marcado que crea una disminución repentina de la presión a medida que el caudal se desplaza a través del orificio. Según la magnitud de la disminución repentina de la presión, se puede calcular el caudal. Las placas de orificio funcionan bien con los diámetros de tubo grandes, no tienen piezas móviles y tienen un costo relativamente bajo. Sin embargo, no pueden utilizarse con líquidos sucios porque los sólidos erosionan el metal y cambian la disminución de la presión.

CAUDALÍMETROS MECÁNICOS

El caudalímetro de hélice, el caudalímetro mecánico más común, funciona en base al principio de que el líquido que choca contra una hélice provoca un giro a una velocidad proporcional al caudal. La hélice está conectada mecánicamente a un indicador y, muchas veces, a un totalizador o transmisor. El funcionamiento correcto requiere bajos niveles de sólidos en suspensión y detritos. Los caudalímetros de hélice deben estar montados aguas abajo bastante lejos de las entradas de caudal para garantizar el flujo laminar.

CAUDALÍMETROS ELECTROMAGNÉTICOS

Los caudalímetros magnéticos se utilizan con mucha frecuencia en aplicaciones que van desde el efluente filtrado hasta los sólidos espesados o digeridos. Funcionan mediante la inducción electromagnética, en la que el voltaje inducido generado por un conductor que se desplaza a través de un campo magnético es linealmente proporcional a la velocidad del conductor. A medida que el líquido (el conductor) se desplaza a través del caudalímetro (lo que genera el campo magnético), el voltaje producido se mide y se convierte en una

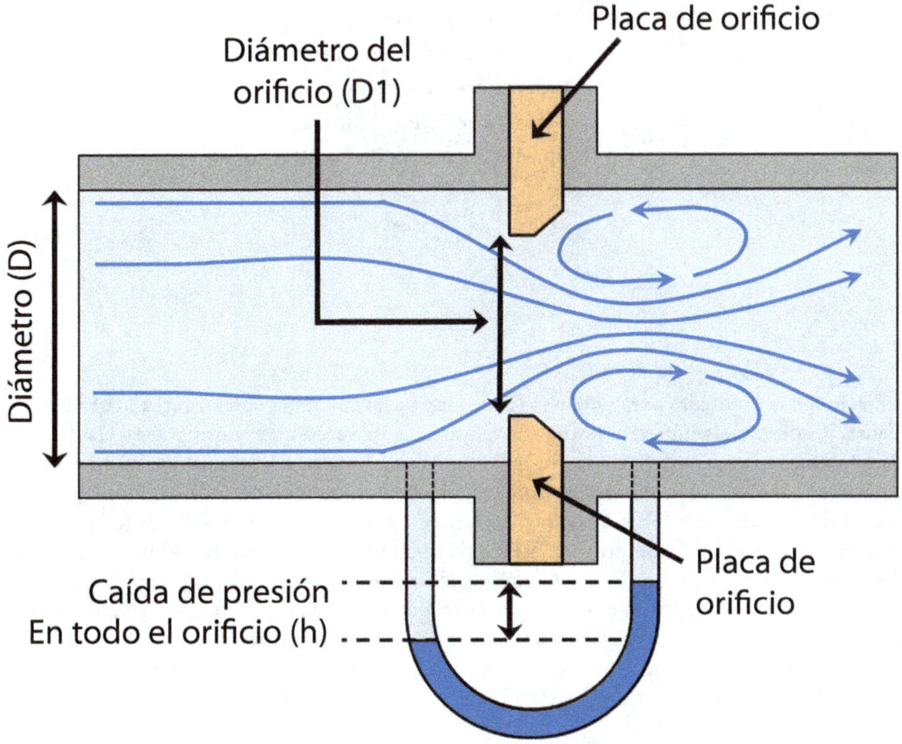

Figura 9.6 Placa de orificio (reimpreso con autorización de Jorj Long)

velocidad y, por lo tanto, en un caudal. Los caudalímetros magnéticos requieren un tubo lleno para funcionar correctamente. Para ciertas marcas, es importante una adecuada puesta a tierra. En las aplicaciones en las que resulta posible que se engrasen los electrodos, quizá se requieran equipos adicionales para desengrasar los electrodos. Los caudalímetros magnéticos no generan obstrucciones y están fabricados con un revestimiento resistente a la abrasión y a la corrosión, motivo por el que son utilizados con mayor frecuencia en la medición de sólidos. La desventaja más importante es que tienen un costo relativamente alto.

CAUDALÍMETROS ULTRASÓNICOS

Los caudalímetros ultrasónicos se basan en la medición del tiempo de tránsito de la onda ultrasónica o del cambio en la frecuencia provocado por el líquido que fluye. Un instrumento que mide el tiempo de tránsito de la onda se denomina *caudalímetro ultrasónico de contrapropagación* o *de tiempo de vuelvo*. Las ondas ultrasónicas de frecuencia y duración conocidas son transmitidas por todo el tubo en ángulos conocidos. Las ondas son detectadas directamente por un receptor opuesto o indirectamente como ondas reflejadas. Los cambios en el tiempo o en la frecuencia de tránsito de la onda provocados por el líquido que fluye son linealmente proporcionales a la velocidad del líquido. Los componentes electrónicos de conversión trasladan esta velocidad de caudal y salida a una pantalla. La presencia o ausencia de burbujas de aire y la densidad de los sólidos en el líquido que se está midiendo afectan las mediciones. Los operadores deben cumplir con las especificaciones del fabricante y hacer coincidir minuciosamente las mediciones con la aplicación.

COMPROBACIÓN DE CONOCIMIENTOS

1. **Las canaletas suelen ser autolimpiantes. Los vertederos pueden acumular material tanto aguas arriba como aguas abajo del vertedero.**
   - ☐ Verdadero
   - ☐ Falso
2. **Los caudalímetros de presión diferencial pueden utilizarse con tubos parcialmente llenos.**
   - ☐ Verdadero
   - ☐ Falso
3. **¿Qué tipo de dispositivo de medición de caudal supone una velocidad constante y un área variable?**
   a. Canaleta Parshall
   b. Placa de orificio
   c. Caudalímetro magnético
   d. Caudalímetro de hélice
4. **El vertedero triangular también denomina:**
   a. Cipolletti
   b. De muesca en V
   c. Estrecho
   d. Palmer-Bowlus
5. **Disminuyó el caudal sobre un vertedero rectangular. El agua fluye hacia abajo desde la parte frontal del vertedero sin ningún espacio de aire entre el agua y el vertedero. Este cambio puede:**
   a. Rápidamente desgastar la parte frontal del vertedero
   b. Atrapar detritos adicionales en contra del vertedero
   c. Convertir el vertedero en una placa de presión
   d. Afectar la exactitud de la medición de caudal
6. **¿Dónde se debe montar el indicador de nivel ultrasónico para un vertedero o una canaleta?**
   a. Directamente sobre la garganta
   b. Aguas arriba del descenso de nivel
   c. Dentro de la sección de divergencia
   d. Inmediatamente por detrás del borde del vertedero

Muestreo

Se recolectan muestras de aguas residuales para obtener, desarrollar y utilizar datos representativos para una variedad de necesidades. Recolectamos muestras porque, la mayoría de las veces, no es razonable ni viable medir físicamente la totalidad de lo que nos interesa. Si alguien quisiera conocer la altura promedio de todas las personas que trabajan en un edificio de oficinas, no tomaría mucho tiempo medir a cada individuo y después hacer un promedio de todas las alturas. Si alguien quisiera conocer la altura promedio de todas las personas que viven en los Estados Unidos, tomaría demasiado tiempo medir a cada una. En cambio, se mide a un porcentaje y se hace un promedio de todos los resultados. La altura promedio de este grupo más pequeño puede después extrapolarse a todo el grupo. En este ejemplo, el grupo de personas que podrían seleccionarse para la medición se denomina *población* (Figura 9.7). La población son todas las posibles muestras que se podrían tomar. Cada una de las personas seleccionadas para la medición son las *muestras*. Suponemos que la altura promedio de un subgrupo de personas seleccionado de forma aleatoria será cercana a la altura promedio de toda la población.

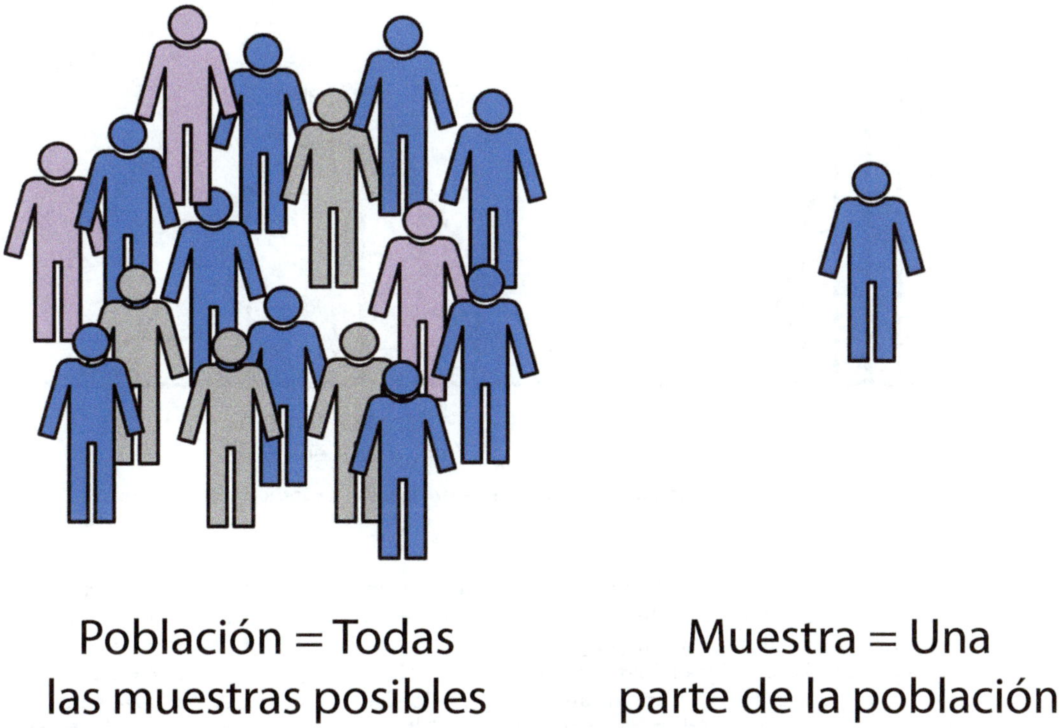

Figura 9.7 Poblaciones y muestras (reimpreso con autorización de Indigo Water Group)

RECOLECCIÓN DE MUESTRAS REPRESENTATIVAS

La meta principal del muestreo es garantizar que las muestras obtenidas sean *representativas* del material total sobre el que se está realizando el muestreo. El personal de campo es responsable de la integridad de la muestra desde el momento en que se recolecta hasta que queda bajo custodia del laboratorio. Las muestras mal recolectadas, estabilizadas e identificadas de forma incorrecta, dañadas o contaminadas generan datos incorrectos y pueden provocar desperfectos en la WRRF, malas decisiones de operación, la contaminación del ambiente y una infracción a los estándares de tratamiento. En el caso de una instalación que ya presenta desperfectos, es posible que las medidas correctivas no se puedan llevar a cabo o se vuelvan ineficaces si se basan en datos incorrectos. Por ejemplo, supongamos que una muestra tomada de un tanque de aeración en un proceso de lodo activado se recolecta en una ubicación que no es representativa del proceso real. Los análisis de laboratorio de esta muestra no representativa indican una concentración de sólidos en suspensión más alta de lo normal. Estos resultados de los análisis después se utilizan para determinar la cantidad de lodo de purga que debe eliminarse del sistema. Si se purga demasiado lodo en base a muestras erróneas se provocará, en última instancia, un efecto negativo importante sobre la forma en que se desempeña el proceso. La muestra debe representar el proceso real o el verdadero caudal con la mayor precisión posible para proporcionar información correcta.

Una *muestra representativa* es aquella que se aproxima o es cercana al promedio real. Si la altura promedio de todas las personas que trabajan en una oficina es de 1.8 m (5 ft 11 in), entonces una persona con una altura de 1.75 m (5 ft 9 in) sería representativa, pero una persona que tiene 2.1 m (6 ft 11 in) de altura no lo sería.

SUPOSICIONES DE MUESTREO

Cada vez que se recolecta una muestra, hay una suposición subyacente de que es representativa de la población más grande. Es posible que la suposición no siempre sea verdadera. Piense en el ejemplo de las personas que trabajan en un edificio de oficinas. Si se selecciona a una persona de forma aleatoria para la medición, es posible que su altura sea cercana al promedio real porque hay más personas con altura promedio que cualquier otra cosa en la población; sin embargo, esto no está garantizado. A veces, por el contrario, se seleccionará de forma aleatoria a una persona extremadamente alta o baja. Si solo se recolecta una muestra, no es posible saber cuán representativa es. A medida que se recolectan más muestras de la misma población, resulta cada vez más fácil estimar el verdadero promedio. Comenzamos a comprender cuán representativa es nuestra muestra al compararla con otras muestras. En la Figura 9.8 se muestra una curva de Gauss de distribución normal. Este tipo de gráfico se crea mediante la clasificación en grupos de un conjunto de mediciones. Después, se grafica la cantidad de mediciones en cada grupo. Mientras mayor sea la frecuencia con la que se tome una medición, más alta será esa parte del gráfico. Los datos de los sistemas más naturales, incluida la mayoría de los procesos de aguas residuales, siguen una curva de Gauss de distribución normal igual que esta. La mayoría de los resultados se concentrará alrededor del promedio, con las mediciones aleatoriamente más altas y más bajas en cada lado. Cuando el pico de la curva de Gauss es alto y pronunciado, no hay mucha variedad o *varianza* en la población: la mayoría de los resultados de las muestras es cercana

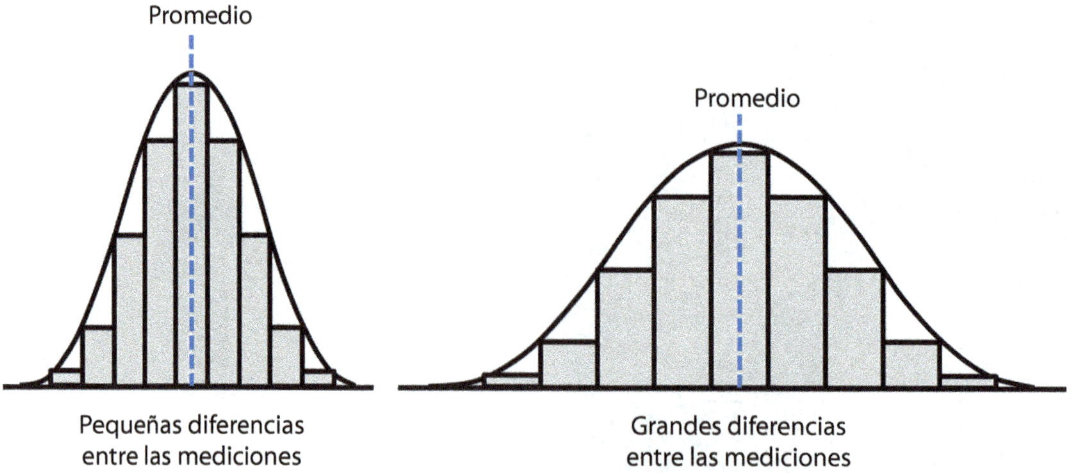

Figura 9.8 Curva de Gauss de distribución (reimpreso con autorización de Indigo Water Group)

La *varianza* es una medición de lo diferente que es el resultado de cada muestra respecto del promedio.

al verdadero promedio. Cuando el pico de la curva de Gauss es más ancho y plano, hay más variedad en la población: los resultados de las muestras difieren bastante respecto del verdadero promedio. Es importante conocer cuánta variación hay en la población, porque es muy fácil obtener una muestra no representativa de una población con mucha variabilidad. Esto no implica que un operador deba o necesite recolectar una gran cantidad de muestras diferentes de la misma ubicación todos los días. Si todos los días se analiza una única muestra de las aguas residuales del caudal de entrada, los resultados se acumularán y el operador tendrá una mejor idea de cuánta varianza hay en el caudal de entrada. Cuando el resultado de las muestras es muy diferente respecto de los datos históricos, el operador sabe que se deberán volver a recolectar muestras para verificar la nueva condición y después llevar a cabo cualquier ajuste necesario en el control del proceso.

La *desviación estándar* mide la cantidad de dispersión o variación entre las muestras en una población.

Puede realizarse un cálculo especial, denominado *desviación estándar*, para cuantificar la cantidad de "dispersión" o variación en la población. Una desviación estándar baja significa que la mayoría de los puntos de datos están cerca del promedio. Una desviación estándar alta significa que los puntos de datos están más dispersos y que las diferencias entre las mediciones son más grandes. El cálculo de la desviación estándar es complicado y raramente se realiza a mano. Se suelen utilizar planillas de cálculo de computadoras. Una curva de Gauss de distribución normal puede descomponerse en tres segmentos, como se muestra en la Figura 9.9, definidos por la desviación estándar. La primera franja es la más restrictiva e incluye el 68.2 % de todos los puntos de datos. Esta es una desviación estándar. La segunda franja incluye el 95 % de todos los puntos de datos (dos desviaciones estándar) y la tercera incluye el 99 % de todos los puntos de datos (tres desviaciones estándar).

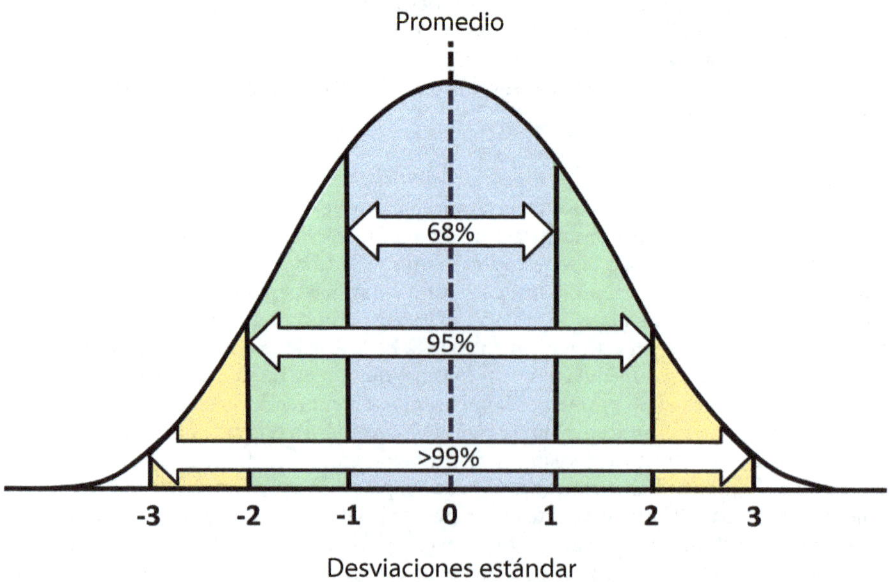

Figura 9.9 Desviación estándar y curva de Gauss de distribución normal (reimpreso con autorización de Indigo Water Group)

Es posible que haya valores muy altos o muy bajos en los bordes de la curva de Gauss que no se incluyan en ninguna de las tres franjas. Cuando se presentan los resultados de las muestras, pueden proporcionarse como el promedio más o menos una desviación estándar. Por ejemplo, la concentración de demanda bioquímica de oxígeno a 5 días (DBO_5) del caudal de entrada hacia una WRRF puede proporcionarse como 250 mg/L + 30 mg/L. Esto significa que la concentración promedio de DBO_5 es de 250 mg/L y que el 68.2 % de todos los resultados de las muestras en el *conjunto de datos* son de entre 220 y 280 mg/L. Dos desviaciones estándar incluyen el 95 % de todos los resultados de las muestras. En este ejemplo de DBO_5, el 95 % de todos los resultados de las muestras en el conjunto de datos son de entre 190 y 310 mg/L. El extremo más bajo del rango se calculó restándole al promedio la desviación estándar dos veces. El extremo más alto del rango se calculó sumándole al promedio la desviación estándar dos veces. Al conocer la desviación estándar para las muestras históricas recolectadas de un proceso, un operador puede decidir con mayor facilidad si un nuevo resultado de las muestras es razonable o si la muestra debe volver a recolectarse y analizarse.

Un *conjunto de datos* es una recolección de resultados de las muestras relacionados. Por ejemplo, todos los resultados de SST del caudal de entrada para el año pasado son un conjunto de datos.

UBICACIONES DE MUESTREO

Las ubicaciones de muestreo deben seleccionarse para proporcionar la información deseada y obtener la mayor cantidad de muestras representativas que sea posible. Las muestras obtenidas para el cumplimiento normativo deben recolectarse en las ubicaciones especificadas en el permiso de descarga o en otros permisos. Si la información deseada de un depósito de lodo activado es la concentración de sólidos promedio en el depósito, la ubicación de muestreo debe estar alrededor de la mitad de la longitud del depósito. Si la información deseada de un depósito de lodo activado es cuán bien se sedimentarán en el clarificador los sólidos en suspensión en el licor mezclado (*mixed liquor suspended solids*, MLSS), la muestra debe recolectarse en un punto justo antes del ingreso de los MLSS al clarificador o en la salida del depósito de lodo activado. Si la información deseada es cuántos sólidos están atrapados en la espuma en un depósito de lodo activado, se deben recolectar muestras de la espuma. En este último caso, la espuma no estará bien mezclada, pero la muestra proporcionará la información deseada.

Al seleccionar las ubicaciones de muestreo, siempre tenga en cuenta qué información se necesita. En los tres ejemplos, se debe hacer todo lo posible para excluir del muestreo los materiales que no sean representativos, como los trozos de grasa flotante. La grasa solo se encuentra en la superficie del depósito y no refleja la concentración de sólidos en todo el depósito. Al seleccionar el lugar de muestreo, la seguridad también es un factor importante. No se deben elegir lugares de muestreo de difícil acceso o que puedan resultar en caídas y lesiones.

En general, las muestras deben recolectarse de ubicaciones con buena mezcla y de fácil acceso. Los vertederos no suelen ser buenas ubicaciones de muestreo porque los sólidos tienden a sedimentarse aguas arriba del vertedero y se puede acumular material flotante aguas arriba y aguas abajo del vertedero (Figura 9.10). Por estos motivos, se debe evitar el muestreo cerca de los vertederos siempre que sea posible. En general, las canaletas son autolimpiantes y no suelen acumular sólidos o materiales flotantes. Las canaletas también aumentan la velocidad de caudal a medida que el agua se desplaza a través de ellas. En general, se pueden obtener muestras representativas del extremo aguas abajo de una canaleta (Figura 9.11). Otras buenas ubicaciones de muestreo incluyen los grifos de muestreo en los lados de descarga de las bombas, las cámaras equipartidoras, las cámaras de unión y otros lugares en los que el agua presenta una buena mezcla y la velocidad es lo suficientemente alta como para evitar que los sólidos más pesados se sedimenten.

El diseño y la implementación de un programa de muestreo eficaz requiere la consideración de los motivos específicos del muestreo, la forma en que se recolectarán las muestras, las ubicaciones de muestreo, los análisis que se realizarán sobre las muestras y los métodos específicos de recolección y preservación de las muestras. Un programa de muestreo eficaz es la piedra angular de un buen programa de monitoreo y control del proceso. Al seleccionar las ubicaciones de muestreo, se deben seguir las siguientes pautas:

- Recolectar muestras para los componentes no volátiles como la DBO_5 y los SST en ubicaciones en las que el flujo o tanque de las muestras presente una buena mezcla. Sin embargo, no se deben recolectar muestras en el punto de turbulencia máxima o en los bordes de los tanques o canales porque ninguna de esas áreas proporciona muestras representativas.
- Las muestras recolectadas para los análisis de *compuestos orgánicos volátiles* (COV) o sulfuro de hidrógeno (H_2S) deben obtenerse de áreas de baja turbulencia. La turbulencia puede provocar que el aire quede *atrapado* en la muestra y que los compuestos volátiles y los gases disueltos se pierdan en la atmósfera. Si el aire queda atrapado en el agua, las muestras recolectadas no pueden utilizarse para el análisis de COV porque se desarrollarán burbujas en el contenedor de las muestras. El requisito de "sin espacio superior" para los contenedores de muestras de COV (lo que significa que no hay un espacio con aire en el contenedor) es importante para garantizar que todos los COV se mantengan en una solución para realizar los análisis de forma adecuada.

Figura 9.10 Acumulación de espuma detrás de un vertedero de muesca en V (reimpreso con autorización de Indigo Water Group)

Figura 9.11 Recolección de muestras en una canaleta Palmer-Bowlus (reimpreso con autorización de Indigo Water Group)

- Las muestras recolectadas de los canales deben obtenerse del centro del canal a una profundidad que sea de entre el 40 % y el 60 % de la profundidad total. Si las muestras se recolectan de un punto demasiado profundo en el canal, las muestras contendrán una mayor cantidad de sólidos pesados. Si las muestras se recolectan de la parte superior del canal, se perderá la mayoría de las partículas sólidas.
- Evite tomar muestras en los puntos en los que se produce la sedimentación de sólidos o en los que hay detritos flotantes. En general, estas situaciones se presentan en áreas en reposo y en los vertederos, donde la velocidad del caudal disminuye.
- Evite el muestreo de depósitos no representativos o de sólidos acumulados en el canal o en las paredes del tanque. Tenga cuidado de no golpear los contenedores de muestreo contra los laterales o fondos de los depósitos y canales porque esto puede soltar los sólidos acumulados.
- Evite la recolección de muestras en ubicaciones en las que el agua tiene una velocidad tangencial. La velocidad tangencial hace que el agua gire o rote en círculos. Este movimiento puede desplazar las partículas más pesadas hacia el exterior del círculo, lo que dificulta la obtención de una muestra representativa.
- Recolecte muestras del caudal de entrada de aguas residuales en un punto aguas arriba de cualquier ubicación en la que los flujos reciclados del proceso como el sobrenadante del digestor, el reciclado del filtro percolador o el lodo activado de purga (LAP) regresan al flujo de caudal del proceso principal.
- Cuando las muestras deben recolectarse de tubos con flujo, las líneas de las muestras deben mantenerse lo más cortas posible con una cantidad mínima de curvas. Las líneas de las muestras excesivamente largas pueden suponer un riesgo de enjuague inadecuado antes del muestreo y de alteraciones en la muestra provocadas por la actividad química y biológica dentro del tubo de las muestras. Del mismo modo, se deben evitar los extremos cerrados.
- Después de seleccionar la ubicación de recolección de muestras representativas, recolecte muestras de la corriente de residuos de forma uniforme en esta ubicación. Al mantener esta uniformidad, las variaciones en los resultados de las muestras no se pueden atribuir a cambios en la ubicación. Los datos de los análisis se pueden comparar de forma confiable de un día para otro. El lugar de muestreo debe marcarse de forma permanente con pintura o con un letrero para garantizar que todos tomen las muestras de la misma ubicación.

Ejemplo n.º 1: Los datos históricos de una WRRF pequeña muestran concentraciones de SST del caudal de entrada que fluctúan entre 300 mg/L y más de 1000 mg/L. En general, las aguas residuales domésticas tienen una concentración de SST de entre 120 y 400 mg/L. La ciudad no tiene grandes industrias. ¿Parece la muestra ser representativa con base en lo que se conoce sobre las aguas residuales domésticas típicas? ¿Qué podría provocar que las concentraciones de SST del caudal de entrada sean más altas de lo previsto? La WRRF tiene un canal de caudal de entrada ancho y plano. A medida que las aguas residuales ingresan al canal, pierden velocidad y los sólidos más pesados se sedimentan en el fondo del canal. El canal es ancho para la cantidad de caudal que ingresa a la instalación, por lo que el agua nunca tiene más de 5 cm (2 in) de profundidad, lo que le dificulta al operador la recolección de muestras. Las muestras del caudal de entrada se recolectan una vez a la semana. Dado que el flujo de caudal de entrada es tan poco profundo, el operador arrastra la botella a lo largo de todo el fondo del canal para poder llenarla. Al hacerlo, recolecta material sólido que se sedimentó en el canal durante la semana anterior. Las muestras no son representativas. Las muestras se recolectaron de un área de baja velocidad, el contenedor de muestreo entró en contacto con los laterales del canal y las aguas residuales no presentaban una buena mezcla. En este ejemplo, el operador se comunicó con su agencia reguladora estatal y pudo cambiar la ubicación de muestreo del caudal de entrada aguas abajo de una canaleta Parshall. Los resultados de los sólidos en suspensión totales ahora se encuentran dentro del rango previsto.

Ejemplo n.º 2: Los datos históricos de una WRRF de gran tamaño indican que el caudal de entrada contiene, en promedio, 250 mg/L de SST y 235 mg/L de DBO_5. El canal del caudal de entrada es profundo y de difícil acceso. Las muestras se recolectan con un cangilón con tamaño de un galón que se arroja al canal, y después se lo arrastra hacia arriba con una cuerda. Los resultados de las muestras fueron bastante uniformes durante años y parecen ser representativos. La WRRF instaló un sacamuestras automático en el canal de caudal de entrada, siguiendo cuidadosamente las recomendaciones de la Agencia de Protección Ambiental de los EE. UU. (*U.S. Environmental Protection Agency*) (EPA de los EE. UU.) que indican que la toma del sacamuestras debe estar ubicada en la mitad del canal del caudal de entrada y a una profundidad del 40 % al 60 % de la profundidad del agua prevista. Después de instalar el sacamuestras automático, el laboratorio comenzó a informar concentraciones de SST y DBO_5 en el caudal de entrada un 30 % más altas que los promedios históricos. El personal de la instalación supuso que la toma del sacamuestras automático estaba en una ubicación errónea y comenzó a moverla hacia arriba, hacia abajo, hacia la izquierda y hacia la derecha en el canal para determinar la mejor ubicación de muestreo. La única forma en la que pudieron hacer que los resultados del sacamuestras automático coincidieran con los resultados históricos de las muestras con cangilón fue colocar la toma del sacamuestras automático en la parte más alta del canal, lo que iba en contra de las recomendaciones de muestreo de la EPA de los EE. UU. El personal de la instalación llegó a la conclusión de que los resultados históricos de las muestras con cangilón no eran representativos. Al muestrear solo la parte superior del canal, los cangilones no recolectaban muchos de los sólidos y las sustancias más pesados que se desplazaban por la parte inferior del canal.

Los *compuestos volátiles* pueden vaporizarse (es decir, convertirse de líquido a gas) con facilidad. En las aguas residuales, el gas sulfuro de hidrógeno y algunos compuestos orgánicos se volatilizan con facilidad. El muestreo para compuestos volátiles requiere un cuidado especial porque la turbulencia o el agitado de la muestra pueden provocar la pérdida de estos compuestos de la muestra.

Ejemplos de COV incluyen la acetona (quitaesmalte) y el glicol de propileno (descongelante para aviones). Diferentes COV pueden estar presentes en las aguas residuales según los tipos de industrias y empresas en el área de servicio.

COMPROBACIÓN DE CONOCIMIENTOS

1. **Los resultados de las muestras pueden extrapolarse a las poblaciones de las que se tomaron al suponer que las muestras son representativas.**
   - ☐ Verdadero
   - ☐ Falso
2. **Es posible saber si una muestra única es o no representativa de una población aunque no se cuente con ningún otro dato sobre la población.**
   - ☐ Verdadero
   - ☐ Falso
3. **La desviación estándar es un indicador de cuán diferentes son los resultados de las muestras para una población respecto del resultado promedio.**
   - ☐ Verdadero
   - ☐ Falso
4. **En general, las muestras deben recolectarse de ubicaciones en las que la corriente de residuos presenta una buena mezcla.**
   - ☐ Verdadero
   - ☐ Falso
5. **Se recolectó un conjunto de 30 muestras del caudal de entrada hacia una WRRF. La concentración promedio de DBO_5 fue de 275 mg/L, con una desviación estándar de 25 mg/L. ¿Cuál de los siguientes resultados de las muestras es el más representativo?**
   a. 175 mg/L
   b. 225 mg/L
   c. 275 mg/L
   d. 325 mg/L
6. **Dentro de una curva de Gauss de distribución normal, ¿qué porcentaje de los resultados de las muestras estará cerca del promedio más o menos una desviación estándar?**
   a. 50 %
   b. 68 %
   c. 95 %
   d. 99 %
7. **El sector de tratamiento de líquidos de una WRRF consiste en tamizado, eliminación de arena, clarificación primaria, tratamiento secundario y desinfección. El operador desea conocer la carga promedio de DBO_5 hacia el proceso secundario. ¿En qué lugar se deberían recolectar las muestras para la DBO_5?**
   a. Caudal de entrada
   b. Efluente primario
   c. Proceso secundario
   d. Desinfección
8. **Al realizar el muestro de las aguas residuales del caudal de entrada, el operador observa que hay pequeños trozos de grasa y papel flotando en la superficie del canal en algunos lugares. La cobertura de grasa y papel es menor al 10 % de la superficie del canal. El operador debe:**
   a. Volver a programar el muestreo para otro día.
   b. Incluir al menos un 10 % del material superficial en la muestra.
   c. Evitar incluir el material superficial porque no es representativo.
   d. Tomar una muestra de forma aleatoria sin intentar incluir o excluir los materiales flotantes.
9. **En general, las canaletas son una buena ubicación de muestreo porque las aguas residuales presentan una buena mezcla en esta ubicación y porque:**
   a. Las canaletas suelen ser autolimpiantes.
   b. Las velocidades de caudal disminuyen a través de la canaleta.
   c. Las canaletas siempre son de fácil acceso.
   d. Ya se realizó el tamizado y la eliminación de arena.
10. **Se deben recolectar muestras de aguas residuales de un canal en esta ubicación:**
    a. Centro del canal a una profundidad del 40 % al 60 %
    b. A un tercio de la longitud del canal y cerca del fondo
    c. Centro del canal y cerca de la superficie
    d. A un tercio de la longitud del canal a una profundidad del 40 % al 60 %

PROPÓSITOS DE MUESTREO

Los propósitos y las funciones asociados con el muestreo incluyen el cumplimiento normativo, el control del proceso y la resolución de problemas, la determinación de la eficiencia del proceso, la evaluación de tendencias a largo plazo, la determinación de la necesidad de gastos de capital y otros, como la recepción de estudios sobre el agua, la recolección de estudios sobre el sistema y los programas de seguridad del personal. Al establecer un programa de muestreo significativo, se debe considerar cada uno de estos propósitos de muestreo. Es importante que los operadores no recolecten muestras por el solo hecho de recolectar muestras. Se deben revisar los datos regularmente para determinar si los resultados se encuentran dentro del rango deseado y para evaluar las tendencias que podrían requerir medidas correctivas. Se deben revisar periódicamente las ubicaciones y los parámetros de muestreo para garantizar que se estén utilizando los resultados y que cumplan las metas de la WRRF. Los resultados de las muestras que solo se archivan en un cajón o se ingresan en una computadora y nunca se revisan no son útiles en absoluto.

REQUISITOS REGULATORIOS

En general, las instalaciones de recuperación de recursos hídricos que funcionan conforme a los permisos regulatorios deben realizar muestreos y análisis específicos de forma regular. Los programas del Sistema

Nacional para la Eliminación de Descargas Contaminantes (*National Pollutant Discharge Elimination System*, NPDES) y el Sistema Estatal para la Eliminación de Descargas Contaminantes (*State Pollutant Discharge Elimination System*, SPDES) se enfocan principalmente en el monitoreo de la calidad del efluente para evaluar que la instalación cumpla los límites del permiso respecto del efluente. En general, se requiere el monitoreo del caudal de entrada respecto del caudal, la DBO_5, la demanda bioquímica de oxígeno carbonosa a 5 días ($DBOC_5$) y los SST para garantizar que una WRRF no esté funcionando por encima de su capacidad permitida. Los datos del caudal de entrada también se utilizan para planificar actualizaciones y expansiones en las instalaciones. En general, los permisos especifican la ubicación, el tipo (muestra puntual o compuesta) y la frecuencia de muestreo, los parámetros requeridos, los métodos de análisis y la frecuencia requerida en la presentación de informes sobre los análisis a la agencia reguladora. Los permisos del NPDES y del SPDES también especifican que el muestreo y los análisis deben cumplir con los métodos analíticos especificados en el *Código de Regulaciones Federales* (*Code of Federal Regulations*), Título 40, Parte 136, Tabla II, nota 4 (EPA de los EE. UU., 2007). Muchos de los métodos descritos en 40 CFR Parte 136, Tabla II, provienen de los *métodos para el análisis químico de agua y residuos* (*Methods for Chemical Analysis of Water and Wastes*) (EPA de los EE. UU., 1983) o de los *métodos estándar* (*Standard Methods*) (APHA et al., 2017). Si no se realiza el programa requerido según lo especificado en el permiso, se podrían dejar expuestos la instalación y a su personal a sanciones penales y civiles, que pueden incluir la encarcelación y multas.

CONTROL DEL PROCESO

En general, el muestreo y los análisis requeridos para cumplir con la mayoría de los permisos revelan cuán bien se están desempeñando los procesos en una WRRF en su totalidad. Sin embargo, para operar correctamente una WRRF y controlar cada proceso unitario, se necesitan muchos más parámetros de análisis. Un programa de muestreo eficaz proporciona la información del sistema total sobre la carga (características del caudal de entrada), el desempeño (calidad del efluente) y las condiciones intermedias de cada proceso unitario en una WRRF. Mientras más información se conozca sobre el desempeño del proceso y las características de la corriente de residuos a medida que avanza por la WRRF, mejor informado estará el operador al realizar ajustes de operación. Estos datos permiten que el operador anticipe la necesidad de ajustes de operación en base a los cambios en el desempeño del proceso y al revisar los registros de operación anteriores.

DETERMINACIÓN DE LA EFICIENCIA DEL PROCESO Y DE LA INSTALACIÓN

Los datos del programa de muestreo y análisis pueden utilizarse para determinar la eficiencia de un proceso individual y de la instalación en general. Estos datos ayudarán a los operadores a realizar ajustes específicos en el proceso. Por ejemplo, la evaluación de los resultados de SST del efluente del clarificador secundario durante un periodo prolongado de tiempo puede indicar que la calidad del efluente del clarificador secundario está disminuyendo. Esto podría indicar que son necesarios cambios de operación para que el proceso secundario vuelva a tener una eficiencia óptima.

RECOLECCIÓN DE DATOS HISTÓRICOS

Una base de datos históricos para la WRRF beneficia tanto a los operadores como a los ingenieros de diseño de la instalación. En el caso del operador, una base de datos históricos puede mostrar variaciones estacionales en la instalación de tratamiento y señalar condiciones anormales en el pasado que pueden ayudarlo a preparar los ajustes en el proceso de tratamiento. Una base de datos histórica también puede indicar medidas correctivas utilizadas en el pasado para condiciones anormales recurrentes; en otras palabras, puede relevar cuáles medidas correctivas han funcionado y cuáles no. Si los análisis de control del proceso no se llevan a cabo o se llevan a cabo pocas veces, la base de datos históricos contará con muy poca información. El operador también puede examinar el registro histórico para determinar si las condiciones repetitivas o estacionales indican medidas de control exitosas. Una revisión regular de estos datos ayuda al operador a desarrollar una comprensión de las características de operación de la instalación. Aunque se requiere que algunos registros se conserven solo durante 3 a 5 años, es recomendable conservar todos los datos, de ser posible. El estatuto de limitaciones de algunos permisos de la EPA de los EE. UU. puede ser de 7 años como máximo.

GASTOS DE CAPITAL

Si se mantiene una base de datos histórica, será más fácil observar tendencias a largo plazo en la carga y el desempeño de una instalación que pueden utilizarse para predecir cuándo serán necesarias una expansión o una actualización de la instalación. La mayoría de los permisos de operación o descarga requiere evaluaciones periódicas de la carga para determinar cuándo se debe planificar la expansión de la instalación. La base de datos también suministrará información útil para el diseño de actualizaciones o expansiones de la instalación. Sin embargo, se debe tener en cuenta que todos los datos históricos deben considerarse con respecto a los posibles cambios en las características del caudal de entrada de la WRRF, en los ajustes en el proceso, o en los cambios del sistema de la instalación que pueden alterar de forma permanente las condiciones normales. Por ejemplo, si una WRRF comenzó a agregar cloruro férrico para precipitar el fósforo 3 años atrás, los datos del fósforo del efluente que son anteriores al inicio del agregado de sustancias químicas no se deben incluir en los cálculos para la eliminación promedio del fósforo. Cada periodo de tiempo debe evaluarse por separado.

Se debe tener cuidado al comparar los datos históricos porque los *límites de detección* y los métodos de análisis pueden ser distintos a los métodos y las prácticas que se usan en la actualidad. Los métodos de laboratorio continúan mejorando, lo que significa que, en muchos casos, es posible medir concentraciones más bajas en la actualidad que en el pasado. Un resultado histórico <10 mg/L no es cero y no puede compararse directamente con un resultado actual de 1.3 mg/L. Es posible que el resultado histórico también fuera de 1.3 mg/L, pero no hay forma de saberlo. El resultado histórico podría ser desde cero hasta justo por debajo de 10 mg/L.

El *límite de detección* es la concentración más baja de algo que puede medirse de forma confiable como distinta a cero. Si el límite de detección es de 5 mg/L y la concentración real de la muestra es de 3 mg/L, el resultado de la muestra se informará como < 5 mg/L. Esto no es igual a cero. Piense en una tabla optométrica. Las líneas superiores son fáciles de leer. Al desplazarse hacia abajo en la tabla optométrica, las letras y números se vuelven más pequeños y difíciles de leer. Finalmente, habrá una línea en la que será difícil decir si una letra determinada es una "O" o una "D" o una "Q" o tal vez incluso una "P". Hay algo allí, pero no está completamente claro. Esa línea en la tabla optométrica es el límite de detección. Por debajo de esa línea, puede haber líneas con texto aún más pequeño. El hecho de que el ojo no lo pueda ver no implica que no esté allí. Consulte los *procedimientos de laboratorio básicos para el operador y analista* (*Basic Laboratory Procedures for the Operator-Analyst*) (WEF, 2012) para obtener una descripción detallada sobre los límites de detección del instrumento, los límites de detección del método (*method detection limits*, MDL) y los límites de cuantificación práctica (*practical quantitation limits*, PQL).

COMPROBACIÓN DE CONOCIMIENTOS

1. **Los propósitos y las funciones relacionados con el muestreo incluyen el cumplimiento normativo, el control del proceso y la resolución de problemas y la evaluación de tendencias a largo plazo.**
   - ☐ Verdadero
   - ☐ Falso
2. **Un resultado de laboratorio informado como menos de 2 mg/L es igual a cero.**
   - ☐ Verdadero
   - ☐ Falso
3. **Todos los muestreos y análisis necesarios para el control del proceso se enumeran en el permiso del NPDES o del SPDES.**
   - ☐ Verdadero
   - ☐ Falso
4. **Se debe tener cuidado al comparar los resultados de las muestras de un periodo de tiempo y de otro periodo de tiempo porque las condiciones de operación de la instalación pueden haber cambiado.**
   - ☐ Verdadero
   - ☐ Falso
5. **En este documento se enumera la mayoría de los requisitos actuales de los tiempos de preservación y retención de muestras y de los métodos de análisis aprobados.**
   a. *Métodos estándar para el examen de agua y aguas residuales (Standard Methods for the Examination of Water and Wastewater)*
   b. *Código de Regulaciones Federales* (*Code of Federal Regulations*), Título 40, Parte 136
   c. Permiso del NPDES o del SPDES para la WRRF
   d. Regulaciones 503
6. **En el último año, la WRRF comenzó a agregar cloruro férrico al caudal de entrada para el control de olores. El operador sabe que el cloruro férrico puede mejorar el funcionamiento del clarificador al facilitar la unión de las partículas no sedimentables. ¿Cómo debería evaluarse el conjunto de datos para determinar si el agregado de sustancias químicas mejoró o no el desempeño?**
   a. Promediar todos los datos históricos en su conjunto
   b. Revisar solo los datos recolectados antes del último año
   c. Revisar solo los datos recolectados después del inicio del agregado de químicos
   d. Evaluar los datos históricos como dos grupos: antes y después del agregado

RECOLECCIÓN DE MUESTRAS Y MEDICIONES

Las muestras se pueden recolectar de diferentes formas, según los tipos de información que se requieran y la índole del proceso que deba analizarse. Las muestras se pueden recolectar de forma manual o automática y, una vez recolectadas, las muestras individuales pueden conservarse o combinarse para formar una única muestra. Los analizadores en línea proporcionan datos continuos de operación para algunos parámetros, como pH, conductividad, temperatura y oxígeno disuelto (OD). El permiso del NPDES o del SPDES especifica el tipo de muestra que debe recolectarse para cada análisis requerido. La EPA de los EE. UU. cuenta con definiciones específicas para las muestras compuestas y puntuales y para las técnicas de preservación de muestras. A continuación se presenta un análisis de los diferentes tipos de muestras y de sus usos adecuados.

MEDICIONES CONTINUAS

En las WRRF se utilizan diversos tipos de analizadores en línea. Según el nivel de complejidad de la instalación, la salida de estos dispositivos en línea puede registrarse en forma de gráfico o almacenarse en el sistema de control de supervisión y adquisición de datos (*supervisory control and data acquisition*, SCADA) de la instalación u otro sistema computarizado de registro y operación. Algunos de los tipos más comunes de mediciones continuas son los caudalímetros. Otros tipos de mediciones continuas incluyen medidores de pH, medidores de OD, medidores de conductividad, medidores de potencial REDOX (PR), medidores de SST, analizadores de nitrógeno, medidores de cloro residual, turbidímetros y otros dispositivos similares. Es importante que se verifiquen de manera rutinaria la exactitud y la precisión de los analizadores y medidores en línea, así como que su calibración y mantenimiento se realicen conforme a las instrucciones por escrito del fabricante. La información que proporcionan a veces le permite al operador de la instalación tomar las medidas necesarias para proteger la instalación contra una descarga industrial o realizar ajustes en el control del proceso. Los analizadores en línea también pueden monitorear la descarga del efluente de manera continua según lo requieran los permisos de descarga de algunas instalaciones.

Los analizadores en línea de OD y de la tasa de respiración permiten controlar de forma automática el OD en el sistema de lodo activado y monitorear de forma continua las concentraciones de OD en el efluente o en cualquier otro flujo del proceso. Los analizadores de cloro residual proporcionan una forma de monitoreo y control automático de la tasa de cloración. Los sistemas de control en línea, que combinan los analizadores de OD y cloro residual, ofrecen la capacidad de optimizar los sistemas de control de OD y cloro para minimizar los costos de tratamiento y mejorar la estabilidad del proceso. El desempeño confiable de los sistemas de control en línea exige un programa de mantenimiento y calibración de rutina (a veces exhaustivo). El personal de operación puede utilizar analizadores que miden nutrientes como el fósforo o el nitrógeno para ayudar a controlar los sistemas de alimentación de químicos.

MUESTRAS PUNTUALES

Una *muestra puntual* es aquella que se recolecta para representar un momento en el tiempo y no está mezclada con ninguna otra muestra. La EPA de los EE. UU. define las muestras puntuales como muestras que se recolectan durante un periodo de 15 minutos como máximo (EPA de los EE. UU., 2007). Las muestras que se recolectan durante periodos de tiempo más prolongados son muestras compuestas. A veces, a la muestra puntual se le llama *muestra individual* o *discreta* y solo representa las condiciones de la muestra en el momento exacto en el que se la recolecta. Las muestras puntuales pueden recolectarse manualmente o con sacamuestras automáticos. En general, las muestras puntuales son útiles en determinadas situaciones en las que las muestras compuestas no serían adecuadas. Ejemplos de dichas situaciones incluyen:

Las *muestras puntuales* deben transferirse con rapidez al mezclar, primero desde el punto de recolección hacia el dispositivo de medición y después hacia el contenedor de muestras compuestas. Dicho procesamiento evita la sedimentación y minimiza el error de muestreo.

- Las muestras puntuales pueden utilizarse si la composición del caudal que se debe muestrear es razonablemente constante. Esta suposición debe verificarse con múltiples muestras durante un periodo de tiempo adecuado para determinar si realmente hay variaciones en la composición del caudal.
- Las muestras puntuales pueden utilizarse si el caudal que se debe muestrear se presenta de forma intermitente o durante periodos cortos.
- Las muestras puntuales deben utilizarse si los componentes que se deben analizar son inestables o no pueden preservarse y, por lo tanto, deben analizarse de inmediato o almacenarse en condiciones especiales. Ejemplos de estos parámetros incluyen temperatura, pH, cloro residual, OD y análisis bacteriológicos como los de *Escherichia coli* (*E. coli*) y coliformes fecales y totales.
- Las muestras puntuales deben utilizarse cuando es posible que los compuestos que se deben analizar estén afectados por el proceso de composición, como lípidos, aceites y grasas (*fats, oils, and grease*, FOG) y COV.
- Las muestras puntuales son útiles para determinar las concentraciones mínimas y máximas de algo que ingresa o sale de un proceso de tratamiento o para determinar el efecto inmediato de un cambio en el proceso.
- Las muestras puntuales deben determinar las características de las descargas "contaminantes" para ayudar a identificar la fuente y evaluar los posibles efectos sobre los procesos de tratamiento. En general, estas descargas son observadas visualmente por un operador de la instalación que realiza tareas de rutina; la duración es generalmente desconocida.
- Se pueden utilizar varias muestras puntuales para estudiar las variaciones y los extremos en una corriente de residuos durante un periodo de tiempo. Las muestras compuestas no revelan las variaciones de los residuos con el tiempo dada la naturaleza de las muestras. Las muestras compuestas tienden a promediar las descargas de corta duración y alta concentración con las descargas de larga duración y baja concentración. Lo significativo de esto depende del volumen de caudal en el momento de la recolección. Las muestras compuestas tienden a diluir las descargas cortas de alta o baja concentración que podrían afectar el desempeño de una instalación de tratamiento, pero que pasan desapercibidas. La recolección de muestras tanto compuestas como discretas secuenciales puede ser ventajosa en los análisis periódicos para detectar variaciones de residuos durante un periodo de tiempo específico.
- El operador verifica si la muestra compuesta oculta variaciones a corto plazo en las características de las aguas residuales. Por ejemplo, una descarga de DBO alta y a corto plazo puede afectar un sistema biológico mientras se mantiene oculta gracias a los efectos de dilución de la muestra compuesta. Las grandes variaciones en los parámetros como la DBO o el pH podrían impedir el tratamiento adecuado sin ecualización, pretratamiento o neutralización. Las muestras puntuales secuenciales son la única forma de medir estas variaciones. Sin embargo, los analizadores en línea pueden alertar a los operadores cuando se requieren muestras puntuales.

Para las *muestras compuestas*, el tiempo de retención de la muestra comienza después de la recolección de la última muestra puntual. El tiempo de retención de las muestras es la cantidad de tiempo que transcurre entre la recolección y el análisis de las muestras. Los tiempos de retención cambian según el componente de interés. El cloro residual tiene un tiempo de retención de solo 15 minutos, mientras que las muestras para SST pueden retenerse hasta durante 7 días (EPA de los EE. UU., 2007). Si se recolectaron cuatro muestras puntuales a las 8:00 a. m., 10:00 a. m., 12:00 p. m. y 2:00 p. m., el tiempo de retención para la muestra compuesta comenzaría a las 2:00 p. m.

MUESTRAS COMPUESTAS

Una *muestra compuesta* es una muestra única, más grande, que se prepara mediante la combinación de una serie de muestras puntuales más pequeñas durante intervalos conocidos de tiempo o caudal (Figura 9.12). La EPA de los EE. UU. define diferentes tipos de muestras compuestas para fines de cumplimiento de los permisos. Una muestra compuesta muestra la composición promedio de un flujo de caudal durante un periodo de tiempo o caudal determinado si la muestra se recolecta de forma proporcional al caudal. Estas muestras pueden recolectarse manualmente y mezclarse o pueden recolectarse con equipos de muestreo automático. Las muestras obtenidas con equipos automáticos de recolección de muestras compuestas pueden combinarse ya que se recolectan en un único receptáculo grande. Las condiciones específicas adecuadas para la recolección de muestras compuestas incluyen las siguientes:

- El permiso de la instalación requiere la recolección de una muestra compuesta.
- Los datos de los análisis se utilizarán para calcular las eficiencias o el desempeño promedio de eliminación de una instalación.
- Los datos promedio se necesitan para ajustar los procesos de la instalación. Si se producen variaciones extremas en las características de los residuos, los datos puntuales deben complementar los datos compuestos como se describió anteriormente.

En la mayoría de las WRRF, las muestras compuestas son requeridas por el permiso de descarga para la mayoría de los componentes que no requieren análisis inmediatos. En general, la recolección de muestras compuestas se requiere para los parámetros como la DBO o DBOC, los SST, el nitrógeno Kjeldahl total (NKT), el nitrógeno amoniacal y el fósforo total. Los resultados de los análisis utilizados para calcular las cargas de la instalación y del proceso (como la tasa de carga orgánica) siempre deben realizarse en base a las muestras compuestas. Esta práctica es importante para garantizar que los datos obtenidos de un caudal contaminante o adicionado, mediante la utilización de una única muestra puntual, no sesguen la información o proporcionen datos engañosos. En general, se utilizan dos tipos diferentes de muestras compuestas: muestras compuestas de volumen fijo o muestras compuestas proporcionales al caudal (EPA de los EE. UU., 2010).

Las muestras compuestas se pueden recolectar de diferentes formas. En la Tabla 9.1 se resumen los cuatro tipos de muestras compuestas que se describirán en los párrafos siguientes.

Muestras compuestas de volumen fijo y de igual intervalo de tiempo

La muestra compuesta de volumen fijo, también denominada *muestra compuesta de tiempo*, es el tipo más simple de muestra compuesta. En la recolección de muestras compuestas de volumen fijo, se recolecta una serie de muestras puntuales individuales, todas con el mismo volumen, en periodos de tiempo espaciados de la misma manera. Por ejemplo, las muestras se pueden recolectar una vez cada 2 horas. La muestra compuesta de volumen fijo es más adecuada que el muestreo del caudal de entrada o del efluente de la WRRF para el muestreo de depósitos de aeración de lodo activado, de sólidos de lodo en los digestores, de flujos de caudal constante y de tortas de lodo de los equipos de deshidratación. El volumen total de la muestra compuesta requerida depende de los tipos de análisis que deben realizarse sobre la muestra. La cantidad de muestras puntuales individuales requerida para formar la muestra compuesta depende del periodo de tiempo del evento de muestreo y de otros factores como los requisitos regulatorios y el grado de exactitud. En general,

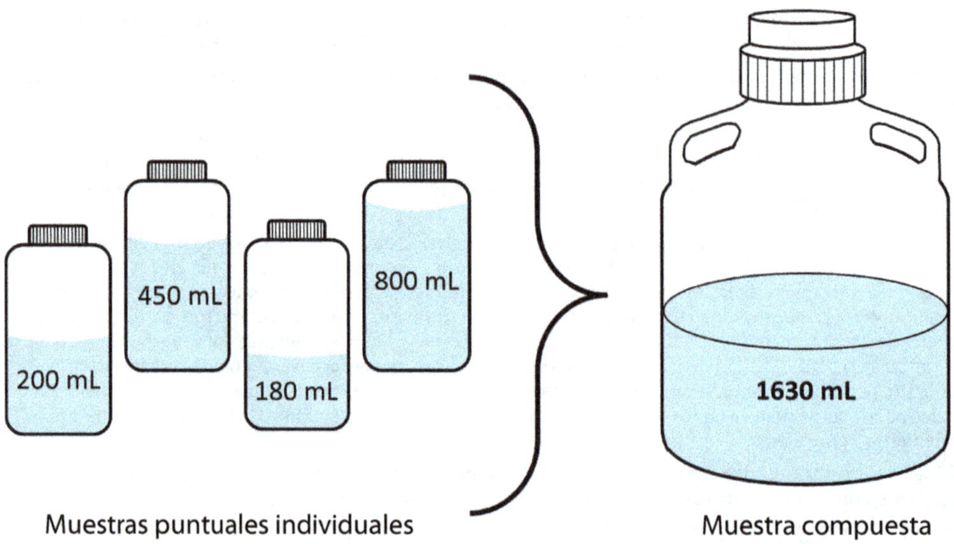

Figura 9.12 Muestras puntuales en comparación con muestras compuestas (reimpreso con autorización de Indigo Water Group)

Tabla 9.1 Tipos de muestras proporcionales al caudal

Tipo de muestra	Descripción
Volumen fijo, intervalos de tiempo iguales	Se recolectan múltiples muestras del mismo volumen a intervalos de tiempo espaciados de forma uniforme. Por ejemplo, se recolectan muestras de 200 mL cada 2 horas.
Muestras proporcionales al caudal	Las muestras se recolectan en función del caudal de entrada.
Volumen variable, tamaño de *alícuota* calculado	Las muestras se recolectan en intervalos de tiempo fijos, por ejemplo, cada 2 horas, pero el volumen recolectado cambia según el caudal. Se utiliza una fórmula para calcular cada tamaño de alícuota.
Volumen variable, factor por unidad de caudal	Las muestras se recolectan en intervalos de tiempo fijos, pero el volumen recolectado se basa en un factor. Por ejemplo, 100 mL recolectados por cada 3.8 ML/d (1 mgd) de caudal que pasaron desde la recolección de la última muestra.
Frecuencia variable basada en el caudal	Las muestras se recolectan en distintos momentos según el caudal. Por ejemplo, cada vez que 3.8 ML/d (1 mgd) pasan a través del caudalímetro, se recolecta una muestra. El volumen de la muestra es constante.

Una *alícuota* es una parte o una muestra más pequeña que se toma de una población más grande. Una alícuota se puede considerar una submuestra. Por ejemplo, una alícuota de 100 mL puede retirarse de un contenedor de muestreo de 4 L para el análisis.

mientras más muestras individuales se recolecten, mejor representará la muestra compuesta el flujo de caudal. Por ejemplo, 24 muestras de 500 mL cada una recolectadas para formar una muestra compuesta de 12 L representarán de mejor manera el flujo de caudal que 12 muestras de 1 L cada una.

Para calcular el volumen de cada muestra individual que debe recolectarse y combinarse en una única muestra compuesta, primero se deben determinar el intervalo de tiempo y el tamaño total de la muestra compuesta requerida. Por ejemplo, si una muestra compuesta de 1 L debe recolectarse durante un periodo de 24 horas, con intervalos de muestreo cada 2 horas, los cálculos son los siguientes:

Paso 1: Determine la cantidad de muestras requerida.

$$\text{Cantidad de muestras recolectadas} = \frac{\text{Total de horas del período de recolección}}{\text{Frecuencia de muestreo}}$$

$$\text{Cantidad de muestras recolectadas} = \frac{24 \text{ horas}}{2 \text{ horas}}$$

$$\text{Cantidad de muestras recolectadas} = 12 \text{ muestras} \tag{9.2}$$

Paso 2: Determine el tamaño de cada muestra puntual individual.

$$\text{Volumen de cada muestra} = \frac{\text{Volumen total de la muestra}}{\text{Cantidad de muestras}}$$

$$\text{Volumen de cada muestra} = \frac{1000 \text{ mL}}{12 \text{ muestras}}$$

$$\text{Volumen de cada muestra} = 84 \text{ mL por muestra} \tag{9.3}$$

Para ayudar a garantizar muestras representativas, la EPA de los EE. UU. recomienda un tamaño de alícuota mínimo de 100 mL (EPA de los EE. UU., 1982). El tamaño de muestra mínimo de 100 mL también es un requisito en muchos permisos de descarga. Para este ejemplo, el operador debe redondear desde 84 mL hasta el tamaño de muestra mínimo recomendado de 100 mL o, de manera alternativa, reducir la cantidad de muestras y aumentar el volumen de la muestra. Al formar las muestras compuestas, asegúrese de que el contenedor de recolección de muestras compuestas es lo suficientemente grande como para contener toda la muestra.

Muestras compuestas proporcionales al caudal

En la recolección de muestras proporcionales al caudal, el volumen de la muestra recolectada varía según el caudal de la corriente de residuos muestreada. El volumen de cada muestra puntual individual o la frecuencia de la muestra se deben variar de manera directamente proporcional al caudal. Las muestras compuestas proporcionales al caudal dependen de las mediciones exactas del caudal de la corriente de residuos. Para la recolección de muestras del efluente cuando no están disponibles los datos de monitoreo del caudal del efluente, utilice los datos del caudalímetro del caudal de entrada sin ninguna corrección para el tiempo de demora, porque la diferencia entre los caudales de entrada y del efluente es insignificante para la mayoría de las WRRF, a menos que se retengan volúmenes extremadamente grandes de agua (EPA de los EE. UU., 1982).

Una muestra compuesta proporcional al caudal es más representativa de la corriente de residuos que una muestra de volumen fijo porque toma en cuenta las variaciones en las características de las aguas residuales que son provocadas por las fluctuaciones en el caudal. El caudal diurno y los patrones de carga típicos para las aguas residuales municipales se describieron anteriormente en este capítulo. Muchos permisos del NPDES y del SPDES requieren la recolección de las muestras proporcionales al caudal del caudal de entrada y del efluente de la instalación. Los parámetros típicos que se suelen analizar en las muestras compuestas proporcionales al caudal incluyen SST, DBO, DBOC, NKT, nitrógeno amoniacal y fósforo total.

Técnica de volumen variable: cálculo del tamaño de alícuota individual

Si se utiliza el muestreo manual para crear una muestra compuesta proporcional al caudal, la técnica de volumen variable es, en general, la forma más fácil y práctica de recolectar la muestra. Con esta técnica, el *volumen de cada muestra* recolectada se basa en el caudal de la corriente de residuos en el instante en el que se recolecta la muestra. Aquí se describe un ejemplo de un procedimiento utilizado para recolectar manualmente una muestra compuesta de volumen variable. El procedimiento, que estima el volumen de la muestra que debería recolectarse durante cada evento de muestreo es el siguiente:

$$\text{Parte única de la muestra compuesta} = \frac{(\text{Caudal instantáneo})(\text{Volumen total de la muestra})}{(\text{Cantidad de partes})(\text{Caudal promedio})} \tag{9.4}$$

Consulte los *métodos estándar* (*Standard Methods*) (APHA et al., 2017) u otras referencias para determinar los *volúmenes de las muestras* requeridos para cada análisis. Tenga en cuenta que los volúmenes de las muestras mínimos recomendados en los *métodos estándar* (*Standard Methods*) no siempre serán lo suficientemente grandes. Por ejemplo, los volúmenes de las muestras más grandes se necesitarán para el análisis de SST cuando el efluente sea transparente y no cuando contenga grandes cantidades de sólidos. Se deben recolectar volúmenes adicionales de las muestras para permitir el análisis de control de calidad por duplicado o el derrame de la muestra. Póngase en contacto con su laboratorio de análisis para obtener los volúmenes recomendados.

Asegúrese de leer el permiso de descarga para su instalación para verificar los requisitos de muestreo. Los requisitos de recolección de muestras compuestas pueden diferir entre las agencias reguladoras.

1. Determine el volumen mínimo de la muestra compuesta, en mililitros, necesario para realizar todos los análisis deseados.
2. Asegúrese de que el contenedor de muestreo sea suficientemente grande como para retener el volumen deseado de muestras. Si el contenedor de muestreo se desborda durante la formación de muestras compuestas, todo el contenido debe desecharse y se debe volver a realizar el muestreo.
3. Determine la cantidad de muestras que se recolectarán durante el periodo de muestreo. Muchos permisos de descarga definen una muestra compuesta como el total de cuatro muestras tomadas con una diferencia de 2 horas. En este caso, las muestras se pueden recolectar a las 8:00 a. m., 10:00 a. m., 12:00 p. m. y 2:00 p. m. Al configurar las horas de recolección de las muestras, tenga el cuenta la meta del muestreo: obtener muestras representativas. Si los caudales y las cargas pico ingresan a la WRRF entre las 9:00 a. m. y las 3:00 p. m., las muestras compuestas deben incluir este intervalo de tiempo. Muchos permisos de descarga definen a la muestra compuesta de 24 horas como un mínimo de ocho muestras espaciadas de forma uniforme durante un periodo de 24 horas. En este caso, puede recolectarse una muestra por hora o una vez cada 3 horas (o con alguna otra frecuencia), siempre y cuando las muestras se tomen en intervalos uniformes durante un periodo de 24 horas. En cualquier caso, el volumen de muestra mínimo que debe recolectarse en cada momento de muestreo es de 100 mL (EPA de los EE. UU., 1982). Antes de recolectar las muestras para el cumplimiento del permiso, se debe controlar el permiso de descarga para garantizar que se cumplan todos los requisitos del permiso.
4. Determine el caudal diario promedio para la instalación. El caudal varía a diario y puede ser muy diferente durante los fines de semana en comparación con los días de semana. Se debe elegir una cifra de caudal diario promedio estimada que sea representativa de los caudales observados durante la última semana o las últimas dos semanas. Por ejemplo, los caudales de entrada para una WRRF en particular fueron de 2.84 ML/d (0.75 mgd), 2.65 ML/d (0.70 mgd), 2.95 ML/d (0.78 mgd) y 2.76 ML/d (0.73 mgd) en los 4 días previos a un evento de muestreo programado. El caudal promedio recibido fue de 2.80 ML/d (0.74 mgd), que es una cifra razonable para utilizar en el cálculo de los tamaños de las muestras necesarios.
5. El último dato que se necesita para calcular los volúmenes de las muestras es el caudal instantáneo en el momento del muestreo. Esta cifra no se conocerá hasta que se tome la muestra.
6. Prepare una hoja de registro para realizar un seguimiento de lo siguiente:
   - Hora de la recolección de las muestras
   - Caudal instantáneo en el momento del muestreo
   - Volumen de la muestra recolectada
   - Caudal diario promedio utilizado para el cálculo de muestreo
   - Caudal diario promedio real
   - Iniciales de la persona que recolecta cada muestra.

Ejemplo: Se requiere que una WRRF realice un monitoreo de la DBO_5, los SST y el nitrógeno amoniacal en su efluente final. El laboratorio requiere volúmenes mínimos de las muestras de 1000 mL para la DBO_5 y los SST y de 400 mL para el nitrógeno amoniacal. El permiso requiere que se formen muestras compuestas a partir de un mínimo de cuatro muestras puntuales espaciadas en intervalos de 2 horas. Dado que el personal de la WRRF solo se encuentra en la instalación desde las 7:00 a. m. hasta las 4:00 p. m., el operador decide crear una muestra compuesta a partir de cuatro muestras puntuales recolectadas a las 8:00 a. m., 10:00 a. m., 12:00 p. m. y 2:00 p. m. El caudal diario promedio durante la semana pasada fue de 5.68 ML/d (1.5 mgd). Halle el volumen total de las muestras requerido y el tamaño de las muestras puntuales individuales.

Paso 1: Determine el volumen de las muestras mínimo para la muestra compuesta.

Mínimo de 1000 mL para el análisis de DBO_5
Mínimo de 1000 mL para el análisis de SST
Mínimo de 400 mL para el análisis de nitrógeno amoniacal

Volumen total de 2400 mL

Paso 2: Utilice el caudal diario promedio y las mediciones de caudal instantáneo para determinar los volúmenes de cada muestra puntual. Las mediciones de caudal instantáneo no se conocerán hasta inmediatamente antes de la recolección de las muestras. El operador obtiene una lectura de la medición de caudal inmediatamente antes de recolectar la primera muestra a las 8:00 a. m. y descubre que el caudal instantáneo es de 4.2 ML/d (1.10 mgd).

$$\text{Parte única de la muestra compuesta} = \frac{(\text{Caudal instantáneo})(\text{Volumen total de la muestra})}{(\text{Cantidad de partes})(\text{Caudal promedio})}$$

$$\text{Parte única de la muestra compuesta} = \frac{(4.2\ \text{ML/d})(2400\ \text{mL})}{(4)(5.7\ \text{ML/d})}$$

$$\text{Parte única de la muestra compuesta} = 442\ \text{mL}$$

La muestra recolectada a las 8:00 a. m. debe ser de 442 mL. Las muestras recolectadas en otros momentos del día pueden ser más grandes o más pequeñas según el caudal instantáneo. Al final del día, la hoja de trabajo de recolección de muestras compuestas puede verse como la Tabla 9.2 que se presenta a continuación. Observe que el caudal de entrada diario promedio real para el día fue más alto que el caudal diario promedio estimado. Como resultado, se recolectaron más de 2400 mL de muestras. Si el caudal real hubiese sido más bajo, la muestra compuesta debería haber sido menor a 2400 mL. Es una buena idea planificar la recolección de un volumen que sea superior al volumen de las muestras mínimo absoluto para dar cuenta de las variaciones en los caudales de un día para otro.

Si no se conoce el caudal al momento del muestreo o si es intermitente, como suele ser el caso con las corrientes de residuos industriales, se pueden recolectar y almacenar volúmenes iguales de las muestras. Después de obtener los caudales por hora, se puede preparar una muestra compuesta mediante la mezcla de la proporción de cada muestra que corresponde al caudal al momento de la recolección. Por ejemplo, las muestras de 1 L pueden recolectarse en incrementos de una hora y el caudal puede registrarse cada vez que se toma una muestra. Una vez finalizado el periodo de muestreo, las muestras pueden proporcionarse de acuerdo

Tabla 9.2 Ejemplo de hoja de registro de recolección de muestras compuestas para la técnica de volumen variable

Caudal diario promedio previsto			5.7 ML/d	1.50 mgd
Cantidad deseada de muestras puntuales			4	
Volumen total deseado de muestras compuestas			2400 mL	
		Caudal instantáneo		Tamaño de alícuota
Hora de la muestra	Iniciales	ML/d	mgd	mL
8:00 a. m.	JD	4.2	1.11	444
10:00 a. m.	JD	6.1	1.61	645
12:00 p. m.	JD	11.4	3.00	1200
2:00 p. m.	JD	4.15	1.10	439
Caudal diario promedio real		6.45	1.70	
Volumen de las muestras compuestas				2728

con los caudales registrados. Este procedimiento requiere varios contenedores limpios y un área grande de almacenamiento. Este procedimiento debe realizarse con cuidado para garantizar que todas las muestras presenten una buena mezcla antes del submuestreo. Este método es más adecuado para su uso con equipos de muestreo automático, que pueden recolectar muestras discretas a cada hora en botellas por separado para la posterior recolección de muestras compuestas.

Técnica de volumen variable: enfoque de factor por unidad de caudal

La "*X*" en *X mL* significa un valor determinado. Por ejemplo, el operador podría decidir recolectar 150 mL de muestra por ML/d (mgd) de caudal.

Muchas instalaciones utilizan un tamaño de alícuota estándar por unidad de caudal de entrada en lugar de calcular los tamaños de alícuota individuales durante el día. La utilización de un factor reduce la cantidad de matemáticas que se requiere y puede ayudar a evitar errores de cálculo. El enfoque de factor es tan simple como recolectar *X mL* de muestra por ML/d (mgd) de caudal. Este enfoque funciona bien en las instalaciones con caudales de entrada relativamente constantes. En la Tabla 9.3 se muestra un ejemplo del enfoque de factor. Para esta instalación más grande, el operador seleccionó un tamaño de alícuota de 10 mL por 0.3785 ML/d (1 mgd). Un tamaño de alícuota de 9 mL por 0.3785 ML/d (1 mgd) dio como resultado algunas alícuotas menores a 100 mL. El volumen de la muestra compuesta total será de 5080 mL (1.34 gal). Como último paso, el operador debe verificar que este volumen de la muestra entrará cómodamente dentro del contenedor de recolección de muestras compuestas.

Técnica de frecuencia variable

En la recolección de muestras compuestas proporcionales al caudal de frecuencia variable, el volumen de la muestra recolectada se mantiene constante, pero varían el intervalo de tiempo entre las muestras o la frecuencia con la que se recolectan las muestras. Los intervalos de las muestras son proporcionales a los caudales medidos. Las muestras compuestas proporcionales al caudal de frecuencia variable rara vez se utilizan con el muestreo manual, pero se utilizan con frecuencia con equipos de muestreo automático. Para recolectar estos tipos de muestras, un sacamuestras automático se conecta a un caudalímetro que recolecta

Tabla 9.3 Ejemplo de cálculo de muestra compuesta con factor por unidad de caudal

Hora	ML/d	mgd	Factor	Tamaño de alícuota, mL
12:00 a. m.	76.465	20.20	10	202
1:00 a. m.	65.866	17.40	10	174
2:00 a. m.	55.267	14.60	10	146
3:00 a. m.	48.832	12.90	10	129
4:00 a. m.	42.396	11.20	10	112
5:00 a. m.	39.747	10.50	10	105
6:00 a. m.	37.854	10.00	10	100
7:00 a. m.	40.125	10.60	10	106
8:00 a. m.	51.103	13.50	10	135
9:00 a. m.	70.030	18.50	10	185
10:00 a. m.	97.663	25.80	10	258
11:00 a. m.	105.234	27.80	10	278
12:00 p. m.	113.183	29.90	10	299
1:00 p. m.	108.641	28.70	10	287
2:00 p. m.	104.856	27.70	10	277
3:00 p. m.	102.206	27.00	10	270
4:00 p. m.	91.607	24.20	10	242
5:00 p. m.	93.499	24.70	10	247
6:00 p. m.	93.121	24.60	10	246
7:00 p. m.	93.878	24.80	10	248
8:00 p. m.	97.285	25.70	10	257
9:00 p. m.	102.584	27.10	10	271
10:00 p. m.	100.692	26.60	10	266
11:00 p. m.	90.850	24.00	10	240
Total				5080

cada muestra después de que una cantidad preprogramada de caudales de aguas residuales fluyen más allá del punto de muestreo. Para determinar la frecuencia de cada muestra individual, el caudal promedio de la instalación, el tamaño de la muestra individual y la muestra compuesta total deben conocerse o estimarse con exactitud. Aquí se proporciona un procedimiento para determinar el volumen de caudal de aguas residuales para cada intervalo de las muestras.

1. Determine el volumen de la muestra compuesta final requerido. Se determina con base en el volumen requerido para realizar análisis sobre todos los parámetros que deben analizarse.
2. Divida el volumen de la muestra compuesta total por un volumen realista y conveniente seleccionado para cada muestra. Este valor representa la cantidad de muestras que deben recolectarse cada día. Recuerde que el volumen de las muestras mínimo debe ser mayor a 100 mL.
3. Divida el caudal diario promedio de la corriente de residuos por la cantidad de muestras que se deben recolectar. Esta cantidad es igual al volumen de aguas residuales que debe pasar a través del dispositivo de medición de punto de muestreo antes de que se recolecte una muestra. Gracias a este procedimiento, se puede observar que mientras más rápido pase una cantidad específica de aguas residuales a través del punto de muestreo, mayor será la frecuencia con la que se recolecte una muestra de volumen fijo.

Tenga en cuenta que el método de configuración del volumen de cada muestra depende del tipo de sacamuestras utilizado. Consulte el manual de instrucciones del sacamuestras automático para obtener orientación.

COMPROBACIÓN DE CONOCIMIENTOS

1. **Una muestra puntual se define como la que se recolecta durante un periodo de 15 minutos como máximo.**
   - ☐ Verdadero
   - ☐ Falso
2. **En general, las muestras proporcionales al caudal se requieren para el cumplimiento de permisos con excepciones para parámetros como pH, FOG y COV.**
   - ☐ Verdadero
   - ☐ Falso
3. **Al combinar muestras puntuales, las muestras deben verterse lentamente para garantizar la exactitud.**
   - ☐ Verdadero
   - ☐ Falso
4. **Si el caudal diario promedio se desconoce, es intermitente o altamente variable, las muestras proporcionales al caudal no son posibles.**
   - ☐ Verdadero
   - ☐ Falso
5. **Un operador recolecta una sola muestra al llenar una botella para muestras en el efluente final. Este tipo de muestra se denomina:**
   a. Compuesta
   b. Discreta
   c. Automática
   d. Parshall
6. **Un operador está interesado en saber cómo se desempeña el proceso de lodo activado en condiciones de carga pico. ¿Qué tipo de muestras se debe recolectar?**
   a. Muestras puntuales
   b. Muestras compuestas de tiempo
   c. Muestras compuestas proporcionales al caudal
   d. Muestras continuas
7. **Una WRRF realiza la descarga hacia un depósito que puede retener hasta 180 días de efluente antes de la descarga. ¿Qué tipo de muestras debe recolectarse para determinar la concentración promedio de fósforo en el depósito?**
   a. Muestras puntuales
   b. Muestras compuestas de tiempo
   c. Muestras compuestas proporcionales al caudal
   d. Muestras continuas
8. **Este tipo de muestra es útil para determinar el desempeño promedio del proceso.**
   a. Puntual
   b. Compuesta
   c. Continua
   d. Automática
9. **Calcule la concentración de fósforo para una muestra compuesta basada en el tiempo con la siguiente información:**

Hora	Caudal, m^3/d	Concentración, mg/L
8:00 a. m.	300	5
10:00 a. m.	450	8
12:00 p. m.	720	9.5
2:00 p. m.	380	6

   a. 6.5
   b. 6.8
   c. 7.1
   d. 7.7

10. Con la siguiente información, determine el volumen de la muestra que debe recolectarse a las 10:00 a. m. El caudal diario promedio durante la semana pasada fue de 17.4 ML/d (4.6 mgd). Se recolectará un total de seis muestras y el volumen de la muestra compuesta debe ser de 3300 mL. El caudal instantáneo a las 10:00 a. m. es de 15.5 ML/d (4.1 mgd).

a. 270 mL
b. 380 mL
c. 490 mL
d. 600 mL

11. Después de completar los cálculos para la recolección de muestras compuestas reguladas por el caudal, el operador observa que una de las alícuotas será de 87 mL. Se debe:

a. Aumentar solo ese tamaño de alícuota a 100 mL.
b. Verificar que el volumen de la muestra final será mayor a 100 mL.
c. No se debe hacer nada. El volumen de la muestra final será el adecuado.
d. Ajustar todos los tamaños de alícuota para que la alícuota más pequeña sea de al menos 100 mL.

12. Un sacamuestras automático se programó para recolectar una muestra de 100 mL cada vez que el caudalímetro mide 4.54 ML/d (1.2 mgd). Este tipo de muestra compuesta es una:

a. Muestra compuesta de frecuencia variable
b. Muestra compuesta de volumen variable
c. Muestra compuesta simple
d. Muestra compuesta continua

EQUIPOS DE MUESTREO

Los equipos de muestreo abarcan dispositivos simples, como los cangilones lastrados sujetados a una cuerda, vasos de precipitado y otros contenedores sujetados a varillas de extensión y tomas con válvulas en las tuberías con flujo, y también dispositivos más complejos como los sacamuestras automáticos. Los equipos y contenedores de muestreo no deben contener ningún material que pueda contaminar la muestra. Por ejemplo, los dispositivos de muestreo galvanizados o de latón pueden contaminar significativamente las muestras con metales pesados. En general, los dispositivos de muestreo de plástico, vidrio y teflón son los que menos probabilidades tienen de contaminar las muestras.

Se debe utilizar un dispositivo de muestreo distinto en cada ubicación de muestreo para evitar la contaminación cruzada de las muestras. Los contenedores de muestras para cada ubicación deben identificarse y marcarse con claridad. Esta precaución reducirá la posibilidad de confundir las muestras de una ubicación con las muestras de otra o confundir el origen de una muestra. Cada contenedor de muestras debe estar etiquetado con claridad con la fecha, hora y ubicación de la muestra, los parámetros que se deben analizar y la persona que recolectó la muestra. Los dispositivos y contenedores de muestreo deben estar completamente limpios antes de recolectar la muestra. Para la mayoría de los componentes, es suficiente el lavado con agua caliente y detergente de laboratorio seguido por el enjuague con agua destilada o desionizada. Los dispositivos de muestreo también pueden limpiarse en un lavavajillas de laboratorio. Para algunos componentes, incluidos los metales pesados y el fósforo, se necesitará una limpieza más rigurosa.

Muchos laboratorios proporcionan contenedores de muestreo certificados y limpiados previamente para metales pesados, fósforo y FOG. Al recolectar las muestras, siempre use guantes sin polvo y mantenga las manos lejos de la abertura del dispositivo de muestreo. Los guantes ayudan a proteger al operador contra peligros biológicos como bacterias y virus y evitan que la muestra se contamine. Los guantes con polvo pueden contribuir con la contaminación de aluminio, zinc, nitrato y fósforo (Plasencia et al., 2012). Se deben cambiar los guantes con frecuencia para evitar la contaminación de las muestras y los contenedores.

BOTELLAS, CUCHARAS Y CANGILONES

En general, las muestras puntuales se recolectan a mano directamente en la botella para muestras, como se muestra en la Figura 9.13. Los cucharones o las cucharas como los que se muestran en la Figura 9.14 y en la Figura 9.15 pueden comprarse a diferentes proveedores, o el personal de operaciones puede construirlos para que se ajusten a las condiciones físicas de la instalación. Al recolectar muestras con botellas o cucharones, coloque la boca del dispositivo de muestreo por debajo de la superficie del agua para evitar la recolección de material flotante no representativo. El contenedor de muestreo debe mirar aguas arriba, directamente hacia el caudal. Cuando los contenedores de las muestras miran hacia el lado opuesto al caudal (aguas abajo), puede que se pierdan las partículas más grandes porque es posible que sean desviadas por la base del contenedor de muestreo.

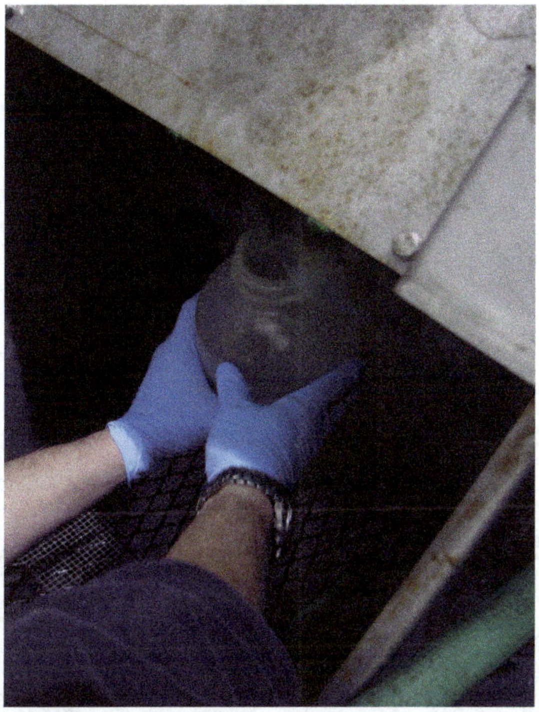

Figura 9.13 Recolección de muestras directamente en la botella para muestras (reimpreso con autorización de Indigo Water Group)

Pueden utilizarse cangilones lastrados en lugar de botellas y cucharones cuando se desea un volumen de muestras más grande o cuando el canal o depósito del que se deben recolectar las muestras es demasiado profundo para recolectar las muestras de otra forma. Es difícil obtener muestras representativas con cangilones, porque suelen arrastrar agua solo de la parte superior del depósito o canal. Si se coloca peso en el fondo del cangilón, se puede ayudar a que el cangilón descienda a una mayor profundidad en el agua. Los cangilones deben dejarse caer boca abajo y se debe pegar un tirón brusco de la línea justo antes de que impacte contra la superficie del agua (EPA de los EE. UU., 1982).

Al recolectar muestras con botellas y cucharones, recuerde utilizar guantes libres de polvo, sumergir los contenedores de muestreo y ubicar los contenedores de muestreo mirando aguas arriba hacia el caudal.

Figura 9.14 Cucharón para muestras (reimpreso con autorización de Indigo Water Group)

Figura 9.15 Cuchara de polipropileno con mango (reimpreso con autorización de Bel-Art Products, parte de SP)

En general, es una buena práctica enjuagar los contenedores de muestras, las tapas y los dispositivos de muestreo en campo inmediatamente antes de recolectar la muestra. Por ejemplo, si se debe recolectar una muestra puntual del efluente del clarificador primario, el operador debe enjuagar el cucharón para muestras, el contenedor de muestras y la tapa del contenedor de muestras tres veces cada uno con el efluente del clarificador primario inmediatamente antes de recolectar la muestra. El enjuague en campo ayuda a garantizar que el jabón o ácido residual del proceso de limpieza de laboratorio se eliminan por completo y también elimina el agua destilada residual que puede estar presente en el contenedor de muestreo. El enjuague en campo no debe realizarse si el contenedor de muestras contiene un conservante o para ciertos tipos de muestras, incluidos los FOG y COV. Por ejemplo, las botellas para muestras para *E. coli* y coliformes fecales contienen una sustancia química para neutralizar el cloro. Si estos contenedores de muestras se enjuagan en campo, se perderá el conservante. Los lípidos, aceites y grasas tienden a adherirse al interior de los dispositivos y cucharones de muestreo. Enjuagues múltiples con la muestra podrían provocar mediciones erróneamente altas.

FREGADEROS Y GRIFOS PARA MUESTRAS

Algunas instalaciones están equipadas con fregaderos para muestras, como los que se muestran en la Figura 9.16 y en la Figura 9.17, que pueden controlarse con válvulas o tener un flujo continuo. Se suelen proporcionar grifos para muestras en las líneas de descarga de los sistemas con bombas. Los fregaderos y grifos para muestras pueden ser muy convenientes; sin embargo, se los debe utilizar con cuidado para garantizar muestras representativas. Los sólidos tienden a sedimentarse en los tubos en los que la velocidad de caudal se reduce a menos de 0.61 m/s (2 ft/s). Se pueden acumular sólidos por detrás de los grifos y de las válvulas. Al recolectar muestras de fregaderos o grifos para muestras, asegúrese de que la válvula está completamente abierta. La línea debe lavarse lo suficiente como para eliminar todos los sólidos acumulados y garantizar que la muestra recolectada sea nueva. La válvula debe mantenerse completamente abierta durante el lavado y la recolección de la muestra. El desplazamiento de las aguas residuales o el lodo desde el proceso, a través de la línea y hasta el fregadero o grifo para muestras puede tardar varios minutos. El tiempo requerido para lavar la línea puede determinarse al calcular el volumen de la línea de las muestras y dividirlo por el caudal.

Ejemplo: Se proporcionó un fregadero para muestras para obtener muestras de lodo activado recirculado (LAR). La línea tiene 5.08 cm (2 in) de diámetro y se extiende 7.62 m (25 ft) desde la línea de LAR hasta el fregadero para muestras. Anteriormente, se midió el caudal del grifo completamente abierto mediante el llenado de un cangilón de 18.93 L (5 gal). Tarda 3 minutos en llenar el cangilón. ¿Cuál es la cantidad mínima de tiempo que la línea debe lavarse antes de recolectar una muestra?

Unidades estándar del sistema internacional

Paso 1: Convierta el diámetro en centímetros a metros.

$$\frac{5.08\ \text{cm}}{} \left| \frac{1\ \text{m}}{100\ \text{cm}} \right| = 0.0508\ \text{m}$$

Figura 9.16 Estación de muestreo para la recolección de muestras de lodo (reimpreso con autorización de Indigo Water Group)

Figura 9.17 Estación de muestreo para la recolección de muestras del efluente final (reimpreso con autorización de Indigo Water Group)

Paso 2: Halle el volumen de la línea de las muestras.

$$\text{Volumen de un cilindro} = 0.785(\text{diámetro}^2)(\text{longitud})$$
$$\text{Volumen de un cilindro} = (0.785)(0.0508\text{ m})(0.0508\text{ m})(7.62\text{ m})$$
$$\text{Volumen de un cilindro} = 0.01544\text{ m}^3$$

Paso 3: Convierta el volumen del cangilón en litros a metros cúbicos.

$$\frac{18.93\text{ L}}{}\left|\frac{1\text{ m}^3}{1000\text{ L}}\right| = 0.01893\text{ m}^3$$

Paso 4: Halle el caudal para el grifo.

$$\text{Caudal} = \frac{\text{Volumen}}{\text{tiempo}}$$
$$\text{Caudal} = \frac{0.01893\text{ m}^3}{3\text{ min}}$$
$$\text{Caudal} = 0.00631\text{ m}^3/\text{min}$$

Paso 5: Determine el tiempo mínimo de lavado.

$$\text{Caudal} = \frac{\text{Volumen}}{\text{tiempo}}$$
$$0.00631\text{ m}^3/\text{min} = \frac{0.01544\text{ m}^3}{\text{tiempo}}$$
$$\text{tiempo} = \frac{0.01544\text{ m}^3}{0.00631\text{ min}}$$
$$\text{tiempo} = 2.45\text{ min}$$
$$\text{tiempo} = 2\text{ min }27\text{ s}$$

Unidades habituales en los EE. UU.

Paso 1: Convierta pulgadas a pies.

$$\frac{2\text{ in}}{}\left|\frac{1\text{ ft}}{12\text{ in}}\right| = 0.17\text{ ft}$$

Paso 2: Halle el volumen de la línea de las muestras.

$$\text{Volumen de un cilindro} = 0.785(\text{diámetro}^2)(\text{longitud})$$
$$\text{Volumen de un cilindro} = (0.785)(0.17\text{ ft})(0.17\text{ ft})(25\text{ ft})$$
$$\text{Volumen de un cilindro} = 0.5672\text{ ft}^3$$

Paso 3: Convierta pies cúbicos a galones.

$$\frac{0.5672\text{ ft}^3}{}\left|\frac{7.48\text{ gal}}{1\text{ ft}^3}\right| = 4.243\text{ gal}$$

Paso 4: Halle el caudal para el grifo.

$$\text{Caudal} = \frac{\text{Volumen}}{\text{tiempo}}$$

$$\text{Caudal} = \frac{5 \text{ gal}}{3 \text{ min}}$$

$$\text{Caudal} = 1.7 \text{ gpm}$$

Paso 5: Determine el tiempo mínimo de lavado.

$$\text{Caudal} = \frac{\text{Volumen}}{\text{tiempo}}$$

$$1.7 \text{ gpm} = \frac{4.24 \text{ gal}}{\text{tiempo}}$$

$$\text{tiempo} = \frac{4.24 \text{ gal}}{1.7 \text{ gpm}}$$

$$\text{tiempo} = 2.5 \text{ min}$$

$$\text{tiempo} = 2 \text{ min } 30 \text{ s}$$

SACAMUESTRAS CILÍNDRICOS

En algunos casos, es posible que el operador necesite un perfil vertical de las aguas residuales contenidas en una unidad de tratamiento. Para obtenerlo, un dispositivo de extracción de muestras centrales puede proporcionar una muestra cilíndrica continua de arriba abajo, o puede accionarse un dispositivo de recolección de muestras discretas para tomar una muestra en la profundidad deseada. Un ejemplo de dispositivo de extracción de muestras centrales es el juez de lodos. Un juez de lodos es un dispositivo de muestreo largo y delgado, que tiene, en general, 1.9 cm (0.75 in) de diámetro y entre 3.66 y 4.57 m (12 y 15 ft) de largo y está hecho de plástico transparente con una válvula de retención en uno de los extremos. La mayoría de los sacamuestras cilíndricos tienen marcas a lo largo, en general con incrementos de 0.3 m (1 ft). Este tipo de sacamuestras puede bajarse lentamente a través de un depósito, canal o clarificador con la válvula abierta. Cuando llega al fondo, un tirón rápido del sacamuestras cierra la válvula. Proporciona una muestra cilíndrica que puede examinarse visualmente antes de realizar análisis. Otros tipos de dispositivos de muestreo se describen en los *métodos estándar* (*Standard Methods*) (APHA et al., 2017).

UTILIZACIÓN DE SACAMUESTRAS AUTOMÁTICOS

La utilización de sacamuestras automáticos eliminó casi por completo el error humano asociado con las actividades de muestreo manual y redujo significativamente los costos de personal asociados con la recolección de muestras representativas. En la Tabla 9.4 se enumeran algunas ventajas y desventajas del muestreo manual y automático. Como sucede con cualquier instrumento, se deben llevar a cabo de forma rutinaria la verificación, la calibración, la limpieza y el mantenimiento de los sacamuestras automáticos (incluidas las líneas de las muestras y las botellas para muestras) conforme a las especificaciones del fabricante.

En el mercado se pueden encontrar diversos tipos de dispositivos de muestreo automático. Antes de comprar cualquiera de estos dispositivos, se debe considerar detenidamente su uso propuesto y su instalación. En el documento de *automatización de instalaciones de recuperación de recursos hídricos* (*Automation of Water Resource Recovery Facilities*) (WEF, 2013) se describe la selección e instalación de dispositivos de muestreo automático. El personal de la instalación, al elegir las tuberías para muestras que alimentan los sacamuestras, deben evitar los materiales de tubo que podrían contaminar la muestra. En general, el tubo de policloruro de vinilo es el mejor para las tuberías para muestras.

Programación

Un sacamuestras automático puede programarse para recolectar una variedad de muestras, incluidas las muestras compuestas de tiempo o las muestras compuestas proporcionales al caudal. La capacidad de frecuencia de muestreo de los sacamuestras automáticos sobrepasa en gran medida la capacidad del muestreo manual. Según los equipos específicos, los sacamuestras pueden estar equipados con una única botella de recolección de muestras (Figura 9.18) o con hasta 24 botellas para muestras individuales (Figura 9.19). En la disposición de botellas múltiples, un brazo montado en el interior de la parte superior de la cavidad del sacamuestras automático gira para llenar las botellas para muestras individuales. En general, los sacamuestras automáticos tienen un ciclo de

Tabla 9.4 Ventajas y desventajas del muestreo manual y automático (EPA de los EE. UU., 1982)

Tipo	Ventajas	Desventajas
Manual	■ Bajo costo de capital ■ Compensa varias situaciones ■ Permite la observación de condiciones inusuales ■ No requiere mantenimiento ■ Puede recolectar muestras adicionales en un corto periodo de tiempo cuando sea necesario	■ Probabilidad de aumento en la variabilidad debido al procesamiento de las muestras ■ Inconsistencias en la recolección ■ Costo de mano de obra ■ Tareas repetitivas y monótonas para el personal
Automático	■ Muestras uniformes ■ Probabilidad de disminución en la variabilidad debido al procesamiento de las muestras ■ Menor probabilidad de no notar variaciones a corto plazo en la corriente de residuos ■ Mínimos requisitos de mano de obra ■ Tiene la capacidad de recolectar múltiples muestras en las botellas para la estimación visual de la variabilidad y permite el análisis de botellas individuales	■ Requiere un importante mantenimiento de las baterías y limpieza ■ Las interrupciones del servicio pueden provocar la pérdida de muestras ■ Susceptible a obstrucciones por sólidos ■ Restricción del tamaño de las muestras ■ Falta de flexibilidad ■ Posible contaminación de las muestras ■ Propenso a sufrir daños por vándalos

purga programado en el sistema operativo. El ciclo de purga se utiliza para lavar la tubería de recolección de muestras antes de la recolección de muestras individuales. Es importante que la función del ciclo de purga se verifique periódicamente para confirmar que se está purgando completamente el sistema de recolección.

Limpieza

Los sacamuestras automáticos pueden introducir contaminantes a la muestra. Estos contaminantes pueden provenir de la atmósfera, de los lubricantes, de las malas técnicas de limpieza o de los materiales de los que está hecho el sacamuestras. Las unidades de sacamuestras deben verificarse periódicamente mediante el circulado de agua destilada o desionizada a través del sacamuestras y el análisis del agua para varios componentes. Si se utiliza aire ambiental para los ciclos de purga, es posible que se deba filtrar la fuente de aire para eliminar los contaminantes. Todas las partes del sacamuestras, incluidas las cámaras de purga, las bombas, las tuberías y las botellas, deben limpiarse regularmente. La frecuencia de la limpieza depende de lo que se está muestreando y de la rapidez con la que se ensucia la unidad. La tubería del sacamuestras debe estar tan limpia y libre de material recolectado como sea posible. Si la tubería del sacamuestras muestra indicios de suciedad, manchas metálicas de color rojo o marrón, o evidencia de color verde de crecimiento biológico (algas), reemplace la tubería. No intente realizar la limpieza in situ. La tubería debe retirarse y limpiarse completamente, y después se la debe volver a poner en funcionamiento. Se deben seguir los procedimientos de operación y mantenimiento recomendados por el fabricante.

Cuando un sacamuestras se reubica de un punto de muestreo a otro, debe, como mínimo, limpiarse por completo. Lo ideal es el reemplazo de todas las tuberías o piezas que entren en contacto con la muestra. La colocación de sacamuestras dobles en la misma ubicación puede ayudar a identificar un problema con los equipos de muestreo.

Ejemplo: Una WRRF recibió un requisito de "Solo monitorear" para el cobre en su permiso del SPDES. El monitoreo inicial demostró concentraciones de cobre de menos de 20 μg/L, un valor menor a los límites futuros propuestos del permiso de 25 μg/L (promedio a 30 días) y 45 μg/L (máximo diario). La WRRF comenzó a notar un aumento gradual en las concentraciones de cobre del efluente durante un periodo de 2 años, con concentraciones que finalmente superaron los 60 μg/L. Como resultado, la WRRF recibió un programa de cumplimiento en su SPDES que incluye la obligación de determinar la fuente del cobre. El personal de la instalación de recuperación de recursos hídricos investigó una variedad de posibles fuentes, que incluye su propia instalación y sistema de distribución, pero no pudo hallar la fuente del cobre. El gerente del laboratorio comenzó a sospechar que el cobre tal vez proveniera de la contaminación durante el muestreo. El laboratorio implementó una serie de cambios que incluyó el reemplazo de todos los componentes de metal del sacamuestras automático con teflón, la limpieza con ácido de las botellas y los tambores de las muestras y la limpieza de la tubería del sacamuestras automático con una solución de blanqueador para eliminar la biopelícula, las algas y otros sedimentos. El laboratorio también implementó un procedimiento para reemplazar de forma automática todas las tuberías del sacamuestras automático tan pronto como mostraran indicios de desgaste o cada 6 meses, lo

Figura 9.18 Sacamuestras automático con tambor de muestras compuestas (reimpreso con autorización de Indigo Water Group)

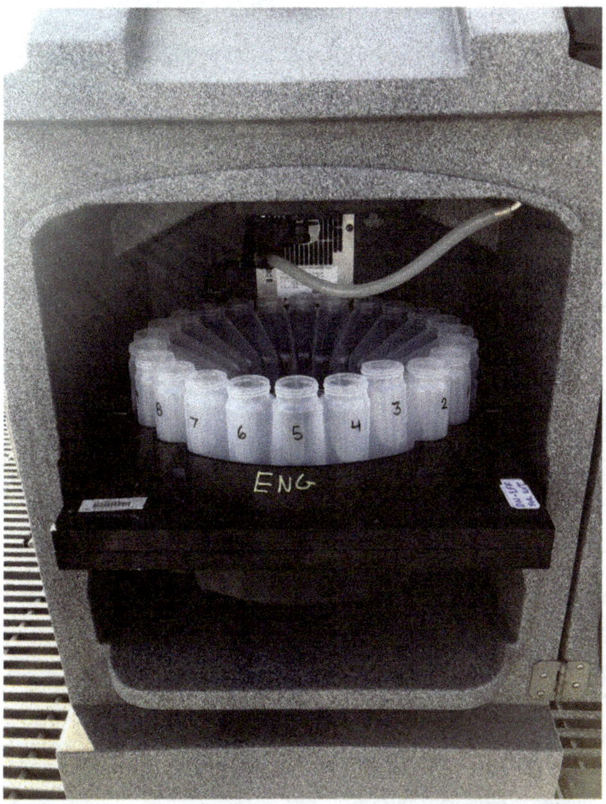

Figura 9.19 Sacamuestras automático con bastidor de 24 botellas para muestras discretas (South Platte Renew)

que ocurriera primero. Los primeros tres eventos de muestreo posteriores al cambio hacia un muestreo "limpio" presentaron concentraciones de cobre de 8.27 µg/L, 5.40 µg/L y 3.90 µg/L. Al implementar los protocolos de limpieza, el laboratorio pudo eliminar los problemas de contaminación y, en consecuencia, convencer a su agencia reguladora de que ya no se requiere el monitoreo del cobre.

Construcción de sacamuestras automáticos

Los sacamuestras automáticos utilizados en las WRRF deben estar hechos con una cubierta hermética duradera para proteger los componentes internos contra la sumergencia y las condiciones de alta humedad. Se recomienda un mango resistente al vandalismo con un dispositivo de cierre con seguro. Según la ubicación real del sacamuestras en la WRRF, es posible que la unidad deba fabricarse para cumplir con los requisitos a prueba de explosiones. Los materiales de construcción pueden variar, pero se recomienda la utilización de materiales resistentes a la corrosión, como el plástico, la fibra de vidrio y el acero inoxidable. Los sacamuestras automáticos deben contar con aislamiento y refrigeración para mantener la integridad de las muestras. Las piezas metálicas y las tuberías de silicona deben evitarse porque pueden contribuir con la contaminación de las muestras con metales pesados (EPA de los EE. UU., 1982).

Instalación de sacamuestras automáticos

La instalación adecuada de los sacamuestras automáticos y sus líneas de toma es crucial para la obtención de muestras representativas. En la Figura 9.20 se muestra un ejemplo de instalación (EPA de los EE. UU., 1982). Existen varias restricciones respecto de la ubicación de la toma, incluidas las siguientes (EPA de los EE. UU., 1982):

- La ubicación debe encontrarse en un punto donde la corriente de residuos presente una buena mezcla.
- La toma debe ubicarse en el medio del canal a una profundidad del 40 % al 60 % de la profundidad anticipada de la corriente de residuos. Esta ubicación es la más representativa.
- La elevación vertical es limitada. En la mayoría de las instalaciones, la bomba de muestreo no podrá extraer muestras más allá de los 6.1 m (20 ft). La elevación de la bomba está determinada por la presión atmosférica y la configuración de las tuberías. Para obtener una descripción detallada sobre las bombas, consulte el Capítulo 8 del documento sobre *operación de instalaciones de recuperación de recursos hídricos* (*Operation of Water Resource Recovery Facilities*) (MOP 11) (WEF, 2017).
- Deben evitarse las curvas pronunciadas en la línea de toma para evitar obstrucciones.

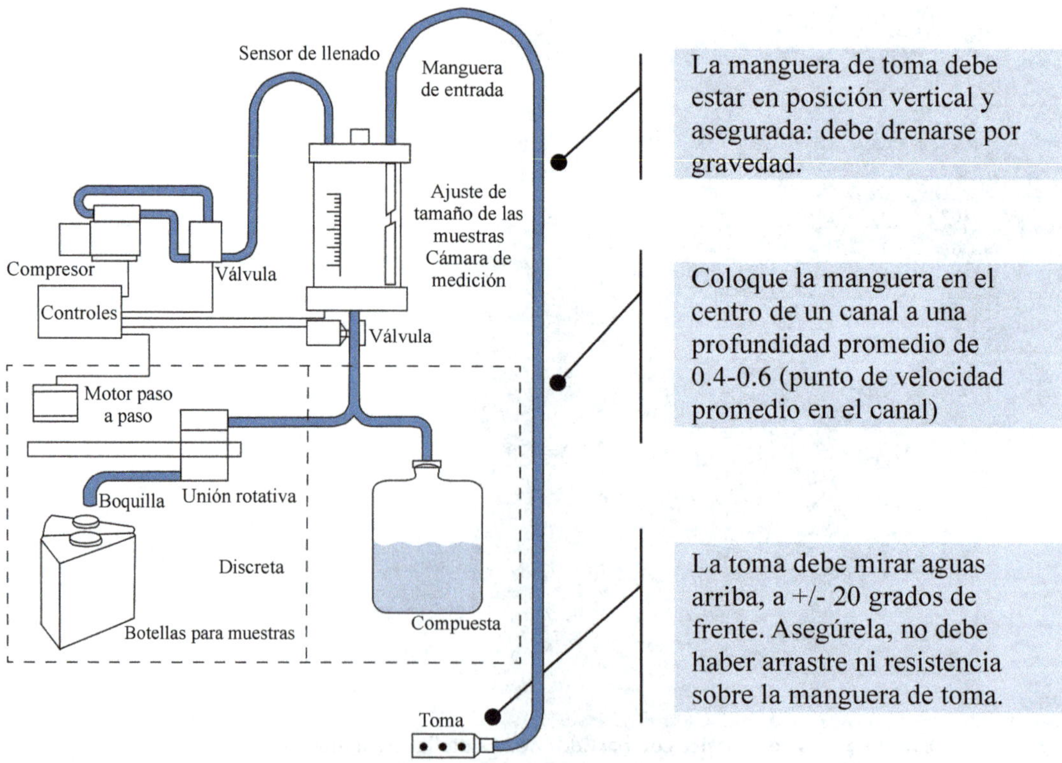

Figura 9.20 Recomendaciones para la instalación del sacamuestras automático (EPA de los EE. UU., 1982)

- La velocidad de la línea de toma debe ser de entre 0.3 y 3.0 m/s (2 y 10 ft/s).
- La línea de toma debe estar colocada en una posición vertical o con una pendiente para garantizar el drenaje por gravedad entre los eventos de muestreo. Evite la creación de lazos o caídas en la línea de toma.
- La línea de toma no debe obstruir el caudal.
- La toma no debe interferir con los dispositivos de medición de caudal como las canaletas y los vertederos.

No se debe permitir que la tubería de toma del sacamuestras automático cuelgue suelta en un depósito o canal. La corriente tenderá a presentar un arrastre en el extremo de la línea de toma, lo que imposibilitará mantener la toma en la ubicación deseada: centrada a nivel tanto horizontal como vertical. Asegure la línea de toma con una funda rígida, como se muestra en la Figura 9.21 y en la Figura 9.22, y oriéntela dentro de los 20 grados de frente hacia el caudal (EPA de los EE. UU., 1982).

Figura 9.23 muestra un sacamuestras automático instalado de forma incorrecta. La tubería del sacamuestras automático está sucia y es posible que contenga moho, algas o bacterias que crecen en su interior (ubicación 1). Una tubería sucia puede contaminar las muestras. La tubería presenta una ondulación (ubicación 2) que evita el drenaje por gravedad de la totalidad de la línea. El lazo alrededor del volante manual de la compuerta deslizante (ubicación 3) contiene curvas pronunciadas que podrían hacer que queden atrapados materiales sólidos y se forme un bloqueo. El lazo (ubicación 3) también evita el drenaje de la tubería. La toma no está asegurada en el canal (ubicación 4), lo que implica que la toma no está centrada de forma horizontal ni vertical, ni mira hacia el caudal. Este sacamuestras automático no puede obtener una muestra representativa en su configuración actual.

Operación y mantenimiento de sacamuestras automáticos

En general, los dispositivos de muestreo automático se ignoran hasta que se produce un problema, simplemente porque funcionan sin la atención del operador. Para garantizar el funcionamiento confiable de los dispositivos es necesario un programa de mantenimiento y vigilancia continuos. El monitoreo de rutina del funcionamiento del sacamuestras durante todo el día permite la detección oportuna de desperfectos y la toma de medidas correctivas a tiempo. La toma del sacamuestras automático representa un obstáculo para el desplazamiento de la corriente de residuos. En la toma del sacamuestras automático se pueden acumular trozos de tela y otros detritos, como se muestra en la Figura 9.24. En este caso, el operador colocó una botella de plástico en la toma de muestras para intentar evitar que los trozos de tela obstruyeran la línea de toma. Aunque tiene éxito solo parcialmente, la botella de plástico también evita que los sólidos fluyan sobre la línea

Figura 9.21 Línea rígida del sacamuestras automático con la toma mirando hacia el caudal (reimpreso con autorización de Indigo Water Group)

Figura 9.22 Tubería del sacamuestras automático dentro de la funda rígida (reimpreso con autorización de Indigo Water Group)

Figura 9.23 Instalación incorrecta del sacamuestras automático (reimpreso con autorización de Indigo Water Group)

Figura 9.24 Trozos de tela acumulados en la toma del sacamuestras automático (reimpreso con autorización de Indigo Water Group)

de toma y no permite obtener una muestra representativa. Se deben evitar las modificaciones en las tomas del sacamuestras automático que no permiten la recolección de muestras representativas. Las tomas del sacamuestras automático deben verificarse varias veces al día cuando están en funcionamiento para detectar trozos de tela y otros detritos.

El personal de operaciones debe conocer los volúmenes previstos de las muestras recolectadas en diferentes momentos a lo largo del día para que se pueda detectar cualquier desviación. Cuando se detecta una problema con un dispositivo de muestreo automático, debe sustituirse con el muestreo manual hasta que el muestreo automático se repare y se vuelva a poner en línea. Todos los equipos de muestreo, incluidas las líneas de toma y suministro, requieren una inspección y una limpieza regulares para permitir la recolección de muestras representativas.

Dado que la mayoría de los sacamuestras están equipados con refrigeradores integrados, la temperatura de las muestras debe monitorearse regularmente para garantizar que sea adecuada para el almacenamiento. En general, las muestras deben almacenarse a ≤6 °C (≤42.8 °F) sin congelarlas (EPA de los EE. UU., 2007). Se debe mantener un registro de temperatura al recolectar las muestras para el cumplimiento normativo. Los sacamuestras que están ubicados en el exterior durante el clima helado pueden requerir calentamiento para evitar el congelamiento de la muestra y de las líneas de las muestras.

COMPROBACIÓN DE CONOCIMIENTOS

1. **Los equipos de muestreo no deben construirse con latón, metal galvanizado u otros materiales que podrían contaminar la muestra.**
   - ☐ Verdadero
   - ☐ Falso

2. **Todos los equipos deben empaparse minuciosamente en una solución de ácido diluido antes de usarse.**
   - ☐ Verdadero
   - ☐ Falso

3. **En general, los dispositivos y contenedores de muestreo deben enjuagarse en el campo con la corriente de residuos de la que se recolectarán muestras a menos que esta contenga conservantes.**
   - ☐ Verdadero
   - ☐ Falso

4. **Los sacamuestras cilíndricos permiten que los operadores inspeccionen visualmente las capas dentro de un depósito, canal o clarificador.**
   - ☐ Verdadero
   - ☐ Falso

5. Los guantes con polvo pueden contaminar las muestras con:

a. DBO

b. Zinc

c. Amoníaco

d. Coliformes fecales

6. Los grifos para muestras deben lavarse antes del muestreo por todos estos motivos, EXCEPTO para:

a. Eliminar sólidos acumulados

b. Garantizar que las muestras sean representativas

c. Aumentar la velocidad de caudal

d. Mantener una temperatura de muestreo adecuada

7. Una de las ventajas de la utilización de sacamuestras automáticos por sobre la recolección manual de muestras es:

a. Altos costos de mano de obra

b. Compensan los cambios en las condiciones

c. Muestras más uniformes

d. No se ven afectados por las interrupciones del servicio eléctrico

8. Se sospecha que un sacamuestras automático está contaminando las muestras con zinc. ¿Qué se puede hacer para detectar la contaminación?

a. Reemplazar la tubería de toma

b. Quitar los componentes de metal

c. Lavar el sacamuestras con agua destilada y realizar un análisis

d. Realizar una prueba de limpieza en el tambor

9. Para limpiar la tubería de toma de un sacamuestras automático y eliminar la biopelícula, algas y otros depósitos, se puede utilizar:

a. Un cepillo para botellas

b. Una solución de blanqueador

c. Limpiadores de tubos

d. WD-40

10. Las líneas de toma del sacamuestras automático deben estar colocadas en una posición vertical o con una pendiente y no deben contener lazos o caídas por este motivo:

a. Disminuye la probabilidad de obstrucciones en la línea

b. Se garantiza el drenaje por gravedad entre los eventos de muestreo

c. Se evita la obstrucción de dispositivos de medición de caudal

d. Se evita la contaminación de las muestras al elevar los niveles del agua

11. Para garantizar que la toma del sacamuestras automático se mantenga en la profundidad correcta dentro de un canal de caudal de entrada, la tubería flexible y limpia debe:

a. Estar alojada dentro de una funda rígida

b. Colgar libremente en el canal

c. Enlazarse sobre la baranda y asegurarse

d. Lastrarse con un ladrillo o anillo de plomo

12. Las tomas del sacamuestras automático deben verificarse regularmente cuando están en funcionamiento para garantizar que:

a. La toma esté firmemente unida con pernos a la pared del canal

b. Se mantenga un lazo de 0.2 m (8 in) en la línea de las muestras

c. La temperatura interna del digestor no descienda por debajo de los 20 °C (68 °F)

d. No se acumulen trozos de tela ni otros detritos en la toma

CONTENEDORES DE MUESTRAS

La elección del tipo, del tamaño y del material del contenedor de muestras depende de diferentes consideraciones, que incluyen el volumen de las muestras requerido, los problemas de interferencias anticipados, el tipo de análisis que se realizará, el costo y la disponibilidad y la resistencia a roturas. Los requisitos del contenedor deben especificarse como parte del programa de muestreo. Para evitar la contaminación, los contenedores de muestras deben limpiarse antes de llenarse. Los contenedores nuevos no necesariamente están limpios, y también deben lavarse conforme a los procedimientos indicados. También pueden comprarse contenedores certificados y limpiados previamente. Como mínimo, todos los contenedores y tapas deben limpiarse con un detergente no iónico y sin fosfato, enjuagarse completamente con agua corriente caliente y después enjuagarse con agua destilada. Los contenedores que se utilizarán para el muestreo y análisis de trazas de metales y fósforo de bajo nivel deben lavarse con ácido. Preferentemente, después de ser enjuagados con agua destilada, los contenedores de muestras y las tapas deben empaparse por completo en una solución de ácido diluido a una temperatura de aproximadamente 70 °C (158 °F) durante alrededor de 24 horas y volver a enjuagarse con agua destilada. Los contenedores de cuarzo, politetrafluoroetileno (PTFE) o vidrio pueden empaparse en soluciones de 1 : 1 de ácido nítrico, 1 : 1 de ácido clorhídrico o agua regia (cuatro partes de ácido clorhídrico y una parte de ácido nítrico). Los contenedores de plástico deben empaparse en soluciones de 1 : 1 de ácido nítrico o 1 : 1 de ácido clorhídrico.

Se requieren enjuagues con solventes para los contenedores de muestras de aceite y grasa o pesticidas. Deben enjuagarse con hexano, después con acetona y, finalmente, con agua destilada. Algunos fabricantes de contenedores certifican que sus contenedores están "limpios" y que, por lo tanto, se pueden utilizar sin necesidad de lavarlos o esterilizarlos al comprar un nuevo contenedor. Dado que el aceite y la grasa en las aguas residuales se adhieren con facilidad a diferentes materiales, el contenedor de muestras recomendado es una jarra de boca ancha con una tapa con rosca revestida con PTFE. La boca ancha le permite al técnico enjuagar las paredes interiores de la jarra con el solvente utilizado en el análisis. La jarra debe estar precalibrada porque los pasos iniciales del procedimiento se realizan en el contenedor. En este caso, *precalibrada* significa que se midió el volumen o peso de la jarra antes de recolectar la muestra. Dado que los pasos iniciales se producen en el contenedor de muestras, el volumen debe medirse y determinarse con exactitud antes de agregar cualquier solvente. Incluso si la jarra tiene graduaciones, se debe verificar la exactitud de las graduaciones porque las graduaciones en los contenedores de muestras (o incluso en los elementos de vidrio que no son de clase A) son, en general, aproximadas.

TIEMPO DE RETENCIÓN DE LAS MUESTRAS

El tiempo de retención de las muestras es la cantidad de tiempo que transcurre entre la recolección y el análisis de las muestras. Los tiempos de retención cambian según el componente de interés. El cloro residual tiene un tiempo de retención de solo 15 minutos, mientras que las muestras para SST pueden retenerse hasta durante 7 días si se las almacena correctamente (EPA de los EE. UU., 2007). Independientemente del tiempo de retención y el método de preservación, las muestras deben analizarse lo más pronto posible. Mientras más fresca sea la muestra, menor es la probabilidad de que cambie a nivel químico, biológico o físico, lo que permite que el análisis sea más exacto. Los tiempos de retención y los métodos de preservación de las muestras enumerados en la Tabla 9.5 representan los tiempos máximos que una muestra puede retenerse antes del inicio del análisis. Para una muestra puntual, el tiempo de retención comienza en el momento de la recolección. Para las muestras compuestas de 24 horas recolectadas con un sacamuestras automatizado, el tiempo de retención comienza cuando se recolecta la última muestra. Para un conjunto de muestras puntuales combinadas en el campo o en el laboratorio, el tiempo de retención comienza en el momento de la recolección de la última muestra puntual del conjunto (40 CFR, Parte 136, Tabla II, nota 4 [EPA de los EE. UU., 2007]). Si se recolectaran cuatro muestras puntuales a las 8:00 a. m., 10:00 a. m., 12:00 p. m. y 2:00 p. m., el tiempo de retención para la muestra compuesta comenzaría a las 2:00 p. m. Es importante refrigerar las muestras hasta que se complete el muestreo.

CONSERVANTES

Dado que el análisis inmediato no siempre es práctico, las muestras deben analizarse de manera que se minimicen los cambios en la composición. La actividad biológica en una muestra puede provocar el aumento o la disminución del pH, el consumo de DBO, la generación o el consumo de alcalinidad y la descomposición de los SST. También pueden producirse cambios químicos. La preservación completa de las muestras, independientemente de la fuente, es imposible. Las mejores medidas que se puedan tomar solo logran ralentizar los cambios biológicos, químicos y físicos que inevitablemente siguen su curso después de la recolección de las muestras. Aunque la complejidad de los cambios en una muestra va más allá del alcance de este manual, es importante tener en cuenta la naturaleza general de los cambios para se puedan tomar medidas para controlarlos. Para obtener información adicional, el operador debe consultar los *procedimientos de laboratorio básicos para el operador y analista* (*Basic Laboratory Procedures for the Operator-Analyst*) (WEF, 2012).

En la Tabla 9.5 se detallan los requisitos de volumen, los tipos de contenedores, los métodos de preservación y los tiempos de retención para componentes seleccionados. Aunque en la Tabla 9.5 se incluye un conjunto amplio de técnicas de preservación, la refrigeración es suficiente para la mayoría de las muestras puntuales y compuestas que se deben retener 24 horas como máximo. Para los análisis con tiempos de retención indicados que son menores a 24 horas, las muestras no se pueden combinar. En general, las muestras deben enfriarse hasta alcanzar los ≤6 °C (≤42.8 °F) sin congelarse. La actividad biológica disminuye porque las tasas de respiración se reducen en gran medida a bajas temperaturas. Las tasas de reacción química y la pérdida de gases disueltos también se reducen. Es posible que se requiera una mayor preservación y separación de las muestras para el almacenamiento a más largo plazo (APHA et al., 2017; EPA de los EE. UU., 1983). Según el método de preservación requerido, puede que sea necesario almacenar de manera independiente las muestras de la misma ubicación en diferentes botellas para diferentes análisis. Se puede obtener información adicional en los procedimientos específicos descritos en los *métodos estándar* (*Standard Methods*) (APHA et al., 2017). 40 CFR Parte 136 contiene requisitos legales para la preservación de muestras (EPA de los EE. UU., 2007).

Se agregan sustancias químicas, incluidos ácidos y bases, a las muestras para estabilizar los componentes o detener la actividad biológica. El agregado real de sustancias químicas altera la composición original de la muestra. Es importante evitar el agregado de sustancias químicas que contienen elementos que son objeto del análisis de la muestra. Por ejemplo, las muestras que se recolectan para realizar análisis de nitrógeno no deben preservarse con ácido nítrico y las muestras para sulfato no deben contener ácido sulfúrico. En muchos casos, también se debe tener en cuenta el volumen del conservante para establecer correctamente la concentración de contaminantes. Las combinaciones de posibles contaminaciones cruzadas son muchas; sin embargo, se pueden evitar al utilizar el sentido común y al planificar detenidamente el programa de muestreo.

MUESTRAS QUE REQUIEREN UNA CONSIDERACIÓN ESPECIAL

Algunas muestras requieren una consideración especial durante la recolección. Por ejemplo, las muestras microbiológicas deben recolectarse en contenedores estériles. Se debe proceder con cuidado al recolectar y analizar muestras para fósforo. El fósforo se encuentra presente en todos lados y puede contaminar las muestras con facilidad. Es importante no tocar en ningún momento el interior de una botella o tapa para muestras con las manos desnudas. Se deben utilizar guantes y se debe proceder con mucho cuidado al manipular las botellas y los cucharones para muestras y otros elementos afines. Los contenedores y los cucharones para muestras deben lavarse previamente con 1 : 1 de ácido clorhídrico y enjuagarse con agua destilada. Además, si se utilizan oxidantes como el cloro para la desinfección, se deben agregar reactivos capaces de neutralizar el desinfectante al contenedor de muestras. El muestreo de biosólidos cumple con pautas estrictas presentadas en las regulaciones 503 (40 CFR, Parte 503). El muestreo de biosólidos se describe en los capítulos sobre procesamiento de sólidos.

Tabla 9.5 Tipo de contenedor, método de preservación y tiempos de retención para componentes seleccionados

Número/nombre del parámetro	Contenedor[a]	Preservación[b]	Tiempo de retención máximo
Alcalinidad	P, FP, G	Refrigeración, ≤6 °C[c]	14 días
Amoníaco	P, FP, G	Refrigeración, ≤6 °C, H_2SO_4 a pH <2	28 días
Demanda bioquímica de oxígeno	P, FP, G	Refrigeración, ≤6 °C	48 horas
Demanda bioquímica de oxígeno, carbonosa	P, FP, G	Refrigeración, ≤6 °C	48 horas
Demanda química de oxígeno	P, FP, G	Refrigeración, ≤6 °C, H_2SO_4 a pH <2	28 días
Cloro, residual total	P, G	No se requiere	Analice dentro de los 15 minutos
Coliformes, totales, fecales y *Escherichia coli*	PA, G	Refrigeración, <10 °C[c], 0.0008 % $Na_2S_2O_3$	8 horas
Cianuro, total o disponible (o CATC)	P, FP, G	Refrigeración, ≤6 °C, NaOH a pH >10, agente reductor	14 días
Enterococci	PA, G	Refrigeración, <10 °C, 0.0008 % $Na_2S_2O_3$	8 horas
Estreptococos fecales	PA, G	Refrigeración, <10 °C, 0.0008 % $Na_2S_2O_3$	8 horas
Ion de hidrógeno (pH)	P, FP, G	No se requiere	Analice dentro de los 15 minutos
N Kjeldahl y orgánico	P, FP, G	Refrigeración, ≤6 °C, H_2SO_4 a pH <2	28 días
Nitrato	P, FP, G	Refrigeración, ≤6 °C	48 horas
Nitrato + nitrito	P, FP, G	Refrigeración, ≤6 °C, H_2SO_4 a pH <2	28 días
Nitrito	P, FP, G	Refrigeración, ≤6 °C	48 horas
Aceite y grasa	G	Refrigeración a ≤6 °C, HCl o H_2SO_4 a pH <2	28 días
Ortofosfato	P, FP, G	Refrigeración, ≤6 °C	Filtre dentro de los 15 minutos; analice dentro de las 48 horas
Oxígeno, disuelto en sonda	G, botella y tapa	No se requiere	Analice dentro de los 15 minutos
Fósforo, total	P, FP, G	Refrigeración, ≤6 °C, H_2SO_4 a pH <2	28 días
Sólidos, filtrables (SDT)	P, FP, G	Refrigeración, ≤6 °C	7 días
Sólidos, no filtrables (SST)	P, FP, G	Refrigeración, ≤6 °C	7 días
Sólidos, sedimentables	P, FP, G	Refrigeración, ≤6 °C	48 horas
Sólidos, totales (ST)	P, FP, G	Refrigeración, ≤6 °C	7 días
Sólidos, volátiles	P, FP, G	Refrigeración, ≤6 °C	7 días
Conductancia específica	P, FP, G	Refrigeración, ≤6 °C	28 días
Temperatura	P, FP, G	No se requiere	Analice
Turbiedad	P, FP, G	Refrigeración, ≤6 °C	48 horas

[a]"P" es polietileno; "FP" es fluoropolímero (politetrafluoroetileno [PTFE; Teflon®]), u otro fluoropolímero, a menos que se especifique de otro modo en esta tabla; "G" es vidrio (*glass*); "PA" es cualquier plástico hecho a partir de un material esterilizable (polipropileno u otro plástico esterilizable en autoclave); y "LDPE" es polietileno de baja densidad (*low-density polyethylene*).
[b]Las muestras no se deben congelar.
[c]6 °C = 42.8 °F, 10 °C = 50 °F

CADENA DE CUSTODIA

La cadena de custodia (*chain-of-custody*, COC) es un término legal para una secuencia ininterrumpida de posesión desde el muestreo hasta el análisis. Para evitar cualquier posible confusión respecto de la ubicación de muestreo, se deben seguir los procedimientos de COC. Esto requiere adherir una etiqueta de información especial a cada botella para muestras o marcar la información necesaria en la botella con un marcador resistente al agua. La información proporcionada en cada botella debe incluir lo siguiente:

- Fuente de la muestra
- Ubicación de la muestra
- Fecha y hora de la muestra
- Tipo de muestra (puntual o compuesta)
- Conservantes agregados

- Análisis requeridos
- Fecha de entrega al laboratorio
- Firma de la persona que recolecta la muestra
- Firma de la persona que recibe la muestra para su análisis
- Firma de cualquier otra persona que traslade la muestra entre las ubicaciones de almacenamiento y las áreas de análisis

Todos los datos mencionados anteriormente son necesarios para las muestras que se transportan fuera de la instalación hacia un laboratorio analítico externo. Para las muestras de rutina recolectadas y analizadas in situ, los datos pueden limitarse a los primeros cuatro elementos en la lista, pero solo si no hay posibilidades de que se produzca ningún tipo de confusión. Se incluye un ejemplo de COC en la Figura 9.25. Además de ser un documento legal, es el mejor método de comunicación con el personal de laboratorio. Todos los analistas que trabajan sobre las muestras verán la COC cuando ingresen y retiren las muestras de los refrigeradores y las áreas de almacenamiento. La información adicional que puede incluirse en la COC incluye los análisis requeridos, los límites de detección requeridos, el nivel deseado de control de calidad y el plazo de entrega para la presentación de informes.

La COC es importante para proteger al personal de operación y al dueño de la instalación. Por ejemplo, si las muestras se deben utilizar en procedimientos legales, se requiere el cumplimiento estricto de los procedimientos de COC. Todas las muestras se deben identificar correctamente y transportar con cuidado desde la instalación de recolección hasta el laboratorio para evitar confundirlas. La COC también ayuda a garantizar que las muestras no se alteren ni adulteren de manera intencional. Después de la recolección, las muestras se transportan de inmediato al laboratorio, se ingresan al registro y se almacenan en un refrigerador a <6 °C hasta que se las analiza o se las continúa preservando.

Formulario de cadena de custodia

Colorado Analytical
LABORATORIES, INC.

Commerce City Lab
10411 Heinz Way
Commerce City CO 80640

Lakewood Service Center
12860 W. Cedar Dr, Suite 100A
Lakewood CO 80228

Phone: 303-659-2313

www.coloradolab.com

Datos del destinatario de los informes **Nombre de la empresa:** ____ **Nombre de contacto:** ____	**Datos del destinatario de la factura** (si es diferente del destinatario de los informes) **Nombre de la empresa:** ____ **Nombre de contacto:** ____	**Nombre/número de proyecto** ____ ____
Dirección: ____ **Ciudad Estado Código postal**	**Dirección:** ____ **Ciudad Estado Código postal**	**Número de tarea** (Solo para uso del laboratorio)
Teléfono:	**Teléfono:**	
Correo electrónico:	**Correo electrónico:**	
Persona que recolecta la muestra:		
Teléfono de la persona que recolecta la muestra:	**N.° de la OC:**	

Matriz de la muestra (seleccione solo una)

Aguas residuales ☐	**Tierra** ☐	**Agua potable** ☐
Aguas subterráneas ☐	**Lodo** ☐	
Agua superficial ☐		

Fecha	Hora	Id. de la muestra	N.° de contenedores	Puntual o (marque solo una) compuesta		Análisis requeridos															
				☐	☐	☐	☐	☐	☐	☐	☐	☐	☐	☐	☐	☐	☐	☐	☐	☐	☐
				☐	☐	☐	☐	☐	☐	☐	☐	☐	☐	☐	☐	☐	☐	☐	☐	☐	☐
				☐	☐	☐	☐	☐	☐	☐	☐	☐	☐	☐	☐	☐	☐	☐	☐	☐	☐
				☐	☐	☐	☐	☐	☐	☐	☐	☐	☐	☐	☐	☐	☐	☐	☐	☐	☐
				☐	☐	☐	☐	☐	☐	☐	☐	☐	☐	☐	☐	☐	☐	☐	☐	☐	☐
				☐	☐	☐	☐	☐	☐	☐	☐	☐	☐	☐	☐	☐	☐	☐	☐	☐	☐
				☐	☐	☐	☐	☐	☐	☐	☐	☐	☐	☐	☐	☐	☐	☐	☐	☐	☐
				☐	☐	☐	☐	☐	☐	☐	☐	☐	☐	☐	☐	☐	☐	☐	☐	☐	☐
				☐	☐	☐	☐	☐	☐	☐	☐	☐	☐	☐	☐	☐	☐	☐	☐	☐	☐
				☐	☐	☐	☐	☐	☐	☐	☐	☐	☐	☐	☐	☐	☐	☐	☐	☐	☐

Instrucciones:	**Información de C/S:** **Suministrar mediante:** **Cargo de C/S** ☐	**Presencia de sellos Sí** ☐ **No** ☐ **Temp. °C/hielo Presencia de muestras Sí** ☐ **No** ☐

Entregado por:	**Fecha/hora:**	**Received By:**	**Fecha/hora:**	**Entregado por:**	**Fecha/hora:**	**Received By:**	**Fecha/hora:**

Figura 9.25 Cadena de custodia de muestra (reimpreso con autorización de Colorado Analytical Laboratories, Inc.)

COMPROBACIÓN DE CONOCIMIENTOS

1. **Los contenedores de muestras deben limpiarse antes de cada uso.**
   - ☐ Verdadero
   - ☐ Falso
2. **El análisis de cloro residual puede realizarse sobre una muestra compuesta de 24 horas para fines de cumplimiento.**
   - ☐ Verdadero
   - ☐ Falso
3. **Independientemente del tiempo de retención, las muestras deben analizarse lo más pronto posible para que sus características no cambien.**
   - ☐ Verdadero
   - ☐ Falso
4. **La COC es un documento legal que ayuda a mantener la integridad de la muestra.**
   - ☐ Verdadero
   - ☐ Falso
5. **En general, el lavado de los contenedores de muestreo con detergente de laboratorio seguido por el enjuague con agua destilada es adecuado para la mayoría de los parámetros. ¿Qué paso adicional de limpieza se necesita al recolectar muestras para trazas de metales?**
   a. Enjuague con solvente
   b. Limpieza con gamuza
   c. Lavado con ácido
   d. Tratamiento térmico
6. **El tiempo de retención para las muestras compuestas comienza cuando:**
   a. Se toma la primera muestra de la muestra compuesta
   b. Se combinan las muestras puntuales individuales
   c. Se toma la última muestra de la muestra compuesta
   d. La muestra se entrega al laboratorio
7. **Si los análisis de laboratorio no pueden comenzar de inmediato, las muestras pueden refrigerarse y se pueden agregar conservantes para:**
   a. Aumentar la actividad biológica
   b. Disolver el material sólido
   c. Realizar el quelado de metales pesados
   d. Minimizar los cambios biológicos y químicos
8. **Los análisis de demanda bioquímica de oxígeno deben comenzar dentro de __________ horas posteriores a la recolección de las muestras.**
   a. las 24 horas
   b. las 48 horas
   c. los 7 días
   d. los 28 días
9. **Las muestras para coliformes totales, coliformes fecales y *E. coli* deben analizarse dentro de las __________ posteriores a la recolección.**
   a. 6 horas
   b. 24 horas
   c. 48 horas
   d. 72 horas

CONSIDERACIONES DE SEGURIDAD Y SALUD

Las actividades de muestreo y análisis incluyen una cantidad de aspectos que requieren precauciones especiales o el cumplimiento de regulaciones federales o estatales. El muestreo y análisis de muestras de aguas residuales expone al personal a una variedad de peligros, incluido el riesgo de infección, si no se siguen los procedimientos adecuados de seguridad. El trabajo en el laboratorio expone a los empleados a una variedad de materiales tóxicos y corrosivos que requieren un procesamiento especial y medidas de protección para garantizar la seguridad de los trabajadores.

Los proveedores de sustancias químicas, los manuales de laboratorio y el manual de operación y mantenimiento de la instalación proporcionan información valiosa sobre el uso y procesamiento adecuados de las sustancias químicas y sobre la seguridad en el laboratorio. Si no se siguen los procedimientos adecuados, los empleados pueden quedar expuestos innecesariamente a condiciones peligrosas y también se puede comprometer la calidad de los datos generados. En consecuencia, todas las fases del proceso de muestreo y análisis requieren mucha atención. Se debe informar a los empleados sobre los posibles peligros asociados con todas las fases de sus trabajos y los procedimientos adecuados para enfrentar los peligros.

La Ley del "Derecho a Saber", supervisada por la Administración de Seguridad y Salud Ocupacionales (*Occupational Safety and Health Administration*, OSHA) requiere que los empleadores capaciten a sus empleados sobre la exposición a peligros. Cada empleador debe desarrollar por escrito un programa de comunicación sobre peligros con explicaciones sobre el etiquetado de los contenedores, la ubicación y la utilización de fichas de datos de seguridad (*safety data sheet*, SDS), la capacitación de los empleados, la información para los empleados y problemas relacionados. Se debe mantener un inventario de sustancias químicas peligrosas y deben estar disponibles las SDS (proporcionadas por los proveedores) para todas las sustancias químicas enumeradas. Los gerentes de la instalación deben conocer los requisitos específicos de su programa estatal y tomar las medidas necesarias para llevarlos a cabo. (Consulte los estándares de la OSHA que corresponden directamente a laboratorios y sustancias químicas específicas). El Instituto Nacional de Salud y Seguridad Ocupacionales (*National Institute for Occupational Safety and Health*, NIOSH) es una agencia federal de los EE. UU. que realiza investigaciones y elabora recomendaciones para evitar que los empleados sufran lesiones o enfermedades. Tanto el NIOSH como la OSHA trabajan en conjunto para mejorar las condiciones laborales y proteger la salud de los trabajadores.

Aseguramiento de calidad y control de calidad

El aseguramiento de calidad incluye los controles y procedimientos administrativos que los laboratorios llevan a cabo para garantizar que los datos sean de alta calidad. Esto equivale a personal capacitado, procedimientos operativos estándar, reactivos de alta calidad, instrumentos calibrados, resultados de laboratorio documentados, procedimientos de *COC* y otros requisitos de registro. Es el *proceso* de garantizar resultados de análisis verosímiles. El control de calidad incluye el cumplimiento de métodos y procedimientos de análisis aprobados así como también análisis de rutina de muestras de control de calidad. Las muestras de control de calidad son las *mediciones* tomadas para identificar la calidad de los datos. En conjunto, estos sistemas se denominan *aseguramiento de calidad y control de calidad* (*quality assurance and quality control*, QA/QC).

La *cadena de custodia* (*chain-of-custody, COC)* es un documento legal que registra la historia de una muestra desde el momento en que se la recolecta hasta su análisis y, finalmente, su disposición. La COC incluye el nombre de la muestra, la fuente, la fecha y hora de la recolección, el nombre de la persona que recolectó la muestra, los análisis requeridos, el tipo de muestra, el tipo de contenedor y el método de preservación. Cada persona que manipula la muestra firma la COC. Además de ser un documento legal, la COC ayuda al operador a comunicarse con el laboratorio.

Todos los análisis de laboratorio presentan un margen de error en sus resultados. El error es cualquier diferencia entre el resultado medido y el valor real. Por ejemplo, si la concentración de DBO del caudal de entrada es en realidad de 250 mg/L (valor real), pero el resultado de laboratorio es de 275 mg/L (valor medido), entonces el error es de 25 mg/L por encima del valor real. Una gran cantidad de cosas podría provocar que el laboratorio mida un valor como superior o inferior al valor real; por ejemplo muestras no representativas, elementos de vidrio sucios, instrumentos no calibrados o con escaso mantenimiento o un análisis realizado de forma incorrecta, entre otros. El problema es que, al recolectar las muestras, se desconoce el valor real. Si el único número que puede observar un analista y operador es el del resultado de la muestra, es imposible saber cuán cercano es el resultado al verdadero valor real. Obtener un número específico no es suficiente. Para que el resultado sea útil para el control del proceso o el cumplimiento normativo, debe ser el número correcto. Este es el motivo por el que se utilizan los procedimientos de aseguramiento de calidad y las muestras de control de calidad: proporcionan información adicional que nos permite determinar cuán cercano es el valor medido al valor real.

Recuerde que las decisiones de control del proceso son tan buenas como los datos en los que se basan.

Las muestras de control de calidad ayudan a responder estas preguntas importantes:

- ¿Son los resultados de la muestra exactos y precisos?
- ¿Se contaminó la muestra durante la recolección o el análisis?
- ¿Son las muestras y submuestras representativas?
- ¿Están los equipos funcionando correctamente?
- ¿Son los reactivos nuevos y se utilizaron en las cantidades correctas?
- ¿Está realizando el analista el análisis correctamente?
- ¿Hay algo en la muestra que provoque que el análisis presente una lectura artificialmente alta o baja?

La exactitud es cuán cercano es el resultado medido al valor verdadero (real). Si se arrojan varios dardos a una diana, la distancia entre el lugar donde caen los dardos y el centro es la exactitud. La precisión, o repetibilidad, es el grado con el que las mediciones repetidas tomadas en condiciones similares arrojan el mismo resultado. El agrupamiento del patrón de dardos, cuán cerca caen juntos, es la precisión. La meta de las mediciones de laboratorio, sean para el control del proceso o el cumplimiento normativo, es ser lo más exactas y precisas como sea posible. Es posible cumplir una, ambas o ninguna de estas metas, como se muestra en la Figura 9.26.

La diana de la esquina superior izquierda de la Figura 9.26 (a) muestra que todos los dardos caen cerca del centro. Se cumplieron las dos metas, exactitud y precisión. Todos los resultados utilizados para el cumplimiento normativo deben ser exactos y precisos. Requieren los niveles más altos de QA/QC.

La diana de la esquina superior derecha (Figura 9.26 [b]) muestra un grupo ajustado de dardos lejos del centro. Estos resultados son precisos, pero no son exactos. Los análisis de laboratorio que producen de forma uniforme un resultado artificialmente alto o bajo se denominan *sesgados*. Los resultados sesgados pueden ser útiles si los datos se utilizan para evaluar tendencias, pero la exactitud del resultado no es tan importante. Por ejemplo, algunas WRRF calculan la relación alimento:microorganismos (*food-to-microorganism*, F:M) para el lodo activado mediante la utilización de MLSS en lugar de sólidos en suspensión volátiles en el licor mezclado (*mixed liquor volatile suspended solids*, MLVSS). Esto sobrevalora la masa total de microorganismos vivos en el proceso. Dado que la relación entre MLVSS y MLSS es relativamente estable durante largos periodos de tiempo, el sesgo en la medición es aceptable para el control del proceso. En general, los operadores están más interesados en si la F:M presenta cambios con el tiempo que en el número en sí.

El *sesgo* en los resultados de laboratorio es la tendencia de los resultados medidos de ser superiores o inferiores al valor verdadero (real).

La diana en la esquina inferior izquierda de la Figura 9.26 (c) contiene múltiples dardos dispersos. Sin embargo, si se hace un promedio de todas las distancias hasta el centro de la diana y un solo dardo se coloca a esa distancia, queda muy cerca del centro. En este caso, el resultado promedio es exacto, pero la falta de precisión entre los resultados significa que este resultado no puede duplicarse. La buena suerte fue

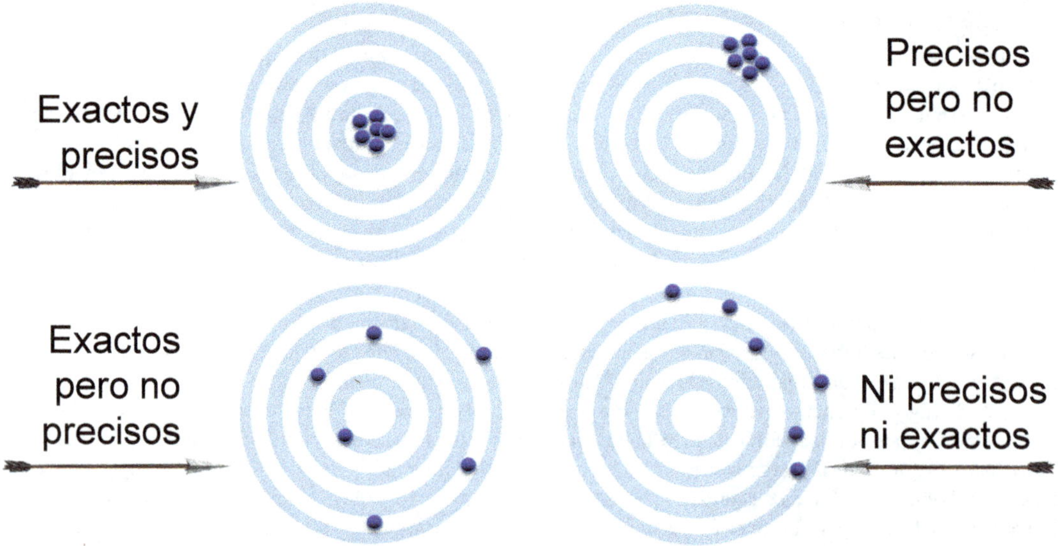

Figura 9.26 Exactitud en comparación con precisión (reimpreso con autorización de Indigo Water Group)

la responsable de que el promedio quedara cerca del centro de la diana. Finalmente, la diana en la esquina inferior derecha (Figura 9.26 [d]) no es ni exacta ni precisa.

Diferentes tipos de muestras de control de calidad ayudan a determinar si los resultados son exactos y precisos: blancos, duplicados, réplicas, muestras fragmentadas, estándares y muestras adicionadas. Para los instrumentos que requieren calibración, también se utilizan estándares de calibración y estándares de control de verificación de calibración inicial (*initial calibration verification*, ICV) y verificación de calibración continua (*continuing calibration verification*, CCV). En general, las muestras de control de calidad deben analizarse al menos una vez por día o una vez por lote de muestras, lo que sea más frecuente. Un lote consta de un grupo de 20 muestras, como máximo, analizadas en su conjunto. Los instrumentos deben calibrarse a diario o con cada uso, lo que sea más frecuente.

BLANCOS

Los blancos se utilizan principalmente para detectar la contaminación, pero también se pueden utilizar para calibrar instrumentos o eliminar interferencias del resultado de las muestras. La contaminación aumenta los resultados de las muestras (sesgados como altos). La utilización de diferentes tipos de blancos puede ayudar a identificar una fuente de contaminación. Para la mayoría de los análisis de rutina de aguas residuales, solo se utilizarán blancos de agua de dilución y reactivo. Todos los blancos se analizan del mismo modo que las muestras regulares. Los siguientes son dos puntos importantes a recordar sobre todos los diferentes tipos de blancos:

- La contaminación no suele ser uniforme. En general, los resultados de los blancos no se deben restar a los resultados de las muestras para "corregirlos". No hay forma de que un operador sepa si los blancos y las muestras tienen el mismo grado de contaminación.
- Los elementos de vidrio no se deben separar. Si se cuenta con formularios y botellas etiquetadas previamente en el laboratorio se puede ahorrar tiempo, pero esto se convierte en un problema cuando el blanco siempre termina en la misma botella. ¿Cómo puede el resultado de un blanco indicarnos si nuestros procedimientos de limpieza de los elementos de vidrio son adecuados cuando el blanco siempre se encuentra en el contenedor más limpio? No puede hacerlo. Los elementos de vidrio no se pueden rotar aleatoriamente para que los blancos tengan la misma posibilidad de estar en la botella más limpia o en la más sucia del lote anterior. Recuerde, el QA/QC no se trata de obtener el número "correcto". Implica obtener la información necesaria para estar seguros de que los resultados de las muestras son precisos y exactos.

Los blancos a viaje detectan la contaminación que puede producirse durante el muestreo y el transporte. Los blancos a viaje son contenedores de muestras que se llenan con agua *desionizada* en el laboratorio. Se transportan con los contenedores de muestras y las muestras. Aunque nunca se los abre, están expuestos a las mismas condiciones ambientales que las muestras recolectadas. En general, los blancos a viaje solo se utilizan al recolectar muestras para COV y compuestos orgánicos semivolátiles.

La resta del blanco se suele utilizar con los colorímetros y espectrofotómetros. Consulte la sección sobre colorímetros y espectrofotómetros para comprender por qué la resta del blanco es aceptable en este caso.

Los colorímetros y espectrofotómetros son instrumentos de laboratorio especializados que miden cuánta luz absorbe la muestra.

El agua *desionizada* es agua que se trató para eliminar todos los iones disueltos, excepto el hidrógeno (H^+) y el hidróxido (OH^-). Es ultrapura. Los laboratorios también pueden utilizar agua destilada.

Los blancos a campo son similares a los blancos a viaje, pero se preparan en campo mediante el llenado de un contenedor de muestras con agua desionizada de la misma forma en que se toman las muestras. Los blancos a campo detectan si los procedimientos de muestreo introdujeron una posible contaminación.

Los blancos de los equipos o de las *sustancias de enjuague* verifican la limpieza de los equipos o contenedores de muestreo así como también la eficacia de los procedimientos de limpieza utilizados entre las muestras. Si las muestras se recolectan con un cucharón, cangilón o sacamuestras automático, se vierte agua desionizada en los equipos de muestreo (o se bombea a través de un sacamuestras automático, según corresponda) y después se la transfiere a un contenedor de muestreo limpio.

La *sustancia de enjuague* es agua de lavado que se utilizó para enjuagar un equipo o contenedor.

Los blancos del filtro son una variación de los blancos de los equipos. Algunas muestras requieren la filtración para eliminar las partículas como parte del análisis. Algunas pruebas que requieren la filtración incluyen: SST, sólidos disueltos totales (SDT), demanda bioquímica de oxígeno soluble (DBOs) y fósforo soluble. La filtración de una muestra puede agregar material a la muestra (contaminación). En el caso de los análisis de SST y SDT, si los papeles de filtro no se lavan de forma adecuada antes del primer uso, se puede pasar la muestra a través del filtro para eliminar parte del material del filtro. Para los SST, esta pérdida de material del filtro sesgará el resultado como bajo. Para los SDT, el material perdido del filtro termina en la muestra, contamina la muestra y sesga el resultado como alto. Los blancos del filtro procuran detectar todas estas posibles fuentes de error. Los blancos del filtro se crean mediante el filtrado de agua desionizada a través de los mismos equipos utilizados para las muestras. El agua filtrada después se analiza como si fuera una muestra regular.

Los blancos de agua de dilución y reactivo buscan detectar contaminación o sesgos que pueden provenir del agua o las sustancias químicas utilizadas durante el análisis. En general, un blanco de agua de dilución contiene solo agua desionizada o el tipo de agua requerido por el método de prueba. Los blancos de reactivo contienen agua desionizada y cualquier *reactivo* utilizado durante el análisis. Si algo se agrega a las muestras, también debe agregarse al blanco de reactivo. Los reactivos a veces contienen pequeñas cantidades de aquello que el análisis busca detectar, pero también pueden agregar turbiedad o color y sesgar el resultado final.

Los *reactivos* son sustancias, sustancias químicas y mezclas utilizadas en los análisis de laboratorio.

Los resultados para los blancos siempre deben estar por debajo del MDL. Cuando los blancos son superiores al MDL, el operador debe determinar la fuente de la contaminación y volver a analizar todas las muestras en el lote. Los laboratorios comerciales suelen utilizar límites de presentación de informes (*reporting limits*, RL) o PQL además del MDL. El RL y el PQL son, efectivamente, lo mismo. Se determinan al multiplicar el MDL por un factor (en general, de 3 a 5, que puede redondearse por conveniencia). Por ejemplo, si el MDL es de 0.18 mg/L, el laboratorio puede establecer el PQL a 0.6 mg/L o 1.0 mg/L. El PQL se mide con facilidad y el laboratorio confía en el resultado. Los valores informados que se encuentran entre el MDL y el PQL son menos certeros. Los resultados para los blancos y las muestras que son inferiores al MDL se suelen informar como inferiores a los valores. Según la agencia reguladora, puede utilizarse un valor de cero, la mitad del valor del MDL, o el valor del MDL al promediar los resultados o realizar otros cálculos.

Consulte el recuadro en la página 560 de este capítulo para obtener una breve explicación sobre los límites de detección.

Consulte los *procedimientos de laboratorio básicos para el operador y analista* (*Basic Laboratory Procedures for the Operator-Analyst*), 5.ª edición, de la WEF (WEF, 2012) para obtener una descripción detallada sobre los límites de detección del instrumento, los límites de detección del método y los límites de cuantificación práctica.

DUPLICADOS

Los duplicados verifican la precisión. Los duplicados a campo son dos o más muestras recolectadas en el mismo momento y en la misma ubicación que se analizarán para los mismos parámetros (p. ej., el llenado de dos botellas para muestras con MLSS en el extremo de un depósito de lodo activado que se analizarán para SST). Los duplicados a campo evalúan qué tan bien representa una muestra su fuente. Los resultados de una muestra y su duplicado a campo deben coincidir entre sí. Si coinciden, se supone que ambas muestras son representativas. Es posible que no coincidan si (a) las muestras se recolectaron de forma diferente, (b) una de las muestras no es representativa de la fuente, o (c) la fuente de la muestra no es *homogénea* o cambia rápidamente. Por ejemplo, un operador recolecta dos muestras para SST del canal de caudal de entrada. La primera botella se llena justo por debajo de la superficie del agua, pero la segunda botella se llena con agua que se encuentra a una mayor profundidad en el canal. Es probable que la segunda botella contenga más SST que la primera.

El término *homogéneo* se utiliza para describir algo que es igual en su totalidad. Una taza de café negro es homogénea. Las sustancias heterogéneas no son iguales en su totalidad. Una ensalada es heterogénea.

Los duplicados de laboratorio son dos o más muestras creadas a partir de la misma fuente. Por ejemplo, se trae al laboratorio un tambor de sacamuestras automático. El operador agita el tambor para garantizar que esté bien mezclado y después llena dos contenedores por separado. El primer contenedor es la muestra original. El segundo contenedor es el duplicado de laboratorio. Los duplicados de laboratorio evalúan la capacidad del operador para tomar submuestras representativas a partir del contenedor de muestreo más grande. Al igual que los duplicados a campo, los resultados para las muestras y los duplicados de laboratorio deben coincidir entre sí.

Los duplicados se crean solo para fines de control de calidad. Los duplicados deben recolectarse o prepararse al menos una vez cada 20 muestras analizadas o una vez por lote de muestras, lo que sea más frecuente. Un lote de solo 10 muestras también debe contener un duplicado. Los resultados del duplicado nunca se promedian con el resultado de la muestra original. Los resultados del duplicado no se incluyen en los cálculos para la presentación de informes regulatorios como el informe de monitoreo de descarga (IMD). Aunque es verdad que deben informarse todas las muestras que se recolectan y analizan de la misma forma y en la misma ubicación que las muestras requeridas por el permiso, los duplicados a campo y de laboratorio no son muestras por separado. Si se los incluye en los cálculos del IMD, se puede elevar o disminuir artificialmente el resultado informado porque se reducen los efectos de otros resultados de las muestras en el promedio.

RÉPLICAS

Las réplicas verifican la precisión. Las réplicas son varias mediciones de laboratorio realizadas sobre la misma muestra que se toman del mismo contenedor de muestreo. A diferencia de lo que sucede con los duplicados a campo y de laboratorio, las réplicas no están dirigidas a medir la capacidad del operador y analista para tomar una submuestra representativa. Por el contrario, las réplicas evalúan la precisión (repetibilidad) del método de prueba y la habilidad del analista. Por ejemplo, se coloca una sonda de OD en una muestra y se registra una lectura de 7.12 mg/L. El operador vuelve a presionar el botón de lectura y registra una lectura de 7.15 mg/L. Los resultados se promedian y se informan como un resultado único. En otro ejemplo, un analista mide dos alícuotas del mismo contenedor de muestras y filtra cada una para SST. Los resultados se promedian y se informan como un resultado único. El método de prueba determina si se requieren o recomiendan réplicas, o no. En general, se realizan réplicas sobre cada muestra y se crea y analiza un duplicado de laboratorio por cada 20 muestras analizadas. Esto le permite al operador y analista verificar la precisión a partir del submuestreo (duplicado de laboratorio) y del análisis (réplica) independiente. Los resultados de la réplica se promedian, no así los resultados del duplicado.

CÁLCULO DE PRECISIÓN PARA DUPLICADOS Y RÉPLICAS

El cálculo de diferencia porcentual relativa (*relative percent difference*, RPD) se utiliza para determinar qué tan bien coinciden los resultados de las muestras entre sí. El cálculo de RPD solo aplica cuando tanto el resultado de la muestra como el resultado del duplicado son mayores al MDL. Se calcula mediante la división del valor absoluto de la diferencia entre los dos resultados por el promedio de los dos resultados, como se muestra en la ecuación 9.5. El nivel de precisión requerido es específico del método de prueba. En el análisis de SST, la RPD entre los duplicados y las réplicas debe ser menor al 5 %. En el análisis de DBO, la RPD entre las diferentes diluciones de la misma muestra no se utiliza en absoluto. Para la mayoría de los métodos, una RPD de menos del 20 % es aceptable. Cuando la RPD es mayor al nivel permitido por el método, se debe determinar la causa y volver a analizar las muestras.

La RPD nunca puede ser negativa. Cuando C_1 menos C_2 es un número negativo, se utiliza el valor absoluto. ¿Observa las líneas rectas hacia arriba y hacia abajo que se encuentran fuera de los paréntesis en la ecuación 9.5? Estos son los símbolos para el valor absoluto. Piense que son los palos de la portería en un extremo de un campo de fútbol americano. Todo lo que pasa a través de los palos de la portería son puntos positivos. Los números negativos se convierten en positivos.

$$\text{RPD, \%} = \frac{|(C_1 - C_2)|}{(C_1 + C_2)/2} \times 100 \qquad (9.5)$$

Donde: C_1 = primer resultado de la muestra

C_2 = segundo resultado de la muestra (duplicado o réplica)

CÁLCULO DE EJEMPLO

Una muestra de licor mezclado se analiza dos veces para SST. El primer resultado es de 2250 mg/L y el segundo resultado es de 2325 mg/L. Determine la RPD entre las dos mediciones.

$$\text{RPD, \%} = \frac{|(C_1 - C_2)|}{(C_1 + C_2)/2} \times 100$$

$$\text{RPD, \%} = \frac{|(2250 - 2325)|}{(2250 + 2325)/2} \times 100$$

$$\text{RPD, \%} = \frac{|-75|}{(4575)/2} \times 100$$

$$\text{RPD, \%} = \frac{75}{2287.5} \times 100$$

$$\text{RPD, \%} = 3.3$$

MUESTRAS FRAGMENTADAS

Las muestras fragmentadas se utilizan para detectar diferencias en los resultados de dos laboratorios diferentes. La muestra se fragmenta en dos contenedores y después se envía a un laboratorio diferente para el análisis de la muestra.

ESTÁNDARES

Los estándares verifican la exactitud del método de prueba, si el instrumento (si lo hubiera) está funcionando correctamente, la frescura de los reactivos y la técnica del operador. Los estándares también contienen una concentración conocida de un analito. Los estándares también se denominan *blancos fortificados en laboratorio* (*laboratory-fortified blanks*, LFB). Pueden comprarse a diferentes fuentes comerciales como Hach, o pueden ser creados por el operador en el laboratorio mediante la utilización de los procedimientos descritos en los *métodos estándar* (*Standard Methods*) (APHA et al., 2017). Dado que se conoce el valor real, es posible comparar el resultado medido con el valor real y determinar la exactitud del resultado medido. Para la mayoría de los métodos de prueba, el resultado del estándar medido debe ser un 10 % mayor o menor al valor real. Los estándares comprados pueden proporcionar un rango de aceptación más amplio o más reducido. En este caso, el operador puede optar por seguir la recomendación estándar del fabricante. Cuando la recuperación porcentual es mayor o menor al nivel permitido por el método, se debe determinar la causa y volver a analizar todas las muestras del lote.

Fortificar algo es fortalecerlo o agregarle algo. Un blanco fortificado en laboratorio es agua desionizada que se *fortificó* mediante el agregado de una cantidad conocida de la sustancia que está analizando el método de prueba.

La recuperación porcentual se calcula según la ecuación 9.6.

$$\%\ \text{Recuperación} = \left(\frac{\text{Valor medido}}{\text{Valor real}}\right) \times 100 \tag{9.6}$$

CÁLCULO DE EJEMPLO

Se analiza una solución estándar para SST. El resultado medido es de 63.5 mg/L. El certificado de análisis que acompaña el estándar muestra que el valor real es de 72 mg/L, pero proporciona un margen de aceptación para fines de QA/QC de 62 a 79 mg/L. Calcule la recuperación porcentual e indique si el resultado es aceptable.

$$\%\ \text{Recuperación} = \left(\frac{\text{Valor medido}}{\text{Valor real}}\right) \times 100$$

$$\%\ \text{Recuperación} = \left(\frac{63.5\ \text{mg/L}}{72\ \text{mg/L}}\right) \times 100$$

$$\%\ \text{Recuperación} = 88.2$$

La recuperación porcentual es de 88.2 %, lo que se encuentra por fuera del intervalo de más o menos un 10 % establecido por el método. Sin embargo, el resultado de 63.5 mg/L se encuentra dentro del rango aceptable proporcionado por el fabricante del estándar. El resultado es aceptable.

En general, los estándares se compran como concentrados que deben diluirse antes de usarse. También se los denomina *estándares madre*. Por ejemplo, un estándar comprado puede contener 1000 mg/L, pero la concentración requerida para el análisis puede ser de solo 25 mg/L. El estándar diluido se denomina *estándar de trabajo*. La ecuación de doble normalidad, que se muestra en la ecuación 9.7, puede utilizarse para determinar cuánta solución madre se necesitará para crear un estándar con la concentración deseada. En la ecuación, "C" significa concentración y "V" significa volumen. El lado izquierdo de la ecuación representa la solución madre concentrada y el lado derecho de la ecuación representa la concentración estándar de trabajo deseada. Solo se requiere un solo dato más: el volumen del estándar terminado y diluido. En general, el volumen terminado se determina mediante los requisitos del método de prueba o la disponibilidad de elementos de vidrio de *Clase A*.

Los elementos de vidrio de *Clase A* están calibrados para contener o suministrar un volumen preciso. Los elementos de vidrio de Clase A incluyen algunos cilindros graduados, matraces volumétricos y pipetas. Los elementos de vidrio de Clase B no están calibrados, aunque suelen tener marcas en el lateral para estimar el volumen. Los elementos de vidrio de Clase B incluyen vasos de precipitado, matraces y algunos cilindros y pipetas graduados.

$$(C_1 \times V_1) = (C_2 \times V_2) \tag{9.7}$$

CÁLCULO DE EJEMPLO

Un operador se está preparando para analizar muestras para nitrógeno nitrato (NO_3-N). El método exige una concentración estándar de 25 mg/L. Está disponible un estándar madre de nitrógeno nitrato con una concentración de 1000 mg/L de NO_3-N. En el armario, el operador encuentra varios vasos de precipitado, pero solo un matraz aforado de Clase A. Tiene un volumen de 50 mL. ¿Cuántos mililitros de estándar madre deben transferirse al matraz aforado?

$$(C_1 \times V_1) = (C_2 \times V_2)$$
$$(1000 \text{ mg/L} \times V_1) = (25 \text{ mg/L} \times 50 \text{ mL})$$
$$(1000 \text{ mg/L} \times V_1) = (1250 \text{ mg/L·mL})$$
$$V_1 = 1.25 \text{ mL}$$

Después de transferir 1.25 mL de solución madre concentrada al matraz aforado con una pipeta de Clase A, el operador debe llenar el matraz hasta alcanzar la línea de los 50 mL con agua desionizada o el tipo de agua requerido por el método de prueba.

MATRICES ADICIONADAS Y DUPLICADOS DE MATRICES ADICIONADAS

Las matrices adicionadas detectan interferencias y se utilizan con mayor frecuencia con colorímetros, espectrofotómetros y *electrodos selectivos de iones* (*ion-selective electrodes*, ISE). A veces, las sustancias en una muestra interfieren con la capacidad de un análisis para obtener un resultado exacto. Por ejemplo, las altas concentraciones de hierro pueden agregar color a la muestra o reaccionar con los reactivos de los análisis en formas que sesgan los resultados como altos o bajos. Una matriz adicionada es como un estándar que se crea mediante la utilización de la muestra en lugar del agua desionizada. Las muestras adicionadas también se denominan muestras de *matriz fortificada en laboratorio* (*laboratory-fortified matrix*, LFM). Primero se analiza la muestra sola para obtener un resultado inicial. Después, se agrega una cantidad conocida de analito a la muestra y se la vuelve a analizar. Si el resultado de la muestra original era de 5 mg/L y se agregaron otros 5 mg/L de analito, el resultado de la muestra adicionada (LFM) debe ser de 10 mg/L (5 + 5 = 10). Si el resultado de la LFM es mucho más bajo o mucho más alto que 10 mg/L, el operador sabe que hay una interferencia en la medición y que el resultado de la muestra original puede estar sesgado como bajo o alto. Un duplicado de matriz adicionada es una segunda LFM preparada a partir de la misma muestra que la LFM original. El duplicado de matriz fortificada en laboratorio (*laboratory fortified matrix duplicate*, LFMD) debe coincidir con el resultado de la muestra adicionada original.

Para la mayoría de los análisis, una recuperación de muestra adicional de más o menos un 15 % es aceptable. La recuperación porcentual se calcula según la ecuación 9.8.

$$\text{Recuperación porcentual} = \left(\frac{\text{Resultado de la muestra adicionada} - \text{Resultado de la muestra original}}{\text{Material adicionado}} \right) \times 100 \tag{9.8}$$

CÁLCULO DE EJEMPLO

Una muestra de 100 mL de aguas residuales crudas del caudal de entrada se analizó para nitrógeno amoniacal y tenía una concentración de 26 mg/L NH_3-N. Una pequeña cantidad de estándar concentrado de nitrógeno amoniacal se agregó a la muestra para aumentar la concentración en 10 mg/L de NH_3-N. La muestra adicionada se volvió a analizar y la nueva concentración fue de 34.7 mg/L NH_3-N. Calcule la recuperación porcentual.

$$\text{Recuperación porcentual} = \left(\frac{\text{Resultado de la muestra adicionada} - \text{Resultado de la muestra original}}{\text{Material adicionado}} \right) \times 100$$
$$\text{Recuperación porcentual} = \left(\frac{34.7 \text{ mg/L} - 26 \text{ mg/L}}{10 \text{ mg/L}} \right) \times 100$$
$$\text{Recuperación porcentual} = \left(\frac{8.7 \text{ mg/L}}{10 \text{ mg/L}} \right) \times 100$$
$$\text{Recuperación porcentual} = 87.0\%$$

En general, una interferencia puede eliminarse mediante la dilución de la muestra con agua desionizada y la repetición del análisis de la muestra. Los operadores siempre deben utilizar la menor dilución posible al intentar eliminar una interferencia. La muestra diluida debe analizarse, volver a adicionarse y después volver a analizarse. Tenga cuidado de no diluir la muestra en exceso de manera que el resultado diluido esté por debajo

Las pipetas se pueden calibrar como "TD" para "para suministrar" o como "TC" para "para contener". Ambos tipos de pipetas deben mantenerse en posición vertical mirando hacia abajo para permitir que se drenen por gravedad. Una pequeña cantidad de líquido puede permanecer en la punta de ambos tipos de pipetas. Las pipetas TD deben tocar suavemente la superficie del líquido al que se transfirieron los contenidos. Repita el proceso tres veces para suministrar el volumen calibrado de líquido desde la pipeta. Es posible que parte del líquido quede en la pipeta. Esta pequeña parte adicional ya se contabilizó en las marcas de la pipeta y no debe suministrarse ni "soplarse". Se eliminará al lavar la pipeta. Las pipetas TC deben vaciarse por completo. Esto puede requerir un golpe suave de un bulbo de pipeta o un chorro de aire para garantizar que se transfiera todo el líquido "contenido" en la pipeta.

Los *electrodos selectivos de iones* se utilizan para medir las concentraciones de diferentes iones en la solución. Los medidores de pH son un tipo de ISE que mide la concentración de los iones hidrógeno. Otros iones medidos por los ISE incluyen el amoníaco, nitrito y nitrato.

Matriz hace referencia a la composición de la muestra. Las matrices de las muestras incluyen agua potable, aguas subterráneas, aguas residuales, tierra y lodo, entre otros. Diferentes tipos de muestras contienen diferentes sustancias como compuestos orgánicos, sales y metales que pueden interferir con los resultados de las muestras. Si se están analizando varios tipos de muestra en conjunto, cada matriz de la muestra debe evaluarse con su propia matriz adicionada.

del MDL. A veces, no será posible eliminar una interferencia. En este caso, el resultado debe informarse con una nota que indique que la concentración es estimada.

A veces, no se puede eliminar una interferencia mediante la dilución de la muestra. Puede utilizarse el método de agregados estándar para estimar la concentración de la muestra. Los agregados estándar crean una serie de matrices adicionadas en concentraciones en aumento. Es similar a crear una curva de calibración, excepto que se utiliza una muestra en lugar de agua de laboratorio. Después se utiliza la regresión lineal para extrapolar la concentración de la muestra. Se pueden encontrar ejemplos detallados de esté método en el *método de agregados estándar y efectos de dilución* (*Method of Standard Additions and Effects of Dilution*) (EPA de los EE. UU., 1980). Esta referencia está disponible de forma gratuita en https://nepis.epa.gov/Exe/ZyPURL.cgi?Dockey=2000VIES.txt.

ESTÁNDARES DE CALIBRACIÓN

Muchos instrumentos de laboratorio requieren ser calibrados antes de usarlos. Una curva de calibración se crea mediante el análisis de varios estándares en diferentes concentraciones. Los ISE que se utilizan para realizar análisis de amoníaco y nitrato se calibran con la utilización de al menos tres estándares. En general, los colorímetros y espectrofotómetros tienen una curva de calibración integrada que se verifica al utilizar un solo estándar. Solo se pueden informar los resultados que se encuentran entre el MDL y el estándar más alto. Este es el rango calibrado. Si el resultado de la muestra es mayor al estándar más alto, debe diluirse para que quede dentro del rango calibrado y volver a analizarse. Para los colorímetros y espectrofotómetros con curvas de calibración preprogramadas, suponga que la concentración estándar más alta es el rango de operación determinado para el método. Por ejemplo, si el método de prueba es válido para las concentraciones de muestras de entre 0.25 y 5 mg/L, el estándar más alto utilizado en la curva de calibración preprogramada es de 5 mg/L.

VERIFICACIÓN DE CALIBRACIÓN INICIAL Y CONTINUA

Después de completar la calibración, se analiza otro estándar de control, denominado *verificación de calibración inicial* (*initial calibration verification*, ICV). La ICV se crea a partir de una solución madre diferente a los estándares utilizados para calibrar el instrumento. En general, se crean tres o más estándares de calibración mediante la dilución del mismo estándar de solución madre. Si el estándar de solución madre se comprometió de alguna manera (es decir, se contaminó o evaporó), la calibración seguirá formando una línea recta. La ICV verifica que el estándar de solución madre no se haya comprometido, que los estándares se hayan creado correctamente y que el instrumento se haya calibrado correctamente.

Los instrumentos de laboratorio como los ISE pueden desviarse durante su uso. La desviación se produce cuando la lectura del instrumento se aleja de su punto de calibración. Por ejemplo, una sonda de amoníaco puede arrojar una lectura inicial del estándar de nitrógeno amoniacal de 10 mg/L como de 9.8 mg/L, pero puede desviarse gradualmente hacia arriba para proporcionar una lectura de 11 o 12 o 15 mg/L después de varias horas de uso. Para detectar una desviación, se analiza un estándar de CCV cada 10 muestras. Si la CCV está fuera del rango, el instrumento debe volver a calibrarse y deben volver a analizarse todas las muestras porque se debe repetir el análisis de la última CCV buena. También se debe analizar una CCV al final del lote. Los resultados que se pueden informar deben acotarse entre dos ICV o CCV válidas. Algunos métodos de prueba también requieren blancos de calibración inicial (*initial calibration blanks*, ICB) y blancos de calibración continua (*continuing calibration blanks*, CCB). Se suelen analizar inmediatamente después de las ICV y CCV. Detectan desviaciones en el extremo inferior de la curva de calibración.

FRECUENCIAS RECOMENDADAS PARA LAS MUESTRAS DE CONTROL DE CALIDAD

La frecuencia con la que un determinado tipo de muestra de control de calidad debe analizarse depende de cómo se utilizarán los resultados y del método de prueba. Las muestras analizadas para el control del proceso deben incorporar tanto control de calidad como sea necesario para garantizar que los resultados sean representativos, precisos y exactos. Las muestras analizadas para el cumplimiento del permiso deben cumplir con las recomendaciones de los *métodos estándar* (*Standard Methods*) que se resumen en la Tabla 9.6 (APHA et al., 2017). No todos los tipos de muestras de control de calidad son aplicables a todos los métodos de prueba. Por ejemplo, las matrices adicionadas no se utilizan para alcalinidad, DBO o pH. Para algunos métodos de prueba, existen muestras de control de calidad especializadas que se utilizan solo para ese método de prueba. Por ejemplo, el análisis de DBO incorpora un blanco de inóculo. Los operadores deben verificar los métodos individuales para garantizar el cumplimiento de todos los requisitos de QA/QC aplicables.

CERTIFICACIÓN DEL LABORATORIO E INFORME DE MONITOREO DE DESCARGA: PROGRAMA DE ASEGURAMIENTO DE CALIDAD DE LA EPA DE LOS EE. UU.

Algunas agencias reguladoras requieren que todas las muestras de cumplimiento normativo sean analizadas solo por laboratorios de análisis certificados. Estos resultados de las muestras se incluyen en los informes presentados a agencias reguladoras como el IMD mensual. No es necesario que las muestras de control

Tabla 9.6 Frecuencia recomendada para las muestras de control de calidad (APHA et al., 2017)

Muestra de control de calidad	Frecuencia
Blanco del método	Uno por conjunto de muestras o una vez cada 20 muestras, lo que sea más frecuente
Estándar (LFB)	
Duplicados	
Matriz adicionada (LFM)	Una vez por conjunto de muestras, una vez por matriz, o una vez cada 20 muestras, lo que sea más frecuente
Duplicado de matriz adicionada (LFMD)	
Calibración	Una vez por análisis
ICV	Inmediatamente después de la calibración
ICB	Inmediatamente después de la ICV
CCV	Una vez cada 10 muestras y al final de cada lote
CCB	Inmediatamente después de cada CCV

del proceso sean analizadas por un laboratorio certificado. Los laboratorios pueden ser certificados por organizaciones externas como la Conferencia Nacional de Acreditación de Laboratorios Ambientales (*National Environmental Laboratory Accreditation Conference*) o por la propia agencia reguladora. Tanto los laboratorios independientes como los laboratorios dentro de la instalación pueden estar certificados. Los laboratorios certificados deben cumplir con los requisitos mínimos de QA/QC. Se los audita de forma rutinaria y deben demostrar sus habilidades para producir datos exactos mediante el análisis de muestras *ciegas* y la presentación de informes de los resultados correctos.

Una muestra *ciega* es un estándar o una muestra con una concentración conocida. La persona que envía la muestra al laboratorio ya conoce la concentración real de la muestra, pero el laboratorio no. Es una prueba para conocer cuán exacto y preciso es el análisis.

En los Estados Unidos, muchas WRRF deben participar en el Informe de monitoreo de descarga: programa de aseguramiento de calidad (*Discharge Monitoring Report-Quality Assurance Program*, DMR-QA) anual. El DMR-QA es una muestra ciega que se suele analizar una vez por año. Después de entregar los resultados a la agencia reguladora, se calificará al laboratorio respecto de cada analito como “aceptable” o “no aceptable”. Una calificación “no aceptable” requiere que el laboratorio tome medidas correctivas. A algunos titulares de permisos no se les exige realizar el estudio de DMR-QA porque están ubicados en estados que tienen programas de aseguramiento de calidad de laboratorios aprobados por la EPA de los EE. UU. como sustitutos del DMR-QA.

COMPROBACIÓN DE CONOCIMIENTOS

1. **Los datos que están sesgados de forma uniforme como bajos o altos pueden ser útiles para la evaluación de tendencias.**
   - ☐ Verdadero
   - ☐ Falso

2. **Cuando se utilizan botellas etiquetadas previamente, el blanco siempre debe ir en la botella número 1.**
   - ☐ Verdadero
   - ☐ Falso

3. **Los resultados para las muestras y sus duplicados a campo se promedian en conjunto para fines de presentación de informes.**
   - ☐ Verdadero
   - ☐ Falso

4. **Una el tipo de muestra de QC con su objetivo**

a. Blancos	1. Exactitud
b. Estándar	2. Contaminación
c. Duplicado	3. Desviación
d. Muestra adicionada	4. Interferencia
e. ICV/CCV	5. Precisión

5. **La diferencia entre un resultado medido y el valor real es:**
   a. El error
   b. La precisión
   c. El sesgo positivo
   d. El sesgo negativo

6. **Una solución estándar con una concentración de 100 mg/L se analiza cuatro veces. Los resultados son 60 mg/L, 58 mg/L, 63 mg/L y 56 mg/L. Los resultados pueden describirse como:**
   a. Exactos pero no precisos
   b. Precisos pero no exactos
   c. Exactos y precisos
   d. Ni exactos ni precisos

7. **Este tipo de muestra de control de calidad puede utilizarse para determinar si se utilizaron los reactivos correctos en las cantidades correctas.**
   a. Blanco
   b. Estándar
   c. Duplicado
   d. Muestra adicionada

8. Un lote de muestras consta de, como máximo, ________ muestras analizadas en conjunto.

a. 10
b. 20
c. 30
d. 40

9. Un lote de muestras se analiza para detectar mercurio en un bajo nivel. El MDL para el mercurio en un bajo nivel es de 0.02 µg/L. El blanco a campo contiene 0.04 µg/L de mercurio. El blanco de agua de grado reactivo contiene $<$0.02 µg/L de mercurio. Los resultados de las muestras varían entre $<$0.02 µg/L y 0.23 µg/L. ¿Qué debe ser cierto?

a. El resultado del blanco a campo debe restarse de todos los resultados de las muestras.
b. La contaminación con mercurio se produce durante el análisis.
c. El agua de grado reactivo debe restarse del resultado del blanco a campo.
d. La contaminación con mercurio se produce durante el muestreo.

10. Este tipo de blanco se utiliza para evaluar la limpieza de los equipos y contenedores de muestreo antes de usarlos.

a. A viaje
b. A campo
c. De enjuague
d. De reactivo

11. Uno de los motivos para analizar un blanco del filtro es determinar:

a. Si se perdió material del filtro en la muestra
b. Si se produjo contaminación durante el muestreo
c. Si es necesario restar las concentraciones de fondo
d. Si el agua de dilución utilizada en el análisis está contaminada

12. Los resultados del blanco siempre deben:

a. Ser cero
b. Ser menores al MDL
c. Estar entre el MDL y el PQL
d. Ser iguales al RL

13. Dos muestras se recolectan del efluente final de una WRRF con 5 minutos de diferencia. El pH de la primera muestra es de 7.2 y el pH de la segunda muestra es de 7.8. ¿Cuál es el motivo más probable de la diferencia?

a. La primera muestra no fue representativa.
b. Las muestras se recolectaron a diferentes profundidades.
c. La calidad del efluente experimentó cambios durante el muestreo.
d. El medidor de pH es inestable y presenta desviaciones.

14. Determine la RPD entre dos mediciones de la muestra. El resultado de la muestra es de 15.3 mg/L y el resultado del duplicado es de 17.6 mg/L.

a. −2.3
b. 2.3
c. −14
d. 14

15. Calcule la recuperación porcentual para un estándar de DBO. El valor real certificado del estándar es de 198 mg/L. El resultado medido en el análisis de DBO es de 176 mg/L.

a. 11.1 %
b. 76.2 %
c. 88.9 %
d. 112.5 %

16. Un operador debe crear un estándar de 15 mg/L a partir de una solución madre de 1000 mg/L. Los elementos de vidrio disponibles incluyen un vaso de precipitado de 50 mL de Clase B y un matraz aforado de 100 mL de Clase A. Solo se necesitan 25 mL del estándar diluido. ¿Cuánta solución madre debe utilizarse?

a. 0.75 mL en el vaso de precipitado de 50 mL
b. 1.5 mL en el matraz de 100 mL
c. 0.75 mL en el matraz de 100 mL
d. 1.5 mL en el vaso de precipitado de 50 mL

17. Un estándar certificado tiene un valor real de 100 mg/L. El resultado medido es de solo 65 mg/L. Todos los siguientes podrían haber provocado el resultado bajo, EXCEPTO:

a. El estándar la solución madre estaba contaminado
b. Los reactivos son antiguos o no se utilizan lo suficiente
c. No se siguió el procedimiento de laboratorio
d. El estándar se midió con elementos de vidrio de Clase B

18. ¿Cuál de los siguientes enunciados acerca de las muestras de LFM es verdadero?

a. Las interferencias siempre sesgan los resultados como altos.
b. La dilución de la muestra puede reducir un efecto de interferencia.
c. Las recuperaciones porcentuales tan bajas como del 75 % son aceptables.
d. Las matrices fortificadas en laboratorio no pueden utilizarse con todos los métodos de prueba.

19. El resultado de la muestra original es de 18 mg/L. Se agregó la cantidad suficiente de la solución estándar para aumentar la concentración en 15 mg/L. El resultado de la muestra adicionada es de 34.3 mg/L. ¿Cuál es la recuperación porcentual?

a. 16.3 %
b. 47.5 %
c. 90.6 %
d. 108.7 %

20. Un operador calibra la sonda de amoníaco con tres estándares con concentraciones de 1, 10 y 100 mg/L de NH_3-N. El primer resultado de la muestra es de 120 mg/L de NH_3-N. El operador debe:

a. Informar el resultado como de 120 mg/L de NH_3-N.
b. Diluir la muestra 1 : 1 y volver a analizar.
c. Diluir la muestra 1 : 10 y volver a analizar.
d. Informar el resultado como de 100 mg/L de NH_3-N.

21. Un electrodo selectivo de iones se utiliza para analizar muestras para nitrato. Hay un total de 15 muestras. ¿Cuántas muestras de ICV y CCV se necesitarán como mínimo para garantizar que el instrumento no presentó una desviación respecto de la calibración durante el análisis?

a. 1

b. 2

c. 3

d. 4

22. Un electrodo selectivo de iones se utiliza para analizar muestras para amoníaco. La ICV se encuentra dentro del rango. Se analizan cinco muestras seguidas por una CCV. La CCV se encuentra dentro del rango. Se analizan cinco muestras adicionales seguidas de una segunda CCV. La segunda CCV se encuentra fuera del rango. El operador debe:

a. Repetir el análisis de solo la segunda CCV e informar los resultados.

b. Volver a calibrar el ISE y repetir el análisis de las últimas cinco muestras.

c. Crear una nueva CCV y repetir el análisis de las 10 muestras.

d. Tomar nota en la hoja de asientos e informar los resultados.

23. Deben analizarse 22 muestras para nitrato el mismo día. ¿Cuántos duplicados de laboratorio se requerirán?

a. 1

b. 2

c. 3

d. 4

24. Se analizan 18 muestras para nitrato en 3 días diferentes. ¿Cuántos estándares se necesitarán en total?

a. 1

b. 2

c. 3

d. 4

Métodos analíticos

Algunos métodos de prueba solo se utilizan para evaluar un tipo de proceso de tratamiento. Estas pruebas se incluyeron en los capítulos sobre procesos individuales (Tabla 9.7). Además, en el Capítulo 2: Caracterización y muestreo de aguas residuales de *Fundamentos para el tratamiento de aguas residuales I: Tratamiento líquido* (WEF & ABC, 2018) se incluyen descripciones de diferentes parámetros del caudal de entrada. Esta sección incluye buenas prácticas de laboratorio al utilizar los colorímetros y espectrofotómetros e incluye procedimientos detallados paso a paso para algunos análisis de laboratorio comunes utilizados por la mayoría de las WRRF: pH, alcalinidad, sólidos totales, SST y DBO. Más procedimientos paso a paso pueden encontrarse en los *procedimientos básicos de laboratorio para el operador y analista* (*Basic Laboratory Procedures for the Operator-Analyst*) de la WEF (WEF, 2012). Para conocer los métodos de prueba microbiológicos, visite el sitio web de publicaciones ambientales nacionales de la EPA de los EE. UU. en https://www.epa.nepis.gov y descargue una copia gratuita de los *métodos microbiológicos para monitorear el medio ambiente, el agua y los residuos* (*Microbiological Methods for Monitoring the Environment, Water, and Wastes*) (EPA de los EE. UU., 1978).

La EPA de los EE. UU. y otras organizaciones publican métodos de prueba que pueden aprobarse para las aguas residuales. Para obtener una lista completa de los métodos de prueba aprobados, consulte el *Código de Regulaciones Federales* (*Code of Federal Regulations*), Título 40, Parte 136. Tenga en cuenta que no todos los métodos incluidos en los *métodos estándar* (*Standard Methods*) están aprobados para la presentación de informes de cumplimiento normativo. 40 CFR Parte 136 enumera los métodos aprobados y las versiones aprobadas de cada método. Asegúrese de utilizar solo métodos y versiones aprobados. La versión más actual de un método puede que no sea la versión aprobada.

Para obtener una explicación detallada sobre técnicas básicas de laboratorio, que incluyen cómo utilizar una balanza analítica, técnicas adecuadas de utilización de pipetas, preparación de soluciones y mucho más, se recomienda a los operadores consultar otra publicación de la WEF sobre *técnicas de laboratorio de agua y aguas residuales* (*Water and Wastewater Laboratory Techniques*) (Smith, 2019).

Tabla 9.7 Métodos de muestreo y análisis incluidos en ***Fundamentos para el tratamiento de aguas residuales I: Tratamiento líquido*** **(WEF & ABC, 2018)**

Tema/método de prueba	Ubicación
Sólidos sedimentables	Capítulo 4: Tratamiento primario
Prueba con bandejas para distribuidores de filtros percoladores	Capítulo 7: Tratamiento de película fija
Profundidad del manto del clarificador	Capítulo 8: Lodo activado
Sedimentabilidad del lodo (medidor de sedimentación)	Capítulo 8: Lodo activado
Prueba con medidor de sedimentación diluida	Capítulo 8: Lodo activado
Índice de volumen del lodo	Capítulo 8: Lodo activado
Examen microscópico	Capítulo 8: Lodo activado
Tasa de captación de oxígeno (*oxygen uptake rate*, OUR) y tasa de captación de oxígeno específica (*Specific Oxygen Uptake Rate*, SOUR)	Capítulo 8: Lodo activado
Potencial REDOX (PR)	Capítulo 9: Eliminación de nutrientes Capítulo 10: Desinfección
Relaciones entre los parámetros del caudal de entrada para las aguas residuales domésticas	Capítulo 5: Aspectos básicos sobre el tratamiento biológico

COLORÍMETROS Y ESPECTROFOTÓMETROS

Los colorímetros y espectrofotómetros son instrumentos comunes utilizados para diferentes determinaciones analíticas que incluyen cloro residual (Cl_2), demanda química de oxígeno (DQO), nitrógeno amoniacal (NH_3-N), nitrógeno nitrito (NO_2-N), nitrógeno nitrato (NO_3-N) y fósforo (PO_4-P). Estos instrumentos miden la intensidad de la luz. Se agregan en la muestra reactivos que reaccionan con el analito de interés, lo que provoca que absorba la luz a una longitud de onda determinada. Si la solución es de color rojo, se absorbe en mayor medida en el extremo de color azul (bajo) del espectro visible. Si la solución es de color azul, se absorbe en mayor medida en el extremo de color rojo (alto) del espectro. El color de la muestra aumenta en intensidad a medida que absorbe más luz. En las Figuras 9.27 y 9.28 se muestran los cambios de color en los análisis para nitrito y fósforo, respectivamente. Mientras más oscuro es el color, mayor es la concentración de nitrito y fósforo en la muestra.

Una curva de calibración como la que se muestra en la Figura 9.29 puede crearse mediante el análisis de una serie de soluciones estándar en diferentes concentraciones. La concentración estándar (eje X) se grafica en función de la cantidad de luz que absorbe (eje Y). Se dibuja una línea recta a través de los puntos de datos mediante la utilización de una técnica matemática denominada *regresión lineal*. La curva de calibración ahora puede utilizarse para predecir la concentración de una sustancia en una muestra mediante la medición de su *absorbancia*. Esta relación entre la absorbancia y la concentración es la ley de Beer. La relación solo es lineal (una línea recta) hasta una determinada concentración. Este es el motivo por el que se la denomina *curva de calibración* y no línea de calibración. A medida que la concentración aumenta, la curva de calibración comienza a aplanarse como se muestra en la Figura 9.30. Por este motivo, los resultados de las muestras que son mayores que el estándar más alto no pueden informarse con exactitud. El operador debe diluir la muestra para que vuelva a estar dentro del rango calibrado, completar todos los pasos de preparación de la muestra, como el agregado de reactivos, y volver a analizar la muestra.

La *absorbancia* también está relacionada con la longitud de la celda o cubeta para muestras. Mientras mayor sea la distancia que debe recorrer la luz a través de la muestra, mayor será la absorbancia. Algunos métodos aumentan el rango del análisis mediante la utilización de una celda o cubeta para muestras más estrecha.

La mayoría de los colorímetros y espectrofotómetros son preprogramados por el fabricante con curvas de calibración almacenadas para uno o más métodos de prueba. En este caso, no es necesario que el operador vuelva a crear la curva de calibración. Por el contrario, se analiza un único estándar certificado para verificar que el instrumento esté funcionando correctamente, que los reactivos sean nuevos y que el procedimiento se esté realizando correctamente. Para las curvas de calibración almacenadas, el fabricante proporcionará un rango de presentación de informes para el análisis como, por ejemplo, de 0.2 a 5.0 mg/L. El extremo inferior del rango indica el MDL y el extremo superior del rango indica la parte superior del rango calibrado.

Los colorímetros están limitados a longitudes de onda del espectro de luz visible de entre 400 y 900 nanómetros (nm). En general, los colorímetros son específicos para el método de prueba y solo pueden medir la luz en una longitud de onda. En la Figura 9.31 se presenta un ejemplo de un colorímetro. El colorímetro de bolsillo se utiliza para tomar mediciones de campo del cloro residual. Los espectrofotómetros también pueden medir la

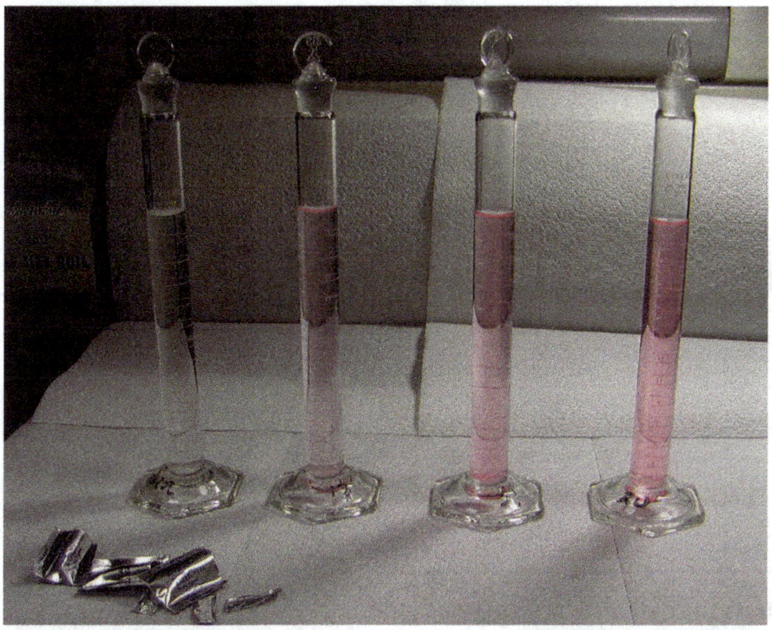

Figura 9.27 Análisis de nitrito (reimpreso con autorización de Indigo Water Group)

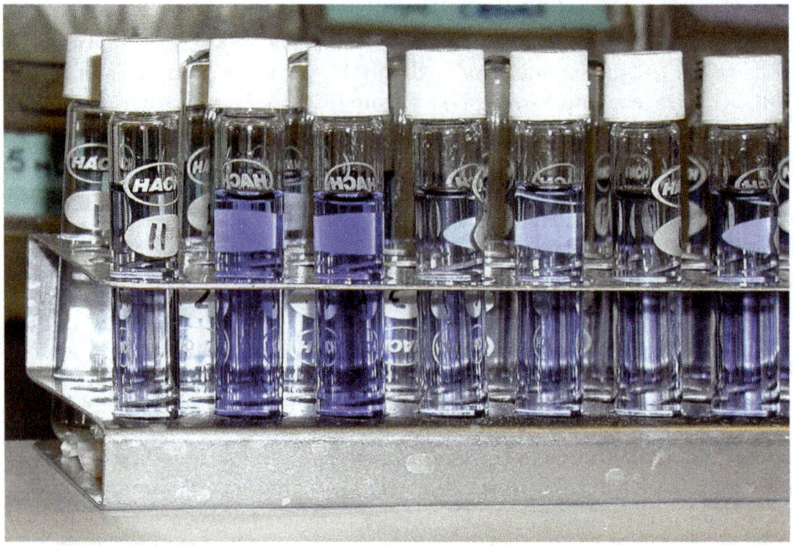

Figura 9.28 Análisis de fósforo (reimpreso con autorización de Indigo Water Group)

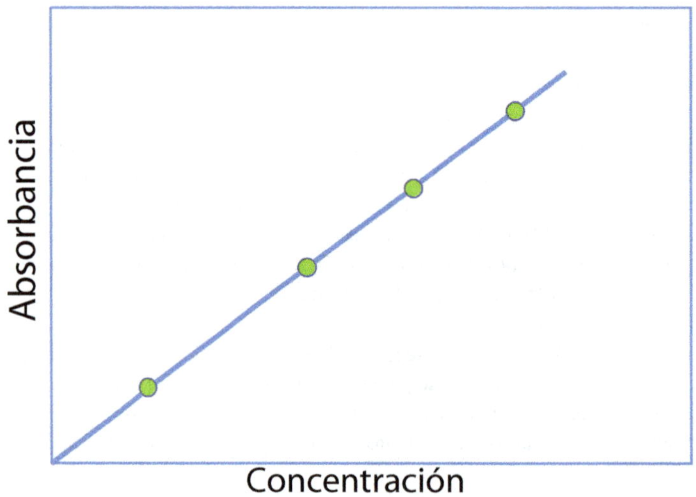

Figura 9.29 Ley de Beer (reimpreso con autorización de Indigo Water Group)

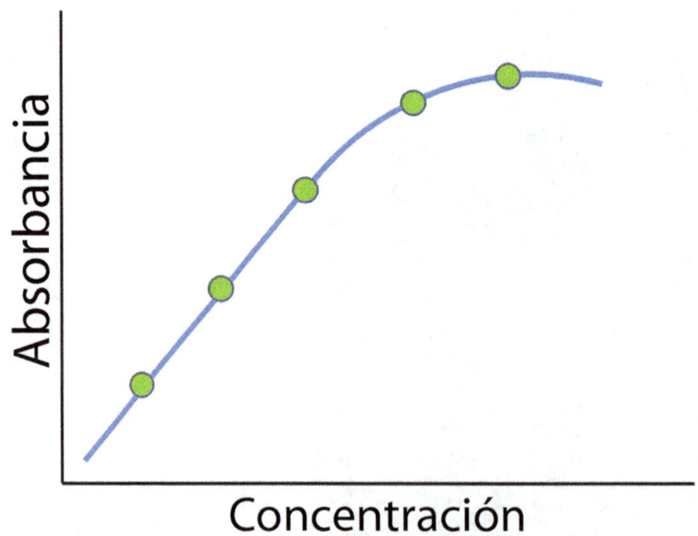

Figura 9.30 Curvatura en concentraciones más altas (reimpreso con autorización de Indigo Water Group)

Figura 9.31 Colorímetro de bolsillo para el análisis de cloro residual (reimpreso con autorización de Indigo Water Group)

luz ultravioleta, además del espectro visible. Los espectrofotómetros, como el que se muestra en la Figura 9.32, son capaces de medir diferentes longitudes de onda de la luz y pueden utilizarse para analizar diferentes analitos. Los operadores pueden seleccionar la longitud de onda de la luz que recibirá y medirá el detector.

Los colorímetros constan de una fuente de luz, un monocromador, una celda o cubeta para muestras, un fotorresistor y algunos componentes electrónicos para convertir la salida del fotorresistor en unidades de absorbancia o transmitancia en un dial o una pantalla digital (Figura 9.33). Absorbancia es la cantidad de luz que capta la muestra. *Transmitancia* es la cantidad de luz que pasa a través de la muestra. Para obtener resultados exactos, las muestras deben estar libres de sustancias que puedan absorber o dispersar la luz, incluidas las partículas, la turbiedad y las burbujas de aire. Las muestras con color pueden absorber la luz en las mismas longitudes de onda utilizadas en algunos métodos de prueba. Las huellas digitales, la condensación, las manchas y rayaduras en la celda o cubeta para muestras, e incluso el plástico o el vidrio de la celda o cubeta para muestras, también absorben y dispersan la luz. Muchos de los métodos de prueba utilizan la resta del

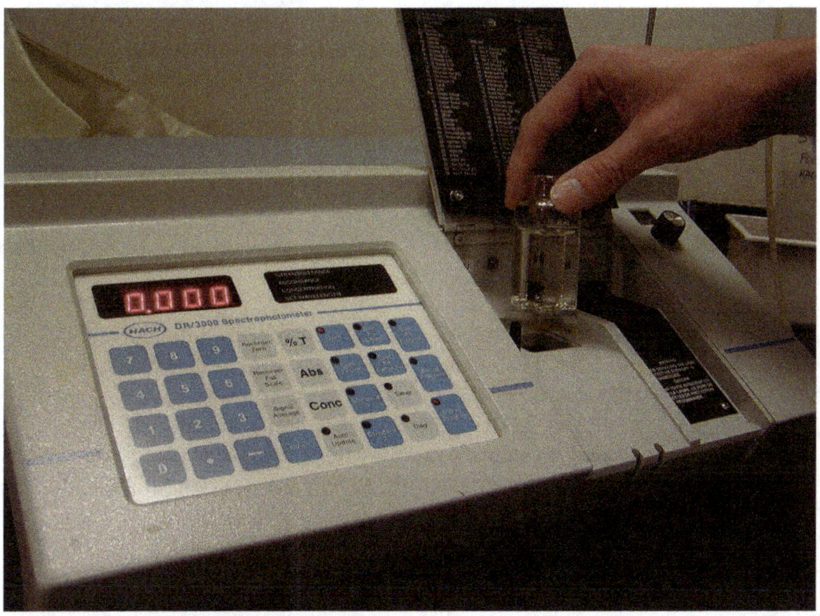

Figura 9.32 Espectrofotómetro (reimpreso con autorización de Indigo Water Group)

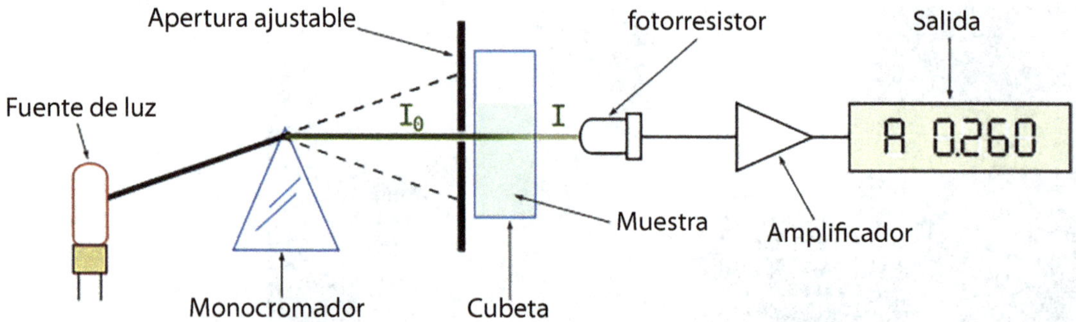

Figura 9.33 Representación esquemática de un espectrofotómetro (https://creativecommons.org/licenses/by-sa/1.0/deed.en)

blanco para reducir la influencia de estos factores sobre los resultados de las muestras. El blanco puede constar de una celda o cubeta para muestras de agua destilada, de agua destilada y reactivos, o de la propia muestra sin el agregado de reactivos.

En general, se utilizan celdas o cubetas para muestras emparejadas ópticamente que se sabe que absorben la misma cantidad de luz en las mismas longitudes de onda. Si las celdas o cubetas para muestras emparejadas no están disponibles, pueden analizarse primero el blanco y después cada muestra con la misma celda o cubeta para muestras. La absorbancia del blanco después se resta de la absorbancia de las muestras. Este tipo de resta del blanco es aceptable porque la absorbancia es casi la misma entre el blanco y la muestra.

Siga estas pautas para obtener los resultados más exactos al utilizar colorímetros y espectrofotómetros:

- Siga de forma estricta el procedimiento de método de prueba proporcionado por el fabricante.
- Siempre analice un estándar certificado con cada lote de muestras.
    - Los *estándares de gel* verifican la exactitud del instrumento.
    - Los estándares líquidos a los que se deben agregar los reactivos verifican la exactitud del método, que los reactivos sean nuevos y la técnica del operador.
- Incluya un blanco con cada lote de muestra.
- Realice la resta del blanco cuando así lo requiera el método.
- Utilice un paño suave para limpiar el exterior de las celdas y cubetas para muestras. Asegúrese de que la cubeta está libre de todo aquello que pueda aumentar la absorbancia.
- Analice los duplicados, las muestras adicionadas y los duplicados adicionados con cada lote de muestras.
- Diluya las muestras según sea necesario para que vuelvan a estar dentro del rango calibrado.
- No informe los resultados que sean inferiores al MDL. Si el MDL es de 0.2 mg/L y la lectura del instrumento es de 0.07 mg/L, debe informarse como de <0.2 mg/L.

Los *estándares de gel* son estándares sólidos que pueden utilizarse una y otra vez. En general, tienen una vida útil de 1 a 2 años cuando se los almacena en una ubicación fría y oscura. Los estándares de gel tienen valores certificados y son útiles para garantizar el funcionamiento correcto de los instrumentos. No verifican la calidad de los reactivos, la limpieza y claridad de la cubeta ni la técnica del operador. Tampoco detectan problemas de contaminación.

COMPROBACIÓN DE CONOCIMIENTOS

1. **Los colorímetros y espectrofotómetros preprogramados deben calibrarse con un mínimo de tres estándares cada vez que se los usa.**
    - ☐ Verdadero
    - ☐ Falso
2. **Diferentes analitos absorben la luz en diferentes longitudes de onda.**
    - ☐ Verdadero
    - ☐ Falso
3. **Se analizan tres estándares con un espectrofotómetro. El estándar de 1 mg/L tiene una absorbancia de 0.050. El estándar de 5 mg/L tiene una absorbancia de 0.250 y el estándar de 10 mg/L tiene una absorbancia de 0.500. Una muestra con una concentración desconocida del mismo analito tiene una absorbancia de 0.250. ¿Cuál es la concentración?**
    a. 1 mg/L
    b. 3 mg/L
    c. 5 mg/L
    d. 10 mg/L

4. **Un espectrofotómetro se utiliza para analizar un estándar certificado y una muestra desconocida. Después del agregado de todos los reactivos, el estándar certificado es de un color más oscuro que el de la muestra. ¿Qué debe ser cierto?**
   a. La concentración de la muestra es menor a la concentración del estándar.
   b. Hay una sustancia que interfiere en la solución estándar.
   c. El estándar certificado y la muestra desconocida son lo mismo.
   d. Hay una sustancia que interfiere en la muestra desconocida.

5. **Un método de prueba para un colorímetro tiene un rango de 0.05 a 2.0 mg/L. El resultado de la muestra es de 2.5 mg/L. El operador debe:**
   a. Informar el resultado
   b. Diluir y repetir el análisis
   c. Marcar el resultado
   d. Informar como de 2.0 mg/L

6. **El MDL para un método de fósforo en particular es de 0.2 mg/L como P. El primer resultado de la muestra es de 0.1 mg/L. El operador debe:**
   a. Concentrar la muestra y repetir el análisis
   b. Informar el resultado como de 0.1 mg/L como P
   c. Repetir el análisis con una celda para muestras más larga
   d. Informar el resultado como de $<$0.2 mg/L como P

7. **Un método para aumentar el rango calibrado de algunos métodos de prueba del colorímetro es:**
   a. Diluir todos los estándares y las muestras
   b. Utilizar una celda para muestras que tenga una menor longitud
   c. Informar los resultados como mayores que el estándar más alto
   d. Reducir la cantidad de reactivo agregado

8. **Las cubetas para muestras utilizadas en los espectrofotómetros deben limpiarse minuciosamente con un paño suave para eliminar:**
   a. Burbujas de aire
   b. Rayones
   c. Huellas digitales
   d. Color

9. **Los estándares de gel son útiles para:**
   a. Confirmar la operación correcta de un instrumento
   b. Confirmar la exactitud del método de prueba
   c. Verificar que los reactivos sean nuevos y no están contaminados
   d. Verificar el cumplimiento del procedimiento de análisis

10. **Este tipo de muestra de control de calidad se utiliza para confirmar la exactitud del método de prueba.**
   a. Blanco de reactivo
   b. Estándar de gel
   c. Duplicado
   d. Estándar líquido

pH (CONCENTRACIÓN DE IONES DE HIDRÓGENO)

pH es la expresión numérica de la intensidad relativa de la acidez o basicidad. La escala de pH abarca de 0 a 14. Un pH de 7 es neutro. Los valores de pH inferiores a 7 son ácidos y los valores de pH superiores a 7 son básicos. El analista y operador también puede consultar el Método 4500-H^+ B-2011 en los *métodos estándar* (*Standard Methods*) (APHA et al., 2017). Técnicamente, el pH es el logaritmo inverso de la concentración de iones de hidrógeno en una solución. La "p" de pH significa logaritmo negativo. Dado que el pH es una escala logarítmica, una sustancia con un pH de 4 es 10 veces más ácida que una sustancia con un pH de 5 y 100 veces más ácida que una sustancia con un pH de 6.

Capítulo 9: Eliminación de nutrientes de *Fundamentos para el tratamiento de aguas residuales I: Tratamiento líquido* (WEF & ABC, 2018) incluye un repaso de química básica.

El pH puede medirse de forma colorimétrica o electrométrica (es decir, con una sonda y un medidor de pH). Las mediciones colorimétricas incluyen el papel de pH, pero también pueden utilizar soluciones indicadoras que cambian de color con el pH. El método colorimétrico requiere una inversión más económica en equipos, pero sufre una grave interferencia por color, turbiedad, alto contenido salino, materia coloidal, cloro libre y diversos oxidantes y agentes reductores. Los indicadores son propensos al deterioro, al igual que los estándares de color con los que se los compara. Además, ningún indicador único abarca el rango de pH de interés en agua y aguas residuales. En líquidos con escaso *buffer* (es decir, de baja alcalinidad), que es una descripción que aplica a algunas aguas, los indicadores en sí pueden alterar el pH de la muestra que se prevé que midan a menos que se los ajuste de antemano para tener casi el mismo pH que la muestra. Por estos motivos, el método colorimétrico es adecuado solo para una estimación aproximada y no se continuará describiendo. Los métodos colorimétricos no son tan exactos como el método electrométrico; por lo tanto, se prefiere el método electrométrico.

Dadas las diferencias entre las marcas y los modelos de medidores de pH disponibles comercialmente, es imposible proporcionar instrucciones detalladas para la operación adecuada de cada instrumento. En cada caso, se deben seguir las instrucciones del fabricante. Las mediciones de pH son dependientes de la temperatura. Solo se deben utilizar sondas de pH equipadas con compensación de temperatura. En las soluciones de baja fuerza iónica como el agua destilada, los métodos electrométricos tienden a desviarse y tomar demasiado tiempo para alcanzar el equilibrio, si es que lo logran.

INTERFERENCIAS

Los lípidos, aceites y grasas pueden provocar el encapsulamiento de los electrodos, por lo que se requiere una limpieza ocasional con solventes o detergentes según las recomendaciones del fabricante.

APARATO Y MATERIALES

El aparato y los materiales requeridos para la medición de pH incluyen un medidor de pH portátil con las instrucciones del fabricante, un electrodo de pH de vidrio, un electrodo de referencia, una placa agitadora, barras agitadoras y un vaso de precipitado con una solución para electrodos.

SOLUCIONES MADRE Y ESTÁNDARES

Los *métodos estándar* (*Standard Methods*) (APHA et al., 2017) requieren tres soluciones de *buffer* para calibración diferentes. El primer *buffer* debe estar en el punto isopotencial, que es un pH de 7. El segundo *buffer* debe estar a menos de 2 unidades de pH de diferencia del pH de la muestra previsto. El tercer *buffer* debe estar por debajo de un pH de 10 y a menos de 3 unidades de pH de diferencia del segundo *buffer*. La mayoría de los medidores de pH está preprogramada para calibrarse con *buffers* de pH de 4, pH de 7 y pH de 10. Algunos medidores solo permitirán una calibración de *buffer* único o de doble *buffer*. Estos medidores de pH no deben utilizarse. El operador debe consultar las instrucciones del fabricante para calibrar su medidor en particular.

Es mejor comprar las soluciones de *buffer* como soluciones prefabricadas que prepararlas in situ. Los *buffers* están diseñados para un solo uso. Las alícuotas de *buffer* deben desecharse después de la calibración del medidor. Un *buffer* de pH nunca debe volver a verterse en su contenedor original.

ASEGURAMIENTO DE CALIDAD Y CONTROL DE CALIDAD

El medidor de pH debe calibrarse una vez al día o cada vez que se lo utiliza. Aunque no es un requisito del método, es una buena idea llevar un registro del instrumento donde se pueda registrar la pendiente de calibración. La pendiente debe estar dentro de las recomendaciones del fabricante. Los cambios en la pendiente pueden indicar un problema con el medidor o la necesidad de realizar mantenimiento. La calibración se puede verificar mediante la toma de una medición de pH de una solución de *buffer* estándar. Al menos el 5 % de todas las muestras debe analizarse por duplicado. Los duplicados deben coincidir dentro del 5 % de la *RPD*. Los blancos y las muestras adicionadas no se utilizan en los análisis para pH.

El cálculo de la *RPD* se describió anteriormente en este capítulo. Para calcular la RPD, divida la diferencia entre los resultados de la muestra y el duplicado por su promedio.

RECOLECCIÓN, PRESERVACIÓN Y TIEMPOS DE RETENCIÓN DE MUESTRAS

Las muestras recolectadas para mediciones de pH son, en general, muestras puntuales y deben analizarse dentro de los 15 minutos posteriores a la recolección. No hay ningún método de preservación para las muestras de pH.

PROCEDIMIENTO

Paso 1: Prepare o calibre el electrodo de pH para el análisis. El electrodo debe humedecerse por completo y prepararse para su uso según las instrucciones del fabricante. El instrumento debe estar estandarizado en función de una solución de *buffer* con un pH que se acerque al de la muestra y después debe verificarse la linealidad de la respuesta del electrodo en función de al menos un *buffer* adicional de un pH diferente. Los *métodos estándar* (*Standard Methods*) (APHA et al., 2017) requieren el uso de tres *buffers*. Los *buffers* utilizados deben acotarse al pH de la muestra previsto.

Paso 2: Limpie el electrodo. Después de la estandarización y entre una recolección de muestras y la siguiente, el electrodo debe lavarse minuciosamente con agua desionizada de una botella de lavado y debe secarse con un pañuelo suave o limpiarse con solventes o detergentes, según lo indicado por el fabricante. Esto evita la contaminación cruzada entre las muestras y los *buffers*. Los electrodos son instrumentos delicados que deben manipularse con cuidado.

Paso 3: Recolecte una muestra puntual de 50 mL para su análisis. Coloque la muestra en un vaso de precipitado similar a los utilizados con los *buffers* para verificar la lectura de pH.

Paso 4: Realice el análisis. Coloque el electrodo en el vaso de precipitado de la muestra. Las muestras y los *buffers* estándar deben agitarse durante la medición. Si se utiliza una barra agitadora, se la debe enjuagar y secar entre las mediciones. Una vez que la lectura es estable, registre el pH tal como se lo muestra.

Paso 5: Si el medidor de pH no corrige de forma automática la temperatura, registre la temperatura de los *buffers* y las muestras. Para las mediciones de pH precisas, los resultados de la muestra pueden corregirse para la temperatura. Para obtener información adicional, consulte el método 4500-H^+ en los *métodos estándar* (*Standard Methods*) (APHA et al., 2017).

Paso 6: Retire el electrodo y enjuáguelo con agua destilada. Séquelo y almacénelo en la solución recomendada por el fabricante. Algunos fabricantes recomiendan el almacenamiento en una solución de 4 M de cloruro de potasio o un *buffer* de pH de 4. Otros fabricantes recomiendan el almacenamiento en un *buffer* de pH de 7. No se debe permitir que los electrodos de pH se sequen.

PRESENTACIÓN DE INFORMES

Si el medidor no se puede ajustar para mostrar el pH en décimos, redondéelo hasta el décimo más cercano. Observe el dígito en el lugar de los centésimos; si es igual o mayor a 6, redondee el número en el lugar de los décimos hacia arriba un número. El pH se suele escribir en décimos (un decimal) sin unidades específicas, como pH de 9.5, pero también puede escribirse como 9.5 unidades estándar (s.u.). La mayoría de los permisos de descarga requieren que las WRRF informen los valores mínimos y máximos de pH observados durante un periodo de tiempo.

Dado que el pH es una escala logarítmica, no se pueden promediar múltiples lecturas de pH. Un pH de 4 es equivalente a 0.0001 milimoles por litro (mmol/L) de iones de hidrógeno y un pH de 5 es equivalente a 0.00001 mmol/L de iones de hidrógeno. Es un factor de 10 de diferencia. Si los dos resultados de pH de 4 y pH de 5 simplemente se promedian, el resultado sería un pH de 4.5. Esto no es correcto.

RESOLUCIÓN DE PROBLEMAS Y SUGERENCIAS

El operador y analista debe consultar la sección de resolución de problemas en el manual del fabricante para el medidor y electrodo en uso.

COMPROBACIÓN DE CONOCIMIENTOS

1. **Una muestra con un pH de 8.2 se considera ácida.**
   - ☐ Verdadero
   - ☐ Falso
2. **La grasa puede interferir con las mediciones de pH al encapsular el electrodo.**
   - ☐ Verdadero
   - ☐ Falso
3. **Una muestra con un pH de 4 contiene esta concentración de iones hidrógeno.**
   a. 0.0001 mmol/L
   b. 1000.0 mmol/L
   c. 0.0004 mmol/L
   d. 4000 mmol/L
4. **Determine el pH promedio para dos muestras. La primera muestra tiene un pH de 5.3 y la segunda muestra tiene un pH de 7.1.**
   a. 5.21
   b. 5.59
   c. 6.20
   d. 6.83
5. **Las soluciones de *buffer* de pH:**
   a. Pueden guardarse y volver a utilizarse.
   b. Pueden preservarse con ácido clorhídrico.
   c. Deben considerarse soluciones de un solo uso.
   d. Se utilizan para almacenar todos los tipos de sondas de pH.
6. **Para obtener mediciones precisas de pH, los resultados de las muestras:**
   a. Deben promediarse
   b. Se diluyen con una solución de *buffer* de pH de 4
   c. Se informan en cuatro lugares decimales
   d. Deben corregirse para temperatura

ALCALINIDAD TOTAL DE AGUAS RESIDUALES Y LODO

La alcalinidad del agua es su capacidad para neutralizar ácidos o su capacidad de *buffer*. En otras palabras, representa la cantidad de ácido que el agua puede absorber antes de que se produzca un cambio importante en el pH. La determinación de los niveles de alcalinidad en varios puntos de una WRRF contribuye a la comprensión e interpretación del proceso de tratamiento y a la gestión de eliminación de nutrientes biológicos y de procesos de procesamiento de sólidos. Para obtener información más detallada, consulte el método 2320 B-2011 de *Métodos estándar* (*Standard Methods*) (APHA et al., 2017).

La alcalinidad se determina mediante el agregado de un ácido con una concentración conocida de ion hidrógeno a una muestra. La concentración de iones de hidrógeno se expresa como *normalidad*. El ácido consume la alcalinidad en la muestra, lo que disminuye el pH. El acto de agregar lentamente el ácido para alcanzar un pH predeterminado se denomina *titulación*. El pH deseado que marca el final del análisis se denomina *punto final*. El ácido, también denominado *titulante*, se contiene dentro de una bureta. La bureta es un tubo largo y delgado con marcas en el lateral para ayudar al operador a hacer un seguimiento de la cantidad exacta de ácido que se agrega. Una *llave de paso* en el fondo de la bureta controla la rapidez con la que se agrega el ácido.

Una solución de 1 en moles de ácido sulfúrico (H_2SO_4) contiene 2 moles de iones hidrógeno por cada 1 mol de ácido sulfúrico. Es de 1 en moles, pero de concentración 2 Normal. Una solución de 1 en moles de ácido clorhídrico (HCl) contiene 1 mol de iones hidrógeno por cada 1 mol de ácido clorhídrico. Es de 1 en moles y de concentración 1 Normal.

Capítulo 9: Eliminación de nutrientes de *Fundamentos para el tratamiento de aguas residuales I: Tratamiento líquido* incluye un repaso de química (WEF & ABC, 2018).

Una *llave de paso* es un tipo de válvula. Al girar la llave de paso, se abre o cierra el fondo de la bureta.

En la Figura 9.34 se muestra una configuración típica para la realización de una titulación. La bureta se sujeta a un soporte que la mantiene en posición vertical. El analista puede utilizar una placa agitadora y una barra agitadora para mezclar la muestra durante la titulación. El analista también puede elegir remover la muestra a mano. Puede agregarse una solución indicadora a la muestra o puede utilizarse un medidor de pH para monitorear el pH y determinar cuando se alcanzó el punto final.

INTERFERENCIAS

Algunos operadores utilizan indicadores de color en lugar de un medidor de pH cuando realizan la titulación para alcalinidad. El indicador de fenolftaleína cambia de color a un pH de 8.3. Es incoloro con un pH inferior a 8.3 y es de color rosado con un pH superior a 8.3. El indicador de verde de bromocresol y rojo de metilo cambia de color con un pH de 4.5. Es azul con un pH superior a 4.5 y rojo con un pH inferior a 4.5. En la Figura 9.35 se muestra el cambio de color del indicador a medida que la titulación se desplaza desde el inicio (azul), a través del punto final (púrpura), hasta el final del análisis (rojo). El cambio de color muestra que se alcanzó el pH deseado y que se consumió la alcalinidad. Si el operador realiza la titulación a un pH de 8.3, el resultado se denomina *alcalinidad a la fenolftaleína*. Si el operador realiza la titulación a un pH de 4.5, el resultado se denomina *alcalinidad total*. Los indicadores de color no siempre funcionan bien con las muestras que son turbias o presentan coloración. El operador puede elegir utilizar un medidor de pH en su lugar. Cuando se utiliza un medidor de pH en lugar de un indicador de color, los jabones, la materia aceitosa, los sólidos en suspensión y los precipitados pueden encapsular el electrodo de vidrio y provocar una respuesta lenta. En estas situaciones, el operador debe agregar una pequeña cantidad de titulante y esperar a que el pH se estabilice antes de continuar con el agregado.

APARATO Y MATERIALES

- Una bureta de 50 mL con abrazadera y soporte
- Una variedad de vasos de precipitado, cilindros graduados, matraces volumétricos y botellas, según sea necesario
- Un medidor de pH y electrodos
- Equipos opcionales: placa agitadora, barra agitadora y solución indicadora de color

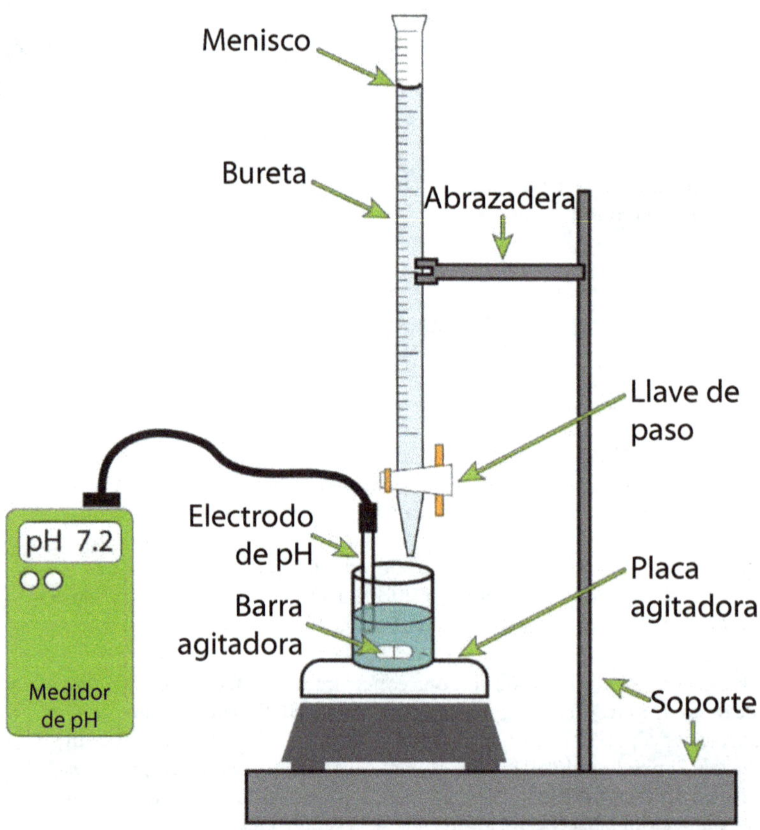

Figura 9.34 Titulación de alcalinidad (reimpreso con autorización de Indigo Water Group)

Figura 9.35 Colores del indicador de verde de bromocresol y rojo de metilo a lo largo de toda una titulación de alcalinidad (reimpreso con autorización de Indigo Water Group)

REACTIVOS

Para las alcalinidades previstas menores a 200 mg/L, como la del carbonato de calcio ($CaCO_3$), se debe utilizar como titulante una solución de ácido sulfúrico (H_2SO_4) o ácido clorhídrico (HCl) de 0.02 Normal (N). Para las alcalinidades previstas mayores a 200 mg/L, debe utilizarse una solución de ácido sulfúrico o ácido clorhídrico de 0.1 N. Los siguientes reactivos se necesitarán para realizar una titulación de alcalinidad:

- Estándar certificado: los estándares se pueden comprar comercialmente a una variedad de fuentes.
- Estándar de 0.02 N o ácido sulfúrico 0.1 N
- Estándar de 0.02 N o ácido clorhídrico 0.1 N
- Solución indicadora de fenolftaleína, indicador de pH de 8.3
- Solución indicadora de verde de bromocresol y rojo de metilo, indicador de pH de 4.5

Los ácidos vienen en diferentes concentraciones. Para este análisis, debemos conocer la concentración real del ácido. Las soluciones ácidas se analizan o "estandarizan" al agregarlas a una solución con una concentración conocida de solución de carbonato de sodio. Los *métodos estándar* (*Standard Methods*) (APHA et al., 2017) contiene instrucciones sobre cómo estandarizar los ácidos. Los ácidos estandarizados también pueden comprarse a diferentes fabricantes en las concentraciones requeridas para el análisis de alcalinidad.

ASEGURAMIENTO DE CALIDAD Y CONTROL DE CALIDAD

Para la presentación de informes del permiso, se debe analizar un estándar certificado. El resultado del estándar debe ser un 10 % mayor o menor a su valor real. Los estándares certificados se pueden adquirir comercialmente de diversas fuentes. Se debe analizar un duplicado de laboratorio una vez por lote. Los blancos y las muestras adicionadas no se utilizan en los análisis para alcalinidad.

Es importante que el operador tenga en cuenta que cuando los titulantes se crean en la instalación a partir de ácidos concentrados, deben estandarizarse antes de usarse. Las instrucciones para la creación de titulantes junto con el procedimiento de estandarización pueden encontrarse en el procedimiento de alcalinidad (método 2320 B-97) en los *métodos estándar* (*Standard Methods*) (APHA et al., 2017). Los titulantes de ácido certificados comprados comercialmente no requieren estandarización.

RECOLECCIÓN, PRESERVACIÓN Y TIEMPOS DE RETENCIÓN DE MUESTRAS

Las muestras para alcalinidad deben recolectarse en contenedores de vidrio o plástico. Si no se analizan de inmediato, las muestras deben enfriarse a $\leq$6 °C ($\leq$42.8 °F) y analizarse dentro de un periodo de 14 días. Las muestras no se deben congelar. Los *métodos estándar* (*Standard Methods*) (APHA et al., 2017) permiten que las muestras se retengan durante 14 días como máximo; sin embargo, el tiempo de retención preferido y recomendado es de menos de 24 horas.

Las muestras recolectadas de los procesos de tratamiento biológico pueden contener grandes cantidades de microorganismos activos. La nitrificación o desnitrificación que se produce en la muestra puede cambiar rápidamente la cantidad de alcalinidad presente. Por este motivo, se recomienda el análisis rápido, siempre que sea viable.

PROCEDIMIENTO

Paso 1: Utilice un cilindro graduado para colocar 50 mL de aguas residuales o lodo en un vaso de precipitado de 100 mL. El tamaño de la muestra puede aumentarse o reducirse para obtener una buena precisión.

Paso 2: Agregue a la muestra una pequeña cantidad de solución indicadora de verde de bromocresol y rojo de metilo. La muestra debe ser de un color azul no tan oscuro para que no dificulte la observación del cambio de color. De manera alternativa, se puede introducir una sonda de pH calibrada en la muestra.

Paso 3: Agregue una barra agitadora al vaso de precipitado y coloque el vaso de precipitado en una placa agitadora. Configure la placa agitadora para que mezcle suavemente la muestra.

Paso 4: Llene una bureta con ácido sulfúrico o ácido clorhídrico 0.1 o 0.02 N. Utilice ácido sulfúrico 0.02 N para las muestras de alcalinidad más baja.

Paso 5: Lentamente agregue ácido de la bureta a la muestra hasta alcanzar un pH de 4.5. Si se utiliza una solución indicadora de verde de bromocresol y rojo de metilo, realice la titulación hasta que la muestra cambie de color azul a púrpura. Deténgase y espere un momento. Después, agregue el titulante de a una gota por vez hasta que la muestra se vuelva de color rojo (Figura 9.35).

Paso 6: Registre la cantidad de ácido agregado para el cálculo (titulante en mililitros hasta alcanzar el punto final de pH de 4.5). Es importante tener en cuenta que las muestras para alcalinidad no pueden diluirse. Si las concentraciones de alcalinidad son altas, la cantidad de volumen de las muestras debe reducirse o debe utilizarse una concentración más alta de titulante.

CÁLCULOS

$$\text{Alcalinidad como } CaCO_3,\ \frac{\text{mg}}{\text{L}} = \frac{(\text{Volumen de titulante, mL})(\text{Normalidad ácida})(50\,000)}{(\text{Volumen de la muestra, mL})} \tag{9.9}$$

Por ejemplo, dados

Volumen de titulante (ácido agregado para alcanzar el punto final)	= 46 mL
Normalidad del ácido	= 0.1 N (equiv/L)
Volumen de la muestra	= 50 mL
1000 mg	= 1 g

El factor de conversión de 50 000 en la fórmula de alcalinidad es el peso equivalente del carbonato de calcio ($CaCO_3$) en miligramos por equivalente.

$$\text{Alcalinidad como } CaCO_3,\ \text{mg/L} = \frac{(46\ \text{mL})(0.1\ \text{N})\left(50\,000\,\frac{\text{mg}}{\text{equiv}}\right)}{(50\ \text{mL})}$$

$$\text{Alcalinidad como } CaCO_3,\ \text{mg/L} = 4600$$

PRESENTACIÓN DE INFORMES

La alcalinidad se informa como carbonato de calcio en miligramos por litro (mg/L). Esta forma estandarizada de informarlo implica que necesitará agregar esta cantidad de carbonato de calcio al agua para obtener la misma alcalinidad que la de la muestra. El número de método y el punto final de titulación deben registrarse en la hoja de asientos e informarse con los resultados. La alcalinidad determinada a partir de un punto final de fenolftaleína es bastante diferente de la alcalinidad determinada a partir de un punto final de indicador de verde de bromocresol y rojo de metilo. Para que el resultado tenga sentido, el usuario final debe saber cómo se determinó.

RESOLUCIÓN DE PROBLEMAS Y SUGERENCIAS

Para lograr la mezcla continua, es posible que el operador necesite la asistencia de otra persona o la utilización de un agitador magnético para mezclar de forma constante la muestra de aguas residuales o lodo.

COMPROBACIÓN DE CONOCIMIENTOS

1. **La alcalinidad se expresa como mg/L de $CaCO_3$.**
   - ☐ Verdadero
   - ☐ Falso

2. **En una prueba de alcalinidad, puede utilizarse ácido sulfúrico o clorhídrico como titulante.**
   - ☐ Verdadero
   - ☐ Falso

3. **¿Cuál es la normalidad de una solución de 2 moles de ácido sulfúrico (H_2SO_4)?**
   - a. 1 N
   - b. 2 N
   - c. 3 N
   - d. 4 N

4. **Una muestra de aguas residuales se titula a un pH de 4.5. ¿Qué tipo de alcalinidad se puede calcular si se conoce el volumen y la normalidad del titulante?**
   a. A la fenolftaleína
   b. Al carbonato de calcio
   c. Total
   d. Al hidróxido

5. **Una muestra que contiene un indicador de verde de bromocresol y rojo de metilo será de este color cuando el pH sea superior a 4.5.**
   a. Azul
   b. Púrpura
   c. Rosado
   d. Rojo

6. **Las muestras de los procesos de tratamiento biológico deben analizarse para alcalinidad tan pronto como sea posible después de la recolección porque:**
   a. El método de alcalinidad requiere que los análisis se completen dentro de los 15 minutos posteriores a la recolección
   b. La nitrificación o desnitrificación biológica pueden disminuir o aumentar la alcalinidad
   c. La alcalinidad se combina con el fósforo y el nitrógeno en la muestra y se vuelve inerte
   d. Los cambios en la temperatura de las muestras pueden sesgar el resultado como alto o bajo

7. **Este tipo de muestra de control de calidad no se utiliza con el análisis de alcalinidad.**
   a. Blanco
   b. Estándar
   c. Réplica
   d. Duplicado

8. **Calcule la alcalinidad total de una muestra con la siguiente información: volumen de la muestra de 50 mL, titulante de ácido sulfúrico 0.02 N, 5.7 mL de titulante agregado para alcanzar un pH de 4.5.**
   a. 57 mg/L como $CaCO_3$
   b. 114 mg/L como $CaCO_3$
   c. 178 mg/L como $CaCO_3$
   d. 228 mg/L como $CaCO_3$

SÓLIDOS EN SUSPENSIÓN TOTALES (RESIDUOS NO FILTRABLES)

El método 2540 D-97 de los *métodos estándar* (*Standard Methods*) mide los sólidos en suspensión, también denominados *residuos no filtrables* (APHA et al., 2017). Los sólidos en suspensión totales se determinan mediante el filtrado de una muestra a través de un disco de filtro de fibra de vidrio.

El análisis de SST es uno de los análisis más importantes que el operador y analista puede realizar. Los resultados del análisis pueden utilizarse para estimar la carga de sólidos del proceso a la WRRF en su totalidad y la eficiencia de los procesos de sedimentación, para calcular el tiempo de residencia de sólidos y el tiempo promedio de residencia de las células, y para determinar la tasa de desechado del lodo, la carga a los procesos de procesamiento de sólidos y la eficiencia de eliminación y recolección de los procesos de procesamiento de sólidos. El resultado del análisis de SST también se necesita para calcular el índice de volumen del lodo.

INTERFERENCIAS

Si se recolectan demasiados sólidos en el disco de filtro, se puede formar una costra que atrapa el agua. Por este motivo, es importante limitar la cantidad de material recolectado a un total de entre 2.5 mg y 200 mg. Si se utilizan discos de filtro de diámetro pequeño, es posible que se necesite reducir aún más la cantidad de muestras que se filtran porque el área de filtrado disponible es menor. A medida que los sólidos se acumulan en el área de filtrado disponible, cada vez será más difícil filtrar muestras adicionales. El operador debe tener en cuenta que la recolección de una gran cantidad de material en un área de filtrado más pequeña puede crear una costra que atrapa el agua, incluso cuando se recolectan menos de 200 mg de sólidos.

Las muestras que se secan a entre 103 y 105 °C (217.4 y 221 °F) pueden contener agua químicamente ligada (agua de hidratación) y también algo de agua libre atrapada por debajo y dentro de las partes secas de la muestra (agua mecánicamente ocluida). Esta agua adicional puede sesgar los resultados como altos. Al mismo tiempo, puede perderse parte del material durante el secado al convertirse en dióxido de carbono.

Los trozos no representativos de material pueden eliminarse de la muestra o disco de filtro a criterio del operador si se determina que el material que provoca molestias no es representativo de la muestra (es decir, solo unos pocos trozos en toda la muestra de 2 L). Las muestras con aceite y grasa visible deben mezclarse bien en un mezclador para dispersar el aceite y la grasa antes de tomar una alícuota de la muestra.

APARATO Y MATERIALES

Diferentes aparatos de filtro son aceptables para el análisis de SST. En la Figura 9.36 se muestran tres tipos de filtro diferentes: un embudo de filtro magnético (A), un crisol de Gooch (B) y un embudo de Büchner (C). Los embudos de filtro magnético constan de dos partes que se separan fácilmente: la base y el embudo.

Figura 9.36 Tipos de embudo: (A) Magnéticos (reimpreso con autorización de Indigo Water Group), (B) Gooch (Jay Thompson, ciudad de Madison, IN) y (C) Büchner (reimpreso con autorización de Indigo Water Group)

El disco de filtro está colocado sobre una reja de plástico o vidrio. El embudo se cierra a presión y no permite que la muestra ingrese por debajo del disco de filtro. Estos embudos también pueden comprarse como embudos de vidrios de dos partes con una abrazadera grande que mantiene unidas las dos piezas. Los embudos de filtro magnético o de vidrio son más adecuados para el análisis de SST porque requieren un disco de filtro de diámetro más grande (4.7 cm) que los crisoles de Gooch más antiguos. Los discos de filtro de diámetros más grandes pueden ajustarse a volúmenes de las muestras más grandes sin obstruirse y tienden a ofrecer un filtrado más rápido que los discos de filtro de diámetros más pequeños.

Los crisoles de Gooch se pueden comprar en una variedad de tamaños. Para el análisis de SST, los *métodos estándar* (*Standard Methods*) (APHA et al., 2017) exigen un crisol de Gooch con una capacidad de 25 a 40 mL. Un crisol de Gooch de 25 mL tiene 36 mm de diámetro en la parte superior y requiere un disco de filtro de 20 mm de diámetro. Un crisol de Gooch de 40 mL tiene 40 mm de diámetro en la parte superior y requiere un disco de filtro de 24 mm de diámetro. En comparación con el disco de filtro de 47 mm que se utiliza comúnmente con los embudos de filtro magnético o de vidrio, los discos de filtro de crisol de Gooch proporcionan alrededor de un 25 % del área superficial de los filtros más grandes. En consecuencia, suele ser necesario reducir el tamaño total de la muestra al utilizar los crisoles de Gooch. La reducción del tamaño de la muestra puede dar como resultado submuestras no representativas y aumentar el error analítico.

El último filtro que se muestra es un embudo de Büchner (Figura 9.36 [C] y Figura 9.37). Este tipo de filtro no es adecuado para su uso para el análisis de SST. Por el contrario, se utiliza para filtrar rápidamente grandes volúmenes de las muestras. No funciona bien para el análisis de SST porque el disco de filtro no cubre por completo el fondo del embudo y es posible que no se recolecten algunos sólidos. También es difícil quitar los discos de filtro de este tipo de embudo de filtro sin dañarlos. Sin embargo, los embudos de Büchner funcionan bien para el análisis de SDT.

Se recomiendan los siguientes aparatos:

Los discos de filtro se denominan de manera informal *papeles de filtro* aunque están hechos de fibra de vidrio y no de papel.

- Aparato de embudo de filtro o crisol de Gooch
- *Discos de filtro* de fibra de vidrio: Grado 934AH de Whatman, Gelman tipo A/E, Millipore tipo AP40, E-D Scientific Specialties grado 161; los filtros Environmental Express Pro Weigh o equivalentes son aceptables. Los filtros de fibra de vidrio deben tener un tamaño de poros de 2.0 µm o menos. Elija un tamaño de filtro de entre 2.2 y 12.5 cm de diámetro. Haga coincidir el tamaño del filtro con el aparato del embudo de filtro para que el filtro cubra todo el fondo del embudo.
- Matraces de vacío, 500 mL o más grandes
- Bomba de vacío o aspirador de agua
- Horno de secado, 103 a 105 °C (217.4 a 221 °F)
- Platos de pesaje de aluminio
- Cápsulas de evaporación de porcelana (solo para sólidos volátiles en suspensión [SVS])

Figura 9.37 Embudo de Büchner y disco de filtro (reimpreso con autorización de Indigo Water Group)

- Horno controlado a 550 °C ± 50 °C (1022 °F ± 122 °F)
- Balanza analítica capaz de medir hasta el 0.0001 g (0.1 mg) más cercano
- Desecador con desecante
- Cilindro graduado
- Pipeta de boca ancha: una pipeta de boca ancha es fundamental para la medición exacta de muestras como lodo activado, LAP y LAR. Una pipeta de boca estrecha es más propensa a las obstrucciones y puede cizallar los sólidos en una muestra de lodo activado.

En la Figura 9.38 se muestra cómo dos matraces de vacío (B y C) pueden conectarse en serie para formar una trampa de agua entre el embudo de filtro (A) y la bomba de vacío (D). El segundo matraz (C) puede llenarse de forma holgada con algodón u otro material absorbente. El único objetivo de la trampa de agua es evitar que la humedad ingrese a la bomba de vacío (D), donde puede provocar corrosión y una posible falla de la bomba.

El agua de Tipo III tiene una conductividad de menos de 5.0 microsiemens (μS) a 25 °C (77 °F). Se produce con la utilización de ósmosis inversa, que elimina del 90 % al 99 % de todos los contaminantes.

REACTIVOS

Para el análisis de SST no se requieren reactivos, excepto agua de Tipo III. Para la presentación de informes regulatorios se requiere una solución estándar certificada. Los estándares se pueden comprar a una variedad de fuentes.

ASEGURAMIENTO DE CALIDAD Y CONTROL DE CALIDAD

Al analizar las muestras para el control del proceso, es posible que los operadores no cuenten con el tiempo o los recursos necesarios para analizar todas las muestras de aseguramiento de calidad recomendadas. Los estándares certificados pueden ser costosos. Es aceptable disminuir la frecuencia del análisis para la mayoría de las muestras de QA/QC al analizar las muestras de control del proceso; sin embargo, las muestras de QA/QC deben continuar analizándose de forma regular para garantizar la calidad de los datos. Como mínimo, se deben analizar un blanco y un duplicado con cada lote. Los operadores deben equilibrar el beneficio obtenido al analizar una muestra de QA/QC en particular en función de los recursos disponibles. El control del proceso es tan bueno como los datos de laboratorio en los que se basa.

Para la presentación de informes regulatorios, en los *métodos estándar* (*Standard Methods*) (APHA et al., 2017) se recomienda la siguiente cantidad mínima de muestras de aseguramiento de calidad:

- Un blanco del filtro por lote de 20 muestras o menos. Los blancos siempre deben ser inferiores al MDL. Cuando los blancos son superiores, es un indicio de que es posible que algunas o todas las muestras en el lote se hayan contaminado o que los discos de filtro no se hayan secado el tiempo suficiente y que aún haya agua. Para el análisis de SST, el blanco del filtro consta de 100 mL de agua de Tipo III que se pasa a través de un disco de filtro prelavado y que se trata como si fuese una muestra regular. El peso inicial y el peso final del blanco del filtro no deben diferir en más de 0.5 mg.

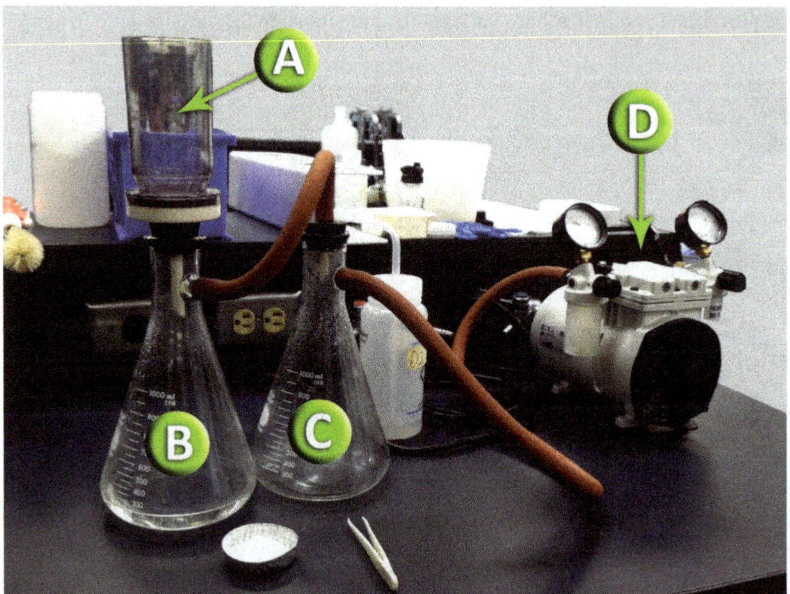

Figura 9.38 Embudo de filtro, bomba de vacío y trampa de agua para el filtrado de muestras de SST (reimpreso con autorización de Indigo Water Group)

- El estándar certificado debe coincidir dentro del ±10 % de su valor certificado o estar dentro de los límites especificados en el certificado del fabricante. Se debe analizar un estándar una vez cada 20 muestras o una vez por lote, lo que sea más frecuente.
- Al menos el 10 % de todas las muestras debe analizarse por duplicado. Los duplicados deben coincidir con una diferencia menor al 5 % de su peso promedio.

Los *métodos estándar* (*Standard Methods*) (APHA et al., 2017) solo requiere un disco de filtro por muestra. Muchas muestras de aguas residuales, en especial las muestras del caudal de entrada, no son homogéneas y pueden contener partículas grandes. El control de calidad puede mejorarse al analizar todas las muestras por duplicado con dos discos de filtro por muestra. Los resultados duplicados se promedian para obtener un resultado único que se puede informar para cada muestra.

RECOLECCIÓN, PRESERVACIÓN Y TIEMPOS DE RETENCIÓN DE MUESTRAS

Las muestras deben recolectarse en botellas de vidrio o plástico. El operador debe garantizar que los sólidos dentro de la muestra no se adhieran a las paredes del contenedor. Además, la muestra se debe refrigerar a ≤6 °C (≤42.8 °F) hasta que esté lista para el análisis. Las muestras deben llevarse a temperatura ambiente justo antes del análisis. Lo ideal es no retener las muestras durante más de 24 horas antes del análisis. Las muestras nunca se deben retener durante más de 7 días.

PROCEDIMIENTO

Paso 1: Lavar previamente y secar los filtros. El operador debe tener en cuenta lo siguiente sobre el paso 1:

- El paso de lavado previo elimina el material de filtro suelto. Este paso es fundamental para obtener resultados exactos y precisos. Si los filtros no se lavan previamente, los resultados finales pueden quedar sesgados como bajos. Siempre incluya un blanco del filtro, incluso al analizar muestras de control del proceso. Si se utilizan discos de filtro de fibra de vidrio preparados previamente, este paso puede eliminarse.
- Deben lavarse dos discos de filtro de fibra de vidrio para el análisis de cada muestra.
  1. Coloque un disco de filtro nuevo y limpio en el soporte del embudo. El disco de filtro debe colocarse con el lateral rugoso hacia arriba. Utilice pinzas como se muestra en la Figura 9.39. Si toca el disco de filtro, lo puede contaminar con aceite y suciedad de los dedos. Para este paso pueden utilizarse embudos de filtro magnético o crisoles de Gooch.
  2. Agregue la tapa del embudo y asegúrela.
  3. Agregue 20 mL de agua de laboratorio de Tipo III al embudo de filtro y lave el filtro.
  4. Repita el Paso 3 dos veces más para lograr un total de 60 mL de agua de enjuague. Asegúrese de que el filtro se drene por completo antes de agregar la siguiente alícuota.

Este procedimiento supone la utilización de un aparato del embudo de filtro magnético o un filtro similar de dos partes. Cuando se utilizan crisoles de Gooch, el disco de filtro permanece en el fondo del crisol durante todo el procedimiento. No se lo quita ni se lo transfiere a una bandeja de aluminio. Se pesa todo el ensamblaje del crisol de Gooch con disco de filtro.

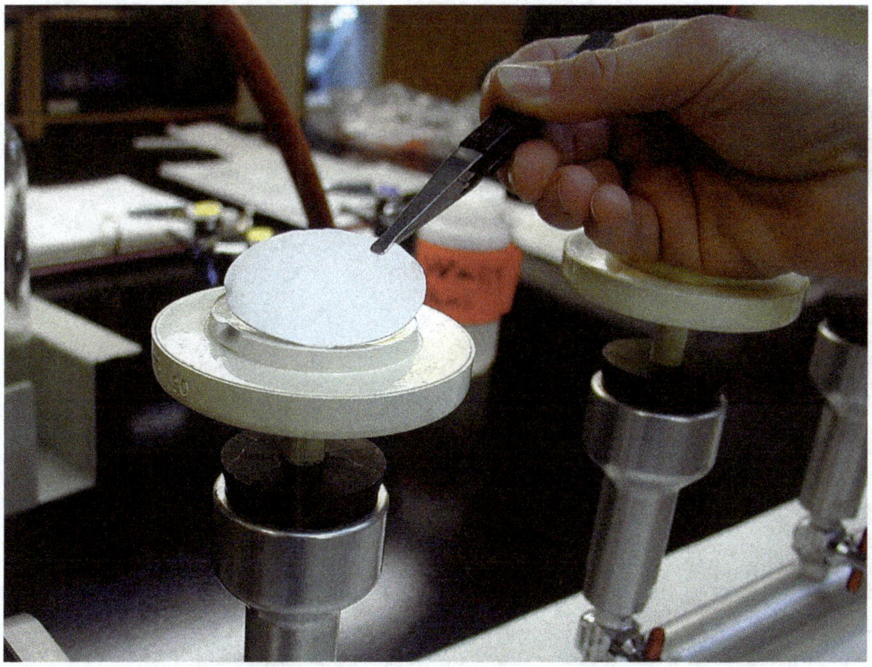

Figura 9.39 Colocación del disco de filtro en el soporte del embudo (reimpreso con autorización de Indigo Water Group)

5. Quite el embudo.
6. Inspeccione el disco de filtro visualmente para verificar que está lo más seco posible antes de quitarlo. Si el disco está demasiado húmedo, se adherirá al fondo de la bandeja de secado. Esto puede provocar que parte del filtro se rompa después del secado.
7. Utilice pinzas para quitar con cuidado el disco de filtro lavado y colocarlo en bandejas de aluminio numeradas o etiquetadas (Figura 9.40).
8. Incline o enrosque el disco de filtro de manera que el disco de filtro toque la bandeja lo menos posible.

Paso 2: Seque los filtros hasta alcanzar un peso constante.

1. Seque los filtros en sus bandejas numeradas a entre 103 y 105 °C (217.4 y 221 °F) durante al menos 1 hora.
2. Si se requieren SVS, coloque los discos de filtro en sus bandejas numeradas en un horno a 550 °C (1022 °F) durante al menos 15 minutos.
3. Retire los filtros y las bandejas del horno de secado.
4. Coloque los filtros y las bandejas en el desecador para que se enfríen.
5. Asegúrese de que los discos de filtro están completamente fríos antes de continuar con el siguiente paso.

Muchos laboratorios lavan previamente los filtros la noche anterior y los dejan en el desecador hasta la mañana. De esa forma, siempre están listos para usar.

Paso 3: Pese cada disco de filtro con una balanza analítica. Registre el peso inicial del filtro al 0.0001 g (0.1 mg) más cercano en la hoja de datos y coloque el disco de filtro en una bandeja de aluminio numerada. Asegúrese de que el número en la hoja de datos corresponda al número en la bandeja para cada disco de filtro.

Paso 4: Lleve las muestras a temperatura ambiente antes del análisis.

Paso 5: Divida las muestras en alícuotas. El operador y analista debe tener en cuenta lo siguiente sobre el paso 4:

- El objetivo es tener entre 2.5 y 200 mg de sólidos en el disco de filtro. Aumente el volumen de la muestra a 1000 mL.
- Dado que el exceso de residuos en el filtro puede formar una costra que atrapa el agua, limite el tamaño de la muestra a un rendimiento de no más de 200 mg de residuos. Si se cumple este requisito, el filtrado de las muestras no debe tomar más de un par de minutos.
- Para los volúmenes de las muestras de 25 mL o mayores, debe utilizarse un cilindro graduado para dividir la muestra en alícuotas. Los volúmenes de las muestras menores a 25 mL deben medirse con una pipeta de boca ancha.
- Los volúmenes de las muestras recomendados se enumeran en la Tabla 9.8. Estos volúmenes son solo un punto de partida. Cada WRRF es diferente y es posible que los volúmenes de las muestras deban ajustarse hacia arriba o hacia abajo en consecuencia. *Es importante recordar que siempre se debe utilizar el volumen de las muestras más grande que podrá pasar fácilmente a través del disco de filtro*. Los volúmenes de las muestras más grandes tienen una mayor probabilidad de ser representativos que los volúmenes más pequeños.

Figura 9.40 Bandejas de aluminio que retienen los filtros de SST después de la filtración de la muestra (reimpreso con autorización de Indigo Water Group)

Tabla 9.8 Volúmenes de las muestras recomendados para el análisis de SST (WEF, 2012)

Tipo de muestra	Volumen recomendado
Caudal de entrada de la instalación	25 a 50 mL
Caudal de entrada y efluente del clarificador primario	25 a 100 mL
Caudal de entrada y efluente del filtro percolador	25 a 100 mL
Depósito de lodo activado (MLSS)	5 a 10 mL
Lodo activado recirculado	3 a 5 mL
Lodo activado de purga	3 a 5 mL
Efluente del clarificador secundario	200 a 1000 mL
Procesos unitarios terciarios	200 a 1000 mL
Efluente final	200 a 1000 mL

1. Coloque cada disco de filtro en orden consecutivo en el aparato de filtración al vacío. Utilice una pequeña cantidad de agua de Tipo III para asentar cada filtro.
2. Coloque un embudo de filtro magnético sobre cada filtro.
3. Agregue la muestra en el embudo de filtro.
   (a) Primero filtre los blancos y el estándar. El siguiente conjunto de filtros debe ser las muestras del efluente final. Filtre todas las muestras de líquido antes de comenzar con los lodos más espesos. El cambio de muestras limpias a sucias ayudará a evitar los problemas de contaminación cruzada.
   (b) Mezcle o agite por completo cada muestra inmediatamente antes de tomar una alícuota. Vierta los volúmenes de las muestras de acuerdo con la hoja de datos a través del disco de filtro correspondiente y aplique succión. Si pareciera que una muestra contiene muchas más o menos partículas de lo normal, ajuste el tamaño de alícuota en consecuencia y tome nota del nuevo tamaño de alícuota en la hoja de datos.

Paso 6: Si se utilizó un cilindro graduado para medir la muestra, enjuague el interior del cilindro graduado con agua desionizada. Agregue las sustancias de enjuague al embudo de filtro con la muestra.

Paso 7: Si se utilizó una pipeta para dividir la muestra en alícuotas, se debe proceder con cuidado para evitar que la pipeta toque los lados del embudo de filtro. Asegúrese de cubrir por completo el disco de filtro con la muestra. Si quedan áreas secas en el disco de filtro, la succión no será la suficiente como para secar por completo el disco de filtro. El aire simplemente pasará a través de las partes más secas del disco.

Paso 8: Después de que la muestra pase completamente a través del filtro, enjuague el disco de filtro con tres partes de 10 mL de agua desionizada. Espere entre cada enjuague hasta que el agua se drene por completo. Es importante tener en cuenta que para las muestras altas en sólidos que se dividieron en alícuotas con una pipeta tal vez no sea deseable lavar el embudo y el disco de filtro. Para estas muestras, es probable que el agua se acumule en la parte superior del disco de filtro en lugar de pasar a través de él. Algunas muestras en las que el lavado del disco de filtro puede provocar dificultades incluyen los MLSS, el LAR y el LAP.

El enjuague del disco de filtro con agua desionizada ayuda a eliminar los SDT que puedan quedar atrapados en el disco de filtro. Con las muestras de MLSS, LAR y LAP, el error ingresado por la falta de enjuague de las muestras es aceptable.

Paso 9: Quite con cuidado la tapa del embudo de filtro. Inspeccione visualmente el disco de filtro para asegurarse de que está seco. Es posible que sea necesario esperar varios minutos para que el filtro se seque tanto como sea posible.

Paso 10: Retire el disco de filtro con pinzas y colóquelo en la bandeja de aluminio correctamente numerada. (En la Figura 9.41, el laboratorio representado utiliza bandejas de metal en lugar de bandejas de aluminio).

Paso 11: Repita el procedimiento para todas las muestras restantes.

Paso 12: Coloque los discos de filtro en un horno de secado y seque los filtros hasta alcanzar un peso constante.

1. Seque los filtros en sus bandejas numeradas a entre 103 y 105 °C (217 y 221 °F) durante al menos 1 hora.
2. Retire los filtros y las bandejas del horno de secado.
3. Coloque los filtros y las bandejas en el desecador para que se enfríen.
4. Asegúrese de que los discos de filtro están completamente fríos antes de continuar con el siguiente paso.

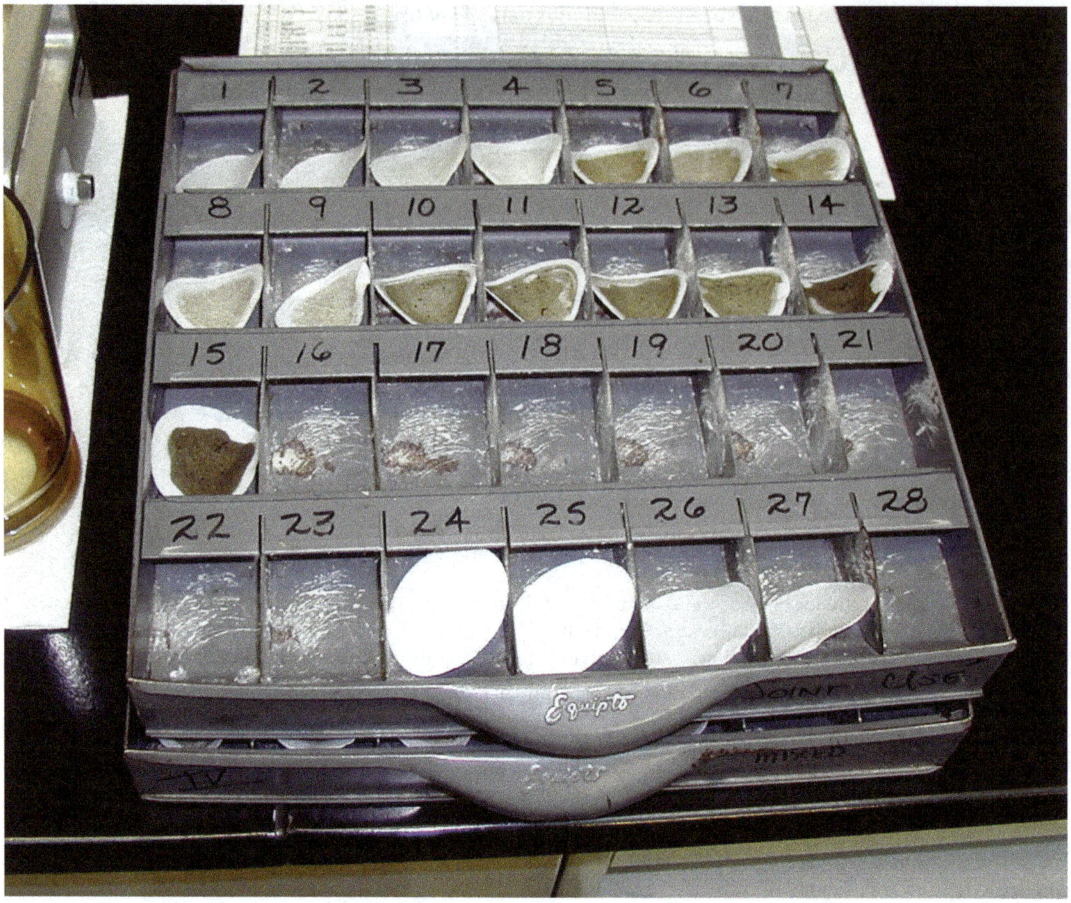

Figura 9.41 Discos de filtro en bandejas de metal (reimpreso con autorización de Indigo Water Group)

Paso 13: Pese los discos de filtro terminados con una balanza analítica hasta el 0.0001 g (0.1 mg) más cercano. Registre el peso en gramos en la hoja de datos y coloque los discos de filtro nuevamente en sus bandejas de aluminio numeradas. Asegúrese de que el número en la hoja de datos corresponde al número en la bandeja para cada disco de filtro.

Los *métodos estándar* (*Standard Methods*) (APHA et al., 2017) requieren que se repitan los pasos 11 y 12 hasta que el peso no presente más cambios. Esto se define como una diferencia de no más del 4 % o de 0.5 mg entre los pesajes. En la práctica, el operador y analista aprenderá rápidamente cuánto le toma a las muestras secarse hasta lograr un *peso uniforme*.

Paso 14: Calcule los SST en miligramos por litro.

Paso 15: Si se necesitan sólidos volátiles en suspensión totales (*total volatile suspended solids*, TVSS), coloque la cápsula del paso anterior en un horno a 550 °C (1022 °F) hasta que la mezcla se queme por completo. La cantidad de tiempo hasta la quema por completo (incineración) depende del tamaño de la muestra. Para la mayoría de las muestras, 15 minutos suelen ser suficientes para incinerar toda la muestra. En los *métodos estándar* (*Standard Methods*) (APHA et al., 2017) se recomiendan ciclos repetidos de incineración, refrigeración y pesaje hasta alcanzar un peso constante. Esto no es necesario para las muestras de control del proceso.

Paso 16: Retire la cápsula del horno. Utilice guantes pesados y resistentes al calor, y tenazas para transferir las cápsulas del horno a una superficie resistente al calor. Algunos mosaicos de cerámica sobre la mesa de trabajo protegerán la encimera del laboratorio contra el calor.

Para las muestras de control del proceso, la *uniformidad* es más importante que seguir los detalles precisos del método. Si se utiliza el mismo tiempo de secado para las muestras de control del proceso cada vez que se las analiza, los resultados de un día pueden compararse con facilidad con los del día siguiente.

Paso 17: Deje que la cápsula se enfríe parcialmente con el aire hasta que la mayor parte del calor se haya disipado.

Paso 18: Transfiera la cápsula a un desecador y déjela enfriar a temperatura ambiente.

Paso 19: Pese la cápsula y registre el peso hasta el 0.0001 g (0.1 mg) más cercano. Si no está seguro de que se obtuvo la masa constante, registre el peso, vuelva a calentarla y pesarla hasta que el peso no presente cambios.

Paso 20: Calcule los TVSS en miligramos por litro.

CÁLCULOS

Los sólidos en suspensión totales y los TVSS se calculan con las Ecuaciones 9.10 y 9.11, respectivamente.

$$\text{Sólidos en suspensión totales,}\frac{\text{mg}}{\text{L}}=\frac{(A-B)\times 1000\text{ mL/L}}{\text{Volumen de la muestra, mL}} \quad (9.10)$$

$$\text{Total de sólidos volátiles en suspensión,}\frac{\text{mg}}{\text{L}}=\frac{(C-D)\times 1000\text{ mL/L}}{\text{Volumen de la muestra, mL}} \quad (9.11)$$

Donde:

A = peso del filtro más los residuos secados en miligramos

B = peso del filtro en miligramos

C = peso del filtro más los residuos secados antes de la incineración en miligramos

D = peso del filtro más los residuos secados después de la incineración en miligramos

Tenga en cuenta que los pesos registrados de la balanza están en gramos. Deben convertirse a miligramos antes de que se los pueda ingresar a las ecuaciones.

CÁLCULO DE EJEMPLO

Una muestra de 50 mL del efluente primario se analizó para SST. El peso inicial del filtro, después de ser lavado y secado, fue de 0.1234 g. El peso del filtro secado, antes de la incineración, fue de 0.1372 g. Determine la concentración de SST en la muestra en miligramos por litro.

Paso 1: Convierta gramos a miligramos.

$$\frac{0.1234\text{ g}}{}\left|\frac{1000\text{ mg}}{1\text{ g}}\right|=123.4\text{ mg}$$

$$\frac{0.1372\text{ g}}{}\left|\frac{1000\text{ mg}}{1\text{ g}}\right|=137.2\text{ mg}$$

Paso 2: Calcule los SST en mg/L.

$$\text{Sólidos en suspensión totales,}\frac{\text{mg}}{\text{L}}=\frac{(A-B)\times 1000\text{ mL/L}}{\text{Volumen de la muestra, mL}}$$

$$\text{Sólidos en suspensión totales,}\frac{\text{mg}}{\text{L}}=\frac{(137.2\text{ mg}-123.4\text{ mg})\times 1000\text{ mL/L}}{50\text{ mL}}$$

$$\text{Sólidos en suspensión totales,}\frac{\text{mg}}{\text{L}}=\frac{13.8\text{ mg}\times 1000\text{ mL/L}}{50\text{ mL}}$$

$$\text{Sólidos en suspensión totales,}\frac{\text{mg}}{\text{L}}=276$$

PRESENTACIÓN DE INFORMES

Los resultados de las muestras se informan en miligramos por litro.

RESOLUCIÓN DE PROBLEMAS Y SUGERENCIAS

En la Tabla 9.9 se presentan sugerencias de resolución de problemas para el análisis de SST.

Tabla 9.9 Resolución de problemas para el análisis de SST

Problema	Causa probable
El resultado del estándar es menor al valor certificado.	1. El estándar no se agitó o mezcló lo suficiente antes de dividirlo en alícuotas. 2. El estándar se vertió con demasiada lentitud o se lo dejó reposar sobre la mesa de trabajo después de la mezcla. 3. Orificio en el disco de filtro. 4. Los discos de filtro no se refrigeraron de forma adecuada antes del pesaje. Los filtros cálidos crean una corriente ascendente de aire en la balanza, lo que provoca que el filtro pese menos.
El resultado del estándar es mayor al valor certificado.	1. Los discos de filtro no se secaron lo suficiente. 2. Elementos de vidrio sucios. 3. El estándar puede estar comprometido. Si los usos anteriores fueron bajos y estuvieron fuera del rango, el estándar puede haber estado concentrado en la botella. Una tapa suelta puede permitir que el estándar se evapore, lo que provoca el aumento de la concentración.
El blanco del filtro presentó un cambio de más de 0.5 mg entre el peso inicial y final.	1. Los discos de filtro no se lavaron previamente de forma adecuada. 2. El aumento en el peso puede indicar: (a) un tiempo inadecuado de secado del filtro, o (b) que un elemento de vidrio sucio contaminó el filtro. 3. La disminución en el peso puede implicar que los filtros no se lavaron previamente de forma adecuada. El material adicional del filtro se perdió durante el análisis. 4. Pérdida de material del filtro: posiblemente se adhirió a la bandeja de secado. 5. La balanza no está calibrada en el pesaje inicial o final, o en ambos. 6. Los discos de filtro no se refrigeraron de forma adecuada antes del pesaje. Los filtros cálidos crean una corriente ascendente de aire en la balanza, lo que provoca que el filtro pese menos.
Las réplicas y los duplicados de las muestras no coinciden dentro del 5 % de la RPD.	1. Muestras densas. Busque diferencias visuales obvias entre los discos de filtro. 2. La muestra no se mezcló bien entre las alícuotas.

COMPROBACIÓN DE CONOCIMIENTOS

1. **Los volúmenes más grandes de las muestras pueden filtrarse cuando se utilizan discos de filtro de mayor diámetro.**
   - ☐ Verdadero
   - ☐ Falso

2. **Una indicación de que se está acumulando demasiado material en el disco de filtro es que el filtrado de la muestra toma más de algunos minutos.**
   - ☐ Verdadero
   - ☐ Falso

3. **Es aceptable dejar áreas secas en el disco de filtro cuando se filtran pequeños volúmenes de las muestras.**
   - ☐ Verdadero
   - ☐ Falso

4. **Si se acumulan más de 200 mg de material en el disco de filtro durante el análisis de SST:**
   a. El filtro debe dividirse en dos
   b. Se necesita un disco de filtro más pequeño
   c. Se puede formar una costra que atrapa agua
   d. Se debe aumentar el volumen de las muestras

5. **Este tipo de embudo de filtro no se debe utilizar para el análisis de SST:**
   a. Magnético
   b. De vidrio
   c. De Gooch
   d. De Büchner

6. **Al medir volúmenes de las muestras pequeños para el análisis de SST, se debe utilizar este tipo de dispositivo de medición:**
   a. Vaso de precipitado
   b. Pipeta de boca ancha
   c. Cilindro graduado
   d. Pipeta de transferencia

7. **¿Con qué frecuencia se debe incluir un estándar certificado en el análisis de SST al analizar muestras que se informarán en el informe de monitoreo de descarga?**
   a. Una vez por lote
   b. Una vez al día
   c. Trimestralmente
   d. Anualmente

8. **El lavado previo de los discos de filtro para el análisis de SST:**
   a. Disminuye el tamaño de los poros del filtro
   b. Asienta el filtro en el embudo
   c. Elimina el material suelto del filtro
   d. Reduce la grasa de las huellas digitales

9. **Los discos de filtro de sólidos en suspensión totales pueden manipularse con:**
   a. Los dedos
   b. Pinzas
   c. Guantes
   d. Palillos

10. **Los discos de filtro deben secarse a __________ al determinar los SST.**
   a. 95 °C (203 °F)
   b. 104 °C (219.2 °F)
   c. 300 °C (572 °F)
   d. 550 °C (1022 °F)

11. **Después de completar la filtración de la muestra, los discos de filtro de SST deben secarse:**
   a. Hasta que los bordes se enrosquen
   b. Durante al menos 24 horas
   c. Hasta alcanzar un peso constante
   d. A 104 °F (219.2 °F) durante 1 hora

12. **Con la siguiente información, calcule la concentración de SST en la muestra original. Peso inicial del filtro = 0.1134 g, peso del filtro más los residuos después del secado = 0.1372 g, volumen de la muestra = 75 mL.**
   a. 3.17 mg/L
   b. 31.7 mg/L
   c. 317 mg/L
   d. 3170 mg/L

13. **Un blanco del filtro se analiza con un lote de muestras en el análisis de SST. El peso inicial del filtro fue de 0.1234 g y el peso final del filtro fue de 0.1225 g. ¿Cuál es el motivo más probable de que el peso final sea menor al peso inicial?**
   a. Lavado previo en exceso del disco de filtro
   b. Lavado previo inadecuado del disco de filtro
   c. Transferencia de materiales desde elementos de vidrio sucio
   d. El filtro no se secó lo suficiente

14. **Varias alícuotas de la misma muestra se filtran para determinar el mejor volumen de la muestra para utilizar en análisis futuros. Se utilizaron tamaños de alícuotas de 50, 100, 150 y 200 mL. La muestra pasó con facilidad a través del filtro para cada uno de los tres primeros volúmenes. Con la muestra de 200 mL, el operador debió esperar más de 15 minutos para que toda la muestra pase a través del filtro. ¿Qué volumen de la muestra debe utilizarse en análisis futuros?**
   a. 50 mL
   b. 100 mL
   c. 150 mL
   d. 200 mL

15. **Un operador filtró una muestra de caudal de entrada para el análisis de SST. Después de que la muestra pasó por completo a través del disco de filtro, el operador enjuagó el filtro con varias alícuotas de agua desionizada para:**
   a. Eliminar los sólidos disueltos
   b. Facilitar la remoción del filtro
   c. Distribuir de manera uniforme los sólidos
   d. Compactar los sólidos

16. **Dos alícuotas de la misma muestra de licor mezclado se analizaron para SST. El primer resultado fue de 2200 mg/L y el segundo resultado fue de 2560 mg/L. Calcule la RPD entre las dos mediciones.**
   a. 1.2 %
   b. 7.0 %
   c. 8.6 %
   d. 15.2 %

DEMANDA BIOQUÍMICA DE OXÍGENO

El análisis de DBO estima la concentración orgánica de las aguas residuales al medir la cantidad de oxígeno consumido por los microorganismos a medida que degradan o "comen" los componentes orgánicos de los residuos. El análisis de DBO se utiliza principalmente para la presentación de informes al NPDES, pero también se puede utilizar para la determinación de la carga del proceso, la F : M y la eficiencia del tratamiento.

Las muestras se examinan antes de comenzar con el análisis para garantizar que no contienen cloro residual y que el pH está dentro de un rango aceptable. Después las muestras se diluyen con agua con *buffer* que contiene sales y nutrientes. Estos pasos ayudan a garantizar que los microorganismos en el análisis pueden prosperar. Después de medir la concentración de OD inicial para cada muestra, las muestras se incuban en la oscuridad a 20 °C (68 °F). En los Estados Unidos, las muestras se incuban durante 5 días (DBO_5). En otros países, se prefiere un análisis de DBO a 7 días. Algunas agencias reguladoras comenzaron a utilizar la DBO final (DBOF), en la que las muestras se incuban durante 30 a 60 días o más. Al final del periodo de incubación, la concentración de OD se mide nuevamente y la DBO se calcula en mg/L. El operador puede consultar el Método 4500-O G-01 para conocer el método de oxígeno disuelto y electrodo de membrana y el Método 5210 B-2011 para la DBO_5 de los *métodos estándar* (*Standard Methods*) (APHA et al., 2017).

No todas las muestras de aguas residuales contienen la cantidad suficiente de microorganismos vivos como para consumir el material orgánico en la muestra. Se pueden agregar microorganismos adicionales mediante la "inoculación" de las muestras. Los microorganismos del inóculo proporcionan una cantidad pequeña de DBO al análisis. Esta contribución se resta del resultado de la muestra antes de la presentación de informes. Las muestras de DBO pueden filtrarse a través de un filtro de 0.45 μm para determinar la concentración de DBOs. Puede agregarse un inhibidor de *nitrificación* a las botellas para muestras individuales para evitar que las bacterias nitrificantes conviertan el amoníaco en nitrato durante el análisis. Cuanto esto se realiza, los resultados se informan como DBOC. El oxígeno utilizado para convertir el amoníaco en nitrito y nitrato se denomina demanda de oxígeno de compuestos nitrogenados (DON)

La *nitrificación* es la conversión de amoníaco (NH_3) en nitrito (NO_2^-) y nitrato (NO_3^-). Si la nitrificación se produce durante el periodo de incubación, el resultado de la DBO incluirá tanto el oxígeno utilizado para consumir el material orgánico (DBOC) como el oxígeno utilizado para convertir el amoníaco en nitrito y nitrato (DON).

$$\text{DBO} = \text{DBOC} + \text{DON} \tag{9.12}$$

INTERFERENCIAS

El análisis de DBO depende de la actividad de los microorganismos. Cualquier elemento en la muestra que inhiba su crecimiento puede afectar la exactitud del análisis. Las sustancias que se sabe que inhiben el crecimiento de microorganismos incluyen el pH, el cloro residual, los metales pesados y los compuestos orgánicos tóxicos. Si la nitrificación se produce durante el periodo de incubación, el resultado de la DBO incluirá tanto el oxígeno utilizado para consumir el material orgánico como el oxígeno utilizado para convertir el amoníaco en nitrito y nitrato, lo que provocaría un aumento en el resultado final.

Otras posibles interferencias incluyen las siguientes:

- Las sondas con membranas o sensores ópticos responden a la presión parcial de oxígeno, que es una función de la altitud (presión atmosférica) y las sales inorgánicas disueltas.
  - Muchos medidores nuevos corrigen de forma automática la presión atmosférica. Si el medidor no la corrige de forma automática, es posible que el operador deba ingresar la presión atmosférica o la altitud de forma manual.
  - Los factores de conversión pueden calcularse a partir de la concentración de OD en comparación con la salinidad. Esto debe desarrollarse de forma experimental.
  - Es posible que los gases que pueden pasar a través de la sonda de oxígeno o reaccionar con la sonda de oxígeno provoquen interferencias.
  - El sulfuro de hidrógeno puede provocar interferencias al reaccionar con el ánodo de membrana y al recubrirlo.
- Las altas concentraciones de aceite y grasa pueden obstruir la sonda óptica o la sonda de membrana.

APARATO Y MATERIALES

- Sonda óptica de OD o sonda de OD de membrana con medidor;
- Botellas de incubación de demanda bioquímica de oxígeno, 300 mL ± 3 mL de capacidad, con tapones de vidrio esmerilado;
- Tapas para botellas de DBO;
- Incubadora (capaz de mantener una temperatura de 20 ± 1 °C (68 ± 1.8 °F);
- Matraces de Erlenmeyer (250 mL, boca ancha);
- Pipeta volumétrica de punta ancha para medir muestras con sólidos en suspensión; y
- Elemento de vidrio volumétrico adecuado para la transferencia y medición de muestras. Los estándares se preparan con pipetas y matraces volumétricos de Clase A. Con las aguas residuales altas en sólidos se utilizan pipetas de punta ancha o pipetas serológicas de Clase B.

REACTIVOS

- Agua: El método no restringe la fuente de agua; puede ser agua desmineralizada, destilada, corriente o del flujo receptor, siempre y cuando esté libre de sustancias orgánicas biodegradables y sustancias que puedan inhibir el análisis, como el cloro o los metales pesados.
- Prepare soluciones madre de *buffer* para formular agua de dilución de DBO. Los operadores pueden esterilizar en autoclave las soluciones de *buffer* y almacenarlas a 4 °C (38.2 °F) para evitar el crecimiento bacteriano durante el almacenamiento. De manera alternativa, los amortiguadores de soluciones de *buffer* y las soluciones madre pueden comprarse ya hechas a diferentes proveedores.
  - Solución de *buffer* de fosfato: Disuelva 8.5 g de fosfato de potasio monobásico (KH_2PO_4), 21.75 g de fosfato de potasio dibásico (K_2HPO_4), 33.4 g de cristales de fosfato de sodio dibásico heptahidrato ($Na_2HPO_4 \cdot 7H_2O$) y 1.7 g de cloruro de amonio (NH_4Cl) en alrededor de 500 mL de agua desionizada y diluya a 1 L. El pH debe ser de 7.2 sin realizar ajustes adicionales (grado de la *American Chemical Society* [ACS] o superior). Almacene la solución a ≤6 °C (≤42.8 °F).
  - Solución de sulfato de magnesio: Disuelva 22.5 g de cristales de sulfato de magnesio ($MgSO_4 \cdot 7H_2O$) en agua desionizada y diluya a 1 L (grado de la ACS o superior).

- Solución de cloruro de calcio: Disuelva 27.5 g de cloruro de calcio anhidro ($CaCl_2$) en agua desionizada y diluya a 1 L (grado de la ACS o superior).
- Solución de cloruro férrico: Disuelva 0.25 g de cloruro férrico ($FeCl_3$•$6H_2O$) en agua desionizada y diluya a 1 L (grado de la ACS o superior).

- Agua de dilución: Agregue 1 mL de cada solución de *buffer* de fosfato, de sulfato de magnesio, de cloruro de calcio y de cloruro férrico a cada litro de agua desionizada. Si se desean 5 L de agua de dilución, agregue 5 mL de cada solución. Esta agua no demostró una reducción en el OD de más de 0.2 mg/L desde el inicio hasta el final del análisis de DBO_5. El agua de dilución debe agitarse o aerearse con una pequeña bomba de acuario para saturarla con OD. El agua de dilución debe estar a 20 °C (68 °F) antes de usarla.

  Algunos laboratorios tuvieron éxito al colocar un tambor limpio de agua de dilución *sin nutrientes* en la incubadora de DBO durante la noche para garantizar que el agua esté a 20 °C (68 °F) al inicio del análisis. El agregado de nutrientes por adelantado puede provocar el crecimiento de bacterias y algas en el tambor. Si esto sucede, se debe limpiar el tambor con una solución de blanqueador diluido y se lo debe enjuagar por completo. No se recomienda el almacenamiento del agua de dilución preparada durante más de 24 horas después del agregado de nutrientes. Deseche el agua almacenada si el blanco de agua de dilución muestra una reducción del OD de más de 0.2 mg/L en 5 días.

  Las sales agregadas al agua de dilución hacen dos cosas importantes. En primer lugar, las salen hacen que el agua de dilución tenga casi la misma concentración de sales que el interior de las bacterias. Esto es importante. Si no hay sales en el agua de dilución, las bacterias absorberán cada vez más agua para intentar igualar sus concentraciones internas y externas de sales. Finalmente, el aumento en el agua provocará la ruptura de las bacterias y, por ende, la muerte de las bacterias. Una gran cantidad de bacterias muertas provocará una menor reducción de oxígeno. El resultado de la DBO se sesgará como bajo. La segunda cosa que el agua de dilución hace es proporcionar nutrientes importantes, como el nitrógeno, fósforo y hierro, que las bacterias necesitan para vivir, prosperar y sobrevivir. Es posible que estos nutrientes no estén presentes en las muestras en cantidades lo suficientemente grandes como para proporcionarles a las bacterias las mejores condiciones de crecimiento, por lo que se agregan nutrientes adicionales para garantizar las condiciones óptimas para la supervivencia bacteriana.
- Solución de inoculación: Algunas muestras no contienen la cantidad suficiente de microorganismos vivos como para completar el análisis de DBO. Para estas muestras, inocule el agua de dilución o la muestra mediante el agregado de microorganismos. La solución de inoculación puede ser el sobrenadante de las aguas residuales domésticas sedimentadas, el efluente del clarificador primario, el licor mezclado diluido de un depósito de aeración o un efluente sin desinfectar. Sedimente las aguas residuales domésticas a temperatura ambiente durante al menos 1 hora, pero no más de 36 horas, antes de usarlas. Vierta la parte transparente de la muestra y utilícela para el inóculo. Cuando se utiliza el efluente o el licor mezclado, se recomienda la inhibición de la nitrificación. También están disponibles inóculos comerciales. Si se utiliza un inóculo comercial en seco, se debe rehidratar en el laboratorio con el agua de dilución de DBO con *buffer* antes de usarlo. El inóculo comercial puede ser más fácil de usar para algunas instalaciones porque la concentración del inóculo puede ser más consistente que la del caudal de entrada o el efluente primario.

Independientemente de que se utilicen aguas residuales, licor mezclado o inóculo comercial, solo debe utilizarse el sobrenadante. Las partículas en la solución de inoculación pueden transferir grandes cantidad de microorganismos a algunas botellas para muestras, mientras que las botellas sin partículas recibirán una menor cantidad de microorganismos.

- Solución de sulfito de sodio, aproximadamente 0.025 N: Disuelva 1.575 g de sulfito de sodio (Na_2SO_3) en 1 L de agua desionizada. La solución no es estable; prepare a diario cuando se requiera la descloración de las muestras de aguas residuales.
- Inhibidor de nitrificación: Utilice 2-cloro-6-(triclorometil) piridina de grado reactivo. También se pueden utilizar productos comerciales. Alternativamente, utilice la solución de aliltiourea. Disuelva 2.0 g de aliltiourea ($C_4H_8N_2S$) en 500 mL de agua y diluya a 1 L. Almacene a 4 °C (39.2 °F) durante 2 semanas como máximo.
- Solución de hidróxido de sodio, 1 N: Solo se requiere cuando se necesita el ajuste de pH de las muestras de aguas residuales.
- Solución de ácido sulfúrico, 1 N: Solo se requiere cuando se necesita el ajuste de pH de las muestras de aguas residuales.
- Seque la glucosa de grado reactivo y el ácido glutámico de grado reactivo (solución de glucosa y ácido glutámico [G/GA]) a 103 °C (217.4 °F) durante 1 hora. Almacénelos en un desecador hasta que se los necesite. Agregue 0.1500 g ($\pm$0.0001 g) de glucosa y 0.1500 g ($\pm$0.0001 g) de ácido glutámico a un matraz volumétrico de 1 L y diluya hasta el volumen con agua. Esta solución es adecuada durante 7 días si se la mantiene estéril y refrigerada a $\leq$6 °C $\pm$ 2 °C ($\leq$42.7 °F $\pm$ 3.6 °F). Esta solución debe reemplazarse si se enturbia o muestra signos de contaminación bacteriana o química (grado de la ACS o superior). El estándar terminado debe tener una concentración de DBO_5 de 198 mg/L.
- Los estándares comerciales de G/GA pueden comprarse, pero las concentraciones pueden variar. La concentración final debe ser de 198 mg/L. Esta solución debe mantenerse estéril y refrigerada a $\leq$6 °C $\pm$ 2 °C ($\leq$42.7 °F $\pm$ 3.6 °F). La solución debe reemplazarse si se enturbia o muestra signos de contaminación bacteriana o química. Algunos estándares de G/GA pueden comprarse como ampollas de un solo uso, lo que elimina el potencial de contaminación.

ASEGURAMIENTO DE CALIDAD Y CONTROL DE CALIDAD

El procedimiento de DBO requiere diferentes tipos de muestras de QA/QC para garantizar que los resultados de las muestras sean exactos y precisos. Lea esta sección por completo antes de comenzar con el análisis de DBO. Las muestras de QA/QC requeridas incluyen blancos de reactivo, controles de inóculo en diferentes diluciones, dos estándares de G/GA, varias diluciones por muestra y un duplicado de laboratorio.

El *agua de dilución con buffer* es agua de dilución a la que ya se le agregaron sales y nutrientes.

Blancos

Los blancos deben prepararse para representar cada tipo de análisis realizado dentro del lote. Los blancos de inóculo también se denominan controles de inóculo. Se deben preparar los siguientes blancos:

- Blanco de DBO sin inóculo: una botella de 300 mL de *agua de dilución con buffer*
- Blancos de DBO con inóculo: en general, muestras de 6, 9 y 12 mL de inóculo agregadas a tres botellas de DBO por separado y diluidas con agua de dilución con *buffer*
- Blanco de DBOC sin inóculo: una botella de 300 mL de agua de dilución con *buffer* con agregado de inhibidor de nitrificación
- Blanco de DBO con inóculo: en general, muestras de 10, 20 y 30 mL de inóculo agregadas a tres botellas de DBO por separado y diluidas con agua de dilución con *buffer*

El propósito del blanco de agua de dilución sin inóculo es determinar si el agua de dilución o el elemento de vidrio contaminado están agregando DBO a las muestras. El blanco de agua de dilución debe exhibir <0.2 mg/L de reducción de OD en 5 días de incubación. Si el blanco de agua de dilución presenta un cambio mayor a esta cantidad, debe verificarse la limpieza de las botellas de DBO, del tambor de agua de dilución y de otros materiales de vidrio. Los blancos de agua de alta dilución también pueden ser el resultado de la presencia de sustancias orgánicas y trazas de metales en el agua de dilución. El contenedor utilizado para la mezcla del agua de dilución también puede estar contaminado; por lo tanto, se deben limpiar por completo todos los equipos y las botellas.

El propósito del análisis de los blancos de agua de dilución con inóculo es determinar el contenido de DBO del inóculo. Cuando se inoculan las muestras para agregar bacterias, también se agrega DBO a la muestra. Si se desconoce la cantidad de DBO agregada, puede restarse del resultado de la muestra final. Se debe preparar un mínimo de tres blancos con inóculo para que se pueda determinar el contenido de DBO del inóculo. Lo ideal es que la botella de inóculo con la mayor cantidad de inóculo provoque al menos un 50 % de reducción de OD. El gráfico de reducción de OD en miligramos por litro en comparación con mililitros de inóculo agregado debe ser una línea recta. La pendiente de la línea indica la reducción de OD por mililitro de inóculo. De manera alternativa, divida la reducción de OD por el volumen del inóculo para cada botella de control de inóculo y después haga un promedio de los resultados.

Se debe agregar una cantidad suficiente de inóculo a las muestras con inóculo para provocar una reducción de OD de entre 0.6 y 1.0 mg/L. Sin embargo, la cantidad de inóculo agregada a las botellas para muestras debe ajustarse hacia arriba o hacia abajo para que el estándar de G/GA esté dentro de 198 ± 30.5 mg/L, incluso si provoca que la contribución del blanco de inóculo sea mayor a 1.0 mg/L. Si el estándar de G/GA es uniformemente bajo, la cantidad de inóculo agregada debe aumentarse. Si el estándar de G/GA es uniformemente alto, la cantidad de inóculo agregada debe disminuirse. Es importante tener en cuenta que la cantidad de inóculo agregada a los estándares de G/GA y a todas las muestras debe ser la misma. El propósito del estándar de G/GA es determinar si hay una cantidad suficiente de microorganismos vivos y activos como para consumir la materia orgánica disponible.

La inoculación de las muestras puede ser un poco compleja porque el contenido de DBO del inóculo no se conocerá hasta que se complete el análisis. El operador debe basarse en la experiencia previa, las muestras recientes y el juicio profesional para determinar la cantidad de inóculo que se debe agregar a cada muestra.

Estándar de G/GA

Los *métodos estándar* (*Standard Methods*) (APHA et al., 2017) requieren la inclusión de tres diluciones de un estándar de G/GA con cada lote de muestras. Transfiera 6 mL de la solución preparada de glucosa y ácido glutámico a cada una de las tres botellas de DBO de 300 mL. El volumen de los estándares de G/GA comprados debe ajustarse según las instrucciones del fabricante para obtener un resultado de DBO final de 198 mg/L. Agregue el volumen deseado de solución de inoculación y diluya con DBO o agua de dilución de DBOC. El resultado del promedio de DBO obtenido para las tres botellas debe ser de 198 ± 30.5 mg/L de DBO. Esto es después de corregir para dilución e inoculación. Si el valor promedio cae uniformemente fuera de este rango, se deben tomar medidas correctivas.

Réplicas

Los *métodos estándar* (*Standard Methods*) (APHA et al., 2017) requieren un mínimo de tres diluciones para cada muestra. El método recomienda la preparación de cinco diluciones para cada muestra, pero permite la preparación de una menor cantidad de botellas cuando el analista está familiarizado con la muestra. Las diluciones adicionales ayudan a garantizar al menos un resultado válido. La diferencia entre las réplicas válidas más altas y más bajas de una muestra determinada debe ser menor al 30 % respecto de la otra.

Duplicados

Se analizan duplicados en cada tipo de lote. Por lo tanto, debe prepararse un duplicado real para cada conjunto de DBO y DBOC de muestras con y sin inóculo. La RPD de los duplicados debe ser de <20 %. Si hay solo una dilución válida, debe informarse el resultado de una sola botella.

Criterios de aceptación

Para que los resultados de las muestras se consideren válidos, se deben cumplir los siguientes criterios:

- La muestra debe reducir al menos 2 mg/L de OD durante el periodo de análisis.
- Debe haber un resto de 1 mg/L de OD en la botella de la muestra.

Los resultados de las muestras que no cumplen con estos criterios no son válidos y no se deben utilizar para fines de presentación de informes. Si no es posible recolectar otra muestra y todas las otras muestras de QA/QC están dentro de los límites, es posible que se deban informar las muestras que no cumplan con los criterios de reducción. En una situación en la que ninguna de las alícuotas de la muestra reduce al menos 2 mg/L de OD, el operador debe calcular el resultado de DBO_5 para la alícuota más grande e informar el resultado de DBO_5 como menor a ese número. Por ejemplo, si una alícuota de la muestra de 240 mL solo reduce 1.5 mg/L de OD, el resultado debe informarse como <2 mg/L. En el futuro, se debe utilizar una alícuota más grande, de ser posible. En una situación en la que todas las alícuotas de la muestra reducen hasta el punto en el que hay <1 mg/L de OD en cada botella para muestras, el resultado de DBO_5 debe calcularse para la alícuota más pequeña y el resultado de DBO_5 debe informarse como mayor a ese número. En el futuro, se deben utilizar alícuotas más pequeñas.

Las muestras que consumen la cantidad suficiente de OD como para disminuir la concentración por debajo de 1 mg/L pueden contener una mayor cantidad de DBO de la que se está midiendo. Es posible que las bacterias hayan consumido más DBO si tuvieron acceso a una mayor cantidad de oxígeno. El crecimiento de muchas bacterias se reduce cuando las concentraciones de oxígeno disminuyen por debajo de 1 mg/L. Por estos motivos, se deben seleccionar tamaños de las muestras que eviten la reducción por debajo de 1 mg/L de OD.

RECOLECCIÓN, PRESERVACIÓN Y TIEMPOS DE RETENCIÓN DE MUESTRAS

Las muestras para el análisis de DBO deben recolectarse en contenedores de vidrio o plástico. Las muestras deben refrigerarse a ≤6 °C (≤42.8 °F) cuando no se las analiza de inmediato. Las muestras no se deben congelar. Las muestras se deben analizar dentro de las 6 horas posteriores a la recolección, pero pueden retenerse hasta durante 24 horas. En el caso de las muestras compuestas, el tiempo de retención comienza cuando se recolecta la última alícuota de la muestra compuesta.

PROCEDIMIENTO

Paso 1: Limpieza de los elementos de vidrio. Las botellas de demanda bioquímica de oxígeno deben estar extremadamente limpias. La mayoría de las veces, el lavado con agua caliente y detergente de laboratorio es suficiente para limpiar por completo las botellas de DBO. Es importante recordar que nunca se debe introducir un cepillo para botellas dentro de la botella porque podría rayar el vidrio, lo que dificultaría la limpieza completa de las botellas en el futuro. Si los blancos de agua de dilución son mayores a 0.2 mg/L de reducción de oxígeno, es posible que se necesite un procedimiento de limpieza más riguroso. Una solución de limpieza adecuada es una mezcla de *dicromato de ácido* creada a partir de la disolución de 60 a 65 g de dicromato de sodio o potasio en 30 a 35 mL de agua caliente, después de dejar que la mezcla se enfríe lentamente, y el agregado de ácido sulfúrico concentrado para crear una solución de 1 L. La solución puede reutilizarse hasta que comience a cambiar el color a verde. Las botellas pueden limpiarse al agregar parte de la solución para vaciar las botellas y al girarlas suavemente para cubrir todas las superficies. Asegúrese de limpiar también las tapas. Las botellas deben enjuagarse por completo con agua corriente y después con agua destilada. Las botellas limpias pueden almacenarse hasta que se las utilice.

El *dicromato de ácido* debe manipularse con precaución. Los ácidos concentrados dañarán las prendas de vestir y la mayoría de los metales y provocarán quemaduras de piel si no se los lava correctamente. Se deben utilizar anteojos o gafas de seguridad, guantes de goma y delantales de goma. Una solución de ácido clorhídrico al 10 % puede ser una solución más segura para la mezcla de dicromato de ácido.

Paso 2: Prepare la solución de inoculación y el agua de dilución con *buffer*. El operador y analista debe garantizar que el agua de dilución esté a 20 °C ± 3 °C (68 °F ± 5.4 °F) antes de su uso. Los *métodos estándar* (*Standard Methods*) (APHA et al., 2017) requieren que la medición inicial de OD del agua de dilución sea al menos de 7.5 mg/L, aunque quizás esto no sea posible con elevaciones altas. Si el OD es bajo, agregue OD mediante la agitación de la botella o la aeración con aire filtrado libre de sustancias orgánicas.

Paso 3: Asegúrese de que todas las muestras y el agua de dilución están a 20 °C ± 3 °C (68 °F ± 5.4 °F).

Paso 4: Verifique el pH de cada muestra a analizar. Si el pH de la muestra no es de entre 6.0 y 8.0 s.u., ajuste el pH de la muestra a entre 7.0 y 7.2 con hidróxido de sodio o ácido sulfúrico en consecuencia. La cantidad de ácido o base agregada no puede diluir la muestra en más de un 0.5 %. El pH del agua de dilución no debe verse afectado por la dilución de la muestra más baja. Siempre inocule las muestras cuyo pH se ajustó.

Paso 5: Verifique las muestras cloradas previamente para detectar la presencia de cloro residual. Se pueden utilizar tiras reactivas o *kits* de análisis de cloro. Si el cloro residual está presente, agregue una solución de sulfito de sodio 0.025 N a la muestra para neutralizarla. Tenga cuidado de no agregar más sulfito de sodio de lo que sea estrictamente necesario porque consumirá el OD.

La cantidad máxima de oxígeno que puede disolverse en una muestra depende de la temperatura y la elevación (presión atmosférica). El agua fría contiene más gas disuelto que el agua cálida. Las muestras no se pueden aerear en exceso al agitarlas demasiado o aerearlas con aire comprimido.

Paso 6: Elimine el exceso de OD de las muestras sobresaturadas. Las muestras frías pueden contener exceso de oxígeno después de ser calentadas a 20 °C (68 °F). Elimine el exceso de OD en la muestra al llevar la muestra a aproximadamente 20 °C (68 °F) en una botella parcialmente llena mientras la agita de forma vigorosa o la aerea con aire comprimido.

Paso 7: Determine las diluciones requeridas para cada muestra. Los tamaños de alícuota típicos para las muestras de rutina se proporcionan en la Tabla 9.10. Es posible que se los deba ajustar para las WRRF individuales en función de los datos históricos y el juicio y experiencia profesional del operador. Si los datos de DQO están disponibles, la DBO_5 para las aguas residuales domésticas del caudal de entrada puede estimarse al dividir el valor de DQO por un factor de 2. Esto es solo un estimado y no puede utilizarse para fines de presentación de informes. Para las muestras recolectadas de otras ubicaciones y para las aguas residuales industriales, una relación de DBO/DQO debe establecerse mediante la utilización de datos históricos antes de que los resultados de DQO puedan utilizarse para estimar de forma confiable las concentraciones de DBO.

Si se realizan análisis de DBO y DQO sobre las mismas muestras de forma periódica, se puede desarrollar una relación entre DBO y DQO para esas muestras.

Conforme a los *métodos estándar* (*Standard Methods*) (APHA et al., 2017), método 5210 B-2011 para la DBO_5, el tamaño de alícuota más grande que debe utilizarse para el análisis de DBO es de 20 mL en una botella de DBO de 300 mL (67 % del volumen total de la botella). De lo contrario, no habrá una cantidad suficiente de dilución con *buffer* o inóculo en la botella. Existen paquetes disponibles comercialmente de nutrientes concentrados creados específicamente para el agregado de nutrientes a las botellas de DBO con volúmenes de muestras superiores a 240 mL. Si están disponibles, se puede utilizar un volumen de las muestras más grande; sin embargo, los nutrientes se deben agregar directamente a la botella de DBO.

Paso 8: Se deben etiquetar las botellas de DBO o se deben registrar los números de las botellas en la hoja de asientos de DBO (Figura 9.42). El orden de las botellas de DBO se debe aleatorizar. A menos que el laboratorio esté utilizando botellas de DBO desechables, se volverán a utilizar las mismas botellas para un lote y el siguiente. Es importante que todas las botellas tengan una probabilidad aleatoria de ser llenadas con blanco, estándar o muestra. El blanco de agua de dilución y los blancos de inóculo, en particular, deben cumplir ciclos aleatorios a través de todas las botellas de DBO en el laboratorio. Recuerde que el propósito del blanco de agua de dilución es detectar la contaminación. No puede cumplir esta función si siempre se ubica en la misma botella de DBO limpia.

Paso 9: Comience a agregar las muestras en las botellas de DBO. Registre los volúmenes de las muestras y cualquier dilución realizada en la hoja de asientos de DBO. Para los volúmenes de las muestras de 25 mL e inferiores, se debe utilizar una pipeta de boca ancha. Para los volúmenes de las muestras de 25 mL o mayores, se debe utilizar un cilindro graduado del tamaño adecuado. Con cada lote, se debe incluir un blanco de agua de dilución, al menos dos blancos de inóculo y dos estándares. Para cada muestra, se deben realizar al menos tres diluciones y preferentemente tres. Para las muestras desconocidas, en los *métodos estándar* (*Standard Methods*) (APHA et al., 2017) se recomienda la utilización de cinco diluciones.

Si la concentración prevista de la muestra es superior a 560 mg/L, la muestra debe diluirse (1 parte de muestra y 9 partes de agua de dilución) antes de agregar de 3 a 6 mL de la muestra diluida a la botella de DBO para el análisis. El volumen mínimo de alícuota transferido a la botella de DBO será de 3 mL, según lo establecido por los *métodos estándar* (*Standard Methods*) (APHA et al., 2017).

Paso 10: Para las muestras que deben inocularse, se debe utilizar una pipeta de boca ancha para agregar la cantidad necesaria de solución de inoculación a cada botella para muestras para reducir entre 0.6 y 1.0 mg/L de OD. El inóculo también debe agregarse a las tres botellas de blanco de inóculo y a cada botella de estándar (G/GA). La solución de inoculación no se debe agregar al blanco de agua de dilución.

Tabla 9.10 Tamaños de alícuota de la muestra para muestras de rutina de aguas residuales domésticas

Tipo de muestra	Tamaño de alícuota, mL	Rango de DBO_5, mg/L
Estándar de 198 mg/L	6–6[a]	100-325
Caudal de entrada crudo	4-9	67-488
Efluente primario	8-18	33-244
Efluente del filtro percolador	15-30	20-130
Efluente del clarificador secundario	90-120	5-22
Procesos unitarios terciarios	210-240	3-9
Efluente final	150-300	2-13

[a]Agregue cantidades suficientes de la solución de G/GA para proporcionar 3.0 mg de glucosa/L y 3.0 mg de ácido glutámico/L. Es posible que sea necesario ajustar el volumen de las muestras según la concentración inicial de la solución de G/GA.

Figura 9.42 Botellas de DBO etiquetadas con QA/QC (reimpreso con autorización de Indigo Water Group)

Paso 11: Si se realiza el análisis para DBOC, se debe agregar un inhibidor de nitrificación a cada botella para muestras. El inhibidor de nitrificación no se debe agregar al estándar. Si se analizan muestras para DBO y DBOC, deben prepararse dos conjuntos de agua de dilución y blancos de inóculo. El inhibidor de nitrificación se debe agregar a uno de los conjuntos de blancos.

Paso 12: Calibre el medidor de OD según las instrucciones del fabricante. Asegúrese de verificar que la presión atmosférica se corrigió para la altitud. Por ejemplo, en Denver, Colorado, debe configurarse para 630 mm de mercurio, no para los 760 mm de mercurio utilizados a nivel del mar.

Paso 13: Llene la primera botella de DBO hasta la parte superior del cuello con agua de dilución aereada. Un tambor con un grifo en el fondo es conveniente para el agregado de agua de dilución. Una manguera con abrazadera de manguera puede utilizarse para controlar y detener el caudal (Figura 9.43). Agregue el agua de dilución lentamente, con cuidado de que no ingresen burbujas de aire. Sacuda o golpee suavemente las botellas para liberar todas las burbujas de aire que se forman.

Figura 9.43 Agregado de agua de dilución de DBO (reimpreso con autorización de Indigo Water Group)

Si la sonda de OD no está equipada con un mecanismo de agitación, se debe introducir con cuidado una barra agitadora en cada botella de DBO. Coloque la botella con la barra agitadora en la placa agitadora.

Paso 14: Mida la concentración inicial de OD de cada muestra dentro de los 30 minutos posteriores al agregado de agua de dilución. Coloque el soporte de la sonda de OD en la primera botella de DBO y en la sonda de OD. La mezcla debe agitarse durante la medición. La mayoría de las sondas de DBO está equipada con un mecanismo de agitación. Transfiera todo el ensamblaje a la placa agitadora (Figura 9.44). Observe con atención el fondo de la sonda de OD para verificar que no queden burbujas de aire atrapadas contra ella. Golpee suavemente para eliminar todas las burbujas de aire antes de tomar la medición. Lea y registre la concentración inicial de OD en miligramos por litro en la hoja de asientos. El agua de dilución debe saturarse con OD. A 20 °C (68 °F) y a nivel del mar, el agua de dilución debe tener una concentración de OD de alrededor de 9.5 mg/L. A medida que aumenta la altitud, la concentración de OD saturado disminuye. Las mediciones de OD para las muestras dependerán de la altitud del laboratorio y del porcentaje de la muestra en la botella de DBO.

Paso 15: Después de la lectura, retire la sonda y el soporte de la sonda de la botella y enjuáguelos bien con agua desionizada.

Paso 16: Coloque el tapón y la tapa de la botella de DBO (Figura 9.45). El agua debe desplazarse hasta arriba del tapón para formar un sello de agua. Se puede agregar más agua de dilución según sea necesario para formar el sello de agua. Asegúrese de que no haya burbujas de aire en la botella. Si se observa una burbuja de aire, destape la botella y agregue más agua de dilución.

La tapa de plástico colocada sobre el tapón de la botella de DBO ayuda a reducir la evaporación del sello de agua.

Paso 17: Repita del paso 13 al paso 16 para cada botella de DBO. Para evitar la contaminación cruzada, primero realice la lectura de los blancos de agua de dilución y después continúe con las muestras desde las más limpias hasta las más sucias en función de la concentración prevista de DBO de la muestra.

Paso 18: Transfiera todas las botellas de DBO en el lote a la incubadora de DBO. Registre en la hoja de asientos la fecha y hora de la colocación de la botella en la incubadora.

Las botellas de demanda bioquímica de oxígeno deben mantenerse en la oscuridad para evitar el crecimiento de algas. Las algas producen oxígeno cuando se las expone a la luz solar. Si se agrega oxígeno a la botella de DBO durante el análisis, los resultados se sesgarán como bajos.

Paso 19: Incube a 20 °C ± 1 °C (68 °F ± 1.8 °F) durante 5 días ± 4 horas en la oscuridad.

Paso 20: Retire las botellas de DBO de la incubadora de DBO. Registre la fecha y hora en la hoja de asientos.

Paso 21: Verifique cada botella para detectar burbujas de aire atrapadas. Es posible que las botellas con burbujas de aire visibles no se puedan utilizar para calcular un resultado de DBO; dichas botellas se deben registrar en la hoja de asientos.

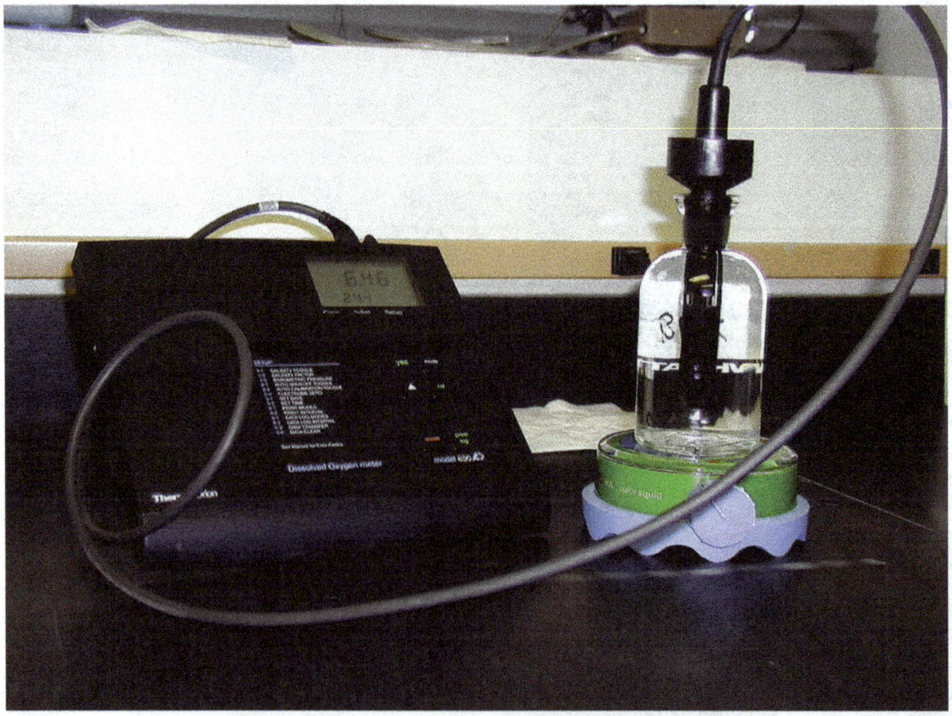

Figura 9.44 Medidor de oxígeno disuelto, placa agitadora y sonda (reimpreso con autorización de Indigo Water Group)

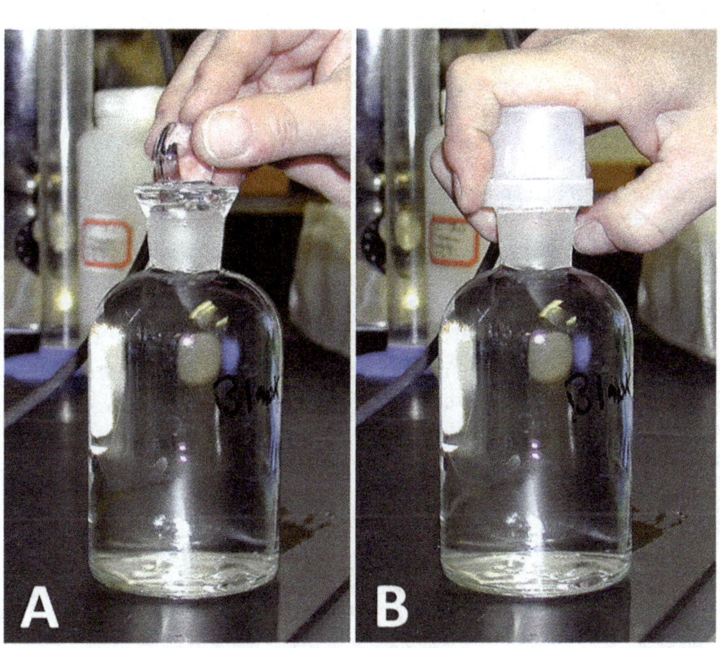

Figura 9.45 Colocación de tapón y tapa de la botella de DBO (reimpreso con autorización de Indigo Water Group)

Paso 22: Calibre el medidor de OD según las instrucciones del fabricante. Asegúrese de verificar que la presión atmosférica se corrigió para la altitud según sea necesario.

Paso 23: Destape y retire el tapón de una botella por vez. Cuando se abren las botellas, comienzan a absorber oxígeno del aire de inmediato. Manténgalas con el tapón ajustado hasta justo antes de que usted esté listo para medir el OD en esa botella.

Paso 24: Coloque el soporte de la sonda de OD en la primera botella de DBO e inserte la sonda de OD. Transfiera todo el ensamblaje a la placa agitadora. Lea y registre la concentración final de OD en miligramos por litro en la hoja de asientos.

Paso 25: Después de la lectura, retire la sonda y el soporte de la sonda de la botella y enjuáguelos bien con agua desionizada.

Paso 26: Repita desde el paso 23 hasta el 25 para cada botella de DBO.

Paso 27: Calcule los resultados.

CÁLCULOS

Para cada botella de análisis que tenga al menos 2.0 mg/L de reducción del OD y al menos 1.0 mg/L de OD restante, la DBO debe calcularse con la ecuación 9.13 para las muestras sin inóculo o la ecuación 9.14 para las muestras con inóculo. Se utilizan las mismas ecuaciones para DBO, DBOC y DBOs y DBOC soluble (DBOCs).

$$\text{DBO}_{\text{sin inóculo}} = \frac{[(\text{OD inicial, mg / L}) - (\text{OD final, mg / L})][300\text{ mL}]}{\text{mL de muestra}} \tag{9.13}$$

$$\text{DBO}_{\text{sin inóculo}} = \frac{[(\text{OD inicial, mg / L}) - (\text{OD final, mg / L}) - (\text{Factor de corrección de inóculo, mg / L})][300\text{ mL}]}{\text{mL de muestra}} \tag{9.14}$$

El factor de corrección de inóculo se calcula al determinar primero la reducción del OD de cada blanco de inóculo. La reducción del OD es simplemente la concentración inicial de OD de cada botella menos la concentración final de OD. Después, divida la reducción del OD de cada blanco de inóculo por el volumen de inóculo agregado para determinar los miligramos por litro de OD reducido por mililitros de inóculo. Este es el factor de corrección de inóculo.

CÁLCULO DE EJEMPLO

En la Figura 9.46 se presenta un ejemplo de hoja de asientos de DBO. Observe que los números de las botellas de DBO están aleatorizados (A). Esto permite que el blanco de agua de dilución detecte la contaminación proveniente de los elementos de vidrio limpiado de forma inadecuada. El volumen de la muestra (B) y el factor de dilución (C) están enumerados para cada muestra. El factor de dilución se calcula al dividir el volumen de la muestra en mililitros por el volumen de botella de DBO de 300 mL. La hoja de asientos tiene una columna donde se toma nota de si se agregó o no el inhibidor de nitrificación a la muestra (D).

Se crearon tres diluciones de un inóculo comercial para determinar la concentración del inóculo (botellas 19, 7 y 32). La concentración inicial de OD (E) y la concentración final de OD (F) se midieron para cada botella y se registraron en la hoja de asientos. La reducción de OD por mililitros de inóculo agregado se calculó e ingresó en la columna O. El cálculo para la primera dilución de inóculo se calcula como:

$$\text{Agotamiento del OD, }\frac{\text{mg}}{\text{L}}\text{ por mL de inóculo} = \frac{\left(\text{OD inicial, }\frac{\text{mg}}{\text{L}}\right) - \left(\text{OD final, }\frac{\text{mg}}{\text{L}}\right)}{\text{Volumen de inóculo, mL}}$$

$$\text{Agotamiento del OD, }\frac{\text{mg}}{\text{L}}\text{ por mL de inóculo} = \frac{7.75 - 5.10}{10}$$

$$\text{Agotamiento del OD, }\frac{\text{mg}}{\text{L}}\text{ por mL de inóculo} = \frac{2.65}{10}$$

$$\text{Agotamiento del OD, }\frac{\text{mg}}{\text{L}}\text{ por mL de inóculo} = 0.27$$

Los resultados para las tres diluciones de inóculo se promedian para obtener un único resultado (H). En este caso, el inóculo agotó 0.26 mg/L por mililitro de solución de inoculación. Según este método, la cantidad de inóculo que debe agregarse al estándar y a todas las muestras con inóculo es la cantidad requerida para producir una reducción de oxígeno de entre 0.6 y 1.0 mg/L en total. El operador eligió utilizar 3 mL de solución de inoculación (J) porque 3 veces 0.26 mg/L = 0.79 mg/L (K), que está dentro del rango deseado. Recuerde que el resultado del inóculo para este lote de muestras no estará disponible hasta que se complete el análisis. Los operadores deben basarse en la experiencia previa y en el criterio profesional para estimar el volumen de inóculo. Observe que el blanco de agua de dilución no está inoculado, ni tampoco las aguas residuales del caudal de entrada (L). El caudal de entrada debe contar con una cantidad suficiente de bacterias vivas, por lo que no se requieren bacterias adicionales. El efluente está inoculado porque se desinfectó previamente.

Dos de las botellas para muestras deben rechazarse porque no cumplen con los requisitos para la reducción. Se las etiqueta como "M" y "N" en la Figura 9.46. La primera botella no consumió al menos 2 mg/L de OD (M). La segunda botella tiene menos de 1 mg/L de OD restante (N). Puede utilizarse cada una de las botellas restantes para calcular la DBO con la ecuación 9.12 o la ecuación 9.13. El resultado de DBO con inóculo para la segunda dilución del efluente final (botella n.° 5) se calcula como:

$$\text{DBO}_{\text{con inóculo}} = \frac{[(\text{OD inicial, mg/L}) - (\text{OD final, mg/L}) - (\text{Factor de corrección de inóculo, mg/L})][300\text{ mL}]}{\text{mL de muestra}}$$

$$\text{DBO}_{\text{con inóculo}} = \frac{[(7.75\text{ mg/L}) - (4.32\text{ mg/L}) - (0.79\text{ mg/L})][300\text{ mL}]}{200\text{ mL}}$$

$$\text{DBO}_{\text{con inóculo}} = \frac{[2.64\text{ mg/L}][300\text{ mL}]}{200\text{ mL}}$$

$$\text{DBO}_{\text{con inóculo}} = \frac{792\text{ mg/L}\cdot\text{mL}}{200\text{ mL}}$$

$$\text{DBO}_{\text{con inóculo}} = 3.95\text{ mg/L}$$

Laboratorio de la planta de tratamiento de aguas residuales
Hoja de asientos de DBO SM#5210 B (21.ª edición)
Ingrese/verifique los datos en las celdas de color amarillo

Validación de datos/inspección de QC

El agotamiento del blanco es menor a 0.2 mg/L de OD
El estándar de G/GA tiene un valor de DBO_5 de 198 + 30.5 mg/L
No hay celdas de color rojo en la DBO_5 informada
La concentración (strength, s) del inóculo es de 0.6-1.0
El pH de todas las muestras es de 6-8.5

	Fecha	Hora	Sacamuestras	Analista	Sonda de OD	Pendiente
ENTRADA DE DBO	12/13/2017	8:00	ABC	ABC		
SALIDA DE DBO	12/18/2017	8:00	ABC	ABC		

J: 3

K: *(s)=* 0.26 *mg/L/ml*; *mL de inóculo* 0.79 *mg/L de agotamiento del inóculo previsto en la muestra.*

	Información previa al análisis		En botellas de 300 ml				Oxígeno disuelto, mg/L			DBO, mg/L		
	Muestra	Botella #	mL de muestra (300*P)	DF (P)	¿Inhibidor de la DBOC?	mL de inóculo (V_s)	OD inicial (D_1)	OD final (D_2)	OD neto (D_1-D_2)	DBO en botella BOD_5	Informada BOD_5	
		A	B	C	D	L	E	F	G	O	P	
	Blanco	6	300	1.00	N	0	7.75	7.73	0.02	0.02	0.02	
QC	G/GA 1	3	6	0.02	N	3	7.75	2.90	4.85	202.79	202.79	
QC	G/GA 2	22	6	0.02	N	3	7.75	2.85	4.9	205.29	205.29	
Inóculo*	Poliinóculo	19	10	0.03	N		7.75	5.10	2.65	0.27	0.26	H
Inóculo*	Poliinóculo	7	15	0.05	N		7.75	3.90	3.85	0.26	mg/L por mL	
Inóculo*	Poliinóculo	32	20	0.07	N		7.75	2.30	5.45	0.27	inóculo utilizado	I
Muestra	Efluente	19	150	0.50	N	3	7.75	5.90	1.85	Rechazar	3.94	M
Muestra	Efluente	5	200	0.67	N	3	7.75	4.32	3.43	3.95		
Muestra	Efluente	9	240	0.80	N	3	7.75	3.81	3.94	3.93		
Muestra 2	Caudal de entrada	48	4	0.01	N	0	7.75	5.20	2.55	191.25	183.94	
Muestra 2	Caudal de entrada	42	7	0.02	N	0	7.75	3.53	4.22	180.86		
Muestra 2	Caudal de entrada	13	10	0.03	N	0	7.75	1.76	5.99	179.70		
Muestra 2	Caudal de entrada	2	15	0.05	N	0	7.75	0.56	7.19	Rechazar		N
Muestra												
Muestra												

Figura 9.46 Hoja de asientos de DBO de muestra con cálculos (reimpreso con autorización de Indigo Water Group)

PRESENTACIÓN DE INFORMES

El MDL para el análisis de DBO es de 2 mg/L. Los resultados de las muestras que se calculan como inferiores a 2 mg/L deben informarse como de <2 mg/L. Para que los resultados de las muestras sean válidos, se deben cumplir todos los siguientes criterios:

- El blanco de agua de dilución agotó menos de 0.2 mg/L durante el periodo de incubación. Si el blanco de agua de dilución no cumple con estos criterios, no registre los resultados o, como mínimo, márquelos e indique que no cumplen con los criterios de control de calidad.
- El estándar debe ser de 198 mg/L ± 30 mg/L.
- Las botellas para muestras individuales deben haber utilizado al menos 2 mg/L de OD y deben tener al menos 1 mg/L de OD restante.
- Las réplicas deben coincidir dentro del 30 % entre la dilución válida más baja y más alta.
- Los resultados duplicados deben promediarse para obtener un resultado único final para cada muestra.
- Los duplicados deben coincidir dentro del ±20 % de la RPD.
- Los resultados del duplicado nunca se promedian con la muestra original. Debe haber un resultado para la muestra y otro resultado para el duplicado.

RESOLUCIÓN DE PROBLEMAS Y SUGERENCIAS

Existen diversos recursos disponibles para la resolución de problemas en el análisis de DBO.

COMPROBACIÓN DE CONOCIMIENTOS

1. **El análisis de DBO mide las concentraciones de los componentes orgánicos individuales en las muestras de aguas residuales.**
   - ☐ Verdadero
   - ☐ Falso

2. **En los Estados Unidos, las muestras de DBO se incuban durante 5 días en la oscuridad a 20 °C (68 °F).**
   - ☐ Verdadero
   - ☐ Falso

3. **Las concentraciones de demanda bioquímica de oxígeno pueden estimarse si se midió la concentración de DQO y se estableció una relación de DBO/DQO.**
   - ☐ Verdadero
   - ☐ Falso

4. **Cuando el inhibidor de nitrificación se agrega a las muestras en el análisis de DBO, los resultados se informan como:**
   a. DBO_5
   b. DBOF
   c. $DBOC_5$
   d. $CNOD_7$

5. **Se sabe que todas las siguientes sustancias inhiben el crecimiento de microorganismos, EXCEPTO:**
   a. pH bajo
   b. Cloro residual
   c. Metales pesados
   d. Sustancias orgánicas no tóxicas

6. **Al calibrar los medidores de OD, los operadores deben asegurarse de que el medidor está corrigiendo las diferencias en la saturación de oxígeno debido a la:**
   a. Temperatura
   b. Elevación
   c. Partición de CO_2
   d. Salinidad

7. **Se agregan sales al agua de dilución de DBO para:**
   a. Proporcionar los nutrientes necesarios
   b. Aumentar la saturación de OD
   c. Proporcionar un *buffer* contra los cambios en el pH
   d. Reducir la interferencia iónica

8. **Algunas muestras de DBO se inoculan para:**
   a. Agregar nutrientes valiosos
   b. Estandarizar los tipos de microorganismos
   c. Garantizar que hay una cantidad suficiente de microorganismos
   d. Rehidratar las bacterias formadoras de esporas

9. **¿Qué fuente de inóculo es más adecuada para el análisis de DBO?**
   a. Caudal de entrada doméstico con buena mezcla
   b. Efluente clorado
   c. Licor mezclado después de ser agitado
   d. Efluente del clarificador primario sedimentado

10. **El objetivo de los blancos de inóculo en el análisis de DBO es:**
    a. Detectar la contaminación
    b. Evaluar la calidad del agua de dilución
    c. Determinar la DBO del inóculo
    d. Evaluar la limpieza de los elementos de vidrio

11. **Se debe agregar la cantidad necesaria de inóculo al estándar de G/GA y a las muestras con inóculo para:**
    a. Consumir de 0.6 a 1.0 mg/L de OD
    b. Superar los efectos de la cloración previa
    c. Aumentar el resultado de G/GA hasta, al menos, 250 mg/L
    d. Determinar si está presente la contaminación de DBO

12. **En los *métodos estándar* (*Standard Methods*) (APHA et al., 2017) se requiere un mínimo de __________ diluciones por muestra para el análisis de DBO.**
    a. 1
    b. 2
    c. 3
    d. 5

13. **Para que los resultados de las muestras de DBO sean válidos, la muestra debe consumir al menos __________ de OD durante la totalidad del análisis.**
    a. 1 mg/L
    b. 2 mg/L
    c. 4 mg/L
    d. 6 mg/L

14. **Un operador prepara cinco diluciones de una muestra de caudal de entrada para el análisis de DBO. Al final del análisis, las cinco diluciones tienen menos de 1 mg/L de OD restante. El operador debe:**
    a. Calcular el resultado de DBO con la alícuota más grande.
    b. Aumentar la cantidad de inóculo agregado a cada muestra.
    c. Disminuir los tamaños de alícuota y repetir el análisis.
    d. Calcular el resultado de DBO y promediar los resultados.

15. **Se deben verificar las muestras para __________ y __________ antes de realizar la división en alícuotas para el análisis de DBO.**
    a. pH, SST
    b. cloro residual, alcalinidad
    c. alcalinidad, temperatura
    d. pH, cloro residual

16. El exceso de OD debe eliminarse de las muestras frías mediante:

a. El calentamiento a 20 °C (68 °F) y el agitado
b. La aeración con aire comprimido
c. El ajuste del pH con ácido
d. La refrigeración a ≤6 °C (≤42.8 °F)

17. Las tapas de plástico se colocan por encima de los tapones en las botellas de DBO para:

a. Evitar que el oxígeno ingrese a la botella de DBO
b. Evitar la evaporación del sello de agua
c. Evitar que el tapón se caiga
d. Reducir la contaminación por vía aérea

18. Las botellas de demanda bioquímica de oxígeno se incuban en una incubadora oscura:

a. Porque las incubadoras no tienen ventanas
b. Porque el oxígeno se descompone con la luz solar
c. Para evitar el crecimiento de algas
d. Para mantener la temperatura a 20 °C ± 1 °C (68 °F ± 1.8 °F)

19. Con la siguiente información, calcule la DBO. Hay tres diluciones de la misma muestra. Todas tienen la misma concentración de OD de 7 mg/L que tuvieron al inicio. La primera botella recibió 25 mL de la muestra y tenía una concentración final de OD de 6.5 mg/L. La segunda botella recibió 50 mL de la muestra y tenía una concentración final de OD de 3.5 mg/L. La tercera botella recibió 150 mL de la muestra y tenía una concentración final de OD de 0.9 mg/L.

a. 6 mg/L
b. 13 mg/L
c. 17 mg/L
d. 21 mg/L

20. El blanco de inóculo tiene una reducción promedio de 0.18 mg/L de OD por mililitro de solución de inoculación. ¿Cuál es la cantidad mínima de solución de inoculación que debe agregarse a las muestras estándar y a todas las muestras con inóculo?

a. 3 mL
b. 4 mL
c. 5 mL
d. 6 mL

RESUMEN DEL CAPÍTULO

MEDICIÓN DE CAUDAL	■ Se mide indirectamente mediante la medición de la velocidad a través de un área conocida. ■ La medición de caudal de canal abierto supone una velocidad constante y mide el cambio en el área. ■ La medición de caudal de canal cerrado supone un área constante y mide el cambio en la velocidad. ■ Los vertederos y las canaletas pueden utilizarse para medir el caudal en los canales abiertos. ■ Los vertederos y las canaletas restringen parcialmente el caudal para aumentar la velocidad. Esto provoca el aumento de la altura del agua detrás del vertedero o de la canaleta. ■ El aumento en la altura del agua se denomina *carga hidráulica*. ■ La carga hidráulica se puede correlacionar con el caudal.
MUESTRAS REPRESENTATIVAS	■ Los datos de los sistemas naturales y del tratamiento de aguas residuales tienden a seguir una curva de Gauss de distribución normal. ■ La altura y la forma de la curva de Gauss indican cuánta varianza hay en la población. ■ La desviación estándar es un cálculo realizado para cuantificar la cantidad de varianza.
TIPOS DE MUESTRA	■ Diferentes tipos de muestra son más adecuados para determinadas aplicaciones. ■ Mediciones continuas: Requieren sondas y medidores incorporados al proceso. Útiles para realizar un seguimiento de las condiciones transitorias. ■ Muestra puntual: Muestras discretas recolectadas durante 15 minutos como máximo. Útiles para determinar los valores mínimos y máximos y la eficiencia del proceso para un único punto temporal, y para realizar el seguimiento de los cambios en el desempeño durante un corto periodo de tiempo. Pueden utilizarse muestras puntuales para los parámetros que cambian rápidamente como el pH, la temperatura y el cloro residual. ■ Muestra compuesta: Se combinan varias muestras discretas para formar una única muestra más grande. Útil para determinar el desempeño promedio. La mayoría de las muestras para el cumplimiento del permiso será de muestras compuestas. No se pueden utilizar para los parámetros con un tiempo de retención menor a 24 horas. Las muestras compuestas pueden crearse con diferentes métodos, que incluyen la creación de muestras compuestas de volumen fijo o de tiempo y muestras compuestas proporcionales al caudal.
SACAMUESTRAS MANUALES	■ Los dispositivos de recolección de muestras pueden ser tan simples como una botella sujetada al extremo de una vara o tan complejos como los sacamuestras automáticos programables. Cada equipo debe utilizarse de forma adecuada para obtener muestras representativas. ■ En general, los dispositivos y contenedores de muestreo deben enjuagarse en el campo con la corriente de residuos de la que se recolectan las muestras a menos que las botellas para muestras contengan conservantes. ■ Botellas, cangilones y cucharas: Los contenedores de muestreo deben mirar aguas arriba hacia el caudal y estar completamente sumergidos para evitar recolectar material flotante no representativo. ■ Fregaderos y grifos para muestras: Se debe permitir que las líneas de las muestras funcionen el tiempo suficiente como para lavar por completo la línea de las muestras antes de tomar las muestras. ■ Sacamuestras cilíndricos: Introdúzcalos lentamente en el depósito, canal o clarificador de interés. Péguele un tirón brusco al sacamuestras cilíndrico al tocar el fondo para cerrar la válvula de muestras.
SACAMUESTRAS AUTOMÁTICOS	■ Las líneas de toma de muestras deben asegurarse con una funda rígida. ■ Ubique la toma en el medio de los canales a una profundidad del 40 % al 60 % de la profundidad de agua prevista. ■ El extremo de la manguera de toma debe apuntar directamente hacia el caudal dentro de los 20 grados. ■ La tubería de la toma debe controlarse con frecuencia para detectar detritos. ■ La elevación vertical está limitada a 6.1 m (20 ft). ■ La tubería debe tener una posición vertical o una inclinación y no debe contener caídas o curvas.

INTEGRIDAD DE LA MUESTRA	■ Las muestras deben almacenarse correctamente para evitar la contaminación, los cambios biológicos y químicos y las posibles adulteraciones. ■ El mantenimiento de la integridad de la muestra tiene cuatro componentes: selección de materiales, método de preservación, tiempo de retención y COC. ■ Selección de materiales: Los contenedores de vidrio y plástico son aceptables para la mayoría de los análisis. Para obtener una lista completa de los contenedores de muestreo y los métodos de preservación recomendados, consulte 40 CFR Parte 136. Se requiere la limpieza adecuada antes de la utilización para evitar la contaminación. Para la mayoría de los análisis, la limpieza solo requiere un detergente de laboratorio y un enjuague con agua destilada. Algunos análisis requieren procedimientos de limpieza especiales como los enjuagues con solvente o el lavado con ácido. ■ Método de preservación: En general, las muestras se refrigeran a ≤6 °C (≤42.8 °F) para minimizar los cambios biológicos y químicos. También pueden agregarse conservantes como el ácido nítrico o el hidróxido de sodio. ■ Tiempo de retención: El tiempo de retención es la cantidad de tiempo que puede pasar entre la recolección y el análisis de las muestras. Algunos parámetros son inestables y deben analizarse rápidamente. Otros parámetros, como los metales, son muy estables y pueden tener tiempos de retención de hasta 6 meses. Las muestras no se deben analizar fuera de sus tiempos de retención. ■ Cadena de custodia: La COC es un documento legal que realiza un seguimiento de las muestras desde su recolección hasta su disposición. Indica cuándo se tomó la muestra, quién la tomo, quién la analizó y si la muestra se analizó dentro de su tiempo de retención y si se preservó correctamente.
QA/QC	■ El aseguramiento de calidad es el proceso de garantizar datos de buena calidad. ■ Las muestras de control de calidad son las mediciones tomadas para identificar la calidad de los datos. ■ El MDL es la concentración más baja que puede medirse como distinta a cero. Las mediciones iguales o inferiores al MDL no son exactas. ■ El PQL o RL es la concentración que puede medirse de forma confiable y con exactitud. ■ Los blancos detectan la contaminación. Los blancos deben ser inferiores al MDL. ■ Los estándares miden la exactitud. En general, deben ser de ±10 % del valor real, pero los márgenes de aceptación varían con el método de prueba. ■ Los duplicados y las réplicas miden la precisión. En general, deben coincidir dentro de ±20 % de la RPD, pero los márgenes de aceptación varían con el método de prueba. El cálculo de la RPD no aplica para los resultados inferiores al MDL. ■ Las muestras adicionadas, también denominadas *muestras de matriz fortificada en laboratorio*, detectan interferencias que pueden sesgar los resultados como altos o bajos. ■ Los duplicados de las matrices adicionadas verifican la precisión. Se utilizan en lugar de un duplicado cuando todos los resultados son cercanos o inferiores al MDL. ■ Los estándares de calibración correlacionan la respuesta del instrumento con la concentración. ■ La verificación de calibración inicial y las CCV se utilizan para verificar que el instrumento permanece calibrado durante todo el análisis. Se deben crear a partir de un estándar de fuente secundaria. ■ No todos los tipos de muestras de control de calidad son aplicables a todos los métodos de prueba.
COLORÍMETROS Y ESPECTROFOTÓMETROS	■ Las muestras se tratan con químicos que reaccionan con el analito de interés. ■ Las muestras tratadas absorben la luz a longitudes de onda específicas. ■ La absorbancia puede correlacionarse con la concentración conforme a la ley de Beer. ■ Todo aquello que absorba o disperse la luz puede sesgar los resultados de las muestras. ■ Las curvas de calibración solo son lineales en concentraciones bajas de analitos. ■ Los resultados de las muestras superiores al rango calibrado no deben informarse. Diluya la muestra y repita el análisis. ■ El QA/QC adecuado para los colorímetros y espectrofotómetros incluye los blancos, los estándares, los duplicados y las muestras adicionadas.
PH	■ Puede medirse de forma colorimétrica o electrométrica. ■ Se utilizan *buffers* nuevos para calibrar el medidor de pH con cada uso. ■ Debe utilizarse un mínimo de dos *buffers*, y preferentemente tres, para la calibración. ■ Analice las muestras dentro de los 15 minutos posteriores a la recolección. ■ El pH es el logaritmo inverso de la concentración de ion hidrógeno: $-\text{Log}[H^+]$ ■ El pH no se puede promediar directamente. Primero convierta el pH a concentración de ion hidrógeno, después haga un promedio y vuelva a hacer la conversión a pH.

ALCALINIDAD	■ El ácido sulfúrico o clorhídrico se agrega gradualmente a la muestra hasta alcanzar el punto final. ■ El punto final de fenolftaleína se alcanza a un pH de 8.3. ■ El punto final para la alcalinidad total es un pH de 4.5. ■ Puede utilizarse un indicador que cambia de color o un medidor de pH para determinar el punto final. ■ Los análisis de alcalinidad deben incluir un estándar certificado y un duplicado de laboratorio. Los blancos y las muestras adicionadas no se utilizan con este análisis.
SST Y TVSS	■ Las muestras se filtran a través de un filtro de fibra de vidrio con poros de 2 μm o menos. ■ Los filtros deben lavarse, secarse y pesarse antes de usarlos. ■ Para la determinación de sólidos volátiles, los filtros también deben calentarse a 550 °C (1022 °F) durante al menos 15 minutos para eliminar los residuos orgánicos. ■ Los residuos recolectados se secan a entre 103 y 105 °C (217.4 y 221 °F) y se pesan. ■ No se debe recolectar más de 200 mg de residuos. De lo contrario, se puede formar una costra que atrapa agua y los resultados se sesgarán como altos. ■ Para los sólidos volátiles, los residuos filtrados deben calentarse a 550 °C (1022 °F) durante al menos 15 minutos. ■ Los cálculos de sólidos en suspensión totales y TVSS requieren el peso inicial del filtro, el peso del filtro secado más los residuos y el peso del filtro más las cenizas sumado al volumen de la muestra. ■ Las muestras de control de calidad incluyen un blanco de filtro, un estándar certificado, réplicas y duplicados.
DBO Y DBOC	■ Estima la concentración orgánica de las aguas residuales. ■ Se controlan las muestras para pH y para detectar la presencia de cloro residual. ■ Las muestras se diluyen con agua con *buffer* que contiene sales y nutrientes. ■ Se puede agregar el inhibidor de nitrificación si se determinará la DBOC. ■ Las muestras pueden filtrarse a través de un filtro de 0.45-μm para determinar la DBOs o la DBOCs. ■ Las muestras que no tengan una población adecuada de microorganismos que consuman la materia orgánica disponible deben inocularse. ■ El inóculo agrega DBO a la muestra, lo que puede restarse del resultado final. La DBO del inóculo debe determinarse mediante la realización de múltiples diluciones de la solución de inoculación sola. ■ Se mide el OD inicial y después se incuba a 20 °C (68 °F) durante 5 días. ■ Se mide el OD final. ■ Las muestras de control de calidad incluyen un blanco de agua de dilución, un blanco de inóculo, un estándar, réplicas y duplicados.

Referencias

American Public Health Association, American Water Works Association y Water Environment Federation. (2017). *Standard methods for the examination of water and wastewater* (23.ª ed.). American Public Health Association.

Grant, D. (1989). *Isco open channel flow measurement handbook* (3.ª ed.). ISCO.

Plasencia, A., Strohmeier, B. A., & Piasecki, J. D. (2012). XPS surface characterization of disposable laboratory gloves and transfer of glove components to other surfaces; *Spectroscopy Online, 27*(7). http://www.spectroscopyonline.com/xps-surface-characterization-disposable-laboratory-gloves-and-transfer-glove-components-other-surfac?id=&pageID=1&sk=&date=

Smith, R.-K. (2019). *Water and wastewater laboratory techniques* (2.ª ed.). Water Environment Federation.

Teledyne ISCO. (2016). *ISCO Open channel flow measurement handbook* (8.ª ed.). Teledyne ISCO.

U.S. Environmental Protection Agency. (1978). *Microbiological methods for monitoring the environment, water, and wastes* (EPA/600/8-78/017). U.S. Environmental Protection Agency, Environmental Monitoring and Support Laboratory, Office of Research and Development.

U.S. Environmental Protection Agency. (1982). *Handbook for sampling and sample preservation of water and wastewater* (EPA-600/4-82-029). U.S. Environmental Protection Agency, Environmental Monitoring and Support Laboratory.

U.S. Environmental Protection Agency. (1983). *Methods for chemical analysis of water and wastes.* U.S. Environmental Protection Agency.

U.S. Environmental Protection Agency. (2007). *Federal Register.* Parte III. 40 CFR Partes 136 y 503. http://www.deq.virginia.gov/vpdes/pdf/BactiFinalRule.pdf

U.S. Environmental Protection Agency. (2010). *NPDES permit writer's manual.* U.S. Environmental Protection Agency.

Water Environment Federation. (2012). *Basic laboratory procedures for the operator-analyst* (5.ª ed.). Water Environment Federation.

Water Environment Federation. (2013). *Automation of water resource recovery facilities* (4.ª ed.; Manual of Practice No. 21). Water Environment Federation.

Water Environment Federation. (2017). *Operation of water resource recovery facilities* (7.ª ed.; Manual of Practice No. 11). Water Environment Federation.

Water Environment Federation & Association of Boards of Certification. (2018). *Wastewater treatment fundamentals I—Liquid treatment.* Water Environment Federation.

Bibliografía sugerida

Code of Federal Regulations, Título 40, Partes 136 y 503.

Rogensues, A., Walsh, J., Hatcher, M., & Finger, R. (n.d.). *Influent composite sampling—Why is it so important?* Operator Fact Sheet. Water Environment Federation.

U.S. Environmental Protection Agency. (2017). *Industrial user inspection and sampling manual for POTWs* (EPA-831B17001). U.S. Environmental Protection Agency.

Water Environment Federation. (2008). *Industrial wastewater management, treatment, and disposal* (3.ª ed.; Manual of Practice No. FD-3). Water Environment Federation, p 135.

CAPÍTULO 10

Almacenamiento, manipulación y alimentación de químicos

Introducción

En general, se utilizan químicos en las instalaciones de recuperación de recursos hídricos (*water resource recovery facility*, WRRF) para eliminar componentes regulados y respaldar los procesos de tratamiento. La aplicación segura de los químicos incluye los pasos siguientes: recibir las entregas de químicos a granel, almacenar los químicos, transferirlos, dosificarlos y aplicarlos. El tratamiento químico con frecuencia puede generar cantidades importantes de lodo inerte que debe incorporarse en el proceso de manipulación y que se agregará a los sólidos disueltos totales (SDT) del efluente de la instalación. Los químicos pueden venir en cualquier fase: gaseosa, líquida (o en solución acuosa) y sólida. Debido al costo de estos químicos, la dosificación eficaz y eficiente puede tener un efecto significativo sobre el costo total de tratamiento en la WRRF.

OBJETIVOS DE APRENDIZAJE

Después de completar este capítulo, podrá:

- Identificar los químicos más comunes utilizados en el tratamiento de aguas residuales y su propósito.
- Comprender los pasos en la cadena de suministro de los químicos.
- Saber cómo descargar de manera segura los químicos a granel.
- Comprender por qué se requieren equipos de protección personal (EPP), y cuáles se requieren, al trabajar con los químicos.
- Describir la dependencia del orden de reacción en una concentración con reactante.
- Calcular una tasa de alimentación para una dosis deseada.
- Calcular una dosis según una tasa de alimentación.
- Calcular la dosis estequiométrica requerida según una ecuación química equilibrada.
- Explicar la diferencia entre químicos solos, secos y activos.
- Calcular la masa de químico activo en los químicos solos.
- Comprender los equipos, las operaciones y el mantenimiento de los sistemas de alimentación de químicos.

Objeto y función

En un proceso de tratamiento químico, el químico se utiliza para llevar a cabo la función de tratamiento principal. Esto es así en la coagulación-floculación y en la desinfección. Los químicos pueden utilizarse para controlar el entorno en el tratamiento biológico, tal como sucede al agregar cal para suplementar la alcalinidad y mantener un pH neutro en un sistema de lodo activado nitrificante. Los químicos con base en carbono como el metanol y el ácido acético pueden dosificarse para suministrar más demanda bioquímica de oxígeno carbonosa para respaldar los procesos de tratamiento biológico como la desnitrificación y la eliminación biológica del fósforo. Los sistemas de respaldo, como el de control de olores, usan en general hipoclorito de sodio e hidróxido de sodio para oxidar el sulfuro de hidrógeno y convertirlo en sulfato. El propósito de agregar un químico puede variar entre las WRRF. Además, un químico puede tener más de un propósito en una WRRF (Tabla 10.1). En general, una instalación con más parámetros en los permisos o límites más acotados deberá usar más químicos para lograr el cumplimiento.

En última instancia, la meta de un proceso de tratamiento químico es ejecutar una reacción química o bioquímica. Tal como sucede con otros procesos de tratamiento, esto se lleva a cabo en un reactor o en una serie de reactores. Estas reacciones pueden dividirse en tres categorías amplias, según la manera en que se usan en el proceso de tratamiento: control ambiental, coagulación y floculación químicas, y desinfección/descloración. También pueden dividirse según el tipo de reacción química que se produce: oxidación-reducción, ácido-base, precipitación y coagulación-floculación.

Tabla 10.1 Químicos utilizados comúnmente y sus funciones

Químico	Fórmula	Usos	Nombres comunes
Ácido acético	CH_3COOH	Lavado con ácido, eliminación de sarro, carbón suplementario como ácido graso volátil para la mejora de la eliminación biológica mejorada del fósforo	Vinagre, ácido acético glacial (ácido acético concentrado)
Carbón activo	C	Proceso de absorción utilizado para la eliminación de olores y sustancias orgánicas de flujos de agua y aire	Carbón activo en polvo, carbón activo granular, carbón
Sulfato de aluminio	$Al_2(SO_4)_3$ Más aguas de hidratación [p. ej., $Al_2(SO_4)_3 \cdot 14\ H_2O$]	Coagulación para la eliminación de SST, eliminación del fósforo, acondicionamiento del lodo	Alumbre, suministrado comúnmente como sulfato de aluminio hidratado. El número de aguas de hidratación puede variar.
Sulfato de amonio	$(NH_4)_2SO_4$	Agregado de amoníaco para cloraminación. Fuente de nitrógeno para el agregado de nutrientes.	Ninguno
Amoníaco anhídrido	NH_3	Agregado de amoníaco para cloraminación. Fuente de nitrógeno para el agregado de nutrientes.	Amoníaco líquido
Hidróxido de calcio	$Ca(OH)_2$	Coagulación, eliminación del fósforo, neutralización de ácidos (agregado de alcalinidad), ajuste del pH, acondicionamiento del lodo	Cal, cal hidratada, cal apagada
Hipoclorito de calcio	$Ca(OCl)_2$	Desinfección, control de olores, cloración	Polvo blanqueador
Óxido de calcio	CaO	Coagulación, eliminación del fósforo, neutralización de ácidos (agregado de alcalinidad), ajuste del pH, acondicionamiento del lodo	Cal viva, cal quemada, cal no apagada
Dióxido de carbono	CO_2	Ajuste del pH, recarbonación	Hielo seco
Cloro	(Cl_2)	Desinfección, oxidación, control de olores	Gas cloro
Agente antiespuma	Varios	Control de espuma	Muchos
Cloruro férrico	$FeCl_3$	Coagulación para la eliminación de SST, eliminación del fósforo, acondicionamiento del lodo, eliminación de H_2S, control de olores	Férrico, cloruro de hierro
Sulfato férrico	$Fe_2(SO_4)_3$	Coagulación para la eliminación de SST, eliminación del fósforo, acondicionamiento del lodo, eliminación de H_2S, control de olores	Sulfato de hierro
Cloruro ferroso	$FeCl_2$	Coagulación para la eliminación de SST, eliminación del fósforo, acondicionamiento del lodo, eliminación de H_2S, control de olores	Hierro ferroso, cloruro de hierro
Sulfato ferroso	$FeSO_4$	Coagulación para la eliminación de SST, eliminación del fósforo, acondicionamiento del lodo, eliminación de H_2S, control de olores	Vitriolo verde, sulfato de hierro
Glicerina	$C_3H_8O_3$	Carbono suplementario para desnitrificación	
Ácido clorhídrico	HCl	Ajuste del pH, lavado con ácido, eliminación de sarro	Ácido muriático
Peróxido de hidrógeno	H_2O_2	Destrucción del sulfuro, control de la corrosión, control del abultamiento del lodo, oxígeno disuelto suplementario, oxidación de sustancias orgánicas (limpieza de filtros)	Peróxido
Hidróxido de magnesio	$Mg(OH)_2$	Neutralización de ácidos	"Mag"
Metanol	CH_3OH	Carbono suplementario	
Ozono	O_3	Desinfección, eliminación de sabores y olores, oxidación	
Ácido peracético	CH_3COOOH	Desinfección	
Polímero	Varios, de propiedad exclusiva	Coagulante, floculante, acondicionamiento del lodo, deshidratación del lodo	"Poli", ayuda para la floculación
Aluminato de sodio	$Na_2Al_2O_4$	Coagulación para la eliminación de SST, eliminación del fósforo, acondicionamiento del lodo	Alumbre de sodio
Bicarbonato de sodio	$NaHCO_3$	Ajuste del pH, neutralización de ácidos	Bicarbonato de sodio
Bisulfito de sodio	$NaHSO_3$	Descloración, reductor	Hidrógeno sulfito sódico
Carbonato de sodio	Na_2CO_3	Ajuste del pH, neutralización de ácidos	Sosa
Hidróxido de sodio	NaOH	Ajuste del pH, neutralización de ácidos, limpieza de filtros	Soda cáustica, lejía
Hipoclorito de sodio	NaOCl	Desinfección, control de filamentos, control de olores, limpieza de filtros	"Hipo", blanqueador con cloro, blanqueador
Sulfito de sodio	Na_2SO_3	Descloración, reductor	Sulfito
Tiosulfito de sodio	$Na_2S_2O_3$	Descloración, reductor	Hiposulfito de sodio, "hipo"
Dióxido de azufre	SO_2	Descloración, reductor	
el ácido sulfúrico	H_2SO_4	Ajuste del pH	Vitriolo

Nota: SST = sólidos en suspensión totales.

El mejor ejemplo de proceso de control ambiental es agregar cal a un sistema de lodo activado nitrificante para neutralizar el ácido producido durante la nitrificación y mantener un pH favorable. Esta reacción es una *reacción ácido-base.* Otro ejemplo de proceso de control ambiental es la dosificación de una fuente de carbono suplementaria, como metanol, en un proceso de desnitrificación, lo que controla el nivel de sustrato en un proceso biológico.

Los procesos de coagulación y floculación químicas tienen la misma meta que los procesos de tratamiento biológico: la conversión de componentes solubles y no sedimentables en partículas de mayor tamaño que puedan separarse del agua. Estos procesos se utilizan en el tratamiento primario mejorado con químicos, en el tratamiento terciario y en los procesos de espesamiento y deshidratación de sólidos. Las reacciones que se producen en estos procesos incluyen coagulación-floculación y reacciones de precipitación.

El cloro es el método más comúnmente usado como proceso de desinfección. El cloro es un elemento y el cloro químico viene como gas, líquido y sólido. Las reacciones de desinfección se describen en el Capítulo 10 de *Fundamentos para el tratamiento de aguas residuales I: Tratamiento líquido* (WEF y ABC, 2018), pero el cloro es un oxidante. Un oxidante es un químico que agrega oxígeno a otra sustancia, pierde hidrógeno o pierde electrones en una reacción química. En un proceso de descloración, el poder oxidante del cloro residual se reduce al agregar una forma reducida de azufre, como dióxido de azufre o sulfito. El azufre reducido se oxida a sulfato. Esta es una reacción de oxidación-reducción. La reacción del cloro y de oxidación-reducción de azufre también se encuentra en las torres de eliminación química de olores que tratan el sulfuro de hidrógeno.

COMPROBACIÓN DE CONOCIMIENTOS

1. **Una reacción química que convierte material no soluble ni sedimentable en partículas que pueden separarse del agua por gravedad o filtración es una:**
   a. Reacción ácido-base
   b. Reacción de coagulación-floculación
   c. Reacción de oxidación-reducción
   d. Reacción de dispersión

2. **En una reacción de oxidación-reducción, el oxidante se reduce.**
   ☐ Verdadero
   ☐ Falso

3. **En un proceso de tratamiento químico, el químico se utiliza para controlar las condiciones ambientales.**
   ☐ Verdadero
   ☐ Falso

Teoría de operación

En todos los casos, la operación uniforme y confiable del proceso de tratamiento depende del suministro uniforme y confiable del químico en el punto de aplicación específico del proceso. La operación de un proceso de tratamiento químico requiere seguridad en el almacenamiento, la manipulación y la distribución del químico. El químico debe dosificarse de manera controlada y deben tenerse en cuenta las condiciones del punto de aplicación para la máxima eficacia y protección de los equipos y de la infraestructura. Un sistema de manipulación de químicos bien diseñado, operado y mantenido logrará esta meta.

La cadena de suministro de químicos (Figura 10.1) comienza, para la WRRF, en la instalación de producción del químico y continúa hasta la entrega y la recepción, el almacenamiento, la distribución, la dosificación y la aplicación.

El químico se produce en la planta química (A). Desde la planta, puede enviarse a (B) directamente a la WRRF o a un centro de almacenamiento intermedio. La confiabilidad comienza aquí con inquietudes sobre el tiempo de espera para la producción del químico, los plazos y las distancias de transporte y la posibilidad de demoras inesperadas. Las demoras pueden tener diversas causas. ¿La instalación de producción o la ruta de envío cierran cuando hay mal clima? ¿La volatilidad del mercado de químicos produce periodos de alta demanda y un suministro poco uniforme?

Cuando el químico llega a la WRRF, debe trasladase de manera segura y correcta (C) a una instalación de almacenamiento (D). Use la herramienta correcta para el trabajo de descarga a fin de asegurar que no se derramen ni desperdicien químicos. A veces, el químico se dosifica directamente desde el tanque donde está a granel al proceso de tratamiento; con frecuencia, se distribuye a otro tanque pequeño denominado *tanque*

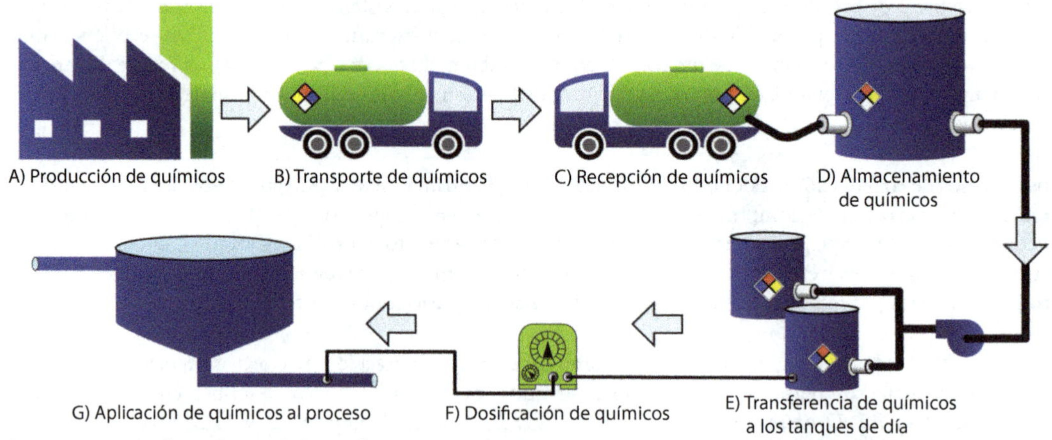

Figura 10.1 Cadena de suministro de químicos (reimpreso con autorización de Indigo Water Group)

de día (E). El uso de un tanque de día facilita la dosificación en múltiples procesos ubicados en distintas áreas de la WRRF. La dosificación exacta y controlada (F) del químico es fundamental para que el tratamiento químico sea adecuado. La dosificación química se denomina también *medición de químicos* o *alimentación de químicos*. El sistema de dosificación debe tener la capacidad de suministrar un amplio rango de dosis para dar lugar a flujos de proceso y condiciones cambiantes. Finalmente, el químico debe aplicarse de manera segura y eficiente (G).

COMPROBACIÓN DE CONOCIMIENTOS

1. **La confiabilidad de la dosificación de químicos en el proceso comienza con:**
   a. Una bomba de dosificación de químicos confiable
   b. Un almacenamiento suficiente en el sitio
   c. Una fabricación y un transporte confiables del químico
   d. Precios estables de los químicos

2. **La cantidad de químicos almacenados en el sitio debe limitarse solo según el espacio disponible para las instalaciones de almacenamiento.**
   ☐ Verdadero
   ☐ Falso

3. **Los químicos pueden distribuirse desde el tanque de almacenamiento a granel a tanques más pequeños cercanos al punto de aplicación. Estos tanques se denominan:**
   a. Tanques de distribución
   b. Tanques del proceso
   c. Tanques de alimentación
   d. Tanques de día

4. ***La dosificación, la medición* y la *alimentación* de químicos son sinónimos para la introducción controlada de químicos en el proceso.**
   ☐ Verdadero
   ☐ Falso

Parámetros de diseño

Un sistema de químicos seguro, eficaz y con poco mantenimiento depende del tamaño del recipiente de almacenamiento, de la compatibilidad de los materiales en contacto con el químico, del aislamiento del químico de otros químicos incompatibles y del diseño de los equipos de dosificación, de las tuberías y del punto de aplicación.

TAMAÑO

Para comenzar a establecer el tamaño de un sistema de manipulación de químicos, tenga en cuenta los pasos secuenciales que conducen a la dosificación del químico. En primer lugar, el operador debe hacer el pedido del químico que se entregará. El proveedor de químicos tendrá cantidades estándar que podrá entregar. Una entrega típica a granel de un químico acuoso es de entre 17 000 y 19 000 L (4500 y 5000 gal). En su mayoría, los químicos que se usan en la WRRF son un poco más densos que el agua. En consecuencia, esto equivale a un peso razonable para trasladar en camión: entre 20 000 y 25 000 kg (44 000 y 55 000 lb). El proveedor menciona un tiempo de espera de 1 semana para el químico. Transcurre una semana, el químico llega y se descargan 17 000 L (4500 gal) en el tanque de almacenamiento a granel, que tiene el tamaño suficiente para aceptar este tipo de entrega y cuenta con un volumen de 22 000 L (6000 gal). La dosificación de químicos comienza a una tasa de 760 L/d (200 gpd). A esta tasa de alimentación, hay un suministro para 22.5 días (17 000 L/200 gpd [4500 gal/200 gpd]). Debido a que el tiempo de espera de la entrega es de 1 semana, se hace otro pedido a los 14 días. En este momento, se usaron 10 600 L (2800 gal) y quedan 6400 L (1700 gal) en el tanque. El proveedor de químicos informa al operador que la planta de químicos tiene pedidos demorados y que el tiempo de espera de esta entrega será de unos 10 días. Hay un suministro de solo 8.5 días en el tanque. ¿Cuáles son las opciones? La tasa de alimentación puede reducirse a 640 L/d (170 gpd) para 10 días, pero el desempeño del tratamiento puede reducirse. Es posible que un proveedor de respaldo entregue el químico antes, pero es probable que requiera un precio mayor.

Para evitar esta situación en el futuro, se instala un segundo tanque de 22 700 L (6000 gal). Se pide el químico y se llena cada tanque con 17 000 L (4500 gal), y se alimentan 760 L/d (200 gpd) desde el Tanque 1. Nuevamente, se hace un pedido a los 14 días y la alimentación continúa desde el Tanque 1 para que haya lugar en el tanque para recibir la entrega. Cuando el Tanque 1 está vacío, el Tanque 2 se pone en línea y el Tanque 1 se llena. La alimentación continúa desde el Tanque 2, pero después de 2 semanas, el desempeño del tratamiento se reduce. Cuando el operador llama para hacer el pedido para llenar el Tanque 2, le pregunta al proveedor qué sucedió. El proveedor le indica que el químico tiene una vida útil determinada y que comienza a degradarse a los 30 días. El químico del Tanque 2 lleva 36.5 días en almacenamiento y aún quedan 8.5 días. ¿Cuál es la solución?

Una vida útil de 30 días y una tasa de alimentación de 200 gpd indican que no se deben almacenar más de 22 700 L (6000 gal) de químico, pero el tanque único de 22 700 L (6000 gal) no ofrece margen de error. Una opción es cambiar de tanque de alimentación semanalmente y dividir la entrega entre ambos. Quizás un único tanque de 30 000 L (8000 gal) hubiera sido una mejor opción. Este ejemplo es para ilustrar distintas cuestiones en conflicto que deben equilibrarse para el tamaño correcto de la instalación de almacenamiento de químicos.

Las preguntas importantes que son:

- ¿Cuál es la tasa de alimentación promedio esperada?
- ¿Cuál es el tamaño estándar de cada entrega?
- ¿Cuál es el tiempo de espera típico para las entregas?
- ¿Cuál es la vida útil del químico y cuán grave es su degradación?
- ¿Cuáles son las consecuencias de quedarse sin químico?

La regla general para el tamaño de las instalaciones de almacenamiento es 1.5 veces el volumen de la entrega esperada más grande y suficiente para 2 semanas de operación, a fin de proteger contra interrupciones en la producción y el transporte del químico.

COMPATIBILIDAD DE LOS MATERIALES

Los químicos inician reacciones, no solo en el proceso, sino con todo lo que entran en contacto. Los materiales muy inertes, como el plástico, el caucho y el acero, son resistentes a las reacciones químicas, pero no son inmunes. Los materiales de construcción que se utilizan en los sistemas para químicos tienen distintas propiedades que los hacen más o menos resistentes a determinados productos. Los químicos son corrosivos de la misma manera que la reacción que producen: ácidos, bases, oxidantes y reductores. Se seleccionan materiales compatibles para minimizar el mantenimiento y se considera que el costo de los materiales es generalmente proporcional a su resistencia y rango de aplicaciones.

Los materiales de contacto directo que se utilizan en el almacenamiento y en el suministro de químicos pueden clasificarse en productos duros y blandos. Los productos duros incluyen los componentes rígidos del sistema: alimentadores y bombas, tanques y tuberías, e incluso el método de acople de los tubos. Los productos duros con base de polímero se denominan técnicamente *termoplásticos* (Tabla 10.2). También hay disponibles productos duros metálicos, que incluyen aleaciones metálicas con resistencia química. Los productos blandos incluyen los materiales flexibles que forman sellos y se doblan para bombear o medir químicos. Estos materiales se denominan *elastómeros* (Tabla 10.3). Incluyen juntas, juntas tóricas, diafragmas, tuberías y asientos de las válvulas. Algunos materiales pertenecen a ambas categorías.

Es posible seleccionar los materiales con la ayuda de una tabla de resistencia química. Hay tablas de resistencia química disponibles en línea o de los productores y proveedores de los materiales. Una tabla de resistencia química detallará materiales y químicos y clasificará la resistencia o durabilidad de cada material con cada químico en una escala de 4 puntos. La escala se suministra en clasificaciones de A-D, 1-4 o Excelente-Aceptable-Mala-No recomendado.

Tabla 10.2 Termoplásticos comunes y otros productos rígidos para sistemas químicos

Nombre	Abreviatura/sigla	Nota
Acrilonitrilo butadieno estireno	ABS	Se utiliza en sistemas sanitarios comerciales y residenciales (drenaje-desechado-ventilación).
Cloruro de polivinilo clorado	CPVC	Propiedades similares al PVC, pero con un rango de temperaturas de trabajo mayor.
Plástico reforzado con fibra de vidrio	FRP	El plástico puede variar, pero está reforzado al agregarse fibra de vidrio para mayor fortaleza y durabilidad. Con frecuencia se utiliza en tanques de almacenamiento de químicos a granel.
Polietileno de alta densidad	HDPE	Mayor fortaleza y resistencia al calor y a los químicos que el PE. La densidad media también es una opción.
Polietileno	PE	Uno de los plásticos más comunes de uso general. Buena resistencia a una amplia variedad de químicos. Sujeto a la degradación UV.
Polietileno reticulado	PEX	HDPE tratado para reticular los polímeros a fin de mejorar la resistencia térmica.
Policarbonato	PC	El grupo del carbonato se incorpora al plástico. Ofrece propiedades ópticas (es decir, puede ser transparente).
Polipropileno	PP	Menor tolerancia a la presión y a la temperatura que el PVC, pero resistente a una amplia variedad de químicos.
Cloruro de polivinilo	PVC	El termoplástico más utilizado. Es resistente a una extensa variedad de químicos y es aplicable a temperaturas y presiones encontradas en las WRRF.
Difluoruro de polivinilideno	PVDF	Al agregarse el grupo de fluoruro se aumenta drásticamente la resistencia, la presión y el rango de temperaturas de este polímero. También se conoce con el nombre comercial Kynar®. Uno de los termoplásticos más resistentes, y uno de los más costosos.
Politetrafluoroetileno	PTFE	Otro polímero de fluorocarbono con una resistencia excelente. También se denomina Teflon®. Además, se utiliza también como elastómero.
Acero inoxidable	SS	El acero inoxidable viene en distintos grados, con distintas propiedades de resistencia. Las designaciones típicas son 304 y 316. El tipo 316 es más resistente. Las diferencias están en la cantidad de níquel, cromo y molibdeno en la aleación.
Acero al carbono	CS	El acero al carbono en general es acero sin agregarse otros metales para producir una aleación. Típicamente es menos resistente que el acero inoxidable.
Tubo revestido en vidrio		Tubo de acero o hierro con vidrio fundido en la pared interior. Aumenta la durabilidad y la resistencia a los químicos, además de la acumulación.
Hastelloy		Una aleación con alto contenido de níquel que mejora la resistencia del acero inoxidable.

Tabla 10.3 Elastómeros comunes y materiales blandos para sistemas químicos

Nombre	Abreviatura/sigla	Nota
Teflón, politetrafluoroetileno	PTFE	Alta resistencia y alto costo. Se utiliza en tubería, sellos, juntas y diafragmas.
Monómero de etileno propileno dieno	EPDM	Elastómero adecuado para propósitos generales y con un buen costo.
Hypalon®, polietileno clorosulfonado	CSPE	Se utiliza para la resistencia contra los ácidos.
Nitrilo	NBR, Buna-N	Caucho sintético utilizado para la resistencia a los productos del petróleo.
Policloropreno	Neopreno	Caucho sintético de resistencia moderada.
Uretano		Elastómero poco costoso resistente a los solventes.
Poliuretano		Mejora la calidad del uretano.
Silicona		Amplio rango de temperaturas, mala resistencia a ácidos y bases.
Vitón, fluorocarbono	FKM,	Alta resistencia y alto costo.
Perfluoroelastómero	FFKM	Alta resistencia y alto costo.

COMPROBACIÓN DE CONOCIMIENTOS

1. **Una WRRF anticipa la alimentación de 2650 L/d (700 gpd) de químico en un nuevo proceso. El tamaño de la entrega a granel es de 17 000 L (4500 gal). La cantidad mínima del almacenamiento en el sitio debe ser de:**
   a. 17 000 L (4500 gal)
   b. 25 500 L (6750 gal)
   c. 37 000 L (9800 gal)
   d. 51 000 L (13 500 gal)

2. **Los termoplásticos y elastómeros en general se hacen más resistentes al agregar:**
   a. Níquel
   b. Fósforo
   c. Hidrógeno
   d. Fluoruro

Equipos

Los sistemas necesarios para almacenar, manipular y dosificar químicos pueden resultar en una gran cantidad de equipos. No obstante, el conjunto de equipos es prácticamente estándar para las áreas donde se almacenan y manipulan químicos y donde el personal puede estar expuesto a los peligros químicos. Elementos comunes en las áreas de químicos son la contención de derrames, el pozo colector y la bomba de químicos, y la ducha de emergencia y las estaciones de lavado de ojos. Es posible que se requieran controles ambientales para determinados químicos.

EQUIPOS COMUNES EN LAS INSTALACIONES DE ALMACENAMIENTO Y MANIPULACIÓN DE QUÍMICOS

CONTENCIÓN DE DERRAMES

Independientemente de su volumen, las áreas de almacenamiento de químicos deben estar equipadas para enfrentar el derrame catastrófico de todo el volumen almacenado. Como regla general, el área de contención debe tener un volumen de 1.1 veces (110 %) el volumen completo del recipiente de almacenamiento. Para los contenedores de menor volumen, como tambores y envases, la contención puede suministrarse en un área con un cordón bajo que permita que igualmente se manipulen los contenedores con montacargas y camiones. También hay disponibles pallets especiales de contención, muy adecuados para contenedores a granel intermedios (IBC), porque también sirven para elevar el envase y mejoran las condiciones de aspiración de la bomba.

Con los tanques de almacenamiento de químicos líquidos a granel, la contención se logra en general mediante la instalación de una pared de hormigón alrededor del tanque, como se muestra en la Figura 10.2. El área de la contención y la altura de la pared deben equilibrarse para suministrar un volumen suficiente y permitir igualmente el acceso al tanque mediante peldaños o una escalera. Las bombas de químicos también se colocan dentro del área de contención porque son una fuente potencial de fugas y derrames. Para no sumergir las

Figura 10.2 Tanques de alimentación de químicos líquidos con contención. Es posible operar válvulas y bombas desde fuera del área de contención (cortesía de Clifton Sanitation District)

bombas en químico en caso de un derrame, con frecuencia se colocan en pedestales de hormigón o en bastidores montados en la pared. La altura de las bombas debe permitir ajustarlas y darles mantenimiento con facilidad, lo que se contempla también en las dimensiones del área de contención. El piso debe tener pendiente hacia un pozo colector. Las áreas de contención para el almacenamiento a granel deben estar equipadas con algún tipo de detección de fugas que notifique al operador un derrame importante. La detección de fugas puede llevarse a cabo con un interruptor de inundación, un interruptor de flotador o un indicador de nivel del tanque para notificar una caída del nivel fuera de los límites de un transferencia normal del químico.

Para volúmenes más pequeños, la contención puede hacerse con un pallet de contención, como se indica en la Figura 10.3. Los pallets de contención vienen de diversos tamaños y para volúmenes de hasta 1500 L (400 gal).

POZOS COLECTORES Y BOMBAS PARA QUÍMICOS

Más allá del aspecto de la seguridad, los derrames de químicos se contienen por dos motivos. En primer lugar, si se permite que un derrame de químicos de gran tamaño regrese al proceso de tratamiento, probablemente altere gravemente el proceso. En segundo lugar, los químicos son costosos e intentar recuperar el químico es financieramente prudente. Debido a ello, el área de contención debe estar equipada con un pozo colector y una bomba.

El pozo colector y la bomba servirán para manipular el químico solo o una dilución del químico solo cuando se lava el área de contención. Es probable que haya agua en el pozo colector incluso después de bombear hasta el nivel más bajo. Por estos motivos, tanto el pozo colector como la bomba deben ser resistentes a los químicos. El pozo colector puede recubrirse con pintura epoxi y la bomba debe estar hecha de materiales resistentes a los químicos. El pozo colector puede tener un sistema de flotadores que emita una alarma en un nivel alto y detenga la bomba en un nivel bajo, pero no debe iniciar la bomba automáticamente. La bomba debe operarse únicamente localmente en modo manual de modo que se pueda controlar su descarga. Esto permite que el operador evalúe la situación y decida si el químico puede recuperarse. La descarga de la bomba debe incluir válvulas y tuberías para recuperar fácilmente el químico derramado. Es posible conectar con tubos una línea de agua no potable de la instalación directamente al pozo colector para diluir un derrame químico cuando se bombea al drenaje y para llenar el pozo colector con agua a fin de verificar el funcionamiento de los flotadores y de las alarmas, y a fin de ejercitar la bomba. El sistema de pozo colector y bomba para químicos que se muestra en la Figura 10.4 incluye estos elementos.

Figura 10.3 Sistema de dosificación de químicos de poco volumen con pallets de contención (reimpreso con autorización de Indigo Water Group)

Figura 10.4 Sistema de pozo colector y bomba para químicos: (A) Bomba de pozo húmedo de termoplástico, (B) Pozo colector revestido en epoxi, (C) Flotadores de alto nivel, de alto alto nivel y de detención de la bomba, (D) controles locales de la bomba. El sistema incluye un segundo conjunto de controles locales ubicados fuera del área de contención, (E) Descarga de la bomba al drenaje de la instalación, (F) Descarga de la bomba a conexión temporal para la recuperación del químico, (G) Suministro de agua de la instalación para dilución y enjuague (cortesía de Clean Water Services)

DUCHA PARA EMERGENCIAS Y LAVADO DE OJOS

En los Estados Unidos, se requieren una ducha para emergencias y una estación de lavado de ojos en las áreas con químicos según la regulación 191.151(C) de la Administración de Seguridad y Salud Ocupacionales (*Occupational Safety and Health Administration*, OSHA) de los EE. UU., que indica que, cuando los ojos o el cuerpo de alguna persona podrían estar expuestos a materiales corrosivos perjudiciales, deben suministrarse instalaciones adecuadas para empapar o enjuagar rápidamente los ojos y el cuerpo en el área de trabajo para su uso inmediato en caso de emergencias. American National Standards Institute tiene pautas adicionales sobre el diseño, la instalación y la operación de duchas para emergencias y estaciones de lavado de ojos en la parte Z358.1-2014.

Las duchas para emergencias y las estaciones de lavado de ojos pueden ser estaciones permanentes conectadas o sistemas portátiles autocontenidos alimentados por gravedad. Todos estos sistemas deben activarse con una válvula que permanece abierta y suministrar caudal en 1 segundo o menos. Hay normas de caudal, presión y duración diseñadas para enjuagar los ojos únicamente y los ojos y el rostro, y duchas para enjuagar todo el cuerpo (estas normas se suministran en la Tabla 10.4):

- El agua de enjuague debe estar tibia, lo que se considera entre 16 y 38 °C (60 y 100 °F). El uso de agua tibia permite que un trabajador se enjuague cómodamente durante una totalidad de 15 minutos.
- Las duchas y las estaciones para lavarse los ojos deben estar ubicadas a menos de 10 segundos de distancia. Es fundamental una respuesta inmediata a la exposición a los químicos.
- La estación debe estar ubicada en el mismo nivel que el peligro. Esto significa que no debe haber escaleras ni otras obstrucciones en la ruta hacia la estación. Un trabajador expuesto a un químico puede tener la vista disminuida.
- La regadera de la ducha debe estar ubicada a no menos de 82 in del piso para suministrar un rociado de 20 in de diámetro a 60 in del piso. El centro del patrón de rociado en la ubicación debe tener un espacio libre de 16 in de distancia a cualquier obstrucción.
- Las estaciones de lavado de ojos deben estar posicionadas a entre 33 y 53 in del piso, con un espacio libre de 6 in de distancia a cualquier obstrucción.

Las duchas para emergencias y las estaciones de lavado de ojos pueden estar equipadas con alarmas para notificar a los demás operadores que se produjo su activación y que puede haber una situación de emergencia. Las alarmas pueden ser luces estroboscópicas o bocinas, o pueden estar conectadas al sistema de control de supervisión y adquisición de datos (SCADA) de la instalación. Es posible usar botellas complementarias para el lavado de ojos con los sistemas permanentes o portátiles, pero no es posible usarlas como sustituto de dichos sistemas.

CONTROLES AMBIENTALES

La temperatura y la humedad son las condiciones ambientales que pueden requerir control en un área de almacenamiento o manipulación de químicos. Según el clima, el área puede requerir calefacción para evitar que los químicos se congelen. El bisulfito de sodio, por ejemplo, tiene un punto de congelamiento de 4 °C (40 °F). Las tuberías expuestas tendidas hasta la aplicación pueden requerir aislamiento y calentamiento. La degradación de los químicos puede acelerarse con las altas temperaturas. En consecuencia, quizá sea necesario refrigerar el área de almacenamiento. Independientemente de la calefacción y de la refrigeración, es posible que los códigos locales requieran una ventilación constante para suministrar una cantidad de cambios de aire establecida por hora.

Una sustancia *higroscópica* capta y retiene la humedad con facilidad.

Algunos químicos secos son *higroscópicos* y formarán una torta, grumos o gel al absorber agua de la atmósfera. El carbonato de sodio (sosa), la cal hidratada y los floculantes de polímero seco son todas sustancias higroscópicas en alguna medida. En los climas húmedos, es posible utilizar un deshumidificador en el área de almacenamiento, a fin de limitar la absorción de agua por parte de estos químicos.

OPERACIÓN

Antes de llevar a cabo cualquier trabajo en el área de los químicos, los operadores deben familiarizarse con los equipos que contiene, en particular la ubicación de la ducha para emergencias y la estación de lavado de ojos y del ingreso y de la salida del área de contención. Planifique una ruta a la ducha para emergencias y a la estación de lavado de ojos en caso de exposición y una ruta de escape del área de contención.

Tabla 10.4 Requisitos para las estaciones de lavado de ojos y duchas de emergencia

Tipo de estación	Caudal, gpm	Presión, psi	Duración, min
Solo lavado de ojos	0.4	30	15
Ojos y rostro	3.0	30	15
Ducha para emergencias	20	30	15

También es recomendable activar la ducha para emergencias y la estación de lavado de ojos para verificar el funcionamiento y vaciar los tubos de suministro de agua antes de comenzar el trabajo. La ducha para emergencias y la estación de lavado de ojos no deben considerarse un sustituto del uso de los equipos de protección personal (EPP) adecuados para la exposición a los químicos, incluidos gafas de seguridad, gafas, protector para el rostro y protectores resistentes a los químicos para las manos y para el cuerpo.

En caso de un derrame químico importante, donde el tanque de almacenamiento o los conectores fallan y el tanque no puede retener el químico, el operador debe decidir qué hacer con el químico derramado. La opción preferida, debido al costo, es recuperar el químico. Para recuperar el químico, es posible que se lo deba bombear a un recipiente intermedio mientras se llevan a cabo reparaciones en el tanque. El químico también debe estar mayormente descontaminado; por lo tanto, es importante mantener el área de contención limpia. Si el químico está contaminado o el volumen del derrame es pequeño, el químico puede bombearse al drenaje de la instalación. Una práctica recomendada es neutralizar o diluir el químico para proteger las tuberías del drenaje e introducir el químico en el caudal de la instalación con lentitud para evitar que la instalación se vea afectada.

MANTENIMIENTO

Los sistemas de ducha para emergencias y estación de lavado de ojos con conexión permanente deben activarse semanalmente para enjuagar cualquier corrosión o detrito de los tubos de suministro de agua. Si están equipados con alarma, también debe verificarse el funcionamiento de la alarma. El uso de una manga en la descarga de la regadera permite que el operador lleve a cabo el enjuague sin la necesidad de tomar una ducha. Los sistemas portátiles deben actualizarse según las especificaciones del fabricante. Las soluciones complementarias para el lavado de ojos tienen una vida útil específica y debe verificarse la fecha de vencimiento y deben reemplazarse los envases según resulte necesario. Una vez al año, deben verificarse la temperatura, el caudal, la presión, la duración y el patrón de rociado.

Las bombas de pozo húmedo para químicos deben enjuagarse con agua de la instalación después de su uso y deben mantenerse en un programa de ejercicio habitual. Al ejercitar una bomba de pozo húmedo para químicos, llene el pozo colector lo suficiente para verificar el funcionamiento de cualquier flotador o interruptor de alto nivel. Bombee hasta que el pozo colector esté seco y verifique que no haya depósitos de químicos ni corrosión en la bomba.

RESOLUCIÓN DE PROBLEMAS

En la Tabla 10.5 se suministran pautas para la resolución de problemas con el almacenamiento de químicos y los equipos del área de manipulación.

Tabla 10.5 Guía para la resolución de problemas con el almacenamiento de químicos y los equipos del área de manipulación

Indicador/observación	Causa probable	Revisar o monitorear	Soluciones
Área de contención de derrames inundada	Fuga de químicos	Fugas de tanques, tubos, bombas	Aislar y reparar
	Fuga de agua	Fugas de líneas de agua de dilución, llaves de mangueras	Aislar y reparar
La detección de fugas no funciona	Falla física	Estado del detector, corrosión, los interruptores de flotador cuelgan libremente, conexiones eléctricas	Mantener, reparar, reemplazar
	Falla eléctrica	Continuidad de los interruptores, programación de los controladores lógicos programables	Mantener, reparar, reemplazar
La bomba de pozo húmedo no bombea	Descarga cerrada	Válvulas, tuberías de descarga	Verifique las válvulas de descarga; compruebe que no haya obstrucciones, enjuague las líneas.
	Desgaste de la bomba	Accionador de la bomba, acoplamiento, voluta, impulsor	Mantener, reparar, reemplazar. Si la bomba está corroída, reemplace con materiales más compatibles.
Agua sucia en la ducha para emergencias/estación de lavado de ojos	Corrosión en los tubos de agua	Estado de los tubos de agua, tiempo de funcionamiento para limpiar el agua	Aumente la frecuencia y la duración del enjuague de la estación. Reemplazar las líneas.
Caudal bajo o falta de caudal en la ducha para emergencias/estación de lavado de ojos	Válvulas, tapones	Tuberías de suministro de agua, orificios de la ducha y de la estación de lavado de ojos	Verifique las válvulas de descarga; compruebe que no haya obstrucciones, enjuague las líneas. Limpie los conectores de la estación para eliminar el sarro.

COMPROBACIÓN DE CONOCIMIENTOS

1. **En relación con la entrega de químicos a granel, el almacenamiento en el sitio debe tener el tamaño adecuado para recibir al menos:**
   a. La entrega más voluminosa
   b. 1.5 veces la entrega más voluminosa
   c. 2 veces el volumen de la entrega más voluminosa
   d. 3 entregas por día
2. **En general, para proteger contra las interrupciones en la entrega de químicos, debe suministrarse un almacenamiento suficiente en el sitio para un:**
   a. Suministro de 1 semana
   b. Suministro de 2 semanas
   c. Suministro de 1 mes
   d. Suministro de 2 meses
3. **La contención de derrames en las áreas de almacenamiento de químicos debe estar diseñada para contener:**
   a. 50 % del volumen de almacenamiento
   b. 100 % del volumen de almacenamiento
   c. 110 % del volumen de almacenamiento
   d. 1.5 veces el volumen de almacenamiento
4. **Si el volumen del químico almacenado es menos de 379 L (100 gal), no se requiere la contención de derrames.**
   ☐ Verdadero
   ☐ Falso
5. **La detección de fugas en las áreas de contención de químicos puede lograrse con:**
   a. Un interruptor de inundación
   b. Un interruptor de flotador
   c. Un indicador de nivel del tanque con una tasa de cambio
   d. Todas las opciones anteriores
6. **Las bombas de transferencia de químicos y de dosificación deben estar ubicadas fuera del área de contención para prevenir daños en los equipos en caso de un derrame.**
   ☐ Verdadero
   ☐ Falso
7. **Los derrames químicos deben drenarse de regreso al caudal de entrada de la instalación lo antes posible para que el área de químicos vuelva a ser segura.**
   ☐ Verdadero
   ☐ Falso
8. **Cuando un químico se derrama del tanque de almacenamiento en el área de contención, debe considerarse contaminado y eliminarse.**
   ☐ Verdadero
   ☐ Falso
9. **Los controles para las bombas de pozo húmedo para la contención de químicos deben:**
   a. Estar ubicados en el área de contención
   b. Ser accesibles mediante el sistema SCADA de la instalación
   c. Ser automatizados.
   d. Estar ubicados en la bomba pero fuera del área de contención
10. **Las duchas para emergencias y las estaciones de lavado de ojos deben suministrar agua durante al menos:**
    a. 2 minutos
    b. 5 minutos
    c. 10 minutos
    d. 15 minutos
11. **El agua tibia requerida en las estaciones de lavado de ojos y duchas para emergencias debe estar a entre 16 y 38 °C (60 y 100 °F).**
    ☐ Verdadero
    ☐ Falso
12. **Los equipos de control ambiental específicos para el almacenamiento de químicos higroscópicos incluyen:**
    a. Deshumidificadores
    b. Acondicionadores de aire
    c. Deshieladores
    d. Protección UV
13. **Las duchas para emergencias y las estaciones de lavado de ojos deben enjuagarse ____________ y las especificaciones deben verificarse ____________.**
    a. a diario, semanalmente
    b. semanalmente, anualmente
    c. mensualmente, anualmente
    d. mensualmente, cada 3 años

INSTALACIONES DE RECEPCIÓN

EQUIPOS

Las operaciones para la recepción de químicos implican llevar el vehículo de entrega al sitio, descargar el químico y hacer que el vehículo salga del sitio. Los equipos relacionados con la recepción de químicos deben percibirse como parte de todo este proceso, lo que significa que la ruta del camión se incluye en la lista de equipos. La instalación de descarga incluye el área donde se estaciona el camión, la ruta de las mangueras flexibles al tubo de llenado del tanque de almacenamiento, los equipos mecánicos como sopladores, compresores y bombas, y las diversas disposiciones de protección y para la contención de derrames requeridas para una descarga segura. En la Figura 10.5 se muestra una instalación de recepción de químicos.

Figura 10.5 Área de recepción de químicos para descargar químicos líquidos a granel (cortesía de Clean Water Services)

En principio, el camión debe poder ingresar al sitio y salir del sitio de manera segura. SI el sitio es seguro, el camión deberá atravesar una compuerta. Asegúrese de que el vehículo de entrega pueda salir completamente del camino para esperar que se abra la compuerta. Cuando el camión se encuentra trasladándose por el sitio, tenga en cuenta los equipos, edificios u otros vehículos estacionados que debe pasar de cerca y tenga en cuenta la posibilidad de proteger los equipos vulnerables con postes o barreras.

La estación de recepción tendrá las conexiones a los tubos de llenado para los tanques o depósitos de almacenamiento Se utilizan comúnmente conectores estilo traba con levas (Figura 10.6). El acoplamiento tiene los brazos de leva y el adaptador tiene la ranura. Una junta en el acoplamiento hace sello con la superficie del extremo del conector del adaptador. El sello se sostiene firmemente por la acción de los brazos de leva. En su mayoría, los camiones de entrega tienen conexiones en sus partes media y posterior, pero esto debe verificarse con el transportista. Toda el área de recepción debe poder contener derrames, que deben poder expulsarse hacia los desechos de la instalación. Los derrames y el agua de lavado deben drenarse en un pozo colector para químicos. Esto permite que el químico se neutralice o diluya y que la descarga de regreso a la instalación se lleve a cabo con lentitud.

El químico puede transferirse al tanque de almacenamiento de diversas maneras. La gravedad es una opción si los tanques están ubicados por debajo del nivel del piso. El camión puede estar presurizado con aire comprimido, lo que desplaza el químico, o puede estar conectado a una bomba de transferencia para bombear el químico al tanque. Algunos químicos secos, como la cal y los polímeros secos, usan sopladores de aire para suministrar un volumen importante de aire que fundamentalmente expulsa el químico al depósito de almacenamiento a granel. El equipo que fuerza el químico al tanque de almacenamiento puede estar ubicado remotamente, pero deben suministrarse controles locales en el área de recepción.

OPERACIÓN

Deben diseñarse protecciones físicas y operativas para evitar que se descarguen químicos en tanques de almacenamiento a granel incorrectos. Como mínimo, deben etiquetarse claramente las conexiones hacia el llenado. Las conexiones pueden bloquearse con candados únicos para cada químico y el personal de operaciones debe verificar la conexión antes de comenzar la descarga. El personal de operaciones debe conocer

Figura 10.6 Conector de traba con levas utilizado para conexiones temporarias (READY, MARK, CAM LOCK 2021)

los horarios de entrega de los químicos para que la recepción y la descarga puedan programarse en el flujo de trabajo del día. El proveedor del químico o el transportista deben tener una manera de comunicarse con el personal de la instalación al llegar, ya sea por teléfono o por el intercomunicador del ingreso.

MANTENIMIENTO

Los equipos mecánicos utilizados en la descarga de químicos (sopladores, compresores, bombas) deben mantenerse según las recomendaciones del fabricante. Los tubos de llenado y las conexiones deben monitorearse en busca de fugas, y las fugas deben repararse de inmediato. Las conexiones suelen tener piezas de desgaste como las juntas, las ranuras y los brazos de leva en un conector de traba con levas. Estas piezas deben reemplazarse cuando no puedan sellarse de la manera prevista. El pozo colector y la bomba para los químicos deben ejercitarse con frecuencia y no debe permitirse que conserven químicos. Esto corroería el pozo colector rápidamente, al igual que la bomba si es sumergible. La ducha para emergencias y la estación de lavado de ojos deben ejercitarse de la manera que se describe más arriba para mantener agua nueva en los tubos de suministro y verificar que los sistemas de alarma funcionen correctamente.

RESOLUCIÓN DE PROBLEMAS

En la Tabla 10.6 se suministran pautas para la resolución de problemas con los equipos de recepción de químicos.

Tabla 10.6 Guía para la resolución de problemas con los equipos de recepción de químicos

Indicador/observación	Causa probable	Revisar o monitorear	Soluciones
Fugas en los conectores de las trabas con levas	Junta desgastada	Inspeccione visualmente la junta para detectar desgaste, espesor.	Verifique la compatibilidad de los materiales y reemplace.
	Levas o conectores desgastados	Ajuste de la leva con una nueva junta	Reemplace el conector.
No fluye químico al tanque/depósito de almacenamiento	Válvulas cerradas	Verifique las tuberías de descarga desde la recepción hasta el almacenamiento.	Abra las válvulas.
	Obstrucciones	Enjuague las líneas con agua si es posible.	Limpie las líneas, sople el químico al tanque después de cada entrega.
Alta presión en las líneas de descarga	Válvulas cerradas	Verifique las tuberías de descarga desde la recepción hasta el almacenamiento.	Abra las válvulas.
	Obstrucciones	Enjuague las líneas con agua si es posible.	Limpie las líneas, sople el químico al tanque después de cada entrega.
	Tanque sin escapes	Hay alguna válvula en la línea de escape que está abierta. La línea de escape está libre.	Extraiga las válvulas de la línea de escape; verifique la descarga de escape.
	Filtros de control de polvo con obstrucciones (químicos secos)	Caudal de aire del escape del filtro, funcionamiento de la válvula de alivio de presión de emergencia	Limpie o reemplace los filtros.

COMPROBACIÓN DE CONOCIMIENTOS

1. **Los equipos para la recepción de químicos incluyen protección para equipos vulnerables en la ruta del camión en el sitio.**
   - ☐ Verdadero
   - ☐ Falso
2. **Tres métodos para transferir químicos desde los vehículos de transporte a granel son la gravedad, una bomba de transferencia y:**
   a. Aire comprimido
   b. Ventiladores
   c. Vertido por el extremo
   d. Vacío
3. **Si un conector rápido estilo de traba con levas presenta fugas, las levas, la ranura o ___________ pueden tener desgaste y necesitar reemplazo.**
   a. la manguera
   b. la junta
   c. el diafragma
   d. el sellador de roscas

TRANSFERENCIA

Según el tamaño de la WRRF, el químico puede dosificarse directamente desde el tanque de almacenamiento a granel o distribuirse a tanques de día. Un tanque de día es un tanque más pequeño que se llena desde el tanque de almacenamiento a granel de varias veces al día a una vez cada unos pocos días. El beneficio de un tanque de día es que la bomba de dosificación puede colocarse más cerca del punto de aplicación, lo que ofrece ventajas para las condiciones de descarga de las tuberías de dosificación. Los tanques de día también resultan útiles cuando un único químico tiene múltiples aplicaciones y puntos de aplicación en toda la WRRF. Un buen ejemplo es el hipoclorito de sodio, que puede usarse en un sistema de control de olores en el tratamiento primario y en la desinfección en el extremo de la instalación. Los tanques de día tienen las mismas características que los tanques de almacenamiento a granel. El nivel del tanque de día se monitorea de manera remota y el tanque se llena automáticamente con base en un nivel de inicio y de parada. El nivel desencadena el inicio de la bomba de transferencia y el llenado del tanque. El nivel de detención apagará la bomba. En general, se incluyen válvulas de llenado automatizadas en el tanque de almacenamiento a granel y también en el tanque de día. De esta manera, una única bomba de transferencia puede llenar distintos tanques de día.

EQUIPOS

Las bombas de transferencia de químicos son distintas a las bombas de dosificación de químicos porque están diseñadas para trasladar una gran cantidad de químico en poco tiempo y no requieren una velocidad variable para controlar la dosis. Aunque las bombas varían en su diseño y en su principio de operación, con frecuencia están diseñadas para limitar el contacto entre el químico y los materiales blandos que sellan la voluta de la bomba del eje de la bomba. La capacidad de la bomba depende del estilo, y la selección de una bomba de transferencia depende mucho de la capacidad de diseño. Las partes de la bomba en contacto con el químico deben construirse con materiales compatibles.

Es posible usar bombas de diafragma para transferir volúmenes más pequeños. Una bomba de diafragma utiliza un accionador eléctrico, mecánico o neumático para empujar y tirar de un diafragma alojado en una cámara cóncava. Un beneficio de la bomba de diafragma es que el diafragma aísla el químico del accionador, lo que minimiza el potencial de fugas. La capacidad de una bomba de transferencia de diafragma a veces se aumenta con un sistema de diafragma doble (Figura 10.7), donde un solo accionador simultáneamente empuja y tira de dos diafragmas distintos y bombea a través de dos cavidades distintas.

Las bombas de transferencia centrífuga pueden desplazar un volumen de líquido mucho mayor que las bombas de diafragma. Las piezas del extremo líquido con frecuencia están hechas de plástico y el tipo de plástico se selecciona según la aplicación y el químico. En una bomba centrífuga típica, el eje impulsor penetra en la voluta y se sella con una empaquetadura o un sello mecánico. Es posible diseñar bombas de químicos centrífugas con accionadores magnéticos que eliminan la penetración del eje y permiten que la voluta de la bomba quede completamente encerrada para minimizar el potencial de fugas.

También se usan bombas de desplazamiento positivo para la transferencia de químicos, en particular para los químicos viscosos como los polímeros o las soluciones espesas, como las soluciones de hidróxido de magnesio o cal. En general, para estos químicos se usan bombas de cavidad progresiva, que se describen más adelante en este mismo capítulo, o bombas de lóbulos rotativos. Las bombas de lóbulos rotativos tienen dos impulsores, cada uno con múltiples lóbulos, como se muestra en la Figura 10.8. La cantidad de lóbulos generalmente va de dos a cinco. A medida que los impulsores giran, se forman cavidades entre el lóbulo y la voluta. El químico se descarga a medida que los lóbulos se juntan para empujar el químico al tubo de descarga.

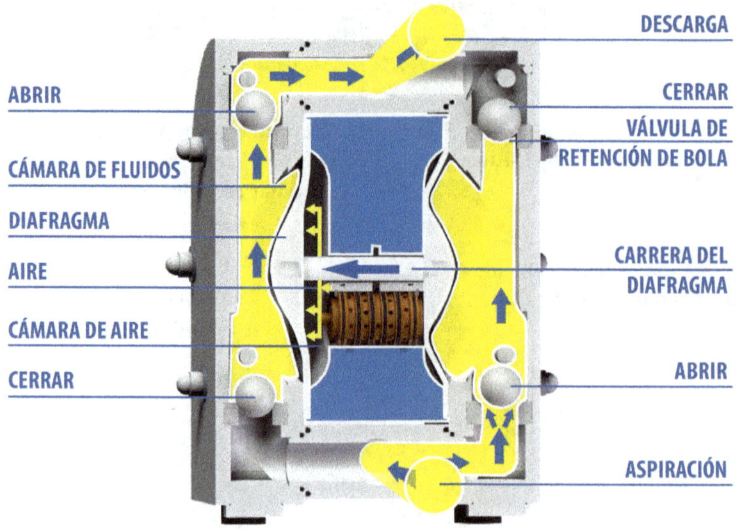

Figura 10.7 Bomba de diafragma doble (reimpreso con autorización de Tapflo Group AB)

En los sistemas de transferencia de químicos se usan válvulas de aislamiento automatizadas para controlar qué tanque se está utilizando para el suministro y qué tanque se está llenando, además de prevenir el efecto sifón o el flujo por gravedad del químico al tanque de día. Las válvulas de aislamiento pueden accionarse de manera eléctrica o neumática, y puede tratarse de válvulas de bola o válvulas de diafragma. En general, se incluyen una válvula en el lado de succión y de descarga de la bomba de transferencia en la sala de almacenamiento a granel y una válvula de llenado, por diseño, en el tanque de día.

La indicación remota del nivel es fundamental para la operación de transferencia, a fin de evitar que el tanque de día se llene en exceso o que el tanque y la bomba de dosificación funcionen en seco. La indicación de nivel puede lograrse con un transmisor de nivel ultrasónico que mida la distancia desde la parte superior del tanque hasta el nivel de la superficie del químico o mediante un transmisor de presión que convierta la presión ejercida por la altura del químico en el tanque en un nivel con base en las propiedades del químico, principalmente la gravedad específica. Un interruptor de corte de alto nivel independiente, con frecuencia un flotador, se utiliza para suministrar protección independiente contra el desborde del tanque mediante el cierre de las bombas de transferencia cuando se activa.

OPERACIÓN

Las transferencias de químico pueden operarse en modo automático, semiautomático o manual.
Una secuencia automática de transferencia de químico se inicia mediante el punto de ajuste de bajo nivel en el tanque de día. Las válvulas de aislamiento se abren y, cuando se confirma que están abiertas, se inicia la bomba. La transferencia continúa hasta que el tanque de día llega al nivel de detención. En ese punto, la bomba se detiene y las válvulas de aislamiento se cierran. El nivel de inicio en el tanque de día debe considerarse con cuidado para proteger las bombas de dosificación contra la pérdida de cebado o el funcionamiento en seco. El punto de ajuste de detención debe considerar que se transferirá algo de químico

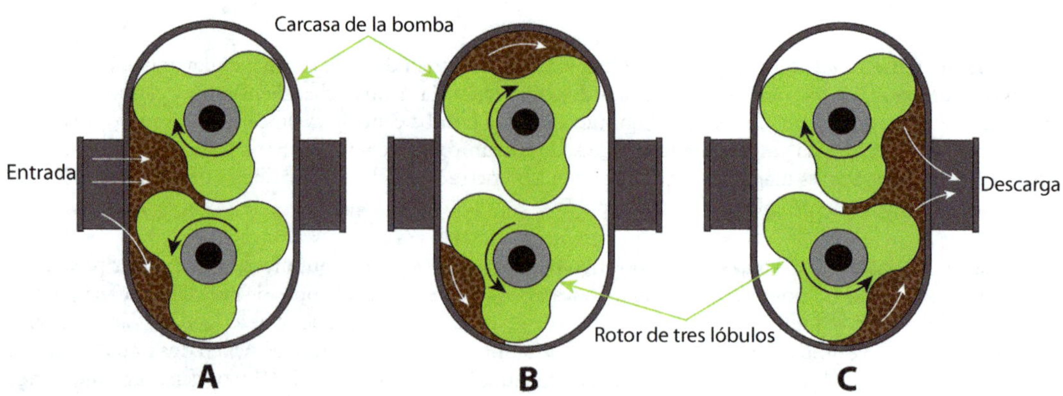

Figura 10.8 Operación de una bomba de lóbulos rotativos

adicional durante la secuencia de apagado. El volumen utilizable en el tanque de día, no obstante, debe maximizarse para reducir la frecuencia de las transferencias, lo que extenderá la vida útil de los equipos y los intervalos de mantenimiento. En el control semiautomático, un bajo nivel en el tanque de día generaría una alarma para notificar al operador que se requiere una transferencia y el operador iniciaría una transferencia automática. La operación semiautomática debe usarse principalmente para monitorear periódicamente la secuencia de transferencia o llevar a cabo la resolución de problemas. En modo manual, el operador es responsable por la operación de cada equipo del sistema y debe seguir la secuencia correcta para completar la transferencia. El modo manual se utiliza en caso de la pérdida de controles, para evitar la transferencia automática o para controlar el volumen transferido.

La secuencia de transferencia debe protegerse para evitar llenar en exceso el tanque de día. Además del interruptor de corte de alto nivel en el tanque de día, la bomba de transferencia puede apagarse automáticamente después de un tiempo de funcionamiento establecido, que es típicamente el de una transferencia normal. Esto mitiga el desborde del tanque y, además, evita que la bomba funcione sin caudal debido a fallas en las válvulas de aislamiento. Una buena descripción del circuito de control es fundamental para comprender la operación y los interbloqueos de un sistema de transferencia de químicos.

MANTENIMIENTO

Las bombas de transferencia de químicos y las válvulas de aislamiento accionadas automáticamente deben mantenerse según las recomendaciones del fabricante, guiadas por la experiencia. El mantenimiento de las bombas implica reemplazar los diafragmas, las juntas tóricas, las válvulas de retención y otros sellos que entran en contacto con los químicos. Las piezas reemplazables suelen estar disponibles como kit de servicio o reconstrucción de la bomba. Estos kits deben tenerse entre las existencias para las reparaciones de emergencia. Las válvulas de aislamiento también tienen piezas de desgaste para el contacto con los químicos y deben mantenerse de manera similar a las bombas. Si el sistema incluye tamices o rejas en el suministro de químicos, deben limpiarse con un programa adecuado y regular.

Las fugas en el sistema de transferencia de químicos deben solucionarse de inmediato. Los químicos que se fugan en la sala de la bomba pueden corroer los soportes de hormigón y metal de la bomba y crear un entorno de trabajo peligroso. La transferencia de químicos puede implicar tendidos de tubos extensos y remotos entre la bomba y el tanque de día. Los tendidos de tuberías extensos pueden tener muchos conectores, acoplamientos y uniones, y deben inspeccionarse regularmente para detectar fugas.

RESOLUCIÓN DE PROBLEMAS

Las fallas en el funcionamiento de los sistemas de transferencia de químicos con frecuencia se remiten a defectos en los sensores de nivel del tanque y en las válvulas automatizadas. Es importante comprender plenamente la descripción del control de la secuencia operativa para una resolución de problemas adecuada (Tabla 10.7).

Tabla 10.7 Resolución de problemas en sistemas de transferencia de químicos

Indicador/observación	Causa probable	Revisar o monitorear	Soluciones
No se descarga químico seco del alimentador	Depósito de suministro vacío	Inspeccione visualmente el depósito de suministro para determinar el nivel de químico.	Agregue químico de bolsas, cambie el contenedor flexible intermedio, llene desde la entrega a granel.
	El químico se bloqueó en el depósito de suministro	Confirme el nivel de químico en el depósito de suministro.	Verifique y haga funcionar manualmente los vibradores del depósito. Haga vibrar manualmente el depósito con una maza de goma.
	Compuerta de aislamiento cerrada	Posición de la compuerta. La compuerta suele estar cerrada para el llenado del depósito y quizá no se haya vuelto a abrir.	Abra la compuerta.
	El motor no funciona, el alimentador no gira	El motor no está en funcionamiento	Verifique que no haya disyuntores disparados, condiciones de alarma ni interbloqueos en el suministro de energía.
		Si se interrumpió la energía, verifique que no haya obstrucciones ni grumos en el alimentador que puedan provocar una condición de sobrecarga.	Bloquee el alimentador y quite el químico de la descarga del alimentador.
	El motor funciona, el alimentador no gira	Acoplamiento, eje o correas dañados, cajas de engranajes desgastadas	Corrija la condición de sobrecarga y repare y reemplace las piezas.

(*continúa*)

Tabla 10.7 Resolución de problemas en sistemas de transferencia de químicos (*continuación*)

Indicador/observación	Causa probable	Revisar o monitorear	Soluciones
El químico cubre todo el alimentador	El químico fluye desde el depósito de suministro e inunda el alimentador	Monitoree la inundación provocada por el químico.	Reduzca el nivel de químico en el depósito de suministro, reduzca el vibrador del depósito, cierre parcialmente la compuerta de aislamiento para restringir el caudal.
Alimentación insuficiente o excesiva de químico	El desgaste o el reemplazo de equipos cambió la tasa de alimentación.	Lleve a cabo una calibración para determinar la tasa de alimentación. Verifique las escalas.	Vuelva a calibrar el alimentador o reemplace las piezas desgastadas.
El tanque de solución está desbordado	Línea de descarga obstruida con químico precipitado.	Concentración de composición de la solución, caudal del agua de composición	Reduzca la concentración mediante la reducción de la tasa de alimentación del químico o aumente el caudal del agua de dilución.

COMPROBACIÓN DE CONOCIMIENTOS

1. **Un tanque de día de químico solo puede llenarse una vez por día.**
   - ☐ Verdadero
   - ☐ Falso
2. **El beneficio de un tanque de día es que:**
   a. Asegura que no se dosifique más que el equivalente a un día de químico.
   b. El procedimiento de descarga de químicos se simplifica.
   c. Se requiere menos químico para el tratamiento.
   d. La bomba de dosificación está ubicada más cerca del punto de aplicación.
3. **Las bombas de transferencia de químicos de cavidad progresiva y de lóbulos rotativos son ejemplos de:**
   a. Bombas de diafragma
   b. Bombas de desplazamiento positivo
   c. Bombas de transferencia centrífugas
   d. Bombas de elevación de aire
4. **El uso de un mecanismo impulsor magnético elimina la necesidad de:**
   a. Un motor eléctrico
   b. Un eje impulsor
   c. La penetración de un eje impulsor en la voluta
   d. El impulsor
5. **Se usan bombas de diafragma cuando las bombas de transferencia centrífugas son demasiado pequeñas.**
   - ☐ Verdadero
   - ☐ Falso
6. **Las válvulas de aislamiento automatizadas se usan en los sistemas de transferencia de químicos para evitar:**
   a. La dosificación excesiva de químico en el proceso
   b. El llenado excesivo del tanque de almacenamiento a granel
   c. El bombeo en seco en el tanque de día
   d. El efecto de sifón y el flujo por gravedad
7. **En el modo automático de la operación de transferencia de químicos, la secuencia de transferencia se inicia:**
   a. Mediante el operador
   b. Mediante el transmisor de nivel del tanque de día
   c. Mediante el interruptor de corte de alto nivel
   d. Mediante el transmisor de nivel del tanque de almacenamiento a granel

SISTEMAS DE QUÍMICOS SECOS

EQUIPOS

Figura 10.9 presenta los componentes típicos de un sistema de alimentación de químicos secos. El sistema comienza con un contenedor de almacenamiento que suministra químico seco a un alimentador. El alimentador es el componente de medición del sistema y controla la dosis del químico. El químico medido se alimenta a un tanque de solución directamente o se expulsa a un tanque de solución o directamente al punto de aplicación.

Almacenamiento y suministro

Hay distintos sistemas de almacenamiento y suministro que dependen de la tasa de utilización y del envasado del químico seco.

Depósito de almacenamiento a granel

Si se requiere una cantidad importante de químico, con frecuencia se utiliza un depósito de almacenamiento a granel que se llena mediante una entrega por camión (Figura 10.9). El químico seco típicamente se traslada al tanque mediante aire; no obstante, los depósitos de almacenamiento a granel pueden cargarse mediante el

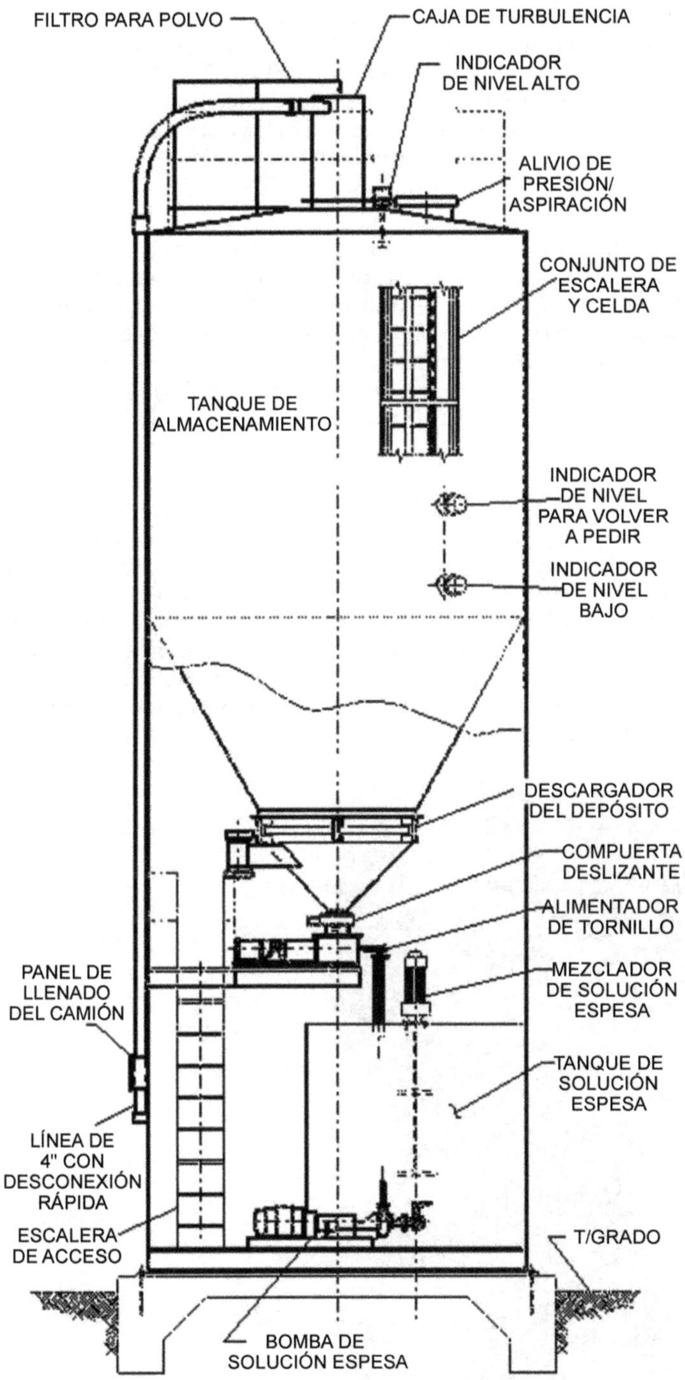

Figura 10.9 Alimentador de químicos secos (Slogan Systems/Slogan Engineering Co.)

volcado manual de contenedores flexibles intermedios de 1 tonelada de material en el depósito o mediante el uso de una cinta transportadora. El tanque debe tener escapes para que el aire de la entrega no lo presurice y los conductos deben tener un mecanismo de control del polvo para evitar que el polvo del químico salga del depósito durante el proceso de llenado. El polvo del químico seco puede convertirse en un peligro para la salud por inhalación o en un riesgo de explosiones. Las bolsas de filtro son un método común para el control del polvo. En general, no son distintas a las bolsas de filtro de las aspiradoras de limpieza doméstica. Como cualquier filtro, la bolsa se obstruye con polvo y limita el caudal de aire fuera del depósito. El sistema debe incluir un método de limpieza para las bolsas utilizadas. Si las bolsas se obstruyen, el depósito se presurizará durante el llenado y en consecuencia será necesaria un conducto para el alivio de la presión. El químico seco se traslada por gravedad al alimentador. Esto significa también que el material puede asentarse y compactarse, lo cual, a su vez, puede provocar que se bloquee. El bloqueo en general se produce en la parte inferior cónica del depósito donde el químico se dirige a la tolva de alimentación y se produce cuando el flujo de químico se detiene debido a un tapón de químico más denso. El "bloqueo" se produce entre las paredes del depósito. Para evitar el bloqueo, se utiliza un vibrador en el depósito. El vibrador del depósito se activa de manera eléctrica o neumática. Una compuerta en la parte inferior del depósito permite el aislamiento del depósito y del alimentador para poder llevar a cabo el mantenimiento en cualquiera de las dos unidades. Es muy útil seguir el inventario en el depósito. Esta medición puede llevarse a cabo con una sonda de transmisión de nivel o todo el depósito puede montarse en celdas de carga que pesan constantemente el depósito.

Suministro en bolsas a granel

Los químicos secos también se suministran en bolsas de tela de aproximadamente 1 tonelada denominadas comúnmente "contenedores flexibles intermedios". En estos sistemas, un polipasto con desplazamiento mueve la bolsa sobre la tolva de alimentación (Figura 10.10). La bolsa tiene una manga con boquilla y una "válvula" que se mantiene cerrada con un cordón de amarre en la parte inferior de la bolsa. La boquilla se coloca en un tubo de alimentación en la parte superior de la tolva de alimentación y el cordón de amarre se afloja para permitir que el químico fluya hacia la tolva. El sistema permite la prevención del polvo. El sistema también puede incluir un sistema de monitoreo del inventario, con frecuencia una balanza en el polipasto.

Suministro en bolsas llenadas manualmente

Si se usará una cantidad muy pequeña de químico o si el espacio es limitado y el transporte de químico al alimentador está restringido, es posible utilizar un alimentador de bolsa (Figura 10.11). En un alimentador de bolsa, se cargan manualmente bolsas de aproximadamente 22 kg (50 lb) en el depósito de suministro. Para controlar la exposición al polvo, la bolsa puede cargarse en una puerta deslizante que se cierra rápidamente de modo tal que el polvo quede en el depósito. El depósito también puede tener un conducto con recolección de polvo. No obstante, como no hay aire que presurice el depósito, como sucede con los depósitos de almacenamiento a granel cuando se llenan, es posible incluir un ventilador de escape para suministrar ventilación positiva y control del polvo. El químico de la bolsa se vuelca sobre una reja para evitar que grumos de material ingresen al depósito y puedan obstruir el alimentador.

Figura 10.10 Alimentador con contenedor flexible intermedio (cortesía de Upper Blue Sanitation District)

Figura 10.11 Alimentadores de químico seco llenados manualmente con bolsas de 23 kg (50 lb) (reimpreso con autorización de Eagle Microsystems)

Alimentador

El alimentador de químico seco es el dispositivo que controla la dosis de químico. Los alimentadores de químicos funcionan según una tasa de alimentación volumétrica o una tasa de alimentación gravimétrica. Los alimentadores volumétricos funcionan con la suposición de que la densidad del químico es uniforme y que el mismo volumen resultará en la misma masa de material. Por este motivo, los alimentadores volumétricos son menos precisos que los gravimétricos. Los alimentadores gravimétricos suministran un medio de medir y controlar la masa real de material que se dosifica. Ambos tipos de alimentador usan algún mecanismo de desplazamiento positivo. El medio mecánico para el desplazamiento del químico al tanque de la solución es independiente de que la alimentación del químico se base en el volumen o en la masa. Solo se trata de que haya un medio para pesar el material. El alimentador puede funcionar en modo continuo cuando se varía la velocidad del alimentador para suministrar una dosis constante con base en el caudal, o en modo por lotes cuando el alimentador funciona durante un tiempo establecido (si es un alimentador volumétrico) o dispensa una masa establecida de material (si es un alimentador gravimétrico). En un sistema por lotes, la solución en general se hace y se transfiere a un segundo tanque de suministro, donde puede bombearse o alimentarse por gravedad al punto de aplicación.

Tornillos

Los alimentadores de tornillo usan un tornillo helicoidal, o barreno, para trasladar el químico fuera de la tolva de alimentación y hacia el tanque de la solución (Figura 10.12). El químico llena completamente la cavidad donde está ubicado el barreno y el barreno desplaza una cantidad uniforme de químico con cada rotación. La velocidad del barreno controla la dosis de químico. Los alimentadores de tornillo se usan con frecuencia en las aplicaciones volumétricas, pero pueden convertirse en gravimétricos al pesar la tolva de alimentación a fin de determinar una pérdida de peso en el químico almacenado. En la aplicación volumétrica, el alimentador se calibra mediante la medición de la masa de material desplazado en un tiempo establecido a una velocidad establecida. Esta tasa de alimentación se utiliza en la programación que determina el tiempo o la velocidad de funcionamiento del barreno.

Bandas

Los químicos secos también pueden trasladarse de la tolva de alimentación al tanque de la solución con una banda continua (Figura 10.13). El material cae de la tolva de alimentación en la banda, con frecuencia es nivelado por una hoja, y se traslada al tanque de la solución, donde cae por el extremo de la banda. La velocidad de la banda puede variarse para controlar la dosis. Los alimentadores de banda pueden

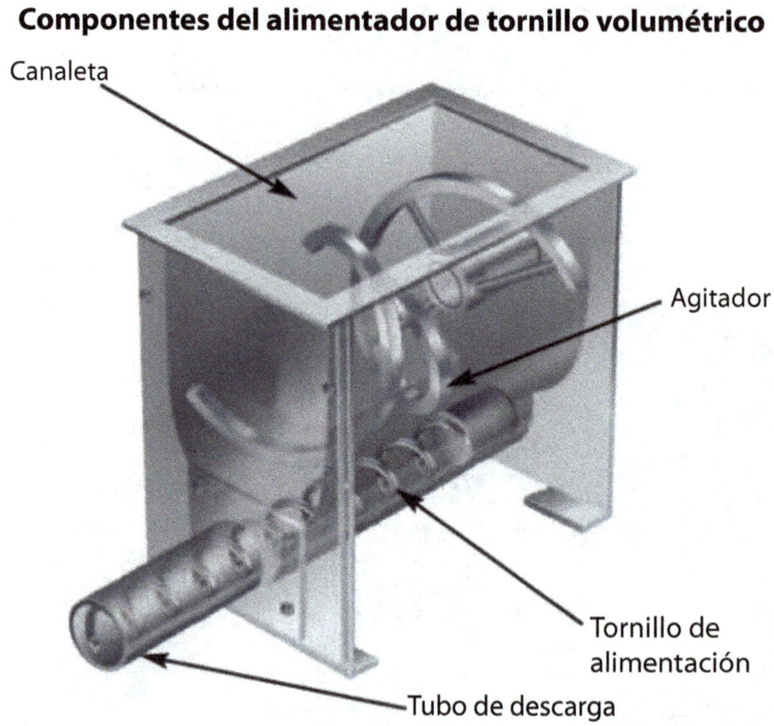

Figura 10.12 Alimentador con tornillo volumétrico (cortesía de Acrison, inc. Moonachie, NJ 07074)

funcionar en modo de alimentación volumétrica con el mismo tipo de calibración que un alimentador de tornillo. Los alimentadores de banda se prestan a las aplicaciones gravimétricas porque es posible pesar toda la banda con celdas de carga debajo de los soportes de los rodillos de la banda. Se coloca un alimentador de banda con pivote en un punto de apoyo central con contrapesos para que el ángulo de la banda controle la altura de la hoja de nivelación y asegure que haya siempre una masa constante de material en el extremo de la banda opuesto al contrapeso.

Otros alimentadores volumétricos de desplazamiento positivo

Otros tipos de alimentadores volumétricos incluyen paletas giratorias, discos giratorios, tolvas oscilantes y placas oscilantes. En estos tipos de alimentador, el volumen de material es controlado por el tamaño de la cavidad. La cavidad puede ser una ranura o un orificio en un disco, o una cantidad nivelada de material en una placa o en una bandeja. El volumen medido se empuja desde la cavidad y cae en el tanque de la solución. La velocidad del alimentador determina, nuevamente, la tasa de alimentación volumétrica.

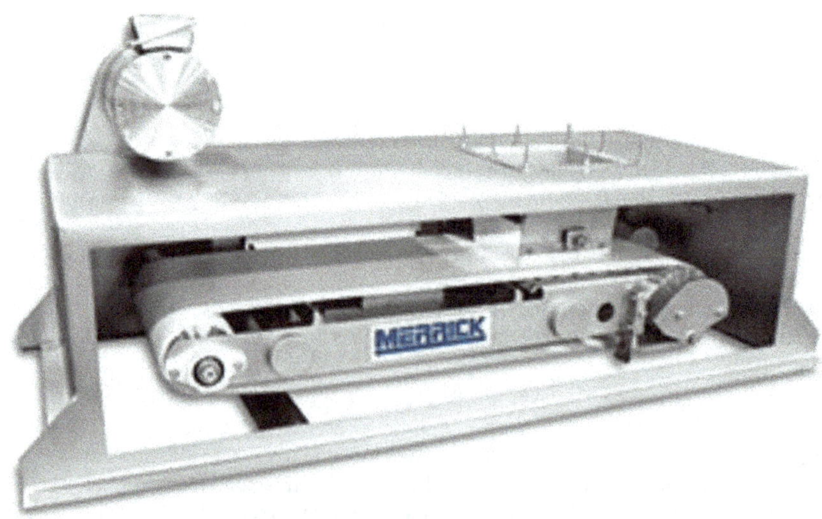

Figura 10.13 Alimentador con banda gravimétrica (reimpreso con autorización de Merrick Industries, Inc.)

Tanque de la solución

Después de la medición, el químico seco se suele mezclar con agua para su traslado al punto de aplicación. Si el químico seco es soluble en agua, se crea una solución. Si no es soluble, se crea una suspensión o una solución espesa. Por ejemplo, el alumbre seco se disuelve para crear una solución, la cal forma una solución espesa y el polímero seco forma una suspensión. La mezcla que se crea, independientemente de ello, debe ser uniforme y no debe tener grumos ni aglomeraciones de químico seco. A medida que el químico seco ingresa al tanque, con frecuencia se rocía con agua a alta presión proveniente de un cabezal para dispersar el químico y evitar los grumos. Se agrega más agua mediante una válvula de llenado controlada por un dispositivo manual de control del caudal, como un rotámetro. El nivel de líquido en general se controla con la altura del tubo de salida. El tanque se mezcla mecánicamente para lograr uniformidad y evitar que el químico seco se sedimente. Un tubo de desborde en el tanque de la solución drenará el químico a un pozo colector si la salida se obstruye. El monitoreo del nivel del tanque con una sonda ultrasónica es útil para poder apagar el alimentador y el suministro de agua si el tubo de descarga se obstruye.

Eductores

A veces, el alimentador de químicos está ubicado lejos del tanque de la solución o del punto de aplicación y el químico seco debe trasladarse para ser utilizado. Si el químico seco es higroscópico, las unidades de almacenamiento y suministro y el alimentador deben ubicarse en un entorno donde pueda controlarse la humedad, y el tanque de la solución debe estar aislado de dicho entorno. En un eductor, la velocidad del cauda del aire o agua después de un conector especializado crea una aspiración que traslada el químico con el flujo, como se muestra en la Figura 10.14. Los polímeros secos con frecuencia se expulsan con aire y se soplan al cabezal de humedecimiento para su dispersión eficaz o el eductor en sí se convierte en el cabezal de humedecimiento en los eductores simples, donde un caudal de aire crea la aspiración. Con frecuencia se utiliza agua en la expulsión de materiales secos utilizados como lastre para la sedimentación (arena, magnetita) en los sistemas de clarificación de alta tasa. Los eductores también pueden incluir sensores de nivel y se programa un interbloqueo que detendrá el alimentador si la boquilla del eductor se obstruye. Después de la solución, se crea una suspensión o una solución espesa que puede alimentarse mediante gravedad o bombearse al punto de aplicación.

OPERACIÓN

La operación de un sistema de alimentación de químicos consiste en el llenado del depósito de suministro, en el monitoreo del flujo de químico a la tolva de alimentación, en el monitoreo de la composición de la solución y en garantizar el flujo de la solución al punto de aplicación. Las condiciones en el punto de aplicación también deben verificarse de manera rutinaria.

Figura 10.14 Eductor (reimpreso con autorización de Flo Trend)

Antes de llenar un depósito de almacenamiento a granel, el operador debe garantizar que haya suficiente espacio en el depósito para aceptar la entrega. La compuerta de aislamiento de la parte inferior del depósito debe estar cerrada para evitar inundaciones. Las inundaciones se producen cuando se fuerza químico a través del alimentador mediante el impulso o la gravedad y esto resulta en un derrame de químico alrededor del alimentador y del tanque de la solución. Durante el proceso de llenado, verifique que el depósito esté descargando aire limpio a través del recolector de polvo y que la válvula de alivio de presión permanezca cerrada. Durante el funcionamiento normal, el alimentador debe verificarse con regularidad para asegurar que el químico seco no se haya bloqueado en el depósito. Si el depósito está equipado con un vibrador, debe ajustarse para funcionar durante el lapso mínimo que evitará el bloqueo.

Al llenar un alimentador de bolsa es fundamental usar los equipos de protección personal (EPP) adecuados. Esto incluye protección para brazos y manos y protección para ojos y respiratoria. Incluso si el sistema cuenta con equipos para aislar y controlar el polvo, es necesario protegerse de las liberaciones accidentales. Verifique la reja antes de cargar la bolsa para comprobar que esté libre y limpie la reja posteriormente. Los grumos de químico retenidos en la reja generalmente pueden descomponerse para caer por la reja y no desperdiciar químico Asegúrese de que la bolsa esté completamente vacía y deseche la bolsa vacía para dejar la estación de carga libre de peligros.

El cambio de un contenedor flexible intermedio en un polipasto es un proceso directo, pero asegúrese de que el contenedor que se reemplazará esté completamente vacío para evitar el derrame de químico por su parte posterior cuando se eleva en el polipasto.

Verifique el alimentador de manera rutinaria. La frecuencia de monitoreo del alimentador se rige por el carácter crítico del proceso. Con frecuencia, la única indicación de la falla de un alimentador es una alteración en las condiciones del proceso. Por ejemplo, si la cal a granel se bloquea y no fluye químico al alimentador, el pH de la aplicación caerá, lo cual tendrá implicancias directas para el cumplimiento del límite en el permiso sobre el pH. Los alimentadores de químicos secos, en particular los alimentadores volumétricos, deben calibrarse de manera rutinaria. El circuito de control del alimentador depende del suministro de una masa de químico conocida en un lapso establecido. Lleve a cabo las acciones siguientes para calibrar un alimentador de químicos secos:

- Obtenga acceso a la descarga del alimentador.
- Coloque un contenedor adecuado debajo de la descarga para capturar todo el químico. El peso del contenedor vacío debe ser conocido.
- Haga funcionar el alimentador al 100 % de la velocidad durante un lapso específico (el tiempo determinado según el tamaño del alimentador, suficiente para capturar varias libras de químico).
- Pese el químico en el contenedor (reste el peso vacío del contenedor).
- Divida la masa de químico por el lapso para lograr una tasa de alimentación máxima (p. ej., lb/min).
- Verifique la tasa de alimentación máxima con las especificaciones del equipo y ajuste los controles según sea necesario.

El tanque de la solución o el eductor también deben verificarse de manera rutinaria para asegurar el suministro de químico o solución al proceso. En particular, verifique los caudales de agua de composición y el funcionamiento del mezclador, y monitoree para detectar precipitación o sedimentación de químico sólido en la superficies del equipo. El punto de aplicación debe monitorearse de manera periódica y deben verificarse los mismos elementos.

MANTENIMIENTO

Aunque los equipos de los sistemas de alimentación de químicos secos son bastante sencillos, hay componentes que requieren un mantenimiento planificado y que se benefician con limpiezas periódicas. Las bolsas del filtro del mecanismo de recolección de polvo tienen una vida útil finita y deben reemplazarse según las recomendaciones del fabricante, orientadas por la experiencia. Debe verificarse el funcionamiento de las válvulas de alivio de presión en la presión de diseño. El componente de dosificación del alimentador es un componente crítico, trátese de un barreno, de una banda, de un disco o de una placa. Es recomendable mantener un componente de dosificación de repuesto en el sitio.

La mezcla de químicos secos en soluciones puede producir sarro a partir del químico sólido en el tanque de la solución, en el mezclador del tanque y en las tuberías de descarga. Estos componentes deben limpiarse con frecuencia. Para limpiar el sistema, no obstante, es necesario ponerlo fuera de línea. Deben disponerse una unidad redundante en el diseño, un sistema temporal de suministro y dosificación o un tiempo en el que la unidad puede estar fuera de servicio sin afectar el proceso de tratamiento. La limpieza del sarro de los equipos puede llevarse a cabo a mano o con un baño químico. Con frecuencia, se recircula una solución ácida por el tanque para disolver el sarro. Este método requiere una planificación y una ejecución cuidadosas para llevarse a cabo de manera segura. La reacción por la disolución del sarro con ácido puede producir calor y vapores, y el operador debe planificar la disposición del ácido utilizado.

RESOLUCIÓN DE PROBLEMAS

Si el sistema de químicos secos no lleva el químico al punto de aplicación, el operador debe verificar lo siguiente y consultar la Tabla 10.8:

- El suministro del químico al alimentador. El químico está bloqueado o el contenedor está vacío.
- El mecanismo del alimentador está girando. El mecanismo de acoplamiento al motor de impulsión puede haberse dañado.
- La línea de descarga del tanque de la solución está libre y el tanque no está desbordado.

Tabla 10.8 Resolución de problemas en sistemas de químicos secos

Indicador/observación	Causa probable	Revisar o monitorear	Soluciones
No se descarga químico seco del alimentador	Depósito de suministro vacío	Inspeccione visualmente el depósito de suministro para determinar el nivel de químico.	Agregue químico de bolsas, cambie el contenedor flexible intermedio, llene desde la entrega a granel.
	El químico se bloqueó en el depósito de suministro	Confirme el nivel de químico en el depósito de suministro.	Verifique y haga funcionar manualmente los vibradores del depósito. Haga vibrar manualmente el depósito con una maza de goma.
	Compuerta de aislamiento cerrada	Posición de la compuerta. La compuerta suele estar cerrada para el llenado del depósito y quizá no se haya vuelto a abrir.	Abra la compuerta.
	El motor no funciona, el alimentador no gira	El motor no está en funcionamiento.	Verifique que no haya disyuntores disparados, condiciones de alarma ni interbloqueos en el suministro de energía.
		Si se interrumpió la energía, verifique que no haya obstrucciones ni grumos en el alimentador que puedan provocar una condición de sobrecarga.	Bloquee el alimentador y quite el químico de la descarga del alimentador.
	El motor funciona, el alimentador no gira	Acoplamiento, eje o correas dañados, cajas de engranajes desgastadas	Corrija la condición de sobrecarga y repare y reemplace las piezas.
El químico cubre todo el alimentador	El químico fluye desde el depósito de suministro e inunda el alimentador	Monitoree la inundación provocada por el químico.	Reduzca el nivel de químico en el depósito de suministro, reduzca el vibrador del depósito, cierre parcialmente la compuerta de aislamiento para restringir el caudal.
Alimentación insuficiente o excesiva de químico	El desgaste o el reemplazo de equipos cambió la tasa de alimentación.	Lleve a cabo una calibración para determinar la tasa de alimentación. Verifique las escalas.	Vuelva a calibrar el alimentador o reemplace las piezas desgastadas.
El tanque de solución está desbordado	Línea de descarga obstruida con químico precipitado.	Concentración de composición de la solución, caudal del agua de composición	Reduzca la concentración mediante la reducción de la tasa de alimentación del químico o aumente el caudal del agua de dilución.

COMPROBACIÓN DE CONOCIMIENTOS

1. **Los contenedores de almacenamiento a granel para químicos secos se ventilan ____________.**
   a. mediante un recolector de polvo
   b. siempre en los lados del contenedor
   c. mediante un rociador de agua
   d. solo para la descarga por aire

2. **Los peligros del polvo de los químicos secos incluyen la exposición a la inhalación y el riesgo de explosiones.**
   ☐ Verdadero
   ☐ Falso

3. **El *bloqueo* se refiere a la detención del flujo de químico en:**
   a. El tubo de llenado
   b. Las bolsas del filtro de recolección de polvo
   c. La parte cónica del depósito de almacenamiento
   d. El tubo de llenado del tanque de la solución

4. **En un depósito de químicos con suministro en bolsas llenadas manualmente, la puerta deslizante y el ventilador de escape suministran:**
   a. Acceso a la tolva de alimentación
   b. Enfriamiento del motor
   c. El control de la dosis más exacto
   d. Control del polvo

5. **Los alimentadores volumétricos son más exactos que los alimentadores gravimétricos.**
   ☐ Verdadero
   ☐ Falso

6. **Los alimentadores gravimétricos dosifican el químico con base en:**
   a. El tiempo
   b. El peso
   c. El volumen
   d. La densidad

7. **Un alimentador de tornillo con frecuencia se usa como alimentador _________ y un alimentador de banda comúnmente se usa como alimentador _________.**
   a. de desplazamiento positivo, pasivo
   b. gravimétrico, volumétrico
   c. de químicos secos, de químicos líquidos
   d. volumétrico, gravimétrico

8. **Los químicos solubles forman soluciones en el tanque de la solución y los químicos no solubles forman soluciones espesas.**
   ☐ Verdadero
   ☐ Falso

9. **Los eductores pueden usar un caudal de aire o agua para crear una aspiración que traslada el químico seco a un tanque de la solución o a un punto de aplicación.**
   ☐ Verdadero
   ☐ Falso

10. **La compuerta de aislamiento del depósito se cierra durante el llenado de un depósito de almacenamiento a granel para evitar:**
    a. Las inundaciones
    b. Una dosificación excesiva
    c. Una dosificación insuficiente
    d. La generación de polvo

11. **Al monitorear un ciclo de llenado del depósito de almacenamiento a granel, la descarga de aire a través de la válvula de alivio de presión indica que:**
    a. La válvula de escape está cerrada.
    b. Las bolsas del filtro de control del polvo están obstruidas.
    c. El depósito se llenó en exceso.
    d. La compuerta de aislamiento del depósito se dejó abierta.

12. **La calibración de los alimentadores de químicos secos incluye la medición de su descarga durante un periodo establecido y resulta en la determinación del valor máximo de:**
    a. Tasa de calibración
    b. Tasa de alimentación en masa por tiempo
    c. Tasa de alimentación en volumen por tiempo
    d. Dosis necesaria para lograr las metas de tratamiento

El *agua portadora* traslada el químico al punto de aplicación. El uso de agua portadora reduce la longitud de los tubos que contienen químico concentrado, puede reducir la corrosión y el desgaste en estos tubos, evita la cristalización del químico en la línea y suministra un mejor mezclado en el punto de aplicación, en particular con difusores de químicos.

SISTEMAS DE QUÍMICOS LÍQUIDOS

EQUIPOS

Los componentes típicos de los sistemas de alimentación de químicos líquidos son similares a los de los sistemas de alimentación de químicos secos. El sistema comienza con un tanque de almacenamiento que conserva el químico para su dosificación o distribución a un tanque de día. El químico es dosificado con una bomba de medición de químicos, ya sea directamente al punto de aplicación o a un tubo con *agua portadora* que fluye al punto de aplicación. En el punto de aplicación, el químico se mezcla con el agua del proceso.

ALMACENAMIENTO Y SUMINISTRO

Hay distintos tanques de almacenamiento y suministro que dependen de la tasa de utilización y del envasado del químico.

Tanque de almacenamiento a granel

Para las tasas de utilización de alto volumen, se utilizan tanques de almacenamiento a granel como el que se muestra en la Figura 10.15, que se llenan con una entrega en camión. El tanque en general se llena desde la parte superior y el químico se traslada por gravedad o al presurizar el camión de entrega con aire comprimido. Se suministra un conducto para evitar la presurización del tanque. El nivel del tanque se monitorea de diversas maneras. En su mayoría, los tanques incluyen una mirilla o un indicador de nivel inverso para monitorear el nivel visualmente. La mirilla puede consistir simplemente en un tubo transparente en la parte exterior del tanque conectada a la parte inferior del tanque. Un indicador de nivel inverso consiste en una boya en el tanque que está conectada por una línea a un indicador en la parte exterior del tanque y una escala detrás del indicador para mostrar el volumen que permanece en el tanque. A medida que el tanque se vacía, el flotador baja y el indicador sube, de modo que la escala comienza en cero en la parte superior y el volumen máximo está en la parte inferior; así, la escala se invierte. El volumen de químico en el tanque típicamente se monitorea de manera remota con un transmisor ultrasónico o de nivel de presión. El tanque debe tener un desborde conectado por tubos a una descarga cerca del piso en el área de contención. El tanque suele tener una conexión de suministro y una conexión de drenaje, ambas con válvulas lo más cerca posible del tanque. La conexión de suministro típicamente es más alta que al conexión de drenaje, lo que significa que hay una parte de químico inutilizable en la parte inferior del tanque. Esto se suele denominar "remanente".

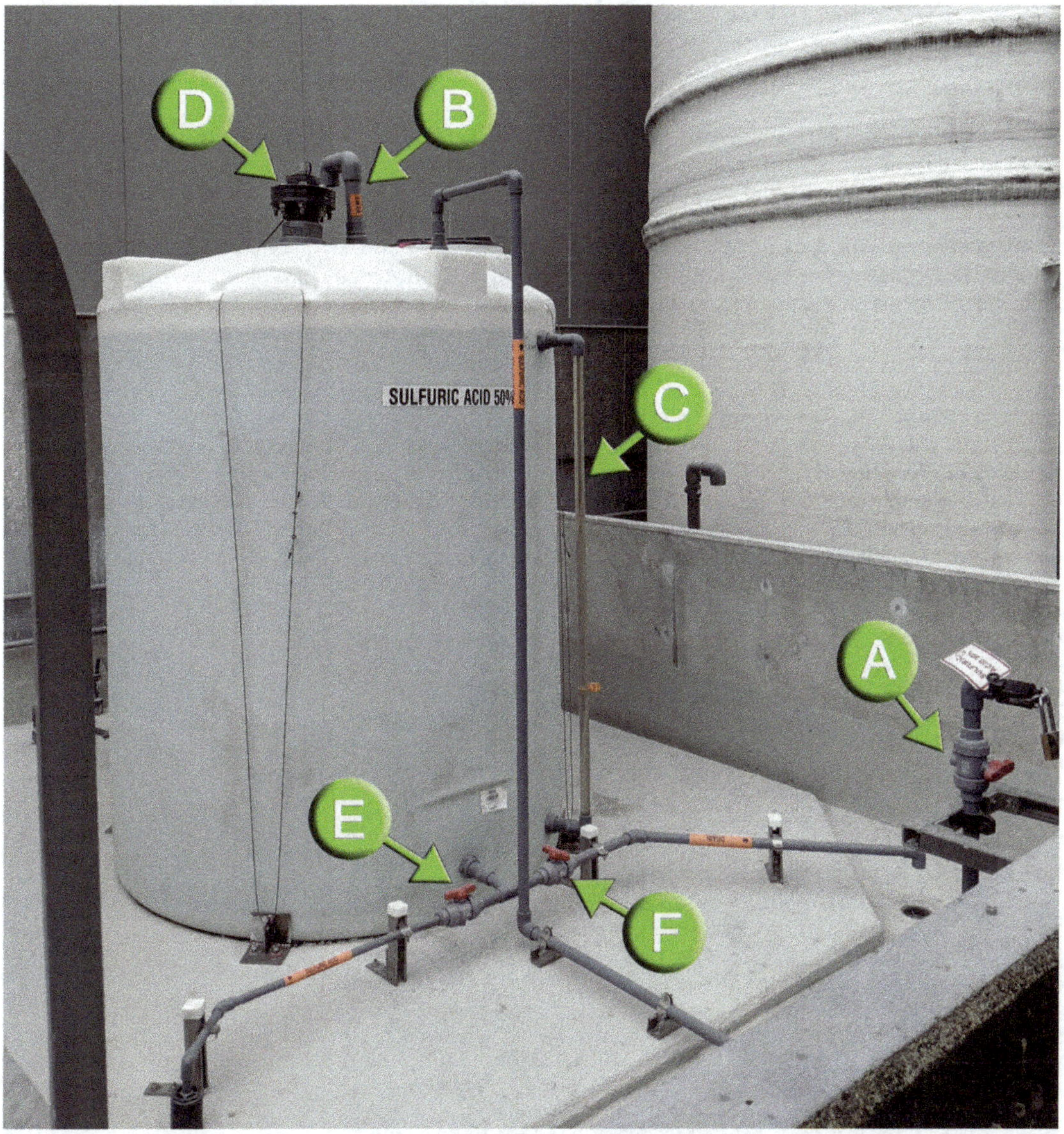

Figura 10.15 Tanque de almacenamiento de líquidos a granel: (A) Válvula de llenado, (B) Conducto, (C) Mirilla, (D) Transmisor de nivel ultrasónico, (E) Válvula de suministro, (F) Válvula de drenaje (reimpreso con autorización de Indigo Water Group)

Contenedores a granel intermedios

Los contenedores a granel intermedios (Figura 10.16) se suelen denominar *envases* y se utilizan para tasas de dosificación de menor volumen. Estos contenedores suelen conservar de 275 a 330 gal de químico. Se manipulan con montacargas y elevadores de pallets. En consecuencia, deben tomarse medidas para su desplazamiento hacia adentro y hacia afuera del área de la bomba de dosificación. Un contenedor a granel intermedio (IBC) tiene una conexión con válvula en la parte inferior y una tapa en la parte superior. En general, se hace una conexión flexible en la aspiración de la bomba y la válvula de la parte inferior, y la tapa se afloja para liberar cualquier formación de vacío cuando se extrae el químico. La bomba de dosificación también puede colocarse arriba o en la parte superior del envase y el tubo de aspiración de la bomba puede alimentarse por la abertura de la tapa.

Tambores

Para tasas de consumo aún más pequeñas, es posible usar un tambor o barril de químico. Los tambores vienen en tamaños de hasta 55 gal y se usan de la misma manera que los envases. La aspiración de la bomba puede alimentarse desde la parte superior de un tambor vertical a través del orificio (Figura 10.17) o puede suministrarse aspiración con inundación (Figura 10.18) si hay una válvula instalada en el tambor en posición vertical. A continuación, el tambor se baja a la posición horizontal con una grúa para tambores. Hay una pequeña abertura de alivio de escape del lado opuesto del orificio para aliviar vacío cuando se retira químico. También puede instalarse una válvula y un conector en este lugar para evitar los derrames al abrir el alivio. Si el tambor se usa en posición vertical, como en la Figura 10.17, se utiliza una válvula de pie en la parte inferior de la línea de aspiración. La válvula de pie consiste en una reja y en una válvula de retención para evitar la obstrucción de la bomba y colaborar en el cebado de la bomba.

BOMBAS DE DOSIFICACIÓN

Las bombas de dosificación de químicos suministran la dosis controlada y medida de químico al proceso. También se denominan *bombas de medición* o *bombas de alimentación* y en general son de desplazamiento positivo y de tres variedades: de diafragma, peristálticas y de cavidad progresiva. El tipo de bomba utilizado depende de las propiedades del químico líquido y de la aplicación, y determina los componentes de las tuberías de aspiración y descarga. Todas las partes de una bomba de químicos que entran en contacto con un químico deben usar materiales compatibles con el químico. Los materiales incompatibles se degradarán rápidamente, lo que provocará fugas y también peligro, con la consecuente necesidad de mantenimiento.

El funcionamiento de las bombas de diafragma consiste en tirar de un diafragma redondo y empujarlo contra una placa fija cóncava. Hay una válvula de retención en los lados de aspiración y descarga de la bomba para evitar el caudal en retroceso del químico. Cuando se retira el diafragma, crea succión, y esta succión tira de la válvula de retención de descarga para cerrarla y extrae químico del suministro a través de la válvula de retención de aspiración. Cuando se presiona el diafragma, la válvula de retención de aspiración se cierra y el químico se bombea a través de la válvula de retención de descarga. Esta acción se denomina "carrera" y se muestra en la Figura 10.19. Muchas bombas de diafragma tienen un largo de carrera ajustable. Esto significa que es posible cambiar la distancia que se desplaza el diafragma y, en consecuencia, el volumen suministrado en cada carrera. La velocidad de las carreras (carreras/min) también puede ajustarse.

Figura 10.16 Contenedores a granel intermedios (reimpreso con autorización de Indigo Water Group)

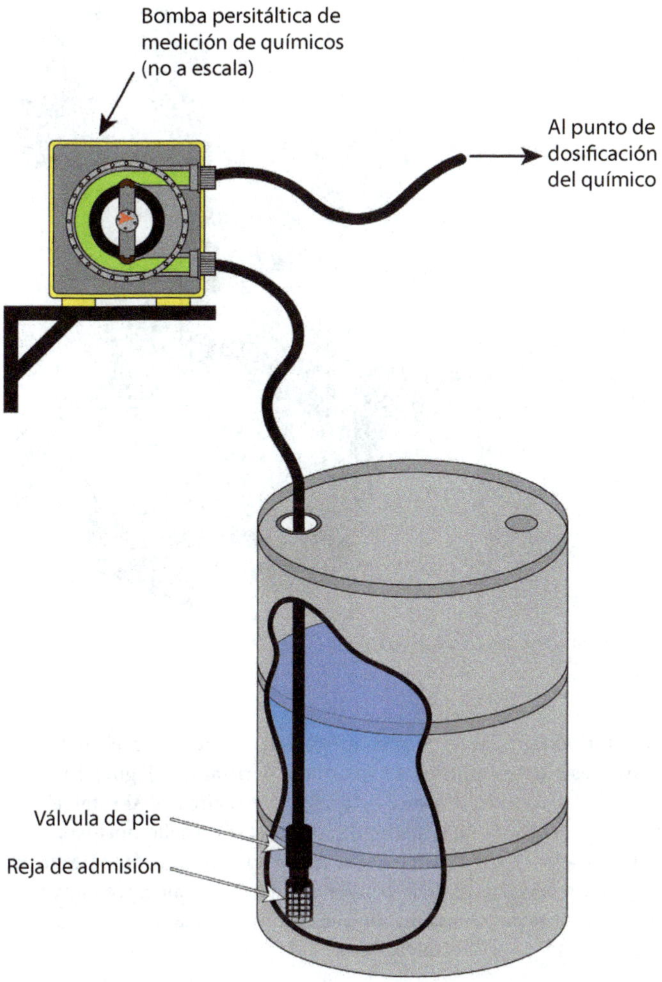

Figura 10.17 Sistema de alimentación con tambor de químicos para elevación por aspiración. La válvula de pie se muestra en la parte inferior del tambor

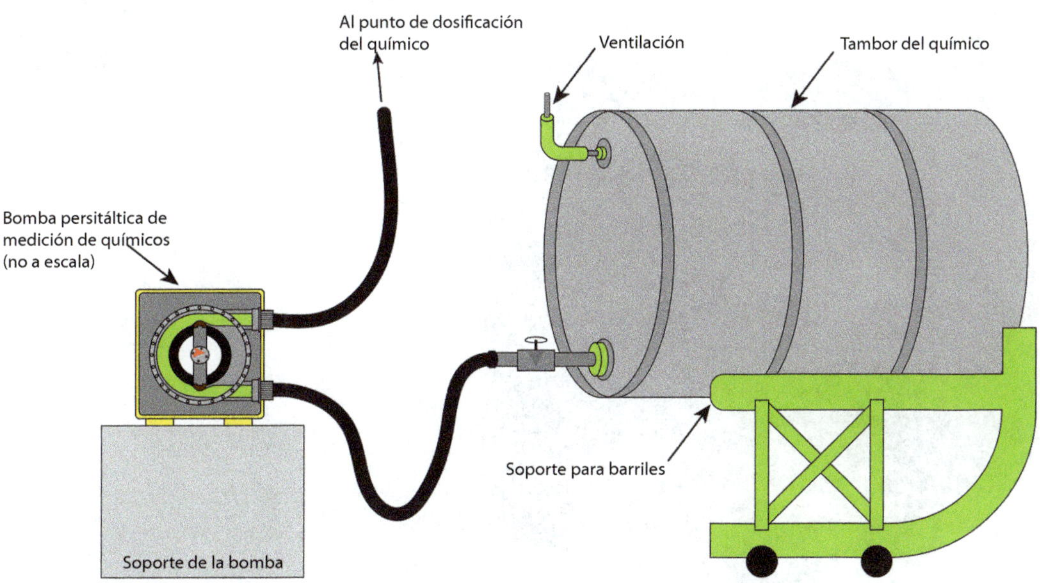

Figura 10.18 Sistema de alimentación de químicos por aspiración inundada

Figura 10.19 Bomba de medición de diafragma Esquema (izquierda) y perfil (derecha) (reimpreso con autorización de Pulsafeeder)

Las bombas de dosificación peristálticas son un tipo especial de bomba de cavidad progresiva en el cual la cavidad es un tubo flexible que se aprieta para trasladar el químico. En la bomba peristáltica (Figura 10.20), las tuberías se enrollan en semicírculo y una serie de rodillos rota alrededor del eje del círculo. Al rotar, el rodillo aprieta las tuberías contra una pared de respaldo sólida semicircular para crear un sello positivo. En este momento, el rodillo anterior continúa en sello positivo con el tubo. A medida que el rodillo progresa, el rodillo anterior se libera y el químico se aprieta a la descarga de la bomba. Debido a que siempre hay un rodillo que crea un sello, no es necesario tener válvulas de retención, aunque con frecuencia se incluyen. La velocidad de los rodillos es ajustable y determina la tasa de alimentación.

Una bomba de cavidad progresiva con un rotor helicoidal y un estator es otra opción, y puede usarse con químicos más viscosos. A medida que el rotor gira, crea una cavidad sellada positivamente contra el estator. Tal como sucede con las bombas peristálticas, este sello puede cumplir la función de la válvula de retención si es necesario.

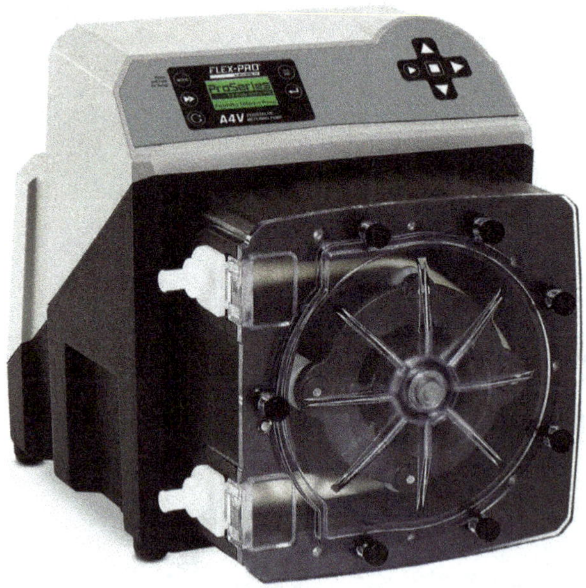

Figura 10.20 Bomba de dosificación peristáltica (bomba de medición peristáltica Flex-Pro A4 de Blue-White)

La exactitud y la operación óptima de una bomba de dosificación de químicos depende mucho de las tuberías y de los componentes de aspiración y descarga. En la Figura 10.21 se presenta una disposición típica de bomba de dosificación de diafragma. Los sistemas de bombas suelen usar más de una bomba. Una válvula de aislamiento del suministro permite que el sistema de la bomba esté completamente aislado para mantenimiento y que se use la columna de calibración para verificar la salida de la bomba. La columna de calibración es un tubo graduado transparente que se utiliza para medir el volumen bombeado durante un periodo determinado o la cantidad de carreras, y tiene su propia válvula de aislamiento. Estas válvulas deben estar ubicadas lo suficientemente cerca como para funcionar desde la misma posición, de modo que se pueda cambiar fácilmente el suministro entre las dos y se pueda volver a llenar la columna de calibración. El químico fluye o es dirigido a la bomba a través de una válvula de aislamiento de la bomba que, junto con la válvula de aislamiento de descarga, puede cerrarse para el servicio del extremo de líquidos de la bomba mientras el resto del sistema permanece en servicio. El químico fluye a través de la válvula de retención de succión, es medido por la bomba y es forzado a través de la válvula de retención de descarga y de la válvula de aislamiento. La tubería de descarga puede tener un amortiguador de pulsaciones para reducir el impacto de la bomba en el sistema. Los amortiguadores de pulsaciones tienen el mismo propósito que los amortiguadores de los automóviles. El amortiguador suaviza el suministro del químico.

El químico se bombea mediante una válvula de presión de retroceso, que se ajusta para determinar la presión de la bomba. Sin presión de retroceso, el químico es libre de fluir o de llevar a cabo un efecto sifón hacia el punto de aplicación de manera descontrolada. La presión de retroceso debe ser suficiente para evitar este

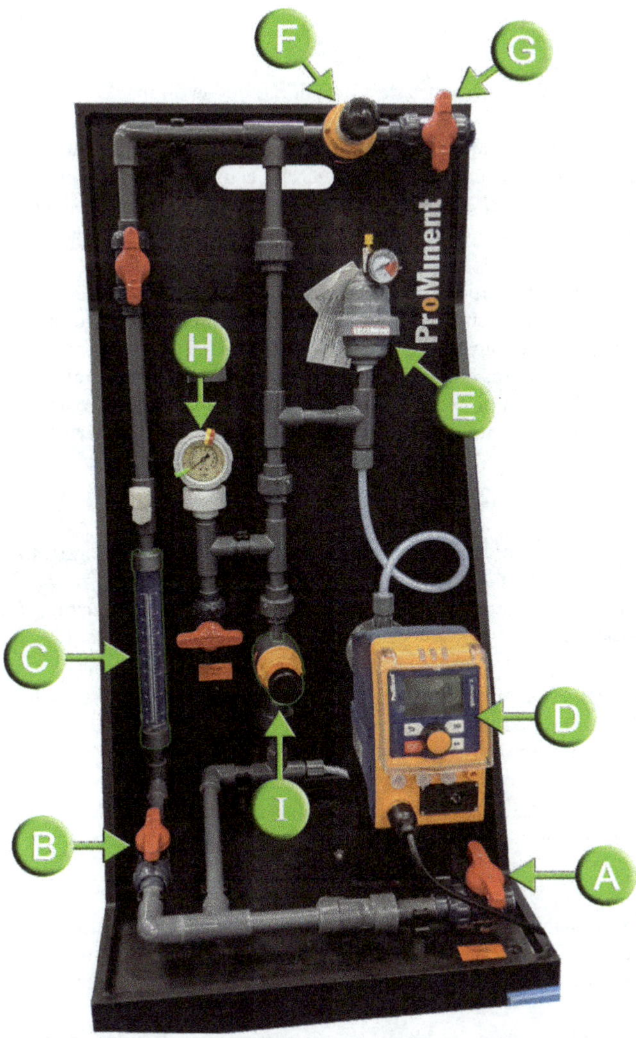

Figura 10.21 Disposición de tuberías de una bomba de dosificación de diafragma: (A) Válvula de suministro y aislamiento de la bomba, (B) Válvula de llenado de la columna de calibración, (C) Columna de calibración, (D) Bomba de dosificación con válvulas de retención integradas, (E) Amortiguador de pulsación, (F) Válvula de presión de retroceso, (G) Válvula de aislamiento de descarga, (H) Manómetro, (I) Válvula de alivio de presión (ProMinent Pumps) (cortesía de ProMinent Fluid Controls, Inc.)

efecto sifón y, al mismo tiempo, permanecer dentro de las especificaciones de presión de la bomba. La presión de retroceso se mide con un manómetro. En caso de que una tubería de descarga se obstruya o se cierre y la bomba continúe funcionando, una válvula de alivio de presión permite que la descarga de la bomba regrese a la línea de suministro y que la bomba bombee de hecho en un círculo. La válvula de alivio de presión debe configurarse en una presión más alta que la válvula de presión de retroceso y, al mismo tiempo, debe permanecer en el límite de presión de la bomba. Estos tipos de válvula de control de presión en general consisten en un diafragma sostenido en su lugar por un resorte. Cuando se bombea el químico, empuja el diafragma contra el resorte para que fluya a través de la cavidad. La tensión del resorte se ajusta para establecer la presión. En última instancia, el químico sale por una válvula de aislamiento principal de descarga y continúa hasta el punto de aplicación.

Los componentes en el sistema de la bomba varían según el tipo de bomba y la aplicación. Las bombas peristálticas y de cavidad progresiva suministran un caudal más suave de químico y es posible que no requieran amortiguadores de pulsaciones ni dispositivos para la presión de retroceso. Las funciones fundamentales del sistema continúan siendo las mismas:

- una manera de aislar el sistema y bombas individuales para el mantenimiento
- una manera de evitar el efecto sifón en el químico hacia el punto de aplicación
- una manera de evitar el caudal en retroceso de químico o de agua del proceso de regreso a través de la bomba
- una manera de aliviar una condición de sobrepresión
- una manera de verificar la calibración de la bomba

AGUA PORTADORA Y EQUIPO DE DILUCIÓN

El químico puede dosificarse a su concentración máxima en el punto de aplicación o puede diluirse o mezclarse antes. En la disposición más sencilla de la dilución, una fuente de agua portadora, típicamente agua no potable de la instalación, se introduce en la tubería de descarga y el químico se dosifica en el agua portadora. Esta agua portadora puede prevenir las obstrucciones y ayudar a mezclar el químico con el agua del proceso. El agua de dilución también puede reaccionar con el químico y provocar acumulación de sarro en el tubo y, debido a que modifica la concentración del químico, afectar la reacción química final en el proceso.

Una *emulsión* es una mezcla de dos líquidos insolubles entre sí. Un líquido está suspendido en el otro. En un polímero en emulsión, la molécula del polímero está envuelta en agua y las gotas de agua están suspendidas en aceite.

Los sistemas de dilución pueden intervenir más e incluir componentes de mezclado. El mejor ejemplo es un polímero de *emulsión*, o líquido, que tiene requisitos específicos de dilución y activación. Un mezclador estático es un tubo con deflección que crea corrientes diferenciales en el caudal para suministrar la energía de mezclado. Algunos sistemas más complejos incluyen cámaras de mezclado motorizadas que pueden controlar con precisión la energía de mezclado que se aplica. La meta es siempre el uso más eficiente del químico; no obstante, la conservación del químico debe ponderarse en contraposición con el mantenimiento requerido para los equipos de dilución y mezclado.

OPERACIÓN

La operación de un sistema de alimentación de químicos líquidos consiste en llenar el tanque de almacenamiento a granel, cambiar un envase o tambor, monitorear el sistema para detectar fugas y determinar la presión, y verificar la calibración de la bomba de dosificación para asegurar un control adecuado. El punto de aplicación también debe controlarse para que no haya escamaciones de químicos y para que el mezclado sea correcto.

Antes de llenar un tanque de almacenamiento a granel, el operador debe asegurar que haya suficiente espacio en el tanque para el suministro y comprobar fehacientemente que el camión esté conectado al tubo de llenado correcto. La mezcla accidental de químicos incompatibles puede resultar en una reacción exotérmica y producir un calor suficiente como para dañar estructuralmente el tanque de almacenamiento y provocar un derrame. La reacción también puede provocar vapores peligrosos. En contraposición con un depósito para el almacenamiento de químicos secos, un tanque de almacenamiento a granel puede permanecer en servicio durante la operación de llenado.

El operador debe usar equipos de protección personal (EPP) adecuados al cambiar un envase o un tambor, a fin de protegerse contra los derrames accidentales. En general, el sistema de dosificación se saca de línea durante el reemplazo del contenedor. Los pasos para cambiar un envase o un tambor son los siguientes:

- Traslade el nuevo envase a una posición segura, lo más cerca posible del área de alimentación de químicos, a fin de minimizar el tiempo en que el sistema está en línea.
- Instale los conectores o las válvulas que resulten necesarios para preparar el nuevo contenedor. Es útil tener dos juegos de conectores para acelerar la operación.
- Apague las bombas de químicos y tenga en cuenta los efectos sobre el proceso.

- Cierre la válvula del contenedor vacío.
- Desconecte la conexión flexible del contenedor vacío. Esté preparado para un pequeño derrame de químico. Es útil tener un cubo y un medio para suspender la conexión para evitar un derrame. Si el químico fluye fuera del tubo flexible, cierre la válvula de aislamiento del sistema de la bomba.
- Traslade el contenedor vacío de manera segura para que no sea un obstáculo.
- Coloque el nuevo contenedor en la estructura o en el dispositivo de soporte.
- Instale la conexión flexible, abra la válvula de suministro y verifique que no haya fugas.
- Verifique con atención las válvulas de suministro y vuelva a iniciar las bombas de químicos.
- Limpie de manera segura los derrames que pudiera haber en el área.
- Vuelva a verificar las bombas de químicos y el proceso que alimentan antes de transcurrida una hora.

Los contenedores vacíos pueden devolverse al proveedor para su reutilización, pero deben limpiarse y secarse antes del envío para evitar su clasificación como materiales peligrosos. Debido a que el volumen del remanente debe ser pequeño y a que los químicos se agregan al proceso de todos modos, es posible vaciar los contenedores en el proceso antes del clarificador secundario; no obstante, el procedimiento debe pensarse bien para evitar alteraciones en el proceso o daños en los equipos.

La operación de rutina de un sistema de dosificación de químicos líquidos bien diseñado y mantenido debería requerir una atención mínima del operador. Los sistemas de bomba de transferencia y de dosificación deben verificarse a diario para detectar fugas, al igual que la presión de descarga de la bomba. Las tasas de consumo de químicos deben monitorearse y registrarse para confirmar que las bombas de dosificación estén suministrando la dosis del punto de ajuste. Para calcular la dosis real, deben conocerse el volumen de químico utilizado para el día y el caudal total del proceso para el día. Es posible determinar la cantidad de químico utilizada para el día mediante el registro del nivel del tanque o del volumen en el mismo momento de cada día y restarlo para hallar el uso del día anterior. Esto funciona bien con los tanques de almacenamiento a granel, pero un tanque de día puede llenarse varias veces durante un mismo día. Es posible programar el sistema SCADA de la instalación para ignorar los ciclos de llenado y calcular el volumen diario total o producir una tendencia del nivel del tanque de día a partir de la cual se puede calcular el uso total. Consulte la sección de cálculos de químicos al final de este capítulo para obtener los cálculos de las tasas de dosificación.

La salida de la bomba también puede verificarse en la columna de calibración. La columna de calibración viene marcada con una escala que suministra volumen o caudal. Para verificar la salida de la bomba con la columna de calibración, deben llevarse a cabo los pasos siguientes:

- Llene la columna de calibración hasta la marca superior con la válvula de aislamiento de la columna.
- Detenga la bomba de dosificación.
- Cierre la válvula de aislamiento de suministro y abra la válvula de aislamiento de la columna para que la bomba extraiga de la columna. El nivel de la columna de calibración puede elevarse cuando la válvula se vuelve a abrir.
- Prepárese para cronometrar un intervalo de extracción de la columna. El estándar es un minuto, pero cuanto mayor sea el tiempo, más exacta será la verificación de la exactitud.
- Inicie la bomba e inicie el temporizador cuando el nivel en la columna esté en cero.
- Espere que la columna extraiga durante el intervalo de tiempo.
- Registre el nivel al final del intervalo y detenga la bomba.
- Cierre la válvula de aislamiento de la bomba y abra la válvula de aislamiento de suministro. Vuelva a iniciar la bomba.
- Divida el volumen bombeado durante la extracción por el tiempo para obtener el caudal en mL/min o gph.
- Compárelo con el caudal esperado. Consulte la sección de cálculos de químicos al final de este capítulo.

Otras operaciones en el área de químicos incluyen ejercitar las bombas de pozo húmedo de contención, mantener los kits de derrame de químicos y orden y limpieza generales para evitar que los derrames de químicos se conviertan en un peligro para la seguridad o corroan los equipos del área. Los tanques de almacenamiento a granel pueden drenarse y el remanente puede limpiarse, y las líneas de químicos también pueden beneficiarse con un enjuague periódico para eliminar sarro y depósitos.

MANTENIMIENTO

Los fabricantes de las bombas de dosificación recomiendan un intervalo de servicio para reemplazar las piezas del extremo de líquido y estas recomendaciones deben tenerse en cuenta y seguirse según la experiencia. En su mayoría, las bombas para químicos ofrecen un kit de servicio que incluye estos elementos de desgaste. Estos kits deben guardarse in situ.

La índole corrosiva de los químicos inevitablemente producirá fugas en el sistema. Con mayor frecuencia, las fugas se desarrollan en las uniones de los tubos y alrededor de los conectores sellados con juntas comunes y juntas tóricas. Los conectores adheridos con pegamento son un punto especialmente común donde se desarrollan fugas, debido a que el químico puede corroer y disolver con mayor facilidad el pegamento que el tubo. Hay muchos tipos de pegamento de PVC y algunos son más resistentes a determinados químicos que otros. Al hacer reparaciones en un sistema de químicos, la línea que requiere reparación debe enjuagarse exhaustivamente con agua, drenarse y secarse antes de intentar repararse.

RESOLUCIÓN DE PROBLEMAS

Si las bombas de dosificación comienzan a suministrar una dosis mayor o menor a la del punto de ajuste, esto indica que uno o más componentes del sistema de bomba no funcionan adecuadamente. Las causas más probables son fallas en válvulas de retención y válvulas de presión de retroceso, o en los componentes del extremo de líquido de la bomba (diafragmas, tuberías, y rotores y estatores).

Si la bomba suministra un menor volumen que el esperado, verifique que haya una trayectoria del caudal de regreso a la línea de suministro. Esto puede incluir la válvula de retención del lado de aspiración o la válvula de alivio de presión. Las tuberías de una bomba peristáltica se desgastan con el tiempo y es posible que no tengan la capacidad de crear un sello perfecto, como sí puede hacerlo el contacto entre el rotor y el estator de una bomba de cavidad progresiva. Si la bomba está suministrando más volumen del esperado, la causa probable es que el químico hace efecto sifón a través del sistema. Esta condición también puede ser provocada por sellos imperfectos o válvulas de presión de retroceso desgastadas o mal ajustadas. Consulte la Tabla 10.9 para obtener pautas adicionales para la resolución de problemas en los sistemas de alimentación de químicos líquidos.

Tabla 10.9 Resolución de problemas en sistemas de alimentación de químicos líquidos

Indicador/observación	Causa probable	Revisar o monitorear	Soluciones
No se suministra químico	Tanque de suministro vacío	Inspeccione el tanque y el funcionamiento de los equipos de indicación de nivel.	Llene el tanque.
	Línea de suministro obstruida o aislada	Válvulas de aislamiento de suministro, verifique el caudal desde el tanque, verifique que no haya cristalización en las líneas de suministro.	Corrija las válvulas, aísle y limpie las líneas.
	Línea de descarga obstruida o aislada	Válvulas de aislamiento de descarga, verifique que haya flujo a través de la válvula de presión de retroceso, verifique que no haya cristalización en las líneas de descarga.	Corrija las válvulas, aísle y limpie las líneas.
	Detritos que evitan que las válvulas de retención se asienten, diafragma roto (bombas de diafragma)	Inspeccione visualmente el funcionamiento de la válvula de retención, de ser posible.	Aísle, desarme y limpie las válvulas de retención, reemplace el diafragma.
	Grietas en las tuberías (bombas peristálticas)	Extraiga e inspeccione las tuberías.	Reemplace las tuberías.
	Rotor o estator desgastado (bombas de cavidad progresiva)	Presión de descarga y velocidad de la bomba en contraposición con la tasa de alimentación de químicos. Asegúrese de que haya compatibilidad entre materiales y químicos. Verifique que no haya abrasivos en el químico.	Reemplace el rotor y/o el estator.
Alimentación insuficiente de la bomba	Las válvulas de retención no se asientan (bombas de diafragma)	Inspeccione visualmente el funcionamiento de la válvula de retención, de ser posible.	Aísle, desarme y limpie las válvulas de retención.
	El tamaño de las tuberías cambió, presión de los tubos demasiado baja (bombas peristálticas)	Registros de mantenimiento, extraiga y mida las tuberías.	Reemplace con un tamaño de tuberías correcto o vuelva a calibrar la bomba para el nuevo tamaño de las tuberías. Aumente la presión en el tubo.
	Rotor o estator desgastado (bombas de cavidad progresiva)	Presión de descarga y velocidad de la bomba en contraposición con la tasa de alimentación de químicos. Asegúrese de que haya compatibilidad entre materiales y químicos. Verifique que no haya abrasivos en el químico.	Reemplace el rotor y/o el estator. Vuelva a calibrar la bomba para una menor tasa de alimentación.
Alimentación excesiva de la bomba	Falta de presión de retroceso o sello positivo, lo que provoca un efecto sifón del químico al punto de aplicación.	Configuración de la válvula de presión de retroceso, presión de retroceso real. Condición de los sellos en la válvula de presión de retroceso. Condición del rotor y del estator en las bombas de cavidad progresiva.	Mantenga, repare, reemplace o instale válvulas de presión de retroceso. Reemplace el rotor y/o el estator.
El motor se apaga	Sobrecarga provocada por alta presión en la línea de descarga	Verifique la configuración de la válvula de presión de retroceso.	Ajuste la presión de retroceso, enjuague las líneas.

COMPROBACIÓN DE CONOCIMIENTOS

1. **Los tanques de almacenamiento a granel de químicos líquidos deben incluir una indicación visual del nivel, como:**
   a. Una escotilla abierta en la parte superior del tanque
   b. Una mirilla
   c. Un transmisor de presión
   d. Un caudalímetro de drenaje

2. **El conducto de escape de un tanque de almacenamiento a granel de químicos líquidos debe cerrarse cuando se llena el tanque para evitar derrames.**
   ☐ Verdadero
   ☐ Falso

3. **Es posible utilizar tambores de químicos para suministrar químicos con tasas de utilización bajas, pero los contenedores a granel intermedios (IBC) son los más adecuados para las tasas de utilización más bajas.**
   ☐ Verdadero
   ☐ Falso

4. **Las bombas de dosificación de químicos típicamente son:**
   a. Bombas de diafragma
   b. Bombas de desplazamiento positivo
   c. Bombas centrífugas
   d. Bombas de cavidad progresiva

5. **¿En qué tipo de bomba de dosificación de químicos se utilizan las válvulas de retención de bola?**
   a. Bombas peristálticas
   b. Bombas de desplazamiento positivo
   c. Bombas de diafragma
   d. Bombas de cavidad progresiva

6. **El ajuste de la longitud de la carrera en una bomba de dosificación de diafragma cambia:**
   a. La velocidad de la bomba
   b. La duración de la carrera
   c. El área útil del diafragma
   d. El volumen por carrera

7. **¿Para qué tipo de bomba de dosificación de químicos son más relevantes los amortiguadores de pulsación?**
   a. Bombas peristálticas
   b. Bombas centrífugas
   c. Bombas de diafragma
   d. Bombas de cavidad progresiva

8. **El propósito de una válvula de presión de retroceso es:**
   a. Prevenir el efecto sifón o el flujo por gravedad de un químico a través de la bomba de dosificación
   b. Aliviar la presión si la línea de descarga se bloquea
   c. Asegurar que la bomba de dosificación no funcione en seco
   d. Evitar daños en el sistema provocados por la presión de la bomba

9. **La columna de calibración debe estar ubicada lo más cerca posible de la bomba de dosificación.**
   ☐ Verdadero
   ☐ Falso

10. **Una bomba de dosificación de químicos está configurada para suministrar un caudal constante de 10 gph; no obstante, la columna de calibración solo está marcada en mL. Una extracción en la columna de calibración indica 60 mL bombeados en 1 minuto. ¿La bomba está suministrando una dosificación excesiva o una dosificación insuficiente?**
    a. Una dosificación excesiva
    b. Una dosificación insuficiente

SISTEMAS DE QUÍMICOS GASEOSOS

EQUIPOS

La aplicación más común de los gases en el proceso de tratamiento es la desinfección. Se utiliza cloro gaseoso para la desinfección y se utiliza dióxido de azufre para la descloración. La prevalencia de los sistemas de químicos gaseosos en las WRRF se está reduciendo principalmente debido a problemas de seguridad y al deseo de minimizar el riego de liberaciones accidentes de químicos gaseosos. Los sistemas de químicos gaseosos tienen las mismas piezas funcionales que los sistemas de químicos secos o líquidos. El químico también debe almacenarse de manera segura, suministrarse a un dispositivo de medición y aplicarse al proceso. La cantidad de químico en el contenedor se monitorea por la presión o por el peso. Los sistemas de químicos gaseosos y su resolución de problemas se describen en detalle en *Fundamentos para el tratamiento de aguas residuales I: Tratamiento líquido*, Capítulo 10: Desinfección (WEF y ABC, 2018).

ALMACENAMIENTO Y SUMINISTRO

Hay distintos contenedores de almacenamiento y suministro que dependen de la tasa de utilización. Los gases utilizados en el proceso vienen en recipientes presurizados, de modo que el químico sea un líquido en el contenedor. Durante el funcionamiento normal, la presión en el contenedor se reduce a medida que el químico lo abandona. Esto hace que el contenedor se enfríe, potencialmente hasta el punto de congelarse en la parte exterior. Si la temperatura aumentara, la presión aumentaría también, porque el volumen es constante debido al tamaño del contenedor. En casos de calor extremo (incendios), el contenedor puede acumular presión hasta explotar. En su mayoría, los contenedores de gas tienen una función de seguridad denominada "tapón fusible" para evitarlo. El tapón fusible se fundirá a una temperatura de diseño, típicamente a unos 75 °C (165 °F). Cuando la aleación del tapón se funde y fluye desde el alojamiento del tapón, el contenedor se ventila y se alivia presión.

Tanques cisterna

Para las tasas de utilización de alto volumen, se suministran tanques cisterna por ferrocarril o con camiones. El contenedor se almacena in situ. El gas generalmente se suministra al equipo de medición directamente desde el contenedor. Se suministran varias toneladas de químico, según el tamaño del tanque (en el rango de 15 a 90 toneladas). Los tanques cisterna, en particular, representan un alto riesgo para la comunidad debido al volumen de gas que puede liberarse accidentalmente.

Contenedores de tonelada

Los contenedores de tonelada están diseñados para mantener 1 tonelada (908 kg [2000 lb]) de químico y pueden tener un peso bruto de hasta 2 toneladas (1816 kg [4000 lb]). Los contenedores se entregan, descargan y almacenan in situ. Un sistema de polipastos, grúa y carro suele ser el medio de manipular los contenedores de tonelada. Estos tanques vienen equipados con válvulas en la parte superior para permitir la extracción del gas cloro y en la parte inferior para permitir la extracción del cloro líquido. El dispositivo de seguridad principal son las válvulas de alivio de presión. Algún tipo de tapa o cubierta de protección protege las válvulas de los daños accidentales. Hay un mínimo de tres tapones fusibles a los lados para ventilar el contenedor en caso de calor extremo. Los contenedores de tonelada deben almacenarse en un mismo nivel (nunca deben apilarse) y con la válvula de extracción de gas en la posición de las 12 en punto y la válvula de extracción de líquido en la posición de las 6 en punto. Los contenedores deben sujetarse con cuñas para evitar que rueden.

Cilindros

Las instalaciones más pequeñas utilizan cilindros de gas que pueden manipularse con la ayuda de carretillas. Estos cilindros en general contienen de 45 a 68 kg (100 a 150 lb) de gas. El cilindro tiene una válvula en la parte superior y al menos un tapón fusible. La válvula es protegida durante el transporte mediante una tapa que se atornilla sobre su ensamblaje. La tapa se quita cuando el cilindro está en servicio para que el cilindro pueda fijarse en posición vertical. Es recomendable fijar todos los cilindros de gas para evitar que se vuelquen y se dañen o puedan liberar gas.

ALIMENTADORES DE GAS

Los sistemas alimentadores de gas regulan la cantidad de gas que fluye desde el contenedor de almacenamiento para controlar la dosis del químico. Los sistemas de almacenamiento se operan según el principio de presión (Figura 10.22) o de aspiración (Figura 10.23), pero incluyen componentes similares. Donde la válvula del contenedor está conectada al sistema, se utiliza una junta en particular. En los sistemas de cloración con gas, se trata de una arandela de plomo. También pueden especificarse diversas arandelas de plástico. Se utiliza una nueva junta aprobada cada vez que se conecta un contenedor al sistema. La conexión flexible de la válvula del contenedor al sistema también debe ser compatible con el químico y con el sistema (presión o aspiración). A medida que fluye gas desde el contenedor, atraviesa una válvula de aislamiento de entrada que se cierra cuando se cambia de contenedor. Una válvula de regulación controla la presión aguas abajo o la aspiración en la línea que traslada el gas al eductor o al inyector. La válvula de regulación puede controlarse manualmente, o puede ser ajustada automáticamente por un accionador motorizado. En general, se suministra un rotámetro para ofrecer un indicador visual del caudal. Los gases se suelen convertir en una solución acuosa antes de acceder al punto de aplicación. Esto se lleva a cabo mediante el uso de un eductor, en el caso de los sistemas de aspiración, o de un inyector, en el caso de los sistemas de presión. El eductor crea aspiración en la línea de alimentación con un dispositivo Venturi, en el cual un estrangulamiento en la línea aumenta la velocidad y forma una caída de presión. Se crea aspiración en el punto de la caída de presión y el químico gaseoso es dirigido hacia el tubo de la solución. Los sistemas de aspiración tienen una ventaja en seguridad sobre los sistemas de presión, debido a que las fugas en la línea de alimentación incorporarán aire en lugar de expulsar gas. En un sistema de presión, se insertan un inyector o un difusor en el tubo de la solución. Tanto los sistemas de aspiración como los de presión utilizan válvulas de retención en el tubo de la solución para evitar que fluya agua de la solución de regreso a las líneas de alimentación de gas. La solución del químico a continuación se traslada al punto de aplicación.

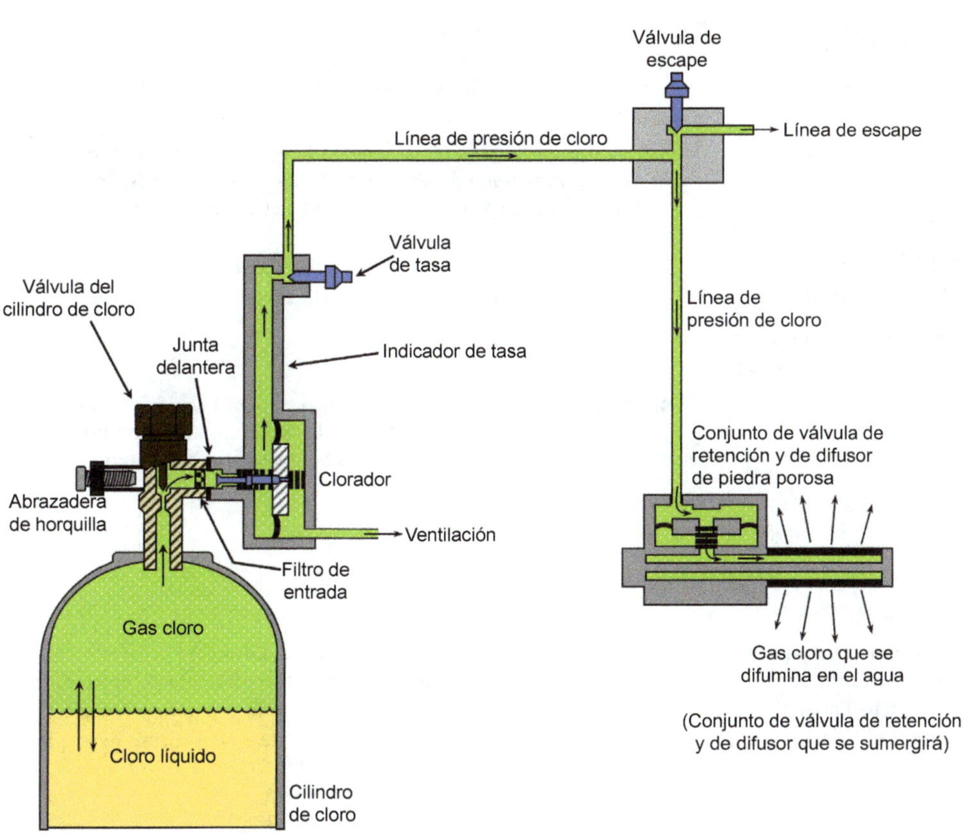

Figura 10.22 Sistema de alimentación de gas operado a presión (cortesía de De Nora Water Technologies, LLC)

OPERACIÓN

La operación diaria de los alimentadores de químicos gaseosos implica monitorear el sistema para determinar la tasa de utilización de químicos, inspeccionar para detectar fugas y verificar el funcionamiento de ventiladores de escape y equipos de seguridad. La tarea operativa periódica más importante es el cambio de los contenedores vacíos. Los procedimientos detallados para cambiar contenedores se encuentran en *Fundamentos para el tratamiento de aguas residuales I: Tratamiento líquido*, Capítulo 10: Desinfección (WEF y ABC, 2018).

MANTENIMIENTO

El mantenimiento de rutina en el sistema de alimentación de químicos gaseosos en conformidad con las recomendaciones del fabricante favorecerá la eficiencia y la seguridad del sistema. Mantenga un inventario de los repuestos recomendados. De manera similar a los sistemas de alimentación de químicos, estos repuestos deben incluir sellos, juntas, kits para la reparación de válvulas y válvulas.

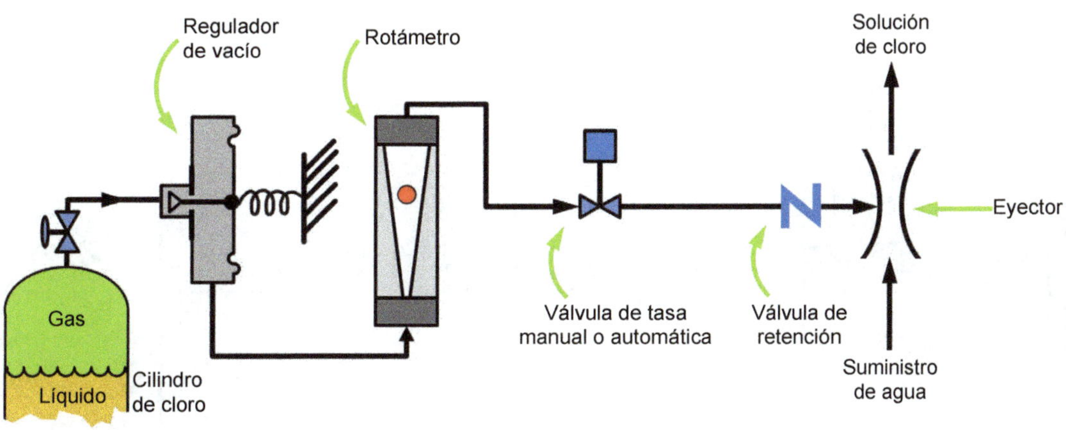

Figura 10.23 Sistema de alimentación de gas operado por aspiración (Courtesy of De Nora Water Technologies, LLC)

COMPROBACIÓN DE CONOCIMIENTOS

1. **La función del tapón fusible en los cilindros de gas es:**
   a. Prevenir el escape de gas en una emergencia
   b. Aliviar la presión en caso de incendios
   c. Llevar a cabo una conexión positiva y sin fugas al cilindro
   d. Aislar el alimentador de gas del punto de aplicación

2. **Los tanques cisterna de cloro, los contenedores de tonelada y los cilindros proporcionan válvulas para extraer cloro líquido o gaseoso.**
   ☐ Verdadero
   ☐ Falso

3. **La junta utilizada para conectar la válvula de un contenedor de gas al sistema de alimentación de gas debe ser de un material compatible y aprobado y debe reemplazarse ______________.**
   a. cada vez que se cambia el contenedor
   b. una vez cada 100 lb de gas alimentado
   c. a diario
   d. semanalmente

4. **Los sistemas de alimentación de químicos por aspiración tienen una ventaja en seguridad sobre los sistemas a presión porque la aspiración quitará del área el gas que se fuga del sistema.**
   ☐ Verdadero
   ☐ Falso

APLICACIÓN DE QUÍMICOS

El punto de aplicación es la ubicación donde el químico se introduce inicialmente al flujo del proceso y comienza la reacción. Para que se lleve a cabo la reacción, los reactantes deben entrar en contacto entre sí. En consecuencia, debe haber alguna energía de mezclado en el punto de aplicación. El punto de aplicación también debe estar ubicado de modo tal que haya un tiempo de detención suficiente en el proceso para que la reacción llegue a completarse.

EQUIPOS

Los químicos pueden aplicarse en los procesos en diversos lugares, pero generalmente pueden clasificarse en aplicaciones de canal abierto o aplicaciones en tubo. En una aplicación en canal abierto, el químico puede aplicarse mediante un difusor (Figura 10.24) o inyectarse mediante un mezclador mecánico (Figura 10.25). Un difusor descompone el flujo de químico en flujos más pequeños que se distribuyen por el área del rector. Esto es similar a la manera en que un difusor de aire en un depósito de aeración descompone el caudal de aire en muchas burbujas pequeñas. El químico y el agua del proceso se hacen más homogéneos porque el químico se introduce en múltiples puntos. Los difusores se utilizan comúnmente en el área transversal de un depósito de desinfección para alimentar soluciones de cloro y azufre. También es posible insertar difusores en el diámetro de un tubo. Aunque son sencillos, los difusores siguen siendo equipos diseñados para producir una velocidad determinada del flujo de químico a un caudal determinado.

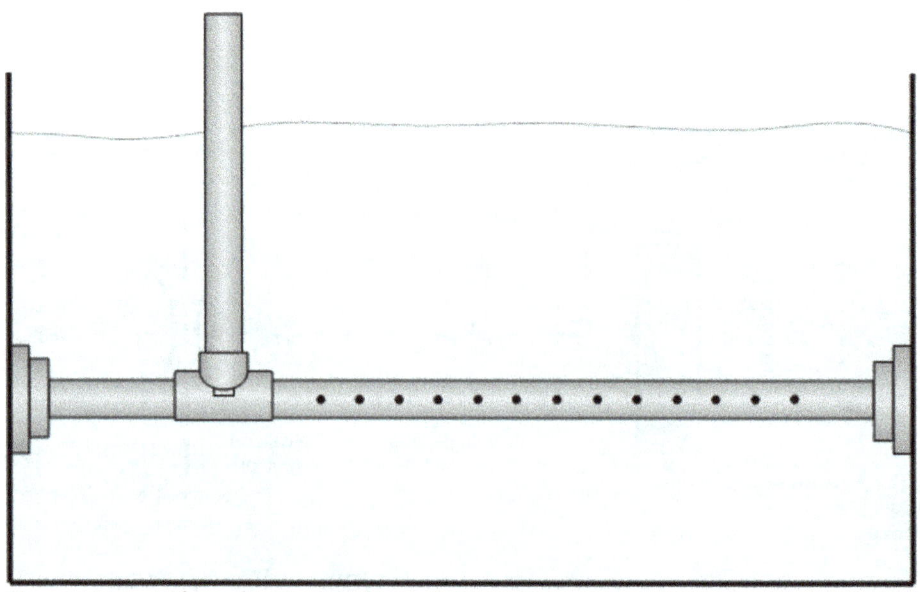

Figura 10.24 Difusor de químicos de canal abierto (reimpreso con autorización de Hydro Instruments)

Figura 10.25 Mezclador de inyección química (reimpreso con autorización de Evoqua Water Technologies)

En la aplicación de químicos, se utilizan mezcladores mecánicos en diversos contextos. Un tanque pequeño puede mezclarse completamente con un mezclador de alta energía y el químico puede dosificarse directamente en el tanque desde el extremo de un tubo abierto. Si el químico se aplica en un canal abierto, como en un depósito de desinfección, en el canal del efluente de un clarificador o en la entrada a un tanque de gran tamaño, es posible usar un mezclador inyector de químicos. El químico se introduce en el vórtice creado por el mezclador y se dispersa en la solución con la energía agregada por el mezclador.

Si el químico se dosificará directamente a un tubo y a un mezclado suministrado por el caudal naturalmente turbulento del agua del proceso en el tubo o en un tubo aguas arriba de un reactor mezclado mecánicamente, debe usarse una cánula de inyección de químicos (Figura 10.26). La cánula se introduce en el tubo y el químico ingresa al caudal aproximadamente a un cuarto del diámetro del tubo. La introducción del químico más cerca del centro del tubo, en contraposición con la pared del tubo, permite una mejor dispersión. Además, si se permite que el químico concentrado se traslade por el tubo aumentará la probabilidad de que el químico corroa el tubo, lo que provocará fugas y requerirá el reemplazo del tramo del tubo. Las cánulas de inyección de químicos pueden incluir una válvula de retención integrada y pueden estar diseñadas para ser retrácticles, de modo que puedan retirarse del tubo sin necesidad de interrumpir el flujo y aliviar la presión del tubo.

Los mezcladores estáticos utilizan una serie de deflectores instalados en un tubo para aumentar la turbulencia del caudal del proceso (Figura 10.27). El químico se introduce apenas aguas arriba de los deflectores. Los mezcladores estáticos están diseñados para impartir una energía de mezclado específica en un caudal determinado.

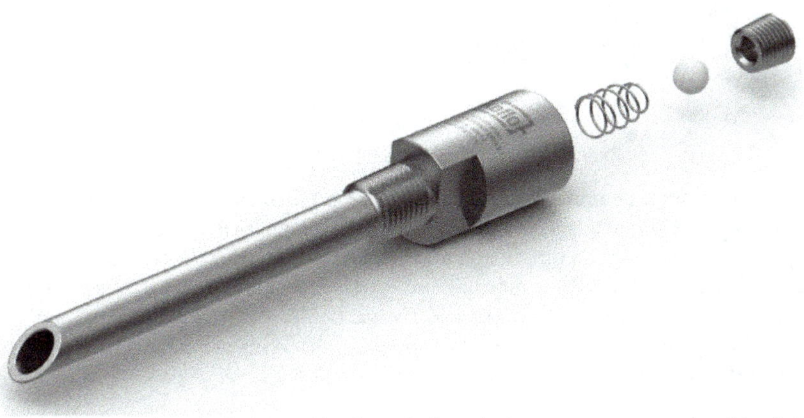

Figura 10.26 Cánula de inyección de químicos (reimpreso con autorización de Koflo Corporation)

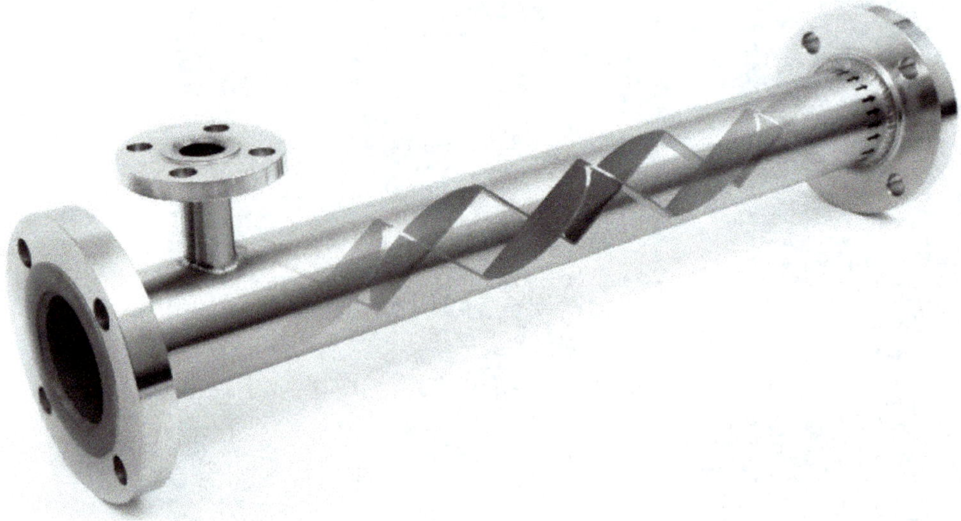

Figura 10.27 Mezclador estático (reimpreso con autorización de Koflo Corporation)

COMPROBACIÓN DE CONOCIMIENTOS

1. **El factor principal del proceso en el punto de aplicación de químicos es:**
   a. La corrosión
   b. El mezclado
   c. La ventilación
   d. La temperatura
2. **El factor principal del mantenimiento en el punto de aplicación de químicos es:**
   a. La corrosión
   b. El mezclado
   c. La ventilación
   d. La temperatura
3. **El propósito de aportar energía de mezclado en el punto de aplicación de químicos es:**
   a. Aerear el agua del proceso antes de la aplicación de químicos
   b. Hacer que los reactantes entren en contacto entre sí
   c. Catalizar la reacción
   d. Suspender cualquier precipitado formado para evitar que se sedimente
4. **Una el equipo de aplicación de químicos con la descripción:**

a. Cánula de inyección	1. Divide el caudal de químico en distintos flujos
b. Difusor	2. Puede evitar que el químico corroa la pared interior del tubo
c. Mezclador de inyección	3. Se utiliza en un tanque o en un canal abierto para dispersar el químico
d. Mezclador estático	4. Suministra mezclado en el tubo mediante el aumento de la turbulencia del caudal

Estequiometría se refiere a la cantidad de reactantes necesaria para ejecutar una reacción perfectamente eficiente.

Variables del proceso

La eficiencia de una reacción química puede pensarse como la cantidad de químico que se requiere para lograr un nivel de tratamiento deseado. Aunque la *estequiometría* de la reacción química nos suministra la condición ideal de dosis de químico necesaria, en la práctica, la dosis de químico real debe ser mayor a la dosis estequiométrica porque la reacción se lleva a cabo en condiciones que no son ideales. La concentración de los reactantes, la tasa en que la reacción procede en comparación con el tiempo de detención del reactor, las condiciones de mezclado en el punto de aplicación, la temperatura y el pH, y la interferencia de las reacciones secundarias afectan la eficiencia y la influencia de la dosis requerida.

COMPOSICIÓN QUÍMICA

Los químicos están hechos de una composición especificada y el operador debe saber dicha composición para calcular la dosis suministrada y la concentración en el punto de aplicación. Los gases suelen ser puros, lo que significa que el químico gaseoso requerido para la reacción no está diluido con otro gas, pero los químicos líquidos o químicos acuosos suelen estar diluidos con otro líquido, en general agua. Los químicos sólidos también suelen ser puros, pero pueden ser hechos con otros químicos que mejoran su manipulación (p. ej., para evitar la formación de tortas o para permitir que el químico sólido se prense en forma de tabletas). El fabricante debe suministrar una ficha de datos técnicos que describa la composición exacta del químico adquirido. A veces, la información también se encuentra en la ficha de datos de seguridad (*safety data sheet*, SDS), pero los químicos pueden suministrarse en concentraciones distintas y una única SDS puede incluir la información de seguridad para varias concentraciones. Una ficha de datos técnicos de una solución de sulfato de aluminio contendría la siguiente información necesaria para calcular una dosis:

- Fórmula química. La fórmula química suministra la información necesaria para determinar las dosis con base en distintas medidas del químico y para comparar las dosis reales con las dosis estequiométricas. La fórmula química suministrada aquí se denomina *químico seco* o *químico activo*. Puede considerarse simplemente el químico seco que se disuelve en agua para crear la solución acuosa que se suministra a la WRRF. En este ejemplo, la fórmula permite que el operador calcule las dosis como alumbre seco o como aluminio.
- Gravedad específica. La gravedad específica (gr es) indica si la solución es más pesada o más liviana que el agua y en qué medida. El agua tiene una gravedad específica de 1 y la medida no tiene unidad. Esta solución de sulfato de aluminio tiene una gravedad específica de 1.32 a 1.34 y, en consecuencia, es más pesada que el agua. Esto significa que un litro (galón) de esta solución pesará aproximadamente 1.33 veces lo que pesa un litro (galón) de agua pura.
- Baumé. Es una medida de la densidad de la solución y suele denominarse "grados Baumé". Aunque los químicos todavía se etiquetan y se venden según la escala Baumé, es necesario llevar a cabo la conversión a gravedad específica o a densidad real del químico en el cálculo de las dosis. Si Baumé es la única medida que se suministra, puede convertirse a gravedad específica con dos ecuaciones, según la solución sea más liviana o más pesada que el agua.
  - Para las soluciones más pesadas que el agua:

$$\text{grav. esp.} = \frac{145}{145 - \text{grados Baumé}} \tag{10.1}$$

  - Para las soluciones más livianas que el agua:

$$\text{grav. esp.} = \frac{140}{130 + \text{grados Baumé}} \tag{10.2}$$

- Densidad o peso del producto. La densidad o el peso del producto indica la masa por volumen del químico solo. A este punto, recordará que la densidad del agua es de 8.34 lb/gal. En unidades estándar del Sistema Internacional, la densidad del agua es de 1 g/mL, con una gravedad específica de 1. Tiene sentido que si disolvemos en el agua algo más pesado que el agua, la masa del mismo volumen de agua aumentará. El agua salada es más pesada, o más densa, o tiene una mayor gravedad específica que el agua dulce. Por eso, es más fácil flotar en agua salada. La diferencia entre la gravedad específica de su cuerpo y la gravedad específica del agua salada es menor a la del agua dulce. Al trabajar con químicos acuosos, es importante usar el peso del producto y no el peso del agua para el cálculo de las dosis. La densidad o el peso del producto siempre puede calcularse a partir de la gravedad específica.
- Concentración de la solución. La concentración del químico seco en la solución debe conocerse para determinar la dosis. Esta concentración puede denominarse *pureza*, *químico seco porcentual*, *químico activo porcentual* y *porcentaje por peso*. Con los químicos acuosos, la concentración casi siempre se suministra como porcentaje por peso y se anota como % (p/p). Si no son puros, la concentración de los gases en general se suministran como porcentaje por volumen, % (vol/vol). La concentración de % (p/p) del alumbre seco en este ejemplo es de 48.2 %. Esto significa que en 1 lb de *químico solo*, hay 0.482 lb de alumbre seco [$Al_2(SO_4)3 \cdot 14H_2O$], según se especifica en la fórmula química.

El alimentador de químicos, ya sea una bomba, un barreno o por aspiración, se configura en un caudal de volumen por tiempo, como mL/min, metros cúbicos por hora o gpm. Esto traslada la solución sola. Para calcular cuánto se dosifica de químico activo, se determina la masa de químico activo en un volumen de químico solo.

La solución química tal como se suministra a la instalación se denomina "químico solo" y también se lo llama "tal como se entregó". *Químico seco* y *químico activo* se refieren al químico que de hecho está en solución. Sencillamente, las sales de químicos secos y activos se disuelven en agua para producir una solución de químico solo.

COMPROBACIÓN DE CONOCIMIENTOS

1. **Una ficha de datos de seguridad incluye toda la información que se encuentra en una SDS.**
   - ☐ Verdadero
   - ☐ Falso
2. **Una solución química con una gravedad específica de 0.96 es un 4 % más densa que el agua.**
   - ☐ Verdadero
   - ☐ Falso
3. **Una solución química con una gravedad específica de 1.21 tiene una densidad de:**
   a. 1.21 g/mL
   b. 10.1 lb/gal
   c. Tanto a. como b.
   d. Ninguna de las opciones anteriores
4. **¿Qué término no se refiere a la cantidad de químico en una solución química?**
   a. Pureza
   b. Porcentaje activo
   c. Porcentaje de químico solo
   d. Químico seco

CÓMO CALCULAR LA MASA DE QUÍMICO ACTIVO EN LOS QUÍMICOS SOLOS

En unidades estándar del Sistema Internacional:

Imagine un contenedor de 1 L del alumbre solo. La densidad del agua en unidades métricas es de 1 g/mL y la gravedad específica es de 1. Sabemos que la solución sola tiene una gravedad específica de 1.33. Determine que la solución de 1 L pesa 1.33 kg. De esos 1.33 kg, el 48.2 % es químico activo; por lo tanto, la masa de químico activo en 1 L de solución sola es de 0.64 kg.

Paso 1: Convierta la densidad del agua a kg/L.

$$\frac{1\text{ g}}{1\text{ mL}}\left|\frac{1\text{ kg}}{1000\text{ g}}\right|\left|\frac{1000\text{ mL}}{1\text{ L}}\right| = \frac{1\text{ kg}}{1\text{ L}}$$

Paso 2: Calcule la densidad del químico solo mediante la multiplicación por la gr es.

$$\text{Densidad del agua}\,\frac{\text{kg}}{\text{L}} \times \text{grav. esp. del químico solo} = \text{Densidad del químico solo,}\,\frac{\text{kg}}{\text{L}}$$

$$1\,\frac{\text{kg}}{\text{L}} \times 1.33 = \frac{1.33\text{ kg de químico solo}}{\text{L}}$$

Paso 3: Multiplique la densidad por el % (p/p) de químico activo o seco expresado como decimal.

$$\frac{1.33\text{ kg de químico solo}}{\text{L de químico solo}} \times \frac{.482\text{ kg de químico activo}}{1\text{ kg de químico solo}} = \frac{.64\text{ kg de químico activo}}{\text{L de químico solo}}$$

En unidades habituales en los EE. UU.:

Imagine otro contenedor de químico solo, esta vez en unidades estándar, por ejemplo 1 gal. A partir de saber que tiene una densidad de 8.34 lb/gal y una gravedad específica de 1.33, determine que 1 gal pesa 11.1 lb. De esas 11.1 lb, el 48.2 % es alumbre activo; en consecuencia, la masa de químico seco en 1 gal de solución sola es de 5.4 lb.

$$\text{Peso del agua, }\frac{\text{lb}}{\text{gal}} \times \text{grav. esp. del químico solo} \times \text{Químico activo, \% expresado como decimal} = \frac{\text{lb de químico activo}}{\text{gal de químico solo}}$$

$$8.34\frac{\text{lb}}{\text{gal}} \times 1.33 \times 0.482 = \frac{\text{5.4 lb de químico activo}}{\text{gal de químico solo}}$$

CÓMO CALCULAR LA MASA DEL ELEMENTO O ION DE USO EN EL QUÍMICO ACTIVO

Con frecuencia, el químico activo se suministra como una sal estable que se disuelve en agua. Cuando el químico se disuelve, se *disocia* en los iones constituyentes y forma un equilibrio entre todas las especies. Típicamente, hay un solo elemento o ion que de hecho lleva a cabo la reacción deseada. Los demás iones se convierten en parte del SDT del efluente del proceso. La masa del elemento o ion de uso en el químico activo representa una información útil para calcular las relaciones de reacción a fin de comparar las reacciones estequiométricas. Esta masa se halla mediante la utilización de los pesos atómicos y moleculares (que se encuentran en la tabla periódica) de los iones o elementos para hallar otra relación % (p/p). Consulte la sección del repaso de química en el Capítulo 9 de *Fundamentos para el tratamiento de aguas residuales I: Tratamiento líquido* para obtener una explicación fundamental de este concepto y una tabla periódica de los elementos (WEF y ABC, 2018).

Disociar significa desconectar o separar. En química, significa dividir una molécula en moléculas, iones o átomos más pequeños.

Con el ejemplo del alumbre de la Figura 10.5, el aluminio es el elemento de interés porque es responsable de la coagulación de iones y partículas con carga negativa. Para determinar el peso porcentual del aluminio en el alumbre, halle la masa de 1 mol de alumbre y 2 moles de aluminio. Es conveniente hacerlo con una tabla, como se indica en la Tabla 10.10.

Para comenzar, detalle los elementos y los iones que componen la molécula y, a continuación, detalle las masas atómicas de la tabla periódica. Cuente todos los átomos de cada elemento y detalle la cantidad. A continuación, multiplique la masa por la cantidad para obtener la masa total de cada elemento en la molécula. Sume la masa total de cada elemento para hallar la masa total del químico activo. Halle el porcentaje por peso de cada elemento. Para ello, divida la masa total del elemento por la masa total de la molécula. Para hallar la masa de aluminio en un volumen de alumbre solo, simplemente multiplique por la forma decimal % (p/p):

$$\frac{\text{0.64 kg de alumbre activo}}{\text{L de alumbre solo}} \times \frac{\text{.091 g de aluminio}}{\text{g de alumbre activo}} = \frac{\text{0.058 kg de aluminio}}{\text{kg de alumbre solo}}$$

Recuerde que el alumbre solo tiene una gravedad específica de 1.33 y, en consecuencia, una densidad de 1.33 kg/L. Use esta relación para hallar el % (p/p) en el alumbre solo:

$$\frac{\text{0.058 kg de aluminio}}{\text{L de alumbre solo}} \times \frac{\text{L de alumbre solo}}{\text{1.33 kg de alumbre solo}} \times 100 = 4.4\% \text{ (p/p) aluminio}$$

Tabla 10.10 Masa molar y peso porcentual del alumbre

Elemento/ion/molécula	Masa molar	Cantidad	Total	% (p/p)
Al	26.98	2	53.96	9.1
S	32.07	3	96.21	16.2
O	16.00	26	416.0	70
H	1.01	28	28.28	4.8
$Al_2(SO_4)_3 \cdot 14\ H_2O$	594.45	1	594.45	100
SO_4	96.07	3	288.21	48.5
H_2O	18.02	14	252.28	42.4

El % (p/p) de los elementos en el químico activo puede utilizarse para hallar el % (p/p) de un elemento o ion en el químico solo con mayor sencillez al tener en cuenta que el 9.1 % del 48.2 % del alumbre solo es aluminio. Multiplíquelos en forma decimal para obtener

$$0.091 \times 0.482 = 0.044 \times 100 = 4.4\% \text{ (p/p) aluminio}$$

COMPROBACIÓN DE CONOCIMIENTOS

1. **La masa de químico seco en una solución química de 30 % (p/p) con una gravedad específica de 1.1 es:**
   a. 1.1 kg/L
   b. 1.33 kg/L
   c. 0.3 kg/L
   d. 0.33 kg/L
2. **Halle el % (p/p) del ion de hipoclorito, OCl^-, en hipoclorito de sodio, NaOCl. El peso atómico de Na = 23, O = 16, Cl = 35.5**
   a. 43 %
   b. 51.5 %
   c. 23 %
   d. 69 %
3. **Una solución química con una gravedad específica de 1.21 tiene una densidad de:**
   a. 1.21 g/mL
   b. 10.1 lb/gal
   c. Tanto a. como b.
   d. Ninguna de las opciones anteriores
4. **¿Qué término no se refiere a la cantidad de químico en una solución química?**
   a. Pureza
   b. Porcentaje activo
   c. Porcentaje de químico solo
   d. Químico seco

DOSIS QUÍMICA

MILIGRAMOS POR LITRO Y PARTES POR MILLÓN

Las dosis de químicos en general se aplican como miligramos por litro (mg/L), lo que se refiere a los miligramos de químico activo aplicados por litro de caudal del proceso, o en partes por millón (ppm). Estas dos unidades son equivalentes e intercambiables. Un miligramo de una sustancia por 1 L de agua es equivalente a 1 parte por millón (ppm) debido a que la densidad del agua es de 1 g/mL y, en consecuencia, 1 L de agua tiene una masa de 1 000 000 mg. Esto puede demostrarse al convertir el litro de agua en miligramos de agua con la densidad.

$$1\text{ L}\left|\frac{1\text{ g}}{\text{mL}}\right|\left|\frac{1000\text{ mL}}{1\text{ L}}\right|\left|\frac{1000\text{ mg}}{1\text{ g}}\right| = 1\ 000\ 000\text{ mg}$$

Una dosis de 1 mg/L significa entonces que se dosifica 1 mg de químico activo cada 1 millón de mg de agua. La parte por millón es obvia, pero recuerde que técnicamente es una parte por millón de partes. Las partes pueden ser cualquier unidad de medida, pero deben ser las mismas (p. ej., kg por millón de kg o lb por millón de lb).

CÁLCULOS DE DOSIS Y TASAS DE ALIMENTACIÓN DE QUÍMICOS

La dosis y la tasa de alimentación pueden calcularse en uno o en otro sentido y tienen aplicación para el operador del proceso de tratamiento químico. En general, se establece una dosis deseada para un sistema de químicos y la tasa de alimentación se calcula para establecer la salida del alimentador de químicos o para verificar la salida de la bomba de químicos con la columna de calibración. Si el alimentador de químicos está suministrando un caudal constante, el cálculo se invierte para hallar la dosis aplicada. La dosis debe referirse siempre al químico activo y la tasa de alimentación debe referirse al volumen o a la masa de químico solo suministrado.

El cálculo para determinar una tasa de alimentación dados una dosis deseada (químico activo) y un caudal del proceso puede llevarse a cabo por pasos.

En unidades estándar del Sistema Internacional:

Paso 1: Calcule la tasa de alimentación en masa de químico activo necesario por día dados la dosis en mg/L y el caudal del proceso en megalitros por día (ML/d) o millones de L/d.

$$\text{Dosis}\frac{\text{mg}}{\text{L}}\left|\frac{\text{ML}}{\text{d}}\right|\left|\frac{1\,000\,000\ \text{L}}{\text{ML}}\right|\left|\frac{1\ \text{g}}{1000\ \text{mg}}\right|\left|\frac{1\ \text{kg}}{1000\ \text{g}}\right| = \frac{\text{kg de químico activo}}{\text{d}}$$

Observe que los factores de conversión para ML a L y mg a kg son ambos de 1 millón y se cancelan. Esta ecuación puede, en consecuencia, simplificarse de la manera siguiente:

$$\text{Tasa de alimentación,}\frac{\text{kg de químico activo}}{\text{d}} = \text{Dosis,}\frac{\text{mg de químico activo}}{\text{L}} \times \frac{\text{ML}}{\text{d}}$$

Paso 2: En la sección anterior, la masa de químico activo en el químico solo se calculó en unidades de kg de químico activo por L de químico solo. Divida la tasa de alimentación en kg de químico activo por día por kg de químico activo por L de químico solo y cancele los kg. Use este factor para convertir la tasa de alimentación de kg de químico activo por día a L de químico solo por día:

$$\frac{\dfrac{\text{kg de químico activo}}{\text{d}}}{\dfrac{\text{kg de químico activo}}{\text{L de químico solo}}} = \frac{\text{L de químico solo}}{\text{d}}$$

En unidades habituales en los EE. UU.:

Paso 1: Calcule las libras de químico activo por día necesarias dado el caudal en millones de galones por día (mgd). En este caso, utilice ppm como unidades de la dosis.

$$\text{Dosis}\frac{\text{partes}}{1\,000\,000\ \text{partes}}\left|\frac{1\,000\,000\ \text{gal}}{\text{mill. de gal}}\right|\left|\frac{\text{mill. de gal}}{\text{d}}\right|\left|\frac{8.34\ \text{lb}}{\text{gal}}\right| = \frac{\text{lb de químico activo}}{\text{d}}$$

La ecuación se observa más comúnmente como:

$$\text{Dosis, ppm} \times \text{mgd} \times 8.34\frac{\text{lb}}{\text{gal}} = \frac{\text{lb de químico activo}}{\text{d}}$$

Observe que, en este caso, con el uso de ppm como unidad de la dosis, es partes por millones de partes multiplicadas por millones de galones por día y que las partes se cancelan, los millones se cancelan y los galones se cancelan, lo que resulta en lb/d. Observe también que la ecuación es idéntica a la "ecuación en libras" utilizada para calcular el inventario de sólidos o las tasas de carga. La única diferencia es que en lugar de una dosis se utiliza la concentración (p. ej., sólidos en suspensión totales o concentración de la demanda bioquímica de oxígeno).

Paso 2: En la sección anterior, la masa de químico activo en el químico solo se calculó en unidades de libras de químico activo por galón de químico solo. Divida la tasa de alimentación en lb de químico activo por día por las lb de químico activo por galón de químico solo y cancele las lb. Use este factor para convertir la tasa de alimentación de lb de químico activo a gal de químico solo:

$$\frac{\dfrac{\text{lb de químico activo}}{\text{d}}}{\dfrac{\text{lb de químico activo}}{\text{gal de químico solo}}} = \frac{\text{gal de químico solo}}{\text{d}}$$

Al combinar las ecuaciones utilizadas para calcular la masa de químico activo en un volumen de químico solo (densidad × % (p/p) activo) y los pasos para calcular la tasa de alimentación de químico activo, se obtienen las ecuaciones siguientes para calcular una tasa de alimentación esperada de químico solo dados una dosis y un caudal del proceso:

En unidades estándar del Sistema Internacional:

$$\text{Tasa de alimentación, químico solo, } \frac{\text{L}}{\text{d}} = \frac{\left(\text{Dosis, } \frac{\text{mg}}{\text{L}}\right)\left(\text{Caudal, } \frac{\text{ML}}{\text{d}}\right)}{\left(\text{Densidad, } \frac{\text{kg}}{\text{L}}\right)(\text{Químico activo, \%})} \tag{10.3}$$

En unidades habituales en los EE. UU.:

$$\text{Tasa de alimentación, químico solo, } \frac{\text{gal}}{\text{d}} = \frac{(\text{Dosis, ppm})(\text{Caudal, mgd})\left(8.34\ \frac{\text{lb}}{\text{gal}}\right)}{\left(\text{Densidad, } \frac{\text{lb}}{\text{gal}}\right)(\text{Químico activo, \%})} \tag{10.4}$$

Las tasas de alimentación halladas con las ecuaciones 10.3 y 10.4 pueden convertirse fácilmente en otras unidades, como mL/min o gal/min, para comprobar con las calibraciones de la bomba. Estas ecuaciones también pueden reorganizarse para calcular la dosis aplicadas dados una tasa de alimentación de químico solo y un caudal del proceso.

En unidades estándar del Sistema Internacional:

$$\text{Dosis, } \frac{\text{mg}}{\text{L}} = \frac{\left(\text{Tasa de alimentación, } \frac{\text{L}}{\text{d}}\right)\left(\text{Densidad, } \frac{\text{kg}}{\text{L}}\right)(\text{Químico activo, \%})}{\left(\text{Caudal, } \frac{\text{ML}}{\text{d}}\right)} \tag{10.5}$$

En unidades habituales en los EE. UU.:

$$\text{Dosis, ppm} = \frac{\left(\text{Tasa de alimentación, } \frac{\text{gal}}{\text{d}}\right)\left(\text{Densidad, } \frac{\text{lb}}{\text{gal}}\right)(\text{Químico activo, \%})}{(\text{Caudal, mgd})\left(8.34 \frac{\text{lb}}{\text{gal}}\right)} \tag{10.6}$$

EJEMPLO DE CÁLCULO DE LA TASA DE ALIMENTACIÓN

Una WRRF que opera un digestor anaerobio utiliza cloruro férrico para controlar el sulfuro de hidrógeno (H_2S). El cloruro férrico solo viene en una solución acuosa de 40 % (p/p) activo con una gravedad específica de 1.26. El químico se dosifica en el caudal de entrada del digestor, con un promedio de 1 ML/d (265 000 gpd). Si se establece una dosis de 15 mg/L, ¿cuánto químico solo se necesitará por hora?

En unidades estándar del Sistema Internacional:

Paso 1: Halle la densidad del cloruro férrico solo a partir de la gravedad específica.

$$1\frac{\text{kg}}{\text{L}} \times 1.26 = 1.26\frac{\text{kg}}{\text{L}}$$

Paso 2: Determine la tasa de alimentación en L/d con la ecuación 10.3.

$$\text{Tasa de alimentación, químico solo, } \frac{L}{d} = \frac{\left(\text{Dosis, } \frac{mg}{L}\right)\left(\text{Caudal, } \frac{ML}{d}\right)}{\left(\text{Densidad, } \frac{kg}{L}\right)(\text{Químico activo, \%})}$$

$$\text{Tasa de alimentación, } \frac{L}{d} = \frac{\left(15\frac{mg}{L}\right)\left(1\frac{ML}{d}\right)}{\left(1.26\frac{kg}{L}\right)(0.40)}$$

$$\text{Tasa de alimentación, } \frac{L}{d} = 30$$

Paso 3: Convierta a L/h.

$$\left|\frac{30\ L}{d}\right|\left|\frac{1\ d}{24\ h}\right| = 1.25\frac{L}{h}$$

En unidades habituales en los EE. UU.:

Paso 1: Halle la densidad del cloruro férrico solo a partir de la gravedad específica.

$$8.34\frac{lb}{gal} \times 1.26 = 10.5\frac{lb}{gal}$$

Paso 2: Convierta el caudal en mgd.

$$\frac{265\ 000\frac{gal}{d}}{1\ 000\ 000\frac{gal}{\text{mill. de gal}}} = 0.265\ \text{mgd}$$

Paso 3: Determine la tasa de alimentación en gpd con la ecuación 10.4.

$$\text{Tasa de alimentación, químico solo, } \frac{gal}{d} = \frac{(\text{Dosis, ppm})(\text{Caudal, mgd})\left(8.34\frac{lb}{gal}\right)}{\left(\text{Densidad, } \frac{lb}{gal}\right)(\text{Químico activo, \%})}$$

$$\text{Tasa de alimentación, } \frac{L}{d} = \frac{\left(15\frac{mg}{L}\right)\left(0.265\frac{\text{mill. de gal}}{d}\right)\left(8.34\frac{lb}{gal}\right)}{\left(10.5\frac{lb}{gal}\right)(0.40)}$$

$$\text{Tasa de alimentación, gpd} = 8$$

Paso 3: Convierta a gph.

$$\left|\frac{8\ gal}{d}\right|\left|\frac{1\ d}{24\ h}\right| = 0.3\ \text{gph}$$

EJEMPLO DE CÁLCULO PARA LA DOSIS

Una WRRF elimina el fósforo con cloruro férrico en el clarificador primario. El cloruro férrico solo viene en una solución acuosa de 40 % (p/p) activo con una gravedad específica de 1.26. El caudal de entrada del clarificador primario es de 75.7 ML/d (20 mgd). La bomba de dosificación de químicos está establecida manualmente para alimentar 2600 mL/min. Calcule la dosis aplicada.

En unidades estándar del Sistema Internacional:

Paso 1: Halle la densidad del cloruro férrico solo a partir de la gravedad específica.

$$1\frac{\text{kg}}{\text{L}} \times 1.26 = 1.26\frac{\text{kg}}{\text{L}}$$

Paso 2: Convierta la tasa de alimentación a L/d.

$$\left|\frac{2600\ \text{mL}}{\text{min}}\right|\left|\frac{1\ \text{L}}{1000\ \text{mL}}\right|\left|\frac{1440\ \text{min}}{\text{d}}\right| = 3744\frac{\text{L}}{\text{d}}$$

Paso 3: Determine la dosificación en mg/L con la ecuación 10.5.

$$\text{Dosis}, \frac{\text{mg}}{\text{L}} = \frac{\left(\text{Tasa de alimentación}, \frac{\text{L}}{\text{d}}\right)\left(\text{Densidad}, \frac{\text{kg}}{\text{L}}\right)(\text{Químico activo}, \%)}{\left(\text{Caudal}, \frac{\text{ML}}{\text{d}}\right)}$$

$$\text{Dosis}, \frac{\text{mg}}{\text{L}} = \frac{\left(3744\frac{\text{L}}{\text{d}}\right)\left(1.26\frac{\text{kg}}{\text{L}}\right)(0.40)}{\left(75.7\frac{\text{ML}}{\text{d}}\right)}$$

$$\text{Dosis}\ \frac{\text{mg}}{\text{L}} = 25$$

En unidades habituales en los EE. UU.:

Paso 1: Halle la densidad del cloruro férrico solo a partir de la gravedad específica.

$$8.34\frac{\text{lb}}{\text{gal}} \times 1.26 = 10.5\frac{\text{lb}}{\text{gal}}$$

Paso 2: Convierta la tasa de alimentación a gpd.

$$\left|\frac{2600\ \text{mL}}{\text{min}}\right|\left|\frac{1\ \text{L}}{1000\ \text{mL}}\right|\left|\frac{1\ \text{gal}}{3.785\ \text{L}}\right|\left|\frac{1440\ \text{min}}{\text{d}}\right| = 989\frac{\text{gal}}{\text{d}}$$

Paso 3: Determine la dosificación en mg/L con la ecuación 10.6.

$$\text{Dosis, ppm} = \frac{\left(\text{Tasa de alimentación}, \dfrac{\text{gal}}{\text{d}}\right)\left(\text{Densidad}, \dfrac{\text{lb}}{\text{gal}}\right)(\text{Químico activo, \%})}{(\text{Caudal, mgd})\left(8.34\dfrac{\text{lb}}{\text{gal}}\right)}$$

$$\text{Dosis, ppm} = \frac{\left(989\dfrac{\text{gal}}{\text{d}}\right)\left(10.5\dfrac{\text{lb}}{\text{gal}}\right)(0.40)}{(20\ \text{mgd})\left(8.34\dfrac{\text{lb}}{\text{gal}}\right)}$$

$$\text{Dosis, ppm} = 25$$

COMPROBACIÓN DE CONOCIMIENTOS

1. **1 mg/L equivale a 1 ppm porque:**
   a. 1 L de agua pesa 1 kg.
   b. 1 mL de agua pesa 1 g.
   c. 1 L de agua pesa 1 000 000 mg.
   d. Todas las opciones anteriores

2. **Una dosis de 1 mg/1 000 000 lb es equivalente a una dosis de 1 ppm.**
   ☐ Verdadero
   ☐ Falso

3. **Una solución química 50 % activa con una gravedad específica de 1.1 se dosifica a 20 mg/L en un caudal de 75 ML/d. Calcule la tasa de alimentación en L de químico solo por día, L/d.**
   a. 3000 L/d
   b. 2727 L/d
   c. 682 L/d
   d. 1500 L/d

4. **Una solución química 15 % activa con una gravedad específica de 1.1 se dosifica a 20 mg/L en un caudal de 25 mgd. Calcule la tasa de alimentación de químico solo en gal/d.**
   a. 3030 gal/d
   b. 3333 gal/d
   c. 68 gal/d
   d. 500 gal/d

5. **Un alimentador de químico seco suministra una alimentación constante de 200 kg/h de químico solo a un caudal de 200 ML/d. Calcule la dosis en mg/L.**
   a. 1 mg/L
   b. 24 mg/L
   c. 48 mg/L
   d. 2400 mg/L

6. **Una bomba peristáltica de dosificación de químicos suministra una alimentación constante de 25 gph de químico activo al 40 % con un peso del producto de 12 lb/gal en un caudal de 90 mgd. Calcule la dosis en mg/L.**
   a. 0.2 mg/L
   b. 2.7 mg/L
   c. 3.8 mg/L
   d. 6.4 mg/L

CÓMO UTILIZAR LAS ECUACIONES DE ABC PARA LA CONFIGURACIÓN DE LA BOMBA DE ALIMENTACIÓN DE QUÍMICOS

La hoja de fórmulas de la Association of Boards of Certification Formulas para exámenes de tratamiento de aguas residuales, recolección, residuos industriales y análisis de laboratorio para aguas residuales suministra las ecuaciones siguientes para calcular la configuración de alimentación de la bomba de químicos:

En unidades estándar del Sistema Internacional:

$$\text{Configuración de la bomba de alimentación de químicos, mL/min} = \frac{(\text{Caudal, m}^3/\text{d})(\text{Dosis, mg/L})}{(\text{Densidad del químico alimentado, g/cm}^3)(\text{Químico activo, \% expresado como decimal})(1440\ \text{min/d})} \qquad (10.7)$$

La manera en que las unidades se cancelan en esta ecuación no resulta obvia, y el caudal y la densidad del químico de alimentación comúnmente se expresan en otras unidades; el caudal con frecuencia se suministra en ML/d y la densidad en kg/L. Los factores de conversión importantes que deben conocerse son:

$$1\ m^3 = 1000\ L,\ y\ 1\ cm^3 = 1\ mL$$

Para colocar las conversiones en el lado derecho de la ecuación 10.7:

$$\frac{(\text{Caudal, } m^3/d)(\text{Dosis, mg/L})(1000\ L/m^3)}{(\text{Densidad del químico alimentado, } g/cm^3)(1\ cm^3/1\ mL)(1000\ mg/g)(\text{Químico activo, \% expresado como decimal})(1440\ min/d)}$$

Los factores de 1000 se cancelan entre sí y las unidades ahora se reducen a:

$$\frac{\dfrac{\text{mg de químico activo}}{d}}{\dfrac{\text{mg de químico activo}}{\text{mL de químico solo}} \times \dfrac{min}{d}}$$

Las unidades finales se convierten en mL/min de químico solo. Recuerde que la densidad del agua es de 1 g/mL, igual a 1 kg/L, y que la densidad del químico alimentado en g/cm^3 equivale a g/mL y, en consecuencia, equivale a la gravedad específica del químico solo. Si la densidad del químico solo se suministra únicamente en lb/gal, divida por la densidad del agua, 8.34 lb/gal, para obtener la gravedad específica y la densidad en g/cm^3.

En unidades habituales en los EE. UU.:

$$\text{Configuración de la bomba de alimentación de químicos, mL/min} = \frac{(\text{Caudal, mgd})(\text{Dosis, mg / L})(3.785\ L/gal)(1\ 000\ 000\ gal / \text{mill. de gal})}{(\text{Densidad del químico alimentado, mg/mL})(\text{Químico activo, \% expresado como decimal})(1440\ min/d)} \quad (10.8)$$

En este caso, las unidades se cancelarán satisfactoriamente, pero la densidad del químico de alimentación probablemente deba convertirse de g/mL a mg/mL mediante la multiplicación por 1000 mg/g.

La ecuación para la tasa de alimentación en kg/d se suministra como:

$$\text{Tasa de alimentación, kg / d} = \frac{(\text{Dosis, mg/L})(\text{Caudal, } m^3/d)}{(\text{Pureza, \% expresado como decimal})(1000)} \quad (10.9)$$

Aquí, la tasa de alimentación calculada es kg de químico solo por día. Si las unidades y la conversión de las unidades se incluyen, la ecuación es:

$$\text{Tasa de alimentación, kg / d} = \frac{(\text{Dosis, mg / L})(\text{Caudal, } m^3/d)(1000\ L/m^3)(1\ kg/1\ 000\ 000\ mg)}{(\text{Pureza, \% expresado como decimal})}$$

El factor de 1000 en la ecuación 10.9 resulta de la conversión de m^3 en L y de mg en kg. El término del numerador calcula los kg de químico activo a dosis por día. Debe dosificarse más químico solo para suministrar la fracción que es químico activo; en consecuencia, al dividir por la pureza, que es lo mismo que el % de químico activo, resultará en los kg de químico de la dosis. La ecuación no incluye el término de la densidad, y por eso la tasa de alimentación no se convierte en volumen de químico solo.

La ecuación para la tasa de alimentación en lb/d es:

$$\text{Tasa de alimentación, lb/d} = \frac{(\text{Dosis, mg/L})(\text{Caudal, mgd})(8.34\ lb/gal)}{(\text{Pureza, \% expresado como decimal})} \quad (10.10)$$

Esto es similar a la ecuación 10.4, pero además no convierte a volumen de químico solo porque se quita el término de densidad.

COMPROBACIÓN DE CONOCIMIENTOS

1. **Calcule la configuración de la bomba de alimentación de químicos en mL/min para la dosificación de 70 mg/L de químico activo al 40 % con una densidad de 1.3 kg/L en un caudal de 600 ML/d.**
   a. 72 917 mL/min
   b. 10 606 mL/min
   c. 29 167 mL/min
   d. 56 090 mL/min

2. **Un químico con una densidad de 1.10 g/cm^3 tiene una gravedad específica de 11.0.**
   ☐ Verdadero
   ☐ Falso

3. **Calcule la configuración de la bomba de alimentación de químicos en mL/min para la dosificación de 70 mg/L de químico activo al 40 % con una densidad de 1.3 kg/L en un caudal de 158.5 mgd.**
   a. 72 907 mL/min
   b. 10 605 mL/min
   c. 29 163 mL/min
   d. 56 082 mL/min

4. **Una solución química 20% activa con una gravedad específica de 1.25 se dosifica a 100 mg/L en un caudal de 100 ML/d. Calcule la tasa de alimentación de químico solo en kg/d.**
   a. 50 kg/d
   b. 500 kg/d
   c. 25 000 kg/d
   d. 50 000 kg/d

5. **Una solución química 80 % activa con una densidad de 9.8 lb/gal se dosifica a 100 mg/L en un caudal de 35 mgd. Calcule la tasa de alimentación de químico solo en lb/d.**
   a. 36 488 lb/d
   b. 38 488 lb/d
   c. 40 136 lb/d

TIEMPO DE REACCIÓN

Las reacciones químicas se llevan a cabo a distintas tasas y, en consecuencia, requieren distintos lapsos de tiempo para lograr la reducción necesaria en el contaminante objetivo. La tasa se denomina *cinética de reacción*. La cinética de reacción depende de diversas condiciones, pero principalmente se relaciona con la concentración de los reactantes. Debido a que la tasa de reacción depende de estas condiciones específicas, los procesos de tratamiento químico a plena escala deben diseñarse para tener un tiempo de detención suficiente para permitir que la reacción llegue a completarse o avance lo suficiente para satisfacer la concentración objetivo del efluente.

Cinético significa que resulta del movimiento o se relaciona con el movimiento. La energía cinética de un objeto es la energía que resulta del movimiento de dicho objeto. La cinética es el estudio del movimiento de reacción, o de qué manera la reacción se mueve hacia el equilibrio o hacia su completud.

La cinética de reacción se determina experimentalmente mediante el inicio de una reacción química en condiciones controladas y la medición de la concentración de un reactante o de ambos en intervalos hasta que ya no se observa ninguna reducción adicional en la concentración. También es posible que se mida la concentración del producto de la reacción. La tasa de reacción, más sencillamente, es el cambio en concentración a lo largo del tiempo. Piense en una reacción química simple en la que un reactante, *A*, se convierte en un producto, *B*. La reacción puede representarse como:

$$[A] \rightarrow [B]$$

En esta anotación química, el uso de corchetes con el tipo de químico se refiere a la *molaridad* del químico, que es una medida de la concentración del químico.

La molaridad de una solución es el número de moles de sustancia en 1 L de solución. Una solución molar en 1 de NaCl contendría 1 mol de NaCl. Al utilizar la masa molar de NaCl, podemos determinar que disolveríamos 58 g de NaCl (Na = 23g/mol, Cl = 35 g/mol) en agua para crear una solución de 1 mol de agua salada.

Tenga en cuenta también que la flecha indica una acción que no puede revertirse. Una flecha de dos puntas indica una reacción que llega a un estado de equilibrio entre productos y reactantes. La tasa a la que se lleva a cabo la reacción y la manera en que dicha tasa cambia con el tiempo son descritas por el orden de la reacción.

En una reacción de orden cero, la tasa de reacción es independiente de la concentración del reactante y la reacción procede a una tasa constante. El cambio en la concentración del reactante con el tiempo es lineal y la pendiente de la línea se denomina *constante de la tasa* y se representa con la letra *k*. En este caso, la constante de la tasa tiene unidades de concentración por tiempo, como mol/L-min.

En la Figura 10.28 se representan dos reacciones de orden cero. Si la concentración se suministra en mol/L y el tiempo en minutos, la pendiente de la línea, la tasa y, en consecuencia, la constante de la tasa para la Reacción 1 pueden calcularse como:

$$\text{Tasa} = \frac{\text{Cambio en concentración}}{\text{Cambio en tiempo}} = \frac{9 \text{ mol/L}}{9 \text{ min}} = 1 \text{ mol/L/min} = \text{k}$$

Es posible considerar que la Reacción 2 alcanza la misma concentración final en la mitad del tiempo:

$$\text{Tasa} = \frac{\text{Cambio en concentración}}{\text{Cambio en tiempo}} = \frac{9 \text{ mol/L}}{4.5 \text{ min}} = 2 \text{ mol/L/min} = \text{k}$$

En este ejemplo, es posible observar que cuanto más empinada es la pendiente, mayor será la constante de la tasa y más rápida será la reacción. La constante de la tasa puede usarse para hallar la concentración en cualquier momento, siempre y cuando se conozca la concentración inicial. Debido a que la concentración es reducida, reste de la concentración inicial con la ecuación para una reacción de orden cero (ecuación 10.11):

$$[A]_t = [A]_0 - kt \qquad (10.11)$$

donde

$[A]_t$ = concentración de A en cualquier momento, t

$[A]_0$ = concentración inicial de A o concentración de A en $t = 0$

k = constante de la tasa

t = tiempo

Al utilizar esta ecuación para hallar la concentración en un tiempo de 5 minutos:

$$[\text{A}]_5 = 10\frac{\text{mol}}{\text{L}} - \left(1\frac{\text{mol}}{\text{L} \cdot \text{min}} \times 5 \text{ min}\right) = 5\frac{\text{mol}}{\text{L}}$$

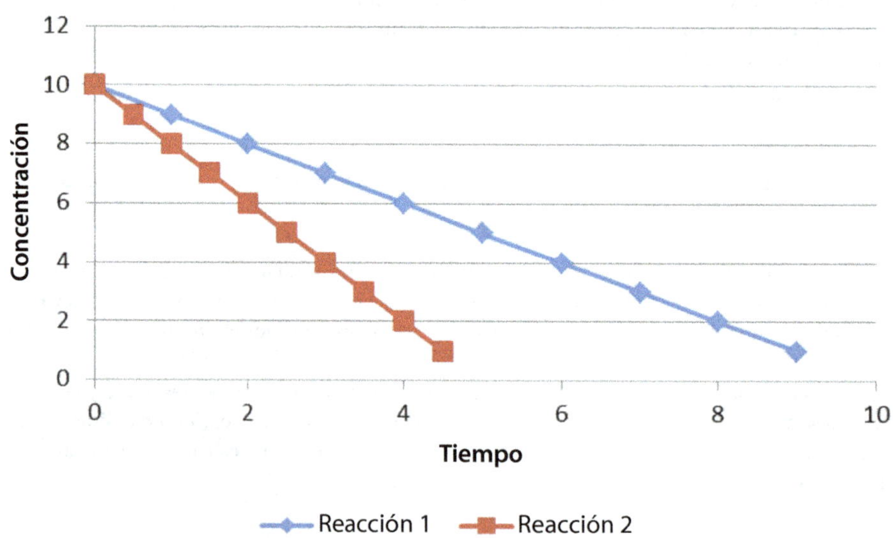

Figura 10.28 Reacciones de orden cero (reimpreso con autorización de Indigo Water Group)

En contraste con una reacción de orden cero que se produce a una tasa constante, una reacción de primer orden se produce a una tasa variable. La tasa varía con el tiempo porque depende de la concentración del reactante. A medida que se produce la reacción, se consume reactante, lo que provoca que la tasa de la reacción se reduzca. Al medirse experimentalmente, el cambio de la concentración en el tiempo ya no es lineal, como se indica en la Figura 10.29.

Al comparar la Reacción 1 con la Reacción 2 en cualquier momento, es claro que la pendiente de la Reacción 2 es más empinada que la de la Reacción 1 porque se produce a una tasa más rápida y, en consecuencia, tiene una mayor constante de tasa. La tasa depende entonces de k y de $[A]$, y puede escribirse como:

$$\text{Tasa} = \frac{\text{Cambio en concentración}}{\text{Cambio en tiempo}} = k[A]$$

Observe que la forma de las curvas en la Figura 10.29 es similar a la forma de la etapa exponencial de la curva de crecimiento bacteriano del Capítulo 5. En ese caso, el crecimiento era exponencial; en este caso, la reducción, o el consumo, de $[A]$ es exponencial. La inversa de un exponente es un logaritmo. El logaritmo de cualquier número (x) elevado a un exponente (y) es igual al exponente (y), como se indica en la ecuación 10.12.

$$\text{logaritmo } (x^y) = y \qquad (10.12)$$

El número (x) al que se aplica el exponente se denomina *base*. Un logaritmo de base 10 es común y se abrevia *log*. Esto se ilustra en las ecuaciones siguientes:

$$\text{logaritmo } (x^y) = y$$
$$\log(1000) = \log(10^3) = 3$$
$$\log(20) = \log(10^{1.3}) = 1.3$$

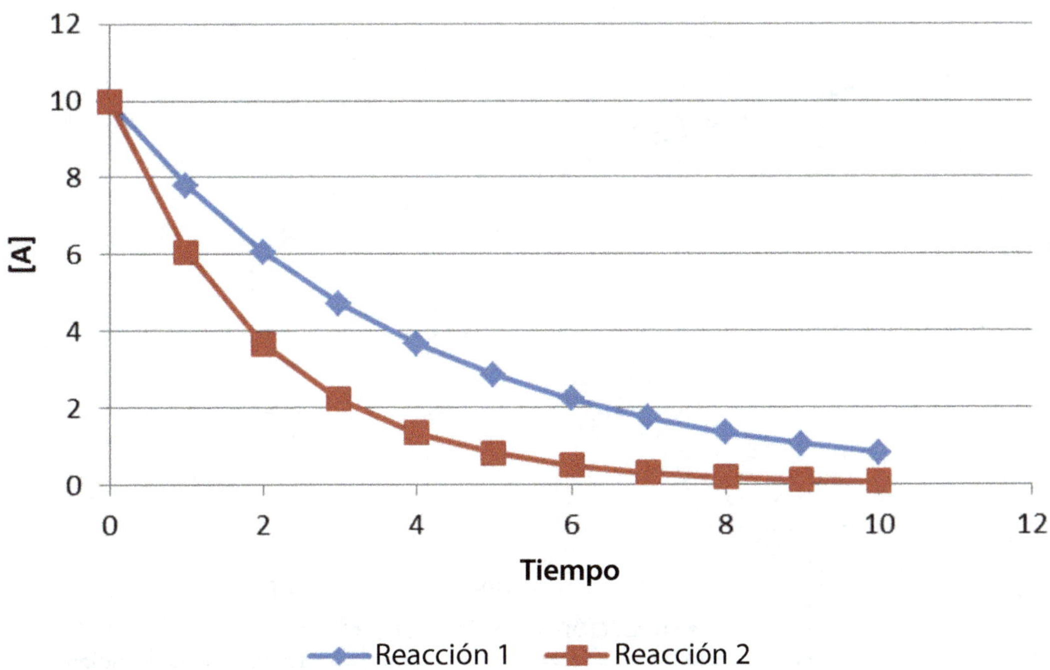

Figura 10.29 Reacciones de primer orden (reimpreso con autorización de Indigo Water Group)

Para describir una reacción de primer orden, se utiliza un logaritmo natural. El logaritmo natural se abrevia *ln*. La base del logaritmo natural es el número de Euler, que se abrevia *e*. La relación se ilustra en las ecuaciones 10.13 y 10.14:

$$\ln(e^x) = x \tag{10.13}$$

$$e^{\ln x} = x \tag{10.14}$$

La propiedad de suma (ecuación 10.15) y multiplicación (ecuación 10.16) del logaritmo natural también es útil:

$$\ln(ab) = \ln a + \ln b \tag{10.15}$$

$$e^{a+b} = e^a \times e^b \tag{10.16}$$

El número de Euler se denomina así por Leonard Euler. Se trata de un número irracional, lo que significa que no es una relación perfecta entre 2 enteros, de modo que tiene una cantidad infinita de números con los que puede expresarse. Otro ejemplo de número irracional es pi (Π), que también tiene una cantidad infinita de dígitos. El número de Euler es, a los 10 dígitos, 2.7182818284.

Los datos experimentales de primer orden que se muestran en la Figura 10.29 pueden transformarse al tomar el logaritmo natural de la concentración de *A*. Si el logaritmo natural de $[A]$ se diagrama a lo largo del tiempo, los datos se hacen lineales, como se muestra en la Figura 10.30.

La pendiente de la línea puede ahora usarse para determinar el $\ln[A]$ en cualquier momento, nuevamente al reducir la concentración inicial en *kt*, como se indica en la ecuación siguiente:

$$\ln[A]_t = \ln[A]_0 - kt$$

Esta ecuación puede reorganizarse para suministrar la ecuación común de una línea:

$$y = mx + b$$

$$\ln[A]_t = -kt + \ln[A]_0$$

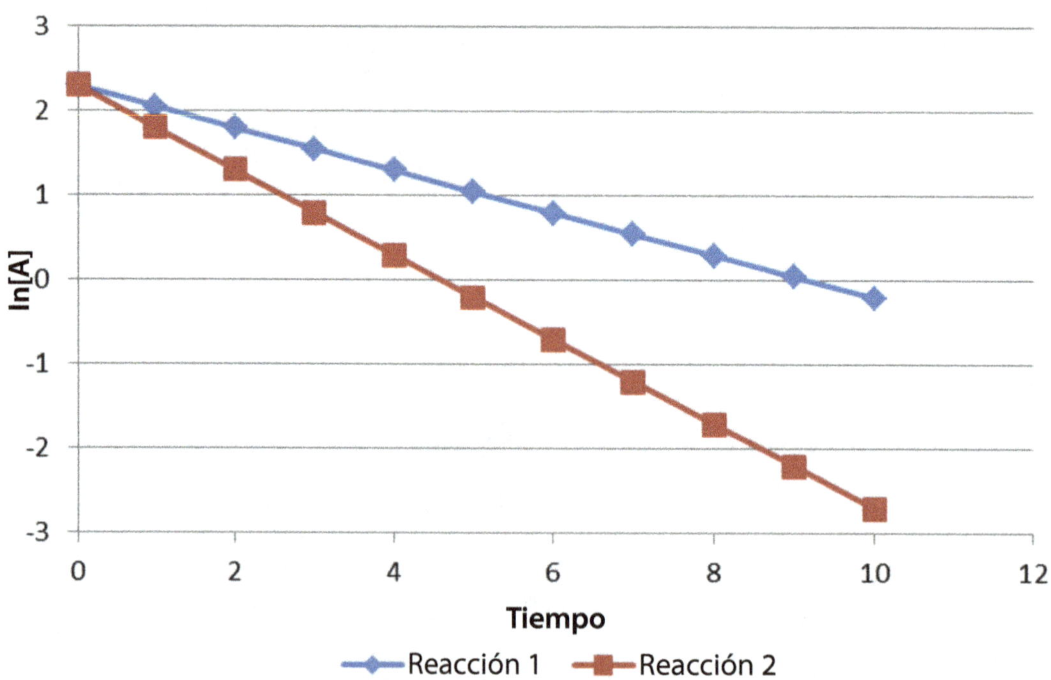

Figura 10.30 Linealización de las reacciones de primer orden (reimpreso con autorización de Indigo Water Group)

Esto indica que la pendiente de la línea, m, equivale a la constante de tasa, k. La constante de tasa de primer orden tiene unidades de 1/tiempo, denotadas a veces como tiempo^{-1}. Al usar la relación del logaritmo natural que se encuentra en la ecuación 10.15 y aplicar la base e a ambos lados de la ecuación, se obtiene:

$$e^{\ln[A]_t} = e^{-kt+\ln[A]_0}$$

El logaritmo natural asigna la suma a la multiplicación, como se indica en la ecuación 10.17, y en consecuencia esta ecuación se simplifica como:

$$e^{\ln[A]_t} = e^{-kt} \times e^{\ln[A]_0}$$

Al usar la ecuación 10.14 para simplificar los términos $[A]$ en la ecuación se obtiene la forma final de la cinética de reacción de primer orden (ecuación 10.17):

$$[A]_t = [A]_0 e^{-kt} \qquad (10.17)$$

En una reacción de segundo orden, la tasa depende del cuadrado de la concentración de reactante y la expresión de la tasa es:

$$\text{Tasa} = \frac{\text{Cambio en concentración}}{\text{Cambio en tiempo}} = k[A]^2$$

En la Figura 10.31 se muestra un diagrama de una reacción de primer orden y de segundo orden con la misma constante de tasa.

La tasa inicial de la reacción de segundo orden es mucho más rápida que la reacción de primer orden, pero el cambio en la tasa se limita más rápido por la concentración de A. Al tener en cuenta que una reacción de orden cero tiene una tasa constante, es posible observar que las reacciones de mayor orden tiene una tasa inicial más alta, pero una tasa de reacción extendida más lenta. Para linealizar las reacciones de segundo orden, se diagrama $1/[A]$ vs. tiempo. La ecuación de la línea es:

$$\frac{1}{[A]_t} = kt + \frac{1}{[A]_0}$$

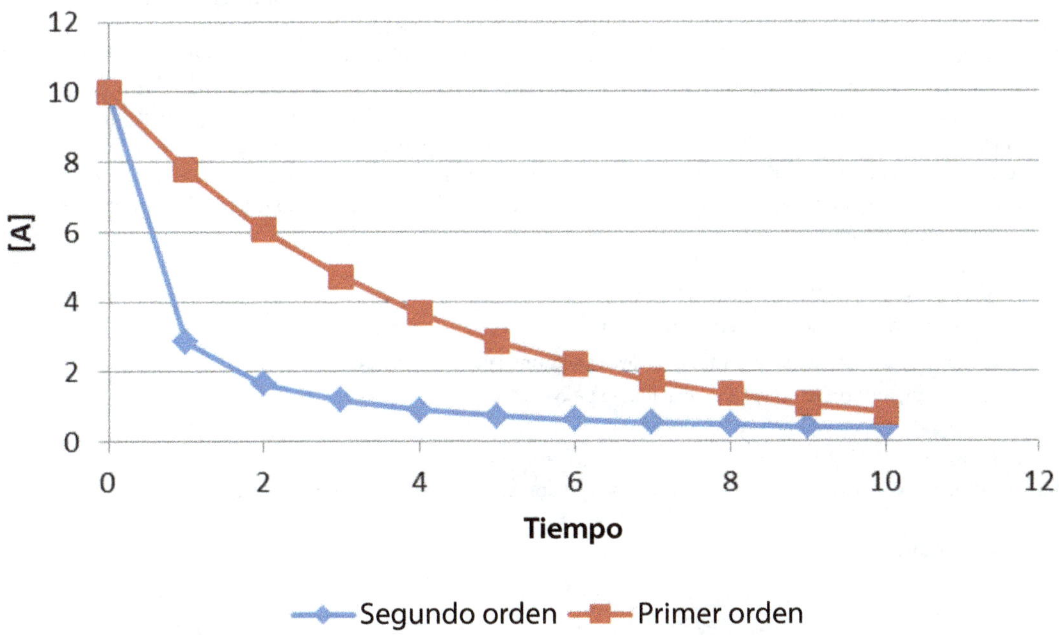

Figura 10.31 Diferencia en reacciones de primer y segundo orden (reimpreso con autorización de Indigo Water Group)

La pendiente de la línea nuevamente equivale a la constante de la tasa k, ahora con unidades de 1/mol/L – tiempo. La ecuación se reorganiza para obtener la expresión de la tasa de segundo orden que puede utilizarse para hallar $[A]$ en cualquier momento (ecuación 10.18):

$$[A]_t = \frac{1}{\frac{1}{[A]_0} + kt} \tag{10.18}$$

La determinación de las constantes de tasa es útil en el diseño de reactores químicos y bioquímicos. Al operar estas unidades, resulta útil una comprensión básica de la cinética de reacción para optimizar el proceso y resolver problemas en él. El tiempo transcurrido en un experimento de tasa cinética en un laboratorio equivale al tiempo de detención en un proceso a plena escala, y en consecuencia es posible verificar la eficiencia o la adecuación de un proceso a plena escala.

COMPROBACIÓN DE CONOCIMIENTOS

1. **Las tasas de reacción dependen siempre de la concentración de los reactantes.**
   - ☐ Verdadero
   - ☐ Falso
2. **Una reacción química con una constante de tasa más alta se producirá con mayor lentitud que otra con una constante de tasa menor.**
   - ☐ Verdadero
   - ☐ Falso
3. **La tasa de una reacción de primer orden depende de la constante de tasa k y de:**
   - a. La concentración inicial de reactante(s)
   - b. La concentración de reactante(s)
   - c. El tiempo
   - d. Todas las opciones anteriores
4. **Un logaritmo y un exponente son funciones opuestas.**
   - ☐ Verdadero
   - ☐ Falso

REACCIONES SECUNDARIAS

Las reacciones químicas en los procesos de tratamiento químico a plena escala se producen en condiciones no ideales y diversas, y en una solución que incluye químicos, moléculas, iones y elementos más allá de los que se prevé eliminar. Estas sustancias pueden ser reactantes que compitan por el químico que se dosifica en el proceso. Las reacciones secundarias que se producen en los procesos de tratamiento químico reducen la eficiencia del proceso porque aumentan la demanda del químico dosificado. Esto produce dosis más allá de la dosis requerida *estequiométrica*. Un ejemplo de reacciones secundarias que interfieren es la eliminación del fósforo con hierro para precipitar fosfato férrico. También se formará hidróxido férrico, y parte del hierro formará enlaces químicos más débiles con materia orgánica en suspensión y otros iones con carga negativa y minerales. En cualquier proceso, es útil conocer y monitorear la cantidad de químico más allá de la dosis estequiométrica que debe aplicarse para lograr el resultado deseado. Para determinar la dosis estequiométrica de una reacción química:

La *estequiometría* es la relación entre moles de reactantes, moles de productos y reactantes con respecto a los productos necesarios para completar una reacción química.

- Escriba la ecuación química equilibrada de la reacción.
- Determine el número de moles en cada reactante.
- Use el peso molecular para determinar la masa en gramos de cada reactante.
- Convierta esta información en una relación de peso.

EJEMPLO DE CÁLCULO PARA HALLAR LA DOSIS ESTEQUIOMÉTRICA

Halle la dosis estequiométrica para precipitar fósforo con cloruro férrico y hierro férrico.

Paso 1: Escriba una ecuación química equilibrada:

$$FeCl_3 + PO_4^{3-} \rightarrow FePO_4 + 3Cl^-$$

Paso 2: Determine los moles de cada reactante necesarios para hacer el producto.

La reacción está equilibrada al escribirse con 1 mol de cloruro férrico que reacciona con 1 mol de fosfato para producir 1 mol de precipitado de fosfato férrico y 3 moles de cloruro.

Paso 3: Determine la masa de 1 mol de cada reactante. Nuevamente, es útil una tabla para hacer el seguimiento de estas cantidades. Este es un ejemplo sencillo, en tanto 1 mol de $FeCl_3$ reacciona con 1 mol de PO_4^{3-}; no obstante, solo la cantidad de moles y la masa total cambiarían en la tabla para reacciones más grandes que de mol a mol.

Elemento/ ion/molécula	Masa molar	Cantidad	Total	% (p/p)
Fe	55.85	1	55.85	34.4
Cl	35.45	3	106.35	65.6
$FeCl_3$	162.2	1	162.2	100
P	30.97	1	30.97	32.6
O	16.00	4	64.00	67.4
PO_4	94.97	1	94.97	100

Paso 4: Halle las relaciones de la masa de cloruro férrico y hierro férrico requerida cada 1 masa de fósforo.

$$\frac{162.2 \text{ g } FeCl_3}{30.97 \text{ g P}} = \frac{5.24 \text{ g } FeCl_3}{\text{g P}}$$

$$\frac{55.85 \text{ g Fe}}{30.97 \text{ g P}} = \frac{1.8 \text{ g Fe}}{\text{g P}}$$

Observe que las relaciones de masa de la dosis estequiométrica son distintas según el tipo de químico en específico. En consecuencia, es importante ser específicos al tratar o mencionar la dosis estequiométrica. El ejemplo solicitaba relaciones según el fósforo, pero las relaciones también pueden calcularse según el fosfato, de la manera siguiente:

$$\frac{162.2 \text{ g } FeCl_3}{94.97 \text{ g } PO_4^{3-}} = \frac{1.71 \text{ g } FeCl_3}{\text{g } PO_4^{3-}}$$

$$\frac{55.85 \text{ g Fe}}{94.97 \text{ g } PO_4^{3-}} = \frac{0.59 \text{ g Fe}}{\text{g } PO_4^{3-}}$$

Las dosis de masa estequiométrica calculadas arriba están en unidades de gramos por gramo y la unida técnicamente se cancela. Esto significa que la relación de masa se aplicará también a otras unidades, como kg/kg o lb/lb.

Al saber la dosis estequiométrica y compararla con la dosis real, es posible medir el grado de reacciones secundarias en competencia y otras ineficiencias. Para hacer este cálculo, la concentración del contaminante en el caudal de entrada y en el efluente deben saberse, a fin de calcular la masa eliminada. La masa de químico dosificado se conoce y la relación de masa se calcula y se compara con la relación estequiométrica.

EJEMPLO DE CÁLCULO PARA COMPARAR LA DOSIS CON LA DOSIS ESTEQUIOMÉTRICA

Una WRRF usa cloruro férrico para eliminar fósforo del caudal de entrada en el clarificador primario. La instalación trata 189 ML/d (50 mgd) con una concentración de ortofosfato en el caudal de entrada de 3 mg/L PO_4^{3-} como P. Al aplicar una dosis de 30 mg/L de cloruro férrico se produce un efluente primario con una concentración de ortofosfato de 1.2 mg/L PO_4^{3-} como P. Calcule la relación de masa de hierro a fósforo (Fe/P) utilizada y compárela con la relación de masa estequiométrica.

En unidades estándar del Sistema Internacional:

Paso 1: Calcule la masa de fósforo en el caudal de entrada.

$$189\frac{\text{ML}}{\text{d}}\times 3\frac{\text{mg}}{\text{L}}=567\frac{\text{kg P}}{\text{d}}$$

Paso 2: Calcule la masa de fósforo en el efluente.

$$189\frac{\text{ML}}{\text{d}}\times 1.2\frac{\text{mg}}{\text{L}}=227\frac{\text{kg P}}{\text{d}}$$

Paso 3: Calcule la masa de fósforo eliminado.

$$567-227=340\text{ kg P}$$

Paso 4: Calcule la masa de cloruro férrico dosificada.

$$189\frac{\text{ML}}{\text{d}}\times 30\frac{\text{mg}}{\text{L}}=5670\frac{\text{kg FeCl}}{\text{d}}$$

Paso 5: Calcule la masa de hierro en el cloruro férrico. En el ejemplo anterior, determinamos que el Fe es el 34.4 % (p/p) del FeCl.

$$5670\times 0.344=1950\text{ kg Fe}$$

Paso 6: Calcule la relación de masa de Fe a P.

$$\frac{1950\text{ kg Fe}}{340\text{ kg P}}=\frac{5.7\text{ kg Fe}}{\text{kg P}}$$

Paso 7: Calcule la relación de dosis real a dosis estequiométrica. La dosis estequiométrica se determinó en el ejemplo anterior como 1.8 g Fe/g P. Las unidades se cancelan en ambas relaciones, y en consecuencia el cálculo es sencillamente:

$$\frac{5.7}{1.8}=3.2\text{ veces la dosis estequiométrica}$$

En unidades habituales en los EE. UU.:

Paso 1: Calcule la masa de fósforo en el caudal de entrada.

$$3\text{ ppm}\times 50\text{ mgd}\times 8.34\frac{\text{lb}}{\text{gal}}=1251\frac{\text{lb P}}{\text{d}}$$

Paso 2: Calcule la masa de fósforo en el caudal de entrada.

$$1.2\text{ ppm}\times 50\text{ mgd}\times 8.34\frac{\text{lb}}{\text{gal}}=500\frac{\text{lb P}}{\text{d}}$$

Paso 3: Calcule la masa de fósforo eliminado.

$$1251 - 500 = 751 \text{ lb P}$$

Paso 4: Calcule la masa de cloruro férrico dosificada.

$$30 \text{ ppm} \times 50 \text{ mgd} \times 8.34 \frac{\text{lb}}{\text{gal}} = 12\ 510 \frac{\text{lb FeCl}}{\text{d}}$$

Paso 5: Calcule la masa de hierro en el cloruro férrico. En el ejemplo anterior, determinamos que el Fe es el 34.4 % (p/p) del FeCl.

$$12\ 510 \times 0.344 = 4303 \text{ lb Fe}$$

Paso 6: Calcule la relación de masa de Fe a P.

$$\frac{4303 \text{ lb Fe}}{751 \text{ lb P}} = \frac{5.7 \text{ lb Fe}}{\text{lb P}}$$

Paso 7: Calcule la relación de dosis real a dosis estequiométrica. La dosis estequiométrica se determinó en el ejemplo anterior como 1.8 g Fe/g P. Las unidades se cancelan en ambas relaciones, y en consecuencia el cálculo es sencillamente:

$$\frac{5.7}{1.8} = 3.2 \text{ veces la dosis estequiométrica}$$

COMPROBACIÓN DE CONOCIMIENTOS

1. **Dada una reacción química genérica, $A + 2B \leftrightarrow AB_2$, la dosis estequiométrica de B necesaria para reaccionar con A es:**
   a. $2 \text{ g } B : 1 \text{ g } A$
   b. $1 \text{ g } A : 2 \text{ g } B$
   c. $2 \text{ mol } B : 1 \text{ mol } A$
   d. $1 \text{ mol } A : 1 \text{ mol } B$

2. **Las dosis estequiométricas de químicos en general son suficientes para completar las reacciones en los procesos de tratamiento a escala completa.**
   - ☐ Verdadero
   - ☐ Falso

Control del proceso

Debido a que las aguas residuales tienen características únicas, a que las reacciones químicas en el proceso de tratamiento se producen en reactores no ideales con reacciones secundarias en competencia y a que las metas de tratamiento varían entre las instalaciones, el control del proceso del tratamiento químico es en gran medida *empírico*. La dosis aproximada para un proceso se halla con base en una prueba de medición con escala y se evalúa a escala plena. El enfoque del control del proceso en la dosificación se convierte entonces en asegurar la calidad del efluente y prevenir la dosificación excesiva. Las estrategias para el control del proceso en la dosificación de químicos en general incluyen algunas suposiciones sobre los caudales, las características y la calidad del efluente de aguas residuales. El caudal que atraviesa una WRRF varía a lo largo del día. SI la concentración del contaminante objetivo en el caudal de entrada del proceso permanece constante, la carga de la masa del contaminante variará junto al caudal. No obstante, suele haber algunas variaciones diarias en la concentración de contaminantes en las cuales hay una mayor concentración en los caudales más elevados y menores concentraciones en los caudales menos elevados. Esto potencia la variación de la carga de masa.

Un resultado *empírico* se obtiene de la experimentación y mediante prueba y error.

Los controles de dosificación de químicos pueden intentar o no responder a estas variaciones. La elección del método de control depende de la calidad requerida del efluente y de la manera en que esa calidad se muestrea y mide. Aunque es deseable un sistema que responda a las condiciones reales y produzca un efluente con una concentración uniforme, es posible tolerar alguna variación en el efluente. Por ejemplo, la mayoría de los parámetros de los permisos se muestrea como muestras compuestas en 24 horas y se evalúa como promedio semanal y mensual, lo que permite alguna variación diaria en la calidad del efluente.

VELOCIDAD CONSTANTE

En la forma más sencilla de control de dosificación de químicos, el alimentador de químicos se configura en una velocidad constante, de modo que suministre la misma cantidad de químico en un tiempo determinado. Debido a que el caudal a una WRRF varía durante el curso del día, la dosis suministrada también será variable. Cuando el caudal de entrada está en el mínimo, la dosis será la más alta y es probable una sobredosis del químico. Cuando el caudal de entrada está en su pico, el químico probablemente tendrá una dosis insuficiente. La concentración del componente que se desea eliminar seguirá, en consecuencia, el mismo patrón diurno que el caudal de entrada. Esta es la desventaja del control de velocidad constante.

La mayor ventaja del control de velocidad constante es la simplicidad. El alimentador de químicos puede configurarse manualmente y no es necesario contar con sistemas de control para modificar su velocidad. Al tener en cuenta que el modo de control alternativo es cambiar la cantidad de químico alimentado proporcionalmente con el caudal de entrada, otra ventaja de la velocidad constante es conservar químicos durante los eventos de caudal pico debido a precipitaciones. En un evento de caudal pico, la concentración de los componentes objetivo se diluye por el aumento en el caudal, de modo que la carga relativamente puede no tener cambios. Una masa constante alimentada de químico debe, en consecuencia, continuar siendo suficiente para cumplir los límites del efluente.

DOSIS CONSTANTE O EN FUNCIÓN DEL CAUDAL

Para suministrar una dosis constante de químico (mg/L o ppm), la cantidad de químico alimentado debe cambiar durante el curso del día en concordancia con el caudal del proceso. Este modo de control se denomina *en función del caudal*, pero el resultado es una dosis constante. La ventaja principal de este modo de control es la producción de un efluente con una calidad uniforme durante el transcurso del día. Este modo en general ofrecerá además un uso más eficiente de los químicos. En un modo de control constante de la dosis, se eliminan las dosis insuficientes y las excesivas, y es más fácil ofrecer la cantidad mínima de químico necesaria para cumplir con el límite promedio diario de un permiso.

Para comprender el control de alimentadores de químicos en función del caudal, comience con la ecuación 10.9 y la ecuación 10.7 para calcular una tasa de alimentación de químicos en volumen o masa por día. El numerador de estas ecuaciones contiene las variables de control del proceso: dosis y caudal. El operador ajusta la dosis. El caudal se convierte en el caudal instantáneo de un caudalímetro continuo. El denominador contiene la información de la composición química en masa de químico activo por volumen. Es importante recordar que esto es parte de la ecuación de alimentación y que si el contenido activo o la gravedad específica del químico a granel cambian, esta ecuación deberá reflejar tal cambio. Estas ecuaciones suministran tasas de alimentación como volumen o masa por día, pero la tasa típicamente debe convertirse en una tasa de alimentación por hora o por minuto y la ecuación de control incluirá este término en el denominador. Esto depende de la medición que utilice el alimentador de químicos. En una estrategia de control, se mide la tasa de alimentación de químicos real y la velocidad del alimentador se ajusta para cumplir el punto de ajuste de alimentación. En otra estrategia de control, la tasa de alimentación se convierte en una velocidad del alimentador en la ecuación de control con la curva de alimentación del equipo. Esta es una parte importante de la estrategia de control que debe recordarse, porque la calibración del alimentador de químicos tiene un rol significativo en la exactitud de la dosis.

RELACIÓN

El control de los alimentadores de químicos en modo de relación tiene el mismo fundamento que el control en función del caudal, pero se utiliza otro parámetro en lugar del caudal para determinar la salida del alimentador. Estos parámetros también se miden de manera continua con sondas y analizadores y típicamente son condiciones de calidad del agua específicas de la meta de tratamiento. Parámetros comunes que se utilizan como componentes de control son el pH, la oxidación, el potencial REDOX y los nutrientes como el nitrato (NO_3), el amoníaco (NH_3) y el ortofosfato (PO_4). El analizador continuo puede colocarse en el caudal de entrada o en el efluente del proceso, o en ambos. Hay modos de control diferentes pero relacionados para las tres opciones. La colocación del analizador determina el modo de control o el modo de control deseado determina la colocación de los analizadores.

Cuando se coloca el analizador en el caudal de entrada del proceso, la dosis de químico se basa en la carga entrante y se dice que el control está en un modo de proalimentación. La dosis de químico es determinada empíricamente, pero se basa en la estequiometría de la reacción química. El punto de ajuste es la relación del químico necesario para reaccionar con la carga entrante.

En un circuito de control de retroalimentación, el analizador está ubicado al final del proceso de tratamiento y el punto de ajuste es la concentración deseada en el efluente. El valor medido del analizador se retroalimenta a la programación del circuito de control y se hace un cambio en la salida del alimentador con base en la diferencia entre la concentración real y el punto de ajuste. Esta diferencia se denomina *error.* El circuito de control se ajusta en el controlador lógico programable (PLC) para producir la concentración más uniforme del efluente. La estrategia de circuito de control más utilizada quizá sea la del controlador proporcional, integral y derivado. *Proporcional, integral* y *derivada* se refieren a tres términos en el *algoritmo* de control, en el que el término proporcional es una relación directa, el término proporcional representa el tiempo que duró el error y la derivada intenta minimizar la tasa de cambio del error. En un circuito de control bien ajustado, el valor real fluctuará por arriba y por debajo del punto de ajuste, pero solo mínimamente.

Un *algoritmo* puede considerarse un procedimiento operativo estándar para resolver un problema, en general matemático. Se trata de un conjunto de instrucciones paso a paso para producir la solución más exacta.

Los controles de retroalimentación y de proalimentación pueden combinarse si se utilizan analizadores en el caudal de entrada y en el efluente del proceso. El PLC recibe ambas señales, produce una tasa de alimentación que se predijo según el valor del caudal de entrada y ajusta la dosis que se predijo en función del valor del efluente. El circuito de control es más complejo y el algoritmo incluye más pasos. Los beneficios del control de retroalimentación y proalimentación son una mejor estabilidad del proceso y una mayor eficiencia en la utilización de químicos. El costo de este método de control está en mantener dos analizadores y en el desarrollo y el ajuste del circuito de control.

COMPROBACIÓN DE CONOCIMIENTOS

1. **La dosis necesaria para lograr las metas de tratamiento en un proceso de tratamiento químico para cualquier agua única se halla:**
   a. Empíricamente
   b. Teóricamente
   c. Estequiométricamente
   d. A partir de pruebas de medición con escala

2. **Los caudales variables y las concentraciones variables de contaminantes en el caudal de entrada de una WRRF provocan:**
   a. Alteraciones en el proceso
   b. Una calidad variable del efluente en los procesos químicos
   c. Requisitos variables de personal
   d. Cargas variables

3. **Los controles de dosificación de químicos deben programarse para alimentar una cantidad de químico solo proporcional al caudal de entrada.**
   ☐ Verdadero
   ☐ Falso

4. **Un alimentador de químicos está configurado en una velocidad constante para suministrar 50 gph del químico A, 50 % (p/p) activo con una gravedad específica de 1.5. El caudal del proceso varía de un mínimo de 10 mgd a un máximo de 60 mgd. ¿Cuáles son las dosis mínima y máxima del químico A como químico activo?**
   a. 0.63 ppm; 3.8 ppm
   b. 10 ppm; 60 ppm
   c. 15 ppm; 90 ppm
   d. 37.5 ppm; 225 ppm

5. **El control de velocidad constante de los alimentadores de químicos producirá una calidad uniforme en el efluente.**
   ☐ Verdadero
   ☐ Falso

6. **¿La variación en la calidad del efluente durante el transcurso de un día puede tolerarse si el parámetro se evalúa con qué fundamento?**
   a. Máximo diario
   b. Mínimo diario
   c. Promedio instantáneo
   d. Promedio diario

7. **En un modo de control de relación, con el uso de un circuito de control de retroalimentación, la dosis de químico se ajusta según un analizador ubicado en:**
   a. El efluente del proceso de la unidad
   b. El caudal de entrada del proceso de la unidad
   c. El caudal de entrada de la instalación
   d. El efluente de la instalación

Seguridad química

El almacenamiento y la manipulación de químicos de manera segura se basan en la premisa de que los peligros del químico se conocen, el trabajador está protegido de esos peligros y los peligros se comunican de manera eficaz a los trabajadores y a las profesiones que pueden entrar en contacto con el químico. Se requiere una ficha de datos de seguridad (SDS) in situ para cada químico utilizado en la instalación. Estos documentos suministran información sobre los peligros relacionados con un químico en específico. Los operadores de químicos usan equipos de protección personal (EPP) al trabajar con sistemas de almacenamiento y manipulación de químicos según las rutas de exposición y las recomendaciones de la SDS. Los EPP protegen a los operadores de la exposición accidental. En los equipos de transporte y almacenamiento de químicos se exhiben letreros para comunicar visualmente los peligros. Las regulaciones indican que las personas en el lugar de trabajo y en la comunidad tienen derecho a saber sobre los químicos a los que podrían estar expuestos a diario o en caso de una liberación accidental.

FICHAS DE DATOS DE SEGURIDAD (SDS)

Los productores de químicos deben suministrar fichas de datos de seguridad (SDS) para acompañar a cualquier químico que produzcan. En los Estado Unidos, este es un requisito indicado por el Estándar de Comunicación de Peligros (*Hazard Communication Standard*, HCS) (29 CFR 1910.1200(g). Las fichas de datos de seguridad anteriormente se denominaban fichas de datos de seguridad de los materiales (MSDS) o fichas de datos de seguridad del producto. Suministran información sobre las propiedades del químico, los peligros para la salud, recomendaciones para la manipulación y precauciones ambientales. Las fichas de datos de seguridad se estandarizaron en un formato de 16 secciones para suministrar uniformidad y facilitar la transferencia de la información a empleados que usan el químico o están expuestos a él. En las fichas de datos de seguridad puede incorporarse información del Sistema Globalmente Armonizado de Clasificación y Etiquetado de Productos Químicos (*Globally Harmonized System of Classification and Labeling of Chemicals*, GHS), un programa de la Organización de las Naciones Unidas (ONU) que establece normas comunes y texto para que las fichas de datos de seguridad de un químico genérico de distintos productores de distintos países no contengan información contradictoria (United Nations, 2017).

EQUIPOS DE PROTECCIÓN PERSONAL (EPP)

Al trabajar con químicos en cualquier aspecto de las operaciones (recepción, almacenamiento, transferencia y dosificación), el personal de operaciones y mantenimiento debe usar los EPP adecuados para protegerse contra los peligros de la exposición a los químicos. Igualmente, los controles de ingeniería para minimizar el riesgo de exposición continúan siendo necesarios y los EPP no se consideran un sustituto para estas características. Los controles de ingeniería para minimizar riesgos incluyen la ventilación para eliminar vapores, puertos de enjuague para eliminar químico del sistema antes del mantenimiento, cortinas y paneles contra salpicaduras y tuberías de doble contención. El propósito de los EPP es mitigar los efectos de la liberación y de la exposición accidentales. Para cada ruta de exposición hay distintos tipos de EPP que suministran distintos niveles de protección. Las vías de exposición principales para los químicos son los ojos, la piel, la ingestión y la inhalación.

La exposición ocular típicamente es el resultado de salpicaduras de químicos en los ojos o provenientes de neblinas y vapores. Debido a que las gafas de seguridad no forman un sello perfecto alrededor de los ojos, pueden permitir que se salpique químico entre el rostro y la lente y, potencialmente, en el ojo. La mejor protección ocular es un par de gafas de seguridad resistente a los químicos. Las gafas crean un sello flexible en el rostro. Esto suministra una protección positiva contra las salpicaduras, la neblina o los vapores. En general, las gafas incluyen algún tipo de ventilación para minimizar el riesgo de que se empañen y estos puertos de ventilación están diseñados para permitir el flujo de aire sin poner en riesgo la protección contra las salpicaduras. No elimine los puertos de ventilación para que se empañen menos, debido a que el orificio de ventilación vacío suministrará una vía por la cual los químicos llegarán al ojo.

La protección facial se incluye con la exposición a la piel y se incorpora con la protección ocular. Los protectores para el rostro consisten en un protector de plástico transparente que se sostiene con una tira sobre el rostro. De esta manera, el protector puede girar hacia arriba y fuera del rostro. El protector se sostiene fuera del rostro, lo que permite un espacio libre importante entre el protector y los ojos. Por este motivo, por sí solos los protectores para el rostro no son una protección ocular suficiente y deben usarse con gafas.

La exposición de la piel en las manos es una vía de exposición principal al trabajar con químicos. El látex, el caucho natural y el nitrilo son materiales comunes de los guantes. Son compatibles con diversos químicos utilizados en las WRRF. Para tener certeza, consulte al fabricante de los guantes o al proveedor. Ellos podrán suministrarle una tabla de compatibilidad química. El diseño de los guantes también debe tenerse en cuenta y debe corresponder a la tarea y al riesgo de exposición. Los guantes desechables de látex o nitrilo se adecuan a la forma y permiten que el operador lleve a cabo tareas de precisión como reemplazar diafragmas y tuberías o limpiar y dar mantenimiento a válvulas de retención. Los guantes reutilizables con *guanteletes* suministran una protección adicional para los brazos y son adecuados cuando existe un mayor riesgo de exposición por salpicaduras.

Se requiere una protección adicional para la piel para el resto del cuerpo; nuevamente, según el riesgo de exposición. Las prendas de trabajo habituales con mangas largas, los pantalones largos y el calzado con puntera cerrada pueden ser adecuados para las tareas de rutina con un bajo riesgo de exposición; no obstante, la mayoría de los químicos dañará las prendas. Las prendas de trabajo habituales también absorberán el químico y lo dejarán atrapado en la piel, lo cual puede aumentar la gravedad de la quemadura química. Los trajes de protección contra químicos están hechos de diversos materiales, como Teflon™, PVC, caucho y *Tyvek®*, cada uno de los cuales ofrece un nivel específico de protección. El personal que trabaja en prendas de protección contra químicos tiene un mayor estrés por calor. El grado de estrés depende también del material y del nivel de protección. Los trajes que más protegen no permiten que escape el calor del cuerpo y es posible que deban usarse en conjunto con un sistema de enfriamiento. En este sentido, también hay peligros relacionados con la sobreprotección.

Tyvek® es un producto de DuPont Corporation y es una tela hecha de fibras de HDPE. El material es impermeable y resistente a los químicos, pero permite que el vapor lo atraviese. Los trajes de Tyvek® se consideran desechables y ofrecen una protección cutánea adecuada para diversas tareas en una WRRF.

La protección respiratoria protege contra la exposición por inhalación y debe seleccionarse con atención y de manera específica para proteger contra el peligro del químico. Siempre es posible que haya particulados al trabajar con químicos secos, los químicos inorgánicos líquidos como el hipoclorito y el bisulfito pueden producir emanaciones, los químicos orgánicos volátiles pueden emitir gases activamente y producir vapores, y los gases pueden ser tóxicos y desplazar el oxígeno, lo que resulta en asfixia. El equipo de protección contra los peligros por inhalación se denomina "respirador". Al igual que los demás equipos de protección personal (EPP) para químicos, el respirador puede personalizarse para el químico en particular y para el nivel de riesgo. Hay respiradores disponibles en modelos para la mitad del rostro o para todo el rostro. Ambos están equipados con un cartucho o recipiente purificador de aire que puede cambiarse y que contiene filtros, sorbentes, catalizadores o una combinación de tecnologías diseñadas para eliminar una clase específica de partículas químicas, neblinas o vapores. Si no es posible eliminar el peligro químico con un respirador purificador de aire, es posible usar un respirador con suministro de atmósfera. En lugar de conectores para los cartuchos, los respiradores con suministro de atmósfera son respiradores para todo el rostro que tienen un conector para incorporar una fuente de aire independiente. El respirador de aire suministrado usa una línea de aire de una fuente remota de aire para respirar (un tanque de aire comprimido) trasladada por el usuario en un respirador autocontenido (SCBA).

La combinación de protección para los ojos, el rostro, las manos, el cuerpo y respiratoria que se utiliza en una situación se denomina *conjunto*. Las partes del conjunto deben integrarse de manera segura de modo que no quede ninguna vía de exposición, como salpicaduras de químicos o goteo en guantes o botas. La Agencia de Protección Ambiental de los EE. UU. (EPA de los EE. UU.) define los componentes del conjunto para cuatro niveles de protección: A (mayor) a D (menor). Los niveles de protección y las partes correspondientes del conjunto se suministran en la Tabla 10.11.

LETREROS

Los letreros de los químicos se exhiben en tanques de transporte de químicos, tanques de almacenamiento de químicos y tuberías de químicos para comunicar de manera rápida y eficaz los peligros del químico a los trabajadores que lo manipulan y al personal de respuesta ante emergencias. En los Estados Unidos, la Agencia Nacional de Protección contra Incendios (*National Fire Protection Agency*, NFPA), el Departamento de Transporte (*Department of Transportation*, DOT) y la OSHA emiten letreros estándar destinados a informar a los trabajadores de las ocupaciones que representan. Los requisitos para el uso de letreros se rigen en virtud de otras autoridades federales, estatales y locales.

Los letreros de la NFPA se utilizan para comunicar peligros al personal de respuesta ante emergencias, pero son útiles para todo el personal que trabaje con el químico dentro de la instalación. El letrero de la NFPA es

Tabla 10.11 Equipos de protección personal (EPP) contra químicos requeridos para la protección contra materiales peligrosos según la EPA de los EE. UU.

Nivel	A	B	C	D
Ojos	SCBA de rostro completo	SCBA de rostro completo	Respirador purificador de aire de rostro completo	Gafas de seguridad o gafas contra salpicaduras químicas
Rostro	SCBA de rostro completo	SCBA de rostro completo	Respirador purificador de aire de rostro completo	Protector facial (opcional)
Manual	Guantes resistentes a los químicos en el interior	Guantes resistentes a los químicos en el interior	Guantes resistentes a los químicos	Guantes resistentes a los químicos (opcional)
Cuerpo	Traje protector contra el vapor	Traje protector contra salpicaduras líquidas	Prenda de protección con función de respaldo	Batas
Inhalación	SCBA de rostro completo	SCBA de rostro completo	Respirador purificador de aire de rostro completo	Ninguno

un diamante de cuatro partes con código de colores que comunica el peligro relativo del químico en salud, inflamabilidad, inestabilidad y peligros especiales. En la Figura 10.32 se muestra un letrero de la NFPA.

En el letrero de la NFPA, los cuadrantes de salud, inflamabilidad e inestabilidad contienen un número del 0 al 4 que indica el grado de peligro, con 0 como mínimo y 4 como peligro grave. La sección de peligros especiales puede contener los símbolos "W" para advertir sobre la reactividad con agua y el uso de agua en la respuesta ante incendios o derrames, "OX" para indicar un oxidante o "SA" para comunicar que el químico es un gas simple asfixiante.

Los letreros del DOT se colocan en los camiones de químicos y otros contenedores a granel durante el transporte. Estos letreros son más amplios que los letreros de la NFPA y se dividen en 9 clases de químicos. En la Figura 10.33 se presentan letreros del DOT de ejemplo.

Estos letreros también pueden incluir un número de cuatro dígitos que identifica al químico en particular. Se denomina "Número de la ONU" porque lo asigna la ONU. Los números de identificación de químicos del DOT son idénticos al número de la ONU; no obstante, algunos químicos tienen un número del DOT pero no tienen un número de la ONU.

Las fichas de datos de seguridad (SDS) ahora pueden contener pictogramas. La OSHA adoptó el uso de nueve pictogramas estándar en el sistema GHS. Estos pictogramas, que se muestran en la Figura 10.34, tienen la misma forma de diamante y pueden usarse en contenedores de transporte de químicos, recipientes de almacenamiento y sistemas dentro de las instalaciones.

REGULACIONES

Los fundamentos de las regulaciones aplicables a las industrias que utilizan químicos son educar al personal sobre los peligros de los químicos en el lugar de trabajo y notificar a las agencias locales de respuesta ante emergencias sobre los químicos almacenados y utilizados in situ. En los Estados Unidos, la Ley de Reautorización y Modificación del Superfondo (*Superfund Amendments and Reauthorization Act*, SARA) de 1986 revisó los requisitos para la EPA de los EE. UU. para el monitoreo del uso de químicos en sitios industriales. El Título III de SARA se denomina Ley de Planificación de Emergencias y del Derecho a Saber de la Comunidad (*Emergency Planning and Community Right-to-Know Act*, EPCRA) y establece requisitos para que las industrias presenten fichas de datos de seguridad (SDS) al personal local de planificación y respuesta ante emergencias. El HCS de la OSHA es la regulación federal que protege los derechos de los trabajadores a saber a qué químicos podrían exponerse en el lugar de trabajo; en consecuencia, se conoce como "Derecho a Saber sobre el Lugar de Trabajo" o sencillamente como "Derecho a Saber".

En virtud de los requisitos del derecho a saber de la comunidad de la EPCRA, las instalaciones que almacenan y manipulan químicos peligrosos deben presentar una lista de inventario de químicos y las fichas de datos de seguridad (SDS) correspondientes ante las agencias estatales y locales de planificación para emergencias y los

Figura 10.32 Letrero de la NFPA (reimpreso con la autorización de National Fire Protection Association)

Figura 10.33 Letreros sobre materiales peligrosos del Departamento de Transporte de los EE. UU.

Figura 10.34 Pictogramas del GHS y del HCS de la OSHA

departamentos de bomberos locales, y poner la información a disponibilidad del público. En su mayoría, los químicos que se usan en una WRRF se consideran peligrosos. También hay una cantidad umbral para la inclusión de químicos en el inventario informado. Para los químicos peligrosos, la cantidad umbral es de 4540 kg (10 000 lb). Algunos químicos están clasificados como sustancias extremadamente peligrosas (*extremely hazardous substances*, EHS) y tienen una cantidad umbral menor. El cloro es de particular interés para las WRRF. Debe informarse en una cantidad umbral de 45 kg (100 lb). Si una instalación almacena una EHS por arriba de la cantidad umbral, también debe participar en la preparación de planes de respuesta ante emergencias con las agencias locales. La disposición de notificación para emergencias requiere que las instalaciones informen liberaciones accidentales de EHS y químicos peligrosos si la liberación es mayor que una cantidad específica que debe informarse para el químico.

En la instalación, la regulación de derecho a saber también requiere que se mantengan una lista actual de químicos peligrosos y fichas de datos de seguridad que deben estar disponibles para los empleados. Además, requiere que se capacite a los empleados en los peligros de los químicos en la instalación y que todos los contenedores de químicos peligrosos se etiqueten correctamente con la identidad y los peligros del químico. El etiquetado correcto se extiende a los contenedores secundarios, los cuales se llenan desde un recipiente de almacenamiento a granel. Para cumplir con el GHS, las etiquetas deben incluir:

- Nombre, dirección y teléfono del productor del químico
- Identificador del producto (nombre químico, número de la ONU, número de CAS)
- Palabra de señal (peligro o advertencia)
- Indicación de peligro (en relación con los problemas de salud a partir de la exposición)
- Indicación de precaución (en relación con la manipulación y el almacenamiento correctos)
- Pictogramas (todos los pictogramas correspondientes; consulte la Figura 10.34)

COMPROBACIÓN DE CONOCIMIENTOS

1. **Una ficha de datos de seguridad (SDS) estándar contiene _______ secciones, de las cuales _______ no son obligatorias.**
   a. 12, 0
   b. 16, 0
   c. 12, 4
   d. 16, 4

2. **El programa que estandariza la información y el texto de las fichas de datos de seguridad (SDS) de los productores internacionales se denomina:**
   a. Estándar de Comunicación de Peligros (*Hazard Communication Standard*)
   b. Sistema Globalmente Armonizado (*Globally Harmonized System*)
   c. Sistema de Seguridad Química (*Chemical Safety System*)
   d. Sistema de Etiquetado Internacional (*International Labelling System*)

3. **La palabra de señal de una ficha de datos de seguridad (SDS) puede ser:**
   a. Inflamable o corrosivo
   b. Grave o moderado
   c. Fatal o no fatal
   d. Peligro o advertencia

4. **Una la información contenida en una ficha de datos de seguridad (SDS) de la izquierda con la sección correspondiente:**

Información	Sección de la SDS
a. Valores de LD_{50}	Identificación
b. Lista de reacciones peligrosas conocidas	Identificación de peligros
c. Número para emergencias	Composición/información sobre los ingredientes
d. Fórmula química	Medidas de primeros auxilios
e. Equipos de protección personal (EPP) recomendados	Medidas para combatir incendios
f. Vías de exposición	Medidas en caso de liberación accidental
g. Pictograma	Manipulación y almacenamiento
h. Condiciones de almacenamiento	Controles de exposición/protección personal
i. Materiales y métodos de limpieza	Propiedades físicas y químicas
j. Punto de fusión/congelamiento	Estabilidad y reactividad
k. Medios de extinción adecuados	Información toxicológica

5. **¿Cuál de los siguientes NO es un tipo de equipo de protección personal (EPP)?**
   a. Cortina para salpicaduras
   b. Gafas de seguridad
   c. Respirador
   d. Protector facial

6. **¿Cuál de los siguientes NO es un control de ingeniería para minimizar la exposición?**
   a. Ventilación
   b. Puertos de enjuague
   c. Traje para exposición Clase A
   d. Tubería de doble contención

7. **Si se suministran suficientes controles de ingeniería para minimizar riesgos, el uso de equipos de protección personal (EPP) es innecesario.**
   - ☐ Verdadero
   - ☐ Falso

8. **¿Contra cuál vía de exposición protege principalmente un protector facial?**
   a. Ojos
   b. Inhalación
   c. Piel
   d. Ingestión

9. **Los cartuchos utilizados en un respirador que purifica el aire:**
   a. Son universales
   b. Siempre eliminan los particulados
   c. Deben tener una conexión para una línea de aire suministrado
   d. Deben coincidir con el peligro químico específico

10. **Un conjunto de protección contra materiales peligrosos de Nivel A es adecuado en cualquier situación que implique el riesgo de exposición a químicos.**
   - ☐ Verdadero
   - ☐ Falso

11. **Nombre el peligro identificado por el color en un letrero de la NFPA de los EE. UU.**

Blanco	
Azul	
Rojo	
Amarillo	

12. **Las nueve clases de materiales peligrosos identificados por el DOT corresponden a los nueve pictogramas utilizados por el GHS.**
   - ☐ Verdadero
   - ☐ Falso

13. **El derecho a saber se refiere a la idea de que los trabajadores:**
   a. Deben tener acceso a una ficha de datos de seguridad (SDS) para todo químico al que puedan estar expuestos.
   b. Deben tener acceso a una ficha de datos de seguridad (SDS) para los químicos por arriba de la cantidad que debe informarse.
   c. No pueden ser expuestos a los químicos de manera no razonable.
   d. Deben educarse por su cuenta sobre los peligros de los químicos que utilizan.

RESUMEN DEL CAPÍTULO

OBJETO	■ Llevar a cabo el tratamiento químico para eliminar contaminantes. ■ Controlar el entorno para otros procesos. ■ Más parámetros en el permiso o límites inferiores en el permiso requieren más químicos para lograr el cumplimiento.
TEORÍA DE OPERACIÓN	■ Químicos hechos en una planta de producción de químicos ■ Químicos a granel transportados a la WRRF ■ Químicos almacenados en la WRRF ■ El químico puede distribuirse en tanques de día. ■ El químico se dosifica en el proceso de manera controlada. ■ El químico se mezcla completamente con el flujo del proceso en el punto de aplicación.
PARÁMETROS DE DISEÑO	■ Instalaciones de almacenamientos diseñadas para un mínimo de 1.5 veces la entrega más voluminosa o 2 semanas de operación. ■ Demasiado almacenamiento puede provocar la degradación del químico.
EQUIPOS	■ Equipos comunes en áreas de almacenamiento y manipulación de químicos • Contención de derrames para el 110 % del volumen de almacenamiento • Bomba y pozo colector resistentes a los químicos • Controles locales manuales de la bomba de pozo húmedo • Estación de lavado de ojos y ducha para emergencias, agua tibia durante 15 minutos; enjuague semanal, pruebas anuales • Los controles ambientales incluyen controles de temperatura y de humedad y ventilación. ■ Instalaciones de recepción • Seguridad y facilidad en la ruta de los camiones a la instalación de recepción • Conexiones de los tubos de llenado con etiquetas y seguridad • El equipo de descarga incluye sopladores, compresores y bombas ■ Transferencia de químicos • Transferencia de químicos de tanques a granel a tanques de día • Tanques de día ubicados cerca del punto de aplicación • Bombas de transferencia de desplazamiento positivo, de diafragma y centrífugas • Piezas de las bombas en contacto con los químicos hechas de materiales con resistencia química • Válvulas automáticas de llenado y aislamiento utilizadas para llenar múltiples tanques desde una bomba y para proteger contra el llenado excesivo
SISTEMAS DE QUÍMICOS SECOS	■ Depósitos de químicos secos equipados con puerto de llenado, conductos con control de polvo, válvula de alivio de presión, indicación de nivel, equipos contra los bloqueos como vibradores y una compuerta de aislamiento del depósito. ■ Químico seco suministrado también desde contenedores flexibles intermedios y depósitos de bolsas llenadas manualmente. ■ Una tolva dirige el químico al alimentador. ■ Los alimentadores de químico seco tienen base volumétrica o gravimétrica. ■ Los alimentadores volumétricos ofrecen un volumen medido, son menos exactos que los alimentadores gravimétricos debido a las diferencias en la densidad química y deben calibrarse para la masa regularmente. ■ Los alimentadores gravimétricos miden la masa con base en celdas de peso o contrapesos. ■ El químico se alimenta a un tanque de la solución, el tanque de la solución se bombea o se dirige por gravedad al punto de aplicación.

SISTEMAS DE QUÍMICOS LÍQUIDOS	■ Tanques de químicos líquidos equipados con puerto de llenado, conducto, válvula de suministro, indicación visual de nivel e indicación remota de nivel. ■ Los químicos líquidos también se suministran desde IBC y tambores. ■ Las bombas de dosificación de químicos pueden ser peristálticas o de diafragma, o pueden ser bombas estilo de cavidad progresiva con desplazamiento positivo. ■ Se utilizan válvulas de retención para evitar el caudal en retroceso del agua del proceso a través de la bomba de dosificación. ■ Se utilizan válvulas de presión de retroceso para evitar el efecto sifón con el químico a través de la bomba de dosificación. ■ Se utilizan válvulas de alivio de presión para recircular el químico si la descarga se bloquea. ■ Se utilizan amortiguadores de pulsación principalmente con las bombas de diafragma para reducir el desgaste en la tubería de descarga. ■ Las columnas de calibración están ubicadas cerca de la bomba de dosificación y se utilizan para verificar las tasas de alimentación.
SISTEMAS DE QUÍMICOS GASEOSOS	■ Cilindros de gas y contenedores de tonelada con casquillos de válvula y tapones fusible. ■ El tapón fusible se funde a 75 °C (165 °F) para aliviar la presión en caso de un incendio. ■ Los cilindros de tonelada y los tanques cisterna tienen válvulas superiores e inferiores para extraer químico líquido o gaseoso. ■ El cloro y el amoníaco son los gases más comunes utilizados en una WRRF. ■ Las conexiones entre el suministro de gas y el alimentador se hacen con una junta aprobada. La junta se reemplaza cada vez que se cambia el suministro. ■ Los alimentadores de gas son sistemas de presión o de aspiración. ■ Una válvula reguladora controla el flujo de gas. ■ El gas se aspira o inyecta en agua para hacer una solución acuosa que se dosifica en el punto de aplicación.
APLICACIÓN DE QUÍMICOS	■ Debe aplicarse una mezcla suficiente en el punto de aplicación para provocar que los reactantes entren en contacto entre sí. ■ El químico debe aplicarse de manera tal que no cause corrosión en tubos ni tanques. ■ Se utilizan difusores en canales abiertos o tubos, que dividen el químico en flujos más pequeños. ■ Se utilizan inyectores en tubos para introducir el químico en el caudal del proceso y evitar la corrosión en los conectores y en las paredes de los tubos. ■ Los mezcladores estáticos utilizan deflexión para suministrar un mejor mezclado en los tubos. ■ Los mezcladores químicos dispersan el químico rápidamente en el caudal del proceso. ■ La aplicación de químicos debe hacerse en un punto que suministre un suficiente tiempo de reacción.
VARIABLES DEL PROCESO	■ La composición química que se encuentra en la ficha de datos técnicos. ■ El químico activo, el químico seco y la pureza son términos que se refieren al porcentaje de químico en la solución. ■ Los químicos secos y líquidos se suministran como porcentaje activo en peso por peso (p/p). ■ Los químicos activos en general son puros al 100 %. ■ Los químicos gaseosos se suministran como porcentaje activo en volumen por volumen (vol/vol). ■ Los químicos gaseosos en general son puros al 100 %. ■ Deben utilizarse el contenido activo porcentual y la gravedad específica o la densidad para calcular la dosis. ■ Los tiempos de reacción varían para distintas reacciones químicas. ■ Las tasas de reacción y los órdenes se determinan experimentalmente. ■ El orden y la tasa informan el tiempo de detención de diseño del reactor. ■ Las reacciones de orden cero se producen a una tasa constante, independientemente de la concentración del reactante. ■ Las reacciones de primer orden se producen a una tasa variable que depende de la concentración del reactante. ■ Las reacciones de segundo orden se producen a una tasa variable que depende del cuadrado de la concentración del reactante. ■ Las reacciones secundarias interfieren con la reacción deseada, de modo que se necesitan dosis más altas que las estequiométricas. ■ La dosis estequiométrica es la cantidad de químico requerida para ejecutar la reacción deseada con una eficiencia del 100 % y se calcula a partir de una ecuación química equilibrada.

CONTROL DEL PROCESO	■ Las dosis de los químicos se hallan empíricamente y se ajustan para cumplir los objetivos del efluente. ■ La dosificación química puede operarse en modos de velocidad constante, dosis constante o control de relación. ■ A velocidad constante, el equipo de dosificación suministra una cantidad constante de químico y la dosis varía a medida que varía el caudal del proceso. ■ A dosis constante, el equipo de dosificación varía la cantidad de químico suministrado con el caudal del proceso. Esto también se denomina *según el caudal.* ■ En los modos de control de relación o de retroalimentación y proalimentación, el equipo de dosificación varía la dosis suministrada en función de las características del caudal del proceso, como el pH o las concentraciones de nutrientes.
OPERACIÓN	■ Monitoree los procesos de tratamiento químico para determinar las concentraciones en el efluente y ajuste la dosis para la operación más eficiente. ■ Elija un modo de control que cumpla los límites del permiso a la menor dosis posible. ■ Calibre el equipo de dosificación con frecuencia. ■ Monitoree el uso de químicos para verificar que la dosificación sea exacta. ■ Siga procedimientos adecuados de orden y limpieza para verificar que no haya fugas y prevenir la corrosión del equipo.
MANTENIMIENTO	■ Repare las fugas de inmediato para una mayor seguridad y para evitar la corrosión en el equipo. ■ Dé servicio a las bombas de químico y a los alimentadores a los intervalos recomendados por el fabricante. ■ Mantenga en existencias kits para las bombas de químicos para el servicio de emergencia. ■ Mantenga en existencias repuestos críticos para alimentadores de químicos secos. ■ Ejercite semanalmente las duchas de seguridad. ■ Ejercite con frecuencia las bombas de pozo húmedo de químicos. ■ Enjuague periódicamente los tanques y las líneas de químicos. ■ Enjuague los sistemas de químicos si se sacarán de servicio durante mucho tiempo.
SEGURIDAD	■ La ficha de datos de seguridad (SDS) contiene información sobre los peligros de los químicos y las protecciones. ■ Debe mantenerse in situ una ficha de datos de seguridad para cada químico utilizado en la instalación. ■ Los equipos de protección personal (EPP) se seleccionan y usan para los peligros específicos del químico y el trabajo que se llevará a cabo. ■ El principio del derecho a saber en el lugar de trabajo requiere que los trabajadores estén capacitados en los peligros de los químicos a los que podrían estar expuestos. ■ El principio del derecho a saber en la comunidad establece que la información sobre el peligro de los químicos debe estar a disponibilidad de las personas de la comunidad y del personal de respuesta ante emergencias que podría entrar en contacto con el químico.

EJERCICIO DEL CAPÍTULO

Este ejercicio está destinado a usar los conocimientos adquiridos en este capítulo en una aplicación práctica. En el ejercicio, el operador hará lo siguiente:

- Calcule una dosis estequiométrica.
- Prepare una prueba de medición por escala para hallar una dosis eficaz real con 1, 2, 3, 4 y 5 veces la dosis estequiométrica. Las jarras para la prueba son de 2 L.
- Establezca el tamaño de una instalación de almacenamiento.
- Calcule las tasas de dosificación mínima y máxima para la bomba de alimentación de químicos para el control constante de la dosis.
- Especifique elastómeros compatibles.
- Haga la resolución de problemas para tasas de eliminación menores a las esperadas.

Información de la instalación de recuperación de recursos hídricos:

Su WRRF tiene límites para el fósforo. Como parte de la estrategia del proceso de tratamiento, debe dosificarse cloruro férrico a los clarificadores primarios. El caudal de entrada es de 189 ML/d (50 mgd). Los caudales bajo y alto diurnos son de 75.7 ML/d (20 mgd) y 265 ML/d (70 mgd). La concentración de fósforo del caudal de entrada es de 7 mg/L PO_4 como P. La concentración objetivo de fósforo en el efluente primario es de 2 mg/L PO_4 como P. La prueba de medición por escala indica que 3 veces la dosis estequiométrica logrará el objetivo de tratamiento. La ficha de datos técnicos del cloruro férrico indica que la solución es de 40 % (p/p) $FeCl_3$ con una gravedad específica de 1.26.

SOLUCIÓN AL EJERCICIO DEL CAPÍTULO

Escriba una ecuación química equilibrada para la precipitación de fósforo con cloruro férrico:

$$FeCl_3 + PO_4^{3-} \rightarrow FePO_4 + 3Cl^-$$

Use una tabla para calcular el peso molecular de cada uno:

Elemento/ion/molécula	Masa molar	Cantidad	Total	% (p/p)
Fe	56	1	56	34.5
Cl	35.5	3	106.5	65.5
$FeCl_3$			162.5	100
P	31	1	31	32.6
O	16	4	64	67.4
PO_4			95	100

La estequiometría indica que 1 mol de cloruro férrico reacciona con 1 mol de fosfato. La concentración de fósforo se suministra como P, y en consecuencia la estequiometría de interés es la masa de cloruro férrico por masa de P. La estequiometría se mantiene en 1 : 1 porque hay 1 mol de P en 1 mol de PO_4. Calcule la relación de masa estequiométrica de 1 mol de $FeCl_3$ a 1 mol de P:

$$\frac{162.5 \frac{g}{mol} FeCl_3}{31 \frac{g}{mol} P} = 5.24$$

La eliminación objetivo se halla a partir de las concentraciones en el caudal de entrada y en el efluente:

$$7 \frac{mg}{L} P - 2 \frac{mg}{L} P = 5 \frac{mg}{L} P$$

La dosis estequiométrica ahora se halla con la tasa de eliminación y la relación de masa estequiométrica:

$$5 \frac{mg}{L} P \times 5.24 = 26.2 \frac{mg}{L} FeCl_3$$

Prepare la prueba de medición por escala. Para ello, halle el volumen de solución de cloruro férrico que debe agregarse a cada jarra:

Debido a que cada jarra tiene 2 L, la masa de $FeCl_3$ que debe agregarse a la jarra 1 a igual de la dosis estequiométrica necesitará lo siguiente:

$$\frac{26.2 \text{ mg } FeCl_3}{L} \Big| 2 \text{ L} \Big| = 52.4 \text{ mg } FeCl_3$$

Halle la masa de cloruro férrico por L de químico solo.

$$\frac{1.26 \text{ kg de químico solo}}{\text{L de químico solo}} \times \frac{.40 \text{ kg de químico activo}}{1 \text{ kg de químico solo}} = \frac{.5 \text{ kg de químico activo}}{\text{L de químico solo}}$$

Convierta a mg de químico activo por mL de químico solo.

$$\frac{.5 \text{ kg}}{\text{L}} \left| \frac{1\,000\,000 \text{ mg}}{\text{kg}} \right| \left| \frac{1 \text{ L}}{1000 \text{ mL}} \right| = \frac{500 \text{ mg } FeCl_3}{\text{mL}}$$

Halle el volumen de cloruro férrico solo que debe agregarse.

$$\frac{52.4 \text{ mg } FeCl_3}{\frac{500 \text{ mg } FeCl_3}{\text{mL}}} = 0.1 \text{ mL solo } FeCl_3$$

La dosis estequiométrica simplemente se multiplica por el factor para hallar las dosis de las jarras restantes.

Jarra	1	2	3	4	5
mL de cloruro férrico solo	0.1	0.2	0.3	0.4	0.5

Determine la tasa de alimentación con 3 veces la dosis estequiométrica:

La dosis estequiométrica se estableció como 26.2 mg/L de $FeCl_3$. La dosis eficaz es 3 veces ese resultado, o 78.6 mg/L.

En unidades estándar del Sistema Internacional:

$$\text{Tasa de alimentación, químico solo}, \frac{\text{L}}{\text{d}} = \frac{\left(\text{Dosis}, \frac{\text{mg}}{\text{L}}\right)\left(\text{Caudal}, \frac{\text{ML}}{\text{d}}\right)}{\left(\text{Densidad}, \frac{\text{kg}}{\text{L}}\right)(\text{Químico activo, \%})}$$

$$\text{Tasa de alimentación, químico solo}, \frac{\text{L}}{\text{d}} = \frac{\left(78.6 \frac{\text{mg}}{\text{L}}\right)\left(189 \frac{\text{ML}}{\text{d}}\right)}{\left(1.26 \frac{\text{kg}}{\text{L}}\right)(0.40 \text{ p/p})}$$

$$\text{Tasa de alimentación, químico solo} = 29\,474 \frac{\text{L}}{\text{d}}$$

En unidades habituales en los EE. UU.:

$$\text{Tasa de alimentación, químico solo}, \frac{\text{gal}}{\text{d}} = \frac{(\text{Dosis, ppm})(\text{Caudal, mgd})\left(8.34 \frac{\text{lb}}{\text{gal}}\right)}{\left(\text{Densidad}, \frac{\text{lb}}{\text{gal}}\right)(\text{Químico activo, \%})}$$

Halle la densidad a partir de la gravedad específica:

$$8.34\frac{\text{lb}}{\text{gal}}\times 1.26 = 10.5\frac{\text{lb}}{\text{gal}}$$

$$\text{Tasa de alimentación, químico solo}, \frac{\text{gal}}{\text{d}} = \frac{(78.6\ \text{ppm})(50\ \text{mgd})\left(8.34\frac{\text{lb}}{\text{gal}}\right)}{\left(10.5\frac{\text{lb}}{\text{gal}}\right)(0.40\ \text{p/p})}$$

$$\text{Tasa de alimentación, químico solo} = 7804\frac{\text{gal}}{\text{d}}$$

Establezca el tamaño de la instalación de almacenamiento:

Las tasas de alimentación diarias son mayores a una entrega por camión típica de 17 000 L (4500 gal). El requisito de 2 semanas de operación continua regirá el tamaño de la instalación de almacenamiento.

En unidades estándar del Sistema Internacional:

$$29\ 474\frac{\text{L}}{\text{d}}\times 14\ \text{d} = 412\ 636\ \text{L}$$

En unidades habituales en los EE. UU.:

$$7804\frac{\text{gal}}{\text{d}}\times 14\ \text{d} = 109\ 256\ \text{gal}$$

Calcule las tasas de dosificación mínima y máxima en mL/min:

Ahora pueden usarse las ecuaciones de ABC para hallar las tasas de la bomba de dosificación mínima y máxima.

En unidades estándar del Sistema Internacional:

$$\text{Configuración de la bomba de alimentación de químicos, mL/min} = \frac{(\text{Caudal, m}^3/\text{d})(\text{Dosis, mg/L})}{(\text{Densidad del químico alimentado, g/cm}^3)(\text{Químico activo, \% expresado como decimal})(1440\ \text{min/d})}$$

Para usar la ecuación, deben convertirse los caudales mínimo y máximo de ML/d a m^3/d.

$$\frac{75.7\ \text{ML}}{\text{d}}\left|\frac{1\ 000\ 000\ \text{L}}{\text{ML}}\right|\left|\frac{1\ \text{m}^3}{1000\ \text{L}}\right| = 75\ 700\ \frac{\text{m}^3}{\text{d}}$$

Recuerde que la densidad en g/cm^3 es igual a la gravedad específica.

$$\text{Configuración de la bomba de alimentación de químicos, mL/min} = \frac{(75\ 700\ \text{m}^3/\text{d})(78.6\ \text{mg/L})}{(1.26\ \text{g/cm}^3)(0.40\ \text{p/p})(1440\ \text{min/d})}$$

$$\text{Configuración de la bomba de alimentación de químicos, mínima} = 8198\ \text{mL/min}$$

Repita el cálculo para hallar la configuración en el caudal máximo de 265 ML/d.

$$\text{Configuración de la bomba de alimentación de químicos, máxima} = 28\ 700\ \text{mL/min}$$

En unidades habituales en los EE. UU.:

$$\text{Configuración de la bomba de alimentación de químicos, mL/min} = \frac{(\text{Caudal, mgd})(\text{Dosis, mg/L})(3.785\ \text{L/gal})(1\ 000\ 000\ \text{gal/mill. de gal})}{(\text{Densidad del químico alimentado, mg/mL})(\text{Químico activo, \% expresado como decimal})(1440\ \text{min/d})}$$

Para usar la ecuación, la densidad debe convertirse de g/mL a mg/mL.

$$\frac{1.26\ \text{g}}{\text{mL}}\left|\frac{1000\ \text{mg}}{\text{g}}\right| = 1260\frac{\text{mg}}{\text{mL}}$$

$$\text{Configuración de la bomba de alimentación de químicos, mL/min} = \frac{(20\ \text{mgd})(78.6\ \text{mg/L})(3.785\ \text{L/gal})(1\ 000\ 000\ \text{gal/mill. de gal})}{(1260\ \text{mg/mL})(0.40\ \text{p/p})(1440\ \text{min/d})}$$

$$\text{Configuración de la bomba de alimentación de químicos, mínima} = 8198\ \text{mL/min}$$

Repita el cálculo para hallar la configuración en el caudal máximo de 70 mgd.

$$\text{Configuración de la bomba de alimentación de químicos, máxima} = 28\ 700\ \text{mL/min}$$

Las tasas mínima y máxima de la bomba de alimentación de químicos informará el tamaño y la cantidad de bombas requeridas.

Especifique elastómeros compatibles:

Consulte una tabla de compatibilidad de químicos para hallar que los elastómeros siguientes ofrecen una resistencia excelente al cloruro férrico: nitrilo (Buna-N), EPDM, fluorocarbono, vitón y PVDF. Las opciones menos costosas serían nitrilo, EPDM y vitón. Cualquiera funcionaría, según el costo y la disponibilidad.

Haga una resolución de problemas de desempeño:

Después de la instalación del sistema, el desempeño es menor al esperado. El operador investiga el sistema y halla que en el punto de aplicación el químico solo se descarga de un tubo abierto arriba del pozo central del clarificador. ¿Qué puede hacerse para mejorar el desempeño y qué otro problema podría surgir de este tipo de aplicación?

No hay mezclado activo en el punto de aplicación y es posible que haya cortocircuitos a través de la superficie del clarificador. El punto de aplicación debe trasladarse aguas arriba para aprovechar el mezclado a partir del caudal turbulento en el tubo del caudal de entrada. Debe instalarse una cánula de inyección para proteger el tubo contra la corrosión. El cloruro férrico también provocaría corrosión en cualquier metal con el que se pusiera en contacto en el pozo central del clarificador.

Referencias

Bokiba, A. (3 de diciembre de 2018). Chemical metering pump applications and meeting criteria for efficiency. *P.I. Process Instrumentation*. https://www.flowcontrolnetwork.com/chemical-metering-pump-criteria-efficiency/

National Fire Protection Association. (2017). *Standard system for the identification of the hazards of materials for emergency response* (NFPA 704). National Fire Protection Association.

Occupational Safety and Health Administration. (2012). Hazard communication. 1910 CFR pt. 1200.

United Nations. (2017). *Globally harmonized system of classification and labelling of chemicals (GHS)* (7.ª ed rev., U.N. No. ST/SG/AC.10/30/Rev.7). United Nations.

Water Environment Federation & Association of Boards of Certification. (2018). *Wastewater treatment fundamentals I—Liquid treatment*. Water Environment Federation.

Bibliografía sugerida

Cole-Parmer. (2019). *Chemical compatibility database.* https://www.coleparmer.com/Chemical-Resistance

Kim, Y. (1995). *Coagulants and flocculants theory and practice.* Tall Oaks Ventures LLC.

Metcalf and Eddy, Inc/AECOM. (2014). *Wastewater engineering: Treatment and resource recovery.* McGraw Hill Education.

Qasim, S. (1999). *Wastewater treatment plants planning design and operation* (2.ª ed.). CRC Press.

Qasim, S., Motley, E. y Zhu, G. (2000). *Water works engineering planning design and operation.* Prentice Hall PTR.

U.S. Environmental Protection Agency. (1973). *Start-up of municipal wastewater treatment facilities* (EPA Contract No. 68-01-0341). U.S. Environmental Protection Agency, Office of Water Program Operations, Municipal Operations Branch.

U.S. Environmental Protection Agency. (1975). *Process design manual for suspended solids removal* (EPA 625/1-75-003a). U.S. Environmental Protection Agency, Technology Transfer Office.

U.S. Environmental Protection Agency. (1978a). *Field manual for performance evaluation and troubleshooting at municipal wastewater treatment facilities* (EPA Contract No. 68-01-4418). U.S. Environmental Protection Agency, Office of Water Program Operations.

U.S. Environmental Protection Agency. (1978b). *Sludge handling and conditioning* (EPA 430/9-78-002). U.S. Environmental Protection Agency, Office of Water Program Operations, Municipal Operations Branch.

U.S. Environmental Protection Agency. (1979). *Chemical aids manual for wastewater treatment facilities* (EPA Contract No. 68-01-5085). U.S. Environmental Protection Agency, Office of Water Program Operations, Municipal Construction Division.

U.S. Environmental Protection Agency. (2000). *Wastewater technology fact sheet chemical precipitation* (EPA 832/F-00-018). U.S. Environmental Protection Agency, Office of Water.

U.S. Occupational Safety and Health Administration. (2012). *OSHA brief hazard communication standard: Safety data sheets* (OSHA 3514). Occupational Safety and Health Administration, U.S. Department of Labor.

Water Environment Federation. (2017). *Operation of water resource recovery facilities* (7.ª ed., WEF Manual of Practice No. 11). Water Environment Federation.

Water Environment Federation, American Society of Civil Engineers, & Environmental and Water Resources Institute. (2018). *Design of water resource recovery facilities* (6.ª ed., WEF Manual of Practice No. 8/ASCE Manuals and Reports on Engineering Practice No. 76). Water Environment Federation.

Lista de siglas

%	porcentaje
$(NH_4)2SO_4$	sulfato de amonio
°C	grados Celsius
°F	grados Fahrenheit
Ω	ohmios
µS	microsiemens
A	amperios o amp
$Al_2(SO_4)_3$	sulfato de aluminio
$AlCl_3$	cloruro de aluminio
Alc	alcalinidad
ASCE	American Society of Civil Engineers
ATAD	digestión aerobia termofílica autotérmica
AWG	American Wire Gauge (calibre de alambre estadounidense)
AWT	tratamiento avanzado de aguas residuales
AV/ALC	relación ácidos volátiles-alcalinidad
AV	ácidos volátiles
AGV	ácidos grasos volátiles
BOA	bacterias oxidantes de amoníaco
BEP	punto de eficiencia óptimo
BFP	prensa de filtro de banda
Btu/scf	unidad térmica británica por pie cúbico estándar
Btu	unidad térmica británica
BON	bacterias oxidantes de nitrito
C	carbono
CA	corriente alterna
$C_3H_8O_3$	glicerina
$Ca(OCl)_2$	hipoclorito de calcio
$Ca(OH)2$	hidróxido de calcio
CaO	óxido de calcio
CATC	cianuro susceptible de cloración
CCB	blanco de calibración continua
C	concentración; puede indicarse como concentración 1 (C_1), concentración 2 (C_2), etc.
CCV	verificación de calibración continua
CEC	Canadian Electrical Code
CEMA	Conveyor Equipment Manufacturers Association
CEPT	tratamiento primario mejorado químicamente
CFD	dinámica computacional de fluidos
cfm	pies cúbicos por minuto
CFR	Code of Federal Regulations (Código de Regulaciones Federales)
CH_3COOH	ácido acético
CH_3COOOH	ácido peracético
CH_3OH	metanol
CIP	limpieza in situ
Cl_2	gas cloro
cm	centímetro
CMA	área mil circular
CMMS	sistemas de gestión de mantenimiento por computadora
CO_2	dióxido de carbono
COC	cadena de custodia
CQO	demanda química de oxígeno
CC	corriente continua
COV	compuesto orgánico volátil
DBO	demanda bioquímica de oxígeno
DBO_5	demanda bioquímica de oxígeno a 5 días
DBOC	demanda bioquímica de oxígeno carbonosa
$DBOC_5$	demanda bioquímica de oxígeno carbonosa a 5 días
d	día
DAFT	espesador de flotación por aire disuelto
DDV	álabe difusor de descarga
DE	extremo del accionador
dBA	decibeles, ponderación A
DMR-QA	informe de monitoreo de descarga: muestra de aseguramiento de calidad
DBOs	demanda bioquímica de oxígeno soluble
$DBOs_5$	demanda bioquímica de oxígeno soluble a 5 días
DBOF	demanda bioquímica de oxígeno final
EBPR	eliminación biológica mejorada del fósforo
E	fuerza electromotriz (símbolo utilizado en ecuaciones matemáticas)
EPAM	poliacrilamida en emulsión
ESD	digestor con forma de huevo
EPP	equipos de protección personal
EPA de los EE. UU.	Agencia de Protección Ambiental (Environmental Protection Agency) de los Estados Unidos
EE. UU.	Estados Unidos
ft^3	pies cúbicos
ft^3/lb	pies cúbicos por libra
FEM	fuerza electromotriz
F/M	relación alimento:microorganismos
$Fe_2(SO_4)_3$	sulfato férrico
$FeCl_2$	cloruro ferroso
$FeCl_3$	cloruro férrico
$FeSO_4$	sulfato ferroso
FLA	amperaje a carga plena
FOG	lípidos, aceites y grasas
ft	pie o pies
ft/s	pies por segundo
FP	factor de potencia
gal	galón
GBT	espesador con banda de gravedad
g	gramo
gpd	galones por día
gph	galones por hora
gpm	galones por minuto

h	hora (en unidades estándar del sistema internacional)
H_2O_2	peróxido de hidrógeno
H_2SO_4	ácido sulfúrico
HCl	ácido clorhídrico
HOA	interruptor manual-apagado-automático
hp	caballos de fuerza
hp/1000 ft^3	caballos de fuerza por 1000 pies cúbicos
hp	caballos de fuerza
h	hora (en unidades habituales en los EE. UU.)
Hz	Hercio
IMD	informe de monitoreo de descarga
I	intensidad (símbolo para corriente, amperios)
IBC	contenedor a granel intermedio
ICB	blanco de calibración inicial
ICV	verificación de calibración inicial
IDL	límite de detección del instrumento
IDLH	inmediatamente peligroso para la vida y la salud
IGV	álabe guía de entrada
in	pulgada
in H_2O	pulgadas de columna de agua
ISE	electrodo selectivo de iones
J	julio
kg	kilogramos
kg/d	kilogramos por día
kg/ha	kilogramos por hectárea
kg/h	kilogramos por hora
kg/L	kilogramos por litro
kg/m^3•d	kilogramos por metro cúbico por día
km	kilómetro
kPa	kilopascal
kVA	kilovoltio-amperio
kVAR	kilovoltio-amperio reactivo
kV	kilovoltio
kW	kilovatio
kWh	kilovatios horas
kΩ	kiloohmios
L	litro
L/min	litros por minuto
L/s	litros por segundo
lb	libra
lb/ft^3•d	libras por pie cúbico por día
lb/d	libras por día
lb/gal	libras por galón
lb/h	libras por hora
LCP	panel de control local
LEL	límite explosivo más bajo
LFB	blancos fortificados en laboratorio (estándar)
LFM	matriz fortificada en laboratorio (adicionada)
LFMD	duplicado de matriz fortificada en laboratorio (duplicado adicionado)
LIMS	sistema de gestión de información de laboratorio
LRA	amperios con rotor bloqueado
LAR	lodo activado recirculado
LAPE	lodo activado de purga espesado
LAP	lodo activado de purga
m	metro
m/s	metros por segundo
m^3	metros cúbicos
m^3/d	metros cúbicos por día
m^3/kg	metros cúbicos por kilogramo
m^3/s	metros cúbicos por segundo
mA	miliamperios
MDL	límite de detección del método
$Mg(OH)_2$	hidróxido de magnesio
mg/g	miligramos por gramo
mg/kg	miligramos por kilogramo
mg/L	miligramos por litro
mgd	millones de galones por día
mg	miligramo
mill. de gal	millones de galones
mil	1/1000 de una pulgada
min	minuto
MJ	megajoules
mL	mililitro
ML/d	megalitros por día
MLSS	sólidos en suspensión en el líquido mezclado
MLVSS	sólidos en suspensión volátiles en el licor mezclado
mm	milímetro
mm H_2O	milímetros de columna de agua
mm^2	milímetros cuadrados
mm	milímetro
MW	megavatio
MΩ/hp	megaohmios por caballo de fuerza
motor con PM	motor de imanes permanentes
$Na_2Al_2O_4$	aluminato de sodio
Na_2CO_3	carbonato de sodio
$Na_2S_2O_3$	tiosulfito de sodio
Na_2SO_3	sulfito de sodio
$NaHCO_3$	bicarbonato de sodio
$NaHSO_3$	bisulfito de sodio
NaOCl	hipoclorito de sodio
NaOH	hidróxido de sodio
NBS	National Bureau of Standards
NEC	National Electric Code
NEiS	National Electrical Installation Standards
NEMA	National Electrical Manufacturer Association
NFPA 70E	Norma de National Fire Protection Association para la seguridad eléctrica en el lugar de trabajo
NH_3	amoníaco anhídrido
NH_3	amoníaco
NH_4-N	nitrógeno amoniacal
NIOSH	National Institute for Occupational Safety and Health
NO_3	nitrato
NPDES	National Pollutant Discharge Elimination System
NPSHR	requisitos de carga hidráulica de aspiración positiva neta
NVSS	sólidos en suspensión no volátiles
NKT	nitrógeno Kjeldahl total
OD	oxígeno disuelto

O&M	operaciones y mantenimiento
O_3	ozono
ODE	opuesto al extremo del accionador
ODP	abierto a prueba de goteo
OUR	tasa de captación de oxígeno
OSHA	Occupational Safety and Health Administration
OTE	eficiencia de transferencia de oxígeno
OAF	organismo acumulador de fosfato
PR	potencial REDOX
PAM	poliacrilamida
Pa	Pascal
PEL	nivel de exposición permisible
PFRP	proceso para reducir aún más los patógenos
pH	logaritmo inverso de la concentración de ion hidrógeno
PID	proporcional, integral, derivativo
PLC	controlador lógico programable
PM	mantenimiento preventivo
PO_4	ortofosfato
POR	región operativa recomendada
ppb	partes por mil millones
ppm	partes por millón
P	potencia
ppt	partes por billón
PQL	límite de cuantificación práctica
psig	libras por pulgada cuadrada manométrica
psi	libras por pulgada cuadrada
PSRP	proceso para reducir de manera significativa los patógenos
PTFE	politetrafluoretileno
PVC	cloruro de polivinilo
QA/QC	aseguramiento de calidad y control de calidad
RBC	contactor biológico rotativo
RL	límite de presentación de informes
RPD	diferencia porcentual relativa
rpm	revoluciones por minuto
R	resistencia
RTU	unidad térmica remota
RAV	reducción de atracción de vectores
s	segundo
SAE	eficiencia de aeración estándar
SAE	Society of Automotive Engineers
SNV	sólidos no volátiles
SCADA	control de supervisión y adquisición de datos
scfm	pies cúbicos estándar por minuto
SDS	ficha de datos de seguridad (formalmente, ficha de datos de seguridad de los materiales o MSDS)
SLR	tasa de carga de sólidos
sm^3/h	metros cúbicos estándar por hora
SO_2	dióxido de azufre
SOR	tasa de carga superficial
SOUR	tasa de captación de oxígeno específica
SPAM	poliacrilamida de solución
SPDES	State Pollutant Discharge Elimination System
SRT	tiempo de retención de sólidos
SSV_5	Volumen de lodo sedimentado después de 5 minutos
SU	unidades estándar (pH)
SVI	índice de volumen del lodo
SST	sólidos en suspensión totales
SVS	sólidos volátiles en suspensión
TD	tiempo de detención
TDH	tiempo de detención hidráulica
TCH	tasa de carga hidráulica
TRH	tiempo de retención hidráulica
TTO	tasa de transferencia de oxígeno
tarea de PM	tarea de mantenimiento preventivo
TC	para contener
TD	para suministrar
TDS	total de sólidos disueltos
TEBC	totalmente cerrado, enfriado por soplador
TEFC	totalmente cerrado y enfriado por ventilador
TENV	totalmente cerrado, sin ventilación
TEXP	totalmente cerrado, a prueba de explosión
TNVS	total de sólidos no volátiles
TP	fósforo total
TS	sólidos totales
TVS	total de sólidos volátiles
TVSS	sólidos volátiles en suspensión totales
UFC	unidad formadora de colonias
UEL	límite explosivo más alto
UPS	sistema de alimentación ininterrumpida
VAP	válvula de alivio de presión
VAR	voltios-amperios reactivos
VFD	accionador de frecuencia variable
VS	sólidos volátiles
VSR	reducción de sólidos volátiles
VS	sólidos volátiles
V	voltios
V	volumen; puede indicarse como volumen 1 (V_1), volumen 2 (V_2), etc.
W/m^3	vatios por metro cúbico
WRRF	instalación de recuperación de recursos hídricos
W	vatios

Respuestas

CAPÍTULO 1

COMPROBACIÓN DE CONOCIMIENTOS, PÁGINA 5

1. Verdadero
2. Verdadero
3. Falso. El lodo secundario suele estar más diluido que el lodo primario.
4. B
5. D
6. C
7. A
8. B
9. B
10. A
11. 1 = c, 2 = e, 3 = a, 4 = b, 5 = d
12. B

COMPROBACIÓN DE CONOCIMIENTOS, PÁGINA 8

1. Falso. Los sólidos requieren un tratamiento adicional para desactivar y reducir los patógenos y cumplir la RAV.
2. Verdadero
3. Falso. Los contaminantes en general no son nocivos para los operadores.
4. D. Únicamente es posible capturar partículas sedimentables en el lodo.
5. C
6. A
7. C
8. Reducir el volumen, reducir la masa, reducir el porcentaje de material orgánico, desactivar o reducir la cantidad de patógenos y cumplir los requisitos regulatorios.

COMPROBACIÓN DE CONOCIMIENTOS, PÁGINA 15

1. Falso. El lodo primario espeso puede contener un 8 % de sólidos, pero igualmente tendrá más de un 90 % de agua.
2. Verdadero
3. Falso. El agua vecinal y el agua de hidratación no pueden eliminarse con métodos mecánicos.
4. C
5. D

Unidades estándar del sistema internacional

$$\text{kg/d} = \frac{[(\text{Concentración, mg/L})(\text{Volumen, m}^3\text{/d})]}{1000}$$

$$\text{kg/d} = \frac{[(280\ \text{mg/L})(18\,925\ \text{m}^3\text{/d})]}{1000}$$

$$\text{kg/d} = 5299$$

Unidades habituales en los EE. UU.

$$\text{lb/d} = (\text{Concentración, mg/L})(\text{Volumen, mgd})(8.34)$$

$$\text{lb/d} = (280\ \text{mg/L})(5\ \text{mgd})(8.34)$$

$$\frac{\text{lb}}{\text{d}} = 11\,676$$

6. A

Unidades estándar del sistema internacional

Paso 1: Halle la masa de SST en el caudal de entrada.

$$\text{kg/d} = \frac{[(\text{Concentración, mg/L})(\text{Volumen, m}^3\text{/d})]}{1000}$$

$$\text{kg/d} = \frac{[(315\ \text{mg/L})(11\,355\ \text{m}^3\text{/d})]}{1000}$$

$$\text{kg/d} = 3577$$

Paso 2: Halle la masa de SST que ingresa en el lodo.

$$\text{Porcentaje} = \frac{\text{Parte}}{\text{Todo}} \times 100$$

$$40 = \frac{\text{Parte}}{3577\ \text{kg/d}} \times 100$$

$$\text{Parte} = 1431\ \text{kg/d}$$

Unidades habituales en los EE. UU.

Paso 1: Halle la masa de SST en el caudal de entrada.

$$\text{lb/d} = (\text{Concentración, mg/L})(\text{Volumen, mgd})(8.34)$$

$$\text{lb/d} = (315\ \text{mg/L})(3\ \text{mgd})(8.34)$$

$$\frac{\text{lb}}{\text{d}} = 7881$$

Paso 2: Halle la masa de SST que ingresa en el lodo.

$$\text{Porcentaje} = \frac{\text{Parte}}{\text{Todo}} \times 100$$

$$40 = \frac{\text{Parte}}{7881\ \text{lb/d}} \times 100$$

$$\text{Todo} = 3152\ \text{lb/d}$$

7. C

$$\frac{5.3\%}{} \left| \frac{10\ 000\ \text{mg/L}}{1\%} \right| = 53\ 000\ \text{mg/L}$$

8. B

Unidades estándar del sistema internacional

$$C_1V_1 = C_2V_2$$
$$\left(7000\frac{\text{mg}}{\text{L}}\right)(190\ \text{m}^3) = (3\%)(V_2)$$
$$\left(7000\frac{\text{mg}}{\text{L}}\right)(190\ \text{m}^3) = \left(30\ 000\frac{\text{mg}}{\text{L}}\right)(V_2)$$
$$V_2 = 44.3\ \text{m}^3$$

Unidades habituales en los EE. UU.

$$C_1V_1 = C_2V_2$$
$$\left(7000\frac{\text{mg}}{\text{L}}\right)(50\ 000\ \text{gal}) = (3\%)(V_2)$$
$$\left(7000\frac{\text{mg}}{\text{L}}\right)(50\ 000\ \text{gal}) = \left(30\ 000\frac{\text{mg}}{\text{L}}\right)(V_2)$$
$$V_2 = 11\ 667\ \text{gal}$$

Nota: En este caso, no se necesita una solución por separado para las unidades estándar del sistema internacional.

9. A

Unidades estándar del sistema internacional

Paso 1: Convierta el porcentaje de sólidos a mg/L. Las unidades deben coincidir con las que se suministran en la ecuación.

$$\frac{8\%}{} \left| \frac{10\ 000\ \text{mg/L}}{1\%} \right| = 80\ 000\ \text{mg/L}$$

Paso 2: Use la ecuación de la masa para hallar el volumen.

$$\text{kg/d} = \frac{[(\text{Concentración, mg/L})(\text{Volumen, m}^3\text{/d})]}{1000}$$
$$1854.65\ \text{kg/d} = \frac{[(80\ 000\ \text{mg/L})(\text{Volumen, m}^3\text{/d})]}{1000}$$
$$\text{Volumen, m}^3\text{/d}523.18$$

Unidades habituales en los EE. UU.

Paso 1: Convierta el porcentaje de sólidos a mg/L. Las unidades deben coincidir con las que se suministran en la ecuación.

$$\frac{8\%}{} \left| \frac{10\ 000\ \text{mg/L}}{1\%} \right| = 80\ 000\ \text{mg/L}$$

Paso 2: Use la ecuación de la masa para hallar el volumen.

$$\text{lb/d} = (\text{Concentración, mg/L})(\text{Volumen, mgd})(8.34)$$
$$4086.6\ \text{lb/d} = (80\ 000\ \text{mg/L})(\text{Volumen, mgd})(8.34)$$
$$\text{Volumen, mgd} = 0.006125$$

Paso 3: Convierta de mgd a gpd.

$$\frac{0.006125\ \text{mill. de gal}}{\text{día}} \left| \frac{1\ 000\ 000\ \text{gal}}{1\ \text{mill. de gal}} \right| = 6125\ \text{gpd}$$

10. A
11. C
12. A
13. B
14. C

COMPROBACIÓN DE CONOCIMIENTOS, PÁGINA 20

1. Verdadero
2. Falso. Los acondicionadores inorgánicos agregan masa. Por cada 1 kg (lb) de férrico o cal agregados para acondicionar el lodo, la masa del lodo aumenta al menos 1 kg (lb).
3. Falso. La viscosidad no es un indicador del contenido de polímero.
4. Verdadero
5. Verdadero
6. C
7. A
8. C
9. B
10. C
11. B
12. C. El lodo químico suele tener carga positiva.
13. B
14. C
15. A
16. B
17. D
18. A
19. C

COMPROBACIÓN DE CONOCIMIENTOS, PÁGINA 28

1. Falso. Los operadores deben intentar obtener la dosis más pequeña requerida para lograr resultados adecuados.
2. Falso. Los costos del polímero deben considerarse en contraposición con los costos del transporte de lodo.
3. Falso. Una tonelada métrica equivale a 1000 kg o 2204 lb.
4. A
5. B
6. C
7. C
8. C. El cuarto ensayo de jarra suministró los mejores resultados, pero requirió mucho más químico que el tercer ensayo de jarra, que también tuvo buenos resultados.
9. B
10. A

COMPROBACIÓN DE CONOCIMIENTOS, PÁGINA 35

1. Falso. En los digestores anaerobios se produce metano. En los digestores aerobios se produce respiración endógena.
2. Verdadero
3. Verdadero
4. Verdadero
5. B
6. C
7. A
8. A
9. D
10. C

$$\text{Reducción de sólidos volátiles, \%} = \left[\frac{(VS_{entrantes} - VS_{salientes})}{VS_{entrantes} - (VS_{entrantes} \times VS_{salientes})}\right] \times 100$$

$$\text{Reducción de sólidos volátiles, \%} = \left[\frac{(0.83 - 0.71)}{0.83 - (0.83 \times 0.71)}\right] \times 100$$

$$\text{Reducción de sólidos volátiles, \%} = \left[\frac{(0.12)}{0.83 - (0.5893)}\right] \times 100$$

$$\text{Reducción de sólidos volátiles, \%} = 49.8$$

CAPÍTULO 2

COMPROBACIÓN DE CONOCIMIENTOS, PÁGINA 41

1. D
2. C
3. D

COMPROBACIÓN DE CONOCIMIENTOS, PÁGINA 52

1. Falso. El espesamiento por gravedad funciona mejor al espesar lodo primario o lodo acondicionado con cal.
2. D
3. Falso. Típicamente, los espesadores por gravedad tienen partes inferiores con pendiente que ayudan a trasladar el lodo espesado a la tolva central.
4. A) Brazo de rastrillo
   B) Hoja raspadora
   C) Punta
   D) Pozo de alimentación
5. C
6. A
7. Verdadero
8. Verdadero
9. Falso. Los espesadores por gravedad de alimentación primaria tienen un tiempo de detención de 24 a 48 horas.

COMPROBACIÓN DE CONOCIMIENTOS, PÁGINA 59

1. Verdadero
2. D
3. Verdadero
4. B
5. B
6. Falso. Los flotantes típicamente están diseñados para tener una profundidad de 200–610 mm (8–24 in).
7. C
8. Falso. El bajo aire disuelto puede ser provocado porque el sistema del compresor de aire está apagado o configurado muy bajo, o porque el eductor está obturado.
9. Verdadero
10. C

COMPROBACIÓN DE CONOCIMIENTOS, PÁGINA 70

1. D
2. D
3. B
4. Falso. El filtrado debe ser de color transparente.
5. B
6. Verdadero
7. A
8. C
9. D
10. Verdadero

COMPROBACIÓN DE CONOCIMIENTOS, PÁGINA 78

1. Verdadero. Aunque no es necesario utilizar polímero para acondicionar el lodo de alimentación a una centrífuga según la concentración de sólidos deseada, es más común hacerlo que no hacerlo.
2. C
3. Verdadero. El color del centrado debe ser mayormente transparente. Si el centrado se oscurece, esto indica que hay una mala recuperación de sólidos en la unidad y eso debe solucionarse.
4. Verdadero
5. Falso. La campana y el tornillo operan a velocidades apenas diferentes, lo que permite el espesamiento del lodo.
6. B
7. A

COMPROBACIÓN DE CONOCIMIENTOS, PÁGINA 86

1. Verdadero
2. B
3. D
4. A
5. B
6. Verdadero
7. C
8. Verdadero. El efluente puede usarse como suministro de agua par el sistema de agua de lavado, pero es posible que deban utilizarse tamices para evitar la obstrucción de las boquillas rociadoras.

COMPROBACIÓN DE CONOCIMIENTOS, PÁGINA 105

1. C
2. A
3. C
4. C
5. A
6. B
7. 5, 6, 1, 2, 4, 3
8. C
9. D

COMPROBACIÓN DE CONOCIMIENTOS, PÁGINA 108

1. Falso. Los equipos deben bloquearse/etiquetarse correctamente antes de llevar a cabo cualquier mantenimiento.
2. Verdadero
3. C
4. Falso. Se mantiene una presión negativa para permitir que el aire entre en la cubierta pero para evitar que se fugue aire contaminado hacia afuera.
5. Verdadero

CAPÍTULO 3

COMPROBACIÓN DE CONOCIMIENTOS, PÁGINA 114

1. D
2. A
3. C
4. D
5. A

COMPROBACIÓN DE CONOCIMIENTOS, PÁGINA 122

1. Verdadero
2. Falso. Los digestores aerobios tienen los mismos microorganismos que el lodo activado y otros procesos de tratamiento aerobio.
3. Verdadero
4. Falso. Las bacterias nitrificantes obtienen su energía (alimento) del amoníaco. La respiración endógena asegura un suministro regular de amoníaco. Pueden vivir y crecer en el digestor.
5. Verdadero
6. Falso. Los clarificadores primarios en general se combinan con digestores anaerobios. Las excepciones incluyen los clarificadores primarios aguas arriba de los procesos de película fija.
7. C
8. A
9. D
10. A
11. C
12. B
13. B
14. C
15. D
16. A
17. B
18. A
19. C
20. B
21. A
22. B

COMPROBACIÓN DE CONOCIMIENTOS, PÁGINA 126

1. Verdadero
2. Falso. El sobrenadante también puede juntarse entre capas de lodo flotante y sedimentado.
3. Falso. Los coliformes fecales en general no son el patógeno. Son organismos indicadores.
4. A
5. B
6. C
7. C
8. B
9. A. Los sólidos en el sobrenadante también aportan a la cantidad de nitrógeno y fósforo totales en el sobrenadante. Los sólidos orgánicos contienen algún porcentaje de nitrógeno y de fósforo.

COMPROBACIÓN DE CONOCIMIENTOS, PÁGINA 130

1. A
2. C
3. D
4. B
5. C

COMPROBACIÓN DE CONOCIMIENTOS, PÁGINA 138

1. Verdadero
2. B
3. B
4. D
5. C
6. B
7. C
8. D
9. D
10. C
11. A
12. B
13. A

COMPROBACIÓN DE CONOCIMIENTOS, PÁGINA 149

1. Verdadero
2. Falso. Los sólidos volátiles se utilizan para calcular la tasa de carga.
3. Verdadero
4. Falso. La tasa de carga de sólidos volátiles se basa en el volumen de llenado, no en la capacidad del digestor.
5. Falso. Aunque se relacionen, no es posible usar uno para predecir el otro.
6. B. No se requieren las dimensiones del digestor para resolver el problema.
7. A
8. D
9. B
10. A
11. C
12. B
13. B. Los grados-días se calculan siempre con grados Celsius.
14. B
15. C
16. D
17. A
18. B
19. B. En la práctica, muchos sistemas no pueden lograr más de un 2 % TS.
20. D
21. A
22. B

COMPROBACIÓN DE CONOCIMIENTOS, PÁGINA 154

1. Falso. En su mayoría, los digestores se decantan periódicamente.
2. A
3. B
4. D
5. B. La ecuación normal tres puede utilizarse para todos los tipos de problemas de combinación.
6. C
7. A

COMPROBACIÓN DE CONOCIMIENTOS, PÁGINA 157

1. Falso. Inicie el digestor con lodo de alimentación apenas suficiente para cubrir los difusores. Agregue caudal de entrada o efluente para elevar el nivel del agua al usar aereadores superficiales.
2. Verdadero
3. C
4. A
5. B
6. C
7. A

COMPROBACIÓN DE CONOCIMIENTOS, PÁGINA 164

1. Verdadero
2. Verdadero
3. Verdadero
4. Falso. Siempre ejerza buenas prácticas de higiene personal para prevenir enfermedades.
5. B
6. A
7. C
8. D
9. A
10. C
11. B
12. B

CAPÍTULO 4

COMPROBACIÓN DE CONOCIMIENTOS, PÁGINA 184

1. Verdadero
2. Verdadero
3. Falso. Los digestores anaerobios en general se alimentan con una mezcla de lodo primario y secundario.
4. Falso. El desempeño depende de la biodegradabilidad del lodo de alimentación.
5. Falso. Los metanógenos también pueden combinar dióxido de carbono y gas hidrógeno para producir metano.
6. C
7. A
8. B
9. D
10. A
11. C
12. A
13. B
14. C
15. A
16. C

COMPROBACIÓN DE CONOCIMIENTOS, PÁGINA 188

1. B
2. D
3. B
4. A
5. C
6. B
7. C
8. D
9. A
10. B

COMPROBACIÓN DE CONOCIMIENTOS, PÁGINA 207

1. A
2. B
3. Falso. La membrana exterior está siempre inflada completamente por ventiladores que mantienen una presión constante al soplar aire ambiente entre las dos membranas.
4. Falso. Un digestor ideal mantiene un flujo de mezcla completa en todo el tanque.
5. B
6. C
7. Falso. Los microorganismos en un digestor son sensibles a los cambios de temperatura. Los sistemas de calentamiento están diseñados para mantener la temperatura del digestor lo más constante posible, con un objetivo típico de no más de 0.6 °C (1 °F) de cambio de temperatura en un periodo de 24 horas para ayudar a minimizar el riesgo de eventos de espumaje.
8. C
9. B
10. B
11. C
12. B
13. D
14. Verdadero
15. C
16. A
17. B
18. A
19. B
20. D

COMPROBACIÓN DE CONOCIMIENTOS, PÁGINA 220

1. Verdadero
2. Falso. A medida que aumenta la alcalinidad, se resiste el cambio del pH.
3. Falso. Las concentraciones de AGV de hasta 8000 mg/L son toleradas por los metanógenos.
4. Verdadero
5. C
6. B
7. A
8. C

9. C
10. C
11. B
12. B
13. D
14. C
15. A
16. C
17. B
18. D
19. A
20. B
21. D
22. C
23. A

COMPROBACIÓN DE CONOCIMIENTOS, PÁGINA 226

1. Falso. Debe verificarse la preparación de todos los equipos mecánicos antes de colocar líquido del proceso en el tanque. Deben llevarse a cabo las verificaciones de la instalación, las inspecciones de las conexiones eléctricas y las verificaciones de las conexiones de las tuberías, y deben ponerse en marcha brevemente los motores para verificarlos.
2. B
3. Verdadero
4. Falso. Los digestores tienen un mejor desempeño cuando se les alimenta una cantidad constante de VS continuamente.
5. C
6. A
7. B
8. Falso. Los sistemas de calentamiento y mezclado deben apagarse para la decantación. Debido a que la decantación se lleva a cabo habitualmente en los digestores secundarios, hay menos actividad biológica y el cambio de temperatura tiene poco efecto.
9. D
10. C
11. C
12. Verdadero

COMPROBACIÓN DE CONOCIMIENTOS, PÁGINA 231

1. A
2. A
3. D
4. B
5. C
6. B
7. C

COMPROBACIÓN DE CONOCIMIENTOS, PÁGINA 238

1. Verdadero
2. B
3. Falso. Las concentraciones normales de oxígeno en el aire seco son de solo el 21 %. Las áreas con menos del 19.5 % de oxígeno se consideran deficientes.
4. A
5. C
6. D

CAPÍTULO 5

COMPROBACIÓN DE CONOCIMIENTOS, PÁGINA 252

1. Falso. La deshidratación reduce la cantidad de agua en el lodo, pero no tiene efecto sobre la cantidad de sólidos ni sobre la masa total.
2. Falso. Los lodos químicos tienden a adherir las bandas y obstruir los poros del material de las bandas.
3. Verdadero
4. Verdadero
5. Falso. El acondicionamiento químico se requiere con mayor frecuencia en la deshidratación mecánica del lodo.

COMPROBACIÓN DE CONOCIMIENTOS, PÁGINA 264

1. Verdadero
2. Falso. La deshidratación se lleva a cabo a lo largo de toda la centrífuga.
3. A
4. A
5. D
6. B
7. Falso. Las centrífugas son eficaces para deshidratar todo tipo de sólidos.
8. Verdadero
9. Falso. El aumento de la tasa de alimentación a una centrífuga de deshidratación creará una torta más húmeda con un menor porcentaje de sólidos.

COMPROBACIÓN DE CONOCIMIENTOS, PÁGINA 275

1. Verdadero
2. Falso. Las BFP funcionan bien para deshidratar todos los tipos de lodo, a excepción de los lodos químicos, porque son más pegajosos.
3. Falso. Los sólidos de alimentación diluidos requieren más tiempo en la sección de drenaje por gravedad de la banda y algunas BFP están diseñadas con secciones de gravedad más largas para tener esto en cuenta.
4. D
5. Verdadero
6. Verdadero
7. C
8. B
9. C
10. Verdadero
11. A
12. C
13. C
14. B
15. Falso. Puede usarse una solución de cloro diluido para limpiar las bandas de una prensa de filtro de banda.
16. Verdadero
17. Falso. Las prensas de filtro de banda son útiles para deshidratar todos los sólidos, a excepción de los sólidos químicos e industriales.

COMPROBACIÓN DE CONOCIMIENTOS, PÁGINA 285

1. A
2. Falso. Se usa un químico de acondicionamiento, como un polímero, para flocular los sólidos y permitir que se libere agua durante la parte de filtrado de la prensa rotativa.
3. C
4. B

5. Verdadero
6. C
7. C
8. D
9. B
10. A
11. C
12. D
13. B

COMPROBACIÓN DE CONOCIMIENTOS, PÁGINA 293

1. B
2. Falso. La velocidad de giro lenta es una ventaja de las operaciones con prensa de tornillo porque utiliza menos energía que otros dispositivos de deshidratación.
3. Falso. Las concentraciones de lodo deshidratado de una prensa de tornillo típicamente están entre un 12 % y un 40 % de TS.
4. Verdadero
5. C
6. Verdadero
7. Falso. Las prensas de tornillo giran a un máximo de 2 rpm y las centrífugas operan a un máximo de 3000 rpm.
8. A
9. Verdadero
10. C
11. Falso. Las prensas de tornillo operan a velocidades de giro lentas.
12. Verdadero

COMPROBACIÓN DE CONOCIMIENTOS, PÁGINA 303

1. B
2. D
3. C
4. Falso. Los lechos de secado se usan con mayor frecuencia para deshidratar sólidos digeridos.
5. Verdadero
6. D
7. Falso. Se elimina algo de arena cada vez que se elimina lodo de un lecho de secado de arena y, con el tiempo, debe restituirse.
8. C
9. Falso. Los lechos de secado deben limpiarse para eliminar detritos entre cada aplicación de lodo.

COMPROBACIÓN DE CONOCIMIENTOS, PÁGINA 305

1. C
2. D
3. A

COMPROBACIÓN DE CONOCIMIENTOS, PÁGINA 309

1. D
2. Verdadero
3. B
4. C

COMPROBACIÓN DE CONOCIMIENTOS, PÁGINA 310

1. D
2. Falso. Los biosólidos deshidratados no fluyen bien y se almacenan con mayor frecuencia en edificios o en ubicaciones a corto plazo, como semirremolques.

COMPROBACIÓN DE CONOCIMIENTOS, PÁGINA 312

1. Verdadero
2. Falso. Deben suministrarse interbloqueos de seguridad con cualquier instalación de un sistema de deshidratación.
3. Verdadero

CAPÍTULO 6

COMPROBACIÓN DE CONOCIMIENTOS, PÁGINA 323

1. B
2. A
3. C
4. Verdadero
5. D
6. B
7. D
8. B
9. Verdadero
10. Falso. Se necesitan tres cosas para generar electricidad: un campo magnético, un conductor y movimiento relativo. Solo se generará electricidad si se están moviendo el conductor o el imán.
11. Verdadero
12. C

COMPROBACIÓN DE CONOCIMIENTOS, PÁGINA 329

1. A
2. C
3. Falso
4. C
5. A
6. C
7. B
8. A
9. D
10. Falso
11. A 5 2, B 5 5, C 5 4, D 5 3, E 5 1

COMPROBACIÓN DE CONOCIMIENTOS, PÁGINA 332

1. A
2. B
3. A
4. A

COMPROBACIÓN DE CONOCIMIENTOS, PÁGINA 335

1. Falso. La corriente es la misma a través de un circuito en serie, no en un circuito en paralelo.
2. C
3. Verdadero
4. A
5. Verdadero

COMPROBACIÓN DE CONOCIMIENTOS, PÁGINA 341

1. B
2. D
3. A
4. Falso. Los electrones se pasan energía entre sí. Se mueve la energía, no se mueven los electrones.
5. C
6. D
7. Falso. La electricidad no se traslada en general a través del conductor (cable) de puesta a tierra del equipo.
8. Verdadero
9. B
10. Verdadero
11. B
12. C

COMPROBACIÓN DE CONOCIMIENTOS, PÁGINA 346

1. Falso. La corriente continua no hace ciclos.
2. C
3. Verdadero
4. D
5. Falso. Una sobrecarga no produce un pico de corriente.
6. B

COMPROBACIÓN DE CONOCIMIENTOS, PÁGINA 351

1. D
2. A
3. B
4. Verdadero
5. B
6. C
7. Verdadero
8. B
9. D
10. Falso. La velocidad operativa debe ser menor que la velocidad sincrónica.

COMPROBACIÓN DE CONOCIMIENTOS, PÁGINA 356

1. B
2. C
3. Falso. El consumo de amperios es mayor en la puesta en funcionamiento.
4. B
5. A
6. B
7. Verdadero
8. B
9. D

COMPROBACIÓN DE CONOCIMIENTOS, PÁGINA 361

1. A
2. D
3. B
4. C
5. A
6. C
7. A
8. Verdadero
9. Falso. Los tres conductores deben verificarse y compararse.
10. B
11. C
12. A
13. C
14. D

COMPROBACIÓN DE CONOCIMIENTOS, PÁGINA 371

1. A
2. C
3. D
4. B
5. D

COMPROBACIÓN DE CONOCIMIENTOS, PÁGINA 381

1. D
2. C
3. B
4. A
5. D
6. C

COMPROBACIÓN DE CONOCIMIENTOS, PÁGINA 388

1. A
2. D
3. C
4. D
5. B

COMPROBACIÓN DE CONOCIMIENTOS, PÁGINA 393

1. A
2. C
3. A
4. B

CAPÍTULO 7

COMPROBACIÓN DE CONOCIMIENTOS, PÁGINA 399

1. B
2. C
3. Verdadero

COMPROBACIÓN DE CONOCIMIENTOS, PÁGINA 434

1. C
2. C
3. C
4. B
5. C
6. C
7. C
8. A
9. D
10. B
11. D
12. C

13. A
14. C
15. B
16. B
17. C
18. D
19. C
20. D
21. C
22. A
23. B
24. B
25. D
26. C
27. B
28. B
29. D
30. C

COMPROBACIÓN DE CONOCIMIENTOS, PÁGINA 437

1. C
2. Falso. A diferencia de las bombas centrífugas, las bombas de desplazamiento positivo pueden generar presión de diseño casi plena en todo el rango de caudal.
3. B
4. C

COMPROBACIÓN DE CONOCIMIENTOS, PÁGINA 442

1. C
2. B
3. D
4. D
5. C
6. C
7. A
8. D

COMPROBACIÓN DE CONOCIMIENTOS, PÁGINA 445

1. C
2. B
3. D
4. B
5. C
6. B
7. D
8. B

COMPROBACIÓN DE CONOCIMIENTOS, PÁGINA 447

1. D
2. D
3. B
4. C
5. D
6. A
7. C
8. D

COMPROBACIÓN DE CONOCIMIENTOS, PÁGINA 450

1. C
2. C
3. D

COMPROBACIÓN DE CONOCIMIENTOS, PÁGINA 454

1. C
2. Falso. Las bombas de cavidad progresiva pueden bombear con igual eficacia en cualquier sentido al cablear el motor para que gire en sentido opuesto.
3. B
4. D

COMPROBACIÓN DE CONOCIMIENTOS, PÁGINA 458

1. C
2. B

COMPROBACIÓN DE CONOCIMIENTOS, PÁGINA 460

1. B
2. D

COMPROBACIÓN DE CONOCIMIENTOS, PÁGINA 489

1. B
2. Falso. A medida que se agrega caudal de otras estaciones elevadoras y alcantarillados, las estaciones elevadoras en general aumentan de tamaño aguas abajo.
3. B
4. C
5. D
6. B
7. D
8. A. Incluso cuando se suministran escaleras y sistemas de ventilación continua, debe tenerse cuidado para verificar el oxígeno disponible y los gases explosivos.
9. B
10. D
11. B
12. C
13. A
14. D
15. B
16. B
17. C
18. A
19. C
20. D
21. C
22. D
23. D
24. A
25. C
26. C
27. B
28. D
29. D
30. A
31. C
32. B

CAPÍTULO 8

COMPROBACIÓN DE CONOCIMIENTOS, PÁGINA 497

1. D
2. B
3. C
4. B
5. Falso. El oxígeno dentro de la burbuja no está disuelto. Cuando la burbuja se rompe, el aire y el oxígeno gaseoso que contiene se liberan de regreso a la atmósfera. El oxígeno disuelto existe como moléculas de O_2 en el agua.
6. Verdadero. Un volumen de aire específico como burbujas pequeñas tiene un área superficial mucho mayor que el mismo volumen de aire que las burbujas grandes. El área superficial adicional suministra una mayor oportunidad de que el oxígeno gaseoso se disuelva en el líquido.
7. D

COMPROBACIÓN DE CONOCIMIENTOS, PÁGINA 498

1. Falso. Debido a que los aereadores mecánicos en general son menos complejos que los sistemas de aeración difusa, en general son más económicos.
2. Verdadero. Los diversos componentes del equipo, la instrumentación de monitoreo y los controles incluidos con frecuencia en los sistemas de aeración difusa suministran grados de ajuste y un control más exacto que los sistemas de aereadores mecánicos más simples.

COMPROBACIÓN DE CONOCIMIENTOS, PÁGINA 499

1. Los componentes de los sistemas de aeración difusa incluyen sopladores, difusores, válvulas de aire, controles, analizadores de OD y descendentes de aire (tramos de caída).

COMPROBACIÓN DE CONOCIMIENTOS, PÁGINA 501

1. A
2. D
3. C
4. D
5. B
6. Verdadero. El mercado de las aguas residuales tiene un tendencia hacia los paquetes de sopladores montados sobre plataforma listos para conectar y usar que vienen preparados para encenderse y ponerse en operación; los controles y accesorios se incluyen con el soplador y con el motor.

COMPROBACIÓN DE CONOCIMIENTOS, PÁGINA 503

1. C
2. C
3. A
4. Verdadero. Los sopladores producen más ruido que los demás tipos de equipo en una WRRF. Debido a que en general no se requiere protección auditiva en una WRRF, debe evaluarse específicamente si debe usarse cuando se trabaja cerca de los sopladores.
5. Criterios importantes para la selección de sopladores: requisitos de mantenimiento, costos durante la vida útil, espacio, niveles de ruido, eficiencia energética, opciones de controles y requisitos de desempeño.
6. Falso. La duración de la exposición tiene un impacto importante sobre los daños en la audición.
7. A

COMPROBACIÓN DE CONOCIMIENTOS, PÁGINA 509

1. A
2. Los filtros de papel son más eficientes que los filtros de alambre, son más económicos que los filtros de paño y son menos duraderos que los filtros de paño.
3. C
4. Se usan acoplamientos de goma para conectar las entradas y salidas del soplador a las tuberías para evitar que las vibraciones del soplador se trasladen por las tuberías de aire.
5. C
6. Verdadero. Muchos sopladores de desplazamiento positivo están dispuestos de este modo y son impulsados por bandas en V.
7. D
8. A
9. B
10. Eficiencias y velocidades
11. B
12. C

COMPROBACIÓN DE CONOCIMIENTOS, PÁGINA 514

1. D
2. C
3. C
4. A
5. Falso
6. B
7. La válvula de entrada está muy estrangulada, la válvula de aislamiento de la descarga se cerró por error y los difusores están muy sucios.
8. C
9. B
10. B

COMPROBACIÓN DE CONOCIMIENTOS, PÁGINA 515

1. C
2. Verdadero. Los sopladores centrífugos de una etapa con engranajes íntegros pueden lograr eficiencias isentrópicas de hasta un 80 %.

COMPROBACIÓN DE CONOCIMIENTOS, PÁGINA 517

1. D
2. A

COMPROBACIÓN DE CONOCIMIENTOS, PÁGINA 520

1. C
2. Verdadero. Los cojinetes aerodinámicos y magnéticos crean un espacio de aire entre el rotor y el estator.
3. B
4. Los beneficios de los sistemas listos para conectar y usar incluyen la responsabilidad en una única fuente, las pruebas en fábrica del sistema, una instalación simplificada y una puesta en funcionamiento simplificada.

5. Falso. Los sopladores turbo tienen una eficiencia pico más alta que la mayoría de los otros sopladores utilizados en las WRRF.
6. C
7. D

COMPROBACIÓN DE CONOCIMIENTOS, PÁGINA 522

1. Falso. Los sopladores de desplazamiento positivo se denominan máquinas de *volumen constante*.
2. D
3. A
4. Verdadero. Esta característica hace que los sopladores de desplazamiento positivo sean ideales para operar en los tanques de nivel variable.

COMPROBACIÓN DE CONOCIMIENTOS, PÁGINA 523

1. A
2. Falso. Los sopladores de tornillo rotativo con frecuencia están accionados por bandas o son de accionamiento directo.

COMPROBACIÓN DE CONOCIMIENTOS, PÁGINA 526

1. A
2. C
3. Verdadero. Esto mejora el control. Si se permite el movimiento a casi el 100 % abierto, las velocidades más bajas no ofrecen un cambio significativo; el movimiento cerca del 100 % cerrado provoca un cambio excesivo.
4. Se usan válvulas de aire para crear un diferencial de presión, aislar una rejilla de aire y controlar la cantidad de aire que accede a un reactor o a una rejilla de aire individual.

COMPROBACIÓN DE CONOCIMIENTOS, PÁGINA 532

1. B
2. B
3. B
4. C
5. D
6. C
7. B

COMPROBACIÓN DE CONOCIMIENTOS, PÁGINA 534

1. C
2. B
3. A

COMPROBACIÓN DE CONOCIMIENTOS, PÁGINA 535

1. Verdadero. Se crean burbujas muy pequeñas mediante la interacción de aire y agua en las boquillas en el punto donde el caudal del proceso vuelve a ingresar al tanque.
2. A

COMPROBACIÓN DE CONOCIMIENTOS, PÁGINA 536

1. A
2. Las tareas de mantenimiento preventivo típicas para los aereadores superficiales incluyen cambiar el aceite en el accionador y lubricar el motor.

COMPROBACIÓN DE CONOCIMIENTOS, PÁGINA 539

1. C
2. C

COMPROBACIÓN DE CONOCIMIENTOS, PÁGINA 541

1. D
2. Los componentes del aereador con mezclador incluyen el cuerpo sumergido del mezclador, el anillo rociador, el suministro de aire separado y el motor montado en plataforma.
3. A
4. B
5. Falso. Los aereadores con mezclador no usan difusores y en consecuencia no hay ensuciamiento.
6. Falso. Los aereadores con mezclador no tienen álabe guía de entrada. La velocidad del mezclador y la tasa de caudal de aire al anillo rociador pueden ajustarse.

CAPÍTULO 9

COMPROBACIÓN DE CONOCIMIENTOS, PÁGINA 552

1. Verdadero
2. Falso. Solo es posible usar caudalímetros de presión diferencial con tubos completos.
3. A
4. B
5. D
6. B

COMPROBACIÓN DE CONOCIMIENTOS, PÁGINA 558

1. Verdadero
2. Falso. Para saber si una muestra es representativa, también debemos tener una aproximación del promedio real.
3. Verdadero
4. Verdadero
5. C
6. B
7. B
8. C
9. A
10. A

COMPROBACIÓN DE CONOCIMIENTOS, PÁGINA 560

1. Verdadero
2. Falso. Todos los métodos de laboratorio tienen límites en la sensibilidad. Si el límite de detección es 2 mg/L, una concentración de 1 mg/L se informaría como <2 mg/L.
3. Falso. El permiso de descarga incluye únicamente requisitos de informes para el caudal de entrada y el efluente. No incluye requisitos para el monitoreo del control del proceso.
4. Verdadero
5. B
6. D

COMPROBACIÓN DE CONOCIMIENTOS, PÁGINA 567

1. Verdadero
2. Verdadero
3. Falso. Las muestras deben estar bien mezcladas y deben verterse rápidamente para evitar la sedimentación de sólidos durante la transferencia.
4. Falso. Las muestras pueden recolectarse durante un lapso de tiempo de dos maneras distintas. El operador puede recolectar el mismo volumen de muestra a intervalos fijos (p. ej., cada 2 horas) mientras toma una lectura de medición del caudal. Al final del muestreo, el caudal promedio durante el evento de muestreo se conocerá y las muestras podrán proporcionarse de manera adecuada. De manera alternativa, el operador puede recolectar un volumen fijo de muestra por unidad de caudal (p. ej., 300 mL por ML [mgd]).
5. B
6. A
7. A
8. B
9. D
10. C
11. D
12. A

COMPROBACIÓN DE CONOCIMIENTOS, PÁGINA 579

1. Verdadero
2. Falso. Aunque algunos tipos de muestra requieren una limpieza especial, la mayoría de los parámetros en las aguas residuales, incluidos los SST, la DBO y el NKT, no requieren lavado con ácido.
3. Verdadero
4. Verdadero
5. B
6. D
7. C
8. C
9. B
10. B
11. A
12. D

COMPROBACIÓN DE CONOCIMIENTOS, PÁGINA 584

1. Verdadero
2. Falso. No es posible recolectar muestras compuestas para parámetros cuando el tiempo de retención es menor que el tiempo total del compuesto. En este caso, el residuo de cloro tiene un tiempo de retención 15 minutos. La EPA de los EE. UU. define una muestra compuesta como cualquier muestra recopilada durante más de 15 minutos. Por definición, las muestras de cloro residual deben ser muestras puntuales.
3. Verdadero
4. Verdadero
5. C
6. C
7. D
8. B
9. A

COMPROBACIÓN DE CONOCIMIENTOS, PÁGINA 592

1. Verdadero
2. Falso. Los blancos deben aleatorizarse para determinar si todos los elementos de vidrio se están limpiando correctamente.
3. Falso. Aunque las réplicas se promedian juntas, los duplicados de laboratorio y de campo nunca se promedian juntos con el resultado de la muestra original.
4. A = 2, B = 1, C = 5, D = 4, E = 3
5. A
6. B
7. B
8. B
9. D
10. C
11. A
12. B
13. C
14. D
15. C
16. B
17. A
18. B
19. D
20. B
21. C
22. B
23. B
24. C

COMPROBACIÓN DE CONOCIMIENTOS, PÁGINA 598

1. Falso. Los colorímetros y espectrofotómetros con curvas de calibración almacenadas internamente solo requieren un único estándar.
2. Verdadero
3. C
4. A
5. B
6. D
7. B
8. C
9. A
10. D

COMPROBACIÓN DE CONOCIMIENTOS, PÁGINA 601

1. Falso. Muestras con $pH > 7$ son bases.
2. Verdadero
3. A
4. B
5. C
6. D

COMPROBACIÓN DE CONOCIMIENTOS, PÁGINA 604

1. Verdadero
2. Verdadero
3. D
4. C

5. A
6. B
7. A
8. B

COMPROBACIÓN DE CONOCIMIENTOS, PÁGINA 614

1. Verdadero
2. Verdadero
3. Falso. Las áreas secas suministran una vía para el movimiento del aire. El disco del filtro no se secará lo suficiente y puede adherirse a la bandeja de aluminio.
4. C
5. D
6. B
7. A
8. C
9. B
10. B
11. C
12. C
13. B
14. C
15. A
16. D

COMPROBACIÓN DE CONOCIMIENTOS, PÁGINA 626

1. Falso. El análisis de DBO mide la cantidad de oxígeno consumido, que puede utilizarse para estimar la concentración orgánica.
2. Verdadero
3. Verdadero
4. C
5. D
6. B
7. A
8. C
9. D
10. C
11. A
12. C
13. B
14. C
15. D
16. A
17. B
18. C
19. D
20. B

CAPÍTULO 10

COMPROBACIÓN DE CONOCIMIENTOS, PÁGINA 635

1. B
2. Verdadero
3. Falso. Si el químico se utiliza para controlar condiciones ambientales, respalda otro proceso de tratamiento.

COMPROBACIÓN DE CONOCIMIENTOS, PÁGINA 636

1. C
2. Falso. Los químicos pueden degradarse con el tiempo y perder eficacia o volverse difíciles de manipular. El almacenamiento debe tener un tamaño suficiente para rotar las existencias de químico cada unas pocas semanas.
3. D
4. Verdadero

COMPROBACIÓN DE CONOCIMIENTOS, PÁGINA 639

1. C. 1.5 veces el tamaño del suministro es 25 500 L (6750 gal), pero, para 2 semanas (14 días) de operación a 2650 L/d (700 gpd), se requieren 37 000 L (9800 gal).
2. D

COMPROBACIÓN DE CONOCIMIENTOS, PÁGINA 644

1. B
2. B
3. C
4. Falso. Independientemente del volumen, la contención de derrames es una parte obligatoria para el almacenamiento de químicos.
5. D
6. Falso. Las bombas de químicos son una fuente potencial de fugas y deben ubicarse en el área de contención, pero elevadas, de modo que no se dañen en caso de un derrame del químico.
7. Falso. El retorno del químico sin diluir o sin neutralizar rápida y directamente al caudal de entrada de la instalación probablemente provoque alteraciones importantes en el proceso.
8. Falso. La recuperación del químico es preferida por motivos financieros.
9. D
10. D
11. Verdadero
12. A
13. B

COMPROBACIÓN DE CONOCIMIENTOS, PÁGINA 647

1. Verdadero
2. A
3. B

COMPROBACIÓN DE CONOCIMIENTOS, PÁGINA 650

1. Falso. Un tanque de día de químico puede llenarse de varias veces en un día a una vez cada unos pocos días.
2. D
3. B
4. C
5. Falso. Las bombas centrífugas son capaces de caudales más altos que las bombas de diafragma.
6. D
7. B

COMPROBACIÓN DE CONOCIMIENTOS, PÁGINA 658

1. A
2. Verdadero
3. C

4. D
5. Falso. Los alimentadores gravimétricos son más exactos porque toman en cuenta las diferencias de densidad.
6. B
7. D
8. Falso. Los químicos solubles forman soluciones y los químicos no solubles forman soluciones espesas o suspensiones.
9. Verdadero
10. A
11. B
12. B

COMPROBACIÓN DE CONOCIMIENTOS, PÁGINA 667

1. B
2. Falso. El tubo de ventilación no debe tener válvula y debe permanecer siempre abierto para evitar que el tanque se presurice durante el ciclo de llenado y a fin de aliviar el vacío cuando el tanque baja de nivel.
3. Falso. Los contenedores a granel intermedios son de mayor tamaño que los tambores.
4. B
5. C
6. C
7. C
8. A
9. Verdadero
10. A

COMPROBACIÓN DE CONOCIMIENTOS, PÁGINA 670

1. B
2. Falso. Los cilindros tienen solo una válvula superior para retirar gas.
3. A
4. Falso. En un sistema de aspiración, las fugas incorporarán aire al sistema. En un sistema a presión, el gas será expulsado por cualquier fuga hacia el área de trabajo.

COMPROBACIÓN DE CONOCIMIENTOS, PÁGINA 672

1. B
2. A
3. B
4. a = 2, b = 1, c = 3, d = 4

COMPROBACIÓN DE CONOCIMIENTOS, PÁGINA 674

1. Falso. La ficha de datos técnicos solo incluye información sobre la composición química y las propiedades, no información sobre seguridad.
2. Falso. La gravedad específica del agua es de 1. Un químico con una gravedad específica menor que 1 es menos densa que el agua.
3. C
4. C

COMPROBACIÓN DE CONOCIMIENTOS, PÁGINA 676

1. D
2. D
3. C
4. C

COMPROBACIÓN DE CONOCIMIENTOS, PÁGINA 681

1. D
2. Falso
3. B
4. A
5. B
6. C

COMPROBACIÓN DE CONOCIMIENTOS, PÁGINA 683

1. D
2. Falso. La gravedad específica será de 1.1.
3. D
4. D
5. A

COMPROBACIÓN DE CONOCIMIENTOS, PÁGINA 688

1. Falso. Las reacciones de orden cero no dependen de la concentración de los reactantes y se producen a una tasa continua.
2. Falso. Las constantes de tasa son directamente proporcionales a la tasa de reacción. Las mayores constantes de tasa implican tasas más altas.
3. B
4. Verdadero

COMPROBACIÓN DE CONOCIMIENTOS, PÁGINA 691

1. C
2. Falso. La competencia de otros compuestos y condiciones no ideales en el medio ambiente y en el reactor provocan que la dosis real deba ser mayor que las dosis estequiométricas.

COMPROBACIÓN DE CONOCIMIENTOS, PÁGINA 693

1. A
2. D
3. Falso. El control en función del caudal, como se señala en la pregunta, es una opción para el control de la alimentación de químicos. También deben tenerse en cuenta los modos de relación o velocidad constante.
4. C
5. Falso. El control de velocidad constante no responderá a variaciones en el caudal de entrada ni en la carga y producirá un efluente de calidad variable.
6. D
7. A

COMPROBACIÓN DE CONOCIMIENTOS, PÁGINA 698

1. D
2. B
3. D
4.

Información	Sección de la SDS
a. Valores de LD_{50}	Información toxicológica
b. Lista de reacciones peligrosas conocidas	Estabilidad y reactividad
c. Número para emergencias	Identificación
d. Fórmula química	Composición/información sobre los ingredientes

e. Equipos de protección personal (EPP) recomendados	Controles de exposición/ protección personal
f. Vías de exposición	Medidas de primeros auxilios
g. Pictograma	Identificación de peligros
h. Condiciones de almacenamiento	Manipulación y almacenamiento
i. Materiales y métodos de limpieza	Medidas en caso de liberación accidental
j. Punto de fusión/ congelamiento	Propiedades físicas y químicas
k. Medios de extinción adecuados	Medidas para combatir incendios

5. A
6. C
7. Falso. Deben usarse equipos de protección personal (EPP) adecuados al trabajar cerca de químicos.
8. C
9. D
10. Falso. La sobreprotección aumenta el estrés del trabajador. Seleccione un nivel adecuado de protección para el riesgo evaluado.
11.

Blanco	Peligro especial
Azul	Salud
Rojo	Inflamabilidad
Amarillo	Inestabilidad

12. Falso
13. A

Tabla periódica

TABLA PERIÓDICA

grupo

nombre del elemento → HIDRÓGENO
número atómico → 1
símbolo químico → H
peso atómico (u) → 1,008

Metal alcalino · Metal alcalinotérreo · Lantánido · Actínido · Metal de transición · Metal de postransición · Metaloide · No metal · Halógeno · Gas noble

● Sólido · ● Líquido · ● Gaseoso · ● Desconocido

periodo	1	2	3	4	5	6	7	8	9	10	11	12	13	14	15	16	17	18
	IA	IIA	IIIB	IVB	VB	VIB	VIIB	VIIIB	VIIIB	VIIIB	IB	IIB	IIIA	IVA	VA	VIA	VIIA	VIIIA
1	HIDRÓGENO 1 H 1,008																	HELIO 2 He 4,003
2	LITIO 3 Li 6,941	BERILIO 4 Be 9,012											BORO 5 B 10,81	CARBONO 6 C 12,01	NITRÓGENO 7 N 14,01	OXÍGENO 8 O 16,00	FLÚOR 9 F 19,00	NEÓN 10 Ne 20,18
3	SODIO 11 Na 22,99	MAGNESIO 12 Mg 24,31											ALUMINIO 13 Al 26,98	SILICIO 14 Si 28,09	FÓSFORO 15 P 30,97	AZUFRE 16 S 32,07	CLORO 17 Cl 35,45	ARGÓN 18 Ar 39,95
4	POTASIO 19 K 39,10	CALCIO 20 Ca 40,08	ESCANDIO 21 Sc 44,96	TITANIO 22 Ti 47,87	VANADIO 23 V 50,94	CROMO 24 Cr 52,00	MANGANESO 25 Mn 54,94	HIERRO 26 Fe 55,85	COBALTO 27 Co 58,93	NÍQUEL 28 Ni 58,69	COBRE 29 Cu 63,55	ZINC 30 Zn 65,39	GALIO 31 Ga 69,72	GERMANIO 32 Ge 72,59	ARSÉNICO 33 As 74,92	SELENIO 34 Se 78,96	BROMO 35 Br 79,90	KRIPTÓN 36 Kr 83,80
5	RUBIDIO 37 Rb 85,47	ESTRONCIO 38 Sr 87,62	ITRIO 39 Y 88,91	ZIRCONIO 40 Zr 91,22	NIOBIO 41 Nb 92,91	MOLIBDENO 42 Mo 95,94	TECNECIO 43 Tc (98,91)	RUTENIO 44 Ru 101,1	RODIO 45 Rh 102,9	PALADIO 46 Pd 106,4	PLATA 47 Ag 107,9	CADMIO 48 Cd 112,4	INDIO 49 In 114,8	ESTAÑO 50 Sn 118,7	ANTIMONIO 51 Sb 121,8	TELURIO 52 Te 127,6	YODO 53 I 126,9	XENÓN 54 Xe 131,3
6	CESIO 55 Cs 132,9	BARIO 56 Ba 137,3	LANTANO 57 La 138,9	HAFNIO 72 Hf 178,5	TANTALIO 73 Ta 180,9	TUNGSTENO 74 W 183,9	RENIO 75 Re 186,2	OSMIO 76 Os 190,2	IRIDIO 77 Ir 192,2	PLATINO 78 Pt 195,1	ORO 79 Au 197,0	MERCURIO 80 Hg 200,6	TALIO 81 Tl 204,4	PLOMO 82 Pb 207,2	BISMUTO 83 Bi 209,0	POLONIO 84 Po (210,0)	ASTATO 85 At (210,0)	RADÓN 86 Rn (222,0)
7	FRANCIO 87 Fr (223,0)	RADIO 88 Ra (226,0)	ACTINIO 89 Ac (227,0)	RUTHERFORDIO 104 Rf ---	DUBNIO 105 Db ---	SEABORGIO 106 Sg ---	BOHRIO 107 Bh ---	HASSIO 108 Hs ---				COPERNICIO 112 Cn ---						

Lantánidos	CERIO 58 Ce 140,1	PRASEODIMIO 59 Pr 140,9	NEODIMIO 60 Nd 144,2	PROMETIO 61 Pm (144,9)	SAMARIO 62 Sm 150,4	EUROPIO 63 Eu 152,0	GADOLINIO 64 Gd 157,3	TERBIO 65 Tb 158,9	DISPROSIO 66 Dy 162,5	HOLMIO 67 Ho 164,9	ERBIO 68 Er 167,3	TULIO 69 Tm 168,9	ITERBIO 70 Yb 173,0	LUTECIO 71 Lu 175,0
Actínidos	TORIO 90 Th (232,0)	PROTACTINIO 91 Pa (231,0)	URANIO 92 U (238,0)	NEPTUNIO 93 Np (237,0)	PLUTONIO 94 Pu (239,1)	AMERICIO 95 Am (243,1)	CURIO 96 Cm (247,1)	BERKELIO 97 Bk (247,1)	CALIFORNIO 98 Cf (252,1)	EINSTEINIO 99 Es (252,1)	FERMIO 100 Fm (257,1)	MENDELEVIO 101 Md (256,1)	NOBELIO 102 No (259,1)	LAURENCIO 103 Lr (260,1)

Índice

A

Acetogénesis, 181
Acidogénesis, 181
Accionadores de frecuencia ajustable, 357
Alineaciones, 421
Alcalinidad, 145, 212, 601
 aparatos y materiales, 601
 interferencias, 601
 procedimiento, 603–604
 aseguramiento de calidad, 602
 control de calidad, 602
 reactivos, 602
 informes, 604
 recolección, preservación y tiempos de retención de muestras, 603
 titulación, 601
 totales, del lodo de las aguas residuales, 601-604
 resolución de problemas y sugerencias, 604
Alambre de aluminio, 320
American National Standards Institute, 642
Amperaje, 343
Aprendices y profesionales en formación, 317
Agua portadora, 658
Acondicionamiento con químicos, 288, 290
Alimentación de químicos, 636
Acondicionador, selección del, 22
Adhesivos de seguridad para transportadores de Conveyor Equipment Manufacturers Association, 311
Acoplamientos, 422
Aeración difusa, 498
Almacenamiento de sólidos digeridos, 204
Alimentadores volumétricos de desplazamiento, 654
Agua de drenaje, 225
Alimentación de químicos secos, 651, 653, 654
Acoplamiento elastomérico, 422
Aspectos eléctricos básicos y motores, 505
Advertencia de arco eléctrico específica con requisitos de equipos de protección personal (EPP), 393
Almacenamiento a granel de llenado, 652
Arco voltaico, 392
Acoplamiento flexible, 422
Aereador superficial flotante, 130
Alimentador con banda gravimétrica, 654
Alimentadores gravimétricos, 653
Acoplamientos de rejilla, 422
Alambre de puesta a tierra, 336
Acoplamiento de rejilla con cubierta partida horizontal, 423
Agua caliente al intercambiador de calor del lodo, 203
Aumento de la presión de descarga, 283
Aplicaciones de deshidratación industriales y agrícolas, 286
Aislamiento, 359
Aislantes, 326
Agua intersticial que llena, 266
Análisis del costo del ciclo de vida útil, 502
Amperios con rotor bloqueado (LRA), 353
Aereadores mecánicos, 495, 536
Aereadores mezcladores, 539, 540
Aceite y grasa, 284
Abierto a prueba de goteo (ODP), 355
Amortiguadores de pulsaciones, 663
Aumento rápido, 218
Alimentadores de tornillo, 654
Agua del sello, 418
Almacenamiento de gas separado, 196
Apagado a corto plazo, 257
Acondicionamiento de lodo, 16–20
 polímeros catiónicos, 16–17
 coagulación, 16
 químicos de acondicionamiento, 16
 floculación, 16
 químicos inorgánicos de acondicionamiento, 17
 químicos orgánicos de acondicionamiento, 17
Arrancadores suaves, 507
Alimentador con contenedor flexible intermedio, 652
Aereadores superficiales, 536
Antorcha de exceso de biogás completamente cubierta, 206
Aspiración, 668
Accionador de frecuencia variable (VFD), 289, 501, 508
Accionadores de frecuencia variable para sopladores y bombas, 509
Alimentadores volumétricos, 654
Alimentador de tornillo volumétrico, 654
Agua del lavado, 283
Análisis de vulnerabilidad, 485
Agua, 262
 molécula, 148
 presión de agua, 325
Anillos de desgaste, 417
Antorchas de gas residual
 supresor de llamas, 205
 conjunto extraíble de obturadores, 205
Aereadores superficiales mecánicos, 497

Á

Átomos de aluminio, 318, 320
Átomos, 318
Área de recepción de químicos para descargar químicos líquidos a granel, 645
Áreas de contención, 640
Álabes difusores de descarga (DDV), 514
Álabes de impulsor, 415
Álabes guía de entrada (IGV), 514

Ácido propriónico, 182

B

Bacterias formadoras de ácido, 181
Bicarbonato de amonio, 212
Brazo de detección automático, 269
Bomba accionada con banda y roldana, 423
Biomasa, 115
Biosólidos, 180, 252, 293, 306
  bombas de alimentación, 251
  costra superficial, 297
Blancos, 586–587
Bombas de químicos centrífugas, 647
Bombas centrífugas, 200, 409, 425
  impulsores de la bomba, 200
  guía de resolución de problemas, 432
bombas de transferencia centrífugas, 647
Burbujas, 218
Bombas de dosificación de químicos, 660
Bombas de químicos, 639
Bombas de transferencia de químicos, 647, 649
Bombas cortadoras y trozadoras, 414
Bomba con acoplamiento cerrado, 420
Barras del cortador, 414
Bombas de diafragma, 438, 647, 660
Bombas de diafragma, secuencia de aspiración y descarga, 438
Bombas de dosificación, 438
Bomba de disco doble, 439, 440
Bomba de diafragma doble, 648
Bomba de diafragma doble, 439
Bombas de tornillo excéntrico, 451
Blancos de los equipos o sustancias de enjuague, 587
Bombas de alimentación de sólidos, 280
Blancos a campo, 587
Bacterias filamentosas, 148
Blancos del filtro, 587
Bomba centrífuga y motor horizontales montados sobre base, 410
Bombas montadas sobre base, 421
Bomba centrífuga horizontal, 410
Bombas de manguera, 458
Bombas cinéticas, 398
Blancos fortificados en laboratorio (LFB), 589
Bombas peristálticas y de cavidad progresiva, 664
Bombas de dosificación peristálticas, 662
Bombas peristálticas, 458
Bombas a pistón, 445
Bombas de émbolo, 442
Bomba de diafragma doble accionada neumáticamente, 439
Bombas desplazamiento positivo, 399, 436, 461, 647
Bombas de cavidad progresiva, 451, 647, 662
Bombas
  capacidad, 399
  clasificación de las, 398
  descarga, 640
  energía de entrada, 403
  mezcla, 200, 201
  curvas de desempeño, 423, 424
  objeto y función de, 397-398
  ejes, 415, 416
  tamaños, 472
  sistemas, 663
  voluta, 417
Bomba centrífuga con impulsor empotrado, 409
Bombas de lóbulos rotativos, 448, 449
Bombas giratorias de desplazamiento positivo, 437
Bombas de tornillo, 455
Bomba centrífuga sumergible, 410
Blancos a viaje, 587
Bomba de aguas residuales, 398
Bacterias nitrificantes, 117
Bombas de tornillo abierto, 455
Bobina y contactos del relé, 383

C

Circuitos de CA, 339, 340
Cojinetes aerodinámicos, 518
Corriente alterna (CA), 337, 338
Cojinete de bolas antifricción, 416
Control automático, 495
Características de seguridad automáticas, 500
Contrapresión, 281, 664
  de la descarga, 282
  válvula, 663
Compensación de las tasas de crecimiento, 212
Cojinetes, 416
Cintas transportadoras, 306
Cojinete inferior de una bomba de tornillo, 457
Caballos de fuerza de freno, 403
Cepillos, 347
Conexión de descarga de la bomba de desviación, 484
Columna de calibración, 665
Conector de traba con levas, 645, 646
Canadian Electrical Code, 336
Cableado canadiense, 339
Cepillos de carbono, 350
Cavitación, 428
Curvas de soplador centrífugo y de desplazamiento positivo, 500
componentes de la centrífuga, 256
Canal, 277
Caudales de químicos, 663
Cánula de inyección de químicos, 671
Conjunto del impulsor de la bomba cortadora, 414
Calzado con puntera cerrada, 695
Conmutador, 347
Conductores, 320, 326
Control de alimentadores químicos, 692
Conveyor Equipment Manufacturers Association (CEMA), 311
Cobre, 327
Corriente, 334
Cestas para eliminación de residuos, 476
Corriente continua, 336
  circuitos, 339

bobina, 336
motores, 348
ecuación de factor de potencia, 341
voltaje, 350
Configuración de hélice doble, 451
Circuitos eléctricos, 321, 328, 331
Corriente eléctrica, 321, 344
Controles ambientales, 639
Configuraciones de los equipos, 287
Curva del sistema de ejemplo, 502
Controles de retroalimentación y proalimentación, 693
Cubiertas fijas, 192
Cubiertas flotantes, 194
Cámara/tanques de floculación y dosificación de polímero, 288
Caudal, 399
Conductos de aire sucios, 307
Carga hidráulica de fricción, 402
Conectores adheridos, 665
Cojinetes engrasados, 359
Carga, 400
Condiciones de alto desgaste, 414
Caballos de fuerza, 352
Carga hidráulica, 281
Corriente de inserción, 354
Contenedores a granel intermedios (IBC), 639, 660
Cojinetes magnéticos, 518
Corte de un sello mecánico, 419
Clasificación NEMA, 355
Cojinete externo, 506
Corte de una bomba a pistón, 446
Corte de la empaquetadura de un émbolo, 444
Corte de una bomba de émbolo, 444
Conducto para el alivio de presión, 651
Control del proceso, 289, 691
Controlador lógico programable (PLC), 388, 476, 693
Cinética de reacción, 684
Contactos del relé, 378
Conjunto extraíble de obturadores, 205
Cojinetes de rodillo, 306, 416
Controles de prensa rotativa, 277, 282
Configuración del lecho de arena, 295
Criterios para el diseño de lechos de arena, 294
Cizallamiento, 266
Corazas, 318
Cortocircuitos, 344
Configuración de hélice simple, 451
Calor específico, 202
Carga hidráulica estática de descarga, 401
Carga hidráulica estática, 401
Caja de prensaestopas, 418
Corte de una caja de prensaestopas, 419
Capa de sobrenadante, 222
Contenedores flexibles intermedios, 651
Curvas del sistema, 432, 502
Cubiertas del tanque, 192
Corriente alterna trifásica, 340
Contenedores de tonelada, 668
Cojinete superior y motor en bomba de tornillo, 455
Carga de camiones, 307
Capa de valencia, 319
Colores del cableado para un circuito de CC, 337

D

Disolución del sarro con ácido, 656
Digestión por ácido/gas, 185
Digestores aerobios, 29, 115, 117, 124, 142, 154, 158, 159
cálculo, 132
con formación de hielo, 162
digestión aerobia, 115, 293
Diagrama de rejilla de aire con componentes etiquetados, 526
Digestores anaerobios, 29, 120, 181, 183, 185, 228
control del proceso, 214
sobrenadante, 187
tanque, 190
Digestión anaerobia, 179, 182, 186, 240, 293
estudios de caso, 240–245
control de la digestión, 228
proceso, 181
Digestión aerobia termofílica autotérmica (ATAD), 29, 113, 165
Digestores aerobios operados por lotes, 130
Demanda bioquímica de oxígeno (DBO), 615–625
dicromato de ácido, 619
aparatos y materiales, 616
duplicados, 619
interferencias, 616
procedimiento, 619-623
aseguramiento de calidad y control de calidad, 617–618
reactivos, 616–617
réplicas, 618
recolección, preservación y tiempos de retención de muestras, 619
inoculación de muestras, 618
Difusores de burbuja fina de cerámica, 530
Diagrama de posición de la válvula de retención, 465
Dosis de químicos, 676
Disyuntores, 365
Difusor de membrana de burbuja fina circular, 529
Discos de membrana circular, 528
Difusor de aire limpio vs. sucio, 532
Designaciones de las bobinas, 380
Diagrama de control, 363
Diagrama de corte
de un cojinete de deslizamiento aerodinámico, 518*f*
de una centrífuga de una etapa con engranajes íntegros y álabes guía, 515*f*
de un intercambiador de calor con placa en espiral, 204*f*
Decantación, 222
Decantación, metas de la, 151
Desnitrificación, 146
Densidad, 401
Dispositivos, 363
Deshidratación
biosólidos, 265

centrífugas, 258
tambor, 288
equipos, 252, 309, 310
procesos, 252, 290, 303
desempeño del proceso, 252
sistemas, 294
tecnologías, 251
ventajas de, 254
desventajas de, 254
equipos, 251
objeto y función, 251-252
lodo de líquido espesado (biosólidos), 251
resumen de la tecnología, 252
Disposición de tuberías de una bomba de dosificación de diafragma, 663
Difusores, 159, 526, 670
Digestores
limpieza, 229
tipos de cubierta, 192
gas, 192
concentración de dióxido de carbono, 214
sistema de procesamiento, 205
sistemas de calentamiento, 229
técnicas de mejora para el desempeño del digestor, 125
pH, 212
apagado, 225
volumen de trabajo, 208
Desconectadores, 364
Discos, 288
Digestores con forma de huevo, 191
Descarga eléctrica, 391
Ducha para emergencias, 642
Difusor de burbuja fina, 496, 527
difusores de membrana de burbujas, 528, 532
difusores, 527
difusores en patrón de cuadrícula, 129
Digestores de cubierta fija, 193, 216
Digestores de cubierta flotante, 216
Denominadores alfabéticos de la carcasa, 354
Desconectador con fusible, 369
Desempeño del digestor anaerobio de tasa alta, 197
Digestores anaerobios de tasa alta, 185
Digestores de tasa alta, 202
Digestores anaerobios mesofílicos de tasa alta, 218
Diagrama de escalera, 382
Difusores de burbujas grandes (gruesas), 527
Disyuntor magnético, 367
Desconectador sin fusible, 369
Diseños del sistema del mezclador, 197
Digestores mesofílicos, 185, 186, 211
Diagrama de mezclador múltiple, 200
Difusor de químicos de canal abierto, 670
Dosificación de polímero óptima, 281
Digestores de cilindro corto, 189
Digestores primarios y secundarios, 206
Digestor primario, 144
Diagrama de bomba de tornillo, 455
Digestor secundario, 144
Digestores con forma de cilindro corto, 189
Digestores de silo, 189
Descascaramiento, 156
Difusores de burbuja gruesa o grande de acero inoxidable, 528
Digestión de dos etapas, 127
Departamento de Transporte de los EE. UU. (DOT), 695
Dispositivo Venturi, 668
Devanados, 347
Diagrama de cableado, 381

E

Estrategias de control del caudal de aire, 533
Engrasador automático, 508
Estación de elevación automática, 466
Efecto mariposa, 337
Eficiencia de retención, 291
Espesamiento por centrífugas, 71–78
clarificadores, 71
recolección, muestreo y análisis de datos, 77
parámetros de diseño, 74
partículas de lodo de distintos tamaños, 71
equipos, 74
desempeño esperado, 74
operación, 76
mantenimiento preventivo, 78
control del proceso, 75-76
variables del proceso, 75
objeto y función, 71
centrífugas con campana sólida, 71
teoría de operación, 71-73
espesamiento de distintos lodos con centrífugas, 77t
resolución de problemas, 78
Espesamiento de flotación por aire disuelto (DAFT), 53–58
recolección, muestreo y análisis de datos, 57
parámetros de diseño, 53
eductor, 57
Espesamiento de flotación por aire disuelto (DAFT) (*continuación*)
equipos, 54
desempeño esperado, 53
objetivo del, 53
operación de una unidad de DAFT, 53, 57
mantenimiento preventivo, 57–58
control del proceso, 54
variables del proceso, 54
objeto y función, 53
tasa de carga de sólidos, 55–56
subnadante, 54
teoría de operación, 53
espesadores, 53
guía para la resolución de problemas con, 58t
Elemento accionado, 359
Estaciones elevadoras de foso seco, 467
Estaciones elevadoras de pozo seco/pozo húmedo, 467
Elastómeros, 637
Eductor, 655

Equipos eléctricos, 392
Energía eléctrica, 463
Electricidad, 318
Electroimán, 322
Electromecánico, 349
Electrones, 318
Emergency Planning and Community Right-to-Know Act (EPCRA) (Ley de Planificación de Emergencias y del Derecho a Saber de la Comunidad), 696
Emulsión, 664
Energizado, definición, 336
Estrés ambiental, 232
Euler, Leonard, 686
Espumaje, 163, 217
Energía de floculación, 282
Espesadores con banda de gravedad, 59–70
    velocidad de la banda, ajuste de la, 63
    operación diaria, 68
    recolección, muestreo y análisis de datos, 68
    parámetros de diseño, 60
    equipos, 60-62
    desempeño esperado, 60
    energía de mezcla, 62
    diagrama de energía de mezcla, 63f
    operación, 67
    mantenimiento preventivo, 68-69
    control del proceso, 62-67
    variables del proceso, 62
    objeto y función, 59
    tiempo de retención de las partículas de flóculos en la cámara de floculación, 63
    apagado, 67–68
    procesos de espesamiento de sólidos, 64
    puesta en funcionamiento, 67
    teoría de operación, 59
    resolución de problemas, 69-70
Espesamiento por gravedad, 41–52
    combinación de lodos, 47
    espesadores por gravedad circulares, 43
    operación diaria, 49
    recolección, muestreo y análisis de datos, 50
    parámetros de diseño y desempeño esperado, 42–43
    equipos, 43
    tasa de carga hidráulica (carga superficial) y tasa de carga de sólidos, 44
    operación, 49
    mantenimiento preventivo, 50
    control del proceso, 44
    variables del proceso, 43
    objeto y función, 41
    apagado, 49
    puesta en funcionamiento, 49
    teoría de operación, 41-42
    características del lodo espesado, 42
    diseño del espesador, 42
    guía para la resolución de problemas del espesador, 51t–52t
    resolución de problemas, 50
Estrés por calor, 695
Exposición al sulfuro de hidrógeno, 233
Equipos eléctricos industriales, 339
Ensayos de jarra/agitadores colectivos, 22–23
Estaciones elevadoras, 465, 466, 486
    instrumentación de control de nivel, 480
    rejas, 475
Estación de bloqueo/etiquetado, 390
Eficiencia de un aereador mecánico, 161
Equipos mecánicos, 388, 646
Energía de mezcla, 124
Estaciones para experimentos agrícolas de Nueva Jersey, 188
Equipos sin chispas, 197
Esquema de fusible sin retardo de tiempo, 370
Electrones externos, 319
Equipos de protección personal, 694
Expansión de volumen de aumento rápido, 218
Espesadores con tambor rotativo, 78–86
    recolección, muestreo y análisis de datos, 85
    parámetros de diseño, 80
    equipos, 81-82
    desempeño esperado, 80-81
    operación, 84-85
    mantenimiento preventivo, 85
    control del proceso, 83-84
    variables del proceso, 82-83
    objeto y función, 78–79
    teoría de operación, 79
    concentración del lodo espesado, regulación de la, 82
    resolución de problemas, 85, 86t
Estequiometría, 688
    de la respiración endógena, 116
    de la nitrificación, 118
Estación elevadora sumergible, 466
Exposición de la piel, 694
Estrés relacionado con la temperatura, 212
Espesamiento, 39-108
    estrategias de control de olores, 107
    objeto y función de, 39–41
    registros e informes, 107
    consideraciones de seguridad, 106
Ensayo de tiempo de filtrado, 23–24
Ecuación de Van Kleek, 143, 211
Elementos de desgaste, 292
EPA de los EE. UU. (Agencia de Protección Ambiental de los EE. UU.), 695

F

Filtro de banda, 272
    rasqueta de la prensa, 269
    rodillos de la prensa, 268
    zona de cuña de la prensa, 267
Filtros de aire de entrada del soplador, 504
Floculación de químicos, 265
Familias de curvas, 425

Fabricantes de bombas de dosificación, 665
Fusible con retardo de tiempo de dos elementos, 370
Flujo de electrones en circuitos, 320
Flotantes, 476
Fricción, 402
Fallas a tierra, 344, 345
Filtros de aire de entrada, 504
Fórmula de masa, 259
Filtro de placa de membrana, 305
Fósforo, 153
Fórmula de libras, 137
Familias de curvas de las bombas, 425

G

Gas asfixiante, 233
Gráfico circular para la ley de Ohm, 330
Generador eléctrico, 322
Globally Harmonized System of Classification and Labelling of Chemicals (GHS), 694
Gravedad, 645

H

Hierro dúctil, 464
Hazard Communication Standard (HCS), 694
Hidrólisis, 181
Hidrofóbico, 218
Horno a microondas para secar el lodo, 273
Hidrólisis térmica, 196

I

Incendio por retorno de llama, 237
Ion de bicarbonato, 145
Impulsores inatascables de álabes múltiples cerrados, 414
Interruptor de desconexión eléctrica, 391
Interruptores de flotador, 374
Interruptores de caudal, 378
Intercambiadores de calor, 229
Inhibitorio, 214
Instrumentos, 387
Interior de un digestor de cubierta flotante, 195
Informes de alineación láser, 421
Interruptores de nivel, 373
Interruptor de límite, 376
Imanes, 321
Instalaciones de digestión de medianas a grandes, 206
Indicadores de desempeño, 221
Interruptor de presión, 374
Indicadores de perturbaciones en el proceso, 231
Interruptores de prueba, 378
Interruptores de botón pulsador y de botón pulsador cabeza de hongo, 372
Indicación de nivel remoto, 648
Indicador de nivel inverso, 659
Interruptores selectores, 375
Invernadero solar, 296
Intercambiadores de calor con placa en espiral, 203
Instalación de almacenamiento, 705
Interbloqueos del sistema, 310
Interruptor de temperatura, 375
Intercambiadores de calor con tubo dentro de tubo, 203
Instalaciones de recuperación de recursos hídricos (WRRF), 1, 179, 251, 633
  cómo aplicar los resultados de laboratorio a las operaciones diarias, 24–28
  agua ligada, 15
  agua a granel/agua libre, 12
  agua capilar, 12
  celulosa, 3
  tratamiento primario mejorado químicamente (CEPT), 3
  sistemas de alcantarillado combinados, 3
  compostaje, 29
  deshidratación, 12
  análisis dimensional/"vía férrea", 9
  arena, 3
  agua intersticial, 12, 14–15
  flujos de líquidos y sólidos, vínculos entre, 4–5
  millones de galones, 10
  sistemas de tratamiento natural, 2
  reducción de patógenos, 29
  clarificadores primarios, 3
  lodo primario, 3
  características del lodo primario, 3t
  sólidos putrescibles, 3
  sustancias putrescibles, 3
  reducción de la masa y del contenido orgánico, 28–29
  reducción del volumen, 8–15
  materiales residuales, 2
  flujos de retorno, 4
  alcantarillado sanitario, 3
  materiales resultantes del filtrado, 2–3
  lodo secundario y terciario, 2
  características del lodo secundario, 4t
  digestión de lodo, 29
  espesamiento de lodo, 12
  volúmenes de lodo, cálculo de, 11–12
  características de los sólidos, 1–2
  procesamiento de sólidos, 6–7
  aguas pluviales, 3
  procesos de tratamiento terciario, 2
Instalaciones de recuperación de recursos hídricos (WRRF) (*continuación*)
  agua vecinal, 13–14, 15
  vacíos o poros, 12
  agua de hidratación, 15
Impulsor con daño por cavitación, 429

Í

Índices de volumen del lodo (SVI), 148

J

Juez de lodos, 146

K

Kilovatios-horas, 405
Kilovatios alambre-agua (caballos de fuerza), 404

L

Limpieza de las bandas, 273
Letreros de químicos, 695
Lodo químico, 4
Letra de código, amperios con rotor bloqueado, 354
Lazo de control, 225
Letra de diseño, 355
Látex desechable, 694
Letreros del DOT, 696
Líneas de drenaje y lodo, 302
Lechos de secado, 293, 294
Lazo de control de retroalimentación, 693
Lodo de alimentación, 180, 257, 258, 291
Letrero genérico de advertencia por arco eléctrico, 392
Líquido, 398
Letreros de NFPA, 695
Ley de Ohm, 329, 335
Lechos pavimentados, 296
Lubricación periódica, 360
Lodo primario y secundario, 217
Lodo primario, 3
Leyes de afinidad de las bombas, 430
Lechos de secado de arena, 293
Lodo secundario, 4
Lastre para la sedimentación, 655
Lodo, 295
    acondicionamiento, 16–20
    sistema transportador, 306
    transportadores, 305, 311
    definición de, 6
    sistemas de deshidratación, 251
    aspectos generales, 305
Límite explosivo más alto (UEL), 216
Lodo de alimentación del digestor aguas arriba, 233
Letreros para materiales peligrosos del Departamento de Transporte de los EE. UU., 697
Lodo activado de purga (LAP), 185
Lechos de secado con alambre de cuña, 295

M

Materiales abrasivos, 506
Monitoreo por alarma, 482
Mediciones de amperaje, 358
Muestreadores automáticos, 573–579
    construcción de sacamuestras automáticos, 576
    limpieza, 574–576
    instalación de, 576–577
    operación y mantenimiento de, 577–579
    programación, 573–574
Materiales de las bandas, 267
Mantenimiento del edificio y del sitio, 483
Mezclador de inyección de químicos, 670
Medición de químicos, 636
Materiales de construcción, 638
Movimiento coordinado, 320
Materiales de contacto directo, 637
Motores impulsores, 278
Molino, 475
Membrana interna en un almacenamiento de gas de membrana doble, 195
Metales magnéticos, 323
Mezclador mecánico, 198, 199, 671
Metanógenos, 183
Microthrix parvicella, 217
Masa molar, 675
Motores, 371
    centro de control, 365, 366
    destinados al reciclaje, 360
    placa de identificación, 352
    potencia de salida del eje, 403
    arrancador, 387
Movimiento, 321
Monitoreo del desempeño, 284
Mala floculación, 280
Motores de desplazamiento positivo, 505
Medición de nivel por radar, 479
Modo de recirculación/desviación, 279
Mecanismo impulsor de anillo, 286
Motores monofásicos, 353
Motores de tipo jaula de ardilla, 349
Mezcladores estáticos, 671, 672
Masa estequiométrica, 689
Motores síncronos, 350
Mezcladores de montaje superior, 199
Medición de nivel ultrasónico, 479
Motores bobinados con alambre. 357
Motor por inducción con rotor devanado, 351

N

Número de Euler, 686
Número de carcasa, 354
National Electrical Code (NEC), 325, 352
Normas de cableado de National Electrical Code, 336
National Institute for Occupational Safety and Health (NIOSH), 503
Nitrificación, 117
Núcleo, 318

O

Onda hidráulica, 153
Operación de un motor con imán, 347
Occupational Safety and Health Administration (OSHA), 325
Obstrucción de poros, 531
Operación de una bomba de lóbulos rotativos, 648
Operación semiautomática, 649
Occupational Safety and Health Administration (OSHA) de los EE. UU., 642

P

Presión del aire versus máxima elevación, 428
Presión atmosférica, 429
Prensas de filtro de banda (BFP), 265
Protector de banda, 377
Poleas de las bandas, 422
Presión del agua de lavado de las bandas, 271
Prueba de medición con escala, 691
Producción de biogás, 233
Procesos de tratamiento biológico, 145
Puenteo, 651
Pozo sumidero de derivación, 484
Proceso de centrifugado, 254
  desempeño de los parámetros de diseño, 254–255
  equipos, 255
  operación, 257
  control del proceso, 256
  variables del proceso, 255-256
Procesos de floculación y coagulación química, 635
Productores de químicos, 694
Proceso de tratamiento químico, 633
Pin común, 384
Proceso de desnitrificación, 635
Proceso de desinfección, 635
Poliacrilamida seca (PAM seca), 18–19
Polímeros secos, 655
Peligros eléctricos, 391
Potencial eléctrico, 318
Planos eléctricos, 362, 386
Plan de preparación de emergencia (EPP), 484
Plan de respuesta de emergencia (ERP), 484
Poliacrilamida en emulsión (EPAM), 19
  productos de la emulsión, 19
  emulsificantes/agentes tensoactivos, 19
  químicos sin diluir y de concentración plena/solos, 19
Principio de equilibrio/principio de LeChatelier, 497
Proceso de llenado, 651
Prensa de filtro, 303
Rotación de la rueda del filtro, 282
Paneles de membrana fina, 531
Proceso de llenado, 656
Prensas de tornillo inclinadas, 288
Procedimientos de laboratorio, 545
  símbolos químicos y fórmulas, 546
  medición de caudal de tubo cerrado, 549
  conjunto de datos, 555
  caudalímetros de carga diferencial, 550
  programa de muestreo eficaz, diseño e implementación de un, 555–557
  caudalímetros electromagnéticos, 551–552
  mediciones de caudal, 546–552
  canaletas, 549
  caudalímetros mecánicos, 551
  sólidos en suspensión en el licor mezclado (MLSS), 555
  medición de caudal de canal abierto, 547
  muestras representativas, 553
  suposiciones de muestreo, 553–555
  ubicaciones de muestreo, 555–557
  desviaciones estándar, 554–555
  caudalímetros ultrasónicos, 552
  varianza, 554
  compuestos volátiles, 557
  muestreo de aguas residuales, 552
  instalación de recuperación de recursos hídricos (WWRF), operación y control eficaces de una, 545
  vertederos, 547–548
Panel de control local, 389
Prensa de tornillo de discos múltiples, 287, 290
Péndulo de Newton, 339
Planos unifilares, 362
Punto operativo, 424
Presión de alimentación óptima, 281
Pictogramas de HCS de la OSHA, 697
Patógenos, 4, 180
Peletización, 251
pH (concentración de iones de hidrógeno), 599–601
  aparatos y materiales, 600
  interferencias, 599
  procedimiento, 600
  aseguramiento de calidad, 600
  control de calidad, 600
  informes, 601
  muestras, 600
  soluciones madre y estándares, 600
  resolución de problemas y sugerencias, 601
Phragmites communis, 296
Polímero, 87–105, 284
  lechos de secado asistido, 293
  productos duros con base, 637
  densidad de la carga, 88
  coagulación, 87
  recolección, muestreo y análisis de datos, 95
  parámetros de diseño, 89
  agua del efluente para composición de polímero, 93
  sistemas de composición de polímero en emulsión, 95
  equipos, 89-94
  componentes del equipo, 90–94
  desempeño esperado, 89
  sólidos de alimentación, 277
  ojos de pez, 92
  floculación, 87
  alimentadores gravimétricos, 91
  interruptor selector "manual/apagado/automático" o "manual/apagado/remoto", 94
  punto de inyección, 282
  anillo de inyección, 452
  monómeros, 88
  operación, 94-95
  solución porcentual, 89
  uso de polímero para el espesamiento, 90t
  bombas, 284

Polímero (*continuación*)
objeto y función, 87-88
seguridad, 20
selección, 270
lodo, 87
polímeros orgánicos sintéticos, 88
sistemas, 87–105, 256
teoría de operación, 88-89
tipos, 280
uso, 260
lodo activado de purga o lodo secundario, 87
Profundidad del estanque, 256
Potencia, 328, 363
fórmula, 330
interrupciones, 219
sección de un plano de control, 386
regla, 343
tipos en un sistema de bomba, 403
rueda, 331
Presión y elevación, 400
Prensas de filtro de presión, 303
Planos, 362
Proceso para reducir de manera significativa los patógenos (PSRP), 113
Protección respiratoria, 695
Prensa rotativa/prensa de ventilador rotativo, 278
Prensas rotativas, 276, 282
Programas de muestreo y análisis, 228
absorbencia, 595
alícuota, 563
métodos analíticos, 594–598
muestreadores automáticos, uso de 573–579
resta del blanco, 586
muestra ciega, 592
botellas, cucharas y cangilones, 568–570
curva de calibración, 595
estándares de calibración, 591
cadena de custodia, 582–583, 585
elementos de vidrio clase A, 589
colorímetros, 595–598
muestra compuesta, 562
mediciones continuas, 561
sacamuestras cilíndricos, 573
agua desionizada, 586
agua de dilución, 587
informe de monitoreo de descarga: programa de aseguramiento de calidad, 592
OD, analizadores en línea para, 561
duplicados, 587–588
compuesto proporcional al caudal, 563–564
muestras proporcionales al caudal, tipos de, 563
estándares de gel, 597
muestra puntual, 561
inventario de químicos peligrosos, 584
verificación de la calibración inicial, 591
electrodo selectivo de iones (ISES), 590
duplicados de laboratorio, 587
muestras de matriz fortificada en laboratorio (LFM), 590
matrices adicionadas y duplicados, 590–591
sólidos en suspensión volátiles en el licor mezclado (MLVSS), 585
pipetas, 590
preservativos, 581
aseguramiento de calidad, 585
control de calidad, 585
muestras, 585, 586
muestras, frecuencias recomendadas para, 591
blanco de reactivo, 587
muestras de cumplimiento regulatorio, 591–592
cálculo de la diferencia porcentual relativa, 588
réplicas, 588
legislación del derecho a saber, 584
consideraciones de seguridad y salud, 584
recolección de muestras y mediciones, 560
contenedores de muestras, 580
tiempo de retención de las muestras, 581
matrices de muestras, 590
fregaderos y grifos para muestras, 570–572
muestras que requieren una consideración especial, 581–582
actividades de muestreo y análisis, 584
equipos de muestreo, 568
enjuagues con solvente, 580
espectrofotómetros, 595–598
muestras fragmentadas, 589
estándares, 589
estándares de soluciones madre, 589
control de supervisión y sistema de adquisición de datos, 561
compuestas de tiempo, 562–563
transmitancia, 597
técnica de frecuencia variable, 566–567
técnica de volumen variable, 564–566
cangilones lastrados, 569
estándar de trabajo, 589
Prensas de tornillo, 289, 290, 291, 292
sólidos de torta, 286
diagrama de disco y tornillo, 289
deshidratación, 288
configuraciones de las rejas, 288
Procedimientos de apagado, 291, 297
Plano unifilar, 382
Procesamiento de sólidos, 6–7
demanda bioquímica de oxígeno (DBO), 6
biosólidos, 7
tasas de retención, 266
acondicionamiento, 7
decantación, 7
presión de alimentación, 281
bomba de alimentación, 286
procesamiento, 6–7
aplicación en tierra, 7
tasas de carga, 139, 259
rellenos sanitarios municipales de desechos sólidos, 6
rango de partes por mil millones (ppb) o partes por billón (ppt), 6
reducción de patógenos, 7

bombeo, 436
transportador helicoidal con eje macizo, 308
sitios de disposición superficial, 7
sólidos en suspensión totales, 6
reducción de atracción de vectores, 7
vector, 6
sólidos volátiles en suspensión, 6
Poliacrilamidas de solución (SPAM), 20
Procesos de digestión termofílica, 185
Paneles de difusión de poliuretano termoplástico, 531
Plataforma del soplador turbo, 520
Proceso de digestor anaerobio de dos etapas, 239

Q
Químico activo, 673
Químicos con base de carbono, 633
Químico seco, 673
Químicos inorgánicos de acondicionamiento, 17
Químico líquido
sistemas de químicos, 658
sistema de dosificación, 665
Químico medido, 650
Químicos orgánicos de acondicionamiento, 17–18

R
Reacción ácido-base, 635
Resolución de problemas con la digestión aerobia, 160
Rejas de barras automáticas, 474
Reacciones químicas, 684
Rutina de limpieza in situ (CIP), 257
Reacciones de precipitación y coagulación–floculación, 635
Recolección, muestreo y análisis de datos, 155
Reacciones de desinfección, 635
Resolución de problemas con los lechos de secado, 302
Requisitos para el lavado de ojos y ducha, 642
Reacciones de primer y segundo orden, 687
Reacciones de primer orden, 685
Rueda del filtro, 278
Retención de gas, 194
Reductores de engranajes, 463
Regla general, 280
Rotores horizontales, 538
Relé tipo cubo de hielo, 384
Rodillos de lado de carga, 306
Rejas de barras manuales, 474
Relé de base tubular de 8 pines, 384
Recipiente de temple para lubricación del sello, 421
Resistencia, 326
Respirómetros, 533
Revoluciones por minuto (rpm), 254
Resolución de problemas con la prensa rotativa/prensa de ventilador rotativo, 285
Rotor, 347
Reacción de segundo orden, 687
Respirador autocontenido (SCBA), 695
Reacción de oxidación-reducción de azufre, 635
Resolución de problemas, 273, 284
operación de la prensa de filtro de banda, 274*f*
centrífugas, 264
equipos de recepción de químicos, 646
almacenamiento de químicos y equipos del área de manipulación, 643
sistemas de transferencia de químicos, 649
sistemas de químicos secos, 657
sistemas de alimentación de químicos secos, 666
prensa rotativa/prensa de ventilador rotativo, 284
prensas de tornillo, 292
pasos, 273
Reducción de atracción de vectores (RAV), 123
Rejas de alambre de cuña, 289
Reacción de orden cero, 684

S
Sistemas de lodo activado, 128
Sistemas de aeración, 163
sopladores, 505
energía, 495
equipos, 163, 496
oxígeno, 144
tipos de, 498
Secuencia de apagado automático, 283
Sistema de cinta transportadora, 306
Sistema de agua de lavado de una prensa de banda, 271
Sopladores, 499
Sistema de control de nivel con burbujeador, 477
Sensores de nivel del burbujeador, 477
Sólidos de torta, 287
Sopladores centrífugos, 506, 510, 511
Sistema de pozo colector y bomba de químicos, 641
Sistemas de químicos, 638
Símbolos de los disyuntores, 364
Sistemas controlados, 296
Sistemas transportadores, 305
Sistemas de aeración difusa, 128, 499
Sólidos diluidos, 265
Sistemas de dilución, 664
Sistemas de polímero seco, 90
Sistemas de membrana doble, 194
Símbolos de los motores eléctricos, 371
Símbolos electrónicos, 378, 379
Sistemas de composición de polímero en emulsión, 95–99
Sólidos de alimentación, 277
Supresor de llamas, 205
Sistema de alimentación con tambor de químicos por aspiración inundada, 661
Sistemas de químicos gaseosos, 667
Sistemas de alimentación de gas, 668
Sistemas de procesamiento de gas, 204
Sistemas de mezclado de gas, 200, 202
Sección de drenaje por gravedad de una prensa de filtro de banda, 267
Sistemas de oxígeno de alta pureza, 495
Supresor de llamas horizontal, 238

Sopladores de tornillo rotativo híbridos, 523
Sellos de cilindro hidráulico, 446
Sistema de lubricación hidráulica, 257
Sustancia higroscópica, 642
Sección transversal del cabezal de aeración a chorro, 535
Sistemas de aeración a chorro, 534
Sistemas de discos múltiples, 289
Sistemas de tornillos múltiples, 287
Sopladores centrífugos de etapas múltiples, 505, 516
Sopladores centrífugos de etapas múltiples con acoplamientos de aislamiento de goma, 506
Sustancias no biodegradables, 116
Símbolos de desconectador con fusible y sin fusible, 368
Sólidos no volátiles, 116
Sólidos en suspensión no volátiles (NVSS), 115
Sobrecarga, 346
Sopladores de desplazamiento positivo, 500, 506, 521, 522
Sistema de alimentación de gas operado a presión, 669
Sistemas basados en controladores lógicos programables, 500
Sobrenadante reciclado, 151
Sustancias de enjuague, 587
Secuencia de operación del soplador rotativo, 521
Soplador de aire de lóbulos rotativos, 521
Sistema de prensa rotativa, 280
Símbolo del interruptor selector, 376
Septum, 295
Secuencia de movimiento, 448
Sistemas de un único tornillo, 287
Soplador centrífugo de una etapa, 505
Sistema de prensa rotativa de seis canales, 279
Solución espesa, 398
Sistema de dosificación de químicos de poco volumen, 641
Sistemas de secado solares, 296
Sistema de alimentación con tambor de químicos para elevación por aspiración, 661
Sobrenadante, 124
Sistemas suplementarios, 269
Sistemas de respaldo, 633
Sondas de monitoreo de la temperatura, 452
Símbolo del interruptor de temperatura, 377
Suministro de energía trifásica, 344
Símbolo del interruptor conmutador, 375
Sólidos disueltos totales (SDT), 633
Sólidos en suspensión totales (SST), 258, 605–614
    aparatos y materiales, 605–608
    interferencias, 605
    procedimiento, 609-612
    aseguramiento de calidad, 608–609
    control de calidad, 608-609
    reactivos, 608
    recolección, preservación y tiempos de retención de muestras, 609
secuencia de transferencia, 649
Sopladores turbo, 518
Sistema de prensa de ventilador rotativo de dos canales, 276
Sensores de nivel ultrasónico, 478
Sistema de alimentación de gas operado por aspiración, 669
Sólidos volátiles, 115
    tasa de carga, 209
    reducción, 211
    reducción de sólidos, 141
Sistemas de refuerzo de presión del agua de lavado, 271
Símbolo del interruptor de presión, 375
Símbolo del botón pulsador mantenido, 373
Símbolos de contactos del relé, 379
Síntomas de perturbación, 231

T

Tasa de carga de sólidos aceptable, 209
Tuberías de distribución de aire, 524
Tensión de las bandas, 267
Tanques de almacenamiento a granel, 659, 665
Tasa de retención, 271
Tornillo de la centrífuga, 254
Transferencias de químicos, 648
Tanques de día, 635, 647
Torta deshidratada, 258, 272, 284, 291, 310
Tapón de torta deshidratada, 277
Tambores, 660
Tubo de hierro dúctil y cloruro de polivinilo, 463
Teoría de los electrones, 321
Triángulo de fuego, 237
Tapón fusible, 668
Tiempo de detención hidráulica, 208
Tasas de carga hidráulica, 287
Tipos de impulsor, 414
Tubo de cloruro de polivinilo, 464
Transductores de presión, 478
Transmisión por radiofrecuencia, 482
Tanques rectangulares, 189
Transportadores helicoidales, 306, 307
Tranportadores helicoidales con y sin eje, 308, 309
Tiempo de retención de sólidos (SRT), 115, 208, 209, 133
Tiempo de retención de sólidos y tamaño de las partículas, 148
Tubo de alimentación fijo, 255
Transformador reductor, 343
Termoplásticos, 637
Totalmente cerrado, enfriado por soplador (TEBC), 356
Totalmente cerrados, sin ventilación (TENV), 356
Transformadores, 342, 364
Temporizadores, 376
Transmisores de nivel ultrasónico, 648
Tasa de carga de sólidos volátiles, 215
Tipos I y II con protección contra condiciones climáticas, 463

U

Unidades métricas, 345
Uniformidad y consistencia, 216

V

Válvulas de aire, 524
Voltaje de la corriente alterna (CA), 321
Válvulas accionadas automáticamente, 525

Vibrador del depósito, 651
Válvula de venteo, 508
Válvulas de de mariposa, 524
Válvulas de retención, 464
Válvula clapeta, 440
Velocidad constante, 692
Velocidad diferencial, 254
Variables eléctricas e hidráulicas, 327
Vibración excesiva, 257
Válvulas de asiento, 445, 446
Válvulas de alivio de presión, 668
Variables del proceso, 279–280, 672
Variables del proceso, composición química, 672
Válvulas de alivio, 192
Velocidad de giro, 280
Vector, 180
Viscosidad, 186
Voltaje, 320, 324, 333
Válvulas de bola con puerto en V, 524
Válvula de agua de lavado, 272

W

WRRF domésticas, 1
WRRF mecánicas, 1

Z

Zonas de prensa de banda, 266
Zonas de gravedad, 266

¡Avance en su carrera!

¡Conviértase en operador profesional!

Como profesional en aguas, administra el recurso más valioso del mundo.

¡Es el momento de avanzar en su carrera y recibir reconocimiento!

PROPORCIONE
seguridad • agua limpia • tranquilidad
PRESERVE
la Tierra • la vida • el medio ambiente
PROTEJA
a las familias • la salud • la comunidad

Obtenga su designación como operador profesional

La designación como operador profesional está disponible para los operadores de recolección de aguas residuales, tratamiento de aguas residuales, tratamiento de agua y distribución de agua. Se les concede a quienes cumplen requisitos específicos, aprueban un examen estándar y aceptan el *código de conducta* de los operadores profesionales.

Obtener su designación como operador profesional es una decisión inteligente para su carrera

¡Destáquese! Con una certificación y designación como operador profesional, aumenta su visibilidad y recibirá reconocimiento como líder en la industria. Esto puede ayudarlo a ampliar sus oportunidades de carrera y su potencial de ingresos.

Para obtener detalles sobre cómo obtener su designación como operador profesional, visite:

ProfessionalOperator.org

PO
OPERADOR PROFESIONAL

ABC
Association of Boards of Certification

PROPORCIONE • PRESERVE • PROTEJA

¿Todo listo para convertirse en operador profesional?

1 Visite

Acceda a www.ProfessionalOperator.org para obtener información sobre la elegibilidad, completar su perfil y presentar su solicitud para convertirse en operador profesional.

2 Examen

Cuando reciba aprobación, podrá elegir entre uno de cientos de centros de examen para programar su examen de certificación.

3 Certificación

Después de aprobar su examen, tendrá la certificación como profesional en aguas de primer nivel, al haber recibido su certificación como operador profesional.

Beneficios de obtener la certificación como operador profesional

- Designación de operador profesional: El privilegio de poder incluir PO (*Professional Operator*) después de su nombre en todas las comunicaciones
- Certificado: Recibirá un certificado como operador profesional que podrá enmarcar
- Pin de operador profesional: Úselo con orgullo (se incluye con el certificado de operador profesional)
- Evento POWER: Reciba reconocimiento en el contexto del sector de actividad
- Insignia digital: Comparta sus credenciales en tiempo real en línea
- Tarjetas de presentación y productos: Acceso a productos especiales con la denominación de operador profesional
- Conexión con otros operadores profesionales: Comuníquese con otros operadores profesionales en las redes sociales

www.ProfessionalOperator.org

CPSIA information can be obtained
at www.ICGtesting.com
Printed in the USA
LVHW050504060821
694353LV00004B/21

9 781572 783935